W0263611

PROTOPLASMATOLOGIA
HANDBUCH DER PROTOPLASMAFORSCHUNG

BEGRÜNDET VON

L. V. HEILBRUNN · F. WEBER

PHILADELPHIA GRAZ

HERAUSGEGEBEN VON

M. ALFERT · H. BAUER · C. V. HARDING · W. SANDRITTER · P. SITTE

BERKELEY TÜBINGEN ROCHESTER FREIBURG I. BR. FREIBURG I. BR.

MITHERAUSGEBER

J. BRACHET-BRUXELLES · H. G. CALLAN-ST. ANDREWS · R. COLLANDER-HELSINKI
K. DAN-TOKYO · E. FAURÉ-FREMIET-PARIS · A. FREY-WYSSLING-ZÜRICH
L. GEITLER-WIEN · K. HÖFLER-WIEN · M. H. JACOBS-PHILADELPHIA
N. KAMIYA-OSAKA · W. MENKE-KÖLN · A. MONROY-PALERMO
A. PISCHINGER-WIEN · J. RUNNSTRÖM-STOCKHOLM

BAND II

CYTOPLASMA

D

VITALFÄRBUNG, VITALFLUOROCHROMIERUNG

3

VITALFÄRBUNG UND VITALFLUOROCHROMIERUNG PFLANZLICHER ZELLEN UND GEWEBE

1968

SPRINGER-VERLAG

WIEN · NEW YORK

VITALFÄRBUNG UND VITALFLUOROCHROMIERUNG PFLANZLICHER ZELLEN UND GEWEBE

VON

HORST DRAWERT

HAMBURG

MIT 198 TEXTABBILDUNGEN

1968

SPRINGER-VERLAG

WIEN · NEW YORK

ISBN 978-3-7091-5488-5   ISBN 978-3-7091-5487-8 (eBook)
DOI 10.1007/978-3-7091-5487-8

TITEL-NR. 8714

Vorwort

Die Aufgabe, über ein bestimmtes Gebiet der Wissenschaft zu berichten, läßt sich auf verschiedene Weise lösen. Es kann der augenblickliche Stand der Forschung geschildert werden, ohne näher auf die Vorgeschichte einzugehen. Die Darstellung kann auch unter historischen Gesichtspunkten erfolgen mit dem Schwergewicht auf dem Gang der Entwicklung, die zu unserer gegenwärtigen Anschauung geführt hat. In beiden Fällen läßt sich der Bericht auf die Ergebnisse und Schlußfolgerungen beschränken, ohne Berücksichtigung des methodischen Weges. Häufig ist aber eine Kenntnis der Methode wichtig, um die Zuverlässigkeit der Ergebnisse beurteilen zu können, so daß die Methoden und deren zeitlicher Wandel nicht zu vernachlässigen sind. Je nachdem, ob die Darstellung der kurzen Information oder als Nachschlagewerk dienen soll, wird das Literaturverzeichnis entweder nur einige zusammenfassende Referate oder eine möglichst vollständige Bibliographie des behandelten Stoffes bringen.

Bei dem schnellen Fortschreiten der Wissenschaft ist der augenblickliche Stand bald überholt und ein Bericht darüber unter Umständen eine Eintagsfliege. Der stürmische Fortschritt hat eine Flut von Veröffentlichungen zur Folge, so daß die auf einem engen Fachgebiet erscheinende Literatur nicht mehr zu bewältigen ist. Nach vorliegenden Berechnungen hatte eine 1949 erschienene Arbeit noch 1,3, eine 1963 herausgekommene nur noch 0,8 Leser. „Da wichtigere Aufsätze gewiß von einigen hundert Leuten eingesehen werden, darf man annehmen, daß der größte Teil der wissenschaftlichen Veröffentlichungen gar keine Leser hat." (R. N. LINN in „Christ u. Welt" **17**, Nr. 3, 1964.)

Das Unvermögen, die laufende Literatur zu verarbeiten, zieht ein starkes Vernachlässigen der älteren Literatur nach sich. Die jüngere Generation hält nicht selten eine vor 3 Jahren veröffentlichte Arbeit bereits für veraltet und nicht mehr lesenswert. Folglich werden in der älteren Literatur schon zu findende und meist viel gründlicher untersuchte Fakten immer wieder neu entdeckt. Der letzte Vorwurf trifft nicht nur die junge Generation. Wenn ich meine heutigen Kenntnisse der Vitalfärbungsliteratur bereits vor 25 Jahren gehabt hätte, wäre mir so manche eigene Untersuchung und so mancher Fehlschluß erspart geblieben.

Aus diesem Grunde halte ich auch für physiologische Fragenkomplexe, ähnlich den Gepflogenheiten auf taxonomischem Gebiet, die Schaffung umfassender Monographien für erforderlich, die die historische Entwicklung, den methodischen Gang und ein möglichst vollständiges Literaturverzeichnis bringen. Die Monographie darf nicht nur den geraden Weg verfolgen, der zu unseren heutigen Kenntnissen geführt hat, sondern muß auch die vielen Irrwege berücksichtigen. Es gibt nichts noch so Abwegiges in der älteren Literatur, das nicht doch wieder einmal aus Unkenntnis erneut vorgebracht wird. Häufig sind die Irrwege aufschlußreicher für den Gang einer Entwicklung als der nachträglich konstruierte gerade Pfad. Ein zunächst als Irrtum angeprangerter Schluß kann sich später, nach Vorliegen weiterer Kenntnisse und Erkenntnisse, als richtig herausstellen.

Zu dieser grundlegenden Monographie sollte alle 5 Jahre oder je nach Bedarf ein Nachtrag herauskommen, der die inzwischen erschienene Literatur enthält und auf die neuen Erkenntnisse und die dadurch notwendigen Änderungen in den Anschauungen sowie auf neue Methoden hinweist.

Die Darstellung des Stoffes kann ruhig subjektiv sein. Man wird sich zwar bemühen, die Literatur objektiv auszuwerten, jedoch bald erkennen, daß diese Forderung nicht erfüllbar ist.

Eine fremde Arbeit wird immer unter anderen Voraussetzungen gelesen, als sie vom Autor geschrieben worden ist. Infolgedessen wird sie auch anders interpretiert. Diese Tatsache erfährt man häufig beim Zitieren eigener Arbeiten durch andere Autoren und auch beim erneuten Lesen einer fremden Arbeit, die man vor einigen Jahren exzerpiert hat. Bei einem Vergleich des neuen Eindrucks mit dem alten Exzerpt wird man feststellen, daß jetzt die Arbeit unter einem anderen Gesichtswinkel beurteilt wird als früher. Was einst wichtig erschien, kann an Bedeutung verloren haben, und anderes, was einem nicht des Festhaltens wert erschien, hat an Wichtigkeit gewonnen. Die Auswertung einer Arbeit wird von dem jeweiligen Standpunkt des Lesers und dem Grad seiner allgemeinen Kenntnis der speziellen Materie abhängen und deshalb immer subjektiv sein. Hierin liegt auch ein wunder Punkt der Referierorgane.

Eine Monographie kann deshalb nicht das Studium der Originalarbeiten ersparen, sondern nur darüber Auskunft geben, was bisher bearbeitet worden ist und wo etwas über eine gerade interessierende Frage zu finden ist. Das setzt voraus, daß die Monographie eine entsprechend vollständige Bibliographie enthält.

In dem folgenden Beitrag habe ich versucht, für die Vitalfärbung der Pflanze eine Monographie unter besonderer Betonung des historischen Gesichtspunktes zu schreiben. Ich bin mir bewußt, daß es nicht die mir vorschwebende umfassende Darstellung geworden ist. Die Literatur wurde — von einigen Ausnahmen jüngeren Datums abgesehen, die sich noch einschieben ließen — bis etwa 1964 berücksichtigt. Aber auch eine Reihe älterer Arbeiten mußte aus zeitlichen Gründen unberücksichtigt bleiben, da ihre Auswertung das Erscheinen der Monographie um weitere Jahre verzögert hätte. An dieser Stelle danke ich den Herausgebern und dem Verlag für die aufgebrachte Geduld. Ferner danke ich den Mitarbeitern meines ehemaligen Marburger und meines Hamburger Institutes, die mich in der Unterrichtstätigkeit entlastet haben. Ohne diese Hilfe wäre die Arbeit auch in der vorliegenden, teilweise recht fragmentarischen Form noch nicht zum Abschluß gekommen. Fräulein Dr. MARIANNE MIX und Herrn Dr. WILHELM WERGIN bin ich für die Durchsicht des Manuskriptes und für die Durchführung von Korrekturen sowie Herrn Dr. KURT WALTHER für die Überprüfung der Pflanzennamen Dank schuldig. Mein besonderer Dank gilt Fräulein EDITH BOETTCHER, die mich bei dem Lesen der Korrekturen und der Abfassung der Verzeichnisse in unermüdlicher und umsichtiger Weise unterstützt hat.

WITTEKIND und RENTSCH (1967) betonen mit Recht, daß die Vitalfärbung in den letzten Jahren ohne Zweifel an Bedeutung verloren hat. „Neue Methoden, die die Vorherrschaft von Maß und Zahl in der Biologie besser zu festigen vermögen, sind in den Vordergrund getreten. Es wäre aber zu bedauern, wollte man in Anbetracht dieser Situation auf die Vitalfärbung verzichten. Um ihre Daseinsberechtigung zu sichern, ist allerdings notwendig, ihre Voraussetzungen zu überdenken und ihr neue Ziele zuzuweisen." Wenn dazu die vorliegende Monographie einen bescheidenen Beitrag liefert, hat sie ihr Ziel erreicht.

Hamburg, im Herbst 1968   **Horst Drawert**

Vitalfärbung und Vitalfluorochromierung pflanzlicher Zellen und Gewebe

Von

HORST DRAWERT

Hamburg

Mit 198 Textabbildungen

Inhaltsübersicht

I. Einleitung

1. Der Begriff „Vitalfärbung"

Wer über „Vitalfärbung" (= Lebendfärbung, intravitale Färbung oder Färbung *intra vitam*) berichten soll, sieht sich in der unangenehmen Lage, mit einem Begriff operieren zu müssen, dessen objektive Definierung nicht möglich ist. „Die Definition der Vitalfärbung und ihre Abgrenzung gegenüber der supravitalen und postmortalen Färbung ist recht schwierig. In den verschiedenen Perioden des Ausbaues der Methode findet man sehr unterschiedliche Meinungen, und auch heute herrscht noch eine ausgesprochene Willkür und Kritiklosigkeit in der Abgrenzung und Anwendung des Begriffes der vitalen Färbung" (Zeiger 1938, S. 150). Auf die Frage, wodurch diese Definitionsschwierigkeiten bedingt sind, gibt von Möllendorff (1921) eine Antwort: „Die vielfach bestehende Unklarheit über die Bedeutung der hier zu erörternden Methoden beruht auf der Schwierigkeit, das zu definieren, was man als ‚vital‘ bezeichnen soll. Es ist mit Recht darauf hingewiesen worden, daß sich eine scharfe Grenze dort nicht ziehen läßt, wo durch die Farbstoffeinwirkung mit Sicherheit eine Schädigung erzielt wird: hier findet man alle Übergänge von unzweifelhaft lebenden, geschädigten bis zu Zellen, bei denen eine nicht wieder rückgängig zu machende Veränderung ihrer Eigenschaften den Zelltod anzeigt." Eine ähnliche Formulierung finden wir bereits bei Fischel (1910, zit. bei von Möllendorff 1926): „Eine scharfe Definition des Begriffes einer ‚vitalen‘ Färbung und demzufolge auch eine Einschränkung der Zulässigkeit der Anwendungsweise dieser Bezeichnung läßt sich allerdings kaum geben, und zwar deshalb nicht, weil man ein absolut sicheres, morphologisches Merkmal des ‚Lebens‘ histologischer Elemente nicht anzugeben vermag."

Wenn wir diese Ausführungen auf einen Nenner bringen, so läßt sich, wie Gicklhorn (1931 c) zutreffend betont, eine Schwierigkeit darauf zurückführen, daß wir überhaupt nicht in der Lage sind, den Grundbegriff der Biologie „Leben" allgemeingültig zu definieren.

Wir können wohl an Hand verschiedener morphologischer und physiologischer Kriterien erkennen, daß ein Organismus oder eine Zelle in einem gewissen Zustand oder bei einer gewissen Verhaltensweise lebt oder tot ist. Dazwischen gibt es aber einen kontinuierlichen Übergang, wo die Entscheidung darüber, ob etwa die Zelle „noch lebt" oder „bereits tot" ist, schwierig sein kann. Aus später folgenden Betrachtungen wird hervorgehen, daß die Geschichte der „Vitalfärbung" reich an Fehlentscheidungen ist.

Jeder zugeführte Farbstoff ist für die Zelle ein Fremdkörper und wird in ihr irgendwelche morphologischen und physiologischen Veränderungen hervorrufen, die je nach der Natur des Farbstoffes, den äußeren Begleitumständen und dem physiologischen Zustand der Zelle früher oder später Störungen bedingen, die in den meisten Fällen letzten Endes zum Tode führen. Was für die Einzelzelle gilt, trifft genauso für den vielzelligen Organismus zu. Danach gibt es im strengsten Sinne des Wortes gar keine wirkliche „Vitalfärbung". Ich kann mich deshalb auch nicht der Definition von KÜSTER (1928, S. 827) anschließen: „Von Vital- oder von Lebendfärbung einer Zelle spricht man in allen denjenigen Fällen, in welchen es gelingt, irgendwelche Teile der Zelle zu färben, ohne ihr Leben zu beeinträchtigen oder gar zu zerstören." Diese Forderung kann bestenfalls nur in ganz seltenen Fällen und dann auch nur für kurze Zeit erfüllt sein.

Eine zu enge Fassung des Begriffes „Vitalfärbung" führt uns zu weiteren Schwierigkeiten, wenn wir bedenken, daß eine Zelle oder ein Organismus ja nicht nur aus lebenden Teilen besteht. Liegt bei einer elektiven Färbung etwa von nicht belebten Fetttropfen innerhalb der Zelle eine „Vitalfärbung" vor? Mit diesem Fragenkomplex befaßt sich GICKLHORN (1931 a) hinsichtlich der Zellwandfärbung bei pflanzlichen Zellen. Die nichtbelebten Bestandteile einer Zelle können sich in ihrer Färbbarkeit sehr verschieden verhalten, je nachdem, ob die betreffende Zelle als Ganzes lebend oder tot ist. Bei der Farbstoffverteilung in der Zelle stellt sich, wie wir später sehen werden, zwischen den einzelnen Bestandteilen ein Gleichgewicht ein, das bei einer lebenden Zelle häufig ein anderes ist als bei einer toten. Ferner wird das Gleichgewicht bei einer lebenden Zelle mehr dynamischer, bei einer toten mehr statischer Natur sein. Wir müssen deshalb GICKLHORN (1931 a, S. 480) zustimmen, wenn er sagt: „Die Begriffe ,lebend' oder ,tot' können sich sinngemäß nur auf die ganze Zelle[1] beziehen, sie allein ist auch für Vitalfärbungen das einfachste, sinngemäße Bezugssystem..."

Zahlreichen Unklarheiten und Mißverständnissen weicht man am besten durch eine möglichst weite Fassung des Begriffes „Vitalfärbung" aus. Auch hierfür lassen sich in der Literatur Beispiele finden. VONWILLER (1928, S. 475) betont: „So bleibt uns denn als umfassende Definition der Vitalfärbung nur übrig, sie als eine Färbung von Organismen oder Teilen von solchen während des Lebens dieser ganzen Organismen oder ihrer Teile zu bezeichnen."

Von dieser Definition VONWILLERS und von Ausführungen GICKLHORNS (1931 a) ausgehend, möchte ich entgegen meiner früheren engeren Fassung (DRAWERT 1956 a, S. 531) unter dem Begriff „Vitalfärbung" eine Methode verstehen, die zu den verschiedensten Zwecken an lebenden Zellen, Geweben, Organen oder Organismen angewendet wird, gleichgültig ob dabei nach einiger Zeit eine sichtbare Schädigung oder ein Absterben des Versuchsobjektes zu beobachten ist. Ausgenommen sind nur die Fälle, bei denen die Färbung zu einem sofortigen Absterben führt, bzw. die Färbung erst beim Absterben eintritt.

Der Übergang vom anfänglichen vitalen in den endgültigen mortalen Zustand ist gleitend und zeitlich gesehen je nach den Umständen von sehr unterschiedlicher

---

[1] Vom Autor gesperrt.

Dauer. Es ist Sache des einzelnen Forschers, für jeden Fall eine genaue Charakteristik zu geben, ohne dadurch den umfassenden Begriff „Vitalfärbung" zu belasten.

Strugger (1937 a) hat sich bemüht, für den Verlauf einer Färbung hinsichtlich der Vitalität der Zelle eine Nomenklatur zu schaffen. Als inturbant (inturbidus = ungestört) soll eine Färbung bezeichnet werden, wenn weder unmittelbar nach der Färbung noch bei Weiterkultur der Pflanze sichtbare Schädigungen eintreten. Hierbei handelt es sich also um den nur selten zu beobachtenden Idealfall. Bei einer turbanten Färbung (turbare = Unordnung bringen) treten weder während der Färbung noch unmittelbar nach derselben sichtbare Schädigungen auf. Der Farbstoff wirkt aber auf die Dauer doch als Gift und führt allmählich zu Desorganisationserscheinungen und schließlich zum Absterben. Hierunter fallen die meisten der in der Literatur als „Vitalfärbung" bezeichneten Ergebnisse. Sind bereits während der Färbung und unmittelbar nach dem Färbeprozeß pathologische Veränderungen nachweisbar, die Zellen dabei aber noch nicht abgestorben, dann wird die Färbung als perturbant (perturbare = stören) bezeichnet. Der Tod erfolgt erst später. Entsprechend der oben gegebenen Definition würde auch dieser Vorgang noch unter den Begriff Vitalfärbung fallen, dagegen nicht mehr die disturbante Färbung (disturbare = zerstören). Hier treten schon während der Färbung so starke Giftwirkungen auf, daß unmittelbar eine letale Schädigung zu beobachten ist.

Der Oberbegriff Vitalfärbung soll auch die Vitalfluorochromierung umfassen; denn zwischen beiden Verfahren besteht nur ein technischer bzw. optischer Unterschied. In dem einen Fall wird mit normalem Licht gearbeitet und die Färbung erfolgt mit „normalen" Farbstoffen, den Diachromen, im anderen Fall wird mit ultravioletten (UV) Strahlen bzw. mit Blaulicht gearbeitet und die Färbung erfolgt mit Fluorochromen. Fluorochrome sind Stoffe, die in wässeriger Lösung oder in einem anderen Zustand fluorescieren; sie sind also in der Lage, unter bestimmten Bedingungen kurzwellige Strahlen in längerwellige umzuwandeln. Ein Fluorochrom braucht seiner Natur nach kein Farbstoff zu sein, z. B. Chinin. Es gibt aber auch Diachrome, die wie Acridinorange gleichzeitig die Eigenschaft eines Fluorochroms besitzen. Die Fluorochrome lassen sich bereits in viel geringeren Konzentrationen nachweisen als die Diachrome, wodurch sie für Vitalfärbungen besonders geeignet sind. Andererseits ist aber die Gefahr einer Schädigung des Objektes durch das UV und auch durch die sogenannte „photodynamische" Wirkung (s. S. 282) vieler Fluorochrome gegeben.

2. Anwendungsbereich und Zielsetzung der Vitalfärbung

Entsprechend der weiten Fassung des Begriffes Vitalfärbung wird sich die Darstellung nicht nur auf die Aufnahme von Farbstoffen in die Zelle und die damit zusammenhängenden Probleme beschränken (Küster 1942 b); sondern es werden auch die Anwendung von Farbstoffen zum Nachweis der Wanderbahnen des Wassers in der Pflanze, der Einfluß von Farbstoffen auf die Reizempfindlichkeit derselben und andere physiologische Fragestellungen zur Sprache kommen. Im weitesten Sinn ergeben sich also für die Vitalfärbung morphologische und physiologische Anwendungsbereiche.

a) Vitalfärbung als morphologisch-anatomisches Hilfsmittel

Durch das Anfärben bestimmter Organe, Gewebe, Zellen oder Zellbestandteile kann deren Sichtbarkeit bedeutend erhöht werden. Diese Methode hat vor allem bei kleinen durchsichtigen Organismen und in der Cytologie ihre Vorteile. Die Farblosigkeit der Elemente vieler Zellen und die meist nur geringen Unterschiede in ihrem Lichtbrechungsvermögen erschweren ihre Wahrnehmbarkeit und Erforschung. Wenn wir auch im Phasenkontrastverfahren eine optische Methode haben, die diesen Mangel in vielen Fällen ohne Eingriff in das Gefüge der Zelle, wie es jede Vitalfärbung notgedrungen mit sich bringt, behebt, so ist damit die Vitalfärbung für die Cytologie doch nicht überholt. Mit Hilfe der Vitalfärbung ist es möglich, bei entsprechenden Verfahren ganz bestimmte Zellbestandteile hervorzuheben, eine Elektivfärbung (GICKLHORN 1931 b) durchzuführen, die es zum Teil erst erlaubt, bestimmte Zelleinschlüsse zu identifizieren. Als besonders günstig erweist sich dabei eine Kombination mit dem Phasenkontrastverfahren.

Die Elektivfärbung hat nicht nur ihre Bedeutung für die rein deskriptive Morphologie, sondern auch für das physiologische Experiment, bei dem unter Umständen eine Markierung bestimmter Zellbestandteile von Vorteil ist.

Da es sich bei den Farbstoffen um mehr oder weniger giftige Fremdkörper handelt, kann eine Färbung Änderungen der Plasmakonfiguration herbeiführen, deren Studium unsere Kenntnisse über die pathologische Morphologie der Zelle erweitern. Häufig unterscheiden sich lebende und tote Zellen in ihrem Färbungsbild oder manche Farbstoffe färben überhaupt nur tote Zellen. Unter Umständen lassen sich durch das Färbungsbild verschiedene Schädigungsgrade charakterisieren.

b) Vitalfärbung als physiologisches Hilfsmittel

Die aus den morphologischen Färbungsbildern sich ergebenden Tatsachen, daß nur bestimmte Farbstoffe Zellen vital anfärben oder ein Farbstoff nur bestimmte Zellen färbt, führen zwangsläufig zu physiologischen Fragestellungen. Der einfache optische Nachweis des Verbleibens von Farbstoffen im mikro- und makroskopischen Bereich kann zur Klärung vieler allgemein physiologischer Probleme beitragen. Zu diesem Problemkreis gehören aktive und passive Stoffaufnahme, Stoffspeicherung und Stoffwanderung, sowohl im Bereich der Zelle als auch in der ganzen Pflanze. Die Vitalfärbung hat z. B. bei der Aufstellung der klassischen Permeabilitätstheorien eine bedeutende Rolle gespielt. Der Nachweis der Wanderbahnen für das Wasser und die Untersuchungen über den Einfluß der Transpiration auf die Wasserbewegung in der Pflanze sind die ältesten Anwendungsgebiete der Farbstoffe in der Botanik überhaupt.

Viele Farbstoffe besitzen Indikatoreigenschaften, d. h. ihr Farbton ist von der Wasserstoffionenkonzentration (cH) des Lösungsmittels oder auch von dem jeweils herrschenden Reduktions-Oxydationspotential abhängig. So dient die Vitalfärbung zur Bestimmung von pH-Werten in der lebenden Zelle oder zur Charakterisierung der in der Zelle ablaufenden Redox-Vorgänge, zum Nachweis von Reduktions- oder Oxydationsorten. Wieweit diese Methoden zuverlässige Ergebnisse liefern, werden wir später sehen.

Da die Farbstoffe mit einer Reihe anderer Substanzen unter Farbtonänderungen oder unter Bildung unlöslicher Niederschläge reagieren bzw. sich auf Grund ihrer hydro- und lipophilen Eigenschaften — häufig auch unter Farbtonänderung — in bestimmten Stoffen anreichern, können sie als Reagenzien auf entsprechende Stoffe oder Stoffgruppen in der Zelle benutzt werden. Es seien hier nur Ribo- und Desoxyribonucleinsäure, Pektine, Gerbstoffe und Lipoide erwähnt.

Die chromophore Gruppe eines Farbstoffes liegt als Anion oder als Kation vor, d. h. sie ist verschieden elektrisch geladen. Es ist deshalb unter Umständen möglich, aus einer Färbung auf positiv oder negativ geladene Orte in einer Zelle, einem Gewebe oder einem Organ zu schließen. Wenn sich z. B. die Wand einer Pflanzenzelle nur adsorptiv mit einem Farbkation, aber nicht mit einem Farbanion färbt, zeigt dies an, daß die Zellwand unter den bei dem Versuch vorliegenden Bedingungen negativ geladen sein muß.

Aus der Aufnahme oder Nichtaufnahme durch die Zelle und aus der Verteilung in der Zelle lassen sich Rückschlüsse auf die Eigenschaften des Plasmas und seiner Einschlüsse ziehen, die zu einer Klärung der plasmatischen Strukturen beitragen können. In dieser Hinsicht sind auch Änderungen der Farbstoffeigenschaften durch die Stoffwechseltätigkeit der Zelle und damit Verlagerungen des Farbstoffes in der Zelle von Bedeutung.

Die von der Zelle aufgenommenen Farbstoffe werden aber nicht nur die Plasmakonfiguration in morphologischer Hinsicht ändern, sondern können auch an physiologischen Prozessen entweder stimulierend oder hemmend oder umschaltend beteiligt sein. Demnach läßt sich mit Hilfe von Farbstoffen in stoffwechsel-, entwicklungs- und reizphysiologische Prozesse eingreifen. Hierher gehören Atmung, Gärung und Photosynthese, Wachstum, Mutationsauslösung und Reizbewegungen, um nur einige zu nennen.

Die aufgeführten Anwendungsgebiete der Vitalfärbung umfassen auch gleich die Zielsetzungen. Die Zielsetzung kann mit der bloßen Anfärbung etwa eines Zellbestandteiles, um ihn von anderen abzuheben, erfüllt sein. Sie kann aber auch in der Klärung bestimmter physiologischer Probleme bestehen, z. B. Klärung der Permeabilitätsverhältnisse des Plasmas oder der Faktoren, die zu einer Stoffspeicherung in der Vakuole oder zur phototropischen Umstimmung eines Organes führen.

Sollen diese Ziele aber erreicht werden, so ist die genaue Kenntnis der chemischen und physikalisch-chemischen Eigenschaften der Farbstoffe eine Voraussetzung. Bei Fragen der Zellphysiologie muß man ferner die Färbungsverhältnisse und ihre physikalisch-chemischen Grundlagen bei der toten Zelle kennen. Aus diesem Grunde werden wir uns in der vorliegenden Darstellung auch mit diesen Fragen befassen.

3. Zur Geschichte der Vitalfärbung bis zum Erscheinen der Arbeit von Pfeffer (1886)

Die älteste Anwendung von Farbstoffen in der Botanik finden wir zum Nachweis der Wanderbahnen und der Wasserbewegung in der Pflanze. Diese Versuche gehen bis auf Magnol (1709) zurück (zit. nach Strasburger 1891, der eine Übersicht über die älteste Literatur bringt [S. 555 und f.]). Bei diesen ersten Färbungen wurde neben Tinte vor allem der Saft gefärbter Früchte benutzt. Dabei handelte es sich meist um Fruchtsäfte, die damals als Lebensmittelfarbstoffe eine Rolle spielten, oder auch um Rotwein. So ließ La Baïsse (1733) wie Magnol den roten Farbsaft der Früchte von *Phytolacca decandra* in den Pflanzen von *Polianthes tuberosa* und *Antirrhinum majus* aufsteigen. Der Farbstoff soll von den lebenden Wurzeln aufgenommen werden und bis in die Blumenblätter wandern, wo er die Blattadern rot färbt. Van Marum (1773) stellte abgeschnittene Zweige zum Transpirieren in Farblösungen und beobachtete, daß die Färbung am intensivsten im jüngsten Jahresring war und nach dem Innern hin an Intensität abnahm. BIOT (1837) wiederholte die Versuche von LA BAÏSSE mit weißen Hyacinthen.

Wie LA BAÏSSE benutzte auch UNGER (1848) ganze Pflanzen und *Phytolacca*-Saft. Begoß er in Töpfen kultivierte weißblühende Hyacinthen nach vorhergehender Trockenhaltung mit dem Farbsaft, den er aus getrockneten Früchten unter Zusatz von Wasser gewonnen hatte, so verliefen die Versuche negativ. Wurde aber im Herbst ausgepreßter und in verschlossenen Gefäßen aufbewahrter Saft angewandt, der schon z. T. in Gärung übergegangen war und auf Lackmuspapier deutlich sauer reagierte, so zeigten die Blüten bereits nach 20 Stunden die erste Spur einer roten Färbung, die sich in den folgenden Tagen verstärkte. Ähnliche Ergebnisse erzielte er mit Abkochungen von Krappwurzeln und filtriertem, ebenfalls vergorenem, saurem Preßsaft von *Sambucus nigra*-Früchten (UNGER 1853). Versuche mit Preßsäften aus roten Rüben und Früchten von *Ligustrum vulgare* schlugen fehl. Ferner gelangen die Versuche nur mit *Hyacinthus* und versagten bei anderen untersuchten Pflanzen, mit Ausnahme von *Narcissus poeticus*, bei der noch eine schwache Rötung mit *Phytolacca*-Saft zu beobachten war (UNGER 1848, 1853, 1868). Da sich die Wurzelspitze immer am stärksten färbte. schloß UNGER (1853), daß nur dieser Teil den Farbstoff aufnimmt. Die Wurzelhaare blieben ungefärbt und sollen sich deshalb an der Aufnahme nicht beteiligen.

HARTIG (1853) führte an frisch geschnittenen und an bereits bewurzelten Pappelstecklingen mit Lackmuslösungen Versuche durch. Nur die ersten nahmen den Farbstoff mit ihrer unteren Schnittfläche auf und ließen die gefärbte Lösung bis zum oberen Schnittrand aufsteigen. Die bewurzelten Stecklinge zeigten nach einigen Tagen nur einige blau gefärbte Wurzelspitzen. Ein Aufsteigen des Farbstoffes fand nicht statt. HARTIG wiederholte auch den Versuch von UNGER mit *Phytolacca*-Saft an ganzen Hyacinthen-Pflanzen, allerdings nicht an Topfpflanzen, sondern in Wasserkultur. Ohne Bezugsliteratur anzugeben, schreibt er (S. 315): „Die Wiederholung dieses berühmt gewordenen, so häufig zitierten Versuchs hat mir stets nur negative Resultate geliefert und ich muß, nach allen meinen Erfahrungen die Ansicht für eine durchaus verwerfliche erklären, nach welcher die gesunde, unverletzte Pflanzenwurzel alle, auch solche Lösungen aus ihrer Umgebung aufnimmt, die sich ihr darbieten." Er beobachtete zwar die Färbung der Wurzelspitzen, schloß aber zum Unterschied von UNGER, „daß die Aufnahme des Saftes allein durch Erkrankung des Zellgewebes der eingetauchten Wurzelspitzen erfolgt war". Fünf Jahre später spricht HARTIG (1858, S. 25) nur noch vom „berüchtigten" Experiment mit der Aufnahme von Farbstoffen durch die Wurzeln der Hyacinthe.

Auch BAILLON (1875) wiederholte die Versuche mit *Phytolacca*-Saft an ganzen Hyacinthen-Pflanzen mit negativem Ergebnis. Die Pflanzen nahmen das Wasser, aber nicht den Farbstoff aus der Lösung auf. Die weißen Blüten färbten sich aber in kurzer Zeit, wenn er abgeschnittene Blütenschäfte oder die mit Wundflächen versehene Zwiebelbasis in die Farblösung tauchte. Er schloß, daß die Wurzelrinde, die sich auch nicht färbt, es verhindert, daß der Farbstoff an die färbungsfähigen Teile gelangt.

Bei den bisher betrachteten Arbeiten handelt es sich, mit Ausnahme der von UNGER, nur um eine makroskopische Betrachtung der Färbungsergebnisse, es wird nichts über eine Färbung des Zellinhaltes berichtet.

In der historischen Darstellung der Vitalfärbung bei Conn und Cunningham (1932) wird als älteste Mitteilung einer Färbung des Zellinhaltes eine Arbeit von Goeppert und Cohn angeführt, doch die Autoren irren sich, wenn sie angeben (S. 81): „..... Göppert and Cohn (1849) used carmin for staining the cell contents of living[2] *Nitella* ...“; denn Goeppert und Cohn färbten nicht den Inhalt lebender Zellen, sondern sie ließen den Zellinhalt durchschnittener Zellen von *Nitella flexilis* in eine wässerige Carmin-Suspension austreten und beobachteten, daß sich dann nur „Wimperkörperchen“, die identisch mit den sog. Stachelkugeln (vgl. S. 243) sein dürften, intensiv rot färbten.

Als älteste Mitteilung einer vitalen Kernfärbung wird im allgemeinen die Veröffentlichung von Osborne aus dem Jahre 1857 angesehen. Auch in diesem Fall ist Carmin der benutzte Farbstoff. Es werden Weizenpflanzen untersucht, die in einer Carminlösung wuchsen. Bereits Pfeffer (1886) weist aber mit Recht darauf hin, daß es sich offenbar um Beobachtungen an tatsächlich abgestorbenen Zellen handelt. Eher lagen bei den Versuchen an Protisten mit Haematoxylin von Brandt (1881) sowie mit Dahliaviolett und Malachitgrün von Certes (1885) und mit Neutralrot von Przesmycki (1897) vitale Kernfärbungen vor.

Wenn in der Literatur (z. B. Przesmycki 1899) vitale Kernfärbungen bei Infusorien mit Bleu de quinoléine und Cyanin durch Certes (1881a, b) angegeben werden, so trifft das nicht zu. Certes schreibt ausdrücklich, daß der Kern lebender Zellen sich mit diesen Farbstoffen nicht färbt, was er später (1885) nochmals betont.

Ganz allgemein werden Ehrlich (1885) auf zoologischem und Pfeffer (1886) auf botanischem Gebiet als die Schöpfer der Vitalfärbung von Zellen angesehen. Ohne Zweifel stellt im botanischen Bereich die grundlegende Arbeit von Pfeffer den Ausgangspunkt der modernen Vitalfärbung dar. Hier werden zum ersten Mal die seit der Entdeckung des Mauveins im Jahre 1854 in schneller Folge auf den Markt gebrachten Anilinfarbstoffe auf ihre Eigenschaft, die Pflanzenzelle zu färben, systematisch untersucht und die erhaltenen Färbungsbilder genau beschrieben.

Pfeffer hat aber nicht recht, wenn er schreibt (1886, S. 269): „Eine Aufnahme oder Ausgabe gelöster Farbstoffe war bisher für lebendige Pflanzenzellen unbekannt.“ Diesem Irrtum sind auch alle Nachfahren verfallen.

Tatsächlich besitzen wir in der Arbeit von Unger: „Über Aufnahme von Farbstoffen bei Pflanzen“, vorgelegt in der Sitzung der math.-naturw. Klasse der kaiserlichen Akademie der Wissenschaften zu Wien am 25. Mai 1848, eine ausgezeichnete Beschreibung über die Vakuolenfärbung lebender Zellen der Hyacinthe mit dem Farbstoff aus *Phytolacca*-Früchten mit einer sehr aufschlußreichen Farbtafel (Drawert 1956 a). Unger hat nicht nur den Aufstieg des *Phytolacca*-Saftes in blühenden Hyacinthen makroskopisch verfolgt, wie auf S. 11 beschrieben worden ist, sondern die gefärbten Pflanzen auch mikroskopisch untersucht. Es ergab sich, daß, von den Wurzeln angefangen bis zu den Blumenblättern, die Parenchymzellen längs der Schraubengefäße gefärbt waren. Aus den Abbildungen der Farbtafel zu schließen, lag eine reine, diffuse Vakuolenfärbung vor. Die Anzahl der gefärbten Zellen war in den Wurzeln am geringsten, steigerte sich in den oberirdischen Organen von unten nach oben und erreichte in den Spitzen der Blumenkrone ihr Maximum. Da die Gefäße völlig farblos erschienen, schloß

---

[2] Im Original nicht gesperrt.

UNGER, daß der Farbstoff nicht in den Gefäßen gewandert, sondern durch End-
und Exosmose von Zelle zu Zelle befördert worden war. Holunderbeerensaft wurde
dagegen nur in den Gefäßen der Leitbündel, „welche sonst durchaus Luft
führten", transportiert und färbte nie das Leitbündelparenchym. Die Füllung
der Gefäße in diesem Fall wird als eine durch den Farbstoff bedingte Anomalie
angesehen.

Auf Grund unserer heutigen Kenntnisse über die Aufnahme lipophober,
anionischer Farbstoffe — und der *Phytolacca*-Farbstoff gehört zu dieser Gruppe
(DRAWERT 1956 a) — müssen wir schließen, daß tatsächlich eine vitale Aufnahme
in die Zelle vorlag. Trotz der negativen Ergebnisse anderer Autoren, ist bei den
Versuchen von UNGER die Möglichkeit gegeben, daß die Hyacinthen-Wurzeln den
Farbstoff aktiv aufgenommen haben. Eine Aufnahme durch verletzte Wurzeln ist
aber eher anzunehmen, da der Farbstoff ohne Zweifel in den Gefäßen weiterge-
leitet worden ist. Aktiv aufgenommene Farbstoffe werden von den Zellen nur
sehr schwer wieder abgegeben, so daß eine Durchwanderung der unverletzten
Wurzelrinde und eine Abgabe an die Gefäße nicht sehr wahrscheinlich erscheint.
Doch wissen wir darüber noch zu wenig, um ein abschließendes Urteil fällen zu
können; denn man darf nicht übersehen, daß Nährsalze bei intakten Wurzeln auch
bis in die Gefäße gelangen müssen.

UNGER gehört wohl die Priorität, als erster eine Vitalfärbung der Pflanzenzelle
durchgeführt und richtig erkannt zu haben. Die Arbeit enthält bereits drei Punkte,
die sich später als wichtig für die Aufnahme lipophober, anionischer Farbstoffe
herausstellten.

1. Die Anwendung des Transpirationsstromes zur Heranführung des Farbstoffes an Zellen im Inneren des Pflanzenkörpers; eine Methode, die erst wieder
von KÜSTER (1912) ohne Kenntnis der Ergebnisse von UNGER mit Erfolg aufgenommen worden ist.

2. Die saure Reaktion der Farbstofflösung, die für die Aufnahme lipophiler,
anionischer Farbstoffe von noch größerer Bedeutung ist als für die der lipophoben.

3. Die besondere Fähigkeit des Leitbündelparenchyms, lipophobe, anionische
Farbstoffe zu speichern.

Es ist erstaunlich, daß die Arbeit von UNGER restlos in Vergessenheit geraten
war. Die sehr scharfe Ablehnung durch HARTIG (s. S. 11) an verschiedenen Stellen
mag dabei nicht ganz unschuldig gewesen sein.

GENEVOIS (1928) erwähnt noch (S. 68): „En 1881, HENNEGUY et CERTES out
coloré vitalement des cellules végétales", aber leider ohne bibliographische Angaben. Allem Anschein nach handelt es sich um folgende Mitteilungen der Autoren. Nachdem HENNEGUY (1881) eine völlig unschädliche Plasmafärbung von
Paramaecium aurelia mit Bismarckbraun erhalten hatte, ließ er Kressesamen auf
Baumwolle keimen, die mit einer konzentrierten Bismarckbraunlösung getränkt
war. Es entwickelten sich braun gefärbte Pflänzchen. Eine mikroskopische Analyse an zerquetschtem Gewebe ergab aber, daß das Plasma der Zellen nur sehr
schwach, die Gefäße aber bis zu ihren Endigungen in den Blättern tief braun gefärbt waren. Das Myzel eines Schimmelpilzes, der sich in einer Bismarckbraunlösung entwickelt hatte, war deutlich gefärbt. Was sich gefärbt hatte, wird nicht
angegeben. CERTES (1881 a) berichtet nur kurz, daß sich mit Cyanin bei Pflanzenzellen die Zellulose violett und die Fetttropfen in Diatomeen bläulich färbten.

Bei Unger war die Vitalfärbung der Zellen des Leitbündelparenchyms ein Nebenergebnis von Versuchen, die er mit ganz anderer Zielsetzung durchführte. Die Arbeit von Pfeffer (1886) hatte dagegen die Vitalfärbung zum Studium der Mechanik des Stoffaustausches der Pflanzenzelle als Ziel. Er führte deshalb seine Versuche auch mit ganz anderer Methode und mit ganz anderen Objekten durch. „Der leichter permeablen Zellwandungen halber wurden mit Vorliebe Algen und die submersen Wurzeln auf Wasser schwimmender Pflanzen benutzt, die auch den Vorteil bieten, an das Wasserleben akkommodiert zu sein." Diese Objekte kamen in die stark verdünnten (0,0001—0,001%), wässerigen Farbstofflösungen, und Farbstoffaufnahme und Speicherung wurden mikroskopisch verfolgt. Seit den Untersuchungen von Ehrlich und Pfeffer sind die natürlichen Farbstoffe — von wenigen Ausnahmen, wie das fluorescierende Alkaloid Berberin, abgesehen — für die Vitalfärbung völlig in den Hintergrund getreten.

Eine originelle Färbemethode mit natürlichen Farbstoffen soll noch erwähnt werden. Matruchot (1898 a, b, 1900) ließ auf demselben Nährboden neben *Bacillus violaceus* oder *Fusarium polymorphum* den farblosen Phycomyceten *Mortierella reticulata* wachsen. *B. violaceus* gab einen violetten und *F. polymorphum* einen grünen Farbstoff an das Nährsubstrat ab. Beide Farbstoffe wurden von *Mortierella* aufgenommen und färbten in den Hyphen vor allem Öltropfen, aber auch Kerne und Cytoplasma. Die Zellwand blieb farblos. Semenoff und Maszlova (1935) ließen durch Phagocythose *Bacterium prodigiosum* von Infusorien aufnehmen. Es trat eine völlig unschädliche Färbung der Verdauungsvakuolen, der Granula und auch eine diffuse Farbstoffverteilung auf.

Es sei noch auf einige zusammenfassende Darstellungen oder größere Arbeiten über Vitalfärbung oder deren Teilgebiete verwiesen. Die Aufzählung enthält auch einige zoologische bzw. vorwiegend zoologisch ausgerichtete Werke — durch Zool. gekennzeichnet —, die aber von allgemeinerem Interesse sind: DE Beauchamps (1909, Zool.), von Möllendorff (1920, 1926, Zool.), Schulemann (1927, Zool.), Gulliermond (1930 a), Gicklhorn (1931 a, b, c, Zool.), Kiyono, Sugiyama und Amano (1938, Zool.), Zeiger (1938, Zool.), Haitinger (1938)[3], Küster (1939a, 1942b), Guilliermond und Gautheret (1940/1946), Strugger (1949a), Grabner (1951), Drawert (1956 c), Wittekind (1959, Zool.) Honsell (1965). Folgende Werke enthalten besondere Abschnitte über Vitalfärbung oder gehen auf Ergebnisse der Vital-färbung näher ein: Höber (1926), Gellhorn (1929) sowie Gellhorn und Régnier (1936), Guilliermond, Mangenot und Plantefol (1933), Pfeiffer (1940), Brooks, S. C. und M. M. (1941), Guilliermond (1941), Dangeard, P. (1947), Milovidov (1949, 1954), Küster (1956), Harms (1957/1965), Troschin (1958, Zool., besondere Berücksichtigung der sowjetrussischen Literatur), Bancher und Höfler (1959).

II. Die chemischen und physikalisch-chemischen Eigenschaften der Farbstoffe

Für ein kausales Verständnis der Vitalfärbungserscheinungen ist eine Kenntnis der chemischen und besonders der physikalisch-chemischen Eigenschaften der

---

[3] Die Neubearbeitung des grundlegenden Werkes von Haitinger über die Fluorescenzmikroskopie durch andere Autoren (1959) muß leider von botanischer Seite als zu fehlerhaft abgelehnt werden (vgl. Drawert 1960b).

Farbstoffe erforderlich. Eine erschöpfende Darstellung dieser Gebiete kann hier nicht erfolgen. Es sollen deshalb nur einige für die Vitalfärbung wichtige Punkte hervorgehoben werden. Zu einer eingehenderen Orientierung empfehle ich: MAYER (1934/1935), VENKATARAMAN (1952) und für die biologischen Belange das ausgezeichnete Werk von HARMS (1957/1965). Ferner sei auf CONN (1961), GURR (1960, 1962a, 1965) sowie die Farbstofftabellen von SCHULTZ (1931) und den Colour Index (1956), vom letzten besonders Bd. 3, verwiesen.

1. Die Einteilung der Farbstoffe nach ihrer chemischen Konstitution

Eine farbige Substanz ist noch kein „Farbstoff". Von einem Farbstoff sprechen wir erst, wenn die Substanz an einem anderen Körper, etwa einer Pflanzenfaser oder einem Wollfaden, haften bleibt und ihn waschfest färbt. Erfolgt das Haften ohne weitere Vorbehandlung des zu färbenden Körpers, dann handelt es sich um einen substantiven oder Direkt-Farbstoff, ist dagegen eine Vorbehandlung, eine „Beizung" notwendig, so spricht man von einem adjektiven Farbstoff. Diese aus der praktischen Färbetechnik entlehnte Definition können wir auch für die Vitalfarbstoffe übernehmen mit Ausnahme der Einschränkung „waschfest"; denn viele Farbstoffe lassen sich unter Umständen schon mit reinem Wasser aus der gefärbten Zelle wieder „auswaschen".

Bei den synthetischen organischen Farbstoffen handelt es sich um aromatische Verbindungen; sie enthalten also immer Kohlenstoff (C) und Wasserstoff (H) (Ringkohlenwasserstoffe), daneben können sie aber auch Sauerstoff (O), Stickstoff (N), Schwefel (S) führen und mit Halogenen, wie Brom (Br), Jod (J) und seltener Chlor (Cl), substituiert sein.

Jeder Farbstoff besteht aus einer oder mehreren „chromophoren" oder farbtragenden und aus „auxochromen" oder farbverstärkenden Gruppen. Die letzten machen die Substanz erst zum eigentlichen Farbstoff. Für die chromophore Gruppe ist das Vorhandensein einer Doppelbindung Voraussetzung. Den auxochromen Gruppen fehlt dagegen die Doppelbindung. Chromophore und auxochrome Gruppen ergeben zusammen das Chromogen.

Die wichtigsten Auxochrome sind die Hydroxyl- (—OH) und die Aminogruppe (—NH$_2$). Da die Hydroxylgruppe an einem Ringkohlenstoff sitzt, wirkt sie sauer und kann mit Alkalien Salze bilden. Die Aminogruppe reagiert basisch und kann mit Säuren eine Bindung eingehen. Ihre beiden Wasserstoffatome können auch durch Alkyl-, Aryl- und andere Gruppen ersetzt werden. Diese Gruppen sind für die Vitalfärbung von Bedeutung, da sie die lipophilen Eigenschaften eines Farbstoffes mitbestimmen (s. S. 119).

Die chemische Einteilung der Farbstoffe wird nach der chromophoren Gruppe vorgenommen. Die Nitrosofarbstoffe führen zum Beispiel die Nitrosogruppe (—N=O). Das Grundskelett eines Nitrosofarbstoffes ist in (1, I) dargestellt.

(1, I) Grundskelett der Nitrosofarbstoffe

Die Nitrofarbstoffe haben entsprechend die Nitrogruppe (—NO$_2$). Eine der wichtigsten Chromophore ist die Azo-Gruppe (—N=N—). Je nachdem, wieviele

Azo-Gruppen im Molekül vorkommen, werden Mono- (z. B. Chrysoidin, s. S. 23, 2, II), Dis-, Tris-, Tetrakis-, Pentakis- usf. Azofarbstoffe unterschieden. Bismarckbraun (1, II) ist z. B. ein Vitalfarbstoff der Disazo-Gruppe.

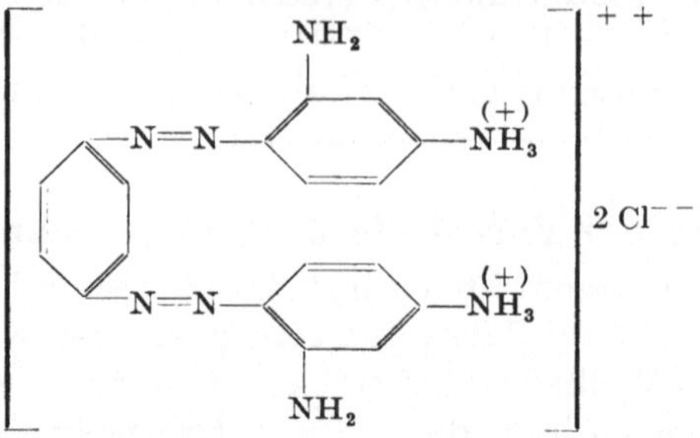

(1, II) Bismarckbraun

Von großer Bedeutung sind auch die Triphenylmethanfarbstoffe. Dieser Gruppe liegt ein Methan (CH_4) zu Grunde, in dem drei Wasserstoffatome durch drei Phenyl-Reste ersetzt sind (1, III). Methylviolett (1, IV) gehört als bekannter Vitalfarbstoff hierher.

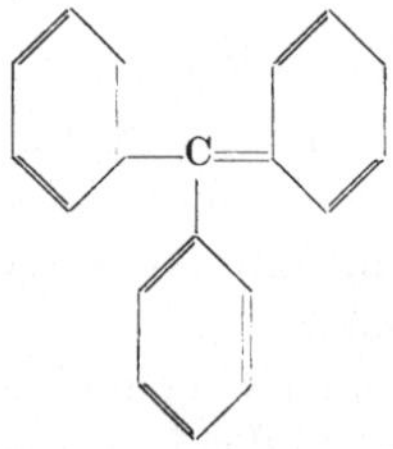

(1, III) Grundskelett der Triphenylmethanfarbstoffe

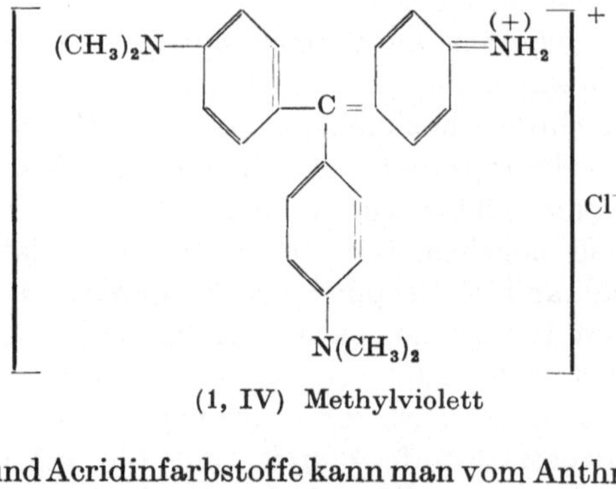

(1, IV) Methylviolett

Die Xanthen- und Acridinfarbstoffe kann man vom Anthracen ableiten (1, V, VI, VII).

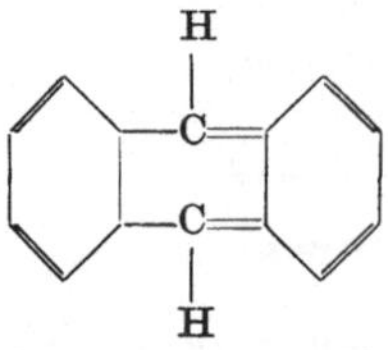

(1, V) Anthracen 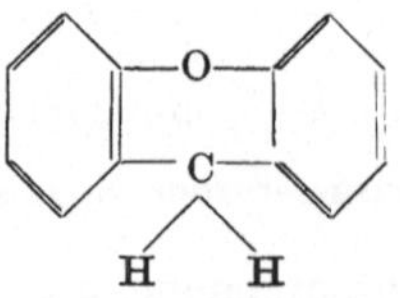   (1, VI) Xanthen 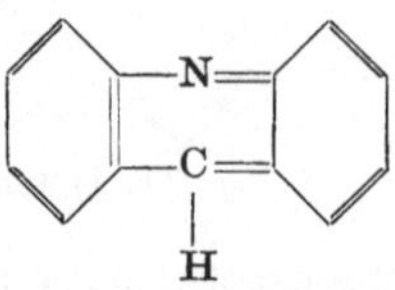   (1, VII) Acridin

Ein viel benutzter Xanthenfarbstoff ist das Eosin gelblich, ein 2,4,5,7-Tetrabromfluorescein (1, VIII).

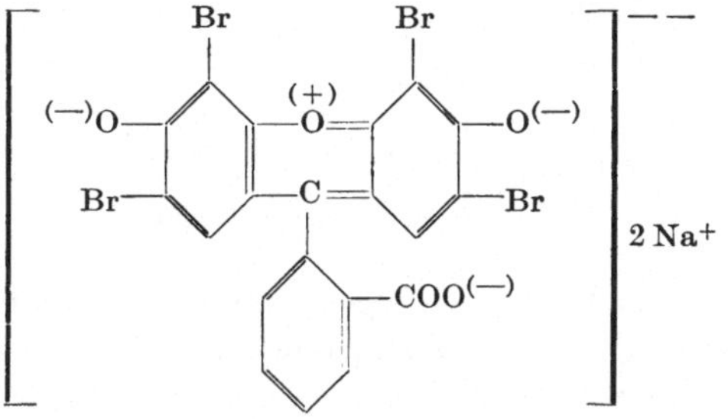

(1, VIII) Eosin gelblich

Unter den Acridinen hat das Acridinorange (1, IX) als Fluorochrom größte Bedeutung für die Vitalfärbung.

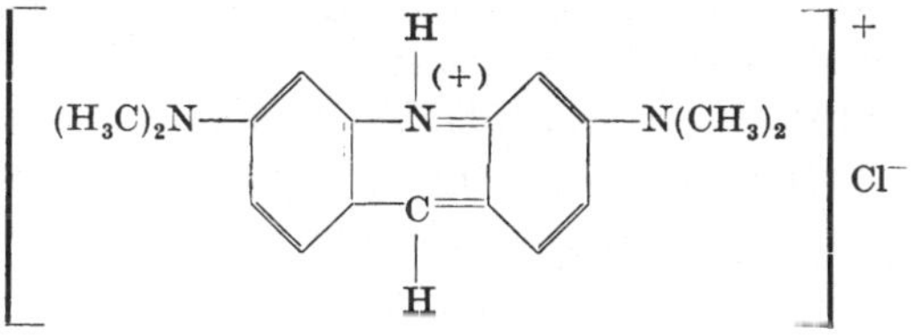

(1, IX) Acridinorange

Zu den Azinfarbstoffen kommt man vom Pyrazinring (1, X) über das Phenazin (1, XI). Hier sind die beiden Brücken-Kohlenstoffe des Anthracens durch Stickstoff ersetzt. Zu den Azinen gehört Neutralrot (1, XII), einer der ältesten und bekanntesten Vitalfarbstoffe.

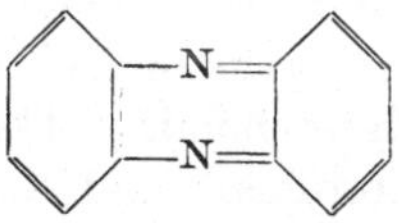

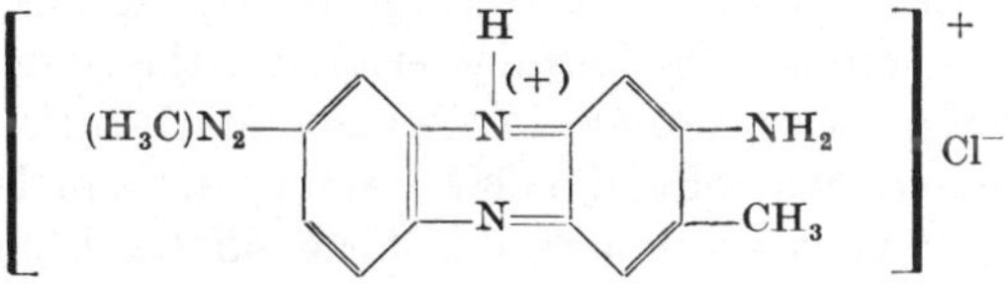

(1, X) Pyrazin   (1, XI) Phenazin   (1, XII) Neutralrot

Nimmt die Stelle eines Brückenstickstoffes ein Sauerstoff ein, so liegt das Phenoxazin (1, XIII), der Grundkörper der Oxazinfarbstoffe, vor. Als Vertreter dieser Gruppe sei Brillantcresylblau (1, XIV) erwähnt.

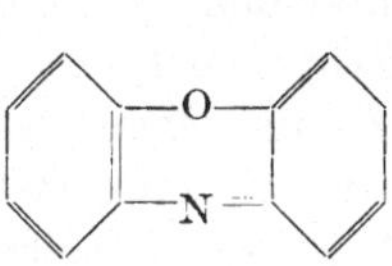

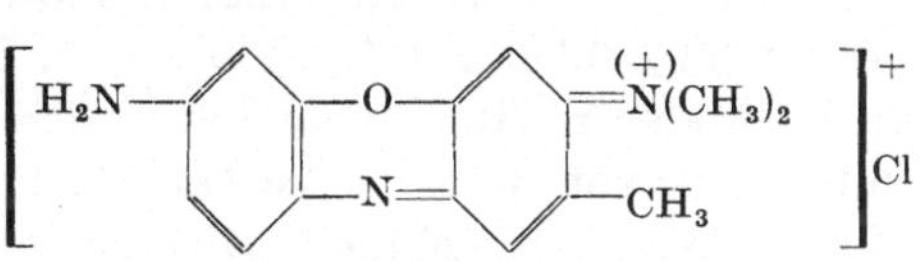

(1, XIII) Phenoxazin   (1, XIV) Brillantcresylblau

Wird der eine Brückenstickstoff im Phenazin (1, XI) statt durch Sauerstoff durch Schwefel ersetzt, so erhält man den Grundkörper der Thiazinfarbstoffe, das Phenothiazin (1, XV).

(1, XV) Phenothiazin

Seit den klassischen Untersuchungen von Ehrlich und Pfeffer gehört das Thiazin Methylenblau (1, XVI) neben dem Azin Neutralrot (1, XII) zu den gebräuchlichsten Vitalfarbstoffen.

(1, XVI) Methylenblau

Auch das Grundskelett der Anthrachinonfarbstoffe, die allerdings für die Vitalfärbung nur eine untergeordnete Bedeutung haben, läßt sich auf Anthracen zurückführen, denn das Anthrachinon (1, XVII) kann man durch Oxydation des Anthracens gewinnen. Als Beispiel für diese Farbstoffgruppe diene Alizarinrot S (1, XVIII).

(1, XVII) Anthrachinon   (1, XVIII) Alizarinrot S

Einige andere Farbstoffgruppen, die bisher ebenfalls für die Vitalfärbung keine größere Bedeutung erlangt haben, sollen nur dem Namen nach erwähnt werden. Das wären die Pyrazolonfarbstoffe mit Tartrazin und Dianilgelb, die Chinolinfarbstoffe, die als Sensibilisatoren in der Photochemie viel benutzt werden, mit Pinacyanol, einem Vitalfarbstoff für Chondriosomen, und Astraviolett FF, die Thiazole mit dem auch für Vitalfluorochromierungen interessanten Primulin (s. S. 420, 569), dann die Chinoniminfarbstoffe mit Bindschedler's Grün und Indophenolblau, dem Farbstoff, der bei der Nadi-Reaktion entsteht (s. S. 192). Von den Indigoiden-Farbstoffen spielen Indigocarmin, Indigotrisulfonat und- tetrasulfonat vor allem als Redoxindikatoren eine Rolle. Pyren-Derivate sind in neuerer Zeit als Vitalfluorochrome in der Botanik benutzt worden.

Die Handelsmarken der Farbstoffe führen häufig hinter dem Farbstoffnamen Buchstaben oder auch Zahlen mit Buchstaben, z. B. Methylviolett B, 5B, 5BO, BBN; Pyronin B, G oder Y. Hierbei handelt es sich um Kennzeichen für die technische Verwendbarkeit, vor allem für die Textilfärberei oder um Hinweise auf den Farbton, die Löslichkeit, Lichtechtheit, Hitzebeständigkeit usw. Tabelle 1 bringt eine kurze Übersicht der häufigsten Zeichen und deren Bedeutung.

Tab. 1. *Bedeutung von Buchstaben und Zahlen hinter einem Farbstoffnamen.*
(Aus HARMS 1957/1965.)

A = für Acetatseide geeignet.
B = blaustichige Marke. Mit steigender Anzahl der B steigt auch die Intensität der blauen Nuance, das Maximum dürfte ein Methylviolett 10 B sein, das also das äußerste an blauer Nuance des violetten Grundtons bedeutet.
C = bezieht sich auf die Chlorechtheit des Farbstoffes.
D = bedeutet: für Druckereizwecke geeignet.
F = ergibt klare Töne.
FF = ergibt besonders klare Töne.
G = grün- oder gelbstichige Marke, z. B. Azokarmin G.
H = weist auf Hitzebeständigkeit hin.
L = weist auf Lichtbeständigkeit hin.
M = deutet darauf hin, daß es sich um eine Mischung handelt.
N = neu.
O = in der Konzentration von anderen Marken unterschieden.
R = rotstichige Marke. Auch in diesem Fall werden die Buchstaben je nach Vorherrschen des Rotstichs mehrfach genommen, also z. B.:
RR = 2 R ist rotstichiger als R.
S = Farbstoff mit besserer Löslichkeit.
T = Farbstoff ergibt tiefe stumpfe Töne.
X = weist wiederum auf Konzentrationsänderungen hin.
Y = yellowish = gelblich.

Farbstoffe, deren Markenbezeichnung sich nur in diesen Zeichen unterscheiden, können in ihrem Bau sehr ähnlich sein, aber auch stärker voneinander abweichen. Im allgemeinen handelt es sich nur um Veränderungen in den Auxochromen, z. B. unterschiedliche Anzahl von Alkylgruppen. Als Beispiel sollen verschiedene Rhodamine angeführt werden (1, XIX—XXIV).

(1, XIX) Rhodamin G

(1, XX) Rhodamin 6G

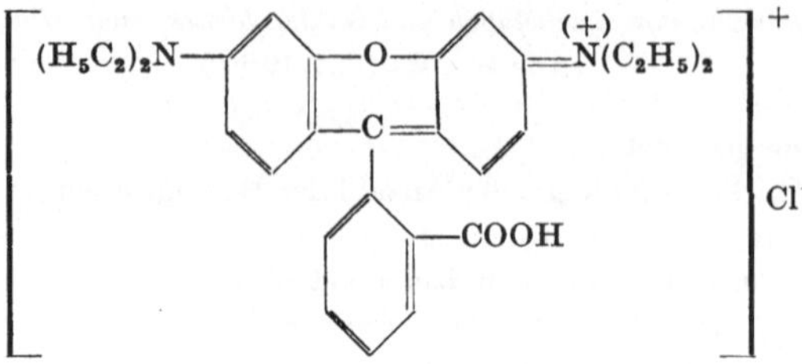

(1, XXI) Rhodamin B

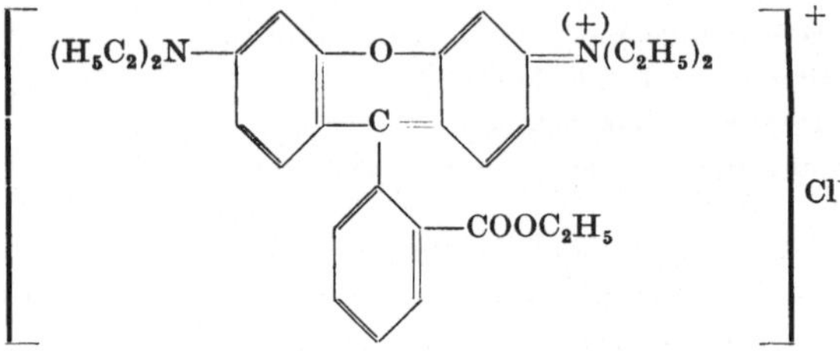

(1, XXII) Rhodamin 3B

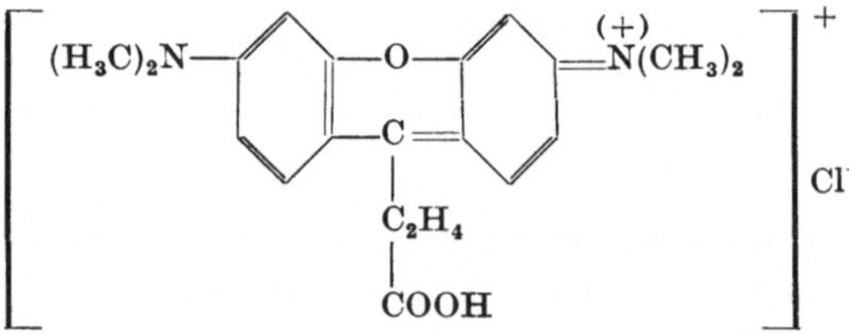

(1, XXIII) Rhodamin S

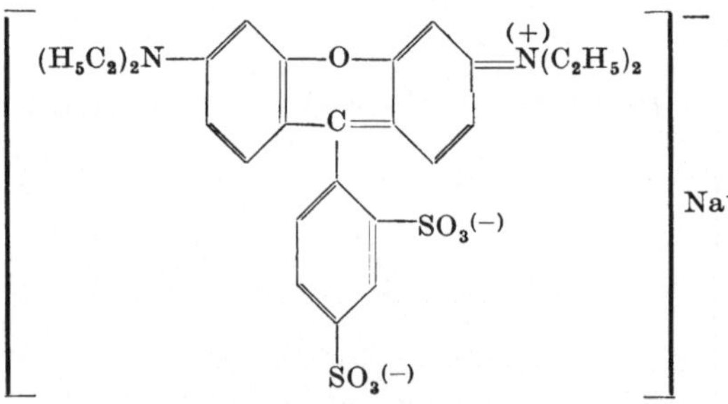

(1, XXIV) Sulforhodamin B

Für die Vitalfärbung sind diese Änderungen unter Umständen von größerer Bedeutung, so daß man immer die Zeichen beachten muß. Die Art und die Anzahl von Alkyl-, Aryl- und anderen Gruppen können den Grad der Lipophilie des Farbstoffes bestimmen.

Bei den Rhodaminen erhält man durch Veresterung der Carboxylgruppe ein stärker basisches Produkt. Rhodamin S (1, XXIII) verhält sich in wässeriger Lösung im Ausschüttelversuch mit hydrophoben Flüssigkeiten (s. S. 136) und im Vitalfärbungsversuch (s. S. 449) stark abweichend von den anderen Rhodaminen.

Ein völlig abweichendes Verhalten in physikalisch-chemischer Hinsicht und im Vitalfärbungsversuch bewirkt ein Ersatz der Carboxylgruppe beim Rhodamin B (1, XXI) durch eine —SO_3H-Gruppe und Einführung einer zweiten —SO_3H-Gruppe in p-Stellung zum Brücken-C. Der so erhaltene Farbstoff hat seinen Charakter grundlegend geändert. Das Chromogen liegt nicht mehr als Kation, sondern als Anion vor, d. h. aus einem sogenannten basischen (kationischen) Farbstoff ist ein saurer (anionischer), das Sulforhodamin B (1, XXIV), geworden.

2. Die Einteilung der Farbstoffe nach ihren physikalisch-chemischen Eigenschaften

Für die Vitalfärbung kommt im allgemeinen den physikalisch-chemischen Eigenschaften der Farbstoffe — besonders in einer wässerigen Lösung (GICKLHORN und KELLER 1925) — eine größere Bedeutung zu als den chemischen, so daß man in der Biologie eine Einteilung nach physikalisch-chemischen Gesichtspunkten bevorzugt. Hier bieten sich verschiedene Möglichkeiten an, etwa eine Gruppierung nach den lipophilen und hydrophilen Eigenschaften, da diese für die Vitalfärbung besonders wichtig sind. Die übliche Einteilung erfolgt aber nach dem sauren oder basischen Charakter des Chromogens, also nach dem Bestandteil, der die chromophore Gruppe führt. Man spricht dann von sauren und basischen oder auch nach der elektrischen Ladung des Chromogens von anionischen (negativen) und kationischen (positiven) Farbstoffen. Die erste Bezeichnung hat sich allgemein eingebürgert, die zweite ist aber vorzuziehen, da die erste zu Mißverständnissen Anlaß gibt. LISON und FAUTREZ (1939) lehnen allerdings die Gleichsetzung der Begriffe „saure-" und „elektronegative-" bzw. „basische-" und „elektropositive Farbstoffe" ab, da u. U. durch Zusätze der elektrische Ladungssinn der Farbstoffteilchen in einer Lösung geändert werden kann.

Nicht selten begegnet man der Vorstellung, daß die wässerige Lösung eines basischen Farbstoffes alkalisch reagieren müßte und die eines sauren sauer. Das ist aber keineswegs der Fall. Die wässerige Lösung eines basischen Farbstoffes reagiert meist stärker sauer als die eines sauren (s. S. 22 u. f.). Die auch anzutreffenden Bezeichnungen anodische und kathodische statt anionische und kationische Farbstoffe halte ich nicht für glücklich; korrekt wäre nur anodisch und kathodisch wandernde Farbstoffe. Ganz unhaltbar ist die Bezeichnung negativer, also anionischer Farbstoffe mit „kathodisch" und positiver, also kationischer mit „anodisch", wie es PICK (1935) tut.

Ein anionischer und ein kationischer Farbstoff können dieselbe chromophore Gruppe besitzen, folglich muß der basische oder saure Charakter des Chromogens durch die auxochromen Gruppen bestimmt werden.

a) Anionische oder saure Farbstoffe

Die anionischen Farbstoffe tragen die chromophore Gruppe im Anion. Es handelt sich also um Farbsäuren, die als reine Säuren meist schwer wasserlöslich sind, deshalb benutzt man für die Vitalfärbung fast ausschließlich deren Salze, die sich im allgemeinen durch eine größere Löslichkeit im Wasser auszeichnen. Die üblichen Handelspräparate haben als Kation vorwiegend Natrium, seltener auch Kalium oder Ammonium. Als Beispiel soll der relativ einfach gebaute Monoazofarbstoff Orange G (2, I) dienen (vgl. auch Sulforhodamin B auf S. 20, 1, XXIV).

$$\left[C_6H_5 - N = N - \underset{\substack{(-)O_3S \\ SO_3^{(-)}}}{\overset{OH}{\bigcirc\bigcirc}} \right]^{- -} 2\,Na^+$$

(2, I) Orange G

Bei den Salzen der anionischen Farbstoffe handelt es sich zum Teil wie beim Eosin (S. 17, 1, VIII) um die Verbindung von einer schwächeren Säure mit einer starken Base (NaOH). In einer wässerigen Lösung wird der Charakter der Base vorherrschen, da neben der elektrolytischen Dissoziation auch eine hydrolytische Spaltung auftritt entsprechend folgender Gleichung:

$$\underset{\text{Farbsalze}}{NaA} \quad + \quad \underset{\text{Wasser}}{H_2O} \quad \longleftrightarrow \quad \underset{\text{Natronlauge}}{NaOH} \quad + \quad \underset{\text{Farbsäure}}{HA}$$

Bei den sulfosauren Farbstoffen wie Orange G (2, I) liegen dagegen stärkere Säuren vor, so daß beide Teile sich häufig etwa die Waage halten. Dieser Unterschied kommt deutlich in den pH-Werten wässeriger Lösungen zum Ausdruck (Tabelle 2).

Tabelle 2 belegt, daß der pH-Wert des im allgemeinen durch CO_2-Gehalt sauren aqua dest. von einigen sauren Farbstoffen bis in den alkalischen Bereich hinein verschoben werden kann. Aufschlußreich ist ein Vergleich der für Methylrot angeführten Zahlen. Die Messung von Yamaha (1937 a) bezieht sich auf die kaum wasserlösliche freie Farbsäure (Yamaha führt Methylrot irrtümlich unter den basischen Farbstoffen auf). Dementsprechend ist auch der pH-Wert der Farbstofflösung kleiner als der des benutzten aqua dest. Meine eigenen Messungen betreffen das wasserlösliche Natriumsalz. Da Methylrot eine sehr schwache Farbsäure ist, die sogar amphoteren Charakter besitzt (s. S. 65), erfolgt eine hydrolytische Spaltung und der pH-Wert ist größer als der des benutzten aqua dest.

Gurr (1962a, 1964) bringt für 118 anionische Farbstoffe die pH-Werte von 1%igen Lösungen in aqua dest., das vorher mit Alkali auf pH 7 eingestellt war. Von 31 Farbstoffen liegen die pH-Werte unter 7 und von 87 über 7, davon allein 29 zwischen pH 9,0 und 11,7. Die sauerste Lösung ergibt Pikrinsäure mit pH 1,35.

b) Kationische oder basische Farbstoffe

Bei den kationischen Farbstoffen handelt es sich um Farbbasen. Die chromophore Gruppe ist also im Kation enthalten. Wie bei den anionischen Farbstoffen sind auch hier die wasserlöslichen Handelspräparate fast ausnahmslos Salze, da die freien Farbbasen schwer löslich sind. Die Salze kommen vorwiegend als Chloride,

Tab. 2. *pH-Werte verschieden konzentrierter anionischer Farbstoffe in aqua dest.*

Farbstoff	aqua dest.	1%	0,1%	0,05%	0,01%	0,001%	Autor
Anilinblau	5,0–5,8		6,25		5,40		YAMAHA 1937a
Bengalrosa	5,0–5,8		7,10		6,35		YAMAHA 1937a
Eosin	5,0–5,8		6,80	6,60			YAMAHA 1937a
Eosin	5,20			6,20			YAMAHA und ARAKI 1939
Erythrosin	5,0–5,8		7,35		6,30		YAMAHA 1937a
K-Fluorescein	4,33		6,91		6,41	5,05	DRAWERT unveröff.
Na-Fluorescein	6,03	7,90	7,90		7,28		SCHWEIGHART 1935
Na-Fluorescein	?	9,60					STRUGGER und BUTTERFASS 1955
Na-Fluorescein[2]	4,33		8,72		6,89	5,72	DRAWERT unveröff.
Na-Fluorescein[3]	4,33		9,33		7,00	5,62	DRAWERT unveröff.
Na-Fluorescein (Uranin)	?		8,20		7,00		HÖFLER und Mitarb. 1956
Na-Fluorescein (Uranin)[4]	4,42		8,42		6,71	4,88	DRAWERT unveröff.
Congorot	5,0–5,8		7,60		6,65		YAMAHA 1937a
Lichtgrün	5,0–5,8		3,80		4,60		YAMAHA 1937a
Lichtgrün	4,42		4,01		4,25	4,31	DRAWERT unveröff.
Methylorange	5,0–5,8		6,60				YAMAHA 1937a
Methylrot	5,0–5,8		4,85[1]				YAMAHA 1937a
Methylrot (Na Salz)	4,42		6,62		5,74	4,71	DRAWERT unveröff.
Orange G	5,0–5,8		6,00		5,20		YAMAHA 1937a
Oxypyrentrisulfosaures Na	?	7,20					STRUGGER und BUTTERFASS 1955
Prontosil	5,15		6,0–6,4				DRAWERT und ENDLICH 1956
Säurefuchsin (Fuchsin S)	5,0–5,8		4,35		4,70		YAMAHA 1937a
Säurefuchsin (Rubin S)	4,42		4,32		4,35	4,38	DRAWERT unveröff.

[1] Gesättigte Lösung.
[2] Präparat von Merck.
[3] Präparat von Chroma.
[4] Präparat von Bayer.

seltener auch als Sulfate oder Acetate in den Handel. Als Beispiel soll einer der einfachsten Monoazofarbstoffe, das Chrysoidin (2, II) angeführt werden.

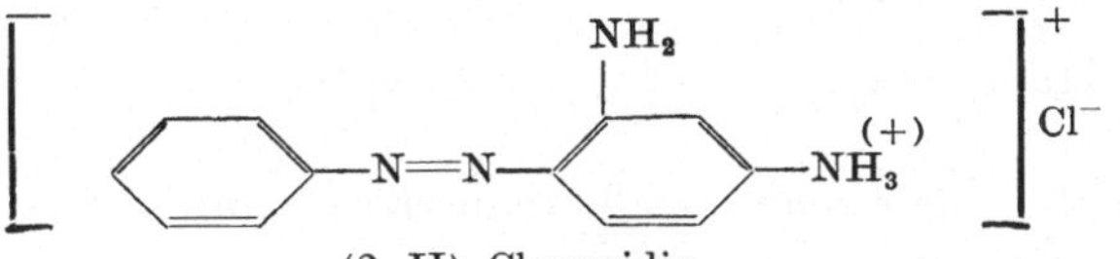

(2, II) Chrysoidin

Ein Vergleich der Formel des Chrysoidins mit der des anionischen Orange G (S. 22, 2, I) zeigt, daß in beiden Fällen das gleiche Chromophor, die Azingruppe

Tab. 3. *pH-Werte verschieden konzentrierter kationischer Farbstoffe in aqua dest.*

Farbstoff	aqua dest.	1%	0,1%	0,01%	0,001%	Autor
Acridinorange	?		3,80			Bogen und Elste 1955
Acridinorange	4,33		3,95	4,42	4,51	Drawert unveröff.
Acridinorange alte Lsg.	?		6,68			Drawert unveröff.
Berberinsulfat	?	2,75[1]				Strugger 1939a
Berberinsulfat	?	5,40				Strugger und Butterfass 1955
Berberinsulfat	?	5,29	5,98			Bauer 1953
Berberinbisulfat	?	2,11	2,90			Bauer 1953
Janusgrün B	5,12		4,00	4,90	5,28	Drawert 1953
Janusgrün B alte Lsg.	?		6,49			Drawert unveröff.
Janusgrün B (Diazingrün)	5,12		5,02	5,24	5,34	Drawert 1953
Methylenblau	5,78		4,17[2]			Gicklhorn und Keller 1924
Methylenblau	4,33		4,46	4,53	4,58	Drawert unveröff.
Methylenblau B extra	4,33		4,13	4,42	4,45	Drawert unveröff.
Neutralrot	5,0 — 5,8			4,25		Yamaha 1937a
Neutralrot	?			5,50		Czaja 1934
Neutralrot	?	2,71	4,31	5,05	5,91	Kiyono, Sugiyama und Amano 1938
Neutralrot	5,05	3,05	3,55	4,45	5,10	Bancher und Hölzl 1960b
Neutralrot	5,15		3,30	4,39	5,15	Drawert und Endlich 1956
Neutralrot extra	6,30		4,00	5,20	6,00	Drawert und Metzner 1956a
Nilblau B	?			5,36		Czaja 1934
Nilblau	5,15		3,90	4,85	5,13	Drawert und Endlich 1956
Prune pure	?	2,12[1]				Arnold 1937
Prune pure	?	1,93	2,49	3,32	4,13	Drawert 1938c
Rhodamin 6 G	?	4,48[1]	4,92	5,20	5,30	Drawert 1939a
Rhodamin B	?		3,70			Yamaha 1938b
Rhodamin B	?	2,85	3,60[3]	4,95	5,43	Drawert 1939a
Rhodamin 3 B	?	2,17	2,85	3,45	4,55	Drawert 1939a
Rhodamin S	?	2,90	3,48	4,41	5,06	Drawert 1939a

[1] Konzentrierte Lösung.   [2] 0,2%.   [3] Vgl. auch S. 51.

vorliegt, und der anionische oder kationische Charakter von den auxochromen Gruppen bestimmt wird.

Wie aus Tabelle 3 zu entnehmen ist, reagieren die wässerigen Lösungen der kationischen Farbstoffe sauer, einige sogar sehr stark sauer, da auch hier eine hydrolytische Spaltung vorliegt nach der Gleichung:

$$KaCl \quad + \quad H_2O \quad \longleftrightarrow \quad KaOH \quad + \quad HCl$$

Farbsalz   +   Wasser $\longleftrightarrow$ Farbbase   +   Salzsäure

Die Verschiebung des pH-Wertes des aqua dest. ist beträchtlicher als bei den anionischen Farbstoffen. Verglichen mit den meist sehr schwachen Farbbasen, sind die Farbsäuren, besonders die der sulfosauren Farbstoffe, relativ stark. Bei den kationischen Farbstoffen wird deshalb der anionische Bestandteil (HCl, H_2SO_4) den pH-Wert der wässerigen Lösung stärker bestimmen, als es dies das Kation bei vielen anionischen Farbstoffen tut.

Die Bedeutung des Anions für den pH-Wert der wässerigen Lösung demonstriert gut ein Vergleich der pH-Werte von Berberinsulfat und Berberinbisulfat in Tabelle 3. Ferner verschiebt der kationische Farbstoff Cresylblau in Salzform den pH-Wert von aqua dest. nach der sauren, als freie Farbbase aber in Richtung zur alkalischen Seite (IRWIN 1929 a). Entfernt man nach CZAJA (1934) aus einer 0,01%igen wässerigen Neutralrotlösung mit pH 5,5 die lipophile Farbbase durch mehrmaliges Ausschütteln mit Benzol, so fällt der pH-Wert der wässerigen Phase auf 3,4. Bei Nilblau B sind die entsprechenden Werte pH 5,36 und 4,56, bei Brillantcresylblau pH 5,9 und 5,2 und bei Kristallviolett pH 5,64 und 5,52. Aus diesen Werten geht hervor, daß die hydrolytische Spaltung bei einigen kationischen Farbstoffen wie Neutralrot ganz beträchtlich sein kann.

Die Annahme von BETHE (1920) und YAMAHA (1938 b), daß für die saure Reaktion einer wässerigen Rhodamin B-Lösung die freie Carboxylgruppe (vgl. S. 20, 1, XXI) in erster Linie verantwortlich ist, trifft nicht zu. Wäre dies der Fall, dann dürfte eine Rhodamin 3B-Lösung nicht noch saurer sein (Tabelle 3), da hier die Carboxylgruppe verestert ist (vgl. S. 20, 1, XXII). Die pH-Werte für ein und denselben Farbstoff bei gleicher Konzentration können unter Umständen stark variieren (Tabelle 2: Na-Fluorescein; Tabelle 3: Berberinsulfat, Neutralrot). Diese Abweichungen sind auf die Benutzung von Präparaten verschiedener Herkunft durch die einzelnen Autoren zurückzuführen. Bei einem Vergleich 0,5%iger Lösungen von 8 Toluidinblaupräparaten erhielten BALL und JACKSON (1953) eine Variationsbreite von pH 2,3 bis 4,2. GRAUMANN und MUSSO (1959) fanden bei 4 Toluidinblaupräparaten in 1%iger Lösung eine Variationsbreite von pH 3,06 bis 3,84, in 0,01%iger von pH 5,20 bis 6,97; für 3 Azur A-Präparate erreichten die Spannen bei den entsprechenden Konzentrationen pH 4,42—6,62 und 6,52—6,75. DRAWERT (1953) gibt für 4 Janusgrün B-Präparate folgende Werte an: 0,1% = = 4,00—5,02; 0,01% = 4,90—5,24 und 0,001% = 5,25—5,34.

Von den Werten für Toluidinblau von GRAUMANN und MUSSO abgesehen, sind die Unterschiede um so größer, je höher die Farbstoffkonzentrationen sind. Diese Abweichungen werden wohl in den wenigsten Fällen bei so gebräuchlichen Farbstoffen wie die angeführten auf Unterschieden in der chemischen Konstitution beruhen, sondern müssen auf den unterschiedlichen Reinheitsgrad der handelsüblichen Farbstoffpräparate zurückgeführt werden (vgl. S. 212). Die Beimengungen bedingen einmal bei gleicher Abwaage eine verschiedene Farbstoffkonzentration in der Lösung und zum anderen können sie auch selber den pH-Wert beeinflussen. Die angeführten pH-Zahlen können also nur zu einer allgemeinen Orientierung dienen. Werden handelsübliche Farbstoffpräparate benutzt, muß bei genauen Untersuchungen jedesmal der pH-Wert der Lösungen gemessen werden.

Außerdem ändert sich der pH-Wert mit dem Alter der Lösung, wie die in Tabelle 3 aufgeführten Zahlen für Acridinorange und Janusgrün B belegen. Mit dem Altern der Lösung stellen sich zum Teil ganz beträchtliche Veränderungen des Farbstoffes ein (vgl. S. 88, 107, 136).

Die pH-Verschiebungen durch Farbstoffe müssen auch bei der Benutzung von Pufferlösungen berücksichtigt werden. Da man für Vitalfärbungsversuche vorwiegend stark verdünnte Puffergemische benutzt (s. S. 252), ist deren Pufferkapazität recht begrenzt. Nach Drawert (1937 c) bewirkt z. B. in einer 1/150 mol. Phosphatpufferlösung der Zusatz von Toluidinblau bis zu einer Endkonzentration von 0,1% einen Abfall des pH-Wertes von 7,53 auf 7,11. Auch in ungepufferten Salzlösungen kann eine Farbstoffzugabe, selbst bei geringer Konzentration, unter Umständen eine beträchtliche pH-Verschiebung verursachen (Abb. 1).

Gurr (1962a, 1964) bringt von 52 kationischen Farbstoffen die pH-Werte 1%iger Lösungen in aqua dest., das vorher mit Alkali auf pH 7 eingestellt war. 44 Lösungen haben einen pH-Wert unter 7; 3 direkt 7 und 5 über 7. Am sauersten reagiert Acriflavin mit pH 1,4, und über pH 8 liegen nur Amethystviolett mit 8,4 und Methylenviolett mit 9,25.

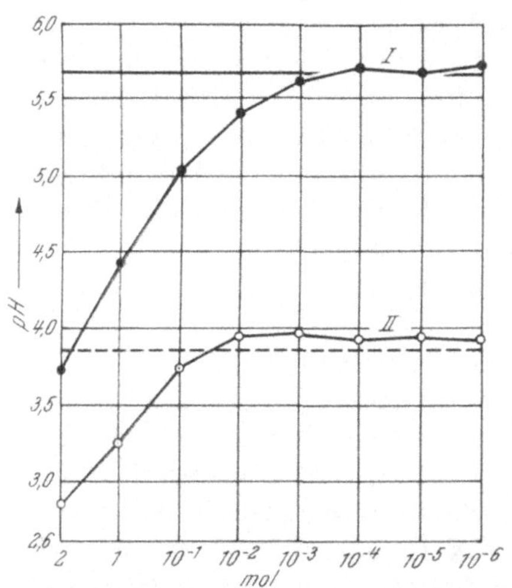

Abb. 1. Die pH-Werte verschieden konzentrierter CaCl₂-Lösungen. I Farblose Lösung in aqua dest. mit einem Ausgangs-pH von 5,71. II Prune pure 1 : 10 000 in CaCl₂-Lösungen. Ausgangs-pH der reinen Farbstofflösung 3,86. (Nach Drawert 1938 c.)

c) Amphotere Farbstoffe

Durch das Vorhandensein einer Carboxylgruppe hat das Chromogen der unter den kationischen Farbstoffen aufgeführten Rhodamine G, B und S neben dem basischen auch einen sauren Charakter, d. h., es ist amphoter. Diese amphotere Eigenschaft tritt bei Farbstoffen, deren Chromogen neben basischen NH_2- auch saure OH-Gruppen besitzt, noch stärker zutage. Zu diesen amphoteren Farbstoffen gehört auch das bereits bei den kationischen Farbstoffen erwähnte Oxazin Prune pure (Bethe 1920, Drawert 1938 c, Betz 1953). In gewöhnlicher, wässeriger Lösung verhält es sich bei der Vitalfärbung wie ein schwach dissoziierter kationischer Farbstoff (2, III), sobald wir aber Untersuchungen bei verschiedener cH der Farbstofflösung machen, müssen wir das amphotere Verhalten berücksichtigen.

(2, III) In saurem Milieu   (2, IV) In neutralem Milieu

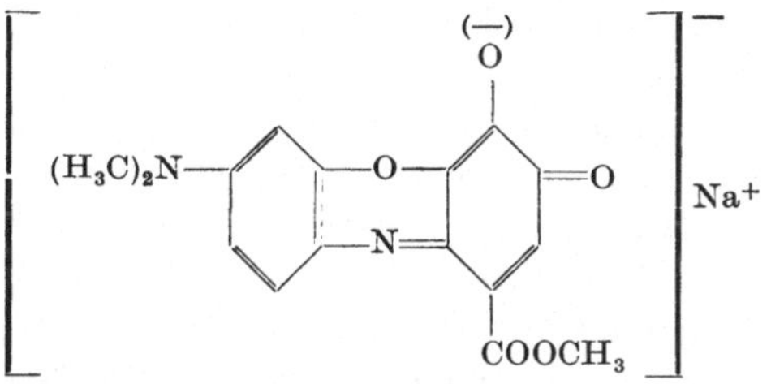

$$\left[(H_3C)_2N-\!\!\bigcirc\!\!-O-\!\!\bigcirc\!\!=O \right]^- \quad Na^+$$

(2, V) In alkalischem Milieu

(2, III—V) Prune pure. Abhängigkeit der Konfiguration von der cH der Lösung

In Abhängigkeit von der cH des Lösungsmittels kann das Prune pure in den Konfigurationen 2, III, IV und V auftreten (HARMS 1957/1965).

Im sauren Bereich verhält es sich wie ein dissoziierter kationischer und im alkalischen wie ein dissoziierter anionischer Farbstoff. Sein isoelektrischer Punkt (IEP) liegt nach den Untersuchungen von BETZ (1953) um pH 5,5. (Über das amphotere Verhalten weiterer Farbstoffe vgl. S. 48 u. f.)

d) Neutrale Farbstoffe

Als neutral bezeichnen wir mit EHRLICH (1880) Farbstoffe, die sich aus einem anionischen und einem kationischen Chromogen zusammensetzen (vgl. CONN 1961, S. 250—260). Sie entstehen bei einer Reaktion zwischen den wässerigen Lösungen eines anionischen und eines kationischen Farbstoffes als Niederschlag, der praktisch in Wasser unlöslich ist (HERZFELD 1917), so daß man zur quantitativen Bestimmung durch Titration die Farbstoffe gegenseitig benutzt hat (PELET und GARUTI 1907, LOEWE 1912 a, LOTTERMOSER und NEUBERT 1936). Nach VON MÖLLENDORFF (1918a) wird 1 mol Trypanblau durch 1 mol Neutralrot, Diamantfuchsin, Chrysoidin, Malachitgrün, Toluidinblau; 2 mol Auramin, Rhodamin S extra, Safranin B extra, Methylviolett; 3 mol Bismarckbraun, Kristallviolett, Methylengrün, Rhodamin B extra; 9 mol Acridinrot 3 B und 15 mol Rhodamin O gefällt. Ferner werden unter anderem folgende Fällungen angegeben: Congorot und Congocorinth mit Toluidinblau oder Thionin (HEIDENHAIN 1902), Wollviolett mit Nachtblau (TRAUBE 1912a), Kristallponceau mit Methylenblau (LOEWE 1912 a), Säurefuchsin mit Gentianaviolett (CHURCHMAN 1923 c), Rose bengale mit Phenosafranin (BLUM 1937), Brillantsulfoflavin FF mit Acridinorange (PERNER 1950 a), Congorot mit Kristallviolett (GIRBARDT und TAUBENECK 1955). Die Fluorescenzlöschung von Acridinorangelösung durch Prontosil solubile (STRUGGER 1942b) ist wohl auch hierher zu rechnen.

Es ist aber fraglich, ob es sich bei der Reaktion der beiden Farbstoffgruppen miteinander immer um eine salzartige Bindung handelt, da nicht selten der sich bildende „neutrale Farbstoff" in Lösung bleibt, wenn der zur Herstellung benutzte anionische Farbstoff im Überschuß vorhanden ist. Nach TEAGUE und BUXTON (1907 a, b) reagieren entgegengesetzt geladene Farbstoffe häufig nur bei bestimmten Konzentrationsverhältnissen miteinander (vgl. auch PELET-JOLIVET 1910). Diese Erscheinung spricht dafür, daß auch Kolloidausflockungen auf Grund von Adsorptionsverbindungen vorliegen können (VON MÖLLENDORFF 1920). Nach TEAGUE und BUXTON (1907 b) ist zur Lösung eines entstandenen Niederschlages ein um so geringerer Überschuß des einen Farbstoffes notwendig, je kolloidaler dieser ist, und die Zone der optimalen Ausflockungskonzentration ist um so enger, je kolloidaler die benutzten Farbstoffe sind. Die kaum in Wasser löslichen anionischen Farbstoffe Sudan I und G gehen nach Zugabe der kationischen Farbstoffe Brillantgrün oder Methylenblau in „Lösung" (HALLER 1919). Bei der Fällung von Methylenblau mit anionischen Farbstoffen nimmt der Fällungswert mit steigender Verdünnung zu (LOTTERMOSER und NEUBERT 1936). Auch die leichte Trennung der beiden Partner eines Niederschlages durch Ausschütteln mit einem hydrophoben Medium steht mit dem Vorliegen einer adsorptiven Bindung besser im Einklang als mit einer echten Salzbindung. So lassen sich nach LOEWE (1912 a) in einer wässerigen Phase aus dem im Wasser unlöslichen Niederschlag von Kristallponceau und Methylenblau beide Farbstoffe durch einfaches Ausschütteln mit einem Lipoidgemisch wieder trennen. Methylenblau geht in die hydrophobe Phase über und Kristallponceau bleibt in der wässerigen. Andererseits können aber auch in Lipoiden gelöste kationische Farbstoffe mit wässerigen Lösungen lipoidunlöslicher anionischer Farbstoffe geschüttelt Niederschläge ergeben (HERZFELD 1917). Demnach liegen unter Umständen recht komplexe Verhältnisse vor. Da die neutralen Farbstoffe aber bisher in der Vitalfärbung keine besondere Rolle gespielt haben, soll hier nicht weiter darauf eingegangen werden (s. HARMS 1957/1965, I/25).

In der Literatur findet man den Begriff „neutral" auch für amphotere Farbstoffe angewendet, die in ihrem Molekül neben basischen Gruppen noch eine Carboxylgruppe haben (z. B. Rhodamine, s. S. 19, 1, XIX—XXIII). Die hier besprochenen neutralen Farbstoffe sind also nicht zu verwechseln mit den „elektroneutralen" (s. S. 50).

e) Die Bestimmung des elektrischen Ladungssinnes

Auf Grund der Tatsache, daß die chromophore Gruppe sowohl im Kation als auch im Anion liegen kann, verhalten sich kationische und anionische Farbstoffe im dissoziierten Zustand unterschiedlich im elektrischen Feld. Ein basischer oder kationischer Farbstoff hat positiv geladene Farbionen und wandert zur Kathode, ein saurer oder anionischer Farbstoff besitzt dagegen negativ geladene Farbionen und wandert zur Anode. Dieses Verhalten ermöglicht es, mit Hilfe der Elektrophorese zunächst zu erkennen, ob der Farbstoff in einer Lösung dissoziiert ist, und ferner bei unbekannter Konstitution zu entscheiden, ob ein kationischer oder anionischer Farbstoff vorliegt. Den amphoteren Charakter eines Farbstoffes wird man häufig erst durch die Elektrophorese gewahr.

Ehe wir die verschiedenen Methoden der Elektrophorese und ihre Ergebnisse schildern, soll noch ein sehr einfaches Verfahren zur Erkennung des Ladungssinnes erwähnt werden.

α) Die Kapillaranalyse

Als erster hat wohl SCHÖNBEIN (1861) darauf hingewiesen, daß beim Eintauchen eines senkrecht hängenden Filtrierpapierstreifens in eine Lösung — u. a. auch von Farbstoffen — Lösungsmittel und gelöster Stoff verschieden schnell im Papier hochwandern. Die Steighöhen verschiedener Stoffe nach einer Zeiteinheit sind unterschiedlich, oder anders ausgedrückt: der Abstand zwischen Lösungsmittelfront und Front des Gelösten ist für die einzelnen Stoffe ungleich. Das Verfahren stellt einen Vorläufer der modernen Papierchromatographie dar. GOPPELS-ROEDER (1861, 1889, 1901, 1906) hat, angeregt durch einen Vortrag von SCHÖNBEIN, diese Methode aufgegriffen und ihr den Namen „Capillaranalyse" gegeben. In zahlreichen Untersuchungen auch mit vielen Farbstoffen und umfangreichen Veröffentlichungen hat er die Kapillaranalyse propagiert. In der Botanik ist am bekanntesten ihr Einsatz zur Trennung der Blattpigmente (TSWETT 1906, hier auch Anwendung der Säulenchromatographie mit $CaCO_3$ oder Saccharose). Im Anschluß an die Mitteilung von SCHÖNBEIN benutzten auch SACHS (1882) und STRASBURGER (1891) die Methode und stellten fest, daß die Farbstoffe z. T. weit hinter der Steighöhe des Wassers im Filtrierpapier zurückbleiben.

Tab. 4. *Steighöhen in Zentimeter von Wasser und darin gelösten Farbstoffen in hängenden Filtrierpapierstreifen, die mit ihren unteren Enden in die Lösungen tauchen, nach 24 Stunden.* (Nach SAHLBOM 1910.)

| | Anionische Farbstoffe | | | | Kationische Farbstoffe | | |
| | adjektiv | | substantiv | | | | |
	Rein-blau	Eosin	Congo-rot	Benzo-purpurin	Nacht-blau	Kristall-violett	Methylen-blau
Wasser	23,0	24,0	27,5	28,3	22,6	22,1	22,0
Farbstoff	23,0	24,0	25,5	24,3	0,7	1,1	0,7

STRASBURGER beobachtet bereits, daß bei einer Lösung von Eosin in Alkohol kein Unterschied in den Steighöhen zwischen Farbstoff und Lösungsmittel im Papier auftritt. Diese Erscheinung trifft nach PELET-JOLIVET (1909) für eine Reihe von Farbstoffen sowohl in alkoholischer als auch azetonischer Lösung zu, während nach KISZELEY und BUGYI (1938) in alkoholischer Lösung gegenüber der wässerigen nur eine kleine Erhöhung zu verzeichnen ist.

TEAGUE und BUXTON (1907 a) erkannten dann, daß zwischen anionischen und kationischen Farbstoffen bei der Kapillaranalyse ein grundsätzlich unterschiedliches Verhalten besteht. Die anionischen Farbstoffe Eosin und Anilinblau steigen bis zu demselben Niveau wie Wasser auf, die kationischen Farbstoffe zeigen dagegen nur geringe Steighöhen. Durch Elektrophorese in Agar stellen die Autoren ferner fest, daß die sauren (= anionischen) Farbstoffe negativ und die basischen (= kationischen) positiv geladen sind. Dies spricht dafür, daß das verschiedene Verhalten der Farbstoffe auf einer unterschiedlich starken Adsorption beruht (PELET-JOLIVET 1910), und daß dafür ihre elektrische Ladung verantwortlich ist.

Der beträchtliche Unterschied zwischen anionischen und kationischen Farbstoffen wird immer wieder beobachtet (PELET-JOLIVET und JESS 1908, SAHLBOM 1910, KELLER 1921 b, MOKRUSCHIN und ESSIN 1927, KOPACZEWSKI 1950, DANGL 1950, LINZON 1961 u. a.). Der kapillare Aufstieg ist um so schwächer, je stärker die Adsorption ist (Tabelle 4). Die kationischen Farbstoffe steigen um so langsamer, je basischer sie sind, d. h. je mehr NH_2-Gruppen sie haben. Einige Rhodamine als „neutrale" Farbstoffe (s. S. 19, 1, XIX—XXII) nehmen eine Mittelstellung ein (PELET-JOLIVET und JESS 1908).

Die starke Adsorption der positiv geladenen kationischen Farbstoffe in wässeriger Lösung durch das Filtrierpapier hängt mit der niedrigen Dielektrizitätskonstanten (DK) des Papiers (etwa 2,0—2,5) und der hohen DK des Wassers (um 81) zusammen. Das Papier lädt sich dem Wasser gegenüber negativ auf.

Nach den Ergebnissen über die Abhängigkeit der Steighöhen von der elektrischen Ladung kann man bei unbekannten Farbstoffen auch umgekehrt aus ihrem Verhalten in wässeriger Lösung bei der Kapillaranalyse auf ihre Ladung schließen.

Für die praktische Anwendung ist die Methode von Ruhland (1912b) am einfachsten. Aus einer Kapillare wird Farbstofflösung auf das in einer feuchten Kammer horizontal liegende trockene Filtrierpapier aufgetropft und nach 3 Min. die in diesem Fall nach allen Seiten erfolgende Ausbreitung des Wassers und des Farbstoffes begutachtet. Zum Vergleich von Farbstoffen kann man den „Kapillarquotienten" Q aus dem Verhältnis der Durchmesser der Farbstoff- und der Wasserzone berechnen, der nach Ruhland für jeden Farbstoff charakteristisch ist. Für anionische Farbstoffe erhielt Ruhland Werte von 0,41 bis 1,00. Collander (1921) berechnete Q aus den Steighöhen Farbstoff/Wasser im hängenden Papierstreifen und fand für sulfosaure Farbstoffe Werte von 0,28—1,00. Bei der Steighöhenmethode kann man auch die Differenz zwischen Wasser- und Farbstofffront in Prozent der Gesamtstrecke angeben. Für anionische Farbstoffe, vor allem aus der Pyren-Gruppe, berechnete Schlafke (1958) Werte von 6—21% (s. S. 32, Tabelle 5).

Es bleibt zu prüfen, wieweit die Kapillaranalyse wirklich eine zuverlässige Entscheidung ermöglicht. Es muß also die Frage geklärt werden, ob die Steighöhe nur von der elektrischen Ladung oder auch von anderen Eigenschaften der Farbstoffe abhängt.

Zunächst gibt die große Variationsbreite der von Ruhland (1912 b) und Collander (1921) bestimmten Q-Werte für anionische Farbstoffe zu denken. Für diese Farbstoffgruppe müßte man Q-Werte von 1 oder wenig darunter erwarten, wenn nur die Ladung einen Einfluß hätte. Ferner fallen die sogenannten substantiven Farbstoffe, wie Congorot, Benzopurpurin, u. a., die vorwiegend anionisch, also negativ geladen sind, aus der Reihe, da ihre Steighöhen zwischen denen der adjektiven anionischen und der kationischen liegen (Teague und Buxton 1907 a, Pelet-Jolivet und Jess 1908, Sahlbom 1910). Am ehesten wird man hier zu einer Klärung kommen, wenn man den Farbstoffanstieg unter verschiedenen Bedingungen untersucht.

Vor allem ist eine starke Abhängigkeit von der Farbstoffkonzentration zu beobachten (Pelet-Jolivet und Jess 1908, Sahlbom 1910, Arciszewski, Czarnecki, Kopaczewski und Szukiewicz 1928). Bei hohen Konzentrationen tritt kaum ein Unterschied zwischen anionischen und kationischen Farbstoffen auf, beide Gruppen zeigen große Steighöhen. Je niedriger die Konzentrationen sind, desto größer ist die Differenz, desto geringer ist die Steighöhe der kationischen Farbstoffe (S. 29, Tabelle 4). Umgekehrt liegt das Verhältnis zwischen adjektiven und substantiven anionischen Farbstoffen. Je höher die Konzentration ist, desto geringer ist die Anstiegshöhe der substantiven Farbstoffe. Je niedriger konzentriert die Lösungen sind, desto mehr gleichen sich die substantiven den adjektiven anionischen Farbstoffen an.

Auch die Acidität der Farbstofflösung beeinflußt den Anstieg (Sahlbom 1910, Kopaczewski und Rosnowski 1928, Kiszeley und Bugyi 1938). Eine cH-Erhöhung fördert den kapillaren Anstieg der kationischen Farbstoffe und hemmt den der anionischen bzw. hat auf die letzten keinen Einfluß. Eine cH-Erniedrigung wirkt umgekehrt.

Eingehend ist auch die Rolle von Salzen untersucht worden. Zusatz von Salzen verzögert im allgemeinen das Wandern der anionischen und fördert bei bestimmten Konzentrationen das der kationischen Farbstoffe (TEAGUE und BUXTON 1907 a), doch kommt es auch auf das Verhältnis von Kation zu Anion im zugesetzten Salz an. Der Anstieg der kationischen Farbstoffe und des Wassers wird durch Kationen gefördert, durch Anionen gehemmt. Auf den Anstieg der anionischen Farbstoffe wirken Kationen hemmend, während Anionen keinen Einfluß haben (PELET-JOLIVET und JESS 1908, KOPACZEWSKI und ROSNOWSKI 1928).

Ferner sind die Steighöhen von der Oberflächenspannung abhängig. Zusatz von Stoffen, die die Oberflächenspannung herabsetzen, vergrößern die Steighöhe für alle Farbstoffe (KOPACZEWSKI und SZUKIEWICZ 1927, ARCISZEWSKI und Mitarb. 1928). Auch ohne Zusatz oberflächenaktiver Stoffe muß dieser Punkt berücksichtigt werden, da sich Farbstoffe in wässeriger Lösung in ihrer Oberflächenaktivität unterscheiden können (s. S. 99).

Nach MICHEL (1963 a) ziehen Huminsäuren beim kapillaren Aufstieg in Filtrierpapier kationische Farbstoffe mit, während elektroneutrale und anionische Farbstoffe nicht beeinflußt werden. Germanin bedingt eine „Umladung" kationischer Farbstoffe von „positiv" nach „negativ", so daß diese im Filtrierpapier hochsteigen. Auf die Wanderung anionischer Farbstoffe hat Germanin keine Wirkung (JÍROVEC 1943).

Eine Viskositätserhöhung des Lösungsmittels durch Glycerin, Zucker, lösliche Stärke, Gummiarabicum, Pektin, Natriumsilikat u. a. setzt die Wanderungsgeschwindigkeit bei beiden Farbstoffgruppen herab (KOPACZEWSKI und SZUKIEWICZ 1927, ARCISZEWSKI und Mitarb. 1928). Wenn solche Stoffe in einigen handelsüblichen Farbstoffpräparaten enthalten sind und in anderen nicht, können sie, besonders bei vergleichenden Untersuchungen, zu falschen Bildern führen.

Da der Reinheitsgrad der Farbstoffpräparate des Handels unter Umständen sehr gering ist (s. S. 212), werden sich gereinigte Präparate ganz anders verhalten. So ist die Steighöhe der substantiven anionischen Farbstoffe Congorot und Benzopurpurin nach starker Verdünnung und Reinigung durch Dialyse bedeutend größer und erreicht fast die der adjektiven anionischen Farbstoffe (Tabelle 4, SAHLBOM 1910). Ein Präparat des kationischen Brillantgrüns verhielt sich nach ARCISZEWSKI und Mitarb. (1928) in der Kapillaranalyse wie ein negativer Farbstoff und erst nach dreitägiger Dialyse entsprechend der Formel wie ein positiver (vgl. dazu die Umladbarkeit des Brillantgrüns S. 48). Unverständlich ist dagegen das Verhalten eines Janusgrün-Präparates, das nach denselben Autoren durch die Dialyse von positiv nach negativ wechselte. Janusgrün ist wie Brillantgrün ein kationischer Farbstoff.

Die Wanderungsgeschwindigkeit hängt auch vom Dampfdruck der umgebenden Atmosphäre ab. In einem mit Wasserdampf gesättigten Raum steigt das Wasser im Filtrierpapier höher als in freier Atmosphäre, da im letzten Fall immer H_2O verdunstet. Hier halten sich an der Aufstiegsgrenze das verdunstende und das nachsteigende Wasser das Gleichgewicht. Ein anionischer Farbstoff wandert mit dem Wasser mit und wird sich bei Verdunstungsmöglichkeit des Wassers in der Aufstiegsgrenze anreichern, so daß eine Wanderung entgegen dem Konzentrationsgefälle vorliegt. Kationische Farbstoffe werden dagegen teilweise vom Papier adsorbiert, während das Wasser vorausläuft. Bei Verdunstungsmöglichkeit steigen die kationischen Farbstoffe wesentlich höher als im mit Wasserdampf gesättigten Raum (Liesegang 1944, vgl. auch 1941 a), weil jetzt durch das ständig nachsteigende Wasser nichtadsorbierte Farbstoffteilchen mitgenommen werden. Die Leistungen des kapillaren Wanderns unterscheiden sich also grundsätzlich von denen der Diffusion.

Aus den geschilderten Vorgängen ist zu schließen, daß neben der elektrischen Ladung vor allem auch die Teilchengröße für den Aufstieg bzw. die Ausbreitung von Farbstoffen in Filtrierpapier von Bedeutung ist. Größere Teilchen wirken sich sowohl bei kolloidal als auch bei echt gelösten Farbstoffen auf deren Wanderung hemmend aus. Dies tritt klar hervor, wenn man die von Schlafke (1958) für einige

Tab. 5. *Kapillaranalyse von anionischen Fluorochromen mit Filtrierpapier. Die nach einer Stunde erhaltene Differenz zwischen Wasser- und Farbstofffront ist in Prozent der Gesamtstrecke angegeben.* (Nach Schlafke 1958.)

K-Fluorescein	6%
Aminopyrentrisulfosaures Na	13%
Brillantsulfoflavin FF	15%
Monomethylaminopyrentrisulfosaures Na	16%
Dioxypyrendisulfosaures Na	16%
Oxypyrentrisulfosaures Na	21%

echt gelöste, anionische Fluorochrome gefundenen Steighöhen (Tabelle 5) mit der Reihenfolge der Diffusionsgeschwindigkeit derselben Fluorochrome in Gelatine vergleicht. Nach sinkender Diffusionsgeschwindigkeit geordnet, ergibt sich für die in Tabelle 5 aufgeführten Farbstoffe die Anordnung: K-Fluorescein > Aminopyrentrisulfosaures Na, Brillantsulfoflavin FF > Monomethylaminopyrentrisulfosaures Na, Dioxypyrendisulfosaures Na > Oxypyrentrisulfosaures Na. Für die unterschiedlichen Werte im Kapillarversuch dürfte danach bei diesen Farbstoffen nur die Teilchengröße verantwortlich sein; denn eine stärkere Adsorption ist eigentlich ausgeschlossen (vgl. aber Ziegenspeck 1945), da es sich um anionische Farbstoffe handelt.

Die gleiche Parallele zwischen Kapillaranalyse und Diffusion in Gelatine hat auch Ziegenspeck (1945) für einige Oxypyren-Farbstoffe gefunden. Seiner Meinung nach hängen diese Unterschiede aber mit der Ladung zusammen. Durch Einführung einer basischen Aminogruppe wird die negative Ladung herabgesetzt, was eine raschere Wanderung der aminopyrentrisulfosauren Farbstoffe bedingen soll.

Ferner wird, besonders bei den stärker adsorbierten kationischen Farbstoffen, der Dissoziationsgrad von Einfluß sein. Trotz dieser Einschränkung kann die Kapillaranalyse zur ersten Orientierung über die Ladung gute Dienste leisten, da im allgemeinen bei ausreichender Verdünnung der Lösungen die Unterschiede zwischen anionischen und kationischen Farbstoffen recht beträchtlich sind. Eine Nachprüfung durch Elektrophorese ist aber immer zu empfehlen, zumal schwach dissoziierte Farbstoffe sich bei genügend hohem Dispersitätsgrad auch bei entgegengesetzter Ladung oder bei amphoterem Charakter wie anionische verhalten können. CASPERSON und HOYME (1964) geben z. B. für Rhodamin B extra auf Grund einer Kapillaranalyse anionischen Charakter an. Unverständlich ist der gleiche Befund für das kationische Thioflavin durch dieselben Autoren.

β) Die Elektrophorese

Vor allem bei kolloiddispers gelösten Farbstoffen läßt sich nicht ohne weiteres aus ihrer chemischen Konstitution etwas über den Ladungssinn aussagen, da dieser von einer Anzahl anderer Faktoren abhängen kann. Zu diesen Faktoren zählen Konzentration, Salzgehalt, cH, die wiederum den Dispersitätsgrad ändern, was sich z. B. bei der Kapillaranalyse störend bemerkbar macht. Dann spielen auch die Dielektrizitätskonstanten der Farbstoffteilchen und des Lösungsmittels eine Rolle. Die der chemischen Formel zu entnehmende Ladung wird sich ferner nur bei einer Dissoziation des Farbstoffes voll auswirken, also nur, wenn er als freies Kation oder Anion vorliegt. Der Dissoziationsgrad wird aber auch maßgebend von den soeben erwähnten Faktoren abhängen. Um etwas Genaues über den elektrischen Ladungssinn eines Farbstoffes aussagen zu können, ist eine Elektrophorese unerläßlich. Außerdem soll diese unter den Bedingungen durchgeführt werden, unter denen der Farbstoff im biologischen Versuch eingesetzt wird.

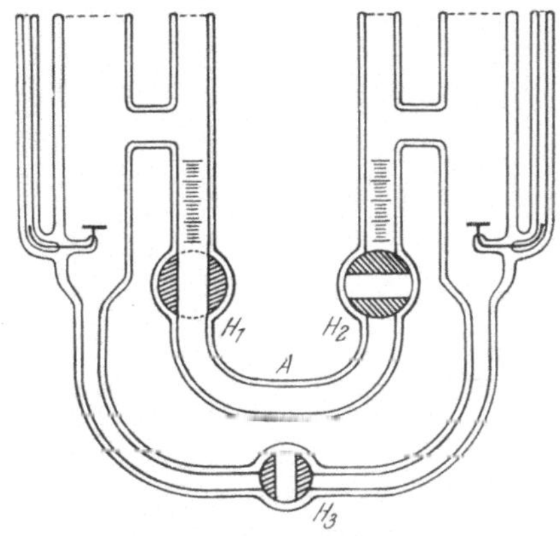

Abb. 2. Ein Doppel-U-Rohr zur Elektrophorese. (Nach BETHE 1920.)

TEAGUE und BUXTON (1907 a, b) benutzen Agar als Medium für die Elektrophorese. Mit ähnlicher Methode arbeiten auch SEKI (1932 a) sowie INGRAHAM und VISSCHER (1935). SWYNGEDAUW (1938) untersucht im Anschluß an entsprechende Versuche von VEIL (1931) die Verteilung von Methylrot und Methylenblau in Gelatine unter dem Einfluß des elektrischen Stromes in Abhängigkeit von der cH, vom Elektrolytgehalt und von der einsetzenden Elektrolyse.

Von HÖBER (1909) und HÖBER und NAST (1913) werden eine Reihe von Farbstoffen in wässeriger Lösung elektrophoretisch mit der sehr gebräuchlichen U-Rohr-Methode geprüft. Ein Modell, wie es von BETHE (1920) benutzt worden ist, gibt Abb. 2 wieder.

Teil A des inneren U-Rohres wird einschließlich der Hähne H_1 und H_2, welche die gleiche Weite wie das Rohr haben, mit der Farblösung gefüllt, und die Hähne werden geschlossen. Nach Ausspülen der oberen Rohrteile wird der ganze übrige Apparat mit einer ungefärbten Lösung gefüllt, bei zunächst geöffnetem Hahn H_3 senkrecht aufgestellt und nach Niveauausgleich der Hahn H_3 geschlossen. Dann werden die Hähne H_1 und H_2 vorsichtig geöffnet. Die Farbstofffront bleibt immer scharf, wenn keine Temperaturdifferenzen vorhanden sind. Nach dem Anlegen einer Spannung von 220 V Gleichstrom tritt eine Verschiebung der Farbstofffront in einem der Schenkel ein, die an einer Millimeterskala abgelesen wird. KOBAYASHI (1926) bestimmt auf ähnliche Art die elektrische Ladung von 113 sauren und 81 basischen Farbstoffen in 0,1%igen wässerigen Lösungen.

Fürth (1925) erhebt gegen diese Methode der Elektrophorese Bedenken, da sie seiner Meinung nach folgende Nachteile hat: 1. Auftreten einer Elektrolyse, 2. durch den elektrischen Strom bedingte Wärmeströmungen, 3. Gasentwicklung an den Elektroden, 4. Unschärfe der Farbstofffront durch Diffusion, 5. zu lange Versuchszeiten, da zur Herabsetzung der erwähnten Fehler nur ein kleines Potentialgefälle anwendbar ist. Um diese Fehler zu vermeiden, benutzt Fürth (1925, 1927 a, 1929) Halbleiter als Elektroden, und zwar mit aqua dest. getränkte weiße, dünne Platten aus einem „Anker-Steinbaukasten", an die eine Spannung von 200 bis 600 V Gleichstrom gelegt wird. Die Elektroden werden mit einem Abstand von 5 cm für einige Sekunden bis Minuten im geladenen Zustand eingetaucht und wieder herausgenommen.

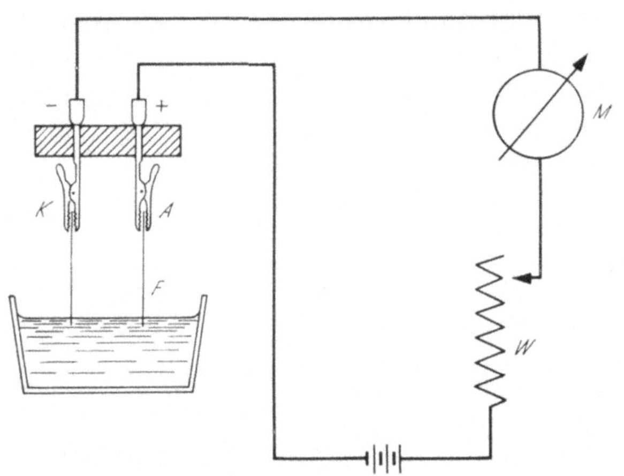

Abb. 3. Elektrophoreseeinrichtung nach Drawert. F Filtrierpapierelektroden mit Leitungswasser oder Pufferlösung getränkt. M Milliamperemeter; W Regulierwiderstand; K Kathode; A Anode. (Aus Strugger 1949 b, etwas geändert.)

Gicklhorn (1927 c) ersetzt die Baukastensteine durch Schamotte, Filterglas, Papier oder tangential geschnittene Späne aus dem Frühjahrsholz der Fichte. Als unbrauchbar erweisen sich Gips und Kreide. Besonders geeignet ist 0,5 mm dickes weißes Löschpapier. Mit einer ähnlichen Apparatur hat auch Drawert (1938 c), unter Verwendung von Filtrierpapierstreifen als Elektroden, gearbeitet (Abb. 3). Versuchsergebnisse, die mit dieser Methode erhalten worden sind, zeigen Abb. 4 für den amphoteren Farbstoff Prune pure und Abb. 5 für den anionischen Farbstoff Palatinscharlach A. Aus den unterschiedlichen Steighöhen kann auch rein qualitativ auf den Dissoziationsgrad geschlossen werden. Gegen diese Methode macht Kölbel (1948) geltend, daß sie lediglich zur groben elektrophoretischen Charakterisierung von Farbstoffen mit einfachen Dissoziationsverhältnissen dienen kann, da der durch die unterschiedliche cH der Farblösung veränderte physikalische Zustand der Cellulose (elektrische Ladung, Quellungsgrad usw.) und die Änderung der Acidität an den Elektroden nicht berücksichtigt werden (vgl. auch Betz 1953). Er benutzt aus diesem Grunde wieder die U-Rohr-Methode.

Alle bisher besprochenen Verfahren haben ihre Vor- und Nachteile, und gegen jedes kann man von irgendeinem Gesichtspunkt aus Bedenken anmelden, wie es die einzelnen Autoren getan haben. Überblickt man aber die auf den verschiedensten Wegen erhaltenen Ergebnisse, so ergibt sich bei den meisten Farbstoffen in qualitativer Hinsicht doch das gleiche Resultat. Häufiger sind dagegen Unterschiede in den Angaben zu finden, bei welchem pH-Wert ein Farbstoff noch wandert oder nicht. Völlig aus der Reihe fallen nur die Befunde des Arbeitskreises um Keller (1925), auf die später noch näher eingegangen werden muß (s. S. 32).

Bei hin und wieder auftretenden stärkeren Abweichungen darf man nicht übersehen, daß die handelsüblichen Farbstoffe im allgemeinen recht unreine Präparate sind, und daß unter derselben Bezeichnung sowohl anionische als auch kationische Farbstoffe im Handel sein können. So unterschieden sich nach WAGNER und BREDEHORST (1951) zwei verschiedene Pyronin-Herkünfte ganz beträchtlich in ihrer Wanderungsgeschwindigkeit. Davon abgesehen gibt es aber auch einige kritische Farbstoffe, über die recht widersprüchliche Angaben vorliegen; dazu gehören manche Rhodamine.

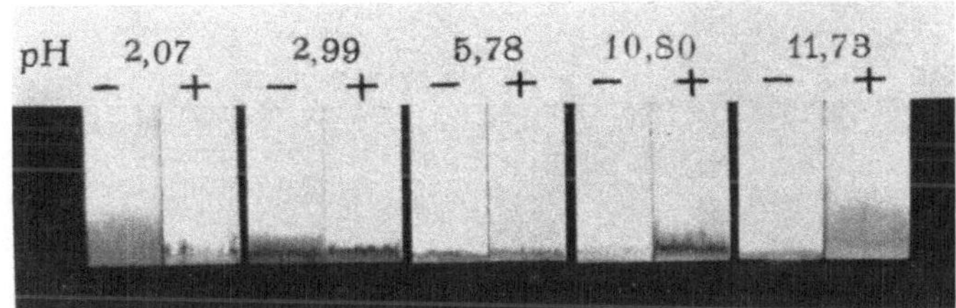

Abb. 4. Elektrophoreseergebnis mit Prune pure bei verschiedenen pH-Werten mit der Einrichtung nach Abb. 3. (Nach DRAWERT 1938 c.)

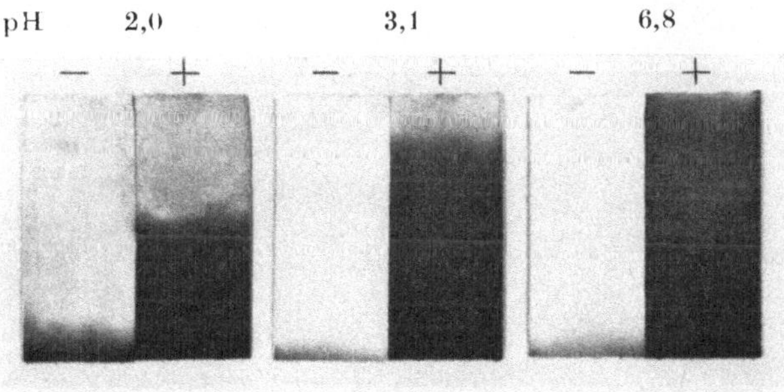

Abb. 5. Elektrophoreseergebnis mit Palatinscharlach A mit der Einrichtung nach Abb. 3.

Den bisher dargestellten Methoden scheint mir die Papierelektrophorese, wie sie von WIELAND und FISCHER (1948) und WIELAND (1948) für die Trennung von Aminosäuren sowie von TURBA und ENENKEL (1950) zur Trennung von Proteinen angewandt worden ist, weit überlegen zu sein. Dieses Verfahren wird in der Ausführung nach GRASSMANN (vgl. CRAMER 1954, S. 50) in der Folgezeit von DRAWERT und Mitarb. zur Bestimmung des elektrischen Ladungssinnes von Farbstoffen und neben der Papierchromatographie zum Nachweis von Begleitkomponenten in den Farbstoffpräparaten benutzt. BUTTERFASS (1956 b) wendet dieselbe Methode an.

Zur Prüfung der Wanderungsrichtung wird auf einem Streifen Filtrierpapier mit Bleistift die Startlinie markiert und auf diese Stelle die Farbstofflösung strichförmig aufgetragen. Nach dem Eintrocknen wird der Papierstreifen mit Pufferlösung getränkt und horizontal freihängend in eine feuchte Kammer gespannt. Seine beiden Enden ragen in Pufferlösung, die mit der Anode bzw. der Kathode der Gleichstromquelle (120 V) in Verbindung stehen. Nach 2 bis 10 Stunden werden die Streifen herausgenommen und getrocknet. Abb. 6 und 7 geben die Versuchsergebnisse für einen anionischen und einen kationischen Farbstoff bei verschiedenen pH-Werten wieder (für K-Fluorescein, Eosin S und Eosin S extra bläulich, s. bei SCHARF 1956, S. 298, Farbtafel I, Fig. 2, 4 und 5).

Mit einer ähnlichen Methode arbeitet WAELSCH (1935), nur daß er statt Papier Cellophanstreifen benutzt, die er vorher in dem gleichen Lösungsmittel, das für den Versuch angewendet werden soll, für einige Stunden quellen läßt. Die Streifen kommen dann auf Glas und die Stromzuführung (500 V) erfolgt mit Filtrierpapierelektroden. In die Mitte des Cellophanstreifens wird ein Tropfen der zu untersuchenden Lösung aufgesetzt. Neutralrot wandert ausschließlich kathodisch, ohne je einen Farbtonumschlag zu zeigen, was darauf hinweist, daß keine Elektrolyse auftritt.

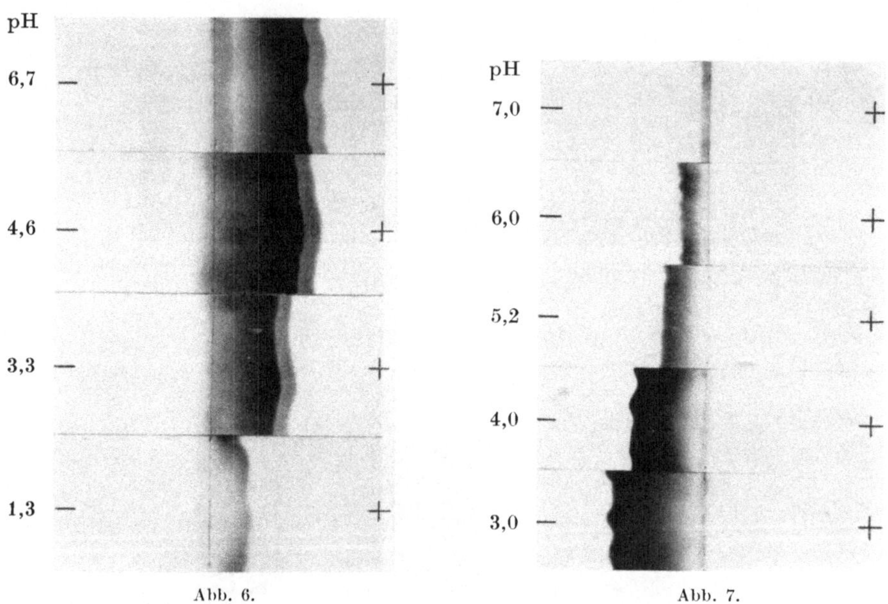

Abb. 6.   Abb. 7.

Abb. 6. Papierelektrophorese von Bordeauxrot bei verschiedenen pH-Werten.
Abb. 7. Papierelektrophorese von Neutralrot bei verschiedenen pH-Werten.

SCHARF (1956), der sich bei seinen Untersuchungen mit den Phenyloxyfluoronen (Xanthenfarbstoffen) ebenfalls der Papierelektrophorese bedient, weist auf einige Nachteile hin, die auch dieser Methode anhaften. Bei den kationischen Farbstoffen wird sich vor allem die Adsorption der Kationen an die Cellulose bemerkbar machen, und im stark alkalischen Bereich kann eine kathodisch gerichtete Elektroosmose eine Verlangsamung der Wanderungsgeschwindigkeit in Richtung auf die Anode bedingen. Ferner wandern die Ionen nicht gradlinig (TURBA 1955), sondern legen gewissermaßen eine Berg- und Talfahrt im porösen Filterpapier zurück. Der durchwanderte Weg ist also wesentlich länger als der Abstand zwischen Auftragslinie und Substanz bei Versuchsende.

SCHARF (1956) führt einige Vergleichsversuche mit der U-Rohr-Methode durch und kommt zu dem Ergebnis, daß man bei einiger Vorsicht aus der zurückgelegten Wegstrecke auch auf die Dissoziationsverhältnisse schließen kann.

In Tabelle 6, Spalte IV und Tabelle 7, Spalte II sind die elektrophoretischen Wanderungsrichtungen einiger der bisher in der Vitalfärbung benutzten Farbstoffe aufgeführt. Für die wichtigsten ist in Tabelle 6 auch die Abhängigkeit der

Wanderung von der cH der Lösung und damit vom Dissoziationsgrad angegeben. Aus der Tabelle geht nur hervor, bei welchen pH-Werten der Farbstoff wandert und bei welchen nicht. Wie Abb. 4 bis 7 zeigen, hängt aber auch die in einer bestimmten Zeit zurückgelegte Wanderstrecke vom pH-Wert ab. Diese Abhängigkeit ist ebenfalls in erster Linie auf die Stärke der Dissoziation zurückzuführen. Die stark dissoziierten sulfosauren Farbstoffe werden viel weniger von der cH beeinflußt, so daß in Tabelle 7 die Werte für die einzelnen pH-Stufen nicht berücksichtigt sind. Im allgemeinen macht sich ein Einfluß nur im stark sauren Bereich bemerkbar (vgl. Abb. 5 und 7). Ferner wandern die sulfosauren Farbstoffe viel schneller als die kationischen.

Nachdem KELLER (1919) behauptet hat, daß die Farbstoffe unabhängig von ihrer chemischen Konstitution in alkalischer Lösung zur Anode und in saurer zur Kathode wandern (s. S. 52), ist BETHE (1920) wohl der erste, der eingehende Untersuchungen über den Einfluß der cH auf die elektrophoretische Wanderung von Farbstoffen durchführt. Er stellt fest, daß die Wanderungsgeschwindigkeit vom pH-Wert abhängt, und zwar bei den kationischen Farbstoffen in genau umgekehrtem Sinne wie bei den anionischen. Ferner entdeckt er dabei das amphotere Verhalten der Oxazinfarbstoffe Prune pure und Coreïn RR (= Coelestinblau B). Später untersuchen INGRAHAM und VISSCHER (1935) sowie DRAWERT (1938 c bis 1960) für eine größere Zahl kationischer und anionischer Farbstoffe die Abhängigkeit der Wanderung von der cH (Tabelle 6). Andere Autoren prüfen folgende Farbstoffe in dieser Hinsicht eingehender: Acridinorange (STRUGGER 1940d), Benzoflavin (STRUGGER 1941a), Berberinsulfat (STRUGGER 1939 a, BUTTERFASS 1956 b), Brillantsulfoflavin FF (PERNER 1950 a), Fluoresceine (STRUGGER 1938 b, BUTTERFASS 1956 b, SCHARF 1956), Methylenblau (STARY 1927, DRAWERT und STRUGGER 1938), Oxypyrentrisulfonat und andere Pyren-Farbstoffe (PERNER 1950 a, BUTTERFASS 1956 b), Prune pure (BETHE 1920, DRAWERT 1938 c, BETZ 1953), Pyronine (STRUGGER 1941a, T. SCHMIDT 1961), Rhodamine (BETHE 1920, INGRAHAM und VISSCHER 1935, DRAWERT 1939 a, KÖLBEL 1948, BUTTERFASS 1956 b), Toluidinblau (BETHE 1920, SCHWARZ und HERRMANN 1922, SCHARF 1956) und von den pH-Indikatoren nach CLARK Benzolazo-α-naphthylamin, Diaethylrot, Bromcresolgrün, Bromcresolpurpur, Bromphenolblau, Bromthymolblau, Phenolrot, Thymolblau (PILZ 1959).

Nach den zitierten Untersuchungen wandern im allgemeinen entsprechend ihrer chemischen Konstitution die rein basischen (kationischen) Farbstoffe zur Kathode und die rein sauren (anionischen) zur Anode, sofern sie im dissoziierten Zustand vorliegen. Von den ihrer chemischen Konstitution nach amphoteren Farbstoffen zeigen Prune pure, Coreïn RR, Coelestinblau auch im Elektrophoreseversuch amphotere Eigenschaften. Ebenso liegen die Verhältnisse bei Chromgrün, das nach HÖBER (1909) in wässeriger Lösung nur bei höherer Spannung schwach zur Kathode wandert, so daß es von HÖBER als „fast neutral" aufgefaßt wird. Entsprechend seiner Formel (S. 47, 2, VI) verhält es sich auch im Elektrophoreseversuch amphoter und besitzt einen IEP bei pH $\sim$ 5 (DRAWERT, unveröff.).

Die amphoteren Farbstoffe zeigen, wie wichtig es ist, Elektrophoreseversuche bei verschiedener Reaktion der Farblösung durchzuführen. Aber nicht alle ihrer Formel nach amphoteren Farbstoffe verhalten sich auch entsprechend im Elektrophoreseversuch, und umgekehrt können auch ihrer Konstitution nach rein

Tab. 6. *Das Verhalten lipophiler kationischer, anionischer und amphoterer Farbstoffe im phorese, im Ausschüttelversuch mit hydrophoben Medien und bei der Vitalfärbung der Ober- und Farbintensität an. Im Ausschüttelversuch bedeuten $++++$ = Farbstoff*

(Zum Teil nach Drawert

I Farbstoff	II pH	III Farbton	IV Elektrophorese		V Ausschüttel-	
			Kath.	Anode	Chloro-form	Toluol
1.	2,0	blau	K	—	—	—
Azur I	3,0		K	—	—	—
(kationisch)	5,0		K	—	—	—
	7,0		K	—	— (+)	—
	8,5		(K) —	—	$++$	— (+)
	10,0		(K) —	—	$+++$	$+$
	11,5		—	—	$++++$	$+++$
2.	2,0	blau	K	—	— (+)	—
Brillantcresylblau	3,0		K	—	— (+)	— (+)
(kationisch)	5,0		K	—	$+$	$+$
	7,0		K	—	$+++$	$++$
	8,5	violett	—	—	$++++$	$+++$
	10,0		—	—	$++++$	$++++$
	11,5		—	—	$++++$	$++++$
3.	2,0	rotorange	K	—	$+$	$+$
Chrysoidin	3,0		K	—	$++$	$++$
(kationisch)	5,0		—	—	$+++$	$++++$
	7,0	gelb	—	—	$++++$	$++++$
	8,5		—	—	$++++$	$++++$
	10,0		—	—	$++++$	$++++$
	11,5		—	—	$++++$	$++++$
4.	3,0	orange	K	—	—	
Coriphosphin	5,0		K	—	—	
(kationisch)	7,0		K	—	$++$	
	8,5	gelb	—	—	$++++$	
	10,0		—	—	$++++$	
5.	2,0	violett	K	—	—	—
Cresylechtviolett	3,0		K	—	—	—
(kationisch)	5,0		K	—	—	—
	7,0		—	—	$+++$	$++$
	8,5		—	—	$++++$	$+++$
	10,0	blaßorange	—	—	$++++$	$++++$
	11,5		—	—	$++++$	$++++$
6.	2,0	blauviolett	K	—	(+)	
Dahlia	3,0	rotviolett	K	—	$+$	?
(kationisch)	5,0		K	—	$+$	

normalen Licht in Abhängigkeit vom pH-Wert der wässerigen Farbstofflösung bei der Elektro-
Unterepidermiszellen der Schuppenblätter von Allium cepa. Die Anzahl der Kreuze gibt die
befindet sich quantitativ in der wässerigen Phase. [1] *= Chloroform + Ölsäure.*

1938 c, 1940, 1951 a.)

VI Vitalfärbung

versuch mit: Toluol + Ölsäure	Chloroform + Diamyla.	Oberepidermis: Zellwand	Vakuole	Kern	Plasma	Unterepidermis: Zellwand	Vakuole
−		−	−	−	−	−	−
− (+)		++	−	−	−	++	−
+		++++	−	−	−	++++	−
++++		++++	−	−	−	++++	−
++++		+	+++	−	−	+	−
++++		−	++++	−	−	+	+++
++++		−	++++	−	−	+	+++
+		−	−	−	−	−	−
++		++++	−	−	−	++++	−
+++		++	++	−	−	++	++
++++		+	+++	−	−	−	+++
++++		−	++++	−	−	−	++++
++++		−	++++	−	−	−	++++
++++		−	++++	−	−	−	++++
+		−	−	−	−	−	−
+++		++++	−	−	−	++++	++
++++		++	−	−	−	−	++++
++++		−	−	−	+++	−	++++
++++		−	−	−	++++	−	++++
++++		−	−	−	++++	−	++++
++++		−	−	−	++++	−	++++
++ [1]		++++		−	−	++++	
+++		++++		−	−	++++	
++++		+		++	++	−	+++
++++		−		++++	++++	−	++++
++++		−		++++	++++	−	++++
−		−	−	−	−	−	−
+++		+	−	−	−	+	−
+++		+++	−	−	−	+++	−
++++		+++	− (+)	−	−	+++	−
++++		+	+++	−	−	+	+++
++++		−	++++	−	−	−	++++
++++		−	++++	−	−	−	+++
++		−	−	−		−	−
+++		++	−	++	?	++	−
+++		++	−	+++		++	+++

Tabelle 6 (Fortsetzung)

I Farbstoff	II pH	III Farbton	IV Elektrophorese		V Ausschüttel-	
			Kath.	Anode	Chloro- form	Toluol
6. Dahlia (kationisch)	7,0		K	—	+	
	8,5		—	—	+ + + +	
	10,0		—	—	+ + + +	?
	11,5	farblos	—	—	+ + + +	
7. Diazingrün (kationisch)	2,0	blau	K	—		—
	3,0		K	—		—
	5,0		K	—		—
	7,0		K	—		—
	8,5		K	—		—
	10,0		K	—		+
	11,5		—	—		+
8. Eosin bläulich (anionisch)	2,0	gelb	—	—	+ + + +	
	3,0		—	A	+ +	
	5,0	orange	—	A	+	
	7,0		—	A	—	
	8,5		—	A	—	
	10,0		—	A	—	
	11,5		—	A	—	
9. Erythrosin (anionisch)	2,0	rot	—	—	+ + + +	
	3,0		—	A	— (?)	
	5,0		—	A	—	
	7,0		—	A	—	
	8,5		—	A	—	
	10,0		—	A	—	
	11,5		—	A	—	
10. Fuchsin (kationisch, amphoter)	2,0	blaurot	K	—		—
	3,0	rot	K	—		—
	5,0		K	—		—
	7,0		K	—		—
	8,5		K	—		—
	10,0		—	A		—
	11,5	farblos	—	A		—
11. Gentianaviolett (kationisch)	2,0	blauviolett	K	—	+ + +	—
	3,0	rotviolett	K	—	+ + +	—
	5,0		K	—	+ + +	—
	7,0		K	—	+ + +	—
	8,5		K	—	+ + + +	+
	10,0		—	—	+ + + +	+ +
	11,5	farblos	—	—	+ + + +	+ + + +

versuch mit		VI Vitalfärbung					
Toluol + Ölsäure	Chloroform + Diamyla.	Oberepidermis				Unterepidermis	
		Zellwand	Vakuole	Kern	Plasma	Zellwand	Vakuole
+ + + +		+ +	−	+ + +		+ +	+ + +
+ + + +		+ +	−	+ + +		+ +	+ + +
+ + + +		+ +	−	+ + +	?	+ +	+ + +
+ + + +		−	−	+ + +		−	+ + +
+ + +		−	−	−		−	−
+ + + +		+	−	−		+	−
+ + + +		+	−	−		+	−
+ + + +		+	−	−	Chondriosomen	+	−
+ + + +		+	−	−		+	−
+ + + +		+	−	−		+	−
+ + + +		−	−	−		−	−
	+ + + +	−	−	+ + + +	+ + + +		
	+ + + +	−	−	+ + + +	+ + + +		
	+ + +	−	−	+ + +	+ + +		
	+ + +	−	−	−	−		
	+ +	−	−	−	−		
	(+)	−	−	−	−		
	(+)	−	−	−	−		
	+ + + +	−	−	−	−		
	+ + +	−	−	+ + + +	+ + + +		
	+ + +	−	−	+ + + +	+ + + +		
	+ + +	−	−	+ + + +	+ + + +		
	+ + +	−	−	+	+		
	+ + +	−	−	−	−		
	+ + +	−	−	−	−		
−		−	−	−	−	−	
+		+ + + +	−	−	−	+ + + +	
+ +		+ + + +	−	−	−	+ + + +	
+ + +		+ + + +	−	−	−	+ + + +	
+ + +		+ + +	−	−	−	+ + +	
+ + +		−	−	−	−	−	+
+ + +		−	+ + + +	−	−	−	+ + + +
+ + +		−	−	−	−	−	−
+ + + +		+ +	−	+ + +	+	+ +	+ +
+ + + +		+ +	−	+ + + +	+	+ +	+ +
+ + + +		+ +	−	+ + + +	+	+ +	+ +
+ + + +		+	−	+ + + +	+	+	+ + + +
+ + + +		+	−	+ + + +	+	+	+ + + +
+ + + +		−	−	+ + + +	+	−	+ + + +

Tabelle 6 (Fortsetzung)

I Farbstoff	II pH	III Farbton	IV Elektrophorese		V Ausschüttel-	
			Kath.	Anode	Chloro- form	Toluol
12. Kristallviolett (kationisch)	2,0	blauviolett	K	—	+ + +	—
	3,0	violett	K	—	+ + + +	—
	5,0		K	—	+ + + +	—
	7,0		—	—	+ + + +	—
	8,5		—	—	+ + + +	—
	10,0		—	—	+ + + +	—
	11,5	farblos	—	—	?	—
13. Malachitgrün (kationisch, schwach amphoter)	2,0	blaugrün	K	—		—
	3,0		K	—		—
	5,0		K	—		—
	7,0		—	(A)		—
	8,5	farblos	—	(A)		—
	10,0	werdend	—	(A)		—
	11,5		—	(A)		—
14. Methylgrün (kationisch)	2,0	blaugrün	K	—	+ + + +	—
	3,0		K	—	+ + +	—
	5,0		K	—	+ + + +	—
	7,0		K	—	+ + + +	?
	8,5		—	—	+ + + +	?
	10,0	farblos	—	—	?	?
	11,5		—	—	?	?
15. Methylrot (anionisch, amphoter)	2,0	rot			+ + + +	
	3,0				+ + + +	
	5,0				+ + + +	
	7,0	gelb			+ + +	
	8,5				+ +	
	10,0				+	
	11,5				+	
16. Nachtblau (kationisch)	3,0	blau			+ +	
	5,0				+ + +	
	7,0	violett			+ + + +	
	8,5	weinrot			+ + + +	
	10,0				+ + + +	
17. Neutralrot (kationisch)	2,0	rotviolett	K	—	—	—
	3,0		K	—	+	—
	5,0	rot	K	—	+ +	+ + +
	7,0	orange	K	—	+ + +	+ + + +
	8,5	gelb	—	—	+ + + +	+ + + +
	10,0		—	—	+ + + +	+ + + +
	11,5		—	—	+ + + +	+ + + +

| versuch mit | | VI Vitalfärbung | | | | | |
| Toluol + Ölsäure | Chloroform + Diamyla. | Oberepidermis | | | | Unterepidermis | |
		Zellwand	Vakuole	Kern	Plasma	Zellwand	Vakuole
+++		−	−	+++	+++	−	+
++++		++	−	++++	++++	++	++
++++		++	−	++++	++++	++	++
++++		++	−	++++	++++	++	++
++++		++	−	++++	++++	++	++
++++		+	−	++++	++++	+	++
+++		−	−	+++	+++	−	−
++		−	−	−	−	−	−
++++		−	−	+++	+++	−	+++
++++		−	−	+++	+++	−	+++
++++		−	−	+++	+++	−	+++
++++		−	−	+++	+++	−	+++
++++		−	−	+++	+++	−	+++
++++		−	−	−	−	−	−
−		−	−	−	−	−	−
+++		−	−	+++	++	−	−
++++		−	−	++++	++++	−	++++
++++		−	−	++++	++++	−	++++
++++		−	−	++++	++++	−	++++
?		−	−	−	−	−	−
?		−	−	−	−	−	−
++++	++++	−	−	++++	++++	−	++++
++++	++++	−	−	++++	++++	−	++++
++++	++++	−	−	++++	+++	−	++++
++++	+++	−	−	++	+	−	++
+++	++	−	−	−	−	−	+
++	+	−	−	−	−	−	−
+	+	−	−	−	−	−	−
+++[1]		+++	−	−	−	+++	−
++++		+++	−	−	−	+++	−
++++		−	−	−	−	−	−
++++		−	−	−	−	−	−
++++		−	−	−	−	−	−
− (+)		−	−	−	−	−	−
++		++++	−	−	−	++++	−
+++		++	++	−	−	−	+++
+++		−	++++	−	−	−	++++
++++		−	++++	−	−	−	++++
++++		−	++++	−	−	−	++++
++++		−	++++	−	−	−	++++

Tabelle 6 (Fortsetzung)

I Farbstoff	II pH	III Farbton	IV Elektrophorese		V Ausschüttel-	
			Kath.	Anode	Chloro- form	Toluol
18.	2,0	blau	K	—	+ +	—
Nilblau	3,0		K	—	+ + +	+ +
(kationisch)	5,0		K	—	+ + + +	+ + +
	7,0		K	—	+ + + +	+ + + +
	8,5	braunrot	—	—	+ + + +	+ + + +
	10,0		—	—	+ + + +	+ + + +
	11,5		—	—	+ + + +	+ + + +
19.	2,0	rot	K	—		—
Prune pure	3,0	blau	K	—		+ +
(kationisch,	5,0		K	A		+ + + +
amphoter)	7,0		K	A		+ + + +
	8,5	violett	K	A		+ + + +
	10,0		—	A		—
	11,5		—	A		—
20.	2,0	rot	K	—	—	—
Pyronin	3,0		K	—	—	—
(kationisch)	5,0		K	—	—	—
	7,0		K	—	—	—
	8,5		—	—	?	—
	10,0		—	—	?	—
	11,5	trübrosa	—	—	?	—
21.	3,0	safraninrot	K	—	—	
Safranin	5,0		K	—	—	
(kationisch)	7,0		K	—	—	
	8,5		K	—	+	
	10,0		K	—	+ +	
22.	2,0	violett	K	—	—	—
Thionin	3,0		K	—	—	—
(kationisch)	5,0		K	—	—	—
	7,0		K	—	—	—
	8,5		K	—	— (+)	—
	10,0	weinrot	—	—	+ + + +	+ +
	11,5		—	—	+ + + +	+ + + +
23.	2,0	blau	K	—	—	—
Toluidinblau	3,0		K	—	—	—
(kationisch)	5,0		K	—	—	—
	7,0		K	—	— (+)	—
	8,5		K	—	+ +	— (+)
	10,0	violett	—	—	+ + + +	+ + +
	11,5		—	—	+ + + +	+ + + +

versuch mit		VI Vitalfärbung					
Toluol + Ölsäure	Chloroform + Diamyla.	Oberepidermis				Unterepidermis	
		Zellwand	Vakuole	Kern	Plasma	Zellwand	Vakuole
+++		−	−	−	−	−	−
++++		++++	−	−	−	++++	−
++++		+++	+	−	−	++	++
++++		−	++++	−(+)	−(+)	−	++++
++++		−	++++	−(+)	−(+)	−	++++
++++		−	++++	−(+)	−(+)	−	++++
++++		−	++++	−(+)	−(+)	−	−
−		−	−	−	−	−	−
+++		−	−	++++	++++	−	++++
++++		−	−	++++	++++	−	++++
++++		−	−	++++	++++	−	++++
++++		−	−	++++	++++	−	++++
+++		−	−	−	−	−	−
++		−	−	−	−	−	−
−		−(+)	−	−	−	−	−
−(+)		++++	−	−	−	++++	−
+		++++	−	−	−	++++	−
++		++++	−	−	−	++++	−
+++		+++	−	++	+	+++	−
++++		+	−	++++	+	++	−
++++		−	−	++++	+	−	−
+ [1]		+	−	−	−	+++	−
++		++++	−	−	−	++++	−
++++		+++	−	+	+	++++	−
++++		++	−	+++	++	+++	−
++++		+	−	+++	++	+	−
−		−	−	−	−	−	−
−(+)		++++	−	−	−	++++	−
++		++++	−	−	−	++++	−
++++		++++	−	−	−	++++	−
++++		+++	+	−	−	+++	+
++++		−	++++	+	−	−	++++
++++		−	++++	+	−	−	++++
−		−	−	−	−	−	−
−(+)		++++	−	−	−	++++	−
+		++++	−	−	−	++++	−
++		++++	−	−	−	++++	−
+++		++++	−	−	−	++	++
++++		−	++++	−	−	−	++++
++++		−	++++	−	−	−	++++

Tabelle 6 (Fortsetzung)

I Farbstoff	II pH	III Farbton	IV Elektrophorese		V Ausschüttel-	
			Kath.	Anode	Chloro- form	Toluol
24.	2,0	rotbraun	K	—	$++$	$+$
Vesuvin =	3,0		K	—	$++++$	$++++$
Bismarckbraun	5,0		K	—	$++++$	$++++$
(kationisch)	7,0	gelb	—	—	$++++$	$++++$
	8,5		—	—	$++++$	$++++$
	10,0		—	—	$++++$	$++++$
	11,5		—	—	$++++$	$++++$

anionisch oder kationisch erscheinende Farbstoffe in Ausnahmefällen umladbar sein. So wandert Fuchsin ab pH 9 schwach zur Anode (Drawert 1940, vgl. auch Süllmann 1931), obwohl der Formel ein amphoteres Verhalten nicht zu entnehmen ist, zum Unterschied von Säurefuchsin, das neben den anionischen Sulfosäuregruppen auch eine basische NH_2-Gruppe enthält. Säurefuchsin ist aber ein Gemisch, das sich nach Scharf (1956) in 5 Komponenten auftrennen läßt, von denen 3 eindeutig anionisch sind und 2 bei hoher cH kathodisch wandern. Es ist also fraglich, ob hier die NH_2-Gruppe für eine Umladung verantwortlich ist. Das von Drawert (1941a) untersuchte Präparat wandert von pH 2 bis 11,4 stark zur Anode.

Tab. 7. *Das Verhalten lipophober anionischer Farbstoffe bei der Elektrophorese, im Ausschüttelversuch mit hydrophoben Medien, im Diffusionsversuch in 10% Gelatine und bei der Vitalfärbung des Zellsaftes weißer Blumenblattepidermen. (Nach Drawert 1941a.)*

I Farbstoff	II Elektro- phorese	III Ausschüttelversuch mit		IV Diffusion in 10% Gelatine nach 16 Std. in cm	V Vital- färbung
		Chloroform	Chloroform + Diamylamin		
1. Bordeaux R	A	—	$+++$	26	$+$
2. Brillantorange	A	—	$+++$	44	$+$
3. Congorot	A	—	$-(+)$	1	—
4. Cyanol	A	—	$-(+)$	53	$+$
5. Lichtgrün SF	A	—	$+$	35	—
6. Methylblau	A	—	—	8	—
7. Orange G	A	—	$+++$	62	$+$
8. Ponceau	A	—	$+++$	39	$+$
9. Säurefuchsin	A	—	$-(+)$	44	$+$
10. Sulforhodamin B	A	—	$++$	54	$+$
11. Trypanblau	A	—	$+$	15	$(+)$
12. Trypanrot	A	—	$-(+)$	8	—
13. Violamin R	A	—	$-(+)$	44	$+$
14. Wasserblau	A	—	$-(+)$	7	—

| versuch mit | | VI Vitalfärbung | | | | | |
| Toluol + Ölsäure | Chloro- form + Diamyla. | Oberepidermis | | | | Unterepidermis | |
		Zellwand	Vakuole	Kern	Plasma	Zellwand	Vakuole
+ +		−	−	−	−	−	−
+ + + +		+ + +	−	−	−	+ + +	+
+ + + +		+ + +	−	−	−	+	+ +
+ + + +		−	−	+ + + +	+ + + +	−	+ + + +
+ + + +		−	−	+ + + +	+ + + +	−	+ + + +
+ + + +		−	−	+ + + +	+ + + +	−	+ + + +
+ + + +		−	−	+ + + +	+ + + +	−	+ + + +

Ähnlich liegen vielleicht die Verhältnisse beim Congorubin, einem anionischen Farbstoff mit einer NH_2-Gruppe, der nach KOPACZEWSKI und ROSNOWSKI (1928) amphoter reagieren soll, nach DRAWERT (1951 a) aber von pH 3,2—10 rein anodisch wandert.

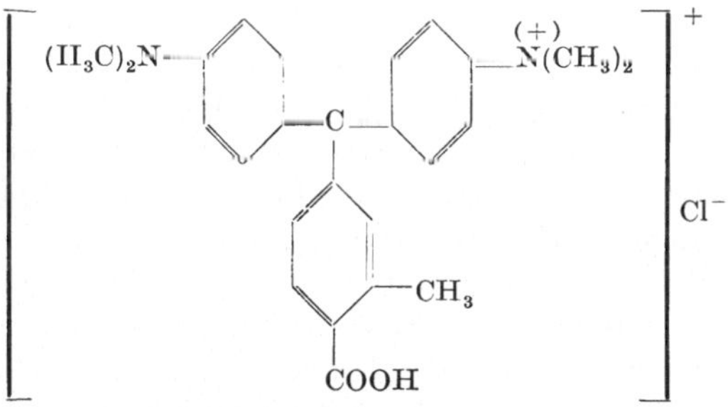

(2, VI) Chromgrün

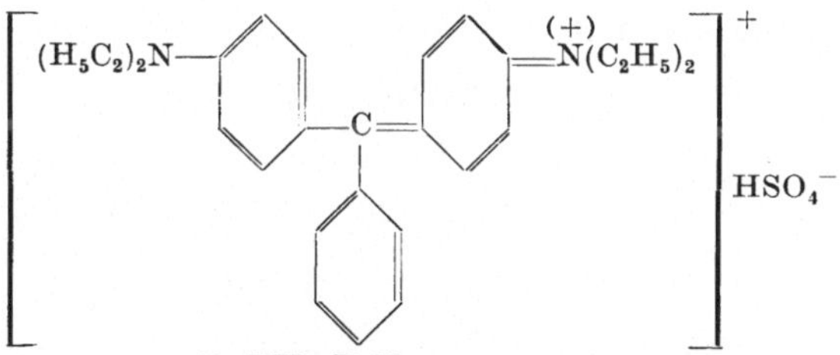

(2, VII) Brillantgrün

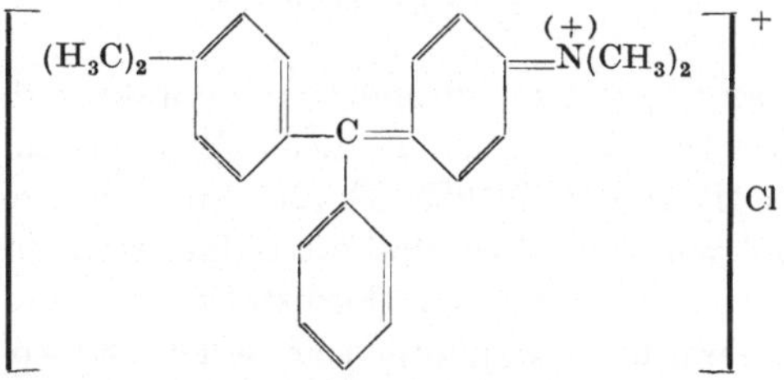

(2, VIII) Malachitgrün

Ein Präparat von Brillantgrün (2, VII) ist mit einem IEP um pH 8 umladbar und erweist sich somit als amphoter, was bereits Bailey und Zirkle (1931) vermuten, und das verwandte Malachitgrün (2, VIII) zeigt im stark alkalischen Bereich eine Tendenz zur Anode (Drawert 1940). Nach Ingraham und Visscher (1935) besitzt auch die Leukoform des Malachitgrüns amphoteren Charakter. Aus der Konstitution der Farbstoffe (2, VII und VIII) ist abzulesen, daß sie beide rein kationisch sein müßten. Das amphotere Verhalten ist von der Konstitution her unverständlich, so daß sehr wahrscheinlich Beimengungen in den handelsüblichen Präparaten dafür verantwortlich zu machen sind. In der Tat haben Arsiczewski und Mitarb. (1928) ein unterschiedliches Verhalten eines Handelspräparates und eines durch Dialyse gereinigten Präparates von Brillantgrün in der Kapillaranalyse festgestellt (s. S. 31).

Auch die Farbstoffe Haematoxylin (Seki 1933 b) und Carmin (Seki 1933 a) sind amphoter. Für die Umladbarkeit des letzten mit einem IEP zwischen pH 4 und 4,5 gibt Harms (1957/1965, II/148) folgende Formulierung:

$$\left[\text{Carm—Al—O}^{(-)}\right]^{-}\overset{+}{\text{Na}} + 2\overset{+}{\text{H}} + 2\,\overset{-}{\text{Cl}} = \left[\text{Carm—Al—OH}^{(+)}\right]^{+}\overset{-}{\text{Cl}} + \overset{+}{\text{Na}} + \overset{-}{\text{Cl}}$$

Na-Salz des anionischen Carmins	2 Mole Salzsäure	Chlorid des kationischen Carmins	Natriumchlorid

Von der Formel der reinen Carminsäure (2, IX) her ist kein kationisches Verhalten bei hoher cH zu erwarten. Ein Verständnis für die amphotere Natur ermöglicht nur die Tatsache, daß das Carmin des Handels eine komplexe Verbindung der Carminsäure mit Calcium und Aluminium darstellt. „Diese festgebundenen Metalle sind es zweifellos, die dem Carmin in saurem Medium seinen elektropositiven Charakter verleihen, indem die positive Ladung des Wasserstoffions der Säure durch Übergang auf das komplex-gebundene Aluminium-Atom die Umladung vornimmt.“ (Harms). Andererseits enthalten die Handelspräparate des Carmins Eiweißstoffe, so daß auch ein rein passives Mitnehmen der Farbstoffmoleküle durch die amphoteren Eiweiße denkbar wäre.

(2, IX) Carminsäure

Im Zusammenhang mit dem amphoteren Charakter des Haematoxylins — IEP bei pH 6,5 (Seki 1933 b) —, das die Leukoform des anionischen Haemateins darstellt (Formeln s. Harms 1957/1965, II/120), sind die Angaben von Ingraham und Visscher (1935) von Interesse, daß die reduzierten Formen des anionischen Säurefuchsins und der kationischen Farbstoffe Fuchsin Y, Gentianaviolett, Malachitgrün und Safranin O amphoter sein sollen. Es können aber auch beim Haematoxylin ähnliche Verhältnisse wie beim Carmin vorliegen, da mit Eisen oder Aluminium-Ionen ein positiv geladener Lack entsteht, der sich wie ein kationischer Farbstoff verhält (SEKI 1933 b).

Weitere Farbstoffe, die im Elektrophoreseversuch amphoter reagieren, obwohl man es ihrer Formel zunächst nicht ansieht, sind das Fluorescein und seine Salze. Während STRUGGER (1938 b) für K-Fluorescein nur allgemein gehaltene Angaben macht, daß es sich in saurer und alkalischer Lösung anionisch verhält,

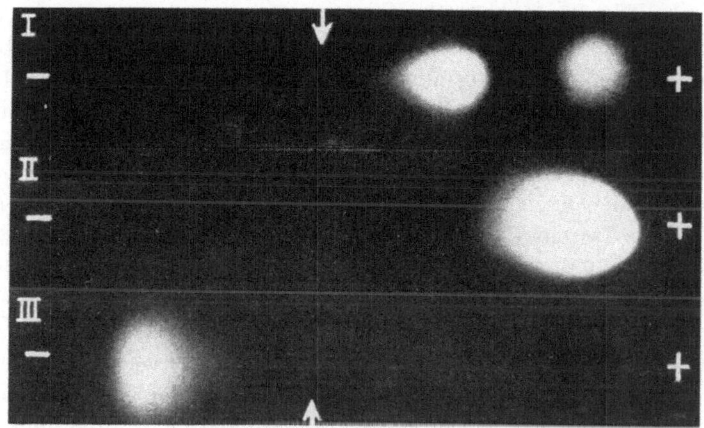

Abb. 8. Papierelektrophorese verschiedener Fluorescein-Präparate. I Kalium-Fluorescein (Chroma) bei pH 8,9. Zwei Hauptkomponenten wandern zur Anode. II Natrium-Fluorescein (Merck) bei pH 8,9. Präparat enthält nur eine Hauptkomponente, die zur Anode wandert. III Na-Fluorescein (Merck) bei pH 2,6. Die Hauptkomponente ist umgeladen und wandert jetzt zur Kathode. Die Startlinie wird durch die beiden weißen Pfeile angegeben. Aufnahme im UV. (Nach DRAWERT 1960 a.)

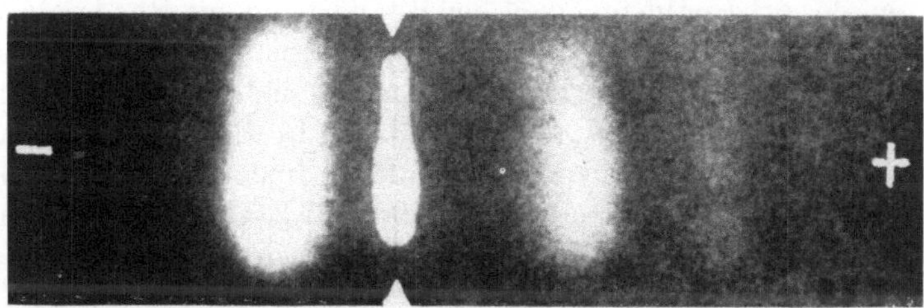

Abb. 9. Papierelektrophorese von K-Fluorescein (Chroma) bei pH 1,8. Nur die eine Hauptkomponente ist umgeladen worden und wandert zur Kathode, die zweite Hauptkomponente wandert auch bei pH 1,8 zur Anode. Eine deutlich zu erkennende Nebenkomponente wandert ebenfalls zur Anode. Ein feiner Niederschlag ist an der Startlinie liegengeblieben. Aufnahme im UV. (Nach DRAWERT 1960 a.)

berichtet DRAWERT (1941a), daß K-Fluorescein, in aqua dest. gelöst, zur Anode wandert und daß Fluorescein R bei pH 2 kein eindeutiges Verhalten und von pH 3,1—11,4 eine anodische Wanderung zeigt. SCHARF (1955, 1956) stellt entsprechend den Angaben in der physikalisch-chemischen Literatur (FÖRSTER 1951) an 6 verschiedenen Präparaten eine Umladung und damit einen IEP zwischen pH 3,3 und 3,8 fest. Diese Beobachtung wird durch die Ergebnisse von BUTTERFASS (1956 b, IEP um pH 3) und DRAWERT (1960 a, IEP um pH 3,3) bestätigt (Abb. 8). Ein K-Fluorescein-Präparat von „Chroma" enthält allerdings nach DRAWERT (1960 a) neben der amphoteren Komponente noch einen zweiten stark fluorescierenden Hauptbestandteil, der wie eine dritte schwächere Komponente im untersuchten pH-Bereich nicht umladbar ist (Abb. 9). Formelmäßig könnte man sich die Umladung, wie es auf S. 64, (3, VIII—XI) dargestellt ist, vorstellen.

Ferner verhalten sich nach Drawert (1940) Anilinfuchsin und Anilingrün im Elektrophoreseversuch amphoter, doch ist deren genaue Konstitution in den Farbstofftabellen nicht angeführt. Recht unklar liegen die Verhältnisse bei den Rhodaminen, die entsprechend ihrer Formel umladbar sein müßten (vgl. S. 19, 1, XIX bis XXIII). Rhodamin 3 B wandert zur Kathode (Höber 1909, Drawert 1939a), ebenso Rhodamin 6 G (Höber 1909, Drawert 1939a), 6 GO und GGO (Bethe 1920). Bei diesen Farbstoffen ist die Carboxylgruppe verestert. Nach Bethe schützt die Veresterung allerdings nicht immer vor einer Umladung, so geht Irisamin G (= Rhodamin 3 G) im alkalischen Bereich partiell zur Anode. Von den Rhodaminen mit freier Carboxylgruppe verhalten sich Rhodamin S, G und B nach Bethe (1920) partiell amphoter, d. h. in alkalischer Lösung wandern die Farbstoffteilchen nach beiden Seiten, aber zur Anode hin stärker (vgl. auch Mommsen 1926). Am eingehendsten ist Rhodamin B, das auch für die Vitalfärbung die größte Bedeutung hat, untersucht worden. Nach Höber (1909) verhält es sich in wässeriger Lösung kationisch, nach Butterfass (1956 b) schwach anionisch. Yamaha (1938 b, vgl. auch Yamaha und Nomura 1939) zählt es zu den anionischen Farbstoffen, da es von pH 3,5—8,0 negativ geladen wäre und erst bei pH 2 zur Kathode wandert. Auch nach Kölbel (1948) ist es unterhalb pH 3,2 kationisch und oberhalb pH 3,8 anionisch. Da Rhodamin B außerdem im alkalischen Gebiet als Zwitterion vorliegen und damit als Molekül elektrisch neutral sein müßte, wird von Kölbel die anodische Wanderung auf eine Verunreinigung — evtl. mit Rhodamin G oder 6 G, bei denen eine Abgabe des Protons vom Stickstoff denkbar wäre (vgl. S. 19, 1, XIX und XX) — zurückgeführt.

Auf Grund der cH-Unabhängigkeit der Vitalfärbung mit Rhodamin B kommt Drawert (1937 c, d) zu dem Schluß, daß der Farbstoff von pH 2 bis 11,5 als elektroneutrales Molekül vorliegt. Dieser Auffassung schließen sich Monné (1938 c) und in gewissem Grade auch Kölbel (1948) an. In Elektrophorese- und Ausschüttelversuchen mit hydrophilen Lösungsmitteln findet Drawert (1939a) seine Vermutung bestätigt. Nach Harms (1957/1965, II/334) läßt das Verhalten erwarten, daß sich in der Lösung ein inneres Salz bildet (2, X), das nach außen elektroneutral reagiert.

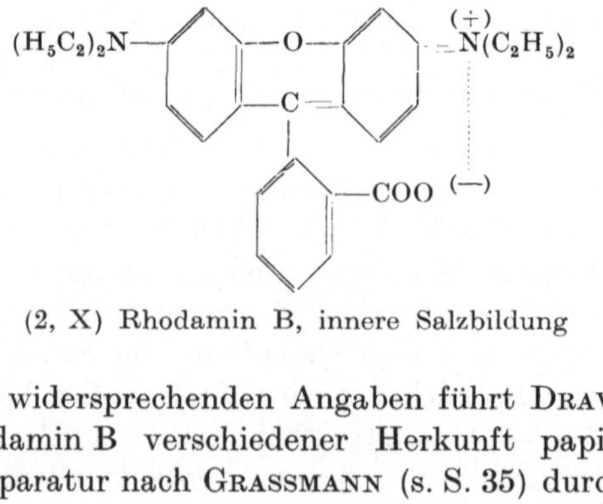

$$(H_5C_2)_2N \underset{\underset{}{\displaystyle C}}{\quad} O \quad \overset{(\dotplus)}{N(C_2H_5)_2}$$

COO $(-)$

(2, X) Rhodamin B, innere Salzbildung

Zur Klärung der widersprechenden Angaben führt Drawert (unveröffentl.) nochmals mit Rhodamin B verschiedener Herkunft papierelektrophoretische Versuche mit der Apparatur nach Grassmann (s. S. 35) durch. Ein einheitliches klares Ergebnis kann nicht erzielt werden. Ein Präparat von Merck wandert von pH 1—4 zur Kathode. Die Geschwindigkeit nimmt mit steigendem pH-Wert ab, und die Wanderung erfolgt nicht als beidseitig begrenzte Zone. Es tritt vielmehr ein Ausziehen des Startfleckens zur Kathode hin auf. Bis pH 8 verbreitert sich der Startfleck nach beiden Seiten, aber zur Anode hin mit einer vorgelagerten schwachen Fahne. Im noch höheren alkalischen Bereich ist dann wieder eine stärkere Tendenz zur Kathode zu bemerken. Ähnlich verhält sich ein Präparat von Grübler, während ein Präparat von Riedel-de-Haen bei allen geprüften pH-Werten eine Tendenz zur Kathode aufweist. Ferner sind auch die erhaltenen Bilder je nach der Dauer der Elektrophorese (3 bis 14 Stdn.) recht variabel, ohne daß sich eine Gesetzmäßigkeit erkennen läßt. Das schwankende Verhalten ist einerseits wohl damit zu erklären, daß der Farbstoff in einem weiten pH-Bereich in der elektroneutralen Form (2, X) vorliegt, und andererseits werden die unterschiedlichen Reinheitsgrade der verschiedenen Präparate zu Abweichungen beitragen. Die benutzten Lösungen unterscheiden sich bereits in ihren pH-Werten. Bei einem Ausgangs-pH des aqua dest. von 4,32 beträgt der pH-Wert der 0,1%igen Lösung 2,85 (Merck) und 3,38 (Grübler und Riedel-de-Haen). Ferner ist die erste Lösung bläulicher gefärbt als die anderen beiden.

Solche Unterschiede zeigen auch Rhodamin S-Präparate. Während sich ein älterer Farbstoff (I. G.), wie nach der Konstitution zu erwarten, amphoter verhält — mit einem IEP bei pH 6,5 (DRAWERT 1939a, vgl. auch BETHE 1920) —, zeigen verschiedene Nachkriegspräparate (Bayer, Grübler u. Co., Th. Schuchardt u. Co.) keine Umladung (DRAWERT 1958). Im Papierchromatogramm ist ferner das Präparat von Grübler identisch mit Acridinrot derselben Firma und Pyronin-Präparaten von Bayer und von Merck (S. 214, Abb. 69).

Außer der cH beeinflussen noch andere Faktoren die elektrophoretische Wanderung der Farbstoffe. Zunächst ist der Einfluß von Salzen zu erwähnen. Nach BETHE (1920) bewirken Zusätze größerer Mengen von NaCl und Na_2SO_4 bei den kationischen Farbstoffen eine Herabsetzung der Wanderungsgeschwindigkeit und z. T. eine partielle Umladung (Methylenblau, Toluidinblau). Eine partielle Umladung von Fuchsin durch Neutralsalze gibt SÜLLMANN (1931) an, während nach KRISZAT (1952) Calcium keinen wesentlichen Unterschied in der Wanderungsgeschwindigkeit von Methylenblau zur Kathode bedingen soll. Ein Zusatz der Neutralsalze drängt die Dissoziation der kationischen Farbstoffe zurück und bewirkt ein Zusammenlegen von Farbstoffteilchen zu größeren Partikeln (s. S. 92), die sich durch Ionenadsorption anders laden können.

Bei den untersuchten anionischen Farbstoffen tritt eine derartige Salzempfindlichkeit nicht in Erscheinung.

Interessant sind die Angaben von YAMAHA und NOMURA (1939) für anionische Farbstoffe. Entsprechend den Befunden von BETHE haben Neutralsalze auf die Wanderung in wässeriger Lösung keinen Einfluß. Schaltet man aber in das elektrische Feld ein Gelsystem ein, so macht sich ein Salzzusatz deutlich bemerkbar (S. 52, Tabelle 8). Die Autoren führen diese Erscheinung auf eine Herabsetzung der negativen Ladung des Gelsystems durch die Neutralsalze zurück.

Auf die Wanderung des amphoteren Farbstoffes Prune pure haben 0,1 mol KCl, KNO_3 und $CaCl_2$ nach DRAWERT (1938c) keinen bemerkenswerten Einfluß, während 10^{-4} bis 1 mol $AlCl_3$ eine kathodische Wanderung bedingen.

Die kationischen Farbstoffe werden, entsprechend ihrer stärkeren Fällbarkeit durch Anionen (vgl. S. 93), von diesen bei der Elektrophorese viel stärker beeinflußt als durch die Kationen. Die handelsüblichen Farbstoffpräparate enthalten häufig Salzzusätze, die sich unter Umständen auf das Elektrophoreseergebnis auswirken und so ein voneinander abweichendes Verhalten von Präparaten desselben Farbstoffes aber verschiedener Herkunft verursachen.

Auch andere Zusätze sind von Bedeutung. So wandert nach JARISCH (1923) das kationische Neutralrot in einer Seifenlösung energisch zur Anode, da durch Hydrolyse Fettsäure frei wird, die als negativ geladenes Suspensionskolloid auftritt, intensiv Neutralrot speichert und den Farbstoff im Elektrophoreseversuch mitreißt. Auf demselben Effekt beruht sehr wahrscheinlich die anionische Wanderung des an sich kationischen Berberinsulfats nach Zusatz von Desoxyribonucleinsäure (DNS), während Ribonucleinsäure (RNS), Clupein und Serum keinen Ein-

Tab. 8. *Einfluß von 0,01—0,1 n KCl auf die elektrophoretische Wanderung von Erythrosin und Eosin (0,1%) durch ein Agar- oder Kieselsäuregel.* (Nach YAMAHA und NOMURA 1939.)

Gelsystem	Farbstofflösung	Wanderungssinn des Farbstoffes im Gelraum
ohne Salz	ohne Salz	zur Anode
salzhaltig	ohne Salz	zur Anode (schnell)
ohne Salz	salzhaltig	zur Kathode (sehr schnell)
salzhaltig	salzhaltig	zur Anode (langsam)

fluß haben sollen (KLÍMEK und DRÁŠIL 1953). Bei Methylenblau bedingt auch Serumzusatz eine teilweise anionische Wanderung (KELLER 1926 b, SÜLLMANN 1931).

Diese Effekte werden aber nicht durch eine eigentliche Umladung des Farbstoffes hervorgerufen, sondern beruhen auf einer Adsorption oder einer ähnlichen Bindung des Farbstoffes an einen anderen Körper, der bei seiner Wanderung im elektrischen Feld den Farbstoff mitnimmt. Derselbe Vorgang liegt sehr wahrscheinlich auch den von KELLER und Mitarb. mitgeteilten Befunden zugrunde.

KELLER (1919) geht von der Voraussetzung aus, daß die Farbstoffe immer kolloidal gelöst sind; deshalb soll für die elektrische Wanderung nicht ihre chemische Konstitution ausschlaggebend sein, sondern sie unterliegen „denselben Gesetzen wie die Wanderungsrichtung der meisten ungefärbten Kolloide vom Typus Eiweiß" und wandern daher in alkalischer Lösung zur Anode und in saurer zur Kathode. Auch BETHE (1920) findet z. B. beim Methylenblau im stark alkalischen Bereich eine partielle Umladung und erklärt diese der Konstitution nach nicht zu erwartende Erscheinung ebenfalls kolloid-chemisch, zumal eine Umladung um so leichter stattfindet, je leichter ein basischer Farbstoff bei Alkali-Zusatz ausfällt. Er wendet sich aber gegen die Vorstellung, daß die Wanderungsrichtung aller Farbstoffe nur von der Reaktion der Flüssigkeit abhängen soll. In seiner Erwiderung macht KELLER (1920) dann die Einschränkung, daß es selbstverständlich wäre, daß in rein molekulardispersen oder dissoziierten verdünnten Lösungen das gefärbte Farbstoffkation zur Kathode geht. Die von BETHE beobachtete „partielle Umladung" erklärt er jetzt damit, daß im alkalischen Bereich der noch dissoziierte Teil zur Kathode, der kolloidale Teil der Lösung aber zur Anode wandert. Kolloide Korpuskeln sollte man sich von einer gewissen Größe an als vorwiegend chemisch neutral vorstellen, die aber in einer sauren (also elektronegativen) Lösung positiv und in einer basischen (also elektropositiven)

Lösung negativ erscheinen. Trotz der von KELLER (1920) zugegebenen Möglichkeit, daß die Farbstoffe in den wässerigen Lösungen z. T. in dissoziierter, also ionendisperser Form vorliegen können, betrachtet er sie in seinen folgenden Arbeiten immer nur als kolloidale Lösungen. Seiner Meinung nach (KELLER 1933) liegen im Plasma ganz andere Verhältnisse vor als in Wasser oder in Salzlösungen. Er unterscheidet zwischen einem „physiologischen" und einem „physikalischen" Wanderungssinn der Farbstoffe. Der letzte wäre für den Biologen nur von theoretischem Interesse (KELLER und GICKLHORN 1928). Die einfache Gleichsetzung der Begriffe basischer Farbstoff = Kation und saurer Farbstoff = Anion wäre ein Irrtum; denn verdünnte Lösungen basischer Farbstoffe zeigen gerade das entgegengesetzte Verhalten (KELLER und CHIEGO 1955). Diese einseitige Auffassung hat zu vielen Fehlschlüssen geführt, auf die an anderer Stelle eingegangen wird (S. 559).

Zusammenfassend können wir sagen, daß der elektrische Ladungssinn von Farbstoffen in einer wässerigen Lösung einmal davon abhängt, ob er ionendispers, molekulardispers oder kolloidal vorliegt. Im ersten Fall bestimmt die anionische, kationische oder amphotere Natur des Chromogens die Ladung der Farbstoffteilchen. Im zweiten Fall dürften die Teilchen elektroneutral sein, und im dritten Fall wird die Ladung von den Dielektrizitätskonstanten der kolloidalen Farbstoffteilchen und der umgebenden Flüssigkeit sowie der vorhandenen adsorbierbaren Fremdionen abhängen.

In Gegenwart fremder Kolloide kann durch Adsorption von Farbstoffteilchen eine bestimmte Ladung der letzten vorgetäuscht werden. Alle Faktoren, die Dissoziation und Dispersitätsgrad der Farbstoffe verändern, können sich damit auch auf deren elektrische Ladung auswirken.

3. Die Dissoziationsverhältnisse der Farbstoffe und deren Beeinflussung

In dem vorigen Kapitel ist bereits auf die Bedeutung der Dissoziation eines Farbstoffes für sein Verhalten im elektrischen Feld hingewiesen worden. Aber auch für die Fähigkeit zur Vitalfärbung und ganz allgemein für das Permeationsvermögen ist der Dissoziationszustand ein entscheidender Faktor (COLLANDER, LÖNEGREN und ARHIMO 1943).

Da es sich bei den meisten kationischen Farbstoffen und einem Teil der anionischen Farbstoffe um die Salze schwacher Basen oder Säuren handelt, muß neben der elektrolytischen auch die hydrolytische Dissoziation berücksichtigt werden. Welche Bedeutung der letzten für den pH-Wert einer wässerigen Lösung zukommt, ist schon betont worden (s. S. 22 u. f.). Der Dissoziationsgrad hängt von dem Lösungsmittel, der Temperatur, der Konzentration des Farbstoffes, der cH und der Gegenwart anderer Elektrolyte ab.

a) Abhängigkeit der Dissoziation vom Lösungsmittel

Nach einer Regel von THOMSON und NERNST ist für die Existenz freier Ionen, die man durch die Leitfähigkeit der Lösung, durch deren osmotisches Verhalten oder auch spektrophotometrisch nachweisen kann, die Größe der Dielektrizitätskonstanten (DK) des Lösungsmittels maßgebend. Je größer die DK, desto stärker ist die Dissoziation eines Elektrolyten. Für das als Indikator bekannte anionische Bromphenolblau berechnet Luck (1960) aus spektrophotometrischen Versuchen für Lösungen in Methanol (DK 34 bei 18° C) eine Dissoziationskonstante von $3,5 \cdot 10^{-6}$ bei 20° C, in Methanol $+$ Wasser 1:1 $7,3 \cdot 10^{-6}$.

In wässeriger Lösung werden die meisten Farbstoffe auf Grund der hohen DK des Wassers ($\sim$ 81) dissoziiert sein. Dies trifft vor allem für die Sulfosäurefarbstoffe zu (Collander 1942). Ganz allgemein sind die meisten anionischen Farbstoffe stärker ionisiert als die kationischen (Drawert 1941a). Leitfähigkeitsmessungen ergeben selbst für die kolloidal gelösten, anionischen substantiven Farbstoffe in salzfreier Lösung einen hohen Dissoziationsgrad, während die freien Farbsäuren als nicht dissoziiert bezeichnet werden müssen (Schramek und Götte 1932).

Von den kationischen Farbstoffen ist Methylenblau eingehend untersucht worden. Es wird in wässeriger Lösung als stark dissoziiert aufgefaßt (Clark, Cohen und Gibbs 1925, Brooks 1927 b, Irwin 1930 b). Völlig dissoziiert — jedenfalls in genügend verdünnter Lösung — sollen auch Toluidinblau (Bruch und Netter 1930) und Eosin (Kortüm 1936) sein.

Nach den in der Literatur vorliegenden Angaben kann man verallgemeinernd sagen, daß die Farbstoffe, von einigen Ausnahmen abgesehen, in wässeriger Lösung mehr oder weniger stark elektrolytisch gespalten sind. Die gegenteilige Annahme, „daß in wässeriger Lösung die Farbstoffe nicht dissoziiert sind" (Fischer 1929, S. 496, aus Ultrafiltrationsversuchen [?] geschlossen), steht isoliert da.

Hinsichtlich der Frage der elektrolytischen Dissoziation in einer wässerigen Lösung herrscht im Prinzip eine einheitliche Auffassung; dies ist für die hydrolytische Spaltung nicht der Fall. Czaja (1934, S. 549) schreibt: „Ganz allgemein ist die Frage der hydrolytischen Dissoziation vieler basischer Farbstoffe in wässeriger Lösung noch umstritten". Von biologischer Seite ist aber immer wieder darauf hingewiesen worden, daß zumindest die kationischen Farbstoffe zur hydrolytischen Spaltung neigen müssen. Entsprechende Angaben liegen bereits von Overton (1899), Hansen (1908), Eisenberg (1910) und Endler (1912 b) vor, während nach einer älteren Annahme von Ruhland (1908 a, b) keine Hydrolyse stattfinden soll.

Ehe wir uns mit dem Nachweis der hydrolytischen Spaltung befassen, müssen wir noch kurz die Dissoziationsverhältnisse in anderen Solventien als Wasser betrachten. Hier interessieren besonders hydrophobe Lösungsmittel.

Extrem hydrophob sind unpolare Flüssigkeiten, die sich durch eine sehr niedrige DK auszeichnen. Die DK liegt bei Chloroform um 5,2; Äther 4,63; reines Olivenöl $\sim$ 3,1; Terpentin $\sim$ 2,3; Xylol 2,37; Benzol 2,25. In diesen stark hydrophoben Medien tritt keine nennenswerte Dissoziation auf. Farbstoffe, die im Wasser stärker elektrolytisch dissoziiert sind, also in Ionenform vorliegen, gehen im Ausschüttelversuch mit diesen Solventien nicht aus der wässerigen Lösung in die hydrophobe Phase über (s. S. 124 u. f.). Den Dissoziationsverhältnissen entspricht auch die Löslichkeit von Elektrolyten in nichtwässerigen Solventien. Mit sinkender DK der Lösungsmittel nimmt die Löslichkeit ab.

In polaren hydrophoben Lösungsmitteln mit einer DK $>$ 6 ist aber etwas Farbsalz löslich, so daß die Konzentration zwischen 1/1000 und 1/5000 mol liegt (Scharf 1956). In diesen starken Verdünnungen können Dissoziationsgrade von 60—95% auftreten.

Um Anhaltspunkte über die Dissoziation in mehr oder weniger hydrophoben Medien mit unterschiedlicher DK zu bekommen, führen HOLLÓ und DEUTSCH (1926) mit Indikatoren Ausschüttelversuche aus wässeriger Lösung durch. Aus den jeweils auftretenden Farbtönen wird auf den Dissoziationsgrad geschlossen. Für den anionischen Farbstoff Phenolrot gibt Tabelle 9 die erhaltenen Ergebnisse wieder.

Tab. 9. *Farbton von Phenolrot in Ausschüttelversuchen mit Lösungsmitteln verschiedener DK.* (Nach HOLLÓ und DEUTSCH 1926.)

Lösungsmittel	H_2O	CH_3OH	C_2H_5OH	Aceton	Amylalkohol
DK	81	31	26	25	16
Farbton	rot	rot	gelb	gelbgrün	grün

Je niedriger die DK ist, um so mehr ist der Farbton von Phenolrot nach der undissoziierten (sauren) Seite verschoben. Auch der kationische Indikator Neutralrot (Tabelle 10) bestätigt die Regel, nur Aceton fällt hier aus der Reihe. Zum Unterschied von den ionisierten Farbsalzen sind die kaum dissoziierten freien Farbsäuren und Farbbasen im allgemeinen sehr schlecht in Wasser, aber gut in den unpolaren hydrophoben Medien löslich (OVERTON 1899), so daß man durch Ausschüttelversuche Rückschlüsse auf den Grad der hydrolytischen Spaltung in der wässerigen Lösung ziehen kann.

Tab. 10. *Farbton von Neutralrot in Ausschüttelversuchen mit Lösungsmitteln verschiedener DK.* (Nach HOLLÓ und DEUTSCH 1926.)

Lösungsmittel	Formamid	H_2O	CH_3OH	C_2H_5OH	Aceton	Propylalkchol	Aethyläther
DK	94	81	31	26	25	22	4
Farbton	bläulichrot	rot	rotgelb	gelbrot	gelbgrün	gelb	grüngelb

Aus den oben angeführten Beispielen geht aber hervor, daß hierzu nur hydrophobe Lösungsmittel mit sehr niedriger DK benutzt werden dürfen. Benzol ist dafür besonders geeignet. CZAJA untersucht damit wässerige Lösungen von Neutralrot, Nilblau B, Brillantcresylblau, Kristallviolett und Fuchsin. Für die ersten drei Farbstoffe kann er auf diese Weise eine z. T. beträchtliche hydrolytische Spaltung nachweisen. Ferner sieht CZAJA mit Recht auch im Absinken des pH-Wertes der wässerigen Phase nach dem Ausschütteln der Farbbase mit Benzol (s. S. 137) einen Beweis für die hydrolytische Spaltung. Eine Reihe der zur elektrolytischen Dissoziation neigenden Farbstoffe zeigt in der wässerigen Lösung noch als Besonderheit eine Aggregation der Farbionen zu Di- oder Polymeren. Auf diese Erscheinung soll aber erst im folgenden Abschnitt näher eingegangen werden.

b) Abhängigkeit der Dissoziation von der Konzentration

Wie bei allen anderen Elektrolyten hängt auch bei den Farbstoffen der Grad der Dissoziation von der Konzentration der Lösung ab. Beim Messen der Leitfähigkeit einer Methylenblaulösung findet aber ROBINSON (1935) nicht einen gradlinigen Verlauf derselben in Abhängigkeit von der Konzentration, sondern eine zunächst steil ansteigende Optimumkurve (Abb. 10). Dieser steile Anstieg wird damit erklärt, daß in der Lösung Micellen gebildet werden, die eine höhere Leitfähigkeit besitzen als die einzelnen Kationen. Die Micellen entstehen durch Zusammenlagerung zweier Farbkationen zu Dimeren. Mit steigender Konzentration nimmt auch die Dimerenbildung zu. Die Lösungen gereinigter Präparate von Benzopurpurin 4 B, Congorubin, Congorot und anderen Farbstoffen besitzen eine hohe Leitfähigkeit, aber einen niedrigen osmotischen Druck. Dieses anomale Verhalten läßt sich auch am leichtesten durch die Annahme einer Aggregation der Farbionen erklären (Zsigmondy 1924, Robinson 1935). Bereits Pelet-Jolivet und Wild (1908) weisen darauf hin, daß, aus der Leitfähigkeit zu schließen, die Farbstoffe bei genügender Verdünnung vollständig dissoziiert sein müssen, daß sie aber bei höheren Konzentrationen leicht in den Kolloidzustand übergehen. Biltz und Pfenning (1911) schreiben von den anionischen Farbstoffen, sie sind in reiner wässeriger Lösung „Elektrolyte, die sich in einem Assoziations-, Dissoziations- und Hydrolysegleichgewicht befinden, so daß polymere Farbstoffmoleküle, Farbstoffeinzelmoleküle, Farbstoffionen, Natriumionen und die Produkte der Hydrolyse nebeneinander bestehen". Lange und Herre (1938) bestimmen den Assoziationsgrad von Methylenblau mit Hilfe der Leitfähigkeitsmessung und der Gefrier-

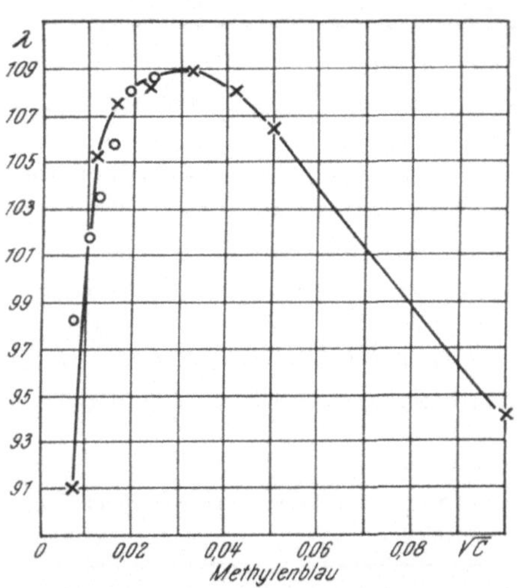

Abb. 10. Die Abhängigkeit der Leitfähigkeit λ einer Methylenblaulösung von der Farbstoffkonzentration. (Nach Robinson 1935.)

punktserniedrigung und kommen zu dem Schluß, daß in 0,01 n Methylenblaulösung bereits 40% Mehrfachionen vorhanden sind, die mit steigender Konzentration stark zunehmen, so daß schon bei einigen Hundertstel Normalität die Konzentration der Einfachionen vollständig hinter die der Assoziationskomplexe zurücktritt.

Auch aus der Änderung der Absorptions- und gegebenenfalls der Fluorescenzspektren wird auf eine zunehmende Ionenassoziation mit steigender Konzentration geschlossen. Nach Kortüm (1936) macht sich schon in einer $3 \cdot 10^{-6}$ mol Eosinlösung im Absorptionsspektrum eine Anionenassoziation deutlich bemerkbar (s. auch Förster und König 1957). Für Chinolinfarbstoffe, wie Pinacyanol, Astraphloxin u. a., stellen Scheibe (1938) und Ecker (1940) Änderungen der Absorptionsspektren mit der Konzentrationserhöhung fest, die sie auf Ionenaggregationen zurückführen. Besonders eingehend sind in dieser Hinsicht Thionin und Methylenblau (= Tetramethylthionin Abb. 11) untersucht worden (Holst 1938, Epstein, Karush und Rabinowitch 1941, Rabinowitch und Epstein 1941, Lewis, Goldschmid, Magel und Bigeleisen 1943, Sheppard und Geddes 1944 b, Heinmets, Vinegar und Taylor 1952, Bartels und Schwantes 1955). Selbst für Methylenblau wird angenommen, daß es nicht nur zur Dimeren-

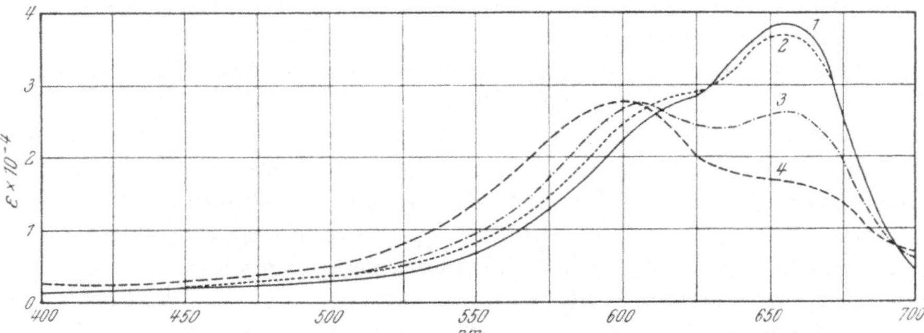

Abb. 11. Änderung des Absorptionsspektrums von Methylenblau mit der Konzentration. $1 = 20 \cdot 10^{-6}$, $2 = 20 \cdot 10^{-5}$, $3 = 20 \cdot 10^{-4}$, $4 = 20 \cdot 10^{-3}$ mol. (Nach RABINOWITCH und EPSTEIN 1941.)

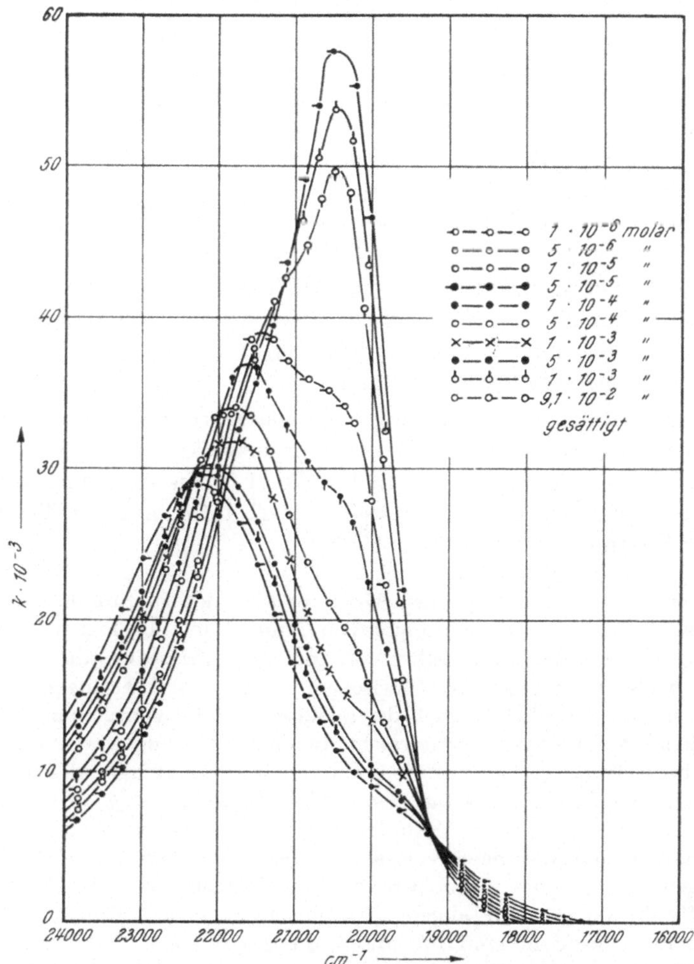

Abb. 12. Lage des Absorptionsmaximums von Acridinorange bei pH 6,0 (Citrat-Phosphatpuffer) und 20° C in Abhängigkeit von der Farbstoffkonzentration. (Nach ZANKER 1952 a.)

bildung kommt, wie zunächst Holst (1938) und Rabinowitch und Epstein (1941) vermuten, sondern daß bei höheren Konzentrationen Polymere vorliegen (Vickerstaff und Lemin 1946). Aus der Verschiebung der Spektren zu schließen, neigen viele Farbstoffe mit steigender Konzentration zur Ionenassoziation. Von Vitalfarbstoffen gehören u. a. dazu: Neutralrot (Bartels 1956 b, Bartels und Schwantes 1957, Förster und König 1957), Rhodamin B (Sheppard und Geddes 1944 a, Förster und König 1957), Fluorescein (Lewschin 1927, Förster und König 1957) und vor allem Acridinorange (Zanker 1952 a, b, Bartels 1954, Förster und König 1957), dessen Fluorescenzmetachromasie ebenfalls auf eine Aggregation zurückgeführt wird (Abb. 12). Die von Kuyper (1962) gemachten Einwände gegen die Aggregationshypothese werden von Scheibe und Zanker (1962) zurückgewiesen.

Die Assoziation hängt stark von der Konstitution der Farbstoffe ab. Sie ist bei Acridinorange groß, bei Acridingelb sehr klein (Scheibe und Zanker 1962) und soll beim Pyronin fehlen (Härtel 1953 b). Doch kann hierauf nicht näher eingegangen werden.

c) Abhängigkeit der Dissoziation von der Temperatur

Für den Einfluß der Temperatur auf den Grad der Dissoziation gilt dasselbe wie bei der Konzentration. Die Dissoziation nimmt mit steigender Temperatur zu. Aber auch auf die Micellenbildung hat die Temperatur einen Einfluß. Mit steigender Temperatur nimmt der Assoziationsgrad der Farbionen in einer wässerigen Lösung gegebener Konzentration rasch ab. Temperaturerhöhung wirkt wie eine Verdünnung. Auf die Literatur braucht hier nicht weiter eingegangen zu werden, da die im Abschnitt „Konzentration" erwähnten Arbeiten auch meist den Einfluß der Temperatur berücksichtigen.

Die Temperatur wirkt sich ebenso wie eine Konzentrationsänderung über die Aggregation der Farbionen auch auf die Absorptionsspektren aus. Abb. 13 zeigt die Verhältnisse für Acridinorange, und in Tabelle 11 ist die Änderung der Dissoziationskonstanten K_D der Dimeren desselben Farbstoffes mit der Temperatur aufgeführt (für Neutralrot vgl. Bartels 1956 b).

Im Zusammenhang mit dem folgenden Abschnitt über den Einfluß des pH-Wertes auf die Dissoziation sind die Beobachtungen von Gurr (1962a, b) über die Änderung der cH des Wassers mit der Temperatur von Interesse. Frisch destilliertes Wasser hat gewöhnlich bei 20° C einen pH-Wert zwischen 5 und 6. Durch Erhitzen auf 100° C wird der pH-Wert um 2 Einheiten nach der alkalischen Seite verschoben. Beim Abkühlen wird wieder der Ausgangswert erreicht. Londoner Leitungswasser mit pH 8,2 bei 20° C zeigt beim Erwärmen bis auf 60° C ein allmähliches Abfallen des pH-Wertes auf 6,8. Bei weiterem Erwärmen steigt der pH-Wert wieder stetig an und erreicht bei 100° C den Ausgangswert. Beim Abkühlen wird der umgekehrte Weg durchlaufen. Genau so verhalten sich Lösungen von anionischen Farbstoffen. Für kationische Farbstoffe liegen noch keine Ergebnisse vor, sind aber von dem Autor angekündigt. Da Vitalfärbungen im allgemeinen in einem engen Temperaturbereich um 20° C ausgeführt werden, sind für unsere Fragestellungen die durch größere Temperatursprünge bedingten Veränderungen von untergeordneter praktischer Bedeutung.

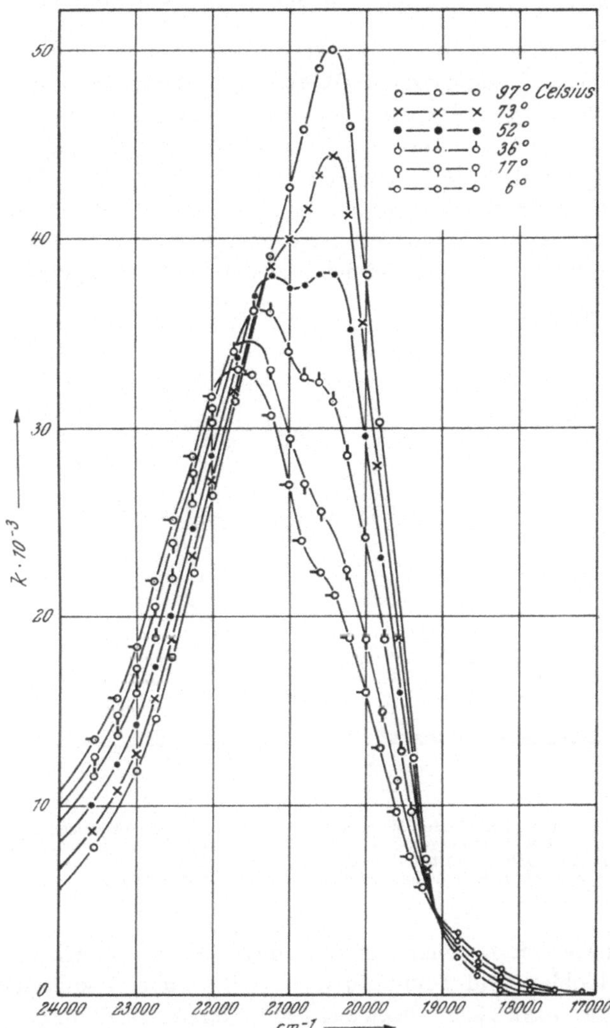

Abb. 13. Lage des Absorptionsmaximums von 10^{-4} mol Acridinorange bei pH 5,0 in Abhängigkeit von der Temperatur. (Nach ZANKER 1952 a.)

Tab. 11. *Abhängigkeit der Dissoziationskonstanten* K_D *der Dimeren des Acridinoranges von der Temperatur.* (Nach ZANKER 1952 a.)

Temperatur °C	$K_{D(f)\ T}$
6	$6,0 \cdot 10^4$
17	$3,3 \cdot 10^4$
36	$1,5 \cdot 10^4$
52	$7,5 \cdot 10^3$
73	$3,5 \cdot 10^3$
97	$1,7 \cdot 10^3$

d) Abhängigkeit der Dissoziation von der Wasserstoffionenkonzentration

Für die Vitalfärbung ist die Abhängigkeit der Dissoziationsverhältnisse der Farbstoffe in wässeriger Lösung vom pH-Wert von größter Bedeutung (s. S. 355 u. f.). Viele Widersprüche in den Angaben der älteren Literatur über den Grad der elektrolytischen Dissoziation und der hydrolytischen Spaltung sind auf eine Nichtberücksichtigung des pH-Wertes der jeweils untersuchten Lösung zurückzuführen. Wenn Farbstoffe, wie Methylenblau, Toluidinblau, Eosin, in ausreichend verdünnter Lösung als völlig dissoziiert angegeben werden (s. S. 54), so kann sich das nur auf einen bestimmten pH-Bereich beziehen; bei den angeführten Angaben

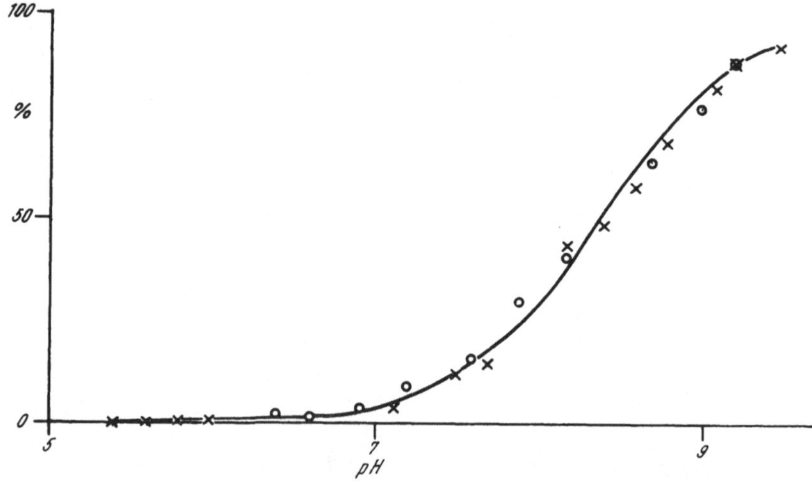

Abb. 14. Prozentualer Anteil an undissoziierten Molekülen der Farbbase in einer wässerigen Lösung von Brillantcresylblau bei verschiedenen pH-Werten (ausgezogene Kurve); Verteilungskoeffizient zwischen Wasser und Chloroform (x) und von *Nitella* aufgenommene Farbstoffmenge (o). Abszisse: pH-Wert der wässerigen Phase, Ordinate: prozentualer Anteil der Farbbase. (Nach Irwin 1926 d.)

handelt es sich meist um Lösungen in aqua dest. Selbst so stark basische Farbstoffe wie Methylenblau und Toluidinblau sind bei hoher alkalischer Reaktion (Drawert und Strugger 1938, Drawert 1940, Scharf 1956) und der anionische Farbstoff Eosin bei hoher cH (Drawert 1941a, Scharf 1956) nicht mehr dissoziiert.

Zum Nachweis der hydrolytischen Spaltung in wässerigen Farbstofflösungen führt Czaja (1934) Ausschüttelversuche mit Benzol durch (s. S. 55). Er kann so für Neutralrot, Nilblau B und Brillantcresylblau, aber nicht für Fuchsin die Hydrolyse feststellen. Beim Fuchsin gelingt dies aber ohne weiteres bei alkalischer Reaktion der wässerigen Lösung. Bereits Bethe (1905) prüft wässerige Farbsalzlösungen in Ausschüttelversuchen mit Äther auf das Vorhandensein der freien Farbbase. Bei Methylgrün, Malachitgrün, Brillantgrün und Methylenblau bleibt der Äther farblos, färbt sich jedoch nach Zusatz einer bestimmten Alkalimenge, so daß das Auftreten der hydrolytischen Spaltung in Abhängigkeit von der cH deutlich hervortritt. Bei anderen Farbstoffen, wie Toluidinblau und Nilblau A, geht auch etwas Farbsalz in den wasserhaltigen Äther über, aber stets mit einem von der freien Base abweichenden Farbton, so daß auch hier der Einsatz der hydrolytischen Spaltung einwandfrei zu erkennen ist.

IRWIN (1926 e) führt entsprechende Versuche für Brillantcresylblau in Abhängigkeit von der cH der wässerigen Phase mit Chloroform durch und erhält die in Abb. 14 wiedergegebene Kurve. Danach beginnt die Hydrolyse etwas unter pH 7. Bei pH 9,3 hat der Anteil undissoziierter Moleküle der Farbbase ungefähr 88% erreicht. Chloroform und Äther sind allerdings für den Nachweis der hydrolytischen Spaltung nicht so gut geeignet wie Benzol, da auch etwas Farbsalz übertritt.

Nach den Angaben von IRWIN zeigt Chloroform, das eine bestimmte Farbstoffmenge enthält, eine Leitfähigkeit, die über 40mal größer ist als die des farbfreien Chloroforms. Das deutet ihrer Meinung nach darauf hin, daß zumindest ein Teil des Farbstoffes auch in der hydrophoben Phase in dissoziierter Form vorliegen

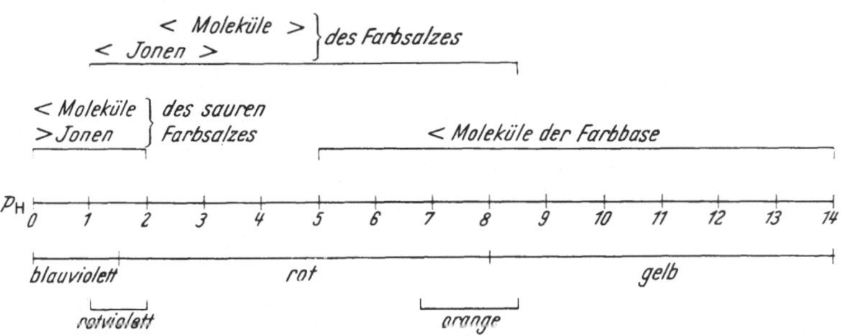

Abb. 15. Dissoziationsschema des Neutralrotes. (Nach DRAWERT 1956 c.)

muß (vgl. dazu S. 137). Auch COHEN und PREISLER (1930) betonen, daß Chloroform den Nachteil hat, das Farbsalz von Brillantcresylblau merklich zu lösen. Trotz dieser Einschränkung lassen aber auch die Versuche mit Chloroform und Äther zumindest qualitative Schlußfolgerungen über die hydrolytische Spaltung und ihre Abhängigkeit von der cH der wässerigen Lösung zu.

DRAWERT (1938—1960) benutzt zum Prüfen des Einflusses der cH in entsprechenden Ausschüttelversuchen mit einer größeren Anzahl verschiedener Farbstoffe neben Chloroform besonders Toluol, aber auch Xylol und Benzol als unpolare hydrophobe Medien. Auf diese Versuche und auch die anderer Autoren soll aber im einzelnen erst später bei Besprechung der „Verteilungskoeffizienten" (s. S. 114 u. f.) eingegangen werden. Aus ihnen ist ebenfalls abzulesen (S. 38, Tabelle 6), daß mit Ausnahme der Sulfosäurefarbstoffe bei den meisten Farbstoffen in wässeriger Lösung in einem bestimmten pH-Bereich eine hydrolytische Spaltung stattfindet, die bei den kationischen Farbstoffen mit fallender cH und bei den anionischen mit steigender cH zunimmt, so daß unter Umständen im stark alkalischen bzw. im stark sauren Bereich nur noch die freie Farbbase oder Farbsäure vorliegen.

Die Verhältnisse werden aber dadurch noch komplizierter, daß außer einer Assoziation der Farbionen bei einer Reihe von Farbstoffen eine Dissoziation in mehreren Stufen erfolgt, also verschiedenwertige Ionen auftreten. Bei Farbstoffen mit Indikatoreigenschaften kann man häufig bereits am Farbton einer Lösung erkennen, welche der möglichen Zustandsformen bei den jeweiligen pH-Werten vorherrscht. Als Beispiel soll ein Schema für den Azinfarbstoff Neutralrot dienen (Abb. 15). Ob Moleküle der Farbsalze, wie sie in dem Schema angenommen worden sind, wirklich existieren, ist sehr fraglich. Die Hauptzustandsformen können, wie es in (3, I—III) dargestellt ist, formuliert werden.

Nach Bartels (1956 a) tritt von pH 5,5 bis 7,5 zwischen dem Kation des Farbsalzes (3, II) und dem Molekül der Farbbase noch eine Carbenium-Grenzform (3, II a) auf.

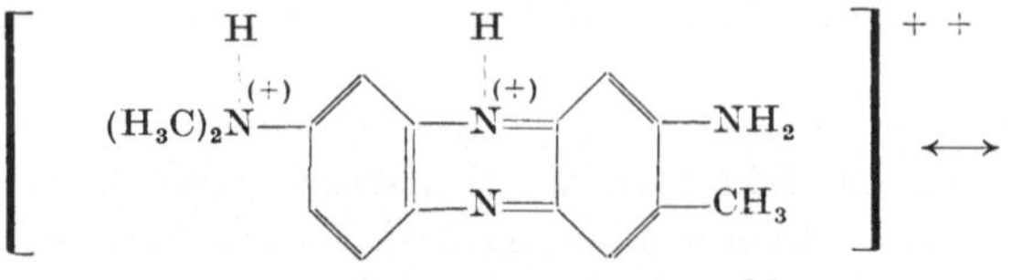

(3, I) Kation des sauren Farbsalzes (blau)

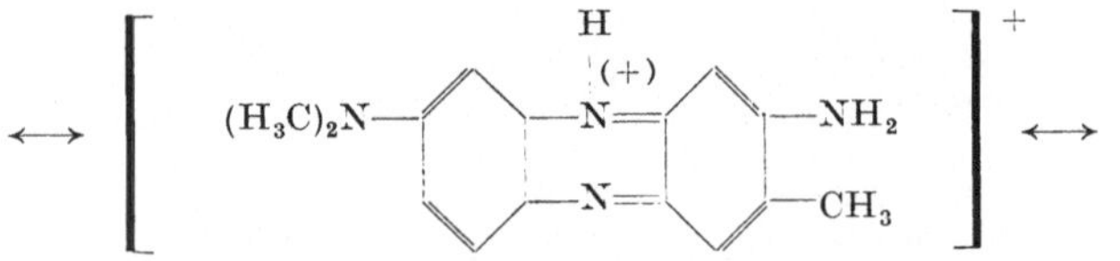

(3, II) Kation des Farbsalzes (rot)

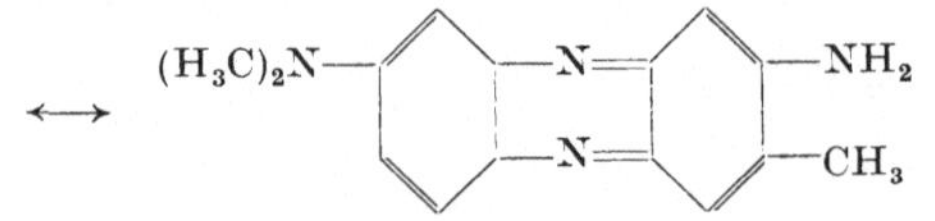

(3, III) Molekül der Farbbase (gelb)

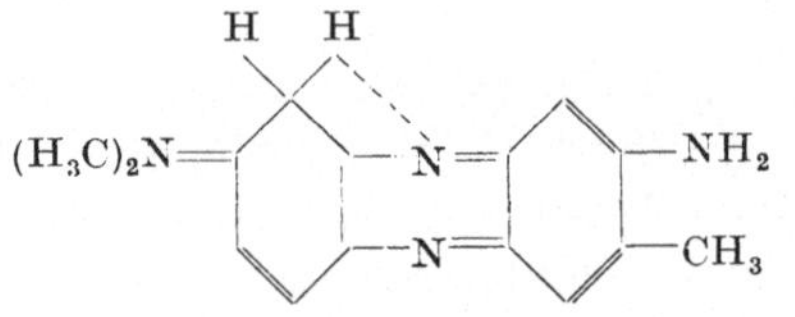

(3, II a) Carbenium-Grenzform zwischen pH 5,5 und 7,5

(3, I—III) Dissoziationsverhältnisse von Neutralrot

Ferner soll sich eine synthetisch direkt hergestellte Farbbase des Neutralrotes nach Vivian und Belkin (1956) anders verhalten als eine aus dem handelsüblichen Neutralrot gewonnene gereinigte Base. Beide Produkte unterscheiden sich im Schmelzpunkt, und die synthetische Base zeigt in Äther gelöst eine auffallend grüne Fluorescenz (vgl. „Fluorescent X" S. 136), während die Handelsbase in Äther nicht fluoresciert. Durch Lösen der synthetischen Base in conc. H_2SO_4 und Ausfällung mit NH_4OH aus einer verdünnten schwefelsauren Lösung erhält man wahrscheinlich noch eine dritte Form der Neutralrotbase. Alle drei Formen sollen sich auch im Vitalfärbungsversuch verschieden verhalten.

Über die Dissoziationsverhältnisse des in jüngster Zeit zu Vitalfluorochromierungen viel benutzten Acridinorange liegen eingehende Untersuchungen von Zanker (1952 a) vor. Bei diesem Farbstoff können 3 Kationenformen (3, IV—VI) auftreten. Die zwei- und dreiwertigen Kationen entstehen aber erst im extrem sauren Bereich, so daß für die Vitalfärbung nur das einwertige Kation (3, VI) und das Basenmolekül (3, VII) von Bedeutung sind. Von pH 1,5 bis 6 existiert fast ausschließlich das einwertige Kation je nach Konzentration in mono- oder dimerer

Form (s. S. 58). Im Intervall pH 6 bis 12 liegen Kation und Basenmolekül nebeneinander vor, und von pH 12 bis 14 ist nur das letzte vorhanden, das aber in der wässerigen Lösung bald ausfällt (vgl. auch KÖLBEL 1947).

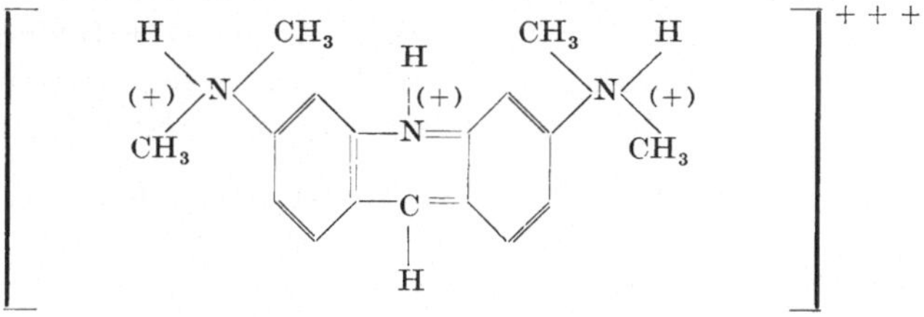

(3, IV) Dreiwertiges Kation
Farbe: schwach gelb
in 78% H_2SO_4

$K_D 1{,}4 \cdot 10^3$

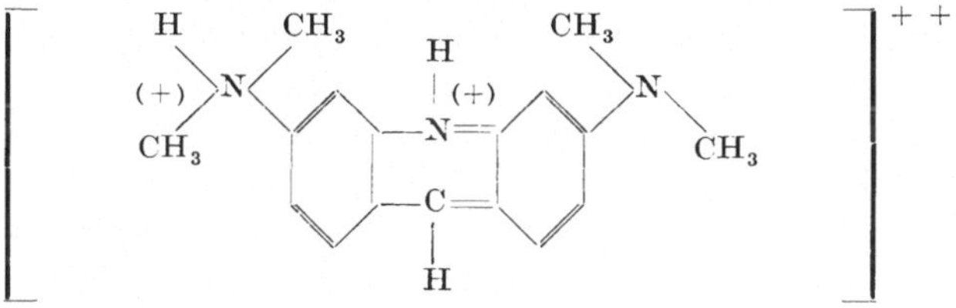

(3, V) Zweiwertiges Kation
Farbe: rot
in 20% H_2SO_4

$K_D 4 \cdot 10^{-1}$

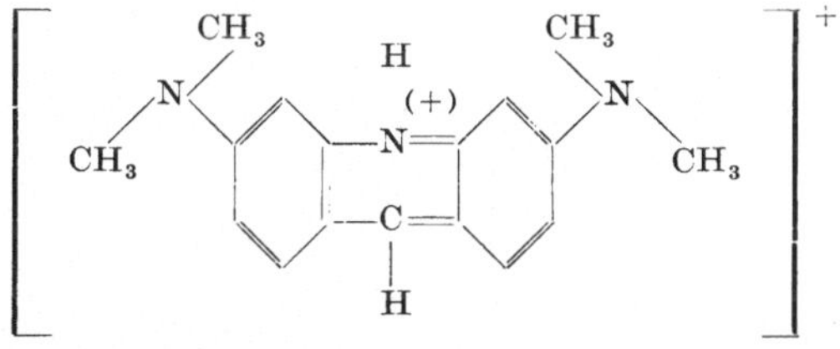

(3, VI) Einwertiges Kation
Farbe: orange
Fluorescenz: grün (Monomeren)
rot (Dimeren)
pH 1,5—12,0

$K_D 3{,}55 \cdot 10^{-11}$ Gleichgewicht bei pH 10,45

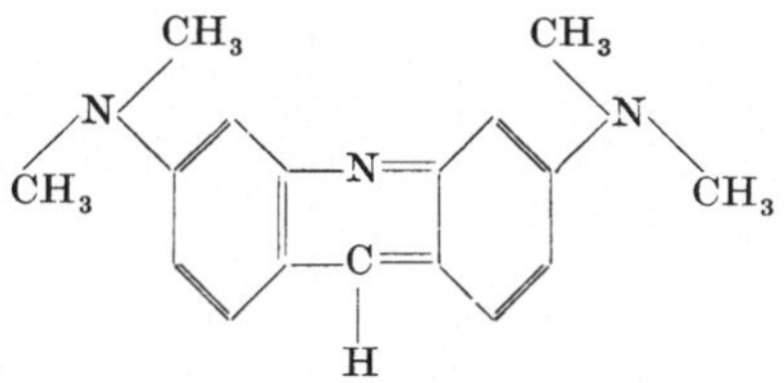

(3, VII) Neutrales Basenmolekül
Farbe: gelb
Fluorescenz: blaugrün
pH 6,0—14,0

(3, IV—VII) Dissoziationsverhältnisse von Acridinorange

Ähnlich dem Acridinorange besitzt auch der Thiazinfarbstoff Thionin drei N-Atome und kann somit drei Ionenformen bilden (Epstein, Karush und Rabinowitch 1941, Bartels und Schwantes 1955). Auch hier entstehen die grünen zwei- und die blauen dreiwertigen Kationen erst im stark sauren Bereich. Von pH 2 bis 10 liegt das violette einwertige Kation vor, das zur Bildung von Dimeren neigt (s. S. 146), und im stark alkalischen Bereich treten neben nicht ionisiertem Thioninhydroxyd [Thio]$^+$OH$^-$ ungeladene [Thio]-Moleküle auf nach dem Schema:

$$R=NH_2{}^+ + OH^- \longleftrightarrow R=NH_2OH \longleftrightarrow R=NH + H_2O$$

Die Dissoziationskonstante für das Gleichgewicht

$$[Thio]^+ OH^- \longleftrightarrow [Thio]^+ + OH^-$$

liegt nach Clark, Cohen und Gibbs (1925) um $1 \cdot 10^{-11}$. Bei dem nahe verwandten Methylenblau und auch bei Acridinorange wird in der stark alkalischen Lösung das ungeladene reine Farbstoffmolekül nicht gebildet. Die Ursache dafür soll in der Dimethylierung der Aminogruppen liegen.

Als Beispiel für einen umladbaren „kationischen" Farbstoff sei auf den Oxazinfarbstoff Prune pure verwiesen, dessen Dissoziationsstufen den Formeln (2, III—V) auf S. 26, 27 zu entnehmen sind. Die Dissoziationsverhältnisse eines umladbaren „anionischen" Farbstoffes sollen am Fluorescein (3, VIII—XI) und die eines rein anionischen am Eosin S (3, XII, XIII) dargestellt werden (Scharf 1956).

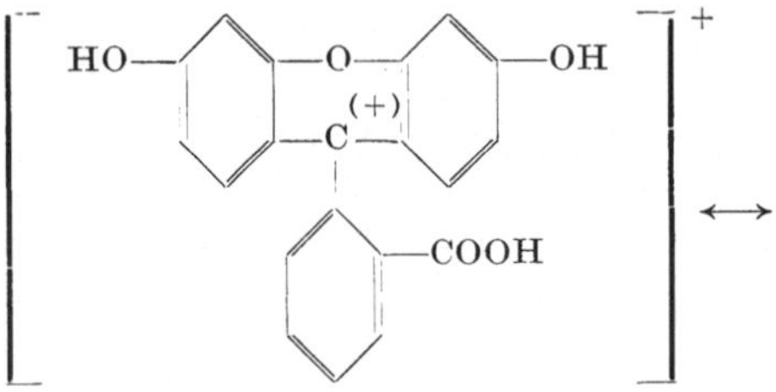

(3, VIII) Einwertiges Kation
Farbe: quittengelb
Fluorescenz: tiefgrün
pH 0 – 3,1

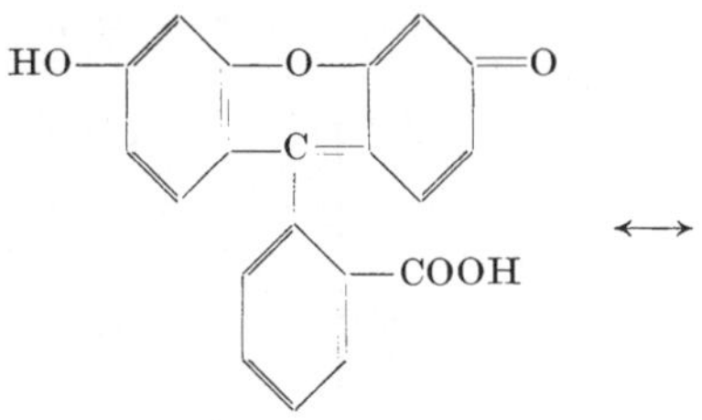

(3, IX) Neutralmolekül
Farbe; sehr schwach zitronengelb
Fluorescenz: sehr schwach grün
pH 3,3 – 3,8

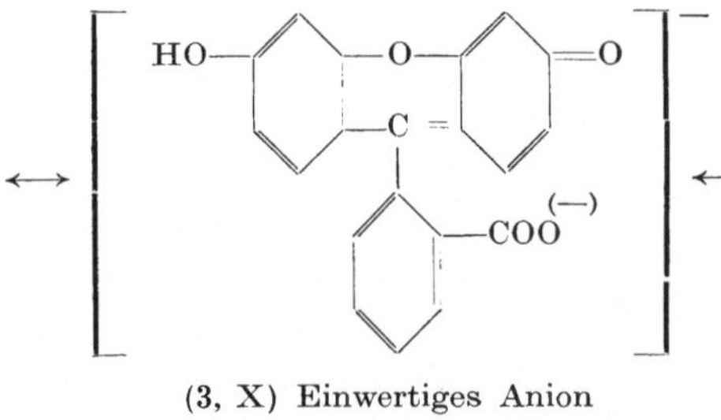

(3, X) Einwertiges Anion
Farbe: zitronengelb
Fluorescenz: hellgrün
pH 4,3 – 6,0

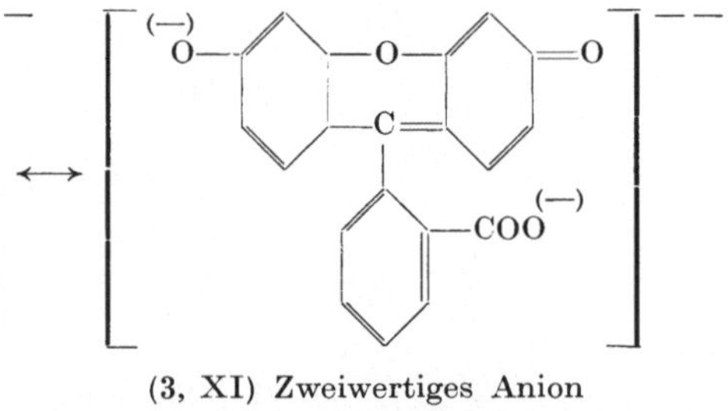

(3, XI) Zweiwertiges Anion
Farbe: Orangegelb
Fluorescenz: strahlend hellgrün
pH 4,6 – 12,0

(3, VIII—XI) Dissoziationsverhältnisse von Fluorescein

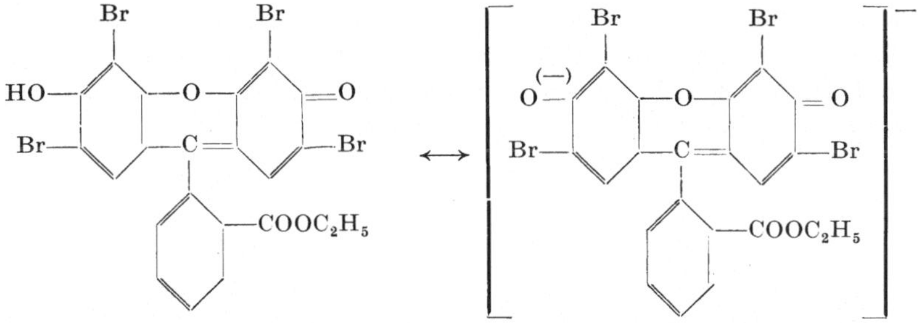

(3, XII) Neutralmolekül
Farbe: fleischwasserfarben
Fluorescenz: schwach grün
pH 0 — 4,5

(3, XIII) Einwertiges Anion
Farbe: erdbeerrot
Fluorescenz: hellaubgrün
ph 3,3 — 14

(3, XII — XIII) Dissoziationsverhältnisse von Eosin S

Für die Vitalfärbung sind noch die Dissoziationsverhältnisse des als Indikator bekannten Monoazofarbstoffes Methylrot (3, XIV) von Interesse. Auf Grund seiner Carboxylgruppe und der, allerdings dimethylierten, Aminogruppe muß er amphoter sein. Nach CHAMBERS (1929) liegt der IEP zwischen pH 5,0 und 5,5. Auf beiden Seiten des IEP soll der Farbstoff dissoziiert sein und auf der alkalischen Seite ein gelbes Kation und auf der sauren ein rotes Anion bilden. Diese Schlußfolgerung ist aber mit dem Verhalten im Elektrophorese-, Ausschüttel- und Vitalfärbungsversuch (DRAWERT 1941a, ZÖTTL 1960, untersucht wurde in beiden Fällen das wasserlösliche Na-Salz) unvereinbar. Methylrot besitzt noch einen zweiten Umschlagspunkt von rot nach blaßrot im stark sauren Bereich (THIEL und DASZLER 1923). Aus dem Verhalten des Farbstoffes ist anzunehmen, daß er zwischen den beiden Umschlagspunkten als elektroneutrales Zwitterion vorliegt, ähnlich dem Rhodamin B, und daß das Kation erst im extrem sauren Bereich durch Anlagerung eines Protons entsteht. Die guten lipophilen Eigenschaften zwischen den beiden Umschlagspunkten wären sonst unverständlich.

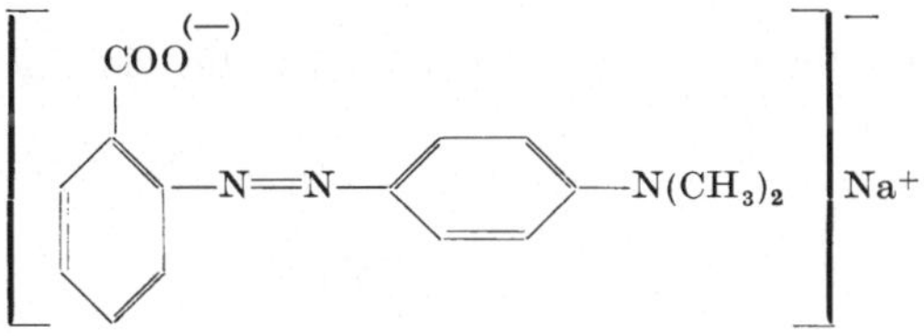

(3, XIV) Methylrot (Natriumsalz)

Diese Schlußfolgerung stimmt mit den Angaben in der physikalisch-chemischen Literatur überein (THIEL und DASZLER 1923, KOLTHOFF 1926, vgl. auch BAILEY und ZIRKLE 1931). Danach kommt der Farbstoff in folgenden drei Formen vor:

$[NH^{(+)}(CH_3)_2RCOOH]^+$ $\longleftrightarrow$ $^+NH(CH_3)_2RCOO^-$ $\longleftrightarrow$ $[N(CH_3)_2RCOO^{(-)}]^-$
Kation — neutrales Zwitterion — Anion
pH < 2 blaßrot — pH ~ 2—6,2 rot — pH > 6,2 gelb

Die $K_{D\ Base}$ beträgt nach KOLTHOFF $7 \cdot 10^{-10}$.

Ähnliche Eigenschaften wie das Methylrot besitzt auch der Indikator Methylorange (3, XV), ein amphoterer Monoazofarbstoff mit einem roten Zwitterion (Thiel und Daszler 1923, Kolthoff 1926). Dadurch erklärt sich sein von einem normalen sulfosauren Farbstoff abweichendes Verhalten im Vitalfärbeversuch. Die $K_{D\,Base}$ liegt nach Kolthoff bei $2 \cdot 10^{-11}$ und die $K_{D\,Säure}$ bei $9 \cdot 10^{-2}$.

$$\left[^{(-)}O_3S\!-\!\langle\rangle\!-\!N\!=\!N\!-\!\langle\rangle\!-\!N(CH_3)_2\right]^{-}Na^+$$

(3, XV) Methylorange

Die cH-Abhängigkeit der Dissoziation von Pyrensulfosäuren und Brillantsulfoflavin FF untersucht Perner (1950 a).

Angaben über Dissoziationskonstanten von Farbstoffen finden sich nur vereinzelt in der biologischen Literatur. Außer den aufgeführten Werten sind noch folgende Mitteilungen zu erwähnen: Azur B $1 \cdot 10^{-3}$ (Irwin 1932); Brillantcresylblau $1 \cdot 10^{-5,\,6}$ (Irwin 1926d), $\sim 1 \cdot 10^{-4}$ (Kinzel 1955a[1]), $1 \cdot 10^{-3}$ (Cohen und Preisler 1930); nach den letzten Autoren soll in wässeriger Lösung ein Oxazon mit $K_D = \sim 1 \cdot 10^{-13}$ und daneben ein zweites Produkt mit $K_D = \sim 1 \cdot 10^{-6}$ entstehen. Chrysoidin $\sim 1 \cdot 10^{-9}$ (Kinzel 1955a[1]); Neutralrot $1 \cdot 10^{-6,6}$ (Collander, Lönegren und Arhimo 1943); Orange R $1,3 \cdot 10^{-3}$ (Bruch und Netter 1930); Thionin (= Lauth's Violett) $1,9 \cdot 10^{-3}$ (Irwin 1930 b); Toluidinblau $1 \cdot 10^{-2}$ (Bruch und Netter 1930), $1 \cdot 10^{-3}$ (Kinzel 1955a[4]).

Eine Erscheinung, die manche Triphenylmethanfarbstoffe bei alkalischer Reaktion zeigen, soll noch am Parafuchsin dargestellt werden. Wird die wässerige Lösung des Farbsalzes (3, XVI, Chlorid) mit Alkali versetzt, so erfolgt ein Ersatz des Cl^- durch OH^-. Über eine Zwischenstufe (3, XVII, Pseudobase) entsteht die Carbinolbase (3, XVIII). Dieser Vorgang ist mit einem reversiblen Farbverlust verbunden, da infolge von Umlagerungen die chromophoren Doppelbindungen aufgelöst werden. Unter dem Einfluß von Säuren — meist reicht dazu schon die Kohlensäure der Luft aus — geht die Carbinolbase wieder in den gefärbten Zustand über.

Von der Carbinolbase zu unterscheiden ist die bei Reduktion auftretende, ebenfalls farblose „Leuko"-base (3, XIX).

(3, XVI) Farbsalz (gefärbt)   (3, XVII) Unstabile Zwischenstufe (gefärbt)

---

[4] Aus Ergebnissen von Ausschüttel- und Elektrophoreseversuchen nach Drawert (1940) von Kinzel grob geschätzt.

(3, XVIII) Carbinolbase (farblos)   (3, XIX) Leukobase (farblos)

(3, XVI—XIX) Verschiedene Zustandsformen des Parafuchsins

e) Abhängigkeit der Dissoziation von Fremdelektrolyten

Wie die Wasserstoffionenkonzentration wird sich auch der Zusatz von Salzen auf die Dissoziationsverhältnisse eines Farbstoffes in wässeriger Lösung auswirken. Leider liegen hierüber — jedenfalls aus der biologischen Literatur — kaum direkte Angaben vor. Man kann nur aus Elektrophoreseversuchen (s. S. 51), Änderungen des Dispersitätsgrades (s. S. 92) und des Verteilungskoeffizienten eines Farbstoffes zwischen wässeriger und hydrophober Phase (s. S. 128) unter dem Einfluß von Salzen einige qualitative Schlüsse ziehen. Doch soll das hier nur kurz geschehen, hinsichtlich Einzelheiten muß auf die entsprechenden Abschnitte verwiesen werden.

Aus Elektrophoreseversuchen schließt BETHE (1920), daß ein Zusatz von Neutralsalzen (Na_2SO_4) von einer bestimmten Konzentration an bei kationischen Farbstoffen (Toluidinblau, Methylenblau, Pyronin) zu einer partiellen Umladung führen kann. Die Salze sollen eine Zurückdrängung der Dissoziation und dadurch eine Assoziation von Farbstoffteilchen bedingen, die sich durch Adsorption von Salzionen umladen. Die daneben noch vorhandenen Farbkationen wandern weiter zur Kathode. SÜLLMANN (1931) beobachtet bei Methylenblau und Fuchsin denselben Effekt der Salze, der mit einer Herabsetzung der Löslichkeit parallel geht (Tabelle 12).

Tab. 12. *Herabsetzung der Löslichkeit von Methylenblau in 4 n Salzlösungen.*
(Nach SÜLLMANN 1931.)

Salz	Löslichkeit von Methylenblau in %
NaCNS	0,0005
NaBr	0,0015
$NaNO_3$	0,006
NaCl	0,006
Na-Acetat	0,012
Na_2SO_4	0,63
NaF	0,80

Dabei zeigt sich ein überwiegender Einfluß der Anionen. Es tritt nach Tabelle 12 folgende Reihe in Erscheinung:

$$CNS^- > Br^- > Cl^-, NO_3^- > CH_3COO^- > SO_4^{--} > F^-.$$

Diese Folge entspricht der lyotropen Anionenreihe. Das Verhältnis bleibt auch bei saurer bzw. alkalischer Reaktion der Neutralsalzlösung erhalten. Süllmann ist aber im Gegensatz zu Bethe der Meinung, daß Methylenblau und Fuchsin immer völlig dissoziiert sind, so daß eine Ionenadsorption als primäre Ursache der Umladung und der Aussalzung nicht in Frage käme. Nach unserer heutigen Kenntnis der Polymerenbildung auch beim Methylenblau (S. 56) ist mit dieser Möglichkeit aber durchaus zu rechnen.

Die anionischen Farbstoffe zeigen nach Bethe (1920) nicht diese Salzempfindlichkeit. Das ist darauf zurückzuführen, daß die meisten von ihnen viel stärker dissoziiert sind als die kationischen Farbstoffe.

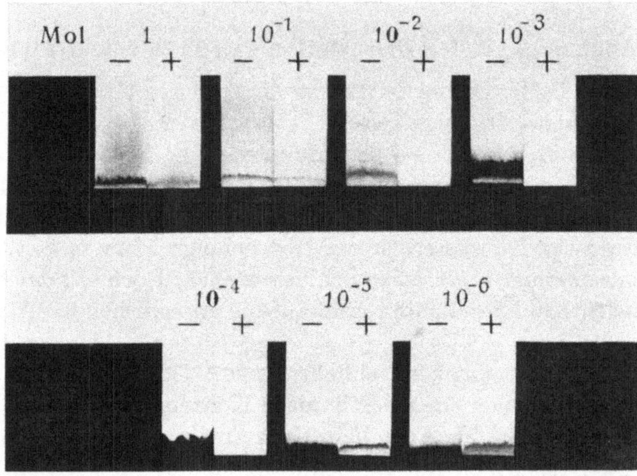

Abb. 16. Einfluß von AlCl₃ verschiedener Konzentration auf die Elektrophorese von Prune pure. (Nach Drawert 1938 c.)

Es ist naheliegend, auch die Änderung des Verteilungskoeffizienten eines Farbstoffes zwischen einer wässerigen und einer unpolaren hydrophoben Phase durch Salzzusatz in erster Linie mit einer Verschiebung der Dissoziationsverhältnisse zu erklären. Die von den verschiedenen Autoren erhaltenen Ergebnisse sind aber je nach untersuchtem Farbstoff, benutzten Salzen und hydrophoben Lösungsmitteln recht unterschiedlich. Bei Brillantcresylblaulösung mit pH 7,7 setzen 0,01 mol NaCl und MgCl₂ im Ausschüttelversuch die Löslichkeit in Chloroform herab, erhöhen demnach den Dissoziationsgrad (Irwin 1926 g), während nach Czaja (1936) 0,5 n CaCl₂ auf die Löslichkeit von Toluidinblau in Benzol keinen Einfluß hat. Nach Drawert (1938 c, 1939a) verändern KCl, KNO₃, NaCl, MgCl₂ und CaCl₂ nicht die Löslichkeit von Prune pure bzw. Rhodamin B und 3 B in Chloroform, erst 2 mol CaCl₂ vermindern den Übergang von Prune pure in die hydrophobe Phase. Anders verhalten sich dagegen Al-Salze, die bereits ab 10^{-4} mol den Übergang von Prune pure in die hydrophobe Phase (s. S. 131, Abb. 27) und ab 1 mol auch den der Rhodamine stark beeinträchtigen. Entsprechend wird die Wanderung des Prune pure im Elektrophoreseversuch durch Al-Salze gefördert (Abb. 16). Derselbe Einfluß der Al-Salze auf den Verteilungskoeffizienten kann bei Brillantcresylblau, Nilblau, Neutralrot und Methylviolett beobachtet werden (Drawert 1940).

Die Wirkung der Salze ist abhängig vom Dissoziationsgrad der Farbstoffe. Bei den nur schwach und den sehr stark dissoziierten tritt sie wenig in Erscheinung. Brillantcresylblau wird z. B. stärker betroffen als Methylviolett. Während KCl, NaCl, $MgCl_2$ und $CaCl_2$ im Ausschüttelversuch auf die Löslichkeit von Methylviolett in Chloroform in den Konzentrationen 10^{-6} — 1 mol praktisch keinen Einfluß haben, wird die Löslichkeit von Brillantcresylblau durch die höheren Salzkonzentrationen etwas herabgesetzt. Bei den Al-Salzen macht sich auch das Anion entsprechend der lyotropen Reihe bemerkbar. SO_4^{--} ist wirksamer als Cl^- und NO_3^- (DRAWERT 1940). Die Wirksamkeit der Anionen nach der lyotropen Reihe stellen auch HOLLÓ und DEUTSCH (1926) in Ausschüttelversuchen mit Aethyläther an Nilblausulfat und Neutralrot für Kaliumsalze fest. Verglichen mit den Befunden von SÜLLMANN (1931) über den Einfluß der Anionen auf die Löslichkeit von Methylenblau in Wasser (S. 67, Tabelle 12) ergibt sich die allgemeine Schlußfolgerung, daß Anionen, die die Wasserlöslichkeit herabsetzen, die Löslichkeit in hydrophoben Medien fördern, was auf eine Zurückdrängung der Dissoziation hindeutet.

Aus den vorliegenden Ergebnissen kann man keine klare Linie ablesen. Nach HÖFLER und SCHINDLER soll $CaCl_2$ die Dissoziation von Brillantcresylblau herabsetzen; nach den Ausschüttelversuchen anderer Autoren könnte man z. T. aber auf die gegenteilige Wirkung schließen. An dem Ergebnis der Ausschüttelversuche sind zu viele Faktoren beteiligt, wie Farbstoff- und Salzkonzentration, Art des Salzkations und -anions, Assoziationsgrad der Farbstoffteilchen, Dielektrizitätskonstante (DK) der benutzten hydrophoben Phase, um daraus ein klares Bild über den Einfluß der zugesetzten Salze auf den Dissoziationsgrad des Farbstoffes zu erhalten.

Wie sich die Polarität und damit die DK der hydrophoben Phase auswirken kann, geht aus Versuchen von BUNGENBERG DE JONG und BANK (1940) mit Aethylacetat (DK = 6,1) hervor. Von 16 untersuchten kationischen Farbstoffen wird bei 15 der Übertritt in die organische Phase durch Neutralsalze gefördert (S. 130, Tabelle 35). Die Förderung ist um so stärker, je höher die Farbstoff- und die Salzkonzentration ist. Auch hier hängt das Ergebnis vom Anion des zugesetzten Salzes ab, KCNS wirkt stärker als KCl. Das Kation scheint von untergeordneter Bedeutung zu sein. Die Autoren weisen ferner darauf hin, daß es viel schwieriger ist, mit den unpolaren Flüssigkeiten Benzol und Toluol die Farbstoffe aus der wässerigen Lösung auszuschütteln als mit dem polaren Aethylacetat. Dasselbe geht aus Versuchen von DRAWERT (1940) mit Toluol (DK = 2,3) und Chloroform (DK = 5,2) hervor. Aus den Vergleichsergebnissen mit Aethylacetat dürfen wir aber nicht ohne weiteres auf eine Beeinflussung der Farbstoffdissoziation durch Neutralsalze schließen, da außer einer Farbstoff-Dissoziation in der hydrophoben Phase auch ein gewisser Übertritt von Neutralsalz stattfinden kann. Dieselben Bedenken, wenn auch in schwächerem Grade, muß man gegen die Versuche mit Chloroform anbringen (s. S. 137).

Die vorliegenden direkt oder indirekt erschlossenen Befunde über den Einfluß von Elektrolyten auf die Dissoziationsverhältnisse der Farbstoffe sind sehr unbefriedigend. Dies ist um so bedauerlicher, da sich bei der Einstellung der cH durch verschiedene Puffer auch die dazu benutzten Salze auf den Dissoziationsgrad der Farbstoffe auswirken werden. Ferner sind in den handelsüblichen Farbstoffpräparaten häufig „Stellsalze", besonders NaCl, vorhanden, oder die Farbstoffe liegen als Zinkdoppelsalze, meist mit $ZnCl_2$, vor (s. S. 212 u. f.).

4. Der Dispersitätsgrad gelöster Farbstoffe und dessen Beeinflussung

Dem vorhergehenden Kapitel ist bereits zu entnehmen, daß die gleichen Faktoren, die auf den Dissoziationsgrad wirken, auch die Dispersität ändern. Ehe wir diese Frage eingehender behandeln, müssen wir zunächst die Methoden der Bestimmung des Dispersitätsgrades einer kritischen Betrachtung unterziehen.

a) Die Bestimmung des Dispersitätsgrades

Zur Bestimmung des Dispersitätsgrades werden die verschiedensten Methoden, wie Dialyse, Ultrafiltration, Diffusion in Gelen und in Wasser sowie Ultramikroskopie und neuerdings auch Spektralphotometrie, benutzt. Jede Methode hat ihre Vor- und Nachteile, so daß es zu vielen Kontroversen über die „beste" Methode gekommen ist.

Die ältesten Prüfungen sind mit Hilfe der Dialyse gemacht worden. Krafft (1899) berichtet nach Versuchen von G. Preuner über eine Dialyse von Fuchsin, Methylviolett, Methylenblau, Benzopurpurin, Benzoazurin, Azoblau und Diaminreinblau mit Pergamentschläuchen. Die ersten drei Farbstoffe passieren die Membran, die anderen werden zurückgehalten, nur beim Diaminreinblau tritt eine schwach rötliche Färbung der umgebenden Flüssigkeit aus unbekannten Ursachen auf. In der Folge erfreuen sich die Dialyse durch Pergamentpapier oder Kollodiumhäutchen und auch die Ultrafiltration mit Ultrafeinfiltern alleine oder in Verbindung mit anderen Methoden einer großen Beliebtheit (Teague und Buxton 1907 a, Höber und Kempner 1908, Höber und Chassin 1908, Freundlich und Neumann 1908, Ruhland 1908 a, b, 1912 b, Höber 1909, Biltz und von Vegesack 1909, 1910, Biltz 1910, Vignon 1910, von Möllendorff 1915, Ostwald 1919, Haller und Nowak 1920, Schwarz und Herrmann 1922, von Hahn 1924, Kobayashi 1926). Die Ultrafiltration wird vor allem von Ostwald (1919), Grollman (1926), Risse (1926), Fischer (1929), Czaja (1930 a, c, 1934) und Morton (1935) angewandt.

Eine der Ultrafiltration ähnliche Methode ist von Northrop und Anson (1929) und McBain und Liu (1931) entwickelt worden. Die Autoren benutzen die Durchtrittsgeschwindigkeit durch Glasfilter der Jenaer Glaswerke Schott u. Gen. zur Bestimmung der Diffusionskoeffizienten. Die Ergebnisse sollen unabhängig von der Natur und dem Grad der Porosität des Diaphragmas sein. Valkó (1935) wendet diese „Porenplattenmethode" für einige anionische Farbstoffe an.

Von Möllendorff (1916) hebt hervor, daß die Diffusibilitätsmessung von Farbstoffen durch Dialyse gegenüber der Diffusionsbestimmung in Gelatine oder anderen Kolloiden dem biologischen Versuch näher kommt, da der Farbstoff auch beimEintritt in die Zelle eine dünne Membran passieren muß. Außerdem ist die Dialyse ein Maß dafür, in welcher Konzentration ein Farbstoff diffundiert. Die Geldiffusion bietet hierfür kein anschauliches Bild, vor allem auch nicht bei polydispersen Farbstoffen. Benoist, Golblin und Kopaczewski (1929) sehen die Dialyse als die einzig brauchbare Methode an.

Ruhland (1908 a) weist aber darauf hin, daß Farbstoffe erst durch eine Membran treten, wenn diese sich mit Farbstoff gesättigt hat. Bei einer Methylenblaulösung und Pergamentpapier war das erst nach 7—8 Std. der Fall. Außerdem können Quellungsvorgänge an der Membran deren Durchlässigkeit ändern. Auf

Grund der starken Adsorption der Farbstoffe an die Membran lehnt SCHULE-MANN (1917) die Dialyse zur Bestimmung der Diffusionsgeschwindigkeit und damit des Dispersitätsgrades ab und empfiehlt statt dessen die Messung der Diffusionsgeschwindigkeit in einem 2%igen Gelatinegel.

Die Stärke der Membranadsorption, die sowohl bei der Dialyse als auch bei der Ultrafiltration von Bedeutung ist, hängt z. T. mit der Ladung der Farbstoffe zusammen; so schreibt BETHE (1922): „Auf keinen Fall beweisen Diffusionsversuche durch Membranen hindurch irgend etwas über den Dispersitätsgrad, wenn verschieden geladene Kolloide, wie saure und basische Farbstoffe, gegeneinander in Vergleich gesetzt werden ..." Aus diesem Satz ist ferner zu entnehmen, daß man bei den Farbstoffen in wässeriger Lösung in erster Linie zunächst an einen kolloid dispersen Zustand dachte.

Tab. 13. *Konzentrationspotentiale, die zwischen n/100 und n/1000 KCl-Lösungen auftreten, wenn diese durch eine mit verschiedenen Farbstoffen imprägnierte Kollodiummembran getrennt werden. Das Vorzeichen bezieht sich auf die verdünnte Lösung.* (Nach WILBRANDT 1935.)

Farbstoff (kationisch)	Potential in mV	Farbstoff (kationisch)	Potential in mV
Brillantcresylblau	− 16	Thionin	− 25
Fuchsin	− 55	Toluidinblau	− 28
Methylenblau	− 55	(anionisch)	
Neutralrot	− 43		
Nilblausulfat	− 28	Eosin	+ 28
Pyronin	− 23	Pikrinsäure	+ 45
Rhodamin B	− 44	Sudan	+ 10
Safranin	− 40	Uranin	+ 24

Die Rolle der Membranladung bei Dialyse- und Ultrafiltration geht auch aus Untersuchungen von INGRAHAM und VISSCHER (1935) und WILBRANDT (1935) hervor. Erhöht man nach den ersten Autoren die negative Ladung einer Kollodiummembran durch Imprägnierung mit Benzoesäure, so wird der Durchtritt für kationische Farbstoffe unterbunden, während anionische permeieren. Eine Imprägnierung von Kollodiummembranen mit kationischen Farbstoffen machen die Membranen für Anionen permeabler. Die Ladungsänderung kommt in den auftretenden Konzentrationspotentialen zum Ausdruck (Tabelle 13).

Auch die cH der Farbstofflösung wird sich über die Membranladung auf die Dialyse (INGRAHAM und VISSCHER 1935) oder die Ultrafiltration (FISCHER 1929) auswirken.

Durch eine starke Adsorption an Membranen mit entsprechender Ladung kann im Dialyse- oder Ultrafiltrationsversuch bei einem echt gelösten Farbstoff eine geringere Dispersität vorgetäuscht werden, so daß auch FAUTREZ und LISON (1937, LISON und FAUTREZ 1939) die Dialyse und MICHEL (1944) die Ultrafiltration zur Bestimmung des Dispersitätsgrades ablehnen.

Am häufigsten wird die Diffusionsgeschwindigkeit in einem Gel, vor allem in Gelatine, als Maß für den Dispersitätsgrad herangezogen, so daß wir uns mit dieser Methode etwas eingehender beschäftigen müssen. Es wurde schon darauf hingewiesen, daß VON MÖLLENDORFF (1916) zunächst die Dialyse der Diffusionsmethode in einem Gel, gerade von der biologischen Fragestellung aus, vorzieht, später benutzt er aber selber vorwiegend die Geldiffusion (von Möllendorff 1921, 1924). Schulemann (1917) hält ganz allgemein die Geldiffusion gegenüber der Dialyse für überlegen (S. 71).

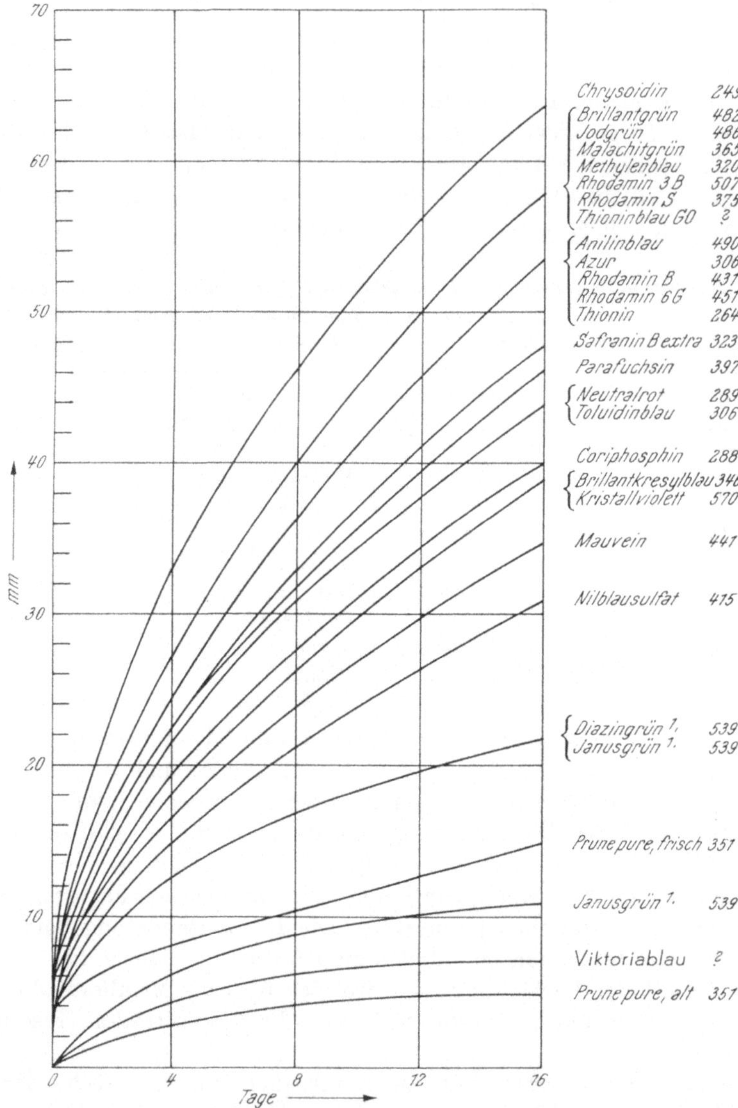

Abb. 17. Diffusionshöhen kationischer Farbstoffe (1 : 1000 in aqua dest. gelöst) in 10% Gelatine. (Nach Drawert 1941a und 1951a.)
[1] Farbstoff wird noch von den Mesophyllzellen *Philadelphus* aufgenommen.

Methodisch geht man so vor, daß in einem Reagenzglas ein 2—20%iges Gelatinegel mit der zu prüfenden Farbstofflösung überschichtet und in bestimmten Zeitintervallen die zurückgelegte Diffusionsstrecke des Farbstoffes im Gel ausgemessen wird (Abb. 17, 18). Nach Ruhland (1912b) kann man auch Gele (Gelatine, Eisessigkollodium, Agar, verkleisterte Kartoffelstärke, eingedicktes, dialysiertes Hühnereiweiß) in dünner Schicht auf Glasplatten ausgießen, dann die Farbstofflösung auftropfen und die Ausbreitung des Tropfens messen (vgl. auch Shimidzu 1922).

Zur Prüfung, ob die Diffusionsgeschwindigkeit in einem Gel wirklich zuverlässige Aussagen über den Dispersitätsgrad ermöglicht, müssen wir untersuchen, von welchen anderen Faktoren die Geschwindigkeit noch abhängt.

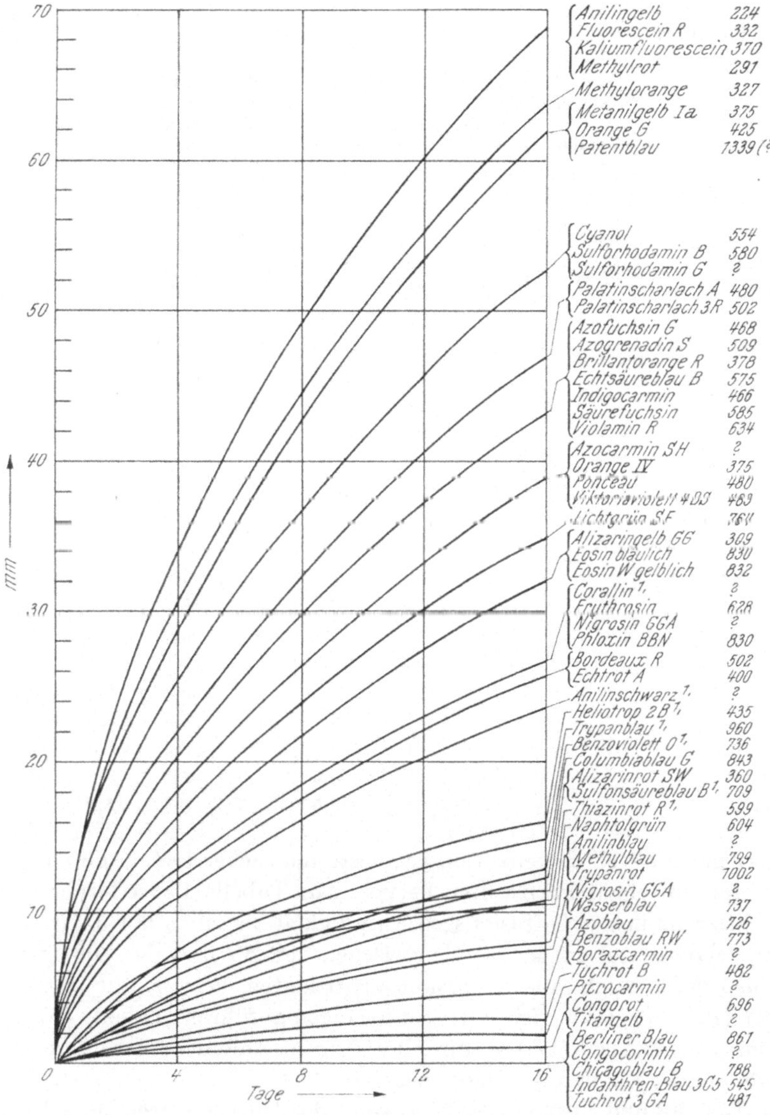

Abb. 18. Diffusionshöhen anionischer Farbstoffe (1 : 1000 in aqua dest. gelöst) in 10% Gelatine. (Nach Drawert 1941 a.)

[1] Farbstoff steht an der Grenze der vitalen Aufnehmbarkeit.

Abgesehen von der Art des benutzten Geles ist auch dessen Konzentration von Einfluß. Mit steigender Gelkonzentration nimmt die Diffusionsgeschwindigkeit ab (Tabelle 14, vgl. auch Pischinger 1927, Gellhorn 1928).

Tab. 14. *Ausbreitung von 1%igen Farbstofflösungen mit Zusatz von Blutserum der Ratte in Gelatineschichten verschiedener Konzentration nach 24 und 48 Stunden unter Aufbewahrung im Eisschrank. Der Durchmesser des aufgesetzten Tropfens betrug 5,5 mm. (Nach Shimidzu 1922.)*

Farbstoff	Durchmesser des Farbfleckes in mm							
	Gelatine							
	5%		10%		20%		30%	
	24	48	24	48	24	48	24	48
	Stunden							
Orange G	31	42	22	33	15	19	15	18
Methylenblau	22	28	19	24	16	18	13	15
Safranin	21	27	19	22	15	18	11	14
Säurefuchsin	20	26	16	21	13	14	10	13
Toluidinblau	20	25	15	19	13	14	10	13
Bismarckbraun	19	24	16	20	11	13	10	12
Dahlia	19	24	14	19	11	13	9	12
Eosin wasserlöslich	19	24	15	20	12	14	9	12
Lichtgrün SF	19	24	15	19	11	13	9	11
Indigocarmin	17	23	14	18	10	12	9	11
Neutralrot	18	22	15	19	13	15	10	13
Biebricher Scharlach	18	21	14	18	10	13	9	11
Methylviolett 6 B	16	21	13	18	9	12	8	10
Bordeauxrot	13	17	11	12	8	9	8	9
Alizarin SO$_3$Na	12	16	10	11	7	8	7	8
Nilblau	12	14	9	10	8	9	8	9
Anilinblau wasserlöslich	12	13	7	8	5,5	5,5	5,5	5,5
Niagarablau 2 B	10	13	7	8	6	6	6	6
Trypanblau	10	12	7	7	5,5	5,5	5,5	5,5
Congorot	8	11	6	7	5,5	5,5	5,5	5,5
Lithium Carmin	9	11	7	7	5,5	5,5	5,5	5,5
Isaminblau	7	10	5,5	5,5	5,5	5,5	5,5	5,5
Alkaliblau	5,5	5,5	5,5	5,5	5,5	5,5	5,5	5,5

Je geringer die Gelkonzentration ist, desto deutlicher treten die Unterschiede zwischen den einzelnen Farbstoffen hervor. Aus Tabelle 14 ist ferner abzulesen, daß die Differenz in der Diffusionsgeschwindigkeit zwischen der 5%igen und der 10%igen Gelatine viel größer ist als zwischen der 20- und der 30%igen. Dieser Unterschied geht auch aus Diffusionskoeffizienten hervor, die Herzog und Polotzky (1914) für 0,25%ige Farbstofflösungen anführen (Tabelle 15) sowie aus Versuchen von Czaja (1930 a) für eine Anzahl anionischer und kationischer Farbstoffe mit 3-, 12- und 48%iger Gelatine.

Nach Traube und Shikata (1923 a) steht der Diffusionsweg eines Farbstoffes in verschiedenen Gelatinekonzentrationen im umgekehrten Verhältnis zu der Gelatinemenge, die sich auf seinem Wege befindet. Dieser Satz soll aber nicht für Agar und für Seifengele gelten.

Auch die Temperatur ist von Bedeutung, da diese einmal auf den Diffusionsvorgang als solchen und zum anderen auf die Konsistenz des Geles wirkt. So weist Auerbach (1924) darauf hin, daß die von Herzog und Polotzky (1914) gefundenen starken Abweichungen der Diffusionskoeffizienten für eine Reihe von Farbstoffen in Wasser und in 5% Gelatine (s. S. 79) unter anderem auf die zu niedrige Versuchstemperatur ($+ 1°$ C) zurückzuführen sei. Bei dieser Temperatur wäre 5% Gelatine noch als „konzentriert" anzusehen, während man dieselbe Konzentration bei 20° C als „verdünnt" bezeichnen kann. Ein 5%iges Agargel ist auch bei 20° C noch „außerordentlich konzentriert". Hier wären erst 1—2% als „verdünnt" anzusprechen.

Tab. 15. *Abhängigkeit des Diffusionskoeffizienten für 0,25%ige Farbstofflösungen von der Gelatinekonzentration.* (Nach HERZOG und POLOTZKY 1914.)

Farbstoff	Diffusionskoeffizienten 0,25%iger Farbstofflösungen in Gelatine		
	Gelatine		
	5%	10%	15%
Capriblau	0,096	0,058	0,051
Rhodamin	0,0779	0,0515	0,0430

Ein Nachteil der Diffusionsmethode in Gelen, den besonders FAUTREZ und LISON (1937) hervorheben, ist die Unmöglichkeit, die zurückgelegte Wegstrecke genau zu bestimmen. Im Gel tritt ein Konzentrationsgefälle auf; dementsprechend nimmt die Farbtiefe in Richtung Farbstofffront ab und läuft an der Front in den noch ungefärbten Gelteil aus, so daß hier keine scharfe Grenze vorhanden ist. Besonders kritisch wird die Angelegenheit bei Farbtönen mit geringem Kontrast gegenüber dem Gel, etwa bei Gelb. Um diese Schwierigkeiten zu beseitigen, schlägt AUERBACH (1924) vor, nicht die Diffusionsstrecke vom Gelatinemeniskus bis zur eben noch erkennbaren Farbstoffkonzentration auszumessen, sondern nur bis zur Farbtiefe einer bestimmten Farbstoffkonzentration.

Als Bezugsgröße kann eine beliebige Konzentration genommen werden, etwa 1/10 der Anfangskonzentration. In einem Reagenzglas wird der Diffusionsversuch, z. B. in 4% Gelatine, durchgeführt. In einem zweiten Reagenzglas gleicher Weite befindet sich die auf 1/10 verdünnte Farbstofflösung. Durch einen 1 mm breiten, horizontalen Spalt hindurch vergleicht man die letzte mit dem Diffusat und sucht dort die Stelle gleicher Intensität auf. Der Abstand vom Gelatinemeniskus bis zu dieser Stelle ist dann der Diffusionsweg, der an einer Skala, an der sich der Spalt entlang bewegt, in Millimetern abgelesen werden kann. Zur besseren Einstellung, besonders bei gelben Farbtönen, lassen sich noch geeignete Farbfilter zwischenschalten. Da die Gelatine die Farbtöne ändern kann, schlage ich vor, der Vergleichslösung noch Gelatine in einer dem Diffusionsversuch entsprechenden Konzentration zuzusetzen.

Der Farbstoff wird im allgemeinen in wässeriger Lösung dem Gel überschichtet. Einige Autoren lassen den Farbstoff auch von Gel zu Gel diffundieren (HERZOG und POLOTZKY 1914, KOBAYASHI 1934). Nach AUERBACH (1924) tritt dadurch aber eine „Bremswirkung" auf. Der Farbstoff wird vom Gel durch Adsorption festgehalten. Diese Bremswirkung macht sich auch auf dem weiteren Diffusionsweg im zunächst ungefärbten Gel bemerkbar.

Hier liegt einer der größten Nachteile der Diffusionsmethode. Die Adsorption der Farbstoffe wird sich bei den Gelen noch stärker als Fehler auswirken als die

Adsorption an der Membran im Dialyse- oder Ultrafiltrationsversuch. Die Stärke der Adsorption variiert je nach Art des Farbstoffes und hängt noch von verschiedenen anderen Faktoren ab. Durch Adsorption kann es bereits in den ersten Millimetern im Gelatinegel zu einer Farbstoffkonzentration kommen, die weit über der der benutzten wässerigen Lösung liegt, wie es AUERBACH (1924) mit Hilfe seiner oben beschriebenen Vergleichsmethode für Methylenblau BG conc. festgestellt hat (Abb. 19). Doch soll dieser Fall nicht häufig sein. Auf eine Zonenbildung in der Gelatine macht auch VON MÖLLENDORFF (1924) aufmerksam und nennt die dunklere obere Zone „Anfangszone" und die anschließend hellere „Endzone". Bei schwachen Konzentrationen ist zwischen den beiden Zonen keine scharfe Grenze vorhanden. PISCHINGER (1927) weist darauf hin, daß die Zonenbildung auch von der Reaktion der Gelatine abhängt. Bei Methylenblau wird nur bei pH > 4,1 eine besondere Anfangszone ausgebildet.

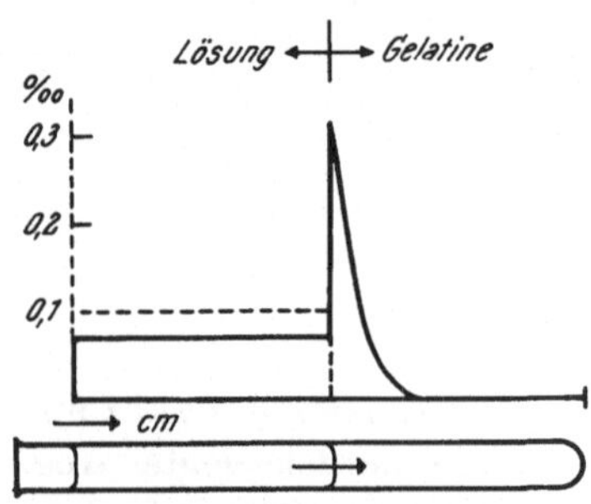

Abb. 19. Diffusionsversuch mit Methylenblau BG conc. in 4% Gelatine bei 20° C. Demonstration des Konzentrationsanstiegs in den ersten mm der Gallerte. (Nach AUERBACH 1924.)

MOKRUSCHIN (1928) kann die starke Speicherung von Methylenblau in der Anfangszone bestätigen. Nach seiner Beschreibung beginnt sich aber nach etwa 5 Tagen an der Grenzfläche Wasser/Gelatine eine farblose Zone auszubilden, die immer weiter sowohl in die Farbstofflösung als auch in die Gallerte vordringt. Diese Erscheinung soll darauf beruhen, daß aus der Gelatine ein hochdisperser Körper, der mit dem Methylenblau reagiert, allmählich in die Lösung hineindiffundiert. Ich vermute vielmehr, daß das Methylenblau durch die reduzierende Tätigkeit von Mikroorganismen entfärbt wird, die sich an der Grenzfläche zur Lösung auf der Gelatine entwickeln.

HOFFMEISTER (1891) beobachtet nach der Übertragung dünner, trockener Leimplättchen in eine Methylviolettlösung eine sehr intensive Speicherung des Farbstoffes in den Plättchen. Innerhalb von 24 Std. ist der Leim wassergesättigt. Die aufgenommene Wassermenge beträgt etwa das zehnfache des ursprünglichen Leimgewichtes. Die optimal aufgenommene Farbstoffmenge wird erst nach 3 × 24 Std. erreicht und ist dann, je nach gebotener Farbstoffkonzentration, bis über 30mal höher als in der umgebenden Lösung.

Außer kationischen Farbstoffen, wie Methylviolett und Methylenblau, können auch anionische durch Gelatine gespeichert werden. Dabei ist für die Adsorption wahrscheinlich nicht nur die elektrische Ladung verantwortlich (s. S. 197), da auch im IEP bei pH 4,7 z. B. Uranin angereichert wird (KREBS und WITTGENSTEIN 1926). 24 Std. später beträgt die Farbstoffkonzentration in der Gelatine das Doppelte wie in der Außenlösung.

Nach ROHDE (1917) werden kationische und anionische Farbstoffe bis zu einem bestimmten Dispersitätsgrad um so stärker gespeichert, je konzentrierter die Gelatine ist. Bei hochkolloidalen Farbstoffen liegen die Verhältnisse aber gerade umgekehrt.

Von anderen Faktoren, die die Adsorption und dadurch die Diffusionsgeschwindigkeit beeinflussen, ist vor allem die cH zu nennen. Bereits RUHLAND

(1912 b) stellt fest, daß die Diffusion anionischer Farbstoffe durch saure Reaktion herabgesetzt und durch alkalische begünstigt wird, und daß sich die kationischen Farbstoffe gerade entgegengesetzt verhalten. Der Autor denkt dabei allerdings noch nicht an einen Adsorptionseffekt, sondern an eine Änderung der Dispersität des Farbstoffes (vgl. auch KURBATOW und RENSINA 1940). Die Bedeutung der Adsorption für diese Erscheinung wird besonders von MOMMSEN (1926), PISCHINGER (1927), FAUTREZ und LISON (1937) und DRAWERT (1937 b) betont. In Abhängigkeit vom pH-Wert verhält sich die von der Gelatine auf-

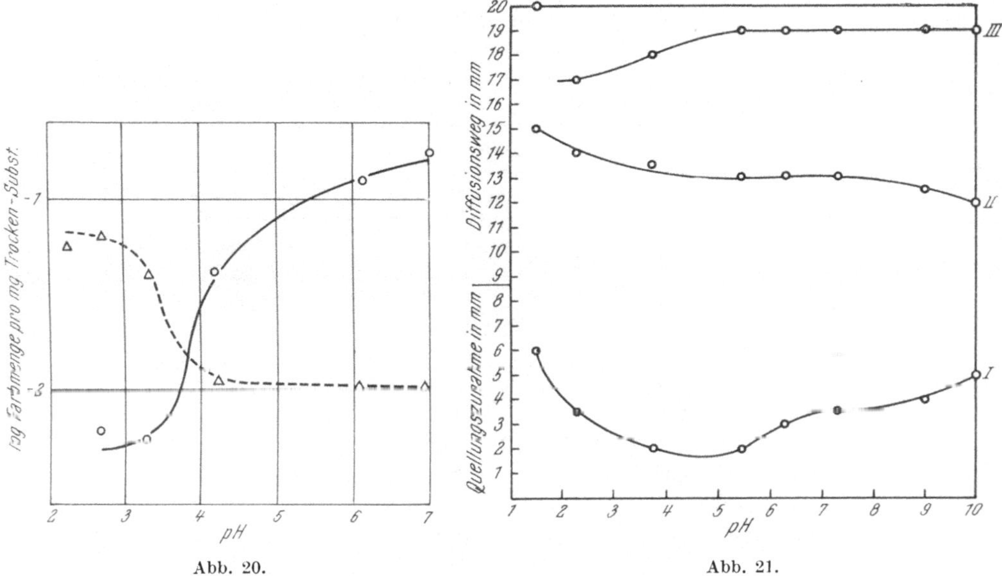

Abb. 20.   Abb. 21.

Abb. 20. Von Gelatine in Abhängigkeit vom pH-Wert je mg Trockensubstanz aufgenommene Farbstoffmenge. ——△—— = Cyanol (anionisch), ——○—— = Toluidinblau (kationisch). (Nach PISCHINGER 1927.)

Abb. 21. Abhängigkeit des Diffusionsweges von Säurefuchsin (III) und Toluidinblau (II) in Gelatine vom pH-Wert. Versuchsdauer 4 Tage. I = Quellungszunahme der Gelatine. (Nach DRAWERT 1937 b.)

genommene Farbstoffmenge dem Diffusionsweg entgegengesetzt, wie die Kurven in Abb. 20 und 21 belegen.

Wenn man der Gelatine Ölsäure zusetzt, wird sich neben der cH noch die lipophile Eigenschaft der Ölsäure bemerkbar machen, wie aus Tabelle 16 hervorgeht. Die mehr oder weniger lipophilen kationischen Farbstoffe werden in ihrer Diffusion stark gehemmt, während die nicht oder nur schwach lipophilen anionischen Farbstoffe überhaupt nicht beeinflußt werden. Die Bremswirkung der Ölsäure kann auch auf einer chemischen Reaktion mit den kationischen Farbstoffen beruhen, zumal das schwach lipophile aber anionische Eosin nicht gehemmt wird.

Aus Kurve I in Abb. 21 geht hervor, daß auch der Quellungsgrad der Gelatine vom pH-Wert abhängt. Da sich die Diffusionsgeschwindigkeit mit der Gelatinekonzentration ändert, muß sich die cH außer über die Adsorption auch über die Quellung bemerkbar machen. VON FARKAS, GYÖRGYI und NÉMETH (1927) weisen darauf hin, daß man aus diesem Grunde Diffusionsversuche in Gelatine mit verschiedener cH nicht ohne weiteres vergleichen darf. Der Quellungsgrad kann durch die Farbstoffe selbst beeinflußt werden. Nach Traube und Köhler (1915) wirken die kationischen Farbstoffe auf ein Gelatinegel entquellend, und zwar um so stärker, je kolloider sie sind. Anionische Farbstoffe bedingen dagegen vielfach eine Quellung, einige wie Rose bengale, Erythrosin und Azurblau aber auch eine Entquellung.

Alle diese Fehlerquellen sind vorwiegend an Gelatine als Gel untersucht worden. Neben Gelatine werden nur selten andere Gele, darunter Agar, benutzt. Es ist eigentlich merkwürdig, daß bis in die jüngste Zeit hinein, nachdem man bereits die Bedeutung der Adsorption und der Quellung erkannt hatte, Gelatine das Medium für die Diffusionsversuche geblieben ist, obwohl Agar auf Grund

Tab. 16. *Vergleich der Diffusionswege anionischer (Cyanol, Eosin, Metanilgelb) und kationischer Farbstoffe in 4% Gelatine mit und ohne Ölsäurezusatz. (Nach Mansheim 1932.)*

Farbstoff	Diffusionsweg nach 3 Tagen in mm	
	ohne Ölsäure	mit Ölsäure
Cyanol (1 : 2000)	140	140
Eosin (1 : 2000)	130	130
Metanilgelb (1 : 2000)	150	150
Malachitgrün (1 : 2000)	200	10
Methylenblau (1 : 10 000)	150	20
Methylgrün (1 : 2000)	150	10
Neutralrot (1 : 10 000)	100	10
Nilblausulfat (1 : 10 000)	90	10
Rhodamin B (1 : 2000)	150	15
Safranin (1 : 10 000)	140	10
Toluidinblau (1 : 2000)	160	30

seiner einfacheren Ladungsverhältnisse als viel besser geeignet erscheint. Er besitzt keinen IEP und ist immer negativ geladen. Mit der cH ändert sich nur die Stärke der Ladung. Der Unterschied zwischen Gelatine und Agar geht aus einem Vergleich der in Tabelle 17 für anionische und kationische Farbstoffe gebrachten Diffusionsstrecken hervor. (Für einige anionische Farbstoffe vgl. auch Collander 1921.)

Kobayashi (1926) vergleicht die Diffusionsgeschwindigkeiten in 2% Gelatine im Eisschrank und in 0,5% Agar bei 37° C mit der Dialyse durch eine Kollodiummembran. Die in Agar erhaltenen Ergebnisse stimmen mit den durch Dialyse gewonnenen Werten einigermaßen überein, während die Diffusionsgeschwindigkeiten in Gelatine z. T. stark abweichen. Kobayashi gibt daher Agar den Vorzug.

Wenn Agar aus den angeführten Gründen als Gel für Diffusionsversuche günstigere Voraussetzungen als Gelatine zu bieten scheint, so darf doch nicht übersehen werden, daß dieselben Fehlerquellen, wie Adsorption und Quellung, wenn auch in abgeschwächter Form, vorhanden sind. Infolgedessen lehnen Pischinger (1927), Fautrez und Lison (1937), Fautrez (1939) und Harms (1957/ 1965) ganz allgemein die Diffusionsmethode mit Gelen zur Bestimmung des Dispersitätsgrades ab.

Pischinger (1927) sowie Schramek und Götte (1932) halten die freie Hydrodiffusion für die gangbarste Methode, und auch Fautrez und Lison (1937) betonen zunächst, daß die Diffusion in Wasser die besten Werte liefert; später halten sie allerdings diese Methode für genauso fehlerhaft wie die Geldiffusion oder die Dialyse. Die starke Streuung der mit der Hydro- und mit der Gelatinemethode bestimmten Diffusionskoeffizienten geht aus Zahlenangaben von HERZOG und POLOTZKY (1914) hervor (Tabelle 18).

Tab. 17. *Vergleich der Diffusionswege anionischer und kationischer Farbstoffe in 2% Gelatine und in 2% Agar mit der Teilchengröße, die aus dem Diffusionskoeffizienten in Wasser berechnet worden ist.* (Nach FAUTREZ und LISON 1937.)

Farbstoff	⌀ in Å (Wasser)	Diffusion in mm		Reihenfolge		
		Gelatine	Agar	Wasser	Gelatine	Agar
Rhodin FF	2,2	33	24	1	2	7
Chrysoidin	2,5	34	25	2	1	5
Thionin	3,3	20	11	3	8	19
Fuchsin	3,6	24	18	4	5	14
Eosin BA	3,7	14	28	5	13	1
Malachitgrün	3,8	26	22	6	3	9
Neutralrot	4,1	20	15	7	8	16
Cellitblau A	4,7	6	20	8	17	11
Kitonrot B	5,0	17	26	9	11	3
Solidtuchviolett R	5,05	7	23	10	16	8
Brillantcresylblau	5,5	21	12	11	7	18
Indigocarmin	5,7	15	26	12	12	3
Wollgrün S	5,8	24	25	13	5	5
Safranin	5,9	25	15	14	4	16
Naphtholschwarz	6,1	8	21	15	15	10
Cyanol	6,7	20	27	16	8	2
Chlorantinlichtrot 5 B	8,5	5	19	17	19	13
Chinesische Tusche 1/10	10,8	10	20	18	14	11
Säureviolett	11,4	6	18	19	17	14
Viktoriablau	15	4	6	20	22	24
Solidtuchblau R	19,7	5	10	21	19	20
Sulfoncyanin	22	4	9	22	22	21
Alkaliblau R	40	4,5	9	23	21	21
Diamingrün B	40—107	4	7	24	22	23

Aus Tabelle 18 ist ferner zu ersehen, daß die Diffusion in Gelatine gegenüber der in Wasser stark gehemmt ist. AUERBACH (1924) führt allerdings die großen Unterschiede der Diffusionskoeffizienten zwischen Wasser und Gelatine in den Ergebnissen von HERZOG und POLOTZKY auf die zu tiefe Temperatur für die Gelatineversuche zurück. Bei 20° C soll sich eine weitgehende Proportionalität zwischen der Diffusionsgeschwindigkeit in Wasser und der in 4%iger Gelatine ergeben (Tabelle 19).

Trotz unverkennbarer Proportionalität der in Tabelle 19 angeführten Werte bestehen doch Abweichungen, die die Fehlergrenze weit überschreiten. Diese Differenzen werden von AUERBACH auf chemische Reaktionen mancher Farbstoffe mit Gelatine und vor allem auf Adsorptionserscheinungen zurückgeführt.

Tab. 18. *Diffusionskoeffizienten 0,25%iger Farbstofflösungen in Wasser (bei 5,7—8,9° C) und in 5%iger Gelatine (bei 1,2° C)*. (Nach Herzog und Polotzky 1914, im Auszug.)

Farbstoff	Diffusionskoeffizient $D \cdot 10^{-5}$ cm²/sec		Reihenfolge	
	Wasser	Gelatine	Wasser	Gelatine
Chrysoidin	0,422	0,068	1	5
Naphtholgelb S	0,404	0,128	2	1
Methylviolett 6 B	0,397	0,122	3	2
Kristallviolett	0,344	0,014	4	11
Safranin extra G	0,329	0,033	5	7
Capriblau G	0,281	0,085	6	4
Chromotrop 2 R	0,281	0,062	7	6
Alizarinrot	0,279	0,0169	8	9
Erythrosin B	0,229	0,0115	9	12
Toluidinblau	0,221	0,0232	10	8
Ponceau 3 R	0,214	0,0055	11	14
Neutralrot extra	0,206	0,0141	12	10
Rhodamin B	0,182	0,095	13	3
Nilblau B	0,141	0,0064	14	13
Primulin	0,088	sehr klein	15	15

Tab. 19. *Diffusionsstrecken kationischer und anionischer Farbstoffe in reinem Wasser und in 4%iger Gelatine nach 24 Stunden bei 20° ± 0,1° C*. (Nach Auerbach 1924.)

Farbstoff	Diffusion in mm	
	Wasser	4% Gelatine
Martiusgelb (Agfa)	16,5	15,7
Orange G (Kalle)	16,5	15,3
Diamantgrün B (BASF)	15,0	11,3
Rhodamin B extra (Agfa)	14,7	11,0
Methylenblau BG konz. (BASF)	14,5	9,7
Viktoriaviolett 4 BS (Höchst)	13,3	10,0
Rose Bengale (Agfa)	13,0	7,7
Kristallviolett (BASF)	13,0	6,8
Alizarindirektblau B (Höchst)	12,3	7,5
Amidoschwarz 10 B (Höchst)	12,3	7,0
Echtsäureviolett A 2 R (Höchst)	12,0	8,1
Guineaviolett S 4 B (Agfa)	8,5	4,7
Benzopurpurin 4 B (Agfa)	8,3	2,0
Nachtblau (Dr. Grübler)	6,5	1,8

Eine Apparatur zur mikroskopischen Bestimmung der Diffusionsgeschwindigkeit in Wasser entwickelt Fürth (1927 b). Nistler (1929, 1930, 1931) baut das Verfahren zu einem Diffusionsmikroskop (Firma Reichert, Wien) aus. Diese Methode hat den großen Vorteil, daß nicht nur Fehlerquellen, wie Adsorption, Quellung, Struktur des Geles u. a., fortfallen, sondern die Diffusionsmessungen innerhalb weniger Minuten durchzuführen sind, wodurch auch Temperaturschwankungen ausgeschaltet werden können. Untersuchungen mit dieser Methode finden sich, außer bei den genannten Autoren, noch bei FÜRTH und ULLMANN (1927), SCHRAMEK und GÖTTE (1932), AXMACHER (1933 c), HANUT und FAUTREZ (1935), FAUTREZ und LISON (1937), LISON und FAUTREZ (1939) sowie GORDON und CHAMBERS (1941). Aus den gefundenen Diffusionskoeffizienten läßt sich mit Hilfe der Formel von STOKES-EINSTEIN der Durchmesser der Farbstoffteilchen be-

Tab. 20. *Teilchengröße wässeriger Farbstofflösungen, die nach der Formel von* STOKES-EINSTEIN *aus den Diffusionskoeffizienten in reinem Wasser bezogen auf 18° C berechnet worden sind.*

Farbstoff	Nach FAUTREZ und LISON (1937)			Nach AXMACHER (1933 c)		
	Konz. %	Diffusions-koeffizient $D \cdot 10^{-5}$ cm²/sec	in Å	Konz. %	Diffusions-koeffizient $D \cdot 10^{-5}$ cm²/sec	in Å
Erythrosin	0,5	0,56	3,5 ± 0,1			
Rubin S = Säurefuchsin	0,5	0,55	3,6 ± 0,2	0,4	0,25	7,8
Neutralrot	0,5	0,48	4,1 ± 0,1	0,25	0,33	5,9
Chromotrop 2 R	0,5	0,47	4,2 ± 0,1			
Cresylechtviolett	0,5	0,44	4,5 ± 0,4			
Eosin, wasserl. gelbl.	0,5	0,42	4,7 ± 0,1			
Methylengrün	0,5	0,42	4,7 ± 0,2			
Methylenblau	0,5	0,37	5,2 ± 0,2	0,25	0,21	9,5
Brillantgrün, krist.	0,5	0,365	5,4 ± 0,2			
Bismarckbraun	0,5	0,365	5,1 ± 0,2			
Bordeaux R	0,5	0,365	5,4 ± 0,1			
Nigrosin	0,5	0,354	5,6 ± 0,2			
Phenolrot	0,5	0,348	5,7 ± 0,2			
Trypanrot	0,5	0,330	6,0 ± 0,5	0,5	0,20	9,8
Toluidinblau	0,5	0,304	6,5 ± 0,5	0,25	0,16	12,0
Trypanblau	0,5	0,299	6,6 ± 0,4	0,5	0,15	12,8
Methylgrün	0,5	0,191	10,0 ± 0,5	0,4	0,27	7,2
Nilblau	0,5	0,185	10,6 ± 0,2	0,25	0,19	10,3
Janusgrün B	0,5	0,156	12,6 ± 0,3			
Isaminblau 6 B	0,5	0,148	13,3 ± 0,6			
Congorot	0,5	0,128	15,2 ± 1,1			
Nachtblau	0,5	0,100	18,5 ± 0,9			
Congorubin				0,5	0,06	32,8
Preußischblau, lösl.	0,5	0,017	115,0 ± 2,0			

rechnen (NISTLER 1931, FAUTREZ und LISON 1937, GORDON und CHAMBERS 1941 in Ringerlösung). Dabei ist aber zu bedenken, daß die Formel von STOKES-EINSTEIN sphärische Teilchen zur Voraussetzung hat. Ob das bei den Farbstoffen zutrifft, ist unbekannt und nicht sehr wahrscheinlich.

ZOCHER (1921) und FREUNDLICH, SCHUSTER und ZOCHER (1923) schließen aus dem Auftreten einer Strömungsdoppelbrechung unter bestimmten Bedingungen (Lösung in kaltem Wasser, höhere Konzentrationen, Elektrolytzusatz) für einige substantive Farbstoffe (Benzopurpurin, Benzobraun, Baumwollgelb, Congorot, Alizarinsaures Na, Anilinblau spritlösl. und auch Primulin) auf stabförmige Teilchen.

Von Fautrez und Lison bestimmte Werte sind den Tabellen 17 und 20 zu entnehmen. Tabelle 20 enthält außerdem noch Angaben von Axmacher (1933 c).

Tabelle 20 ergibt, daß Axmacher mit derselben Methode zu recht abweichenden Ergebnissen kommt. Nur die Werte für Nilblau stimmen gut überein. Verglichen mit den Diffusionskoeffizienten von Herzog und Polotzky (S. 80, Tabelle 18) und Nistler (S. 87, Tabelle 22) erscheinen aber die Angaben von Fautrez und Lison als die zuverlässigeren.

Ehe wir die Frage prüfen, ob durch die scharfe Kritik an der Geldiffusion durch Pischinger, Fautrez und Lison sowie durch Harms die mit dieser Methode erzielten Ergebnisse für Fragen der Vitalfärbung hinfällig geworden sind, sollen noch einige Arbeiten erwähnt werden, die Angaben über die Farbstoffdiffusion in Gelatine oder Agar enthalten.

Die Aufstellung enthält nur Literaturstellen, die bisher noch nicht erwähnt worden sind. Bechhold und Ziegler (1906, Methylenblau), Ostwald (1919, Congorubin), Bennhold (1927, Naphtholgelb S, Brillantcongo R, Nachtblau), Auerbach (1921, 32 anionische substantive Farbstoffe und Kristallviolett), Brauner (1933, Congorot, 6 kationische Farbstoffe), Seki (1933 e, 30 anionische; 1933 f, 20 kationische Farbstoffe), Kressin (1935, 6 Farbstoffe), Strugger (1939 a, Berberinsulfat, K-Fluorescein; 1939 b, 10 Farbstoffe), Ruge (1940, 71 Farbstoffe), Schopfer (1941, Lactoflavin, Lumiflavin, Lumichrom), Ziegenspeck (1945, Pyrenderivate), Perner (1950 a, Pyrenderivate, Brillantsulfoflavin FF), Yasuzumi und Yoshida (1950, Neutralviolett), Butterfass (1956 a, b, Pyrenderivate), Schlafke (1958, Pyrenderivate u. a.), Pilz (1959, pH-Indikatoren nach Clark, wie sie Small 1926—1956 verwendet).

Es sei noch kurz die Ultramikroskopie erwähnt, die gelegentlich zur Entscheidung herangezogen worden ist, ob ein Farbstoff echt oder kolloidal gelöst vorliegt (z. B. Michaelis 1905, Ruhland 1908a, b, Höber und Kempner 1908, Ostwald 1912, Haller und Nowak 1920). Robinson (1935) betont aber zu Recht, daß die Lösungen der üblichen Handelspräparate meist Fremdelektrolyte und andere Partikel enthalten, die groß genug sind, um sie im Ultramikroskop zu sehen, und so eine geringere Dispersität des Farbstoffes vortäuschen. Versuche mit gereinigten Farbstoffen führen zu ganz anderen Ergebnissen. Die ultramikroskopische Untersuchung erlaubt bestenfalls eine qualitative Schätzung (Brass und Eisner 1933).

Bei Besprechung der Dissoziationsverhältnisse wurde bereits darauf hingewiesen, daß eine Verschiebung der Absorptionsbanden häufig auf eine Assoziation von Farbstoffteilchen zurückzuführen ist, so daß wir auch aus dieser Erscheinung Anhaltspunkte über den Dispersionsgrad erhalten können. Aus Farbtonänderungen, die ohne Hilfsmittel wahrnehmbar sind, z. B. ein Umschlag von Rot nach Blau mit zunehmender Teilchengröße, schließt Ostwald, daß sich das Absorptionsmaximum mit steigendem Dispersitätsgrad nach den kürzeren Wellenlängen verschiebt (Ostwald 1911, 1912, 1919, Ostwald und Rudolph 1930, vgl. auch Freundlich 1932, S. 34). Frey-Wyssling und Michel (1943) sind der Meinung, daß man der Anwendung der Ostwald'schen Farbenregel auf organische Farbstoffe mit Mißtrauen begegnen muß.

Bei der meist nur spektrophotometrisch faßbaren Vergröberung der Teilchen beim Übergang von dem monomeren in den dimeren Zustand scheint es gerade umgekehrt zu sein. Hier liegen die Absorptionsmaxima der Dimeren im kürzerwelligen Bereich als die der Monomeren (Tabelle 21). Allerdings erwähnt SCHEIBE (1938) in manchen Fällen auch das Auftreten längerwelliger Banden. FÖRSTER und KÖNIG (1957) geben ebenfalls für die Dimeren einiger Farbstoffe neben der kürzerwelligen noch eine längerwellige Bande an (Tabelle 21, in Klammern).

Tab. 21. *Verschiebung des Absorptionsmaximums im sichtbaren Bereich bei der Assoziation von Monomeren zu Dimeren für verschiedene Farbstoffe.*

Farbstoff	Absorptionsmaximum in nm			Autor
	Monomere	Dimere	Polymere	
Acridinorange	491	463		BARTELS (1954)
Brillantcresylblau	∼ 625	∼ 585		KINZEL (1958)
Bromphenolblau	590,5	565		LUCK (1960)
Cu-Phthalocyaninsulfonat	672	632	615	AHRENS und KUHN (1963)
Eosin	517	495 (522)		FÖRSTER und KÖNIG (1957)
Fluorescein	496	474 (510)		FÖRSTER und KÖNIG (1957)
Methylenblau	656,5	600		RABINOWITCH und EPSTEIN (1941)
Neutralrot	532,5	495		BARTELS (1956b)
Rhodamin B	554	524 (559)		FÖRSTER und KÖNIG (1957)
Thionin	597	557		RABINOWITCH und EPSTEIN (1941)
Toluidinblau	630	590		MICHAELIS (1947)

Auch Leitfähigkeitsmessungen und Bestimmungen des osmotischen Druckes können Auskunft über Änderung in der Dispersität geben. Doch soll darauf nicht näher eingegangen werden. Aus der Übersicht über die verschiedenen Methoden geht hervor, daß jede ihre Fürsprecher und Gegner hat. Unvoreingenommen betrachtet, erscheint mir zur Bestimmung des Dispersitätsgrades der Farbstoffe die Hydrodiffusion die zuverlässigste zu sein (vgl. auch ZEIGER 1938). Es ist wohl die einzige Methode, mit der man zu einigermaßen quantitativen Aussagen kommt. Allerdings zeigen auch die mit ihr von verschiedenen Autoren erhaltenen Diffusionskoeffizienten ganz beträchtliche Schwankungen. Vor allem wird man mit der Hydrodiffusion eine etwa vorhandene Polydispersität kaum erkennen. Hierfür dürfte die Ultrafiltration mit Filtern verschiedener Porenweiten am geeignetsten sein. Auch bei der Geldiffusion kann man bei polydispersen Farbstoffen u. U. voneinander verschiedene Diffusionszonen erkennen, z. B. bei Primulin O, Titangelb (STRUGGER 1939b), Janusgrün (DRAWERT 1941a) und Isaminblau (DRAWERT 1951a).

Hinsichtlich des Einflusses der cH auf die Dispersität weisen die mit der Hydrodiffusion gewonnenen Ergebnisse Unstimmigkeiten auf. PISCHINGER (1927) kann keinen Einfluß beobachten, was FAUTREZ und LISON (1937) veranlaßt, mit der Gelmethode erhaltene, gegenteilige Befunde (RUHLAND 1912b, VON MÖLLENDORFF 1924[5]) auf eine cH-abhängige Adsorption durch die Gelatine zurückzuführen. Andererseits haben aber FÜRTH und ULLMANN (1927) sowie GORDON und

---

[5] Wenn FAUTREZ und LISON in diesem Zusammenhang nur VON MÖLLENDORFF (1915) im Literaturverzeichnis aufführen, so muß das auf einem Irrtum beruhen; denn diese Arbeit enthält Angaben über Dialyseversuche und keine über Diffusion in Gelatine und deren Beeinflussung durch die cH.

Chambers (1941) auch mit der Hydrodiffusion eine cH-Wirkung auf die Dispersität beobachtet. Obwohl vom physikalisch-chemischen Standpunkt aus die Hydrodiffusion zur Charakterisierung des Dispersitätsgrades der Farbstoffe den anderen Methoden vorzuziehen ist, so hat aber auch die Geldiffusion ihre Vorteile als Modell für biologische Fragestellungen.

Für den Biologen steht in den meisten Fällen gar nicht die absolute Größe der Farbstoffteilchen im Vordergrund — so wichtig es auch andererseits ist, sie zur Klärung vieler Effekte zu kennen —, sondern das Verhalten der Farbstoffe verschiedener Dispersität gegenüber der lebenden und der toten Zelle. Intrameieren und Permeieren sind keine einfachen Hydrodiffusionen. Bei diesen Prozessen spielen Adsorptions- und Quellungserscheinungen sowie Lösungsvorgänge in mehr oder weniger hydrophoben Phasen eine große Rolle. Das Proteingerüst des Plasmas ist ein Ampholyt ähnlich der Gelatine, so daß diese mit einigen Einschränkungen als Modell gut brauchbar ist. Bei einem Vergleich der Diffusionskurven für die anionischen Farbstoffe in Abb. 18 auf S. 73 mit der Aufnehmbarkeit der Farbstoffe durch die lebende Zelle ist eine scharfe Grenze zu erkennen. Von einer bestimmten Diffusionshöhe an können alle Farbstoffe in die Epidermiszellen der Blumenblätter von *Chrysanthemum leucanthemum* permeieren; von einer anderen Grenze an, die bei einer geringeren Diffusionshöhe liegt, werden sie von den Mesophyllzellen der Blumenblätter von *Philadelphus coronarius* aufgenommen. Eine Ausnahme macht nur das Lichtgrün SF, das aber sehr wahrscheinlich zu seiner Leukoform reduziert wird. Ein Vergleich mit den Kurven in Abb. 17 zeigt deutlich, daß für die kationischen Farbstoffe die Aufnahmegrenze in dem gleichen Größenbereich liegt. Hierbei kann es sich nur um den Dispersitätsgrad als begrenzenden Faktor handeln, was aus den Diffusionskurven klar hervorgeht. Ferner ergeben die Kurven, daß sich die beiden untersuchten Zellarten in ihrer Porenweite unterscheiden müssen.

Früher nahm ich an (Drawert 1941a), daß der Unterschied auf der verschiedenen Porenweite der Plasmagrenzschichten beruht. Heute vermute ich, daß die Porenweite der Zellwände dafür verantwortlich ist, so daß Agar die bessere Modellsubstanz wäre, da die Zellwand im physiologischen pH-Bereich elektronegativ geladen und nicht umladbar ist.

Ich bin der Meinung, daß die mit der Geldiffusion erhaltenen Ergebnisse keineswegs hinfällig sind, sondern für bestimmte biologische Fragestellungen nach wie vor ihre Bedeutung haben. Wir müssen uns nur darüber im klaren sein, daß wir aus diesen Ergebnissen keine reellen Aussagen über den Dispersitätsgrad machen können, da die Diffusionsgeschwindigkeit noch von einer Reihe anderer Faktoren abhängt, die aber beim Betrachten der Zelle neben dem Dispersitätsgrad genauso eine Rolle spielen. Die anzuwendende Methode wird sich nach der Fragestellung richten. Wir können über den Wert oder Unwert einer Methode nicht nur von einem Gesichtspunkt aus urteilen. Bei einem Vergleich der mit den verschiedensten Methoden erhaltenen Ergebnisse und Berücksichtigung der jeweils eingegangenen Fehlerquellen wird man bemüht sein, das herauszuschälen, was den tatsächlichen Verhältnissen am nächsten kommt.

Wenn wir auch keine quantitativen Aussagen machen können, so müssen wir doch versuchen, aus den vorliegenden Ergebnissen rein qualitativ zu erkennen, von welchen Faktoren der Dispersitätsgrad eines gelösten Farbstoffes abhängt.

b) Abhängigkeit der Dispersität vom Lösungsmittel

Für die Vitalfärbung interessiert am meisten der Dispersitätsgrad eines Farbstoffes in wässeriger Lösung, so daß die bisher gemachten und auch die folgenden Angaben sich fast ausschließlich auf Wasser als Lösungsmittel beziehen. Zum Vergleich soll aber kurz auf das Verhalten in anderen Lösungsmitteln eingegangen werden.

Bei Besprechung der Dissoziationsverhältnisse haben wir bereits kennengelernt, daß viele Farbstoffe in wässeriger Lösung unter verschiedenen Bedingungen zur Assoziation der Farbstoffteilchen — meist Ionen — neigen, daß also eine Herabsetzung der Dispersität erfolgt. In nichtwässerigen Lösungen ist dies viel weniger der Fall. Ein Zusatz von Alkohol kann bereits den Dispersitätsgrad ändern, z. B. für Congorubin (OSTWALD 1919) und Phthalocyaninsulfonat (SCHNABEL, NÖTHER und KUHN 1962) erhöhen. Nach OSTWALD und QUAST (1929 a, b) ist Nachtblau in Wasser kolloid, in wässerigem Alkohol dagegen molekulardispers gelöst. Bei Kristallviolett und Neufuchsin sollen die Verhältnisse allerdings umgekehrt liegen.

Im Zusammenhang mit Befunden über die Permeabilität der Testa von Weizenfrüchten (GUREWITSCH 1929) ist es von besonderem Interesse, daß nach OSTWALD und QUAST (1929 a) bei allen untersuchten Farbstoffen, auch bei Kristallviolett und Neufuchsin, ein Maximum des Diffusionsvermögens und damit ein Minimum der Teilchengröße bei 50—60%igem Alkohol liegen. Mit steigender Alkoholkonzentration nimmt die Teilchengröße dann wieder zu (Abb. 22). Durch Siedepunktbestimmungen kann das mit der Diffusionsmethode gefundene Ergebnis bestätigt werden (OSTWALD und QUAST 1929 b. Die Arbeit enthält in der Zusammenfassung einen sinnentstellenden Fehler: statt Maximum muß es Minimum der Teilchengröße heißen).

In einer späteren Arbeit (1930) korrigieren die Autoren die berechneten Teilchengrößen und erklären die unwahrscheinlich hohen Diffusionsgeschwindigkeiten für normalerweise hochkolloidale Farbstoffe, wie Congorot und Benzopurpurin, mit einem zusätzlichen „Solvatationsdruck", der die Diffusion beschleunigen soll. Andererseits hängt nach CZAJA

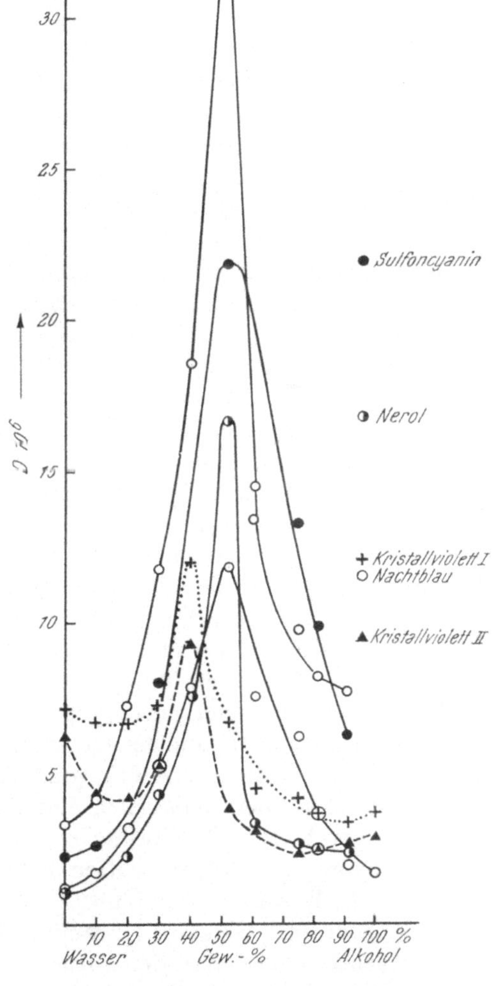

Abb. 22. Diffusionswege verschiedener Farbstoffe (0,1%) in Alkohol/Wassergemischen. Für Kristallviolett bezieht sich Kurve I auf eine 0,1%ige und Kurve II auf eine 0,5%ige Farbstofflösung. (Nach OSTWALD und QUAST 1929 a.)

(1930 a) die Dispersität des Congorotes vom Reinheitsgrad ab; so ist gewöhnliches Congorot vollkommen kolloidal gelöst, Congorot größten Reinheitsgrades wahrscheinlich monomolekular. Auch nach Brass und Eisner (1933) nimmt die Teilchengröße der kolloiden Farbstoffe mit fortschreitender Reinigung ab und nähert sich der des molekular gelösten Malachitgrüns. Bereits Bayliss (1909, 1910) schloß aus Messungen des osmotischen Druckes, daß völlig reines Congorot sich wie eine echte Lösung verhält. Die geringste Verunreinigung mit irgendwelchen Elektrolyten — es genügt der CO_2-Gehalt des gewöhnlichen aqua dest. — bedingt ein Absinken des osmotischen Druckes, was auf eine Aggregation der Farbstoffmoleküle zurückgeführt wird. Handelspräparate von Congorot enthielten nach Biltz und Vegesack (1910) 25,9% Salze (meist Na_2SO_4) und von Benzopurpurin 36,6% Salze. Ostwald und Quast benutzten gereinigte Präparate.

Gurewitsch (1929) erhält entsprechende Resultate für den Durchtritt verschiedener anionischer und kationischer Farbstoffe durch die Testa von Weizenfrüchten. Eine Reihe von Farbstoffen permeiert nicht in wässeriger und auch nicht in rein alkoholischer (100%) Lösung durch die Testa; sie sind aber in 50% Aethylalkohol gelöst dazu befähigt. Der Autor vermutet für diesen Fall eine „micellare Permeabilität" mit dem Alkohol zum Unterschied von dem normalen „intermicellaren" Durchtritt. Aus den Befunden von Ostwald und Quast ist aber viel eher an einen unterschiedlichen Dispersitätsgrad in Wasser und in den verschiedenen Alkoholkonzentrationen zu denken, zumal die Permeabilitäts-„erhöhung" reversibel ist. Nach Untersuchungen von Ziegenspeck (1952 a) mit Fluorochromen scheint die Weizentesta so dicht zu sein, daß sich schon geringfügige Änderungen im Dispersitätsgrad bemerkbar machen werden.

Indigo verhält sich in Wasser kolloidal und in Chloroform molekulardispers (Ostwald 1911). Auch bei Sudan III und Sudanschwarz B nimmt der Aggregationsgrad in hydrophoben Lösungsmitteln ab (Meier 1959). Eingehend hat Zanker (1952 b) Acridinorange in Alkohol-Äther-Wasser-Gemischen untersucht. In diesen Gemischen liegt zwar bei 20° C eine Tendenz zur Assoziation vor, doch tritt sie erst bei tiefen Temperaturen stärker in Erscheinung und erreicht dort den Grad, der in wässeriger Lösung schon bei Zimmertemperatur zu beobachten ist.

Ganz allgemein können wir sagen, daß mit zunehmender Hydrophilie des Lösungsmittels der Dispersitätsgrad bei den meisten Farbstoffen abnimmt, da trotz zunehmender Ionisierung eine Assoziation der Ionen den Zerteilungsgrad wieder herabsetzt. Ein Zusatz organischer Lösungsmittel, die im allgemeinen mehr hydrophobe Eigenschaften haben, vermindert dagegen die Assoziationstendenz (z. B. Ahrens und Kuhn 1963 für Cu-Phthalocyaninsulfonat). Von Hahn (1924) stellt mit Hilfe der Ultramikroskopie, der Dialyse und der Ultrafiltration für Nachtblau fest, daß der Farbstoff in Lösungsmitteln mit DK > 5 kolloidal aber noch relativ hoch dispers gelöst vorliegt, in Wasser dagegen „gröbstdispers". In Lösungsmitteln mit DK < 5 wird er molekular dispers gelöst. (Hier handelt es sich aber sehr wahrscheinlich um die Lösung der Farbbase, was der Autor nicht erkennt.)

c) Abhängigkeit der Dispersität von der Konzentration

Ähnlich der Dissoziation ist auch die Dispersität stark konzentrationsabhängig. Bei der Besprechung der Dissoziationsverhältnisse wurde bereits auf die Zunahme der Aggregation mit steigender Konzentration hingewiesen (S. 56). Dieser Ef-

Tab. 22. *Mit Hilfe der Hydrodiffusion bestimmte Diffusionskoeffizienten* $(D \cdot 10^{-6}\ cm^2/sec)$ *in Abhängigkeit von der Konzentration und vom Alter der Farbstofflösungen.* (Nach NISTLER 1931.)

Nr.	Farbstoff	Alter der Lösung	0,125 %	0,062 %	0,031 %	0,016 %	0,008 %	0,004 %	0,002 %
1	Alkaliblau	frisch	0,318	0,325	—	—	—	—	—
1a	Alkaliblau	2 Monate	0,399	0,404	—	—	—	—	—
2	Aurantia	frisch	1,7	2,6	2,9	3,5	4,4	—	—
2a	Aurantia	bis 1 Tag	4,05	3,8	4,1	4,25	4,6	—	—
2b	Aurantia	1 Jahr	5,1	5,7	6,2	6,8	7,5	—	—
3	Berlinerblau wasserlösl.		0,176	0,176	0,176	—	—	—	—
4	Bismarckbraun		3,04	3,54	3,8	5,1	5,6	6,7	—
5	Cyanol		1,4	1,9	2,3	2,4	2,5	—	—
6	Eosin A	frisch	3,89	3,78	3,81	4,24	—	4,45	—
6a	Eosin A	bis 1 Tag	2,15	3,12	3,10	—	3,32	—	4,11
7	Erythrosin	frisch	2,91	3,25	3,13	3,28	3,35	3,18	—
7a	Erythrosin	einige Stdn.	3,18	3,59	3,54	3,78	—	4,05	—
7b	Erythrosin	einige Tage	3,28	3,52	3,69	4,01	—	4,51	—
7c	Erythrosin	2 Monate	3,65	4,09	4,09	4,14	—	4,64	—
7d	Erythrosin	gesamt	3,25	3,61	3,61	3,8	—	4,1	—
8	Isaminblau		0,98	1,2	1,54	1,6	1,7	—	—
9	Congorot		1,1	1,0	0,94	1,06	1,1	1,31	1,20
10	Congorubin		1,2	1,05	1,80	2,05	2,1	2,4	2,45
11	Magdalarot		2,24	2,36	2,63	2,87	2,92	3,43	3,68
12	Malachitgrün	1 Jahr	2,3	2,52	2,94	3,2	—	3,88	—
13	Methylblau	bis 5 Tage	0,42	0,71	1,01	0,96	—	—	—
13a	Methylblau	1 Jahr	0,69	1,21	1,39	—	—	—	—
14	Methylenblau		1,47	2,18	2,93	3,74	4,36	4,91	5,72
15	Methylgrün	frisch	3,46	5,45	7,55	—	—	—	—
15a	Methylgrün	1 Jahr	7,48	7,5	8,5	—	—	—	—
16	Methylviolett		3,2	4,0	4,24	4,4	4,47	4,74	4,76
17	Neutralrot	1 Tag	2,7	3,34	3,5	3,8	3,7	3,76	—
17a	Neutralrot	1 Jahr	3,68	3,9	4,3	4,6	—	5,5	—
18	Ponceau		3,9	4,2	4,35	4,38	4,4	4,7	4,9
19	Pyrrolblau	bis 17 Stdn.	0,5	0,86	1,08	1,26	—	1,14	—
19a	Pyrrolblau	16 Tage	0,22	0,52	0,76	0,98	1,13	—	—
20	Rose bengale		1,83	2,83	3,14	3,6	3,9	4,07	4,1
21	Rubin S		3,85	3,41	3,49	4,05	4,09	4,13	4,4
22	Rutheniumrot		—	—	—	—	—	2,76	3,63
23	Safranin		3,43	3,71	3,9	4,07	4,56	—	—
24	Säurefuchsin		3,81	3,9	4,07	4,15	4,19	4,21	4,41
25	Trypaflavin		5,74	5,96	5,93	—	5,1	—	5,63
26	Uranin	bis 7 Stdn.	7,93	6,23	5,48	5,75	5,03	—	4,89
26a	Uranin	11 Tage	2,14	3,5	4,12	4,19	4,58	—	—
26b	Uranin	2 Monate	2,3	3,08	3,83	3,95	4,24	4,7	—
26c	Uranin	gesamt	3,75	4,1	4,43	4,65	4,65	4,7	4,89
27	Wasserblau		1,88	1,55	1,67	1,66	—	1,71	—

fekt kann bei einer ganzen Anzahl von Farbstoffen mit den verschiedensten Methoden festgestellt werden (Tabelle 22 und in Abb. 22 die beiden Kurven für Kristallviolett sowie Abb. 23) (von Möllendorff 1921, Fürth und Ullmann 1927, Ullmann 1927, Ostwald und Quast 1929 a, Nistler 1929, 1930, 1931, Hanut und Fautrez 1935, Robinson 1935, Robinson und Garrett 1939, Robinson und Selby 1939, Kortüm 1936, Fautrez und Lison 1937, Lange und Herre 1938, Scheibe 1938, Ecker 1940, Vickerstaff und Lemin 1946, Zanker 1952 a, Bartels und Schwantes 1955, Kinzel 1958, Luck 1960, Schnabel, Nöther und Kuhn 1962, Ahrens und Kuhn 1963).

Wie aus Tabelle 22 zu entnehmen ist, kann man den Satz, daß mit zunehmender Konzentration die Dispersität abnimmt, nicht verallgemeinern. Einige Farb-

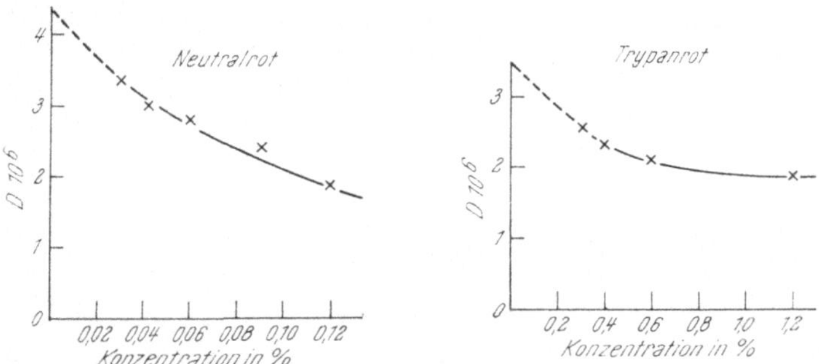

Abb. 23. Abhängigkeit der Teilchengröße von der Konzentration für Neutralrot und Trypanrot.
(Nach Ullmann 1927.)

stoffe variieren kaum ihre Teilchengröße, z. B. Congorot (Nr. 9), Trypaflavin (Nr. 25), Wasserblau (Nr. 27) sowie Trypanblau (Hanut und Fautrez 1935), während andere, wie Uranin (Nr. 26), sogar eine Zunahme der Dispersität mit steigender Konzentration erkennen lassen. Dieselbe Erscheinung beobachtet Arnold (1937) für Prune pure; eine konzentrierte Lösung diffundiert durch Pergamentpapier, eine verdünnte dagegen nicht. Hier hängt der Effekt mit den eigenartigen Dissoziationsverhältnissen des Prune pure zusammen. Als Ampholyt ist es nur unter pH 3 und über pH 8 völlig dissoziiert und in wässeriger Lösung haltbar (Drawert 1938 c). In dem Zwischenbereich fällt der Farbstoff grobdispers aus. Die konzentrierte Lösung besitzt aber einen pH-Wert weit unter 3 (s. S. 24, Tabelle 3), so daß der Farbstoff feiner dispers in Lösung bleibt. Mit der Verdünnung verschiebt sich der pH-Wert ins schwächer saure Gebiet, was ein Ausfallen des Farbstoffes zur Folge hat.

d) Abhängigkeit der Dispersität vom Alter der Lösung

Eine häufig beobachtete Erscheinung ist die Änderung der Dispersität mit dem Alter der Farblösung (von Möllendorff 1918 a, 1921), wie Tabelle 22 belegt. Meist ist eine Abnahme festzustellen (Schulemann 1917, Brass und Eisner 1933), aber auch hier darf man nicht verallgemeinern. Neben Farbstoffen, die kaum eine Änderung aufweisen, zeigen einige, wie Aurantia (Nr. 2, a, b), mit dem Altern der Lösung eine Steigerung ihrer Dispersität.

Diese Frage ist eingehend von NISTLER (1930, 1931) mit Hilfe der Mikrohydrodiffusion untersucht worden. Eigenartigerweise kommen FAUTREZ und LISON (1937) in ihren Untersuchungen mit der gleichen Methode an 19 kationischen und 64 anionischen Farbstoffen zu der Auffassung, daß mit dem Altern der Lösungen keine Dispersitätsänderung verbunden sein soll. Dagegen sprechen die Beobachtungen, die jeder Vitalfärber zwangsläufig mit vielen seiner Farbstofflösungen macht, die mit der Zeit regelrecht ausflocken. Nicht selten ist damit auch eine Änderung des Farbtones verbunden, wie sie PIEPHO (1938) für Brillantcresylblau beschreibt. Frische Lösungen sind blau und alte rotviolett. Dasselbe Ergebnis kann man durch Kochen der Farbstofflösungen erzielen. Ähnliche Effekte lassen sich beim Prune pure in kürzester Zeit beobachten (ARNOLD 1937, DRAWERT 1938 c). Eine 24 Stdn. alte Lösung ist bereits so grobdispers, daß eine Vitalfärbung ausbleibt und es bei entsprechenden Versuchsobjekten zu einer Ablagerung mikroskopisch sichtbarer Farbstoffteilchen kommt (s. S. 246, Abb. 81, vgl. auch die Diffusionskurven für Prune pure in Abb. 17 auf S. 72).

e) Abhängigkeit der Dispersität von der Temperatur

Im allgemeinen nimmt die Dispersität mit steigender Temperatur zu (OSTWALD 1919, HALLER 1920, VON MÖLLENDORFF 1921). ZOCHER (1921) sowie FREUNDLICH, SCHUSTER und ZOCHER (1923) schließen aus dem Auftreten einer Strömungsdoppelbrechung in Lösungen substantiver Farbstoffe unter bestimmten Bedingungen auf die Entstehung länglicher Teilchen durch eine geordnete Koagulation. Beim Erwärmen der Lösungen verschwindet die Doppelbrechung, was auf ein Kleinerwerden der Teilchen hinweist. Nach den neueren Untersuchungen über die steigende Assoziation der Farbionen zu Di- und Polymeren mit steigender Konzentration kann man den gleichen Effekt bei ein und derselben Konzentration durch Temperaturerniedrigung erzielen (ECKER 1940, RABINOWITCH und EPSTEIN 1941, ZANKER 1952 a, b). Eine Temperaturerhöhung bis zum Kochen der Lösung hat aber bei einigen Farbstoffen die entgegengesetzte Wirkung. Bei Benzopurpurin und Nachtblau tritt eine Zunahme der Dispersität auf (BILTZ und VEGESACK 1909), bei Brillantcresylblau dagegen eine Abnahme (PIEPHO 1938).

f) Abhängigkeit der Dispersität von der Wasserstoffionenkonzentration

Aus der Möglichkeit, manche anionischen Farbstoffe mit Säuren und manche kationischen Farbstoffe mit Laugen auszufällen (TEAGUE und BUXTON 1907 a), kann man bereits schließen, daß die cH auf den Dispersitätsgrad einen Einfluß haben muß.

Das unterschiedliche Verhalten anionischer und kationischer Farbstoffe gegenüber Säuren und Basen beobachtet man auch bei Diffusionsversuchen durch Dialyse (OSTWALD 1919, BETHE 1922) oder mit einem Gelatinegel (RUHLAND 1912 b, VON MÖLLENDORFF 1924, KURBATOW und RENSINA 1940). Die genannten Autoren führen diese Erscheinung auf Dispersitätsänderungen der Farbstoffe mit der cH zurück. Andere Autoren denken dagegen an cH-bedingte Ladungsverschiebungen an der Membran (MOMMSEN 1926, FISCHER 1929, INGRAHAM und VISSCHER 1935) bzw. in der Gelatine (MOMMSEN 1926, PISCHINGER 1927, FAUTREZ und LISON 1937, DRAWERT 1937 b, BROMBERG und MALZEVA 1950, BUTTERFASS 1956 a, vgl. S. 77,

Abb. 20 und 21). Die Herabsetzung der Diffusionsgeschwindigkeit durch höhere cH kann bei den anionischen Farbstoffen u. U. ganz beträchtlich sein. Nach Mommsen (1926) erreicht die Diffusion von Eosin in Gelatine bei pH 4,2—4,8 nur ~ 50% der Geschwindigkeit bei pH 8,3—8,8, und für andere anionische Farbstoffe wird die Diffusionsgeschwindigkeit um ~ 25% herabgesetzt. Hierbei ist auffallend, daß die starke Bremsung gerade im IEP der Gelatine erfolgt. Es scheint sich also nicht nur um eine Adsorption durch die elektrische Ladung zu handeln. Dasselbe schließen Krebs und Wittgenstein (1926) aus Versuchen über die Speicherung von Uranin im IEP der Gelatine (s. S. 197). Für eine 0,1%ige Lösung des anionischen Fluorochromes Oxypyrentrisulfosaures Na erhält Butterfass (1956 a) in 10% Gelatine mit pH 8 eine etwa 2,5 mal längere Diffusionsstrecke als in Gelatine mit pH 2. Die kationischen Farbstoffe verhalten sich gerade umgekehrt. So beobachtet Pischinger (1927) für 0,001 mol Methylenblau bei Zimmertemperatur nach 42 Stdn. in 5%iger Gelatine mit pH 2,4 einen Diffusionsweg von 26,5 mm und in Gelatine mit pH 6,0 18,2 mm.

Recht unterschiedlich sind die Angaben über den Einfluß der cH auf die Hydrodiffusion. Pischinger (1927) findet für Methylenblau zwischen pH 2,5 und 7,8 keinen Einfluß. Dieser negative Befund veranlaßt ihn und in der Folge Fautrez und Lison (1937) sowie Harms (1957/1965) zur kategorischen Ablehnung der Gelatinediffusion als Methode zur Bestimmung des Dispersitätsgrades. Fürth und Ullmann (1927) stellen aber mit der Mikrohydrodiffusionsmethode fest, daß der Zusatz von Säure sowohl bei anionischen als auch bei kationischen Farbstoffen zu einer Vergrößerung der Teilchen führt und der Zusatz von Lauge eine Verkleinerung ebenfalls in beiden Farbstoffgruppen bedingt. Gordon und Chambers (1941) bestimmen aus der Hydrodiffusion für Eosin eine Teilchengröße von 6,5 ± 0,4 Å bei pH 6,8 und von 5,3 ± 0,5 Å bei pH 7,4. Die Befunde von Fürth und Ullmann erscheinen mir zunächst unerklärlich. Die Autoren haben allerdings nur mit Neutralrot und Trypanrot gearbeitet und ziehen ihre Schlußfolgerungen mit allen Vorbehalten.

Das völlig negative Ergebnis von Pischinger (1927) ist meiner Meinung nach in der Benutzung eines für diese Untersuchungen ungeeigneten Farbstoffes und in der Wahl eines für diesen Farbstoff ungeeigneten pH-Bereiches zu suchen (s. weiter unten). Ein Einfluß der cH auf die Dispersität erfolgt wahrscheinlich auf zwei Wegen. Erstens kann es bei kolloidalen Stoffen durch Ladungsänderungen zu einer Assoziation von Teilchen, zu einer Polymerisation oder auch zu einer Depolymerisation kommen. Zweitens bewirkt bei vielen Farbstofflösungen eine entsprechende pH-Wert-Verschiebung eine hydrolytische Spaltung (s. S. 60 u. f.). Im allgemeinen sind die freien Farbbasen und Farbsäuren auf Grund ihrer meist hydrophoben Eigenschaft schwer wasserlöslich und vorwiegend kolloid dispers. So kann auch bei molekular- oder besser ionendispersen Lösungen anionischer Farbstoffe durch Erhöhen der cH die Farbsäure in Freiheit gesetzt und die Lösung infolgedessen grobdisperser werden. Bei genügend hoher cH fällt die Farbsäure aus. Die dialysierte Farbsäure von Direkttiefschwarz RW besitzt nach Messungen von Brass und Eisner (1933) mit der Hydrodiffusionsmethode einen doppelt so großen Teilchenradius als ihr Natrium- oder Ammoniumsalz.

Die kationischen Farbstoffe verhalten sich umgekehrt. Pischinger (1927) benutzt für seinen Versuch nur Methylenblau, einen Farbstoff, der bis weit in den alkalischen pH-Bereich hinein stark dissoziiert ist. In dem von ihm untersuchten Intervall von pH 2,5 bis 7,8 wird es völlig dissoziiert sein und ionendispers vorliegen. Eine hydrolytische Spaltung ist erst über pH 9 zu erwarten. Demnach ist bei Methylenblau zwischen pH 2,5 und 7,8 mit gar keiner Änderung der Dispersität und damit auch mit keiner Änderung der Wanderstrecke im Hydrodiffusionsversuch zu rechnen. Ob sich hier eine Dimerenbildung (s. S. 56) bereits bemerkbar macht, entzieht sich meiner Kenntnis, ist aber nicht sehr wahrscheinlich. Die von PISCHINGER bei der Gelatinediffusion beobachtete Zunahme der Wanderstrecke mit steigender cH ist auf eine schwächer werdende Adsorption des Methylenblaues durch die Gelatine zurückzuführen. Außerdem kann der Vorgang noch durch eine Zunahme der Gelquellung mit steigender cH begünstigt werden. Doch mißt PISCHINGER diesem Punkt keine allzu große Bedeutung zu.

Andererseits glaube ich, daß die von MOMMSEN (1926) im Gelatineversuch beobachtete starke Hemmung der Eosindiffusion bei pH 4,2 bis 4,8 nicht nur mit Adsorptionserscheinungen zusammenhängt; denn hier liegt bereits eine hydrolytische Spaltung vor, die zwischen pH 2 und 3 zu einer Ausfällung des gesamten Farbstoffes in Form der freien Säure führt. Bei diesem Farbstoff ist demnach eine durch die hydrolytische Spaltung bedingte Abnahme der Dispersität mitbeteiligt. Man könnte auch an eine Hemmung durch Entquellung der Gelatine denken, da diese sich gerade in ihrem IEP befindet. Doch darf man diesen Punkt nicht überbewerten, worauf PISCHINGER hinweist. Würde die auf einer cH-Änderung beruhende Quellungsverschiebung auf die Diffusionsgeschwindigkeit einen stärkeren Einfluß haben, so müßte sich das auf beiden Seiten vom IEP viel augenfälliger, und zwar gleichsinnig, bemerkbar machen, als es tatsächlich der Fall ist. Etwa auftretende Einflüsse werden durch den viel stärkeren Adsorptionseffekt überdeckt. Erst Quellungsänderungen größeren Ausmaßes treten deutlich in Erscheinung, wie aus dem Diffusionswert für Säurefuchsin bei pH 1,6 in Abb. 21 (S. 77) hervorgeht.

Tab. 23. *Eindiffundierte Farbstoffmenge und Diffusionsweg von Methylenblau (Mbl) und Kristallponceau (Krp) aus wässeriger Lösung in 5%iger Gelatine in Abhängigkeit von der Konzentration. Versuchsdauer: 40 Std. bei Zimmertemperatur. (Nach PISCHINGER 1927.)*

Verdünnung des Farbstoffes	M/400		M/800		M/1600		M/3200		M/6400		M/12 800	
Farbstoff	Mbl	Krp	Mbl	Krp	Mbl	Krp	Mbl	Krp	Mbl	Krp	Mbl	Krp
Gebotene Farbstoffmenge mg/5 cm³	4	6,59	2	3,29	1	1,65	0,5	0,825	0,25	0,413	0,125	0,207
Eindiffundierte Farbstoffmenge in mg	1,43	1,03	0,76	0,496	0,375	0,243	0,188	0,124	0,093	0,071	0,045	0,036
Diffusionsweg in mm	22,8	13,8	20,7	12,6	19,2	11,4	17,2	10,3	15,0	9,6	12,7	7,8

Meiner Vermutung, daß bei der starken Hemmung der Diffusion von Eosin im sauren Bereich auch der Dispersitätsgrad eine Rolle spielt, kann man entgegenhalten, daß zunächst neben grobdispersen Teilchen der Farbsäure noch Farbionen vorhanden sind, die schneller diffundieren können. Dabei ist aber zu berücksichtigen, daß die Diffusionsgeschwindigkeit auch von der Konzentration der gelösten Teilchen abhängt (S. 91, Tabelle 23). Durch die hydrolytische Spaltung nimmt die Konzentration der Farbionen ab. Dadurch wird sich die Adsorption noch stärker bemerkbar machen, so daß die Hemmung in diesem Fall eine Resultierende aus Dispersitätsabnahme und Adsorption darstellt.

Eine Änderung der Dispersität mit der cH halte ich aus den geschilderten Gründen für sehr wahrscheinlich. Das Auftreten dieser Änderung hängt aber weitgehend von den Dissoziationsverhältnissen des Farbstoffes und von der Art seiner Lösung — echt oder kolloidal gelöst — ab.

Bei Triphenylmethanfarbstoffen kann im alkalischen Bereich die farblose Carbinolform entstehen (s. S. 66). Membranen, die durch Einlagerung von Eiweiß oder Eiweiß + Lecithin in Kollodiumhülsen hergestellt werden, lassen nach Wankell (1925) die Carbinolform vom Säurefuchsin leichter passieren als die gefärbte Form. Von Farkas, Györgyi und Németh (1927) erhalten in Diffusionsversuchen mit Gelatine recht unterschiedliche Ergebnisse, je nachdem ob sie die Gelatine mit Phosphatpuffer oder mit NaOH — also ungepuffert — auf pH 7,4 einstellen. Sie sind zwar der Meinung, daß die Carbinolform einen höheren Dispersitätsgrad besitzt als der gefärbte Farbstoff, betonen aber, daß man diese Schlußfolgerung nicht aus den Diffusionsversuchen in Gelatine ziehen kann. In den Filtrationsversuchen von Wankell gibt die Tatsache zu denken, daß eine Trennung der beiden Zustandsformen des Säurefuchsins erst nach Behandlung des Kollodiums mit Serum bzw. Eiweiß + Lecithin auftritt. Wenn auch nach dem Autor die Überführung des Säurefuchsins in die Carbinolform nicht mit einer Veränderung der Oberflächenspannung und der Lipoidlöslichkeit verbunden sein soll, so ist andererseits aber mit einer Änderung des physikalisch-chemischen Zustandes der Filterporen zu rechnen (s. S. 95), die zu einer selektiven Permeabilität unabhängig vom Dispersitätsgrad führen kann.

g) Abhängigkeit der Dispersität von Fremdelektrolyten

Aus der Fällbarkeit der Farbstoffe mit Salzen (Teague und Buxton 1907 a) schloß man zunächst auf ihre kolloidale Natur. Der Grad der Fällbarkeit, besonders der der anionischen Farbstoffe mit $CaCl_2$ und $NiCl_2$ verschiedener Konzentration diente direkt als Maß für den Grad des kolloidalen Charakters (Höber und Chassin 1908, Höber und Kempner 1908, Ruhland 1912 b). Höber (1909) weist aber darauf hin, daß keine strenge Parallelität zwischen Diffusibilität und Elektrolytfällbarkeit besteht; denn es gibt z. T. hochkolloidale Farbstoffe, die schwer oder nicht fällbar sind. Pelet-Jolivet (1910) betont, daß es nicht möglich sei, eine einfache, allgemein gültige Regel aufzustellen. Es ist zu bedenken, daß unter der Einwirkung der Elektrolyte auf die Farbstoffe auch chemische Vorgänge ablaufen, die die Beobachtung stören können. Ferner enthalten die handelsüblichen Präparate Beimengungen, die die Elektrolytfällbarkeit ähnlich dem Germanin beeinflussen können. 0,2 % Germanin verhindert die Flockung von Congorubin durch Elektrolyte vollkommen (Jírovec 1943).

Für die Stärke der fällenden Wirkung eines Salzes ist bei kationischen Farbstoffen das Anion und bei anionischen das Kation des Salzes wichtig. Die Wirkung nimmt mit der Wertigkeit der Ionen zu (OSTWALD 1919, VON MÖLLENDORFF 1921, FREUNDLICH, SCHUSTER und ZOCHER 1923, ZIEGENSPECK 1941 b). Am eingehendsten sind die anionischen und von diesen wiederum die substantiven Farbstoffe untersucht worden. Nach PAULI und WEISS (1928) wird die blaue Farbsäure des Congorotes durch sämtliche genügend löslichen Elektrolyte gefällt; dabei verhält sich $\dfrac{Al^{+++}}{3} : \dfrac{Ba^{++}}{2} : K^+ = 1:24:1000$. Alkalisalze bewirken bei vielen anionischen Farbstoffen keine Fällung und $CaCl_2$ fällt nur einige (SEKI 1933 e), während kationische Farbstoffe z. T. schon nach Zusatz von Na_2SO_4, NaK-Tartrat und Na-Citrat ausflocken; besonders anfällig ist Bismarckbraun (SEKI 1933 f). Prune pure wird nach DRAWERT (1938 c) mit 1 und 10^{-1} mol $AlCl_3$ ausgefällt, bleibt aber in 0,5 und 10^{-1} mol $Al_2(SO_4)_3$ in Lösung.

Da nach OSTWALD mit Änderung der Dispersität eine Farbtonverschiebung einhergeht (s. S. 82), ist umgekehrt aus einer Farbtonänderung bei einigen substantiven Farbstoffen nach Zusatz von Elektrolyten auf eine Herabsetzung der Dispersität geschlossen worden (SCHULEMANN 1917). Doch können sich auch Vertreter dieser Farbstoffgruppe entgegengesetzt verhalten, wie OSTWALD und RUDOLPH (1930) wiederum aus Farbtonänderungen folgern. So soll Erika B bei Salzzusatz eine Vergrößerung der Teilchen zeigen, Sulfoncyanin 5 R dagegen eine Dissolution (= Übergang eines micellardispersen Systems in ein molekulardisperses).

Bestimmungen der Dispersität nach Salzzusatz mit Hilfe der Ultrafiltration geben kein einheitliches Bild. Ringerlösung, also ein Salzgemisch, bedingt eine Erhöhung der Dispersität (GROLLMAN 1926), während FISCHER (1929) mit NaCl eine Teilchenvergröberung sowohl bei kationischen als auch bei anionischen Farbstoffen erhält. Nach den Untersuchungen von VALKÓ (1935) mit der Porenplattenmethode hat dagegen NaCl auf die Dispersität der molekulardispers gelösten anionischen Farbstoffe Orange II und Azogrenadin S keinen Einfluß. Benzopurpurin 4 B, Congorot und Chicagoblau 6 B zeigen aber die Tendenz zur Aggregation mit steigender Salzkonzentration. HALLER (1920) schließt aus Ultrafiltrationsversuchen, Dialyse und Diffusion in Gelatine, daß beim Congorubin ein Salzzusatz die Bildung zweier Phasen verschiedener Dispersität und verschiedener Färbung verursacht.

Die Diffusion einiger Farbstoffe in Gelatine nach Zusatz von Chromalaun, Eisenalaun, Aluminiumsulfat oder Borax untersuchen VON MÖLLENDORFF und TOMITA (1926). Bei Gallaminblau nimmt die Diffusionsgeschwindigkeit mit steigender Chromalaunkonzentration zu. Die Diffusionsgeschwindigkeit von Coelestinblau (amphoter!) wird durch geringe Chromalaunzusätze herabgesetzt und steigt mit höheren Alaunkonzentrationen wieder an. Ferner wird die Diffusion kationischer Farbstoffe durch $CaCl_2$ gefördert (RÜTER und BORNSTEIN 1925), ebenso steigern Salze die Diffusionsgeschwindigkeit des anionischen Oxypyrentrisulfosauren Na. Anionen und Kationen folgen in ihrer Wirkung den Adsorptionsreihen (BUTTERFASS 1956 a). Dieser Effekt kann nur auf einer Entladung der Gelatine durch die Elektrolyte beruhen, so daß keine Adsorption der Farbstoffe mehr stattfindet. Es wird eine Adsorptionsverdrängung auftreten. Aus den Versuchen ist nicht auf eine Erhöhung der Dispersität durch die Salze zu schließen.

Auch die mit der Hydrodiffusion gewonnenen Ergebnisse lassen nach der vorliegenden Literatur keine Gesetzmäßigkeiten der Salzwirkung erkennen. KCl bedingt nach Fürth und Ullmann (1927) eine Erniedrigung der Dispersität bei kationischen Farbstoffen (Neutralrot) und eine Erhöhung bei anionischen (Trypanrot). Hartley und Robinson (1931) geben für das anionische „Meta"-Benzopurpurin eine starke Herabsetzung der Diffusionsgeschwindigkeit an. Bei einer $^1/_{32}$%igen Farbstofflösung wird die Geschwindigkeit durch $^1/_{250}$ n NaCl im Vergleich mit dem reinen Farbstoff um die Hälfte reduziert. Schramek und Götte (1932) betonen, daß ein Elektrolytzusatz nicht auf alle Farbstoffe gleichsinnig wirkt. Die Autoren arbeiten mit reinsten Präparaten der anionischen Farbstoffe Chrysamin G, Congorot, Bordeaux COV, Oxaminviolett B, Diaminblau BB, Dianilblau R. Bei der Reinigung stellen sie fest, daß alle untersuchten Farbsalze und Farbsäuren mit zunehmender Elektrolytfreiheit leichter dispergierbar werden. Dabei zeigen die Farbsalze den Dissoziationsgrad binärer Salze, während die reinen Farbsäuren so gut wie nicht dissoziiert sind. Nach Zusatz geringer Mengen von Na_2SO_4 (Glaubersalz), NaCl und besonders Mg_2SO_4 zu den Lösungen völlig reiner Farbstoffe tritt bei einem Teil zunächst eine Dissolution auf, die z. B. bei Dianilblau zwischen 0,05 und 0,1 n Na_2SO_4 ihr Maximum erreicht. Mit weiterer Steigerung der Salzkonzentration nimmt die Teilchengröße wieder zu, bis der Farbstoff schließlich ausflockt. Denselben Effekt beschreibt Ostwald (1933) für Benzopurpurin 4 B. Sind in der „reinen" Farbstofflösung noch geringe Mengen zweiwertiger Kationen enthalten, so kann man sich bereits oberhalb des Dissolutionsmaximums befinden. Ferner zeigen Farbstoffe, die wie Bordeaux COV in reinem Zustand eine fast molekulare Zerteilung aufweisen, als Vorphase der Teilchenvergrößerung keine Dissolution. Damit hängt es vielleicht zusammen, daß Valkó (1935) mit der Porenplattenmethode die Dissolution nicht bestätigen konnte.

Aus spektrophotometrischen Messungen an Cu-Phthalocyaninsulfonat schließen Ahrens und Kuhn (1963), daß Elektrolytzusatz (NaCl) die Assoziationstendenz erhöht.

Bei den auftretenden Widersprüchen über die Salzwirkung ist zu bedenken, daß der Einfluß auf zwei Komponenten beruhen kann, einmal auf einer Beeinflussung der Dissoziation und zum andern auf einer kolloidchemischen Ausfällung.

Die gegenseitige Fällung anionischer und kationischer Farbstoffe soll hier nur erwähnt werden. Bei der Besprechung der „neutralen" Farbstoffe finden sich weitere Hinweise (s. S. 27).

h) Abhängigkeit der Dispersität von Anelektrolyten und Fremdkolloiden

Über den Einfluß von Anelektrolyten liegen nur wenige Angaben vor, die sich vorwiegend auf Versuche mit der Gelatinediffusionsmethode beziehen. Man kann aus ihnen also nur mit Vorbehalt auf eine Änderung des Dispersitätsgrades schließen. Nach Bechhold und Ziegler (1906) fördern Traubenzucker, Glycerin, Harnstoff und Alkohol die Diffusion von Methylenblau in Gelatine. Dasselbe wird für Coffein und einige kationische Farbstoffe (Rüter und Bornstein 1925) sowie für Harnstoff, Glycerin, Glucose und das anionische Oxypyrentrisulfosaure Na (Butterfass 1956 a) beschrieben. Oberflächenaktives Digitonin begünstigt die Diffusion des anionischen, grobdispersen Brillantcongo R und läßt die des ebenfalls anionischen, aber hochdispersen Naphtholgelb S unbeeinflußt (BENNHOLD 1927). Aus Dialyseversuchen mit anionischen und kationischen Farbstoffen durch Papierfilter schließt WUNDERLY (1942), daß Harnstoff und Urethan keine Wirkung haben, während die oberflächenaktiven Substanzen Thymol und vor allem Na-Oleat eine Dissolution bedingen.

In diesem Zusammenhang beanspruchen Ultrafiltrationsversuche von BRINKMAN und VON SZENT-GYÖRGYI (1923 a, b) mit Hämoglobin durch Kollodiummembranen besonderes Interesse. Filter, die für Hämoglobin selbst bei einem Druck von 3 Atm impermeabel sind, werden permeabel, wenn mit ihnen vorher oberflächenaktive Lösungen filtriert worden sind. Als wirksam haben sich erwiesen: Na-Oleinat, Digitonin, Atropin, Coffein, Chinin, Morphin u. a. Die Autoren vermuten, daß die Poren des Filters durch die Oberflächenspannung des darin befindlichen Wassers für das Hämoglobin undurchlässig sind. Die kapillaraktiven Stoffe ändern diese Oberflächenspannung derart, daß das Hämoglobin durchtreten kann. Es ist naheliegend, auch bei den für Anilinfarbstoffe beschriebenen Ergebnissen an ähnliche Effekte zu denken. Das würde aber bedeuten, daß die Dispersität der Farbstoffe dabei gar nicht geändert wird. Es soll jedoch nicht verschwiegen werden, daß die Befunde von BRINKMAN und VON SZENT-GYÖRGYI nicht unwidersprochen geblieben sind (vgl. HERČÍK 1934, S. 204).

Eingehender und mit verschiedenen Methoden ist die Wirkung von Fremdkolloiden, besonders der Einfluß eines Serumzusatzes, untersucht worden.

Kolloide mit entgegengesetzter Ladung bedingen im allgemeinen eine Fällung. Kationische Farbstoffe vermögen aus einer Huminsäure-Farbstofflösung nicht durch Pergamentpapier zu dialysieren. Elektroneutrale und anionische Farbstoffe werden dagegen durch Huminsäuren nicht behindert (MICHEL 1963 a). Acridinorange, Acridinrot, Neutralrot und Pyronin B werden durch Huminsäuren regelrecht ausgeflockt. Für die Fällung gibt es ein optimales Konzentrationsverhältnis, das geringfügig vom pH-Wert abhängt. Ein Überschuß von Huminsäuren löst den gebildeten Niederschlag wieder auf (MICHEL 1963 b). Zu solchen Kolloidreaktionen gehört die bereits erwähnte gegenseitige Fällung anionischer und kationischer Farbstoffe. Auch in diesem Fall führt ein Überschuß des einen Partners häufig wieder zu einer Lösung.

Die Koagulationstendenz einiger Farbstoffe wird durch Kolloide, wie Dextrin, Gummiarabikum, Eialbumin, begünstigt (HANUT und FAUTREZ 1935, Hydrodiffusion).

Eine Fällung mit Nucleinsäuren kann durch Elektrolytzusatz, etwa durch Chromalaun, unter Umständen erschwert werden (VON MÖLLENDORFF und TOMITA 1926). Häufig üben Kolloide eine Schutzfunktion aus und verhindern eine Teilchenvergrößerung, z. B. durch Elektrolyte (LÜERS 1920, FREUNDLICH, SCHUSTER und ZOCHER 1923). Für Congorubin ergibt sich folgende Reihe: Kasein < Hämoglobin < Albumin < Stärke (OSTWALD 1919).

Eine derartige Schutzkolloidwirkung scheint in vielen Fällen beim Serum vorzuliegen (KISZELEY 1935). In Dialyse- bzw. Ultrafiltrationsversuchen beobachten GROLLMAN (1926), RISSE (1926), WUNDERLY (1942) eine Dispersitätserhöhung sowohl bei kationischen als auch bei anionischen Farbstoffen. Auf die Diffusion in ein Gelatinegel übt Serum bei dem hochdispersen anionischen Naphtholgelb S eine Hemmung aus und fördert das grobdisperse anionische Brillantcongo R ebenso wie das grobdisperse kationische Nachtblau. Brillantcongo R, das normalerweise eine Kollodiummembran nicht passiert, tut dies nach Serumzusatz (Bennhold 1927). In Diffusionsversuchen mit 0,5%igem Agar werden nach Ohta (1927) von 20 untersuchten anionischen Farbstoffen nur Azoblau und Isaminblau durch Serum begünstigt, und von 12 kationischen Farbstoffen zeigt nur Kristallviolett eine Förderung, 4 Farbstoffe verhalten sich indifferent und 7 werden durch Serum gehemmt. Jírovec (1943) führt an, daß Serum genauso wenig wie Germanin die Diffusionsgeschwindigkeit der daraufhin geprüften kationischen und anionischen Farbstoffe in ein 5%iges Gelatinegel beeinflußt. Einige offenbar kolloidale anionische Farbstoffe sollen aber durch Germanin in ihrem Diffusionsvermögen gefördert werden.

Bei den Gelversuchen scheint es sehr auf den Dispersitätsgrad der Farbstoffe in der reinen wässerigen Lösung anzukommen. Molekulardisperse Farbstoffe werden an die Kolloide des Serums adsorbiert und dadurch in ihrer Diffusion gehemmt. Lösungen mit aggregierten Farbstoffteilchen werden dagegen durch das Serum peptisiert und die Diffusion dadurch gefördert (Bennhold 1927). Hanut und Fautrez (1935) führen an einigen anionischen Farbstoffen Versuche mit der Mikrohydrodiffusionsmethode durch und kommen zu dem Ergebnis, daß Serum auf die Teilchengröße stabilisierend wirkt. Dadurch hemmt es die mit einer Verschiebung der Farbstoffkonzentration parallel laufende Dispersitätsänderung. Die grobdispersen Farbstoffe neigen mit steigender Konzentration zu einer Polydispersität, die nach Serumzusatz nicht zu beobachten ist. Auf Trypanblau, das mit steigender Konzentration nur eine relativ schwache Dispersitätsabnahme erkennen läßt und unidispers bleibt, hat Serum dagegen nur einen geringfügigen Einfluß (Abb. 24). Meiner Meinung nach sprechen die Kurven für eine Adsorption der Farbstoffteilchen an die Serumkolloide. Nach Hanut und Fautrez sind die Globuline der wirksame Bestandteil des Serums.

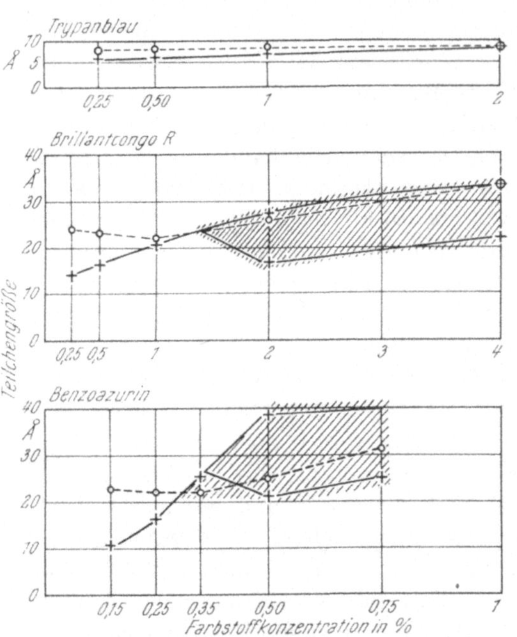

Abb. 24. Abhängigkeit der Teilchengröße einiger anionischer Farbstoffe von der Farbstoffkonzentration und der Einfluß von Serum auf den Dispersitätsgrad. —— = Farbstoff in Wasser gelöst, ------ = Farbstoff in Serum gelöst, //// = polydisperse Phase in wässeriger Lösung. (Nach Hanut und Fautrez 1935.)

i) Einfluß von Reduktionsmitteln, UV und Ultraschall auf den Dispersitätsgrad

Nach Keller und Gicklhorn (1928) soll die Reduktion eines Farbstoffes zu seiner Leukoform den Dispersitätsgrad „ungemein verfeinern". Mir scheint es fraglich, ob man so verallgemeinern darf. Immerhin sprechen dafür die Beobachtungen einiger anderer Autoren. So lassen sich die Filterrückstände anionischer substantiver Farbstoffe bei der Ultrafiltration durch schwache Reduktionsmittel dispergieren (CZAJA 1930 c). Zur Klärung dieser Erscheinung können Beobachtungen von REISS (1932) beitragen. Eine mit Wasser imbibierte Kollodium-Membran ist sowohl für reduzierende Substanzen (Na-Hydrosulfit, $TiCl_4$) als auch für Redoxindikatoren (Nilblau, Brillantcresylblau, Phenosafranin, Nigrosin) permeabel. Sobald aber die Membran mit einem der Redoxindikatoren in seiner oxydierten Form gefärbt ist, wird sie für die reduzierenden Substanzen impermeabel. Erst wenn der Farbstoff in der Membran durch einen Überschuß an Reduktionsmittel reduziert worden ist, wird sie wieder für dasselbe passierbar. Der Autor denkt an eine Ladungsänderung der Membran, etwa an eine elektrische Polarisation durch Ionenadsorption. Es wird sich in diesem Fall demnach kaum um einen Wechsel der Dispersität durch Reduktion handeln, sondern um eine Verschiebung der Adsorptionsverhältnisse. Für die letzte Auffassung sprechen die Befunde von MORICARD und GOTHIÉ (1941) sowie MIX (1959) über die Änderung der Oberflächenspannung durch Reduktionsmittel und die Beobachtungen von BRINKMAN und VON SZENT-GYÖRGYI (1923 a, b) über den Einfluß oberflächenaktiver Stoffe auf die Ultrafiltration von Hämoglobin (s. S. 95).

Die bisher erhaltenen Ergebnisse werden allerdings vorwiegend dahingehend gedeutet, daß mit der Reduktion eine Verkleinerung der Farbstoffteilchen gekoppelt ist. Beim Triphenyltetrazoliumchlorid (TTC) ist es aber offensichtlich umgekehrt. Doch kann hier die geringe Wasserlöslichkeit des Formazans dafür verantwortlich sein. Versuche mit der Hydrodiffusionsmethode über die Wirkung von Reduktionsmitteln liegen meines Wissens bisher nicht vor.

Zur Prüfung des Einflusses ultravioletter Strahlen auf die Diffusion von Methylenblau, Eosin, Trypanblau und Congorot bestrahlt PYRKOSCH (1936) 5—10%ige Gelatine bis zu 5 Stdn. mit UV. Er kann keinen Unterschied zwischen vorher bestrahlter und unbestrahlter Gelatine feststellen. Werden Gelatine und Farbstofflösung während des Diffusionsversuches den UV-Strahlen ausgesetzt, erfolgt eine Zerstörung des Farbstoffes.

Ultraschall soll nach YASUZUMI und YOSHIDA (1950) auf Neutralviolett eine oxydierende Wirkung haben. Der Farbton schlägt dabei von Purpurrot nach Purpurblau um. 45 Minuten nach der Behandlung verschwindet die Farbe (ob der alte Farbton zurückkehrt oder die Lösung farblos wird, ist der Arbeit nicht genau zu entnehmen, doch scheint das erstere der Fall zu sein). Im Diffusionsversuch mit 10%iger Gelatine diffundieren aus der beschallten Lösung purpurblaue Partikel in das Gel, während orangerot gefärbte zurückgehalten werden. Die Autoren schließen auf eine Änderung des Dispersitätsgrades. Es ist aber fraglich, ob diese auf einen Oxydationseffekt zurückzuführen ist; eine rein mechanische Wirkung des Ultraschalles ist wahrscheinlicher. Ferner ist zu berücksichtigen, daß sich Neutralviolett in wässeriger Lösung sehr schnell in Neutralrot umwandelt. Bei den nicht diffundierenden, orangerot gefärbten Partikeln handelt es sich sehr wahrscheinlich um die entstandene Neutralrotbase.

j) Schlußbetrachtung

Die Frage der Dispersität der Farbstoffe hat bei den Färbungstheorien sowohl der toten als auch der lebenden Zelle und bei der Aufstellung der Permeabilitätstheorien eine große Rolle gespielt. Aus der gegebenen Darstellung ist aber zu entnehmen, daß wir trotz der umfangreichen Literatur zu dieser Frage über die wirklich vorliegenden Verhältnisse recht wenig wissen. Die Unzulänglichkeit der Methoden und die allem Anschein nach leichte Veränderung der Dispersität vieler Farbstoffe durch andere Faktoren hat zu sich widersprechenden Ergebnissen geführt. Farbstoffe, die nach dem einen Autor echte Lösungen ergeben, sollen nach einem anderen kolloidal gelöst sein.

Ein Teil der Farbstoffe enthält in echter Lösung unter Umständen so große Moleküle oder Ionen, daß eine molekulardisperse Lösung bereits kolloidalen Charakter hat (BILTZ 1910). In der älteren Literatur sind wohl viele Farbstofflösungen zu Unrecht als kolloidal bezeichnet worden. Es muß aber beachtet werden, daß vorwiegend mit technischen Handelspräparaten gearbeitet worden ist, die bis zu 50 und mehr Prozent Begleitstoffe enthalten, die einerseits eine Kolloidalität vortäuschen, andererseits auch die Dispersität des Farbstoffes ändern können. Alle technisch gebrauchten Farbstoffe bilden Lösungen, deren Dispersitätsgrad zwischen molekularen und kolloiden Dimensionen liegt (AUERBACH 1923). Man muß von Fall zu Fall den jeweils vorhandenen Dispersitätsgrad bestimmen. Einwandfreie quantitative Angaben, etwa über die wirkliche Teilchengröße, kann man aus der vorhandenen Literatur kaum machen. Für die weitere Untersuchung dieser wichtigen Frage ist das Arbeiten mit reinsten Präparaten eine Grundvoraussetzung. Methodisch scheint mir von den älteren Verfahren die Hydrodiffusion der gangbarste Weg zu sein. Die anderen Methoden können, wie bereits betont worden ist, für spezielle Fragen der Vitalfärbung auch weiterhin ihre Bedeutung haben, nur muß man sich ihrer Grenzen bewußt sein.

Eine neue Methode, deren Bedeutung noch nicht abzusehen ist, eröffnet sich in der Spektralphotometrie, da die Assoziation von Teilchen eine Verschiebung der Absorptionsmaxima zur Folge hat. Für die Vitalfärbung beansprucht diese Erscheinung ein besonderes Interesse. Es bietet sich hiermit die Möglichkeit, etwas über den Zustand eines Farbstoffes in der lebenden Zelle, unter anderem auch über seinen Dispersitätsgrad, aussagen zu können.

5. Die Oberflächenaktivität von Farbstoffen und deren Beeinflussung

Es wurde bereits erwähnt, daß eine Änderung der Oberflächenspannung in den Membranporen bei der Dialyse oder durch Redox-Vorgänge am Farbstoff unter Umständen eine Änderung der Dispersität vortäuschen kann. Wir müssen uns daher die Frage vorlegen, wie es überhaupt mit der Oberflächenaktivität der Farbstoffe in wässeriger Lösung und besonders mit der Grenzflächenaktivität bei zwei flüssigen Phasen bestellt ist. Unter Oberflächenaktivität soll nur die Wirkung auf die Grenzfläche Wasser/Luft verstanden werden. Im Zusammenhang mit der Erforschung der Permeabilitätsverhältnisse der Zelle sind auch einige Untersuchungen über den Einfluß von Farbstoffen auf die Oberflächenspannung gemacht worden. Da die Begriffe in der Literatur manchmal durcheinander gehen, soll hier ausdrücklich darauf hingewiesen werden, daß ein oberflächenaktiver Stoff die Oberflächenspannung erniedrigt.

a) Die Bestimmung der Oberflächenspannung

Auf die angewandten Methoden soll nur kurz hingewiesen werden. Nähere Angaben über die einzelnen statischen und dynamischen Verfahren sowie ihre Brauchbarkeit und Fehlerquellen finden sich bei HERČÍK (1934).

Neben der Steighöhenmethode wird für Farbstoffe vor allem die Tropfenzählung mit Hilfe des Stalagmometers nach TRAUBE benutzt. Bei langsamem Ausfließen aus einer Kapillare ist das Volumen des sich bildenden Tropfens proportional der Oberflächenspannung und dem Durchmesser der Kapillare. In vergleichenden Untersuchungen mit konstantem Kapillarendurchmesser ist die Tropfenzahl der Oberflächenspannung ungefähr umgekehrt proportional. In abgeänderter Form ist auch die Blasendruckmethode von CZAPEK für Farbstoffe anwendbar (REHBINDER 1927). Hier wird der Maximaldruck bestimmt, der notwendig ist, um eine Luftblase durch eine Flüssigkeit in einer Kapillare hindurchzupressen. Beliebt ist die Abreißmethode mit einem Adhäsionsring oder -bügel und einer Torsionswaage. Der horizontale Adhäsionsring wird in die zu untersuchende Flüssigkeit eingetaucht und wieder herausgezogen, bis der zunächst mitgehende Flüssigkeitsfilm abreißt. Die Größe der Oberflächenspannung wird dann durch das Gewicht der vom Ring über das horizontale Niveau emporgehobenen Flüssigkeit gegeben.

Die Grenzflächenspannung zwischen zwei Flüssigkeiten kann mit der Tropfenzahl-, der Blasendruck- und der Abreißmethode bestimmt werden. Einzelheiten sind bei HERČÍK (1934) nachzulesen. Da die Grenzflächenspannung zweier sich im Gleichgewicht befindlicher Flüssigkeiten der Differenz der Oberflächenspannungen der beiden Phasen entspricht, kann man sie auch aus den gemessenen Oberflächenspannungen berechnen (vgl. FREUNDLICH 1930).

b) Einfluß von Farbstoffen auf die Oberflächenspannung verschiedener Lösungsmittel

Da bei der Vitalfärbung bisher fast nur Farbstoffe in wässeriger Lösung benutzt worden sind, befassen sich die meisten Untersuchungen mit der Beeinflussung der Oberflächenspannung des Wassers. Die mit den verschiedensten Methoden erhaltenen Ergebnisse sind in qualitativer Hinsicht recht übereinstimmend. Quantitativ sind die Werte kaum zu vergleichen, so daß wir uns auf allgemeine qualitative Angaben beschränken müssen. Ein Teil der untersuchten Farbstoffe ist oberflächenaktiv und erniedrigt die Oberflächenspannung, die anderen sind inaktiv und haben keinen nennenswerten Einfluß (Tabelle 24). Eine geringe Erhöhung der Oberflächenspannung des Wassers wird von VON HAHN (1924) für Nachtblau mitgeteilt. Dieser Befund steht aber im Gegensatz zu allen anderen Angaben über denselben Farbstoff. Nach unveröffentlichten Untersuchungen von MIX scheint Meldolablau die Oberflächenspannung zu erhöhen. Anilinblau, Lichtgrün SF, Methylgrün, Toluidinblau und Trypanblau werden von einigen Autoren als aktiv, von anderen aber als inaktiv bezeichnet.

Aus Tabelle 24 geht hervor, daß bei den kationischen Farbstoffen die Tendenz zur Oberflächenaktivität stärker vertreten ist als bei den anionischen. Auf diesen Unterschied weist bereits TRAUBE (1912 a) hin, und TSCHERNORUTZKY (1912) betont, daß außer Wollviolett die anionischen Farbstoffe die Oberflächenspannung so gut wie gar nicht beeinflussen.

Die erhaltenen Werte für die Oberflächenaktivität sind mit einem großen Unsicherheitsfaktor belastet, da meist mit handelsüblichen Farbstoffpräparaten gearbeitet worden ist, die häufig Beimengungen enthalten. Schon geringste Verunreinigungen können die Oberflächenspannung erheblich herabsetzen (FREUNDLICH und NEUMANN 1908, COLLANDER 1921). SCHULEMANN (1917) hält auf Grund der Verunreinigungen eine Bestimmung der Oberflächenspannung genauso wie

Tab. 24.   *Der Einfluß kationischer und anionischer Farbstoffe auf die Oberflächenspannung des Wassers.*

Kationische Farbstoffe			
oberflächenaktiv		inaktiv	
Farbstoff	Autor	Farbstoff	Autor
Astrazonorange B	MIX unveröff.	Bismarckbraun	FREUNDLICH und NEUMANN 1908, TRAUBE und KÖHLER 1915
Berberinsulfat	MIX unveröff.		
Brillantcresylblau	HÖBER 1914		
Capriblau	MIX unveröff.	Cresylechtviolett	MIX unveröff.
Chrysanilin	TRAUBE und KÖHLER 1915	Diamantfuchsin	FREUNDLICH und NEUMANN 1908
Chrysoidin G und S	HÖBER 1914, TRAUBE und KÖHLER 1915	Methylenblau	FREUNDLICH und NEUMANN 1908, TRAUBE 1912b, TRAUBE und KÖHLER 1915, HÖBER 1914, AXMACHER 1933b, MORICARD und GOTHIÉ 1941
Dahlia	HÖBER 1914		
Fuchsin	TRAUBE 1912b		
Gentianaviolett	TRAUBE und KÖHLER 1915		
Indazin	TRAUBE und KÖHLER 1915	Methylgrün	TRAUBE 1912b, TRAUBE und KÖHLER 1915, AXMACHER 1933b
Kristallviolett	FREUNDLICH und NEUMANN 1908, TRAUBE 1912b, TRAUBE und KÖHLER 1915, HÖBER 1914, OSTWALD und QUAST 1929b	Neufuchsin	FREUNDLICH und NEUMANN 1908
		Neutralrot	HÖBER 1914, TRAUBE und KÖHLER 1915, EFIMOFF und REHBINDER 1929, AXMACHER 1933b
Malachitgrün	TRAUBE 1912a, b, TRAUBE und KÖHLER 1915, HÖBER 1914, MIX unveröff.	Safranin	HÖBER 1914
Methylengrün	HÖBER 1914	Thionin	HÖBER 1914
Methylgrün	HÖBER 1914	Toluidinblau	TRAUBE 1912b, TRAUBE und KÖHLER 1915, HÖBER 1914, AXMACHER 1933b
Methylviolett	HÖBER 1914, AXMACHER 1933b		
Nachtblau	TRAUBE 1912a, b, TRAUBE und KÖHLER 1915, DE IZAGUIRRE 1922, OSTWALD und QUAST 1929b		
Naphtindon 2 B	TRAUBE und KÖHLER 1915		
Neutralviolett	HÖBER 1914		
Nilblau	TRAUBE 1912a, b, TRAUBE und KÖHLER 1915, AXMACHER 1933b, MORICARD und GOTHIÉ 1941, MIX unveröff.		
Rhodamin (B)	FREUNDLICH und NEUMANN 1908, TRAUBE		

Tabelle 24 (Fortsetzung)

Kationische Farbstoffe			
oberflächenaktiv		inaktiv	
Farbstoff	Autor	Farbstoff	Autor
Toluidinblau	1912a, b, TRAUBE und KÖHLER 1915, HÖBER 1914 SCHWARZ und HERRMANN 1922		
Vesuvin B	HÖBER 1914		
Viktoriablau B und 4 R	TRAUBE und KÖHLER 1915, ROBINOW und MURRAY 1953, MIX unveröff.		

Anionische Farbstoffe			
oberflächenaktiv		inaktiv	
Farbstoff	Autor	Farbstoff	Autor
Anilinblau	HÖBER 1914	Anilinblau	AXMACHER 1933b
Azorubin	HÖBER 1914	Azoblau	HÖBER 1914
Brillantanilingrün	HÖBER 1914	Bayrischblau	HÖBER 1914
Brillantorange R	COLLANDER 1921	Benzoblau	HÖBER 1914
Brillantponceau GG	COLLANDER 1921	Benzopurpurin	TRAUBE 1912a
Brillantwalkblau	TRAUBE und KÖHLER 1915	Bordeaux extra	AXMACHER 1933b
		Bromcresolgrün	GOLDACRE 1952
Cyanol extra	HÖBER 1914, COLLANDER 1921	Diamingrün	HÖBER 1914
		Diaminreinblau	HÖBER 1914
Echtrot A	TRAUBE 1912a, COLLANDER 1921	Eosin	FREUNDLICH und NEUMANN 1908, TRAUBE 1912a
Echtsäurephloxin	HÖBER 1914		
Eriocyanin	HÖBER 1914	Indigocarmin	TRAUBE 1912a
Guineagrün	HÖBER 1914	Congorot	FREUNDLICH und NEUMANN 1908, HÖBER 1914
Lissamingrün	GOLDACRE 1952		
Metanilgelb I a	COLLANDER 1921		
Naphthalingrün	HÖBER 1914	Congorubin	AXMACHER 1933b
Naphtholblauschwarz	HÖBER 1914	Lichtgrün SF	COLLANDER 1921
Patentblau A und V	HÖBER 1914	Methylorange	COLLANDER 1921
Ponceau R	COLLANDER 1921	Orange G	COLLANDER 1921
Säureviolett	HÖBER 1914	Oxaminblau	HÖBER 1914
Trypanblau	AXMACHER 1933b	Phloxin (B)	TRAUBE 1912b, HÖBER 1914
Tuchscharlach G konz.	COLLANDER 1921		
Wollviolett S	TRAUBE 1912a, HÖBER 1914, COLLANDER 1921	Pikrinsäure	TRAUBE 1912a
		Rose bengale	HÖBER 1914
		Säurefuchsin	HÖBER 1914, AXMACHER 1933b
		Säuregrün	COLLANDER 1921
		Trisulfonblau	HÖBER 1914

Tabelle 24 (Fortsetzung)

| Anionische Farbstoffe | | | |
| oberflächenaktiv | | inaktiv | |
Farbstoff	Autor	Farbstoff	Autor
		Trypanblau	Höber 1914, Okuneff 1927a
		Trypanrot	Höber 1914, Axmacher 1933b

die des osmotischen Druckes, der Siedepunkterhöhung und der Gefrierpunkterniedrigung bei Farbstofflösungen für sinnlos.

Auf die Oberflächenspannung organischer Lösungsmittel scheinen die Farbstoffe, nach den nur spärlich in der Literatur zu findenden Angaben, keinen Einfluß zu haben. Nach Freundlich und Neumann (1908) sind eine ganze Reihe anionischer und kationischer Farbstoffe in Alkohol unwirksam, und das in reinem Wasser recht oberflächenaktive Nachtblau macht sich in Alkohol/Wasser-Gemischen erst bei einem Wassergehalt von 80% und mehr bemerkbar (Ostwald und Quast 1929 b). In Xylol, Chloroform und Olivenöl sind die kationischen Farbstoffe Astrazonorange R, Berberinsulfat, Capriblau, Cresylechtviolett, Malachitgrün, Meldolablau, Nilblau, Viktoriablau 4 R oberflächenaktiv (Mix unveröff.).

Ganz anders liegen die Verhältnisse bei der Grenzflächenspannung zwischen Wasser und einer hydrophoben Phase. Hier entwickeln die Farbstoffe nach den vorliegenden Angaben z. T. eine beträchtliche Aktivität. Gemessen an der Bedeutung, die der Grenzflächenspannung sehr wahrscheinlich für die Verteilung eines Farbstoffes in der Zelle zukommt, ist es bedauerlich, daß bisher nur wenige Untersuchungen mit diesen Substanzen durchgeführt worden sind.

Nach Bestimmungen von von Hahn (1924) mit der Abreißmethode soll die Grenzflächenspannung zwischen Wasser und Toluol durch Nachtblau ganz bedeutend erhöht werden. Im allgemeinen scheint es aber zu einer Erniedrigung zu kommen. Dies trifft auch für die Grenzflächenspannung zwischen Wasser und Quecksilber zu, wie Patrick (1914) für Neufuchsin und Pikrinsäure feststellt. In dem System Wasser/Paraffinöl bedingen Congorot, Methylorange, Rosanilin und besonders Kristallviolett eine Erniedrigung (Lewis 1908). Nach Okuneff (1927 a) setzt Trypanblau die Grenzflächenspannung zwischen Wasser/Benzol, Wasser/Petroläther, Wasser/Olivenöl herab, in der gleichen Richtung wirkt Carmin bei Wasser/Olivenöl (Okuneff 1927 b). Setzt man in einem Wasser/Benzol-Gemisch neben Trypanblau noch die kapillaraktiven Lipoide Lecithin und Cholesterin hinzu, so wird die Grenzfläche so beeinflußt, als ob nur eine kapillaraktive Substanz zugegen ist, und zwar die bei gegebener Konzentration aktivste (Okuneff 1928 b). Der aktivste Stoff verdrängt die weniger aktiven aus der Oberfläche, so daß z. B. die Adsorption eines oberflächenaktiven Farbstoffes durch Zugabe eines anderen oberflächenaktiven Stoffes gleicher Ladung verhindert werden kann (Goldacre 1952). Formylviolett S 4 B und Eosin wasserlöslich sind an der Grenze Wasser/Petroläther oder Wasser/Benzol viel aktiver als an der

Grenze Wasser/Luft (REHBINDER 1927). Auch das oberflächenaktive Neutralrot ist nach EFIMOFF und REHBINDER (1929) in der Grenzfläche Wasser/NIRENSTEIN'-sches Gemisch (NIRENSTEIN 1920, 72% Olivenöl + 24% Ölsäure + 4% Diamylamin) sehr aktiv. Ebenso verhalten sich beim gleichen System Toluidinblau, Kristallviolett, Trypanblau, Formylviolett S 4 B; kaum aktiv ist dagegen Fuchsin S (= Säurefuchsin). Recht unterschiedlich sind die Werte für verschiedene Systeme, die man bei MORICARD und GOTHIÉ (1941) einer Tabelle entnehmen kann. Danach erniedrigt Methylenblau die Grenzflächenspannung zwischen Wasser/Paraffinöl und Wasser/Paraffinöl + Ölsäure unterschiedlicher Konzentration, erhöht sie aber bei Wasser/Olivenöl und Wasser/Ölsäure. Nilblau erniedrigt-

Tab. 25. *Die Grenzflächenspannung in dyn/cm im System Wasser/Xylol und ihre Veränderung durch Farbstoffe vor und nach deren Reduktion mit $Na_2S_2O_4$. Es bedeuten: — = Herabsetzung und + = Erhöhung der Grenzflächenspannung durch Reduktion.* (Nach MIX 1959.)

Farbstoff	Vor Reduktion	Nach Reduktion		
	I Xylol	II Xylol	III Differenz	IV Differenz- Blindwert
aqua dest.	31,21	21,96	— 9,25	—
Nilblau	25,79	15,68	— 10,11	— 0,86
Meldolablau	29,19	20,30	— 8,89	+ 0,36
Cresylechtviolett	28,83	16,08	— 12,75	— 3,50
Malachitgrün	27,09	28,40	+ 1,31	+ 10,56
Astrazonorange R	22,24	25,84	+ 3,60	+ 12,85
Viktoriablau 4 R	24,44	25,97	+ 1,53	+ 10,78
Berberinsulfat	27,89	18,54	— 9,35	— 0,10

rigt nach denselben Autoren im System Wasser/Paraffinöl und Wasser/Olivenöl, erhöht aber im System Wasser/Ölsäure. MIX (1959) bestimmt die Änderung der Grenzflächenspannung in verschiedenen Systemen für einige kationische Farbstoffe. Wie aus Tabelle 25, Spalte I, hervorgeht, setzen alle untersuchten Farbstoffe die Grenzflächenspannung im System Wasser/Xylol herab, während im System Wasser/Chloroform (Tabelle 26, Spalte I) Meldolablau und Cresylechtviolett und im System Wasser/Olivenöl (Tabelle 27, Spalte I) Cresylechtviolett, Malachitgrün und Viktoriablau 4 R die Grenzflächenspannung erhöhen.

Die Oberflächenspannung des Wassers wird durch Farbstoffe, sofern sie überhaupt einen Einfluß ausüben, vorwiegend erniedrigt. Demgegenüber ist aus den Befunden von MORICARD und GOTHIÉ (1941) sowie von MIX (1959) abzulesen, daß die Verhältnisse bei der Änderung der Grenzflächenspannung sich nicht so einfach auf einen Nenner bringen lassen. Obwohl eine Herabsetzung der Grenzflächenspannung vorherrscht, kommt es doch je nach dem Farbstoff und dem benutzten Lösungsmittelsystem in einigen Fällen auch zu einer Erhöhung, jedenfalls allem Anschein nach häufiger als bei der Oberflächenspannung. Leider läßt sich aus den wenigen bis jetzt vorliegenden Ergebnissen nicht allzu viel aussagen. Eine Untersuchung auf größerer Basis und vor allem mit chemisch reinen Farbstoffpräparaten ist dringend erforderlich.

Von den meisten bisher untersuchten Farbstoffen ist die Farbbase oder die Farbsäure in der benutzten hydrophoben Phase mehr oder weniger löslich, und Efimoff und Rehbinder (1929) betonen, daß die Grenzflächenaktivität der Farbstoffe mit ihren Verteilungskoeffizienten, d. h. mit ihrem Färbevermögen für das von ihnen benutzte Ölgemisch, parallel geht. Doch darf man diesen Satz

Tab. 26. *Wie Tabelle 25, aber für das System Wasser/Chloroform.* (Nach Mix 1959.)

Farbstoff	Vor Reduktion	Nach Reduktion		
	I Chloroform	II Chloroform	III Differenz	IV Differenz- Blindwert
aqua dest.	27,65	23,51	− 4,14	−
Nilblau	22,09	16,45	− 5,64	− 1,50
Meldolablau	31,30	20,85	− 10,45	− 6,31
Cresylechtviolett	29,87	20,36	− 9,57	− 5,43
Malachitgrün	26,90	22,62	− 4,28	− 0,14
Astrazonorange R	22,50	29,82	+ 7,32	+ 11,46
Viktoriablau 4 R	25,61	24,38	− 1,23	+ 2,91
Berberinsulfat	26,44	21,06	− 5,38	− 1,24

Tab. 27. *Wie Tabelle 25, aber für das System Wasser/Olivenöl.* (Nach Mix 1959.)

Farbstoff	Vor Reduktion	Nach Reduktion		
	I Olivenöl	II Olivenöl	III Differenz	IV Differenz- Blindwert
aqua dest.	18,09	0,14	− 17,95	−
Nilblau	12,13	3,59	− 8,54	+ 9,41
Meldolablau	14,74	3,81	− 10,93	+ 7,02
Cresylechtviolett	19,17	5,85	− 13,32	+ 4,63
Malachitgrün	20,84	1,75	− 19,09	− 1,14
Astrazonorange R	11,84	6,09	− 5,75	+ 12,20
Viktoriablau 4 R	18,65	3,17	− 15,48	+ 2,47
Berberinsulfat	17,28	1,24	− 16,04	+ 1,91

nicht verallgemeinern. Nach Untersuchungen von Goldacre (1952) entwickelt der sulfonierte Triphenylmethanfarbstoff Lissamingrün im System Wasser/Chloroform eine große Grenzflächenaktivität, obwohl er in der hydrophoben Phase völlig unlöslich ist. Wird eine wässerige Farbstofflösung mit Chloroform geschüttelt, adsorbiert jedes Chloroformtröpfchen an seiner Oberfläche den Farbstoff, so daß die wässerige Phase praktisch farblos wird. Bei Trennung der beiden Phasen sammelt sich der Farbstoff wieder im wässerigen Medium, aber die Grenzfläche beider Phasen bildet eine $^1/_{10}$—$^1/_2$ mm dicke, intensiv gefärbte Schicht, deren Farbstoffkonzentration 100—1000mal größer als die der wässerigen Phase sein soll. Nichtoberflächenaktive Stoffe, wie das Sulfosäurephthalein und Bromcresolgrün, können durch Zusatz entgegengesetzt geladener oberflächenaktiver Mittel (z. B. Cetylpyridiniumbromid) zur Anreicherung an der Grenzfläche Wasser/Chloroform gebracht werden. GOLDACRE denkt an eine Salzbildung. In diesem Zusammenhang ist es von Interesse, daß Bromcresolgrün im System Wasser/Chloroform nicht in die organische Phase übertritt, dies aber tut, sobald dem Chloroform das entgegengesetzt geladene Diamylamin zugesetzt wird (PILZ 1959).

Ähnliche Versuche wie GOLDACRE hat DEUTSCH (1928) mit wässerigen Thymolsulfophthaleinlösungen und Benzol durchgeführt. Stellt man den pH-Wert der wässerigen Phase so ein, daß er nahe am Umschlagspunkt des Farbstoffes von Gelb (Ionen) nach Rotviolett (undissoziierte Moleküle) liegt, und schüttelt das System, so schlägt der gelbe Farbton nach Rotviolett um. Nach Trennung der beiden Phasen ist die wässerige Lösung wieder gelb und das Benzol farblos. Der Farbumschlag entsteht an den zahlreichen Grenzflächen Wasser/Benzol, die sich beim Schütteln bilden. Man könnte zunächst an eine Ansäuerung in den Grenzflächen denken. Dies scheint aber nicht der Grund zu sein; denn wiederholt man denselben Versuch mit Malachitgrün in saurer Lösung (= gelb), so schlägt der Farbton nach grün um, würde also auf eine Alkalisierung hinweisen. Der Autor nimmt an, daß sich die Dielektrizitätskonstante in der Grenzfläche stark verkleinert, dadurch die Dissoziation des dort angereicherten Farbstoffes herabgesetzt wird und es so zu dem Farbumschlag kommt. Der Farbumschlag tritt auch beim Schütteln der wässerigen Lösung mit Luft auf.

c) Abhängigkeit der Oberflächenspannung von der Konzentration und der Temperatur

Untersuchungen über den Einfluß der Konzentration von Farbstoffen auf die Ober- bzw. Grenzflächenspannung sind meines Wissens nur vereinzelt durchgeführt worden. Die ältesten Angaben sind wohl die von LEWIS (1908) über die Beeinflussung der Grenzflächenspannung zwischen Wasser und Paraffinöl durch Congorot und Methylorange. Beide Farbstoffe wirken mit zunehmender Konzentration erniedrigend, bis ein konstanter Wert erreicht wird, der sich durch weitere Konzentrationserhöhung nicht mehr ändert. Für Congorot liegt dieser Wert bei 1%. Bei dieser Konzentration ist die Grenzfläche abgesättigt, mehr Farbstoff kann nicht adsorbiert werden. Nach DE IZAGUIRRE (1922) nimmt die Oberflächenspannung einer wässerigen Nachtblaulösung mit steigender Konzentration ab. Neutralrot zeigt dagegen in wässeriger Lösung nach EFIMOFF und REHBINDER (1929) in den untersuchten Konzentrationen bis zu 0,2% keinen Einfluß auf die Oberflächenspannung, setzt aber bereits in relativ geringer Konzentration die Grenzflächenspannung zwischen Wasser und NIRENSTEIN'schem Gemisch herab (Tab. 28).

Der Tabelle 28 ist zu entnehmen, daß die Grenzflächenspannung mit steigender Neutralrotkonzentration sinkt. Zu demselben Ergebnis ist OKUNEFF (1927 a) für den anionischen Farbstoff Trypanblau mit verschiedenen Lösungsmittelsystemen gekommen (Abb. 25). Wie Neutralrot ist auch Trypanblau bei allen untersuchten Konzentrationen bis zu seiner Lösungsgrenze für die Oberflächenspannung des Wassers inaktiv. Ähnlich liegen die Verhältnisse bei Neufuchsin und Pikrinsäure im System Wasser/Quecksilber (PATRICK 1914).

Eingehendere Untersuchungen über die Abhängigkeit der Ober- bzw. Grenzflächenspannung bei Farbstofflösungen von der Temperatur sind mir nicht bekannt. Aus den Ergebnissen mit anderen Lösungen ist zu schließen, daß die Oberflächenspannung mit steigender Temperatur erniedrigt wird. Sie kann aber auch zunehmen, nämlich dann, wenn mit steigender Temperatur die Beziehung des ge-

Tab. 28. *Einfluß von Neutralrot in verschiedener Konzentration auf die Grenzflächenspannung zwischen Wasser und* Nirenstein'*schem Ölgemisch bei 20° C.*
(Nach Efimoff und Rehbinder 1929.)

Ausgangskonzentration des Farbstoffes in der wässerigen Lösung in %	Grenzflächenspannung in dyn/cm
0,0	7,80
0,0025	7,55
0,0075	7,30
0,0100	7,15
0,0125	6,90
0,0175	5,95
0,0200	5,47
0,0225	4,85
0,0275	3,80
0,032	3,24
0,050	1,15
0,200	0,70

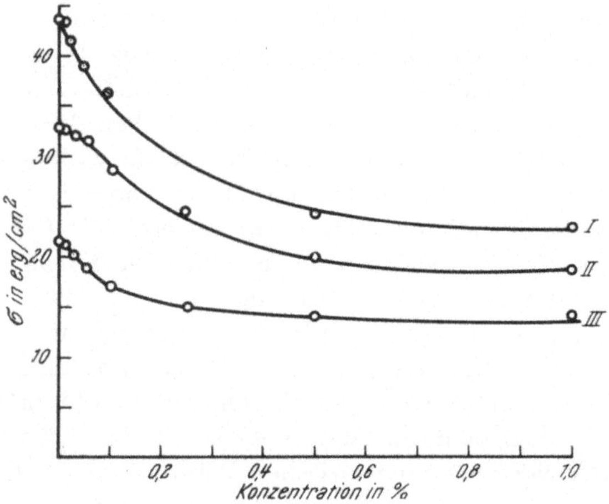

Abb. 25. Einfluß von Trypanblau auf die Grenzflächenspannung von Wasser/Petroläther (I), Wasser/Benzol (II) und Wasser/ Olivenöl (III) in Abhängigkeit von der Farbstoffkonzentration. Abszisse: Konzentration der Trypanblaulösung in %, Ordinate: Grenzflächenspannung in erg/cm². (Nach Okuneff 1927 a.)

lösten Stoffes zum Wasser wächst. Dadurch gelangen weniger Moleküle in die Oberfläche als bei niedriger Temperatur, was eine Erhöhung der Oberflächenspannung zur Folge haben muß (Freundlich 1930, Herčík 1934). Bei Farbstoffen, die zur Assoziation neigen, wird sich eine Konzentrations- oder Temperaturänderung auch über die Teilchengröße auf die Oberflächenspannung auswirken. Doch stehen entsprechende Untersuchungen noch aus.

d) Abhängigkeit der Oberflächenspannung vom Alter der Lösung

Mit dem Alter der Farbstofflösung ändert sich z. T. der Dispersitätsgrad (s. S. 88). Bei Gegenwart von Luftsauerstoff können Oxydationsprozesse auftreten, die den Zustand des Farbstoffes beeinflussen (s. S. 155). Es ist zu vermuten, daß sich diese Veränderungen auch auf die Oberflächenspannung auswirken. Bei Kolloiden — zu denen ja auch einige Farbstoffe gehören — kann es längere Zeit, u. U. mehrere Tage dauern, ehe sich an der Ober- bzw. der Grenzfläche ein statisches Gleichgewicht einstellt. Diese Erscheinung hängt vielleicht damit zusammen, daß relativ große Teilchen eine gewisse Zeit benötigen, ehe sie bis in die Oberfläche der Lösung gelangen und dort wirksam werden.

Eine geringe Änderung der Kapillaraktivität verschiedener Farbstoffe mit dem Alter der Lösungen beobachtet TRAUBE (1912 a). Die Oberflächenspannung der wässerigen Lösung von Formylviolett S 4 B nimmt beim Stehen an der Luft mit der Zeit zu (REHBINDER 1927), die von Trypanblau dagegen ab (OKUNEFF 1927 a). Es liegen jedoch zu wenig Untersuchungen vor, um etwas Definitives aussagen zu können.

e) Abhängigkeit der Oberflächenspannung von der Wasserstoffionen-
konzentration und von Fremdelektrolyten

Ober- und Grenzflächenspannung der verschiedensten Stoffe sind z. T. vom pH-Wert des Lösungsmittels abhängig. Es ist deshalb anzunehmen, daß dieses auch für die Farbstoffe zutrifft. Die Ladung kolloider Farbstoffteilchen wird von der cH beeinflußt, oder es tritt eine hydrolytische Spaltung auf, die sich auf die Oberflächenspannung auswirken kann. Speziell an Farbstoffen liegen ältere Untersuchungen von TRAUBE (1912 a) mit einigen Säuren und Basen vor. Die von TRAUBE geprüften organischen Säuren, u. a. Milch-, Essig-, Chloressig-, Jodpropion-, n-Valerian-, Bernstein- und Weinsäure, aber auch H_3PO_4 und H_3PO_2, setzen im allgemeinen die Oberflächenspannung des kationischen Farbstoffes Nachtblau herab, HNO_3 und HCl erhöhen sie dagegen. In derselben Richtung wirkt auch KOH und die alkalisch reagierende Lösung von Na_2CO_3, während die ebenfalls alkalische Lösung von $K_4P_2O_7$ wie die organischen Säuren erniedrigt. Auf die Oberflächenspannung des anionischen Farbstoffes Wollviolett S üben Säuren keinen Einfluß aus, und alkalisch reagierende Lösungen von Piperidin, Nikotin, Coniin, Strychnin, Bruzin erniedrigen sie. Die Salze der Alkaloide wirken stärker als die reinen Basen.

Die Wirkung von Na_2CO_3 ist von TRAUBE (1912 b) an einigen weiteren kationischen Farbstoffen geprüft worden. Auf die wässerigen Lösungen von Methylenblau, Toluidinblau und Fuchsin ist kein Einfluß festzustellen. Diese Farbstoffe sind aber auch an sich gar nicht oder nur sehr schwach (Fuchsin) oberflächenaktiv. Lösungen von Nilblau, Malachitgrün, Rhodamin, Kristallviolett, Methylgrün (TRAUBE 1912 b) sowie die Fluorochrome Berberin- und Chininchlorhydrat (TSCHERNORUTZKY 1912) erfahren im Gegensatz zu Nachtblau eine Erniedrigung ihrer Oberflächenspannung. Hierbei handelt es sich mit Ausnahme des Methylgrüns (vgl. aber HÖBER 1914 und S. 100, Tabelle 24) um mehr oder weniger oberflächenaktive Substanzen. TRAUBE denkt an eine Änderung des Dispersitätsgrades durch das Salz; diese kann z. T. auf einer hydrolytischen Spaltung beruhen. Die untersuchten Farbstoffe sind alle kationisch, d. h. die durch Na_2CO_3 bedingte alkalische Reaktion kann die Farbbase freisetzen. Für diese Erklärung spricht einmal die Tatsache, daß die unbeeinflußt bleibenden Farbstoffe zu den stärker dissoziierten Verbindungen gehören und zum anderen, daß Berberinchlorhydrat einen Farbumschlag und Chininchlorhydrat einen Niederschlag, sehr wahrscheinlich des freien Alkaloides, zeigen. Bei dem sich abweichend verhaltenden kolloidal gelösten Nachtblau können Ladungsänderungen der stärker assoziierten Farbstoffteilchen die Verhältnisse verschieben. Die Sachlage ist recht unklar. Nach Gothié und Moricard (1941) ergeben sich zeitlich Unterschiede bei Zusatz einer Säure. Wird einem Neutralrot $+$ Na_2HPO_4-haltigem Wasser/Öl-System n/10 H_2SO_4 tropfenweise zugesetzt, und die Grenzflächenspannung sofort gemessen, dann steigt diese mit zunehmender H_2SO_4-Konzentration an, erreicht bei einer bestimmten Konzentration ein Maximum und fällt bei weiterer H_2SO_4-Zugabe ab. Mißt man (mit der Abreißmethode) eine halbe Stunde später, dann ist eine weit niedrigere Grenzflächenspannung bei geringen H_2SO_4-Gaben festzustellen, die kontinuierlich mit der H_2SO_4-Konzentration ansteigt.

Außer Na_2CO_3 sind von Traube (1912 a) noch eine Reihe anderer Salze untersucht worden. In wässerigen Lösungen der kationischen Farbstoffe Rhodamin, Malachitgrün und Nilblau bedingen Salze eine geringe Verminderung der Oberflächenspannung, dabei wirken nur die Anionen in folgender Reihe: $J^- > ClO_3^- > > NO_3^- > Br^- > Cl^-$. Für den anionischen Farbstoff Wollviolett S sind dagegen die Kationen ausschlaggebend. Bei anderen Farbstoffen, wie Methylenblau, Fuchsin, Kristallviolett, Methylviolett, Bismarckbraun, Chrysoidin, Chrysanilin, Toluidinblau, Pikrinsäure, ist ein Einfluß der Salze auf die Oberflächenspannung nur geringfügig oder gar nicht vorhanden. Die Wirkung der Salze kann sich mit der Konzentration ändern; so sinkt die Oberflächenspannung einer Nilblaulösung nach Zugabe von KJ zunächst mit steigender Konzentration, nach Erreichung eines Minimums nimmt sie aber mit weiter ansteigender Salzkonzentration wieder zu. Nachtblau verhält sich gerade entgegengesetzt; hier wird die Oberflächenspannung zunächst durch niedrige KJ-Konzentrationen erhöht und fällt dann nach Erreichung eines Maximums wieder ab, bis etwa der Wert des reinen Wassers erreicht ist. Bei noch höheren Salzkonzentrationen flockt der Farbstoff aus. Dieses Verhalten von Nachtblau kann von de Izaguirre (1922) bestätigt werden. Auf die Oberflächenspannung reinen Wassers hat KJ keinen Einfluß und ebensowenig auf die einer alkoholischen Lösung, in der Nachtblau molekulardispers gelöst ist, während wässerige Lösungen des Farbstoffes wohl mehr oder weniger kolloidal sind. Der eigenartige Verlauf der Salzwirkung in Abhängigkeit von der Konzentration wird dadurch erklärt, daß zunächst die Dispersität des Farbstoffes mit steigender Salzkonzentration abnimmt und dann die Nachtblauteilchen das Salz adsorbieren.

Wie unklar auch in diesem Fall die Angelegenheit ist, geht aus dem konzentrationsabhängigen Einfluß verschiedener Salze auf Nachtblau hervor. Wie KJ sollen nach Traube (1912 a) KCNS, $KClO_4$, KNO_3, $KClO_3$, KBr wirken. KCl, K_2S, $K_4[Fe(CN)_6]$ vermindern dagegen nur die Oberflächenspannung bis zum Eintreten der Flockung. KF, $KMnO_4$, K_2SO_4, $LiSO_4$, K_2HPO_4, $K_4P_2O_7$ sollen dagegen zunächst bis zu einem Minimum erniedrigend wirken und mit weiter steigenden Konzentrationen wieder einen Anstieg bedingen.

De Izaguirre (1922) erhält allerdings bei Nachtblau für KCl und KBr eine dem KJ ähnliche Wirkungskurve, nur daß das Maximum bei einer jeweils anderen Salzkonzentration liegt und nicht wie bei KJ über den Wasserwert geht.

f) Abhängigkeit der Oberflächenspannung von Anelektrolyten und Kolloiden

Von Anelektrolyten hat Traube (1912 a) Rohrzucker untersucht, der weder auf die Oberflächenspannung der Lösungen von Nachtblau noch der von Wollviolett S einen Einfluß hat. Zusatz von Dextrin vermindert die Oberflächenspannung einer Nachtblaulösung. Die Wirkung nimmt mit steigender Dextrinkonzentration zu. Ebenso verhält sich Tannin. Auch in höheren Tanninkonzentrationen soll bei Nachtblau keine sichtbare Fällung auftreten. Eingehende Untersuchungen auf diesem Sektor fehlen, obwohl anzunehmen ist, daß besonders Kolloide sich stark bemerkbar machen werden, vor allem, wenn sie oberflächenaktiver als der benutzte Farbstoff sind.

g) Einfluß einer Farbstoffreduktion und des Lichtes auf die Oberflächenspannung

Ein Teil der Farbstoffe sind Redoxindikatoren. Es ist zu vermuten, daß sich ein Übergang von der oxydierten zur reduzierten Stufe und umgekehrt auf die Oberflächenspannung der Lösung auswirken wird. Da nicht selten von der Zelle aufgenommene Farbstoffe in ihr reduziert werden, ist für die Verteilung eines Farbstoffes in der Zelle der Einfluß der Reduktion auf die Grenzflächenspannung zweier Phasen von Interesse. Leider liegen darüber nur wenige Untersuchungen vor.

Moricard und Gothié (1941) beobachten für Methylenblau an dem System Wasser/verschiedene Öle, verglichen mit der Wirkung der oxydierten Form, z. T. eine stärkere Erniedrigung der Grenzflächenspannung durch den reduzierten Farbstoff. Für Nilblau ist das Ergebnis eindeutiger, da hier in allen Fällen die Leukoform einen stärkeren Einfluß ausübt. Nach Untersuchungen von Mix (1959) ist je nach Farbstoff und benutzter hydrophober Phase die Grenzflächenspannung nach Reduktion des Farbstoffes erniedrigt oder erhöht, wie aus den Tabellen 25 bis 27 (S. 103, 104) hervorgeht.

Systematische Untersuchungen in dieser Richtung sind für die Theoriefassung der Vitalfärbung, vor allem von der Dynamik her, dringend erforderlich.

Noch kärglicher sind die vorliegenden Angaben über den Einfluß von Licht auf die Ober- bzw. Grenzflächenspannung von Farbstofflösungen. Viele Farbstoffe zeigen unter der Einwirkung des Lichtes, besonders von UV-Strahlen, eine starke Änderung der verschiedensten Eigenschaften, so daß auch eine Änderung der Oberflächenspannung zu erwarten ist. Die einzige Angabe, die ich finden konnte, ist ein Zitat bei Herčík (1934) über die Erhöhung der Oberflächenspannung wässeriger Lösungen von Eosin, Methylviolett und Fuchsin nach Belichtung mit einer Bogenlampe in 10 cm Entfernung für 2—3 Min. nach Untersuchungen von Marenin (1913).

6. Die Löslichkeitsverhältnisse der Farbstoffe und deren Beeinflussung

Die Farbstoffe werden den Zellen im allgemeinen in wässeriger Lösung geboten, so daß die Löslichkeit in Wasser eine Grundvoraussetzung für die Vitalfärbung ist. Außerdem kommt auch der Löslichkeit in mehr oder weniger hydrophoben Medien für die Aufnahme der Farbstoffe eine große Bedeutung zu. Mit anderen Worten, die hydro- und lipophilen Eigenschaften eines Farbstoffes und deren Beeinflussung sind von besonderem Interesse.

a) Die Löslichkeit in Wasser

Die freien Farbbasen und Farbsäuren sind meist in Wasser bei Zimmertemperatur schwer oder gar nicht löslich. Selbst eine ganz schwach konzentrierte Lösung der Nilblaubase erweist sich im Ultramikroskop als Suspension (Michaelis 1906). Die Salze sind dagegen besser wasserlöslich. Dieser Unterschied in der Löslichkeit wird immer wieder festgestellt, z. B. für Neutralrot (Ruhland 1908a, Fauré-Fremiet 1912), Nilblau (Michaelis 1906, Fauré-Fremiet 1912), Brillantcresylblau (Fauré-Fremiet 1912), Methylenblau (Beutner und Caywood 1929), Toluidinblau (Spek 1940), Irisblau (Spek 1943), Acridin (Strugger 1941a), um nur einige Beispiele zu nennen. Bekannt ist die gute Wasserlöslichkeit des Na-Salzes der nur schwer löslichen Farbsäure Methylrot oder des Li-Salzes der unlöslichen Carminsäure. Im allgemeinen fehlen aber genaue quantitative Bestimmungen, es werden nur qualitative Angaben gemacht, z. B. Berberinsulfat 1 : 100 in aqua dest. stellt eine gesättigte Lösung mit einem ungelösten Rückstand dar (Strugger 1939a). Quantitative Werte für einige kationische Farbstoffe bringt Kiese (1947), der die Löslichkeit in Wasser auf folgende Weise untersucht. Eine größere Farbstoffmenge wird bei 37° C mit Wasser 8—10 Std. geschüttelt, dann 24 Std. bei 21° stehengelassen, abzentrifugiert und der Gehalt an Trockensubstanz in der überstehenden Lösung bestimmt. Danach sind in 100 cm³ Wasser 5,8 g Cresylblau, 4,8 g Toluidinblau, 4,3 g Thionin und 1,8 g Methylenblau löslich. Durch die relativ lange Berührung der Lösung mit der Luft vor der Bestimmung können aber diese Werte Fehler enthalten, da viele Farbstoffe durch Oxydation mit dem Luftsauerstoff verändert werden. Bei den Oxazinen entstehen z. T. die wasserunlöslichen Oxazone (Mix 1959). Ferner besteht die Möglichkeit, daß in einer Lösung, die bei höherer Temperatur mit Farbstoff bis zur Sättigung angereichert und dann auf eine tiefere Temperatur gebracht worden ist, mehr Farbstoff in Lösung bleibt als bei gleicher Temperatur direkt gelöst wird. So führt Pelet-Jolivet (1910) u. a. folgendes Beispiel an: Fuchsin zeigt bei 67° eine Löslichkeit von 11,25 g/l, nach 12 Std. auf 18° abgekühlt sind noch 2,685 g/l gelöst. Wird der Farbstoff aber bei 18° direkt dem Wasser zugesetzt, dann gehen nur 1,875 g/l in Lösung.

Man erhält nicht nur durch Überführung der freien Farbbasen und -säuren in die Salzform, sondern auch durch Einfügung hydrophiler Gruppen — z. B. der Sulfonsäuregruppe — in das Chromogen eine größere Wasserlöslichkeit (Schulemann 1912a).

Präparate desselben Farbstoffes aber verschiedener Herkunft können sich in ihrer Wasserlöslichkeit unterscheiden, wie es Zeiger (1958) für Acridinorange festgestellt hat.

α) Einfluß der Temperatur auf die Wasserlöslichkeit

Mit steigender Temperatur wird die Löslichkeit der Farbstoffe im allgemeinen erhöht (Tabelle 29), wenn damit keine chemischen Umsetzungen verbunden sind. In kaltem Wasser unlösliche Farbbasen und Farbsäuren kann man unter Umständen durch Erhitzen in geringen Mengen lösen. Bleibt beim Abkühlen noch etwas Farbstoff in Lösung, so reichen häufig selbst diese schwachen Konzentrationen aus, um damit eine Vitalfärbung zu erzielen. Nach SCHAEDE (1924a) erhält man z. B. von dem in der Kälte unlöslichen Methylrot nach Aufkochen und Abkühlen eine Lösung mit einem Farbstoffgehalt von $\sim$ 0,004%. Ähnliches gibt auch SPEK (1943) für Irisblau an. Von einem im N substituierten Aminopyren reichen die minimalen Spuren aus, die nach Aufkochen und Abkühlen noch in einer wässerigen Lösung bleiben, um Sphärosomen intensiv zu fluorochromieren (DRAWERT 1955b).

Tab. 29. *Löslichkeit einiger kationischer Farbstoffe in Wasser bei verschiedener Temperatur.* (Nach PELET-JOLIVET 1910.)

Farbstoff	Temperatur	g/l
Diamantfuchsin	18,0°	1,875
	44,5°	8,2
	67,0°	11,25
Methylenblau	18,0°	11,3
	44,5°	95,5

β) Einfluß der Wasserstoffionenkonzentration auf die Wasserlöslichkeit

Da die Farbsalze und die freien Farbbasen und -säuren sich in ihrer Wasserlöslichkeit unterscheiden, muß die Wasserstoffionenkonzentration bei allen Farbstoffen, die zu einer hydrolytischen Spaltung neigen, einen Einfluß ausüben. Anionische Farbstoffe, wie Eosin, Erythrosin, Methylorange, Orange IV, Phloxin BBN, Tuchrot B, fallen im sauren Bereich unter pH 3 durch Bildung der freien Farbsäure aus. Bei den stark dissoziierten sulfosauren Farbstoffen hat die cH dagegen nur eine geringfügige Wirkung. Kationische Farbstoffe, wie Acridinorange, Brillantgrün, Cresylechtviolett, Echtneublau, Neutralrot, Nilblausulfat, Pyronin, Viktoriablau, flocken im stark alkalischen Bereich aus. Amphotere Farbstoffe, wie Prune pure oder Salze der Carminsäure, neigen dazu, im mittleren pH-Bereich in ihrem IEP auszufallen, während sie im extrem sauren und im alkalischen Gebiet löslicher sind.

γ) Einfluß von Salzen auf die Wasserlöslichkeit

Wie die cH wirken auch Salze auf die Dissoziationsverhältnisse und damit auf die Löslichkeit der Farbstoffe. Salze setzen im allgemeinen die Löslichkeit besonders der kationischen Farbstoffe herab. Der Einfluß der Salze ist für die Vitalfärbung der Meeresalgen von Interesse, da aus osmotischen Gründen hierfür die Farbstofflösungen mit Seewasser angesetzt werden. Nach HOLLBORN (1937) sind in 3%iger NaCl-Lösung bzw. in Nordseewasser Neutralrot, Methylenblau, Bismarckbraun, Janusgrün gut löslich. Nach HÖFLER (1963b) ist dagegen Neutralrot weniger geeignet, da es in Seewasser zu leicht ausfällt, während Toluidinblau und Rhodamin B in Lösung bleiben.

δ) Einfluß von Anelektrolyten und Fremdkolloiden auf die Wasserlöslichkeit

Substanzen, die normalerweise in Wasser unlöslich sind, gehen unter Umständen bei Gegenwart geringer Konzentration von Seifen oder kolloidalen Elektrolyten in Lösung. Für Farbstoffe beschreibt Hadjioloff (1937, 1938) diesen Effekt. Nach seinen Untersuchungen wird die Löslichkeit von Fettfarbstoffen der Sudangruppe in Wasser durch Zusatz hydrotropischer Substanzen, wie citronensaures und benzoesaures Coffein, Saponin, oleinsaures Na und andere Seifen, Sulfosalicylsäure sowie Trichloressigsäure, stark erhöht bzw. erst ermöglicht. Weitere Angaben finden sich bei Weatherford (1947) und Lennert (1955). Diese Löslichkeit soll auf der Bildung kolloider Micellen beruhen, die den zu lösenden Stoff ein- bzw. anlagern (Ross 1951). Bei kolloiden Farbstoffen sollen z. B. durch Blutserum die Farbstoffmicellen dissolviert werden (Wunderly 1942). Am bekanntesten ist die Herstellung von Benzpyren-Lösungen mit Hilfe von Serum und Glycerin nach Graffi (1940a) und Graffi und Maas (1940) zur vitalen Fluorochromierung von Zellen. Auch Coffein erhöht die Löslichkeit von Benzpyren in Wasser (Hamperl 1955). Aus den Fluorescenzspektren schließen Reske und Stauff (1963a), daß die Löslichkeit des Benzpyrens in wäßrigen Proteinlösungen durch die Wirkung hydrophober Gruppen verursacht wird, während das Assoziat Coffein—Benzpyren in wäßriger Lösung offenbar durch eine andersartige Wechselwirkung zustande kommt.

b) Die Löslichkeit in organischen Flüssigkeiten

Die Löslichkeit in organischen Medien hängt von den lipophilen und hydrophilen Eigenschaften des Farbstoffes und der Dielektrizitätskonstanten des Lösungsmittels ab. Der kationische Farbstoff Nachtblau ist als trockenes Pulver in Flüssigkeiten mit einer DK > 5 gut bis sehr gut und in solchen mit einer DK < 5 schwer oder gar nicht löslich. Wird das Nachtblau aber aus einer wässerigen Lösung ausgeschüttelt, so geht es selbst noch in Toluol mit DK $= 2,3$ quantitativ über. Bei der Anwendung von Petroläther erfolgt dagegen kein Übertritt in die organische Phase (von Hahn 1924). Daraus geht hervor, daß nicht nur die DK, sondern auch noch andere Eigenschaften des organischen Lösungsmittels eine Rolle spielen. Nach Scharf (1955, 1956) ist das trockene Pulver der Farbsalze vom Fluorescein in unpolaren, nichtwässerigen Solventien bis hinauf zu einer DK von 6,62 (Methylbenzoat) unlöslich. Farbsäurepulver löst sich dagegen etwas in Estern, und Spuren gehen auch in Kohlenwasserstoffe. In Solventien höherer DK lösen sich sowohl die Farbsäure als auch deren Salze. Aus einer wässerigen Lösung läßt sich aber Fluorescein selbst noch mit Benzol (DK $= 2,25$) quantitativ ausschütteln.

Diese Beispiele zeigen, daß hinsichtlich der Löslichkeit eines Farbstoffes in stärker hydrophoben Flüssigkeiten ein Unterschied besteht, je nachdem ob der Farbstoff als Substanz gelöst, oder ob er aus einer wässerigen Lösung ausgeschüttelt wird (Eisenberg 1910, von Möllendorff 1918a, Cohen und Preisler 1930, S. C. und M. M. Brooks 1932, Cain 1948, Spek 1951).

Dieser Unterschied hängt zum Teil mit der verschiedenen Löslichkeit der Farbsalze und der freien Farbbasen und -säuren zusammen. Die ersten sind gut in Wasser, aber schwer in hydrophoben Medien löslich, die zweiten verhalten sich umgekehrt. Diese Tatsache war bereits OVERTON (1899, 1900) bekannt und wurde seitdem immer wieder beobachtet (MICHAELIS 1906, RUHLAND 1908a, FAURÉ-FREMIET 1912, MacNEAL und KILLIAN 1926, LISON 1935b, SPEK 1943, 1951). CZAJA (1934) hat sie zum Nachweis der hydrolytischen Spaltung für verschiedene kationische Farbstoffe benutzt (s. S. 55).

Da für die Vitalfärbung und besonders für deren theoretische Erklärung der Übergang des Farbstoffes von der wässerigen in die organische Phase eine viel größere Bedeutung hat als die Löslichkeit des trockenen Farbpulvers in einem mehr oder weniger hydrophoben Medium, findet man nur wenige Angaben über die eigentliche Löslichkeit in den letzten. OVERTON (1900) untersucht die Löslichkeit in geschmolzenem Cholesterin, Olivenöl, Leinöl, Benzol mit und ohne Cholesterin u. a. RUHLAND (1908a) bestimmt das absolute Lösungsvermögen von Lipoiden (Olivenöl, Terpentinöl, Benzol mit und ohne Cholesterin u. a.). HÖBER (1909) gibt die Löslichkeit für eine Reihe kationischer und anionischer Farbstoffe in Terpentinöl und Benzol mit und ohne Cholesterin an, und VON MÖLLENDORFF (1918a) die Löslichkeit in Xylol mit 2% Lecithin. Nach FRENZEL (1929) löst sich Malachitgrün nicht in kaltem Olivenöl und Äther, auch K-Fluorescein soll in Olivenöl völlig unlöslich sein (STRUGGER 1938b). Nach McBAIN, MERRILL und VINOGRAD (1940) werden Eosin, Fluorescein und Kristallviolett, die in kristalliner Form in n-Heptan unlöslich sind, nach Zusatz geringer Mengen höherer Fettsäuren und von Kondensationsprodukten des Diäthylamins löslich. Eigenartigerweise ist Ölsäure unwirksam, die bei Zusatz zur hydrophoben Phase im Ausschüttelversuch den Übergang kationischer Farbstoffe aus der wässerigen in die hydrophobe Phase stark begünstigt. Eine Zugabe von Dioctylsulfosuccinat fördert nach denselben Autoren die Löslichkeit von Kristallviolett und Methylenblau in Benzin und Toluol, aber kaum die für Eosin. Häufig ist den Angaben in der Literatur aber nicht zu entnehmen, ob sie sich auf eine direkte Lösung des Farbstoffes im organischen Medium beziehen oder auf ein Ausschütteln desselben aus der wässerigen Phase. Bei den meisten der zweifelhaften Fälle dürfte es sich um das letzte handeln. Es soll deshalb hier nur noch auf die Mitteilung von YAMAHA (1937a) über die direkte Löslichkeit in Paraffinöl verwiesen werden. Löslich sind: Alkannin, Brasilin, Chrysoidin, Chrysoidin R, Cyanin, Haematoxylin, Janusgrün, Cresylblau, Mauvein, Methylrot, Nachtblau, Neutralrot, Nilblau, Phenosafranin, Prune pure, Sudan III. Kaum oder nur schwer löslich sind: Anilinblau, Aurantia, Bengalrosa, Bismarckbraun, Bromcresolgrün, Bromcresolpurpur, Dahlia, Erythrosin, Fuchsin, Fuchsin S, Indigocarmin, Jodgrün, Carmin, Ketonblau, Congorot, Congorubin, Lichtgrün, Methylblau, Methylenblau, Methylgrün, Methylorange, Methylviolett, Orange G, Pyoktanin, Pyronin, Sulforhodamin, Thionin, Toluidinblau, Toluylenblau, Tropaeolin 00, Trypanblau, Trypanrot, Viktoriablau B und 4 R, Wasserblau.

Nach Ross (1951) können in Öl nicht lösliche Stoffe durch Zusatz von Spuren öllöslicher, oberflächenaktiver Substanzen in Lösung gebracht werden. Auf diesen Effekt soll aber erst bei der Besprechung des „Verteilungskoeffizienten" eingegangen werden.

Die Löslichkeit in Alkohol bleibt hier unberücksichtigt, da sie für die Vitalfärbung von untergeordneter Bedeutung ist. Näheres darüber findet sich in der Literatur über die Färbung der fixierten Zellen.

c) Die Verteilung eines Farbstoffes zwischen einer hydrophilen und einer hydrophoben Phase (Verteilungskoeffizient) und deren Beeinflussung

Die meisten Angaben über die Löslichkeit in organischen Flüssigkeiten beziehen sich auf Ausschüttelversuche aus einer wässerigen Phase. Eine wässerige Farbstofflösung wird in einem Reagenzglas mit der gleichen Menge farbloser hydrophober Flüssigkeit geschüttelt und nach Trennung der Medien die Verteilung des Farbstoffes auf die beiden Phasen bestimmt. Dabei handelt es sich vorwiegend um qualitative Angaben nach dem Augenschein, nur selten sind quantitative Messungen, etwa auf kolorimetrischem Wege, gemacht worden. Der so erhaltene Verteilungskoeffizient gibt Auskunft über die „Lipoidlöslichkeit" eines Farbstoffes.

Ruhland (1908a) lehnt allerdings diese Methode der Bestimmung des Verteilungskoeffizienten als Maß für die Lipophilie ab, da sich ein Farbstoff in den beiden Phasen in einem unterschiedlichen Molekularzustand befinden dürfte (vgl. S. 120).

Als erster hat Pfeffer (1886) Ausschüttelversuche mit Methylenblau sowie Methylviolett unter Benutzung von Mandelöl als hydrophobe Phase durchgeführt, allerdings mit negativem Erfolg.

Bedeutend seltener wird auch der Verteilungskoeffizient durch Über- bzw. Unterschichten der wässerigen Farbstofflösung mit einem farblosen hydrophoben Medium bestimmt (z. B. Loewe 1912a, Seki 1933e, f, Wassiljewa 1938). Diese Methode hat den Nachteil, daß sich erst nach Tagen ein Gleichgewicht der Verteilung einstellt, und sich außerdem durch die Länge des Versuches der Farbstoff in der wässerigen Lösung verändern kann (vgl. S. 136).

α) Apolare und polare Stoffe als hydrophobe (Lipoid-)Phase

Die Definition des Begriffes „Lipoid" ist recht verschwommen. Zum Teil unterscheidet man die Lipoide als fettähnliche Stoffe von den echten Fetten, zum Teil werden aber darunter auch alle Zellinhaltsstoffe zusammengefaßt, die durch Äther oder ähnliche Lösungsmittel extrahiert werden können (Bang 1911). In noch weiterem Sinne, insbesondere unter dem Begriff „lipoidlöslich", wird ganz allgemein die Löslichkeit in einem hydrophoben Medium, also auch in Benzol, Toluol, Xylol, Chloroform usw., verstanden. In dieser weiten Fassung soll hier der Begriff „lipoidlöslich" gebraucht werden.

Overton (1900) geht in seinen Versuchen über die Lipoidlöslichkeit der Farbstoffe zunächst von Cholesterin und Lecithin aus. Da es sich dabei um Medien handelt, die bei Zimmertemperatur fest sind, sind sie für Ausschüttelversuche nicht ohne weiteres zu gebrauchen. Sie können nur durch Erwärmen bis über ihren Schmelzpunkt als Solventien für Farbstoffpulver benutzt werden. Deshalb löst sie Overton für die Ausschüttelversuche in Benzol, in dem selber, seiner Meinung nach, kein Farbstoff löslich ist. Als „Lipoide", die bei Zimmertemperatur flüssig sind, verwendet er Olivenöl, Leinöl, Ricinusöl u. a. Besonders das erste ist später viel benutzt worden. Die Annahme Overtons von der Unlöslichkeit der Farbstoffe in Benzol wird von Ruhland (1908a) richtiggestellt. Da nach seinen Untersuchungen ein großer Teil von Farbstoffen auch in reinem Benzol löslich ist (vgl. auch Rost 1911), empfiehlt er Terpentinöl als Lösungsmittel für Cholesterin und Lecithin, was auch Overton in einigen

Tab. 30. *Vitalfärbung von Paramaecium mit kationischen und anionischen Farbstoffen sowie die Verteilung der Farbstoffe im Ausschüttelversuch zwischen Wasser und einer apolaren bzw. polaren lipoiden Phase.*

mx = Farbstoff befindet sich quantitativ in der lipoiden Phase. (Aus NIRENSTEIN 1920.)

Nummer	Farbstoff	Färbt den lebenden Zellkörper?	Grenzkonzentration für die Vitalfärbung des Zellkörpers, 1 Teil Farbstoff in Teilen Wasser	Färbt die Granula normaler Tiere?	Färbt bei normal. Tieren Granula ohne gleichzeit. Zellkörperfärbung?	Färbt die großen Granula vakuolis. Tiere stärker als den Zellkörper	$\frac{\text{Öl}}{\text{Wasser}}$ Teil.-Koeff.	$\frac{\text{Ölsäure}}{\text{Wasser}}$ Teil.-Koeff.	$\frac{\text{Diam. Öls.}}{\text{Wasser}}$ Teil.-Koeff.
1	Sudan I (G)	+	4 500 000	—	—	—	mx	mx	mx
2	Sudan II (G)	+	1 000 000	—	—	—	mx	mx	mx
3	Sudan III (G)	+	12 500 000	—	—	—	mx	mx	mx
4	Sudan IV (G)	+	3 600 000	—	—	—	mx	mx	mx
5	Sudanbraun (G)	+	1 000 000	—	—	—	mx	mx	mx
6	Braun G 1437 (Br)	+	1 000 000	—	—	—	mx	mx	mx
7	Zinnoberrot 1233 (Br)	+	1 300 000	—	—	—	mx	mx	mx
8	Scharlach R 1599 (Br)			1 600 000	—	—	—	mx	mx	mx
9	Indophenol (DII)	+	70 000	+	—	+	mx	mx	mx
10	Chrysoidin (M)	+	1 500 000	—	—	+	mx	mx	mx
11	Aethylviolett (B)	+	1 200 000	+	—	+	mx	mx	mx
12	Viktoriablau R (B)	+	800 000						mx	mx	mx
13	Indoinblau (B)	+	135 000	—	—	+	mx	mx	mx
14	Indulin spritl. (B)	+	125 000	+	—	+	mx	mx	mx
15	Magdalarot (Merck)	+	250 000	—	—	+	mx	mx	mx
16	Nilblausulfat (G)	+	300 000	+	+	+	mx	mx	mx
17	Kristallviolett ch. r. (M)	+	2 000 000	+	—	+	mx	mx	mx
18	Janusblau G (M)	+	68 000	+	—	+	42	mx	mx
19	Indulinscharlach (B)	+	175 000	—	—	+	30	mx	mx
20	Methylviolett B ch. r. (M)	+	250 000	+	—	+	30	mx	mx
21	Neutralviolett (C)	+	300 000	+	+	+	30	mx	mx
22	Bismarckbraun (G)	+	300 000	+	+	+	30	mx	mx
23	Neutralrot (G)	+	450 000	+	+	+	24	mx	mx
24	Janusrot (M)	+	60 000	—	—	—	18	mx	mx
25	Rhodamin B (B)	+	10 000	+	+	+	16	mx	mx
26	Chinolinrot (A)	+	150 000	—	—	—	15	mx	mx
27	Metaphenylenblau (C)	+	90 000	+	+	+	11	mx	mx
28	Malachitgrün Chl. Znk. Dopps. (M)	+	600 000	+	—	+	8	mx	mx
29	Brillantgrün (B)	+	850 000	+	—	+	6	mx	mx
30	Janusgrün B (M)	+	180 000	+	—	+	3	mx	mx
31	Indaminblau B (M)	+	37 000	+	+	+	3	mx	mx
32	Brillantkresylblau (G)	+	100 000	+	+	+	3	mx	mx
33	Toluidinblau (Kahlbaum)	+	52 000	+	+	+	$1^1/_8$	mx	mx
34	Methylenblau rect. (G)	+	30 000	+	+	+	$1^1/_6$	mx	mx
35	Azinscharlach D (M)	+	9 000	—	—	+	> 1	mx	mx

Tabelle 30 (Fortsetzung)

Nummer	Farbstoff	Färbt den lebenden Zellkörper?	Grenzkonzentration für die Vitalfärbung des Zellkörpers, 1 Teil Farbstoff in Teilen Wasser	Färbt die Granula normaler Tiere?	Färbt bei normal. Tieren Granula ohne gleichzeit. Zellkörperfärbung?	Färbt die großen Granula vakuolis. Tiere stärker als den Zellkörper	$\frac{\text{Öl}}{\text{Wasser}}$ Teil.-Koeff.	$\frac{\text{Ölsäure}}{\text{Wasser}}$ Teil.-Koeff.	$\frac{\text{Diam. Öls.}}{\text{Wasser}}$ Teil.-Koeff.
36	Capriblau (L. Müller)	+	13 500	+	+	+	1	mx	mx
37	Safranin extra G (A)	+	20 000	—	—	+	1	mx	mx
38	Rosanilinbase (G)	+	320 000	—	—	+	1	mx	mx
39	Fuchsin kl. Kr. (M)	+	27 000	—	—	+	1	mx	mx
40	Acridinorange (L)	+	1 350 000	+	+	+	1	mx	mx
41	Acridingelb (L)	+	150 000	—	—	+	1	mx	mx
42	Auramin O (B)	+	600 000	—	—	+	1	mx	mx
43	Auramin G (B)	+	125 000	—	—	+	1	mx	mx
44	Methylenviolett RR (M)	+	20 000	—	—	+	1	mx	mx
45	Muscarin (DH)	+	7 200	+	+	+	1	mx	mx
46	Methylengrün extra gelbl. conc. (M)	+	60 000	+	+	+	< 1	30	30
47	Methylgrün N pulv. (A)	+	14 000	+	+	+	< 1	80	80
48	Methylgrün (K)	+	6 000	+	+	+	< 1	40	40
49	Chromgrün (By)	+	1 900	+	—	+	0	> 1	> 1
50	Echtsäureviolett 10 B (By)	+	400	+	+	+	0	< 1	< 1
51	Säureviolett 4 B extra (By)	+	1 000	+	+	+	0	< 1	< 1
52	Formylviolett (C)	—	—	—	—	—	0	≪ 1	≪ 1
53	Tuchscharlach G (K)	+	40 000	—	—	—	0	0	mx
54	Echtrot A (B)	+	30 000	—	—	—	0	0	84
55	Tuchrot 3 GA	+	18 750	—	—	—	0	0	54
56	Metanilgelb (A)	+	15 000	—	—	—	0	0	20
57	Brillantorange R (M)	+	15 000	—	—	—	0	0	12
58	Tropäolin $^{000}/_1$ (Merck)	+	6 000	—	—	—	0	0	9
59	Tropäolin $^{000}/_2$ (Merck)	+	5 000	—	—	—	0	0	8,4
60	Brillantorange G (M)	+	7 500	—	—	—	0	0	8
61	Wollviolett S (B)	+	gesätt. Lsg.	—	—	—	0	0	> 1
62	Orzein (G)	+	15 000	—	—	—	0	0	> 1
63	Brillant Ponceau GG (C)	+	2 500	—	—	—	0	0	> 1
64	Ponceau G (BK)	+	3 000	—	—	—	0	0	> 1
65	Ponceau R (BK)	+	1 000	—	—	—	0	0	> 1
66	Brillant Ponceau G (C)	+	2 500	—	—	—	0	0	> 1
67	Eosin w. (G)	+	1 000	—	—	—	0	0	> 1
68	Eosin spritl. (G)	+	23 000	—	—	—	0	0	> 1
69	Erythrosin G (B)	+	750	—	—	—	0	0	> 1
70	Cyanosin (DH)	+	2 000	—	—	—	0	0	> 1
71	Rose bengale (B)	+		—	—	—	0	0	> 1
72	Toluylenorange G (A)	+	750	—	—	—	0	0	> 1
73	Azobraun (M)	+	1 000	—	—	—	0	0	> 1
74	Brillantcrocein M (C)	+	gesätt. Lsg.	—	—	—	0	0	1

Tabelle 30 (Fortsetzung)

Nummer	Farbstoff	Färbt den lebenden Zellkörper?	Grenzkonzentration für die Vitalfärbung des Zellkörpers, 1 Teil Farbstoff in Teilen Wasser	Färbt die Granula normaler Tiere?	Färbt bei normal. Tieren Granula ohne gleichzeit. Zellkörperfärbung?	Färbt die großen Granula vakuolis. Tiere stärker als den Zellkörper	$\frac{\text{Öl}}{\text{Wasser}}$ Teil.-Koeff.	$\frac{\text{Ölsäure}}{\text{Wasser}}$ Teil.-Koeff.	$\frac{\text{Diam. Öls.}}{\text{Wasser}}$ Teil.-Koeff.
75	Methylorange (G)	—	—	—	—	—	0	0	1
76	Biebrichscher Scharlach B extraf. (K)	—	—	—	—	—	0	0	< 1
77	Croceinscharlach (K)	—	—	—	—	—	0	0	< 1
78	Tuchrot BA (A)	—	—	—	—	—	0	0	< 1
79	Rosindulin 2 G (K)	—	—	—	—	—	0	0	< 1
80	Echtscharlach B (K)	—	—	—	—	—	0	0	< 1
81	Rosindulin GXF	—	—	—	—	—	0	0	< 1
82—120	Nachfolgende Farbstoffe 82—120 Erythrin X (B), Ponceau 5 R (M) usw. bis Trypanblau	—	—	—	—	—	0	0	0

82. Erythrin X (B), 83. Ponceau 5 R (M), 84. Azorubin S (A), 85. Säurecarmoisin, 86. Benzoazurin (K), 87. Nigrosin w. (G), 88. Kristallorange GG (D), 89. Azofuchsin B (By), 90. Amarant (BK), 91. Nyanzaschwarz B (A), 92. Chromotrop 8 B (M), 93. Congorot (G), 94. Lichtgrün SF bläul. (B), 95. Fuchsin S (D), 96. Alkaliblau D (A), 97. Alkaliblau 6 B (J), 98. Methylwasserblau (B), 99. Reinblau BSJ (J), 100. Methylblau OO (A), 101. Alkaliblau extra I (A), 102. Alkaliblau extra III (A), 103. Alkaliblau extra V (A), 104. Alkaliblau B (K), 105. Wasserblau OO (K), 106. Wasserblau 6 B extra (A), 107. Guineagrün B extra (A), 108. Patentblau V (M), 109. Neupatentblau (By), 110. Wollgrün S (B), 111. Säureviolett 4 BS (M), 112. Rotviolett 4 RS (B), 113. Rotviolett 5 RS (B), 114. Thiocarmin R (C), 115. Echtgrün extra (By), 116. Indigocarmin (G), 117. Karminsaures Natrium (Merck), 118. Säureviolett 6 BN (B), 119. Säureviolett 7 B (B), 120. Trypanblau (L. Müller).

Versuchen benutzt hat. Heute wissen wir, daß Farbstoffe im Ausschüttelversuch zum Teil auch in reines Terpentinöl übergehen können.

OVERTON stellt fest, daß Lecithinlösungen in Benzol bedeutend mehr Farbstoff aufnehmen als Cholesterinlösungen, und nach ROST (1911) sind Neutralrot, Vesuvin und Toluidinblau in Lecithin-Xylol bedeutend besser löslich als in reinem Xylol. Im Zusammenhang mit dem amphoteren Charakter des Lecithins ist es von Interesse, daß nach NIRENSTEIN (1920) das Lösungsvermögen von Mandelöl durch Zusatz von Ölsäure für viele kationische und durch Zugabe von Diamylamin für eine Reihe anionischer Farbstoffe bedeutend erhöht wird (Tabelle 30). Das Aufnahmevermögen z. B. für kationische Farbstoffe hängt von dem prozentualen Anteil des Gemisches an Ölsäure ab. Das stärkste Aufnahmevermögen besitzt reine Ölsäure. Für die anionischen Farbstoffe ist dagegen der prozentuale Anteil an Diamylamin ausschlaggebend (Tabelle 31).

Besonders für die anionischen Farbstoffe hat sich das Gemisch nach Nirenstein bewährt, aber ein großer Teil der sulfosauren Farbstoffe läßt sich auch hiermit nicht ausschütteln (Wiechmann 1921, Seo 1923, Gellhorn 1928, Orzechowski 1930, Höber und Pupilli 1931, Gersch 1937b, Ruge 1940, Drawert 1941a, 1950, 1951a, Pilz 1959).

Sobald die hydrophobe Phase nicht mehr völlig neutral ist, sondern reaktionsfähige Gruppen enthält, steigt das Aufnahmevermögen für Farbstoffe. Dabei

Tab. 31. *Der Verteilungskoeffizient anionischer Farbstoffe zwischen Wasser und dem Gemisch nach* Nirenstein *bei verschiedenem Ölsäure/Diamylamin-Verhältnis.*
(Nach Höber und Pupilli 1931.)

| | Zusammensetzung des Gemisches nach Nirenstein | | | | | | |
	I	II	III	IV	V	VI	VII
Mandelöl	19,0	19,0	19,0	19,0	19,0	19,0	19,0
Ölsäure	4,0	4,5	5,0	5,5	5,75	5,9	5,95
Diamylamin	2,0	1,5	1,0	0,5	0,25	0,1	0,05
Farbstoff	Verteilungskoeffizient						
Orange R	95	94	89	12	6	2	0
Orange GT	68	67	45	10	8	6	4
Bromphenolblau	44	28	27	23	0	0	0
Azofuchsin B	5	0	0	0	0	0	0
Ponceau 2 R	0	0	0	0	0	0	0

Tab. 32. *Löslichkeit von 104 anionischen und 68 kationischen Farbstoffen in verschiedenen apolaren und polaren hydrophoben Solventien beim Ausschütteln aus einer wässerigen 0,1%igen Lösung.* (Nach Kobayashi 1934.)

hydrophobe Phase	anionische	kationische
	Farbstoffe	
Olivenöl	6 (6%)	20 (20%)
Lecithin	17 (16%)	29 (42%)
Cholesterin	8 (8%)	38 (56%)
Olivenöl + Lecithin	19 (18%)	40 (59%)
Xylol	12 (12%)	31 (46%)
Xylol + Cholesterin	18 (17%)	56 (82%)

ist aber zu bedenken, daß sich auch die Dielektrizitätskonstante ändert und daß diese Gruppen hydrophilen Charakter haben, so daß der Hydrophobiegrad der organischen Phase herabgesetzt wird.

Wir müssen also bei den Ausschüttelversuchen zwischen apolaren und polaren Medien unterscheiden. Mit völlig apolaren Solventien, wie Benzol, kann man viele Farbstoffe aus normalen wässerigen Lösungen gar nicht oder nur in geringen Mengen ausschütteln, so daß die Annahme Overtons durchaus verständlich ist. Sobald man dem Benzol, Xylol oder anderen apolaren Solventien aber mehr oder weniger polare Stoffe zugibt, steigt deren Aufnahmevermögen (vgl. Tabelle 31 und 32). Das ist bereits beim Cholesterin der Fall, das durch seine —OH-Gruppe einen, wenn auch nur schwachen polaren Charakter erhält, der dann beim Lecithin durch die Phosphatgruppe und das Cholin viel ausgeprägter hervortritt und bei Ölsäure und Diamylamin noch stärker ausgebildet ist.

BOCK (1964) erzielt z. B. für Neutralrot bei pH 5 der wässerigen Phase folgende Verteilungskoeffizienten (VK $=$ c $_{organische\ Phase}$/c $_{wässerige\ Phase}$): Xylol 0,44; Toluol 0,49; Benzol 0,56; Benzol $+$ Ölsäure (49 : 1) 2,18; Chloroform 16,6 und reine Ölsäure 26,2. Beim Benzol und seinen Abkömmlingen verschiebt sich die Verteilung — bei etwa gleicher DK $= \sim 2{,}3$ — mit steigender Zahl der CH_3-Gruppen zuungunsten der organischen Phase. (Über unterschiedliche Löslichkeit in verschiedenen apolaren Solventien im Ausschüttelversuch vgl. auch ROST 1911, VON HAHN 1924, BEUTNER 1932b, LEPESCHKIN 1932, DRAWERT 1940.)

Die Ausbildung polarer Gruppen muß man bei der Benutzung natürlicher pflanzlicher und tierischer „Neutralfette und -öle" berücksichtigen. Zum Beispiel dürfte Olivenöl nur kurz nach der Herstellung und Reinigung neutral sein. Bald wird sich ein gewisser Zersetzungsgrad durch die Ausbildung polarer Gruppen bemerkbar machen, so daß es dann ein viel besseres Lösungsmittel ist als hoch raffiniertes weißes Mineralöl (ROSS 1951). Durch Erhitzen und wieder Abkühlen wird aber auch Paraffinöl — sehr wahrscheinlich durch die Ausbildung von COOH-Gruppen — aufnahmefähiger für Methylenblau (MORICARD und GOTHIÉ 1941). Frisches Hammelfett bleibt ungefärbt, ranziges färbt sich intensiv mit Safraninen (SPEK 1951). Nach FREUNDLICH und GANN (1916) nimmt reines oder mit frisch gekauftem Tripalmitin, Tristearin, Triolein oder Palmöl versetztes Chloroform im Ausschüttelversuch kein Methylenblau aus der wässerigen Phase auf. Dies ist aber der Fall, sobald man ältere Fettpräparate benutzt. Frisches Tristearin hatte die Säurezahl 0, ein älteres Präparat dagegen 44,7 (vgl. auch LOEWE 1922).

Der Wirkungsgrad der polaren Gruppen wird von der Dielektrizitätskonstanten des benutzten Lösungsmittels beeinflußt. Der anionische Farbstoff Tropaeolin 00 zum Beispiel geht aus einer wässerigen Phase mit pH < 5 in Chloroform $+$ synthetischem Lecithin, er läßt sich aber nicht mit einem Tetrachlorkohlenstoff-Lecithin-Gemisch ausschütteln (HIRT und BECHTOLD 1958). Zusatz von Ölsäure zu Tetrachlorkohlenstoff führt aber zu einem Übertritt vieler kationischer Farbstoffe in die hydrophobe Phase (BAILEY und ZIRKLE 1931). Auch die Stellung der polaren Gruppe im Molekül kann für den Ausfall des Ausschüttelversuches von Bedeutung sein. So ist der primäre Butylalkohol, dessen OH-Gruppe sich am Ende des Kohlenstoffschwanzes befindet (C—C—C—C—OH), besser geeignet als der sekundäre, dessen OH-Gruppe mehr abgeschirmt steht (C—C—C—C) (BUNGENBERG DE JONG und BANK 1940).
$\qquad\qquad$ \OH
Die von einem apolaren, hydrophoben Medium aufgenommene Menge hängt ferner vom Lipophiliegrad des benutzten Farbstoffes ab. Beim Farbbasenmolekül kann dafür z. B. das Verhältnis der vorhandenen Methylgruppen zu den hydrophilen auxochromen Gruppen verantwortlich sein. Acridinorange hat 4 Methyl- gegen 0 Aminogruppen (S. 17, 1, IX), Neutralrot 3 Methyl- gegen 1 Aminogruppe (S. 17, 1, XII) und Thionin 0 Methyl- gegen 2 Aminogruppen (s. S. 120,6, I). Nach dem Ausschütteln konzentrierter Lösungen, die zum Freisetzen der Farbbase mit n/10 NaOH stark alkalisch gemacht worden sind, enthalten 25 cm^3 Benzol

im Durchschnitt 122,6 mg ($\sim 1{,}8 \cdot 10^{-2}$ mol/l) Acridinorange, 9,2 mg ($\sim 1{,}4 \cdot 10^{-3}$ mol/l) Neutralrot und 1,0 mg ($\sim 1{,}8 \cdot 10^{-4}$ mol/l) Thionin. Die Löslichkeiten verhalten sich also etwa wie 100 : 10 : 1 (Sauer 1960). Von der starken Lipophilie vieler Farbbasen gibt folgender Vergleich eine Vorstellung. Nach Collander, Lönegren und Arhimo (1943) ist die relative Ätherlöslichkeit der Neutralrotbase rund 10 000mal größer als die des Harnstoffes.

$$\left[H_2N{-} \bigcirc {-}S{-} \bigcirc {=}\overset{(+)}{N}H_2 \right]^{+} \; Cl^{-}$$

(6, I) Thionin

Im allgemeinen wird bei dem Übergang der Farbstoffe von der wässerigen in die hydrophobe Phase von einer „Lösung" gesprochen („Lipoidlöslichkeit"). Es ist aber fraglich, ob immer ein echter Lösungsvorgang erfolgt.

Bei der Benutzung völlig apolarer Medien fällt auf, daß viele Farbstoffe in der hydrophoben Phase anders gefärbt sind als in der wässerigen. Die hydrophobe Phase zeigt den Farbton der Farbbase oder -säure, die wässerige dagegen den des Farbsalzes (oder einer bestimmten Dissoziationsstufe desselben). Neutralrot, mit Benzol ausgeschüttelt, besitzt in der hydrophoben Phase einen gelben Farbton und das Absorptionsmaximum der Neutralrotbase (Bock 1964; für weitere Farbstoffe vgl. u.a. Irwin 1926d, 1930b; Kelley und Miller 1935b; Drawert 1940, 1951a; Strugger 1940b; Spek 1943, 1944, 1951; Bucher 1953; Robinow und Murray 1953). In diesen Fällen ist anzunehmen, daß wirklich eine echte Lösung des Farbbasen-(-säuren-)Moleküls vorliegt. Hier müßte auch der Henry-Nernstsche Verteilungssatz gelten, wenn wir nur die Verteilung der Base oder Säure auf beide Phasen betrachten, dagegen nicht hinsichtlich der Verteilung des Gesamtfarbstoffes, da der Farbstoff sich in beiden Phasen überwiegend in einem verschiedenen Zustand befindet (vgl. S. 114 den Einwand von Ruhland 1908a).

Anders liegen die Verhältnisse bei der Benutzung polarer hydrophober Medien. Hier stimmt meist der Farbton der organischen Phase mit dem der wässerigen überein. Die hydrophobe Phase zeigt nie den Farbton der Farbbase oder -säure, wenn sich dieser von dem des Farbsalzes unterscheidet. Z. B. Neutralrot weist, mit Ölsäure ausgeschüttelt, einen roten Farbton und das Absorptionsmaximum der monomeren Farbkationen (Bock 1964) auf. In diesem Fall gilt erst recht nicht der Henry-Nernstsche Verteilungssatz, sondern die Verteilung in der organischen Phase entspricht mehr einem Adsorptionsvorgang (Loewe 1912a, Reinders 1913, Freundlich und Gann 1916, Herzfeld 1917, Nirenstein 1920, Zipf 1927). Das trifft auch für die Fettfärbung mit Farbstoffen aus der Sudangruppe zu (Meier 1959, Holczinger und Bábint 1962). Es ist also inkorrekt, hier von einer Lösung oder einer Lipoid-„Löslichkeit" zu sprechen. In diesem Zusammenhang gewinnt die alte Beobachtung von Prowazek (1909) mit wässerigen Lecithin-Emulsionen und Neutralrot an Interesse. Neutralrot flockt das Lecithin aus und wird dabei von diesem gebunden. Bei vorsichtigem Erwärmen fließen die gefärbten Lecithintröpfchen zu größeren zusammen und geben dabei einen Teil des gebundenen Farbstoffes ab. Prowazek schließt daraus auf eine Farbstoffbindung „im physikalischen Sinne".

Bei manchen Farbstoffen tritt der Unterschied zwischen apolaren und polaren hydrophoben Medien durch einen Farbverlust in den ersten in Erscheinung. Rhodamin B und 3 B werden bei ihrem Übertritt in Toluol, Chloroform und ganz frisches Olivenöl selbst bei Zimmertemperatur farblos. Rhodamin B behält dabei seine Fluorescenz, die beim Rhodamin 3 B auch verlorengehen kann. Bei Zusatz von etwas Ölsäure zu den apolaren Lösungsmitteln oder bei der Benutzung älteren Olivenöls als organische Phase ist diese dagegen ziegelrot gefärbt (DRAWERT 1939a). Nach KUHN (1932) wird Rhodamin 6 G, in Toluol gelöst, erst beim Erhitzen farblos, und beim Abkühlen wird die Flüssigkeit unter Ausscheidung von Kriställchen wieder rot. Etwas Ähnliches ist beim Fluorescein zu beobachten. In das apolare Benzol geht der Farbstoff bei entsprechender cH der wässerigen Phase unter Farb- und Fluorescenzverlust über, bei Benutzung des polaren Octanols bleibt dagegen die Fluorescenz bestehen (SCHARF 1956). Ebenso erhält man eine intensive Fluorescein-Fluorescenz, wenn man dem Benzol oder Chloroform Diamylamin zusetzt (DRAWERT 1960a).

Eine Gültigkeit des HENRY-NERNSTschen Verteilungssatzes findet HIRAOKA (1957) für Parafuchsin im System Wasser/Amylalkohol. Unabhängig von der Farbstoffkonzentration soll bei pH 4,6 der wässerigen Phase der Verteilungskoeffizient 0,0059 und im stark alkalischen Bereich (0,1 n NaOH) 0,0984 betragen.

Mit der Frage, ob eine chemische Reaktion oder eine Adsorption vorliegt, hat man sich vor allem hinsichtlich des NIRENSTEINschen Gemisches befaßt. NIRENSTEIN (1920) selber vermutet die Bildung olsaurer Salze mit den kationischen Farbstoffen und die Entstehung von Diamylaminsalzen mit den anionischen, die beide „lipoidlöslicher" sein sollen als das normale Farbsalz. Dieser Meinung schließen sich auch BEUTNER und Mitarb. (1930, 1931) an. Nach ZIPF (1927) soll ein Anionen- bzw. Kationenaustausch stattfinden. Wird z. B. Methylenblauchloridlösung mehrmals mit Ölsäure ausgeschüttelt, so enthält die schließlich farblos gewordene wässerige Phase dieselbe Menge Cl$^-$ wie die ursprüngliche Farblösung, oder beim Ausschütteln von Na$_2$-Erythrosin G mit Diamylamin läßt sich das Na$^+$ quantitativ in der wässerigen Phase als NaOH nachweisen. ZIPF vermutet das Vorliegen eines echten chemischen Vorganges nach stöchiometrischen Gesetzen.

Es ist aber zu bedenken, daß das farblose Anion oder Kation auch in der wässerigen Phase zurückbleiben muß, wenn beim Vorliegen einer hydrolytischen Spaltung nur die Farbbase bzw. -säure auf dem Lösungsweg in die organische Phase übertritt. CZAJA (1934) und SAUER (1960) geben eine Ansäuerung der wässerigen Phase nach der Ausschüttelung kationischer Farbstoffe mit dem apolaren Benzol an. Hier ist eine chemische Reaktion aber ausgeschlossen.

Von der Tatsache ausgehend, daß Ölsäure und Diamylamin im NIRENSTEINschen Gemisch unabhängig voneinander ihre Einflüsse auf kationische und anionische Farbstoffe ausüben, anstatt sich zu neutralisieren, neigt HÖBER (1926) zu der Annahme, daß sie weniger in echter Lösung chemisch als in kolloidaler Dispersion elektrisch wirken. Demnach soll die Verteilung auf einer polaren Adsorption beruhen; die negativen Ölsäureteilchen adsorbieren die Farbkationen, die positiven Diamylaminteilchen die Farbanionen. Dieser Vorstellung schließen sich auch KREBS und WITTGENSTEIN (1926) an (vgl. auch DRAWERT 1948b für Lecithin).

Ross (1951) nimmt dagegen an, daß Ölsäure und Diamylamin miteinander reagieren und ein Aminsalz der Ölsäure entsteht, das stark oberflächenaktiv ist. Es bilden sich von dieser oberflächenaktiven Verbindung kolloidale Micellen, die den Farbstoff ein- oder anlagern. Dadurch können nichtöllösliche Stoffe in „Lösung" gebracht werden.

Loewe (1912a) bestimmt die Verteilung von Methylenblau zwischen Wasser und Kephalin-haltigem Chloroform, ohne beide Phasen durch Schütteln zu vermischen. Das organische Medium wird dem wässerigen unterschichtet. Nach 1 Stunde ist die Lipoidphase bereits ganz mit Farbstoff durchsetzt. Das Gleichgewicht zwischen beiden Phasen stellt sich aber erst nach 16—24 Tagen ein. Auch in diesem Fall entspricht die Verteilung nicht dem Henry-Nernstschen Satz, sondern der Adsorptionsisothermen. Loewe schließt auf eine Adsorption des Farbstoffes an der Oberfläche des im Chloroform kolloiddispers verteilten Kephalins, da eine Änderung des Chloroformvolumens bei gleichbleibender Kephalinmenge keinen Einfluß auf die aufgenommene Farbstoffmenge hat. Das zum Unterschied vom Kephalin nur sehr schwach polare Cholesterin nimmt bei der gleichen Versuchsanstellung nur sehr wenig Methylenblau auf, so daß nicht einwandfrei entschieden werden kann, ob es sich um einen Adsorptions- oder einen Lösungsvorgang handelt. Da in diesem Fall aber bei gleichbleibender Cholesterinmenge die Lipoidphase sich mit steigendem Chloroformvolumen besser färbt, denkt Loewe hier mehr an eine Verteilung nach dem Henry-Nernstschen Satz. Das Cholesterin soll z. T. molekular im Chloroform gelöst werden (Loewe 1912c), dazu könnte noch eine geringe Adsorption an z. T. kolloidal gelöstem Sterin kommen. Dem Kephalin ähnlich verhalten sich Cerebrosid und Thymol. Dem Cholesterin ähnelt Leinöl in seinem Verhalten. Da sich der von der lipoiden Phase aufgenommene Farbstoff fast gar nicht mit Wasser wieder auswaschen läßt, soll in den meisten Fällen die Adsorption überwiegen.

In jüngster Zeit hat Byrne (1962) im Anschluß an Untersuchungen von Dervichian und Magnant (1946) die Farbstoffaufnahme aus wässerigen Lösungen durch Phosphatide und Cerebroside mikroskopisch sowie in Ausschüttelversuchen, unter anderem auch spektrophotometrisch, geprüft und mit der Färbung von reinem Olivenöl, schon etwas zersetztem Triolein sowie Ölsäure verglichen (Tabelle 33). Bei den Phosphatiden Lecithin und Kephalin entstehen beim Zusammentritt mit der wässerigen Lösung Myelinfiguren, die sich mit allen untersuchten kationischen und einigen anionischen Farbstoffen färben. Das Phosphatid Sphingomyelin und das Cerebrosid bilden keine Myelinfiguren, färben sich aber ebenfalls mit den kationischen, und Sphingomyelin — zum Unterschied vom Cerebrosid — auch mit einigen anionischen Farbstoffen. Phosphatide nehmen aber mengenmäßig mehr Farbstoff auf als das Cerebrosid. Kationisches Fuchsin wird vom Kephalin 4,65, vom Lecithin 4,0 und vom Sphingomyelin 3,65mal mehr gespeichert.

Die Bedeutung der polaren Gruppen tritt besonders klar hervor, wenn man die erhaltenen Ergebnisse einschließlich der mit Triolein und Ölsäure gewonnenen mit denen vergleicht, die reines Olivenöl liefert (Tabelle 33). Byrne denkt an eine chemische Reaktion der kationischen Farbstoffe mit entsprechenden Gruppen der Lipoide, bei den Phosphatiden z. B. mit der Phosphorsäuregruppe, deren

Fehlen beim Cerebrosid dessen geringere Färbbarkeit bedingen soll. Von den untersuchten anionischen Farbstoffen werden von den Phosphatiden, dem Triolein und der Ölsäure nur Aurantia, Eosin Y und SS und Erythrosin B aufgenommen. Cerebrosid und Olivenöl färben sich auch mit diesen nicht. Pikrinsäure

Tab. 33. *Die Aufnahme kationischer Farbstoffe aus wässeriger Lösung durch verschiedene Lipoide.*

Es bedeuten: $++++$ = sehr starke Färbung, wässerige Lösung wird entfärbt, $+++$ = starke Färbung, aber wässerige Lösung bleibt auch noch gefärbt, $++$ = schwache Färbung, $+$ = sehr schwache Färbung, 0 = nicht gefärbt. (Nach BYRNE 1962.)

Farbstoff	Phosphatide			Cere-brosid	Oliven-öl	Triolein zersetzt	Ölsäure
	Lecithin	Kepha-lin	Sphingo-myelin				
Acridinorange	++++	++++	+++	++	+	++++	++++
Azur A	++++	++++	++++	++ purpurn	0	++++	+++ grün
Azur B	+++	+++	+++	+ purpurn	0	++++	++++ grün
basisches Fuchsin	++++	++++	++++	++	0	++++	++++
Dismarckbraun	++++	++++	++++	++	+ gelbl.	++++	+++
Brillant-cresylblau	++++	++++	++++	++ purpurn	0	++++	+++
Chrysoidin	++++	++++	++++	++	+	++++	++++
Kristallviolett	++++	++++	++++	++	0	++++	++++
Dahlia	++++	++++	++++	++	0	+++	++
Janusgrün B	++++	++++	+++	++	0	++++	++++
Methylgrün	++++	++++	++++	++	0	++++	++++
Methylenblau	+++	++++	++++	++	0	+++	++
Neutralrot	++++	++++	++++	++	+ gelbl.	++++	++++
Nilblau	++++	++++	++++	++	+ rot	++++	++++
Pyronin G	+++	+++	++	+	0	+	++
Safranin	++++	++++	++++	++	0	++++	++++
Thionin	++++	++++	++++	++ rötlich	0	++++	+++ grün
Toluidinblau	++++	++++	++++	++ purpurn	0	++++	++++
Viktoriablau	++++	++++	++++	+	0	+++	++++

tingiert nur schwach die Myelinfiguren von Lecithin und Kephalin. Hierbei soll es sich aber nur um eine Aufnahme mit dem Wasser bei der Bildung der Myelinfiguren handeln. Durch die geringe Größe des Pikrinsäuremoleküles wird die Aufnahme begünstigt.

HIRT und BECHTOLD (1958), die mit synthetischem Lecithin, das in Chloroform gelöst ist, arbeiten, stellen fest, daß von diesem Gemisch der anionische Farbstoff Tropaeolin 00 aus der wässerigen Phase bei pH < 5 zum Teil ausgeschüttelt werden kann. Sie nehmen an, daß sich das Lecithin in der lipoiden Phase bei hoher cH wie eine hochmolekulare quaternäre Ammoniumbase ohne saure Gruppe verhält. Der Farbstoff soll als Säure-Anion und Proton nach folgendem Schema angelagert werden:

$$
\begin{array}{c}
\underset{|}{R} \quad \underset{\uparrow}{O} \\
O{-}P{-}O{-}CH_2{-}CH_2 \xrightarrow{\overset{+\ -}{HSO_3{-}\text{Tropäolin}}} \\
\underset{O}{|} \qquad \underset{+N(CH_3)_3}{|}
\end{array}
\qquad
\begin{array}{c}
\underset{|}{R} \quad \underset{\uparrow}{O} \\
O{-}P{-}O{-}CH_2{-}CH_2 \\
\underset{\overline{O}}{|} \qquad \underset{+N(CH_3)_2}{|} \\
\vdots \qquad\qquad \vdots \\
H^+ \qquad SO_3{-}\text{Tropäolin}
\end{array}
$$

R = Glyceridrest

Nach eigenen unveröffentlichten Versuchen läßt sich Tropäolin 00 leicht mit polarem Octanol ausschütteln. Die hydrophobe Phase färbt sich gelb.

Aus der schlechten Diffusion eines Farbstoffes aus einer bzw. durch eine entsprechende lipoide Phase geht hervor, daß bei dem Vorhandensein polarer Gruppen in der hydrophoben Phase eine festere Bindung und keine einfache Lösung vorliegen kann. Bereits Loewe (1912a,b) beobachtet, daß aus einem Methylenblau-haltigen Phosphatid kein Farbstoff in ein angrenzendes farbloses Phosphatid innerhalb von $1\frac{1}{2}$ Jahren übertritt. Wird das gleiche Phosphatid aber in chloroformiger Lösung mit Methylenblau in Berührung gebracht, dann färbt es sich intensiv. Aber auch im letzten Fall soll die „Diffusions"-fähigkeit nur scheinbar sein, da Loewe eine Bewegung der mit Farbstoff adsorptiv beladenen Lipoidteilchen vermutet. Andererseits ist Methylenblau etwas in Chloroform löslich, so daß es sich hierbei doch um eine echte Farbstoffdiffusion handeln kann (vgl. auch Loewe 1922, dazu aber den Hinweis auf S. 132). Nach von Möllendorff (1918a) werden bei einer Überschichtung von reinem Wasser mit einer intensiv gefärbten Lecithin-Xylollösung bei den meisten Farbstoffen nur minimale Mengen an das Wasser abgegeben. Anders liegen die Verhältnisse bei mehr apolaren Medien. Werden zwei wässerige Phasen durch Chloroform getrennt, so diffundiert bei entsprechender Konstellation der wässerigen Phasen Kristallviolett ohne weiteres durch das hydrophobe Medium (Irwin 1931b). Dasselbe ist der Fall bei Brillantcresylblau und Phenolrot bei günstiger Lage der pH-Werte der wässerigen Phasen und Anilin als hydrophober Zwischenschicht. Ein Zusatz von Salicylsäure zum Anilin verhindert aber vollständig einen Durchtritt von Brillantcresylblau. Dasselbe bewirkt ein Zusatz von Ölsäure zu Chloroform sowohl für Brillantcresylblau als auch für Phenolrot (Irwin 1931c). Nach Drawert und Bock (1961) ist Benzol für das Farbbasenmolekül des Neutralrotes ohne weiteres durchlässig. Ebenso verhält sich Xylol, Toluol und Chloroform sowie Benzol + Ölsäure (Bock 1964). Ein Zusatz von Ölsäure bewirkt sogar eine schnellere Diffusion durch die Benzolphase im Gegensatz zu den Befunden von Irwin (1931c) mit Chloroform + Ölsäure bei Brillantcresylblau und Phenolrot. Ganz allgemein geht die Diffusionsgeschwindigkeit parallel dem Verteilungskoeffizienten im Ausschüttelversuch (Abb. 26) mit Ausnahme der reinen Ölsäure, die sich völlig anders verhält.

β) **Einfluß der Wasserstoffionenkonzentration der wässerigen Phase auf die Verteilung**

Aus den bisherigen Betrachtungen geht hervor, daß bei der Benutzung apolarer Solventien als hydrophobe Phase im Ausschüttelversuch nur die Moleküle der freien Farbbase bzw. Farbsäure in die organische Phase übertreten. Daraus ist zu schließen, daß der hydrolytischen Spaltung der Farbstoffe und damit der cH

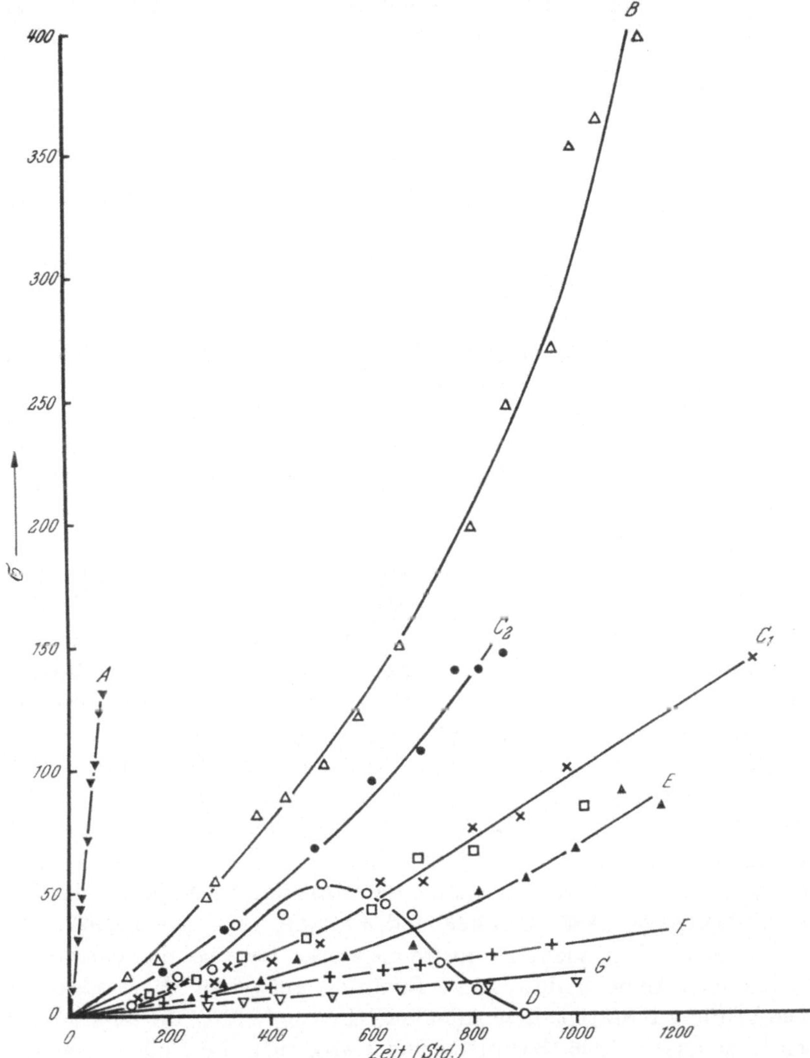

Abb. 26. Zeitlicher Verlauf der Neutralrotspeicherung in Ionenfallenmodellen mit verschiedenen organischen Zwischenschichten. Innenlösung pH 2, Außenlösung pH 5, Ausgangskonzentration des Farbstoffes in der Außenlösung = 1 : 40 000. A = Chloroform; B = Benzol + Ölsäure (49 : 1); C₁ = Benzol und Benzol + Lecithin (1 mg L./20 ml B.); C₂ = Benzol, aber Puffersalze in der Außenlösung haben nur ein Viertel der sonst verwendeten Konzentration; D = Ölsäure; E = Benzol + Diamylamin (49 : 1); F = Toluol; G = Xylol. Abszisse: Zeit in Stunden, Ordinate: Speicherungsfaktor δ. (Nach BOCK 1964.)

der wässerigen Phase für den Ausfall des Versuches eine ausschlaggebende Bedeutung zukommt.

BETHE (1905) stellt fest, daß sich bei einer Anzahl kationischer Farbstoffe erst nach Zusatz einer gewissen NaOH-Menge zur wässerigen Lösung die Farbbase mit Äther ausschütteln läßt. In der Folgezeit wird dann allgemein beobachtet, daß eine Laugen-Zugabe den Übergang kationischer und ein Säure-Zusatz den anionischer Farbstoffe in eine hydrophobe Phase fördert, z. B. in Aethylacetat (Robertson 1908), Isobutylalkohol (Reinders 1913), Xylol, Chloroform (Herzfeld 1917), Mandelöl + Ölsäure + Diamylamin (Nirenstein 1920), Chloroform (Prát 1925a, Spek 1933), Mandelöl (McCutcheon und Lucké 1924). Da NH₄OH und NaOH den gleichen Effekt haben, schließen die letzten Autoren, daß nur die cH der wässerigen Phase dafür verantwortlich ist, und nicht die Art der benutzten Lauge. Holló und Deutsch (1926), die den Einfluß der cH im kritischen Bereich in kleineren Intervallen untersuchen, stellen bei saurer Reaktion aber auch eine Wirkung der Anionen fest, die nach ihrer Wirksamkeit geordnet die Hofmeistersche Reihe ergeben (vgl. S. 129).

Eingehende Untersuchungen über die Bedeutung der cH für die Verteilung verdanken wir Irwin (1925—1932). Besonders sind von ihr die kationischen Farbstoffe Brillantcresylblau, Methylenblau und Kristallviolett mit Chloroform als hydrophobe Phase untersucht worden. Alle drei Farbstoffe zeigen charakteristische Unterschiede in ihrem Verhalten.

Entsprechend der Zunahme der hydrolytischen Spaltung mit fallender cH, d. h. mit dem Freiwerden der Farbbasenmoleküle, ist beim Brillantcresylblau auch die Speicherung im Chloroform um so größer, je höher der pH-Wert liegt. Ein Übertritt der Farbbase in die organische Phase beginnt bei pH ~ 6,4. Das Maximum wird bei pH 9,3 erreicht, eine weitere pH-Erhöhung führt zu keiner weiteren Steigerung der vom Chloroform aufgenommenen Farbstoffmenge (Irwin 1926d). Die kolorimetrisch erhaltenen Verteilungswerte fallen etwa mit der berechneten Kurve für den prozentualen Anteil an undissoziierten Farbbasenmolekülen in der wässerigen Lösung zusammen (S. 60, Abb. 14). In der wässerigen Phase ist das Brillantcresylblau blau gefärbt und im Chloroform rosa (Irwin 1926d), meist aber orange (Irwin 1930b) getönt.

Bei ähnlichen Versuchen mit Methylenblau (Tetramethylthionin S. 18,1, XVI) färbt sich ebenfalls im alkalischen Bereich das Chloroform, hierbei soll es sich aber nicht um die Base des eigentlichen Methylenblaus handeln, sondern um die des Azur B (Trimethylthionin, Irwin 1927a, vgl. auch Michaelis 1906 und Loewe 1922), das besonders bei alkalischer Reaktion in Methylenblaulösungen entsteht (Bernthsen 1885, Holmes und French 1926, Prát 1927, Holmes und Snyder 1929). Methylenblau dürfte als starke Base bei den entsprechenden pH-Werten noch keine hydrolytische Spaltung aufweisen. Eine spektrophotometrische Prüfung bestätigt diese Annahme (Irwin 1928d), die auch mit älteren Angaben (Kehrmann 1906, Baudisch und Unna 1919) im Einklang steht.

Bei der leichten Oxydierbarkeit des Methylenblaus ist es wahrscheinlich unmöglich, von diesem Farbstoff völlig reine Präparate zu erhalten (Holmes 1927). Die normalen Handelspräparate sollen bis zu 10% Azur B führen (Holmes 1928). Azur B beginnt in wässeriger Lösung bei pH 10 von Blau nach Violett umzuschlagen und wird über pH 13 rot. Der Farbtonwechsel wird durch den Übergang des dissoziierten blauen Salzes in die undissoziierte rote Base verursacht. Der Halbwertspunkt (1 : 1) liegt bei pH ~ 12. Im Ausschüttelversuch mit Tetrachlorkohlenstoff steht der Verteilungskoeffizient zwischen beiden Phasen bei verschiedenen pH-Werten in guter Übereinstimmung mit der Dissoziationskonstanten der Farbbase ($K_b = 10^{-3}$, Irwin 1932). Das Azur B verhält sich also dem Brillantcresylblau entsprechend.

Im Gegensatz zu Brillantcresylblau und Azur B soll Kristallviolett in wässeriger Lösung nur in einer Form vorliegen, ob als Salz — wie das Methylenblau — oder als freie Base, bleibt unentschieden. Es ist bei pH 5 ebenso gut in Chloroform löslich wie bei pH 9,2 (IRWIN 1930c, 1931e).

Andere Versuche (DRAWERT 1940) ergeben aber, daß sich auch Kristallviolett wie Brillantcresylblau verhält, nur handelt es sich bei ihm um eine relativ schwache Base, deren Salze bereits im stark sauren Bereich eine hydrolytische Spaltung erfahren. Der Umschlagspunkt des Farbtones in der wässerigen Lösung von Blauviolett nach Violett liegt zwischen pH 2 und 3; unter pH 3 tritt der Farbstoff zwar noch ins Chloroform über, aber nicht mehr quantitativ wie bei pH 3 und darüber (vgl. S. 42, Tab. 6). Kristallviolett verhält sich also ähnlich, wie es IRWIN (1931e) für das nahe verwandte Methylviolett beobachtet hat, nur mit dem Unterschied, daß der Verteilungskoeffizient zugunsten der hydrophoben Phase noch weiter im sauren Bereich liegt, bei pH-Werten, die IRWIN nicht mehr untersucht hat.

Von anderen Farbstoffen werden nach IRWIN (1927d) die anionischen Trypanblau, Trypanrot, Bordeauxrot weder bei pH 5,5 noch bei pH 9,5 vom Chloroform aufgenommen, während Methylrot (IRWIN 1926d) bei pH 8 oder 9 in die hydrophobe Phase übertritt.

IRWIN benutzt für ihre Ausschüttelversuche reines Chloroform, in einigen Fällen auch Tetrachlorkohlenstoff. Beide sind noch zu den apolaren Solventien zu rechnen, wenn auch Chloroform in mancher Hinsicht eine Mittelstellung einnimmt (vgl. S. 137). BAILEY und ZIRKLE (1931) verwenden bei Untersuchungen über die Verteilung von Farbstoffen in Abhängigkeit von der cH auch einen polaren Stoff. Die Autoren sprechen zwar nur von apolaren Medien, prüfen aber neben Chloroform, Tetrachlorkohlenstoff, Olivenöl usw. auch die polare Ölsäure. Leider geben sie nur den kurzen Hinweis, daß durch Zugabe von Ölsäure zu Tetrachlorkohlenstoff (3 : 97) viele Farbstoffe in letztem löslicher werden.

Systematische Untersuchungen über den Einfluß der cH der wässerigen Phase und über das Verhalten apolarer und polarer hydrophober Solventien im Ausschüttelversuch sind von DRAWERT (1938c—1960a) an einer Reihe kationischer und anionischer Farbstoffe durchgeführt worden. Als apolare Medien dienen vor allem Toluol und Chloroform, die durch Zusatz von Ölsäure und Diamylamin in Anlehnung an NIRENSTEIN (1920) in eine hydrophobe Phase mit polarem Charakter überführt werden.

Es ergibt sich eine sehr gute Übereinstimmung zwischen der Wanderung der Farbstoffe im Elektrophoreseversuch, damit also mit ihrer Dissoziation und der Löslichkeit in apolaren Solventien. Nur die lipophile Farbbase bzw. Farbsäure geht in die hydrophobe Phase über. Damit werden die Befunde von IRWIN (1926d) an Brillantcresylblau (S. 60, Abb. 14) auch für eine Anzahl anderer Farbstoffe bestätigt (vgl. S. 38 u. f., Tab. 6).

Entsprechend der Abhängigkeit der hydrolytischen Spaltung von der cH treten die kationischen Farbstoffe im alkalischen Bereich in die hydrophobe Phase über. Der Beginn des Übertrittes in Abhängigkeit von der cH wird von der Dissoziationskonstanten des Farbstoffes bestimmt. Er liegt z. B. für Chrysoidin mit $K \sim 1 \cdot 10^{-9}$ bei pH < 2, für Neutralrot mit $K \sim 1 \cdot 10^{-6,6}$ bei pH $\sim$ 4,5 und für Toluidinblau mit $K \sim 1 \cdot 10^{-3}$ bei pH $\sim$ 9. Ein Zusatz von Ölsäure verschiebt im allgemeinen den Anfang des Übertrittes der kationischen Farbstoffe nach der sauren Seite. Dieser Effekt ist besonders gut bei den stärker dissoziierten Farbstoffen zu beobachten.

Die anionischen Farbstoffe lassen sich dagegen im sauren Bereich ausschütteln. Allerdings sind es auf Grund der starken Dissoziation besonders der sulfosauren Farbstoffe nur wenige, die in apolare Solventien übertreten. Ein Zusatz von Diamylamin ändert aber die Sachlage. Jetzt können viele, z. B. mit Chloroform + Diamylamin, bis zu pH 8—10 mehr oder weniger gut ausgeschüttelt werden (Drawert 1941a).

Bei den amphoteren Farbstoffen Prune pure (Drawert 1938c) und Coelestinblau (Drawert 1954a) findet entsprechend den vorliegenden Dissoziationsbedingungen in einem breiten mittleren pH-Bereich ein Farbstoffübergang in die hydrophobe Phase statt. Die in den extremen pH-Bereichen freiwerdenden Kationen und Anionen des Prune pure sind nicht in Oliven- oder Bucheckernöl löslich (Bethe 1950). Das stark lipophile Rhodamin B (Strugger 1937a) zeigt im Einklang mit seinem elektrophoretischen Verhalten bei fast allen pH-Werten eine quantitative Löslichkeit in der organischen Phase, nur bei pH 2 bleibt eine Spur in der wässerigen Phase (Drawert 1939a). Das amphotere Methylrot verhält sich im Ausschüttelversuch mit Chloroform wie ein anionischer Farbstoff, d. h. unter pH 6 geht es quantitativ in die organische Phase, über pH 6 läßt die Löslichkeit mit steigendem pH-Wert immer weiter nach. Aber selbst bei pH 9 kann immer noch ein Teil mit Chloroform ausgeschüttelt werden (vgl. auch Irwin 1926d). Ein Zusatz von Diamylamin ändert daran nichts, merkwürdigerweise bedingt aber Ölsäure eine bessere Löslichkeit (Drawert 1941a). Gegenüber Ölsäure kommt demnach die basische Komponente zum Tragen, dagegen nicht die saure gegenüber Diamylamin. Gersch (1937b) stellt bereits fest, daß Na-Methylrot aus wässeriger Lösung genauso maximal wie die kationischen Farbstoffe Neutralrot, Nilblau u. a. in Ölsäure übergeht.

Die Bedeutung der cH für die Verteilung eines Farbstoffes zwischen einer wässerigen und einer hydrophoben Phase wird immer wieder bestätigt, so von Strugger für Berberinsulfat (1939a), Acridinorange (1940d), Benzoflavin, Pyronin, Acridin (1941a), Auramin (1942b, 1943b); von Perner (1950a) für Pyrentrisulfosaures Na, Brillantsulfoflavin FF; von Härtel (1952a) für Dichlorphenolindophenol, Toluylenblau, Thionin; von Kiermayer (1955a) für Toluylenblau; von Mess (1956) für Acridinorange; von Scharf (1956) für Säurefuchsin, Toluidinblau, Fluorescein und seine Derivate; von Hiraoka (1957a) für Parafuchsin; von Kuttig (1957) für Malachitgrün u. a.; von Hirt und Bechtold (1958) für Tropaeolin 00; von Mouravief (1958) für Naphthylenblau; von Pilz (1959) für die „Range-indicators" nach Small; von Sauer (1960) für Acridinorange, Neutralrot, Thionin; von T. Schmidt (1961) für Pyronin G; von Bancher und Hölzl (1963) für Acridinorange; von H. Schmidt (1964) für Cresylechtviolett.

Nach den Untersuchungen von Scharf (1956), T. Schmidt (1961) und H. Schmidt (1964) ist Octanol als polares, hydrophobes Medium besonders gut geeignet.

γ) Einfluß von Salzen auf die Verteilung

Zum Unterschied von den übereinstimmenden Ergebnissen über den Einfluß der cH auf die Verteilung eines Farbstoffes zwischen hydrophiler und hydrophober Phase sind die Angaben über die Salzwirkung auf diesen Vorgang recht uneinheitlich.

Nach RÜTER und BORNSTEIN (1925) tritt aus neutralrothaltigem, sonst aber reinem oder auch mit Ölsäure versetztem Olivenöl kein Farbstoff in die wässerige Phase über, wenn der Ausschüttelversuch mit aqua dest. durchgeführt wird. Eine Rückfärbung der wässerigen Phase erfolgt aber, wenn diese Salze — besonders $CaCl_2$ — enthält.

HOLLÓ und DEUTSCH (1926) finden im sehr stark sauren Bereich einen großen Einfluß der Anionen auf die Verteilung von Nilblausulfat zwischen wässeriger Phase und Aethyläther (Tabelle 34).

Tab. 34. *Abhängigkeit der Verteilung von Nilblausulfat in stark saurer Lösung von den anwesenden Anionen.* (Nach HOLLÓ und DEUTSCH 1926.)

	n KCl 3,0	n KNO$_3$ 3,0	n KJ 3,0	n KSCN 3,0
1% Nilblausulfatlösung	0,1	0,1	0,1	0,1
5 n H_2SO_4	1,0	1,0	1,0	1,0
Aethyläther	3,0	3,0	3,0	3,0
Farbe der wässerigen Phase	grün	grün	grün	farblos
Farbe der ätherischen Phase	farblos	hellila	blaugrün	blau
Farbstoffgehalt der wässerigen Phase in %	100	82	37	0

Dasselbe beobachten sie für die Verteilung von Neutralrot zwischen 33% Aethylalkohol + n NH_4Cl als schwach saurem Puffer und Aethyläther. Nach IRWIN (1926g) setzen 0,01 mol NaCl und $MgCl_2$ die Löslichkeit von Brillantcresylblau bei pH 7,7 in Chloroform herab, und der von Chloroform bei pH 9,2 aufgenommene Farbstoff läßt sich bei pH 5,5 mit Pufferlösung + 0,1 mol KCl wieder vollständig ausschütteln (IRWIN 1930b). Auch bei Kristallviolett und Methylviolett hemmt 0,1 mol KCl den Übertritt in die hydrophobe Phase (IRWIN 1931b, e), während der von Phenolrot nicht beeinflußt wird (IRWIN 1931d). Die Salze sollen die Dissoziation der kationischen Farbstoffe fördern und dadurch die Löslichkeit in hydrophoben Solventien herabsetzen (IRWIN 1926g). Nach CZAJA (1936) läßt sich dagegen aus einer 0,5 n CaCl$_2$-Lösung + Toluidinblau die Farbbase genauso leicht mit Benzol extrahieren wie aus einer rein wässerigen Farblösung.

BUNGENBERG DE JONG und BANK (1940) beobachten einen starken Einfluß von Salzzusatz auf den Übergang kationischer Farbstoffe aus wässeriger Lösung in Aethylacetat (Tabelle 35).

In Tabelle 35 fällt auf, daß die beiden Farbstoffe, die mit und ohne Salzzusatz gleich gut im Aethylacetat löslich sind (Chrysoidin und Prune pure), auch die beiden am schwächsten dissoziierten der ganzen Reihe sind. Die Farbstoffe gehen nach den Autoren um so besser in das Aethylacetat über, je konzentrierter der Farbstoff in der wässerigen Lösung und je höher die Salzkonzentration ist. Die Kationen scheinen keinen Einfluß zu haben, da zwischen K$^+$, Li$^+$ und Ca^{++} kein Unterschied besteht. Aber die Anionen sind von Bedeutung:

KCNS wirkt stärker als KCl (vgl. auch Tab. 34). Wie die Neutralsalze begünstigt ein Zusatz des anionischen Farbstoffes Erythrosin die Löslichkeit im Aethylacetat. Durch den Salzzusatz soll eine Löslichkeitserniedrigung für die Farbstoffe im Wasser erfolgen, so daß sie in die jetzt relativ gut lösende Phase des Aethylacetats übergehen. Man muß einerseits mit einer Änderung der Dissoziation rechnen, die allerdings entgegen der Annahme von Irwin zurückgedrängt werden müßte, andererseits ist aber auch die Möglichkeit einer Hydrolyse des Aethylacetates durch die Salze nicht von der Hand zu weisen, die in ihrer Wirkung etwa dem Zusatz von Ölsäure zu einem apolaren Lösungsmittel gleichkäme.

Tab. 35. *Einfluß von Salzen auf die Färbung der Aethylacetat-Phase im Ausschüttelversuch.*
(Nach Bungenberg de Jong und Bank 1940.)

Farbstoff	ohne Salzzusatz	mit Salzzusatz
Auramin	−	+ +
Brillantgrün	±	+ +
Brillantcresylblau	−	+ +
Chrysoidin	+ +	+ +
Fuchsin	−	+ +
Kristallviolett	−	+ +
Malachitgrün	−	+ +
Methylenblau	−	+ +
Methylengrün	−	−
Methylviolett	−	+ +
Neutralrot	−	+ +
Nilblausulfat	−	+ +
Prune pure	+ +	+ +
Pyronin	−	+
Toluidinblau	−	+ +
Trypaflavin	±	+

Nach Drawert (1938c) haben KCl, KNO_3, NaCl, $CaCl_2$ und $MgCl_2$ in Konzentrationen bis zu 2 vol. mol im Ausschüttelversuch keinen Einfluß auf die Löslichkeit des amphoteren Farbstoffes Prune pure in Chloroform bzw. in Chloroform + Ölsäure. Anders verhält sich aber der Farbstoff bei der Zugabe von $AlCl_3$, $Al(NO_3)_3$ und $Al_2(SO_4)_3$. Nur in den Konzentrationen 10^{-5} und 10^{-6} vol. mol geht der Farbstoff in die organische Phase über, in den höheren Konzentrationen bleibt er selbst bei Ölsäure in der wässerigen Phase (Abb. 27). Bei Lösung der Aluminiumsalze in Ca^{++}-haltigem Leitungswasser wird auch bei 10^{-4} vol. mol Al-Salze noch die organische Phase gefärbt. Hierbei kann es sich aber um einen reinen cH-Effekt handeln, da eine 0,01%ige Prune pure-Lösung in aqua dest. + 10^{-4} vol. mol $Al_2(SO_4)_3$ pH ~ 3,7 besitzt und die entsprechende Mischung in Leitungswasser pH ~ 6,3.

Einen deutlichen Zusammenhang der Salzwirkung mit der Dissoziation der Farbstoffe zeigen Untersuchungen mit Rhodaminen (Drawert 1939a), Methylviolett, Nilblausulfat, Neutralrot und Brillantcresylblau (Drawert 1940). Auf die schwächer dissoziierten Farbstoffe Rhodamin B, 3 B und Methylviolett haben KCl, NaCl, $CaCl_2$ und $MgCl_2$ bis zu 1 vol. mol praktisch keinen Einfluß.

Die Aluminiumsalze hemmen die Rhodamine nur in der Konzentration von 1 vol. mol bei der Benutzung von Chloroform als hydrophobe Phase, aber nicht bei der Verwendung von Ölsäure. Beim Methylviolett zeigt sich eine Abhängigkeit vom Anion. $AlCl_3$ hat keinen Einfluß, $Al(NO_3)_3$ wirkt nur bei 1 vol. mol und $Al_2(SO_4)_3$ übt schon bei 10^{-5}—10^{-3} vol. mol eine schwache Hemmung aus, 10^{-2} mol bedingt eine Verteilung im Verhältnis 1 : 1, 10^{-1} mol wirkt dann wieder schwächer und 0,5 mol hat keinen Einfluß mehr. Die Hemmung ist wieder nur beim Chloroform zu beobachten, aber nicht bei Chloroform + Ölsäure. Auf die etwas stärker dissoziierten Farbstoffe Neutralrot und Nilblausulfat üben KCl, NaCl, $CaCl_2$ und $MgCl_2$ kaum eine Wirkung aus, wenn man Chloroform zum Ausschütteln nimmt. Bei der Verwendung von Toluol und Nilblau hemmen aber mit steigender Konzentration zunehmend die Erdalkalisalze. Noch stärker ist

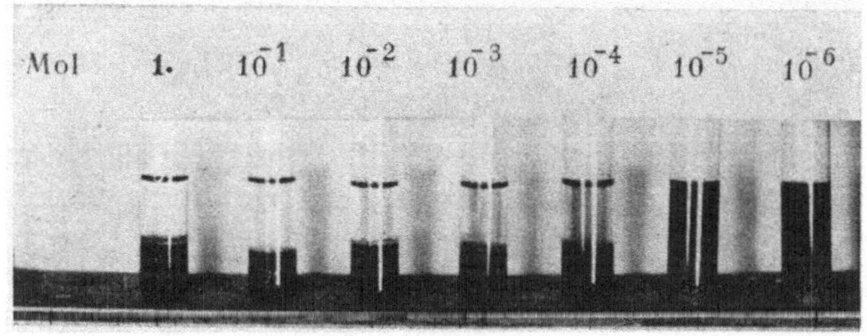

Abb. 27. Prune pure 1 : 10 000 in $AlCl_3$-Lösungen verschiedener Konzentration mit Ölsäure ausgeschüttelt. Ölsäure oben, wässerige Phase unten. Von 1—10^{-4} vol. mol. $AlCl_3$ an bleibt der Farbstoff in der wässerigen Phase, bei 10^{-5} und 10^{-6} vol. mol. geht das Prune pure fast quantitativ in die Ölsäure über. (Nach DRAWERT 1938 c.)

die Wirkung der Aluminiumsalze, besonders in den Versuchen mit Nilblau und Toluol. Bei 10^{-2}—1 vol. mol $AlCl_3$ bleibt eine Färbung der organischen Phase aus. Weniger deutlich ist die Hemmung bei Chloroform, und sie unterbleibt ganz bei Toluol + Ölsäure. Beim Neutralrot sind $AlCl_3$ und $Al_2(SO_4)_3$ wirksamer als $Al(NO_3)_3$. In den Versuchen mit $AlCl_3$ ist noch auffallend, daß der Farbstoff bei 10^{-6}—10^{-2} vol. mol mit gelbem und bei 10^{-1} und 1 vol. mol mit rotem Farbton in das Chloroform übertritt. Hier ist auch bei 1 vol. mol mehr Farbstoff löslich als bei 10^{-2}—10^{-1} vol. mol. Bei dem am stärksten dissoziierten Farbstoff der Versuchsreihe, dem Brillantcresylblau, machen sich bereits z. T. die Alkalisalze und erst recht die Aluminiumsalze hemmend bemerkbar.

Nach BOCK (1964) ist bei der Anwendung von gepufferten Neutralrotlösungen im Ausschüttelversuch mit Benzol neben der cH der Lösung auch die Konzentration der Puffersalze (KH_2PO_4 und Na_2HPO_4) von Bedeutung. Der Verteilungskoeffizient bei pH 5 und 1/15 mol Phosphatlösung beträgt 0,56 und bei nur einem Viertel der Salzkonzentration 0,78. Auch in diesem Fall hemmt demnach die höhere Salzkonzentration.

Aus den geschilderten Ergebnissen läßt sich kein einfacher Wirkungsmechanismus ablesen. Auf alle Fälle wird der Dissoziationsgrad der Farbstoffe durch die Salzzusätze mehr oder weniger stark beeinflußt werden. Allerdings sollte man in erster Linie eine Herabsetzung der Dissoziation der Farbstoffe erwarten und damit eine Förderung des Übertrittes in die hydrophobe Phase, wie es z. B. in den Versuchen von BUNGENBERG DE JONG und BANK (1940) und bei dem Alkaloid Ephedrin zu beobachten ist. Ein Zusatz von 6% NaCl zur wässerigen Phase verschiebt den Verteilungskoeffizienten für Ephedrin im System Äther/Wasser von 2,40 auf 4,75 und 10% NaCl erhöhen ihn auf 7,25, wirken also verdreifachend (Thies und Ermer 1962). Bei der Verwandtschaft zwischen Alkaloiden und kationischen Farbstoffen in physikalisch-chemischer Hinsicht wäre bei den letzten das gleiche Verhalten zu erwarten. Wirklich quantitative Untersuchungen stehen aber noch aus.

Ferner muß man in einigen Fällen mit einer Änderung der organischen Phase rechnen, wie der Farbton des Neutralrots in Chloroform bei höheren $AlCl_3$-Konzentrationen andeutet. Es scheint eine Ansäuerung des Chloroforms aufzutreten, wodurch die organische Phase für kationische Farbstoffe aufnahmefähiger wird, entsprechend einem Ölsäurezusatz. Bei der Hydrolyse der Aluminiumsalze und den schwach hydrophilen Eigenschaften des Chloroforms (vgl. S. 137) kann diese Möglichkeit gegeben sein.

δ) Einfluß von Proteinen und anderen Substanzen auf die Verteilung

Es bleibt noch zu prüfen, wie andere Stoffe, vor allem solche, mit denen der Farbstoff chemisch oder adsorptiv reagiert, die Verteilung beeinflussen, wenn sie der wässerigen Phase hinzugefügt werden.

Ein Zusatz von Kasein, Gelatine oder Protamin ändert nach Robertson (1908) häufig den Farbton der wässerigen Farbstofflösung. Nicht selten kommt es zu einer Ausfällung der Proteine durch den Farbstoff. Auf alle Fälle wird der Verteilungskoeffizient in einem System Wasser/Aethylacetat zugunsten der wässerigen Phase verschoben, z. T. so stark, daß sonst gut lipoidlösliche Farbstoffe völlig in der hydrophilen Phase bleiben. Aus diesem Grunde ist auch der Dreiphasenversuch von Loewe (1922) nicht einwandfrei. Zur Prüfung des Durchtrittes von Methylenblau durch eine Lipoidschicht werden entsprechend der Versuchsanordnung in Abb. 28 zwei wässerige Phasen durch eine organische Lösung miteinander verbunden. Um vom spezifischen Gewicht der Lipoidphase unabhängig zu sein, setzt Loewe den wässerigen Phasen zur Verfestigung etwas Gelatine zu. Er untersucht mit dieser Methode 26 verschiedene „Lipoide". Eine Färbung der 3. Phase ist nur selten zu erzielen, was nach den Versuchsergebnissen von Robertson (1908) nicht verwunderlich ist. Die Färbung der 2. und 3. Phase ist stark vom Lösungsmittel der Lipoide und vom Reinheitsgrad der letzten abhängig. Die vollkommen reinen (neutralen) Lipoide zeigen meist gar keine Färbung. Je mehr freie Säuregruppen im Lipoid vorhanden sind, desto stärker färbt sich die 2. Phase. Aber auch in diesem Fall wird nur wenig Farbstoff an die 3. Phase abgegeben, da die 2. Phase den der ersten entrissenen Farbstoff speichert.

Wird nach Schultz und Barthold (1949) eine gesättigte Methylviolettlösung in Chloroform mit einer wässerigen Saponinlösung geschüttelt, so entzieht das Saponin dem Chloroform Farbstoff. Der Farbstoffgehalt der organischen Phase verringert sich proportional zum steigenden Saponingehalt der wässerigen. Dieselbe Verteilung wird auch erhalten, wenn man eine gefärbte Saponinlösung mit farblosem Chloroform ausschüttelt. Es soll sich um eine adsorptive Bindung des Farbstoffes an das Saponin handeln, da die Kurven der Adsorptionsformel folgen. Versuche mit anderen kationischen und anionischen Farbstoffen sowie anderen hydrophoben Solventien, wie Äther, Benzol, Xylol, ergeben allerdings nicht die beim Methylviolett und Chloroform beobachtete Proportionalität. Nach WASSILJEWA (1938) hemmt Saponin den Übertritt von Neutralrot aus einer wässerigen Phase in eine darüber gelagerte Lecithin-Xylol-Schicht. In diesem Zusammenhang sind auch die Angaben von ROSS (1951) interessant, daß nichtöllösliche Farbstoffe durch Spuren öllöslicher, oberflächenaktiver Substanzen in Lösung gebracht werden können, und daß auch Seifen in geringer Konzentration in Wasser unlösliche Stoffe löslich machen (vgl. S. 112).

Mit Neutralrot gefärbtes reines bzw. mit Ölsäure oder Ölsäure + Diamylamin versetztes Olivenöl, das mit aqua dest. geschüttelt keinen Farbstoff mehr an die wässerige Phase abgibt, tut dies in hohem Maße, wenn die wässerige Phase Al-kaloide (Chinin, Pilocarpin, Coffein, Theophyllin) ent-hält (RÜTER und BORNSTEIN 1925). Interessanter-weise wirken die Alkaloide auf ein Olivenöl-Ölsäure-gemisch am stärksten entfärbend. Ferner ist für eine Erklärung des Vorganges noch von Bedeutung, daß z. B. Coffein und Theophyllin den Farbton neutraler Farbstofflösungen verändern, und zwar Neutralrot nach Gelb, Methylen- und Nilblau nach Grün und Bismarckbraun nach einem dunkleren Braun. Vom Neutralrot abgesehen, deuten diese Farbtöne schon darauf hin, daß die Änderung nicht nur auf einer cH-Verschiebung durch die Alkaloide beruhen kann. Glucose hat zum Unterschied von den Alkaloiden praktisch keine Wirkung. Die Autoren denken bei der Alkaloidreaktion in den Ausschüttelversuchen an Verdrängungserscheinungen. Diese Anschauung wird dadurch gestützt, daß die Alkaloide i. a. stärkere Basen sind als die Farbstoffe, und daß sie besonders im Olivenöl-Ölsäuregemisch wirken.

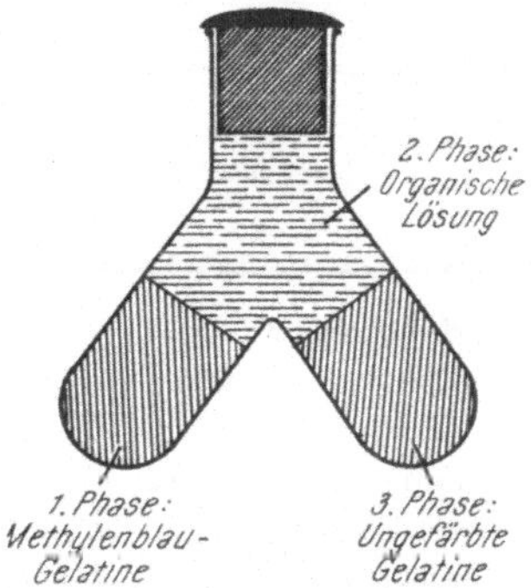

Abb. 28. Dreiphasenversuch von LOEWE zur Prüfung der Durchlässigkeit verschiedener hydrophober Medien für Methylenblau. Den wässerigen Phasen 1 und 3 wird Gelatine zur Verfestigung zugesetzt. (Nach LOEWE 1922.)

WASSILJEWA (1938) untersucht ebenfalls die Wirkung von Zucker und Alkaloiden auf die Neutralrotverteilung in einem System Wasser/Lecithin-Xylol, und zwar wird hier die wässerige Phase mit der hydrophoben vorsichtig über-schichtet und nach 6 Tagen die Neutralrotkonzentration im Lipoid photometrisch bestimmt. Die zugesetzten Substanzen verzögern den Farbstoffübertritt in folgender Reihe: Aethylalkohol < Glucose < Glycerin < Saccharose < Coffein < Saponin < salpetersaures Strychnin < salzsaures Cocain < salzsaures Chinin. Die Hemmung ist um so stärker, je höher die Konzentration der betreffenden Substanz ist. Die Autorin denkt ebenfalls an eine Adsorptionsblockade der lipoiden Micellen.

Besonders wirksam sind Gerbstoffe und ähnliche Substanzen mit phenoli-schen OH-Gruppen, die mit kationischen Farbstoffen wohl chemisch reagieren. Neutralrot läßt sich aus einer schwach alkalischen Lösung mit Benzol ausschüt-teln. Dieser Versuch gelingt aber nicht, wenn die wässerige Lösung bei gleicher cH etwas Tannin enthält (KINZEL 1958, für Methylviolett vgl. DRAWERT 1940). Im Dreiphasenversuch findet aus Chloroform ein sehr guter Übergang von Kristall-violett in eine KCl-Lösung statt, wenn dieser Na-Tannat zugegeben wird (IRWIN

1931 b). In Abhängigkeit von der cH der wässerigen Phase verschiebt ein Zusatz von Rutin im Ausschüttelversuch mit Benzol den Übertritt von Neutralrot in die hydrophobe Phase von pH ~ 6,6 nach pH ~ 7,5 (Bock 1964).

ε) Einfluß einer Farbstoffreduktion auf die Verteilung

Wie wir später sehen werden, tritt gar nicht selten bei der Vitalfärbung eine Reduktion des Farbstoffes durch die Zelle auf, was seine Verlagerung innerhalb der Zelle zur Folge haben kann. Aus diesem Grunde ist es von Interesse, etwas

Tab. 36. *Benzol-Löslichkeit einiger Farbstoffe vor und nach Behandlung mit Na-Hydrosulfit sowie ihre Fähigkeit, die Bluthirnschranke (BHS) zu durchdringen.*
(Nach Becker und Quadbeck 1952.)

Farbstoff	Löslichkeit in Benzol in Anwesenheit von		Durchtritt durch die intakte BHS
	NaHCO$_3$	Na-Hydrosulfit	
Acridinorange	+ $-N(CH_3)_2$	+ $-N(CH_3)_2$	+
Nilblau	+ $=N^+(CH_3)_2$	+	+
Neutralrot	+ $\uparrow\downarrow$	+ $\Big\}$ $-N(CH_3)_2$	+
Toluidinblau	+ $-N(CH_3)_2$	+	+
Methylenblau	— $=N^+(CH_3)_2$	+ $-N(CH_3)_2$	+
Janusgrün	— $=N^+(C_6H_5)-$	+ $-N(C_6H_5)-$	+
Malachitgrün	— $=N^+(CH_3)_2$	+ $-N(CH_3)_2$	+
Resazurin	— $-O^-$	— irreversibel verändert	—
Fluorescein	— $-COO^-$	— $-COO^-$	—
Eosin bläulich	— $-COO^-$	— $-COO^-$	—
Methylorange	— $-SO_3^-$	— irreversibel verändert	—
Trypanblau	— 4 $-SO_3^-$	— 4 $-SO_3^-$	—
Lactoflavin	— 4 $-OH$	— 4 $-OH$	—
Astraviolett FF	— $=N^+(CH_3)-$	— $=N^+(CH_3)-$	—

über den Einfluß der Reduktion eines Farbstoffes auf seine Lipoidlöslichkeit zu erfahren. Leider liegen darüber nur wenige und meist auch nur qualitative Untersuchungen vor.

Nach Moricard und Gothié (1941) geht Methylenblau aus einem wässerigen Tropfen nicht in eine Schicht erhitzten und wieder abgekühlten Paraffinöles über. Ein Eindringen erfolgt aber bei der Anwendung reduzierten Methylenblaus unter Reoxydation des Farbstoffes. Die Autoren scheinen der Meinung zu sein, daß auch das reduzierte Methylenblau nicht in das Öl überwechseln kann, wenn nicht kurz vorher eine Reoxydation stattfindet (vgl. auch Gothié und Moricard 1941). Es soll also nur oxydiertes Methylenblau, gewissermaßen im Status nascendi, dazu in der Lage sein. Dieser Auffassung kann ich mich nicht anschließen. Es ist vielmehr anzunehmen, daß die Leukoform des Methylenblaus lipophiler ist (s. Tabelle 36), deshalb in das Öl vordringt und dort reoxydiert wird, wahrscheinlich etwas später als in der wässerigen Lösung (vgl. auch E. und

K. ENGHUSEN 1961). Für den höheren Lipophiliegrad der reduzierten Form spricht die von den Autoren z. T. beobachtete stärkere Erniedrigung der Grenzflächenspannung Wasser/Öl, verglichen mit der oxydierten Stufe.

Mit Rongalit reduziertes Prune pure läßt sich mit Benzol, Toluol, Xylol und Chloroform aus einer wässerigen Lösung bei pH 7,1 ebensogut ausschütteln wie der oxydierte Farbstoff, nur daß die reduzierte Form in der hydrophoben Lösung eine sehr intensive gelbgrüne Fluorescenz zeigt (FRITZ 1951). Ob quantitative Unterschiede in der Lipoidlöslichkeit bestehen, wird nicht angegeben.

BECKER und QUADBECK (1952) untersuchen den Einfluß einer Reduktion mit Na-Hydrosulfit auf die Benzollöslichkeit einer Anzahl von Farbstoffen (Tabelle 36) und können für Methylenblau, Janusgrün und Malachitgrün eine Zunahme der Lipophilie mit der Reduktion beobachten. Leider werden die pH-Werte der wässerigen Phase nicht berücksichtigt, sondern es wird nur die wässerige Lösung der unbehandelten Farbstoffe durch Zusatz von $NaHCO_3$ alkalisch gemacht.

Über ein unterschiedliches Verhalten der verschiedenen Reduktionsstufen des Janusgrün B im Ausschüttelversuch berichtet DRAWERT (1953). Der normale, oxydierte Farbstoff zeigt bei pH 4,5 mit Chloroform ausgeschüttelt eine Verteilung von etwa 1 : 1. Die erste rot gefärbte Reduktionsstufe (S. 160, Formel 7, IX) geht dagegen bei dem gleichen pH-Wert nur zum kleineren Teil in die organische Phase über, während nach vollständiger Reduktion die zweite im Tageslicht farblose aber grünlich fluorescierende Stufe (S. 160, Formel 7, X) quantitativ mit intensiv gelbgrüner Fluorescenz in das Chloroform übertritt (vgl. auch SAUER 1960). Ebenso bedingt beim Berberinsulfat eine Behandlung mit Reduktionsmitteln eine Zunahme der Lipophilie (DRAWERT 1953). Beim Oxazinfarbstoff Coelestinblau nimmt dagegen der Lipophiliegrad mit der Reduktion ab (DRAWERT 1954a). Dies scheint aber bei den Oxazinen eine Ausnahme zu sein, da vom Nilblau (GUTZ 1956, MIX 1959), Naphthylenblau (MOURAVIEF 1958, MIX 1959), Cresylechtviolett (MIX 1959, ebenso die Präparate Meldolablau und Neublau, die nach den Untersuchungen der Autorin mit Naphthylenblau R identisch sind, sowie Neuindigoblau R, das aber Naphthylenblau enthält) die reduzierte Form lipophiler ist. Dasselbe stellt KUTTIG (1957) für folgende Farbstoffe fest: Setocyanin, Viktoriablau B und 4 R. Keinen eindeutigen Unterschied zu der oxydierten Stufe zeigen nach der Autorin Astrazonorange R, Bindschedler's Grün, Brillant-, China-, Malachit- und Solidgrün. Dieselben Farbstoffe werden von MIX (1959) noch einmal mit denselben qualitativen Ergebnissen untersucht.

E. und K. ENGHUSEN (1961) prüfen 78 kationische und anionische Farbstoffe im normalen oxydierten Zustand und nach Behandlung mit Na-Dithionit im Ausschüttelversuch mit Lebertran (enthält ungesättigte Fettsäuren). Ein Teil der Farbstoffe wird reduziert und davon folgende in diesem Zustand vom Lebertran aus der wässerigen Lösung absorbiert: Brillantcresylblau, Brillantgrün, Dahlia, basisches Fuchsin, Gallocyanin, Gentianaviolett, Janusgrün, Methylenblau B extra, Methylengrün, Methylgrün, Neutralrot, Nilblausulfat, Phenosafranin, Pyronin, Safranin, Toluidinblau, Viktoriablau B und 4 R. Aus der von den Autoren aufgestellten Tabelle geht hervor, daß die meisten dieser Farbstoffe erst im reduzierten Zustand in den Lebertran übergehen. Leider werden keine pH-Werte der wässerigen Phase angegeben; da ein Na-Dithionit-Zusatz aber eine Ansäuerung bedingen dürfte, und die oben aufgeführten Farbstoffe alle kationisch sind, kann man aus den Ergebnissen auf eine Zunahme der Lipophilie durch die Reduktion schließen.

Dem Befund von E. und K. Enghusen mit reduziertem Neutralrot scheinen Beobachtungen von Kiermayer (1955a, 1956) zu widersprechen. Hiernach soll „Fluorescent X" im Ausschüttelversuch bei keinem pH-Wert in Benzol übergehen. Zum Unterschied von dem ausgesprochen polaren Lebertran ist Benzol allerdings apolar.

Mit „Fluorescent X" bezeichnen Clark und Perkins (1932) eine gelbe, fluorescierende Reduktionsform des Neutralrots, die nicht mit dem eigentlichen Leukoneutralrot identisch sein soll. Sauer (1960) wiederholt die Versuche von Kiermayer sowohl mit Leukoneutralrot als auch mit reinem „Fluorescent X", das er nach der Vorschrift von Clark und Perkins herstellt, mit demselben Ergebnis. Er kann aber nachweisen, daß hier eine Täuschung vorliegt, da die reduzierten Formen des Neutralrots im alkalischen Bereich heller werden und im Benzol Farbe und Fluorescenz völlig verlieren. Wird das farblose Benzol nach einem Ausschüttelversuch bei pH 8,3 von der wässerigen Phase getrennt und anschließend mit aqua dest. geschüttelt, so ist die wässerige Phase nach Entmischung der beiden Solventien gelb gefärbt und fluoresciert intensiv gelbgrün. Es muß also bei pH 8,3 reduziertes Neutralrot in das Benzol übergegangen sein. Lebertran speichert auch das reduzierte Neutralrot mit dunkelrotem Farbton, d. h. der Farbstoff wird durch die ungesättigten Fettsäuren in der lipoiden Phase reoxydiert.

Auf die Entstehung des stark lipophilen Formazans durch Reduktion des hydrophilen Triphenyltetrazoliumchlorids (TTC) soll hier nur hingewiesen werden.

η) Einfluß des Alters einer Farbstofflösung auf die Verteilung

Die Frage, ob sich der Lipophiliegrad eines Farbstoffes beim Stehen in einer wässerigen Lösung ändert, hat bisher kaum eine Beachtung gefunden. Wir haben bereits kennengelernt, daß sich mit dem Altern einer Farbstofflösung der Dispersitätsgrad und unter Umständen auch die Oberflächenspannung verschieben können. Es liegen ferner Beobachtungen für eine Veränderung des Lipophiliegrades vor, die wohl in erster Linie auf Oxydationsvorgängen beruht.

Zum Beispiel entsteht in einer Methylenblaulösung das lipophilere Azur (Michaelis 1906, Irwin 1927a). In Nilblaulösungen entwickelt sich durch Oxydation das stark lipophile Oxazon Nilrot (Drawert und Gutz 1953, Gutz 1956). Andere Oxazinfarbstoffe bilden die entsprechenden Oxazone (Mix 1959). Mess (1956) schließt aus Verteilungsversuchen mit dem System Wasser/Toluol, daß Acridinorange in einer ein Jahr alten Lösung lipophiler ist als in einer frisch angesetzten. Nach Drawert (1958) bildet sich in Rhodamin S-Lösungen mit dem Alter oder nach Aufkochen eine fluorescierende Form, die in Xylol oder Chloroform übertritt.

ι) Schlußbetrachtungen

Die in der Literatur zu findenden zahlreichen Widersprüche in den Angaben über die Lipoidlöslichkeit sind nach unseren jetzigen Kenntnissen nicht verwunderlich. Häufig ist besonders der große Einfluß der cH der wässerigen Phase und damit die Bedeutung des Dissoziationsgrades eines Farbstoffes auf die Verteilung im System Wasser/Lipoid nicht beachtet worden. Aber auch das unterschiedliche Verhalten apolarer und polarer organischer Solventien hat eine nicht genügende Berücksichtigung gefunden.

So soll z. B. Thionin völlig lipoidunlöslich sein (RELLA 1940) und auch in Chloroform nicht übertreten (ROBINOW und MURRAY 1953). Macht man die Farbstofflösung aber genügend alkalisch, so geht die Thioninbase ab pH 10 quantitativ in Chloroform über, in Toluol + Ölsäure erfolgt bereits ab pH 7 ein vollständiger Übertritt des Farbstoffes, und bei pH 5 beträgt die Verteilung zwischen beiden Phasen immerhin noch 1 : 1 (DRAWERT 1940).

Wie mehrmals betont worden ist, geht im Ausschüttelversuch in eine apolare, hydrophobe Phase nur die lipophile Farbbase oder Farbsäure über. Hiervon scheint das Chloroform eine Ausnahme zu machen, das sich zwar vorwiegend wie ein apolarer Stoff verhält (HÖBER 1947, S. 387), aber auch besonders bei höherer cH der wässerigen Phase polare Eigenschaften zeigt. Dies mag damit zusammenhängen, daß Chloroform in der Tat schwach hydrophil ist (LEPESCHKIN 1911b, DRAWERT 1939a, 1940, BOCK 1964). Damit erklärt sich wohl auch die Erscheinung, daß einige Farbstoffe in Pulverform nicht in Benzol, aber in Chloroform löslich sind. Aus dem Farbton geht hervor, daß es sich bei der Lösung um das Farbsalz handeln muß; so löst sich Viktoriablau B direkt in Chloroform blau, aus einer hydrolytisch gespaltenen wässerigen Lösung geht dagegen die Farbbase mit rotem Farbton in das Chloroform über (ROBINOW und MURRAY 1953). Leitfähigkeitsmessungen von IRWIN (1926e) lassen den Schluß zu, daß in Chloroform gelöste Farbstoffe zum Teil dissoziiert sein müssen (vgl. S. 61). Es liegt die Annahme nahe, daß das Farbsalz sich in einer wässerigen Phase des Chloroforms löst, ähnlich der Aufnahme von Pikrinsäure in Myelinfiguren nach der Auffassung von BYRNE (1962, vgl. S. 123). Sollte dies zutreffen, müßte völlig trockenes Farbpulver in völlig wasserfreiem Chloroform unlöslich sein. Doch stehen entsprechende Untersuchungen aus.

Im Ausschüttelversuch lassen sich viele Farbstoffe mit apolaren Flüssigkeiten, wenn in diesen die Farbbase löslich ist, von einem bestimmten pH-Wert an praktisch quantitativ der wässerigen Lösung entziehen, da nach dem Massenwirkungsgesetz das in die organische Flüssigkeit übergetretene Farbbasenmolekül immer wieder ersetzt wird. Der quantitative Übertritt erfolgt für jeden Farbstoff von einem ganz bestimmten, charakteristischen pH-Wert ab, der von der Dissoziationskonstanten des Farbstoffes abhängt. Von diesem pH-Wert an tritt nach der sauren Seite mit fallendem pH-Wert immer weniger Farbbase in die organische Phase über, bis ein pH-Wert erreicht wird, bei dem die hydrolytische Spaltung praktisch Null ist, so daß die hydrophobe Phase farblos bleibt. Dabei ist zu berücksichtigen, daß bei einem kationischen Farbstoff durch den Entzug der Farbbase die wässerige Phase immer saurer werden muß, da das Anion zurückbleibt (CZAJA 1934, SAUER 1960). Dies hat zur Folge, daß die Dissoziation zunimmt, und sich die Einstellung des Gleichgewichtes verschiebt. Bei den anionischen Farbstoffen ist durch Entzug der Farbsäure eine pH-Verschiebung in den alkalischen Bereich zu beobachten.

Das etwas abweichende Verhalten des Chloroforms wurde von mir auf einen geringen Wassergehalt desselben zurückgeführt. Ähnlich soll nach CAIN (1948) auch die starke Färbung von Ölsäure mit einer Wasseraufnahme zusammenhängen, während Ross (1951) im Wasser einen Konkurrenten für den Farbstoff sieht. In seinen Untersuchungen waren in Mineralöl $+$ 1% di-n-Butylamin-Oleat 16 Farbstoffe in Pulverform löslich, beim Ausschütteln aus einer wässerigen Lösung waren es dagegen weniger. Dies soll mit dem Übergang von Wasser in die lipoide Phase zusammenhängen.

Die verschiedenen Anschauungen über den Wirkungsmechanismus der polaren Gruppen eines Lipoids im Ausschüttelversuch sind an anderer Stelle skizziert worden (S. 120 u. f.). Auf alle Fälle muß beim Vorhandensein polarer Gruppen auch das Farbsalz oder das Farbion in die hydrophobe Phase übergehen, wodurch bei kationischen Farbstoffen der Beginn des Farbstoffübertrittes, verglichen mit apolaren Solventien, nach der sauren Seite zu verschoben wird.

In diesem Zusammenhang ist noch eine Feststellung erwähnenswert, die auf einen Ionenaustausch hinweist. Bei den Ausschüttelversuchen mit apolaren Flüssigkeiten beginnt der Übertritt in die organische Phase in Abhängigkeit von den Dissoziationskonstanten der Farbstoffe bei einem unterschiedlichen pH-Wert. Legt man die von Drawert (1940) aufgeführten Daten für Toluol zugrunde, variiert der Anfärbungsbeginn zwischen pH 2 und pH $>$ 11,5. Fügt man dem Toluol einige Tropfen Ölsäure zu, so verschiebt sich der Anfärbungsbeginn nur bei den Farbstoffen auffallend, die erst ab pH $>$ 6 in das Toluol übertreten, und zwar jetzt unabhängig von der Dissoziationskonstanten einheitlich auf pH $\sim$ 5, bei einigen Ausnahmen auch auf pH $\sim$ 3. Da es sich dabei aber um qualitative Versuche handelte, sind die Ausnahmen wohl dadurch bedingt, daß in diesen Fällen die benutzte Toluol-Ölsäure-Mischung etwas mehr Ölsäure und damit auch mehr Wasserstoffionen zum Austausch enthielt. Für diese Möglichkeit spricht die Tatsache, daß in einer anderen Versuchsreihe mit einem Chloroform-Ölsäure-Gemisch der Anfärbungsbeginn einheitlich bei pH $\sim$ 3 lag (Drawert 1951a) und bei der Verwendung reiner Ölsäure sogar bei pH $\sim$ 2 (Strugger 1939a, 1940d, 1941a).

Bei den anionischen Farbstoffen treten selbst stärker dissoziierte Sulfosäuren, die nie apolare hydrophobe Solventien anfärben, in ein Chloroform-Diamylamin-Gemisch über. Am stärksten ist die Färbung bei hoher cH der wässerigen Phase, nimmt dann mit fallender cH ab, bis sie wiederum einheitlich zwischen pH 8 und 10 aufhört.

Wenn auch quantitative Untersuchungen noch ausstehen, so sprechen doch bereits diese Befunde für einen Austausch der Farbkationen gegen Wasserstoffionen und der Farbanionen gegen Hydroxylionen oder entsprechende Ionen im Versuch mit polaren „Lipoiden". Diese Anschauung hat um so mehr für sich, als die Cl$^-$ bzw. Na$^+$-Ionen der Farbsalze auch bei der Benutzung reiner Ölsäure oder reinen Diamylamins quantitativ in der wässerigen Phase zurückbleiben (Zipf 1927).

7. Der Farbton und seine Beeinflussung

Aus den bisherigen Betrachtungen geht hervor, daß der Farbton einer Farbstofflösung von den verschiedensten Faktoren abhängt. Eine Kenntnis der Ursache der Farbtonänderungen kann von großer Bedeutung für Schlußfolgerungen aus der Vitalfärbung sein. Unter Umständen gibt der Farbton Hinweise über den Zustand eines Farbstoffes in der Zelle, z. B. ob er in dissoziierter oder molekularer Form vorliegt, ob er in einer hydrophilen oder hydrophoben Phase der Zelle gelöst ist oder ob er in adsorbiertem oder chemisch gebundenem Zustand von der Zelle gespeichert wird. Aus den so gewonnenen Kenntnissen kann man ferner Rückschlüsse auf die Struktur und die physikalisch-chemischen Eigenschaften der gefärbten Zellbestandteile ziehen. In der Mikrospektrophotometrie der gefärbten Zelle sehe ich die Hauptaufgabe der zukünftigen Vitalfärbung. Dazu ist es notwendig, daß wir uns zunächst mit dem Verhalten der Farbstoffe hinsichtlich ihres Farbtones in vitro beschäftigen.

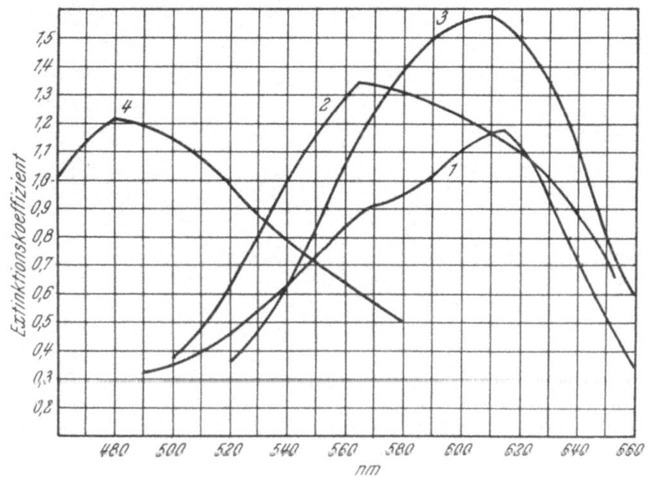

Abb. 29. Lage des Absorptionsmaximums von Viktoriablau B in Abhängigkeit von der Konzentration und vom Lösungsmittel. 1 = 1,25 : 10⁶ in Wasser, 2 = 500 : 10⁶ in Wasser, 3 = Farbbase in 95% Alkohol, 4 = Farbbase in Benzin. (Nach HOLMES 1924.)

a) Einfluß des Lösungsmittels auf den Farbton

Da häufig die Farbionen und die Moleküle der Farbbase bzw. -säure verschieden gefärbt sind, wird der Farbton von der Natur des Lösungsmittels abhängen, da dieses einen Einfluß auf die Dissoziation hat (s. S. 53 u. f.). Der Dissoziationsgrad wird weitgehend von der Dielektrizitätskonstanten (DK) des Lösungsmittels bestimmt. Einen Zusammenhang zwischen DK und Farbton im normalen Licht sowie der Fluorescenzfarbe im UV vermuten bereits KAUFFMANN und BEISSWENGER (1905), was von SCHARF (1956) bestätigt wird. Nach MOREAU (1916) geht z. B. Methylenblau im Ausschüttelversuch mit einem rosa Farbton in Äther über. Zugabe von abs. Alkohol zur organischen Phase bedingt einen Umschlag nach Blau, und nach erneutem Zusatz von Äther kehrt das Rosa wieder.

Die Bedeutung polarer Gruppen für den Farbton eines in hydrophobem Medium gelösten Farbstoffes betont SCHARF (1956); so ist Toluidinblau in Benzol gelöst rot, in n-Octanol aber blau. Nach BOCK (1964) zeigt Neutralrot in einem apolaren Lösungsmittel das Absorptionsmaximum der Farbbase; sind aber polare Gruppen vorhanden, dann tritt dazu noch die Hauptbande des Farbkations auf. Spektrophotometrisch lassen sich auch geringfügige Farbtonverschiebungen, die für unser Auge nicht mehr wahrnehmbar sind, fassen. Nach FORMÁNEK und GRANDMOUGIN (1908) übt die Natur des Lösungsmittels regelmäßig einen gewissen Einfluß auf die Lage der Absorptionsbanden, mitunter aber auch auf die Beschaffenheit des Absorptionsspektrums aus (vgl. auch Sheppard, Newsome und Brigham 1942, Sheppard und Newsome 1942).

Wie stark die Verschiebung des Absorptionsmaximums sein kann, geht aus Abb. 29 und 30 hervor. Große Unterschiede in den Spektren einer wässerigen und einer lipoiden Lösung weisen nach Spek (1943, 1951) z. B. folgende Farbstoffe auf: Irisblau, Nilblausulfat A und B, Capriblau, Rose bengale, Safranin T; keine Unterschiede sollen dagegen zeigen: Rhodamin B extra und 6 G, Sulfo-

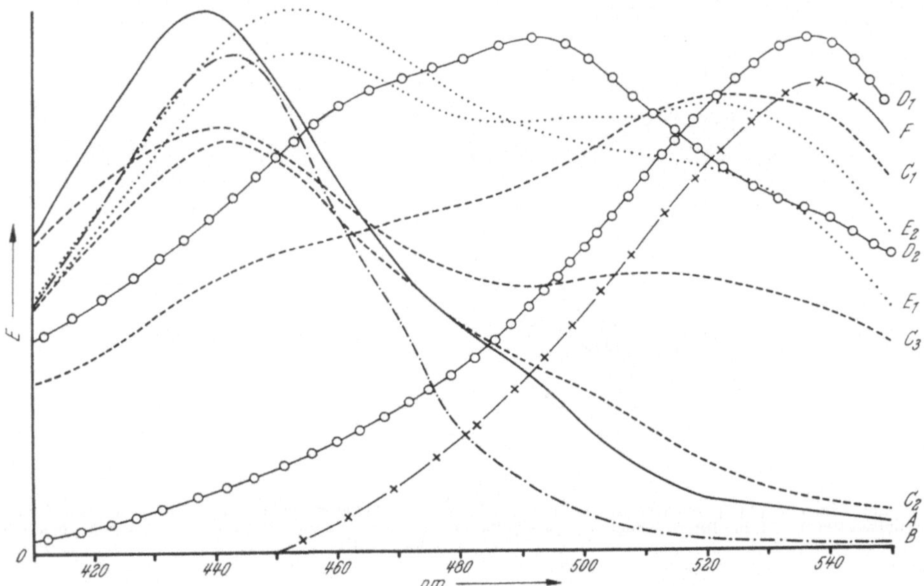

Abb. 30. Extinktionskurven von Neutralrot in verschiedenen organischen Lösungsmitteln. Die Lösungen wurden durch Ausschütteln des Farbstoffes aus wäßrigen Phasen mit pH 5 (bzw. pH 2) gewonnen. A = Benzol; B = Diamylamin; C = Chloroform, und zwar C_1 = aus pH 2, C_2 = aus pH 5 (ungeschüttelt oder sofort nach Trennung der Phasen), C_3 = aus pH 5 (20 Tage nach Trennung der Phasen); D = Ölsäure, und zwar D_1 = sofort und D_2 = 7 Tage nach Trennung der Phasen; E = Benzol + Ölsäure (49 : 1), und zwar E_1 = konzentriertere Neutralrotlösung, E_2 = dieselbe Lösung stark verdünnt; F = Benzol + Lecithin (10 mg L./1 ml B.). (Nach Bock 1964.)

rhodamin, Rhodulinorange NO (= Acridinorange), Auracin G, Benzoflavin, Trypaflavin, Thioflavin TCN, Irisviolett (= Heliotrop 2 B), Pyronin, Astraphloxin.

Die unterschiedlichen Spektren von Rose bengale in Wasser und in lipoider Phase kann Scharf (1956) allerdings nicht bestätigen. Scharf vermutet, da Rose bengale ein Farbstoffgemisch ist, daß das von Spek benutzte Präparat eine sonst nicht übliche, extreme Mischung gewesen sein könnte. Man muß also beim Vergleich der Ergebnisse verschiedener Autoren mit großer Vorsicht vorgehen. Von den Farbstoffen, die nach Spek keine Abhängigkeit ihrer Spektren vom Lösungsmittel erkennen lassen sollen, tun einige dies unter bestimmten Bedingungen doch.

Auch Fettfarbstoffe aus der Sudangruppe zeigen zum Teil recht beträchtliche Farbton-Unterschiede in verschiedenen Fettlösungsmitteln. Beim Sudanschwarz B treten Variationen von Blauschwarz bis Rot in Erscheinung (Diezel und Neimanis 1957), und in Methyl- sowie in i-Propylalkohol gelöst, weisen einige Fettfarbstoffe Abweichungen im Absorptionsmaximum auf (Meier 1959).

Wie schon erwähnt worden ist, kann das Lösungsmittel nicht nur einen Einfluß auf den Farbton im normalen Licht haben, sondern auch eine Wirkung auf die Fluorescenz ausüben, sei es, daß eine Fluorescenz nur in bestimmten Medien auftritt, daß der Farbton des Fluorescenzlichtes variiert oder seine Intensität vom Lösungsmittel abhängt (BUGYI 1938b, KATHEDER 1940a, STERLING 1964, PAL 1965, u. a.).

Auch hier ist die Wirkung nicht auf alle Fluorochrome gleich. So wird z. B. die Fluorescenz von Chinolinrot (= Pseudoisocyaninmethylenchlorid) in wässeriger Lösung durch Zusatz von Dioxan, Aethylalkohol u. a. beträchtlich erhöht. Pseudoisocyanindiaethylchlorid fluoresciert dagegen nur in wässeriger, aber nicht in alkoholischer Lösung (KATHEDER 1940a). Der erste Fall ist der häufigere und trifft unter anderem für Safranin, Brillantrhodulinrot B, Irisviolett, Magdalarot, Indazin, Indulinscharlach (SPEK 1951), K-Fluorescein (vgl. aber Uranin in Tabelle 37) und Eosin (KORTÜM 1938, SCHARF 1956) zu. Weitere Beispiele für die Abhängigkeit der Fluorescenzintensität vom Lösungsmittel sind Tabelle 37 zu entnehmen.

Tab. 37. *Die Fluorescenzintensität (in %) einiger Fluorochrome in verschiedenen Lösungsmitteln bei Zimmertemperatur und Gegenwart von Luftsauerstoff.* (Nach PRINGSHEIM 1949.)

Lösungsmittel	Farbstoff				
	Uranin	Eosin	Erythrosin	Rose bengale	Rhodamin B
Wasser	71	15	2	1	25
Aethylalkohol	71	40			42
Aceton			50	40	
Glycerin	71	60			70

In hydrophoben Medien hängt der Farbton des Fluorescenzlichtes häufig von der Anwesenheit polarer Gruppen ab; z. B. schwankt die Fluorescenz von Nilblau zwischen orange und hochrot (DRAWERT 1952c), die von Naphthylenblau von orangegelb über rot bis violett (MOURAVIEF 1958), die der Oxazone von Cresylechtviolett, Meldola- und Nilblau z. T. von gelbgrün über gelb, orange bis kirschrot (MIX 1959), oder Fluorescein verliert in Benzol seine Fluorescenz, während sie im polaren Octanol in Erscheinung tritt (SCHARF 1956).

Das Lösungsmittel übt aber nicht nur über die Dissoziation des Farbstoffes auf den Farbton einen Einfluß aus, sondern auch über eine Änderung des Dispersitätsgrades (s. S. 85), und unter Umständen auch über chemische Umlagerungen. Neben dem Lösungsmittel selber werden alle Faktoren von Bedeutung sein, die sich vor allem auf Dissoziation und Dispersität auswirken. Bei Lösungsmitteln, die kolloidale Micellen enthalten, spielen ferner Adsorptionserscheinungen eine Rolle.

b) Einfluß der Wasserstoffionenkonzentration auf den Farbton

Entsprechend der Bedeutung der Dissoziation für den Farbton wird vor allem in wässeriger Lösung die Wasserstoffionenkonzentration einen großen Einfluß haben, wie aus der „Indikatoreneigenschaft" vieler Farbstoffe hervorgeht.

Tab. 38.   *Umschlagsbereich einiger pH-Indikatoren.* (Aus Wiercinski 1955.)

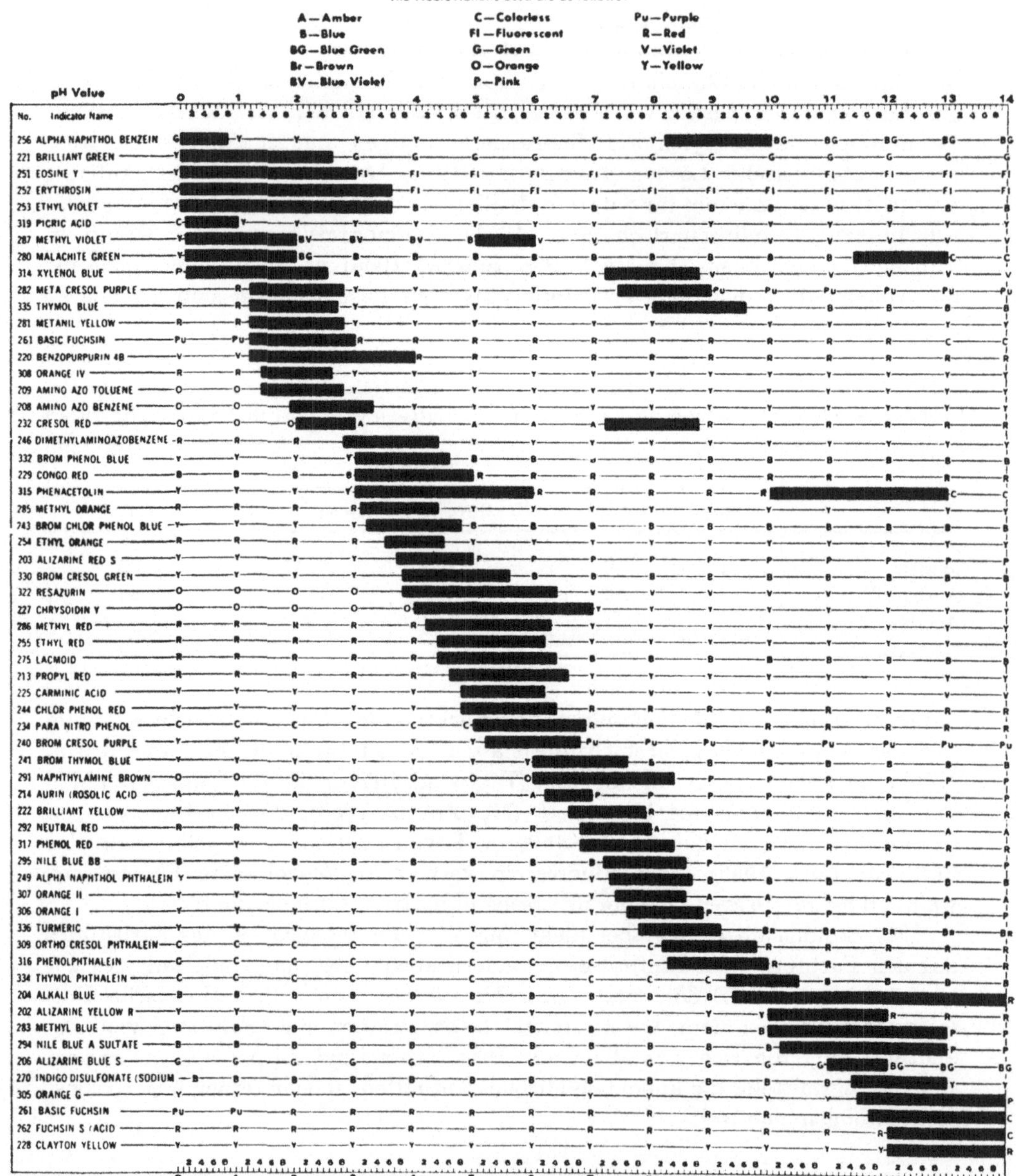

Dabei handelt es sich um eine so bekannte Erscheinung, daß hier darauf nicht näher eingegangen zu werden braucht. Umschlagspunkte für eine ganze Reihe auch in der Vitalfärbung benutzter Indikatoren finden sich bei SPEK (1933) und DRAWERT (1940, 1941a, 1951a). Eine Zusammenstellung von pH-Indikatoren enthält Tabelle 38.

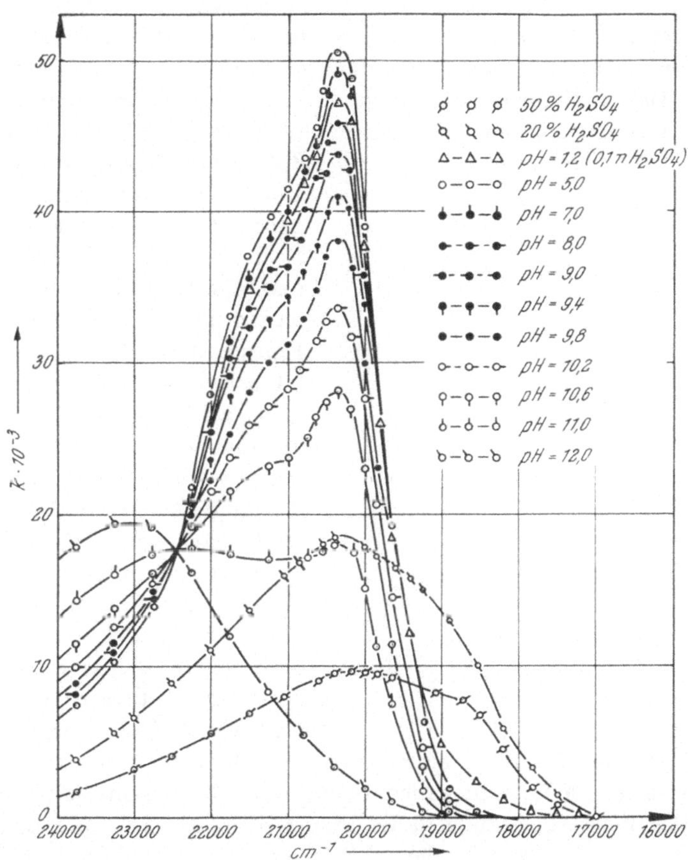

Abb. 31. Abhängigkeit der Absorptionsmaxima einer 10^{-5} mol. Acridinorangelösung bei 20° C vom pH-Wert. (Nach ZANKER 1952a.)

Spektrophotometrische Angaben über die cH-Abhängigkeit der Farbtöne wichtiger Vitalfarbstoffe bringen ZANKER (1952a, Acridinorange, Abb. 31), BARTELS (1956a, Neutralrot), HIRAOKA (1957, Parafuchsin), H. SCHMIDT (1964, Cresylechtviolett) und EPSTEIN, KARUSH und RABINOWITCH (1941, Thionin).

Bei den Triphenylmethanfarbstoffen ist auf die Entstehung einer farblosen Carbinolform im alkalischen Bereich zu achten (vgl. S. 66), z. B. bei Säurefuchsin, Säureviolett, Wasserblau (Anilin-, Chinablau) und Lichtgrün (KELLER und GICKLHORN 1928, SCHARF 1956). Bereits bei einer Lösung von Anilinblau oder Säurefuchsin in Leitungswasser kann sich dieser Effekt bemerkbar machen (SCHAEDE 1923a).

Bei den Indikatoren handelt es sich meist um reversible Farbänderungen mit der cH. Daneben muß man aber auch mit irreversiblen Vorgängen rechnen, so zeigt das Absorptionsspektrum von Sudanschwarz B unter pH 4 eine irreversible Verschiebung. Es entsteht eine braune Komponente (Fredricsson, Laurent und Lüning 1958).

Von besonderem Interesse für die Vitalfärbung sind die Fluorescenzindikatoren, deren Fluorescenzintensität, seltener auch der Farbton des Fluorescenzlichtes vom pH-Wert abhängig sind. (Eine Zusammenstellung findet sich bei Danckwortt und Eisenbrand 1964, S. 80, Tabelle 15; über Aesculin, Fluorescein, Umbelliferon s. Linser 1932.) Zweifarbige Fluorescenzindikatoren sind nach Strugger (1941a, 1947) z. B. Benzoflavin, Acridin, Acridinorange und Pyronin. Besonders Acridinorange ist eingehender untersucht worden (Strugger 1940d, Zanker 1952a, Donáth und Lengyel 1961). Über Auramin finden sich Angaben bei Strugger (1943a), über Berberinsulfat bei Yamagishi (1963b) und über Coriphosphin bei Schlosshardt und Heilmeyer (1942). Der Einfluß der cH auf die Fluorescenzintensität von Nilblau und Berberinsulfat ist Abb. 32 zu entnehmen. Über die Fluorescenz des Fluoresceins und seiner Salze im sauren Bereich weichen die Angaben voneinander ab. Während nach Rhodes (1937) dieses Fluorochrom unter pH 5 nicht mehr fluorescieren soll, ist nach Schumacher (1937) und Strugger (1938b) unter pH 5 noch eine Fluorescenz zu beobachten. Dieser Widerspruch ist vielleicht auf die eigenartigen Dissoziationsverhältnisse des Fluoresceins im sauren Bereich zurückzuführen (Scharf 1956, Drawert 1960a, vgl. auch S. 49). Da Oxypyrentrisulfosaures Na als Indikator der Wasserbewegung in der Pflanze benutzt wird, ist es von Interesse, daß die Fluorescenzintensität dieses Farbstoffes im alkalischen Bereich stark zunimmt (May 1947/48a).

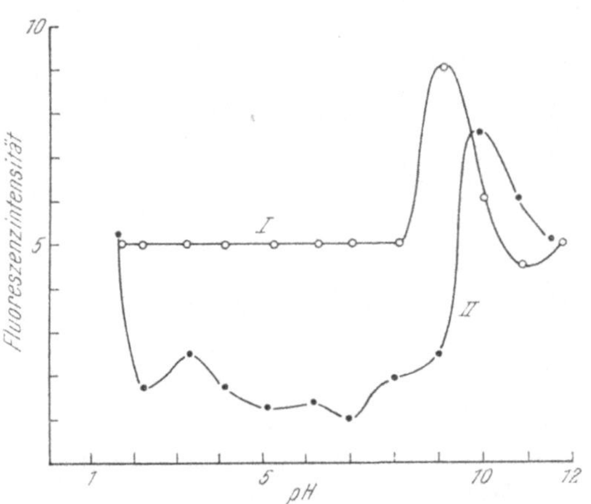

Abb. 32. Abhängigkeit der Fluorescenzintensität von Berberinsulfat (I, bei 540 nm) und Nilblau (II, bei 510 nm) vom pH-Wert der Lösung. (Nach Yamagishi 1963 b.)

c) Einfluß der Konzentration auf den Farbton (Abhängigkeit des Farbtons vom Dispersitätsgrad)

Der Zusammenhang zwischen Dispersitätsgrad und Farbton tritt nach Czaja (1930b) besonders deutlich bei den substantiven Farbstoffen hervor. Zerlegt man z. B. Brillantcongoblau 2 RW durch Ultrafeinfilter nach Zsigmondy, so erhält man durch ein 260-Minuten-Filter ein blaßgelbes und durch ein 160-Minuten-Filter ein carminrotes Ultrafiltrat, während der Rückstand auf dem Filter rein blau erscheint. Bei der fraktionierten Ultrafiltration einer Anzahl substantiver Farbstoffe kommt man zu der Regel, daß mit abnehmender Teilchengröße die subjektive Farbe von Blau über Rot nach Gelb wechselt (Czaja 1930c). Nach Michel (1944) soll es sich hierbei aber nicht um eine Zerlegung ein und desselben Farbstoffes in Fraktionen verschiedener Dispersität handeln, sondern um die Trennung eines Farbstoffgemisches. Die von ihm untersuchten substantiven Benzidinfarbstoffe Azoblau, Benzoazurin stand., Benzoazurin 3 R (= Oxaminblau 4 R), Benzopurpurin 4 B, Chicagoblau, Columbiaschwarz FF extra, Dianildunkelblau, Congorot besitzen neben der hydrophilen Hauptkomponente noch eine anders gefärbte lipophile Beimischung, die sich durch Ausschütteln mit Amylalkohol aus einer wässerigen Lösung abtrennen läßt, desgleichen durch Ultrafiltration. Ein Zusammenhang des Farbtones mit der Teilchengröße wird für die substantiven Farbstoffe überhaupt in Abrede gestellt, so soll sich beim Congorot keine Verschiebung des Absorptionsmaximums mit der Konzentration einstellen. Daraus wird der allgemeine Schluß gezogen (S. 62), daß „das Absorptionsmaximum ein und desselben Farbstoffes nicht verschoben wird, dagegen nimmt mit zunehmender Dispersität auch die absolute Größe der Absorption zu". Der erste Teil des Satzes läßt sich kaum aufrechthalten. Wieweit der recht plausibel erscheinende Einwand von MICHEL gegen die Ultrafiltrationsversuche von CZAJA und die daraus gezogenen Schlußfolgerungen zutreffen, müssen weitere Versuche zeigen.

BUCHER (1953) macht gegen die Schlußfolgerung von MICHEL, daß es sich in seinen Ausschüttelversuchen um eine Trennung verschiedener Komponenten handeln soll, geltend, daß genauso gut eine unterschiedliche Verteilung desselben Farbstoffes in den beiden Lösungsmitteln nach dem HENRY-NERNSTschen Satz vorliegen kann, und die verschiedenen Farbtöne in den beiden Phasen durch die Lösungsmittel bedingt werden (Solvatochromie). Dazu ist aber zu bemerken, daß BUCHER, obwohl sein Einwand grundsätzlich zu Recht besteht, von Erfahrungen mit dem kationischen Farbstoff Viktoriablau B ausgeht, die nicht ohne weiteres auf die von MICHEL untersuchten anionischen Farbstoffe zu übertragen sind, zumal es sich in seinem Fall auch nicht um eine Solvatochromie, sondern um die Ausschüttelung der anders gefärbten Farbbase handelt.

Die von CZAJA (1930c) für die substantiven Farbstoffe erwähnte Regel des Farbwechsels von Blau über Rot nach Gelb ist nicht zu verallgemeinern; so enthalten Lösungen des kationischen Farbstoffes Cresylechtviolett mit violettem Farbton große Mengen roter Teilchen gröberer Dispersität, und nach Ultrafiltration sind die verdünnten Lösungen stahlblau und konzentriertere purpurn (SPEK 1940).

Bei den substantiven Farbstoffen handelt es sich um relativ grobdisperse kolloidale Lösungen. Spektrophotometrisch lassen sich aber auch in echten, feindispersen Lösungen Farbtonverschiebungen bei Änderung der Konzentration nachweisen (Abb. 33), die allem Anschein nach mit einer Aggregation der Farbmoleküle bzw. -ionen zusammenhängen, also auch mit einer Dispersitätsänderung verbunden sind. Diese Veränderungen betreffen nach MICHAELIS und GRANICK (1945) nur das Absorptionsspektrum im sichtbaren Bereich und nicht das im UV.

Bereits STENGER (1888) und SHEPPARD (1909) nehmen an, daß eine Verschiebung der Absorptionsmaxima einer Farbstofflösung mit einer Molekülaggregation („Vergrößerung der physikalischen Molekel") zusammenhängt. HOLMES (1924), der für mehrere Farbstoffe in wässeriger Lösung, wie schon FORMÁNEK und GRANDMOUGIN (1908), eine Änderung der Spektren mit der Konzentration beobachtet (S. 139, Abb. 29, Kurve 1 und 2), lehnt die Aggregationshypothese ab und vermutet die Existenz zweier tautomerer Formen, deren Gleichgewicht von der Farbstoffkonzentration abhängt.

Der Konzentrationseffekt wird bei einer ganzen Anzahl von Farbstoffen, besonders unter den kationischen (Lison 1934a, Michaelis 1947, 1950), gefunden und ist zuerst bei den Cyaninen eingehender spektrophotometrisch untersucht worden (Sheppard 1909, Scheibe 1938, Katheder 1940a, Sheppard und Geddes 1944a, b).

Von Farbstoffen, die für die Vitalfärbung von Bedeutung sind, liegen unter anderen für folgende entsprechende Untersuchungen vor: Capriblau (Michaelis und Granick 1945), Cresylechtviolett (H. Schmidt 1964), Fuchsin (Michaelis und Granick 1945), Kristallviolett (Holmes 1924, Michaelis und Granick 1945),

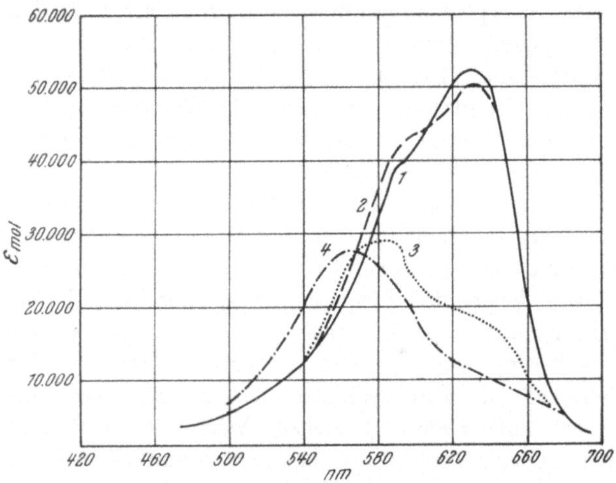

Abb. 33. Abhängigkeit der Absorptionsmaxima wässeriger Toluidinblaulösungen von der Konzentration. $1 = 5{,}17 \cdot 10^{-7}$; $2 = 1{,}55 \cdot 10^{-6}$; $3 = 2{,}98 \cdot 10^{-5}$; $4 = 3{,}88 \cdot 10^{-4}$ mol. (Nach Michaelis 1947.)

Malachitgrün (Michaelis und Granick 1945), Methylenblau (Holmes 1924, Rabinowitch und Epstein 1941, Sheppard und Geddes 1944a, b, Michaelis und Granick 1945, Michaelis 1947, Förster und König 1957), Neutralrot (Bartels 1956b, Förster und König 1957), Nilblau (Holmes 1924, Cohen und Preisler 1931, Michaelis und Granick 1945), Phenosafranin (Michaelis und Granick 1945, Sheppard und Geddes 1944a), Rhodamin B (Holmes 1924, Speas 1928, Sheppard und Geddes 1944a), Thionin (Kelley und Miller 1935b, Rabinowitch und Epstein 1941, Sheppard und Geddes 1944a, b, Michaelis und Granick 1945, Sibatani 1952b, Bartels und Schwantes 1955, Förster und König 1957), Toluidinblau (Spek 1940, Michaelis und Granick 1945, Michaelis 1947) und Fettfarbstoffe der Sudangruppe (Meier 1959).

Außer bei diesen vorwiegend als Diachrome benutzten Farbstoffen macht sich der Konzentrationseffekt auch bei den Fluorochromen bemerkbar, von denen das Acridinorange mit seiner konzentrationsabhängigen Bifluorescenz das größte Interesse gefunden hat (Strugger 1940d, 1947; Höfler 1947b; Boerner-Patzelt 1950; Förster und König 1957; Bancher und Hölzl 1963). Acridinorange zeigt mit steigender Konzentration einen Umschlag des Fluorescenzlichtes von Grün nach Rot. Genaue spektrometrische Untersuchungen darüber liegen von Zanker (1952a) und Bartels (1954) vor (vgl. S. 57, Abb. 12).

Zwischentöne wie Gelb und Orange entstehen durch Mischung der grünen und der roten Emissionsbande (SCHEIBE 1958).

Andere Fluorochrome mit ähnlichem Verhalten sind aus der Acridingruppe Coriphosphin 0, Euchrysin 2 GNX, Benzoflavin (KUYPER 1962, YOUNG und SMITH 1964) und Acriflavin (DE BRUYN und SMITH 1959), ferner Pyronin (BOERNER-PATZELT 1950, ROTTIER 1953, vgl. aber HÄRTEL 1953b).

Häufiger als die konzentrationsabhängige Bifluorescenz ist die mit steigender Konzentration sich bemerkbar machende Intensitätsabnahme der Fluorescenz, die bis zu einer völligen Löschung gehen kann, wie bereits von STENGER (1888) beschrieben worden ist (Tabelle 39). Aus Tabelle 39 geht hervor, daß auch Fluorochrome mit Bifluorescenz, wie Coriphosphin, außerdem eine Selbstlöschung zeigen können. In allen Farbstoffgruppen gibt es aber Vertreter, die keinen oder

Tab. 39.   *Grenzkonzentration in mol, bei der eine Selbstlöschung der Fluorescenz auftritt.* (Nach PRINGSHEIM 1949.)

Lösungsmittel	Farbstoffe				
	Uranin	Eosin	Rhodamin 6 G	Trypaflavin	Coriphosphin
Wasser	$5 \cdot 10^{-4}$	$5 \cdot 10^{-4}$	$5 \cdot 10^{-5}$	$3 \cdot 10^{-3}$	$3 \cdot 10^{-4}$
Aethylalkohol	$3 \cdot 10^{-3}$		$1 \cdot 10^{-3}$		
Aceton			$1,4 \cdot 10^{3}$		
Glycerin	$1 \cdot 10^{-3}$		$1 \cdot 10^{-3}$		

höchstens einen sehr schwachen Konzentrationseffekt zeigen. Dazu sollen Phenosafranin, Trypaflavin (s. aber Tabelle 39), Malachitgrün, Methylgrün (MICHAELIS 1947), Acridingelb (KUYPER 1962, SCHEIBE und ZANKER 1962) u. a. gehören. Die Angaben widersprechen sich aber zum Teil.

Die meisten Autoren vertreten die Ansicht, daß, entsprechend der alten Vermutung von STENGER (1888) und SHEPPARD (1909), der Konzentrationseffekt auf einer Aggregation der Farbkationen beruht. Vor allem soll die Bildung von Dimeren dafür verantwortlich sein. Bei manchen Farbstoffen kann es auch zur Polymerenbildung kommen. Den einzelnen Aggregationsstufen werden bestimmte Banden zugeschrieben. Die sogenannte α-Bande kommt den Monomeren zu und liegt z. B. beim Toluidinblau (Abb. 33) bei 630 nm. Mit steigender Konzentration fällt die α-Bande, und eine neue, die sogenannte β-Bande der Dimeren, tritt bei 590 nm in Erscheinung. Bei der höchsten Konzentration ist in Abb. 33 die α-Bande ganz verschwunden, und die β-Bande ist etwas gegen die kürzere Wellenlänge hin verschoben, als Anzeichen dafür, daß bei dieser Konzentration wahrscheinlich bereits höhere Aggregationsstufen mit auftreten und sich die Tendenz zur Bildung einer γ-Bande (vgl. Abb. 36 und 37) bemerkbar macht (MICHAELIS 1947). Die Aggregation bedingt ganz allgemein eine Verschiebung des Absorptionsmaximums im sichtbaren Bereich in Richtung der kürzeren Wellenlänge.

Gegen die Aggregationshypothese hat in neuerer Zeit vor allem KUYPER (1962) Zweifel geäußert, die aber SCHEIBE und ZANKER (1962) zurückweisen. Auch DONÁTH und LENGYEL (1961) sind abweichender Ansicht, indem sie die

Meinung vertreten, daß beim Acridinorange die Ionen grün und die Moleküle rot fluorescieren.

Alle bisherigen Erfahrungen sprechen zugunsten der Aggregationshypothese. Da es sich um eine Aggregation der Ionen handelt, tritt der Konzentrationseffekt am ausgeprägtesten in wässerigen Lösungen auf und geht mit Absinken der DK des Lösungsmittels zurück. Bereits in reinem Alkohol ist die Extinktionskurve für Methylenblau unabhängig von der Konzentration und ähnelt der einer stark verdünnten wässerigen Lösung, so daß praktisch nur Monomeren vorliegen können (Rabinowitch und Epstein 1941). Dies trifft für die meisten Farbstoffe zu (Michaelis 1947). Damit im Einklang steht die Konzentrationslöschung der Fluorescenz, die ebenfalls auf eine Aggregation zurückgeführt wird (Stenger 1888, Lewschin 1927) und am deutlichsten in der wässerigen Lösung zu erkennen

Tab. 40. *Fluorescenzintensität Qr und Dimeren-Bildung von Thionin in Wasser und Aethylalkohol.*
x = Monomerenkonzentration. (Nach Pringsheim 1949.)

Konzentration	Wasser			Aethylalkohol	
	x	Qr	Qr/x	x	Qr
$2,5 \cdot 10^{-5}$	0,995	10,0	10,5	1,0	20
$2,5 \cdot 10^{-4}$	0,732	6,8	9,3	1,0	19
$2,5 \cdot 10^{-3}$	0,359	2,7	7,5	1,0	20

ist. In den anderen Lösungsmitteln ist eine viel höhere Konzentration zur Löschung erforderlich (Tabelle 39). Im allgemeinen ist auch die Fluorescenzintensität in den Medien mit niedriger DK größer (vgl. S. 141, Tabelle 37), da hier die Aggregationstendenz geringer und die Fluorescenz der einzelnen Ionen bzw. Moleküle stärker ist als die der Aggregate (Tabelle 40).

„Die Konzentrationsabhängigkeit der Absorptionsspektren steht in engem Zusammenhang mit der an den gleichen Lösungen beobachteten Konzentrationslöschung der Fluorescenz. Während mit zunehmender Konzentration die Absorption der Monomeren in die der Dimeren übergeht, nimmt in allen Fällen die Fluorescenzausbeute der Lösung ab. Die spektrale Verteilung der Fluorescenz bleibt dabei in den meisten Fällen ungeändert. Man muß daraus schließen, daß auch in den konzentrierten Lösungen ausschließlich die Monomeren fluorescieren, während die Dimeren fluorescenzunfähig sind. Die Konzentrationslöschung kann daher zunächst darauf zurückgeführt werden, daß mit wachsender Konzentration die fluorescenzunfähigen Dimeren einen zunehmenden Teil des Erregungslichtes absorbieren und so den fluorescenzfähigen Monomeren entziehen." (Förster und König 1957.)

Aber auch davon gibt es Ausnahmen. Nach Katheder (1940a, b) ist die Fluorescenz des Pseudoisocyanindiaethylchlorids an das Vorhandensein polymerer Moleküle geknüpft. Das Einzelmolekül fluoresciert in diesem Fall nicht, deshalb bleibt auch in alkoholischer Lösung eine Fluorescenz aus. Sie ist nur in wässeriger Lösung zu beobachten. Sehr wahrscheinlich handelt es sich um eine „Resonanzfluorescenz", die ihre Entstehung der Zusammenlagerung der einzelnen Farbstoffmoleküle zu einem Polymerisat verdankt.

d) Einfluß einer Adsorption auf den Farbton

Sobald der Farbstoff in einer adsorbierten Form vorliegt, kann sein Farbton von dem einer normalen wässerigen Lösung abweichen. Diese Erscheinung soll sich unter Umständen bereits an der Wasseroberfläche bemerkbar machen. Ein

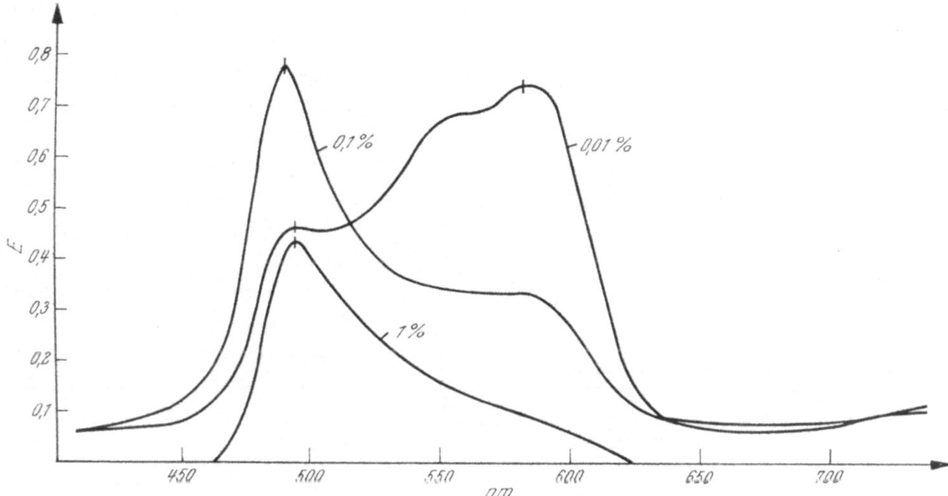

Abb. 34. Absorptionskurven von Cresylechtviolett (0,005%) bei Anwesenheit von Agar in verschiedener Konzentration. (Nach H. SCHMIDT 1964.)

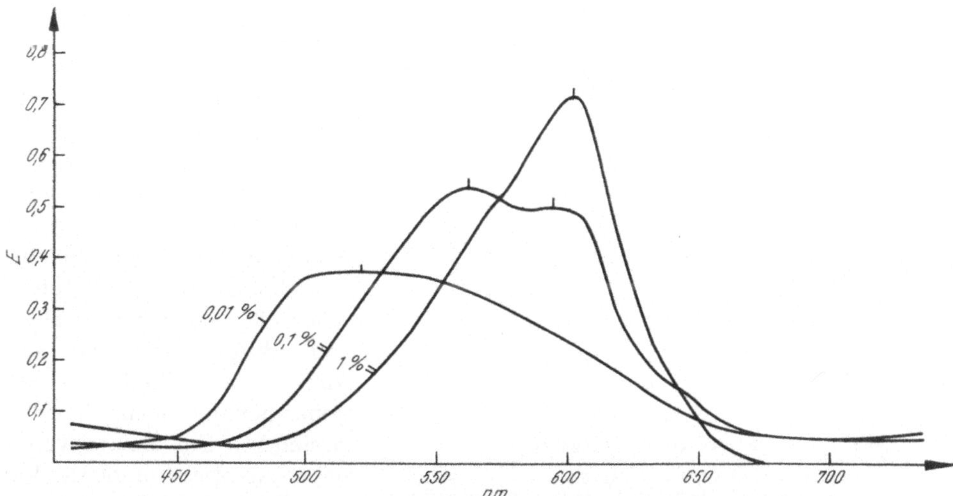

Abb. 35. Absorptionskurven von Cresylechtviolett (0,005%) bei Anwesenheit von Nukleinsäure aus Heringssamen in verschiedener Konzentration. (Nach H. SCHMIDT 1964.)

auf die Oberfläche reinen Wassers gebrachtes Farbstoffkörnchen von Brillant-cresylblau umgibt sich mit einer violetten Zone, während die in die Tiefe vordringenden Lösungswolken blau sind. Der violette Farbton soll ein Adsorptionseffekt an der Wasseroberfläche sein, da nach Entleerung eines mit Farbstofflösung gefüllten Glases die am Glas haftenbleibende Farbstoffschicht ebenfalls violett ist und sich auch Gelatine mit Brillantcresylblau violett färbt (Chadefaud 1936). Nach Glasunow (1927) färben sich Gelatine, Agar und Hühnereiweiß mit einer Reihe von Farbstoffen nur im feuchten Zustand mit einem abweichenden Farbton. Beim Austrocknen nehmen sie den normalen Farbton an, beim Anfeuchten kehrt aber der abweichende wieder. Boutaric und Doladilhe (1930) sind der Meinung, daß Zugabe eines kolloidalen Sols nur bei kolloidal gelösten Farbstoffen eine Änderung der spektralen Absorption hervorruft, wenn diese entgegengesetzt geladen sind. Bei molekular gelösten Farbstoffen soll eine Beeinflussung ausbleiben. Das Absorptionsmaximum von Cresylechtviolett wird durch Agar-Zusatz von 585 nm nach 495 nm verschoben (Abb. 34), durch Nucleinsäure aber nach 605 nm (Abb. 35). Außerdem ist die Lage dieser Banden noch vom pH-Wert abhängig (H. Schmidt 1964). Nach Michaelis und Granick (1945) und Michaelis (1950) bedingt eine Adsorption an Agar ebenso wie eine Erhöhung der Farbstoffkonzentration immer eine Verschiebung des Absorptionsmaximums im sichtbaren Bereich zur kürzeren Wellenlänge (vgl. auch Abb. 36 für Toluidinblau mit Ausbildung einer γ-Bande zwischen 520 und 540 nm). Die Lage von Absorptionsbanden im UV wird weder durch Konzentrationserhöhung noch durch Agar verändert. Ein Zusatz von Seife zeigt ein etwas anderes Verhalten. Es tritt eine Verlagerung des Absorptionsmaximums vor allem bei den mittleren Seifenkonzentrationen mit der Ausbildung einer γ-Bande, für Toluidinblau bei 575 nm, auf (Abb. 37).

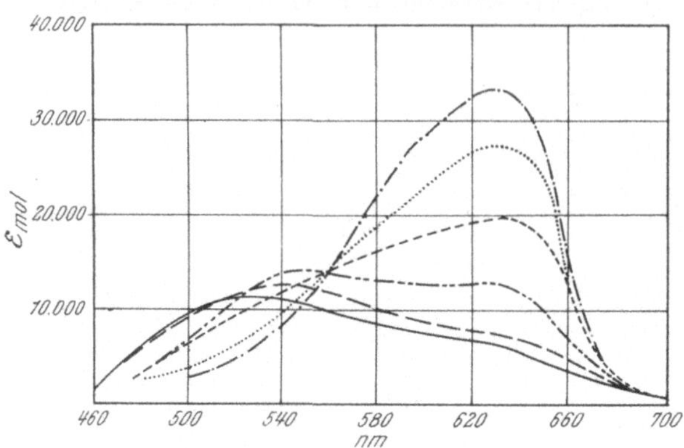

Abb. 36. Absorptionskurven von Toluidinblau (1,45 · 10⁻⁵ mol) bei Anwesenheit von Agar verschiedener Konzentration. ——— = 0,5%; — — — = 0,05%; —·— = 0,005%; ----- = 0,00167%; · · · · = 0,0005%; —·—·— = ohne Agar. (Nach Michaelis 1947.)

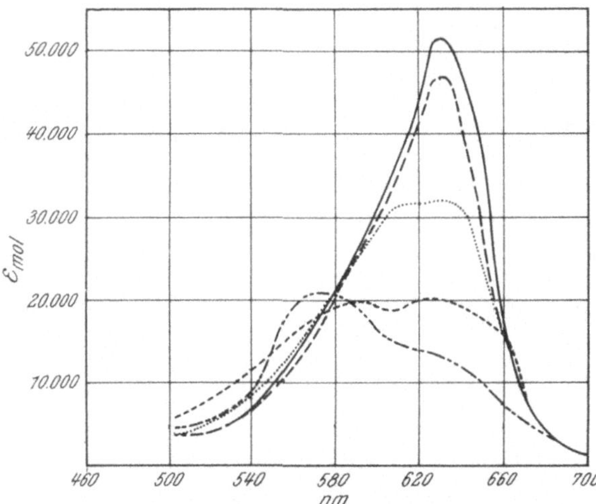

Abb. 37. Absorptionskurven von Toluidinblau (1,45 · 10⁻⁵ mol) bei Anwesenheit von Na-Oleat verschiedener Konzentration. ——— = 1,5%; — — — = 0,15%; —·— = 0,015%; · · · = 0,0015%; ----- = 0,00015% Na-Oleat und ohne Zusatz. (Nach Michaelis 1947.)

Abb. 36 und 37 haben den Schönheitsfehler, daß die Absorptionskurven für die Toluidinblaulösung ohne jeglichen Zusatz bei gleicher Farbstoffkonzentration nicht völlig übereinstimmen. Ob in der Originalarbeit bei einer Abbildung evtl. ein Druckfehler vorliegt, kann nicht gesagt werden.

0,2% Rinder-Serum-Albumin bedingt eine Verlagerung des Absorptionsmaximums des anionischen Azosulfothiazol von 495 nm nach 505 nm, das Maximum des ebenfalls anionischen Methylorange wird aber von 460 nm nach 440 nm verschoben, während Orange I und II unbeeinflußt bleiben. Gelatine, y-Globulin und verschiedene polymere Substanzen, wie Carbowax, führen bei allen 4 Farbstoffen zu keinen Veränderungen (KLOTZ 1946).

Der Einfluß einer Adsorption macht sich auch bei den Fluorochromen deutlich bemerkbar. Ihr Farbton soll sich z. T. mit der chemischen Beschaffenheit des Adsorbens ändern (HAITINGER und LINSBAUER 1933). Durch Adsorption an Kolloide können tiefgreifende Änderungen im Absorptions- und Fluorescenzspektrum auftreten (APPEL und ZANKER 1958, APPEL und SCHEIBE 1958, SCHEIBE und ZANKER 1962). Näheres darüber enthält der Abschnitt über die Metachromasie (S. 169 u. f.).

Eine Reihe von Fluorochromen fluorescieren überhaupt erst im adsorbierten Zustand. Proteine und Lecithin bedingen eine Verschiebung der Absorptionsmaxima und eine Veränderung der Fluorescenz bei Eosin und Magdalarot (METZNER 1924). Irisblau zeigt, an Eiweißkörper oder andere wasserhaltige Kolloide adsorbiert, nur eine sehr schwache oder gar keine Fluorescenz, während Lipoide ein intensives Leuchten bedingen (SPEK 1943). Mit Pyronin soll man an Lipoiden durch die Fluorescenz hydrophile und lipophile Gruppen unterscheiden können (BOERNER 1952). Durch die Gegenwart von Polyvinylpyrrolidon wird das Absorptionsmaximum von Rose bengale von 545 nach 555 nm verschoben, und bereits kleine Mengen bedingen eine Zunahme der Fluorescenzintensität um das 50fache (OSTER 1952). Während Nucleinsäuren die Fluorescenz von Trypaflavin und Eosin (BAUCH 1949a) sowie von Acriflavin (OSTER 1951b, TUBBS, DITMARS und VAN WINKLE 1964) löschen, verstärken sie die von Berberinsulfat (YAMAGISHI 1962b). Eialbumin, Globulin, Protamin sollen dagegen keinen Einfluß auf Berberinsulfat haben. Andererseits ist aber Berberinsulfat der bekannteste Vertreter einer Fluorochromgruppe, die erst im adsorbierten Zustand intensiv leuchtet (STRUGGER 1939a, PERNER 1952a). Dazu gehören außer einer Reihe anderer Alkaloide (DANCKWORTT und PFAU 1927) Auramin (STRUGGER 1943b, OSTER 1951a), die erste Reduktionsstufe des Janusgrün B, das Diaethylsafranin (DRAWERT 1953), Malachitgrün (WERTH 1958), Neutralrot (das Kation, DRAWERT und METZNER 1956a) und eine farblose kationische Komponente des Wasserblaues (KLING 1958). Rhodamin B löst sich in Benzin ohne Fluorescenz, beginnt aber nach Zusatz von Seife intensiv zu leuchten. Die Fluorescenz nimmt mit Erhöhung der Seifenkonzentration zu. Auch in diesem Fall soll es sich um einen Adsorptionseffekt an den Seifemicellen handeln (ARKIN und SINGLETERRY 1948). Umgekehrt wird die Fluorescenz einer wässerigen Rhodamin B-Lösung durch Kastanienschalenextrakt gelöscht (DRAWERT 1955a). Huminsäuren (MICHEL 1963b) und Heparin (THALER 1965) bewirken eine Löschung oder wenigstens Abschwächung der Fluorescenz, und zwar nur bei den kationischen Fluorochromen.

e) Einfluß von Fremdelektrolyten auf den Farbton

Da Dissoziations- und Dispersitätsgrad für den Farbton vieler Farbstoffe von Bedeutung sind, ist zu vermuten, daß sich auch Salze bemerkbar machen werden. Bei der Besprechung des Einflusses von Salzen auf den Dispersitätsgrad ist bereits darauf hingewiesen worden, daß besonders bei den kolloiden substantiven Farbstoffen Salze eine Farbtonänderung bedingen. Eingehende Untersuchungen über den Salzeffekt haben Vlès (1926, 1927), Vlès und Gex (1927) sowie Vlès, Reiss und Gex (1927) durchgeführt. In der letzten Arbeit sind sowohl anionische als auch kationische Farbstoffe geprüft worden. Von diesen

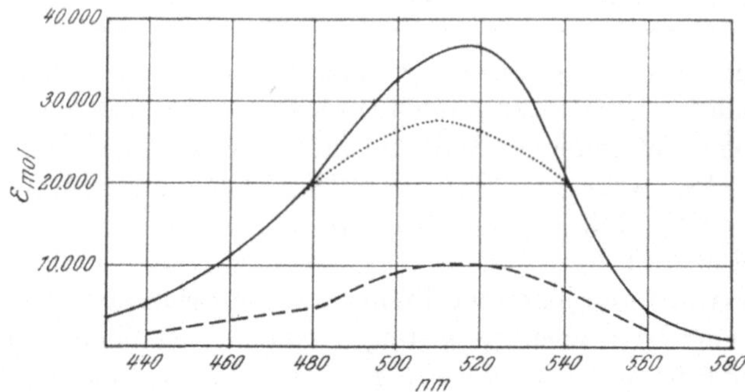

Abb. 38. Absorptionskurven von Phenosafranin ($5{,}02 \cdot 10^{-4}$ mol) bei Anwesenheit von NaCl verschiedener Konzentration. ——— = in reinem Wasser; ···· = in 8% NaCl; ------ = in 16% NaCl. (Nach Michaelis 1947.)

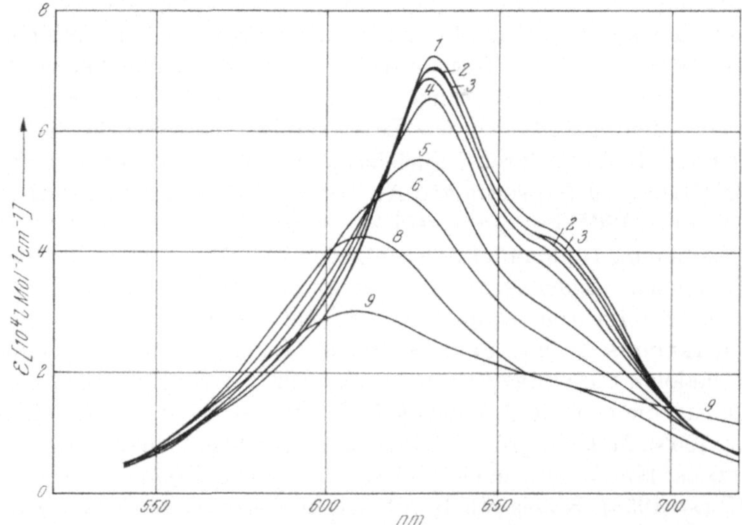

Abb. 39. Absorptionskurven von Cu-Phthalocyaninsulfonat bei Anwesenheit von NaCl verschiedener Konzentration. $1 = 1 \cdot 10^{-3}$; $2 = 2 \cdot 10^{-3}$; $3 = 5 \cdot 10^{-3}$; $4 = 1 \cdot 10^{-2}$; $5 = 2 \cdot 10^{-2}$; $6 = 5 \cdot 10^{-2}$; $7 = 1 \cdot 10^{-1}$; $8 = 2 \cdot 10^{-1}$; $9 = 5 \cdot 10^{-1}$ mol. Gleichgewicht zwischen Dimeren, Tetrameren und höheren Assoziaten. (Nach Ahrens und Kuhn 1963.)

Arbeiten abgesehen, liegen für die kationischen Farbstoffe nur wenige Angaben in der biologischen Literatur vor. Nach Kinzel (1953a) bedingt 1 mol $CaCl_2$ in einer wässerigen Lösung von Acridinorange (1 : 10 000) einen Umschlag des Fluorescenzlichtes von Grün nach Gelb. Die farbtonändernde Wirkung von Na-Alginat auf Toluidinblaulösungen (Metachromasie) wird durch Salze in folgender Reihe herabgesetzt: $AlCl_3 > CaCl_2 > MgCl_2 > Na_2SO_4 > NaJ$, NaBr, KCl, NaCl, LiCl. Dabei haben die Kationen einen stärkeren Einfluß als die Anionen (Ishizuka 1955). Für die Berberinsulfatfluorescenz sollen NaCl, Na-Citrat und $MgCl_2$ ohne Bedeutung sein (YAMAGISHI 1962b). Das Absorptionsmaximum einer wässerigen Phenosafraninlösung ($5,02 \cdot 10^{-4}$ mol) wird nach MICHAELIS (1947) durch NaCl nicht verschoben, sondern mit steigender Salzkonzentration nur stärker herabgesetzt (Abb. 38). Dabei ist zu berücksichtigen, daß Phenosafranin auch keinen oder nur einen geringen (SHEPPARD und GEDDES 1944a, MICHAELIS 1947) Konzentrationseffekt zeigt.

Die Salze werden sich vor allem bei den Farbstoffen bemerkbar machen, die zu einer Aggregation neigen. Das ist z. B. beim Acridinorange der Fall, und auch die Cyanine weisen einen ausgeprägten Salzeffekt auf (Abb. 39). Die Fluorescenz von Pseudo-Isocyanin wird durch Anionen beeinflußt. Am kräftigsten fluoresciert das Chlorid, wenig schwächer das Sulfat und bedeutend geringer das Fluorid des Farbstoffes (KATHEDER 1940a).

f) Einfluß der Temperatur auf den Farbton

Der Einfluß der Temperatur auf Farbton und Fluorescenz ist recht komplexer Natur und vom Lösungsmittel, von der Farbstoffkonzentration, von der Neigung der Farbstoffe zur Aggregation und von der Art einer evtl. Adsorption abhängig, so daß die einander widersprechenden Angaben in der Literatur verständlich sind.

Tab. 41. *Die relative Fluorescenzhelligkeit F von Rhodamin B extra* ($c = 2,5 \cdot 10^{-6}$ g/cm³) *in wässeriger Lösung in Abhängigkeit von der Temperatur.*
(Nach WAWILOW und LEWSCHIN 1923.)

Temperatur in °C	19	30	40	52	59	66	70
F	1,00	0,90	0,74	0,58	0,48	0,39	0,35

STENGER (1888) berichtet vom Magdalarot, daß die in wässeriger Lösung nur schwache Fluorescenz bei Temperaturerhöhung zunimmt, und das Absorptionsspektrum sich mehr dem des Farbstoffes in alkoholischer Lösung angleicht. Nach KAUFFMANN und BEISSWENGER (1905) soll Erwärmen allgemein eine beträchtliche Verschiebung der Fluorescenz zum kurzwelligen Bereich bedingen. Von wässerigen Thionin- und Methylenblaulösungen erwähnen RABINOWITCH und EPSTEIN (1941) sowie SHEPPARD und GEDDES (1944b), daß ein Temperaturanstieg die Absorption in Richtung der Spektren sehr verdünnter Lösungen verändert, d. h. es tritt eine Verschiebung des Absorptionsmaximums in den längerwelligen Bereich auf. Diese Erscheinung trifft auch für einige andere Farbstoffe zu, so für Acridinorange (ZANKER 1952a), wie ein Vergleich von Abb. 12 (S. 57) und 13 (S. 59) belegt, für Neutralrot (BARTELS 1956b) und Rhodamin B (SPEAS 1928, SHEPPARD und GEDDES 1944a).

Hinsichtlich der Fluorescenzintensität wird im allgemeinen darauf hingewiesen, daß diese bei der Mehrzahl der stark fluorescierenden Farbstoffe mit einer Erhöhung der Temperatur abnimmt, daß aber auch das Umgekehrte stattfinden kann (DANCKWORTT und EISENBRAND 1964). Bei FÖRSTER (1951) findet sich allerdings noch der Zusatz, daß in „verdünnten" Lösungen der Temperaturkoeffizient der Fluorescenzausbeute meist negativ ist. Dies wird z. B. für Rhodamin B sowohl für Lösungen in Aethylalkohol, Glycerin als auch in Wasser angegeben (Tabelle 41).

In der Glycerin-Lösung soll sich die Absorption mit der Temperatur nicht ändern, während sich bei Lösung in Iso-Butylalkohol auch das Absorptionsspektrum des Rhodamin B mit steigender Temperatur beträchtlich verschiebt, so daß im letzten Fall eine molekulare Wandlung angenommen werden muß (Pringsheim 1949). Eine Änderung des Absorptionsspektrums tritt auch in wässeriger Lösung auf; wie wir oben gesehen haben, in Richtung des längerwelligen Bereiches bei Temperaturerhöhung; das deutet auf eine Verschiebung des Monomeren/Dimeren-Gleichgewichtes zugunsten der Monomeren hin, was wiederum eine Verstärkung der Fluorescenz bedingen sollte. Dieser Widerspruch erklärt sich wohl aus den Befunden von Lewschin (1927) mit Fluorescein über die Konzentrationsabhängigkeit der Temperaturwirkung. Wie aus Abb. 40 hervorgeht, kann die Temperaturerhöhung sowohl fluorescenzsteigernd als auch -abschwächend wirken. Das erste ist bei größeren Farbstoffkonzentrationen und das letzte bei kleineren der Fall. Überwiegen in einer Lösung die Dimeren, so wird eine Temperaturerhöhung eine Änderung des Absorptionsspektrums und eine Zunahme der Fluorescenzintensität bedingen, da das Gleichgewicht — wie bei einer Verdünnung — zugunsten der Monomeren verschoben wird. Liegt der Farbstoff in der Lösung aber bereits vorwiegend in der monomeren Form vor, wird die Temperatur kaum einen stärkeren Einfluß auf das Absorptionsspektrum haben, falls nicht chemische Veränderungen auftreten, und auch die Fluorescenzintensität wird nicht beeinflußt, oder sie nimmt mit steigender Temperatur ab. Dieser Unterschied wird wieder bei einigen Cyaninen deutlich. Chinolinrot liegt

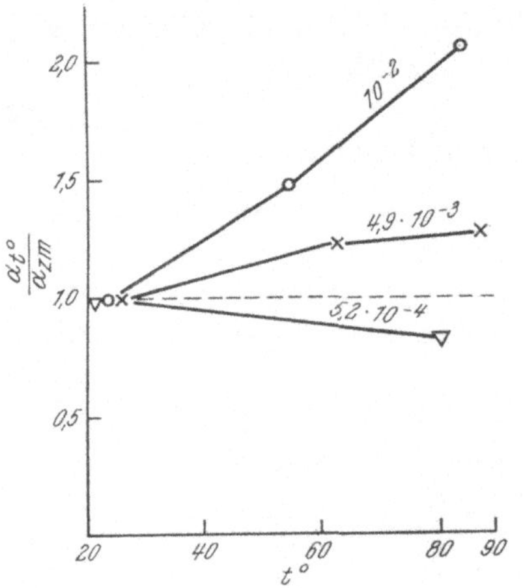

Abb. 40. Einfluß der Temperatur auf das Fluorescenzvermögen wässeriger Fluoresceinlösungen verschiedener Konzentration. Abszisse: t° C, Ordinate: Verhältnis der Fluorescenzintensität α bei t° zu der bei Zimmertemperatur = 20° C (α zm). (Nach Lewschin 1927.)

praktisch nur in monomerer Form vor und zeigt keine Temperaturabhängigkeit seiner Fluorescenz. Mononaphtho-pseudoisocyanindiaethylchlorid neigt zur Aggregation und besitzt deshalb eine starke Temperaturabhängigkeit seiner Fluorescenz (Katheder 1940a). Da in diesem Fall aber ausnahmsweise die Polymeren fluorescieren (s. S. 148), wird die Fluorescenz mit steigender Temperatur geringer.

Das Monomeren/Di- oder Polymeren-Gleichgewicht hängt außer von der Farbstoffkonzentration auch vom Lösungsmittel ab, so daß die Richtung der Temperaturwirkung bei gleicher Farbstoffkonzentration aber verschiedenen Lösungsmitteln entgegengesetzt sein kann. So sind die negativen Temperaturkoeffizienten für die Fluorescenz von Acridinorange (Rhodulinorange NO) und Rhodamin B (Wawilow und Lewschin 1923, Lewschin 1931) in reinem Aethylalkohol bei höheren Farbstoffkonzentrationen durchaus verständlich.

Absorptionsspektrum und Fluorescenzintensität der Farbstoffe werden vor allem in adsorbiertem Zustand stark von der Temperatur beeinflußt (Michaelis 1947). Nucleinsäuren (NS) wirken auf Trypaflavin fluorescenzlöschend. Beim Erwärmen des Farbstoff-NS-Komplexes tritt die Fluorescenz wieder in Erscheinung und verschwindet erneut beim Abkühlen (Bauch 1949a).

Bei einem Vergleich der Temperaturwirkung auf Absorptionsspektrum und Fluorescenz sind unbedingt Farbstoffkonzentration, Lösungsmittel und mögliche Adsorption zu beachten. Außerdem muß man mit chemischen Reaktionen rechnen; so werden der bekannte Übergang von Methylenblau in Methylenazur und Methylenviolett, der vor allem bei alkalischer Reaktion auftritt (s. S. 126) (LIESEGANG 1941b, LILLIE 1943), die Entstehung von Nilrot aus Nilblau (THORPE 1907) und ganz allgemein die Bildung von Oxazonen aus Oxazin-Farbstoffen (MIX 1959) sowie von Xanthon aus Pyronin (SAUER 1960) durch Temperaturerhöhung gefördert.

g) Einfluß von Oxydation und Reduktion auf den Farbton

Die soeben erwähnte Umwandlung von Methylenblau in Methylenazur ist auf einen Oxydationsvorgang zurückzuführen, der nicht ohne weiteres reversibel ist. Eine Methylenblaulösung nimmt bei alkalischer Reaktion eine größere Menge Sauerstoff auf (MEYERHOF 1912). Außerdem gibt es Farbstoffe, die in Abhängigkeit vom Redoxpotential des Mediums ihren Farbton meist reversibel ändern. Es handelt sich dabei um die bekannten Redoxindikatoren, die allerdings vorwiegend einen Wechsel zwischen „gefärbt" im oxydierten und „farblos" im reduzierten Zustand zeigen. Diese beiden Richtungen der Sauerstoffwirkung muß man auseinanderhalten. Beim Methylenblau ist beides möglich. Im ersten Fall tritt entsprechend den Formeln (7, I—III) eine Demethylierung auf.

HARMS (1957/1965, II, S. 212) vertritt allerdings die Auffassung, daß es sich hierbei nicht um eine Oxydation handelt, sondern um eine Verseifungserscheinung, bei der Methylalkohol entsprechend Formel (7, V) frei wird (vgl. auch LILLIE 1943).

Im zweiten Fall liegt eine reversible Reduktion nach Formel (7, I) und (7, IV) vor. Unter den wichtigen Vitalfarbstoffen ist mit einer irreversiblen Oxydation ferner beim Nilblau und anderen Oxazinen zu rechnen (THORPE 1907; SMITH 1907; 1911; COHEN und PREISLER 1931; LISON 1935b; CAIN 1947, 1948; GUTZ 1956; MIX 1959). Nach LISON (1935b) wird das aus Nilblau (7, VI) entstehende Oxazon als Nilrot (7, VII) bezeichnet. Es bildet sich in einer wässerigen Lösung an der Luft und ist fast nicht in Wasser, aber gut mit rotem Farbton und gelber bis grüner Fluorescenz in vielen hydrophoben Medien löslich.

Nach HABERLANDT (1928) soll Nilblau durch einige Oxydationsmittel entfärbt werden. Auch bei dem Xanthenfarbstoff Pyronin entsteht im alkalischen Bereich ein farbloses, manchmal gelbes, blau fluorescierendes Xanthon (BIEHRINGER 1896, MONNÉ 1938a, 1942c; SAUER 1960; T. SCHMIDT 1961), das sich aus der wässerigen Lösung mit Äther oder Chloroform ausschütteln läßt. Janusgrün B zersetzt sich allmählich bei Sauerstoffgegenwart, besonders bei alkalischer Reaktion der Lösung. Ein Durchleiten von Luft verursacht bei pH 12 in 15 Min. eine Zersetzung von 63% des Farbstoffes (COOPERSTEIN, LAZAROW und PATTERSON 1953).

Von größerer Bedeutung für die Vitalfärbung sind die mit den reversiblen Oxydations- und Reduktionserscheinungen der sogenannten Redox-Indikatoren verbundenen Farbtonänderungen, wie sie oben für das Methylenblau formuliert worden sind [Formel (7, I) und (7, IV)]. Auch Nilblau und eine Reihe anderer Oxazine gehören in diese Gruppe. Ihre Anwendung in der Biologie geht auf EHRLICH (1885)

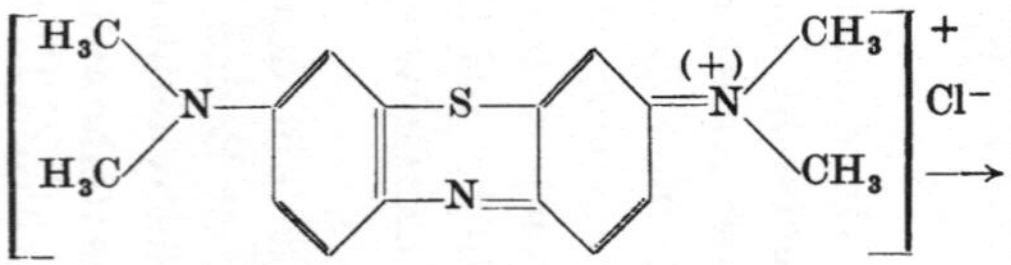

(7, I) Methylenblau = Tetramethylthionin

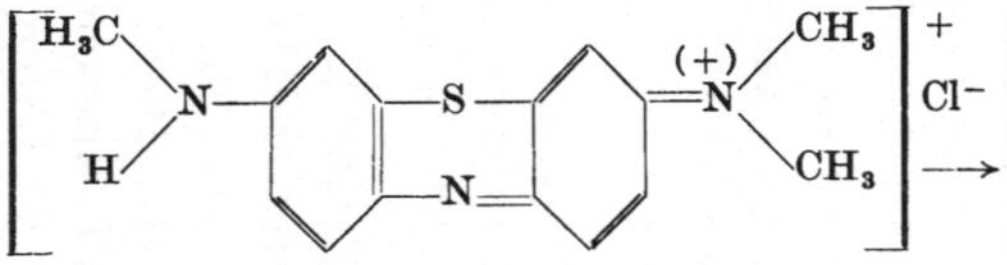

(7, II) Azur B = Trimethylthionin

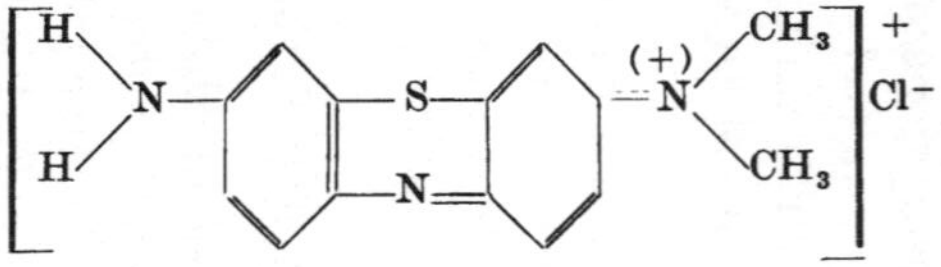

(7, III) Azur A = asymmetrisches Dimethylthionin

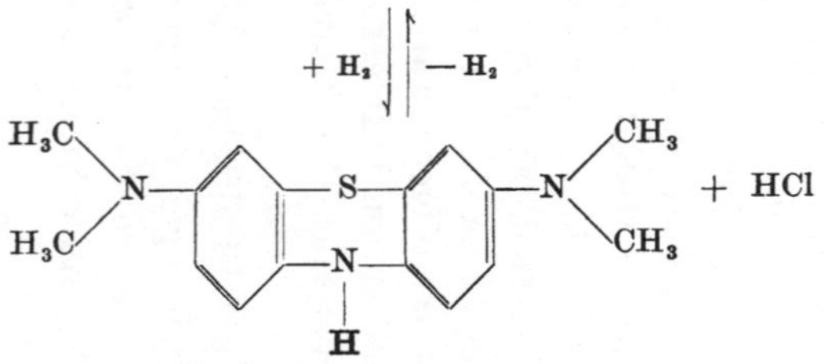

(7, IV) Leukomethylenblau

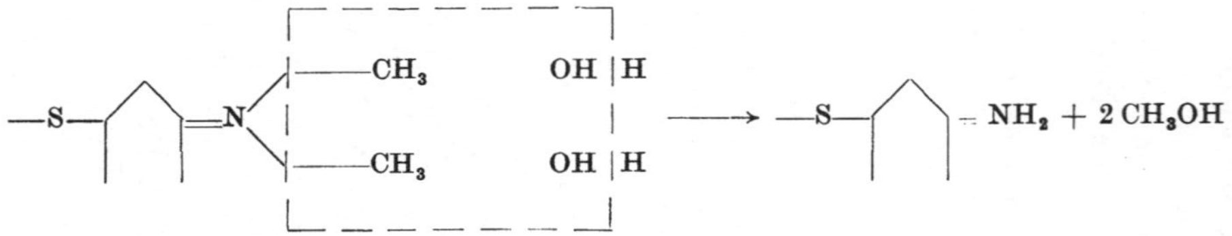

(7, V) Demethylierung von Methylenblau nach Harms (1957)

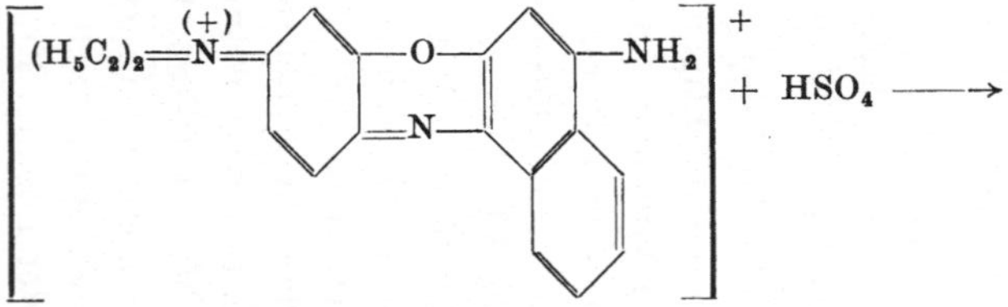

(7, VI) Nilblausulfat

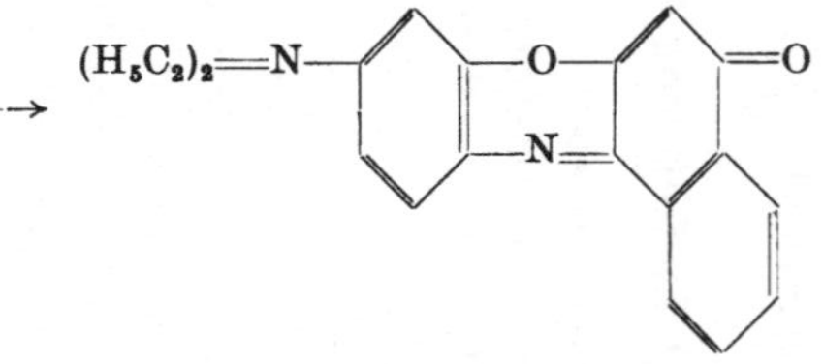

(7, VII) Nilrot

zurück. Zunächst wurde in vitro rein qualitativ die Reduzierbarkeit von Farbstoffen geprüft, so gibt COLLANDER (1921) für 13 Sulfosäurefarbstoffe die Reduzierbarkeit durch Traubenzucker und $NaHSO_3$ an, und WANKELL (1921) kommt für die benötigte Reduktionszeit durch Natriumhydrosulfit für kationische Farbstoffe zu folgender Aufstellung. Auramin, Rhodamin B extra sowie 0 ließen sich nicht reduzieren, und für die anderen Farbstoffe nahm die Reduzierbarkeit in folgender Reihe zu: Rhodamin S extra < Safranin B extra < Viktoriablau 4 RS < Neutralrot < Viktoriablau B < Methylviolett 5 B < Malachitgrün < Diamantfuchsin < Kristallviolett 6 B < Nilblausulfat < Methylenblau BB < Methylenblau BX < Toluidinblau < Rosanilin-Base < Methylengrün < Capriblau GON < Vesuvin 4 BG < Bismarckbraun < Chrysoidin R.

Durch CLARK sowie MICHAELIS und ihre Mitarbeiter wurden dann quantitative Untersuchungen durchgeführt, die es ermöglichten, mit Hilfe von Farbstoffen Redoxpotentiale zu messen. Zunächst wurden für die Farbstoffe selber die Redoxpotentiale bestimmt.

Nach CLARK, ZOLLER und COHEN (1921) ist das Redoxpotential eines Farbstoffes eine Funktion des Verhältnisses vom oxydierten zum reduzierten Teil, und außerdem ist es von der cH der Lösung abhängig. Das sogenannte Normalpotential E'o entspricht dem Punkt, bei dem 50% der Farbstoffmoleküle in reduzierter Form vorliegen und wird im allgemeinen in Volt oder mVolt angegeben. Besonders in der biologischen Literatur findet man häufig analog dem pH-Wert für die Wasserstoffionenkonzentration die Angabe in rH-Werten als unmittelbares Maß der Reduktionskraft. Die Einheit rH ist der negative dekadische Logarithmus des Wasserstoffdruckes, mit dem eine Platinelektrode beladen sein müßte, um

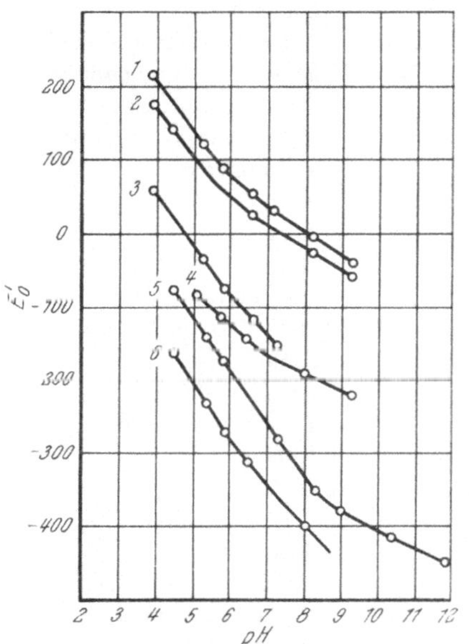

Abb. 41. Abhängigkeit des Redox-Normalpotentials E'o vom pH-Wert für 1 = Cresylblau, 2 = Toluidinblau, 3 = Nilblau, 4 = Cresylviolett, 5 = Janusgrün, 6 = Neutralrot. (Nach RAPKINE, STRUYK und WURMSER 1929.)

bei pH 7 eine bestimmte Reduktionswirkung hervorzubringen. Eine Lösung mit rH = o hat die gleiche Reduktionswirkung wie gasförmiger, durch Platin aktivierter Wasserstoff bei Atmosphärendruck, und rH 42 entspricht dem Potential der Sauerstoffelektrode.

Mit der cH-Abhängigkeit des Normalpotentials E'o einiger für die Vitalfärbung wichtiger Redoxindikatoren haben sich vor allem folgende Autoren beschäftigt: RAPKINE, STRUYK und WURMSER (1929, Azur I, Brillantcresylblau, Janusgrün, Cresylechtviolett, Methylenblau, Neutralrot, Neutralviolett, Nilblau, Toluidinblau), VELLINGER (1929, Brillantcresylblau, Neutralrot, Nilblau, Phenosafranin, Safranin, Toluidinblau), MICHAELIS und EAGLE (1930, Brillantalizarinblau, Gallocyanin, Gallophenin), COHEN und PREISLER (1931, Nilblau), MICHAELIS (1931, Rosindulin 2 G), CLARK und PERKINS (1932, Neutralrot), FRIEDHEIM und

Michaelis (1931, Pyocyanin = Farbstoff von *Bacillus pyocyaneus*), Letort (1932, Brillantcresylblau, Capriblau, Indophenol, Muscarin, Neumethylenblau, Nilblau 2 B, Phenosafranin, Solid- = Baumwollblau). In Abb. 41 sind einige

Tab. 42. *Normalpotential E'o bei pH 7 in mV, rH-Wert und Farbwechsel einiger Redoxindikatoren.*

elektr. Ladung	Indikator	Farbwechsel	E'o in mV	rH (annähernd)
	(Sauerstoff-Elektrode)		+ 810	42,0
+	Bindschedler's Grün	grün/farblos	+ 224	21,5
+	Toluylenblau	azurblau/farblos[2]	+ 115	17,9
±	Prune pure	blauviolett/farblos	+ 86	16,9
+	Thionin = Lauth's Violett	violett/farblos[2]	+ 62	15,8
+	Muscarin = Campanulin	blauviolett/farblos	+ 50	15,5
+	Brillantcresylblau	blau/farblos[2]	+ 47	15,4
±	Gallocyanin = Solidviolett	blau/farblos	+ 21	14,7
+	Toluidinblau	blau/farblos	+ 11	14,4
+	Methylenblau	blau/farblos[2]	+ 11	14,4
+	Azur I	blau/farblos	+ 11	14,4
+	Janusgrün B 1. Stufe	blau/rot	− 20[1]	13,0
−	Indigotetrasulfonat	blau/gelblich	− 46	12,5
+	Methyl-Capriblau	dunkelblau/farblos	− 61	12,0
+	Aethyl-Capriblau	dunkelblau/farblos	− 72	11,6
−	Indigotrisulfonat	blau/gelblich	− 81	11,3
+	Triphenyltetrazoliumchlorid	farblos/rot	− 83	11,3
+	Nilblau	blau/farblos[2]	− 122	10,0
−	Indigodisulfonat = Indigocarmin	blau/gelblich	− 125	9,9
−	Gallophenin	dunkelblau/farblos	− 142	9,3
−	Indigomonosulfonat	blau/gelblich	− 150	9,0
−	Brillantalizarinblau	blau/farblos	− 173	8,2
+	Neutralblau	violett/farblos	− 250	5,7
+	Phenosafranin	rot/farblos[2]	− 252	5,7
+	Amethystviolett	rötlichviolett/farblos	− 254	5,6
+	Janusgrün B 2. Stufe	rot/farblos[2]	− 260[1]	5,4
+	Safranin T	rot/farblos[2]	− 289	4,8
+	Indulin-Scharlach	scharlachrot/farblos	− 296	4,6
+	Neutralrot	rot/farblos[2]	− 340	3,0
	(Wasserstoff-Elektrode)		− 420	0,0

[1] Nach neueren Angaben von Cooperstein, Lazarow und Patterson (1953) soll E'o für Janusgrün B bei der ersten Reduktionsstufe und pH 7,48 − 1 mV betragen und für die zweite Stufe wird − 118 mV angegeben.

[2] Die reduzierte Form fluoresciert.

Ergebnisse wiedergegeben, aus denen die große Bedeutung des pH-Wertes für das Redoxpotential hervorgeht (vgl. auch S. 526, Abb. 175). Deshalb wird das Normalpotential im allgemeinen auf pH 7 bezogen.

Die in der Literatur angegebenen E'o-Werte weichen zum Teil erheblich voneinander ab, was auf eine nicht völlige Identität der benutzten Farbstoffe zurückzuführen ist (COHEN 1933a). Ferner können Begleitstoffe stören; z. B. ist Methylenblau sehr schwer zu reinigen, und seine besonderen Eigentümlichkeiten sollen es für sehr genaue Messungen ungeeignet machen (CLARK, COHEN und GIBBS 1925). Beim Nilblau wirkt die Neigung zur Aggregation sehr störend, da dadurch das Gleichgewicht beeinflußt wird (COHEN 1933a). Die Aggregation ist aber eine Erscheinung, die, wie wir heute wissen, bei vielen Farbstoffen auftritt.

E'o-Werte bei pH 7 oder rH-Werte für wichtige Farbstoffe finden sich außer in den bereits genannten noch in folgenden Arbeiten: BETZ (1953, Prune pure), CHAMBERS, COHEN und POLLACK (1932, Indophenole, Indigogruppe, Methylen-, Capriblau), COHEN, CHAMBERS und REZNIKOFF (1928, 24 Indikatoren), COHEN (1933a, b, 28 Indikatoren), COOPERSTEIN, LAZAROW und PATTERSON (1953, Janusgrün B und G), AUBEL, GENEVOIS und WURMSER (1927, 10 Indikatoren), GENEVOIS (1928, Methylen-, Toluidinblau, Thionin, Neutralrot, Indigocarmin), GERSCH (1937a, Neutralrot, Nilblau, Phenosafranin u. a.), IIJIMA (1953, Neutralviolett), NEEDHAM und NEEDHAM (1926c, 10 Indikatoren), NOMURA (1934, 8 Indikatoren), RAPKINE und WURMSER (1926b, Janusgrün B, Neutralrot). Tabelle 42 bringt einen Auszug von vorwiegend kationischen Indikatoren, da diese für die Vitalfärbung von größerer Bedeutung sind als die anionischen.

Einige der durch Reduktion farblos werdenden Farbstoffe fluorescieren in der Leukoform und werden dadurch für die Vitalfärbung besonders wichtig. Dazu gehören: Brillantgrün (KUTTIG 1957), Coelestinblau (DRAWERT 1954a), Janusgrün B (DRAWERT 1953, vgl. Formel 7, VIII—X, s. S. 160), Meldolablau (MIX 1959), Methylenblau (FRITZ 1951) und andere Thiazine (MENZIES 1961), Neutralrot (ROTHBERGER 1898, QUERBET 1911, CLARK und PERKINS 1932, DRAWERT und METZNER 1956a, SAUER 1960), Nilblau (DRAWERT 1952c, GUTZ 1956, MIX 1959, YAMAGISHI 1963b), Prune pure (FRITZ 1951, BETZ 1953). Beim Neutralrot entsteht neben dem eigentlichen Leukoneutralrot noch eine besondere fluorescierende Komponente, die sich etwas abweichend verhält, das sog. „Fluorescent X" (CLARK und PERKINS 1932; LEWIS 1935; KIERMAYER 1955a, 1956; SAUER 1960).

Beim Janusgrün B ist der erste Reduktionsschritt irreversibel, da hierbei das Farbstoffmolekül durch Lösung der Azo-Bindung in Diaethylsafranin und Dimethylanilin (7, IX) gesprengt wird. Der zweite Reduktionsschritt zum Leukodiaethylsafranin (7, X) ist reversibel. Nach LAZAROW und COOPERSTEIN (1953a) soll es auch ein farbloses Leukojanusgrün (7, XIII) geben, das ohne Sprengung der Azoverbindungen über eine gelbe Stufe (7, XII) entsteht, und auf dem Wege zur Sprengung des Moleküls soll sich vorher noch eine violette Zwischenstufe (7, XIV) bilden. Die Autoren haben dem Janusgrün sehr eingehende Untersuchungen gewidmet (LAZAROW, COOPERSTEIN und PATTERSON 1949; LAZAROW und COOPERSTEIN 1950a, b, 1953a, b; COOPERSTEIN, LAZAROW und PATTERSON 1953; COOPERSTEIN und LAZAROW 1953). Absorptionsspektren von Janusgrün B und den Reduktionsstufen finden sich bei COOPERSTEIN, LAZAROW und PATTERSON (1953) sowie SHOWACRE (1953). Absorptions- und Fluorescenzspektren von Nilblau und seiner Leukoform bringt YAMAGISHI (1963b).

Auf zwei durch Redox-Vorgänge bedingte Farbreaktionen, die seit einiger Zeit in der Pflanzenphysiologie eine Rolle spielen und auch für Vitalfärbungen

von Bedeutung sind, soll noch hingewiesen werden, und zwar auf die Formazanbildung aus Triphenyltetrazoliumchlorid (TTC) durch Reduktion und auf die
sog. Nadi-Reaktion. Bei der TTC-Formazan-Reaktion, die von Kuhn und

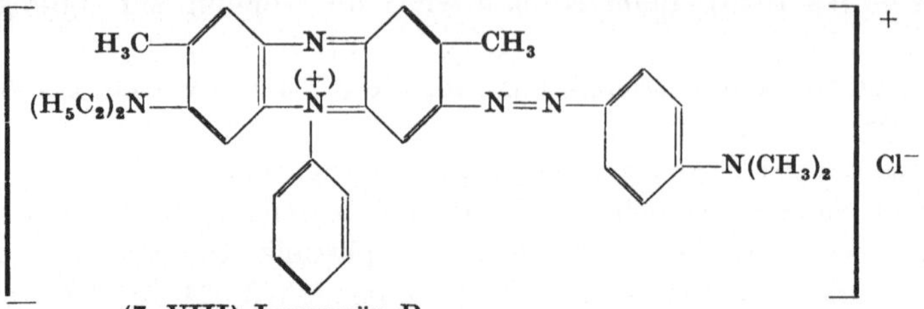

(7, VIII) Janusgrün B
Farbe: blau
Fluorescenz: keine

$+ 2 H_2$

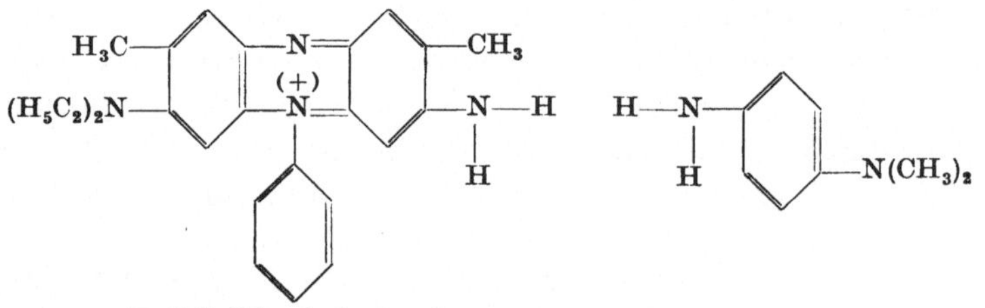

(7, IX) Diaethylsafranin
Farbe: rot
Fluorescenz: rot, nur im adsorbierten Zustand

$- H_2$ $+ H_2$

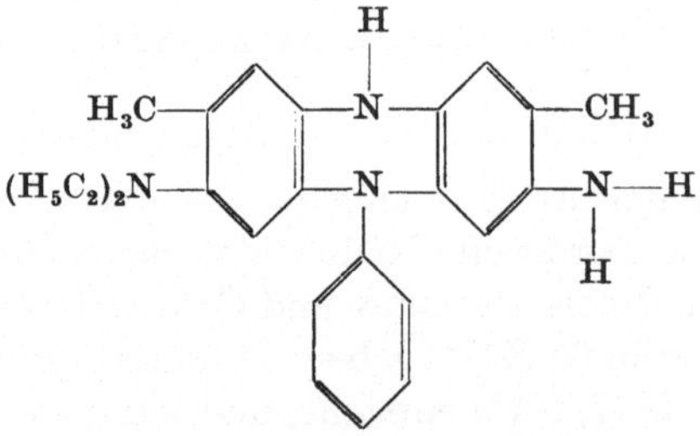

(7, X) Leukodiaethylsafranin
farblos
Fluorescenz: grün in Wasser gelöst
gelbgrün in Chloroform gelöst
(7, VIII—X) Janusgrün B und seine Reduktionsstufen

Jerchel (1941) sowie Lakon (1942a, b) in die Biologie eingeführt worden ist,
liegt der seltene Fall vor, daß aus einer farblosen wasserlöslichen Ausgangsstufe
(7, XVII) durch Reduktion eine gefärbte, in Wasser nicht lösliche Verbindung
(7, XVIII) entsteht (Jerchel und Möhle 1944). Unter normalen Bedingungen
handelt es sich dabei um einen irreversiblen Vorgang.

(7, XI—XVI) Reduktionsstufen von Janusgrün B nach LAZAROW und COOPERSTEIN (1953 a)

Mit dieser Reaktion sind vor allem auch Fermentuntersuchungen in vitro und an Homogenisaten gemacht worden (Mattson, Jensen und Dutcher 1947; Kun und Abood 1949; Jensen, Sacks und Baldauski 1951; Brodie und Gots 1951; Kuhn und Linke 1952; Brown 1954; Sato 1956c, 1962a, b; u. a.). Zusammenfassende Darstellungen und Literaturhinweise finden sich bei Smith (1951), Ried (1952) und in den Arbeiten von Jámbor und Mitarb. (1954—1960).

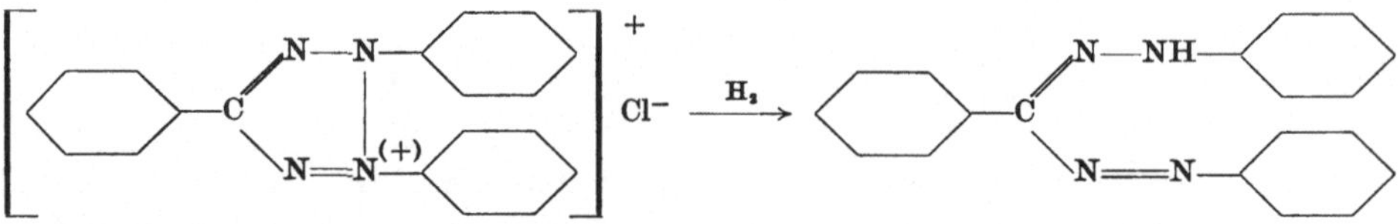

(7, XVII) Triphenyltetrazoliumchlorid
(farblos)

(7, XVIII) Formazan
(rot)

(7, XVII—XVIII) Schema der TTC-Reaktion

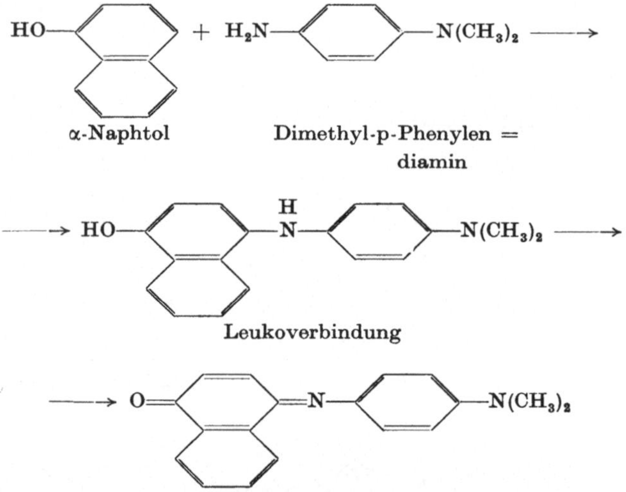

α-Naphtol

Dimethyl-p-Phenylen =
diamin

Leukoverbindung

Indophenolblau
(7, XIX) Schema der Nadi-Reaktion

Neben dem alten TTC sind inzwischen eine ganze Reihe anderer Tetrazoliumverbindungen in Gebrauch gekommen, darunter auch solche, die blaue Formazane liefern. Für manche physiologischen Fragestellungen ist die starke Lipophilie der Formazane von Nachteil. Es ist deshalb von Interesse, daß aus einem Stilben TTC (5,5'-3,3'-Tetraphenyl-2,2'-di-p-stilbentetrazoliumchlorid) ein in den üblichen Fettlösungsmitteln unlösliches blaues Formazan entsteht (Drews 1955 a).

Bei der Nadi-Reaktion geht die gefärbte Form, das blaue Indophenol, im Gegensatz zur TTC-Reaktion durch Oxydation nach dem Schema (7, XIX) aus farblosen Ausgangsstufen hervor.

Die Nadi-Reaktion wurde von Ehrlich (1885) in die Biologie eingeführt (Literatur bei Schümmelfeder 1950 und Perner 1952c). Zu beachten ist, daß das entstehende Indophenolblau ebenso wie die meisten Formazane stark lipophil und nicht wasserlöslich ist.

h) Einfluß des Lichtes auf den Farbton

Bei der Bestrahlung von Farbstofflösungen, besonders mit kurzwelligem Licht, tritt häufig ein Nachlassen der Farbintensität auf, das bis zum völligen Ausbleichen gehen kann. Dieser Effekt ist für die Vitalfärbung, vor allem mit Fluorochromen, von Bedeutung, da die modernen Fluorescenzmikroskope mit der energiereichen Strahlung von Quecksilberhöchstdruckbrennern arbeiten. Umgekehrt kann es aber bei Belichtung auch zu einer Farbvertiefung kommen oder Leukobasen können wieder gefärbt werden (CARROLL 1926). In selteneren Fällen führt intensiveres Licht zu einer Änderung des Farbtones.

Bereits GROS (1901) berichtet, daß Fluorescein und seine Derivate sowie Neutralblau und Chrysanilin durch Licht gebleicht werden, bei Rosanilin, Pararosanilin und Methylviolett beobachtet er dagegen ein Dunklerwerden. Auf Tonplatten aus einer ätherischen Lösung aufgezogene Leukoformen von Fluorescein und seinen Derivaten, von Malachitgrün, Rosanilin, Fuchsin S, Methylviolett u. a. werden durch Licht stark gefärbt. Einen ähnlichen Effekt erhält MENZIES (1961) mit Lösungen der Leukobasen von Thiazinen, aber nicht mit denen von Leukofuchsin, hier bedingt nur Erwärmung eine Rotfärbung. Nach HARVEY (1927) soll Leukomethylenblau durch Licht in saurer Lösung zu Methylenblau oxydiert werden, in alkalischer Lösung wird dagegen Methylenblau zur Leukoform reduziert.

Bei der Lichtbleichung von Eosin und Dichloranthracendisulfosaurem-Na wird Säure frei, so daß die cH ansteigt (DAX 1906).

Nach ABELMANN (1918) verfärbt sich eine wässerige Trypaflavinlösung im Sonnenlicht von Gelb nach Braun, während Bismarckbraun und Säurefuchsin binnen 24 Stdn. merklich abblassen (SCHAEDE 1923a). Dasselbe geschieht mit wässerigen Lösungen von Eosin, Congorot, Methylenblau, Trypanblau (PYRKOSCH 1936) und Rose bengale (METZNER 1924, BLUM und KAUZMANN 1954). LEPESCHKIN (1930) versucht, die Bleichwirkung kolorimetrisch zu fassen und beobachtet nach 30 Min. Einstrahlung von direktem Sonnenlicht bei 0,0008%igen Lösungen folgende „Konzentrationsabnahme": Methylenblau $2\times$, Neutralrot $3\times$, Toluidinblau $4\times$ und Vesuvin $10\times$.

Im adsorbierten Zustand kann die Lichtbeständigkeit eines Farbstoffes unter Umständen bedeutend größer sein als in wässeriger Lösung. Rose bengale wird durch Photooxydation irreversibel gebleicht. An Polyvinylpyrrolidon gebunden, nimmt die Resistenz gegen diesen Prozeß um das 1000fache und mehr zu (OSTER 1952).

Vor allem finden sich Angaben über eine Änderung der Fluorescenzintensität von Fluorochromen, von denen viele unter der Strahlenwirkung eine Abnahme der Intensität zeigen (HAITINGER und LINSBAUER 1933). Während die Fluorescenzintensität von Aesculin durch Licht verändert wird, soll die von Fluorescein nach LINSER (1932) konstant bleiben. GROS (1901) und MENKE (1935) beobachten dagegen eine Abnahme der Fluorescenz; für die völlige Löschung sind aber sehr intensives Sonnenlicht und relativ lange Bestrahlungszeiten notwendig. Eosin und Erythrosin bleichen im Licht unter Fluorescenzverlust um so rascher aus, je intensiver die Beleuchtung ist; dabei wird Sauerstoff verbraucht (METZNER 1920a, b). IMAMURA und KOIZUMI (1955) beschreiben ebenfalls das Ausbleichen verdünnter, wässriger Eosin-, Erythrosin- und Uraninlösungen im Licht, das ihrer Meinung nach u. U. aber erst nach Entfernung von Sauerstoff zustande kommt.

Die differierenden Angaben können außer auf einer Nichtbeachtung der jeweils herrschenden Sauerstoffspannung auf einem unterschiedlichen pH-Wert der untersuchten Lösungen beruhen, da nach Drawert (1960a) eine Löschung der Fluoresceinfluorescenz im mikroskopischen Bereich durch das Erregerlicht um so rascher erfolgt, je höher die cH der Lösung ist. Andererseits können aber bei der Anwesenheit von Acceptoren nach Schenck und Kinkel (1951) zwei verschiedene photochemische Ausbleichvorgänge auftreten, je nachdem, ob O_2 zugegen ist oder nicht. Unter Umständen kann O_2 auch eine Hemmung bedingen.

Tab. 43. *Änderung der Färbungs- und Fluorescenzintensität einiger im System Wasser/Xylol verteilter Farbstoffe nach UV-Bestrahlung.*

Es bedeuten: ++ = normal gefärbt, intensive Fluorescenz; + = schwach gefärbt, schwache Fluorescenz; ± = fast entfärbt, sehr schwache Fluorescenz; — = entfärbt, keine Fluorescenz. (Nach Mix 1959.)

Farbstoff	Diachromierung der wässerigen Phase			Fluorochromierung der Xylol-Phase		
	vor		nach	vor		nach
		Bestrahlung			Bestrahlung	
Nilblau	++	>	+	+	<	++
Meldolablau	++	>	—	+	<	++
Cresylechtviolett	++	>	±	+	>	±
Malachitgrün	++	>	+	—	<	+
Brillantgrün	++	>	+	—	<	+
Viktoriablau 4 R	++	>	+	++	>	+
Astrazonorange R	++	=	++	—	<	+
Bindschedler's Grün	++	>	+	+	<	++
Berberinsulfat	++	=	++	+	>	—

Von den Acridinen zeigt neben Trypaflavin das nahe verwandte Proflavin in wässeriger Lösung selbst nach kurzer Belichtung bereits eine rasche Abnahme der Leuchtintensität (Robbins 1960).

Acridinorange und Coriphosphin sind ebenfalls lichtempfindlich, wenn auch nicht so ausgeprägt wie Trypaflavin (Wallnöfer und Bukatsch 1962). Freifelder, Davison und Geiduschek (1961) geben aber auch für Acridinorange bei O_2-Gegenwart ein völliges Ausbleichen und den Verlust der Fluorescenz an. Nach Bancher und Hölzl (1963) läßt Acridinorange in aqua dest. nach 1 Std. Bestrahlung mit UV noch keine Fluorescenzänderung erkennen; im Papierchromatogramm ist aber bereits eine neue, blau fluorescierende Komponente nachzuweisen, und nach 2½ Std. Bestrahlung erfolgt ein Umschlag in der Lösung von roter zu gelber Fluorescenz. In diesem Zusammenhang ist die Feststellung von Dangl (1951) von Interesse, daß Belichtung in einer Acridinorangelösung einen Photostrom von 10^{-7}—10^{-8} Amp. auslöst. Dabei soll es sich um einen Becquerel-Effekt 2. Art (s. H. Meier 1963, S. 128 u. f.) handeln.

Thiochrom ist ein Fluorochrom, das aus Aneurin durch Dehydrierung hervorgeht und vom Zellsaft der Oberepidermis der Schuppenblätter von *Allium cepa* gespeichert wird. Unter der Einwirkung von UV wird die intensive blaue Fluorescenz rasch gelöscht (SCHOPFER 1942).

An Nilblaulösungen in organischen Medien treten im Fluorescenzmikroskop unter der Einwirkung des Erregerlichtes Farbtonänderungen auf, die von der Art des Lösungsmittels abhängen (DRAWERT 1952c); unter anderem ist in Chloroform ein Wechsel von Gelb nach Rotorange bis Rot, in Olivenöl von Gelb nach grünlichen Farbtönen unter Intensitätsabnahme, in Olivenöl + Ölsäure von Rotorange über Gelb nach Grün ebenfalls unter Intensitätsverlust zu beobachten. MIX (1959) bringt eine Übersicht über das Verhalten einiger Farbstoffe bei UV-Bestrahlung im System Wasser/Xylol nach Durchschütteln und Trennung beider Phasen. Wie Tabelle 43 belegt, führt die Bestrahlung bei den meisten der untersuchten Farbstoffe zu einem Ausbleichen des normalen Farbtones in der wässerigen und zu einer Zunahme der Fluorescenz in der hydrophoben Phase.

Eine sehr weitgehende Veränderung der Fluorescenz bedingt eine UV-Bestrahlung von Neutralrotlösungen. In der ab pH 7 im alkalischen Bereich rotorange fluorescierenden wässerigen Lösung entsteht unter der Strahleneinwirkung eine intensiv grün fluorescierende Komponente, die im Elektrophoreseversuch zur Anode wandert. Es scheint nur die Farbbase strahlenempfindlich zu sein und nicht das Farbkation (DRAWERT und METZNER 1956a). Diese Befunde werden von SAUER (1960) einer näheren Analyse

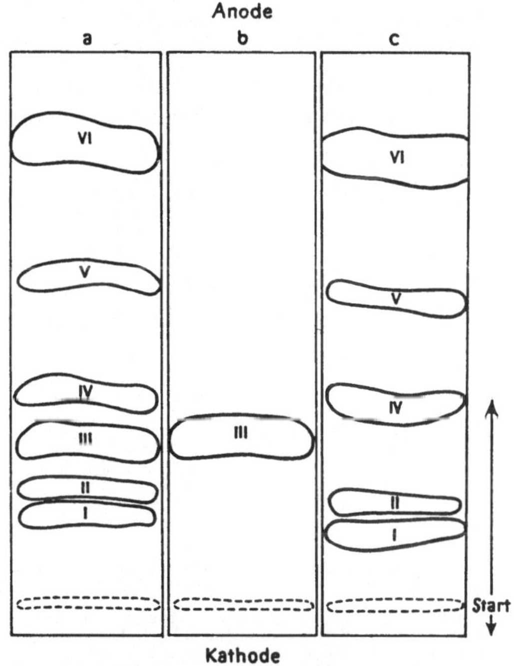

Abb. 42. Papierelektrophoretische Trennung der anionischen Komponenten, die bei der Bestrahlung einer Neutralrotlösung (Farbbase) in Toluol mit einem Quecksilberhöchstdruckbrenner entstehen. a = bestrahlte Stammlösung, b = lipophile Komponente, c = hydrophile Komponente. (Nach SAUER 1960.)

unterzogen. Wird die in Toluol gelöste Farbbase mit UV bestrahlt, so entstehen mindestens 6 verschiedene grünlich bis gelblich fluorescierende anionische Komponenten (Abb. 42), die nach längerer Bestrahlung farb- und fluorescenzlos werden.

Nach den Ergebnissen von SAUER (1960) sind ferner Janusgrün B und seine 1. Reduktionsstufe, das Diaethylsafranin, strahlenunempfindlich, während die 2. Reduktionsstufe, das Leukosafranin, sehr rasch reagiert. Es bildet sich eine gelb fluorescierende Komponente (Abb. 43). Diese Reaktion kann auch bei den Leukoformen einiger anderer Safranine beobachtet werden. Vom Pyronin ist das Xanthon strahlenempfindlich. Die in Toluol ultramarinblaue Fluorescenz schlägt in kurzer Zeit nach Weißlich-hellblau um.

Auch die als Vitalfluorochrome geeigneten cancerogenen Kohlenwasserstoffe zeigen hinsichtlich ihrer Fluorescenz eine Strahlenempfindlichkeit. Allerdings sind die Angaben z. T. widersprechend. Nach VON BRAND (1955) läßt Benzpyren zum Unterschied von Methylcholanthren in benzolischer Lösung bei UV-Bestrahlung keine Fluorescenzlöschung erkennen. Auch nach Herforth und Kriegel (1956) ist Benzpyren in Benzol strahlenunempfindlich. Später beobachten aber dieselben Autoren (Kriegel und Herforth 1957) bei höherer Bestrahlungsintensität sowohl bei Dimethylbenzanthracen als auch bei Benzpyren in aqua bidest., Aceton und Benzol gelöst eine Abnahme der Fluorescenzstärke mit der Bestrahlungsdauer. Dasselbe stellen Woenckhaus, Woenckhaus und Koch (1962) an Benzpyren-Lösungen in Cyclohexan fest. Die Abnahme der Fluorescenz wird von einer Gelbfärbung der Lösung im Tageslicht begleitet, die bei längerer Bestrahlung wieder verschwindet.

Die farblosen und fluorescenzfreien Lösungen des Antibiotikums Chloramphenicol erhalten bei Bestrahlung mit Sonnenlicht oder UV eine Gelbfärbung sowie eine gelbe Fluorescenz, und allmählich bildet sich ein Niederschlag (Diamond 1963). Nach Drawert und Rüffer-Bock (1964) treten Gelbfärbung und Fluorescenz um so deutlicher hervor, je höher der pH-Wert der Lösung ist, und umgekehrt entsteht bei der Bestrahlung ein Niederschlag um so eher, je niedriger der pH-Wert liegt. An neutrales Aluminiumoxyd adsorbiertes Tetracyclin zeigt nach denselben Autoren bei Bestrahlung eine Änderung des gelben in einen bräunlichen

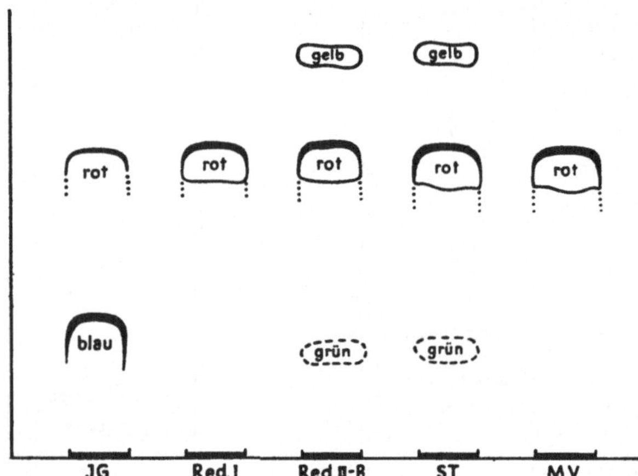

Abb. 43. Papierchromatographische Analyse von Janusgrün B (IG). JG = Janusgrün B unbehandelt, Red. I = 1. Reduktionsstufe (Diaethylsafranin), Red. II-B = Reduktionsstufe bestrahlt, ST = Safranin T (Merck), reduziert und bestrahlt, MV = Methylenviolett (Hollborn u. S.). (Nach Sauer 1960.)

Farbton und die Fluorescenz schlägt von einem leuchtenden Citronengelb nach einem schwachen Beige um.

Bekannt ist ferner die hohe Lichtempfindlichkeit von TTC (Parker 1953), auf die bereits Lakon (1942b) hinweist. Vor allem entsteht bei höheren Temperaturen aus dem farblosen TTC bei Belichtung sehr rasch das rote Formazan. Besonders wirksam sind UV (Betz 1953) und blaues Licht (Atkinson, Melvin und Fox 1950, Brown 1954). Gegenwart von Phosphaten und alkalische Reaktion fördern den Vorgang (Brown 1954). Eine eingehende Darstellung dieser Erscheinung findet sich bei Jámbor (1960).

Es erhebt sich die Frage, auf welche Weise das Licht auf die Farbstoffe wirkt. Einen möglichen Weg weist die zuletzt besprochene Reaktion des TTC; denn hierbei kann es sich nur um eine Photoreduktion handeln. In anderen Fällen ist aber die Mitwirkung von Sauerstoff notwendig, so daß eine Photooxydation vorliegt. Nach Sauer (1960) sind Lösungen der Neutralrotbase nur bei Sauerstoffgegenwart strahlenempfindlich und Acridinorange zeigt unter einer Stickstoffatmosphäre keine Änderung des Fluorescenzfarbtones (Bancher und Hölzl

1963). Werden Lösungen von Acridinorange, Coriphosphin und Trypaflavin bestrahlt, läßt sich manometrisch eine geringfügige Aufnahme von O_2 nachweisen, und ein Zusatz von Cystein als O_2-Acceptor unterbindet die Photooxydation (WALLNÖFER und BUKATSCH 1962). In diesem Zusammenhang ist der O_2-Gehalt der gebräuchlichsten Lösungsmittel von Interesse. Wie aus Tabelle 44 hervorgeht, ist dieser bei den organischen Medien beträchtlich höher als im Wasser.

Tab. 44. *Sauerstoffkonzentration c in verschiedenen Lösungsmitteln unter 760 mm O_2 (Mol/Liter).*
(Aus PRINGSHEIM 1949.)

Lösungsmittel	Hexan	Aceton	Toluol	Benzin	Alkohol	Wasser
$c \cdot 10^3$	15	9	7,5	7,15	6,3	1,3

Wieweit das verschieden schnelle Nachlassen der Auramin O-Fluorescenz von hydrolysierten Leberkernen auf den O_2-Gehalt der benutzten Einschlußmittel zurückzuführen ist (Abb. 44), bleibt zu prüfen (BOSSHARD 1964).

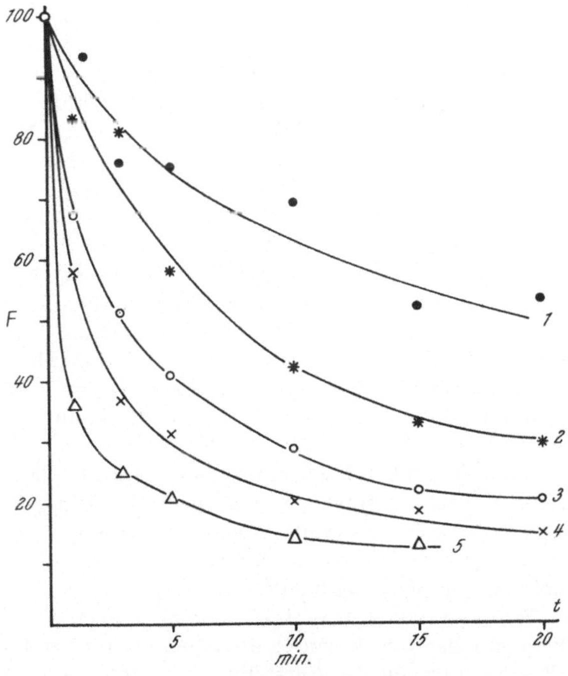

Abb. 44. Ausbleichen der Auramin-O-SO_2-Färbung bei Leberkernen in verschiedenen Einschlußmitteln. Fixierung: 4% Formol, Hydrolyse: 6 n HCl 8 Min., Färbung: 0,2% Auramin O-SO_2 3 Std. Abszisse: Bestrahlungszeit t, Ordinate: relative Fluorescenzintensität F. Einschlußmittel: 1 = Glycerin, 2 = Gelatinol, 3 = Alkohol, 4 = Chloroform, 5 = Paraffinöl. (Nach BOSSHARD 1964.)

Zum Teil sind die Angaben über die Abhängigkeit der Strahlenwirkung von der O_2-Gegenwart aber widersprechend. Nach WALLNÖFER und BUKATSCH (1962) wird bei der Lichtreaktion des Trypaflavins O_2 verbraucht, nach ABELMANN (1918) soll sie O_2-unabhängig sein. Während nach KRIEGEL und HERFORTH (1957) die Fluorescenzverminderung der gelösten Kohlenwasserstoffe durch Bestrahlung bei O_2-Entzug auszubleiben scheint, und nach Höfer und Schmillen (1959) die Anthracenfluorescenz durch O_2 gelöscht wird, liegt nach Woenckhaus, Woenckhaus und Koch (1962) bei der Fluorescenzlöschung des Benzpyrens in Cyclohexan durch UV eine offenbar nicht O_2-abhängige Photoreaktion vor.

Auf die sich bei der Photoreduktion und der Photooxydation abspielenden Prozesse und auf deren Zusammenhang mit dem Redoxpotential der daran beteiligten Komponenten kann hier nicht eingegangen werden. Nähere Ausführungen darüber finden sich bei H. Meier (1963).

i) Einfluß des Ultraschalles auf den Farbton

Auf eine Erscheinung soll noch hingewiesen werden, die bisher für die Vitalfärbung keine Bedeutung erlangt hat, diese aber unter Umständen noch bekommen kann. Wie das Licht wirkt auch Ultraschall farbtonändernd, meist entfärbend auf Farbstofflösungen.

Schmitt, Johnson und Olson (1929) beobachten bei wässerigen Lösungen von Bromthymolblau, Bromphenolblau und Lackmus unter der Einwirkung von Ultraschall ein Umschlagen des Farbtones nach der sauren Seite, so daß sie an einen pH-Effekt denken. Liu und Wu (1932) können diesen Effekt aber nicht bestätigen. Nach ihren Untersuchungen werden Lösungen von Thymolblau, Bromphenolblau, Bromcresolgrün, Chlorphenolrot, Bromcresolpurpur, Bromthymolblau, Phenolrot, Congorot, Methylrot, Lackmus, Alizarinrot, Methylviolett nach 10 Min. Beschallung heller, z. T. auch farblos, aber keiner der Indikatoren zeigt einen Farbtonumschlag. Außerdem sind die Veränderungen irreversibel. Da durch Kochen gasfrei gemachte Indikatorlösungen kein, mit O_2 gesättigte Lösungen aber ein sehr schnelles Abblassen zeigen, führen die Autoren die Ultraschallwirkung auf eine Oxydation zurück.

Auf einen Oxydationseffekt deuten auch die Befunde von Prudhomme und Grabar (1949) mit pH- und rH-Indikatoren hin. Z. B. wird eine $1^0/_{00}$ Methylenblaulösung in aqua bidest. innerhalb von 5 Min. durch Ultraschall entfärbt. Bei reduziertem, also farblosem Methylenblau tritt zunächst eine Blaufärbung durch Reoxydation auf und dann eine erneute Entfärbung durch weitere Oxydation. H_2 hemmt die Entfärbung, ebenso CO_2 und Stoffe mit höherem Dampfdruck. Dasselbe können Prakash und Prakash (1961) für die Entfärbung von Rhodamin B, Anilinblau, Brillantgrün, Chrysoidin und Congorot bestätigen.

Yasuzumi und Yoshida (1950) beobachten bei Neutralviolettlösungen einen Umschlag von Purpurrot nach Purpurblau, und nach 45 Min. verschwindet der Farbton (Entfärbung?). Sie denken ebenfalls an eine Oxydierung. Dafür spricht auch eine gewisse Schutzwirkung, die Cystein nach Siegel, Mönig und Pfennigsdorf (1958) bei der Beschallung von Methylenblau ausübt.

Da entgegen den Befunden von Liu und Wu (1932) auch sauerstofffreies Wasser nach einer Beschallung oxydierende Eigenschaften besitzt, führen Prudhomme und Grabar (1949) die Erscheinung auf die Entstehung von Radikalen bzw. Peroxyden zurück, die durch die Kavernenbildung im Wasser bei der Beschallung begünstigt wird. Der Vorgang soll einer photochemischen Zersetzung des Wassers entsprechen.

Die Kavernenbildung im Wasser legt den Gedanken nahe, daß der von Schmitt, Johnson und Olson (1929) beobachtete Farbumschlag von Indikatoren nicht auf einer Täuschung beruht. Durch die Kavernen entstehen im Wasser große Grenzflächen. Deutsch (1928) hat beim Schütteln von wässerigen Indikatorlösungen mit Benzol oder Luft Farbtonänderungen erhalten, die durch die dabei sich bildenden Grenzflächen bedingt sein sollen (s. S. 105). Dabei handelt es sich allerdings nach

DEUTSCH nicht um einen pH-Effekt, sondern um eine Änderung der Dielektrizitäts-konstanten und damit der Dissoziation des Farbstoffes in der Grenzfläche. Es ist durchaus möglich, daß Ultraschall unter gewissen Bedingungen über die Kavernen-bildung einen ähnlichen Effekt auslöst. Allerdings besteht ein grundlegender Unter-schied zwischen den Ergebnissen. In den Versuchen von DEUTSCH stellt sich nach Trennung der beiden Phasen der ursprüngliche Farbton wieder ein, in denen von SCHMITT, JOHNSON und OLSON wird erst nach Zugabe von Alkali der alte Farbton wieder erreicht.

j) Metachromasie

Im Zusammenhang mit dem Farbton muß auf den Begriff „Metachromasie" eingegangen werden. Dieser Terminus stammt aus der histologischen Färbe-technik. Seit EHRLICH (1879) wird die Färbung eines Zellkomplexes, die in ihrem Farbton von dem der benutzten verdünnten Farbstofflösung abweicht, als „metachromatisch" bezeichnet.

Häufig findet man für den Begriff „metachromatisch" die 1877 von EHRLICH erschienene Arbeit zitiert, so auch in meiner eigenen zusammenfassenden Darstellung über Vitalfärbung (DRAWERT 1956c). Das ist aber nicht korrekt. Es wird in dieser Arbeit zwar der metachromatische Effekt beschrieben, der Begriff findet sich aber erst in dem Vortragsreferat von 1879, wo es auf S. 167 heißt: „Vorteilhaft ist es, die violetten und rothen Farbstoffe zu wählen, da diese die granulirten Zellen metachro-matisch, d. h. in einer von dem angewandten Farbtone abweichenden Nüance färben." Nach BERGERON und SINGER (1958) ist der Begriff bereits in der unveröffentlichten Dissertation von EHRLICH aus dem Jahre 1878 enthalten, aber ohne Definition.

Entspricht der Farbton dem der angewandten Lösung, so spricht man von einer „orthochromatischen" Färbung. Beruht die abweichende Färbung auf fremden Beimischungen der Farbstofflösung, dann liegt keine echte Metachro-masie mehr vor, sondern eine „Allochromasie" (LEHNER 1924).

Die Erscheinung der Metachromasie kann auch an den Farbstofflösungen selber beobachtet werden, und zwar bei Zusatz gewisser Substanzen (Chromo-trope), bei Erhöhung der Konzentration oder Erniedrigung der Temperatur. Dabei handelt es sich um eine Verschiebung der spektralen Absorption zur kür-zeren Wellenlänge (Hypsochromie) und eine Verminderung der Farbintensität (Hypochromie) durch diese Faktoren. Da unter gewissen Bedingungen auch eine Verschiebung der Absorption in den längeren Wellenbereich auftreten kann (Bathochromie), unterscheiden LISON und MUTSAARS (1950) diesen letzten Effekt als „negative" Metachromasie von der eigentlichen oder „positiven" Meta-chromasie. Nach GHIARA (1959) wäre allerdings der Begriff „negative Meta-chromasie" theoretisch nicht begründet und daher zweckmäßig zu unterlassen. Dieser Einwand ist meiner Meinung nach nicht einzusehen. Man sollte die Unter-scheidung schon ihrer Zweckmäßigkeit wegen beibehalten.

Die meisten Angaben über Metachromasie beziehen sich auf kationische Farbstoffe. Neuere Übersichtsreferate bringen BEAUQUESNE (1945), GILLISSEN (1953), SCHUBERT und HAMERMAN (1956), WOOHSMANN (1956a), BERGERON und SINGER (1958, sehr gute, kurze historische Einleitung) und vor allem KELLY (1956a). Sehr aufschlußreich ist das von SCHIEBLER (1958) herausgegebene Sym-posion über Metachromasie, Fixierung und Artefaktbildung mit Beiträgen von BOOIJ, KELLY, SCHARF, SCHEIBE und ZANKER, SCHÜMMELFEDER, STOCKINGER,

Sylven, Szirmai und Belazs sowie Woohsmann u. a., auch durch die mitveröffentlichte Diskussion. Eine Aufzählung metachromatischer Farbstoffe bringen Lison (1935e) und Kelly (1956a).

Ganz allgemein wird unter Metachromasie eine Änderung des Absorptionsspektrums verstanden, die durch andere Faktoren als pH-Wert oder Redoxpotential bedingt wird (Wiame 1947a).

Zunächst ist auffallend, daß sehr viele metachromatische Farbstoffe gleichzeitig pH-Indikatoren sind (Lison 1935a, Lison und Fautrez 1939, Spek 1940), und daß der metachromatische Farbton dem der Farbbase entspricht (Michaelis 1910a). Es ist daher naheliegend, daß man zunächst an eine Freisetzung der Farbbase dachte (Pappenheim 1906, 1910, Hansen 1908; Prát 1927). Dieser Annahme widersprechen aber die spektrophotometrischen und eine Reihe anderer Befunde (Lison 1935e, Lison und Fautrez 1939, Kinzel 1958). Da alle metachromatischen Farbstoffe in ihren Handelspräparaten Verunreinigungen enthalten sollen, wurden auch diese für die Metachromasie verantwortlich gemacht (Fischer 1899, Prát 1927). Zumindest erschweren sie in vielen Fällen die Entscheidung, ob eine echte Metachromasie oder eine Allochromasie vorliegt (Bugyi 1938a). Aber auch chromatographisch gereinigte Präparate, z. B. von Toluidinblau oder Azur A, zeigen noch eine Metachromasie (Ball und Jackson 1953), allerdings schwächer als das Gesamtpräparat (Kramer und Windrum 1955).

Moreau (1916) führt die Metachromasie darauf zurück, daß sich manche Farbstoffe in verschiedenen Lösungsmitteln mit einem unterschiedlichen Farbton lösen (Solvatochromie), während Evans, Schulemann und Wilborn (1914) an eine Dispersitätsänderung des Farbstoffes denken, und Schwarz und Herrmann (1922) den Dispersitätsgrad sowie den Ladungszustand der Oberfläche des Adsorbens verantwortlich machen.

Ferner ist auffallend, daß zum Auftreten einer Metachromasie die Gegenwart von Wasser notwendig ist (Hansen 1908, Glasunow 1927, Lison 1933, Sylvén 1954, Bergeron und Singer 1958).

Eingehende Studien hat Lison ab 1933 dem Metachromasieproblem gewidmet. Er kommt zu dem Schluß (Lison 1933), daß der Farbstoff in wässeriger Lösung in zwei tautomeren Formen vorliegt, von denen die eine, die metachromatische, nur in Wasser stabil ist. In alkoholischer Lösung ist immer nur die orthochromatische Form enthalten (vgl. auch Kelley und Miller 1935b). Dieser Gedankengang findet sich bereits bei Michaelis (1910a), wird aber von dem Autor zugunsten der Polymerenhypothese verlassen.

Die mit steigender Farbstoffkonzentration zu beobachtende Farbtonänderung entspricht der Metachromasie (Lison 1934a). Konzentrationserhöhung, Temperaturerniedrigung, Herabsetzung der cH und chromotrope Substanzen sollen das Gleichgewicht zugunsten der metachromatischen Form verschieben, während Elektrolyte, Alkohol, Azeton umgekehrt wirken (Lison 1935e). Salze setzen ganz allgemein die durch Chromotrope erzeugte Metachromasie herab (Levine und Schubert 1952, Ishizuka 1955, Appel und Zanker 1958). Die Metachromasie auslösende Eigenschaft der chromotropen Substanzen soll auf einem Gehalt an Chondroitinschwefelsäure beruhen. Stärke, Cellulose, Gummiarabikum, die nach Lison keine Metachromasie hervorrufen, färben sich aber metachromatisch, sobald sie sulfuriert werden. Dem Schwefel soll eine zentrale Bedeutung zukommen, und die metachromatische Gewebefärbung wird als histochemische Reaktion aufgefaßt (LISON 1935 c, vgl. auch HAMERMAN und SCHUBERT 1953 und SCHUBERT und HAMERMAN 1956).

In den aus Hefe extrahierten chromotropen Substanzen kann aber kein Schwefel nachgewiesen werden (WIAME 1946a, b). Auch eine Reihe anderer schwefelfreier Stoffe löst einen metachromatischen Effekt aus. Es scheint vor allem auf die Anwesenheit freier anionischer Gruppen und auf ein hohes Molekulargewicht anzukommen bzw. bei niedrigen molekularen Stoffen auf die Fähigkeit, durch Assoziation größere Micellen zu bilden. Die Bedeutung einer Polymerisation des Substrates für die Metachromasie wird allerdings von WALTON und RICKETTS (1954) bestritten. Immerhin sollen aber Substanzen mit Sulfatgruppen stärker chromotrop sein als solche mit Carboxyl- oder Phosphatgruppen (SCHUBERT und HAMERMAN 1956). BOOIJ, DREIERKAUF und HEGNAUER-VOGELENZANG (1953) geben dagegen folgende Reihe an: Phosphatkolloide > Sulfatkolloide > Carboxylkolloide.

Nach SPEK (1940) scheint das Wesen der Metachromasie in einer eigenartigen Komplexbildung zwischen chromotroper Substanz und Farbstoff zu liegen, bei der dem Farbstoff kein Lösungsmittel zur Verfügung steht. Die Erscheinung wird als „Fällungsmetachromasie" bezeichnet (SPEK und GILLISSEN 1943). Dabei soll es sich um eine Einschlußverbindung handeln (WOOHSMANN 1956a, b und 1958).

Die Ergebnisse der neueren spektrophotometrischen Untersuchungen, vor allem über den Einfluß der Farbstoffkonzentration auf den Farbton (s. Abschnitt II/7/c, S. 144), sprechen aber dafür, daß auch bei der Metachromasie eine Assoziation der Farbstoffionen vorliegt. Dieser Gedanke wurde zuerst von MICHAELIS (1910 a, 1944, 1947, 1950, MICHAELIS und GRANICK 1945) geäußert und hat viele Anhänger gefunden. Es sei nur auf folgende Arbeiten verwiesen: BANK und BUNGENBERG DE JONG (1939), WIAME (1947a), DALCQ und MASSART (1952), BOOIJ, DREIERKAUF und HEGNAUER-VOGELENZANG (1953), KOIZUMI und MATAGA (1953), SYLVÉN (1954), HALE (1957), APPEL und ZANKER (1958), BERGERON und SINGER (1958), KINZEL (1959a), H. SCHMIDT (1964), SCHOENBERG und MOORE (1964), PAL (1965). Auch die chromotropen Substanzen scheinen über die Farbstoffassoziation zu wirken (BANK und BUNGENBERG DE JONG 1939, DALCQ und MASSART 1952, BOOIJ und Mitarb. 1953, BOOIJ 1958, SYLVÉN 1954, 1958, HALE 1957, APPEL und ZANKER 1958, APPEL und SCHEIBE 1958, SCHEIBE und ZANKER 1958, BERGERON und SINGER 1958, BRADLEY und WOLF 1959, KINZEL 1959a). LEVINE und SCHUBERT (1952) sind allerdings der Meinung, daß die Annahme einer Di- und Polymerenbildung die Metachromasie nicht restlos erklärt, und von WALTON und RICKETTS (1954) wird die Polymerenhypothese abgelehnt.

Zusammenfassend kann man sich nach der Polymerenhypothese etwa folgende Vorstellung von dem Zustandekommen der Metachromasie machen. Wie bereits auf S. 147 für Toluidinblau dargelegt worden ist, ändert sich das Absorptionsspektrum einer Farbstofflösung mit dem Assoziationsgrad der Farbkationen. Die Monomeren bedingen die α-Bande, die Dimeren die β- und die Polymeren die γ-Bande. Die α-Bande ist für den orthochromatischen Farbton charakteristisch. Alle Faktoren, die das Gleichgewicht zugunsten der Di- oder

Polymeren verschieben, bedingen eine Metachromasie, und alle Faktoren, die das Gleichgewicht zugunsten der Monomeren verlagern, wirken der Metachromasie entgegen, wie es in Abb. 45 schematisch dargestellt ist.

Es bleibt die Frage zu klären, worauf der Einfluß der polyvalenten Anionen zurückzuführen ist. Setzt man zu einer $1{,}25 \cdot 10^{-5}$ mol Methylenblaulösung K-Chondroitinsulfat zu, das nach Lison ein sehr gutes Chromotrop ist, so erfolgt mit steigender Konzentration eine immer stärkere Herabsetzung des Absorptionsmaximums bei 665 nm, ohne daß dieses seine Lage ändert. Bei einer entsprechend hohen Mucopolysaccharidkonzentration verschwindet diese orthochromatische Bande völlig. Stattdessen entwickelt sich allmählich mit steigender Chromotropkonzentration die metachromatische Bande, die zwischen 610 und 570 nm wandert. In reiner wässeriger Methylenblaulösung fällt mit Erhöhung der Farbstoff-

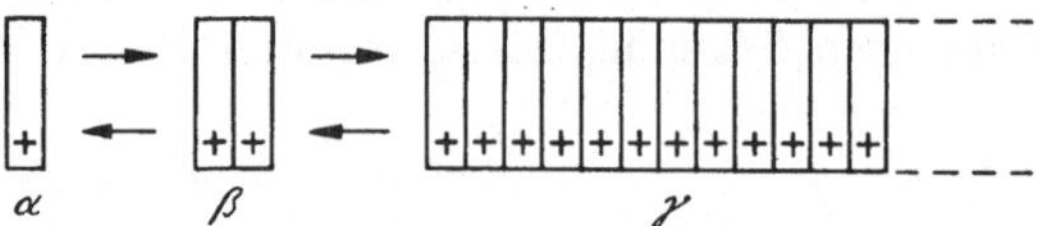

Abb. 45. Schema für die Bildung von Polymeren und deren Beeinflussung durch andere Faktoren. α = Monomeren, β = Dimeren, γ = Polymeren. Die Pfeile geben an, in welcher Richtung das Gleichgewicht und damit die Absorptionsbanden und der Metachromasiegrad verschoben werden. Es wirken in Richtung $\rightarrow$ = Erhöhung der Farbstoffkonzentration, polyvalente Anionen, hoher pH-Wert, und in Richtung $\leftarrow$ = Verdünnung der Farbstofflösung, Temperaturerhöhung, Alkoholzusatz. (Nach Booij, Dreierkauf und Hegnauer-Vogelenzang 1953.)

konzentration ebenfalls die 665 nm-Bande, und es tritt eine neue bei 610 nm in Erscheinung (Levine und Schubert 1952). Man geht wohl nicht fehl, entsprechend Abb. 45 das 665 nm-Maximum der α-, das bei 610 nm der β- und das bei 570 nm der γ-Bande zuzuschreiben. Das polyvalente Anion muß demnach die Monomeren des Farbstoffes über Dimere zu Polymeren aggregieren.

Für die metachromatische Wirkung ist eine gewisse Größe des polyvalenten Anions notwendig. Ortho-, Pyro-, Tri-, Adenosintriphosphat üben keinen und Trimetaphosphat nur einen geringfügigen metachromatischen Effekt auf Toluidinblau aus, während Hexametaphosphat stark wirksam ist (Wiame 1947a). Auch nach Ebel und Muller (1958) vermögen nur längere Polyphosphatketten (ab Octapolyphosphat) eine Metachromasie auszulösen.

Bei einer Anzahl chromotroper Substanzen nimmt der metachromatische Effekt mit steigender Konzentration nicht ad infinitum zu, sondern nach Erreichung eines Optimums geht die Metachromasie mit weiter ansteigender Chromotropkonzentration wieder zurück (Abb. 46). Diese Erscheinung beobachten Bank und Bungenberg de Jong (1939) mit Toluidinblau, Gummi arabicum und anderen Polyanionen, ferner Wiame (1947a), Dalcq und Massart (1952), Koizumi und Mataga (1953) sowie Appel und Zanker (1958).

Die Kolloidanionen sind als Chromotrop um so wirksamer, je höher ihre Ladungsdichte ist (Bank und Bungenberg de Jong 1939, Dalcq und Massart 1952, Booij und Mitarb. 1953, Sylvén 1954), und flexible sollen einen größeren Effekt geben als starre (Bradley und Felsenfeld 1959).

Nichtmetachromatische Substanzen, also „Achromotrope" wie Fibrin, unterdrücken z. B. eine Konzentrationsmetachromasie. So erscheint Fibrin, das Methylenblau in metachromatischer Konzentration enthält (wenn der Farbstoff in reiner wässeriger Lösung vorläge), orthochromatisch. Auch in diesem Fall kann es zu einer Metachromasie kommen, aber erst bei Farbstoffkonzentrationen, die viel höher sind (BERGERON und SINGER 1958). Proteine unterdrücken die durch chromotrope Substanzen ausgelöste Metachromasie (HAMERMAN und SCHUBERT 1953). Wahrscheinlich werden die sauren Gruppen der chromotropen Polysaccharide durch das Protein blockiert. Ascorbinsäure hebt diese Blockierung wieder auf (UDUPA und DUNPHY 1956).

Alle diese Effekte lassen sich mit der Polymerenhypothese der Metachromasie erklären. Der metachromatische Einfluß der Polyanionen beruht auf einer Reihenanordnung benachbarter anionischer Gruppen, wie es z. B. bei einem Alginat gegeben ist (7, XX).

Auf dem Wege der Austauschadsorption werden die mehr oder weniger planen monomeren Farbkationen adsorbiert und dadurch zueinander geldrollenartig ausgerichtet, so daß derselbe Effekt entsteht wie bei einer Aggregation der Farbkationen untereinander durch van der Waalsche Kräfte. Für eine orientierte Anlagerung spricht auch das Auftreten einer Doppelbrechung bei metachromatischer Färbung in mikroskopischen, histologischen Präparaten (ROM-HÁNYI 1963). Nach MISSMAHL (1964) lassen alle doppelbrechenden und dichroitischen Farbstoffe bei gerichteter Zusammenlagerung ihrer Teilchen von den Wellenlängen, für die Dichroismus besteht, mehr Licht durch als bei statistischer Unordnung, so daß die Metachromasie zum Teil auf dieser für bestimmte Wellenlängen vermehrten Lichtdurchlässigkeit beruhen kann.

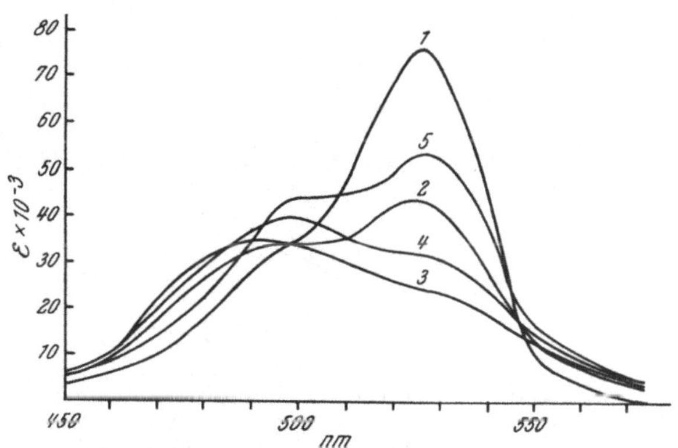

Abb. 46. Änderung des Absorptionsspektrums von Rhodamin 6 G (10^{-5} mol) nach Zusatz von K-polyvinylsulfat in Abhängigkeit von der Konzentration der chromotropen Substanz. 1 = ohne Chromotrop, 2 = 1 · ($7,56 \cdot 10^{-6}$ g/cm³), 3 = 10 · ($7,56 \cdot 10^{-6}$ g/cm³), 4 = 125 · ($7,56 \cdot 10^{-6}$ g/cm³), 5 = 1000 · ($7,56 \cdot 10^{-6}$ g/cm³). (Nach KOIZUMI und MATAGA 1953.)

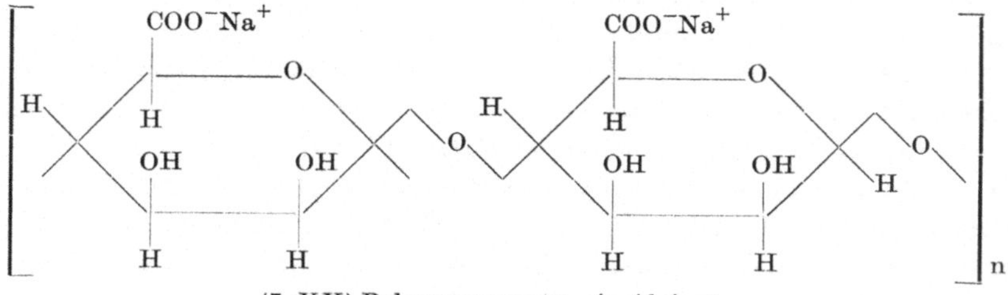

(7, XX) Polymannuronat, ein Alginat.

In Abb. 47 sind die Verhältnisse für Methylenblau und ein polymeres Phosphat dargestellt, und Abb. 48 bringt ein allgemeines Schema. Der metachromatische Effekt wird von der Anzahl und dem Abstand der negativen Gruppen (Ladungsdichte) bestimmt. Nach SYLVÉN (1954) dürfen die negativen Gruppen nur einen Abstand von ~ 0,5 nm haben. Ferner müssen die Chromotropmoleküle so lang sein, daß eine Reihenanordnung der anionischen Gruppen gegeben ist, so daß es zu einer Polymerenbildung der Farbkationen kommen kann. Bei den achromotropen Substanzen liegen die negativen farbstoffbindenden Gruppen so weit voneinander entfernt, daß sich die gebundenen Farbstoffionen nicht mehr gegenseitig beeinflussen (Abb. 49a, b). In diesem Fall kann aber, wie bereits erwähnt worden ist, nach Bergeron und Singer (1958) bei bedeutend höheren Farbstoffkonzentrationen doch noch ein metachromatischer Effekt auftreten (Abb. 49c).

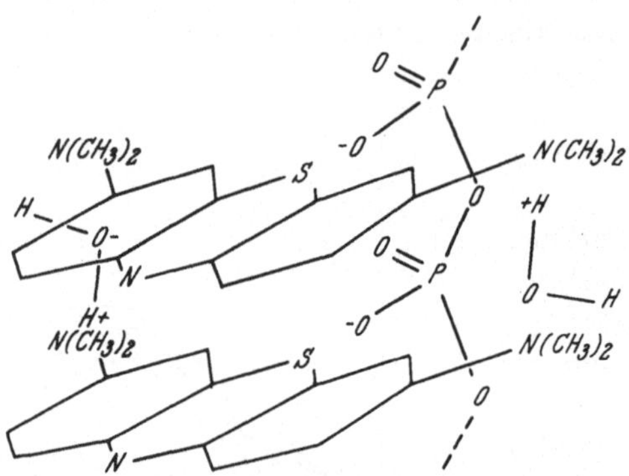

Abb. 47. Ein dreidimensionales Schema der Orientierung von zwei Methylenblaukationen an der anionischen Seite eines polymeren Phosphats. Die Dipolnatur der zwischengelagerten Wassermoleküle ist hervorgehoben, um deren Beziehung zu den terminalen auxochromen Gruppen zu verdeutlichen. (Nach Bergeron und Singer 1958.)

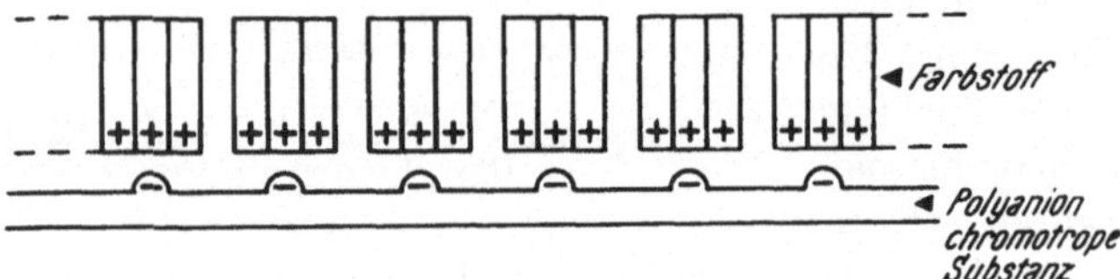

Abb. 48. Polymerenbildung von Farbstoffkationen an der negativ geladenen Oberfläche eines als Chromotrop wirkenden Makromoleküls. (Nach Booij, Dreierkauf und Hegnauer-Vogelenzang 1953.)

Wird die Konzentration einer chromotropen Substanz im Verhältnis zu der Farbstoffkonzentration zu hoch, dann geht die Metachromasie entsprechend dem Schema in Abb. 50 wieder zurück. In dem System Toluidinblau/Hexametaphosphat wird das Optimum der Metachromasie mit einer Bande bei 530 nm bei der, verglichen mit der Farbstoffkonzentration, achtfachen Hexametaphosphatkonzentration erreicht. Bei höherer Chromotropkonzentration verlagert sich die Bande wieder in Richtung auf 630 nm (Wiame 1947a).

Es wurde bereits betont, daß beim Zustandekommen einer Metachromasie die Gegenwart von Wasser notwendig ist. Nach Bergeron und Singer (1958) sollen die Dipole des Wassers zwischen zwei benachbarten Farbstoffionen eingelagert sein (Abb. 47), in Wechselwirkung zu den Farbstoffionen treten und dadurch eine entscheidende Rolle für die Metachromasie spielen. Unter anderem sollen sie die Resonanz herabsetzen. Damit würde im Einklang stehen, daß die Metachromasie immer mit einer Abnahme der Farbintensität verbunden ist und bei Fluorochromen die Fluorescenzintensität bis zu einer Löschung zurückgehen kann (Bank und Bungenberg de Jong 1939, Michel 1963b). Wieweit diese Vorstellungen zutreffen, müssen weitere Untersuchungen ergeben.

Auf alle Fälle sind für die Erscheinung der Metachromasie bei einem Zusatz chromotroper Substanzen möglichst plane Farbstoffkationen und negativ geladene Gruppen am Chromotrop eine Voraussetzung. Beides ist nur in einem wässerigen Milieu gegeben. Ferner erklärt sich aus diesen Voraussetzungen der Einfluß von cH, Temperatur, Salzen und organischen Lösungen, die die DK des

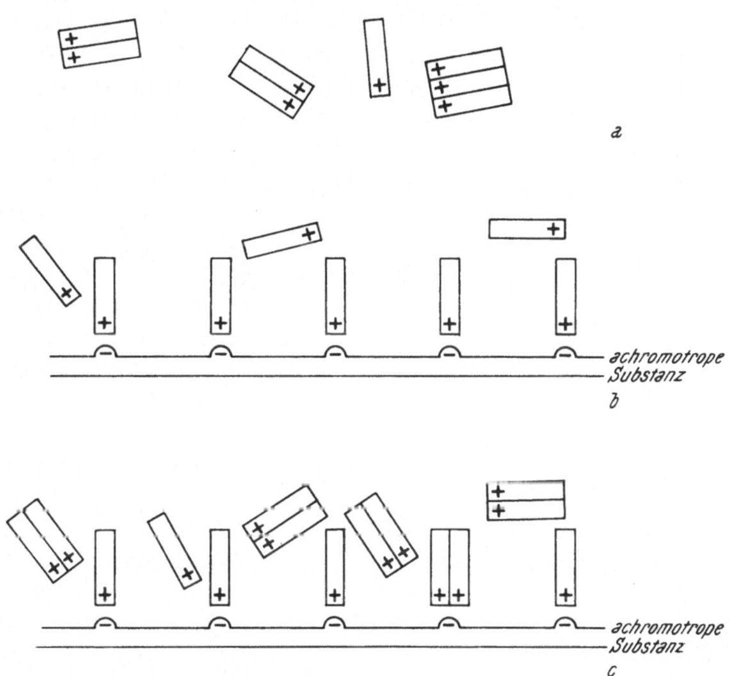

Abb. 49. *a*, Schema für die Konzentrationsmetachromasie einer Farbstofflösung. *b*, Schema für die Aufhebung einer Konzentrationsmetachromasie durch Zusatz einer achromotropen Substanz bei gleicher Farbstoffkonzentration wie in Abb. 49 *a*. *c*, Schema für das Auftreten einer Metachromasie in demselben System wie in Abb. 49 *b* bei Erhöhung der Farbstoffkonzentration.

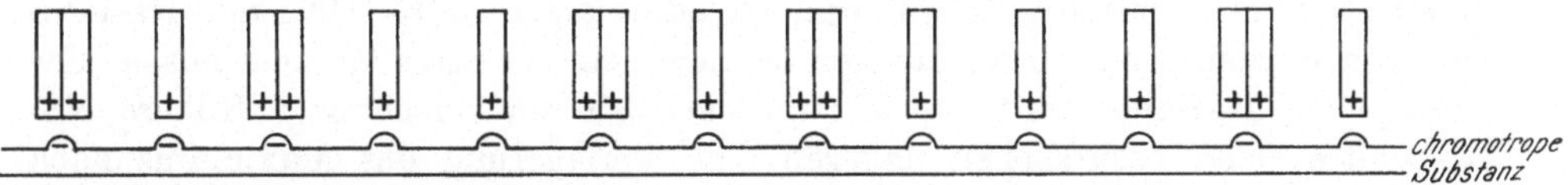

Abb. 50. Schema für das Zurückgehen einer Metachromasie bei Überschreitung der optimalen Chromotropkonzentration bei gleicher Farbstoffkonzentration wie in Abb. 48.

Wassers herabsetzen. Alle diese Faktoren beeinflussen sowohl die Dissoziation des Farbstoffes als auch die der anionischen Gruppen des Chromotropes. Die Kationen der Salze können außerdem als Konkurrenten um die negativen Gruppen des Chromotropes eine Rolle spielen und so die Metachromasie herabsetzen (WIAME 1947 a, DALCQ und MASSART 1952, MASSART 1953, LEVINE und SCHUBERT 1952, APPEL und ZANKER 1958). Dabei werden die mehrwertigen Kationen wirksamer sein. Für ein Toluidinblau/Na-Alginat-System ergibt sich folgende Reihe:

$AlCl_3 > CaCl_2 > MgCl_2 > Na_2SO_4 > NaJ$, NaBr, KCl, NaCl, LiCl (ISHIZUKA 1955).

Recht widersprechend sind die Angaben über die Wirkung der Nucleinsäuren (NS). Nach Michaelis und Granick (1945), Michaelis (1947), Wiame (1947 a) bewirken sie keine Metachromasie, dasselbe geben auch Kelley und Miller (1935 b) für Nucleoproteine an. Nucleohiston soll sich erst in konzentrierten Thioninlösungen metachromatisch färben. Verschiedene Ribonucleinsäure-(RNS-)-Konzentrationen bedingen in metachromatischen Thioninlösungen einen Umschlag zum orthochromatischen Farbton (Sibatani 1952 c), während sich in histologischen Präparaten Desoxyribonucleinsäure (DNS) mit Thionin orthochromatisch und RNS metachromatisch färben sollen (Sibatani 1952 b).

Andererseits werden aber auch mit NS *in vitro* metachromatische Effekte erhalten (Yasuzumi und Mitarb. 1950, Kinzel 1958, Loeser, West und Schoenberg 1960, Klein und Szirmai 1963), häufig allerdings nur unter bestimmten Voraussetzungen. So muß bei Cresylechtviolett die NS-Konzentration größer als 0,1 % sein (H. Schmidt 1964), und bei Toluidinblau müssen folgende Bedingungen erfüllt sein: pH 6—7, Temperatur $< 30°$ C, Ionenstärke der Lösung $< 0,03$, Verhältnis von Farbstoff zum P der NS zwischen 0,4 und 1,4 (Weissmann, Carnes, Rubin und Fisher 1952). Das Absorptionsmaximum von Acriflavin wird durch NS zum längerwelligen Bereich verschoben (Oster 1951 b).

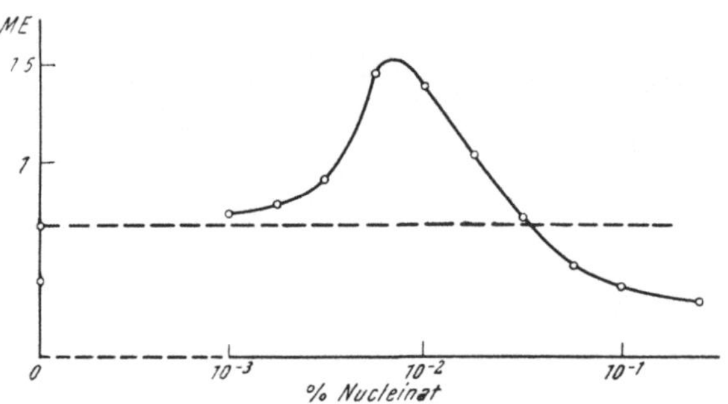

Abb. 51.   Metachromasiegrade ME von Brillantcresylblau 1 : 40 000 in Lösungen von Na-RNS verschiedener Konzentration. (Nach Kinzel 1959 a.)

Bank und Bungenberg de Jong (1939) beobachten im System Toluidinblau/Na-Hefenucleinat eine starke Abhängigkeit der Metachromasie von der NS-Konzentration und bei bestimmten Konzentrationen das Auftreten grüner Farbtöne. Die Angaben von Bank und Bungenberg de Jong können von Lison und Mutsaars (1950) mit Thionin und Toluidinblau sowie Na-DNS und Na-RNS bestätigt werden. Geringe NS-Mengen bedingen eine positive Metachromasie, das Absorptionsmaximum wird von 590 nm nach 550 nm verschoben. Höhere NS-Konzentrationen verursachen dagegen eine Verlagerung des Maximums nach 615—650 nm, was durch den Farbumschlag nach Grün angezeigt wird. Für diese Erscheinung wird von den Autoren der Begriff „negative Metachromasie" geprägt. Den Übergang von positiver zu negativer Metachromasie beim Brillantcresylblau mit steigender Na-RNS-Konzentration zeigt die in Abb. 51 wiedergegebene Kurve nach Kinzel (1959 a).

In eingehenden Untersuchungen haben Loeser, West und Schoenberg (1960) den Einfluß von DNS und RNS auf das Absorptions- und Fluorescenzspektrum von Acridinorange (AO) untersucht. Beide Nucleinsäuren wirken gleichsinnig. Bei hoher NS-Konzentration verlagert sich das Absorptionsmaximum der wässerigen AO-Lösung von 490 nm nach 502 nm (Abb. 52). Die NS wirkt negativ metachromatisch. Mit abnehmender NS-Konzentration wird die Höhe des 502-nm-Maximums allmählich geringer, und es entsteht ein zweites Maximum bei 465 nm (Abb. 52). Niedrigere NS-Konzentrationen lösen demnach eine positive Metachromasie aus. Die 490-nm-Bande der reinen wässerigen AO-Lösung ist überhaupt nicht zu beobachten. Parallel den Verschiebungen im Absorptions-

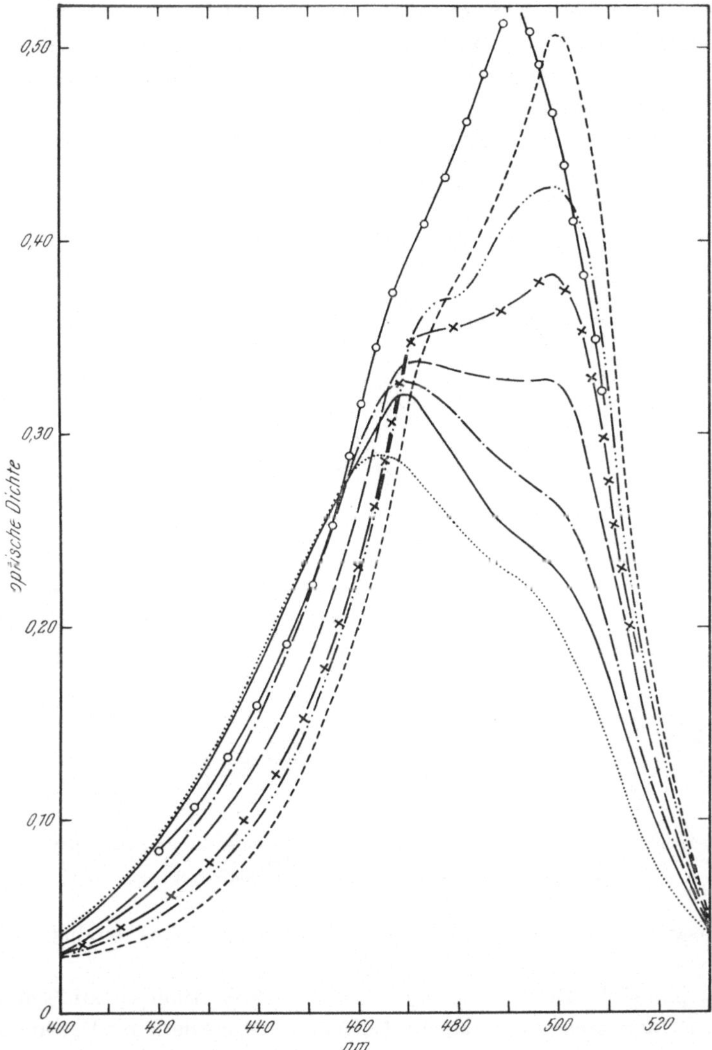

Abb. 52. Absorptionsspektren eines Acridinorange/DNS-Komplexes in $5 \cdot 10^{-4}$ mol NaCl bei konstanter AO-Konzentration ($1,22 \cdot 10^{-5}$ mol) und verschiedenen DNS-Konzentrationen. Die Kurven beziehen sich auf das AO/DNS-Verhältnis in der Lösung: —o—o— = reine AO-Lösung; $- - - - -$ = 0,056; —···— = 0,11; —x—x— = 0,15; —·—·— = 0,19; —·—·— = 0,26; ——— = 0,39; ····· = 0,78 AO/DNS. (Nach LOESER, WEST und SCHOENBERG 1960.)

spektrum erfolgen Veränderungen im Fluorescenzspektrum. Systeme mit einer Bande bei 502 nm zeigen ein Fluorescenzmaximum bei 540 nm (Grünfluorescenz), solche mit einer Bande bei 465 nm dagegen eines bei 640 nm (Rotorangefluorescenz). Das System mit der 465-nm-Bande ist zum Unterschied von dem mit der 502-nm-Bande stark cH-, temperatur-, salz- (Abb. 53) und alkohol- (Abb. 54) empfindlich. Es entspricht also in seinem Verhalten der von anderen Systemen bekannten positiven Metachromasie, und Loeser und Mitarb. führen dem analog den Effekt auf eine polare Bindung der AO-Kationen an die Phosphatreste der NS zurück (vgl. auch Weissmann und Mitarb. 1952 sowie Beers, Hendley und Steiner 1958, Beers 1964, Kinzel 1958, Semmel und Huppert 1963). Der Abstand der Phosphatreste im Watson-Crick-Modell der DNS beträgt 0,70—0,72 nm, so daß es zu einer gegenseitigen Beeinflussung der geldrollenartig angelagerten AO-Kationen kommen kann. Beers und Armilei (1965) schreiben neuerdings aber auch den Basen eine Bedeutung für die Acridinorange-Bindung zu.

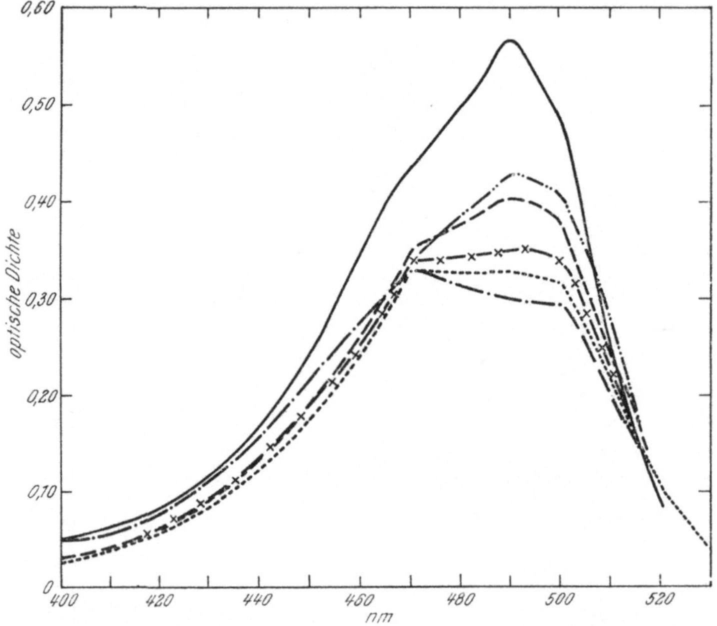

Abb. 53. Einfluß verschiedener NaCl-Konzentrationen auf das Absorptionsspektrum eines AO/DNS-Komplexes im Verhältnis 0,89. —·—· = aqua dest.; ····· = 0,002; —x—x— = 0,004; ------ = 0,012; —··— = 0,020 Ionenstärke; ——— = freier Farbstoff. (Nach Loeser, West und Schoenberg 1960.)

Für die negative Metachromasie läßt sich dagegen keine so befriedigende Erklärung geben.

Eine recht plausible Deutung bringt Kinzel (1958, 1959 a) auf Grund von Versuchen mit Brillantcresylblau, das mit Coffein und vor allem mit Verbindungen, die Phenolgruppen, wie Brenzcatechin, Resorcin, Phloroglucin, Tannin, enthalten, eine negative Metachromasie aufweist (vgl. auch Rüter und Bornstein 1925 für Methylenblau und Nilblau sowie Coffein und Theophyllin). Bei einer bestimmten Konzentration z. B. des Tannins setzt der Farbumschlag zur negativen Metachromasie ein. Nach weiterer Tanninzugabe wird dann eine Konzentration erreicht, über die hinaus keine weitere Farbtonänderung erzielt werden kann. Dies spricht für die Entstehung einer Verbindung nach stöchiometrischen Gesetzen. Da Amine mit Phenolen Additionsverbindungen eingehen, ist es denkbar, daß hier ähnliche Wasserstoffbrücken gebildet werden, ebenso zum Carbonyl-Sauerstoff des Coffeins. Auf Grund verwandtschaftlicher Beziehungen der Purin- und Pyrimidinbasen in den NS mit dem Coffein schließt KINZEL, daß diese in ähnlicher Weise für die negative Metachromasie der NS verantwortlich sind.

Für diese Auffassung spricht der Befund, daß basenfreie Phosphate, wie Phytin (Ca-Mg-Salz der Inosithexaphosphorsäure), nur eine positive Metachromasie ergeben.

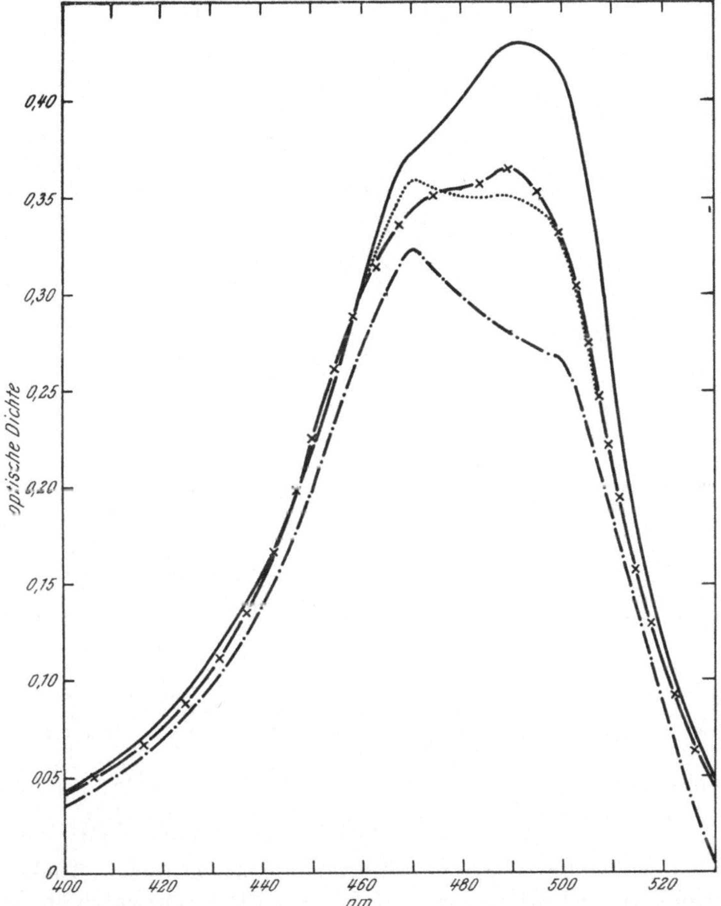

Abb. 54. Einfluß verschiedener Aethylalkoholkonzentrationen (= Änderung der Dielektrizitätskonstanten) auf das Absorptionsspektrum eines AO/DNS-Komplexes im Verhältnis 0,38. —·—·— = 0%; ····· = 15%; —x—x— = 25%; ——— = 30% Aethylalkohol. (Nach LOESER, WEST und SCHOENBERG 1960.)

Zu einer entsprechenden Auffassung kommen auch BEERS, HENDLEY und STEINER (1958) auf Grund ihrer Untersuchungen mit Acridinorange und Polyadenylsäure. Acridinorange reagiert sowohl mit der Phosphatgruppe als auch mit den Purinbasen. Im ersten Fall liegt das Absorptionsmaximum bei 465 nm, im zweiten bei 502 nm. Die Affinität des AO zur Phosphatgruppe ist beträchtlich größer als zur Base der Polyadenylsäure.

Die durch Flavonole bei Neutralrot ausgelöste negative Metachromasie wird von BOCK (1964) spektrophotometrisch untersucht. Wie aus Abb. 55 hervorgeht, nimmt der Grad der negativen Metachromasie mit steigender Flavonolkonzentration zu, bis ein Optimum erreicht ist, bleibt dann aber nicht konstant, sondern geht mit weiter ansteigender Flavonolkonzentration wieder zurück. Dies hängt vielleicht mit der steigenden Salzkonzentration (Rutin + Puffersalze) zusammen. Die ebenfalls in Abb. 55 eingetragenen Kurven für positive Metachromasie zeigen etwa einen spiegelbildlichen Verlauf, nur erfolgt der Anstieg etwas früher als der Abfall der negativen Metachromasie.

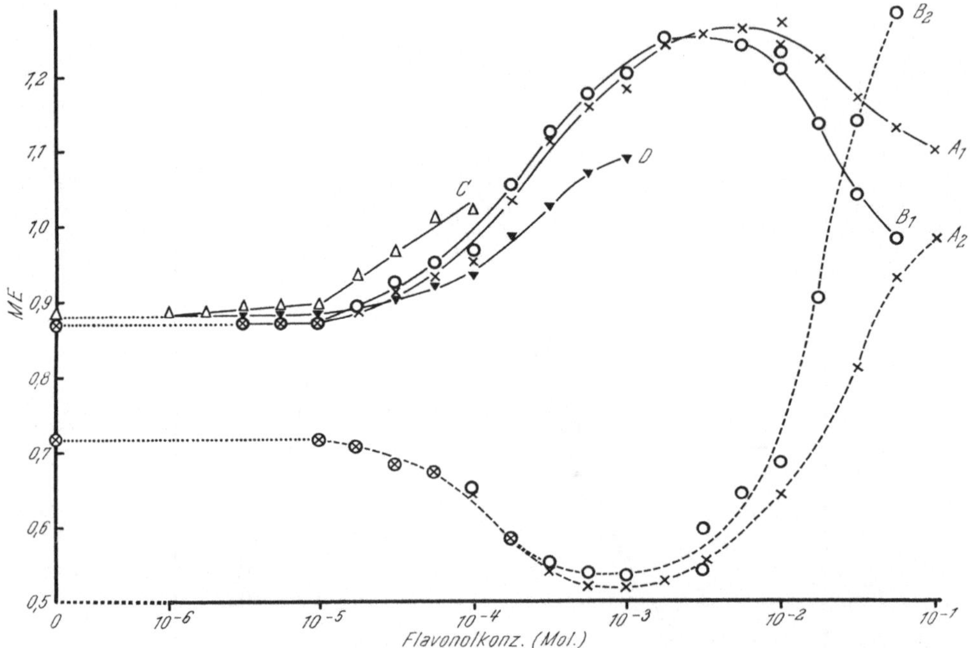

Abb. 55. Metachromasiegrade ME einer Neutralrotlösung (2,5 · 10⁻⁵ mol) nach Zusatz von Flavonolen verschiedener Konzentration. Als Maß für die negative Metachromasie ME⁻ dient der Quotient aus den Extinktionswerten bei λ = 550 nm (Bande der negativen Metachromasie) und λ = 530 nm (Bande der Monomeren) E_{550}/E_{530}, und für die positive Metachromasie ME+ der Quotient E_{500}/E_{530}. Bei λ = 500 nm liegt die Bande der Dimeren. ———— = ME⁻; ------ = ME+; —x—x— A = Rutin bei pH 2; —o— B = Rutin bei pH 6; —△— C = Quercetin in aqua dest.; —▲— D = Quercitrin in aqua dest. (Nach Bock 1964.)

Es ist noch erwähnenswert, daß der elektroneutrale Farbstoff Rhodamin B keinen positiven, wohl aber einen negativen metachromatischen Effekt zeigt. Mit Tanninen und wahrscheinlich auch mit einigen Flavonderivaten stellen sich blaue Farbtöne ein (Burian 1964a).

Es soll noch darauf hingewiesen werden, daß auch durch Adsorption an anorganische Körper eine Metachromasie auftreten kann. Ca-Citrat färbt sich in einer Toluidinblaulösung suspendiert violett. Die Lösung ist nach Absetzen des gefärbten Citrats blau (Czaja 1936, Drawert 1937c), Pseudoisocyanin-N-N′-diaethylchlorid, an Gips oder Glimmer adsorbiert, zeigt die für Metachromasie charakteristische Polymerenbande (Scheibe 1938, Škerlak 1941), zu deren Erklärung es allerdings nach Škerlak zwei Möglichkeiten gibt: 1. Bestandteile der festen Oberfläche lösen sich im Wasser und salzen den Farbstoff aus, oder 2. die Adsorption bedingt an der Oberfläche eine Polymerisation. Der 1. Fall soll für Gips, der 2. für Glimmer zutreffen. Vorwiegend um einen Aussalzungseffekt handelt es sich sehr wahrscheinlich bei der Metachromasie in Toluidinblaulösungen nach Zusatz anorganischer Anionen in fester Substanz, die von Bank und Bungenberg de Jong (1939) beschrieben wird.

Die bisherigen Ausführungen beziehen sich nur auf die kationischen Farbstoffe. Bei den anionischen Farbstoffen ist eine Metachromasie viel seltener zu beobachten. CZAJA (1930 b, c) beschreibt für die anionischen substantiven Farbstoffe eine Metachromasie, die er auf deren Polydispersität zurückführt (vgl. auch ZIEGENSPECK 1941 a). Die Teilchen verschiedener Dispersität kann er durch fraktionierte Ultrafiltration trennen und erhält dann mit abnehmender Teilchengröße einen Wechsel der subjektiven Farbtöne von Blau nach Rot nach Gelb, d. h. eine Verschiebung der Absorptionsmaxima mit abnehmender Teilchengröße z. T. in den längerwelligen (Blau → Rot), z. T. in den kürzerwelligen Bereich (Rot → Gelb). Die Befunde und Schlußfolgerungen von CZAJA werden allerdings von FREY-WYSSLING und MICHEL (1943) sowie MICHEL (1944) in Frage gestellt, da eine Allochromasie vorliegen soll (vgl. S. 229). Andererseits haben wir es bei der positiven Metachromasie der kationischen Farbstoffe im Grunde genommen bei dem Übergang von Mono- zu Di- und Polymeren auch mit einer Dispersitätsänderung zu tun, die aber immer zu einer Verschiebung des Farbtones in den kürzerwelligen Bereich führt. Es scheinen hier also grundsätzlich andere Verhältnisse vorzuliegen, was CZAJA (1930 b) auch betont.

Nach BANK und BUNGENBERG DE JONG (1939) geben die anionischen Farbstoffe Erythrosin, Orange G, Indigocarmin mit Alkaloiden metachromatische Effekte. Dabei wirken die Alkaloide in der Reihe: Guanidin- < Novocain- < Strychnin- < Chininchlorid. Aus der Darstellung geht aber nicht klar hervor, in welcher Richtung die Farbtonänderung erfolgt. KELLY (1956 b) hat Lösungen von 13 anionischen Farbstoffen mit einem basischen Protein (Protamin), einem kationischen Reinigungsmittel sowie Guanidin, Histamin, Procaïn, Quinin und Strychnin versetzt. Nur Congorot und Benzopurpurin zeigen einen positiven metachromatischen Effekt, nicht dagegen Trypanblau, Chromotrop 2 R, Indigocarmin, Säurefuchsin, Anilinblau, Lichtgrün, Methylblau, Eosin B und Y, Erythrosin B. Die stärkste metachromatische Abweichung erreicht mit ~ 15 nm aber nicht den Grad der Verschiebung bei den kationischen Farbstoffen, der 90 nm und mehr betragen kann.

Ein Teil der untersuchten anionischen Farbstoffe weist eine negative Metachromasie auf, so daß anzunehmen ist, daß sich die Ergebnisse von BANK und BUNGENBERG DE JONG (1939) ebenfalls auf eine negative Metachromasie beziehen. Dafür sprechen ferner die Beobachtungen von HADJIOLOFF (1937), daß in Lösungen von Scharlachrot, Sudan II und IV, Sudanrot u. a. ein Zusatz hydrotroper Substanzen, wie Sulfosalicylsäure, aber auch citronensaures und benzoesaures Coffein, mit steigender Konzentration eine Farbtonverschiebung nach Blau bedingen. Andere anionische Farbstoffe, wie Congocorinth, Trypanrot, Vitalrot, zeigen ebenfalls keine positive Metachromasie. Positive Effekte mit Trypanblau sind auf Allochromasie zurückzuführen.

Versuche mit Erythrosin und Huminsäuren verlaufen nach MICHEL (1963 b) negativ, was zu erwarten ist, da es sich um zwei anionische Stoffe handelt.

SINGH (1963) erhält mit einigen gereinigten anionischen Farbstoffen und Protamin sowie Hexamin-Cobaltchlorid eine positive Metachromasie, die beim Methylblau eine Verschiebung des Absorptionsmaximums um 25 nm zur kürzeren Wellenlänge erreicht. Negativ verlaufen die Versuche mit Strychnin, Codein sowie Cinchonidin, und nur schwache Effekte lösen Neomycin, Polymyxin und Viomycin aus.

Nach Winkelman und Spicer (1963) gibt Biebricher Scharlach mit Histon, Poly-L-Lysin und Polyvinylpyridinium eine positive Metachromasie. Keine spektralen Änderungen treten mit Polyanionen auf, so daß die Metachromasie der anionischen Farbstoffe analog den metachromatischen Erscheinungen bei den kationischen Farbstoffen und anionischen Chromotropen zustande kommen dürfte.

Zum Schluß muß noch darauf hingewiesen werden, daß alle metachromatischen Farbstoffe, in einem wässerigen Medium gelöst, nicht dem Beerschen Gesetz gehorchen. Kolorimetrische Konzentrationsbestimmungen stoßen demnach auf Schwierigkeiten. Nach Oster (1952) sollen aber viele anionische Farbstoffe nach Zugabe geringer Mengen von Polyvinylpyrrolidon dem Beerschen Gesetz folgen. Kationische Farbstoffe, wie Methylenblau, werden dadurch nicht beeinflußt.

8. Die Adsorption von Farbstoffen an verschiedene Körper

Beim Besprechen der Metachromasie ist auf die Bedeutung der Adsorption für den Farbton hingewiesen worden. Da für die Vitalfärbung die Adsorption besonders an Kohlenhydrate, wie Cellulose und Stärke, sowie an Eiweißstoffe von Bedeutung sein kann, soll auf diese Erscheinung und deren Beeinflussung durch andere Faktoren näher eingegangen werden und dabei auch die Adsorption an anorganische Körper kurz berücksichtigt werden. Während es sich bei der letzten Erscheinung in den meisten Fällen um einen „echten" Adsorptionsvorgang handelt, ist es lange umstritten gewesen, ob die Färbung der Eiweißkörper eine Adsorption oder eine „echte" chemische Reaktion darstellt, da die Farbstoffbindung häufig in stöchiometrischen Verhältnissen erfolgt (Stearn 1931). In neuerer Zeit ist die Grenze zwischen Adsorption und chemischer Bindung immer mehr gefallen. Die Austauschadsorption, die im biologischen Bereich von großer Bedeutung ist, wird auch als „chemische Adsorption" bezeichnet (vgl. Bersin 1946). Auf diese Unterschiede soll hier nicht näher eingegangen werden, das muß kompetenteren Seiten überlassen werden. Mit Škerlak (1941) wird im Rahmen dieser Darstellung unter Adsorption jede Änderung der Konzentration eines Stoffes an der Grenzfläche zweier Phasen verstanden, ohne damit Aussagen über die Kräfte zu machen, die die Konzentrationserhöhung verursachen, ob es sich also um einen physikalischen oder chemischen Vorgang handelt.

a) Anorganische Körper als Adsorbens

Die Adsorption von Farbstoffen an Gips und Glimmer (Scheibe 1938, Škerlak 1941) bzw. Ca-Citrat (Czaja 1934, 1936, Drawert 1937c) ist bereits in dem Abschnitt über Metachromasie erwähnt worden. Salze und hohe cH hemmen die Anfärbung von Ca-Citrat mit Toluidinblau.

Eine eingehende Besprechung der älteren Literatur bringen Rheinboldt und Wedekind (1923), die in eigenen Versuchen mit einer Reihe anionischer und kationischer Farbstoffe sowie zahlreichen anorganischen Adsorbern die Auswaschbeständigkeit prüfen und zu dem allgemeinen Schluß kommen, daß solche Substrate, die von kationischen Farbstoffen waschecht gefärbt werden, keine anionischen Farbstoffe binden und umgekehrt.

Von biologischer Seite ist die Färbung von Kieselsäure untersucht worden. Während nach SPEK (1939) Kieselsäuregel sowohl anionische als auch kationische Farbstoffe vorzüglich adsorbieren soll, ergeben die meisten Befunde, daß sich Kieselsäure nur mit kationischen Farbstoffen anfärbt (BERL und PFANNMÜLLER 1924, ZIPF 1927, BIRUTOWITSCH 1928, SEKI 1932a, BORRISS 1936). Außer Kieselsäure ist auch das neben SiO_2 noch Al_2O_3 enthaltende Kaolin (Bolus alba) als Adsorber benutzt worden, das sich gut mit kationischen (MANSHEIM 1932), teilweise aber auch mit anionischen Farbstoffen anfärbt (KREBS und NACHMANSOHN 1927). Hierbei spielen cH und Salze eine Rolle. So wird Eosin bei hoher gut, bei mittlerer schwach und bei niedriger cH gar nicht adsorbiert (ALBACH 1928), und auf die Adsorption von Erythrosin wirken KCl und $CaCl_2$ fördernd (YAMAHA und NOMURA 1939). Es darf allerdings nicht übersehen werden, daß es sich bei Eosin und Erythrosin um relativ schwach dissoziierte anionische Farbstoffe handelt. Das stärker dissoziierte Lichtgrün färbt Bolus nicht (BORRISS 1936).

Eine entgegengesetzte elektrische Ladung von Farbstoff und Adsorbens scheint in den meisten Fällen eine Voraussetzung für eine Färbung zu sein. Dabei wirken Salze im allgemeinen hemmend; bei gleichsinniger Ladung von Adsorbens und Farbstoff können sie aber auch eine Färbung begünstigen (DOLADILHE 1932). Neben der Ladung ist der Dispersitätsgrad des Farbstoffes für die Adsorption von Bedeutung (TRAUBE und SHIKATA 1923b, TRAUBE und DANNENBERG 1928, BIRUTOWITSCH 1928). Eine niedrige Dispersität fördert bei gleichsinniger Ladung die Färbung. Von den kationischen Farbstoffen werden diejenigen mit den größten Kationen von Tonerde am stärksten adsorbiert, da sie zu einer Aggregation an der Oberfläche neigen (GILES und McKAY 1965).

Die hier besprochenen Färbungen beruhen wohl in erster Linie auf einer Austauschadsorption (BERSIN 1946, HESSE und SAUTER 1947a, b, c), wie bereits MICHAELIS (1920) betont (vgl. auch MICHAELIS und RONA 1920). Nach MICHAELIS gehen z. B. beim Kaolin Ca^{++}-Ionen in Lösung und werden gegen Farbkationen ausgetauscht. Die Unlöslichkeit der entsprechenden kieselsauren Farbstoffverbindung ist dann die Ursache für den Austausch. Selbst reine Kieselsäure soll immer noch etwas Kalk enthalten, der das Ca^{++} für den Austausch liefert. Wird der Kalk noch weiter entzogen, dann sinkt das Adsorptionsvermögen für kationische Farbstoffe beträchtlich. Im Eisenhydroxyd als Adsorbens sind immer saure Beimengungen enthalten, so daß z. B. Cl^- gegen ein Farbanion ausgetauscht werden kann. Auch in diesem Fall nimmt das Adsorptionsvermögen mit der Reinheit des Eisenhydroxyds ab.

Von Interesse ist das Verhalten von lufttrockener Kieselsäure, $Al_2O_3 + H_2O$, Ca-Citrat u. a. in benzolischen Farbbasenlösungen. Die Körper färben sich im Ton der angesäuerten wässerigen Farblösungen. CZAJA (1934) vermutet, daß für diesen Effekt noch vorhandene Wasserspuren an den Adsorbern verantwortlich sind, da die Färbung um so langsamer erfolgt, je schärfer vorher getrocknet wird.

b) Kohle als Adsorbens

Von den bisher betrachteten anorganischen Adsorbern unterscheidet sich die Kohle durch ihr starkes Adsorptionsvermögen für Anelektrolyte und ferner durch ihre Fähigkeit, sowohl kationische als auch anionische Farbstoffe adsorbieren zu können. Allerdings sollen die kationischen Farbstoffe besser adsorbiert werden (Kopaczewski 1950). Während die anorganischen Adsorber ihrer chemischen Konstitution nach unlösliche Säuren, Basen oder Salze sind und dementsprechend auch elektrisch positiv oder negativ geladen sein können, ist die Kohle indifferent.

Nach Freundlich und Losev (1907) soll auch Kohle aus der Lösung eines kationischen Farbstoffes das Farbkation selektiv adsorbieren, so daß das Anion des Farbsalzes in Lösung bleibt. Bei den anionischen Farbstoffen können die Autoren diese Trennung nicht beobachten. Michaelis (1920) betont dagegen, daß auch bei den kationischen Farbstoffen keine Ionentrennung auftritt, sondern die Kohle z. B. Methylenblau-Chlorid als Ganzes adsorbiert. Es läßt sich zeigen, daß bei der Adsorption von Methylenblau durch Kohle auch das dazugehörige Cl^- verschwindet.

Zwischen den einzelnen Farbstoffen bestehen aber z. T. beträchtliche Unterschiede. Einem Neutralrot/Methylenblau-Gemisch wird zuerst das Neutralrot und erst später das Methylenblau entzogen, und nach Säurezusatz erscheint zuerst das Neutralrot wieder im Filtrat (Bauer 1924). Die kationischen Farbstoffe werden im allgemeinen mit fallender cH besser adsorbiert, die sauren, wie Phenolrot, dagegen mit steigender cH (Grollman 1925). Ferner soll der Dispersitätsgrad der Farbstoffe in der Lösung teilweise von ausschlaggebender Bedeutung sein. Molekulardisperse Farbstoffe werden meist stärker von Kohle aufgenommen als kolloidale (Birutowitsch 1928, Jermolenko und Mirontschik 1936). Das besonders stark adsorbierbare Neutralrot läßt sich aber leicht von Alkaloiden verdrängen, die in folgender Reihe wirken: Atropin < Strychnin < Pilocarpin < Chinin < Novocain < Coffein, Theophyllin (Rüter und Bornstein 1925).

c) Kohlenhydrate und ähnliche Körper als Adsorbens

Filtrierpapier und Baumwolle, die häufig als Adsorbens benutzt worden sind, verhalten sich den anorganischen Körpern entsprechend. Papier färbt sich in einer gelben bis roten Lösung von Nilblaubase in Xylol augenblicklich blau und in einer entsprechenden farblosen Lösung der Eosinsäure rot (Michaelis 1906). Czaja (1934) kann den Effekt mit anderen Farbstoffen bestätigen. Beide Autoren führen auch beim Papier die Erscheinung auf den Wassergehalt zurück.

Die Kohlenhydrate sind häufig durch das Vorhandensein von Carboxylgruppen in wässerigem Medium negativ geladen und färben sich deshalb vorwiegend mit kationischen Farbstoffen. Freundlich und Losev (1907) beschreiben bereits, daß nach einer Färbung von Baumwolle und anderen Körpern mit kationischen Farbstoffen der Säurebestandteil der Farbsalze quantitativ in Lösung bleibt, während in den Flotten anionischer Farbstoffe keine ,,Spaltung'' eintritt. Methylenblau wird von Filtrierpapier adsorbiert, Lichtgrün nicht (Borriss 1936). Allerdings spielen dabei auch die cH und Salze eine Rolle. Nach Loeb und Blanchard (1924) gibt mit Eosin gefärbtes Papier den Farbstoff bei alkalischer Reaktion des umgebenden Mediums rasch ab, bei saurer dagegen nicht. Auf die Färbung mit Erythrosin soll eine Vorbehandlung des Papiers mit $CaCl_2$ fördernd, eine solche mit KCl hemmend wirken; der Lösung zugesetztes KCl begünstigt dagegen die Färbung (Yamaha und Nomura 1939). Bei der

Färbung von Baumwolle mit substantiven anionischen Farbstoffen sind große graduelle Unterschiede festzustellen, die zwischen starker und negativer Adsorption liegen.

Die normalerweise nicht aufgenommenen Farbstoffe können durch geeignete Elektrolytzusätze zur Adsorption gebracht werden. Die Adsorption an Cellophan wächst mit der Salzkonzentration (NaCl, NEALE und STRINGFELLOW 1933, MICHEL 1944). Die Bedeutung der Elektrolyte für die Farbstoffhaftung geht auch daraus hervor, daß bei der Waschung von substantiv gefärbter Zellulose mit aqua dest. eine Desorption eintritt, die bei der Verwendung von Leitungswasser oder anderen Salzlösungen ausbleibt (WELTZIEN und SCHULZE 1933, HESS und GRAMBERG 1941). TAMIYA und ISHIUCHI (1926) stellen bereits fest, daß eine Waschung des ungefärbten Filtrierpapiers mit aqua bidest. eine Abgabe elektrolytischer Beimengungen, besonders von Kationen, zur Folge hat, und damit die Färbbarkeit mit Congorot ab- und die mit Gentianaviolett zunimmt. Dementsprechend bedingt ein Zusatz von NaCl eine Verstärkung der Adsorption von Congorot und eine Abschwächung der von Gentianaviolett.

Da die Färbungen aber nicht völlig reversibel sind, wird von einigen Autoren eine Aggregation der Farbstoffe an der Cellulose angenommen (SCHRAMEK und GÖTTE 1932), die Färbung also auf eine Änderung des Dispersitätsgrades im Cellulosegerüst zurückgeführt. Nach MORTON (1935) spielt bei Viskosecellulose der Quellungsgrad für die Färbung eine große Rolle. Versuche in einem alkoholischen Medium zeigen, daß Moleküle der substantiven Farbstoffe nur in die Kapillaren gequollener Cellulose eindringen können.

Aus optischen Veränderungen, wie Doppelbrechung und Dichroismus, ist zu schließen, daß bei der Anfärbung gedehnter Streifen von Cellulose, Celloidin u. a. eine orientierte Einlagerung anisotroper Farbstoffteilchen stattfindet (NEUBERT 1924). Ferner zeigen die eingelagerten Farbstoffe eine Verschiebung des Absorptionsmaximums gegenüber der wässerigen Lösung nach der langwelligen Seite hin (KRÜGER 1939).

Auf die umfangreiche Literatur der Faserfärbung kann hier nicht eingegangen werden. Einiges davon findet sich im Abschnitt über die Zellwandfärbung der toten Zelle (S. 224). Die Färbung der Cellulose mit anionischen Farbstoffen entbehrt noch einer wirklichen Klärung.

Etwas klarer scheint die Sachlage bei den kationischen Farbstoffen zu sein; denn hier besteht ein deutlicher Zusammenhang zwischen der Ladung der Cellulose und der des Farbstoffes, wie aus Untersuchungen über den Einfluß der cH auf die Färbung hervorgeht (LOEB und PIEPER 1925, KURBATOW und MOISSEJEW 1940, STRUGGER 1940d, KÖLBEL 1947, 1948, 1949, MESS 1956). Die negative Ladung der Cellulose nimmt mit fallender cH der Farblösung zu, infolgedessen muß auch die adsorbierte Farbstoffmenge ansteigen. Von einem für jeden Farbstoff charakteristischen pH-Wert an fällt aber die aufgenommene Farbstoffmenge mit weiterer Erniedrigung der cH immer stärker ab, so daß man eine Optimumkurve erhält (Abb. 56). Dieser Abfall ist mit dem Rückgang der Farbstoffdissoziation bei abnehmender cH zu erklären. Nur das Farbkation wird adsorbiert und nicht das Farbbasenmolekül. Die Adsorptionskurve setzt sich also aus zwei Komponenten zusammen (Abb. 56). KINZEL (1953a) führt die Färbung auf vorhandene Carboxylgruppen zurück. Eine NO_2-Oxydation von Watte verstärkt deren Bindungsvermögen für Acridinorange. Durch die Oxydation werden CH_2OH-Gruppen in COOH-Gruppen umgewandelt.

Bereits Witz (1883) stellte das Bindungsvermögen von Oxycellulose für Methylenblau fest, und seitdem wird die Methylenblauadsorption als qualitativer Nachweis für das Vorhandensein von Carboxylgruppen in der Cellulose benutzt. Die Färbbarkeit von Ramiefasern mit Methylenblau nach Behandlung mit Oxydationsmitteln steigt z. B. von 2,5 auf 7,3%. Dabei soll ein Farbstoffmolekül durch eine Carboxylgruppe adsorbiert werden, so daß die Methylenblaumethode auch für quantitative Bestimmungen angewendet werden kann (Patel 1951, dort auch weitere Literatur über den dabei auftretenden Dichroismus [s. S. 233]).

Ähnlich liegen die Verhältnisse für Agar, der ebenfalls negativ geladen ist (Bungenberg de Jong und Bank 1940), ferner bei Kollodium (Glasunow 1927, Seki 1933c), wenn im einzelnen auch gewisse Widersprüche in den Angaben der Autoren bestehen. Salze wirken i.a. auf die Adsorption der kationischen Farbstoffe hemmend (Prát 1927: Brillantcresylblau, nicht aber auf Neutralrot; Bungenberg de Jong und Bank 1940: unter anderem auch auf Neutralrot) und auf die der anionischen fördernd (Yamaha und Nomura 1939: Erythrosin) oder gar nicht (Prát 1927: Congorot).

Auch Stärkekörner färben sich in vitro vor allem mit kationischen Farbstoffen, wie bereits Fischer (1905) feststellte, allerdings sollen Methylenblau und auch Bismarckbraun davon eine Ausnahme machen. Nach Hummel und Püschel (1927) adsorbiert aber eine bestimmte Stärkemenge aus einer 0,02%igen Methylenblaulösung 66—67% des gelösten Farbstoffes, Traubenzucker hat darauf keinen Einfluß, während NaCl hemmend wirkt. Nach Bancher und Hölzl (1959) ergibt Kartoffelstärke mit Methylenblau eine charakteristische „Schichtenfärbung" (Abb. 57). Die hellen, stark lichtbrechenden Zonen färben sich hellblau und die dunklen, schwächer licht- und doppelbrechenden, wasserreichen Schichten metachromatisch violett. Mit Acridinorange NO werden die sich mit Methylenblau violett färbenden Zonen rot und die anderen gelb fluorochromiert. Bei Zusatz von 0,1 mol $CaCl_2$ bleiben die Stärkekörner in Methylenblau farblos und in Acridinorange fluorescieren sie grün. Mit Nilblau a puriss. gefärbte Körner lassen dagegen eine $CaCl_2$-feste, rote Schichtenfärbung (Nilrot?) erkennen. Nach 24 Stdn. Einwirkung von 1 mol $CaCl_2$ ist der Farbstoff in Form von mehr oder weniger radial ausgerichteten Kristallnadeln ausgefallen (Abb. 58).

Nach Haller (1927) färben sich die Stärkekörner intensiv mit Fuchsin und besonders Methylviolett. Die Färbung erscheint absolut homogen. Läßt man die Körner aber in conc. $Ca(NO_3)_2$ quellen, dann tritt aus der intensiv gefärbten Hülle ein farbloser Inhalt aus. Daraus schließt der Autor, daß sich nur die äußere

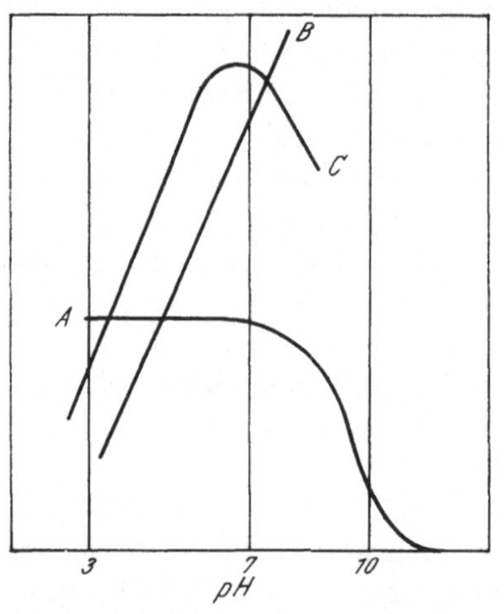

Abb. 56. Abhängigkeit der Adsorption eines kationischen Farbstoffes durch Cellulose vom pH-Wert der Farblösung (C) und Schema für das Zustandekommen der Kurve C. A Dissoziationsgrad des Farbstoffes, B negative Ladung der Cellulose. (Nach Kölbel 1947.)

Hülle färbt. Es bleibt aber zu prüfen, ob nicht eine Entfärbung durch Adsorptionsverdrängung vorliegt.

BANCHER und HÖLZL (1959) vermuten eine Bedeutung der Phosphatgruppen des Amylopektins für die Färbung. Diese Auffassung wird auf Grund von Färbungsversuchen mit Kartoffelstärken verschiedenen Phosphatgehaltes und Methylenblau vor allem von HOFSTEE (1959) vertreten. HOFSTEE vermutet, daß sich phosphatfreie Stärke mit kationischen Farbstoffen wahrscheinlich gar nicht färbt.

Gequollene Stärkekörner nehmen Congorot auf, und die Färbung bleibt erhalten, wenn die gequollenen Körner durch eine konzentrierte Zuckerlösung wieder zu einer starken Kontraktion gebracht werden (BADENHUIZEN 1953).

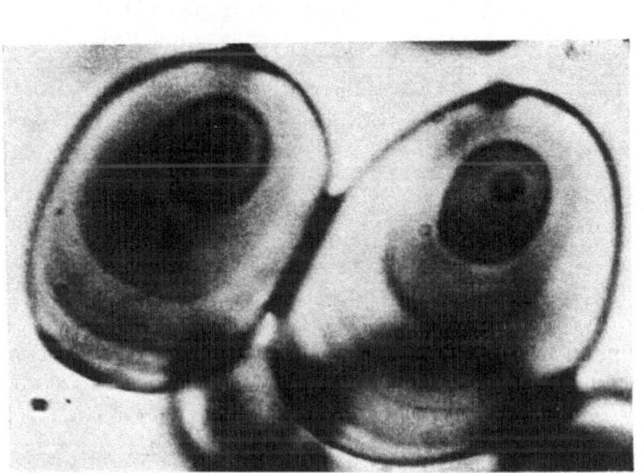
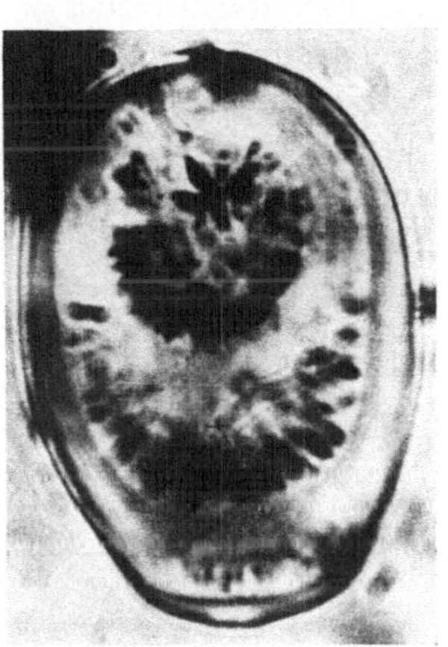

Abb. 57.   Abb. 58.

Abb. 57. Mit Methylenblau 1 : 1000 in aqua dest. gefärbte Stärkekörner der Kartoffel, getrocknet und in Paraffinöl eingebettet. Schichtenfärbung. Das Korninnere ist am stärksten gefärbt. (Nach BANCHER und HÖLZL 1959.)

Abb. 58. Stärkekorn der Kartoffel nach einer Färbung mit Nilblau 24 Std. in 1 mol $CaCl_2$ eingelegt. Rote Restfärbung in Form radial ausgerichteter Kristallnadeln. (Nach BANCHER und HÖLZL 1959.)

Unverletzte Stärkekörner färben sich im allgemeinen nicht mit anionischen Diachromen. Eine diffuse Fluorochromierung beschreiben aber BANCHER und HÖLZL (1959) für die anionischen Fluorochrome Thiazolgelb G und Primulin 0. Dabei handelt es sich wohl nur um eine Einlagerung (mechanische Verklemmung) der Farbstoffteilchen in die intermicellaren Hohlräume. Auf einem ähnlichen Vorgang dürfte auch die Färbung der gequollenen Stärkekörner mit Congorot beruhen.

Die Fluorochromierung von Stärkekörnern mit Primulin wird von STERLING (1964) näher untersucht. Zunächst zeigt die Stärke eine blaue Fluorescenz mit schwacher Polarisation. Je mehr Farbstoff in die Stärke eindringt, desto mehr geht der Farbton nach Gelbgrün über, und das Fluorescenzlicht ist stark polarisiert. Die Fluorescenz wird kaum durch die cH, Salze und andere Faktoren beeinflußt.

Nach ZOGRAFI und MATTOCKS (1963) färbt sich aber Reis-, Weizen- und Maisstärke zum Unterschied von Kartoffelstärke mit anionischen Farbstoffen. Dieser Unterschied soll darauf beruhen, daß nur Kartoffelstärke Phosphatester enthält, die ihr eine negative Ladung verleihen. Die anderen Stärkesorten sollen frei von Phosphaten sein. Auch nach SCHOCH und MAYWALD (1956) adsorbiert

Kartoffelstärke nur kationische, aber keine anionischen Farbstoffe. Das letztere soll aber der Fall sein, wenn Neutralsalze zugegen sind (Zografi und Thakkar zit. nach Zografi und Mattocks 1963).

Bei der Färbung von Stärke ist zu berücksichtigen, ob noch vorhandenes Eiweiß an einer Farbstoffaufnahme beteiligt sein kann. In Schnitten durch das Endosperm von Getreidekörnern fluoresciert nur das Proteingerüst, in dem die Stärkekörner eingebettet liegen, sowohl mit dem anionischen Thiazolgelb (Hanssen 1954) als auch mit dem kationischen Acridinorange (Czaja 1956).

Die negative Ladung der Kartoffelstärke geht außer aus der relativ guten Färbbarkeit mit kationischen Farbstoffen auch aus Elektrophoreseversuchen hervor. Die Stärkekörner wandern zur Anode (Kölbel 1947, Drawert 1951 b). Durch Färbung mit kationischen Farbstoffen wird diese Ladung neutralisiert, so daß jetzt eine Wanderung unterbleibt, und zwar nach Kölbel bei allen pH-Werten, nach Drawert entsprechend der Zellwandfärbung (Abb. 56) nur in dem pH-Bereich, in dem der Farbstoff dissoziiert ist (Tabelle 45); denn nur das Farbkation kann die Ladung der Stärke neutralisieren.

Tab. 45.   *Wanderungsrichtung von Kartoffelstärke im Elektrophoreseversuch, ungefärbt und nach Färbung mit kationischen Farbstoffen.*

Es bedeuten: 0 = keine Wanderung, (K) = einige kleine Stärkekörner zeigen schwache Wanderungstendenz zur Kathode, A = Wanderung aller Stärkekörner zur Anode. (Nach Drawert 1951 b.)

Farbstoff	pH des Dispersionsmittels										
	3,0	3,5	4,9	5,9	6,9	7,7	8,2	9,1	10,0	10,4	11,0
Ungefärbt	A	A	A	A	A	A	A	A	A	A	A
Acridinorange	(K)0	(K)0	(K)0	(K)0	(K)0	(K)0	A	A	A	A	A
Neutralrot	(K)0	(K)0	(K)0	(K)0	A	A	A	A	A	A	A
Toluidinblau	(K)0	(K)0	(K)0	(K)0	(K)0	(K)0	(K)0	(K)0	(K)0	(K)0	A
Methylenblau	A	A	A	A	A	A	A	A	A	A	A
Safranin	A	A	A	A	A	A	A	A	A	A	A

Wie aus Tabelle 45 hervorgeht, haben Methylenblau und Safranin, die beide stärker dissoziiert sind, merkwürdigerweise keinen Einfluß auf die Wanderungsrichtung, obwohl sich die Stärkekörner gut färben. Nur unmittelbar nach Farbstoffzugabe kann im sauren Bereich eine kurzfristige Unterbrechung der Wanderung der Stärkekörner beobachtet werden. Worauf diese Erscheinung zurückzuführen ist, bleibt noch zu klären.

Die fällende Wirkung von Neutralrot auf Glykogen, Gummiarabicum und einige andere Kolloide ist ebenfalls auf eine Neutralisierung der elektrischen Ladung zurückzuführen. Die als Komplexkoacervate aufgefaßten Entmischungsgebilde gehen beim Gummiarabicum nach Zugabe eines Kolloidüberschusses, beim Glykogen dagegen nach einem Farbstoffüberschuß wieder in Lösung. Auch Salze, wie NaCl, Na_2SO_4 und Na-Citrat, wirken auf die Koacervattröpfchen lösend (Redon 1940).

Die Färbung von Stroh mit anionischen Farbstoffen soll reversibel, die mit kationischen irreversibel sein (Lottermoser und Neubert 1936).

d) Eiweißkörper als Adsorbens und IEP-Bestimmung

Von besonderer Bedeutung für die Theorienfassung der Vitalfärbung und noch mehr für die Färbung fixierter Präparate ist das Verhalten von Eiweißkörpern gegenüber Farbstoffen. Die Eiweiße unterscheiden sich von den bisher betrachteten Adsorbentien durch ihr amphoteres Verhalten, sind also je nach der cH des umgebenden Mediums durch die Dissoziation ihrer sauren und basischen Gruppen positiv oder negativ geladen. Aus diesem Grunde spielt die cH des Färbemediums bei den Eiweißstoffen eine hervorragende Rolle. Eine Übersicht im Zusammenhang mit der histologischen Färbetechnik findet sich bei SINGER (1952).

MATHEWS (1898) beobachtet als einer der ersten, daß Albuminlösung und koaguliertes Ei-Albumin mit anionischen Farbstoffen erst nach Zusatz einiger Tropfen Essigsäure reagieren, und kationische Farbstoffe sich nur bei alkalischer Reaktion mit dem Albumin verbinden.

Viele Versuche sind mit Gelatine gemacht worden. Im sauren Bereich dissoziieren die basischen Gruppen, die Gelatine reagiert als Base und ist positiv geladen. Im alkalischen Bereich dissoziieren die sauren Gruppen, die Gelatine reagiert als Säure und ist negativ geladen. Mit fallender cH muß also die Dissoziation der basischen Gruppen ab- und die der sauren

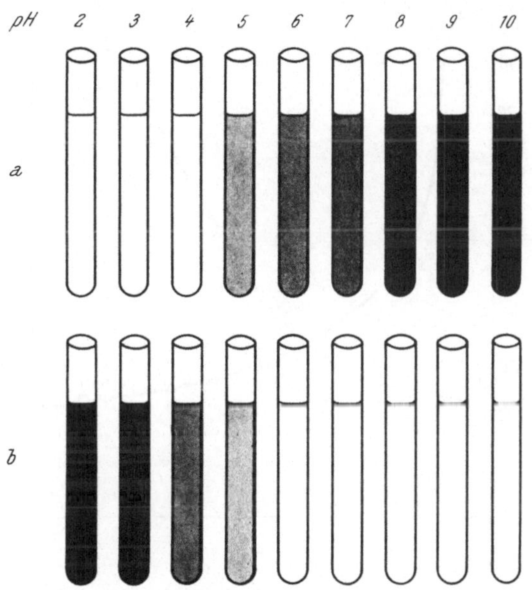

Abb. 59. Färbung eines Gelatinegels mit a) einem anionischen und b) einem kationischen Farbstoff in Abhängigkeit vom pH-Wert der Gelatine. IEP bei ~ pH 4,7.

zunehmen. Bei einem bestimmten pH-Wert wird dann der Dissoziationsgrad beider Gruppen gleich stark sein, es liegt ein „Zwitter-Ion" vor, das durch innere Salzbildung elektrisch neutral ist, d. h. positive und negative Ladung halten sich die Waage. Die Gelatine befindet sich im isoelektrischen Zustand. Dieser „isoelektrische Punkt" (IEP) liegt bei der Gelatine um pH 4,7. Nach der sauren Seite ihres IEP bindet sie anionische Farbstoffe und nach der alkalischen kationische (ROHDE 1917, BETHE 1922, LOEB 1924, GROLLMAN 1925, IRWIN 1925—1928, 1931a, PISCHINGER 1926, ZIPF 1927, RAWLINS und SCHMIDT 1930, SEKI 1933c, BUNGENBERG DE JONG und BANK 1940, KÖLBEL 1948).

Je weiter wir uns vom IEP entfernen, desto mehr Farbstoff wird von der Gelatine gebunden (Abb. 59), so daß man durch Messen der aufgenommenen Farbstoffmenge mit zwei entgegengesetzt geladenen Farbstoffen (Abb. 60) den IEP bestimmen kann (PISCHINGER 1927, DRAWERT 1937b, SCHWANTES 1952, BETHE 1950, BUTTERFASS 1956a, MESS 1956, SCHARF 1956). Eine Voraussetzung für diese Methode ist naturgemäß, daß die benutzten Farbstoffe im kritischen pH-Bereich dissoziiert und selber nicht umladbar sind. Unbrauchbar ist z. B.

Rhodamin B (Drawert 1937c). Mit dem Rückgang der Farbstoffdissoziation wird auch die adsorbierte Farbstoffmenge trotz steigender cH bei einem anionischen (Abb. 61) oder fallender cH bei einem kationischen Farbstoff zurückgehen.

Der Kurvenverlauf für den adsorbierten Farbstoff wird dann ein anderer sein als der in Abb. 60, wie ein Vergleich mit Abb. 61 belegt.

Für die Methode der IEP-Bestimmung sind zwei entgegengesetzt geladene Farbstoffe erforderlich. Mit Fluorochromen, die nur im adsorbierten Zustand fluorescieren (A) oder deren Fluorescenzfarbe wie beim Acridinorange von der Farbstoffkonzentration abhängt (B), kann man den IEP auch mit nur einem Farbstoff bestimmen. Ein kationisches Fluorochrom wird unterhalb von pH 4,7 die Gelatine nur imbibieren, oberhalb von pH 4,7 aber adsorbiert werden, d. h. im Fall A wird erst ab pH 4,7 eine intensive Fluorescenz einsetzen, und im Fall B wechselt der Farbton, z. B. beim Acridinorange von Grün nach Rot. Hierbei handelt es sich um einen Metachromasieeffekt, da die Gelatine als Chromotrop wirkt. Auch bei metachromatischen Diachromen erfolgt eine entsprechende Farbtonänderung (Robertson 1908, Hewitt 1927). Vor allem ist die Bifluorescenz des Acridinorange zur IEP-Bestimmung benutzt worden (Strugger 1940d, 1949a, Kölbel 1947, Schwantes 1952, Mess 1956).

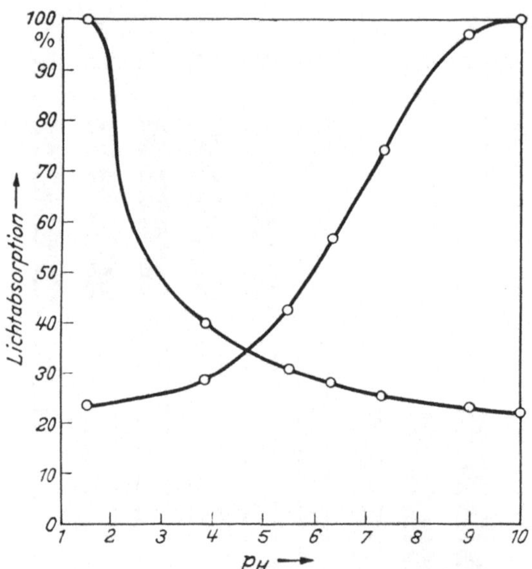

Abb. 60. Farbstoffspeicherung von Gelatine in Abhängigkeit vom pH-Wert der Farblösung. Abszisse: pH-Werte der Farblösung. Ordinate: Lichtabsorption als Maß der Speicherungsintensität. Die oben links beginnende Kurve bezieht sich auf Säurefuchsin (anionisch), die unten links beginnende Kurve auf Toluidinblau (kationisch). Der Schnittpunkt beider Kurven entspricht annähernd dem IEP der Gelatine. (Nach Drawert 1937b.)

Die mit Gelatine erhaltenen Ergebnisse treffen ebenso für andere Eiweißkörper zu. So ist noch mit Kasein gearbeitet worden (Euler und Florell 1919, Umetsu 1923, Grollman 1925, Hewitt 1927, Rakusin 1928, Labes und Billmann 1934, Levine 1940, Kesztyüs und Surányi 1952), ferner mit Albumin (Umetsu 1923, Pischinger 1927, Pulcher 1927, Rakusin 1928, Seki 1933d, Klotz, Walker und Pivan 1946), Fibrin (Pulcher 1927, Singer und Morrison 1948), Naturseide (Yamaha und Nomura 1939), Wolle (Briggs und Bull 1922, Elöd 1933, Kurbatow und Moissejew 1940), Kernproteinen (Kelley und Miller 1935a) und anderen.

Bei der Adsorption von Farbstoff an Eiweiß kommt es zu einer Entladung der Partner, und da die entstehende Verbindung gar nicht oder nur schwach dissoziiert ist (Umetsu 1923, Stearn und Stearn 1930), wie aus Leitfähgkeitsmessungen hervorgeht (Tabelle 46), werden gelöste Eiweiße durch Farbstoffe häufig ausgeflockt (Heidenhain 1902, Suida 1906/07, Umetsu 1923, Chapman, Greenberg und Schmidt 1927, Gortner 1927, Rawlins und Schmidt 1929, Redon 1940, Bungenberg de Jong und v. d. Meer 1942, eitz 1947, Kesztyüs

und SURÁNYI 1952, LAZAROW und COOPERSTEIN 1953 b, WETLAUFER und STAH-
MANN 1953).

Der Dissoziationsgrad der Farbstoffproteinate hängt von den Partnern ab,
so ist nach LEVINE (1940) die Verbindung Methylenblau-Kasein stärker dissoziiert
als die von Toluidinblau-Kasein.

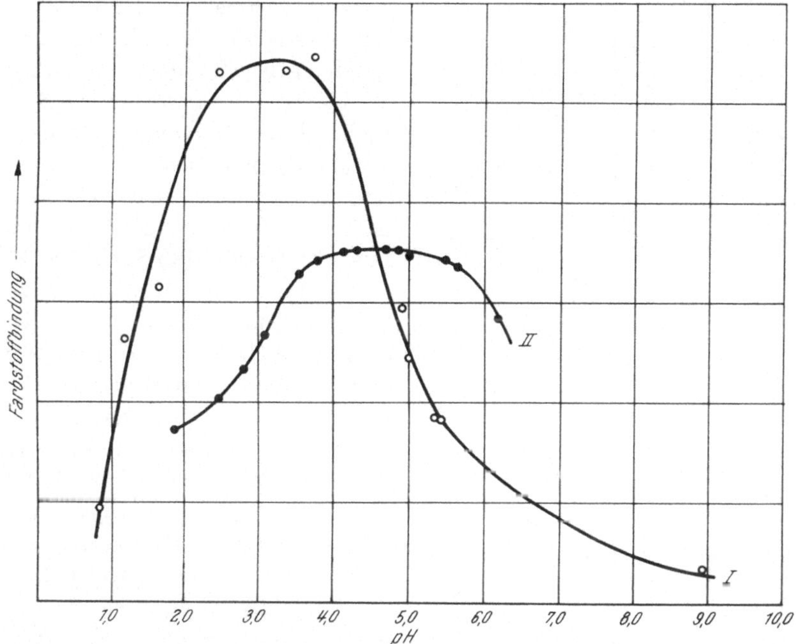

Abb. 61. Speicherung von Phenolrot (anionisch) = I und von Neutralrot (kationisch) = II in Abhängigkeit vom
pH-Wert. Der Abfall des rechten Astes der Kurve I ist auf den Rückgang der positiven Ladung der Gelatine mit
steigendem pH-Wert zurückzuführen, und der Abfall des linken Astes beruht auf dem Rückgang der Dissoziation
des Farbstoffes mit dem Absinken des pH-Wertes. Für Kurve II liegen die Verhältnisse gerade umgekehrt.
(Nach GROLLMAN 1925, II nach KÖLBEL 1948.)

Tab. 46.   *Messung der Ionisation von Gentianaviolett-Proteinat durch Bestimmung der Leitfähigkeit bei 23,6° C.* (Nach STEARN und STEARN 1930.)

Lösung (Äquivalentgewichte)	pH	Leitfähigkeit x 10^6		% Unterschied
		gemessen	berechnet	
Gentianaviolett	7,25	27,0		
Gelatine	7,30	38,4		
Gemisch 1 : 1	7,10	23,0	32,7	— 30
Gelatine : Farbstoff = 1 : 2	7,15	18,5	34,6	— 46

In manchen Fällen können Farbstoffe auch eine Eiweißkoagulation durch
andere Mittel verhindern. Congorot, Vitalrot, Trypanrot, Rose bengale, Na-
Fluorescein sollen die Koagulation von Serum oder gesättigten Lösungen von
trockenem Ei-Albumin durch Kochen oder durch Quecksilberchlorid unterbinden. Eine Reihe Farbstoffe, darunter auch Methylenblau, Toluidinblau,

Tab. 47. *Einfluß der Pufferzusammensetzung und der Fibrinbehandlung auf die Farbstoffaufnahme durch Fibrinfilme. pH 5,5; Ionenstärke 0,04; Farbstoffkonzentration 2,5 · 10⁻⁴ mol. Die aufgenommene Farbstoffmenge ist als optische Dichte auf mg/cm² Fibrin ausgedrückt. (Nach* SINGER *und* MORRISON *1948.)*

Behandlung des Fibrins	gefundener IEP		gebundene Farbstoffmenge							
			Methylenblau (kationisch)				Orange G (anionisch)			
	elektro-phoretisch	mit Farb-stoffen	Acetat	Phosphat	Chlorid	Citrat	Acetat	Phosphat	Chlorid	Citrat
unbehandelt	6,0	6,5	0,07	0,15	0,10	0,17	0,58	0,45	0,49	0,43
1 Min. auf 100° C erhitzt	5,7	6,4	0,25	0,25	0,24	0,41	1,27	1,14	0,87	1,14
20 Min. auf 120° C erhitzt	5,5	6,3	0,35	0,33	0,38	0,59	1,29	1,33	1,13	1,01
mit Formaldehyd	5,2	5,2	2,21	2,00	0,73	0,80	0,41	0,40	0,19	0,29

Neutralrot, Alkaliblau, Nigrosin, sind aber nicht in dieser Richtung wirksam (HANZLIK 1931).

Ferner bleibt zu untersuchen, welche Faktoren außer der cH noch einen Einfluß auf die Farbstoff-Eiweißbindung haben. Dies ist im Hinblick auf die Zuverlässigkeit der IEP-Bestimmung durch Farbstoffe von Bedeutung.

Es ist zu erwarten, daß andere Elektrolyte als Konkurrenten zu den Farbstoffionen auftreten werden und bei ihrer Anwesenheit die Färbung hemmen. Demgegenüber erwähnt ROBERTSON (1906), daß Salze die Färbung von Gelatine mit Methylgrün verstärken, und nach YAMAHA und NOMURA (1939) soll $CaCl_2$ und KCl die Färbung von Naturseide mit Erythrosin fördern. Bei diesen Angaben handelt es sich aber um Ausnahmen, die vielleicht auf Quellungseffekte zurückzuführen sind. Im allgemeinen wird über eine hemmende Wirkung der Salze berichtet und im Gegensatz zu vielen Befunden an Kohlenhydraten auch bei der Färbung mit anionischen Farbstoffen. Kationen setzen die Adsorption der kationischen Farbstoffe und Anionen die der anionischen herab (ZIPF 1927, ELÖD 1933, BUNGENBERG DE JONG und BANK 1940, SINGER und MORRISON 1948). Die Fluorochromierung der Eiweißkristalle aus Kartoffelknollen mit Acridinorange läßt sich nicht nur durch $CaCl_2$ herabsetzen (BANCHER und HÖLZL 1960c), sondern bereits durch Leitungswasser (HÖLZL und BANCHER 1959a). Mit Zunahme der Salzkonzentration nimmt die Farbstoffbindung ab (SINGER und MORRISON 1948), so daß sich die Ionenstärke der zur Einstellung der cH benutzten Pufferlösungen und die Zusammensetzung der letzten bemerkbar machen muß (Tabelle 47, Abb. 62).

Außerdem bedingen fremde Elektrolyte eine Verschiebung des IEP, die um so beträchtlicher sein wird, je größer ihre Affinität zum Eiweiß ist, je stärker sie also mit den H-Ionen konkurrieren können.

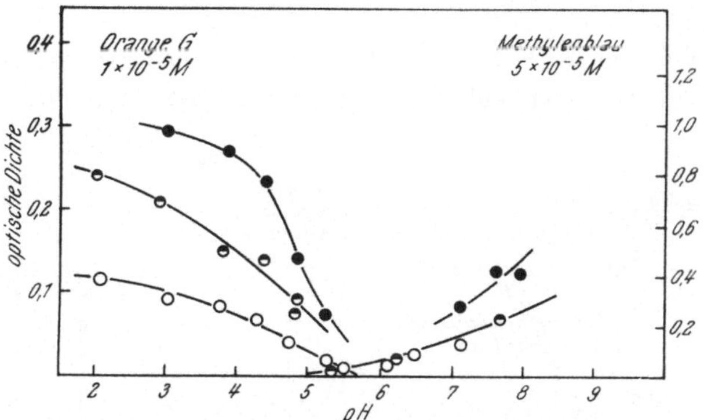

Abb. 62. Einfluß der Ionenstärke auf die Färbung von Fibrinfilm mit Orange G (anionisch, linke Kurven) und Methylenblau (kationisch, rechte Kurven). Ionenstärke: ——●—— = 0,01; ——◑—— = 0,04; ——○—— = 0,15. (Nach SINGER und MORRISON 1948.)

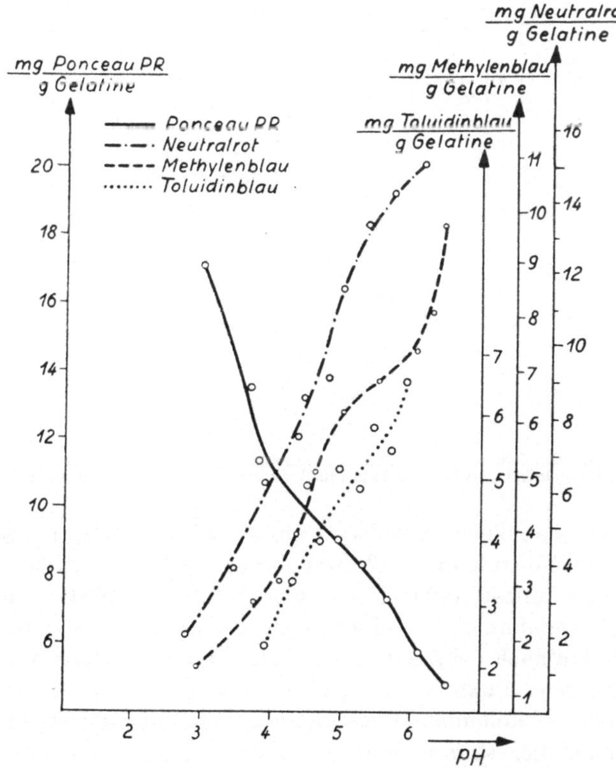

Abb. 63. Färbung von Gelatinefolie mit verschiedenen kationischen Farbstoffen und zur Bestimmung des IEP zu Ponceau als anionischem Farbstoff in Beziehung gesetzt. (Nach MESS 1956.)

Für eine exakte IEP-Bestimmung dürfen demnach außer den H-Ionen keine anderen Ionen vorhanden sein, die eine meßbare Affinität zu den Eiweißen haben (Umetsu 1923). Daraus ist zu folgern, daß nicht nur die Puffersalze, sondern auch die zur Bestimmung benutzten Farbstoffe einen Einfluß auf die Lage des zu messenden IEP haben werden. Die Richtigkeit dieser Vermutung hat sich bestätigt.

Befinden sich neben den H-Ionen weitere gut adsorbierbare Ionen in der Lösung, so liegt der „IEP" bei einer anderen cH als ohne diese, da beide Ionenarten sich

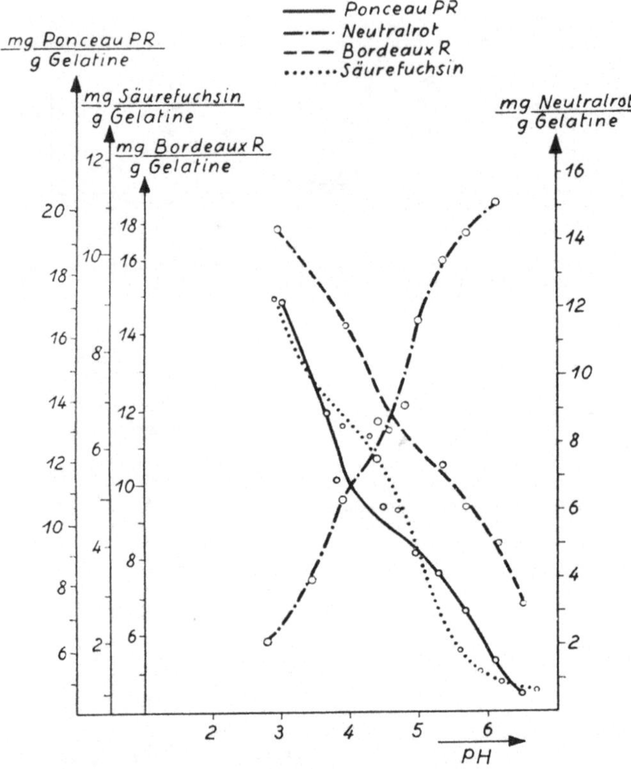

Abb. 64. Färbung von Gelatinefolie mit verschiedenen anionischen Farbstoffen und zur Bestimmung des IEP zu Neutralrot als kationischem Farbstoff in Beziehung gesetzt. (Nach Mess 1956.)

an der Entladung beteiligen. Farbkationen vermindern und Farbanionen vermehren die optimal fällende cH, und zwar um so stärker, je höher die Farbstoffkonzentration ist (Umetsu 1923, Labes und Billmann 1934). Das Flockungsoptimum von Serumalbumin mit einem IEP um pH 5,4 wird durch das kationische Methylenblau nach pH 5,8 und durch das anionische Kristallponceau nach pH ~ 4,7 verschoben (Pischinger 1927). Beim Kasein wird die Fällbarkeit durch das anionische, kolloidale Wasserblau um 1,5 und durch Erythrosin um 0,6 pH-Stufen nach der sauren Seite verlagert. Unter den kationischen Farbstoffen sind Diamantfuchsin und die Acridine besonders wirksam. Es soll hier vor allem auf die NH$_2$-Gruppe ankommen. Aminofarbstoffe, die am Stickstoff Alkylgruppen tragen, wie Brillant- und Kristallgrün, sind fast unwirksam. Auramin und Malachitgrün sollen die Ladung von Kasein nicht verändern, obwohl sie adsorbiert werden. Bei den Sulfosäurefarbstoffen wird die Wirkung durch NH$_2$-Gruppen im Farbstoffmolekül weitgehend kompensiert (KESZTYÜS und SURÁNYI 1952).

SINGER und MORRISON (1948), SINGER (1952) und MESS (1956) haben den Einfluß der Farbstoffe auf den IEP durch optische Bestimmung der aufgenommenen Farbstoffmenge untersucht. Der gefundene IEP variiert mit dem benutzten Farbstoffpaar. Mit Formol denaturiertes Fibrin zeigt elektrophoretisch einen IEP bei pH 5,2 und optisch, mit Methylenblau als kationischem Farbstoff be-

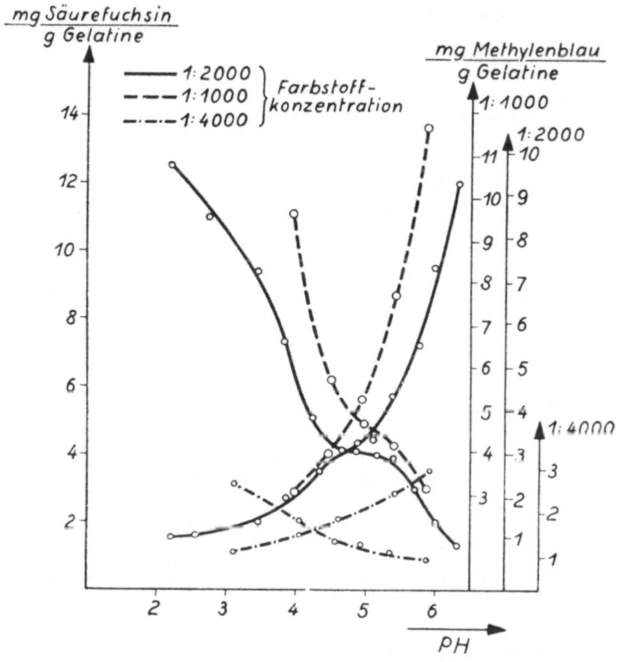

Abb. 65. Färbung von Gelatinefolie mit Säurefuchsin-/Methylenblaulösungen unterschiedlicher Konzentration. Mittelwerte aus drei Parallelversuchen. (Nach MESS 1956.)

stimmt, erhält man je nach dem benutzten anionischen Farbstoff folgende Werte: Orange II 5,0; Pikrinsäure 5,1; Orange G 5,2; Aethylorange 5,3; Fastgreen 5,5; 2,4-dihydroxyazobenz-4-sulfosaures-Na 5,6; Lichtgrün 5,7 (SINGER 1952). Für Gelatine als Eiweiß und Ponceau PR als anionischem Farbstoff sowie verschiedene kationische Farbstoffe sind die Werte Abb. 63 zu entnehmen; und für Neutralrot als kationischem Farbstoff und verschiedene anionische Farbstoffe bringt Abb. 64 die Ergebnisse. Den Einfluß der Farbstoffkonzentration bei dieser Methode zeigt Abb. 65.

Neben der elektrischen Ladung kommt, wie bei den Kohlehydraten auch bei den Eiweißstoffen, dem Dispersitätsgrad der Farbstoffe für die Adsorption eine Bedeutung zu. Die Abhängigkeit der gefundenen Werte für den IEP der Gelatine vom Alter der Farbstofflösungen (Tabelle 48) ist wohl auf eine Änderung des Dispersitätsgrades mit dem Alter zurückzuführen (s. S. 88).

In diesem Zusammenhang ist es von Interesse, daß die Farbstoffe auch den Quellungsgrad von Eiweißkörpern und damit unter Umständen die Färbbarkeit in Beziehung zum Dispersitätsgrad der Farbstoffe verändern können. Auf Gelatine sollen kationische Farbstoffe entquellend und anionische meist quellend wirken (Traube und Köhler 1915). Auch die von Bechhold und Ziegler (1906) beobachtete Hemmung der Anfärbung von Gelatine mit Methylenblau durch Alkohol, Traubenzucker, Glycerin und Harnstoff ist wahrscheinlich auf Quellungseffekte zurückzuführen.

Tab. 48. *Bestimmung des IEP von Gelatine mit Säurefuchsin- und Methylenblau-Lösungen verschiedenen Alters.* (Nach Mess 1956.)

Alter der Farblösungen	IEP-Werte pH
2 Stunden	4,9
18—22 Stunden	4,7
1 Monat	4,4
1 ½ Monate	4,3

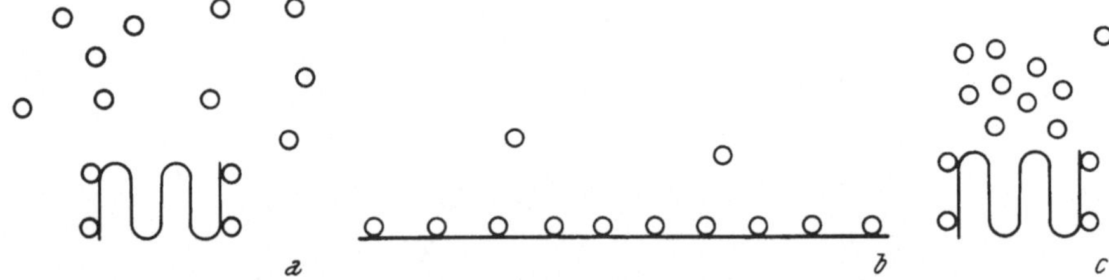

Abb. 66. Schema zum Einfluß einer Faltelung von Eiweißmolekülen auf die Farbstoffadsorption. *a* = gefaltetes Eiweißmolekül in einer Farbstofflösung; *b* = entfaltetes Eiweißmolekül mit adsorbierten Farbstoffionen; *c* = Abgabe von Farbstoff nach erneuter Faltelung. (Nach Goldacre 1952.)

Neben dem Quellungsgrad ist der übrige Zustand der Eiweißstoffe für die aufgenommene Farbstoffmenge z. T. ausschlaggebend. Dies tritt besonders deutlich bei dem Vergleich von nativen und denaturierten Eiweißen hervor. Ganz allgemein nimmt denaturiertes Eiweiß bedeutend mehr Farbstoff auf (Quastel 1931, Alexandrov und Nassonov 1939, Haurowitz, Di Moia und Tekman 1952, Csögör und Kerekes 1965), wie aus Tabelle 47 für Fibrin hervorgeht (Singer und Morrison 1948). Durch Hitze (90° C) denaturiertes Tabakmosaikvirus-Eiweiß bindet nach Oster und Grimsson (1949) 300mal mehr kationische Farbstoffe als normales. Die Autoren führen diesen Effekt auf das Freiwerden von Nucleinsäure zurück; so soll auch die viel stärkere Färbbarkeit des Zellkernes im fixierten Zustand auf eine Sprengung der elektrostatischen Bindung zwischen DNS und basischem Protein (Histon) beruhen (Oster 1955). Goldacre (1952) denkt mehr an eine Entfaltung der Eiweißmoleküle beim Absterben des Plasmas (Abb. 66). Ei-Albumin adsorbiert in monomolekularer Schicht achtmal soviel Farbstoff als in globulärer Form.

Je nachdem mit welchen Mitteln Eiweißstoffe behandelt werden, verschiebt sich der IEP zur sauren oder zur alkalischen Seite. Diese Tatsache ist für die histologische Färbung nach Fixierung (s. S. 240) von Bedeutung. Formalinbehandlung macht koaguliertes Hühnereiweiß, das vorwiegend aus Albumin besteht, basophil. Pikrinsäure und Trichloressigsäure bewirken dagegen eine Acidophilie (SEKI 1933d). Auch bei Gelatine soll Formolbehandlung den IEP nach der sauren Seite verschieben, wie PFEIFFER (1931) aus der Lage des Permeabilitätsminimums für Dextrin und Rohrzucker schließt. FISCHER und LAROSE (1952a, b) nehmen auf Grund von Versuchen mit Wolle eine Beeinflussung der Eiweiße durch Redoxvorgänge an. Nach MESS (1956) kommt es zu ganz beträchtlichen Verschiebungen des IEP der Gelatine nach einer Behandlung mit Oxydations- und Reduktionsmitteln (Tabelle 49). Es kann aber kein Anhalt dafür gefunden werden, daß dabei Redox-Vorgänge verantwortlich sind. Es scheint sich eher um eine Säurewirkung zu handeln.

Tab. 49. *IEP-Bestimmung mit Säurefuchsin/Methylenblau an verschieden vorbehandelter Gelatine.* (Nach MESS 1956.)

Art der Vorbehandlung	IEP
unvorbehandelt	4,8
½ Stunde in n/10 $SnCl_2$, gelöst in 0,2 nHCl	6,0
½ Stunde mit H_2 in n/10 HCl	5,9
½ Stunde in n/10 HCl	5,9
½ Stunde in n/10 HNO_3	6,0
½ Stunde in 3% H_2O_2	4,7

Aus dem Dargelegten geht hervor, daß mit der Färbemethode eine exakte Bestimmung des IEP von Eiweißkörpern nicht möglich ist, da die benutzten Puffersubstanzen und die Farbstoffe selber den IEP verschieben und da sehr wahrscheinlich außer der elektrischen Ladung noch andere Faktoren für die Farbstoffspeicherung von Bedeutung sind. Zu diesem Schluß kommen z. B. KREBS und WITTGENSTEIN (1926) auf Grund der Tatsache, daß Gelatine im IEP noch über das Doppelte der Außenkonzentration an Uranin speichert. Dazu muß aber bemerkt werden, daß Uranin mit einem IEP zwischen pH 3 und 4 selber umladbar ist, so daß hier besondere Verhältnisse vorliegen können. In diesem Zusammenhang sei noch auf die Untersuchung von LAURENCE (1952) über die Farbstoffadsorption durch Serum-Albumin mit Hilfe der Polarisation des Fluorescenzlichtes hingewiesen.

Trotz der notwendigen Einschränkungen ist die Methode aber nicht völlig abzulehnen und hat vor allem für die histologische Technik auch heute noch ihre Bedeutung (s. S. 235 u. f.). Man muß sich nur ihrer Grenzen bewußt und darüber im klaren sein, daß sie nur Näherungswerte liefern kann. Ganz allgemein würde es die Sachlage viel treffender kennzeichnen, wenn man statt vom IEP von einer „isoelektrischen Zone" oder noch besser von einem „isoelektrischen Bereich" (IEB) sprechen würde, wie es bereits von einigen Autoren vorgeschlagen worden ist (NAYLOR 1926, STEARN 1933, SPEAKMAN und STOTT 1934, SINGER 1952).

Von Interesse ist noch das Verhalten komplexer Systeme. Ein aus Gelatine und Gummiarabicum hergestelltes Komplexsystem (= Verbindung zwischen Kolloidanion und Kolloidkation) färbt sich nach BUNGENBERG DE JONG und BANK (1940) sowohl mit anionischen als auch mit kationischen Farbstoffen. Die elektive Färbung eines Anteiles der Gelkörper ist nicht mit Sicherheit nachzuweisen. Bei Salz- oder Säurezusatz entfärben sich aber mit Janusgrün gefärbte Gelkörper bei einer bestimmten Konzentration, und es bleiben kleine Vakuolen gefärbt. Nach weiterer Erhöhung der Salzkonzentration verschwindet die elektive Vakuolenfärbung, und der Leib der Gelkörper erscheint in einem metachromatischen Farbton diffus gefärbt. Bei Erniedrigung der Salzkonzentration kommt es erneut zu einer elektiven Vakuolenfärbung. Die eigenartige Vakuolenfärbung bei ganz bestimmten Salzkonzentrationen (KCl, $CaCl_2$) kann nicht erklärt werden (Bungenberg de Jong und Bank 1939a).

Nach Einlagerung der Komplexkoacervate von Gelatine + Gummiarabicum oder auch reiner Gummiarabicum-Tropfen in einen Kollodiumfilm speichern die eingeschlossenen Tropfen aus verdünnten Lösungen die kationischen Farbstoffe Neutralrot, Fuchsin, Brillantcresyl-, Methylen- und Toluidinblau. Diese Er-

Tab. 50. *Fluorochromierung eines Gelatinefilms, der mikroskopisch kleine Benzoltröpfchen enthält, mit Pyronin in Abhängigkeit von der cH der Farbstofflösung.* (Nach Strugger 1941a.)

pH	Intensität und Farbton der Fluorescenz	
	Benzol	Gelatine
2,50	—	+ gelb
3,43	—	+ gelb
4,13	− + ultramarinblau	+ + + + gelb
6,27	− + ultramarinblau	+ + + + gelb
7,56	+ ultramarinblau	+ + + + gelb
11,23	+ + + + ultramarinblau	—

scheinung soll auf einem Donnangleichgewicht beruhen, da die Arabinat-Ionen nicht permeieren können. Die Ca-Ionen werden gegen Farbstoffkationen ausgetauscht. Im Innern der Gummiarabicum-Vakuolen kommt es zu Koacervatbildungen mit dem Farbstoff, so daß gefärbte Entmischungskörper entstehen (Bungenberg de Jong und Bank 1939c). Der gespeicherte Farbstoff läßt sich durch aqua dest. oder noch besser durch schwache NaCl-Lösung wieder auswaschen. Dieses Phänomen spricht dafür, daß die Farbstoffspeicherung bei Gegenwart von Neutralsalzen geringer sein wird (Bungenberg de Jong und Kok 1940).

Lepeschkin (1950) stellt ein Komplexsystem aus Albumose mit Lecithin, also ein Lipoproteid (Fluorid), her und färbt dieses mit Methylenblau und Neutralrot. Die reine Albumose soll die Farbstoffe unabhängig von der cH der umgebenden Lösung sehr stark speichern. Der Lecithingehalt setzt die Färbbarkeit herab. Ein Komplex von 1 Vol. Albumose und 0,5 Vol. Lecithinlösung wird nur noch ganz schwach gefärbt. Eosin färbt überhaupt nicht. Unter der Einwirkung des Wassers entstehen aber in den Körpern Vakuolen, die Methylenblau aufnehmen.

Strugger (1941a, 1949a) benutzt einen Gelatinefilm, der mikroskopisch kleine Benzoltröpfchen enthält, zum Fluorochromieren mit Pyronin. In Abhängigkeit vom pH-Wert der Farbstofflösung erhält er das in Tabelle 50 wiedergegebene Fluorescenzbild.

Solange das Pyronin dissoziiert ist, leuchtet die Gelatine von ihrem IEP an aufwärts, der bei diesem Versuch allem Anschein nach sehr tief lag, intensiv gelb. Unter dem IEP erfolgt nur eine schwache Fluorochromierung durch Imbibition. Nach vollständiger Zurückdrängung der Dissoziation im stark alkalischen Bereich fluoresciert die Gelatine nicht mehr, dafür leuchten aber die Benzoltröpfchen intensiv im Farbton der Pyroninbase, wie der Autor annimmt. Nach SAUER (1960), der die Versuche wiederholt und das Ergebnis bestätigen kann, handelt es sich aber sehr wahrscheinlich um das Xanthon (s. S. 155). MESS (1956) fluorochromiert ein entsprechendes Modell, das statt Benzol Toluol enthält, mit Acridinorange. Die Gelatine fluoresciert von pH 1,7—6,5 in allen Farbnuancen zwischen Dunkelgelb und Kupferrot, am intensivsten bei pH $\sim$ 6,5. Die Toluoltröpfchen beginnen ab pH 5,8 im Blaulicht gelb und im UV entsprechend der benutzten Sperrfilter blaugrün zu leuchten. Die höchste Intensität wird bei pH 10,7 erreicht. Im UV wechselt während der Beobachtung die blaugrüne Fluorescenz der lipophilen Phase in ein intensives Gelbgrün über. Das Verhalten des Acridinorange steht mit seinen Dissoziationsverhältnissen im Einklang.

Wie bereits erwähnt worden ist, wogte lange der Streit um die Frage, ob es sich bei der Eiweiß-Farbstoffbindung um einen physikalischen oder einen chemischen Vorgang handelt. Doch soll hier nicht weiter darauf eingegangen, sondern nur auf die Darstellung von SINGER (1952) verwiesen werden. Die Auffassung, daß es sich bei der Färbung von Wolle, Seide und auch Acetatseide um einen Lösungsvorgang nach dem Henryschen Verteilungssatz handelt (K. H. MEYER 1927), dürfte kaum Anhänger finden.

9. Die Wanderung von Farbstoffen durch Membranen

Bei der Vitalfärbung der Pflanzenzelle muß der Farbstoff als erstes die normalerweise negativ geladene Zellwand durchdringen. Es ist deshalb von Interesse zu prüfen, wie im Modellversuch die Permeation von Farbstoffen durch negativ geladene Membranen erfolgt, und wie sich andere Faktoren auf diesen Vorgang auswirken.

Eine Reihe von Untersuchungen sind mit Pergamentpapier- und Kollodiummembranen durchgeführt worden, die negativ und nicht positiv geladen sind, wie WILBRANDT (1935) für Kollodium angibt. Durch gewöhnliches Pergamentpapier permeiert Methylenblau aus einer wässerigen Lösung erst, wenn sich die Membran mit Farbstoff gesättigt hat (RUHLAND 1908a). Auf die Geschwindigkeit des Durchtrittes hat die cH einen Einfluß. Die anionischen Farbstoffe treten durch Pergamentpapier bei saurer Reaktion der Farblösung schneller als bei neutraler oder alkalischer in aqua dest. über. Bei den kationischen Farbstoffen ist es gerade umgekehrt. Die Farbstoffe sollen die Membran am schnellsten bei der cH durchwandern, bei der sie diese am kräftigsten färben (BETHE 1922). Anders liegen die Verhältnisse bei einer Änderung der cH der anfangs farbstofffreien Phase. Aus einer angesäuerten Farblösung dialysieren anionische Farbstoffe aus einer Diffusionshülse besser gegen eine alkalische Außenflüssigkeit als gegen eine neutrale, und kationische Farbstoffe besser gegen ein neutrales als gegen ein alkalisches Medium (FISCHER 1929).

Die Abhängigkeit der Diffusionsgeschwindigkeit von Neutralrot aus einer
Lösung in aqua dest. durch eine Cellophanmembran in ein farbloses Medium
von der cH des letzten findet auch Končalová (1965a). Die Diffusion erfolgt um
so rascher, je höher die cH ist (Abb. 67). Aus Abb. 67 geht aber hervor, daß auch
den anderen Ionen eine Bedeutung zukommt. Die Förderung durch die höhere
cH ist sowohl bei reiner Citronensäure als auch beim Citratpuffer zu beobachten.
Beide Reihen miteinander verglichen zeigen aber, daß bei gleichen pH-Werten
die Diffusion in reine Citronensäure viel schneller erfolgt als in Citratpuffer.
Verglichen mit aqua dest. übt Citratpuffer sogar eine Hemmung aus. Die Autorin

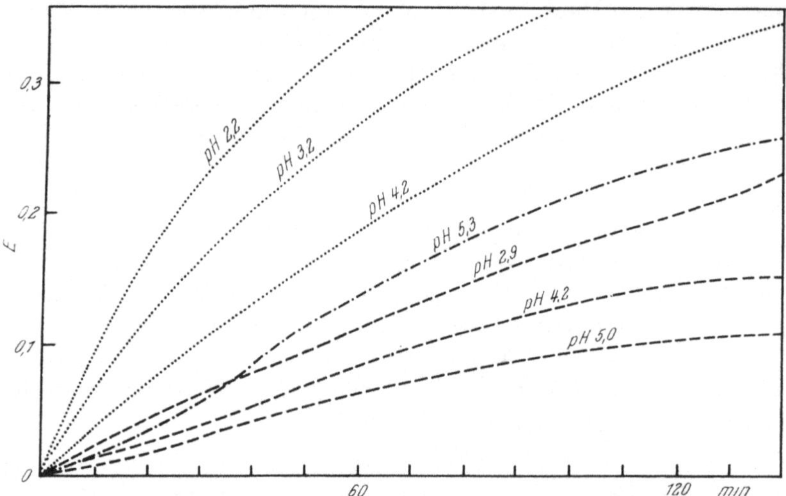

Abb. 67. Diffusion von Neutralrot aus einer 0,1%igen Lösung in aqua dest. durch eine Cellophanmembran in
farblose Medien unterschiedlicher Zusammensetzung und mit verschiedenen pH-Werten. ···· = Citronensäure-
lösungen verschiedener Konzentration. —·— = aqua dest.; ······ = Citratpufferlösungen mit verschiedenen
pH-Werten. (Nach Končalová 1965 a.)

führt diese Unterschiede auf eine Bindung des Farbstoffes durch die Säure
zurück, die bei reiner Citronensäure eher gegeben ist als in Citratpufferlösungen.
Je höher die Säurekonzentration ist, desto mehr Farbstoff kann gebunden werden,
was sich auf die Diffusionsgeschwindigkeit auswirken muß. Sehr wahrscheinlich
kann man diesen Effekt aber auf das Ionenfallenprinzip zurückführen (s. S. 490).

Eine Erhöhung der negativen Ladung der Kollodiummembran durch Einlagerung von Benzoesäure unterbindet nach Ingraham und Visscher (1935)
den Durchtritt kationischer Farbstoffe, während die anionischen ungehindert
permeieren.

Die Farbstoffe ihrerseits verändern aber auch die Eigenschaft der Kollodiummembran, was besonders bei stärkerer Adsorption der Farbstoffe berücksichtigt
werden muß. Aus einer Mischung von Kollodium mit kationischen Farbstoffen
soll man Membranen erhalten, die im Gegensatz zu den normalen Kollodium-
häuten für Anionen permeabler sind als für Kationen (Wilbrandt 1935). Eine
Einlagerung von Rhodamin B soll die negative Kollodiummembran nach positiv
umladen und sie elektiv anionendurchlässig machen (Höber und Hoffmann
1928, Mond und Hoffmann 1928), was im Widerspruch zu den Befunden von

INGRAHAM und VISSCHER (1935) steht. Die Ladungsänderung der Membran durch die eingelagerten Farbstoffe macht sich im Konzentrationspotential zwischen zwei verschieden konzentrierten Salzlösungen, die durch die Membran getrennt werden, bemerkbar (s. S. 71, Tabelle 13).

Die Bedeutung der Membranladung kommt auch an amphoteren Membranen zum Ausdruck. Mit Formalin behandelte Gelatinefolien sind in sauren Medien positiv und in alkalischen negativ geladen. Dementsprechend wird bei einer Lösung der Farbstoffe in NaOH der Durchtritt für die kationischen gehemmt und für die anionischen gefördert. Umgekehrt ist das Verhalten bei Lösung in HCl (INGRAHAM und VISSCHER 1935).

Eine mit Wasser imbibierte Kollodiumhaut ist für reduzierende Substanzen und die Redoxindikatoren Brillantcresylblau, Nilblau, Phenosafranin und Nigrosin permeabel. Sobald aber die Membran mit einem Redoxindikator in seiner oxydierten Form gefärbt ist, wird sie für die reduzierenden Substanzen impermeabel. Erst wenn der Farbstoff in der Membran durch einen Überschuß an reduzierender Substanz reduziert wird, ist die Blockierung wieder aufgehoben. Auch in diesem Fall sollen Ladungsänderungen, etwa durch Ionenadsorption, eine Rolle spielen (REISS 1932).

Nach YAMAHA und NOMURA (1939) wirken Neutralsalze auf die Diffusion von Erythrosin durch Cellophan fördernd.

Ein Unterschied in der Permeabilität einer Pergamontpapiermembran in beiden Richtungen kann dadurch erhalten werden, daß man die eine Seite mit einem Ölsäure-Anilingemisch überzieht. Durch dieses System wandert Methylenblau in den meisten Fällen schneller, wenn die Ölsäure-Anilinschicht der Farbstofflösung abgewandt ist (ECKSTEIN 1936).

Bei Besprechung der Dispersität wurde darauf hingewiesen, daß anionische und auch kationische Farbstoffe, die normalerweise eine Kollodium- oder Papiermembran nicht passieren, dies häufig nach Zusatz von Serum tun. BENNHOLD (1927) und WUNDERLY (1942) führen diesen Effekt auf eine Änderung des Dispersitätsgrades durch die dissolvierende Wirkung der Serumproteine zurück (S. 96). Mit MICHAELIS (1922) kann man dafür auch — jedenfalls für die anionischen Farbstoffe — eine Ladungsänderung der Membran verantwortlich machen. Congorot geht nicht durch eine Kollodiummembran, weil das negative Kollodium die negativ geladenen Farbstoffteilchen abstößt. Durch den Serumzusatz werden die Kollodiumporen mit Eiweiß ausgekleidet, was die negative Ladung abschwächt, so daß die elektrische Abstoßung nicht mehr so stark ist.

Nach RISSE (1926) wird dagegen Rhodamin B gerade auf Grund seiner entgegengesetzten Ladung und der dadurch bedingten starken Adsorption von einer Kollodiummembran zurückgehalten. Schickt man durch das mit Rhodamin beladene Kollodiumfilter bei verschiedener cH Eiweiß hindurch, so steigt die Permeabilität im alkalischen Bereich vom IEP des betreffenden Eiweißkörpers gleichmäßig für Eiweiß und Farbstoff an. Auf der sauren Seite des IEP fehlt dagegen jede Färbung des Filtrates auch in den Stufen, bei denen nach längerer Zeit Eiweiß durchgetreten ist. Demnach ist offenbar eine Adsorption des Farbstoffes an das Eiweiß für das Permeieren durch die Kollodiummembran notwendig. Der Autor berücksichtigt dabei aber nicht, daß Rhodamin B amphoteren Charakter besitzt. Das entsprechende Verhalten zeigt allerdings auch der anionische

Farbstoff Patentblau A bei Benutzung einer positiv geladenen Membran (mit Histon beladenes Kollodiumfilter), nur daß hier die Permeation auf der sauren Seite des Eiweiß-IEP stattfindet. Der Autor denkt aber mehr an eine adsorptive Sättigung der Membran, wodurch auch eine Angleichung des Ladungssinnes der Membran an den der Lösung stattfindet.

Bei den Versuchen mit den Serumproteinen handelt es sich um einen farbstoffadsorbierenden Zusatz, für den selber die Membran permeabel ist. Es bleibt noch zu klären, wie sich der Farbstoff in einem System verhält, in dem eine nicht oder nur schlecht permeierfähige, farbstoffspeichernde Substanz durch eine Membran von der Farbstofflösung getrennt wird. Einige solcher im mikroskopi-

Tab. 51. *Verteilung verschiedener kationischer Farbstoffe zwischen Wasser und einer 1,5%igen Gummiarabicum-Lösung, die durch eine Cellophanmembran getrennt sind, nach 20—22 Stdn.* a = Farbintensität der Gummiarabicum-Lösung, b = Farbintensität der Wasserphase. (Nach Bungenberg de Jong und Bank 1939b.)

Farbstoffkation	$\frac{a}{b}$	Farbstoffkation	$\frac{a}{b}$
Methylenblau	38	Janusgrün	20
Fuchsin	32	Neutralrot	18
Kristallviolett	30	Methylengrün	15
Trypaflavin	28	Brillantgrün	13,3
Neutralviolett	26	Malachitgrün	13
Toluidinblau	24	Pyronin	10
Methylgrün	22	Chrysoidin	10
Brillantcresylblau	21	Prune pure	1
Nilblauchlorid	21	Rhodamin B	1

schen Bereich liegenden Systeme sind bereits im vorigen Kapitel erwähnt worden, nämlich die von einem Kollodiumfilm eingeschlossenen Gummiarabicum-Tropfen bzw. Komplexkoacervate (S. 197) in den Versuchen von Bungenberg de Jong und Bank (1939a, c) und die in Gelatine eingeschlossenen Benzol- bzw. Toluoltröpfchen (S. 198, Strugger 1941a, Mess 1956, Sauer 1960). Bungenberg de Jong und Bank (1939a, b) untersuchen die Adsorption von anionischen und kationischen Farbstoffen an Gummiarabicum durch eine Cellophanmembran hindurch auch in makroskopischen Ausmaßen. Entsprechende Versuche führen Klotz, Walker und Pivan (1946) mit Methylorange und Serumalbumin sowie Wetlaufer und Stahmann (1953) mit Methylorange und Polylysinen durch. Bungenberg de Jong und Bank bestimmen die Farbstoffverteilung auf beiden Seiten der Membran nach 20—22 Std. kolorimetrisch (Tabelle 51). Dazu ist es bei den metachromatischen Farbstoffen notwendig, den Farbton der Gummiarabicum-Lösung für die Messung durch Salzzusatz orthochromatisch zu machen.

Aus Tabelle 51 geht hervor, daß nur die amphoteren Farbstoffe Prune pure und Rhodamin B die Cellophanmembran bis zum Konzentrationsausgleich durchwandern, während die rein kationischen Farbstoffe weit über den Konzentrationsausgleich hinaus in die Gummiarabicum-Lösung übertreten, da sie von dieser gespeichert werden. Ein Zusatz von NaCl zur Farbstofflösung setzt die Speicherung herab.

Wird der gleiche Versuch mit anionischen Farbstoffen durchgeführt, so bleibt die Gummiarabicum-Lösung farblos, und setzt man den Lösungen zu beiden Seiten der Membran gleichviel Farbstoff zu, so ist die Gummiarabicum-Lösung nach 20—22 Stdn. bei der Benutzung von Orange G oder Indigocarmin 15mal und bei Erythrosin 3mal heller geworden.

Diese Erscheinungen werden auf einen Ionenaustausch durch die Membran zurückgeführt. Dafür sprechen auch Versuche mit reinen Salzlösungen. Wird die wässerige Lösung eines kationischen Farbstoffes durch eine Cellophanmembran von einer Salzlösung getrennt, so findet zunächst eine Speicherung des Farb-

stoffes durch die Salzlösung statt, die dann allerdings schnell zurückgeht, da die Membran auch für die benutzten Alkali-Chloride und -Sulfate sowie Na-K-Tartrat permeabel ist (Abb. 68).

Bei fast allen Autoren steht meiner Meinung nach die elektrische Ladung der Membran und deren Änderung, besonders durch die cH, zu sehr im Mittelpunkt der Diskussion. Die Dissoziation des Farbstoffes, die ja auch von der cH abhängt, wird meist nicht berücksichtigt. Wenn nach FISCHER (1929) z. B. Fluorescein und Eosin gegen eine alkalische Außenlösung viel besser bei schwacher als bei starker Ansäuerung dialysieren, dann ist zu bedenken, daß bei hoher cH die geringer disperse Farbsäure entsteht und Fluorescein sogar eine Umladung erfährt, so daß bei

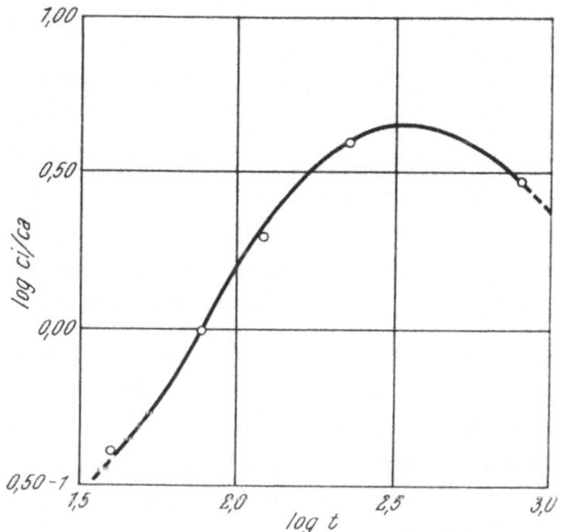

Abb. 68. Die Speicherung von Toluidinblau durch K-Na-Tartrat. Nach Erreichung eines Maximums geht die Speicherung wieder zurück, was wahrscheinlich auf die Durchlässigkeit der Cellophanmembran für das Tartration zurückzuführen ist. (Nach BUNGENBERG DE JONG und BANK 1939 b.)

einem entsprechend niedrigen pH-Wert Farbkationen vorliegen. Außerdem beeinflußt die cH auch die Quellung und damit die Durchlässigkeit der Membranen. Ferner lehren die Versuche von BUNGENBERG DE JONG und BANK, daß, sobald an einer Seite der trennenden Membran Stoffe sind, die den Farbstoff speichern, aus dem Verteilungsbild keine einwandfreien Schlüsse über die Permeabilitätsverhältnisse der Membran mehr möglich sind. Eine starke positive Speicherung kann eine zu hohe, und eine negative Adsorption eine zu niedrige Permeabilität oder gar Impermeabilität vortäuschen.

Über das Verhalten von Flüssigkeitsmembranen vergleiche man S. 124.

10. Farbstoffe als chemische Reagenzien

Es wird immer wieder versucht, aus dem Vitalfärbungsbild cyto- und histochemische Rückschlüsse zu ziehen, so daß seit der Entdeckung der Anilinfarbstoffe unzählige Versuche auch in vitro gemacht worden sind, um spezifische Reaktionen von Farbstoffen mit den verschiedensten Substanzen aufzudecken. Es kann hier nicht der Ort sein, diesen Bemühungen nachzugehen. Nur einige wenige Stoffgruppen sollen erwähnt werden, die bei der Vitalfärbung eine Rolle spielen, und auch in diesem Fall sollen nur einige Arbeiten berücksichtigt werden.

Bisher haben sich eigentlich alle Reaktionen als nicht so spezifisch erwiesen, wie man es zunächst annahm. Bestenfalls handelt es sich um den Nachweis von Stoffgruppen und meist um eine „Zustandsreaktion" und nicht um eine „Stoffreaktion", wie Kinzel (1953 b) einige Färbungsergebnisse sehr treffend charakterisiert. Es liegen also häufig mehr „physikalische" als „chemische" Reaktionen vor.

a) Gerbstoffe

Die am längsten bekannte Reaktion ist die Niederschlagsbildung von Gerbstoffen mit Methylenblau und anderen kationischen Farbstoffen, die bereits bei Pfeffer (1886) eingehend diskutiert wird. Das positive Ergebnis von Pfeffer wird zum Teil bestätigt (Ruhland 1908a, 1912b), zum Teil auch nicht (Scarth 1926a). Nach dem einen Autor kann Methylenblau als Gerbstoffreagens benutzt werden (Weber 1929 b), nach dem andern gibt es keine einwandfreie Reaktion mit Gerbstoffen (van Wisselingh 1914, 1915). Gicklhorn bezeichnet Rhodamin als „ein ungemein empfindliches Gerbstoffreagens . . ., das durch Spuren von Tannin zum Umschlag nach Blau gebracht wird" (Keller 1926 a). Andererseits sollen die Rhodamine mit Gerbstoffen nur schwer einen Niederschlag geben (Höber 1909, Drawert 1940 für Rhodamin S). Rhodamin B zeigt nach Burian (1964a) bei Zugabe von Tannin einen Umschlag von Rot nach Blau, flockige Ausfällungen treten erst nach 20—30 Min. auf. Diese sich widersprechenden Angaben sind wohl darauf zurückzuführen, daß eine Reihe anderer Faktoren die Reaktion beeinflussen und man die diesbezüglichen Hinweise bei Pfeffer nicht genügend beachtet hat.

Nach Pfeffer (1886) ist der Niederschlag von gerbsaurem Methylenblau in Gerbsäure selbst wieder löslich, auch Citronensäure und besonders KOH lösen ihn leicht. In zu geringen oder zu hohen Gerbsäurekonzentrationen bleibt der Niederschlag aus, kann dann aber leicht durch Zusatz von Salzen oder Traubenzucker ausgelöst werden. Die leichte Fällbarkeit der Tannine durch kationische Farbstoffe bei der Gegenwart von Salzen wird immer wieder bestätigt (Lepeschkin 1911a, Endler 1912a), während in den extrem sauren und alkalischen Bereichen ein Niederschlag ausbleibt, z. B. mit Rhodamin S bei pH 2 und 11,5 (Drawert 1940).

Viel zuverlässiger als eine Niederschlagsbildung ist das Auftreten einer negativen Metachromasie. Bereits Haller und Nowak (1920) erwähnen, daß Tannin mit Methylenblaulösung zunächst keinen Niederschlag ergibt, aber spektroskopisch eine Verschiebung des Farbtons von rotstichigem nach grünstichigem Blau festzustellen ist. Ferner dialysieren beide Reaktionspartner für sich allein, die Verbindung aber nicht. Rhodamine zeigen einen Farbumschlag von Rot nach Blau (Gicklhorn nach Keller 1926 a, Burian 1964a) bzw. von Eosinrot nach Violett unter Löschung der gelben Fluorescenz (Drawert 1955a), und Brillantcresylblau weist ebenfalls eine negative Metachromasie auf. Aus dem Verlauf der Metachromasiekurve schließt Kinzel (1959a), daß eine echte chemische Reaktion vorliegt.

Aber gerade die negative Metachromasie läßt erkennen, daß nicht nur Gerbstoffe, sondern eine ganze Anzahl phenolischer Substanzen mit den kationischen Farbstoffen reagieren, so auch Flavonderivate, oder allgemeiner gesagt, alle Stoffe, die mit NH_3 eine Gelbfärbung geben (Kinzel 1959c). Acridinorange zeigt auch mit einer Anzahl Phenolabkömmlinge Entmischungen (BANCHER und HÖLZL 1963). Es liegt also keine spezifische Reaktion vor.

Bei den Angaben über eine Reaktion anionischer Farbstoffe, wie Nigrosin, Eosin (PFEFFER 1886) oder Erythrosin (RUHLAND 1908a), mit Gerbstoffen muß wohl ein Irrtum vorliegen (LEPESCHKIN 1911a).

b) Pektin

Die kationischen Farbstoffe wurden lange Zeit als spezifische Reagenzien auf Pektin angesehen. Nach MANGIN (1894) färben sich Pektinschleime mit Methylenblau, Safranin, Naphthylenblau, Neutralrot und vor allem mit Rutheniumrot in neutralem Farbbad. Rutheniumrot ist allerdings kein Anilinfarbstoff, sondern das Rutheniumsesquichlorid, das meist in ammoniakalischer Lösung angewandt wird. VAN WISSELINGH (1924) betont aber bereits, daß sich zwar viele Pektine mit bestimmten Farbstoffen färben, daß es sich dabei aber nicht um eine spezifische Reaktion handelt. Zu demselben Ergebnis kommt auch F. EHRLICH (1932). Die gute Färbbarkeit der Pektine mit kationischen Farbstoffen beruht in erster Linie auf ihrer negativen Ladung, so daß es sich um eine ausgesprochene „Zustandsreaktion“ handeln dürfte (KINZEL 1953b).

c) Callose

Nach MANGIN (1890) soll sich die Callose mit einigen blauen Farbstoffen der Triphenylmethangruppe im sauren Medium färben. Später empfiehlt er besonders Anilinblau wasserlöslich, Baumwollblau u. a. im sauren Farbbad und Rosazurin, Azoblau u. a. im alkalischen Farbbad. Der Nachweis mit Anilinblau geht auf RUSSOW (1881, zit. nach ESCHRICH 1956) zurück. Neben Anilinblau wird auch Baumwollblau für spezifisch gehalten (REDON 1940), das aber sehr wahrscheinlich mit Wasserblau identisch ist. Es ist überhaupt möglich, daß es sich bei allen Präparaten um gleiche Substanzen, zumindest gleiche Komponenten, handelt.

Seit TSWETT (1911) wird auch Resorcinblau als Reagens auf Callose benutzt. Resorcinblau ist ein Oxazinfarbstoff. Über die wirkliche Konstitution herrscht aber ziemliche Konfusion (CONN 1961), und ESCHRICH (1956) weist darauf hin, daß viele der unter Resorcinblau im Handel erhältlichen Präparate unbrauchbar sind und empfiehlt deshalb die Selbstherstellung aus Resorcin. Der echte Farbstoff ist immer mit Erfolg angewandt worden und kann auch als Vitalfarbstoff benutzt werden (MÜLLER-STOLL und LERCH 1957).

Die Resorcinblaufärbung soll so charakteristisch sein, daß ESCHRICH (1956, S. 492) vorschlägt: „Zunächst alles das als Callose zu bezeichnen, was sich im neutralen bis schwach alkalischen Bereich mit Resorzinblau leuchtend blau färbt.“ PARKER (1964) äußert dagegen Bedenken, da sich bei *Macrocystis* außer Callose auch Laminarin und vielleicht noch andere verwandte Polysaccharide mit Resorcinblau färben.

Die Anilinblaumethode wurde in neuerer Zeit wieder sehr aktuell, nachdem ARENS (1949) eine Reihe Triaminotriphenylmethanfarbstoffe in 30%iger Essigsäure gelöst zum fluorescenzmikroskopischen Nachweis von Callose benutzte. Anilinblau wasserlöslich gibt auch bei alkalischer Reaktion (pH 8—10) eine intensive grüngelbe Callosefluorescenz (CURRIER und STRUGGER 1956, CURRIER

1957). Hierbei dürfte es sich um den empfindlichsten bisher bekannten Callose-nachweis handeln (Eschrich 1956), der nach Müller-Stoll und Lerch (1957) streng spezifisch sein soll; nach Eschrich (1956) fluorescieren aber auch verkorkte Membranen, allerdings etwas stärker gelb. Ferner leuchten in eosinophilen Leukocyten nach Alkoholfixierung Granula bei Anilinblaubehandlung im UV grün (Eder 1960).

Außer Anilinblau enthält Wasserblau eine gelbgrün fluorescierende Komponente (Arnold 1956, Kling 1958), mit der Callose elektiv fluorochromiert wird. Durch Kochen einer wässerigen Lösung und weitere Behandlung mit KOH kann man das Fluorochrom in größerer Menge gewinnen (Arnold 1956). Sehr wahrscheinlich handelt es sich bei der fluorescierenden, callosepositiven Komponente von Anilin- und Wasserblau um denselben Stoff (Drawert und Buer unveröffentl.).

Die Fluorochromierung mit Anilin- bzw. Wasserblau hat sich bisher sehr gut bewährt (Linskens und Esser 1957, Sprau 1958, Martin 1959, Waterkeyn 1962, Eschrich 1963, Esser 1963, Ullrich 1963a, b, Majumder und Brewbaker 1964, Currier und Webster 1964, Engleman 1965, McNairn und Currier 1965, Lawton 1966).

Um ganz sicher zu gehen, wird die Anwendung von Resorcinblau neben der Fluorochromierung mit Anilin- oder Wasserblau empfohlen (Thaler und Weber 1957; Lerch 1960, 1964a, b; H. Ziegler 1963, Evert und Derr 1964; Eschrich und Currier 1964; Drawert und Buer unveröffentl., Górska-Brylass u. Smoliński 1966).

d) Nucleinsäuren und Polyphosphate

Feulgen (1913) stellte fest, daß von 20 untersuchten Farbstoffen die kationischen mit Ausnahme von Viktoriablau B mit Nucleinsaurem-Natrium Niederschläge geben, die anionischen dagegen nicht. In neuerer Zeit ist die Literatur über den Nachweis von Nucleinsäuren und auch deren Unterscheidung mit kationischen Farbstoffen fast unübersehbar geworden. So wird, um nur einige Beispiele in alphabetischer Folge zu nennen, angegeben, daß sich folgende Farbstoffe zum Nachweis von DNS und RNS eignen: Auramin O fluorochromiert DNS (Oster 1951a, Krieg 1953a, Atzev 1958, Kasten 1961, Bosshard 1964), Azur A verbindet sich stöchiometrisch mit DNS im Verhältnis 1 : 1 und mit Nucleoproteid im Verhältnis 1 : 2 (Szirmai und Klein 1960, Klein und Szirmai 1963). Berberinsulfat (Klímek und Drášil 1953) fluorochromiert nach Yamagishi (1962b, 1963a) und Bosshard (1964) außer DNS auch RNS, und da zwischen Fluorescenzintensität und zugefügter NS-Menge eine lineare Beziehung besteht, ergibt sich die Aussicht, mit Berberinsulfat eine fluorometrische Methode zur quantitativen NS-Bestimmung zu entwickeln. Brillantcresylblau soll RNS aus Retikulocyten fast quantitativ fällen. Hefe-RNS nimmt dagegen gar keinen Farbstoff und Thymus-DNS nur 1/50 der Farbstoffmenge auf (Coutelle, Rapoport und Lindigkeit 1955). Malachitgrün hat eine Affinität zu den Feulgen-positiven und mit DNasen verdaubaren Kernbestandteilen (Werth 1958). Methylenblau bindet DNS und RNS stöchiometrisch, und die Färbung soll dem Beerschen Gesetz gehorchen (Deitch 1964). Toluidinblau soll zur Bestimmung der Totalmenge vorhandener Nucleotide geeignet sein (Brachet und Jeener 1942).

DNS färbt sich mit diesem Farbstoff blau und RNS metachromatisch violett (STICH 1951b) oder auch blau (KORSON 1951). Toluidinblau färbt aber nicht nur DNS (SULKIN 1951) und RNS (LANSING und ROSENTHAL 1952, STENRAM 1954), sondern ganz allgemein Meta- und Polyphosphate (STICH 1953, LINDEGREN, McCLARY und WILLIAMS 1955, KECK und STICH 1957) sowie Mucopolysaccharide (BAIRATI und LEHMANN 1953). In Riesenchromosomen speichern nach PELLING (1964) RNS-Bezirke Toluidinblau mit rotem und DNS-Zonen mit blauem Farbton, während nach BRACHET (1953) DNS und RNS mit diesem Farbstoff nicht differenziert werden können. Auch Trypaflavin verbindet sich außer mit den Nucleinsäuren (BAUCH 1949a, STICH 1951a) noch mit anderen phosphorsäurehaltigen Substanzen (WINDISCH, STIERAND und HAEHN 1953). Die zwischen Aminoacridinen und DNS auftretenden Reaktionen untersuchen GERSCH und JORDAN (1965). Ganz allgemein sollen die Acridine mit Adenosinpolyphosphorsäuren in kaltem Wasser schwer lösliche, eigelbe Salze bilden (WAGNER-JAUREGG 1936). Viktoriablau zeigt eine besondere Affinität zu NS (LETTRÉ 1951, vgl. aber FEULGEN 1913).

Eine hervorragende Bedeutung hat die Unterscheidung von DNS und RNS mit Methylgrün und Pyronin erlangt. Methylgrün wird seit vielen Jahrzehnten als guter Kernfarbstoff in der mikroskopischen Technik benutzt, und als erster hat CARNOY (1886) auf die Spezifität für „Nuclein", d. h. DNS, hingewiesen (vgl. HARMS 1957/1965). Als „Gegenfärbung" wird dann von PAPPENHEIM (1899) und UNNA (1902) Pyronin eingeführt, das nach BRACHET (1940a, b, BRACHET und JENNER 1942) RNS färben soll. Eingehende Untersuchungen und ausführliche methodische Angaben finden sich bei KURNICK (1950a, b, 1952a, b, 1955; KURNICK und MIRSKY 1950).

Nach diesem Autor soll das unterschiedliche Verhalten von DNS und RNS durch den höheren Polymerisationsgrad der DNS bedingt sein. In vielen Fällen hat sich diese Doppelfärbung bewährt (KAY 1953), und auch der Zusammenhang der Spezifität mit dem Polymerisationsgrad der NS wird von zahlreichen Autoren bestätigt (POLLISTER und RISS 1947, POLLISTER und LEUCHTENBERGER 1949, SCHÜMMELFEDER, EBSCHNER und KROGH 1957, YAKAR-OLGUN 1957, YAMASAKI 1965). Bei einer Hydrolyse der DNS nimmt deren Färbbarkeit mit Methylgrün ab und mit Pyronin zu (VERCAUTEREN 1950).

Von anderer Seite werden gegen eine zu starke Betonung der Bedeutung des Polymerisationsgrades für die Spezifität der Farbstoffe Bedenken erhoben (TAFT 1951, SIBATANI 1952b, MAYERSBACH 1956), die aber KURNICK (1952a) zurückweist. Die Affinität von DNS zu Methylgrün soll in derartigem Maß vom Polymerisationsgrad abhängen, daß sich damit quantitative Bestimmungen der DNS durchführen lassen (KURNICK 1952a). Von ALFERT (1952) wird dagegen die Brauchbarkeit von Methylgrün für quantitative Zwecke bezweifelt (vgl. auch SANDRITTER 1955).

Über die nur qualitative Verwendbarkeit von Pyronin ist man sich dagegen im allgemeinen einig (KURNICK und MIRSKY 1950, TAFT 1951).

Nach SIBATANI (1952a, c) beruht die selektive Färbung von DNS im Farbstoffgemisch darauf, daß die Affinität von DNS zu Methylgrün etwas stärker ist als die zu Pyronin. Es wäre deshalb notwendig, das Farbstoffgemisch anzuwenden. Werden die Farbstoffe für sich allein geboten, dann reagieren sowohl

DNS als auch RNS mit beiden. Dasselbe beobachtet Mayersbach (1956). Seiner Meinung nach kann von einer Affinität im chemischen Sinne zum Polymerisationsgrad der NS keine Rede sein. Die nur bei einem bestimmten pH-Wert auftretende differente Färbung soll auf einer elektrostatischen Adsorption zweier Farbstoffe mit unterschiedlichem Adsorptionsvermögen beruhen. Zwei Präparate von Pyronin Y unterschiedlicher Herkunft können auch verschiedene Affinitäten zu RNS und DNS besitzen (Paolillo 1964b).

Goldstein (1961, 1962) entwickelt die Vorstellung, daß alle kationischen Farbstoffe mit einem Kationengewicht von 350—500 vor allem DNS färben, nicht dagegen RNS, und alle kleineren Farbkationen ($<$ 280) RNS. Er führt auch die Ergebnisse mit der Methylgrün/Pyronin-Färbung auf denselben Effekt zurück. Diese Annahme wird von van Duijn (1962b), wohl mit Recht, energisch abgelehnt. Jedoch fällt bei einem näheren Studium der von Goldstein als DNS-spezifisch angegebenen Farbstoffe auf, daß es sich dabei vorwiegend um Farbstoffe handelt, die auch in der lebenden Zelle den Kern färben.

Die Methylgrün/Pyronin-Methode erhält dadurch eine Einschränkung, daß sich mit diesen Farbstoffen unter Umständen auch Meta- und Polyphosphate färben (Stich 1953, Ebel und Muller 1958). Tronnier (1952) lehnt eine Spezifität überhaupt ab. Nach Baker und Williams (1965) soll sich Malachitgrün besser eignen als Methylgrün.

Nach Konarev und Akhmetov (1963) nimmt die Färbung pflanzlicher Zellen mit Pyronin, die auf die freien Phosphatgruppen der RNS zurückgeführt wird, merklich zu, wenn die Lipoide entfernt werden. Umgekehrt nimmt die Intensität der Färbung auf Lipoide zu, wenn die RNS mit 1 mol $HClO_4$ aus den Präparaten extrahiert wird. In der Zelle soll eine Bindung zwischen Lipoiden und RNS bestehen, an der wahrscheinlich die Phosphatgruppen der RNS beteiligt sind.

Dem Methylgrün/Pyronin-Verfahren wird neuerdings die Fluorochromierung mit Acridinorange (AO) zur Unterscheidung von DNS und RNS von vielen Autoren als ebenbürtig zur Seite gestellt. Vor allem soll AO (Grünfluorescenz) zum Nachweis von DNS gute Dienste leisten (Anderson 1957, Bishop und Smiles 1957a, Kraepelin 1961, Lerman 1961). Rustad (1958) geht soweit, AO als das empfindlichste DNS-Reagens zu bezeichnen. In vitro können aber DNS und RNS mit AO eine sehr ähnliche Fluorescenz ergeben (von Bertalanffy und Bickis 1956). Andererseits soll sich in der Zelle RNS durch die Rotfluorescenz mit AO von der DNS unterscheiden (Meissel, mdl. Mittlg., Armstrong und Niven 1957, Breivis und Vasil'ev 1959, Donáth und Lengyel 1961, Furness, Henderson, Csonka und Fraser 1962, Furness und Csonka 1963, Bradley 1965). Allerdings scheint dabei der pH-Wert eine ausschlaggebende Rolle zu spielen (Armstrong 1956, von Bertalanffy und Bickis 1956, Schümmelfeder, Ebschner und Krogh 1957, Paolillo 1964a). Bei pH 7,4 tritt kein Unterschied in der Fluorescenz mehr auf (Ranadive und Korgaonkar 1960). Die Angaben über den optimalen pH-Wert variieren jedoch zwischen pH 3 und 6,5.

Mit dem Diaminoacridin Proflavinhydrochlorid soll in der Zelle keine Unterscheidung zwischen DNS- und RNS-Bezirken möglich sein (De Bruyn, Farr, Banks und Morthland 1953).

Wie bei der Anfärbung mit Methylgrün kommt auch bei der mit AO dem Polymerisationsgrad, besonders der DNS, eine große Bedeutung zu; je höher der Polymerisationsgrad ist, desto stärker wird das AO gebunden (IRVIN und IRVIN 1954, MORTHLAND, DE BRUYN und SMITH 1954, SCHÜMMELFEDER, EBSCHNER und KROGH 1957, AUSTIN und BISHOP 1959, BOYLE, NELSON, DOLLISH und OLSEN 1962). Nach JOSHI und KORGAONKAR (1959) ist aber eine Depolymerisation der DNS ohne Bedeutung.

Ferner muß beachtet werden, daß AO strahlenempfindlich ist, so daß sich das resistentere Coriphosphin für diese Untersuchungen mehr empfiehlt (KEEBLE und JAY 1962, BECK 1963). Außerdem sollen auch Mucopolysaccharide mit AO und Coriphosphin unterschiedliche Fluorescenzen aufweisen (KUYPER 1957). Weiterhin ergeben sich Unterschiede hinsichtlich der Fluorescenzfarbe von Zellkern-DNS und cytoplasmatischer RNS bei der Verwendung verschiedener Pufferlösungen oder bei einer Änderung der Ionenkonzentration ein und desselben Puffers (ROSCHLAU und BAUSDORF 1963).

MORGAN und RHOADS (1965) untersuchen fluorometrisch die Bindung von Acridinorange an Ribosomen aus Hefezellen, und DRUMMOND, SIMPSON-GILDEMEISTER u. PEACOCKE (1965) verfolgen die Bindung verschiedener Acridine an Kalbsthymus-DNS durch Messung der UV-Spektren. Denaturierung der DNS bewirkt eine vermehrte Farbstoffbindung.

Wie unsicher die Unterscheidung von DNS und RNS mit kationischen Farbstoffen ist, zeigen die widersprechenden Angaben über den Nachweis von DNS und RNS in Organismen, die nicht einen morphologisch so gut gekennzeichneten Lokalisationsort für DNS haben, wie er im Zellkern gegeben ist. So erhalten mit der Methylgrün/Pyronin-Methode bei Cyanophyceen positive Ergebnisse: BRINGMANN (1950), VON ZASTROW (1953), HERBST (1953, 1954), dagegen negative: DREWS und NIKLOWITZ (1956), TISCHER (1957), FUHS (1958a).

In Chloroplasten sollen sich mit der Methode sowohl DNS als auch RNS nachweisen lassen (CHIBA 1951, METZNER 1952a). Aus Fluorochromierungsversuchen mit AO schließen RIS und PLAUT (1962) auf die Anwesenheit von DNS in Chloroplasten.

Die gute Färbbarkeit des Plasmas mit kationischen Farbstoffen, die sogenannte Basophilie, wird durch HNO_3, HCl, H_2SO_4 aufgehoben (FISHER 1953). Dabei handelt es sich aber nicht nur um einen Abbau der NS, sondern auch andere basophile Substanzen werden zerstört, d. h. die Basophilie, z. B. des Cytoplasmas, beruht nicht nur auf RNS (WIAME 1947b). Wenn man mit Hilfe kationischer Farbstoffe auf DNS und RNS schließen will, sind immer parallele Untersuchungen mit den spezifischen Fermenten notwendig, wie es BRACHET (1953) fordert (vgl. auch SANDRITTER 1955 und MAYERSBACH 1956).

e) Lipoide und Fette

Bei dem Nachweis von Lipoiden mit Farbstoffen handelt es sich wohl kaum um einen chemischen Vorgang, sondern um eine „Zustandsreaktion". Zu den ältesten Fettnachweisen gehören die Färbungen mit den Farbstoffen der Sudangruppe (vgl. HARMS 1957/1965), vor allem Sudan III (DADDI 1896, CZAPEK 1919) und Scharlach R (= Sudan IV, MICHAELIS 1901), die in neuerer Zeit immer mehr vom Sudanschwarz B abgelöst werden (LISON 1934b), das besonders in seiner acetylierten Form sehr spezifisch sein soll (Lillie und Burtner 1953, Casselman 1954). Es fehlt aber nicht an Stimmen, die auch die Spezifität der Sudanfarbstoffe einschränken, so sollen z. B. Sudan III und Scharlach R auch in Albuminen „löslich" sein (Nageotte 1924), und Sudanschwarz B auch Proteine und saure Mucopolysaccharide färben (Schott 1964, Schott und Schoner 1965, Franz und Holle 1965).

Für die Vitalfärbung sind kationische Farbstoffe zum Fett- und Lipoidnachweis von größerer Bedeutung als die der Sudangruppe. Die kationischen Farbstoffe haben allerdings den Nachteil, daß sie im allgemeinen auch mit Gerbstoffen und anderen Phenolabkömmlingen reagieren. Die Farbstoffe werden sich um so besser eignen, je lipophiler sie sind, d. h. unter anderem je schwächer sie dissoziiert sind, wie Chrysoidin (Germ 1947), und die Fluorochrome Rhodamin B, Phosphin 3 R. Fluorescenzoptisch sind auch Kohlenwasserstoffe wie 3,4-Benzpyren zum Fettnachweis brauchbar (Graffi 1940a, Berg 1951, Chayen, La Cour und Gahan 1957).

Eine besondere Rolle spielt Nilblausulfat, da nach Smith (1907, 1911) mit diesem Farbstoff eine Unterscheidung von neutralen und sauren Fetten möglich sein soll. Die Neutralfette färben sich rosa bis rot und die Fettsäuren blau. Die Diskussion darüber, wieweit dies wirklich zutrifft, ist bis heute nicht abgerissen. Aus der umfangreichen Literatur über diese Frage soll hier nur auf die Arbeiten von Lison (1935b), Cain (1947), Lennert und Weitzel (1952), Lennert (1955), Lillie (1956) verwiesen werden.

Die Rotfärbung ist auf das in jeder Nilblaulösung vorhandene stark lipophile Oxazon Nilrot (s. S. 155) zurückzuführen, das durch Kochen der Farblösung noch vermehrt werden kann (Smith 1907) und das isoliert alle Fettkörper rot färbt, auch die, die sich mit einer Nilblaulösung bläuen. Mit völlig reinem Nilblau tritt nie eine Rotfärbung auf (Lison 1960, S. 496). Da sich Nilblau auch mit anderen basophilen Elementen der Zelle verbindet, besitzt die Blaufärbung keine Spezifität für Fette, die rote Nilrotfärbung soll dagegen nach Lison spezifisch sein.

Für die Vitalfärbung kann der Fettnachweis mit Nilblau/Nilrot, der bisher in der Botanik keine Bedeutung hatte, vielleicht eine solche erlangen, seit Drawert (1952c, 1953, Drawert und Gutz 1953) auf die intensive gelbe bis orange Fluorescenz von Nilblau in neutralen organischen Lösungsmitteln und Lipoiden aufmerksam gemacht hat. Ein Hinweis auf eine gelblichrote Fluorescenz von Lipoidpartikelchen mit Nilblau findet sich bereits bei Hadjioloff (1938), der diesen Effekt auf eine fettlösliche Komponente des Farbstoffes zurückführt. Drawert dachte zuerst an eine Lösung der Nilblaubase. Es zeigte sich dann aber, daß diese Fluorescenz auf das in jeder Nilblaulösung vorhandene Nilrot zurückzuführen ist (Drawert und Gutz 1953, Gutz 1956, Mix 1959), was bereits aus den Angaben von Smith (1907) hervorgeht. Außer dem Nilrot zeigt aber nach den Untersuchungen der gleichen Autoren auch das durch Reduktion erhaltene Leukonilblau eine intensive Fluorescenz, besonders, wenn es in hydrophoben Medien gelöst vorliegt. Diese Fluorescenz tritt aber nur bei Sauerstoffabwesenheit auf. Auf histologischem Gebiet ist der fluorescenzoptische Fettnachweis durch Nilblau/Nilrot inzwischen von Prinz (1958a, b) angewandt worden.

Nach Menschik (1953) eignet sich Nilblau auch zum spezifischen Nachweis von Phospholipoiden nach einer Fixierung mit $CaCl_2$-haltigem Formalin. Drews

(1956) weist aber mit Recht darauf hin, daß kondensierte Phosphate ebenfalls die Reaktion ergeben.

SINAPIUS und THIELE (1965) schließen aus ihren Versuchen mit Methylenblau, daß sich mit kationischen Farbstoffen nur saure Lipoide nachweisen lassen. Dabei kommt dem pH-Wert der Lösung eine besondere Bedeutung zu; denn bei hinreichend hoher cH, wenn die sauren Gruppen der Lipoide nicht dissoziiert vorliegen, bleibt eine Färbung aus. Eine Ausnahme macht Methylviolett, das Olivenöl und Leinöl noch bei pH 2,3 färbt. Die Autoren nehmen an, daß in diesen natürlichen Ölen noch geringe Mengen freier Fettsäuren vorhanden sind; sie übersehen dabei aber, daß auch die Dissoziation der Farbstoffe vom pH-Wert abhängt, und Methylviolett viel schwächer dissoziiert ist als Methylenblau. Ohne Zweifel spielen die sauren Gruppen auch bei der Lipoidfärbung mit kationischen Farbstoffen eine große Rolle und sind für Methylenblau sehr wahrscheinlich sogar allein ausschlaggebend; für die schwach dissoziierten Farbstoffe wie Methylviolett muß man aber auch mit einer Färbung auf dem Lösungswege rechnen.

f) Brom, Jod und Alkali

Die Blasenzellen von *Antithamnion*-Arten sollen nach SAUVAGEAU (1925b, 1926) mit leicht ammoniakalischer Fluorescein-Lösung eine Rotfärbung zeigen. Diese Erscheinung wird auf die Bildung von Tetrabromfluorescein—Eosin zurückgeführt, so daß Fluorescein als Reagens auf freies Brom aufgefaßt werden könnte. KYLIN (1930) hält dem aber entgegen, daß sich die Blasenzellen mit Fluorescein nur orange farben, mit Eosin aber rot, wenn dieses den Zellen direkt zugeführt wird.

Etwas mehr Anspruch auf Realität scheint der Jod-Nachweis mit Brillantcresylblau nach SAUVAGEAU (1925a) bei *Falkenbergia* und anderen Rhodophyceen zu besitzen. Es bilden sich in den Zellen rote Kristalle und Kristalldrusen, die MANGENOT (1928b) auch *in vitro* mit Brillantcresylblau und Jodlösung erhalten hat. Die verschiedenen Formen und Farbtöne der auftretenden Kristalle sind für verschiedene Konzentrationen der Jodverbindungen charakteristisch. Die Brauchbarkeit der Methode, die sehr empfindlich sein soll, konnte an *Laminaria*-Arten (MANGENOT 1928a) und der Rhodophyceae *Trailiella* (KYLIN 1930) bestätigt werden.

Eine Nachprüfung der Zuverlässigkeit und Spezifität dieser Methode wäre wünschenswert.

Im Zusammenhang mit dem angeblichen Brom-Nachweis durch Fluorescein soll der Kuriosität halber noch auf ein Verfahren mit Jodeosin hingewiesen werden, mit dem HOF (1900) glaubte, Alkalimetalle nachweisen zu können. Vom Eosin löst sich die freie Farbsäure mit gelblichem Farbton in Äther, das Farbsalz ist dagegen mit rotem Farbton nur in Wasser löslich. Überträgt man trockenes Pflanzengewebe in eine ätherische Lösung der freien Farbsäure, so sollen sich alle alkaliführenden Orte sofort intensiv rot färben, da an diesen Stellen das Alkalisalz des Eosins entsteht. Dieser Effekt ist wohl weniger auf die Anwesenheit von Alkalimetallen, sondern eher auf das Vorhandensein von Wasserspuren zurückzuführen, entsprechend den Versuchen von MICHAELIS (1906) und CZAJA (1934) mit trockenem Papier, die das gleiche Verhalten außer bei Farbsäuren auch bei Farbbasen in hydrophoben Lösungsmitteln beobachtet haben (vgl. S. 184).

Da ein Teil der Farbstoffe Redoxindikatoren sind, hat man sie auch häufig als Reagenzien auf reduzierende und oxydierende Substanzen angewendet, z. B. zum Nachweis und zur quantitativen Bestimmung von Ascorbinsäure, von Reduktasen und Oxydasen, von Sauerstoff usw. Mit den Redoxeigenschaften vieler Farbstoffe hängt die Tatsache zusammen, daß sie bei den verschiedensten Prozessen als Katalysatoren wirken können. Es würde zu weit führen, darauf im einzelnen einzugehen, es soll nur auf diese Möglichkeiten aufmerksam gemacht werden, da später bei Betrachtung der Vitalfärbung auch die eine oder andere Frage in dieser Richtung auftauchen wird.

11. Der Reinheitsgrad der handelsüblichen Farbstoffe

Eine Grundvoraussetzung für quantitative Angaben ist das Arbeiten mit reinen Substanzen. Bei der Verwendung von Farbstoffen ist diese Voraussetzung bisher in den allerseltensten Fällen erfüllt gewesen, z. T. ist deren Erfüllung sogar unmöglich, da z. B. einige Farbstoffe von der Synthese her nur als Gemische erhalten werden können oder andere in der wässerigen Lösung relativ instabil sind. Dazu kommt noch, daß fast alle Vitalfärbungsarbeiten mit handelsüblichen Farbstoffpräparaten durchgeführt worden sind, die mehr oder weniger viel Beimengungen enthalten.

Bereits Pfeffer (1886) erwähnt, daß ein von ihm verwendetes Methylenblaupräparat erhebliche Mengen von Kartoffelstärke enthielt, und schreibt (S. 186): „Bei Nachuntersuchungen bitte ich zu bedenken, daß Differenzen durch die Qualität des Farbstoffes verursacht werden können. Denn abgesehen davon, daß die Farbstoffe z. T. veränderliche Gemische verschiedener Verbindungen sind und nicht selten fremde Beimengungen enthalten, kann sich auch mit der Zeit die Qualität der in Handel gebrachten Ware ändern. So war früher das käufliche Fuchsin das essigsaure Salz, während man jetzt das salzsaure Salz erhält. Auch können fremde Beimengungen giftig sein oder ohne Schädigung einen Einfluß auf die Speicherung ausüben.''

Auf die Bedeutung der Beimengungen für die Vitalfärbung weist Schulemann (1912 b) eindringlich hin, und Harms (1957/1965) betont, daß die Ausführungen von Schulemann auch heute noch gelten, besonders hinsichtlich des Gehaltes der Farbstoffe an anorganischen Salzen, vor allem an NaCl und Na_2SO_4. Ein Congorotpräparat enthielt nach Biltz und Vegesack (1910) 25,9% Salze, vorwiegend Na_2SO_4 und ein Benzopurpurinpräparat 36,6%. Schulemann (1917) gibt einen Elektrolytgehalt bis zu 46% an. Mit diesen Größenordnungen muß man u. U. auch heute noch rechnen. So enthielten verschiedene Präparate von anionischen Disazofarbstoffen 0—78,4% NaCl (Lloyd und Beck 1963) und Benzoazurin stand. „Hollborn'' $\sim$ 60% anorganische Beimischungen (Michel 1944). Zum Teil hat sich der Reinheitsgrad aber auch in den letzten Jahrzehnten verbessert. Mayer (1918), der über 50 Farbstoffe auf Verunreinigungen prüfte, stellte neben Salzen vor allem Dextrin als Beimengung fest. Nach den 20 Jahre später erfolgten Untersuchungen von Bugyi (1938a), die er vorwiegend kapillaranalytisch und fluorescenzoptisch an fast 50 Farbstoffen durchführte, war kaum noch Dextrin als Beimischung nachzuweisen.

Bei den Verunreinigungen sind folgende Möglichkeiten gegeben. Die Präparate stellen Gemische verschiedener Farbstoffe dar (Abb. 69). Auf Grund der Speicherfähigkeit der Zelle kann bei der Vitalfärbung schon die geringste Verunreinigung mit einem anderen Farbstoff das Färbungsbild unter Umständen völlig verändern. Die Präparate enthalten Anelektrolyte und Elektrolyte als Beimengungen. Der Salzgehalt kann durch den Herstellungsgang bedingt sein, meist handelt es sich aber um absichtlich zugefügte Stellsalze. Die Salze können z. B. den Dispersitätsgrad ändern, was sich besonders bei kolloidal gelösten Farbstoffen bemerkbar macht (s. S. 92 u. f.), so wird die Diffusionsgeschwindigkeit von Meta-Benzopurpurin in 1/32%iger Lösung bereits durch 1/250 n NaCl auf die Hälfte reduziert (HARTLEY und ROBINSON 1931). Der Salzgehalt beeinflußt auch die Adsorption von Farbstoffen und kann z. B. für die Haftung an Cellulose bei sauren substantiven Farbstoffen zu falschen Schlußfolgerungen führen (SCHRAMEK und GÖTTE 1932, vgl. auch S. 185).

Die Begleitstoffe können sich auch auf die Giftigkeit auswirken. Ein toxisches Chlorphenolrot wird nach Entfernung der Begleitstoffe durch Ausschütteln mit Äther und Umkristallisation weitgehend entgiftet (CHAMBERS und KERR 1932).

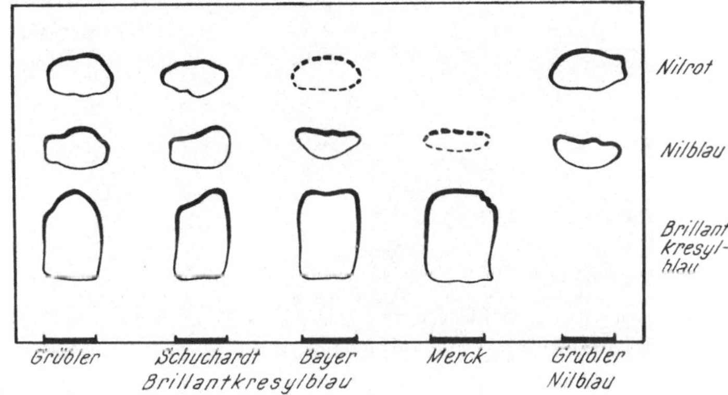

Abb. 69. Papierchromatogramm von Brillantcresylblau verschiedener Firmen, verglichen mit dem Chromatogramm eines Nilblaupräparates (Grübler). Das Nilrot ist nur im UV an seiner rötlichen Fluorescenz zu erkennen. (Nach DRAWERT und METZNER 1955.)

Umgekehrt kann die Giftigkeit durch Begleitstoffe auch herabgesetzt werden. Nach eigenen unveröffentlichten Untersuchungen ist gereinigtes Astraviolett FF bedeutend giftiger als das Handelspräparat, dasselbe trifft für Acridinorange zu (ZEIGER 1958).

Die Unreinheit der Präparate erschwert es sehr, bei Färbungsrezepten bestimmte Konzentrationen einzuhalten, wenn mit Farbstoffpräparaten anderer Herkunft, als sie in der Originalanweisung angegeben ist, gearbeitet wird (GRAY 1941, HABER 1959). Darauf beruhen wahrscheinlich viele Mißerfolge.

Aus demselben Grunde ist es auch unsinnig, bei Handelspräparaten auf das Molekulargewicht Bezug zu nehmen, wie DRAWERT (1952a) und ROTTIER (1953) betonen.

Ferner ist zu beachten, daß nicht selten derselbe Farbstoff bei verschiedenen Firmen unter verschiedenen Namen herausgebracht wird, z. B. Bismarckbraun = Vesuvin, und umgekehrt verschiedene Farbstoffe unter der gleichen Handelsbezeichnung laufen, z. B. unter Anilinblau (SILVESTER 1927). CHURCHMAN (1925b) schließt aus der unterschiedlichen bakteriostatischen Wirkung einiger Säurefuchsinherkünfte, daß unter diesem Namen verschiedene Substanzen im Handel sind. Dieser Schluß ist allerdings nicht zwingend, da dafür auch der unterschiedliche Reinheitsgrad verantwortlich sein kann, wie wir weiter oben für andere Farbstoffe gesehen haben. Wenn andererseits LUHAN und TOTH (1951) bei der

Zellwandfärbung mit Magdalarot andere Ergebnisse erhalten als Haitinger (1938), so kann das außer auf abweichenden Beimengungen auch auf der Benutzung eines ganz anderen Farbstoffes beruhen, da nach Drawert (1955a) ein als Magdalarot deklariertes Präparat von „Hollborn" mit Rhodamin B, einem sehr schlechten Zellwandfärber, identisch ist. Unter dem Handelsnamen Kalium-Fluorescein lieferten mehrere Firmen die viel giftigere Brom-Verbindung, ein Eosin (Eschrich 1953).

Um der durch die verschiedenen Handelsnamen entstandenen Konfusion in der Histochemie ein Ende zu machen, bringt Lillie (1959) eine Aufstellung der gebräuchlichsten Diazoniumsalze mit Synonymen und chemischen Formeln und schlägt Namen für den allgemeinen Gebrauch vor.

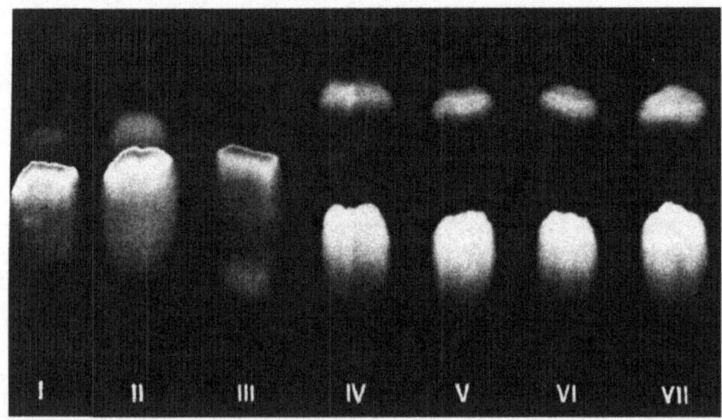

Abb. 70. Papierchromatogramm 5 verschiedener Pyroninpräparate, einem Rhodamin S- und einem Acridinrot-präparat. Aufnahme im UV. I Pyronin (Grübler); II Pyronin extra (Grübler); III Pyronin B echt stand. (Bayer); IV Pyronin stand. (Bayer); V Pyronin (Merck); VI Rhodamin S (Grübler); VII Acridinrot (Grübler). (Nach Drawert 1956 c.)

Sudanschwarz B und Ceresschwarz sowie Cibablau BZL und Benzinblau dürften identische oder zumindest sehr ähnliche Farbstoffe sein (Meier 1959), dasselbe trifft für die Oxazine Meldolablau, Neublau und Naphthylenblau zu (Mix 1959). Bei den unter „Pyronin" laufenden Farbstoffen handelt es sich häufig um Rhodamine oder Acridinrot und umgekehrt (Drawert 1956c, Specht 1961, Stier und Specht 1963). Abb. 70 gibt davon einen Eindruck.

Es besteht auch keine Gewähr dafür, daß zwei Präparate desselben Farbstoffes von derselben Firma völlig identisch sind, da verschiedene Chargen unterschiedlich ausfallen können.

Um einigermaßen identische Farbstoffe zu haben, ist in Amerika 1922 die „Commission on Standardization of Biological Stains" gegründet worden (Conn 1926, 1961, French 1926). Die Standardisierung wird mit Hilfe der spektralen Absorptionskurven und, soweit möglich, mit der Titanchlorür-Titration durchgeführt (Darrow, Knapp, Stotz und Conn 1949, Stotz, Conn, Knapp und Emery 1950, Emery und Stotz 1953, vgl. auch Porro, Dadik, Green und Morse 1963, Porro und Morse 1965). An diesen Methoden scheint sich bis heute nichts geändert zu haben (Conn 1961, S. 276—315). Man vermißt vor allem die Anwendung chromatographischer und elektrophoretischer Verfahren, so daß die Standardisierung nach unseren heutigen Kenntnissen als nicht ausreichend bezeichnet werden muß (vgl. Harms 1957/1965 I/112 und die Ausführungen für Sudan-Farbstoffe auf S. 218). Bis 1960 sind von der Kommission 57 Farbstoffe standardisiert worden, die mit der Kennzeichnung „C. C." (Commission Certified Stains) hinter dem Farbstoffnamen in den Handel kommen.

Es muß die Forderung erhoben werden, daß jedes Farbstoffpräparat vor seiner Anwendung für die Vitalfärbung auf seine Identität und seine Zusammensetzung geprüft wird. Dies ist schon für die Reproduzierbarkeit der Ergebnisse von größter Bedeutung und erst recht für die daraus gezogenen Schlußfolgerungen.

Ältere Verfahren, wie die einfache Kapillaranalyse (BUGYI 1938a), die Kreuz-Kapillaranalyse (LIESEGANG 1943) oder die Diffusionsmethode mit Kollodium (HOLLBORN 1931), reichen nicht mehr aus. Neben der chemischen Analyse bieten sich vor allem das Ausschütteln wässeriger Farbstofflösungen mit hydrophoben Medien, die Chromatographie in jeder Form, wie Säulen-, Papier- und Dünnschichtchromatographie, die Elektrophorese und die Spektrophotometrie an. Die damit erhaltenen Ergebnisse sollen an einigen Farbstoffen in alphabetischer Folge aufgezeigt werden.

Acridinorange. Nach ZEIGER (1958) sind Acridinorange-(AO-)Präparate verschieden gut wasserlöslich. Toxizitätsprüfungen an Mäusen ergaben für die Dosis letalis (50%) das Verhältnis: chromatographisch gereinigtes AO : AO „Bayer" : AO „Gurr" = 1 : 2,15 : 2,68. Danach erscheint der reine Farbstoff am giftigsten, was wohl auf ungiftige Beimengungen der Handelspräparate zurückzuführen ist, so daß evtl. nur ein Konzentrationseffekt vorliegt. Die unterschiedliche Giftigkeit wurde auch von SCHWARTZ (1959) für nicht näher angegebene AO-Herkünfte an Hefe festgestellt. Ein Präparat von „Bayer" enthielt nach derselben Autorin 88,79% AO, 2,80% Zn und 1,85% Fe als Chloride. Für das AO „für Mikroskopie und Bakteriologie" von „Merck" geben BOGEN und KESER (1954) 29,8% AO; 15,3% $ZnCl_2$ und 54,9% $BaCl_2$ an. Auf Grund dieser Zahlen ist es nicht verwunderlich, wenn AO-Präparate verschiedener Herkunft hinsichtlich Giftigkeit und Färbekraft (HABER 1959) ungleichwertig sind. Nach BANCHER und HÖLZL (1963) unterscheiden sich AO „Bayer" und AO-NO „Chroma" im Ausschüttelversuch, im Papierchromatogramm und bei der Vitalfärbung ganz beträchtlich. Über ein AO-Präparat berichten WALLNÖFER und BUKATSCH (1962), daß es nach papierchromatographischer Analyse nur geringe Beimengungen enthielt, während ein Trypaflavin eine weitere Komponente besaß und ein Coriphosphin zu einem Drittel aus anderen Acridinderivaten, vor allem Acriflavin und Chrysanilin bestand. Leider werden die Herkünfte nicht angegeben. Nach ZACHERL (1956) wies ein von ihm benutztes Acridinorange-Präparat im Papierchromatogramm, das allerdings nur mit aqua dest. entwickelt wurde, nur eine Komponente auf.

Azur. Ein Azur A der „Nat. Aniline Div." hatte 82% Farbstoffgehalt (DI BERARDINO 1954), ein anderes derselben Firma 93% (GRAUMANN und MUSSO 1959), und ein englisches Azur A bestand aus 3 Farbstoffkomponenten (KRAMER und WINDRUM 1955), während ein anderes englisches Fabrikat ziemlich rein war (BALL und JACKSON 1953). Spektrophotometrisch und im Extinktionswert als Zeichen der Reinheit wiesen drei Herkünfte beträchtliche Abweichungen auf (S. 221, Tabelle 52). Zwei Azur A-Präparate der „Nat. Aniline Div." mit 92% und 93% Farbstoffgehalt besaßen 3 bzw. 5 Komponenten (KLEIN und SZIRMAI 1963). Thionin konnte in einem Azur A-Präparat und Thionin + Methylenblau +

Thionolin in einem Azur B-Präparat als Verunreinigungen nachgewiesen werden (Nerenberg und Fischer 1963).

Brillantcresylblau. Höfler und Schindler (1955) und Höfler und Diskus (1957) erhielten in Vitalfärbungsversuchen mit Brillantcresylblau „Merck" und Brillantcresylblau „Grübler" voneinander abweichende Ergebnisse. Im Papierchromatogramm unterscheiden sich die einzelnen Fabrikate in ihrem Gehalt an Nilblau und Nilrot als Beimengungen, wie Abb. 69 (S. 213) belegt (Drawert und Metzner 1955). Kinzel (1959a) konnte für ein Präparat von „Chroma" die Verunreinigung mit Nilblau und Nilrot bestätigen.

Fluoresceine. Für eine Reihe von Fluoresceinderivaten, darunter auch Eosine, gibt Schweighart (1935) einen Reinheitsgrad von 87 bis 95% an. Eingehende chromatographische (Al_2O_3) und papierelektrophoretische Untersuchungen stammen von Scharf (1955, 1956). Bei Fluorescein „Bayer" trennte die Elektrophorese vier quantitativ unbedeutende Fraktionen ab, und im Chromatogramm ließen sich zwei Verunreinigungen nachweisen. K-Fluorescein „Merck" zeigte bis zu 5 Nebenfraktionen, während K-Fluorescein „BASF" fast rein war, es enthielt nur eine Verunreinigung in so minimaler Menge, daß von ihr kein Spektrum entworfen werden konnte. Eosin gelblich „Merck" besaß 3 Fraktionen und Eosin S (Aethylester) „Kalle u. Co." erwies sich neben K-Fluorescein „BASF" als der reinste Farbstoff, der als Handelsmarke bezogen worden war. Eosin S extra bläulich „Bayer" war ein Gemisch von 3 Farbstoffen und einer gefärbten Verunreinigung. Angaben über einige weitere Fluorescein-Derivate sind dem Original zu entnehmen.

Na-Fluorescein gepulvert „Merck", Uranin konz. „Bayer" und Uranin A bes. rein „Schuchardt" ließen im Papierchromatogramm neben der umladbaren Hauptfraktion mehrere Nebenkomponenten erkennen. K-Fluorescein „Chroma" hatte außerdem noch einen zweiten, nicht umladbaren Hauptbestandteil (Drawert 1960a). Emery, Knapp-Hazen und Stotz (1950) geben für einige handelsübliche Fluorescein-Derivate folgenden Farbstoffgehalt an: Eosin B = 79,7 bis 89,1%; Eosin Y = 80,7—89,2%; Aethyl-Eosin = 78,1—93,2%; Phloxin B = 78,5—88,5%; Rose bengale = 75,5—88,4%; Erythrosin B = 75,1—85,6%.

Janusgrün B. Eine Analyse von Janusgrün B der „Nat. Aniline Comp." ergab eine maximale Reinheit von ~ 52%. Da das Präparat 8% Wasser und 11% Asche enthielt, betrug die Verunreinigung an organischer Substanz ~ 28%. Ein anderes Präparat hatte einen Reinheitsgrad von ~ 45% (Cooperstein, Lazarow und Patterson 1953). Brenner (1953) führt für das von ihm untersuchte Fabrikat einen Reinheitsgrad von 72% an. Papierchromatographisch erhielt Nagai (1962a) mit 4 verschiedenen Herkünften nur einen Fleck.

Methylenblau. Schon frühzeitig erkannte man, daß Methylenblau in wässeriger Lösung Methylenviolett und Azur B als Beimengungen enthält. Im Ausschüttelversuch mit Chloroform konnte Holmes (1927) zeigen, daß im allgemeinen nur Spuren von Methylenviolett enthalten sind, Azur B aber verschiedentlich bis zu 10% (Holmes 1928) anzutreffen ist. Papierchromatographisch ließ sich dies bestätigen (Nerenberg und Fischer 1963). Ein Präparat von „Hopkin u. Williams, London" hatte einen Reinheitsgrad von 85% (Taylor 1960).

Methylgrün. Dieser in der Cytochemie gegenwärtig viel benutzte Farbstoff ist immer mit Methylviolett oder, wie man jetzt annimmt, Kristallviolett verunreinigt. Die vorwiegend zur Abtrennung des violetten Farbstoffes benutzte Methode des Ausschüttelns mit Chloroform stammt von MAYER (1897, 1918). Dieses Verfahren wurde immer wieder „neu" entdeckt (HAUROWITZ 1922). Einen kurzen historischen Überblick über Reinigungsmöglichkeiten bringen KASTEN und SANDRITTER (1962). Die violette Verunreinigung läßt sich auch durch Kapillaranalyse und Elektrophorese nachweisen (BRUNS und BEERHALTER 1955). ROTTIER (1953) untersuchte 7 Herkünfte spektrophotometrisch, die alle Kristallviolett enthielten. Ferner unterschieden sich die Fabrikate dadurch, daß zwei ein Absorptionsmaximum bei $\sim$ 617 nm, vier bei $\sim$ 630 nm und eins im Zwischenbereich hatten. Es empfiehlt sich, den Farbstoff nach Abtrennung des Kristallviolettes mit Chloroform noch papierchromatographisch auf seine Reinheit zu prüfen (CHIBA 1951).

Neutralrot. Der für Vitalfärbungen viel benutzte Farbstoff hatte nach älteren Untersuchungen von HOLMES und PETERSON (1930) je nach Herkunft einen Reinheitsgrad von 42,0—69,9%, und nach BARTELS (1956a) wies ein Präparat Neutralrot konz. Nr. 1384 von „Merck" 7% Verunreinigungen auf. 5 verschiedene Neutralrotfabrikate verhielten sich in ihrer Lichtbeständigkeit und in ihrer Giftwirkung auf Paramaecien unterschiedlich. Keins war mit einem anderen identisch (WILSON 1927). Präparate von „Bayer" und von „Merck" zeigten im Papierchromatogramm 3 Komponenten, ein Fabrikat von „Grübler u. Co." noch eine vierte in Spuren (DRAWERT und METZNER 1956a), und ein Erzeugnis von „Hollborn" wies fünf Komponenten auf (BOCK 1964).

Nilblau. Zwei Nilblausulfat-Präparate unterschieden sich in ihrer Lipoidlöslichkeit und in ihrem Vitalfärbungsverhalten in Abhängigkeit vom pH-Wert (DRAWERT 1952c). In den als „Sulfat" deklarierten Fabrikaten konnte Schwefel höchstens in Spuren nachgewiesen werden, wahrscheinlich lagen Acetate vor (GUTZ 1956). Auf den Gehalt an Oxazon hat bereits SMITH (1907) hingewiesen (s. S. 155). Papierchromatographische Untersuchungen (Abb. 69, S. 213) finden sich bei DRAWERT und METZNER (1956a), GUTZ (1956), MIX (1959) und NAGAI (1962a). Die vorletzte Arbeit bringt auch Angaben über einige andere Oxazine.

Oxypyrentrisulfosaures Na. Ein Präparat von „Bayer" zeigte im Papierchromatogramm, das nur mit aqua dest. entwickelt wurde, bereits vier verschiedene Komponenten (ZACHERL 1956).

Parafuchsin. Nach HIRAOKA (1957) ergab Parafuchsin „Grübler" im Papierchromatogramm mit 50% Aethylalkohol nur einen Fleck. Dieses Verhalten ist unverständlich, da die Fuchsin-Fabrikate im allgemeinen Gemische sind. Es empfiehlt sich, die Chromatogramme mit den verschiedensten Flüssigkeiten zu entwickeln, wie aus Tabelle 53 (S. 222) hervorgeht. Die käuflichen Parafuchsinpräparate enthalten meist Acridinverbindungen, die durch Aktivkohle entfernt werden können (GABLER 1965, dort auch weitere Literatur).

Pyronin. Ähnlich Nilblau führt Pyronin in wässeriger Lösung immer sein Oxydationsprodukt, das Xanthon (BIEHRINGER 1896, MONNÉ 1938a, 1942c, SAUER 1960, T. SCHMIDT 1961). Darüber hinaus können noch purpurn gefärbte Verunreinigungen vorkommen (CHIBA 1951). Nach HOLMES und PETERSON (1930) hatten handelsübliche Präparate von Pyronin B einen Farbstoffgehalt von 32,1—33,0% und von Pyronin G = 11,4—14,0%. Nach neueren Angaben schwankte der Reinheitsgrad von Pyronin B „Metheson Coleman u. Bell" sowie

„Nat. Aniline Corp." zwischen 25,0 und 58,3% und von Pyronin Y (= Pyronin G) derselben Firmen zwischen 24,8 und 58,7% (Kasten 1962). Emery, Knapp-Hazen und Stotz (1950) geben für Pyronin B-Fabrikate den Gehalt mit 23,4 bis 40,8% an. Zwei Pyronin-Herkünfte unterschieden sich in ihrer Wandergeschwindigkeit im Elektrophoreseversuch (Wagner und Bredehorst 1951). Die Pyronine von „Grübler", „Ishizu" und „Nat. Aniline Corp." waren alle Gemische (Sibatani 1952a). Präparate verschiedener Herkunft wiesen abweichende spektrale Absorptionsmaxima auf (Rottier 1953), und in einer Pyronin B-Probe wurden elektrophoretisch 5 Bestandteile festgestellt (Kasten und Burton 1960). Kasten, Burton und Lofland (1962) untersuchten 75 Handelserzeugnisse von 21 Fir-

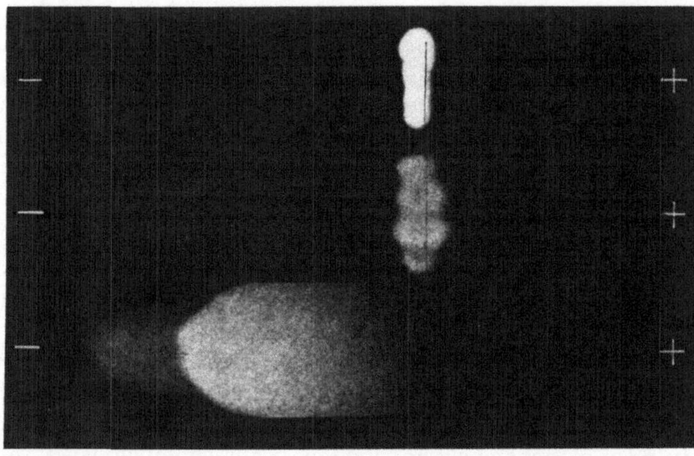

Abb. 71. Papierelektrophorese von Rhodamin S (Grübler) bei pH 2. Unten = frisch angesetzte Lösung (1956). Mitte = alte Lösung (1955). Oben = frisch angesetzte, aber aufgekochte Lösung. (Nach Drawert 1958.)

men. Die echten Pyronine enthalten nur sekundäre und tertiäre Aminogruppen. Von 19 Pyronin B-Fabrikaten hatten aber 14, von 39 Pyronin G (Y)-Präparaten 19 und von 8 Acridinrot-Herkünften 7 Beimengungen mit primären Aminogruppen. Nach dem Zweiten Weltkrieg bestanden eine Reihe deutscher „Pyronin"-Fabrikate aus Rhodaminen (Harms 1957/1965, Specht 1961, Kasten 1962, Stier und Specht 1963) (s. S. 210, und Abb. 70).

Rhodamin S. Drawert (1958) erhielt mit Rhodamin S je nach Herkunft der Präparate und je nach Alter der Stammlösungen abweichende Vitalfärbungsergebnisse. Während Rhodamin S „Bayer" in frisch angesetzter wässeriger Lösung im Papierchromatogramm keine Beimengung erkennen ließ, traten in einer alten Lösung noch zusätzliche Komponenten auf. Die Präparate Rhodamin S „Grübler" und Rhodamin S für die Mikroskopie „Schuchardt u. Co." enthielten außerdem Rhodamin B. Auch diese Präparate veränderten sich in wässeriger Lösung mit dem Alter oder durch Aufkochen (Abb. 71 und 72). Das Präparat von „Grübler" wies mit dem Alter der Lösung eine Verschiebung des Absorptionsmaximums auf (Abb. 72), was beim „Bayer"-Präparat nicht der Fall war (Abb. 73).

Sudan-Farbstoffe. Die Problematik der bisher von der „Commission on Standardization of Biological Stains" zur Standardisierung angewandten Methoden geht aus chromatographischen Analysen standardisierter Sudan III- und

Sudan IV-Präparate der „Nat. Aniline Division" hervor. In dem Sudan III, mit 90% Farbstoffgehalt nach dem Certifikat, ließen sich nur 63,6% als Sudan III nachweisen, und bei Sudan IV betrug der Gehalt nur 39,3% statt der angegebenen 86%. Im Papierchromatogramm traten außerdem die in Abb. 74 wiedergegebenen Komponenten auf (CHRISTMAN und TRUBEY 1952). Auch säulenchromatographisch konnten mit einer Mischung aus gleichen Teilen Celite und Kieselsäure als Adsorbens und Petroläther als Lösungs- und Laufmittel 10 verschiedene Frak-

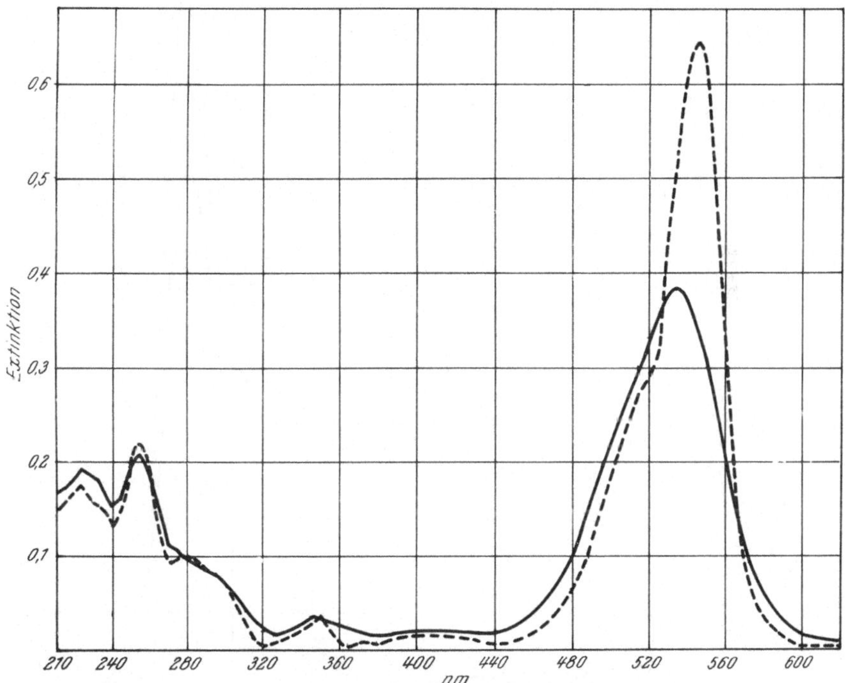

Abb. 72. Absorptionsspektren alter und frischer Lösungen von Rhodamin S (Grübler) 1 : 50 000 in aqua dest. ———— = Jahrgang 1957. ------ = Jahrgang 1958. Hauptabsorptionsmaximum der alten Lösung bei 535 nm und der frischen Lösung bei 545 nm. (Nach DRAWERT 1958.)

tionen aus „Sudan III" von z. T. hoher Reinheit gewonnen werden (TRUBEY und CHRISTMAN 1952). An tierischem Gewebe stellte sich heraus, daß völlig reines Sudan III keine färbende Wirkung auf Fette hat (WERNER und CHRIST-MAN 1952). Der wirksamste Teil für die Fettfärbung in dem handelsüblichen Sudan III-Fabrikat ist nach CHRISTMAN (1953a, b) wahrscheinlich eine leuchtend orangefarbige Komponente mit $R_F = 0,92$ nach Isooctan-Entwicklung (vgl. Abb. 74). Einige der Sudan II-, III- und IV-Komponenten färben Proteine (KUTT, LOCKWOOD und MCDOWELL 1959).

Aus Sudanschwarz B konnten mit Hilfe der Säulenchromatographie 10 Frak-tionen erhalten werden (BERMES und MCDONALD 1957), und der an sich nur in organischen Medien lösliche Farbstoff besaß in den untersuchten Präparaten einen wasserlöslichen roten Bestandteil (SCHOTT 1962). Auch im Papierchromato-gramm zeigten verschiedene Sudanschwarz B-Präparate mehrere Komponenten

(Beneš 1964). Im Adsorptionsspektrum sollen sie aber recht gut übereinstimmen (Schott 1964).

Thionin. Ein Präparat der „Nat. Aniline Div." enthielt 94% Farbstoff, und chromatographisch ließ sich eine rote Verunreinigung nachweisen (Kramer und Windrum 1955, Taylor 1960), während ein Fabrikat von „Watson" rein war und ein Thionin von „Revector, Hopkin u. Williams" neben der roten noch

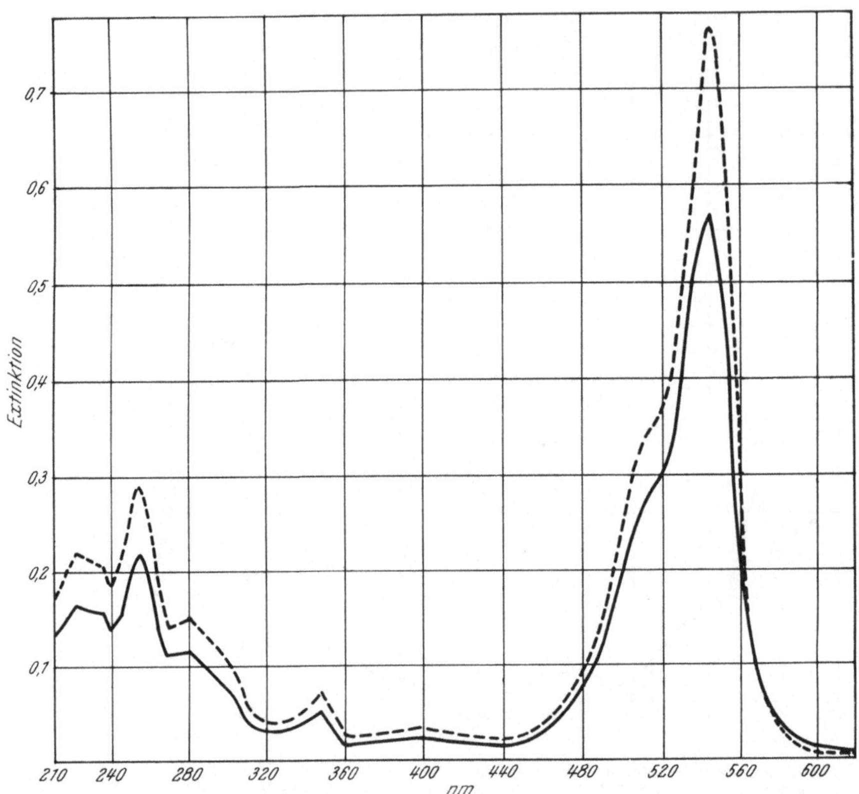

Abb. 73. Absorptionsspektren alter und frischer Lösungen von Rhodamin S (Bayer) 1 : 50 000 in aqua dest. ——— = Jahrgang 1956; ------ = Jahrgang 1958. Hauptabsorptionsmaximum beider Lösungen bei 544,5 nm. (Nach Drawert 1958.)

eine dritte violettblaue Komponente in geringer Menge enthielt (Kramer und Windrum 1955). Bei der roten Beimengung soll es sich um Thionolin handeln (Nerenberg und Fischer 1963).

Toluidinblau. Nach Ball und Jackson (1953) waren 8 untersuchte Präparate Gemische. Der pH-Wert 0,5%iger Lösungen in aqua dest. variierte von pH 2,3—4,2. Trennungen mit Aluminiumoxyd-Säulen ergaben 3 unterschiedliche Fraktionen. In einigen Toluidinblaupräparaten wurden papierchromatographisch bis zu 5 Komponenten gefunden (Kramer und Windrum 1955), während ein Präparat der „Behringwerke" ziemlich rein war (Scharf 1956). Nach Graumann und Musso (1959) zeigten 4 Präparate fast übereinstimmende Absorptionsmaxima, während die Extinktionswerte der 0,1%igen Lösungen als Zeichen des

Verunreinigungsgrades beträchtlich voneinander abwichen (Tabelle 52). Das benutzte Präparat der „Nat. Aniline Div." hatte nach Angabe der Herstellerfirma einen Reinheitsgrad von 73%, demnach mußte die Verunreinigung der anderen Fabrikate noch weit stärker sein.

Zwei standardisierte Präparate der „Nat. Aniline Co." enthielten 69% bzw. 76% und ein gereinigtes Zn-freies Fabrikat derselben Firma 90% reinen Farbstoff (DI BERARDINO 1954). Nach LOVE und WALSH (1963) schwankte der Reinheitsgrad der Präparate verschiedener amerikanischer Firmen zwischen 58 und 96%.

Trypanblau. Trypanblau von „Grübler" und von der „I. G." zeigten in 4%iger Gelatine eine unterschiedliche Diffusionsgeschwindigkeit (GELLHORN 1928). Ferner enthielten Trypanblaulösungen eine rote Verunreinigung mit Absorptionsmaxima bei 310 und 555—560 nm, die Maxima von Trypanblau selber liegen bei 232,5; 315 und 605 nm (KELLY 1958a, b). In die wässerige Lösung getauchtes Filtrierpapier färbte sich blau, und die Lösung wurde rot (OKUNEFF 1928a, WEISE 1937). Trypanblau konnte nur mit einer Zellulosesäule gereinigt werden (KELLY 1958a). Der NaCl-Gehalt der verschiedenen Trypanblaufabrikate ist sehr unterschiedlich. LLOYD und BECK (1963) erhielten folgende Werte: bei Trypan Blue „Williams" = 59,8%; Trypanblau „Grübler" = 8,6%; Trypan Blue, Vital „G. T. Gurr" = 14,2%; „Michrome" Trypan Blue „Edward Gurr" = 76,8% und „Michrome" Trypan Blue, Vital Stain „Edward Gurr" = 10,7% NaCl.

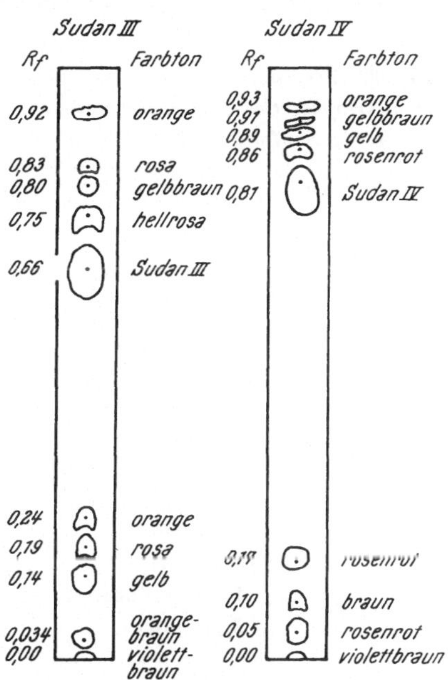

Abb. 74. Papierchromatogramme von Sudan III und IV mit Isooctan entwickelt. (Nach CHRISTMAN und TRUBEY 1952.)

Tab. 52. *Absorptionsmaxima und spezifische Extinktionen verschiedener Toluidinblau- und Azur-A-Präparate (s = Schulter, kein ausgeprägtes Maximum).* (Nach GRAUMANN und MUSSO 1959.)

	Absorptionsmaximum λ (nm)	Spezifische Extinktion a
Toluidinblau		
Nat. Anil. Div.	636—638	117,2
Merck	636—639	91,0
Chroma	636—640	86,3
Bayer	636—638	83,6
Azur A		
Nat. Anil. Div.	626	153,0
Chroma	648	148,0
Gurr	634—641 s	55,6
	611	60,2

Die in ihren Substituenten verschiedenen Farbstoffe Trypanblau, Niagarablau 2 B, 4 B und 5 B, Afridolblau, Evansblau, Chlorazolblau können nicht durch ihren Farbton und ihr papierchromatographisches Verhalten voneinander unterschieden werden. Dies ist aber durch Reduktion mit Na-Dithionit und Papierelektrophorese der Reduktionsprodukte möglich (Lloyd und Beck 1964).

Wasserblau. Wasserblau 6 B extra „Bayer" ergab im Chromatogramm neben 2 blau gefärbten Bestandteilen noch einige andere Komponenten, von denen eine gelbgrün fluorescierte (Arnold 1956). Kling (1958) konnte papierchromatographisch in verschiedenen Wasserblau-Herkünften 7 Komponenten,

Tab. 53. *Verunreinigung einiger anionischer pH-Indikatoren nach papierchromatographischen und elektrophoretischen Untersuchungen. Laufmittel I = tert. Amylalkohol + conc. NH$_4$OH = 4 : 1; Laufmittel II = Amylalkohol + Eisessig = 4 : 1.* (Nach Franglen 1955.)

Farbstoff	Anzahl der fremden Komponenten		
	Laufmittel		Elektro-phorese
	I	II	
Bromphenolblau	1	0	0
Bromcresolgrün	1	0	0
Chlorphenolrot	6	6	3
Bromphenolrot	4	5	1
Bromcresolpurpur	2	5	2
Bromthymolblau	0	0	0
Phenolrot	4	3	3
Cresolrot	4	3	3
Metacresolpurpur	3	2	0
Thymolblau	0	0	0

davon 3 fluorescierende, nachweisen. Die vorherrschende fluorescierende Komponente zeigte nach ihrer Eluierung in der sehr verdünnten wässerigen Lösung keine Fluorescenz, erst nach Adsorption an Zellulosepapier trat ein intensives Leuchten auf. Dabei handelt es sich um einen kationischen Farbstoff; Wasserblau selber ist anionisch. Das Wasserblau „Merck" ließ sich papierchromatographisch mit n-Butanol + Eisessig + Wasser = 4 : 1 : 2 in 11 Komponenten zerlegen, davon fluorescierten sechs. Zwei, wahrscheinlich sogar drei der fluorescierenden Bestandteile des Wasserblaus waren mit Komponenten von Anilinblaupräparaten identisch (Drawert und Buer, unveröffentl.).

Außer mit den bisher aufgeführten Farbstoffen sind noch mit einer Reihe anderer Analysen durchgeführt worden, über die hier nur kurz berichtet werden soll. Ein Thioflavin S-Präparat ließ sich kapillaranalytisch in mindestens 3 selbständige Bestandteile zerlegen (Bruns und Beerhalter 1955). Papierchromatographisch schienen Phenosafranin „Tokyo Kasei", Amethystviolett „Tokyo Kasei", Viktoriablau VB 4 R „Maruwaka Kagaku", Viktoriablau VBB „Nippon Shiyaku" und Nachtblau „Chroma" ziemlich rein zu sein, da sie sich nicht auftrennen ließen (Nagai 1962a, b). Verschiedene Cresylechtviolett-Präparate sind von Green (1966) vergleichend spektrophotometrisch untersucht worden (s. auch

H. Schmidt 1964). Bei verschiedenen anionischen Disazofarbstoffen variierte der Wassergehalt zwischen 0,9—20,3% (Lloyd und Beck 1963). Von derselben Farbstoffgruppe untersuchte Kelly (1958a) 21 Präparate 10 verschiedener Farbstoffe papierchromatographisch und konnte bei fast allen mehrere Fraktionen erhalten; ebenso stellte Singh (1963) bei einer Reihe anionischer Farbstoffe bis zu 6 gefärbte Komponenten fest. Sechs substantive Farbstoffe der Benzidingruppe enthielten neben der hydrophilen Hauptkomponente noch einen lipophilen Bestandteil, der sich mit Amylalkohol aus der wässerigen Lösung ausschütteln ließ (Michel 1944). Lebensmittelfarbstoffe der Firma „Chema" (ČSSR) und „Geigy" waren zum Teil rein, teilweise führten sie 0,001—0,2% Verunreinigungen (Sovová und Sova 1958). Die untersuchten Präparate Cyanol von „Casella", Orange G und Methylorange von „Merck", Ponceau 6 R von „Chroma" waren nach chromatographischer Prüfung von Fabbricotti-Oberrauch (1965a) rein. Den Gehalt einiger anionischer pH-Indikatoren an Beimengungen zeigt Tabelle 53 nach Untersuchungen von Franglen (1955).

III. Die Färbung der toten (fixierten) Zelle

Aus verschiedenen Gründen ist die Kenntnis des Verhaltens der toten Zelle gegenüber Farbstoffen und die Beeinflussung der Färbung durch andere Faktoren für die Vitalfärbung wichtig. Einmal muß man in der Lage sein zu entscheiden, ob die Zelle nach einer Färbung noch lebt oder bereits abgestorben ist. Dies ist nicht immer einfach und manchmal nur unter Zuhilfenahme anderer Methoden möglich. Häufig gibt aber bereits das Färbungsbild darüber Auskunft, wenn das Auge dafür gut geschult ist. Zum andern ist es für Schlußfolgerungen aus der Vitalfärbung von großem Vorteil, wenn man das Verhalten der toten Zelle kennt.

Unter Färbung der toten Zelle ist hierbei nicht an die landläufigen Methoden der mikroskopischen Cyto- und Histotechnik bei fixierten Zellen gedacht, sondern an das Verhalten der toten Zelle bei der Anwendung der Vitalfärbungsmethoden, die sich allerdings zum Teil mit gebräuchlichen Färbungsverfahren der Histotechnik decken können.

1. Chemische und physikalische Farbstoffbindung durch die einzelnen Zellbestandteile und deren Beeinflussung durch andere Faktoren

Wir können direkt an die Kapitel „Kohlenhydrate als Adsorbens" (S. 184) und „Eiweißkörper als Adsorbens" (S. 189) anschließen, je nachdem, ob wir die Färbung der Zellwand oder die der plasmatischen Bestandteile der Zelle betrachten. Bei der Färbung der plasmatischen Bestandteile wurde wie bei der Färbung der anderen Eiweißkörper lange darüber gestritten, ob es sich um einen chemischen oder physikalischen Vorgang handelt (Michaelis 1910b, 1920, Kelley und Miller 1935a, Zeiger 1938). Heute können wir diese scharfe Trennung nicht mehr ziehen. Wenn im folgenden, z. B. bei der Zellwand, noch zwischen chemischer und elektroadsorptiver Färbung unterschieden wird, so müssen wir uns darüber klar sein, „daß durch den rein physikalischen Vorgang der Elektroadsorption nach Ausgleich der elektrischen Ladungen Verbindungen entstehen, die zwar das Merkmal ihrer Entstehung, die Ionenbeziehung, unsichtbar in sich tragen, aber doch seit jeher als chemische Verbindungen angesprochen wurden."

„Es sei ferner daran erinnert, daß ein ‚negativer Ladungsort' als physikalische Zustandsbezeichnung stets ein chemisches Äquivalent hat: Nicht von ungefähr ist ein saurer Schleim negativ geladen, sondern weil sein Molekül die sauren Schwefelsäure- und Carboxylgruppen enthält usw."

„Wären diese Gruppen — das gilt analog auch für basische Gruppen — nicht vorhanden, wäre auch der physikalische Zustand der Negativität oder Positivität nicht vorhanden."

„Die Stofflichkeit ist der Ausgangspunkt der physikalischen Phänomene."
„So betrachtet, verwischen sich die Unterschiede zwischen chemischer und physikalischer Auffassung." (Harms 1957/1965, S. I/75.)

a) Die Zellwand

α) Elektroadsorptive Wandfärbung (Austauschadsorption)

Messungen im Elektroosmometer ergeben für die Zellwände des mit 70%igem Alkohol fixierten Parenchyms der Futterrübe gegenüber Wasser eine negative Ladung, die mit zunehmender cH des umgebenden Mediums abnimmt, bis sie bei pH 3 ganz erlischt. Das mit Lignin inkrustierte Fichtenholz zeigt erst bei pH 2 keine Ladung mehr. In absolutem, säurefreiem Aethylalkohol sind beide Zellwandarten positiv geladen. Dementsprechend färben sich die Zellwände in wässeriger Lösung nur mit kationischen und in alkoholischer nur mit anionischen Farbstoffen (Czaja 1934). Nach Lundegårdh (1940) sollen dagegen die Zellwände kein Grenzpotential besitzen, da die natürliche Cellulose in keinem meßbaren Grad dissoziiert ist (vgl. auch Michaelis 1920).

Czaja denkt an eine Ladung kapillarelektrischer Natur. Da sich die inkrustierten Zellwände (Ligninwände nach Schwarz 1924) mit kationischen Farbstoffen orthochromatisch, die nichtinkrustierten (Zellinwände nach Schwarz 1924) aber metachromatisch färben, nimmt Czaja (1934) an, daß sich der Farbstoff an der Oberfläche der Ligninwände als Kation, an derjenigen der Zellinwände aber als freie Base befindet. Durch hydrolytische Dissoziation einer Calciumverbindung in den Zellinwänden soll eine Auflockerung des Gitters und damit eine Anreicherung von Hydroxylionen im Außenschwarm der elektrischen Doppelschicht an der Porenoberfläche der Zellwände erfolgen. Diese Hydroxylionenbelegung soll die Farbbase aus dem Farbstoff herausspalten und auf dem Wege des Ionenaustausches festhalten, so daß in der Lösung das anorganische Anion zurückbleibt. Czaja (1935 a, 1936) bezeichnet diesen Vorgang als „alkalischen Membranoder Poreneffekt". Pektine sollen dabei keine Rolle spielen.

Im Gegensatz dazu führt Kinzel (1953a, 1955b) die negative Ladung der Zellinwände und damit ihre Färbbarkeit mit kationischen Farbstoffen gerade auf den Pektingehalt zurück. Die Dissoziation der Carboxylgruppen des Pektins ist der maßgebende Faktor. Normale Zellwände geben mit Acridinorange eine Rotfluorescenz als Zeichen einer starken Adsorption des Farbkations. Von Pektin befreite Zellwände fluorescieren grün, von Cellulose befreite dagegen rot (Kinzel 1955 b).

Nach den Befunden von Kinzel ist anzunehmen, daß dem Pektin eine ausschlaggebende Rolle für die negative Ladung der natürlichen Zellwand zukommt. Mit steigender cH wird die Dissoziation des Pektins zurückgedrängt, bis ein pH-Wert erreicht wird, bei dem die Ladung gleich Null ist und eine Färbung mit kationischen Farbstoffen ausbleibt. Da bei dem Vorliegen reiner Kohlenhydrate keine Umladung zu erwarten ist, schlägt Höfler (1946 a) vor, diesen pH-Wert nicht als IEP zu bezeichnen, wie es Drawert (1937 c, 1940) tut, sondern auch bei der normalen Zellwand von einem Entladungspunkt (EP) zu sprechen. Drawert (1937 c, 1951 a) weist aber darauf hin, daß die Zellwand auch Eiweißstoffe enthalten kann (z. B. durch Plasmodesmen, Ektodesmen), so daß es vor allem bei parenchymatischen und epidermalen Zellen sowie nach Anwendung bestimmter Fixierungsmittel unter Umständen zu einer Umladung kommen kann. Nach Fixierung mit Chrom-Essigsäure färben sich z. B. die Zellwände der Blattoberseite von *Helodea canadensis* bei pH 1,45 mit Säurefuchsin (Abb. 75), und Mess (1956) erhält auch an alkoholfixierten Blättern von *Helodea densa* in der Unterseite eine recht gute Zellwandfärbung mit anionischen Farbstoffen unter pH ~ 2,2 zum Unter-

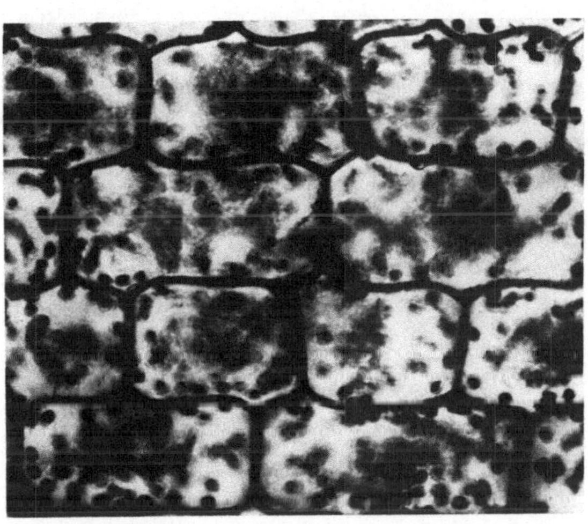

Abb. 75. Zellwandfärbung mit Säurefuchsin bei pH 1,45 in der Blattoberseite von *Helodea canadensis* nach Fixierung mit Chrom-Essigsäure. (Nach Drawert 1937 c.)

schied von den Oberepidermiszellen der Schuppenblätter von *Allium cepa*. Es muß allerdings mit der Möglichkeit einer „Echtfärbung" (s. S. 228) gerechnet werden. Doch solange dies nicht einwandfrei nachgewiesen ist, besteht eine gewisse Berechtigung, auch bei der natürlichen Zellwand den Begriff IEP, wenigstens für bestimmte Fälle, beizubehalten.

Neben dem Pektingehalt werden die Inkrusten für die unterschiedliche Lage des IEP bzw. EP der Zellwände je nach Objekt und Alter verantwortlich sein. Dementsprechend setzt der Beginn der Adsorption kationischer Farbstoffe bei verschiedenen pH-Werten ein. Nach Drawert (1937 c) beginnt nach einer Fixierung der Objekte in Alkohol eine Zellwandfärbung in der Blattunterseite von *Helodea canadensis* zwischen pH 2,0 und 2,5, bei der Oberepidermis des äußersten, noch nicht braunen Schuppenblattes von *Allium cepa* um pH 3, bei der Konjugate *Spirogyra*, je nach Art, Herkunft des Materials und Alter der Zellen, zwischen pH 2,5 und 4,0. In den Blättchen von *Funaria hygrometrica* speichern die Zellwände nach einer Chrom-Essigsäurefixierung ab pH 3 kationische Farbstoffe. Bei Hymenophyllaceen liegt der IEP der Zellwände in der Nähe der Gefäßendigungen zwischen pH 3 und 4 (Härtel 1940).

Zur IEP-Bestimmung ist auch die Bifluorescenz von Acridinorange benutzt worden. Unterhalb des IEP zeigen die Zellwände eine auf Imbibition des Farbstoffes, evtl. auch auf einer „Echtfärbung" (s. S. 232) beruhende Grünfluorescenz und oberhalb des IEP eine durch Adsorption des Farbstoffes bedingte Rotfluorescenz. Mit dieser Methode werden folgende Werte für den IEP bzw. EP der Zellwände erhalten: *Cladophora glomerata* nach Behandlung mit Eau de Javelle, Alkohol, Äther und Aceton pH 3,5—4,8 (H. u. H. ZIEGENSPECK 1952), *Phycomyces blakesleeanus* (Chitinwand) nach Fixierung in 70% Alkohol je nach Alter pH 2,9 (gealterte Keimspore) bis 3,5 (Wachstumszone) (SCHWANTES 1952), Kollenchym von *Impatiens sultani* und *Petasites communis* pH ~ 2,3, Parenchym aus der Fruchtschale von *Citrus aurantium* pH ~ 3, Bastfasern von *Linum usitatissimum* pH ~ 3,5, Stengelmark von *Helianthus annuus*

Tab. 54. *Zellwandfärbung in der Oberepidermis einer in 70% Alkohol fixierten Zwiebelschuppe von Allium cepa in Abhängigkeit von der cH. Die Anzahl der Kreuze gibt die Farbintensität an, — = ungefärbt.* (Nach DRAWERT 1937c.)

Farbstoff	Umschlagspunkt des Farbstoffs bei pH	pH								
		2	3	4	5	6	7	8	9	10
Toluidinblau	9,5 — 10,0	−	+ +	+ + +	+ +	+ +	+	+	+	−
Gentianaviolett	9,5 — 10,3	−	+	+ +	+	+	+	+	+	−
Neutralrot	6,8 — 8,0	−	+ +	+ +	+ + +	+ +	+ +	+	−	−
Methylenblau	−	−	+	+ +	+ +	+	−	−	−	−
Chrysoidin	5,5 — 6,5	−	+	+ +	+ +	+	−	−	−	−
Mauvein	−	−	+	+	−	−	−	−	−	−
Methylviolett	2,0 — 2,8	−	−	−	−	−	−	−	−	−

pH ~ 2,3 (KINZEL 1953a, die angegebenen Werte sind von mir aus den Färbungstabellen des Autors geschätzt), Oberepidermis eines Schuppenblattes von *Allium cepa* pH ~ 2,7 (BARTELS 1954), Kieselalgenwand pH 2,4—2,6, Gürtelbänder von *Nitzschia linearis* pH 2,2; bei *Melosira varians* liegen bereits bei pH 2,2 in einem Faden nebeneinander Zellen mit grüner und roter Wandfluorescenz, bzw. die beiden Schalenhälften zeigen unterschiedliche Fluorescenz. Diese Mosaikfärbung hängt wahrscheinlich mit dem unterschiedlichen Alter der Zellen zusammen. Eine Zerstörung des Pektins durch Behandlung mit 3% H_2O_2 bei 50° C für 30 Min. hat auf die Lage des EP, der auch mit kationischen Diachromen bestimmt wird, anionische werden nicht adsorbiert, keinen Einfluß (GEISSLER 1958). Es ist aber zu bezweifeln, daß mit der H_2O_2-Methode nach KISSER das Pektin wirklich vollständig entfernt werden kann.

Die Färbung der Zellwände mit kationischen Farbstoffen in Abhängigkeit von der cH wird, wie die der Zellstoffwatte (S. 186, Abb. 56), vom IEP bzw. EP der Wand und von dem pH-Wert, von dem an der Farbstoff nicht mehr in ionisierter Form vorliegt, begrenzt, wie Tabelle 54 belegt.

Aus Tabelle 54 geht hervor, daß Methylviolett, das nur im stark sauren Bereich dissoziiert ist, die Zellwände der *Allium*-Epidermen mit einem IEP um pH 3 nicht mehr färbt. Die Zellwände der Blattunterseite von *Helodea canadensis* mit einem IEP bei pH ~ 2,2 weisen dagegen zwischen pH 2,2 und 3,0 mit Methylviolett eine Färbung auf, ab pH 3 bleiben auch sie farblos (DRAWERT 1937c).

Von der oben aufgestellten Regel der Begrenzung der Zellwandfärbung durch IEP und durch den pH-Wert, bei dem die Farbstoffdissoziation aufhört, gibt es aber Ausnahmen. Nach Höfler (1949b) kann an den toten Haaren von *Trifolium montanum* gezeigt werden, daß die Kationenadsorption der Zellwand aus Acridinorange-Lösungen bis zu pH 10—11 erfolgt. Diese Erscheinung ist schwer verständlich, da nach den Dissoziationsverhältnissen des Acridinorange in diesem pH-Bereich nicht mehr mit der Anwesenheit von Farbkationen zu rechnen ist.

Es soll noch erwähnt werden, daß Orgell (1957) aus Versuchen mit isolierten Kutikulastücken von Aprikosenblättern und anionischen sowie kationischen Farbstoffen bei verschiedenen pH-Werten schließt, daß sich die Kutikula wie eine semilipoide Kationenaustauschermembran verhält.

β) Chemische Niederschlagsfärbung

Einfacher erklären sich die Färbungen mit kationischen Farbstoffen auf der sauren Seite des IEP bei einigen Zellwänden. Hier liegt ein ganz anderer Färbemechanismus vor, wie aus der metachromatischen Erscheinung bei der Benutzung entsprechender Farbstoffe zu schließen ist. Drawert (1937c) beobachtet bei *Funaria*-Blättchen mit Toluidinblau unter pH ~ 3 eine blaue Zellwandfärbung, über pH 3 aber, nach einer anfänglich ebenfalls blauen, eine später violett werdende Wandfärbung. Die Zellwände anderer Pflanzen zeigen dagegen nur von ihrem IEP an nach der alkalischen Seite von vornherein eine violette Färbung mit Toluidinblau. Die Wände vieler Moose sind reich an phenolischen Körpern, wie Gerbstoffe, Flavonole und Anthocyane; so schließt Drawert auf eine chemische Reaktion des Toluidinblaus mit diesen Inkrusten, die unabhängig vom IEP der Zellwand erfolgt. Unter dem IEP kommt es nur zu dieser chemischen Wandfärbung, die sich durch den blauen Farbton kundtut; über dem IEP erfolgt zunächst ebenfalls eine chemische Farbstoffbindung, die nach Absättigung der Inkrusten von einer adsorptiven Farbstoffbindung überlagert wird, wodurch der Umschlag von Blau nach Violett bedingt ist. Für die Richtigkeit dieser Auffassung sprechen das Ausbleiben einer blauen Färbung nach Chrom-Essigsäurefixierung der Zellen, wodurch eine Inaktivierung der phenolischen Inkrusten erfolgt, und ferner die Möglichkeit der Wandfärbung bei vielen Moosen mit dem praktisch elektroneutralen Rhodamin B, das aber mit phenolischen Körpern chemisch reagiert.

In Anlehnung an Ausführungen von Brauner (1933) über die postmortale Zellwandfärbung bezeichnet Drawert (1937c) diesen Färbungsmechanismus als Niederschlagsfärbung. Es entsteht ein Farblack, der zum Unterschied von einer elektrostatischen Adsorptionsfärbung salzfest ist, d. h. Salze wie $CaCl_2$ bedingen keine Entfärbung.

Die postmortale Zellwandfärbung wird durch Stoffe verursacht, die aus dem absterbenden Protoplasten austreten, die Zellwand durchtränken und in derselben mit kationischen Farbstoffen reagieren und so postmortale Inkrusten bilden (Pfeffer 1886, Brauner 1933). Im *Carex*-Blatt imprägnieren z. B. die Gerbstoffidioblasten die Zellwände beim Absterben mit Gerbstoffen, so daß sich diese postmortal mit Rhodamin B färben (Waldheim 1949).

Die Befunde von Drawert (1937c) an *Funaria*-Blättchen können bei anderen Pflanzen an Zellwänden mit phenolischen Inkrusten, wie bei einigen Hymenophyllaceen (Härtel 1940) und *Epilobium*-Keimlingen (von Dellingshausen 1944), bestätigt werden. Eine Niederschlagsfärbung mit Inkrusten der Zellwände scheint auch bei der Färbung der Epidermen von *Acer pseudoplatanus, Sorbus aucuparia, Vaccinium myrtillus, Rhododendron hirsutum, R. ferrugineum, Alchemilla* spec. nach Alkoholfixierung (auch nach Chrom-Essigsäurefixierung?) vorzuliegen (Härtel 1943).

Da Lignine ebenfalls phenolische Hydroxylgruppen enthalten, ist von verholzten Zellwänden ein ähnliches Verhalten zu erwarten, d. h. eine cH-unabhängige, salzfeste Färbung, die mit metachromatischen Farbstoffen orthochromatische oder sogar negativ metachromatische Farbtöne liefern muß. Nach Härtel und Thaler (1956) und Kinzel (1959a) trifft dies auch zu. Mit Acridinorange geben verholzte Zellwände eine gelbgrüne Sekundärfluorescenz, in frühen Verholzungsstadien können auch noch Mischtöne von Rot und Grün auftreten (Pfoser 1959). Toluidinblau 0 und Azur A färben die verholzten Zellwände blau bis grün, die unverholzten violett. Das unterschiedliche Verhalten der unverholzten Mittellamelle der Tracheen und der verholzten der Sklerenchymfasern kommt durch die Metachromasie besonders gut zur Darstellung (O'Brien, Feder und McCully 1964).

Aus der Blaufärbung der Chitinwände von *Tricholoma*-Arten mit Toluidinblau (Höfler und Pecksieder 1947) kann ebenfalls auf eine chemische Farbstoffbindung geschlossen werden. Allerdings speichern die Wände von *Tricholoma* Acridinorange viel schwächer als die von *Russula rhodopoda*, so daß evtl. ein sehr dichter Wandbau vorliegt. Es ist aber fraglich, ob dieser für die himmelblaue Färbung mit Toluidinblau verantwortlich gemacht werden kann.

Eine Niederschlagsfärbung dürfte auch die Tingierung der basalen Zone der toten Haare von *Anthyllis vulneraria* mit Rhodamin B sein, obwohl die Haarbasen mit Acridinorange eine nicht auswaschbare Rotfluorescenz zeigen (Höfler 1949b). Bei einer chemischen Festlegung des Farbstoffes wäre eine Grünfluorescenz zu erwarten. Ebenso scheint bei der Diatomee *Stephanopyxis turris* neben einer adsorptiven eine chemische Farbstoffbindung in den Zellwänden vorzuliegen, da mit Acridinorange noch bei pH 1 eine gelbliche Fluorescenz zu beobachten ist und Toluidinblau sowie Methylviolett eine mit $CaCl_2$ nicht vollständig auswaschbare Tönung der Wände bedingen (Geissler 1958). Es läßt sich aber nicht sagen, auf welche Zellwandstoffe diese Färbung zurückzuführen ist. Vielleicht handelt es sich in diesen Fällen um gar keine Niederschlags-, sondern um eine Echtfärbung.

γ) Echt- oder Direktfärbung

Eine sogenannte „Echt"-Färbung liegt vor, wenn eine festere Einlagerung von Farbstoffen, meist mit hoher Teilchengröße, in die submikroskopischen Kapillaren oder Intermicellarräume der Zellwände erfolgt. Die bekannteste Echtfärbung ist die Tingierung der Zellwände mit Congorot. Bereits Klebs (1919) und Dorner (1922a) stellen fest, daß die „lockerer" gebauten Zellwände der Rhizoiden von Farnprothallien sich mit Congorot färben, aber nicht die „dichteren" Wände der lebenden Prothalliumzellen. Tötungsmittel, wie Sublimat, Jodlösung, Osmiumsäuredämpfe, die allem Anschein nach die Zellwände nicht stärker verändern, sind ohne Einfluß auf die Nichtfärbbarkeit. Behandlung mit fett- und wachslösenden Mitteln, wie kochender Alkohol, KOH u. a., machen dagegen die Prothalliumzellen färbbar. Es werden hierbei wahrscheinlich die verstopfenden Inkrusten oder eine Kutikula aufgelöst. BRAUNER (1933) bezeichnet diese Erscheinung als „Parallelinduktion" zum Unterschied von der „Sekundärinduktion", worunter er die postmortale Färbbarkeit von Zellwänden durch austretende Protoplastenstoffe beim Absterben der Zellen versteht.

Die Echtfärbung ist bis zu einem gewissen Grade vom IEP der Wand und von der cH der Lösung unabhängig und ist auch salzfest. In Grenzfällen kann allerdings der von IEP, cH und Elektrolyten abhängige Quellungsgrad der Zellwand von Einfluß sein.

SCHWARZ (1924), CZAJA (1930b, c) und KÜNEMUND (1932) schließen aus der „metachromatischen" Färbung der Zellwände verschiedener Gewebetypen mit substantiven Farbstoffen, die polydispers und zu einer Echtfärbung befähigt sind, auf eine unterschiedliche Dichte der Zellwände. Die „metachromatische" Färbung kann von ULBRICHT (1936) an Schnitten durch *Salix*-Achsen bestätigt werden.

Nach FREY-WYSSLING und MICHEL (1943) sowie MICHEL (1944) soll aber diese Färbung nichts über die Weite der submikroskopischen Kapillaren oder der Intermicellarräume in den Wänden aussagen, da ihrer Meinung nach nicht eine auf Polydispersität beruhende Metachromasie, sondern eine Allochromasie vorliegt (vgl. S. 181). BUCHER (1953, 1957a) erhebt aber gegen die Ausschüttelversuche von MICHEL den Einwand, daß es sich dabei um eine Solvatochromie handelt. Ob dieser Einwand zu Recht besteht, ist eine andere Frage (vgl. S. 145).

Andererseits scheint für diesen Färbungsmechanismus die Weite der submikroskopischen Kapillaren doch nicht ganz ohne Bedeutung zu sein; denn die Fähigkeit der Zellwände des Kiefernholzes, Farbstoffe aufzunehmen, wird durch Dehnung verstärkt (IWANOV 1933), und die Färbbarkeit der Zellwände der auf S. 228 erwähnten Pflanzen mit dem anionischen, kolloidalen Anilinblau geht parallel mit ihrer Quellbarkeit (HÄRTEL 1943). Die unterschiedliche Fluorescenz von Früh- und Spätholzfasern mit Brillantdianilgrün 6 G (SCHULZE und GÖTHEL 1934) und Thiazolgelb sowie Thioflavin S (JAYME und BAUER 1957) wird von den Autoren auf eine unterschiedliche Zellwanddichte zurückgeführt. Auch CASPERSON und HOYME (1964) denken bei der verschiedenen Fluorescenz der einzelnen Schichten des Reaktionsholzes von Laubbäumen mit einer Reihe von Fluorochromen an eine unterschiedliche Packungsdichte der Cellulose. Nach MAÁCZ und VÁGÁS (1961) beruht die ungleiche Färbbarkeit von reinen Cellulose- und verholzten Wänden in einem Gemisch von Astralblau-Auramin-Safranin ebenfalls auf der abweichenden Molekülgröße der benutzten Farbstoffe und der verschiedenartigen Ultrastrukturdichte der Wände. Die Cellulosewände des Holzparenchyms färben sich blau, die stark verholzten Wände gelb und die weniger verholzten rot. Wird statt des Safranins das nahe verwandte, aber größer molekulare Magdalarot genommen, dann färben sich viele Wände bzw. Wandschichten, die sonst noch Safranin annehmen, nicht mehr (MAÁCZ und VÁGÁS 1964). In diesem Verhalten sehen die Autoren einen Beweis für die Bedeutung der Ultrastrukturdichte der Wände für ihre Färbbarkeit. Die unterschiedliche Fluorochromierung der einzelnen Schichten in der Sklerotesta von *Encephalartos*-Samen, die SCHNARF (1936) beschreibt, kann ebenfalls von einer Verschiedenheit in der Strukturdichte herrühren. Dafür sprechen die mit dem polydispersen Primulingelb erhaltenen gelben und blauen Farbtöne. Außerdem können aber auch chemische Bindungen an bestimmten Inkrusten vorliegen.

Bucher (1953, 1957a, b) zieht mehr eine chemische Bindung für die differenzierte Färbung einzelner Wände und Wandschichten mit Viktoriablau B und anschließender Behandlung mit alkalischer Kupferlösung in Betracht. Die Bindung an Substanzen, z. B. der Tertiärlamelle und der Cambiumwände, schützt den Farbstoff, der Indikatoreigenschaften besitzt, vor einem Umschlag. Als Ursache der „metachromatischen Differenzierung" werden die spezifischen Affinitätsverhältnisse zwischen Farbstoff und gefärbter Substanz sowie der Indikatorcharakter des Farbstoffes angesehen.

Für die Beteiligung chemischer Bindungen neben der Strukturdichte der Wände bei unterschiedlichen Färbungen, besonders mit einem kationischen Farbstoff, sprechen die Befunde von Siebers (1960) mit Coriphosphin und Acridinorange am Zugholz von Laubbäumen. Mit diesen Fluorochromen färbt sich die Sekundärwand der Zugholzzellen intensiv im Hellfeld, eine Fluorescenz bleibt aber aus. Sehr häufig geht die Fluorescenz eines Stoffes beim Eingehen einer chemischen Reaktion verloren. In diesem Zusammenhang sei an die negative Metachromasie der ligninhaltigen Zellwände mit einer Reihe kationischer Farbstoffe erinnert, die auf eine chemische Reaktion zurückzuführen ist (s. S. 228).

Eine Klärung der Echtfärbung hat man vor allem für Congorot versucht. Da die — allerdings miteinander kommunizierenden — submikroskopischen Kapillaren der Faserwände bei Ramie bevorzugt parallel zur Faserrichtung verlaufen, war es naheliegend anzunehmen, daß die Einwanderung von Farbstoffen bevorzugt in der Längsrichtung erfolgt. Pfenniger und Frey-Wyssling (1939) beobachten die Einwanderung von verschiedenen Farbstoffen in Ramiefasern. Entsprechend der oben geäußerten Vermutung schien vor allem für den kolloidal gelösten anionischen Farbstoff Wasserblau, aber auch für die ebenfalls anionischen, kolloiden und substantiven Farbstoffe Congorot, Benzoazurin, Azoblau eine Längswanderung gegeben zu sein, während der kationische Farbstoff Gentianaviolett trotz molekularer Lösung praktisch nicht in die Faser einzudringen vermag. Auf Grund seiner positiven Ladung wird er von der negativen Wand adsorptiv festgehalten und an einer Wanderung gehindert. Später kann aber Frey-Wyssling (1947) mit verbesserter Versuchsanordnung an vollen Viskosefäden zeigen, daß auch die substantiven Farbstoffe, wie Congorot, nicht in der Lage sind, die Fäden längs zu durchwandern, sondern nur senkrecht zur Längsachse. Da Wasser axial wandern kann, muß man annehmen, daß Adsorptionskräfte die Congorotmoleküle hindern, sich entlang den Mikrofibrillen fortzubewegen.

Hess und Gramberg (1941) sowie Wälchli (1945) können mikroskopisch klären, daß Congorot auf alle Fälle eine Zellulosefaser auch im Innern durchsetzt und nicht nur an ihrer Oberfläche haftet. Dafür spricht ferner ein Vergleich der durch einen Mahlprozeß bedingten Oberflächenänderung des Substrates mit dem Unterschied in der aufgenommenen Congorotmenge vor und nach der Vermahlung. Durch den Mahlvorgang hat sich z. B. in einem Versuch die sichtbare Oberfläche auf mindestens das 30fache vergrößert, die Farbstoffaufnahme aber nur auf das Zwei- bis Vierfache (Hess und Gramberg 1941).

Zur Klärung der Frage, weshalb das Congorot nur senkrecht zur Faserachse einwandern kann, müssen wir uns zunächst mit der Gestalt der Congorotteilchen und deren mögliche Einordnung in die Zellwand befassen.

Nach FREY-WYSSLING und WEBER (1942) besitzt das bandförmige Congorotmolekül durch die elektrische Ladung seiner Amino- und Sulfogruppen Dipolcharakter (Abb. 76), wodurch sich die Moleküle in wässeriger Lösung gegenseitig anziehen und zu Kolloidteilchen zusammenlagern (Abb. 76c). Diese Kolloidteilchen können nicht in die intermicellaren Spalträume der Mikrofibrillen, wohl aber in die interfibrillären Kapillaren der Paralleltextur der Sekundärwände eindringen. Hier werden sie von den Mikrofibrillen adsorbiert (FREY-WYSSLING 1959, S. 118). Zum Unterschied von den kationischen sind für die Adsorption

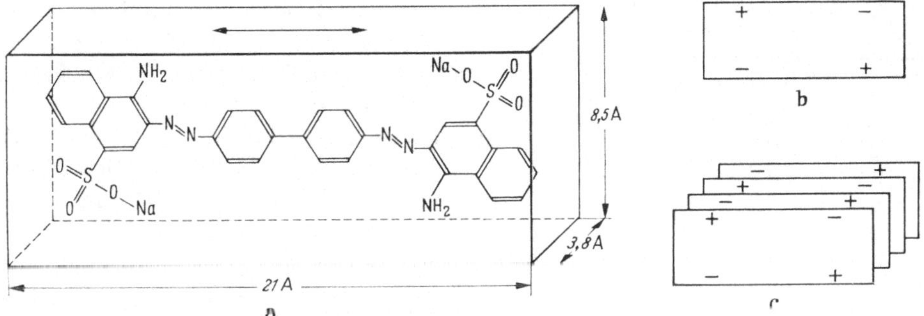

Abb. 76. Congorot. a Dimensionen des Moleküls; b Dipolschema; c Kolloidteilchen. (Nach FREY-WYSSLING 1959.)

der anionischen und substantiven Farbstoffe die Carboxylgruppen, wie zu erwarten ist, nicht verantwortlich, im Gegenteil wird durch eine Oxydation der Cellulose und der dadurch bedingten Vermehrung der Carboxylgruppen die Aufnahme substantiver Farbstoffe herabgesetzt (NEALE und STRINGFELLOW 1940). Einerseits wird angenommen, daß sich die Farbstoffmoleküle an freie Hydroxylgruppen der inneren Oberfläche anlagern, da ein Verschluß der OH-Gruppen die Substantivität aufhebt (MEYER und MARK 1950, S. 402). Andererseits sind nach FREY-WYSSLING (1959, S. 118) die Adsorptionskräfte nicht ionogener Art, sondern induzierte Dipolkräfte. Die Gestalt des Congorotmoleküls soll einer solchen Induktion entgegenkommen, da sein Querschnitt mit $8,5 \times 3,8$ Å (WÄLCHLI 1945) eine auffallende Übereinstimmung mit jenem der Celluloseketten ($8,35 \times 3,95$ Å) hat. FREY-WYSSLING nimmt an, daß einzelne Congorotmoleküle sich daher in die Oberfläche des Kettengitters einpassen „und sich auf diese Weise den Cellulosemolekülen derart nähern, daß sehr wohl Wasserstoffbrücken als starke Bindungskräfte zwischen diesen beiden Molekültypen entstehen können" (OSTER 1955). FREY-WYSSLING spricht in diesem Zusammenhang von einzelnen Congorotmolekülen, andererseits wird aber betont, daß der Farbstoff nur in Form von Micellen adsorbiert wird (WÄLCHLI 1945) und die substantiven Farbstoffe ganz allgemein in Wasser kolloid gelöst sind (SCHIRM 1936). Es ist aber auffallend, daß von den Benzidinfarbstoffen Congorot die Zellwand weitaus am besten färbt. Während zur Färbung vieler Zellwände mit den meisten substantiven Farbstoffen 3 Tage, bei einigen auch nur 8—24 Stdn. erforderlich sind (SCHWARZ 1924), genügen für Congorot wenige Minuten bis einige Stunden (MICHEL 1944).

Nach Schirm (1936) ist für die Substantivität der Benzidinfarbstoffe das vielgliedrige System konjugierter Doppelbindungen verantwortlich. Die Restvalenzen des ungesättigten Systems sollen auch die Ursache der kolloiden Beschaffenheit der wässerigen Lösungen substantiver Farbstoffe sein. Eine Wanderung des Farbstoffes in der Zellwand kann auf die Art erfolgen, daß ein adsorbiertes Molekül durch ein nachfolgendes verdrängt wird und dadurch ein Stückchen vorrückt, wo es erneut zu einer Adsorption kommt. Ein Austausch und Vorrücken der Moleküle auf diese Weise ist leichter möglich, wenn sie seitlich nebeneinanderliegen, als wenn sie hintereinander in Reihe angeordnet sind. Die Congorotmoleküle werden mit ihrer Längsachse parallel zu den Micellarsträngen adsorbiert, so daß nach der entwickelten Vorstellung eine Wanderung des Farbstoffes senkrecht zur Faserachse viel eher gegeben ist als parallel dazu. Hierauf soll nach Frey-Wyssling (1947) die anisotrope Diffusion des Congorotes in die Zellwände beruhen. Meiner Meinung nach ist es für die Wanderung des Farbstoffes in der Wand gar nicht erforderlich, daß ein adsorbiertes Molekül durch ein nachfolgendes verdrängt wird. Das nachfolgende Molekül kann sich über das bereits adsorbierte schieben und wird dann seinerseits adsorbiert und so fort.

Wälchli (1945) bringt das in Abb. 77 wiedergegebene Schema für die Einlagerung des Farbstoffes in die Zellwand.

Der Mechanismus der Echt- oder Direktfärbung kann auch für kationische Farbstoffe eine Rolle spielen. So lassen sich nach Höfler und Müllner-Haitinger (1949) Zellwände mit Coriphosphin HK

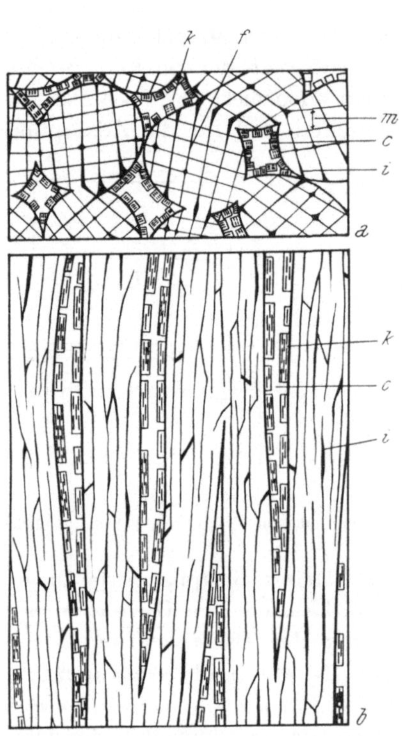

Abb. 77. Schema der Congoroteinlagerung in die Kapillarhohlräume der Zellwand. *a* Faserquer- und *b* Faserlängsschnitt. *f* submikroskopische Mikrofibrillen (300—700 Å), *i* Intermicellarräume (~ 10 Å), *m* schematischer Umriß der Micellen (60 Å), *c* submikroskopische Kapillaren mit den darin eingelagerten Congorotmicellen *k*. (Nach Wälchli 1945.)

noch unterhalb ihres IEP fluorochromieren. Nach Meinung der Autoren (vgl. auch Höfler 1948) liegt hier eine „Echtfärbung" vor, da diese Erscheinung mit Acridinorange nicht auftritt. Nach Kinzel (1955b) soll aber die Grünfluorescenz reiner Cellulosewände mit Acridinorange auf demselben Prinzip beruhen, und Härtel und Thaler (1956) führen das eigenartige Verhalten der wahrscheinlich aus Hemicellulosen bestehenden Verdickungsschichten in den Bastfasern von *Ricinus communis* gegenüber Acridinorange auf denselben Effekt zurück. Mit sinkendem pH-Wert nimmt die gelbe bis orangefarbige Fluorescenz ab und erreicht bei pH 4,3—4,9 ein Minimum. Mit weiter fallendem pH-Wert steigt die Fluorescenzintensität aber wieder an. Gleicherweise verhält sich die Reservecellulose im Holz von *Salix*. Bei Dehydratisierung der Verdickungsschichten durch

Alkohol geht die Fluorochromierbarkeit verloren, kehrt aber nach Hydratisierung mit H_2SO_4 wieder. Die Autoren schließen, daß hier weder eine chemische Bindung noch eine elektrostatische Adsorption vorliegt, sondern eine Einlagerung der Farbstoffmoleküle in die Intermicellarräume. Durch die stärkere Quellung der Zellwände im stark sauren Bereich wird die Wand lockerer, und es kommt zu einer stärkeren Farbstoffeinlagerung. Für diese Erklärung spricht die Tatsache, daß anionische, kolloidale Farbstoffe nur im stark sauren Bereich die Wand färben. Congorot wird allerdings unter normalen Bedingungen von der Wand adsorbiert. In solchen Fällen muß man aber immer mit einer Überlagerung der verschiedenen Mechanismen rechnen.

δ) Dichroismus und Difluorescenz

Echtfärbungen der Zellwände zeigen häufig die Erscheinung des Dichroismus (AMBRONN 1888a, b, Übersicht bei SCHMIDT 1932). Der Dichroismus kommt durch eine gerichtete Einlagerung der Farbstoffteilchen in der Zellwand zustande. Betrachtet man eine gefärbte Cellulosefaser im Polarisationsmikroskop ohne Analysator, so erscheint sie entweder stärker gefärbt, wenn die Faserachse parallel zur Schwingungsebene des Polarisators liegt, als wenn sie senkrecht dazu steht (Abb. 78a) oder umgekehrt (Abb. 78b). Im ersten Fall sprechen wir mit FREY-WYSSLING (1928, 1950) von positivem, im zweiten von negativem Dichroismus. Ferner muß noch zwischen Eigendichroismus und Formdichroismus unterschieden werden.

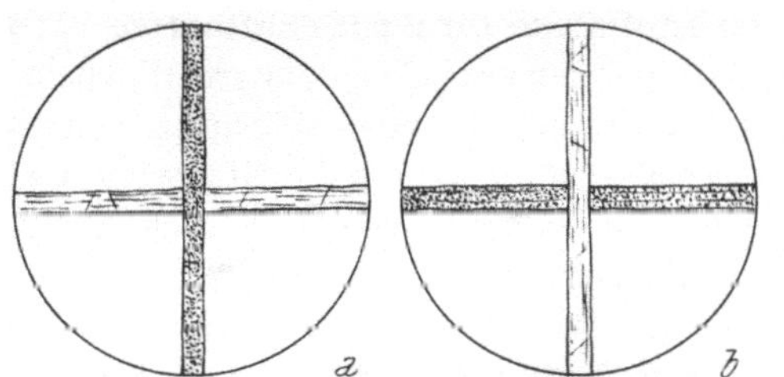

Abb. 78. Positiver und negativer Dichroismus für Rot. a Congorotfärbung, positiv dichroitisch; b Magdalarotfärbung, negativ dichroitisch. Die Rotfärbung ist durch Punktierung angedeutet. SE ↕ Schwingungsrichtung des Polarisators. (Nach FREY 1928.)

Farbstoffe, wie Congorot, Benzoazurin, Benzopurpurin und Methylenblau, besitzen stabförmige Moleküle, die beim Ausstreichen auf einem Objektträger oder in der Strömungstrommel von SIGNER dichroitische Striche oder Strömungsdoppelbrechung zeigen (FREY-WYSSLING und WEBER 1942). Durch gerichtete Adsorption an der Oberfläche der mikrofibrillären Gerüststoffe kommt es zu einer Orientierung der stabförmigen Farbstoffmoleküle oder Kolloidteilchen in der Zellwand. „Der Farbstoff prägt auf diese Weise der Zellwand seinen eigenen, durch seine Konstitution bedingten Dichroismus auf, der daher als Eigendichroismus zu bezeichnen ist" (FREY-WYSSLING 1959, S. 274). Beim Eigendichroismus summieren sich die optischen Eigenschaften der in die Zellwand eingelagerten Farbstoffteilchen.

Farbstoffe der Triphenylmethangruppe, wie Safranine und Fuchsin, Gentianaviolett, Methylgrün, Anilinblau, Baumwollblau, haben dagegen mehr oder weniger isodiametrische Teilchen, die nicht so leicht mechanisch ausgerichtet werden können. Diese Farbstoffe erzeugen keinen oder höchstens einen schwachen Formdichroismus. Der Formdichroismus wird nicht durch die Eigenanisotropie des Farbstoffes bedingt. Bei völlig isotroper Verteilung des Farbstoffes in den intermicellaren Räumen kann durch die Anordnung ungefärbter Stäbchen (Cellulosemicelle) und gefärbter Zwischenräume ein starker Dichroismus entstehen, sofern die Durchmesser und Abstände der Stäbchen im Verhältnis zu den Wellenlängen des Lichtes klein sind (Frey 1928, S. 608, „Stäbchendichroismus").

Für die Art der Einlagerung der Farbstoffteilchen in die Zellwand beim Eigendichroismus ist noch von Interesse, daß der Indikator Congorot in der Zellwand bei Säurezusatz umschlägt, ohne daß eine Änderung des Dichroismus erfolgt. Die Farbstoffteilchen vermögen somit im adsorbierten Zustand zu reagieren (Frey-Wyssling 1959, S. 274).

Die substantiven Farbstoffe Congorot, Benzoazurin, Azoblau verleihen der Zellwand von Ramiefasern einen starken Dichroismus. Dieser tritt aber nicht nur auf, wenn die Farbstoffe in die Wand eingelagert werden, sondern auch, wenn in das Zellumen eingedrungener Farbstoff eintrocknet, wie Pfenniger und Frey-Wyssling (1939) für Congorot angeben. Die Autoren schließen daraus, daß sich der richtende Einfluß der submikroskopischen Zellwandstruktur auch auf Farbstoffteilchen geltend macht, die von der Wandoberfläche adsorbiert sind.

Ziegenspeck (1941a, b) hat für eine ganze Reihe anionischer, substantiver Farbstoffe und für nicht substantive Farbstoffe, wie Bismarckbraun, Chrysoidin, Columbiaschwarz, Cresylviolett, Fuchsin, Indulin, Malachitgrün, Methylenblau und Safranin, bei der Färbung von Cellulosefasern Dichroismus festgestellt. Frey-Wyssling (1942) macht aber unter anderem den Einwand, daß der Autor nicht die Komplikationen berücksichtigt, die durch Überlagerung von Eigen- und Formdichroismus auftreten.

Nach Michel (1944) verursacht die hydrophile Komponente einiger substantiver Benzidinfarbstoffe an Cellulosewänden einen ausgeprägten Dichroismus, während die in geringer Menge vorhandene lipophile Komponente sich indifferent verhält.

Bei dem durch Methylenblau an Fasern mit Oxycellulose verursachten Dichroismus stellt Patel (1951) fest, daß das spektrale Absorptionsmaximum parallel zur Faserachse mit dem der Monomeren des Methylenblaus übereinstimmt und jenes senkrecht zur Faserachse mit dem der Dimeren. Im Gegensatz dazu schreibt Frey-Wyssling (1959, S. 276): „Interessanterweise ist der Dichroismus nicht blau-farblos, sondern blau-rötlich, wobei das Absorptionsmaximum parallel zur Faserachse dem blauen Farbton von Methylenblaulösungen mit dimeren Farbionen, jenes senkrecht zur Faserachse jedoch dem rötlichen Farbton verdünnter Lösungen mit monomeren Farbionen entspricht."

Die Fluorochrome Uranin, K-Fluorescein, Eosin, oxypyrentrisulfosaures Na, Primulin, Coriphosphin, Euchrysin bedingen in Cellulosewänden nicht nur einen positiven Dichroismus, sondern auch eine Difluorescenz (Ziegenspeck 1944, 1949).

Zur Beobachtung der Difluorescenz muß das Fluorescenzmikroskop mit einem Aufsatzanalysator versehen werden. Je nachdem, ob das polarisierte Licht parallel oder senkrecht zur Ausrichtung der Mikrofibrillen schwingt, ist die Fluorescenz verschieden, z. B. beim Primulin gelb bis hellbläulich bei Parallelstellung und dunkel bei Orientierung der Längsachse senkrecht zur Schwingungsrichtung. Wie beim Congorot werden auch die Primulinmoleküle gerichtet adsorbiert. Beim Eosin soll es sich dagegen nach Frey-Wyssling (1959, S. 282) nicht um Eigen-, sondern um Formdichroismus und dementsprechend auch

Formdifluorescenz handeln, da dieser anionische Farbstoff nicht von der Zellwand adsorbiert wird. Die Färbung kommt nur durch die Ausfüllung der interfibrillären submikroskopischen Kapillaren mit dem Farbstoff zustande.

Nach KINZEL (1955b) zeigen auch mit Acridinorange grün fluorescierende Fasern eine Difluorescenz, rot fluorescierende Oxycellulosefasern dagegen nicht. Bei der Rotfluorescenz handelt es sich um eine Bindung an die Carboxylgruppen, bei der Grünfluorescenz aber um eine gerichtete Adsorption ähnlich der Substantivfärbung mit Congorot. An den Bastfasern der Rinde von *Ricinus communis* können HÄRTEL und THALER (1956) die Difluorescenz nach Fluorochromierung mit Acridinorange bestätigen, während die ebenfalls grün bis gelb fluorescierenden Verdickungsschichten der Holzzellen im Hypokotyl von *Ricinus* und die sich entsprechend verhaltende Reservecellulose von *Salix* keine Difluorescenz erkennen lassen.

Diese Difluorescenz im polarisierten Licht ist nicht zu verwechseln mit der metachromatischen Fluorescenz von Acridinorange und einiger anderer Fluorochrome im normalen Blaulicht oder UV. Zum Unterschied von der „Difluorescenz" soll die metachromatische Fluorescenz als „Bifluorescenz" bezeichnet werden.

b) Die plasmatischen Bestandteile der Zelle

α) Elektroadsorptive Färbung (Austauschadsorption) und IEP-Bestimmung

An Schnitten fixierter, tierischer Gewebe stellt bereits MATHEWS (1898) fest, daß das Plasma sich mit anionischen Farbstoffen bei saurer und mit kationischen Farbstoffen bei alkalischer Reaktion der Farblösungen färbt. BETHE (1905), der ebenfalls beobachtet, daß das kationische Toluidinblau in alkalischer Lösung besser färbt als in saurer, denkt zunächst an eine Salzbildung zwischen Gewebe und Farbbase. Von pflanzlichen Objekten untersucht als erster ROBBINS (1923) die Färbung von Gewebe aus der Kartoffelknolle, das mit 50% Alkohol fixiert war, mit anionischen und kationischen Farbstoffen in Abhängigkeit vom pH-Wert und kommt zu dem Schluß, daß das Kartoffelgewebe einen IEP um pH 6 besitzt. Den amphoteren Charakter des Bakterienplasmas weisen STEARN und STEARN (1923, 1924a, b, 1931) nach. Sie bestimmen ebenfalls den IEP mit der Färbemethode und erhalten Werte zwischen pH 1,8 und 2,9 bei grampositiven, pH 4,8 und 5,8 bei gramnegativen und pH 2,6 und 4,0 bei gramvariablen Bakterien (STEARN und STEARN 1931, vgl. auch TOLSTOOUHOV 1929).

Eingehende Untersuchungen an Modellsubstanzen und tierischem Gewebe werden dann von PISCHINGER (1926) durchgeführt. Er schließt aus seinen Ergebnissen, daß es sich hierbei um einen reinen Adsorptionsvorgang handelt, für den die elektrischen Ladungsverhältnisse von Substrat und Farbstoff die ausschlaggebenden Faktoren sind. Aus diesem Grunde ist es auch möglich, den IEP der einzelnen Zellbestandteile mit Hilfe der Färbung zu bestimmen. Die Tatsache, daß es bei gleicher Ladung von Substrat und Farbstoff zu einer „negativen" Adsorption kommt, spricht nach PISCHINGER gegen die Ansicht, daß bei diesen Färbungen eine chemische Bindung vorliegt.

Zu gleicher Zeit führt NAYLOR (1926) entsprechende Versuche an fixierten pflanzlichen Geweben (Wurzelspitzen) durch und kommt zu demselben Er-

Tab. 55. *Mit der Färbungsmethode unter Verwendung eines anionischen und eines kationischen Farbstoffes erhaltene isoelektrische Punkte für die Bestandteile fixierter Zellen.*

Objekt	Kern	Nucleolus	Chromosomen	Plastiden	Cytoplasma	Fixation	Autor
Hyacinthus, Wurzelspitze	5,1—5,3	5,4—5,6	4,7—4,9		4,3—4,7	Chromessigsäure	Naylor 1926
Vicia faba, Wurzelspitze	4,0	5,5			4,2	Alkohol	Yamaha und Ishii 1933
Vicia faba, Wurzelspitze	5,5	5,7			4,7	Chromessigsäure	
Tradescantia virginiana, Stomata	3,6				4,4	Alkohol	Lilienstern 1934
Helodea canadensis, Blatt				4,0—4,5		Alkohol	Drawert 1937b
Spirogyra				3,8		Eisessig	
Allium cepa, Schuppe O. E.		5,0			4,5 —5,5	Alkohol	Drawert 1937c
Allium cepa, Wurzelspitze	2,5—3,7	5,0—5,5	3,0		4,5 —5,0	Alkohol	
Tradescantia reflexa, Pollen, vegt.	3,9—4,35				4,05—4,62	Formol	Baba und Mitarb. 1961
Triticum, Meristem, jung	3,8	2,8			4,6	Alkohol	Chel'tsova 1962
Triticum, Meristem, 3 Tage älter	3,6	3,4			2,8	Alkohol	

gebnis. Das Gewebe verhält sich wie ein Protein mit einem IEP zwischen pH 4,6 und 5,0. Die einzelnen Zellelemente besitzen allerdings keinen ausgeprägten isoelektrischen Punkt, sondern einen isoelektrischen Bereich. Von der sauren nach der alkalischen Seite liegen die isoelektrischen Bereiche in der Reihenfolge: Cytoplasma, Nucleolus, Chromosomen, Chromatin des Interphasekerns.

Da es sich bei den Zellbestandteilen um ein Gemisch von Proteinen, Proteiden, Phosphatiden und anderen amphoteren Stoffen handelt (vgl. auch Scharf und Oster 1957), ist, wie Naylor richtig betont, kein exakter IEP zu erwarten, trotzdem soll im folgenden der Begriff IEP beibehalten werden. Wir müssen uns nur darüber im klaren sein, daß es sich dabei um einen Mittelwert aus dem isoelektrischen Bereich handelt, für den auch häufig die Bezeichnung IEP_M gebraucht wird.

Die Befunde von Pischinger am tierischen Gewebe können von Zeiger (1930a, b, 1937), und die von Naylor an pflanzlichen Zellen von Yamaha und Ishii (1933), Yamaha (1936), Lilienstern (1934) und Drawert (1937b,c) bestätigt werden. Seitdem ist die Färbungsmethode zur IEP-Bestimmung an fixierten Geweben vielfach angewendet worden.

Zur IEP-Bestimmung empfiehlt es sich, stark dissoziierte rote und blaue Farbstoffe mit hohem Dispersitätsgrad zu benutzen. Gelbe sind wegen ihrer geringen Farbintensität nicht anzuraten. Als günstig haben sich die anionischen Diachrome Ponceau und Säurefuchsin sowie die kationischen Diachrome Toluidin- und Methylenblau erwiesen. Die auch häufig benutzten Farbstoffe Eosin,

Erythrosin und Methylviolett sind wegen ihrer schwächeren Dissoziation weniger empfehlenswert und können bei einer Lage des IEP im stärker sauren oder basischen Bereich zu Fehlbestimmungen führen. Einige der mit einem Farbstoffpaar erhaltenen Werte sind in Tabelle 55 aufgeführt.

Außer der Methode mit einem Farbstoffpaar wird auch, wie bei isolierten Eiweißkörpern, die Bifluorescenz des Acridinorange zur cytologischen IEP-Bestimmung an fixierten Geweben benutzt. Mit Acridinorange fluorochromierte Bakterien fluorescieren bei stark saurer Reaktion der Lösung grün, mit steigendem pH-Wert folgt zunächst ein schmales Intervall mit orange Fluorescenz, der sich ein kupferrotes Leuchten anschließt. Der Umschlagsbereich erstreckt sich über 0,5—0,6 pH-Einheiten. Je nach Bakterienart zeigt das Plasma nach Alkohol-fixierung in den Untersuchungen von NORDMEYER (1947/48) einen IEP von pH 2,81 bis 3,46. SCHWANTES (1952) führt entsprechende Versuche an Pilz-mycelien durch. Der mit Acridinorange gefundene IEP entspricht dem mit Säurefuchsin/Toluidinblau erhaltenen Wert, wie SCHWANTES an Gelatine als Modell zeigen kann. Nach Untersuchungen von SCHÜMMELFEDER und STOCK (1955, 1956) an tierischem Gewebe soll die Acridinorange-Methode genauere Werte geben als die Bestimmung mit Rubin S/Methylenblau, da sich der Umlade-bereich mit dem Fluorochrom leichter einengen läßt, während DUBROV (1959) nach Untersuchungen an Zwiebelzellen dem Verfahren mit Säurefuchsin/ Methylenblau den Vorzug gibt, da Acridinorange sehr unsichere und wenig klare Resultate liefert (vgl. auch MESS 1956).

Aus Tabelle 56 ist abzulesen, daß die isoelektrischen Punkte aller Zellbestand-teile sich im sauren Bereich befinden. Am nächsten zum Neutralpunkt liegt der IEP der Nucleoli, wenn wir von den Angaben von CHEL'TSOVA absehen.

In einer späteren Arbeit gibt CHEL'TSOVA (1963) für die Nucleoli im *Triticum*-Meristem allerdings pH ~ 4 an. Recht einheitlich sind die IEP-Werte für das Cytoplasma, während die des Kernes untereinander und auch in Beziehung zum Cytoplasma die größte Variabilität aufweisen. Ohne Zweifel spielt der jeweilige physiologische Zustand der Zellen bei der Fixierung eine Rolle (CHEL'TSOVA 1964).

Es ist naheliegend, dem Nucleinsäuregehalt eine Bedeutung für die Lage des IEP zuzuschreiben, zumal POPOVICI (1926) bei Färbungen des Interphase-kernes fixierter Zellen beobachtet hat, daß sich Chromatin und Nucleolen mit dem kationischen Janusgrün, die achromatische Substanz aber mit dem anionischen Erythrosin färben. STRUGGER (1932) erhält dasselbe Ergebnis hinsichtlich Chro-matin und Caryolymphe mit verschiedenen anionischen und kationischen Farb-stoffen seiner Meinung nach an lebenden *Allium*-Zellen, während mit Carnoy fixierte Kerne gerade das umgekehrte Verhalten zeigen. Hierzu ist aber zu bemerken, daß auch im ersten Fall keine Vitalfärbung vorliegen kann. Die Zellen müssen bereits abgestorben sein, da sich nach den Angaben von STRUGGER die Caryolymphe auch mit Anilinblau und Lichtgrün färbt. Nach unseren heutigen Kenntnissen ist eine Vitalfärbung des Kernes mit diesen Farbstoffen nicht möglich. Ferner unterliegt STRUGGER einem Irrtum, wenn er — wohl unter dem Einfluß der nicht haltbaren Anschauung von KELLER (s. S. 559) — aus der Färbbarkeit mit kationischen Farbstoffen auf eine positive Ladung des Caryotins und aus der Färbbarkeit mit anionischen Farbstoffen auf eine negative Ladung der Caryolymphe schließt. Das Umgekehrte ist der Fall. Später revidiert auch Strugger (1939a) den zunächst gezogenen Schluß. Zum Unterschied von den Angaben von Popovici verhält sich in den Versuchen von Strugger der Nucleolus wie die Caryolymphe.

Eine RNase-Behandlung verlagert den IEP des Cytoplasmas in Nissl-Schollen von pH 3,5 nach 5,0 (Nolte 1947). An Speicheldrüsenchromosomen von Dipteren soll der IEP vom Chromonema bei pH 7,65(?), der vom Euchromatin bei pH 3,2 und vom Heterochromatin zwischen pH 1,35 und 1,90 liegen. Nach Enzymbehandlung werden in den Randzonen mit Ponceau/Toluidinblau folgende Werte festgestellt: pH 2,0 nach Trypsin-, pH 2,8 nach Pepsin- und pH 9,8 nach Nuclease-Einwirkung (Yasuzumi, Mori, Matsukura und Minamino 1950). *Streptomyces*- und *Saccharomyces*-Arten sollen sich nach RNase-Behandlung mit kationischen Farbstoffen kaum färben, nur Acridinorange wird noch deutlich gespeichert

Tab. 56. *Unterschiede in der Bestimmung des IEP einzelner Zellbestandteile in der Wurzelspitze von Hyacinthus mit den Farbstoffpaaren Eosin/Toluidinblau und Methylblau/Safranin.* (Nach Naylor 1926, aus Fig. 1 abgelesene Werte.)

	Eosin/Toluidinblau pH	Methylblau/Safranin pH
Cytoplasma	4,3 — 4,7	4,5 — 5,0
Chromatin	5,1 — 5,3	5,1 — 5,3
Chromosomen	4,8 — 4,9	4,5 — 4,8
Nucleoli	5,5	4,6

und zeigt eine Verschiebung des IEP_M um durchschnittlich 1,4 pH zum Neutralpunkt hin (Hagedorn 1955b). RNase-Behandlung verlagert den IEP des Cytoplasmas von Mäuseleberzellen um 1,2—2,0 pH in den schwächer sauren Bereich nach Bestimmungen mit Kristallponceau/Methylenblau (Mayersbach 1956), und DNase verwischt den Unterschied zwischen Cytoplasma sowie Kern der vegetativen und der generativen Zelle im Pollenkorn von *Tradescantia reflexa*, während Proteinase ohne Wirkung bleibt (Baba, Shinke und Miki-Hirosige 1961, Eosin/Toluidinblau).

Das Bild ist recht uneinheitlich, und wie bei der Betrachtung der IEP-Bestimmung an Eiweißkörpern müssen wir uns auch bei der Färbung der Zellen die Frage vorlegen, welche Faktoren die Farbstoffspeicherung beeinflussen. Auf Grund der Eiweißnatur der plasmatischen Zellbestandteile müssen es dieselben sein wie bei den Eiweißen *in vitro*.

Benutzter Farbstoff und Dichte des Substrates. Bereits Naylor (1926) erhält teilweise unterschiedliche Ergebnisse, je nachdem ob er zur Färbung Eosin/Toluidinblau oder Methylblau/Safranin benutzt (Tabelle 56).

Levine (1940) und Mess (1956) bringen für verschiedene Farbstoffpaare die in Tabelle 58 und 57 wiedergegebenen Werte.

Nach Levine (1940) hat auch die Farbstoffkonzentration einen Einfluß. Die Speicherkurve für die anionischen Farbstoffe in Anhängigkeit vom pH-Wert ist um so weiter nach der neutralen Seite hin verschoben, je höher die Konzentration ist. Bei den kationischen Farbstoffen erfolgt umgekehrt eine Verlagerung zur sauren Seite mit steigender Konzentration. Für die IEP-Bestimmung wird sich diese Konzentrationsabhängigkeit um so stärker bemerkbar machen, je größer der Konzentrationsunterschied in den Lösungen des benutzten Farbstoffpaares ist. Analoge Verhältnisse findet MESS (1956) in ihren Untersuchungen an Gelatine (s. S. 194, Abb. 64). Nach HOŘAVKA (1959) ergibt allgemein eine Erhöhung der Farbstoffkonzentration einen IEP, der weiter im sauren Bereich liegt.

Tab. 57. *Unterschiede in der Bestimmung des IEP einzelner Zellbestandteile in den Oberepidermiszellen der Schuppenblätter von Allium cepa mit verschiedenen Farbstoffpaaren. Fixierung in 70% Alkohol.* (Nach MESS 1956.)

Farbstoffpaar	IEP-Werte		
	Wand pH	Cytoplasma pH	Kern pH
Säurefuchsin/Methylenblau	3,0 — 3,2	4,2	3,9
Säurefuchsin/Toluidinblau	2,2 — 2,6	4,7	3,9
Säurefuchsin/Neutralrot	2,2 — 2,6	4,6	4,1
Bordeaux R/Neutralrot	2,2 — 2,6	4,3	3,7
Ponceau PR/Neutralrot	2,2 — 2,6	4,5	3,7
Ponceau PR/Toluidinblau	2,2 — 2,6	4,6	4,0
Ponceau PR/Methylenblau	3,1	4,3	4,1
Erythrosin/Safranin	3,1	5,1	4,6
Eosin/Safranin	3,1	4,9	4,5
Wasserblau/Toluidinblau	2,2 — 2,6	5,2	4,6
Wasserblau/Methylenblau	3,0 — 3,2	4,5	4,3

Tab. 58. *Abhängigkeit der IEP-Bestimmung am Zellkern von Trichonympha collaris vom benutzten Farbstoffpaar und vom Fixiermittel.* (Nach LEVINE 1940.)

Farbstoffpaar	Fixiermittel			
	Susa pH	Schaudin pH	Bouin pH	100% Alkohol pH
Ponceau 2 R/Toluidinblau 0	3,6	3,5	4,7	3,3
Orange G/Toluidinblau 0	3,3	3,0	4,2	3,0
Ponceau 2 R/Kristallviolett	4,9	3,0	4,7	≪ 2,6
Orange G/Kristallviolett	4,7	2,9	4,5	≪ 2,6
Ponceau 2 R/Nilblausulfat	4,9	3,1	4,7	< 2,6
Orange G/Nilblausulfat	< 4,2	< 2,6	3,8	< 2,6
Ponceau 2 R/Methylenblau	6,0	4,9	5,6	4,8
Orange G/Methylenblau	5,3	3,9	5,3	4,3

Diese Abweichungen können auf dem unterschiedlichen Dissoziationsgrad der benutzten Farbstoffe, aber auch auf ihrem verschiedenen Dispersitätsgrad beruhen. Beide Faktoren ändern sich bei ein und demselben Farbstoff mit der Konzentration. Der Dispersitätsgrad wird sich vor allem im Zusammenhang mit der ungleichen Dichte der zu färbenden Substrate bemerkbar machen, und so ist auch von verschiedenen Seiten auf die Dichte als Fehlerquelle hingewiesen worden.

Nach Pfeiffer (1929) wird sich dieser Fehler besonders bei meristematischen Zellen, z. B. im Kambium, auswirken, deren Cytoplasma wegen der größeren optischen Dichte eine intensivere Färbung aufweist als die Protoplasten benachbarter, weiter ausdifferenzierter Elemente. Die anionischen Farbstoffe sollen von dieser Fehlerquelle stärker betroffen sein als die kationischen (Seki 1932b). Besonders eindringlich weist Zeiger (1942) auf diese Fehlermöglichkeit hin.

Art des Fixiermittels. Aus Tabelle 58 geht ferner hervor, daß die Art und Weise der Fixierung einen Einfluß auf die Lage des IEP hat. Nach den Untersuchungen von Stearn und Stearn (1924a, b, 1931) an Bakterien kommt besonders oxydierenden und reduzierenden Mitteln ein starker Einfluß auf die Lage des IEP zu. Eine Vorbehandlung mit Oxydationsmitteln verschiebt z. B. den „IEP" von *Bacillus (Corynebacterium) diphtheriae* um $\sim$ 1,5 pH-Einheiten

Tab. 59. *Abweichung der Umschlagspunkte von Grün- zur Rotfluorescenz mit Acridinorange bei Penicillium glaucum nach verschiedenartiger Fixierung.* (Nach Schwantes 1952.)

Fixiermittel	Wachstumszone		Ältere Mycelteile		Alte Teile um die Spore	
	Kerne pH	Cytoplasma pH	Kerne pH	Cytoplasma pH	Kerne pH	Cytoplasma pH
70% Alkohol	4,9	4,8	4,5	3,5	4,4	3,1
Kaliumbichromat-Essigsäure	6,0	6,0	5,6	4,5	5,4	4,0
Carnoysches Gemisch	6,1	6,0	5,7	4,5	5,5	4,1
Essigsäure	6,4	6,2	5,9	4,7	5,6	4,2

zur sauren Seite. An tierischen Präparaten beobachtet Zeiger (1930a, b) nach Formolfixierung gegenüber Alkoholfixierung eine Verlagerung des IEP zur sauren Seite. Dieser Befund kann an tierischen Objekten immer wieder bestätigt werden (Seki 1933d, Boerner-Patzelt 1935, Achard 1936). Zur Fixation für IEP-Bestimmungen wird dem chemisch indifferenten Alkohol der Vorzug gegeben, da hierbei eine stärkere Umladung durch Adsorption fremder Ionen nicht zu erwarten ist (Zeiger 1937).

Auch bei pflanzlichen Präparaten ist die Färbbarkeit stark von der Art des Fixiermittels abhängig (Yamaha 1932, 1936, Yamaha und Ishii 1933). Verglichen mit Alkohol verschiebt z. B. Kaliumbichromat den IEP der einzelnen Zellbestandteile des *Helodea-canadensis*-Blattes zur sauren und Chrom-Essigsäure zur alkalischen Seite (Drawert 1937c).

Tabelle 59 zeigt die Lage der IEP von Kern und Cytoplasma verschieden alter Hyphenteile von *Penicillium glaucum* nach unterschiedlicher Fixierung.

Die verschiedenen Zellbestandteile können eine recht unterschiedliche, selbst gegensinnige Verlagerung des IEP nach verschiedener Fixierung aufweisen. Deutlich geht dies aus Befunden von Ries und Gersch (1936) an tierischen Objekten hervor. In den Eiern von *Aplysia* liegt nach Alkoholfixierung der IEP des Chromatins bei pH 3,7—4,0 und der des Ergastoplasmas bei pH 4,5—5,0. Nach Hitzefixierung tritt das umgekehrte Bild auf: Der IEP des Chromatins liegt bei pH 4,5—5,0 und der des Ergastoplasmas bei pH 3,0—4,5. Der IEP der Eiweißdotterschollen bleibt dagegen nach beiden Fixierungsarten unverändert pH 6,2.

Dieser Einfluß des Fixierungsmittels ist in der Folge an den verschiedensten Objekten sowohl mit der Farbstoffpaar- als auch mit der Acridinorange-Methode festgestellt worden (HÄRTEL 1940, VON DELLINGSHAUSEN 1944, KÖLBEL 1947, 1949, HÖFLER, TOTH und LUHAN 1949, WOHLFARTH-BOTTERMANN und SCHWANTES 1952, ARMSTRONG 1956, BERTALANFFY und BICKIS 1956, SCHÜMMELFEDER und STOCK 1955, 1956, MAYERSBACH 1956, SCHARF und OSTER 1957, HÖLZL und BANCHER 1959a). Eine Übersicht findet sich bei SINGER (1952), und eine dieser Frage gewidmete Untersuchung bringt MESS (1956).

Die Fixierungsmittel werden nicht nur den IEP verändern, sondern auch die Dichte des Substrates; denn nur so läßt sich der Einfluß von Fixiermitteln auf die Anfärbung von Kernbestandteilen und Chromosomen in Wurzelspitzen mit dem Farbstoffpaar Orange G/Anilinblau wasserlösl. bei pH 3 erklären. Nach LA COUR, CHAYEN und GAHAN (1958) färben sich z. B. nach Fixierung mit 45% Essigsäure Nucleoli und Chromosomen blau. Bei Fixierung mit allen anderen daraufhin geprüften Fixiermitteln färben sich die Nucleoli aber gelb. Beides sind anionische Farbstoffe, unterscheiden sich aber in wässeriger Lösung durch ihren Dispersitätsgrad.

Wie die Fixiermittel sind die verwendeten Puffer von Bedeutung (YAMAHA 1936, ZEIGER 1937, LEVINE 1940, SCHÜMMELFEDER 1956). Auch eine UV-Bestrahlung verschiebt den IEP von *Allium*-Plasma stark zur sauren Seite (DUBROV 1959). Die Strahlenwirkung kann wahrscheinlich auf eine Schädigung des Plasmas vor der Fixierung zurückgeführt werden, da der Zelltod eine Verlagerung zur sauren Seite hin bedingt (KÖLBEL 1949). ZEIGER, HARDERS und MÜLLER (1951) denken z. B. an eine Freilegung von RNS aus ihrer Bindung mit Proteinen durch UV. Die Bestrahlung führt damit zu einer fortschreitenden Entbindung saurer Gruppen. Auf keinen Fall sind die am fixierten Material erhaltenen Ergebnisse auf die Zellbestandteile der lebenden Zelle zu übertragen (ZEIGER 1942).

MESS (1956) kommt auf Grund ihrer Untersuchungen zu dem Schluß, daß eine exakte Bestimmung des IEP mit einem Farbstoffpaar kaum und mit Acridinorange noch weniger möglich ist. Bei der Verwendung geeigneter Farbstoffpaare vermag die Methode aber Näherungswerte bzw. Relativwerte zu liefern. In Ermangelung einer besseren Methode ist sie daher nicht grundsätzlich abzulehnen: „Es ist aber zu fordern, daß Berichten über IEP-Bestimmungen mit Farbstoffpaaren genaue Angaben über Art und Herkunft der Farbstoffe, Farbstoffkonzentration, Färbetemperatur, Färbezeit, Alter der Farblösungen, Pufferungsart und Fixierungsart des Gewebes beizufügen sind" (S. 213).

Alter der Zellen. In einer Reihe von Arbeiten wird eine Abhängigkeit des IEP der einzelnen Zellbestandteile vom Alter der Zellen angeführt. Aus den Betrachtungen über den Einfluß der verschiedensten Faktoren bei der Bestimmung des IEP geht hervor, daß nur mit der gleichen Methode unter völlig gleichen Kautelen gefundene Werte verglichen werden können.

STRUGGER (1932) findet Unterschiede im IEP des Caryotins der Kerne junger (pH 3,9) und alter (pH 4,5) Zwiebelschuppen von *Allium cepa*. Auch an tierischen Geweben erfolgt eine Verlagerung des IEP mit zunehmendem Alter nach dem Neutralpunkt hin (MOMMSEN 1928, BOERNER-PATZELT 1932, YASUZUMI 1933, 1935, 1937, STURM 1935, ZEIGER 1936a, b, c, NOLTE 1947). Diese Änderung wird beim Cytoplasma mit einer Abnahme der RNS in Zusammenhang gebracht (NOLTE 1947).

Bei der Verschiebung des IEP mit der Alterung zum Neutralpunkt hin scheint es sich beim tierischen Gewebe nach Zeiger (1936a) um eine ganz allgemeine Erscheinung zu handeln. Andererseits würde ich aber entgegen dieser Annahme aus einer Arbeit von Achard (1936), die auch Zeiger zitiert, herauslesen, daß der IEP der Grundsubstanz älterer, entkalkter Knochenlamellen mehr im sauren Bereich liegt als der jüngerer. Dessenungeachtet spricht aber tatsächlich der weitaus größte Teil der Befunde für die Vermutung von Zeiger.

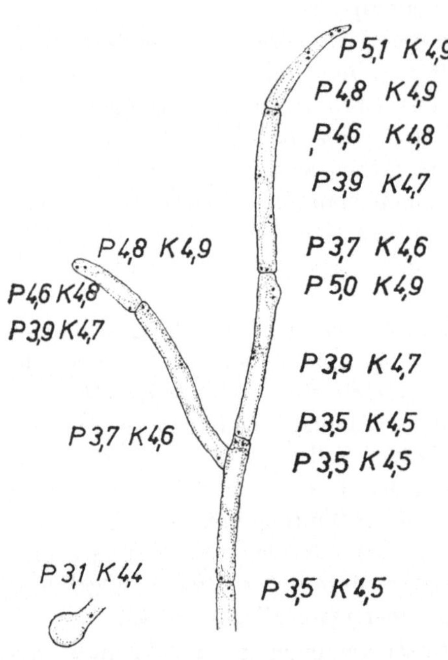

Abb. 79. Topographische Verteilung der IEP einzelner Zellbestandteile im Mycel von *Penicillium glaucum*. Mycelast mit einer stark und einer schwächer wachsenden Endigung und einem frisch angelegten Vegetationspunkt, dazu die Keimspore. Alter der Kultur 30 Std., P Cytoplasma, K Kern. (Nach Schwantes 1952.)

Die meisten Angaben über den Einfluß des Alterns auf den IEP der Zellelemente pflanzlicher Gewebe zeigen merkwürdigerweise die entgegengesetzte Tendenz. Entgegen den Befunden von Strugger (1932) soll nach Yamaha und Ishii (1933) der IEP älterer Zellkerne weiter im sauren Bereich liegen als bei jüngeren. Auch Drawert (1937c) findet für Zellbestandteile der Wurzelspitze und der Zwiebelschuppen von *Allium cepa* sowie an den Plastiden von *Helodea canadensis* mit dem Altern eine Verlagerung zur sauren Seite hin. Das gleiche beobachtet Strugger (1938b) für Cytoplasma, Kern und Plastiden von *Helodea densa*. Andere Färbungsversuche mit kationischen Farbstoffen an *Helodea canadensis* sprechen aber auch für eine Lage der IEP des Zellinhaltes junger Zellen bei höherer cH, verglichen mit denen ausgewachsener Zellen (Drawert 1937e). In Untersuchungen am Mycel von *Phycomyces blakesleeanus* und *Penicillium glaucum* kann aber Schwantes (1952) mit Acridinorange das Absinken des IEP in den stärker sauren Bereich mit dem Altern der Zellen bestätigen (Abb. 79 und S. 240, Tabelle 59). Die höchste Lage des IEP der Zellbestandteile findet sich immer in den Wachstumszonen, gleichgültig, ob es sich um Spitzenwachstum oder Abschnürung von Konidien bei *Penicillium* handelt. Im sauersten Bereich liegen die IEP der stark alternden Teile des Mycels in Keimsporennähe, so daß man in den Hyphen einen regelrechten Gradienten erhält.

Zu entsprechenden Befunden kommen Hagedorn (1955b) für *Streptomyces*- (Säurefuchsin/Toluidinblau und Acridinorange) sowie Schoser (1956) für *Cladophora*-Arten (Acridinorange). In wachsenden Teilen eines *Cladophora*-Regenerates liegt der IEP der Zellkerne um pH 6,2 und der des Cytoplasmas um pH 5,9, und in ruhenden Teilen betragen die Werte pH 5,6—5,9 für die Kerne und pH 5,3—5,6 für das Cytoplasma. Beim Cytoplasma von *Azotobacter* soll dagegen nach Floethmann (1954) mit zunehmendem Alter eine Verschiebung des IEP von pH ~ 2,7 nach pH ~ 3,1 erfolgen (Säurefuchsin/Toluidinblau).

HOŘAVKA (1959) untersucht die Verlagerung des Durchschnitts-IEP der Zellen im Vegetationskegel eines Apfelsprosses beim Übergang zur Blütenbildung mit Säurefuchsin/Anilingrün. 7 bis 14 Tage vor der morphologischen Differenzierung wandert der IEP_M in Richtung zum Neutralpunkt, geht dann aber nach Erreichung eines Grenzwertes wieder auf das ursprüngliche Niveau zurück. HOŘAVKA erwähnt noch folgende Arbeiten, die sich mit ähnlichen Fragen befassen, deren Einsicht mir aber nicht möglich war: KONAREV (1948a, b) und TSELNIKER (1949).

Nach CHEL'TSOVA (1962, 1963) scheinen die Verhältnisse im Vegetationskegel verschiedener höherer Pflanzen allerdings nicht so einfach zu liegen. So sollen sich beim Weizen der IEP des Nucleolus mit dem Altern zum Neutralpunkt und die IEP von Nucleus und Cytoplasma nach der stärker sauren Seite hin verschieben (Säurefuchsin/Methylenblau).

Worauf das unterschiedliche Verhalten der meisten tierischen und eines Teiles der pflanzlichen Zellen beruht, läßt sich noch nicht sagen. Weitere Untersuchungen müssen klären, wieweit etwa methodische Fehler oder andere Faktoren, wie verschiedene Dichte des Plasmas, dafür verantwortlich zu machen sind.

Außer den bereits erwähnten Arbeiten bringen noch folgende Mitteilungen Angaben über den IEP verschiedener Zellbestandteile. YASUI und FUJII (1951) untersuchen sich teilende Zellen während der Meiosis (Pollenmutterzellen) und der Mitose (Wurzelspitzen) vorwiegend mit Methylblau/Safranin. Die einzelnen Kernbestandteile sollen während der Caryokinese ganz erhebliche IEP-Schwankungen zeigen, das Chromonema z. B. von pH 2,2 bis pH $<$ 8,0. In der Metaphase soll der IEP etwas unter pH 5 liegen. Auf solche Unterschiede ist auch der Befund von WULFF (1934a) zurückzuführen, daß sich in fixierten Pollenschläuchen in einem Farbstoffgemisch der ruhende vegetative Kern mit anionischen und der sich teilende generative Kern mit kationischen Farbstoffen färben.

Im Widerspruch dazu stehen die Angaben von BABA, SHINKE und MIKI-HIROSIGE (1961) über die IEP der Kerne im Pollenkorn von *Tradescantia reflexa*. Nach Formalinfixierung wird mit Eosin/Toluidinblau für den vegetativen Kern pH 3,90—4,35 und für den generativen Kern pH 3,40—3,90 gefunden. Aber auch in diesem Fall muß man mit einem Einfluß der Strukturdichte der Kerne auf den Färbungsgang rechnen, da sich mit dem gleichsinnig geladenen (anionisch) Farbstoffpaar Orange G/Anilinblau, das sich aber in wässeriger Lösung im Dispersitätsgrad unterscheidet, vegetativer und generativer Kern im Pollen zweier *Tradescantia*-Arten in Anhängigkeit vom Entwicklungszyklus verschieden färben. Bei pH $\sim$ 3 ist der vegetative Kern von seiner Bildung an bis kurz vor der Anthese blau, dann färbt er sich nicht mehr. Der generative Kern färbt sich dagegen nur für eine kurze Periode blau, meist ist er gelb (LA COUR und CHAYEN 1958).

In *Nitella* vorkommende Stachelkugeln sollen nach HÄRTEL (1951) in Plastiden entstehen und einen Eiweißkörper mit einem IEP um pH 3,1 darstellen. Die in den Epidermiszellen der Laubblätter von *Helleborus corsicus* befindlichen großen Leukoplasten (Proteinoplasten) besitzen nach Essigsäurefixierung einen IEP zwischen pH 4,5—5,5 (HÄRTEL und THALER 1953). Der Periplast von Euglenaceen weist nach Alkoholfixierung einen IEP bei pH 3,0—3,3 auf (DISKUS 1954), und der IEP des Plasmas verschiedener Diatomeen liegt nach Alkoholbehandlung zwischen pH 3,0—3,2 (Geissler 1958).

Aus dem Dargelegten geht hervor, daß die Färbung fixierter Zellen mit anionischen und kationischen Farbstoffen eine starke pH-Abhängigkeit zeigt, wie auch folgende Arbeiten belegen: Strugger für *Allium*-Zellen mit Pyronin (1941a), für Bakterien (1942a) und Hefe (1943a) mit Acridinorange oder *Sarcina* mit Auramin (Strugger und Hilbrich 1942). Auch die festen Zellsäfte in den Corollenepidermen von *Cerinthe major* weisen nach Alkoholfixierung eine pH-abhängige Fluorescenz mit Acridinorange auf (Härtel 1953a), ebenso wie tote Zellkerne (Höfler, Toth und Luhan 1949); und die Färbung toter Oberepidermen der Schuppenblätter von *Allium cepa* mit Prontosil (Drawert 1950) oder Fluoresceinen (Drawert 1960a) ist pH-abhängig.

Für diesen Färbungsmechanismus ist das Vorliegen der Farbstoffe in dissoziierter Form eine Voraussetzung. Sobald z. B. mit fallender cH die Dissoziation eines kationischen Farbstoffes zurückgeht, wird auch die Färbung der Zellelemente abnehmen, obwohl deren negative Ladung sich verstärkt. Die Abnahme der Färbungsintensität des Cytoplasmas mit kationischen Farbstoffen im stark alkalischen Bereich hat also nichts mit einer Änderung der Pufferkapazität des Cytoplasmas zu tun, wie es zunächst Drawert (1937c) vermutet. Auch aus theoretischen Gründen ist diese Annahme unhaltbar. Wie bei den Versuchen mit isolierten Eiweißkörpern (s. S. 190) wird auch bei den Zellelementen fixierter Gewebe der Färbungsbereich in der pH-Skala vom IEP des zu färbenden Bestandteiles und dem Rückgang der Dissoziation des Farbstoffes begrenzt.

β) Durchtränkungsfärbung

Der sogenannten Durchtränkungsfärbung liegen rein physikalische Vorgänge zugrunde. Für ihr Zustandekommen ist vor allem der Dispersitätsgrad des Farbstoffes und die unterschiedliche Strukturdichte des Substrates verantwortlich. Diese Theorie bezieht sich in erster Linie auf die anionischen Farbstoffe, doch kann hier nicht näher darauf eingegangen werden (s. W. und M. von Möllendorff 1924), es soll nur darauf hingewiesen werden, daß dieser Färbungsmechanismus bei schwach oder gar nicht dissoziierten Farbstoffen eine Rolle spielen kann, etwa bei Rhodamin B (Drawert 1937c) oder Prune pure (Drawert 1938c). Auf diesem Mechanismus wird auch die unterschiedliche Färbung der Chromosomen im Mitose- und Meiosezyklus mit dem gleichsinnig (anionisch) geladenen Farbstoffpaar Orange G/Anilinblau wasserlösl. beruhen, wie sie von La Cour und Chayen (1958) sowie La Cour, Chayen und Gahan (1958) beschrieben wird.

γ) Chemische Farbstoffbindung

Wenn die betrachtete Austauschadsorption auch im Grunde auf eine Salzbildung zwischen Farbstoff und Substrat zurückzuführen ist, so zeigt sie doch Unterschiede zu einer „echten" chemischen Bindung, und zwar liegt der Hauptunterschied in der starken pH-Abhängigkeit und in der Salzempfindlichkeit. So soll die Grünfluorescenz toter Zellkerne mit Acridinorange im Gegensatz zur Rotfluorescenz auf einer echten chemischen Bindung beruhen. Eine Rotfluorescenz des Cytoplasmas wird dagegen auch auf eine echte chemische Bindung zurückgeführt, da sie $CaCl_2$-fest ist (HÖFLER, TOTH und LUHAN 1949). Während die Rotfluorescenz lebender Nervenzellen mit Acridinorange durch physiologische Salzlösungen auswaschbar ist (Adsorptionsverdrängung), bleibt die Rotfluorescenz toter Nervenzellen erhalten. Auch in diesem Fall nehmen ZEIGER, HARDERS und MÜLLER (1951, S. 82) nach dem Eintritt des Zelltodes „eine sehr viel festere, möglicherweise chemische Bindungsform des Farbstoffes" an.

Die mit Alkohol fixierten, festen Zellsäfte von *Cerinthe major* speichern Acridinorange bei pH 6,5—7,7 mit orange bis kupferroter und darunter mit grüner Fluorescenz. Im stark sauren Bereich (pH 2,5) leuchten sie wieder kupferrot. Im Neutralbereich wird die Rotfluorescenz durch $\frac{1}{2}$ mol $CaCl_2$ fast augenblicklich ausgewaschen, im sauren Bereich ist sie dagegen selbst gegen 1 mol $CaCl_2$ lange Zeit beständig, nur eine Säurehydrolyse hebt sie auf, ferner bleibt sie bei anthocyanfreien Zellen aus (HÄRTEL 1953a). Diese Befunde sprechen dafür, daß phenolische Körper für eine echte chemische Bindung kationischer Farbstoffe (vgl. S. 227) auch bei der fixierten Zelle unter Umständen eine Rolle spielen können. An Blattstücken von *Pinus strobus* überdauern die mit Neutralrot vital gefärbten tanninhaltigen Vakuolen eine Fixierung mit 10% Formalin oder Bouin (BOYER 1963).

Bei der Färbung der fixierten Zelle muß man immer mit Überlagerungen der verschiedenen Färbungsmechanismen rechnen, was vor allem bei IEP-Bestimmungen zu berücksichtigen ist.

Ein ganz eigenartiges Verhalten zeigt *Pneumocystis carinii*, ein Parasit unbekannter systematischer Stellung, der in der Lunge von Säugetieren vorkommt und sich nach Formalinfixierung mit Rhodamin B bei pH 0,65 elektiv fluorochromiert. Eine Fluorochromierung mit anderen anionischen und kationischen Farbstoffen gelingt nicht (OPFERKUCH und RICKEN 1959). Auch in diesem Fall sollte man zunächst an eine chemische Bindung denken, dagegen spricht aber die leichte Auswaschbarkeit mit Alkoholen und Aceton.

2. Protoplasmatische Anatomie der fixierten Pflanze

Die Abhängigkeit der Lage des IEP der einzelnen Zellbestandteile vom Alter, die wiederum auf Unterschiede in der chemischen Zusammensetzung beruht, sowie die verschiedene Strukturdichte der Zellelemente und der Gehalt an Substanzen mit besonderer chemischer Affinität zu Farbstoffen können etwa in einem Organ ein ganz verschiedenes Färbungsverhalten einzelner Zonen ergeben, so daß ein recht differenziertes Färbungsbild entsteht. Im Anschluß an die „protoplasmatische Pflanzenanatomie" der lebenden Pflanze im Sinne von WEBER (1929a, vgl. auch REUTER 1955) spricht DRAWERT (1937c, e, 1938b) von einer „protoplasmatischen Anatomie der fixierten Gewebe".

Die am lebenden Blatt von *Helodea canadensis* von der protoplasmatischen Pflanzenanatomie aufgedeckten Gradienten (vgl. S. 551) lassen sich zum Teil auch am fixierten Blatt nachweisen. Die einzelnen Zonen heben sich durch ihre unterschiedliche Färbbarkeit bei den verschiedenen pH-Werten ab. Die Zellwände der Blattunterseite färben sich mit kationischen Farbstoffen bereits bei höherer cH als die der Oberseite. Die letzten weisen aber als Besonderheit eine Zellwandkuppenfärbung auf, die bei dissoziierten Farbstoffen diffus ist (Abb. 80). Mit schwach dissoziierten Farbstoffen, die leicht zu einer Ausfällung neigen, wie

Prune pure, kommt es auf den Zellwandkuppen zu einer scharf begrenzten Ablagerung von Farbstoffkrümeln (Abb. 81). Nach Falk und Sitte (1963) geben die Zellwandkuppen der Blattoberseite von *Helodea callitrichoides* mit Resorcin- und Anilinblau eine positive Callosereaktion.

Weitere auffallende Zonen des *Helodea*-Blattes sind die Randzellen und die Blattzähne, deren Wände sich bereits im stark sauren Bereich färben (Abb. 82),

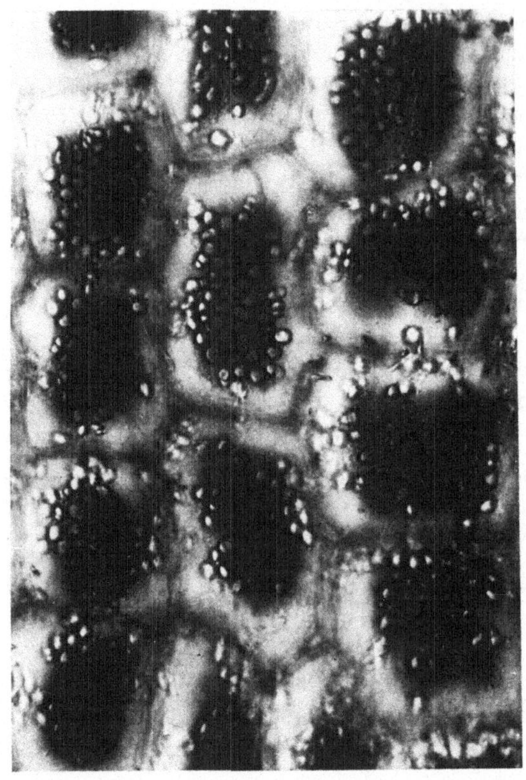

Abb. 80.

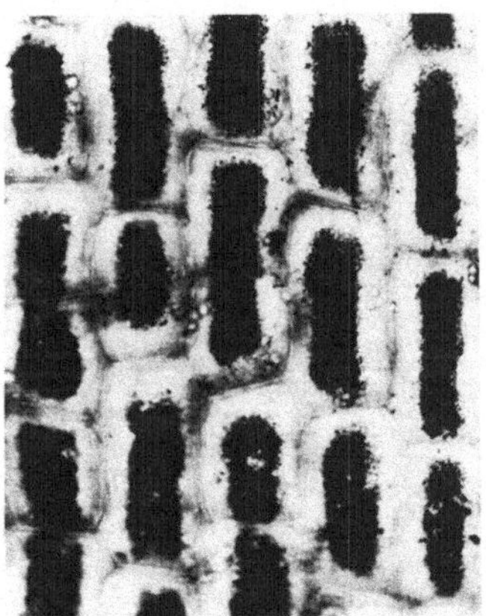

Abb. 81.

Abb. 80. Zellwandkuppenfärbung an der Blattoberseite von *Helodea canadensis*. Fixierungsmittel: Chrom-Essigsäure, Farbstoff: Toluidinblau bei pH 4,42. (Nach Drawert 1937 c.)

Abb. 81. Blattoberseite von *Helodea canadensis* (in 70% Alkohol fixiert). Auf den Zellwandkuppen Ablagerung feiner Partikelchen von Prune pure. (Nach Drawert 1938 c.)

sowie die Wände der Mittelrippe, die sich nur schwer anfärben und auch keine Kuppenfärbung aufweisen (Abb. 83). Durch eine schlechte Färbbarkeit zeichnen sich auch die amphinekrotischen Zellen aus (Abb. 84). Ferner speichert in noch nicht ausgewachsenen Blättchen die junge basale Zone im fixierten Zustand erst bei niedriger cH kationische Farbstoffe. Die schwere Färbbarkeit der basalen Zone wird von Diehl (1936) auf das Vorhandensein einer Kutikula zurückgeführt, während Drawert (1937 c) mehr an eine Inkrustierung der jugendlichen Zellwände mit einer wachsartigen „Primärsubstanz" (Gundermann, Wergin und Hess 1937) und Unterschiede im IEP denkt. Bei *Helodea densa* kann Ruge (1940) eine sehr dünne Kutikula nachweisen, die das ganze Blatt überzieht und nur an der Blattspitze einige kleine Poren aufweist.

Die bisher beschriebenen Unterschiede im Färbungsverhalten beziehen sich auf die Zellwände. Aus diesem Grunde ist bei Diskussionen der Einwand gemacht worden, daß es nicht korrekt wäre, von einer „protoplasmatischen" Anatomie zu sprechen. Diesem Einwand ist aber entgegenzuhalten, daß es sich bei der Zellwand um ein Ausscheidungsprodukt des Plasmas handelt und so deren Verhalten indirekt auf verschiedene Plasmen hinweist. Außerdem zeigt auch das

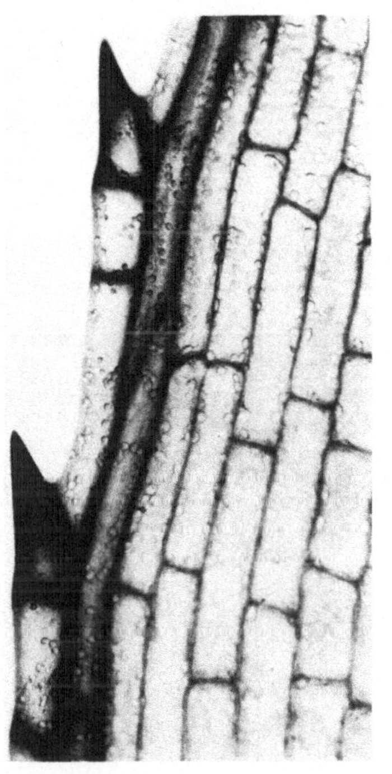 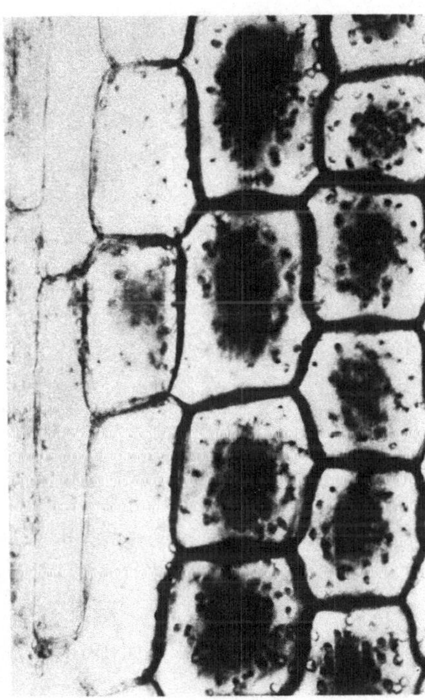

Abb. 82.   Abb. 83.

Abb. 82. Elektive Färbung der Blattzähne, der Querwände der äußersten Zellenreihe und aller Wände der zweiten Zellenreihe im apikalen Teil eines Blattes von *Helodea canadensis*. Fixiermittel: 70% Alkohol, Farbstoff: Neutralrot bei pH 2,02. (Nach DRAWERT 1937 c.)

Abb. 83. Färbung der Zellwände und der Zellwandkuppen in der Blattoberseite von *Helodea canadensis* mit Ausnahme der Mittelrippe, deren Zellen farblos bleiben. Fixiermittel: 70% Alkohol, Farbstoff: Neutralrot bei pH 3,41. (Nach DRAWERT 1937 c.)

Plasma der ausgezeichneten Zellen ein unterschiedliches Verhalten, was man allerdings auf einen verschiedenen Diffusionswiderstand der Wand zurückführen könnte. Die bereits beschriebene Abhängigkeit der IEP plasmatischer Zellelemente vom Alter weist aber eindeutig darauf hin, daß es auch berechtigt ist, bei fixierten Geweben von einer protoplasmatischen Anatomie zu sprechen, wie auch noch folgende Beispiele zeigen werden. Selbst bei tierischen Zellen und Geweben bleiben plasmatische Unterschiede gegenüber bestimmten Farbstoffen nach der Fixierung erhalten (MONNÉ und HÅRDE 1953).

Wie die amphinekrotischen Zellen von *Helodea* können sich die Nebenzellen der Stomata von *Tradescantia virginiana* verhalten (DRAWERT 1941 b). Ist nur eine polare Nebenzelle ausgebildet, bleibt in der angrenzenden großen Epidermiszelle eine Zone von der Größe einer Nebenzelle bei der Färbung ausgespart

(Abb. 85). Allem Anschein nach liegt hier eine verschiedene Strukturdichte der Zellwand vor; denn allmählich färben sich auch die Nebenzellen. Die Wände der lateralen Nebenzellen färben sich zuletzt. Die schlechte Färbbarkeit der Wände der lateralen Nebenzellen ist bereits von Lilienstern (1934) an lebenden und an fixierten, abgezogenen Epidermisstreifen von *Tradescantia virginiana* beobachtet worden. Ähnlich der basalen Zone im jungen *Helodea*-Blatt bleiben auch am noch

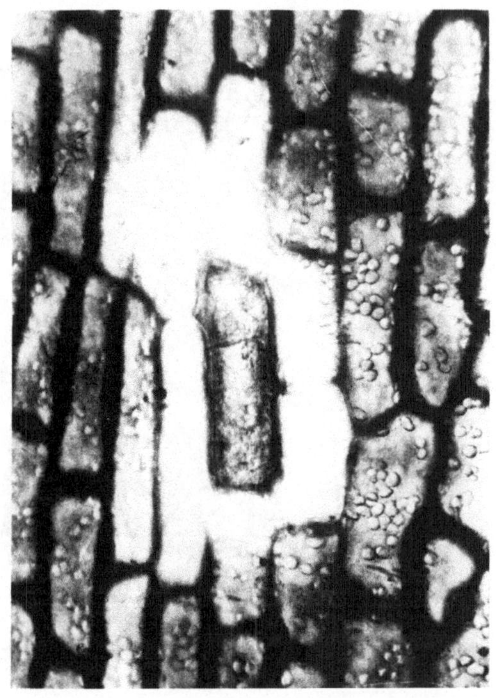

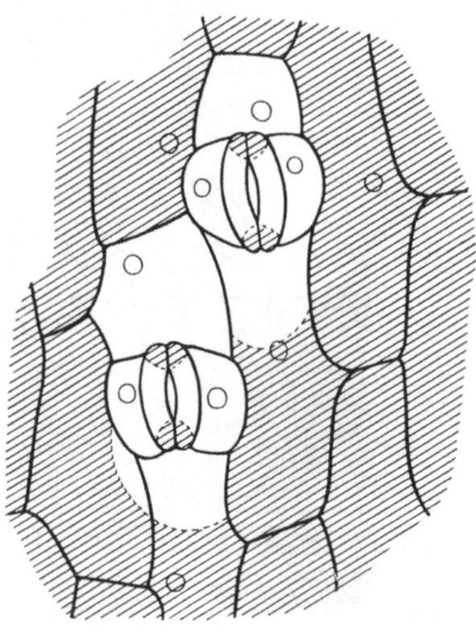

Abb. 84.   Abb. 85.

Abb. 84. Amphinekrotische Zellen mit fast farblosen Zellwänden in der Blattunterseite von *Helodea canadensis*. Fixiermittel: Chrom-Essigsäure, Farbstoff: Toluidinblau bei pH 4,42. (Nach Drawert 1937 c.)

Abb. 85. Färbung der Außenwände der Blattepidermis von *Tradescantia virginiana*. Die Spaltöffnungen bleiben zunächst farblos, nur in den Schließzellen färben sich die polaren Enden. Ist bei einer Spaltöffnung nur eine polare Nebenzelle ausgebildet, dann adsorbiert in der am anderen Ende angrenzenden großen Epidermiszelle eine Wandzone von der Größe einer polaren Nebenzelle keinen Farbstoff. Fixierungsmittel: 70% Alkohol, Farbstoff: Toluidinblau in aqua dest. (Nach Drawert 1941 b.)

nicht ausgewachsenen *Tradescantia*-Blatt nach Färbung mit Toluidinblau im stark sauren Bereich (< pH 4) die Zellwände der jugendlichen Zone farblos mit Ausnahme der polaren Wände der Initialen, die sich gerade in zwei Schließzellen geteilt haben. Bei einem etwas höheren pH-Wert färben sich alle Zellwände gleichmäßig. Die polaren Wände der Schließzellenmutterzelle müssen demnach schneller altern. Dafür spricht auch die Doppelbrechung im polarisierten Licht. Bei der Ausdifferenzierung der Zellen zeigen die polaren Zellwände der Initialen als erste eine Doppelbrechung.

Bei *Tradescantia virginiana* nehmen auch die einzelnen Zellen der dreizelligen Blatthaare Toluidinblau unterschiedlich auf. Nach Alkoholfixierung färbt sich entweder der plasmatische Inhalt der beiden unteren Zellen mit blauem Farbton

(Abb. 86*a*), oder es färben sich der Kern (blau) und vor allem die Zellwand (violett) der Spitzenzelle (Abb. 86*b*). Im lebenden Zustand zeigt nur die Spitzenzelle eine elektive Zellwandfärbung (S. 554, Abb. 182). In dem voneinander abweichenden Verhalten der fixierten Haarzellen manifestiert sich ihre verschie-

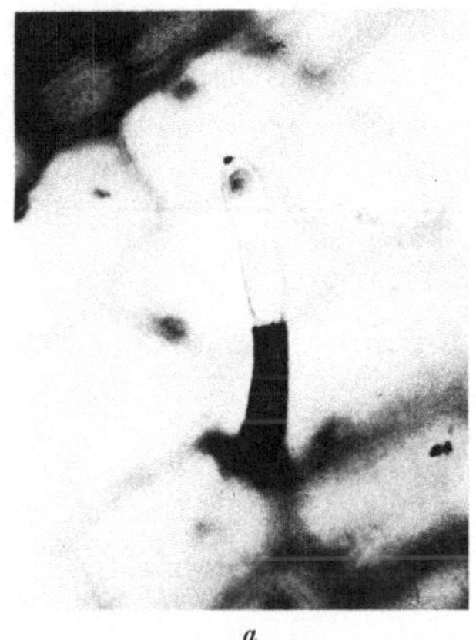
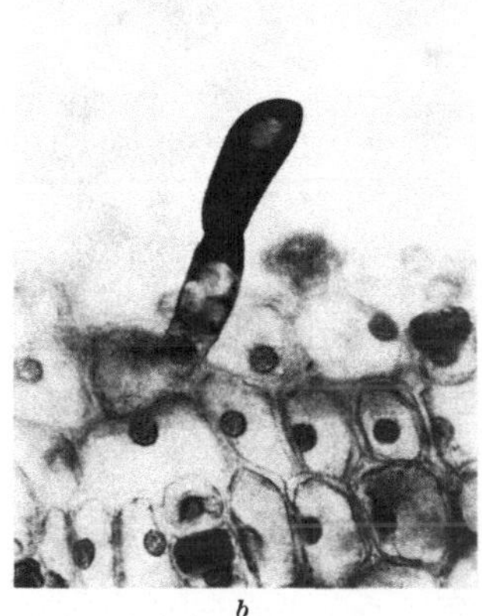

Abb. 86. Elektive Färbung am dreizelligen Schleimhaar von *Tradescantia virginiana* nach Alkoholfixierung mit Toluidinblau. *a* Färbung von Kern und Cytoplasma in Fuß- und Stielzelle bei pH 2,7. *b* Färbung der Zellwand und des Kernes der Spitzen-(Schleim-)zelle bei pH 3,8. Die Zellwandfärbung greift etwas auf die darunter liegende Stielzelle über. (Nach DRAWERT 1941 b.)

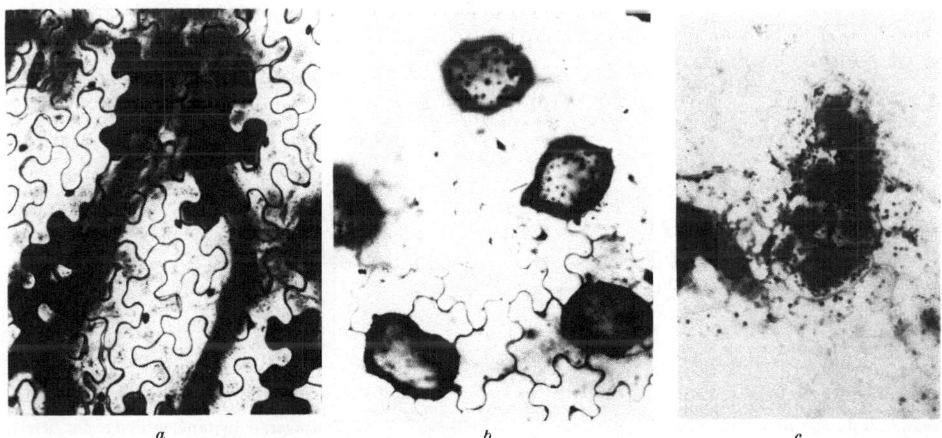

Abb. 87. Elektive Färbung der Hydropoten im fixierten Zustand mit Toluidinblau bei *a Ceratopteris thalictroides, b Salvinia auriculata, c Sagittaria sagittifolia.* (Nach DRAWERT 1938 b.)

dene physiologische Funktion. Es liegen nach STAUDERMANN (1924) Schleimhaare vor, die in Fuß-, Stiel- und Schleimzellen gegliedert sind. Die Spitzenzelle zeigt eine frühzeitige Verschleimung.

Ähnliche Gradienten wie bei *Helodea canadensis* werden auch an fixierten Geweben von Hymenophyllaceen (HÄRTEL 1940) und Prothallien von *Dryopteris parasitica* (REUTER 1953) gefunden. Die Zellwandkuppen der Blattoberseite von *Helodea*-Arten sollen Hydropotenfunktion haben. Dementsprechend kann man auch die Hydropoten anderer Wasserpflanzen elektiv im toten Zustand färben (MAYR 1915, DRAWERT 1938b), wie Abb. 87 belegt.

Eine unterschiedliche Färbbarkeit fixierten Gewebes kann modifikativ oder genetisch bedingt sein. So ist nach Härtel (1943) die Färbbarkeit der Zellwände von Pflanzenmaterial gleicher Arten aus verschiedenen Höhenlagen bei unterschiedlichen pH-Werten ungleich, und nach von Dellingshausen (1944) zeigen *Epilobium*-Keimlinge mit gleichem Genom, aber abweichendem Plasmon eine unterschiedliche Lage im IEP des Plasmas. Nach Bestimmung mit Säurefuchsin/

Tab. 60. *IEP-Bestimmungen in den einzelnen Zonen der Oberepidermis der Schuppenblätter von Allium cepa mit Säurefuchsin/Methylenblau.* (Nach Mess 1956.)

Zellbestandteile	IEP-Werte		
	Spitze pH	Mitte pH	Basis pH
Kerne	3,7	3,5	3,8
Nucleoli	3,9	3,8	3,9
Cytoplasma	4,2	4,1	4,0

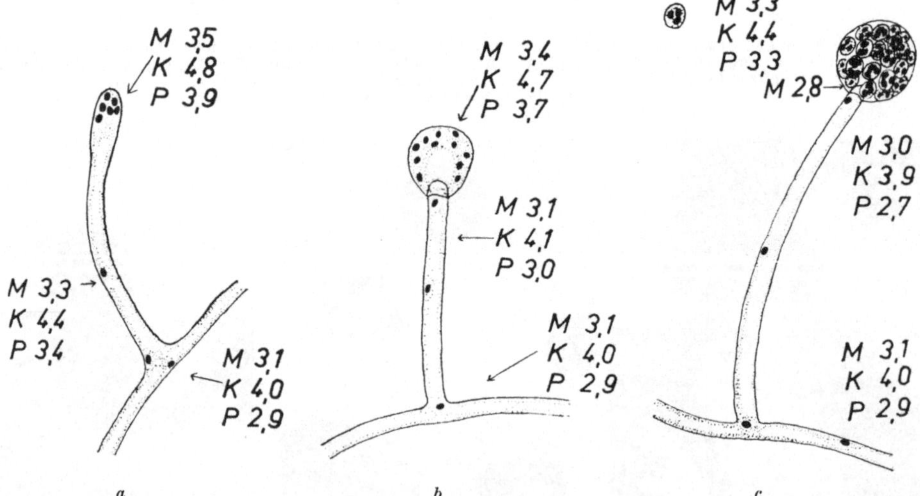

Abb. 88. Topographische Verteilung der IEP der verschiedenen Zellbestandteile verschieden alter Sporangienträger einer 36 Std. alten Kultur von *Phycomyces blakesleeanus.* Fixiermittel: 70% Alkohol, Farbstoff: Acridinorange. *a* Junger Sporangienträger, *b* etwas weiter entwickelter Sporangienträger, *c* Sporangienträger, der bereits Sporen im Sporangium ausgebildet hat. M Zellwand, K Kern, P Cytoplasma. (Nach Schwantes 1952.)

Toluidinblau sind der IEP des Jena-Plasmas gegenüber dem des München-Plasmas und der des hirs. I-Plasmas gegenüber dem des lhⁿ-Plasmas nach der alkalischen Seite hin verschoben. Aus Färbungsversuchen mit dem elektroneutralen Rhodamin B wird geschlossen, daß sich die verschiedenen Plasmen wohl in erster Linie in ihrer Lipoidphase und vielleicht auch im Gerbstoffgehalt unterscheiden. Auf die ungleiche Lage der IEP von vegetativem und generativem Kern im Pollenkorn bzw. Pollenschlauch wurde bereits auf S. 243 eingegangen.

Die Oberepidermis der Schuppenblätter von *Allium cepa* läßt einen Längsgradienten im IEP der Zellbestandteile erkennen (Tabelle 60). Die Unterschiede sind allerdings nicht sehr groß.

Selbst im Verlauf der normalen Entwicklung abgestorbene Gewebe, wie der Wurzelkork einiger Pflanzen, zeigen unter Umständen noch eine Zonierung im Färbungsverhalten. Nach einer Färbung mit Giemsalösung weist der Wurzelkork drei Zonen auf: Die jüngste Zone (eosinophile Korkzellschicht) ist rot, die anschließende (phlobaphenogene Schicht) grün und die äußerste (Phlobaphenschicht) blau gefärbt (STAMM 1952, 1958, 1961).

Auch an niederen Pflanzen kann man eine protoplasmatische Anatomie der fixierten Gewebe betreiben. Bereits BAUMGÄRTEL (1920) erwähnt von *Cladophora*-Fäden, daß sich nach einer Fixierung in 96% Alkohol in einem Teil der Zellen der Protoplast mit Säurefuchsin, im anderen mit Methylenblau färbt. Nach JOHANNES (1939) zeigen auch am fixierten Material (70% Alkohol) von *Phycomyces blakesleeanus* die Kopulationsorgane des (—)-Mycels mit Neutralrot bei pH 6,9 eine viel stärkere Zellwand- und Inhaltsfärbung als die des (+)-Mycels.

Diese protoplasmatischen Unterschiede an fixierten Pilzmycelien untersucht SCHWANTES (1952) mit Acridinorange. Auf den Altersgradienten in den IEP der Hyphen von *Phycomyces blakesleeanus* und *Penicillium glaucum* wurde bereits hingewiesen (S. 242, Abb. 79). Die Verhältnisse bei der Entwicklung des Sporangienträgers und des Sporangiums von *Phycomyces* sind in Abb. 88 wiedergegeben. Entsprechend den Befunden von JOHANNES (1939) mit Neutralrot können auch mit Acridinorange die Unterschiede in den Kopulationsästen des (—)- und (+)-Mycels beobachtet werden (Abb. 89).

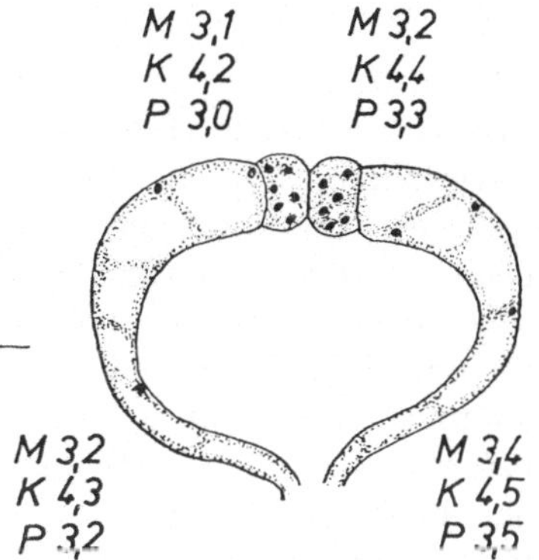

Abb. 89. IEP einzelner Zellbestandteile in Gametangien und Suspensoren von *Phycomyces blakesleeanus* aus einer 8 Tage alten Kultur. Fixierungsmittel: 70% Alkohol, Farbstoff: Acridinorange. M Zellwand, K Kern, P Cytoplasma. (Nach SCHWANTES 1952.)

IV. Die Vitalfärbung

1. Die Methoden der Vitalfärbung

Je nachdem, ob man ganze Organe, Gewebe oder nur einzelne Zellen färben will, wird man den Farbstoff auf verschiedene Art dem Objekt zuführen. Es sollen hier die Methoden nur in großen Zügen angedeutet werden. Da eine Reihe von Außenfaktoren und auch der jeweilige physiologische Zustand des Objektes den Gang und den Erfolg der Vitalfärbung beeinflussen, wird später bei der Besprechung dieser Faktoren auch näher auf methodische Fragen eingegangen.

Aus den angeführten Gründen ist der Erfolg der Vitalfärbung von so viel „Zufälligkeiten" abhängig, daß man im allgemeinen kein starres methodisches Schema geben kann, wie es etwa für die histologische Färbetechnik am fixierten Objekt möglich ist. „Es sollte zwar überflüssig sein, darauf hinzuweisen, daß der Verlauf einer Vitalfärbung, sowohl in bezug auf die Geschwindigkeit als auch auf die Intensität, als die spezielle Form der Farbstoffspeicherung für ein bestimmtes gegebenes Versuchsobjekt erst in orientierenden Vorversuchen eigens ermittelt werden muß, doch soll diese Bemerkung hier eingeschaltet werden, weil man immer wieder ein ‚rezeptmäßiges' Vorgehen von der Vitalfärbung erwartet" (Gicklhorn 1932b, S. 372).

Ferner ist zu beachten, daß trotz der inzwischen erzielten Fortschritte in der Färbetechnik zahlreiche Färbungen in ihrem Erfolg unsicher sind, da die handelsüblichen Farbstoffe in ihrer Zusammensetzung sehr variieren (vgl. S. 212 u. f.), wie Werner und Christman (1952) betonen. Dieser Satz gilt nicht nur für die histologische Färbung, sondern in noch viel stärkerem Maße für die Vitalfärbung, da die lebende Zelle ein ausgesprochenes Wahlvermögen hat und nur in Spuren vorhandene Verunreinigungen, etwa mit einem anderen Farbstoff, anreichern kann.

a) Immersionsmethode

Die seit Pfeffer (1886) am häufigsten angewandte Methode ist das Immersionsverfahren, d. h., das Versuchsobjekt wird in eine wässerige Farbstofflösung eingebracht oder auf ihr schwimmen gelassen. Die Farbstoffkonzentration beträgt im allgemeinen 0,0001 bis 0,01%. Als Lösungsmittel wird meist destilliertes, Regen- oder Leitungswasser benutzt. Je nach dem angewendeten Farbstoff (vgl. S. 23, 24, Tabelle 2 und 3) und beim Leitungswasser auch nach dessen Zusammensetzung kann der pH-Wert der Lösung unter Umständen stark variieren. Wie wir später sehen werden, hat der pH-Wert der Farbstofflösung in vielen Fällen eine ganz ausschlaggebende Bedeutung für den Ausfall der Vitalfärbung. Viele der sich widersprechenden Angaben in der älteren Vitalfärbungsliteratur sind wohl in erster Linie auf eine Nichtbeachtung dieser Tatsache zurückzuführen, so daß man heute vorwiegend mit Farbstofflösungen arbeitet, die durch Puffersubstanzen auf einen definierten pH-Wert eingestellt sind.

Dabei ist aber zu berücksichtigen, daß die Puffersubstanzen die Zelle nicht schädigen oder sonst irgendwie beeinflussen, selber möglichst nicht von der Zelle aufgenommen werden, nicht mit dem benutzten Farbstoff chemisch reagieren und das Ionengleichgewicht bei vergleichenden Untersuchungen weitgehend erhalten bleibt. Das sind alles Forderungen, die kaum erfüllbar sind, aber der Einfluß der cH ist so überwiegend, daß man die anderen Faktoren in den meisten Fällen, wenn sie einen gewissen Grad nicht überschreiten, vernachlässigen kann. Aus diesem Grunde wird man mit stark verdünnten Pufferlösungen arbeiten. Seit Strugger (1935a) und Drawert (1937c) haben sich für die Vitalfärbung vorwiegend Phosphatpuffer eingebürgert. Die Verdünnung erfolgt so, daß die fertige Lösung die Phosphate in der Konzentration 1/150 mol enthält. Die stark sauren pH-Werte werden durch Zugabe von HCl eingestellt. Tabelle 61 gibt Anhaltspunkte für die Mischungsverhältnisse.

Kinzel (1954) weist mit Recht darauf hin, daß im stärker alkalischen Bereich häufig größere Abweichungen von den angegebenen pH-Werten auftreten. Solche Abweichungen können sich schon dadurch einstellen, daß in handelsüblichen tertiären Phosphaten der Gehalt an Kristallwasser nicht stimmt. Eine Überprüfung ergab bei einem „Natrium phosphoricum tribasicum puriss." statt 12 nur 7,8 Moleküle Kristallwasser. Ferner müssen die Stammlösungen des tertiären Phosphates unter Abschluß von der Luftkohlensäure aufbewahrt werden.

Bei längerer Versuchsdauer darf nicht außer acht gelassen werden, daß die Phosphate — besonders das tertiäre — allmählich permeieren und den pH-Wert des Zellinneren verändern (Drawert 1956c). Da auch die cH des Zellinneren, besonders des Zellsaftes, für den Ablauf und das Ergebnis der Vitalfärbung eine Rolle spielt, können dadurch Fehlschlüsse bedingt sein. Ferner kann auch die cH eines farblosen Außenmediums das Färbungsbild einer vitalgefärbten Zelle unter Umständen in kürzester Zeit verändern; es ist daher erforderlich, das bei einem bestimmten pH-Wert gefärbte Objekt für die mikroskopische Beobachtung in einen Tropfen farblose Pufferlösung mit entsprechender cH zu übertragen. Bereits das Abdecken mit einem Deckglas kann, sehr wahrscheinlich durch Veränderung der Außen-cH durch die Atmungs-CO_2, das Färbungsbild beeinflussen (Asphyxie-Effekt, STRUGGER 1936, 1949b, wird von STRUGGER allerdings nicht auf die CO_2 zurückgeführt. Besonders für Untersuchungen im stark alkalischen

Tab. 61. *Mischungsverhältnis von Phosphaten zur Herstellung von Pufferreihen für die Vitalfärbung.* (Aus STRUGGER 1949b.)

pH-Bereich	n/10 HCl cm³	mol/15 KH_2PO_4 cm³	mol/15 Na_2HP_4 cm³	mol/15 K_3PO_4 cm³	H_2O cm³
2,0— 2,2	9,5	0,5	—	—	90
3,4— 3,9	0,5	9,5	—	—	90
4,6— 4,9	—	10,0	—	—	90
5,6— 5,7	—	9,5	0,5	—	90
5,8— 6,1	—	9,0	1,0	—	90
6,3— 6,5	—	8,0	2,0	—	00
7,0 7,1	—	5,0	5,0	—	90
7,5— 7,6	—	2,0	8,0	—	90
8,0— 8,3	—	4,5	—	5,5	90
9,8—10,1	—	5,0	—	5,0	90
10,7—10,8	—	3,0	—	7,0	90
11,2—11,3	—	—	3,0	7,0	90

Bereich wird sich das von HÖFLER und DISKUS (1957) empfohlene Verfahren bewähren, die Zellen zuerst in stärker konzentrierter ungepufferter Farbstofflösung (0,01%) kurz anzufärben und dann eine 1/15 mol Phosphatpufferlösung durch das mikroskopische Präparat zu saugen.

Bei intensiverer Speicherung des Farbstoffes durch die Zelle wird sich beim Immersionsverfahren um das Objekt rasch eine farbstoffarme Zone ausbilden. Nach GICKLHORN (1933) ist um eine Keimwurzel von *Sinapis alba* bereits 15—30 Min. nach Übertragung in eine Neutralrotlösung makroskopisch ein heller Hof zu erkennen. Der Farbstoff wird also schneller gespeichert als er nachdiffundiert. In vergleichenden Untersuchungen kann diese Erscheinung eine Fehlerquelle sein (SCHAEDE 1923a, DRAWERT und ENDLICH 1956). Es empfiehlt sich deshalb, bei vergleichenden oder quantitativen Untersuchungen durch entsprechende Schüttel- oder Rühreinrichtungen die Ausbildung eines Konzentrationsgefälles zu verhindern bzw. nach SCHAEDE (1923a) im Flüssigkeitsstrom zu färben. Das letzte Verfahren eignet sich besonders für längere Beobachtungen in der Farbstofflösung unter dem Mikroskop. Dafür ist eine Durchlaufeinrichtung, wie sie JOHANNES (1939) angibt (Abb. 90), von Vorteil. Diese Apparatur erlaubt auch ein rasches Wechseln verschiedener Lösungen. Die Beobachtung erfolgt dabei mit einer Wasserimmersion. Einfacher und bei einem normalen Deckglaspräparat anzuwenden ist die Kapillarhebermethode von Rieth und von Stosch (1954), doch liegen mit dieser Anordnung noch keine Erfahrungen auf dem Gebiet der Vitalfärbung vor.

Bei der Vitalfärbung von Gewebestücken kann das in den Interzellularen befindliche Gas den Zutritt der Farbstofflösung stark behindern. Vor allem macht sich bei Blattstücken, die noch zu beiden Seiten mit den kutinisierten Epidermen versehen sind, das Interzellularengas sehr störend bemerkbar. Bereits Pfeffer (1886) entfernt das Gas vor der Färbung durch Infiltration der Gewebe mit Wasser unter der Luftpumpe.

Diese „Vakuum-Infiltrationsmethode" wurde von Gicklhorn weiter ausgebaut (Keller und Gicklhorn 1928). Statt die Luft erst mit Wasser zu verdrängen, kann man unter der Wasserstrahlpumpe gleich mit der Farbstofflösung infiltrieren. Dafür hat sich die in Abb. 91 dargestellte einfache Einrichtung gut bewährt. Durch mehrmaliges Lüften des Daumens erhält man bei den meisten Objekten eine recht gute Durchtränkung des Interzellularensystems mit der Farbstofflösung. Für eine wirklich gleichmäßige Durchfärbung der Pflanzenteile empfiehlt Gicklhorn, nicht gleich mit der Farbstofflösung zu infiltrieren, sondern die Versuchsobjekte zunächst rasch in Luft zu evakuieren und dann erst unter Vakuum den Farbstoff zufließen zu lassen (Abb. 92). Beim Evakuieren erfolgt das Ausströmen des Interzellularengases gegen einen Luftraum viel schneller und

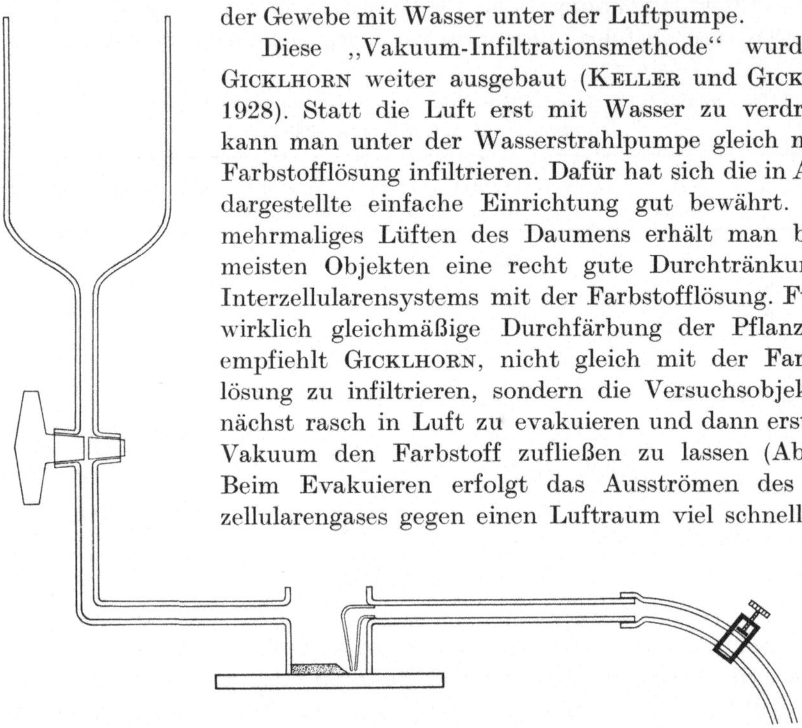

Abb. 90. Einrichtung zum schnellen Wechsel von Lösungen oder zur mikroskopischen Dauerbeobachtung besonders von Pilzkulturen im Flüssigkeitsstrom mit einer Wasserimmersion. (Nach Johannes 1939.)

ausgiebiger als in einer Flüssigkeit, was sich besonders bei Versuchsobjekten mit engen Interzellularräumen bemerkbar macht.

Bei der Vitalfärbung mit völlig dissoziierten anionischen Farbstoffen, deren Aufnahme von der Sauerstoffspannung abhängt, darf man bei der Anwendung der Vakuum-Infiltrationsmethode nicht übersehen, daß man bis zu einem gewissen Grade anaerobe Verhältnisse schafft.

Eine andere Möglichkeit, das Interzellularengas durch Farbstofflösung zu ersetzen, ist die „Zentrifugen-Infiltrationsmethode" nach Weber (1927). Hierbei werden die Gewebeteile in Zentrifugengläschen mit Farbstofflösung einige Minuten bei 1700 bis 2600 Umdrehungen/Minute zentrifugiert. Außer der dadurch stattfindenden Verlagerung des Zellinhaltes scheint dieses Verfahren aber auch in anderer Hinsicht der Vakuuminfiltrationsmethode unterlegen zu sein; so muß man bei größeren Geschwindigkeiten und längerer Versuchsdauer mit einer

Permeabilitätserhöhung rechnen (KELLER und GICKLHORN 1928). LILIENSTERN (1934) erhielt an Blattstücken von *Tradescantia virginiana* mit der Zentrifugen-Infiltrationsmethode nur eine sehr schlechte Färbung mit kationischen Farbstoffen. Selbst nach langem Aufenthalt in den Farbstofflösungen (48 Std.) waren meist nur die Schließzellen gefärbt. Dieser Mißerfolg kann aber auch darauf zurückzuführen sein, daß die Autorin mit zu sauren Farbstofflösungen gearbeitet hat.

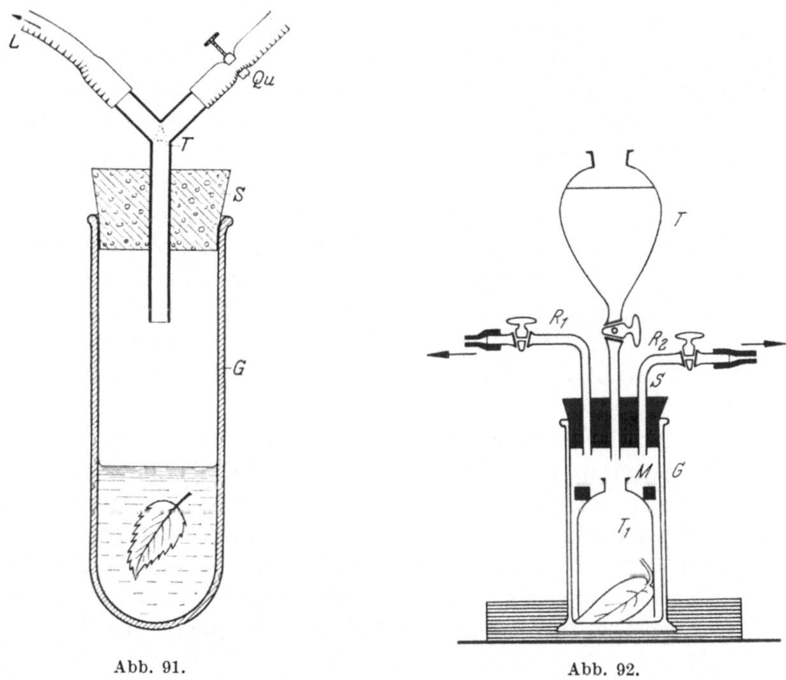

Abb. 91. Abb. 92.

Abb. 91. Entlüftungseinrichtung zum Infiltrieren von Pflanzenteilen. G Glasgefäß, S Gummistopfen mit einer Bohrung, TV- oder T-Rohr, L Anschluß an den Druckschlauch zur Wasserstrahlpumpe, Q Quetsch- oder Glashahn (im allgemeinen genügt es, die freie Öffnung des V- oder T-Rohres während der Entlüftung mit dem Daumen zu verschließen). (Nach STRUGGER 1949 b.)

Abb. 92. Versuchsanordnung zur Infiltration von Gewebestücken mit Farbstofflösungen nach GICKLHORN. G Glaszylinder, S Gummistopfen mit drei Bohrungen, T Scheidetrichter mit Farbstofflösung, R_1 Zuleitung zur Wasserstrahlpumpe, R_2 Zuleitung zum Manometer, T_1 zylinderförmiger Trichter mit abgesprengtem Ausflußrohr, M größere Schraubenmutter. T_1 und M sollen das Aufsteigen des Objektes beim Zutritt der Farbstofflösung aus T in den vorher evakuierten Raum verhindern. (Aus KELLER und GICKLHORN 1928.)

Eine Grundvoraussetzung für das Immersionsverfahren ist die Löslichkeit der Farbstoffe in Wasser und ihre Fähigkeit, auch für einige Zeit in Lösung zu bleiben. Bei den kationischen Farbstoffen treten in dieser Hinsicht bei der Benutzung von Meerwasser als Lösungsmittel Schwierigkeiten auf. DOSTÁL (1928) und BROOKS (1929 b) empfehlen, den Farbstoff zunächst in einer kleinen Menge Leitungswasser bzw. aqua dest. zu lösen und dann erst mit einer größeren Menge Meerwasser zu vermischen.

Meerwasser ist zwar das natürliche Medium für die Meeresbewohner, es ist aber nicht gesagt, daß es sich hierbei auch immer um das günstigste Medium für eine Vitalfärbung dieser Organismen handelt. Nach SPEK (1934 b) wird z. B. Methylrot von *Asterias-forbesii*-Eiern aus einer isotonischen reinen NaCl- oder KCl-Lösung besser aufgenommen als aus Meerwasser.

Gegen die Vitalfärbung von Landpflanzen und -tieren mit wässerigen Farbstofflösungen ist der Einwand erhoben worden, daß es sich dabei um ein unnatürliches Medium handelt, das gegenüber der Zelle stark hypotonisch ist. Zum Beispiel erhält Grossfeld (1937) in Gewebekulturen aus den verschiedenen Organen des Huhn- und Rattenembryos mit Neutralrot in Abhängigkeit vom osmotischen Druck der Außenlösung ganz verschiedene Färbungsbilder. An pflanzlichen Objekten sind in dieser Richtung keine eingehenderen Untersuchungen gemacht worden. Nach den vorliegenden Ergebnissen scheint bei der Pflanzenzelle dem osmotischen Druck für die Vitalfärbung keine allzu große Bedeutung zuzukommen. Es werden höchstens in hypertonischen Lösungen Entmischungserscheinungen begünstigt, z. T. aber auch rückgängig gemacht oder Hypertonie wirkt färbungsfördernd. Unter Umständen kann aber die Hypotonie die Vitalität der Zelle einschränken. Aus diesem Grunde weist Yamaha (1937a) darauf hin, daß, um wirkliche „Vital“-Färbungen an Pflanzenzellen zu erhalten, die Außenlösung isotonisch sein muß. Er schlägt vor, statt Wasser Paraffinöl als Lösungsmittel zu benutzen. Eine Anfärbung in Paraffinöl erfolgt viel langsamer als in wässeriger Lösung. Paraffinöl dürfte aber ein noch viel unnatürlicheres Medium als eine hypotonische wässerige Lösung sein. Außerdem tritt in Paraffinöl sehr schnell der Asphyxie-Effekt auf (Strugger 1936, Bancher, Hölzl und Klima 1960).

Um schwer lösliche Farbstoffe in Wasser zur Lösung zu bringen, kann man hydrotropische Substanzen zusetzen (Hadjioloff 1937, 1938, vgl. S. 112). Für das als Fluorochrom gut brauchbare Benzpyren hat sich ein Zusatz von Glycerinserum bewährt (Graffi und Maas 1940, Graffi 1940a). Natürlich bleibt jeweils zu prüfen, wie sich diese hydrotropen Substanzen ihrerseits auf die Vitalfärbung und die Zelle auswirken. Dörr (1965) bietet Gerstenwurzeln Benzpyren in Öl gelöst; welches Öl benutzt wird, geht leider nicht aus der Mitteilung hervor.

Den natürlichen Gegebenheiten kommt man näher, wenn der Farbstoff, besonders bei der Vitalfärbung von Mikroorganismen, dem Nährmedium zugefügt wird, sei es einer wässerigen Kulturlösung oder einem durch Gelatine, Agar oder andere Substanzen verfestigten Nährboden. Diese Methode ist viel benutzt worden. Dabei kann man auch Pilzmycelien von farbstofffreiem auf farbstoffhaltigen Agar hinüberwachsen lassen und umgekehrt (Dietrich 1929). Gegenüber der Färbung mit wässerigen Lösungen können sich unter Umständen ganz beträchtliche Unterschiede ergeben, z. B. wird das in wässeriger Lösung recht giftige Janusgrün B von den Hyphen des Basidiomyceten *Polystictus versicolor* gut vertragen, wenn es dem Nährboden zugesetzt wird. Hierbei kommt es selbst bei diesem empfindlichen Pilz zu einer vitalen Chondriosomenfärbung (Drawert und Schlafke 1959).

Die Darbietung des Farbstoffes aus einer „verfestigten“ Lösung kann auch bei höheren Pflanzen Vorteile bringen, vor allem, wenn man das Einwandern eines Fluorochromes in ein Organ beobachten will. Schumacher (1936) benutzt fluoresceinhaltiges Wollfett und Strugger (1938) fluoresceinhaltige Gelatine. Zur Vermeidung einer Transpiration werden von beiden Autoren die nicht mit den farbstofführenden Substanzen in Kontakt stehenden Teile des Versuchsobjektes mit Paraffinöl abgedeckt.

b) Injektionsmethode

Ein am tierischen Objekt viel benutztes Verfahren besteht darin, die Farbstofflösung in den Körper zu injizieren. In Untersuchungen an der Pflanze wird dieses Verfahren bis zu einem gewissen Grade durch die noch zu besprechende Transpirationsmethode ersetzt. Bei der Vitalfärbung einzelner Zellen kann man mit Hilfe des Mikromanipulators Farbstoffe auch in das Zellinnere injizieren. Dafür erweist sich die tierische Zelle als bedeutend besser geeignet als die pflanzliche, da bei der letzten die starre Zellwand ein großes Hindernis darstellt. Deshalb sind die meisten Injektionsversuche, vor allem mit pH-Indikatoren, an tierischen Zellen durchgeführt worden.

KITE (1913, 1915) injiziert wässerige Farbstofflösungen in Eier, Amöben, Paramaecien u. a. Amöben benutzen auch NEEDHAM und NEEDHAM (1925) sowie MONNÉ (1935, 1938b) für ihre Versuche. Zu einer wahren Meisterschaft bringt es CHAMBERS in der Injektionsmethode, die er in zahlreichen Arbeiten anwendet (CHAMBERS 1922—1938, CHAMBERS und Mitarb. 1926—1932, PANDIT und CHAMBERS 1932, SPEK und CHAMBERS 1934).

Besonders bei der Benutzung kationischer Farbstoffe ist zu beachten, daß sich die injizierte Stelle im Plasma häufig durch eine Membran abgrenzt, durch die der Farbstoff nicht weiter vordringen kann (CHAMBERS und POLLACK 1927), bzw. entstehen lokale Koagulationen, durch die der Farbstoff an dieser Stelle adsorbiert wird (MONNÉ 1938b).

SCHMIDTMANN (1924, 1925) injiziert nicht Lösungen, sondern lagert mit Hilfe des Mikromanipulators feinste Körnchen von Indikatorsubstanz in verschiedene tierische Zellen ein und beobachtet Lösung und Ausbreitung des Farbstoffes im Plasma. Ähnlich geht DIETRICH (1929) vor. Um in Plasmodien von *Didymium difforme* lokale Anfärbungen zu erhalten, führt er Chrysoidinkörnchen mit Hilfe feiner Glasnadeln in das Plasmodium ein. PÉTERFI (1928) verwendet zur Injektion in die Zelle Mikrokapillaren, die mit 2%iger farbstoffhaltiger Gelatine gefüllt sind, und MANGENOT (1933b, 1934) läßt mit kationischen Farbstoffen gefärbte Fragmente höherer Pilze durch die Plasmodien von *Fuligo septica* aufnehmen. Weitere Literatur findet sich im Abschnitt über kolorimetrische pH-Bestimmung.

An pflanzlichen Zellen führen KITE (1913, 1915) sowie RAPKINE und WURMSER (1926a) Mikroinjektionen, vor allem bei *Spirogyra*, und CHAMBERS und KERR (1932) sowie KERR (1933) bei den Wurzelhaaren von *Limnobium spongia* durch. RIBBERT (1931) injiziert pH-Indikatoren in die Blattepidermiszellen von *Iris ochroleuca* und *Tradescantia virginiana*. Dazu benutzt er rechtwinkelig abgebogene Kapillaren mit einer Öffnungsweite von 6—7 μ und betont, daß beim Anstechen besonders darauf zu achten ist, daß die Öffnung der Kapillare nach oben zeigt, damit die Zellwand von unten durchstochen wird, da sonst die Objekte fortrutschen. In die Wurzelhaare von *Hydromystria (Trianea) bogotensis*, Epidermiszellen der Schuppenblätter von *Allium cepa* und Zellen von *Griffithsia bornetiana* injiziert PLOWE (1931) Farbstofflösungen.

Um die bei Pflanzenzellen notwendige Durchbohrung der Zellwand zu umgehen, plasmolysiert HOFMEISTER (1940b, c) die Epidermiszellen des Stengels von *Symphytum officinale* und der Unterseite der Schuppenblätter von *Allium cepa* zunächst 2 Std. mit 0,8 oder 1,0 mol Traubenzucker. Dann werden die

Epidermishäutchen mit einer Rasierklinge durchschnitten. An der Schnittlinie befinden sich meist einige geöffnete Zellen, deren kontrahierter Protoplast unverletzt geblieben ist. Durch die Zellwandöffnung kann die Mikropipette leicht mit der Farbstofflösung in den Protoplasten eingeführt werden (Abb. 93).

Bei den Injektionsversuchen darf man nicht übersehen, daß damit notgedrungen immer eine Verletzung des Protoplasten gekoppelt ist. Günstiger ist in dieser Hinsicht eine „natürliche Injektion" durch Phagocytose, wie sie naturgemäß nur bei nackten Protoplasten von Amöben und Schleimpilzen möglich ist.

Einer ganz originellen Methode bedient sich Küster (1929), um Diaminblau, das weder bei Anwendung der Immersions- noch der Transpirationsmethode von den Vakuolen aufgenommen wird, in den Zellsaft zu bringen. In angeschnittenen Zellen der Unterepidermis der Schuppenblätter von *Allium cepa* schnürt sich häufig ein Teil der dabei geöffneten Vakuole ab, so daß es zur Bildung einer von einem semipermeablen Tonoplasten allseitig umgebenen Zellsaftblase kommt. Vor der Abschnürung steht die Vakuole mit der Außenflüssigkeit in direkter Verbindung. Auf diese Weise gelingt es, das sonst nicht permeierende Diaminblau in die sich abgrenzende Teilvakuole zu „injizieren".

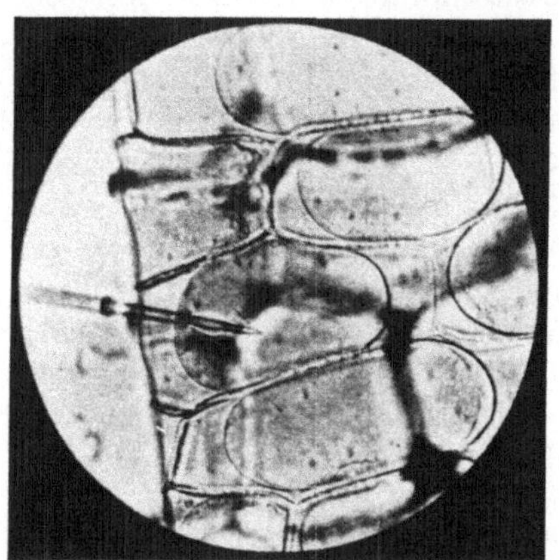

Abb. 93. Einführung einer Mikropipette in den kontrahierten Protoplasten einer vorher mit 1 mol Traubenzucker plasmolysierten und durch einen Schnitt geöffneten Pflanzenzelle. (Nach Hofmeister 1940 c.)

c) Transpirationsmethode

Farbstoffe, die normalerweise bei Anwendung des Immersionsverfahrens nicht von der Zelle gespeichert werden, können unter Umständen mit Hilfe der Transpirationsmethode in bestimmten Zellen angereichert werden.

Hierzu werden im einfachsten Fall abgeschnittene Organe mit ihrer Schnittfläche in eine Farbstofflösung gestellt, so daß der Farbstoff in den Gefäßen mit dem Transpirationsstrom in das Pflanzeninnere eindringen und sich dort ausbreiten kann.

Diese Methode ist bereits über 200 Jahre alt und wurde zunächst zur Erforschung der Wanderwege in der Pflanze benutzt. Unger (1848/50) beschreibt als erster auch eine auf diesem Wege erhaltene vitale Vakuolenfärbung im Leitbündelparenchym (s. S. 12). Für die Färbung des Zellinhaltes fand dieses Verfahren aber erst durch die Arbeit von Küster (1911/12) Eingang in die Vitalfärbungstechnik. Küster stellt abgeschnittene Sprosse und Blätter für ~ 24 Std. in Lösungen von Sulfosäurefarbstoffen. Anschließend werden von den gefärbten Organen Schnitte angefertigt und für die mikroskopische Untersuchung mit KNO_3 bzw. $Ca(NO_3)_2$ plasmolysiert. Bei diesen Versuchen ist für die mikroskopische Beobachtung unbedingt eine Plasmolyse anzuraten, da die Farbstofflösung, die sich in den Interzellularen befindet, und auch die Färbung toter Zellen eine Vitalfärbung des Zellinneren lebender Zellen vortäuschen können, um so mehr, weil man relativ dicke Schnitte herstellen muß, um unverletzte

Zellen zu erhalten. Bei der Benutzung kationischer Farbstoffe sind ferner Salzlösungen als Plasmolytika empfehlenswert, da dadurch gleichzeitig die Zellwände
entfärbt werden (Adsorptionsverdrängung).

Nach KÜSTER (1918) soll bei der Transpirationsmethode die Transpiration
keine notwendige Voraussetzung für die vitale Aufnahme der anionischen Farbstoffe durch die Zelle sein. Die Bedeutung der Transpiration liegt vielmehr darin,
daß durch den Transpirationsstrom die Farbstoffteilchen in
die Nähe der tingierbaren Parenchymzellen gebracht werden.

Für die Zuführung des Farbstoffes mit der Transpira-
tionsmethode bei kleineren Objekten finden sich in der
Literatur verschiedene Verfahren angegeben. MENDER (1938)
benutzt für Moose kleine flache Glasschälchen, die mit
Müllergaze bedeckt, am Rande paraffiniert und mit der
Farbstofflösung bis oben angefüllt sind. Stämmchen oder
Einzelblättchen werden in feine Einschnitte der Gaze so
eingesteckt, daß ihre Basis in die Lösung taucht.

Die von STRUGGER (1939b) gewählte Methode hat den
großen Vorteil, daß die Einwanderung eines Farbstoffes
mikroskopisch bei schwacher Vergrößerung zeitlich verfolgt
werden kann. Sein Verfahren eignet sich vor allem für die
Anwendung von Fluorochromen bei der Auflichtmikroskopie.
Kleine Sprosse oder Blätter kommen mit ihrer Schnittfläche
in ein kleines, einseitig zugeschmolzenes Glasröhrchen, das
mit Farbstofflösung gefüllt ist. Die Öffnung des Röhrchens
wird dann mit Vaseline verschlossen und das Röhrchen mit
einem Klebestreifen oder mit Plastilin auf einem Objektträger befestigt (Abb. 94). Genauso kann man im Prinzip
den Farbstoff auch aus Gelatineblättchen oder Wollfett
zuführen, wie es bei der Immersionsmethode beschrieben
worden ist (S. 256). Doch ist die Versuchsanordnung mit
dem Röhrchen mehr zu empfehlen, da hierbei genügend

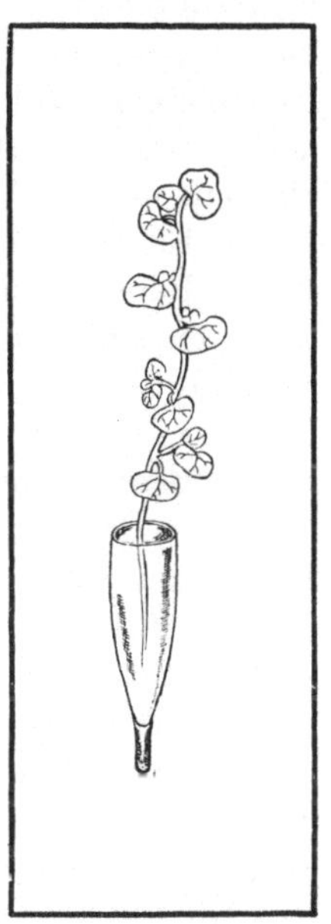

Abb.94. Herrichtung klei-
ner Versuchsobjekte zur
mikroskopischen Beob-
achtung d. Einwanderung
von Farbstofflösungen.
(Nach STRUGGER 1949b.)

Wasser zur Verfügung steht, um den bei der Transpiration auftretenden Wasser-
verlust zu decken. Für eine genaue Untersuchung der Zellen zur Feststellung des
Lokalisationsortes der Farbstoffe ist allerdings auch bei diesen „Mikroverfahren"
die Herstellung normaler mikroskopischer Präparate erforderlich.

Mit Hilfe der Transpirationsmethode ist es möglich, Pflanzen am natürlichen
Standort Farbstoffe durch seitliche Wunden zuzuführen. Dabei kann man so
vorgehen, daß z. B. farbstoffhaltige Gelatine auf angeschabte Blattnerven aufgetragen wird (SCHUMACHER 1933), oder die Zuführung der Farbstofflösung
erfolgt mit Hilfe eines „Dochtes" (ROUSCHAL 1940b). Im letzten Fall wird um
die leicht angeschabte Epidermis ein Streifen Watte ringförmig herumgelegt, so
daß die beiden Enden des Wattestreifens einen Docht bilden, der in ein Glasröhrchen mit Farbstofflösung taucht. Weitere Zuführungsmethoden siehe S. 567, 585.

Es soll noch erwähnt werden, daß PFEIFFER (1930a) für bestimmte Zwecke
kationische Farbstoffe in Phenol löste, um sie mit dem Transpirationsstrom aufnehmen zu lassen. In phenolischer Lösung soll die Aufnahme leichter erfolgen als in
wässeriger.

d) Methoden zur quantitativen Bestimmung der aufgenommenen Farbstoffmenge

Grundsätzlich bestehen zwei Möglichkeiten, die aufgenommene Farbstoffmenge zu bestimmen, entweder verfolgt man die Konzentrationsabnahme der äußeren Farbstofflösung oder die Konzentrationszunahme im Zellinneren (Collander 1921). Beide Methoden haben zur Voraussetzung, daß die Farbtiefe nicht durch die Tätigkeit der Zelle verändert wird, was z. B. bei Farbstoffen, die zu einer Leukoform reduzierbar sind, in kurzer Zeit möglich ist. Am einfachsten erscheint die erste Möglichkeit, da sich eine Konzentrationsveränderung der Außenlösung leicht kolorimetrisch messen läßt. Leider ist diese Methode aber mit so viel Fehlerquellen belastet, daß sie meiner Meinung nach in den meisten Fällen für eine wirklich exakte Bestimmung nicht in Frage kommt (Drawert 1940). Bereits Collander (1921, S. 380) betont ausdrücklich: ,,Es ist aber zu beachten, daß eine gewisse Konzentrationsabnahme der Farbstofflösung erfolgen kann, auch wenn gar keine Farbstoffaufnahme seitens der lebenden Zellen stattfindet. Die Konzentrationsabnahme kann bedingt sein durch Adsorption seitens der Zellmembranen, durch Verdünnung der Farblösung durch die Imbibitionsflüssigkeit der Zellmembranen und die in den Interzellularräumen befindliche Flüssigkeit sowie schließlich durch die Farbstoffaufnahme der absterbenden Zellen.'' Ferner wird die gebotene Farbstofflösung im allgemeinen hypotonisch sein, so daß aus ihr eine Wasseraufnahme durch die Zellen erfolgt, was besonders bei kleinen Flüssigkeitsmengen zu einer Konzentrationsänderung führen muß. Trotzdem ist diese Methode häufig ohne Rücksicht auf die Fehlerquellen benutzt worden und diente auch als Maß für die Permeabilität (z. B. Redfern 1922, Mann 1924, Woodhouse und Pickworth 1932, Homès 1933, Guilliermond und Gautheret 1940, Kölbel 1947, 1948). Brauchbar ist sie zur Bestimmung der Farbstoffbindung durch tote Zellen (Finkelstein und Bartholomew 1953, Borzani und Vairo 1963, Giles und McKay 1965).

Dieselben Fehlerquellen haften auch der Methode von Kamnev und Zakijan (1955) an, die von Wurzeln aufgenommene Farbstoffmenge durch Alkohol wieder zu entziehen und dann kolorimetrisch die Konzentration der alkoholischen Lösung festzustellen.

Der zuverlässigere Weg ist die Bestimmung der Farbstoffkonzentration in der Zelle. Da es sich bei der Pflanzenzelle meist um eine Vakuolenfärbung handelt, ist es naheliegend, den Zellsaft für die Messung zu isolieren. Dies ist aber nur bei einigen großzelligen Characeen wie *Nitella* und bei *Valonia* möglich und bei diesen Algen auch von Irwin (1923 u. f.), Brooks (1925 u. f.), Suolahti (1937) u. a. durchgeführt worden.

Zur Erfassung der Farbstoffkonzentration in der Vakuole lebender Zellen übertragen Pfeffer (1886) und Collander (1921) die gefärbten Objekte in Farblösungen bekannter unterschiedlicher Konzentration und ermitteln so visuell mikroskopisch durch Vergleich die Innenkonzentration. Für die Wurzeln von *Lemna* und die Wurzelhaare von *Hydromystria* findet Pfeffer eine Anreicherung von Methylenblau in der Zelle, die bis zu 10 000fach über der Außenkonzentration liegen kann. Nach Collander versagt aber dieses Verfahren bei den meisten kationischen Farbstoffen, da diese z. T. von der Vakuole so stark gespeichert werden, daß in der Vergleichsaußenlösung zur Bestimmung Konzentrationen erforderlich sind, die in kurzer Zeit zum Absterben der Zellen führen. Diesen Übelstand umgeht DIETRICH (1929) dadurch, daß er die Vergleichslösungen in Glaskapillaren einschließt, eine Methode, die nach COLLANDER, LÖNEGREN und ARHIMO (1943) bereits von OVERTON angewendet worden ist; auch IRWIN (1923) benutzt sie zur Bestimmung der Farbstoffkonzentration im isolierten Zellsaft von *Nitella*. SUOLAHTI (1937) setzt auf eine mit Vaseline überzogene, weiße Porzellanscheibe neben einen aus vitalgefärbten *Chara*-Zellen ausgepreßten Zellsafttropfen eine Reihe Vergleichstropfen.

Mit ganzen lebenden Zellen sind diese Vergleichsmethoden aber nur möglich, wenn die Zellwand nicht gefärbt ist.

KINZEL (1955c) beschreibt eine einfache Vorrichtung, um mit Hilfe eines Eintauchkolorimeters mikroskopisch Farbstoffkonzentrationen in Zellen zu ermitteln.

Die genaueste Methode ist wohl die mikrospektrophotometrische Bestimmung der Farbstoffkonzentration in der Zelle, wie sie zuerst von BARTELS (1954) durchgeführt worden ist. Eine Grundvoraussetzung dafür ist die genaue Kenntnis des spektralen Absorptionsverhaltens des benutzten Farbstoffes in Abhängigkeit von der Konzentration, der cH, dem Lösungsmittel und anderen Faktoren. Hinsichtlich der Methodik sei auf die Arbeit von BARTELS verwiesen. Zur Messung der Farbstoffkonzentration im Zellsaft muß die an der Zellwand adsorbierte Farbstoffmenge bekannt sein, die BARTELS zunächst an Zellwänden bestimmt, die er durch Behandlung mit Chromsäure isoliert hat. Später führt er diese Bestimmung an kleinen, durch Plasmolyse freigelegten Zellwandpartien der lebenden Zelle durch (BARTELS und SCHWANTES 1955, 1957). Dazu dürfen natürlich nur Plasmolytika benutzt werden, die wie Rohrzucker die Zellwandfärbung nicht beeinflussen. Die bei entsprechendem pH-Wert für die Zellwand erhaltene Größe wird dann für den pH-Bereich, in dem Zellwand und Vakuole gefärbt sind, bei der Bestimmung der Konzentration im Zellsaft als Korrektur angebracht. Weitere quantitative mikrospektrophotometrische Untersuchungen liegen von ABBOT und GROVE (1959) sowie BANCHER und HÖLZL (1960b) vor. Die letzten weisen darauf hin, daß bei Messungen der Zellsaftkonzentration an Zellen mit reiner Vakuolenfärbung der Asphyxieeffekt bei Deckglasabschluß, der eine Zellwandfärbung bedingt (s. S. 353), beachtet werden muß.

e) Fluorescenzmethode

Die Fluorochrome haben gegenüber den Diachromen den Vorteil, daß sie noch in sehr geringen Konzentrationen nachweisbar sind. Ein Diachrom wird im allgemeinen bei dem geringen Durchmesser einer Zelle in dieser erst sichtbar, wenn es gespeichert wird, d. h. weit über die Außenkonzentration hinaus von der Zelle aufgenommen wird, worauf bereits PFEFFER (1886) hinweist. Dagegen ist zum Beispiel Uranin noch bei einer Verdünnung von $1:10^{11}$ fluorescenzoptisch nachweisbar.

Hinsichtlich der Methode der Fluorescenzmikroskopie sei auf die Arbeiten von HAITINGER (1938), STRUGGER (1949a, b), GOTTSCHEWSKI (1954) und PERNER (1957) verwiesen. Für die Anwendung der richtigen Sperrfilter ist die Kontroverse zwischen KÖLBEL (1952a, 1953) und KRIEG (1953a) aufschlußreich. Bei der Erwähnung der Fluorescenzfarbe ist immer die Angabe des benutzten Sperrfilters erforderlich, was meist übersehen wird.

Der Ersatz der alten Bogenlampe durch den energiereichen Quecksilber-höchstdruckbrenner in den Fluorescenzmikroskopen hat zur Folge, daß die benutzten Fluorochrome in kürzester Zeit während der Beobachtung verändert werden können (s. S. 163 u. f.), und dadurch kann auch das Fluorescenzbild der Zelle wechseln. Es muß deshalb die Forderung erhoben werden, den Strahlungs-einfluß auf die Fluorochrome vor ihrer Verwendung zur Vitalfluorochromierung zu untersuchen.

Ferner ist vor einer Fluorochromierung das zu untersuchende Objekt auf Primärfluorescenz und deren Veränderung durch die Strahlenwirkung zu prüfen (Drawert 1952d, Sonea und Repentigny 1961), ein Punkt, der häufig ver-nachlässigt wird, aber eine nicht zu unterschätzende Fehlerquelle darstellen kann.

Durch Messungen der Fluorescenzintensität und durch Aufnahme von Fluorescenzspektren ist man auf dem Wege, auch über die Fluorescenz zu quanti-tativen Aussagen zu kommen (de Lerma 1942, 1958, Honsell 1957b, 1961c, Robbins 1960, Yamagishi 1962b, Bosshard 1964).

Kurze Überblicke über die Fluorescenzmikroskopie geben Krieg (1955) und Darken (1961b).

2. Die Giftigkeit der Farbstoffe

Für Schlußfolgerungen aus den Färbungsergebnissen an lebenden Zellen ist eine Kenntnis des Grades der Giftigkeit der benutzten Farbstoffe erforderlich. Von einigen schwer giftigen Farbstoffen abgesehen, die für eine vitale Färbung überhaupt unbrauchbar sind, ist es aber kaum möglich, allgemeingültige Angaben über die Verträglichkeit der einzelnen Farbstoffe zu machen, da der Grad der Toxizität nicht nur von Art zu Art verschieden ist (Tabelle 62), sondern auch innerhalb eines Individuums von Gewebe zu Gewebe und von Zelle zu Zelle wechselt. Selbst bei ein und derselben Zelle wird die Empfindlichkeit je nach dem physiologischen Zustand unterschiedlich sein. Die bakteriozide Wirkung z. B. von Kristallviolett in höheren Konzentrationen auf *Streptococcus lactis* hängt vom Alter der Kulturen ab (Hoffmann und Rahn 1944). Bäckerhefe ist gegenüber Methylenblau je nach Alter der Zellen verschieden resistent. Gärende Hefe ist um ein Vielfaches empfindlicher als ruhende (Schmid 1962). Die Resistenz gegen Acriflavin und andere kationische Farbstoffe wie Methylen-, Toluidinblau, Kristallviolett, Methylgrün und Pyronin B bei einem *Escherichia-coli*-Stamm ist von Nakamura (1965) genetisch untersucht worden.

Ferner ist der Grad der Toxizität davon abhängig, in welchem Bestandteil der Zelle und in welchem Zustand der Farbstoff gespeichert wird. Derselbe Farbstoff wird, an die Zellwand adsorbiert oder in Reservefetten gespeichert, eine geringere Giftigkeit entwickeln, als wenn er an die DNS des Kernes gebunden vorliegt. Auch die jeweilig herrschenden Umweltverhältnisse wirken sich auf die Toxizität aus.

Wir müssen uns darüber im klaren sein, daß es eine hundertprozentig vitale Färbung im Grunde genommen gar nicht gibt. Auf jeden Fall ist der Farbstoff für die Zelle ein Fremdkörper, der das Stoffwechselgeschehen auf irgendeine Art beeinflussen wird und mit dem die Zelle auf irgendeine Weise fertig werden muß. Diese Änderungen des Stoffwechsels und auch der Entwicklung können uns aber unter Umständen aufschlußreiche Hinweise für den normalen Ablauf dieser

Prozesse geben. Andererseits können wir aus der Art und aus dem Ausmaß der Reaktion der Pflanze bzw. der Zelle auf den Grad der Giftigkeit des Farbstoffes in diesem bestimmten Fall schließen.

Dabei sollte man nicht so pessimistisch sein, wie es in folgendem Satz von BAUMGÄRTEL (1920) zum Ausdruck kommt: „Allein beim pflanzlichen Organismus ist die Diagnose, ob das gefärbte Objekt sich im vitalen oder postmortalen Zustande befindet, bedeutend schwieriger als beim tierischen. Die Kriterien des Lebens sind für die Pflanze unsicherer; ein abgeschnittener Zweig, ein losgetrenntes Blatt, ein frisches Gewebestück in die Lösung des vitalen Farbstoffes eingetragen, stellen eigentlich pathologische oder letale Abnormitäten vor. Die in solchen Objekten auftretenden Färbungen können teils als traumatische Reaktionen, teils als postmortale Erscheinungen gedeutet werden.“

Tab. 62. *Grenzkonzentration kationischer Farbstoffe in Prozent, die eine Wachstumseinstellung von Pilzmycelien bewirken.* (Nach GUILLIERMOND 1930b.)

Farbstoff	Oidium lactis %	Saprolegnia spec. %
Neutralrot	25 — 30	0,6 — 0,61
Toluidinblau	3 — 7	0,3 — 0,4
Methylenblau	3 — 3,5	0,54 — 0,55
Cresylblau	2 — 2,5	0,07 — 0,08
Nilblau	0,25 0,3	0,03 — 0,04
Janusgrün	0,25 — 0,3	0,03 — 0,04
Methylviolett	0,1 — 0,15	< 0,01
Dahliaviolett	0,05 — 0,06	< 0,01

Beim Tier, besonders bei den einzelligen, freibeweglichen Protozoen, wird allerdings die Entscheidung über die Giftigkeit eines Farbstoffes leichter zu fällen sein als etwa bei einer unbeweglichen, einzelligen Alge. Wir werden deshalb häufiger auf Ergebnisse aus dem zoologischen Bereich zurückgreifen. Aber auch bei der Pflanze gibt es viele Kriterien, die uns Auskunft über die Verträglichkeit eines Farbstoffes geben. Im Folgenden sollen diese Kriterien, von der Zelle und ihren Bestandteilen sowie deren Funktionen ausgehend, über Wachstum und Entwicklung einzelner Organe oder der ganzen Pflanze bis zur Mutationsauslösung im einzelnen besprochen werden. Dabei müssen auch Umweltfaktoren, wie Licht, Temperatur, pH-Wert, Salze usw., berücksichtigt werden. Zu beachten ist vor allem auch die Farbstoffkonzentration. Wenn NÉMETH und KALLÓS (1928) zu dem Schluß kommen (S. 16): „Nur die in ihrer Vitalität geschwächten roten Blutkörperchen sind fähig, Farbstoffe aufzunehmen, während vollständig gesunde Zellen hierzu nicht fähig sind“, dann ist dabei zu bedenken, daß die Autoren mit 1%igen Farbstofflösungen gearbeitet haben. Das ist aber eine Konzentration, bei der selbst Farbstoffe, die sonst gut vertragen werden, schädigend wirken.

a) Allgemeine Angaben über die Giftigkeit

Auf zoologischem Gebiet hat man schon frühzeitig durch Injektion von Farbstofflösungen z. B. in Frösche oder Mäuse versucht, den Grad der Giftigkeit zu bestimmen. HÖBER und CHASSIN (1908) stellen fest, daß Brillantgrün Frösche in kurzer Zeit tötet und auch Malachitgrün (Höber 1909) stark giftig ist. Wiede und Meyer (1955) erhalten nach Injektion in weiße Mäuse nach 20 Tagen folgende Toxizitätsreihe unter Angabe der LD_{50} (= Dosis letalis 50%): Trypaflavin : Nilblau : Acridinorange : Neutralrot : Na-Fluorescein = 1 : 2,75 : 8 : 15 : 76. Trypaflavin ist demnach in dieser Reihe am giftigsten.

Dabei muß aber berücksichtigt werden, daß unter Umständen Verunreinigungen der benutzten Farbstoffpräparate eine Giftwirkung des Farbstoffes vortäuschen oder auch abschwächen können. Zeiger (1958) beobachtet an Mäusen, daß Acridinorange um so giftiger wirkt, je reiner es ist. Chlorphenolrot wird dagegen durch Ausschütteln mit Äther und Umkristallisierung entgiftet, wie aus Injektionsversuchen in die Wurzelhaare von *Limnobium spongia* zu schließen ist (Chambers und Kerr 1932). Auch völlig unwirksame Beimengungen können vor allem in vergleichenden Untersuchungen zu falschen Ergebnissen führen, wenn sie nicht beachtet werden, da sie die Konzentrationsverhältnisse verschieben.

Eine Berücksichtigung der Verunreinigungen ist bisher bei Konzentrationsangaben kaum geschehen. Wie stark sich aber die Konzentration bereits beim normalen Immersionsverfahren bemerkbar machen kann, geht aus dem Befund von Schaede (1923a) hervor, daß ein Farbstoff, bei gleicher Konzentration für die Wurzelhaare von *Hydrocharis morsus-ranae* im Flüssigkeitsstrom geboten, viel giftiger ist als bei üblicher Immersion im ruhenden Medium. Bei Redoxindikatoren kann sich hierbei allerdings auch die bessere Sauerstoffversorgung durch den Flüssigkeitsstrom bemerkbar machen (s. S. 281). Unterschiede in der Schädlichkeit von Präparaten verschiedener Herkunft desselben Farbstoffes, wie sie Spek und Chambers (1934) für Bromthymolblau sowie Höfler und Diskus (1957) für Brillantcresylblau festgestellt haben, können unter Umständen nur auf einem Konzentrationseffekt beruhen. *Caulerpa* verträgt z. B. 0,0025% Chrysoidinlösung trotz guter Färbung der Zellen über 27 Std. ohne Schädigung der Plasmaströmung, während eine 0,01%ige Lösung stark giftig wirkt (Dostál 1928).

Sehr beliebt sind bewegliche Organismen zum Testen der Giftigkeit, da das Aufhören der Bewegung ein leicht zu fassender Anhaltspunkt ist. Außerdem kommt es in diesem Fall bei Anwendung der üblichen Immersionsmethode durch die Eigenbewegung der Objekte kaum zur Ausbildung eines Konzentrationsgefälles.

Waldner (1893) beschreibt von *Marchantia*-Spermatozoiden eine Färbung mit Eosin ohne Beeinträchtigung der Lebenstätigkeit, und mit demselben Farbstoff gefärbte Forellen-Spermatozoen sollen Eier noch normal befruchten. Nach Nakanishi (1901) zeigen mit Methylenblau deutlich blau gefärbte Vibrionen noch lebhafte Eigenbewegungen. Für Kaulquappen findet Traube (1912b) folgende, nach abnehmender Giftigkeit geordnete Reihe: Nachtblau > Kristallviolett, Malachitgrün > Nilblau, Rhodamin, Fuchsin > Toluidinblau, Methylgrün > Methylenblau.

Solche Reihen dürfen aber nicht verallgemeinert werden, denn selbst für dasselbe Objekt können sich die Angaben widersprechen, da der physiologische Zustand und Außenfaktoren die Empfindlichkeit verändern. Nach Traube und Köhler (1915) soll z. B. Rhodamin B für Kaulquappen und Blitzfischchen recht giftig sein, während Höber (1914) Rhodamin nach Versuchen mit Kaulquappen und *Opalina* für den ungiftigsten Farbstoff hält. Erst recht werden Unterschiede bei verschiedenen Objekten auftreten. So verlieren nach Höber (1914) Kaulquappen und Opalinen in Lösungen von Methylviolett in kurzer Zeit ihre Beweglichkeit, ebenso ist der Farbstoff für *Noctiluca miliaris* stark giftig (Goor 1919), während Froschleukocyten in Lymphe mit Methylviolett trotz gefärbter Kerne nach Haberlandt (1928) längere Zeit ihre Beweglichkeit beibehalten.

Ähnliche Unterschiede gibt bereits Lauterborn (1896) an. Während Diatomeen in seinen Versuchen für Methylviolett sehr empfindlich sind, schwimmen Paramaecien noch mit violett gefärbtem Plasma lebhaft herum. Bei Diatomeen gibt es allerdings bemerkenswerte Resistenzunterschiede zwischen den einzelnen Arten gegenüber verschiedenen kationischen Farbstoffen, darunter auch Methylviolett (Hirn 1953b). Für Hydren sind Janusgrün, aber auch Methylenblau und Neutralrot giftig (Child und Hyman 1919), für *Aurelia* und *Gonionemus* ist nur Janusgrün unverträglich, die letzten beiden Farbstoffe sollen dagegen ebenso wie Bismarckbraun Aktivität und selbst Lebensdauer erhöhen (Roberts 1929). Die Nematode *Panagrellus redivivus* zeigt nach 24 Std. Aufenthalt in 0,01% Janusgrünlösung mit pH 4,6 noch volle Aktivität (Faust und Pramer 1964).

Gonococcen und Meningococcen werden nach Bauch (1948) durch Trypaflavin selbst in einer Verdünnung von 1 : 30 Millionen völlig unterdrückt, *Escherichia coli* verträgt dagegen als Grenzdosis noch 1 : 3000. Während manche Bakterien bei 0,0025% Berberin ihr Wachstum einstellen, vertragen andere noch 2% (Gray und Lachance 1956, 1957). Nach Gutstein (1933c) zeigen ganz allgemein die kationischen Farbstoffe in ihrer Giftigkeit eine elektive Wirkung auf die grampositiven Bakterien, während die gramnegativen viel resistenter sind. Auf Czapek-Dox-Agar, der 200—500 mg/l Malachitgrün enthält, entwickelt sich elektiv *Fusarium* spp., während *Pythium*, *Rhizopus*, *Trichoderma* und viele andere Pilze unterdrückt werden (Singh und Nene 1965).

Die Angaben über die Verträglichkeit von Rhodamin B sind auch für pflanzliche Objekte recht unterschiedlich. Im allgemeinen wird über eine sehr gute Verträglichkeit berichtet, so für *Helodea canadensis* und *H. densa* (Strugger 1937a, c, Weber 1937a). Pirson und Alberts (1940) sowie Gessner (1941) beobachten aber eine Schädigung des Photosyntheseapparates (s. S. 309), und nach H. H. Schmidt (1951) sollen *Helodea*-Sprosse bei Dauerkultur in Lösung höherer Farbstoffkonzentration bereits nach wenigen Tagen absterben. Erst in der Verdünnung 1 : 1 000 000 in Leitungswasser bleiben die Sprosse am Leben, allerdings treten auch hier an älteren Blättern, besonders in den Blattspitzen, Schäden auf. *Spirogyra* soll wiederum gar nicht empfindlich sein (Höfler 1963a), und die Epidermiszellen der Schuppenblätter von *Allium cepa* bleiben tagelang am Leben (Strugger 1938a, Drawert 1939a). Blumenblattepidermen mit gefärbten Vakuolen sind noch nach 6 Tagen plasmolysierbar. Auch für *Laminariales* soll Rhodamin ungiftig sein (Cole 1964). Recht empfindlich für Rhodamin B sind aber *Closterium lunula* (Burian 1961) und *Biddulphia titiana* (Höfler 1963a) und besonders die Haarzellen von *Coleochaete soluta* (Geitler 1960b). Wie Rhodamin B verhält sich Rhodamin 3 B (Drawert 1939a), während Rhodamin 6 G bedeutend giftiger ist (Strugger 1937a, c, 1938a, Drawert 1939a), so daß unter

Umständen Giftwirkungen von Rhodamin-B-Präparaten auf Verunreinigungen mit anderen Rhodaminen beruhen können.

Wie unterschiedlich empfindlich verschiedene Objekte auch gegen ein und dasselbe Präparat sein können, geht aus Angaben von Drawert (1958) für Rhodamin S hervor. Die Zellen des Gerbstoffhorizontes im Blatt von *Impatiens*, die den Farbstoff allerdings sehr stark gespeichert hatten, waren nicht mehr plasmolysierbar, Oberepidermiszellen eines Schuppenblattes von *Allium cepa* mit zart rot gefärbtem Kern und gefärbten Vakuolen zeigten noch nach neun Tagen Aufenthalt in der Farbstofflösung eine normale Plasmolyse. Für einige Algen soll Rhodamin S giftiger als Rhodamin B sein (Loub 1951).

Der zur Identifizierung von Chondriosomen in der lebenden Zelle vielbenutzte Farbstoff Janusgrün B ist in wässeriger Lösung für viele Objekte sehr schädlich (Child und Hyman 1919 für Hydren, Mookerjee, Choudhury und Ganguly 1965 für amöboide Schwammzellen, Ball 1927 für Paramaecien, Guilliermond 1937 c für Schuppenblattepidermen von *Allium cepa*). Noch in einer Verdünnung von 1 : 200 000 führt er bei *Tetrahymena pyriformis* zu einem sofortigen Absterben (de Castro und Couceiro 1955), und für *Allomyces javanicus* ist er giftiger als KCN (Ritchie und Hazeltine 1953). Bei *Rhizopus nigricans* sind aber die mit Janusgrün gefärbten Hyphen noch imstande, weiter zu wachsen und umfangreiche Mycelien zu bilden (Nečas 1959). Die Hyphenspitzen von *Aspergillus niger* stellen in wässerigen Lösungen von Janusgrün geringerer Konzentration erst nach 15—20 Min. ihr lineares Wachstum ein (Park und Robinson 1966). Für *Polystictus versicolor* ist der Farbstoff zwar in wässeriger Lösung sehr giftig, wird aber, in den Konzentrationen 1 : 100 000 bis zu 1 : 50 000 dem Agar-Nährsubstrat zugesetzt, so gut vertragen, daß das Mycelwachstum keinen Unterschied gegenüber dem auf ungefärbtem Substrat kultivierten Pilz erkennen läßt (Drawert und Schlafke 1959). Von *Entamoeba histolytica* soll Janusgrün bis zu Konzentrationen von 1% gut vertragen werden (Browne 1930).

Sehr umstritten ist die Giftigkeit von Acridinorange (AO). Während sich nach Strugger (1941 b) mit AO fluorochromierte Myxamöben von *Didymium nigripes* im Dunkeln normal weiterentwickeln, Plasmodien und fertile Fruchtkörper bilden und nach demselben Autor (Strugger 1947) dieses Fluorochrom auch für Hefe völlig harmlos sein soll, ist es für das letzte Objekt nach Bogen (1953) ein starkes Gift. Ebenso soll AO für *Cladophora* (Schoser 1956) und *Spirogyra* (Reichart 1962) schädlich sein. Für die Gerbstoffidioblasten in der Blattscheide von *Carex*-Arten ist AO giftiger als Toluidinblau, Neutralrot und Rhodamin B (Thielke 1956). Die Frage nach der Giftigkeit des AO wird uns noch an anderer Stelle eingehend beschäftigen (S. 303, 312, 315).

Auch für Methylenblau (Mbl) und Neutralrot (NR), die bisher wohl am häufigsten benutzten Vitalfarbstoffe, schwanken die Angaben über die Verträglichkeit. Pfeffer (1886) hält Mbl bei *Spirogyra* für weitgehend unschädlich; nach van Wisselingh (1914, 1915) ist es dagegen gerade für *Spirogyra* sehr giftig. Für Cyanophyceen betont Prát (1925 a), daß man entgegen der Annahme von Baumgärtel (1920) mit Mbl intensiv gefärbte Fäden verschiedener Arten in lebhafter Bewegung beobachten kann. Nach Demeter und Renner (1960) ist die Empfindlichkeit der einzelnen Cyanophyceen-Arten gegen Farbstoffe, darunter auch gegen Mbl, sehr unterschiedlich. Diatomeen sollen in Mbl-Lösungen

(0,001%) noch nach Tagen am Leben sein (LAUTERBORN 1896) und mit Mbl gefärbte *Valonia*- und *Nitella*-Zellen über einen Monat am Leben bleiben (BROOKS 1927 b).

TRONCHET (1935) hält ein Mbl/NR-Gemisch als weitgehend unschädlich für Pflanzenzellen. Mit Neutralrot oder Methylenblau gefärbte Filamente von *Tradescantia virginiana*, die eine Vakuolenfärbung zeigen, sollen nach BECKER (1932c) noch eine normale Caryokinese durchführen können. NR scheint allgemein besser vertragen zu werden als Mbl. Mit NR gefärbte *Nitzschia putrida* behält nach RICHTER (1909) ihre Teilungsfähigkeit bei. Die Tochterindividuen sind aber zumeist farblos. Spirogyren sollen allerdings auch für diesen Farbstoff sehr anfällig sein (HUBER 1956, HÖFLER 1963 a), aber selbst so empfindliche Organismen wie *Biddulphia titiana* (HÖFLER 1963 a) und Myxomyceten-Schwärmer (VONWILLER 1921) vertragen NR in geringeren Konzentrationen recht gut; dasselbe trifft für *Saprolegnia* und *Fuligo septica* (MANGENOT 1932), Hefe (BUCHY 1941) und *Helodea canadensis* (BAZIN 1944a, b) zu, und eine Toluylenblaulösung verliert mit dem Alter an Giftigkeit, weil der Farbstoff sich in NR umwandelt (KIERMAYER 1955a). Mit NR an der intakten Pflanze von *Pinguicula vulgaris* behandelte Drüsen sind nach zwei Wochen trotz gefärbter Vakuolen noch plasmolysierbar und funktionstüchtig (DÉSIRÉ 1946). Nach CHURCHMAN (1931a) sollen *Staphylococcus aureus*, *Bacillus prodigiosus* und *B. anthracis* selbst nach tagelangem Aufenthalt in einer konz. Neutralrotlösung (5,6%) noch voll entwicklungsfähig sein. Für folgende Objekte ist NR weniger schädlich als Mbl: *Antithamnion plumula* (BIEBL 1939), Blätter von *Halophila stipulacea* (DIANNELIDIS 1951), Haarzellen von *Coleochaete soluta* (GEITLER 1960b). Für *Paramaecium* (WANKELL 1921) und *Fuligo septica* (MANGENOT 1934) soll dagegen NR erheblich giftiger als Mbl sein. Nach ANDREOLI (1964) ist von den kationischen Farbstoffen Bismarckbraun, Janusgrün, Neutralrot, Nilblausulfat und Methylenblau Mbl der einzige, der von *Paramaecium caudatum* vertragen wird. Mit NR und auch Nilblau gefärbte Eier von *Strongylocentrotus purpuratus* werden noch zu 100% befruchtet (GELLHORN 1931 b).

Nilblau ist nach HÖFLER (1961) für Rotalgen ziemlich unschädlich, für Blaualgen ist es dagegen nach eigenen Erfahrungen recht giftig. Bei *Candida albicans* soll Nilblau die Lebensprozesse hemmen, aber kein Absterben bedingen, da die Zellen vermehrungsfähig bleiben (WEIXL-HOFMANN 1960), doch erfordern diese Angaben eine Nachprüfung.

Eine unterschiedliche Resistenz gegen verschiedene Farbstoffe beschreibt KOCH (1926) für *Entamoeba gingivalis* und in den Kulturen mitbefindliche Bakterien. Die Bakterien werden bereits bei Konzentrationen geschädigt, die noch keine toxische Wirkung auf die Amöben ausüben. Nach DIETRICH (1929) wirkt Chrysoidin in folgenden Konzentrationen tödlich: 0,5—1% bei Mucoraceen, 0,2—0,5% bei *Didymium difforme*, 0,025—0,05% bei *Bryopsis plumosa* und bei Haaren höherer Pflanzen. Selbst in ein und demselben *Mougeotia*-Faden können sich die einzelnen Zellen in ihrem Empfindlichkeitsgrad unterscheiden, so daß man durch Färbung selektive Abtötung von Zellen erhält (PFEIFFER 1927a). Diese Erscheinung hängt wahrscheinlich mit dem unterschiedlichen Alter der Zellen eines Fadens zusammen; denn VON CHOLNOKY (1934) erwähnt für *Melosira*-Fäden, daß die jungen Zellen gegenüber Farbstoffen viel empfindlicher sind als ältere.

Bei längerer Färbedauer, besonders an Mikroorganismen, muß man mit einer Adaptation rechnen. Neuschloss (1920) und Strelnikov (1929) geben für Paramaecien eine Gewöhnung an verschiedene Farbstoffe an. Da diese Gewöhnung aber bei Redoxindikatoren mit einer Entfärbung verbunden ist, liegt die Vermutung nahe, daß es sich gar nicht um eine Adaptation handelt, sondern daß der Farbstoff durch die Stoffwechseltätigkeit der Zellen reduziert (Chejfec 1937) und dadurch in die weniger giftige Leukoform übergeführt wird (S. 281). Eine wirkliche Adaptation liegt aber in den Versuchen von Müller (1951) mit *Penicillium* und Trypaflavin vor. In Gewebekulturen von Karotten haben auch Blakely und Steward (1964) eine Adaptation an Acriflavin (= Trypaflavin) beobachtet.

Die Farbstoffe können verschieden wirken, je nachdem, ob sie mit dem Immersions- oder dem Injektionsverfahren dem Objekt zugeführt werden (Cohen, Chambers und Reznikoff 1928, Mangenot 1934).

Kopaczewski (1950) prüft mit der Transpirationsmethode an abgeschnittenen weißen Blüten von *Chrysanthemum maximum* die Giftigkeit einer ganzen Reihe von Farbstoffen, indem er die Zeit feststellt, die vom Einstellen der Blüten in die Farblösung bis zu ihrem Absterben verstreicht. In Lösungen 1 : 1000 von Gentianaviolett, Kristallviolett, Methylviolett, Orcein, Pyronin B halten sich die Blüten viel länger frisch als in reinem Wasser. Dieses Ergebnis ist unerwartet, da Gentianaviolett, Methylviolett und Kristallviolett zu den recht giftigen Farbstoffen gehören. Kristallviolett ist für *Nitella* bedeutend giftiger als Brillantcresylblau und Azur B (Irwin 1930c), und die ersten beiden Farbstoffe stehen am Anfang einer nach dem Grad der Giftigkeit für verschiedene Algen von Loub (1951) aufgestellten Pauschalreihe für einige von ihm geprüfte kationische Farbstoffe: Methylviolett > Gentianaviolett > Chrysoidin > Malachitgrün > Brillantgrün > Janusgrün > Methylgrün > Vesuvin > Brillantcresylblau. Für anionische Farbstoffe erhält Loub folgende Reihe: Erythrosin > Alizaringelb > Eosin > Fluorescein > Tropaeolin 00 > Orange G > Nigrosin > Cyanol > Methylorange > Anilinblau. Guilliermond und Gautheret (1938a) schließen aus dem Einfluß der Farbstoffe auf die Wachstumsgeschwindigkeit von Getreidewurzeln auf die Giftigkeit und kommen für einige kationische und anionische Farbstoffe zu folgender Reihe: Malachitgrün > Gentianaviolett > Erythrosin > Safranin > Thionin > Eosin > Säurefuchsin > Rhodamin > Methylrot > Cresylblau > Janusgrün > Chrysoidin > Toluidinblau > Methylenblau > Lichtgrün > Bismarckbraun > Nilblau > Neutralviolett > Neutralrot (vgl. auch Guilliermond und Gautheret 1940).

Damit finden in unserer Betrachtung über die Giftigkeit zum erstenmal anionische Farbstoffe eine Erwähnung, wenn wir vom Na-Fluorescein auf S. 264 absehen. Das hat seinen guten Grund in der Tatsache, daß, ganz allgemein gesehen, die anionischen Farbstoffe viel weniger schädlich sind als die kationischen. Diese Feststellung ist mit den verschiedensten Methoden an den verschiedensten Objekten immer wieder gemacht worden; so von Herzfeld (1917) bei Injektionsversuchen mit Fröschen und Mäusen, von Höber (1914) bei Färbung von Kaulquappen und *Opalina* mit der Immersionsmethode, ebenso von MacArthur (1921) bei Planarien, de Castro und Couceiro (1955) mit Paramaecien und anderen Protozoen sowie von Weaver, Jeroski und Goldstein (1959) an holzzerstörenden Pilzen.

Mit Phenolrot injizierte Amoeben bleiben über 48 Std. am Leben (CHAMBERS, POLLACK und HILLER 1927). Sulfosaure Redoxindikatoren sind für Seesterneier viel ungiftiger als die anderer chemischer Konstitution (CHAMBERS, COHEN und POLLACK 1931). Mit der Transpirationsmethode aufgenommene sulfosaure Farbstoffe erweisen sich für die Pflanze als weitgehend unschädlich (KÜSTER 1911). Auch mit der Immersionsmethode geboten, sind die meisten sulfosauren Farbstoffe noch in Konzentrationen bis zu 2% für die Pflanzenzelle harmlos (COLLANDER 1921). *Tolypellopsis stelligera*-Zellen bleiben in Versuchen von COLLANDER und VIRTANEN (1938) in Orange-G-Lösungen von etwa 3% tagelang am Leben, und Sporangienträgeranlagen von *Phycomyces blakesleeanus* setzen trotz intensiver Vakuolenfärbung mit Säurefuchsin ihr Wachstum fort und bilden normale Sporangien (KÜSTER 1940c). Mit anionischen Farbstoffen gefärbte Epidermis- und Mesophyllzellen weißer Blumenblätter zeichnen sich durch ihre Vitalität aus. Mit Ponceau gefärbte Zellen sind noch nach 6 Tagen in der Lösung (0,1%) liegend am Leben und normal plasmolysierbar (DRAWERT 1941a). Von 60 anionischen Farbstoffen, die in *Cyclops*-Arten injiziert worden sind, erwiesen sich in einer Beobachtungszeit von 10 Tagen nur vier als giftig, nämlich Rhodin, Eosin WG, Eosin BA und Erythrosin (LISON 1940). Trypanblau ist für *Saccharomyces rouxii* ungiftig (GUNNER und RAINBOW 1953). In trächtige Kaninchen injiziert, löst allerdings Trypanblau (2% ige Lösung) bei 13% der Nachkommenschaft Mißbildungen aus (HARM 1954). Methylrot wird von den verschiedensten Pflanzen gut vertragen (ZÖTTL 1960).

Nach dem Dargelegten ist es unverständlich, wenn LEPESCHKIN (1936) zu dem Schluß kommt, daß die anionischen Farbstoffe besonders giftig sein sollen. Natürlich gibt es einige Ausnahmen, dazu gehören z. B. die Halogenderivate des Fluoresceins, so ist Eosin bedeutend giftiger als Fluorescein, was nicht nur bei Färbungen von Zellen mit dem Immersionsverfahren, sondern auch an ganzen Organen bei Anwendung der Transpirationsmethode zum Ausdruck kommt (SCHUMACHER 1933, CALDWELL 1953). Bei diesen Farbstoffen ist vor allem auch der photodynamische Effekt zu berücksichtigen (s. S. 282 u. f.).

Nach COLLANDER (1921) sind die sulfosauren Farbstoffe i. allg. bedeutend weniger giftig als Farbstoffe, deren saurer Charakter durch Carboxyl- oder Phenolhydroxyl-Gruppen bedingt ist. In Versuchen mit der Transpirationsmethode an jungen Erbsenpflanzen erweisen sich nach KÜSTER (1921) folgende sulfosauren Farbstoffe als giftig: Palatinchrombraun, Nitraminbraun, Säureviolett 06 B und 010 B, Oxaminbrillantviolett, Oxaminschwarz RBT und 2 BN. Ungeklärt bleibt dabei aber, ob es sich um eine direkte Giftwirkung dieser Farbstoffe handelt oder ob dafür giftige Beimengungen verantwortlich sind oder ob nur eine Verstopfung der Gefäße vorliegt.

Man hat natürlich versucht, diesen Unterschied in der Giftigkeit der anionischen und kationischen Farbstoffe zu erklären. Bereits BOKORNY (1905, 1906, 1912) vermutet, daß der Grad der Giftigkeit mit dem Färbevermögen zusammenhängt, und MACARTHUR (1921) betont, daß die kationischen Farbstoffe i. allg. auch das Plasma tingieren. KREBS und WITTGENSTEIN (1926) führen ebenfalls die größere Giftigkeit der kationischen Farbstoffe auf ihre stärkere Adsorbierbarkeit im Plasma zurück. Nach LAZAROW und COOPERSTEIN (1953a) kann z. B. die Giftigkeit des Janusgrün B auf einer Verbindung des Farbstoffes mit den

Proteinen oder auf einer Hemmung der enzymatischen Reaktionen beruhen. Von Diatomeen-Populationen bleiben in Lösungen kationischer Farbstoffe die Arten am Leben, die sich nicht färben (Hirn 1953b). Auch bei Desmidiaceen besteht eine Parallele zwischen Resistenz und Nichtfärbbarkeit (Loub 1951).

Andererseits sind für *Caulerpa* nach Dostál (1928) einige nicht färbende Farbstoffe, darunter sulfosaure wie Lichtgrün SF und Bordeaux R, giftiger als das gut färbende Chrysoidin. Auch nach Plowe (1931) soll die Giftigkeit nicht mit dem Färbevermögen zusammenhängen.

Die meisten Versuchsergebnisse sprechen aber dafür, daß in vielen Fällen eine Parallele zwischen Giftigkeit und Färbevermögen besteht. Allerdings kommt es dabei auch auf den Ort der Speicherung des Farbstoffes in der Zelle an, wie Drawert (1941a) vor allem hinsichtlich des Unterschiedes zwischen nanioischen und kationischen Farbstoffen betont. Ein Kern- oder Cytoplasmafärber wird giftiger sein als ein reiner Vakuolen- oder gar Zellwandfärber. Gute Kernfärber sind sehr giftig, schlechte Kernfärber weniger (Bank 1936). Die sulfosauren Farbstoffe sind reine Zellsaftfärber und dies auch nur bei bestimmten Zellen. Von vielen Zellen werden sie überhaupt nicht aufgenommen. Die giftigsten Vertreter der anionischen Farbstoffe wie Eosin, Erythrosin u. a. sind Kern- und Plasmafärber. Sie sind zum Unterschied von den sulfosauren Farbstoffen viel schwächer dissoziiert und lipophiler; stimmen in dieser Beziehung also mehr mit den kationischen Farbstoffen überein.

Wie aus folgenden Betrachtungen über den Einfluß von Außenfaktoren, besonders des pH-Wertes, auf den Grad der Giftigkeit hervorgehen wird, kommt den Dissoziationsverhältnissen eines Farbstoffes nicht nur für seine Lipophilie und sein Färbungsvermögen, sondern damit z. T. zusammenhängend auch für seine Verträglichkeit durch die Zelle eine ganz offensichtliche Bedeutung zu.

Die Rolle, die die Lipophilie für den Grad der Giftigkeit spielt, geht schon aus den Befunden von Kligler (1918) hervor, der feststellte, daß die bakteriostatische Wirkung eines Farbstoffes bei dem Gehalt einer Aethylgruppe größer ist als bei einer Methylgruppe und mit der Zahl der Methyl- und Aethylgruppen im Molekül zunimmt, und nach Monné (1935) kann man ganz grob sagen, daß die kationischen Farbstoffe mit viel Benzolringen im Molekül giftiger sind als solche mit wenigen.

b) Einfluß auf die Konfiguration der Zelle

Nach diesen allgemeineren Betrachtungen über die Giftigkeit der Farbstoffe sollen noch einige Wirkungen auf die einzelnen Bestandteile der Zelle beschrieben werden, die z. T. als Kriterium für die Giftigkeit dienen können.

Da bei den meisten Pflanzenzellen eine äußere Bewegung fehlt, sind zur Beurteilung der Verträglichkeit eines Farbstoffes vielfach Zellen mit Plasmaströmung herangezogen worden, mit deren Hilfe bereits Pfeffer (1886) festgestellt hat, daß Methylviolett viel giftiger als Methylenblau ist. Nach Hauptfleisch (1892) übt Methylenblau keinen hemmenden Einfluß auf die Plasmaströmung in den Blattzellen von *Helodea canadensis*, ein in dieser Hinsicht viel untersuchtes Objekt, aus. Selbst sich bildende Niederschläge sind nicht hinderlich. In vielen Fällen soll das Methylenblau die Strömung überhaupt erst auslösen. Dies kann von Beikirch (1925) bestätigt werden; denn nach einer Behandlung mit Methylenblau zeigen mehr Zellen eine Strömung als in den ungefärbten Kontrollen. Ferner stellt er eine Zunahme der Strömungsgeschwindigkeit mit der Intensivierung der Färbung fest. Nach Überschreiten eines bestimmten Färbungsgrades tritt dann eine Hemmung auf, die in dunkelblau gefärbten Zellen zum Stillstand führt.

Wie Methylenblau wirken auch Neutralrot und Chrysoidin in niedrigen Konzentrationen stimulierend. Andere kationische Farbstoffe hemmen oder führen etwa in folgender Reihe zum Stillstand: Safranin < Methylengrün < Anilingrün < Gentianaviolett, Methylviolett < Diamantfuchsin; das letzte ist stark giftig. Anionische Farbstoffe sind ohne Einfluß. In *Vaucheria* sollen sich mit Brillantcresylblau die Kerne färben, ohne daß die Plasmaströmung sistiert wird (P. A. DANGEARD 1932). Rhodamin B hat nach WEBER (1937a) auf die Plasmaströmung von *Helodea* keinen Einfluß, während die von *Closterium lunula* nach BURIAN (1965b) durch denselben Farbstoff stark beschleunigt wird. Methylenblau übt bei *Avena*-Koleoptilen keine Hemmung aus (OLSON und DU BUY 1940). Verschiedene Salze des Neutralrotes verzögern die Strömung bei *Helodea* nach BAZIN (1944a) in folgender Reihe: Phenylpropionat < Isobutyrat < Chlorhydrat < Sulfat < Citrat < Succinat. Auramin sistiert die Plasmaströmung in den Oberepidermiszellen der Schuppenblätter von *Allium cepa*. Nach Übertragung der gefärbten Zellen auf Leitungswasser wird sie aber allmählich wieder aufgenommen (STRUGGER 1943b). Neutralrot hat auf die Plasmabewegung in den Drüsenzellen von *Pinguicula vulgaris* keinen Einfluß (DÉSIRÉ 1946) und bei *Closterium* bleibt sie nach einer Färbung mit Prune pure erhalten (HÖFLER 1950). Bei *Amoeba proteus* bedingt Brillantgrün im Gegensatz zu Neutralrot und Methylenblau eine sofortige Einstellung der Strömung (PRESCOTT 1953). Werden die Phloemparenchymzellen von *Pinus strobus* mit Neutralrot gefärbt, dann zerfällt zwar das Vakuom in kleine Tropfen, die innerhalb von 2 Std. von Mitochondriengröße bis zu Stärkekorngröße anschwellen, die Plasmaströmung bleibt aber häufig erhalten. Diese Vakuolenaggregation findet im Sommer und nur selten im Winter statt (PARKER 1960).

Die metabolische Bewegung von Euglenen wird durch eine Färbung des Periplasten mit kationischen Farbstoffen gehemmt (DISKUS 1956). In Fibroblasten lösen Viktoriablau (LETTRÉ 1951) und Berberinsulfat, Janusgrün, Trypan-, Toluidin-, Methylenblau, Thionin, Gentianaviolett, Fuchsin, Eosin, Rosanilin, Lichtgrün, Trypaflavin (LETTRÉ, ALBRECHT und LETTRÉ 1951) eine Plasmabewegung aus, wie sie sonst nur Zellen in mitotischer Teilung zukommt. Nicht wirksam sind indigodisulfosaures Na, Rosindulin 2 G, Methylgrün, Nilblau, Carmin, Pyronin, Auramin. Bei den wirksamen Farbstoffen soll es sich um Mitochondrienfärber handeln. Dieser Schlußfolgerung kann man aber nicht für alle Farbstoffe zustimmen, denn die anionischen — Trypanblau und Lichtgrün — sind keine Mitochondrienfarbstoffe, und bei Eosin und Rosanilin ist es ebenso fraglich wie bei den kationischen Farbstoffen Toluidin-, Methylenblau, Thionin, Fuchsin und Trypaflavin, ob sie wirklich die Mitochondrien färben.

Nach GICKLHORN (1927b) kann in den Oberepidermiszellen der Schuppenblätter von *Allium cepa* nach Färbung mit Erythrosin, Eosin, Rose bengale u. a. (Plasma- und Kernfärbung) keine Plasmaströmung mehr beobachtet werden, die Zellen sollen aber bei kühler (8—10° C) Lagerung, selbst noch nach zwei

Tagen, plasmolysierbar und deplasmolysierbar und damit noch voll vital sein. Dasselbe Ergebnis erhält Albach (1928).

Damit kommen wir zu einem zweiten viel benutzten Kriterium der Vitalität. Schädliche Farbstoffe heben die Semipermeabilität des Plasmas und damit die Fähigkeit zur Plasmolyse auf. Nach den Versuchen von Gicklhorn und Albach scheint die Plasmaströmung eher beeinflußt zu werden als die Semipermeabilität.

Gegen die Auffassung von Gicklhorn, daß Zellen mit gefärbtem Kern noch vital wären, weil sie plasmolysierbar sind, wendet sich Bělař (1930b). In den von ihm mit Eosin wiederholten Versuchen lassen sich die Zellen noch plasmolysieren, obwohl das Cytoplasma „tatsächlich hochgradig pathologisch verändert"

Tab. 63. *Die Lebensdauer der Protoplasten mit gefärbten Zellkernen in den Oberepidermen der Schuppenblätter von Allium cepa in Abhängigkeit von der angewendeten Konzentration des KCl als Plasmolytikum.* (Nach Bank 1936.)

Farbstoff	0,5 mol Stunden	1 mol Stunden	2 mol Stunden
Methylviolett	8	48	72
Gentianaviolett	8	48	72
Kristallviolett	8	48	72
Malachitgrün	8	48	72
Prune pure	48	72	120

ist. Hierbei darf man aber nicht die photodynamische Wirkung des Eosins übersehen (s. S. 282 u. f.), was auch Gicklhorn betont. Bělař gibt nicht an, ob er im Dunkeln gearbeitet hat. Strugger (1931), der die photodynamische Wirkung durch Arbeiten im Dunkeln ausschaltet und mit Licht mikroskopiert, das er durch eine Erythrosinlösung filtert, beobachtet an demselben Objekt wie Gicklhorn, daß die Plasmaströmung nach einer Erythrosinfärbung nach kurzer Zeit aufhört und der Kern unter erheblicher Volumenzunahme aufquillt. In diesem Stadium sind die Zellen immer noch plasmolysierbar, und Strugger ist der Meinung, daß man bis zum Eintreten irreversibler Veränderungen des Zellkernes noch von einer vitalen Färbung der Zelle sprechen kann. Dieselbe Auffassung wird bereits von Küster (1926) hinsichtlich der Kernfärbung mit Erythrosin vertreten.

Bank (1936) benutzt ebenfalls die Deplasmolyse als Vitalitätsbeweis für Kernfärbungen. Er setzt der Farbstofflösung gleich Salze in hypertonischer Konzentration zu und beobachtet einen günstigen Einfluß stärkerer Plasmolysegrade auf die Lebensdauer (Tabelle 63). Bělař zieht aber eine „heilsame" Wirkung der Plasmolyse in Zweifel, und Mayr (1955) betont, daß Vitalfarbstoffe — in seinem Fall sogar nur die Vakuolenfärber Neutralrot, Methylenblau, Brillantcresylblau — einen ungünstigen Einfluß auf die Reproduzierbarkeit plasmolytischer Versuche hätten.

Nach Dietrich (1929) plasmolysieren ungefärbte Hyphen von *Aspergillus niger* in 0,8—1 n KNO_3, mit Chrysoidin gefärbte (Plasmafärbung) aber erst in 1,5—2 n KNO_3. Der Autor führt diese Erscheinung auf eine Permeabilitätserhöhung durch den Farbstoff zurück (vgl. S. 297).

Auf die Plasmolyse werden sich vor allem Viskositätsgrad und Wandhaftung des Cytoplasmas auswirken. Die Oberepidermiszellen der Zwiebelschuppen von *Allium cepa* zeigen nach einer Kernfärbung mit Dahlia-, Methylviolett und Malachitgrün eine Krampfplasmolyse, während die ungefärbten Zellen konvex plasmolysieren (ALBACH 1927). Diese Erscheinung spricht für eine Zunahme der Viskosität oder der Wandhaftung. An demselben Objekt nimmt die Viskosität nach Färbung mit Erythrosin (Plasma- und Kernfärbung) erheblich zu (STRUGGER 1931). In den Anfangsstadien scheint die Viskosität oder die Wandhaftung des Plasmas aber abzunehmen, da nach den Angaben des Autors gefärbte Zellen eine Konvexplasmolyse, ungefärbte aber eine Konkavplasmolyse zeigen. Das unterschiedliche Plasmolyseverhalten der ungefärbten Epidermen in den Versuchen von ALBACH und STRUGGER kann durch verschiedenes Zwiebelmaterial bedingt sein. Je nach dem Alter der Schuppen ein und derselben Zwiebel, ja selbst innerhalb einer Schuppe, können sich die Epidermiszellen sehr verschieden verhalten (s. S. 550). MILDEBRATH (1932) gibt für das Plasma in den Zellen der Maiswurzeln eine Erhöhung der Viskosität durch Erythrosin an, was aber durch SYRE (1939) nicht bestätigt werden kann.

In den Oberepidermiszellen der Zwiebelschuppen von *Narcissus pseudonarcissus* tritt nach einer Plasmafärbung mit Chrysoidin bei Plasmolyse in Harnstoff eine viel raschere Rundung des Protoplasten auf als in ungefärbten Zellen (HOFMEISTER 1948). Nach FRITZ (1951) wird die Viskosität des Cytoplasmas von *Allium cepa*-Schuppenblättern durch Prune pure in der Oberepidermis (Plasmafärbung) stark und in der Unterepidermis (vorwiegend Vakuolenfärbung) nur schwach bis mäßig herabgesetzt. Andere Objekte mit Vakuolenfärbung, wie Stengelepidermen von *Vicia faba*, Blattstielepidermen von *Daucus carota*, zeigen aber auch eine starke Abnahme der Viskosität. In den Stengelepidermen von *Tradescantia albiflora* mit sehr schwacher Zellsaftfärbung und später auch Kern- und Plasmafärbung wird sie dagegen deutlich erhöht. Dasselbe stellt VON CHOLNOKY (1937a) bei *Spirogyra* und *Mougeotia* nach Färbung mit verschiedenen kationischen Farbstoffen und bei *Melosira* nach einer Gentianaviolettbehandlung (VON CHOLNOKY 1934) fest. Bei marinen Plankton-Diatomeen wird nach FOLLMANN (1957) die Zellsaftviskosität durch Neutralrot herabgesetzt. Diese Erscheinung soll im Einklang mit den Angaben von FRITZ (1951) stehen, dabei übersieht aber der Autor, daß es sich bei FRITZ nicht um die Zellsaft-, sondern um die Cytoplasmaviskosität handelt. In den Versuchen von FOLLMANN (1957) zeigen die Zellen bei Neutralrot-Behandlung eine reversible und nach Färbung mit Rhodamin B eine irreversible Reizplasmolyse. Acridinorange hebt die Wandhaftung bei der Diatomee *Coscinodiscus granii* im Gürtelbandbereich auf (FOLLMANN 1959).

Die Angaben über die Richtung der Viskositätsänderung sind sehr unterschiedlich. Dies ist aber verständlich, wenn man berücksichtigt, daß die Viskosität sehr wahrscheinlich beim Absterbeprozeß mehrmals wechseln wird. Zunächst kann eine Abnahme der Viskosität erfolgen, mit zunehmender Koagulation des Plasmas wird sie anwachsen und bei lytischen Vorgängen, die unter Umständen anschließend einsetzen (PRESCOTT 1953, *Amoeba proteus*; WEINBERG, BILLMAN und BORDERS 1958, *Bacillus subtilis*), wieder abnehmen. Je nachdem, zu welchem Zeitpunkt also die Beobachtung gemacht wird, ist das Ergebnis ein anderes.

Die meisten Befunde sprechen allerdings für eine Abnahme der Viskosität des Plasmas. In diesem Zusammenhang ist es von Interesse, daß nach Baum-berger, Bigotti und Bardwell (1929) Methylenblau eine Koagulation von Eiweißgemischen im Licht verhindern kann (s. S. 286).

Schindler (1957) erhält mit Thionin eine Verfestigung des Plasmalemmas bei *Netrium oblongum*, so daß eigenartige Plasmolyseformen auftreten. Auf die Bildung von Vernarbungsmembranen um die kontrahierten Protoplasmaballen in den Hyphen von *Saprolegnia mixta*, die bei einer Plasmolyse mit 0,5 n Trauben-zucker entstehen, haben Prune pure, Eosin und Chrysoidin keinen Einfluß (Grohrock 1935). Diese Vernarbungsmembranen sind allerdings nicht mit dem Plasmalemma identisch, da es sich hier bereits um Zellwandmaterial handelt, das sich mit Congorot färbt. Bei Kultur von *Helodea densa* in 0,0001% Methylen-blaulösung zeigen die Zellen an der Grenze zwischen bereits abgestorbenen und lebenden Arealen einen tropfigen Plasmazerfall (Küster 1953).

Im Zusammenhang mit Änderungen der Viskosität des Plasmas und Ver-änderungen der Plasmagrenzfläche durch Farbstoffe ist noch die Frage von Interesse, ob die Vitalfärbung die Fusionsfähigkeit von Plasmaportionen oder ganzen Protoplasten beeinflußt (Küster 1939b). Bei Protozoen fusioniert mit Neutralrot gefärbtes Plasma nach Okada (1930) ungehindert mit ungefärbtem. Auch bei *Bryopsis*-Plasmatropfen hat eine Färbung mit Eosin keinen Einfluß auf das Fusionsvermögen (Küster 1939c). Eine Vitalfärbung mit Neutralrot oder Brillantcresylblau scheint aber bei *Chlamydophrys* die Fusionsvorgänge zu behindern (Bĕlař 1921).

Ferner wird eine Vakuolisation des Cytoplasmas unter der Einwirkung von Farbstoffen beschrieben, so von Barg (1942) für *Closterium moniliferum* nach Färbung mit schwacher Eosinlösung im Dunkeln. Die Erscheinung einer Vakuoli-sation ist vor allem bei Cyanophyceen zu beobachten. Hier entstehen in der peripheren Zone, besonders unter der Einwirkung von Neutralrot, kleine Vakuo-len, die mit der weiteren Farbstoffaufnahme größer werden (Guilliermond 1926e, 1933b, Becker und Beckerowa 1937, Chadefaud 1937, Schön-leber 1937a, Dughi 1949). Einige Autoren vermuten, daß sich diese Vakuolen nicht völlig neu bilden, sondern bereits in minimaler Größe vorhanden sind und unter der Farbstoffeinwirkung anschwellen. Nach von Zastrow (1953) sollen nur überalterte Cyanophyceenzellen die Vakuolisation nach Färbung mit Neutral-rot zeigen. Diese Annahme läßt sich aber nicht verallgemeinern. So sind die mit Neutralrot erhaltenen Vakuolen reversibel, die mit Erythrosin erzeugten dagegen nicht (Becker und Beckerowa 1937). Ferner kommt es auf die Blaualgenart an, z. B. zeigen *Cylindrospermum*-Arten in Versuchen von Drawert und Metzner (1956b) mit Neutralrot eine Vakuolisation, *Anabaena* dagegen nicht.

Nach einiger Übung kann man schon am Aussehen des Plasmas erkennen, wieweit die Zellen noch vital sind. Durch Farbstoffe verursachte Desorgani-sationserscheinungen und Nekrobiosebilder beschreibt unter anderen von Chol-noky (1935) für Diatomeen und für Fruchtfleischzellen von *Ligustrum* (von Chol-noky 1943). Speziell für das Fluorochrom Acridinorange berichten Strugger (1940b) und Höfler (1947b) über das Auftreten von Nekrosen an verschiedenen Objekten.

Berberinsulfat bedingt eine Verfettung des Plasmas (Hilwig und Schmitz 1951 an Hühnerfibroblasten, Perner 1952a an Epidermen der Zwiebel von

Allium cepa). Diese Verfettung kann mit der Atmungshemmung durch Berberin
(s. S. 302) zusammenhängen. Nach eigenen Beobachtungen führt Janusgrün B
ebenfalls zu einer Verfettung. Diese Erscheinung tritt auch an ungefärbten Zellen
bei Sauerstoffabschluß auf. Die Gärung wird durch Berberin nicht gehemmt
(s. S. 307). Einige Zellen vertragen Berberin sehr gut. *Allium cepa*-Zellen sind
nach Färbung und anschließender Übertragung auf Leitungswasser nach 2 Tagen
noch vital (STRUGGER 1939a), und bei Hefe bedingt das Alkaloid innerhalb von
24 Stunden keine Änderung im Verhältnis toter zu lebender Zellen (GEISSLER
1955).

Die Farbstoffe können sich auch auf die Konfiguration der Plastiden auswirken. Die Chloroplasten von Closterien zeigen bei einer Färbung der Zellen
mit Eosin (BARG 1942), Prune pure (HÖFLER 1950), Neutralrot, Acridinorange,
Brillantcresylblau, Rhodamin B (BURIAN 1961, 1965b) eine Kontraktion. Eine
Abnahme der Größe und Abrundung der Plastiden beobachtet VON CHOLNOKY
(1934) bei *Melosira arenaria* nach Färbung der Zellen mit Gentianaviolett
und besonders mit Safranin. Außerdem führt die Färbung zu einer Systrophe
der Plastiden. In den Blättern von *Helodea canadensis* verursacht Rutheniumrot
eine Reduktion der Chloroplasten (LÄRZ 1942). Bei *Spirogyra* und *Mougeotia*
tritt nach Behandlung der Zellen mit verschiedenen kationischen Farbstoffen
ein Zerfall der Chromatophoren auf (VON CHOLNOKY 1937a).

Eingehender ist der Einfluß von Rhodamin B auf die Chloroplasten von
Helodea canadensis untersucht worden. Nach STRUGGER (1937c) soll Rhodamin B
keine Veränderung der Plastiden bedingen, nur die Ergrünung etiolierter Chloroplasten wird verzögert. Rhodamin 6 G führt dagegen innerhalb von 24 Std. zur
vollständigen Zerstörung der Granastruktur. Nach BÖING (1955) erfolgt eine
Ergrünung der Plastiden bei *Helodea densa* erst, wenn der Farbstoff ausgewaschen
wird, und auch dann ist der Vorgang stark verzögert. Die Metamorphose der
Proplastiden zu Plastiden wird in allen Fällen gehemmt, in denen eine Anfärbung des ,,Primärgranums'' (im Sinne von STRUGGER) stattgefunden hat.
Bei längerer Einwirkung von Rhodamin B treten allerdings in den Chloroplasten
,,Streifen'' auf, wie sie auch in Lösungen von Methylgrün, Kristallviolett
und Pyrenderivaten, hier bereits nach kürzerer Zeit, zu beobachten sind
(H. H. SCHMIDT 1951). Die Streifenbildung nach Rhodamin-B-Färbung kann von
LINDNER (1959) und ZURZYCKI und STARZECKI (1961) bestätigt werden. Außerdem erhalten diese Autoren schon in verhältnismäßig kurzer Zeit — nach 4 bis
5 Stunden — sogenannte Näpfchenformen der Chloroplasten, wie sie SCHMIDT
nur für die Pyrenderivate beschreibt. Prune pure und Mauvein hemmen nach
LÄRZ (1942) die Vakuolisation der *Helodea*-Chloroplasten durch Nikotin.

Methylenblau bedingt in den Haarzellen verschiedener *Coleochaete*-Arten die
Einstellung der Chromatophoren-Rotation, während nach Neutralrotbehandlung,
selbst bei intensiver Zellsaftfärbung, die Rotation weitergeht (GEITLER 1960a).

Sehr empfindlich sind die Chondriosomen. Bei *Vaucheria* werden die Cyto-
somen (= Chondriosomen) durch Neutralrot zerstört (P. A. DANGEARD 1932a).
In Zwiebelepidermen von *Allium cepa* verändert Rhodamin B nicht die Chondriosomen, obwohl sie gefärbt sind, während Rhodamin 6 G eine Abrundung, Vakuolisierung und Agglutination derselben bedingt (STRUGGER 1938a). Unter der
Einwirkung von Berberinsulfat erfolgt am gleichen Objekt eine hypertrophische

18*

Vergrößerung dieser Zellorganelle (Perner 1952a). Auch der zur Identifizierung der Chondriosomen benutzte Farbstoff Janusgrün B führt zu einem Anschwellen und Vakuolisieren oder zur Fragmentierung bis zur Granulaform (Sorokin 1938, Bhargava 1951b, Lazarow und Cooperstein 1953a, Drawert und Mix 1961b). Nach einer Färbung mit Coelestinblau, das sehr wenig schädlich ist, werden die Chondriokonten in den Oberepidermen der Zwiebelschuppen von *Allium cepa* zunächst spitzer ausgezogen und haften stärker aneinander, nach längerer Farbstoffeinwirkung (24 Stunden) erfolgt aber eine Abrundung der Enden (Drawert 1954a).

Auch am Interphasekern können durch Farbstoffe ausgelöste Veränderungen auftreten. Während Gicklhorn (1927b) betont, daß die Kerne in den Oberepidermen der Schuppenblätter von *Allium cepa* nach einer Färbung mit Erythrosin ohne Größenänderung und hyalin bleiben, beschreibt Strugger (1931) für dasselbe Objekt und denselben Farbstoff, daß die Kerne im Verlauf einer Stunde eine deutliche Volumenzunahme zeigen und von der linsen- in die kugelförmige Gestalt übergehen. Außerdem werden sie glasig, während sie in der ungefärbten Zelle ein deutlich sichtbares Reticulum besitzen. Auch Bank (1933b) gibt für *Allium cepa* an, daß die Kerne nach Färbung mit Erythrosin gequollen und von einer scharf abgesetzten Membran umgeben sind. Allerdings plasmolysiert Bank die Zellen noch zusätzlich mit 1 mol KCl.

Beim Einlegen einer einbänderigen *Spirogyra* in eine 0,002%ige Chrysoidinlösung beobachtet Lanz (1936) bereits nach zwei bis drei Minuten eine leichte Schwellung des Zellkernes und das Auftreten einer feinen Granulierung an seiner Peripherie. Nach 10—15 Min. hebt sich zusehends eine Membran vom Kern ab und schwillt zu einer großen Blase an, während der Körper des Kernes selbst ein wenig schrumpft und sich mit einer neuen Oberflächenhaut vom „Kernsaft" trennt. Die Schnelligkeit der Blasenentstehung ist von der Farbstoffkonzentration abhängig. Andere *Spirogyra*-Arten und auch Zellen höherer Pflanzen zeigen diesen Effekt nicht. Eine starke Anschwellung des Kernes in Zwiebelepidermen von *Allium cepa* erhält Drawert (1951a) mit Parafuchsin.

Stockinger (1953) gibt für die Kerne tierischer Zellen aus Gewebekulturen nach Färbung mit Acridinorange 1 : 100 000 folgende Veränderungen an. Zuerst verdichtet sich die Oberfläche, und aus der ursprünglichen Grenzlinie zwischen Kern und Plasma wird eine Kernmembran im morphologischen Sinne. Manchmal treten auch vermehrt Vakuolen innerhalb der Nucleolarsubstanz auf. Dann kommt es mit zunehmender Verdichtung zu einer Verkleinerung des Kernkörperchens und des ganzen Kernes. Ein besonderes Hervortreten der Kernmembran erhält Drawert (1951a) bei *Allium cepa*-Zellen mit Basler Blau R (Abb. 95), aber erst nachdem die Zellen durch diesen sehr giftigen Farbstoff getötet worden sind. Eine Vakuolisierung der Nucleolen beschreiben de Puytorac, Blanc und Vivier (1959) für Paramaecien nach Behandlung mit Trypaflavin. Nach Abbruch der Farbstoffeinwirkung beginnen sich die Paramaecien wieder zu teilen. Die Vakuolen in den Nucleolen bleiben zunächst erhalten und verschwinden erst zwischen dem 60. und dem 70. Teilungsschritt.

Bei Kultur von Küchenzwiebeln in Nährlösung nach v. d. Crone mit Prune pure 1 : 10 000 sind die Interphasekerne in den Wurzeln bereits nach 5 Std. z. T. deformiert (Betz 1953).

Eine Behandlung von Trypanosomen-Kulturen mit Arcriflavin führt zu einem Verschwinden der DNS aus dem Blepharoplasten (= Kinetoplast) der Zellen (GUTTMAN und EISENMAN 1965).

Untersuchungen über die Änderung der Feinstruktur durch Farbstoffe sind bisher an Pflanzenzellen kaum gemacht worden. An tierischen Zellen hat W. SCHMIDT (1960, 1962, vgl. auch STOCKINGER 1964) elektronenmikroskopische Untersuchungen durchgeführt. In den Epidermiszellen junger Tritonlarven sind nach 12stündiger Behandlung mit Neutralrot oder Acridinorange keine Veränderungen nachweisbar, obwohl das Cytoplasma lichtmikroskopisch zahlreiche „Farbstoffvakuolen" erkennen läßt. Nach 24stündiger Farbstoffeinwirkung sind auch elektronenmikroskopisch viele vakuoläre Bildungen im Plasma zu sehen,

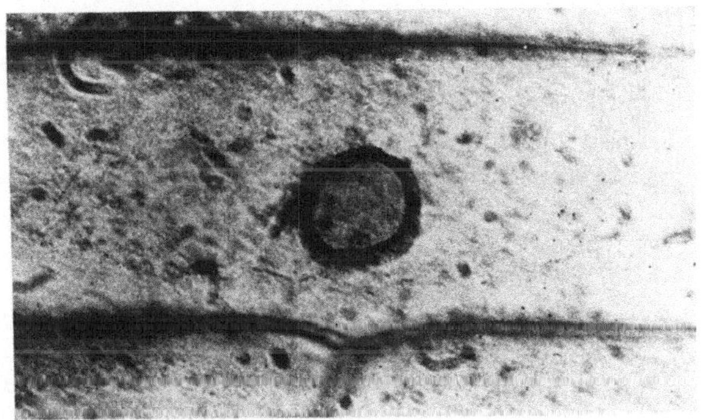

Abb. 95. Durch die Einwirkung von Basler Blau R 1 : 10 000 in Phosphatpuffer mit pH 9,7 abgestorbener Zellkern aus der Oberepidermis der Zwiebelschuppe von *Allium cepa* mit violett gefärbtem Plasmahof und besonders intensiv gefärbter Kernhülle. (Nach DRAWERT 1951 a.)

die mit der Zeit auch Substanzablagerungen aufweisen. Die „Farbstoffvakuolen" sollen aus dem endoplasmatischen Reticulum entstehen. Die Chondriosomen zeigen meist eine Quellung mit Verlust der Innenstruktur, z. T. aber auch eine Verdichtung. Nach Injektion von Janusgrün in Mäuse findet TANAKA (1962) eine Zunahme der Chondriosomen-Matrix an elektronenoptischer Dichte, und die Anordnung der Cristae wird unregelmäßiger. Die normalerweise in den Chondriosomen vorhandenen 1 bis 2 Granula nehmen an Größe zu und entwickeln sich zu Vakuolen, die in das Cytoplasma ausgestoßen werden. 60 Min. nach der Injektion sind die meisten Chondriosomen geschwollen und schon weitgehend degeneriert. Nach Injektion von Neutralrot lassen sich in den Zellen „Segresome" nachweisen, zuerst als feine Partikelchen, später als größere, myelinartige Figuren. Diese Segresomen sollen zum Teil schon vor der Vitalfärbung existieren, zum Teil aber auch erst als Folge der Farbstoffaufnahme entstehen. DRAWERT und MIX (1963) erwähnen, daß vor der Fixierung mit Neutralrot vitalgefärbte Oberepidermiszellen der Zwiebelschuppen von *Allium cepa* nach der Fixierung mit OsO$_4$ im elektronenmikroskopischen Bild flockige Kontrastierungen im Grundplasma erkennen lassen und daß das nach OsO$_4$-Fixierung meist bläschenartig ausgebildete endoplasmatische Reticulum in dieser Form nur noch selten anzutreffen ist, statt dessen sind kürzere Zisternen zu finden.

In den Meristemzellen von Weizenwurzeln treten nach einer Vitalfärbung mit 0,01% Neutralrot für 60 Min. keine elektronenmikroskopisch sichtbaren

Veränderungen im Plasma auf. Nur in Zellen mit flavonolhaltigem Zellsaft sind in den Vakuolen nach Neutralrotfärbung und Fixierung mit Osmium vielfach größere, elektronenoptisch dichtere Körper, die dem Tonoplasten anliegen, wahrzunehmen. In der Nähe dieser gefärbten Vakuolen liegen im Plasma häufiger hypertrophierte Dictyosomen und Golgi-Vesikel mit einem elektronenoptisch etwas dichteren Inhalt (Končalová-Magerová 1964, 1965 b).

Bei dem parasitischen Flagellaten *Leishmannia tarentolae* läßt nach Trager und Rudzinska (1964) der Kern nach Acriflavinbehandlung elektronenmikroskopisch keine Beeinflussung erkennen. Die Chondriosomen erscheinen geschwollen, zeigen kaum noch Cristae bzw. sind diese in konzentrisch verlaufende Doppelmembranen umgebildet, und die Matrix ist dicht granulär. Den Einfluß von Acridinorange auf die Struktur von HeLa-Zellen untersuchen Robbins, Marcus und Gonatas (1964). Die lichtmikroskopisch in den Zellen zu beobachtenden Acridinorange-Partikel (Robbins und Marcus 1963) erweisen sich elektronenmikroskopisch als multivesikuläre Körper. Über die Wirkung von nichtcancerogenem 2-Methyl-dimethylaminoazobenzen auf Leberzellen vergleiche man Lafontaine und Allard (1964).

c) Einfluß von Außenfaktoren

α) Einfluß der Wasserstoffionenkonzentration

Dissoziation und Dispersitätsgrad der meisten Farbstoffe hängen in wässeriger Lösung von der cH ab. Da diese Faktoren einen maßgebenden Einfluß auf die Aufnehmbarkeit der Farbstoffe durch die Zelle haben, ist zu erwarten, daß sich die cH des Mediums auch auf den Grad der Giftigkeit auswirken wird.

Prowazek (1910a) beobachtet, daß Methylenblau, Neutralrot und Azur bei alkalischer Reaktion auf Colpidien giftiger wirken als bei saurer Reaktion. Nach Tschernorutzky (1912) erhöht Na_2CO_3 die Giftigkeit von Methylenblau und Bismarckbraun auf Kaulquappen, aber nicht die des wesentlich giftigeren Chrysoidins. Auch Traube (1912b) berichtet, daß Na_2CO_3-Zusatz die Giftwirkung der kationischen Farbstoffe verschiebt, und führt dies auf Dispersitätsänderungen zurück. Ohne Zweifel ist die Wirkung des Na_2CO_3 aber in einer pH-Wert-Änderung und dem dadurch bedingten Wechsel in den Dissoziationsverhältnissen zu suchen. Die Farbstofflösung wird alkalischer, es entsteht die freie Farbbase, die von der Zelle leichter aufgenommen wird als das Farbkation, und dadurch wirkt der Farbstoff bei alkalischer Reaktion schädlicher. Für diese Erklärung spricht auch der Befund von Tschernorutzky (1912) mit Chrysoidin. Dieser Farbstoff liegt schon in wässeriger Lösung weitgehend in der Form der Farbbase vor, so daß ein Zusatz von Na_2CO_3 kaum noch die Dissoziationsverhältnisse ändern wird. Jedenfalls kommt dem Dissoziationswechsel durch die cH für die Aufnehmbarkeit und damit für die Schädlichkeit eine viel größere Bedeutung zu als einer Dispersitätsänderung.

Diese Erklärung geben auch Adams und Robbins (1934) für die cH-Wirkung auf Grund ihrer Versuche mit Eosin, Rose bengale, Dahlia, Safranin, Brillantgrün an Hefe (S. 308, Abb. 104 und 105). Bei den anionischen Farbstoffen ist der Einfluß der cH gerade umgekehrt wie bei den kationischen, d. h. die Giftigkeit nimmt mit steigender cH zu, weil die Farbsäure erst bei höherer cH in Freiheit gesetzt wird. Bei den amphoteren Farbstoffen ist eine mittlere cH-Lage am wirksamsten, und bei nur schwach dissoziierten Farbstoffen hat die cH kaum einen Einfluß. Damit im Einklang stehen die Befunde von DISKUS (1956) an *Euglena* mit einigen kationischen Farbstoffen und die von ihm daraus gezogene Schlußfolgerung, daß die Farbkationen im allgemeinen weniger schädigen als die permeierfähigen Farbbasenmoleküle. Es ist unverständlich, wenn HUBER (1956) in Versuchen mit *Spirogyra* und Neutralrot zu gegenteiligen Ergebnissen kommt und so zu dem Schluß verführt wird, daß im Farbkation der giftige Anteil zu sehen ist. Dies widerspricht den meisten Erfahrungen, wie folgende Übersicht ergibt:

Die bakteriostatische Wirkung der anionischen Farbstoffe ist im sauren Bereich größer, die der kationischen im alkalischen (STEARN und STEARN 1926, SARTORIUS 1928b). Dasselbe trifft für die schädigende Wirkung auf Pilze (KOBS und ROBBINS 1936) und Paramaecien (BECK und NICHOLS 1937) zu. Die Unverträglichkeit von Nil- und Brillantcresylblau (GUILLIERMOND und GAUTHERET 1938d) sowie die von Acriflavin (MILLBANK und HOUGH 1961) nimmt mit Erhöhung des pH-Wertes für Hefe zu, und ebenso steigt die Giftigkeit von Acridingelb, Acridinorange und Coriphosphin (BUKATSCH und HAITINGER 1940). Auch die Schädigung von *Escherichia coli* durch Methylenblau (HEINMETS, VINEGAR und TAYLOR 1952) und die von Paramaecien durch Benzpyren (EPSTEIN und BURROUGHS 1962) im Licht werden mit zunehmendem pH Wert verstärkt.

Eine direkte Wirkung der cH auf die Zelle, wie sie z. B. KLIGLER (1918) für die cH-abhängige bakteriostatische Wirkung der Farbstoffe annimmt, dürfte im physiologischen pH-Bereich nur von untergeordneter Bedeutung sein.

Die photodynamische Inaktivierung von Bakteriophagen durch Methylenblau ist bei pH 8 bedeutend stärker als bei pH 5,3. YAMAMOTO (1956) nimmt an, daß dieser Effekt auf der Bildung eines Farbstoff-Phagen-Komplexes durch Adsorption beruht, die durch fallende cH begünstigt wird. Aber auch in diesem Fall dürfte die cH der Farbstofflösung mehr die Aufnahme des Methylenblaus in den Phagenkörper beeinflussen als dessen Verbindung mit der Nucleinsäure.

Wie bereits im Abschnitt über die allgemeine Giftwirkung betont worden ist, geht bei dem cH-Einfluß in den meisten Fällen der Grad der Schädlichkeit mit der besseren Färbbarkeit des Zellinhaltes parallel.

Nach MACARTHUR (1921) scheint bei Planarien eine hohe Innenazidität die Empfindlichkeit der Tiere für kationische Farbstoffe zu steigern, was ebenfalls mit einer besseren Färbbarkeit zusammenhängen dürfte (vgl. S. 412).

β) Einfluß von Salzen und anderen Farbstoffen

Wie die cH wirken die Salze auf Dissoziation und Dispersitätsgrad, so daß auch von ihnen ein Einfluß auf die Giftigkeit der Farbstoffe zu erwarten ist. Die in Tabelle 63 (S. 272) wiedergegebene „Entgiftung" der Farbstoffe durch Salze in hypertonischen Konzentrationen ist nicht unbedingt ein Plasmolyseeffekt, es kann genauso gut ein reiner Salzeffekt vorliegen. Zur Entscheidung wären Parallelversuche mit denselben Farbstoffen und Anelektrolyten als Plasmolytika erforderlich. Nach SZÜCZ (1912) soll bei *Spirogyra* die Giftwirkung von Methylviolett durch KNO_3 in schwachen Konzentrationen herabgesetzt und in stärkeren Konzentrationen heraufgesetzt werden.

Leider beziehen sich die meisten Angaben von Salzwirkungen nur auf die Aufnahme der Farbstoffe und den Färbungsgrad ohne Rücksicht auf die damit verbundenen Änderungen in der Verträglichkeit.

Nach Betz (1953) sind Prune pure, Acridinorange und Trypaflavin für Adventivwurzeln von *Allium cepa* giftiger, wenn diese in aqua dest. vorkultiviert werden statt in der Nährlösung nach v. d. Crone. Hierbei muß es sich aber nicht um eine direkte Salzwirkung handeln, sondern es kann eine Schwächung der Wurzeln vorliegen, da sich aqua dest. auf die Dauer als nicht verträglich erweist.

Auch in eosinhaltigem aqua dest. kultivierte *Triticum*-Wurzeln zeigen eine stärkere Schädigung der Wurzelhaare als in farbstoffhaltigem Leitungswasser herangezogene Wurzeln (Lerch 1960). Hierbei könnte man an einen cH-Effekt denken, da Leitungswasser im allgemeinen alkalischer reagiert als aqua dest. Andererseits wirkt das kationische Methylenblau auf Hefezellen in aqua dest. ebenfalls giftiger als in Leitungswasser gelöst oder bei Zusatz von Puffergemischen bzw. anderen Salzen (Fink 1931, Fink und Weinfurtner 1931, Fink und Kühles 1933a, b, Lesser 1958, Schmid 1962). Beim aqua dest. kann es sich auch um eine Wirkung von Kupferspuren handeln, deren Giftigkeit die Schädigung durch den Farbstoff additiv verstärkt. Lesser erhält aber den gleichen Effekt mit in Glas doppelt destilliertem Wasser.

Eine echte Salzwirkung liegt ohne Zweifel in den Versuchen von Beers, Hendley und Steiner (1958) vor, in denen eine geringe Zugabe von $MgCl_2$ die wachstumshemmende Wirkung von Acridinorange auf *Micrococcus lysodeikticus* aufhebt. Beim Benzpyren wird dagegen die im Licht schädigende Wirkung auf Paramaecien durch Na- und K-Salze mit mono- oder bivalenten Anionen verstärkt (Epstein und Burroughs 1962). Die photodynamische Inaktivierung von Bakteriophagen durch Methylenblau bei pH 7 nimmt mit steigender Konzentration der benutzten Phosphatpuffer zu (Yamamoto 1956).

Sehr wahrscheinlich haben die Salze einen Einfluß auf die Aufnehmbarkeit der Farbstoffe. Dieser Einfluß kann über den Farbstoff durch Änderung der Dissoziation, aber auch über die Zelle durch Herabsetzung der Permeabilität erfolgen. Doch soll diese Frage erst später behandelt werden (s. S. 368 u. f.).

Von Interesse ist noch die gegenseitige Beeinflussung der Farbstoffe in ihrer Giftwirkung. Dabei wird man ein unterschiedliches Verhalten erwarten können, je nachdem, ob die geprüften Farbstoffe gleichsinnig oder entgegengesetzt geladen sind. Vorwiegend ist der letzte Fall untersucht worden.

Sowohl bei Injektionsversuchen an Fröschen und Mäusen (Herzfeld 1917) als auch im Immersionsversuch mit Paramaecien (Chejfec 1937) wirken die anionischen Farbstoffe entgiftend auf die kationischen. Die photodynamische Wirksamkeit des Rose bengale und anderer anionischer Farbstoffe wird durch kationische, wie Phenosafranin, herabgesetzt (Dognon 1928b, c, Szörényi 1932, Blum 1937). Diesem Befund steht eine ältere Angabe von Loeb (1907) gegenüber, daß die Wirkung des anionischen Eosins bei *Asterias*-Eiern sowohl im Dunkeln als auch im Licht durch das kationische Methylenblau noch verstärkt wird. Von einem neutralisierenden Einfluß könnte nach Loeb keine Rede sein.

Widersprechend sind die Angaben über die gegenseitige Beeinflussung zweier kationischer Farbstoffe. Nach Churchman (1923c) verstärken sich Gentianaviolett und Acriflavin in ihrer bakteriostatischen Wirkung. Neutralrot soll dagegen die Giftigkeit von Nilblau für *Allium*-Zellen herabsetzen (BANK 1933b), und Auramin entgiftet nach SCHOSER (1956) Acridinorange für *Cladophora*. Ein Gemisch von Trypaflavin und Methylenblau ist für Froschspermien weniger giftig als die Farbstoffe allein (RUHLAND 1955b).

γ) Einfluß der Sauerstoffspannung

Ein Teil der Farbstoffe wird durch Reduktion in eine farblose, sogenannte Leukoform übergeführt (s. S. 155 u. f.). Einige dieser Redoxindikatoren zeigen dabei nur einen Farbtonwechsel. Es hat sich herausgestellt, daß die reduzierte Form teilweise bedeutend ungiftiger ist als die oxydierte Stufe. Dabei scheint es sich um eine im ganzen Organismenbereich gültige Erscheinung zu handeln. Ein Organismus wird demnach einen Farbstoff um so besser vertragen, je mehr er in der Lage ist, den Farbstoff zu reduzieren. Das wird er um so eher können, je geringer der Sauerstoffgehalt des umgebenden Mediums ist, da jetzt der Farbstoff im Stoffwechsel die Funktion des Wasserstoffakzeptors übernimmt.

KRUMWIEDE und PRATT (1914a) stellen fest, daß die Giftigkeit von Gentianaviolett und einigen anderen Farbstoffen auf Bakterien durch Reduktion mit Natriumhyposulfit herabgesetzt wird. Streptokokken, die von Methylenblau bei Gegenwart von Sauerstoff gehemmt werden, wachsen normal auf Agar, der reduziertes Methylenblau enthält. Reoxydation bedingt sofortige Wachstumseinstellung (BROWN 1920). Methylenblau und Indophenole wirken in reduzierter Form nicht bakteriostatisch, wenn ein Medium vorliegt, das sie in der Leukoform erhält (DUBOS 1929). Die bakteriostatische Wirkung des Gentianavioletts hängt vom Redoxpotential des Mediums ab (INGRAHAM und FRED 1933). In reduzierter Form ist es selbst noch in einer Konzentration von 1% ungiftig (INGRAHAM 1933).

Wie für Bakterien ist die Leukoform auch für Protozoen (STRELNIKOV 1929, COHEN, CHAMBERS und REZNIKOFF 1928, CHILD 1934) und Pilze (GUILLIERMOND 1930b, WEAVER, JEROSKI und GOLDSTEIN 1959) unschädlicher.

Methylenblau wird in den Staubfadenhaaren von *Tradescantia virginiana* reduziert, danach läuft die Caryokinese völlig normal ab. Wird das Präparat mit frischem Leitungswasser durchspült, erfolgt Reoxydation des Farbstoffes und Einstellung der Mitose (BECKER 1932c). Für *Fuligo septica* sind die schwerer reduzierbaren Farbstoffe giftiger als die leichter reduzierbaren (MANGENOT 1934). Unter anaeroben Verhältnissen ist die Schädigung von Chironomidenlarven durch Triphenyltetrazoliumchlorid etwas geringer (HARNISCH 1956a). Da bei niedriger cH die Reduktion von Nilblau und Brillantcresylblau schneller verläuft, sind diese Farbstoffe für Hefe — ein O_2-Mangel vorausgesetzt — bei höheren pH-Werten weniger giftig (GUILLIERMOND und GAUTHERET 1938d).

Die Entgiftung der Redoxindikatoren durch Reduktion wird nicht von allen Autoren auf den geringen Giftigkeitsgrad der reduzierten Stufe zurückgeführt. Die größere Giftigkeit von Methylenblau auf *Chilomonas paramaecium* soll nach JAHN (1934) in offenen Kulturen gegenüber solchen, die mit Paraffinöl abgedeckt sind, auf einer Förderung der Oxydationsprozesse durch den Farbstoff bei O_2-Gegenwart beruhen. Dem Farbstoff wird demnach eine katalytische Wirkung zugeschrieben. Dies kann gegeben sein, wenn es sich um einen photodynamischen Effekt handelt (s. S. 288 u. f.). GUILLIERMOND (1949) diskutiert neben der

Entgiftung durch Reduktion auch noch die Möglichkeit, daß die reduzierte Form von der Zelle schlechter aufgenommen wird als die oxydierte. Diese Möglichkeit soll nicht grundsätzlich geleugnet werden. Bei den meisten kationischen Redoxindikatoren ist aber die Leukoform lipophiler als die oxydierte Stufe, so daß man eher das Umgekehrte annehmen muß. Ferner wird in vielen Fällen der Farbstoff in oxydierter Form aufgenommen und erst in der Zelle reduziert und dadurch entgiftet. Mit Janusgrün B gefärbte Protozoen leben länger, wenn das Deckglas mit Vaseline abgedichtet wird. Die Tiere reduzieren dann den gespeicherten Farbstoff zur roten Reduktionsstufe (HOGUE 1926). Für die Oberepidermiszellen der Schuppenblätter von *Allium cepa* ist Janusgrün B bei O_2-Gegenwart stark giftig. Werden aber die gefärbten Zellen unter einem Deckglas mit Vaselineabschluß einem O_2-Mangel ausgesetzt, dann erfolgt in der Zelle eine Reduktion über die rote zur farblosen Stufe; da diese fluoresciert, kann man nachweisen, daß sie auch tatsächlich noch in der Zelle vorhanden ist. In diesem Zustand bleiben die Zellen über 10 Tage am Leben, wenn man einen O_2-Zutritt verhindet (DRAWERT 1953 a).

Die zuletzt erwähnten Versuche haben außerdem ergeben, daß der Farbstoff bei der Reduktion in der Zelle verlagert wird (s. S. 414), so daß eine Abnahme der Giftigkeit auch mit dem Wechsel des Lokalisationsortes in der Zelle zusammenhängen kann.

Über den Einfluß von O_2 auf die photodynamische Wirkung s. S. 288 u. f.

δ) Einfluß der Temperatur

Selten finden sich Angaben über den Einfluß der Temperatur auf die Giftigkeit. Es ist aber zu vermuten, daß die Verträglichkeit der Farbstoffe mit steigender Temperatur abnimmt. So bleiben nach GICKLHORN (1927 b) mit Erythrosin gefärbte *Allium*-Zellen bei 8—10° C Aufbewahrungstemperatur noch tagelang plasmolysierbar, und für Planarien wird die Giftwirkung von Farbstoffen nach MACARTHUR (1921) durch höhere Temperaturen begünstigt. In wässerigen Lösungen von Methylenblau färben sich nur tote Hefezellen, so daß die Anzahl gefärbter Zellen direkt als Maß für die Giftigkeit des Farbstoffes dienen kann. Bei 4° C färben sich in einer gegebenen Methylenblaukonzentration wesentlich weniger Zellen als bei 20° C (SCHMID 1962). Die Einwirkungszeit von Thiopyronin zur Inaktivierung von *Saccharomyces* kann bei einer Erhöhung der Temperatur von 25° auf 35° C zur Erzielung des gleichen Effektes um den Faktor 1,5—2,0 reduziert werden (LOCHMANN und STEIN 1964, LOCHMANN, STEIN und HAEFNER 1964).

ε) Einfluß des Lichtes (photodynamische Wirkung)

Nachdem RAAB (1900) beobachtet hat, daß Paramaecien in Lösungen von Acridin, Eosin, Phosphin und Chinin im Licht bedeutend schneller sterben als im Dunkeln, ist die Lichteinwirkung auf die Empfindlichkeit der Organismen gegenüber Farbstoffen von den verschiedensten Seiten eingehend untersucht worden. RAAB stellt bereits fest, daß das Licht nicht die Farbstofflösung im toxischen Sinne verändert und daß nur die vom Farbstoff absorbierten Wellenlängen wirksam sind. Durch eine Acridinlösung gefiltertes Licht ist bedeutend schwächer auf die Paramaecien in Acridinlösung wirksam als ungefiltertes Licht, und beim roten Eosin sind vor allem die grünen Strahlen tödlich. RAAB sieht in der Fluorescenz der Farbstoffe den wirksamen Faktor.

VON TAPPEINER, in dessen Institut RAAB seine Entdeckung gemacht hat, befaßt sich dann eingehender, z. T. in Zusammenarbeit mit JODLBAUER, mit dem Lichteffekt (VON TAPPEINER und JODLBAUER 1907) und bezeichnet ihn als „photodynamische" Erscheinung.

Von der umfangreichen Literatur auf diesem Gebiet kann hier nur eine Auswahl gebracht werden. Übersichten finden sich bei BUSCK 1906, PINCUSSEN 1930, BLUM 1932, 1941, SANTAMARIA 1960, MEIER 1963, SPIKES und GHIRON 1964.

Hochwirksam sind vor allem die Fluorescein-Derivate Eosin, Erythrosin, Rose bengale und Phloxin, so für Paramaecien (NOACK 1920, EFIMOFF 1923, METZNER 1924, BALL 1927, BECK und NICHOLS 1937), Erythrocyten (BLUM, PACE und GARRETT 1937, DAVSON und PONDER 1940), Leuko- und Lymphocyten (SALVENDI 1906), Seesterneier (LOEB 1907, COOKE und LOEB 1909), Gewebekulturen vom Hühnerembryo (LEWIS 1945), Stechmückenlarven (SCHILDMACHER 1950), Bakterien (METZNER 1920b, T'UNG 1940, BAUGH und CLARK 1959), *Beggiatoa* (RUHLAND und HOFFMANN 1925), Hefe (MACHT 1926), Samenkeimung (PISKERNIK 1921, POLJAKOFF-MAYBER 1958), Wurzeln (PISKERNIK 1921, PRESCHER 1932), Sproß (SCHANZ 1923). Das Fluorescein selber hat dagegen trotz intensiver Fluorescenz nur eine schwache (GICKLHORN 1914, PISKERNIK 1921, SCHILDMACHER 1950) oder gar keine (SCHANZ 1923, METZNER 1924) Wirksamkeit.

Während die Fluoresceinderivate anionisch sind, handelt es sich bei den anderen photodynamisch wirksamen Farbstoffen vorwiegend um kationische. Dazu gehören z. B. die häufig als Vitalfarbstoffe benutzten Methylenblau und Neutralrot. Mit beiden sind positive Effekte erzielt worden (BALL 1927, CHILD 1934, Paramaecien; COOKE und LOEB 1909, Seesterneier; TENNENT 1938, Seeigeleier; DREBINGER 1951, Froschspermien; POLITZER 1924a, Salamanderlarven; LEWIS 1945, Gewebekulturen von Küken; METZNER 1920a, b, Bakterien; BECKER 1930, KAMNEV und ZAKIJAN 1955, Wurzeln). Die Wirkung ist aber je nach Objekt und auch beim selben Objekt unterschiedlich. Nach METZNER (1924) sowie EFIMOFF und EFIMOFF (1925) soll z. B. Methylenblau auf Paramaecien nur schwach oder gar nicht wirken, dasselbe erwähnen SCHANZ (1923) für Bohnenpflanzen und LEPESCHKIN (1930) für *Helodea*-Blättchen. Während Gerstenwurzeln sehr gut mit Methylenblau photodynamisch reagieren, ist dies bei Maiswurzeln kaum der Fall (PATTERSON 1941, 1942), und *Penicillium notatum* zeigt gute Effekte mit Methylenblau, aber nicht mit Neutralrot (SAGROMSKY 1956).

Grampositive und gramnegative Bakterien weisen Unterschiede in ihrer photodynamischen Empfindlichkeit mit verschiedenen Farbstoffen auf (BAUGH und CLARK 1959). Nach T'UNG (1938, 1940) sollen die im allgemeinen empfindlicheren grampositiven im Licht vor allem durch Eosin, die gramnegativen dagegen durch Safranin abgetötet werden.

Außer den bereits erwähnten Farbstoffen sind noch photodynamisch wirksam: Thionin (COOKE und LOEB 1909, Seesterneier), Toluidinblau (BALL 1927, Paramaecien; VAN DUIJN 1962a, Bullenspermien; LEPESCHKIN 1930, *Helodea*-Blätter), Methylengrün (BALL 1927, Paramaecien), Phenosafranin (DOGNON 1928b, Paramaecien), Brillantcresylblau (DREBINGER 1955, Froschspermien), Diazingrün = Janusgrün B (VAN DUIJN 1961b, Bullenspermien), Magdalarot (GICKL-

Horn 1914, Metzner 1924, Dognon 1928 b, Paramaecien). Bismarckbraun soll nach Cooke und Loeb (1909) auf Seesterneier einen photodynamischen Effekt ausüben, auf Paramaecien nach Ball (1927) aber nicht. Ferner kommt vielen Acridinfarbstoffen eine photodynamische Wirkung zu. Eine Reihe von Untersuchungen beschäftigt sich vor allem mit Acridinorange. Während Bogen (1953) in der Giftigkeit für Hefe keinen Unterschied zwischen belichteten und unbelichteten Kulturen findet, wird im allgemeinen für Acridinorange ein positiver Effekt angegeben (Beck und Nichols 1937 sowie Borchert und Helmcke 1950, 1951, für Paramaecien; Hill, Bensch und King 1959, 1960, für Fibroblasten;

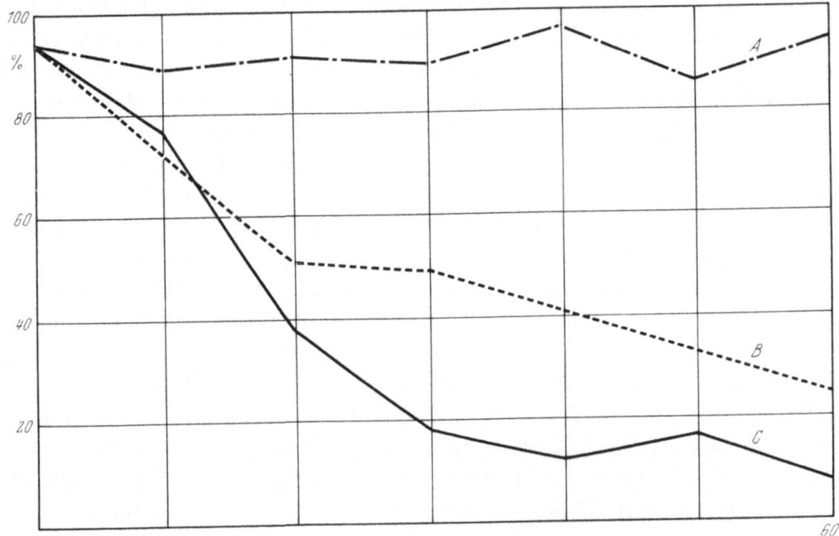

Abb. 96. Der photodynamische Effekt an fluorochromierten *Azotobacter*-Zellen (Suspension in Acridinorange 1 : 5000, Leitungswasser). Abszisse: Versuchsdauer in Minuten, Ordinate: Prozentsatz der lebenden Zellen. *A* im Dunkeln, *B* Bestrahlung mit Sonnenlicht, *C* Bestrahlung mit Blaulicht. (Nach Floethmann 1954.)

van Duijn 1960, 1961 a, für Bullenspermien; Wallnöfer und Bukatsch 1960, 1962 sowie Floethmann 1954, für Bakterien, Abb. 96; Freifelder und Uretz 1960 a, für Hefe; Johannes 1950 a, 1954, für *Phycomyces blakesleeanus* und Zoosporen von *Achlya racemosa*; Kihlman 1959, für Wurzeln). Wie Acridinorange wirken Coriphosphin (Wallnöfer und Bukatsch 1960, 1962) und Trypaflavin (Schildmacher 1950, Ruhland 1953, Wallnöfer und Bukatsch 1960, 1962).

Auch Rhodamin B löst einen photodynamischen Effekt aus (Gicklhorn 1914, verschiedene Objekte; Metzner 1924, Paramaecien; Gessner 1941, *Helodea densa*, nach H. H. Schmidt 1951 soll bei *Helodea* allerdings keine photodynamische Erscheinung vorliegen). Nur wenig wirksam findet es Schildmacher (1950) bei Stechmückenlarven, und auf Bullenspermien übt es eine mäßige photodynamische Wirkung aus, die durch Zusatz von Primulin in gleicher Konzentration aufgehoben wird (van Duijn 1964).

Von fluorescierenden Kohlenwasserstoffen ist vor allem Benzpyren untersucht worden. Während es bei Oberepidermiszellen der Schuppenblätter von *Allium cepa* (Cottet 1947) und auf *Escherichia coli* (Moore und Harrison 1965) keinen Einfluß ausüben soll, wirkt es auf Wurzeln von *Vicia faba vulgaris* (COTTET und MINDER 1947), Hefe (GRAFFI und Mitarb. 1953, 1954) und *Tetrahymena pyriformis* (EPSTEIN und Mitarb. 1965) positiv photodynamisch.

Nach DARKEN und SWIFT (1963) fördert oder hemmt ein fluorescierendes Diaminostilben je nach Konzentration die Keimung von *Penicillium-* und *Streptomyces*-Sporen bei UV-Bestrahlung und erhöht die Variabilität der sich entwickelnden Kolonien.

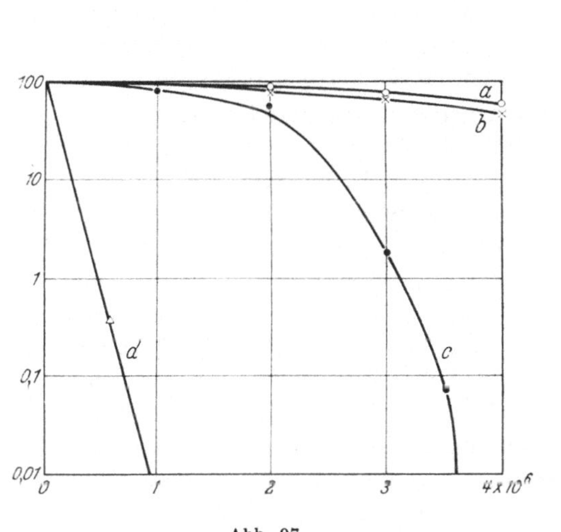
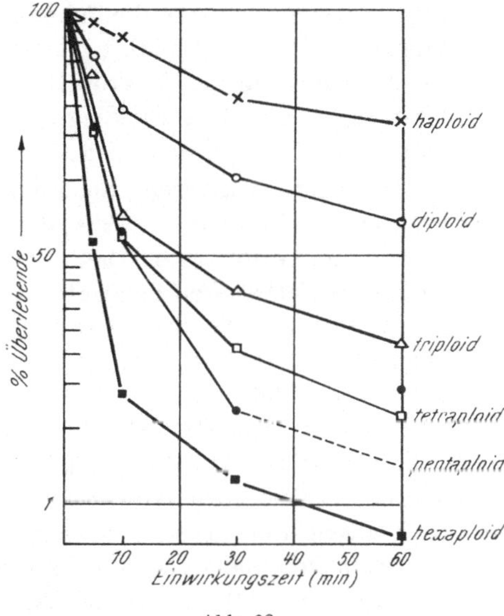

Abb. 97.   Abb. 98.

Abb. 97. Überlebensrate von *Escherichia coli* 15 T⁻ nach Bestrahlung mit sichtbarem Licht in Gegenwart und Abwesenheit verschiedener Farbstoffe. Farbstoffkonzentration 5 mg/ml; Bestrahlungsmedium 0,9% NaCl. *a* Kontrolle, *b* Pyronin, *c* Methylenblau, *d* Thiopyronin. Abszisse: Dosis sichtbares Licht in erg/mm², Ordinate: % Überlebensrate. (Nach WACKER, TÜRCK und GERSTENBERGER 1963.)

Abb. 98. Abhängigkeit der Inaktivierung von *Saccharomyces*-Stämmen durch Thiopyronin (1 mg/ml) vom Ploidiegrad. (Nach LOCHMANN, STEIN und HAEFNER 1964.)

Die photodynamische Wirkung vieler Farbstoffe muß besonders bei Filmaufnahmen von gefärbten Zellen mit Zeitraffung berücksichtigt werden. Ausnahmsweise soll sich bei *Actinosphaerium eichhorni* nach Färbung mit Neutralrot dabei kein Effekt bemerkbar machen (KUHL 1954).

Für die Klärung der photodynamischen Wirkungsweise ist es von Interesse, daß nicht nur Phagen (CLIFTON 1931, WELSH und ADAMS 1954, KADISH und PARDEE 1963, BRENDEL und WINKLER 1966, Methylenblau; YAMAMOTO 1954, 1958, HIATT 1960, Thiazine, Oxazine, Acridine; SCHAFFER 1962, SCHOLTISSEK und ROTT 1964, RITCHIE 1964, HESSLER 1964, 1965, BUBEL und WOLFF 1965, WALLIS und MELNICK 1965 a, Proflavin; HELPRIN und HIATT 1959, WALLIS und MELNICK 1965 a, Toluidinblau) und Viren (BÄR 1947, Methylenblau, Trypaflavin, dort auch ältere Literatur; MAYOR und MELNICK 1962, TOMITA und PRINCE 1963, Neutralrot, Acridinorange; HERZBERG, REUSS und DAHN 1963, Methylenblau, Thiopyronin; WALLIS und MELNICK 1965 b, tierische Viren, Übersichtsreferat), sondern auch Fermente photodynamisch inaktiviert werden.

In den Versuchen von Herzberg, Reuss und Dahn (1963) fällt auf, daß für Viren nur Thiopyronin, aber nicht Pyronin, das anstelle des kernständigen Schwefelatoms ein Sauerstoffatom enthält, wirksam ist. Pyronin löst nach Ruhland (1953) bei Froschspermien ebenfalls keinen Effekt aus. Die positive Wirkung von Thiopyronin im Gegensatz zum Pyronin wird auch von Wacker, Türck und Gerstenberger (1963) für Viren und Bakterien angegeben (Abb. 97). Das gleiche Ergebnis erhalten Lochmann und Stein (1964, vgl. auch Lochmann, Stein und Haefner 1964) für *Saccharomyces*. Aus den Untersuchungen der letzten Autoren geht ferner hervor, daß die Schädigung von *Saccharomyces* durch Thiopyronin im Dunkeln mit dem Ploidiegrad der Hefe zunimmt (Abb. 98). Licht erhöht die Wirksamkeit um den Faktor 100. Diese Wirkung zeigt aber keinen Zusammenhang mehr mit dem Ploidiegrad der Zellen. Allem Anschein nach werden im Dunkeln andere Zellorte geschädigt als beim photodynamischen Effekt im Licht.

Die photodynamische Schädigung von Fermenten wird bereits von v. Tappeiner und Jodlbauer (1904, Jodlbauer 1905, 1907 b, von Tappeiner 1908 a, Jamada und Jodlbauer 1908, Zeller und Jodlbauer 1908, Dax 1906) für eine Reihe von Farbstoffen angegeben und kann bestätigt werden (z. B. Harvey 1927, Pincussen und Kambayashi 1928, Santamaria und Castellani 1951, Graffi, Schneider, Kriegel und Sydow 1953 b, Weil und Seibles 1955, Ray und Koshland 1960, Nakatani 1961, Wallnöfer und Bukatsch 1962, Spikes und Glad 1964, Ghiron und Spikes 1965). Auch Aminosäuren (Weil, Gordon und Buchert 1951, Weil 1965, Gurnani und Arifuddin 1966) und Proteine (Weil und Buchert 1951) werden z. T. durch Licht bei Gegenwart von Methylenblau angegriffen. Eine Fibrinogenlösung, die nach Zugabe von Ca und Prothrombin innerhalb von drei Minuten koaguliert, tut dies nicht im Licht, wenn Methylenblau (0,01%) zugegen ist. Ohne Licht verläuft die Koagulation auch bei Gegenwart von Methylenblau normal (Baumberger, Bigotti und Bardwell 1929). Den photodynamischen Effekt von 3,4-Benzpyren im UV auf Proteine in wässerigen Lösungen untersuchen Reske und Stauff (1963 b, 1964).

Ferner werden Nucleinsäuren photodynamisch angegriffen (Bellin und Oster 1960). Acridinorange bewirkt bei Belichtung in O_2-Gegenwart eine Depolymerisation der DNS (Freifelder, Davison und Geiduschek 1961). Bereits Koffler und Markert (1951) beobachteten an DNS-Suspensionen eine Viskositätsabnahme bei Beleuchtung in Gegenwart von Eosin oder Methylenblau. Aus *Escherichia coli* läßt sich DNS nach einer Beleuchtung der Zellen in Anwesenheit von Acridinorange leichter extrahieren (Smith 1962). Methylenblau sensibilisiert nach Simon und van Vunakis (1962) die Zerstörung von Guanin in der DNS durch Licht und Sauerstoff. Acridinorange wirkt nicht so selektiv. Wacker, Türck und Gerstenberger (1963, vgl. auch Chandra und Wacker 1966) geben ebenfalls die Zerstörung von Guanin in der DNS durch Licht bei Gegenwart von Thiopyronin an, in der RNS wird das Guanin dagegen kaum angegriffen. Bei höheren Dosen sichtbaren Lichtes werden auch Thymin und Cytosin zerstört, während Adenin und Uracil unverändert bleiben. In guter Übereinstimmung damit stehen Ergebnisse von Lochmann und Stein (1964), Lochmann, Stein und Haefner (1964) sowie Bellin und Grossman (1965).

Erwähnenswert ist noch die photodynamische Inaktivierung von Wuchsstoff. Skoog (1935) stellt diesen Effekt mit Eosin fest. Dieselbe Erscheinung ist dann von GALSTON (1949, GALSTON und BAKER 1949) mit dem fluorescierenden Riboflavin an β-Indolylessigsäure und im Anschluß daran von FERRI (1951 a,b) außer mit Riboflavin auch mit Eosin, Aesculin, Triphenyltetrazoliumchlorid und Chininsulfat beobachtet worden. Eingehende Untersuchungen darüber stammen von BRAUNER (1952, 1953). Er geht bei der Bestimmung der photodynamischen Aktivität der Farbstoffe von der Überlegung aus, daß bei einer Photooxydation der IES die entsprechende H_2CO_3 schwächer dissoziiert ist als die IES. Eine Belichtung muß demnach zu einer Azititätsabnahme der Lösung führen, wenn nur eine geringe Pufferkapazität vorliegt. Die erhaltenen Werte sind Tabelle 64 zu entnehmen.

Tab. 64. *Anstieg des pH-Wertes einer IES-Lösung ($1,43 \cdot 10^{-4}$ mol) mit Farbstoffzusatz ($0,375 \cdot 10^{-4}$ mol) nach 30 Min. Belichtung mit Glühlicht, Schottfilter BG 17 ($9,3 \cdot 10^{-3}$ cal/ cm²/sec), Anfangs-pH-Wert 4,30. (Nach BRAUNER 1952.)*

Farbstoff	pH-Anstieg	Farbstoff	pH-Anstieg
Riboflavin	1,55	Eosin	0,27
Thionin	0,97	Fluorescein	0,22
Methylenblau	0,56	Rhodamin B	0,07

Verhaltnismaßig starke Effekte rufen außer dem Riboflavin die Thiazine hervor, die im belichteten Gemisch zu ihren Leukobasen reduziert werden. Beträchtlich schwächer wirken trotz ihrer starken Fluorescenz die Phthaleine. Mit ungefiltertem Glühlampenlicht erhält BRAUNER (1953) folgende Wirkungsreihe: Riboflavin (— 90) > Thionin (+ 180) > Methylenblau (+ 150) > Eosin > Rose bengale > Fluorescein > Nilblau (+ 95) > Rhodamin B. Die in Klammern beigefügten Zahlen geben das Normal-Redoxpotential E_0 bei pH 4,3 und T $= 20°$C in mV an. Die Wirksamkeit der Thiazine und des Oxazins entspricht demnach ihrem Redoxpotential. Das Riboflavin fällt in dieser Hinsicht aus der Reihe, es ist aber mit seinem Absorptionsmaximum bei 460 nm den anderen Farbstoffen absorptionsenergetisch überlegen. RUMMENI (1956) verfolgt die Änderung des Redoxpotentiales einer Mischung von IES als Reduktionsmittel und verschiedenen Farbstoffen als Oxydationsmittel. Bei Belichtung verschiebt sich das Potential sofort nach der negativen Seite, also in Richtung verstärkter Reduktionskräfte. Für die Farbstoffe ergibt sich folgende Reihe mit zunehmender Wirkung: Rhodamin B < Nilblau < Cresylviolett < Neutralrot < Rose bengale < Eosin < Thionin, Methylenblau < Safranin T < Phenosafranin < Riboflavin. In den Gemischen, die keinen starken Abfall der Redoxpotentiale zeigen (Rhodamin B bis Rose bengale) erleidet auch die aktive IES keine starken Verluste. Nach SCHNEIDER (1965) wird IES durch Blaulicht bei Gegenwart von Trypaflavin in kurzer Zeit abgebaut.

Im Zusammenhang mit der Riboflavinwirkung bei der IES soll noch darauf hingewiesen werden, daß Riboflavin nach SCHOPFER (1941) auch in den Oberepidermiszellen der Schuppenblätter von *Allium cepa* zu photodynamischen Schädigungen im UV führt.

Nach der Entdeckung von RAAB (1900) wird bald gefunden, daß für den photodynamischen Prozeß neben Farbstoff und Licht noch Sauerstoff als dritter

Faktor anwesend sein muß (Jodlbauer und von Tappeiner 1905a). Die Notwendigkeit des O_2 stellt sich bei fast allen photodynamischen Effekten heraus, gleichgültig ob es sich dabei um Viren (Bär 1947), Phagen (Clifton 1931, Welsh und Adams 1954, Yamamoto 1956), Bakterien (Metzner 1920a, b, Heinmets, Vinegar und Taylor 1952, Dundas und Larsen 1963), Paramaecien (Metzner 1921, Epstein und Burroughs 1962), Hefe (Windisch, Heumann, Kriegel und Graffi 1953), *Vicia faba*-Wurzeln (Kihlman 1959), Froschmuskeln (Spealman und Blum 1933, Lillie, Hinrichs und Kosman 1935) oder die besprochenen

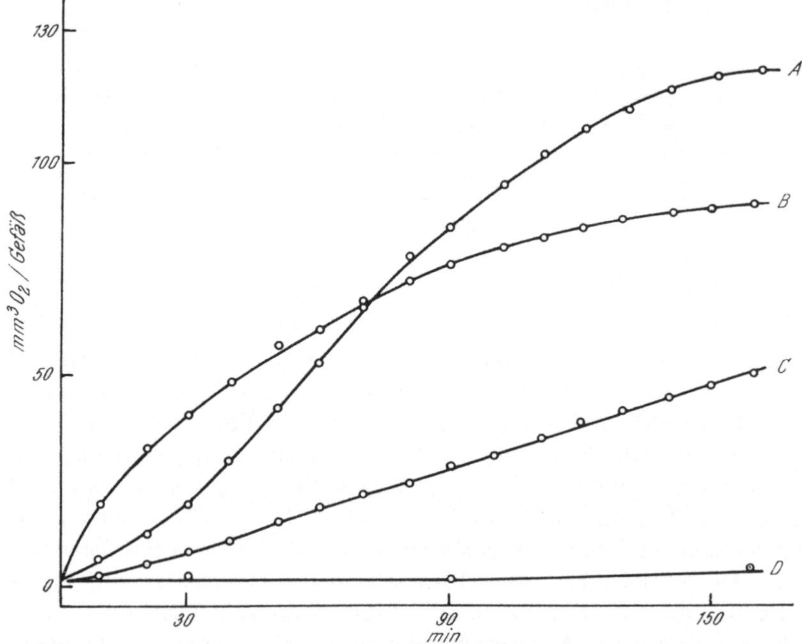

Abb. 99. Der Sauerstoffverbrauch *A* lebender und *B* durch Kochen abgetöteter Zellen von *Saccharomyces cerevisiae* nach Färbung mit Rose bengale und Beleuchtung. Ungefärbte Kontrollen *C* lebend, *D* abgetötet. (Nach Freeman und Giese 1952.)

Versuche mit Fermenten, DNS und IES handelt, um nur einige Beispiele zu nennen. Genauso gleichgültig ist es hinsichtlich der Unentbehrlichkeit des O_2, ob ein anionischer oder kationischer Farbstoff, ein Kohlenwasserstoff, wie Benzpyren, oder das natürliche Fluorochrom Hypericin (Metzner 1958) benutzt wird.

Entsprechend der Bedeutung des O_2 wird die photodynamische Wirkung durch Zusatz von H_2O_2 verstärkt (T'ung 1940), während reduzierende Elektrolyte den Effekt herabsetzen oder ganz aufheben (Blum 1937). Dies deutet darauf hin, daß der photodynamische Prozeß auf einem Oxydationsvorgang beruhen muß, und zwar unabhängig von der Atmung; denn der O_2-Verbrauch von Hefezellen wird durch Rose bengale im Licht stark gesteigert, obwohl eine Atmungshemmung eintritt (Freeman und Giese 1952). Auch abgetötete Hefezellen, die mit Rose bengale gefärbt sind, weisen bei Belichtung einen O_2-Verbrauch auf (Abb. 99). Dasselbe ist bei abgetötetem Muskelgewebe und koaguliertem Eiweiß der Fall (Kosman und Lillie 1935).

Der normale Atmungsquotient CO_2/O_2 ist 1, beim photodynamischen Effekt von Rose bengale auf *Saccharomyces cerevisiae* beträgt der Quotient CO_2/O_2 dagegen 0,4 (FREEMAN und GIESE 1952). Ebenso verursacht bei *Azotobacter agile* Eosin im Licht eine Erhöhung des O_2-Verbrauches, die nicht mit der Atmung zusammenhängt (SAGROMSKY 1943). Bereits COOKE und LOEB (1909) schließen aus Versuchen mit KCN, daß die beim photodynamischen Vorgang auftretenden Oxydationsprozesse von denen der Atmung verschieden sein müssen. Dafür spricht auch der O_2-Bedarf der photodynamischen Vorgänge *in vitro* mit Fermenten, DNS und IES. Nach ALSUP (1941) fördert KCN den photodynamischen Effekt von Rose bengale auf Eier von *Nereis limbata* sogar noch in einer Konzentration, die die normale Atmung völlig unterbindet. Nach HEINMETS, VINEGAR und TAYLOR (1952) werden Bakterien selbst im eingefrorenen Zustand bei — 25° C durch Methylenblau und Licht inaktiviert. Bei Erythrocyten findet noch bei — 75° C in 70% Glycerin + 0,9% NaCl durch Rose bengale eine photodynamische Hämolyse statt. Eine Lichtbleichung des Farbstoffes, die bei Zimmertemperatur und Abwesenheit einer oxydierbaren Substanz eintritt, erfolgt aber bei — 79° C nicht mehr (BLUM und KAUZMANN 1954).

Es werden nur wenige photodynamische Erscheinungen erwähnt, zu denen O_2 nicht notwendig ist oder bei denen er sogar hemmend wirkt. So sollen nach MATHEWS (1963) die photodynamische Wirkung von 8-Methoxypsoralen (ein Furocumarin pflanzlichen Ursprungs) auf *Sarcina* durch O_2 und nach FERRI (1951b) ebenso die Photoinaktivierung von IES durch Chininsulfat gehemmt werden, und der Abbau von IES durch Blaulicht in Gegenwart von Trypaflavin auch unter O_2-Abschluß erfolgen (SCHNEIDER 1965).

Aus dem O_2-Bedürfnis der photodynamischen Reaktion schließen JODLBAUER und VON TAPPEINER (1905c, VON TAPPEINER 1906, HANNES und JODLBAUER 1909), daß es sich nicht um eine besondere Art von Lichteffekt handelt, sondern nur um eine Beschleunigung der einfachen Lichtwirkung, die ebenfalls an die O_2-Gegenwart gebunden ist. Es liegt also eine Sensibilisierungserscheinung vor. Die Farbstoffe wirken als Lichtkatalysatoren.

CALCUTT (1951) betont, daß die direkte Wirkung von Strahlen auf den Organismus bei den Betrachtungen über die photodynamische Wirkung von Farbstoffen bisher zu wenig berücksichtigt worden ist.

Die Frage nach der wirksamen Wellenlänge hat schon RAAB (1900) dahingehend beantwortet, daß nur die vom Farbstoff absorbierten Strahlen eine Reaktion auslösen. Der Befund von RAAB, daß eine zwischen Lichtquelle und Versuchsobjekt eingeschaltete Lösung des benutzten Farbstoffes als Filter den photodynamischen Effekt aufhebt, kann bestätigt werden (METZNER 1920a, b). Die Filterwirkung macht sich auch bei einer Bestrahlung der gefärbten Objekte in der Farblösung bemerkbar (HEINMETS, VINEGAR und TAYLOR 1952, HELMKE 1955b). Nach RUHLAND (1955a) sind bei einer Färbung von Froschspermien mit Acridingelb, Acridinorange, Neutralrot und Methylenblau die stark absorbierten Bereiche der Komplementärfarbe der betreffenden Farbstoffe wirksam. Bei der Anwendung eines Farbstoffgemisches von Trypaflavin und Methylenblau und Bestrahlung der Spermien in dieser Farbstofflösung erfolgt die stärkste Reaktion gerade im grünen Licht, weil Grün vom Farbstoffgemisch am schwächsten absorbiert wird und damit die Spermien im Grün von einer höheren Lichtintensität getroffen werden als im gelben und im blauen Licht (Ruhland 1955b).

Auf *Prototheca zopfii* wirken nach Färbung mit Trypaflavin nur langwelliges UV, violettes und blaues Licht; dies entspricht den Absorptionsverhältnissen des Fluorochroms. Grün, Gelb, Orange und Rot sind photodynamisch inaktiv und werden auch nicht absorbiert (Krentel 1961).

Bei *Trichothecium roseum*, das normalerweise zwischen 360 und 550 nm gut auf Licht mit einer Ringbildung in der Kultur reagiert, wird durch Färbung mit Methylenblau das natürliche Wirkungsspektrum um den Absorptionsbereich des Methylenblaus erweitert (Sagromsky 1956). Eine Erweiterung des Wirkungsspektrums je nach dem Absorptionsspektrum des benutzten Farbstoffes hat auch Harvey (1927) für die photodynamische Inaktivierung eines Luciferin-Luciferase-Systems aus *Cypridina* beobachtet.

Spektrometrische Messungen von Metzner (1924) an Paramaecien, die mit Eosin, Erythrosin, Rose bengale und Magdalarot gefärbt sind, ergeben, daß die Farbstoffe ein Wirkungsspektrum zeigen, das dem Absorptionsspektrum der Farbstofflösung im Charakter gleicht, dabei aber mehr oder weniger nach Rot hin verschoben ist. In der Lösung kann man auch *in vitro* eine Verschiebung der Absorptionsbanden durch Zugabe von Eiweiß, Gelatine, Kasein und Lecithin erzielen. Die beste Übereinstimmung mit dem Spektrum der Paramaecien ergibt Lecithin. Der Autor vermutet deshalb, daß die Farbstoffe in der Zelle hauptsächlich von den Phosphatiden gebunden werden.

Die Aufhebung der photodynamischen Wirksamkeit eines Farbstoffes bei Reduktion zur farblosen Stufe (Busck 1906) oder durch Lichtbleichung (Metzner 1920b, Macht 1926) dürfte auch in erster Linie auf einem Fortfall der Lichtabsorption im sichtbaren Bereich beruhen.

Da nur der vom Farbstoff absorbierte Strahlenbereich zu einer photodynamischen Schädigung führt, ist es verständlich, wenn sich die Angaben über die Sensibilisierung für UV widersprechen und auch Versuche mit Röntgen- und Radiumstrahlen teils negativ (Jodlbauer 1904), teils positiv (Baldwin 1920, Cottet und Minder 1947, für Röntgenstrahlen) verlaufen sind (vgl. Meier 1963, S. 335). Einen ausgeprägten photodynamischen Effekt von UV beschreibt Metzner (1924) für Paramaecien mit Dichloranthracendisulfosaurem Na, das auch im weißen Licht eine blitzartige Tötung der Tiere bedingt, während das Vorschalten einer etwas oxydierten Eisensulfatlösung die Wirkung stark abschwächt. Für Viren ergibt sich nach Giuntini und Reinié (1939) im UV folgende Wirkungsreihe: Thioflavin, Primulin > Eosin > Uranin A, Rhodamin B. Die beiden letzten sind ohne Einfluß. Riboflavin sensibilisiert die Epidermen der Schuppenblätter von *Allium cepa* für UV (Schopfer 1941) und Acridinorange die Hyphen von *Phycomyces blakesleeanus* (Johannes 1950a). Acridingelb soll im Gegensatz zu Trypaflavin im UV eine starke photodynamische Wirkung auf Froschspermien ausüben (Ruhland 1955a). Bei *Escherichia coli* ist Methylenblau wirksamer als Eosin (Helmke 1956), und Kristallviolett setzt sogar die reine UV-Schädigung herab (Helmke 1955a).

Eine Schutzwirkung gegen UV haben bereits Jodlbauer und von Tappeiner (1906b) für Eosin an der Invertase beobachtet. Die von Karamitsas (1907) beschriebene Hemmung der schädigenden Wirkung des Lichtes auf Peroxydase durch Eosin, Methylenblau u. a. wird von Jamada und Jodlbauer (1908) auch auf den UV-Gehalt des von Karamitsas benutzten Lichtes zurückgeführt (höherer UV-Anteil durch dünnwandige Glasgefäße). Nach Pincussen und Kambayashi (1928) bewirken Eosin u. a. mit Erhöhung der Konzentration eine Herabsetzung der Lichtwirkung auf Diastase. Nach Meinung der Autoren wird ein großer Teil des eingestrahlten Lichtes vom Sensibilisator selbst „verbraucht" und fällt damit für die Wirkung auf das Ferment fort. Benzpyren übt nach Cottet (1947) auf *Allium*-Epidermen innerhalb von 2 Std. im UV keinen Effekt aus, während es bei Fermenten, mit Ausnahme der Katalase (Graffi, Kriegel, Schneider und Sydow 1953), und bei *Chromobacterium violaceum* eine Inaktivierung im UV verursacht. Auf Hefe soll Benzpyren im UV nur wirken, wenn die fluorochromierten Zellen, als Suspension in Leitungswasser oder auf Glas angetrocknet, bestrahlt werden, aber nicht, wenn sie auf Agar, Gelatine oder Cellophan den Strahlen ausgesetzt sind (Geissler 1959a, b). Acridinorange setzt nach Webb und Petrusek (1966) bei *Escherichia coli* die Empfindlichkeit der Zellen gegen UV herab. Die Schutzfunktion ist bei Abwesenheit von Luft bedeutend größer als bei Luftgegenwart und nimmt mit der Farbstoffkonzentration zu. Atebrin, das einen viel geringeren photodynamischen Effekt aufweist als Acridinorange, schützt ebenfalls vor UV-Strahlen. Im Gegensatz zu Acridinorange besteht aber kein signifikanter Unterschied des Verhaltens in Luft und in einer Stickstoffatmosphäre.

Entgegen der Auffassung von Raab (1900), daß das Licht nicht über eine Veränderung des Farbstoffes in toxischer Hinsicht wirkt, vertritt Ledoux-Lebard (1902) die Ansicht, daß Eosin durch die Bestrahlung in eine toxisch wirkende Substanz umgewandelt wird. Von Tappeiner und Jodlbauer (1904) weisen diese Annahme zurück; sie wird aber immer wieder von einigen Autoren vertreten, so von Moore (1928), Menke (1935), Ruhland (1955a), Geissler (1959b). Der Befund von Raab, daß sich die Giftwirkung eines Farbstoffes im Dunkeln durch eine vorhergehende Bestrahlung nicht erhöht, kann aber bestätigt werden, zuletzt von Welsh und Adams (1954) für Methylenblau sowie Wallnöfer und Bukatsch (1960) für Trypaflavin, Coriphosphin und Acridinorange.

Die Vermutung, daß der photodynamische Effekt auf einer Toxinbildung beruht, hat eine gewisse Stütze in der Tatsache, daß eine Reihe von Kolloiden eine Schutzwirkung ausübt. Der schützende Einfluß von Agar, Gelatine und Cellophan (Geissler 1959a, b) ist bereits erwähnt worden. Einen ähnlichen Effekt beschreibt Busck (1906) für Blutserum und Hühnereiweiß, während Leim, Gummiarabicum, Stärke, Pepton, Glykokoll unwirksam sein sollen. Nach Dognon (1928b, c) schützen Resorcin, Blutserum, Gelatine, nach Calcutt und Newhouse (1948) Cysteinhydrochlorid und Serin, aber nicht Glycin, Histidin, Phenylalanin, Threonin, Valin, und nach Clifton (1931) übt Cysteinhydrochlorid, aber nicht Tyrosin eine Schutzfunktion aus. Auch Santamaria und Castellani (1951) schreiben dem Cystein ebenso wie der Ascorbinsäure eine Schutzwirkung zu. Epstein und Burroughs (1962) geben dagegen für Cystein und Glutathion nur einen schwachen Schutzeffekt an, während β-Lipoprotein und α-Globulin stark schützen. Nach Davson und Ponder (1940) hemmen Serum und Na-Sulfit die durch Rose bengale photodynamisch ausgelöste Hämolyse von Erythrocyten.

Eiweiß soll die Aktivität von Neutralrot wohl im zerstreuten Licht herabsetzen, aber nicht bei direkter Sonneneinstrahlung (Efimoff und Efimoff 1925). Die Vertreter der Toxinhypothese vermuten, daß diese Stoffe die sich bildenden Toxine binden und dadurch unwirksam machen (Geissler 1959b). Naheliegender ist aber die Annahme, daß der Farbstoff gebunden und dadurch außer Funktion gesetzt wird, worauf bereits Busck (1906) hinweist. Dafür spricht die Tatsache, daß Eiweiße und Aminosäuren die Giftigkeit von Rose bengale sowohl im Dunkeln als auch im Licht vermindern (Blum 1937). Bei Anwesenheit der Schutzstoffe in Suspension während der Bestrahlung muß man ferner an eine Absorption der Strahlen durch dieselben denken, wodurch besonders im UV-Bereich eine Herabminderung eintreten kann.

Außer den bisher aufgeführten Substanzen übt noch eine Reihe anderer Stoffe eine Schutzfunktion aus. Rohrzucker wirkt im System Eosin/Invertase schützend, aber nicht bei Paramaecien, die mit Eosin gefärbt sind (Jodlbauer 1907b). Glucose, Bierwürze und mineralische Nährlösung hemmen den photodynamischen Effekt von Trypaflavin auf *Prototheca zopfii* (Krentel 1961), während sie bei Benzpyren und *Saccharomyces carlsbergensis* keine Schutzfunktion besitzen sollen (Geissler 1959a).

Eine Schutzwirkung geht auch von Carotinoiden aus. Eine carotinoidfreie Mutante von *Sarcina lutea* wird bei Gegenwart von Toluidinblau und O_2 durch Licht abgetötet, während der carotinoidhaltige Wildstamm unter den gleichen Bedingungen am Leben bleibt (Mathews und Sistrom 1959, 1960). Derselbe Unterschied besteht zwischen carotinoidhaltigen und carotinoidfreien Stämmen von *Halobacterium salinarium* (Dundas und Larsen 1963). Auch die photooxydative Zerstörung von IES wird außer durch Ascorbinsäure und Flavonderivate durch Carotinoide abgeschwächt (Brauner 1953).

Im Zusammenhang mit der hemmenden Wirkung von Carotinoiden auf die aktive O_2-abhängige Aufnahme von Sulfosäurefarbstoffen durch die lebende Zelle (s. S. 440) ist die Feststellung von Mathews (1963) von besonderem Interesse, daß bei *Sarcina lutea* die Carotinoide wohl eine Schutzwirkung bei der O_2-abhängigen photodynamischen Abtötung durch Toluidinblau haben, aber nicht bei der O_2-unabhängigen photodynamischen Wirkung von 8-Methoxypsoralen.

Nach Gicklhorn (1914) sind chlorophyllhaltige Zellen gegen eine photodynamische Schädigung durch Färbung mit Anilinfarbstoffen widerstandsfähiger als chlorophyllfreie, z. B. *Hydra viridis* verglichen mit *H. fusca* und *H. grisea*. Dasselbe gibt Metzner (1920a) für *Euglena viridis* und *Chlamydomonas braunii* an. Jírovec und Vácha (1934) vergleichen normale *Euglena gracilis* mit Zellen derselben Art, die durch 2- bis 3monatige Dunkelkultur chlorophyllfrei gemacht worden sind, und erhalten das entgegengesetzte Ergebnis. Die chlorophyllhaltigen Stämme sind deutlich photodynamisch empfindlicher als die farblosen. Die Autoren geben dafür die sehr einleuchtende Erklärung, daß die chlorophyllführenden Zellen durch die Photosynthese den für die photodynamische Reaktion notwendigen Sauerstoff bilden und dadurch früher geschädigt werden als die chlorophyllfreien.

Wie bei der normalen Giftwirkung haben cH und Salze auch einen Einfluß auf die photodynamische Reaktion. Ohne Zweifel steht diese Erscheinung, vor allem was die cH betrifft, mit der Abhängigkeit der Farbstoffaufnahme vom pH-Wert der Außenlösung im Zusammenhang; denn bereits DAX (1906) beobachtet, daß das anionische Eosin auf Paramaecien in alkalischer Lösung schwächer wirkt als in saurer, aber in seiner photodynamischen Aktivität auf die zellfreie Invertase keine pH-Abhängigkeit zeigt. Nach BECK und NICHOLS (1937) sind die anionischen Fluorochrome Phloxin, Rose bengale und Eosin für Paramaecien bei pH 6,2 photodynamisch giftiger als bei pH 7,2. Die kationischen Farbstoffe Acridingelb, Acridinorange und einige Cyanine verhalten sich umgekehrt. Acriflavin und ein Cyanin geben keine eindeutigen Ergebnisse (es wurden allerdings nur die beiden angegebenen pH-Werte geprüft). Das kationische Acridinorange reagiert im alkalischen Bereich stärker auf *Phycomyces* (JOHANNES 1950a), ebenso verhält sich Methylenblau in seiner photodynamischen Aktivität auf *Escherichia coli* (HEINMETS, VINEGAR und TAYLOR 1952). Auch bei Benzpyren verstärken höherer pH-Wert sowie Na- und K-Salze die photodynamische Wirkung auf Paramaecien (EPSTEIN und BURROUGHS 1962). Am Muskel, der mit Eosin gefärbt ist, stimulieren Na-Salze die Lichtwirkung. Die Anionen beeinflussen dabei die Reaktion in der Anordnung der Hofmeisterschen Reihe: $Cl^- > Br^- > NO_3^- > J^-$. Ca-Salze üben dagegen eine Hemmung auf den photodynamischen Effekt aus (LILLIE, HINRICHS und KOSMAN 1935).

Bei den Salzen muß man deren eventuell reduzierende und oxydierende Eigenschaften berücksichtigen. Nach BLUM (1937) setzen reduzierende Elektrolyte die hämolytische Wirkung von Rose bengale im Licht herab. Na_2SO_3 hemmt nicht nur die Oxydation eines in Extrakten aus *Vicia faba*-Organen befindlichen Chromogens durch Licht in der Gegenwart von Fluorochromen, sondern auch die photodynamische Schädigung von Paramaecien und *Vallisneria* durch Eosin. $MnSO_4$ als O_2-Überträger wirkt in beiden Reaktionen gerade umgekehrt (NOACK 1920). Ebenso beschleunigen $MnSO_4$ und $MnCl_2$ die Bräunung von Benzidin durch Licht in Anwesenheit von Eosin (NOACK 1925).

Sehr auseinander gehen die Ansichten darüber, ob für die photodynamische Wirkung eines Farbstoffes seine Aufnahme in das Zellinnere notwendig ist oder ob eine Anlagerung an die Zelloberfläche bereits genügt. VON TAPPEINER (1908b) nimmt eine Zwischenstellung ein. Eosin soll an der Zelloberfläche wirken, da es bei Paramaecien keine Färbung bedingt, Methylenblau wird dagegen aufgenommen und im Innern festgehalten, so daß es neben einer peripheren Wirkung auch eine intrazelluläre ausübt. Eine dieser letzten Auffassung entsprechende Ansicht vertreten FREEMAN und GIESE (1952). Der photodynamische Effekt von Rose bengale auf Hefe setzt bereits ein, ehe der Farbstoff in der Zelle fluorescenzoptisch nachweisbar ist. Ferner wird zunächst nicht die Atmung beeinflußt. Eine Atmungshemmung tritt erst auf, wenn das Plasma nachweislich gefärbt ist. Der Farbstoff beginnt demnach sehr wahrscheinlich an der Zelloberfläche mit seiner Wirkung und setzt sie dann im Innern fort.

Nach DOGNON (1927) soll der photodynamische Effekt nicht eine Aufnahme des Farbstoffes in die Zelle zur Voraussetzung haben, da Paramaecien trotz einer Schädigung durch Bengal- oder Magdalarot im Licht vollkommen farblos bleiben. Für eine Reaktion an der Zelloberfläche spricht nach BLUM und HYMAN (1939b) die Erscheinung, daß Rose bengale Erythrocyten noch in einer Konzentration photodynamisch schädigt, die gerade ausreicht, um nur wenige Prozent der Zelloberfläche mit einer monomolekularen Schicht zu bedecken. Nach BAUGH und Clark (1959) soll das unterschiedliche Verhalten von grampositiven und gramnegativen Bakterien auf ein Zelloberflächenphänomen hindeuten. Auch Mathews und Sistrom (1959, 1960 bei *Sarcina lutea*) sowie Dundas und Larsen (1963 bei *Halobacterium salinarium*) sehen den Sitz des photodynamischen Effektes in der Zellmembran.

Andere Autoren führen dagegen Unterschiede im Verhalten verschiedener Organismen auf abweichende Permeabilitätsverhältnisse zurück. So soll nach Jodlbauer und von Tappeiner (1905b), verglichen mit Paramaecien, die zum Teil geringere photodynamische Empfindlichkeit von Bakterien und *Penicillium glaucum* auf der geringeren Durchlässigkeit der Zellwände beruhen. Die Zellwand selber dürfte dabei wohl kaum eine Rolle spielen. Auch bei den Coli-Phagen T_2 und T_3 sollen die Permeabilitätsverhältnisse der Phagenmembran für das unterschiedliche Verhalten ausschlaggebend sein (Helprin und Hiatt 1959). Beim Seeigelei sind die das Plasma färbenden kationischen Farbstoffe viel wirksamer als die anionischen, da die letzten die Befruchtungsmembran kaum durchdringen können (Tennent 1938). Diese Befunde sprechen dafür, daß der Farbstoff erst im Zellinnern nach seiner Aufnahme vom Plasma in Aktion tritt. Wenn bei Paramaecien nur die Nahrungsvakuolen, aber nicht das Cytoplasma gefärbt sind, bleibt im allgemeinen eine photodynamische Reaktion aus (Ball 1927). Wird Rose bengale Amoeben durch Injektion zugeführt, so verursacht es im Licht viel früher eine Cytolyse, als wenn es mit dem Immersionsverfahren geboten wird (Hyman und Howland 1940). Beck und Nichols (1937) schließen aus dem Einfluß des pH-Wertes auf die photodynamische Reaktion anionischer und kationischer Farbstoffe bei Paramaecien, die mit der Stärke der Vitalfärbung parallel geht, daß sich die photodynamische Reaktion nicht nur an der Zellgrenzfläche abspielen kann.

Auf alle Fälle muß es zu einer Verbindung von Farbstoff und lebenswichtigen Zellsubstanzen kommen. Es wurde gerade erwähnt, daß nur in den Nahrungsvakuolen von Paramaecien lokalisierte Farbstoffe unwirksam sind (Ball 1927). Nach Metzner (1924) ist eine Adsorption des Farbstoffes Voraussetzung für seine Wirkung.

Jodlbauer und Haffner (1921) weisen darauf hin, daß entgegen der früheren Auffassung von von Tappeiner und seiner Schule doch ein Zusammenhang zwischen der Dunkelwirkung eines photodynamisch aktiven Stoffes und seiner Lichtwirkung besteht. Die Wärmehämolyse und Wärmeflockung von Erythrocyten durch Farbstoffe der Fluoresceinreihe im Dunkeln läuft parallel zu ihrer photodynamischen Wirksamkeit. Ähnlich liegen die Verhältnisse bei den Vertretern der Acridin-, Phenoxazin-, Thiazin- und Chinolingruppe. Die Autoren schließen, daß die in der Dunkelwirkung zum Ausdruck kommende Reaktionsfähigkeit eine Vorbedingung für das Zustandekommen der photodynamischen Wirkung ist. Die Differenzen in der photodynamischen Wirksamkeit gegenüber Zellen sollen nicht auf Unterschieden im Sensibilisierungsvermögen der Farbstoffe für Licht, sondern auf Unterschieden in ihrer Reaktionsfähigkeit mit den Zellkolloiden beruhen. Wie aus den Untersuchungen von Metzner (1921, 1924) hervorgeht (s. S. 290), ist für die wirksamste Wellenlänge weniger das Absorptionsspektrum der reinen Farbstofflösung als vielmehr das der Farbstoff-Plasmaverbindung ausschlaggebend.

Auffallend ist ferner, daß die meisten photodynamisch wirksamen Farbstoffe kationisch sind und die wenigen wirksamen anionischen, wie die der Xanthengruppe, sich durch eine schwache Dissoziation und damit parallellaufend durch eine stärkere Lipophilie auszeichnen. Die stark dissoziierten sulfosauren Farbstoffe verursachen an Zellen keinen photodynamischen Effekt. Es müssen permeierfähige Farbbasen- oder Farbsäurenmoleküle vorhanden sein. Dies deutet darauf hin, daß die Aufnahme in die Zelle eine Voraussetzung für die photodynamische Wirkung ist.

RAAB (1900) schließt aus seinen Versuchen, daß es bei dem photodynamischen Effekt auf die Fluorescenz ankäme, und VON TAPPEINER und JODLBAUER (1904) geben an, daß bei ein und derselben Substanz die photodynamische Wirkung in demselben Sinne wie die Fluorescenz zu- bzw. abnimmt. Später kann VON TAPPEINER (1906) aber zeigen, daß keine direkte Beziehung zwischen Fluorescenzintensität und photodynamischer Wirksamkeit besteht. Auch BUSCK (1906) sowie DOGNON (1927) betonen, daß die photodynamische Aktivität im allgemeinen nicht mit der Fluorescenzintensität parallel geht. Das sehr intensiv fluorescierende Fluorescein besitzt nur eine schwache Wirkung (PISKERNIK 1921). Auch bei der Photooxydation der IES sind die Fluoresceinderivate trotz ihrer starken Fluorescenz viel weniger aktiv als die Thiazine (BRAUNER 1952). RUHLAND (1955a) ist der Meinung, daß ein photodynamischer Effekt nur da auftritt, wo die Lichtenergie nicht wieder durch Fluorescenz ausgestrahlt wird, und da Methylenblau wirksam ist, wäre die Auffassung widerlegt, daß nur fluorescierende Farbstoffe photodynamisch aktiv sein sollen.

Nach den bisher vorliegenden Ergebnissen scheint es so zu sein, daß die Fluorescenz direkt nichts mit dem photodynamischen Effekt zu tun hat, daß aber alle photodynamisch wirksamen Substanzen in irgendeiner Form fluorescieren als Indiz ihrer Fähigkeit zur Energieübertragung. Nach SANTAMARIA und CASTELLANI (1951) soll die photodynamische Wirkung auf der Energiedifferenz zwischen den Quanten des erregenden und des emittierten Lichtes beruhen. Das von RUHLAND (1955a) aufgeführte Methylenblau als Beispiel eines wirksamen nicht fluorescierenden Stoffes ist nicht stichhaltig; denn Methylenblau zeigt in alkoholischer Lösung eine rote Fluorescenz, die meist übersehen worden ist, da sie am besten durch Licht von annähernd gleicher Wellenlänge angeregt wird (PRINGSHEIM und VOGEL 1951). Ferner tritt bei der Reduktion des Methylenblaus eine Fluorescenz auf (FRITZ 1951). Das entstehende Leukomethylenblau ist allerdings völlig wirkungslos.

Widersprechend sind auch die Ansichten über den Einfluß der Farbstoffkonzentration auf den photodynamischen Effekt. Nach PISKERNIK (1921) nimmt die Wirkung mit der Konzentration zu, und nach PRESCHER (1932) führt eine andauernde photodynamische Beeinflussung bei niedrigen Farbstoffkonzentrationen zu geringerer Schädigung als eine nur kürzere Zeit währende Einwirkung konzentrierter Lösungen. Bei Paramaecien erhöht sich die notwendige Bestrahlungszeit bei gleicher Lichtintensität mit wachsender Farbstoffverdünnung. Magdalarot muß bei einer Konzentration von 1 : 50 000 um das 7fache verdünnt werden, um den gleichen Effekt bei 2facher Verlängerung der Zeit zu erhalten (DOGNON 1928a).

HEINMETS, VINEGAR und TAYLOR (1952) sind der Meinung, daß die Aufnahme von Methylenblau durch Bakterien der Langmuir-Isothermen folgt, daß es sich also um eine Adsorption an der Zelloberfläche handelt. Dementsprechend ergibt sich eine Abhängigkeit der photodynamischen Inaktivierung von der Farbstoffkonzentration, die allerdings bei konstanter Bakterien- und Lichtmenge bei 10^{-5} mol ein Optimum erreicht. Dieses Optimum soll aber durch den Filtereffekt des Farbstoffes (s. S. 289) bedingt sein. Auch van Duijn (1961 b) vertritt nach seinen Untersuchungen mit Diazingrün und Bullenspermien die Auffassung, daß der photodynamische Effekt der Anzahl Farbstoffmoleküle, die je Einheit aufgenommen werden, genau proportional ist, der Vorgang also der Langmuirschen Adsorptionsisothermen folgt.

Demgegenüber betont Blum (Blum und Hyman 1939 b, Blum und Gilbert 1940), daß die photodynamische Schädigung unabhängig von der Farbstoffkonzentration ist.

Bei den Untersuchungen über den Einfluß der Farbstoffkonzentration ist aber in fast allen Fällen übersehen worden, daß es wohl weniger auf die gebotene Konzentration als vielmehr auf die Farbstoffkonzentration im Zellinnern ankommt, falls man den photodynamischen Effekt nicht nur auf die Zelloberfläche begrenzt wissen will, was kaum zutreffen dürfte. Bei einer Außenkonzentration von 1 : 10 000 kann die Farbstoffkonzentration im Zellinnern am Lokalisationsort z. B. für Acridinorange über 1 : 100 betragen (Borchert und Helmcke 1950). Ferner wird noch von Bedeutung sein, ob es sich bei diesem Lokalisationsort um eine mehr oder weniger lebenswichtige Zellstruktur handelt. Es wird sich demnach keine direkte Beziehung zwischen photodynamischem Effekt und Außenkonzentration ergeben. Man kann nur so viel sagen, daß bei höherer Außenkonzentration eine schnellere Farbstoffaufnahme von seiten der Zelle erfolgt, was eine schnellere photodynamische Wirkung bedingen kann.

Klarer liegen die Verhältnisse hinsichtlich der Abhängigkeit von der Lichtintensität. Mit zunehmender Lichtintensität nimmt auch die photodynamische Wirkung zu (Piskernik 1921, Graffi, Graffi, Kriegel, Windisch und Schwensow 1954, Fritz und Graffi 1958). Im allgemeinen wird die Gültigkeit des Bunsen-Roscoeschen Produktengesetzes: Intensität × Zeit = const. angenommen (Efimoff 1923, Blum und Hyman 1939a, Brauner 1953). Nach Lillie, Hinrichs und Kosman (1935) soll dagegen die Reaktion diesem Gesetz nicht gehorchen.

Dabei ist aber zu berücksichtigen, daß die ganze Reaktion wohl aus zwei Teilschritten besteht, einem primären photochemischen Prozeß und einem sich anschließenden sekundären, vom Licht unabhängigen Vorgang (Blum und Morgan 1939). Da der Sekundärprozeß nach einer längeren Belichtungszeit als Dunkelreaktion noch weiterwirkt, kann das Bunsen-Roscoesche Gesetz nur bei kurzer Belichtungszeit Gültigkeit haben (Meier 1963).

Zusammenfassend kann man den photodynamischen Effekt wie folgt formulieren (Blum und Kauzmann 1954):

$$\overset{h\upsilon}{\underset{D}{}} + O_2 + X = X_{ox} + D$$

Dabei ist D = das Farbstoffmolekül, X = das Substrat, X_{ox} = das oxydierte Substrat. Das Symbol $\overset{h\upsilon}{\underset{D}{}}$ deutet an, daß der Farbstoff die Lichtquanten aufnimmt; wie die Energieübertragung erfolgt, bleibt offen. D auf der rechten Seite besagt, daß der Farbstoff aus der Reaktion wieder unverändert hervorgeht.

Der Farbstoff wird solange nicht selber angegriffen, solange noch oxydierbares Substrat vorhanden ist (BLUM und GILBERT 1940).

Da die photodynamische Wirkung Sauerstoff benötigt, hat HERZBERG (1964) mit Erfolg versucht, das Licht durch ein sauerstoffübertragendes Metall zu ersetzen. Vaccinevirus wird von Methylenblau-Silber und Trypaflavin-Silber in den Verdünnungen 1 : 50 000 und 1 : 100 000 auch ohne Belichtung inaktiviert.

Die Farbstoffe und kolloidales Silber allein schädigen das Virus in der entsprechenden Zeit im Dunkeln nicht.

Auf die weiteren theoretischen Grundlagen soll hier nicht näher eingegangen, sondern nur auf die Ausführungen von SCHENCK (1956) und MEIER (1963) verwiesen werden.

3. Die Wirkung der Farbstoffe auf physiologische Prozesse

Der Farbstoff greift in der Zelle in das physiologische Geschehen ein. Dabei braucht es sich nicht immer um eine der besprochenen Giftwirkungen zu handeln, wenn diese auch überwiegen werden. Der Eingriff kann sich in stoffwechsel-, entwicklungs- und reizphysiologischer Richtung bemerkbar machen.

a) Stoffwechselphysiologische Vorgänge

α) Einfluß auf die Permeabilität

Besonders bei einer Färbung des Cytoplasmas, aber auch bei Adsorption der Farbstoffe an die Oberfläche des Protoplasten sowie nach einer Schädigung des Plasmas bei einem Durchtritt der Farbstoffe zur Vakuole, ohne das Plasma sichtbar anzufärben, ist zu vermuten, daß die Permeabilität für andere Stoffe verändert wird. Leider liegen auf diesem Gebiet nur wenige Arbeiten vor.

HOFMEISTER (1938) untersucht den Einfluß der Zellwand- und Vakuolenfärber Neutralrot und Methylenblau auf die Permeabilität von *Helodea densa*-Blattzellen für Glycerin und Harnstoff. Bei schwacher Färbung ist die Permeabilität für Glycerin kaum beeinflußt. Erst Färbungen von sehr langer Dauer setzen die Glycerinpermeation erheblich herab. Für Harnstoff wird die Permeabilität durch kurze Neutralrotfärbung erhöht. Eine kräftigere Färbung bedingt dagegen auch für Harnstoff eine Herabsetzung. Methylenblau vermindert die Harnstoffpermeation immer sehr stark. Von 12 anderen geprüften Pflanzenarten zeigen nach starker Neutralrotfärbung vier eine Hemmung der Permeabilität für Harnstoff, und bei acht ist kein Unterschied zwischen gefärbten und ungefärbten Zellen festzustellen. Eine Permeabilitätserhöhung ist bei diesen Arten nie zu beobachten.

Aus den Ergebnissen läßt sich keine Gesetzmäßigkeit ablesen. Von DRAWERT (1939b) ist darauf hingewiesen worden, daß außer der Permeabilität auch noch andere Faktoren, wie Änderung der Speicherungsverhältnisse in der Zelle, das Ergebnis beeinflussen könnten.

Auch durch den Plasmafärber Chrysoidin wird die Permeabilität von Objekt zu Objekt unterschiedlich beeinflußt. DIETRICH (1929) vermutet bei *Aspergillus niger* eine Permeabilitätserhöhung für KNO_3. In den Oberepidermiszellen der Zwiebelschuppen von *Narcissus pseudonarcissus* tritt nach HOFMEISTER (1948) eine starke Erhöhung der Permeabilität für Harnstoff ein, in den Blattstielepidermiszellen von *Solanum tuberosum* und *Daucus carota* macht sich dagegen eine bedeutende Herabsetzung bemerkbar. Eine Proportionalität zwischen Permeation und Färbungsdauer besteht nicht. Nach Auswaschen des Chrysoidins ist die alte Permeabilität wieder hergestellt. Für Glycerin wird die Permeabilität der *Solanum*-Zellen durch Chrysoidinfärbung beträchtlich erhöht.

Nach Vitalfärbung mit Prune pure beobachtet Fritz (1951) an verschiedenen Objekten sowohl bei Plasma- als auch bei Vakuolenfärbung immer nur eine Hemmung der Permeation von Harnstoff und Glycerin.

Redoxindikatoren, die das Endpotential gärender Hefe erhöhen oder herabsetzen, fördern bzw. vermindern die Exkretion von H-Ionen oder die aktive Aufnahme von K-Ionen durch die Hefezellen (Conway und Kernan 1955).

β) Inaktivierung von Fermenten

Auf die photodynamische Schädigung von Fermenten durch Licht in Gegenwart von Farbstoffen wurde bereits hingewiesen (S. 286). Dabei handelt es sich allerdings nicht immer um eine Verstärkung einer bereits vorhandenen Lichtwirkung, sondern unter Umständen bewirkt ein zugesetzter Farbstoff auch eine Abschwächung des Lichteinflusses (S. 291). Es liegt dann ein negativer photodynamischer Effekt vor. Dabei kann eine ganz gesetzmäßige Verminderung der Schädigung mit zunehmender Farbstoffkonzentration auftreten, so daß man an eine Schutzfilterwirkung denken könnte. Ein Teil des eingestrahlten Lichtes wird vom Farbstoff absorbiert und fällt damit für die Wirkung auf das Ferment aus (Pincussen und Kambayashi 1928). Dieser Schutzeffekt mancher Farbstoffe wird bereits von Jodlbauer, besonders für die UV-Schädigung einiger Fermente, angegeben (Jodlbauer und von Tappeiner 1906a, Jamada und Jodlbauer 1908, Zeller und Jodlbauer 1908).

Eine Reihe von Farbstoffen schädigt aber Fermente nicht nur im Licht, sondern auch im Dunkeln.

Zellfreie Fumarase wird sowohl durch kationische als auch durch anionische Farbstoffe vergiftet (Quastel 1931). Von den kationischen sind Methyl- und Aethylviolett sowie Janusgrün stark, Neutralrot und Bismarckbraun dagegen gar nicht wirksam. Von den anionischen Farbstoffen ist Congorot am giftigsten und Orange G ohne Einfluß. Auf Urease sollen dagegen nur die kationischen und nicht die anionischen Farbstoffe wirken (Quastel 1932), während β-Amylase nur durch anionische und nicht durch kationische Farbstoffe gehemmt wird (Ghosh 1955, 1957). Auch hier erweist sich Congorot am aktivsten (Ghosh 1957), das auch den Zymasekomplex (Axmacher und Opetz 1934), die Hyaluronidase (Vincent und Segonzac 1956) sowie die RNS-Polymerase (Krakow 1965) in deren Wirkung stark beeinträchtigt. Cholinesterasen werden wiederum nur von kationischen Farbstoffen beeinflußt (Massart und Dufait 1941). Von Brillantcresylblau üben bereits 5 γ/cm³ eine Hemmung aus (Morand und Gay 1953). Nach Angaben von Rentz (1940) setzt aber auch der anionische Farbstoff Trypanblau die Cholinesteraseaktivität herab; er liegt in seiner Wirkung zwischen den kationischen Farbstoffen Methylenblau und Neutralrot. Apodehydrasen werden durch Methylenblau gehemmt, und zwar im Licht stärker als im Dunkeln (Cedrangolo und Adler 1939). Acridinorange bedingt in Tabakblättern eine Abnahme der Katalase- und der Carbonanhydraseaktivität und eine Erhöhung der Polyphenoloxydasewirkung (VENEZIAN 1955). Desoxyribonuclease wird durch Acridinorange sowie Acriflavin (LEITH 1963) und Aminoxydasen durch Proflavin (GORKIN und Mitarb. 1964) gehemmt. Janusgrün schädigt die in den Chondriosomen lokalisierten Atmungsfermente auch *in vitro* (BIELKA 1955). Acriflavin bedingt eine Hemmung der Synthese von Cytochrom a und b sowohl in „petite positiven" als auch in „petite negativen" Hefen (BULDER 1964a).

Aus den bisher erhaltenen Befunden läßt sich keine Gesetzmäßigkeit ablesen, dabei ist aber zu berücksichtigen, daß die Wirkung der Farbstoffe stark vom Reinheitsgrad der Fermentpräparate abhängt. Nach QUASTEL (1932) wird die Giftigkeit von Brillantgrün auf Urease durch eine Reinigung des Fermentes auf ein Minimum herabgesetzt, während die Giftigkeit von Janusgrün und Neutralrot mit dem Reinheitsgrad der Ureasepräparate zunimmt. Zugabe von Sojabohnenöl erhöht stark die Giftigkeit der Triphenylmethanfarbstoffe für gereinigte Urease (QUASTEL 1932). Die Gegenwart von Proteinen schützt Fumarase vor der Farbstoffwirkung, dabei haben denaturierte Proteine einen größeren Effekt als native. Die Eiweiße adsorbieren die Farbstoffe und machen sie dadurch unwirksam (QUASTEL 1931). Nach CEDRANGOLO und ADLER (1939) tritt bei Apodehydrasen eine Hemmung durch Methylenblau nur dann stärker auf, wenn Ferment und Farbstoff vorher vereinigt und dann zum Prüfsystem zugegeben werden, nicht aber, wenn der Farbstoff allein dem gesamten Reaktionssystem zugeführt wird. Wahrscheinlich schützen Cofermente oder das Substrat die Apodehydrasen vor der Farbstoffwirkung.

γ) Einfluß auf die Atmung

Die Beeinträchtigung bzw. Stimulierung der Fermentaktivität durch Farbstoffe wird sich auch auf die Atmung auswirken.

Bei vielen in dieser Richtung durchgeführten Untersuchungen dient der Sauerstoffverbrauch als Maß für die Atmungsintensität. Dabei ist aber im allgemeinen nicht berücksichtigt worden, daß bei photodynamischen Prozessen unabhängig von der Atmung ebenfalls Sauerstoff verbraucht wird (vgl. S. 288), so daß bei der Benutzung photodynamisch wirksamer Farbstoffe in Gegenwart von Licht diese Methode für die Atmungsintensität ein falsches Bild ergeben kann.

In den älteren Versuchen über die Atmung und deren Beeinflussung spielt vor allem Methylenblau eine Rolle („Methylenblauatmung"). Bereits PALLADIN (1911, PALLADIN, HÜBBENET und KORSAKOW 1911) beobachtet ein sehr unterschiedliches Verhalten der einzelnen Objekte. Unter anaeroben Bedingungen scheiden lebende, mit Methylenblau gefärbte Stengelspitzen von *Vicia faba* beträchtlich mehr CO_2 ab (65—107%) als die ungefärbten Kontrollen. Bei etiolierten Stengelspitzen von *Pisum sativum* ist die Stimulierung geringfügiger (11—18%), und bei den Samen von *Pisum sativum* tritt nur eine ganz schwache Steigerung auf. Im sauerstofffreien Raum sinkt dagegen die CO_2-Ausscheidung der gefärbten Stengelspitzen von *Vicia faba* rasch ab, während die Erbsensamen im gefärbten Zustand unter denselben Bedingungen gleich viel CO_2 ausscheiden wie in Luft. Bei ungefärbten Erbsensamen läßt die CO_2-Absonderung dagegen bei O_2-Abwesenheit rasch nach.

Nach Meyerhof (1917) hemmt Methylenblau die Atmung von lebendem *Micrococcus (Staphylococcus) pyogenes* var. *albus* um 40% und von var. *aureus* um 10—20%. Die Atmung von Acetonhefe und von Hefemazerat wird dagegen durch Methylenblau stimuliert (Meyerhof 1918a, b). Auch die durch Hexosephosphat erregte Atmung gewaschener Acetonhefe wird durch Methylenblau um das Mehrfache gesteigert (vgl. auch die Angaben von Runnström und Michaelis 1935 für hämolysiertes Blut).

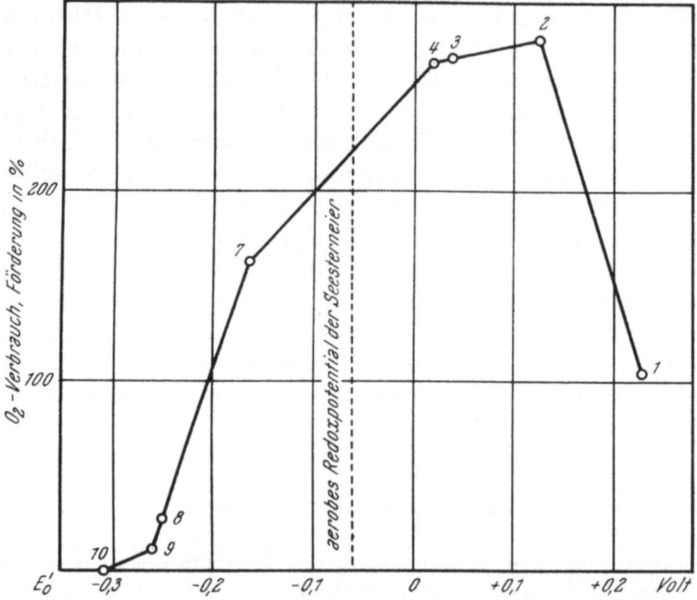

Abb. 100. Beziehung zwischen der katalytischen Wirkung von Farbstoffen und ihrem Redoxpotential E'o zu dem aeroben Reduktionspotential unbefruchteter, reifer Seesterneier. Abszisse: E'o der Farbstoffe bei pH 7, Ordinate: Anstieg des O₂-Verbrauches in % nach Farbstoffzugabe. 1 Phenolindophenol, 2 Toluylenblauchlorid, 3 Methylenblau, 4 Brillantcresylblau, 7 Cresylviolett, 8 Safranin, 9 Janusgrün, 10 Neutralrot. (Nach Barron und Hoffmann 1930.)

Barron und Mitarb. untersuchen den Einfluß von Methylenblau auf tierische Zellen. Der Gaswechsel von Säugetiererythrocyten wird bereits bei einer Farbstoffkonzentration von 0,005 bis 0,0005% stark gesteigert. Selbst bei Anwesenheit von 1/1000 mol KCN ist die Steigerung zu erkennen (Harrop und Barron 1928). Methylenblau bedingt eine Erhöhung des Zuckerabbaues, aber eine Verminderung der gleichzeitigen Milchsäureproduktion. Erst nach einer Zellzerstörung hört die Methylenblauwirkung auf (Barron und Harrop 1928). Der O₂-Verbrauch von Seeigeleiern wird um 80—100%, der von Seesterneiern um 200—250% durch Methylenblau bei einer optimalen Konzentration von 0,005% gesteigert. Durch KCN an ungefärbten Eiern unterbundener O₂-Verbrauch setzt nach Methylenblauzugabe wieder ein (Barron 1929a). Damit Methylenblau wirken kann, muß es, entgegen der Annahme von Wieland und Bertho (1928), in die Zelle eindringen (Barron 1929b). Unter der Voraussetzung, daß die Farbstoffe von der Zelle aufgenommen werden, steht deren fördernde Wirkung auf den Sauerstoffverbrauch nach Barron und Hoffmann (1930) sowie Barron und Hamburger (1932) in enger Beziehung zu ihrem Redoxpotential (Abb. 100).

Zu einem entsprechenden Ergebnis ist auch GENEVOIS (1928) in seinen Untersuchungen mit *Chlorella, Scenedesmus, Coelastrum, Haematococcus* u. a. gekommen.
GENEVOIS betont ebenfalls, daß nur der von der Zelle aufgenommene und nicht
der im Außenmedium befindliche Farbstoff die Atmungssteigerung bedingt, da
dieser Effekt auch nach Übertragung der Algen mit gefärbten Vakuolen in eine
farblose, mineralische Lösung erhalten bleibt. Nach GENEVOIS ist die stimulierende
Wirkung um so stärker, je höher der rH-Wert des benutzten Farbstoffes liegt.

Diesen Zusammenhang mit dem Redoxpotential stellen auch MICHAELIS und
SALOMON (1931) fest. Nach ihren Untersuchungen haben Farbstoffe, die mit den
gewöhnlichen Reduktionsmitteln überhaupt nicht oder nicht in reversibler Weise
reduziert werden können, gar keinen Einfluß auf die Atmung. Bei den reversiblen
Indikatoren wird die atmungsbeschleunigende Wirkung mit zunehmender Positivität mehr und mehr deutlich (vgl. auch BRIN und KRASNOVSKIJ 1951), erreicht
dann aber im Potentialbereich des Methylenblaus ein Maximum, das auch bei
weiterer Positivierung nicht überschritten wird.

Gemessen an der O_2-Aufnahme kann WATANABE (1932) die Atmungssteigerung
durch Methylenblau und Thionin an *Chlorella ellipsoidea* und *Ulva*-Arten bestätigen. Der Redoxindikator Indigocarmin übt dagegen keinen Einfluß aus.
Dieser Effekt ist nach den Befunden von BARRON und GENEVOIS zu erwarten,
da Indigocarmin als sulfosaurer Farbstoff nicht oder nur sehr schwer von der
Algenzelle aufgenommen wird.

Interessant ist noch die Angabe von WATANABE, KODATI und KINOSHITA
(1938), daß die elektrische Potentialdifferenz zwischen Front und Hinterende
der Plasmodien von *Didymium nigripes* durch atmungshemmende Stoffe, wie
Blausäure, herabgesetzt und durch atmungssteigernde Substanzen, wie Methylenblau und Neutralrot, erhöht wird.

Aus der bisherigen Darstellung geht hervor, daß Methylenblau nicht in jedem
Fall die Atmung bzw. den O_2-Verbrauch stimuliert. Dieses variable Bild zeigen
auch weitere Ergebnisse. Bei unbefruchteten Eiern von *Paracentrotus lividus*
bewirkt Methylenblau-Zusatz von 0,01—0,5% eine beträchtliche Atmungs-
erhöhung, während die Atmung befruchteter Eier unverändert bleibt bzw. nur
eine leichte Stimulierung erfährt (RUNNSTRÖM 1930). An überlebendem Gewebe
der Rattenniere soll nach AXMACHER (1933a) nur Toluidinblau eine Erhöhung
der O_2-Aufnahme bedingen, alle anderen von ihm untersuchten Farbstoffe,
darunter auch Methylenblau, hemmen die Atmung. Eine Förderung durch
Methylenblau beobachten noch ALBACH (1929) an Blättern von *Helodea canadensis*,
WARBURG, KUBOWITZ und CHRISTIAN (1930a, b) sowie MICHAELIS und SALOMON
(1930, 1931) und KIESE (1947) an roten Blutkörperchen, Ross (1934, 1938) an
Nitella und BODINE und BOELL (1936) an Embryonen des Grashüpfers *Mela-
noplus differentialis* (allerdings nur geringfügig) und LEUTHARDT und EXNER
(1953) an Lebermitochondrien, aber nur im Anfangsstadium nach der Farbstoffzugabe. Eine Hemmung geben dagegen noch folgende Autoren an: QUASTEL
und WHEATLEY (1931) für *Escherichia coli*, MASSART, PEETERS, DE LEY und
VERCAUTEREN (1947) für Bäckerhefe, STOKES (1952) für die Oxydation verschiedener Substrate durch Bakterien, Hefe und farblose Algen. Nach WENDEL
(1929) oxydieren aber Erythrocyten bei Gegenwart von Methylenblau Milchsäure
zu Brenztraubensäure.

Im Gegensatz zu diesen stark differierenden Angaben sind sich die meisten Autoren über die Aufhebung der atmungshemmenden Wirkung von KCN bzw. NaCN durch Methylenblau und einige andere Farbstoffe einig. Die Methylenblauatmung wird nach Warburg, Kubowitz und Christian (1930b) aber durch Urethane gehemmt.

Die unterschiedlichen Befunde über die Methylenblauwirkung können vielleicht zum Teil auf andere Faktoren zurückgeführt werden, die nicht genügend beachtet worden sind. Doch vor einer Diskussion dieser Frage soll noch etwas näher auf das Verhalten einiger anderer Farbstoffe eingegangen werden.

Nach Barron und Hoffmann (1930) hat Neutralrot auf die Atmung von Seesterneiern keinen Einfluß (vgl. Abb. 100). Dasselbe geben Brin und Krasnovskij (1951) für *Helodea* an. Andererseits soll es aber auf die Blätter von *Helodea canadensis* (Albach 1929) und auch auf die Plasmodien von *Didymium nigripes* (Watanabe, Kodati und Kinoshita 1938) atmungssteigernd wirken.

Toluylenblau erhöht nach Barron und Hamburger (1932) den O_2-Verbrauch unbefruchteter *Nereis*-Eier z. T. um 465%/Std., und Rhodamin B fördert die Atmung von *Helodea densa*-Sprossen im Dunkeln etwas, läßt sie aber im Licht praktisch unbeeinflußt (Gessner 1941). Für Blattfragmente von *Helodea canadensis* geben dagegen Zurzycki und Starzecki (1961) auch eine Förderung im Licht an. Nach ihren Ergebnissen kann die Atmung bis auf 300% ansteigen.

Ganz allgemein scheinen die meisten kationischen Farbstoffe die Atmung aber eindeutig zu hemmen. Dies trifft vor allem für die Farbstoffe zu, die das Plasma und seine Einschlüsse färben, wie Chrysoidin (Albach 1929), Malachitgrün (Caldwell und Meiklejohn 1937), Janusgrün (Leuthardt und Exner 1953, bei niedrigen Konzentrationen kann unter Umständen auch eine leichte Stimulierung auftreten), Pyronin (Leuthardt und Exner 1953) und besonders Viktoriablau (Lettré 1951, Lettré und Schleich 1955). Vom letzten Farbstoff unterbinden bereits 5 γ/cm³ die Fibroblastenatmung völlig.

Von dieser Gruppe der hemmenden Farbstoffe ist eingehend Berberinsulfat an pflanzlichen und tierischen Objekten untersucht worden (Meissel, Pomotschnikova und Schawlowski 1950, *Saccharomycodes ludwigii*; Schmitz 1951, Tumorzellen; Hilwig und Schmitz 1951, Fibroblasten; Perner 1952a, 1953, *Allium porrum*; Zurzycki und Zurzycka 1955, *Lemna trisulca*). Nach Untersuchungen von Lan und Mitarb. (1957) kann die Berberinsulfathemmung bei Bakterien durch Nicotinsäure und Vitamin B_6 aufgehoben werden. Als einziger erwähnt Lesser (1958) eine Stimulierung der O_2-Aufnahme von Hefezellen durch Berberinsulfat, die mit steigender Alkaloidkonzentration zunimmt. An Wurzelgewebe von *Daucus carota* beobachtet auch Lesser nur eine Hemmung.

Armstrong (1958) bringt für die Hemmung der Säure- und CO_2-Bildung von Bäckerhefe durch kationische Farbstoffe folgende Reihe: Fuchsin > Methylviolett > Kristallviolett > Malachitgrün > Brillantgrün.

Ein besonderes Interesse beanspruchen die Acridine, da sie häufig zur vitalen Fluorochromierung benutzt werden. Nach Massart und Mitarb. (1947, auch Deley, Peeters und Massart 1947) hemmen die Acridine, besonders Trypaflavin, die Atmung bei der Bäckerhefe. Adenyl-, Adenosintriphosphor- und Nucleinsäuren heben diese Hemmung auf. Die Hemmung durch Trypaflavin können Meissel und Mitarb. (1950, Euflavin) an Hefe, Werz (1957) an *Aceta-*

bularia mediterranea und WALLNÖFER und BUKATSCH (1960) an Bakterien bestätigen. Für Acridinorange findet LESSER (1958) an Hefezellen, solange sie noch grün fluorescieren, nur eine leichte Herabsetzung des O_2-Verbrauches sowohl im Dunkeln als auch bei Belichtung. Rot fluorescierende Zellen zeigen dagegen völlige Sistierung der O_2-Aufnahme. Durch Waschen der Zellen kann diese Hemmung aber aufgehoben werden, vorausgesetzt, daß die Zellen dem Farbstoff nicht zu lange ausgesetzt werden. Interessanterweise ist die Beeinträchtigung des O_2-Verbrauches viel geringer, wenn den Hefesuspensionen erst die Glucose und 30 Min. später das Acridinorange zugegeben werden, als bei gleichzeitiger Zuführung (vgl. dazu auf S. 306 die photodynamische Schädigung hungernder Hefezellen durch Methylenblau nach PROTIVA und Mitarb. 1959). Nach KRAEPELIN (1962) steigt bei ausgehungerten Hefezellen die O_2-Aufnahme nach AO-Zugabe z. T. auf 218% (Kontrolle = 100%), fällt dann ab und erreicht nach 20—30 Min. Werte, die unter der Kontrolle liegen. Die CO_2-Abgabe ist dagegen von Anfang an herabgesetzt. Dieser Rückgang der O_2-Aufnahme der Kulturen wird auf eine zunehmende Abtötung der Zellen zurückgeführt. WALL-NÖFER und BUKATSCH (1960) finden dagegen bei Bakterien nach einer anfänglichen Hemmung der Atmung durch Acridinorange, Coriphosphin und Trypaflavin im Dunkeln eine allmähliche Adaptation der Kulturen. Bei Belichtung setzt schlagartig eine Sistierung der Atmung ein (WALLNÖFER und BUKATSCH 1962). Nach TERESA, TERESA und MELIUS (1965) hemmen sowohl Acridinorange als auch Proflavin die Atmung von *Escherichia coli* im Dunkeln. Licht verstärkt die Wirkung des Acridinoranges, aber kaum die des Proflavins.

Es soll noch erwähnt werden, daß auch Triphenyltetrazoliumchlorid (LEUTHARDT und EXNER 1953, THRONEBERRY und SMITH 1953, H. ZIEGLER 1953 a) und das Nadi-Reagenz (PERNER 1953) die Atmung hemmen.

Die von den meisten Zellen nicht aufgenommenen sulfosauren Farbstoffe haben im allgemeinen keinen Einfluß auf die Atmung, während sie zellfreie Fermente z. T. stark schädigen (vgl. S. 298). Eine Ausnahme davon scheint Säurefuchsin zu machen, das sowohl die Atmung von *Helodea*-Blattzellen, die den Farbstoff nicht bis zur Sichtbarkeit aufnehmen, als auch die weißer Blütenblätter, die das Säurefuchsin deutlich im Zellsaft speichern, stimuliert (ALBACH 1929). Dasselbe trifft für die aerobe CO_2-Bildung von Bäckerhefe zu (ARMSTRONG 1958). Säurefuchsin macht allerdings auch hinsichtlich seiner Aufnehmbarkeit durch die Pflanzenzelle eine Ausnahme unter den sulfosauren Farbstoffen.

Ganz anders liegen die Verhältnisse dagegen bei den anionischen Farbstoffen der Fluorescein-Gruppe, die vom Plasma gespeichert werden. Durch K-Fluorescein wird der O_2-Verbrauch, z. B. isolierter Leitbündel von *Heracleum mantegazzianum*, nicht beeinflußt (H. ZIEGLER 1958), bei Wurzelgewebe von *Daucus carota, Cochlearia armoracia* u. a. tritt dagegen im Dunkeln eine schwache Hemmung auf (H. ZIEGLER 1950 b). Dieser Abfall der Atmungsintensität ist für Eosin viel ausgeprägter, z. B. bei *Helodea canadensis* (ALBACH 1929) oder Wurzelgewebe (H. ZIEGLER 1950 b). Über den Einfluß des Lichtes auf diesen Vorgang s. S. 306.

Von Interesse sind noch die Angaben, daß Methylenblau, Nilblau, Neutralrot, Janusgrün, Erythrosin u. a., dem Meerwasser zugefügt, Actinien und Ascidien gegen Arsensäure besonders widerstandsfähig machen sollen (LEVIN 1933 d) und einige dieser Farbstoffe auch den Erstickungstod von *Crangon vulgaris* und *Ciona intestinalis* hinauszögern (Levin 1933c).

Es wurde bereits darauf hingewiesen, daß sich die recht unterschiedlichen Befunde bei Methylenblau und einigen anderen Farbstoffen unter Umständen auf andere, häufig zu wenig berücksichtigte Faktoren zurückführen lassen.

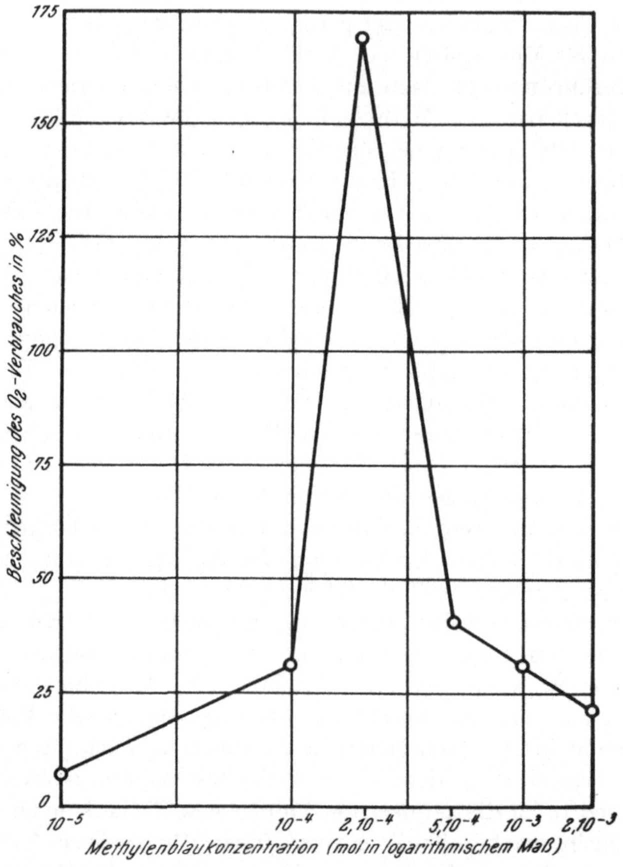

Abb. 101. Die stimulierende Wirkung von Methylenblau auf die Atmung von *Ulva conglobata* in Abhängigkeit von der Konzentration. Abszisse: mol. Methylenblaukonzentration in logarithmischem Maß, Ordinate: Erhöhung des O₂-Verbrauches. (Nach Watanabe 1932.)

Einer dieser Faktoren ist die Farbstoffkonzentration. Nach Watanabe (1932) zeigt der Methylenblaueffekt in Abhängigkeit von der Konzentration eine ausgesprochene Optimumkurve (Abb. 101), und nach Untersuchungen von Stenlid (1950) an Weizenwurzeln kann bei der Überschreitung einer maximalen Konzentration die Förderung in eine Hemmung umschlagen (Abb. 102). Wenn ein Zusatz von Nucleinsäure die hemmende Wirkung von Acridinen aufhebt (S. 344), so ist das durch eine Änderung der wirksamen Farbstoffkonzentration bedingt, da beide Substanzen miteinander reagieren und im Außenmedium eine von der Zelle nicht mehr aufnehmbare Verbindung entsteht.

Diese Angaben beziehen sich auf die Außenkonzentration. Von viel größerem Einfluß wird aber die Farbstoffkonzentration im Zellinnern sein, die naturgemäß bis zu einem gewissen Grade von der Außenkonzentration abhängt. Hierbei spielen aber noch andere Faktoren wie Einwirkungszeit, Salze, pH-Wert eine Rolle.

Die Einwirkungszeit macht sich in den Versuchen von HAYASHI (1938) bemerkbar. Kationische Farbstoffe — darunter auch Methylenblau — bedingen nach Injektion in die Ratte zunächst eine Atmungsförderung der Gewebe von

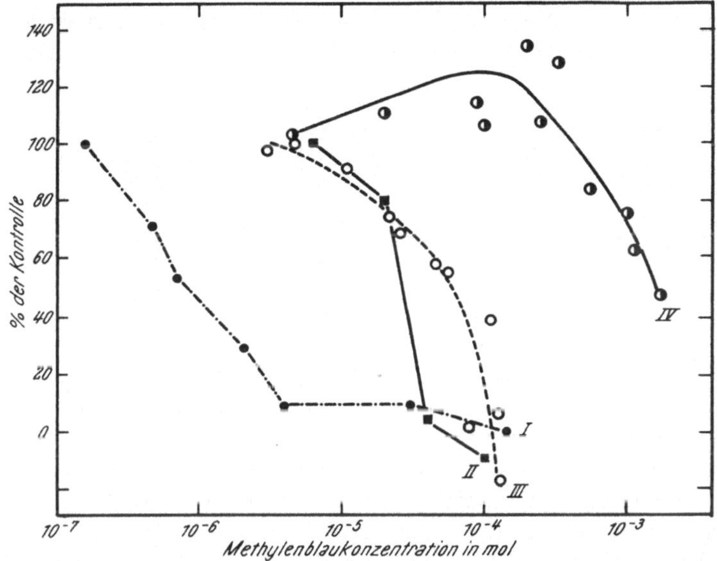

Abb. 102. Der Einfluß von Methylenblau auf I Wachstum, II Chlorid- und III Glucoseaufnahme sowie IV Sauerstoffverbrauch junger Weizenwurzeln in Abhängigkeit von der Farbstoffkonzentration. (Nach STENLID 1950.)

Niere, Leber und Milz, der aber ein plötzlicher, schneller Abfall folgt. Ähnliches beobachtet KRAEPELIN (1962) an Hefezellen für Acridinorange, um nur einige Beispiele zu nennen.

Salze können die Aufnahme der Farbstoffe durch die Zelle herabsetzen, dementsprechend wird z. B. die Hemmwirkung kationischer Farbstoffe auf die Atmung von Bäckerhefe durch 10^{-2} mol $MgCl_2$ teilweise aufgehoben (MASSART, PEETERS und VERCAUTEREN 1947). Daß dieser Effekt in erster Linie auf einer Herabsetzung der Aufnehmbarkeit des Farbstoffes beruht, geht daraus hervor, daß eine einmal eingetretene Hemmung durch $MgCl_2$ nicht mehr rückgängig zu machen ist. Auch der Einfluß von Alkaliionen auf die Entfärbung von Methylenblau durch Hefe spricht für eine Wirkung der Salze auf den Aufnahmeprozeß des Farbstoffes. Nach FLEISCHMANN und SCHWARZ (1937) hemmt KCl die Entfärbung. NaCl und LiCl zeigen erst in höheren Konzentrationen eine Hemmwirkung, in niedrigen beschleunigen sie sogar die Entfärbung, und zwischen K^+ und Na^+ besteht ein ausgesprochener Antagonismus. Auf die Entfärbung des Farbstoffes durch den Mazerationssaft der Hefe üben die Alkaliionen dagegen keinen Einfluß aus.

Für viele Farbstoffe ist der pH-Wert der Außenlösung für die Aufnahme durch die Zelle ausschlaggebend; dies kommt in den Atmungsversuchen mit Neutralrot von Geiger-Huber (1930) deutlich zum Ausdruck. Ungefärbte Hefezellen zeigen zwischen pH 5 und 8 in Abhängigkeit von der cH keine größere Variation der Atmungsintensität. Unmittelbar nach Farbstoffzusatz verhält sich aber die Atmung in Abhängigkeit vom pH-Wert ganz verschieden. Bei pH 5,0 und 5,7 steigt zunächst die Atmung um 20%, fällt dann aber gegen Ende der ersten Stunde auf ~ 90%. Bei pH 8,1 sinkt die Atmung sofort auf ~ 82%, steigt aber gegen Ende des Versuches wieder um 7% an. Bei pH 6,1 und 6,9 stellt sich ein mittleres Verhalten ein. Diese Unterschiede gerade im Anfangsstadium können nur auf der verschiedenen Aufnahmegeschwindigkeit des Neutralrotes bei den verschiedenen pH-Werten beruhen.

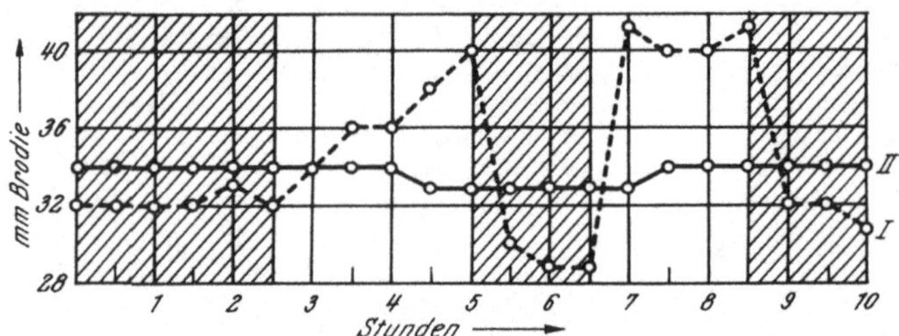

Abb. 103. Sauerstoffaufnahme des Wurzelgewebes von *Cochlearia armoracia* in I K-Fluoresceinlösung 2,5 · 10⁻³ mol und II farbloser Pufferlösung während Dunkel- und Lichtphasen. (Nach H. Ziegler 1950 b.)

Ein anderer Faktor, der sich besonders bei photodynamisch wirksamen Farbstoffen — zu denen auch bis zu einem gewissen Grade Methylenblau gehört (vgl. S. 283) — bemerkbar machen wird, ist das Licht. Auf einige Fälle wurde bereits hingewiesen, so auf die schlagartig einsetzende Atmungshemmung bei Bakterien, die mit Acridinorange gefärbt sind, in den Versuchen von Wallnöfer und Bukatsch (1962). Aber auch hier ergeben sich nach Lesser (1958) von Objekt zu Objekt Unterschiede. Während die O_2-Aufnahme bei Hefe durch Methylenblau nur bei Belichtung gefördert wird, tritt bei Wurzelgewebe von *Daucus carota* auch im Dunkeln eine Beschleunigung auf, und zwar stärker als im Licht. Bei den chlorophyllführenden *Lagarosiphon*-Blättern ist dagegen kein Methylenblaueinfluß zu beobachten. Bei hungernden Hefen wird die Atmung durch Licht bei Gegenwart von Methylenblau stark gehemmt. Saccharose, Glucose oder Acetat setzen die schädigende Wirkung herab. (Protiva, Praus und Dyr 1959).

Wie zu erwarten, macht sich die Lichtwirkung besonders bei den Farbstoffen der Fluorescein-Gruppe bemerkbar. Während mit diesen Farbstoffen im Dunkeln im allgemeinen eine Hemmung festzustellen ist, bewirkt Belichtung eine Erhöhung des O_2-Verbrauches (Sagromsky 1943 für Eosin an *Azotobacter agile*; H. Ziegler 1950b für K-Fluorescein [Abb. 103] und Eosin an Wurzelgewebe; Freeman und Giese 1952 für Rose bengale an *Saccharomyces cerevisiae*). Doch erhebt sich in diesen Fällen besonders die Frage, ob der O_2-Verbrauch Rückschlüsse auf die Atmung zuläßt. Von H. Ziegler (1950b) wird diese Frage bejaht, da in seinen Versuchen der Atmungsquotient unverändert 1 bleibt. In den Untersuchungen von Freeman und Giese (1952) fällt aber der Atmungsquotient auf 0,4 ab. Es wird also viel mehr O_2 verbraucht als CO_2 abgegeben wird. Von Sagromsky (1943) wird die Frage verneint. In ihrem Fall soll es sich zweifellos nicht um eine echte Atmung handeln, sondern um eine photodynamische Zerstörung, die mit einem gesteigerten O_2-Verbrauch gekoppelt ist (vgl. S. 289).

Auf die theoretischen Grundlagen der Atmungsbeeinflussung durch Farbstoffe soll hier nicht näher eingegangen, sondern nur auf die Wirkungsmöglichkeiten des Methylenblaus hingewiesen werden. Nach MICHAELIS und SALOMON (1930) kann der Farbstoff einmal als Oxydationsmittel Sauerstoff ersetzen und als Wasserstoffakzeptor wirken. Andererseits kann er aber auch in Gegenwart von O_2 als Katalysator auf den Sauerstoffverbrauch der Zelle Einfluß nehmen, etwa über die Hämine und die gelben Atmungsfermente (WARBURG, KUBOWITZ und CHRISTIAN 1930a, b, WARBURG 1948). Nach LEUTHARDT und EXNER (1953) verursacht Methylenblau einmal eine Beschleunigung der Atmung im obigen Sinne, zum andern aber auch eine irreversible Schädigung der Chondriosomen und damit eine Inaktivierung des Atmungssystems. Die Gesamtwirkung ist eine Resultante dieser beiden Prozesse.

Über die Erzeugung atmungsdefekter Mutanten durch Farbstoffe s. S. 320 u. f.

δ) Einfluß auf die Gärung

Eine hemmende Wirkung von Neutralrot auf die Gärung der Hefe hat schon KÜSTER (1898) beobachtet. Dasselbe stellt ROSENSTIEHL (1902) für Acridine, Thionine, Safranine und andere Farbstoffe fest. Während nach BOKORNY (1906) mit Methylenblau gefärbte Hefe ihre Gärfähigkeit beibehält, beeinträchtigt nach VON TAPPEINER (1908a), VON EULER und FLORELL (1919), FINK (1931), AXMACHER (1933b) sowie MALKOV und LEONINOK (1959) Methylenblau die Gärung. Nach den letzten Autoren soll der Farbstoff aber die Entstehung energiereicher Phosphorsäureverbindungen begünstigen. Auch SOMOGYI (1916) stellt eine Hemmung fest, erwähnt aber, daß niedrige Methylenblaukonzentrationen (1 : 100 000) zu fördern scheinen.

Nach MEISSEL (1938a, b) sind mit Janusgrün und mit Neutralrot gefärbte Hefen nicht mehr zur Gärung befähigt. Verlieren die Zellen aber den Farbstoff, dann kann die Gärung wieder einsetzen. Berberin hemmt zwar stark die Atmung, hat aber keinen Einfluß auf die Gärung (MEISSEL, POMOTSCHNIKOVA und SCHAWLOWSKI (1950). Auch die Glykolyse von Mäuse-Tumorzellen wird durch Berberin nicht beeinträchtigt (SCHMITZ 1951). Ebenso soll Acridinorange ohne Einfluß auf die Hefegärung sein (STRUGGER 1943a), und Trypaflavin kann die Gärung atmungsdefekter Hefen fördern (BULDER 1964a). *Saccharomyces carlsbergensis* wird durch Fuchsinrot zu einer vermehrten Alkohol- und Säurebildung veranlaßt, während Zuckerverbrauch (?) und Trockengewichtszunahme verringert sind. Dhar-Hefe erreicht unter denselben Bedingungen ebenfalls ein geringeres Endtrockengewicht, verhält sich aber sonst entgegengesetzt (BAHADUR 1954).

Für die Beeinflussung der Gärung ist wie bei der Atmung das Eindringen des Farbstoffes in die Zelle eine Grundvoraussetzung (VON EULER und FLORELL 1919). Die von der lebenden Zelle nicht aufgenommenen anionischen Farbstoffe wie Congorubin, Bordeaux extra, Trypanblau, Trypanrot, Anilinblau unterbinden z. T. die zellfreie Gärung völlig, während sie das Gärvermögen lebender Zellen unangetastet lassen (AXMACHER 1933b). Ähnliches berichten MICHAELIS, MORAGUES-GONZALES und SMYTHE (1937) für andere sulfosaure Farbstoffe. Das sulfosaure Azorubin soll aber nach EISENBRAND und PFEIL (1955) die Milchsäuregärung durch *Streptococcus lactis* und *St. cremoris* hemmen und im Verlauf der Reaktion reduziert werden. Die Hemmung wird auf Substanzen zurückgeführt, die durch Reduktion und anschließende Luftoxydation entstehen. Entsprechend wirken Echtrot E, Naphtholrot S, Cochenillerot GN und Scharlach GN (Eisenbrand und Lohrscheid 1959).

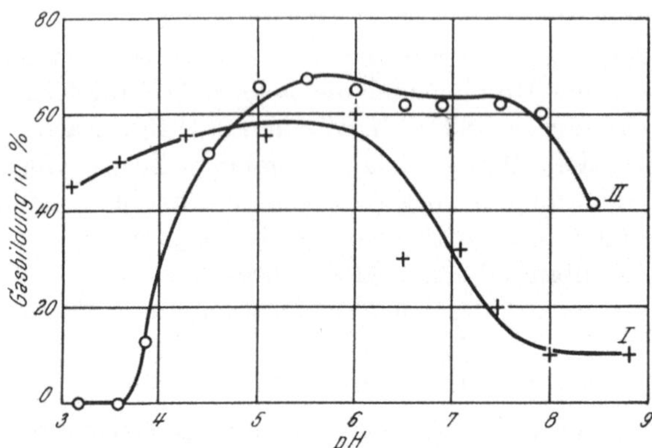

Abb. 104. Gasproduktion von Hefe nach Färbung bei verschiedenen pH-Werten (Na-Phosphat-Puffer) mit I Safranin und II Eosin. (Nach Adams und Robbins 1934.)

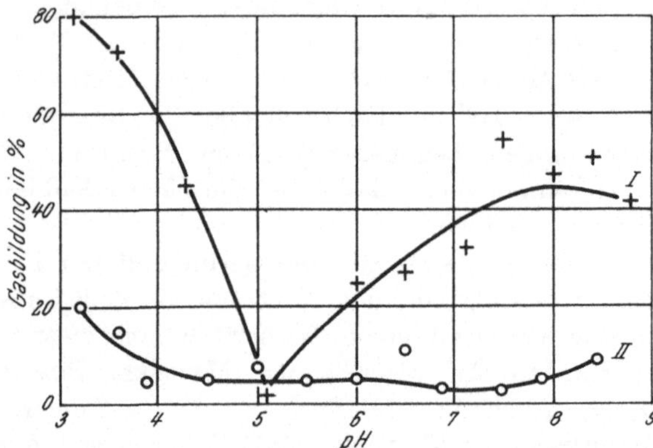

Abb. 105. Wie Abb. 104, aber nach Färbung mit I Brillantgrün und II Dahlia. (Nach Adams und Robbins 1934.)

Sehr deutlich tritt die Bedeutung des pH-Wertes für die Beeinträchtigung der Gärung lebender Zellen durch Farbstoffe in Erscheinung (von Euler und Florell 1919, Fink 1931). Aus dem unterschiedlichen Verhalten kationischer, anionischer, amphoterer und nur schwach dissoziierter Farbstoffe geht auch in diesem Fall hervor, daß der pH-Wert über eine Veränderung des Dissoziationsgrades und damit über die Aufnehmbarkeit der Farbstoffe wirkt. Nach den Untersuchungen von Adams und Robbins (1934) verhält sich der Einfluß der cH auf die Beeinträchtigung der Gärung durch die kationischen Farbstoffe (Abb. 104, Kurve I) gerade umgekehrt wie im Fall der anionischen Farbstoffe (Abb. 104, Kurve II). Bei den amphoteren Farbstoffen ist eine mittlere cH-Lage am wirksamsten (Abb. 105, Kurve I) und bei den nur schwach dissoziierten verändert die cH kaum den Wirkungsgrad (Abb. 105, Kurve II).

ε) Einfluß auf die Assimilation

Aus Ergebnissen, die STRUGGER (1937a) mit der Gasblasenzählmethode erhält, schließt er, daß die Photosyntheseaktivität von *Helodea canadensis* durch eine Vitalfärbung mit Rhodamin B nicht beeinträchtigt, mitunter sogar gefördert wird. Rhodamin 6 G bedingt hingegen eine völlige Einstellung der Assimilationstätigkeit. LÄRZ (1942) kann die Ergebnisse ebenfalls an *Helodea canadensis* mit der Indigomethode (KNY 1897) bestätigen. Außer durch Rhodamin 6 G wird die Photosynthese auch durch Prune pure, Janusgrün, Vesuvin und Mauvein unterbunden. Nachuntersuchungen an derselben Pflanzenart (PIRSON und ALBERTS 1940) bzw. an *Helodea densa* (GESSNER 1941) ergeben aber auch für Rhodamin B eine Hemmung der Photosynthese, und nach METZNER (1952b) hemmt der Farbstoff ebenfalls die Reduktion von $AgNO_3$ durch *Agapanthus*-Plastiden. PIRSON und ALBERTS, die mit der Manometermethode arbeiten, machen gegen die von STRUGGER benutzte Blasenzählmethode geltend, daß nur ein Teil des Assimilationssauerstoffes von *Helodea* in Blasenform abgegeben wird, und außerdem bewirken Rhodamine, Eosin, Erythrosin und in geringem Maße auch Neutralrot auf Grund ihrer Oberflächenaktivität eine Verkleinerung der Blasengröße und damit bei gleichbleibender Gasproduktion eine Vermehrung der Blasenzahl. In neueren Untersuchungen von ZURZYCKI und STARZECKI (1961) an Blattfragmenten von *Helodea canadensis* sinkt nach Färbung mit Rhodamin B 1 : 1000 die Photosynthese beträchtlich ab, so daß sie nach 8 Std. nur noch etwa 20% des ungefärbten Blattes erreicht; bei niedrigerer Farbstoffkonzentration (1 : 20 000) kann aber auch eine Förderung um 9—14% beobachtet werden. Versuche mit monochromatischem Licht verschiedener Wellenlänge deuten darauf hin, daß die vom Rhodamin B absorbierte Lichtenergie z. T. auf das Photosynthesesystem übertragen wird. Die gegenteiligen Befunde von PIRSON und ALBERTS (1941) werden auf die Benutzung zu hoher Lichtintensität zurückgeführt, die allgemein hemmend wirkt. ONO und KONAGAMITSU (1956) geben für Rhodamin B eine Beschleunigung der Stärkebildung in isolierten Chloroplasten an.

Methylenblau hemmt die Photosynthese von *Chlorella* (MICHELS 1940) sowie die photosynthetische Phosphorilierung und CO_2-Fixierung, aber nicht die Photolyse des Wassers durch isolierte Chloroplasten von *Spinacia oleracea* (ARNON, ALLEN und WHATLEY 1956). Nach IZAWA (1962) unterdrücken geringe Mengen reduzierten Methylenblaus die photosynthetische CO_2-Fixierung durch intakte Zellen von *Rhodopseudomonas palustris*, vorausgesetzt, daß die Zellen mit dem Farbstoff unter anaeroben Bedingungen vorher im Dunkeln behandelt werden. Wird photosynthetisch aktiven Zellen Methylenblau zugeführt, dann tritt weder eine Entfärbung des Farbstoffes noch eine Photosynthesehemmung auf. Bei *Chlorella ellipsoidea* findet nach Methylenblauzugabe unter anaeroben Bedingungen im Dunkeln eine völlige Aufhebung der Photosyntheseaktivität statt. Die Hill-Reaktion intakter *Chlorella*-Zellen wird um ~ 50% gehemmt. Die Wirkung der Farbstoffe hängt weitgehend von ihrem Redoxpotential ab (BRIN und KRASNOVSKIJ 1951, IZAWA 1962). Nach HORWITZ (1955) kann bei der Hill-Reaktion isolierter Chloroplasten anstelle von Ferri-Ionen auch Janusgrün B als Oxydanz wirken, das dabei von der oxydierten blauen in die reduzierte rote Form umgewandelt wird.

Ferner werden Hemmungen der Photosynthese durch Methylgrün (H. H. Schmidt 1951) und TTC (H. Ziegler 1953b) beschrieben, während das Atmungsgift Berberinsulfat auf die Photosynthese von *Lemna trisulca* nur einen geringen Einfluß haben soll (Zurzycki und Zurzycka 1955).

Nach Beekmann (1953) fördert Trypanblau die Carotinoidbildung.

Die Anwendung von reduziertem Bleu Coupier = Nigrosin (Regnard 1885) oder Indigoblau (Beijerinck 1890, Matsubara 1931) und von Indophenolen zur Bestimmung der photochemischen Aktivität von ganzen Algen, Chloroplasten bzw. Chloroplastenfragmenten soll nur am Rande erwähnt werden (Mac Dowall 1949, 1962, Holt, Smith und French 1951, Krogmann und Jagendorf 1959, Punnett 1959, Losada, Whatley und Arnon 1961, Whittingham und Bishop 1961).

b) Entwicklungsphysiologische Vorgänge

α) Einfluß auf die Kern- und Zellteilung

Politzer (1924a, b) ist einer der ersten, der abnorme Mitosen für die Hornhaut von Salamander-Larven unter der Einwirkung von Neutralrot beschreibt. Durch Licht kann die schädigende Wirkung noch verstärkt werden. Bismarckbraun soll dagegen keine deutliche Störung der Kernteilung bedingen, wohl aber Brillantcresylblau und Auramin (Politzer 1924/25). Vitalfärbungen mit Chrysoidin nach Schaede (1924 b) zur Untersuchung der Kernteilung halten Martens (1928, 1929) und Bělař (1930a) nicht für vorteilhaft, da Schädigungen auftreten. Aus demselben Grunde lehnt Bělař (1930b) auch die Kernfärbung mit Eosin ab. Nach Gicklhorn (1930a) soll in den Blättern von *Tradescantia* die Mitose trotz Färbung der Chromosomen mit Eosin oder Erythrosin weiter ablaufen. Allerdings hat auch Gicklhorn nie beobachten können, daß sich ein gefärbter Interphasekern teilt, und Mildebrath (1932) stellt an Maiswurzeln, vor allem in der späten Prophase und in der Metaphase, Störungen durch Fluorescein, Eosin und Erythrosin fest. Nach Lehman und Andrews (1934) soll dagegen Fluorescein trotz gefärbter Chromosomen keinen Einfluß auf die Kernteilung in *Tradescantia*-Staubfadenhaaren haben. Eosin wirkt nach Prescher (1932) besonders im Licht durch teilweise oder vollständige Zerstörung der Spindelfasern, wodurch Riesenkerne oder zweikernige Zellen entstehen.

Eingehendere Untersuchungen über den Einfluß kationischer Farbstoffe auf die Mitose in Keimwurzeln und in Staubfadenhaaren von *Tradescantia virginiana* stammen von Becker. Das Auftreten abnormer Karyokinesen hängt von der Konzentration der Farbstofflösung, von der Einwirkungsdauer und von der Kernteilungsphase, in der sich die Zelle bei Zugabe des Farbstoffes befindet, ab. Während in der späten Anaphase und frühen Telophase keine größeren pathologischen Veränderungen beobachtet werden, treten diese vor allem in der Pro- und Metaphase auf (Becker 1933b). In der Metaphase kommt es zu Störungen in Form einer Anhäufung und Fusion der Chromosomen zu teils mehr oder weniger regelmäßigen, teils unförmigen Massen, und die anschließende Anaphase macht den Eindruck einer einfachen Fragmentation der Kernsubstanz. Das Ausbleiben der Teilungswand kann zu zweikernigen Zellen führen (Becker 1929). Methylenblau wirkt viel stärker als Neutralrot (Becker 1929, 1932b, c). Wie Methylenblau verhalten sich Thionin, Toluidinblau und Brillantcresylblau. Dem

Neutralrot entsprechen dagegen Janusgrün, Neutralviolett, Safranin und Phenosafranin (BECKER 1932b). Licht verstärkt die Schädigung durch Methylenblau (BECKER 1930). Die Wirksamkeit der Farbstoffe wird auf ihr Redoxpotential zurückgeführt, und die Schädigung soll auf einer Oxydation beruhen (BECKER 1932b, 1933b). Während bei reduziertem Methylenblau die Mitose normal verläuft, wird sie bei Reoxydation des Farbstoffes eingestellt (BECKER 1932c). Dies dürfte mit der allgemeinen höheren Giftigkeit der oxydierten Stufe kationischer Farbstoffe zusammenhängen (vgl. S. 281).

Auch EICHHORN (1930) findet, daß wohl Methylenblau, aber nicht Neutralrot an Zwiebelwurzeln Mitoseanomalien hervorruft. Wenn EICHHORN schreibt, daß dies Ergebnis im Gegensatz zu den Befunden von BECKER (1929) steht, so muß ein Mißverständnis vorliegen.

Nach STROHMEYER (1935) werden in *Tradescantia*-Blättern ablaufende Mitosen durch Neutralrot nicht gestört, nur wenn die Färbung zu einem frühen Zeitpunkt der Prophase einsetzt, geht die Teilung nicht bis zum Ende weiter. Anomale Mitosen werden nicht beobachtet. Auf Fibrocyten in Gewebekultur soll aber Neutralrot schon in Konzentrationen mitoseschädigend wirken, die an den vegetativen Zellen keine kritischen Veränderungen erkennen lassen (VON MÖLLENDORFF 1936). Wie bei Methylenblau und Eosin muß auch beim Neutralrot der photodynamische Effekt beachtet werden. Im Dunkeln hat der Farbstoff keinen Einfluß auf Gerstenwurzeln. Im Sonnenlicht wird dagegen die Zellteilung um 40% herabgesetzt, und es treten Mitoseabnormitäten, wie Pycnosen, Pseudoamitosen und Brückenbildungen in der Anaphase auf (PATTERSON 1941, 1942). Das durch Reduktion aus Neutralrot entstehende Fluorochrom ,,Fluorescent X'' (s. S. 136) löst in Gewebekulturen vom Hühnchen anomale Mitosen aus (LEWIS 1935).

Nach D'AMATO (1951b) verursacht Brillantcresylblau im Meristem der Zwiebelwurzel einen hohen Prozentsatz von Anaphasen mit Verklebungsbrücken, und es sind Anzeichen für eine Chromosomen- und Chromatidenfragmentation vorhanden. Prune pure setzt in Zwiebelwurzeln die Mitosehäufigkeit herab. Es kommt zu Chromatinverklebungen (BETZ 1953). Mit Malachitgrün finden KEYL und WERTH (1959) an Zwiebelwurzeln je nach Farbstoffkonzentration entweder vorübergehende Hemmung der Mitose oder Auflösung der Chromosomen, und an den Speicheldrüsenchromosomen von *Chironomus* sind nur in Larven, die im Alter von 24 Std. für 7 Std. in eine Farbstofflösung von $2 \cdot 10^{-6}$ g/ml gebracht werden, Strukturänderungen zu erkennen. Berberin soll nach LETTRÉ (1946) als Mitosegift unwirksam sein.

Nach BATTAGLIA (1950) ergibt sich für die Mitosestörung in den Wurzelspitzen von *Allium cepa* — geordnet nach zunehmender Wirkung — etwa folgende Farbstoffreihe: Chinolinblau, Orseillin BB < Anilinblau < Uranin < Haematoxylin, Safranin < Erythrosin < basisches Fuchsin < Gentianaviolett.

Von besonderer Bedeutung und am besten untersucht sind in ihrer Wirkung auf die Mitose die Acridinderivate. Trypaflavin, Euflavin und schwächer auch 3-Aminoacridin sind nach LETTRÉ (1946) Mitosegifte. Da Nucleinsäure, gleichzeitig geboten, die Trypaflavinwirkung durch Reaktion im Außenmedium aufhebt (LETTRÉ und LETTRÉ 1946, BAUCH 1949a, HOHL 1949), dürfte die NS das Substrat sein, an dem das Trypaflavin auch innerhalb der Zelle angreift (LETTRÉ und Lettré 1946). Dies kann Bauch (1947, 1948, 1949a) in Untersuchungen an Zwiebelwurzeln bestätigen. Trypaflavin ist zum Unterschied vom „Spindelgift" Colchicin ein „Chromosomengift", das weder Spindelapparat noch Zellteilung berührt, sondern die Chromosomen selbst angreift, die es auch fluorochromiert. In der Metaphase verkleben die Tochterchromatiden, so daß im weiteren Mitoseablauf Chromosomenbrücken entstehen. Bei der Wandbildung werden diese Verbindungen zwischen den Schwesterkernen getrennt. Bereits nach einstündiger Einwirkung einer Trypaflavinlösung 1 : 500 000 auf Zwiebelwurzeln wird der spezifische Effekt ausgelöst. Nach Stich (1951a) speichern Ganglien-, Leber- und Milzzellen der Maus nach Extraktion der RNS und DNS kein Trypaflavin mehr.

Zum Unterschied von Lettré (1946 an Mäuse-Ascites-Tumor) findet Bauch (1948 an Zwiebelwurzeln) auch Rivanol wirksam. Es ist aber nicht nur mit einer unterschiedlichen Empfindlichkeit von Objekt zu Objekt zu rechnen, sondern nach d'Amato (1950a) zeigen z. B. Zwiebelwurzeln auch jahreszeitliche Unterschiede.

Acridin, 9-Aminoacridin, Proflavin, Trypaflavin, Acridinorange, Phosphin, Rivanol, Atebrin, Acridon wirken als Mitosegifte, nicht dagegen 9-Chloracridin, 2-Methoxy-6,9-dichloracridin und 4 verschiedene Di- und Trimethyl-Benzacridine. Die Unschädlichkeit der letzten Verbindungen wird auf deren geringe Wasserlöslichkeit zurückgeführt (d'Amato 1950a, b, 1951a).

Sowohl von Bauch (1947) als auch von d'Amato (1950a) wird die Ähnlichkeit der nach Behandlung mit Acridinen auftretenden Mitosestörungen mit den Schadensbildern nach Strahleneinwirkung hervorgehoben.

Nach Injektion von Acriflavin in Grashüpfer wird bei der Spermatogenese die Wanderung der Chromosomen zu den Polen gehemmt, während die Chondriosomen unbeeinflußt bleiben (Makino und Nakanishi 1956). Proflavin führt in verschiedenen menschlichen Zellen zu Chromosomenbrücken, die wahrscheinlich auf eine Komplexbildung mit DNS zurückzuführen sind (Ostertag und Kersten 1965).

Recht widersprechend sind die Angaben über Acridinorange (AO). Nach Strugger (1940c) beenden die in seinen Versuchen mit Staubfadenhaaren von *Tradescantia virginiana* mit AO fluorochromierten Zellen, deren Chromosomen gelblichgrün fluorescieren, die Kernteilung, und in einigen Fällen können auch Teilungen gefärbter Interphasekerne beobachtet werden. Auf Kulturen von Fibroblasten hat AO, selbst bei dauernder Gegenwart, im Dunkeln keinen Einfluß auf Zellteilung, Protein- und DNS-Synthese (Hill, Bensch und King 1959). Bauch (1949a), d'Amato (1950a), Nuti-Ronchi und d'Amato (1961) sowie Betz (1953) halten dagegen AO für ein typisches Chromosomengift.

Abgesehen von der unterschiedlichen Empfindlichkeit der jeweils benutzten Objekte, spielt bei AO auch der photodynamische Effekt, also das Licht, eine Rolle (Hill, Bensch und King 1959). Aus Versuchen von Kihlman (1959) mit *Vicia faba*-Wurzeln geht dies klar hervor, da die Bestrahlung nur einen Einfluß hat, wenn die Eintauchflüssigkeit mit einem Gasgemisch durchperlt wird, das mehr als 20% O_2 enthält.

Die Angaben von Dubinin, Sidorov und Sokolov (1959), daß 1—2 Std. mit Tageslichtlampen oder Sonnenlicht bestrahlte Rivanol- oder Toluidinblaulösungen im Dunkeln einen Effekt auslösen, der 15 bis 30 Min. nach der Bestrahlung nicht mehr auftritt, bedarf einer Nachprüfung; denn bisher hat sich eine „photodynamische" Nachwirkung nicht bestätigen lassen (vgl. S. 291).

Bei der Erhöhung des prozentualen Anteiles von Metaphasen mit Chromatidenaberrationen im Meristem von *Vicia faba*-Wurzeln durch Stickstofflost und Stickstoffoxydlost bei Gegenwart von AO oder Trypaflavin soll nach MICHAELIS und RIEGER (1963) keine photodynamische Wirkung vorliegen. Acridingelb und Methylenblau sind unwirksam.

Auf eine Hemmung der Zellteilung, und zwar in vielen Fällen wahrscheinlich auf eine Unterbindung der Vermehrung der Kernäquivalente, ist auch die bakteriostatische und bakteriocide Wirkung einer ganzen Reihe von Farbstoffen zurückzuführen. Die umfangreiche bakteriologische Literatur kann hier nicht im einzelnen besprochen werden. Es soll nur an Hand einer mehr zufälligen Auswahl die vorliegende Situation auf diesem Gebiet geschildert werden.

EISENBERG (1913, dort auch die ältere Literatur) beobachtet, daß sich bei einer Vitalfärbung grampositive Bakterien schneller und kräftiger färben als gramnegative. Dieser Unterschied soll auf der größeren Permeabilität bzw. dem größeren Speicherungsvermögen der grampositiven Arten beruhen. Alle untersuchten 49 kationischen Farbstoffe hemmen in verschiedenem Grade die Entwicklung; von 41 Sulfosäurefarbstoffen sind dagegen nur 9 schwach wirksam, während 25 anionische Farbstoffe ohne Sulfogruppe eine hohe Giftigkeit besitzen. Die Sulfogruppe setzt die Permeationsfähigkeit und damit die Toxizität herab. Ferner ist die Entwicklungshemmung bei den grampositiven Bakterien 3000- bis 10 000mal höher als bei den gramnegativen.

Damit hat EISENBERG schon zwei allgemein gültige Erscheinungen im Verhalten der Bakterien gegenüber Farbstoffen erkannt, die in den folgenden Arbeiten immer wieder beschrieben werden. Es sind dies die unterschiedliche Empfindlichkeit der grampositiven und der gramnegativen Bakterien und die verschiedene Wirksamkeit der kationischen und der sulfosauren Farbstoffe.

So werden nach KRUMWIEDE und PRATT (1914a, b) durch die Gegenwart von Gentianaviolett im Nähragar wohl die grampositiven, aber nicht die gramnegativen Bakterien gehemmt. Zu demselben Ergebnis, auch mit anderen kationischen Farbstoffen, kommen KLIGLER (1918), CHURCHMAN (1923a, 1925a, b), STEARN und STEARN (1924, 1930), OESTERLIN (1925), SARTORIUS (1928c), REED und GENUNG (1934), SMITH und MUDGE (1934), ELIN (1946), GRAY und LACHANCE (1957) und für TTC WEINBERG (1953). Metachromgelb soll nach GASSNER (1918) gerade auf gramnegative Bakterien wirken.

Auf Grund dieses verschiedenen Verhaltens kann man mit Hilfe von Farbstoffen in Mischkulturen grampositive und gramnegative Arten voneinander trennen (CHURCHMAN 1925b). Durch die unterschiedliche Empfindlichkeit der Arten innerhalb einer Gruppe (SARTORIUS 1928a, unterscheidet Wirkungstypen) lassen sich Farbstoffe auch zur Artdiagnose verwenden (ZOLTÁN 1925). CALLAO und MONTOYA (1960) prüfen das Wachstum gramnegativer Azotobacteriaceen auf farbstoffhaltigem Nährboden; besonders gut eignen sich Diamantfuchsin, Malachitgrün, Brillantgrün, Pyronin und Safranin. Aus den Ergebnissen schließen die Autoren, daß es sich bei *Azotobacter vinelandii, A. agile, A. chroococcum* und *A. beijerinckii* um gute Arten handelt.

Die unterschiedliche Wirksamkeit kationischer und anionischer, besonders sulfosaurer Farbstoffe, können Isabolinsky und Smoljan (1914), Churchman (1923a, 1931b), Takahashi (1928), Smith und Mudge (1934), Callao und Montoya (1960) u. a. bestätigen.

Denselben Unterschied zwischen den beiden Farbstoffgruppen finden Banerjee und Roy (1959) bei der Inaktivierung von Bakteriophagen; z. T. scheinen Bakteriophagen aber auch gegenüber kationischen Farbstoffen recht unempfindlich zu sein (Schultz und Krueger 1928), doch variieren die Angaben sehr stark. Während nach Schultz und Krueger (1928) Kristallviolett harmlos sein soll, werden nach Graham und Nelson (1953) zwei Phagenstämme durch denselben Farbstoff in ihrer Entwicklung gehemmt, und zwar bereits bei einer Konzentration, die für die Wirtszellen noch nicht giftig ist. Nach Foster (1948) sowie Demars, Luria, Fisher und Levinthal (1953) und Demars (1955) unterbindet Proflavin die Ausbildung aktiver Phagen und hemmt unter bestimmten Bedingungen die Synthese von Viren (Franklin 1958, Ledinko 1958, Bubel und Wolff 1965). Verschiedene Viren werden durch dasselbe Acridin nur bei Gegenwart von Licht inaktiviert (Scholtissek und Rott 1964); es sollen sowohl die RNS- als auch die Proteinsynthese gehemmt werden. Proflavin und Acridinorange wirken auch auf λ-Phagen, während Acridin ohne Einfluß ist (Rabin und Andreeva 1964).

Die in der Literatur zu findenden Widersprüche lassen sich z. T. wieder auf andere mitwirkende Faktoren zurückführen, die nicht genügend beachtet worden sind. So spielen naturgemäß Farbstoffkonzentration und Einwirkungszeit eine Rolle (Reichert 1922, Churchman 1923b, Oesterlin 1925, Smith und Mudge 1934, Hoffmann und Rahn 1944, Preuner, von Prittwitz und Gaffron 1952). Farbstoffe, die bei niedriger Konzentration bakteriostatisch wirken, können bei höherer Konzentration bakteriocid sein, und in diesem Fall verwischt sich dann häufig der Unterschied in der Empfindlichkeit zwischen grampositiven und gramnegativen Arten (Oesterlin 1925).

Die Einwirkungszeit wirkt sich nicht in jedem Fall negativ aus. Es kann auch eine Adaptation erfolgen, wie sie wohl zuerst von Isabolinsky und Smoljan (1914) beobachtet worden ist. Für Trypaflavin läßt sich die Verträglichkeitsgrenze von 1 : 200 000 auf 1 : 200 erhöhen. Der Ausgangsstamm und die adaptierte Form unterscheiden sich dabei nicht in ihrem Speicherungsvermögen für den Farbstoff (Hegedus 1936). Bei Berberin kann die Gewöhnung bis zur Alkaloidresistenz gehen (Lan und Mitarb. 1957). Während Flegel (1953) für verschiedene Bakterien keine Adaptation an Acridinorange beobachten kann, tritt diese nach Wallnöfer und Bukatsch (1960) bei *Escherichia coli* und *Bacillus subtilis* für verschiedene Acridine, darunter auch Acridinorange, auf (vgl. auch Schwartz 1959, für Hefezellen).

Ferner besteht bei der Benutzung fester Nährböden ein Unterschied in der Wirkung, je nachdem ob der Farbstoff dem Nährsubstrat zugesetzt oder in Lösung direkt geboten wird (Churchman 1923a). Im allgemeinen beeinträchtigen organische Substanzen die bakteriostatische Wirkung (Burke und Skinner 1924). Durch Adsorption oder durch chemische Reaktion wird die wirksame Farbstoffkonzentration herabgesetzt. Wie bei der Mitose (s. S. 312) trifft das vor allem für die Acridinfarbstoffe und Nucleinsäuren zu. DNS und RNS vermindern die Wirksamkeit der Acridine beträchtlich (McILWAIN 1941, WAGNER-JAUREGG 1943). Da auch im Innern der Bakterienzellen eine Reaktion mit den Nucleinsäuren anzunehmen (WAGNER-JAUREGG 1943) und somit deren Blockierung zu erwarten ist, erscheint es wenig glaubhaft, daß Acridinorange in *Staphylococcus aureus* einen Anstieg der RNS und DNS bewirken soll (SONEA, DE REPENTIGNY und FRAPPIER 1962).

Gerade für Acridinorange (AO) sind aber die Angaben in der Literatur in verschiedener Hinsicht voneinander recht abweichend. Nach STRUGGER (1942a, STRUGGER und HILBRICH 1942) beeinflußt AO nicht die Bakterienentwicklung. STEIN (1953) stellt dagegen für *Escherichia coli* eine Inaktivierung fest. FLOETHMANN (1954) beobachtet nach Zugabe des Farbstoffes zum Nährboden bei *Azotobacter chroococcum* erst in höheren Konzentrationen ($> 1 : 1500$) eine Hemmung, und nach FLEGEL (1953) beginnt unter den gleichen Bedingungen die Hemmung für Staphylokokken bei $1 : 1500$, Streptokokken bei $1 : 50\,000$, und bei Gonokokken ist selbst bei $1 : 400\,000$ das Wachstum noch sehr mäßig. In einer Submerskultur von *Micrococcus lysodeikticus* vermindern 10^{-7} mol AO das Wachstum um 40% (BEERS, HENDLEY und STEINER 1958). Vor allem muß beim AO auch in diesem Fall die photodynamische Wirkung berücksichtigt werden (WALLNÖFER und BUKATSCH 1960, 1962).

Nach VIENS, SONEA und DE REPENTIGNY (1965) hebt AO in nicht bakteriostatischen Konzentrationen bei einem penicillinempfindlichen *Staphylococcus*-Stamm die bakteriostatische Wirkung von Penicillin auf.

Wie bei der Mitose machen sich Salzzusätze (OESTERLIN 1925, SARTORIUS 1928c, BEERS, HENDLEY und STEINER 1958, MILLER und BANWART 1965) sowie der pH-Wert des Außenmediums (KLIGLER 1918, CHURCHMAN 1923b, STEARN und STEARN 1924, 1930, SARTORIUS 1928b, c, REED und GENUNG 1934, HOFFMANN und RAHN 1944) bemerkbar. Dabei ändert die cH weniger die Bakterienzelle, wie es KLIGLER (1918) annimmt, sondern die Aufnehmbarkeit des Farbstoffes wird beeinflußt (GUTSTEIN 1932b, vgl. auch S. 355 u. f.). Nach REED und GENUNG (1934) ist die cH der Faktor, der die bakteriostatische Wirkung von Farbstoffen am stärksten beeinflußt.

Es wird auch versucht, durch Zusatz von pH-Indikatoren den pH-Wert des Zellinnern zu bestimmen. Nach GUTSTEIN (1933b) sollen — von einigen Ausnahmen abgesehen — die grampositiven Bakterien sauer und die gramnegativen schwach alkalisch reagieren, doch muß man diesen Schlußfolgerungen mißtrauen (vgl. S. 515), genauso wie der Annahme von STEARN und STEARN (1924), daß die selektive bakteriostatische Wirkung der Farbstoffe auf die unterschiedliche Lage des IEP bei grampositiven und gramnegativen Bakterien zurückzuführen sei. Diese Unterschiede im IEP werden sich bei den toten Bakterien nachweisen lassen, es ist aber sehr zweifelhaft, ob der IEP für die Empfindlichkeit der lebenden Zelle von Bedeutung ist. Bei der geringen Größe der Bakterien ist es auch unklar, um welchen Bestandteil der Zelle es sich bei der IEP-Bestimmung handelt.

ZYGMUNT (1962) untersucht den Einfluß verschiedener pH- und rH-Indikatoren auf das Wachstum und die Oxytetracyclin-Bildung von *Streptomyces rimosus*. Wie aus Tabelle 65 hervorgeht, verlaufen beide Effekte nicht parallel.

Bei der bakteriostatischen Wirkung ist zu beachten, daß dem Redoxpotential des benutzten Farbstoffes eine Bedeutung zukommen kann. Bereits KRUM-

Wiede und Pratt (1914a) stellen fest, daß eine Reduktion der Farbstoffe durch Na-Sulfit deren bakteriostatische Wirkung herabsetzt. Dasselbe beschreiben Brown (1920) und Dubos (1929). Diese Befunde stehen in vollem Einklang mit der allgemeinen Erscheinung, daß die reduzierte Stufe der meisten Farbstoffe bedeutend weniger giftig ist als die oxydierte. Liegen Redoxpotential von Farbstoff und benutzter Bakterienart so, daß durch das Bakterium eine Farbstoffreduktion eintritt, wird damit auch die bakteriostatische Wirksamkeit des Farbstoffes herabgesetzt. Genauso werden alle anderen Faktoren wirken, die die Farbstoffreduktion begünstigen.

Tab. 65. *Der Einfluß verschiedener pH- und rH-Indikatoren auf Antibiotica-Bildung und Wachstum von Streptomyces rimosus.* (Nach Zygmunt 1962.)

Farbstoff 20 µg/ml	Prozent der Hemmung von	
	Oxytetracyclin-Bildung	Wachstum
Bromthymolblau	95	15
Phenolphthalein	95	26
Methylenblau	89	33
Bromcresolgrün	80	0
TTC	31	12
Bromphenolblau	21	3
Phenolsulphonphthalein	17	0
Lackmus	15	0
Bromcresolpurpur	5	8

Es sei noch erwähnt, daß das stark mitoseschädigende Viktoriablau auf Mohrrüben-Agar + Menschenblut die Bakterioidenbildung sowie die Stickstoffbindung bei *Rhizobium leguminosarum* verhindern soll (Heumann 1952), und daß nach Gutstein (1932b) manche pathogenen Bakterien auf farbstoffhaltigen Nährböden besser gedeihen als auf farbstofffreien. Ein Zusatz von Farbstoffen (Methylenblau, basisches Fuchsin, Pikrinsäure) zum Kultursubstrat kann die antibiotische Wirksamkeit von Penicillin und Auromycin je nach Bakterienstamm unbeeinflußt lassen, hemmen und auch fördern (Lagrange 1956). Bei Kultur von *Aerobacter aerogenes* in einem Medium mit 5,6 mg/l Kristallviolett erlangen die sich neu bildenden Zellen häufig nur die halbe Größe der Mutterzellen (Lowick und James 1955), und Trypaflavin führt bei *Escherichia coli* zur Ausbildung filamentöser Zellen (Contelmo und Cavallo 1955).

Störungen der Mitose werden sich im allgemeinen auf die Zellteilung und damit auf die Weiterentwicklung einer Zelle bzw. eines Zellverbandes auswirken. Die Farbstoffe können aber auch über die Störung anderer Prozesse die Zellteilung beeinflussen, nur wird häufig nicht zu entscheiden sein, wo der Angriffspunkt liegt. Die folgenden Ausführungen sollen sich mit Zellteilungsprozessen ganz allgemein befassen. In vielen Fällen wird keine scharfe Trennung zwischen eigentlichem Teilungswachstum und anschließendem Streckungswachstum möglich sein, so daß einige der gebrachten Beispiele auch das Streckungswachstum, zumindest in seinen Anfangsstadien, mit umfassen. Über das Streckungswachstum im engeren Sinn soll noch gesondert berichtet werden.

Für reines Teilungswachstum gibt die tierische Eientwicklung gute Beispiele.

Nach LOEB (1907) wird die Entwicklung von *Asterias*-Eiern besonders durch Methylenblau beeinträchtigt. Eosin und in geringerem Maße auch Neutralrot hemmen vor allem im Licht. Dieser photodynamische Effekt des Eosins wird durch Methylenblau noch verstärkt (LOEB 1907). Auch Janusgrün B verzögert nach ALLEN (1950) die Teilung der Eier verschiedener Echinodermen. Die Wirkung ist um so größer, je früher nach der Befruchtung die Eier behandelt werden. Bei *Urechis unicinctus* bedingen Janusgrün B und einige andere Farbstoffe die Ausbildung einer Membran, wie sie normalerweise nach der Befruchtung entsteht (ISAKA und AIKAWA 1962). Rose bengale löst nach ALSUP (1941) bei *Nereis limbata* im Licht eine parthenogenetische Entwicklung der Eier aus, und nach LUCKÉ (1925) können mit Neutralrot oder Brillantcresylblau behandelte Eier von *Arbacia* noch befruchtet werden und sich bis zum Gastrulastadium entwickeln. Mit Rhodamin B gefärbte befruchtete Eier von *Styela partita* verhalten sich ganz normal. Die Färbung verschwindet allmählich am animalen Pol, und im 32. bis 64. Zellstadium sind alle Blastomeren, die das Ektoderm liefern, ungefärbt, diejenigen, die sich zur Chorda entwickeln, schwach und die, die das Entoderm bilden, intensiv gefärbt (MONNÉ 1938c). In einer Anzahl von Arbeiten befaßt sich LALLIER mit dem Einfluß von Farbstoffen auf die embryonale Determination bei *Paracentrotus lividus*. Eine Reihe von kationischen Farbstoffen hemmt die Entwicklung, und die Embryonen werden animalisiert. Es sollen nur die kationischen Farbstoffe eine Veränderung der Determination im Seeigel bedingen, deren Redoxpotential dem der Zellen ähnelt (LALLIER 1955a). Auch die anionischen, vor allem die sulfosauren Farbstoffe beeinflussen die Animalisierung. In diesem Fall wird der animalisierende Effekt auf eine Reaktion der sulfosauren Gruppen mit basischen Gruppen der zellulären Eiweißstoffe zurückgeführt (LALLIER 1954, 1955b, 1956, 1957, 1958). Eier von *Bufo* und Axolotl, die in Thioninlösung 1 : 25 000—1 : 500 000 kultiviert werden, reagieren nach CHIUINI (1941) nicht auf die Farbstoffbehandlung.

Paramaecien bleiben in Acridinorangelösung in Konzentrationen < 1 : 10 000 nach BORCHERT und HELMCKE (1951) teilungsfähig, vorausgesetzt, daß sie vor Licht geschützt werden. Unwahrscheinlich sind die Angaben von RUSSEL (1914), daß Gewebekulturen vom Frosch in Gentianaviolett 1 : 20 000 selbst bei einer Färbung mitotischer Teilungsstadien weiter wachsen sollen, es sei denn, der Farbstoff wird durch die Zellen zur Leukoform reduziert. *Bacillus subtilis* stellt nach den Angaben desselben Autors sein Wachstum bereits in einer Gentianaviolettkonzentration von 1 : 100 000 ein.

Von pflanzlichen Objekten sind in erster Linie Hefen untersucht worden. Nach BOKORNY (1906) behält Hefe in Methylenblau 1 : 10 000 ihr Sprossungsvermögen bei, und in den Kulturen sind gefärbte und ungefärbte Zellen nebeneinander zu sehen. Die meisten Autoren berichten aber über eine Hemmung des Hefewachstums durch kationische Farbstoffe; so WILD und HINSHELWOOD (1956a) für Kristallviolett, DELEY, PEETERS und MASSART (1947) für Trypaflavin, MEISSEL, POMOTSCHNIKOVA und SCHAWLOWSKI (1950) für Berberin, GEISSLER (1960) für 3,4-Benzpyren, LASKOWSKI (1954), SCHATZ, SCHATZ und

Trelawny (1956), Brock (1958), Zsolt (1960) für TTC. Viktoriablau und Nacht-blau inaktivieren nach Nagai (1962b) atmungsdefekte Hefen stärker als normale. Für Acridinorange geben Bogen (1953) sowie Bogen und Kraepelin (1961) eine hemmende Wirkung an; es soll ein Proteinabbau und eine Aminosäure-anhäufung stattfinden (Bogen und Keser 1954) sowie eine Enzymsynthese verhindert werden (Bogen und Elste 1955). Die Aminosäuren werden aus ihren Bindungen entfernt und verlassen auf osmotischem Wege die Zelle (Klein-kauf 1960).

Nach Untersuchungen von Zelenin und Liapunova (1964) an Kulturen von Amnion-Zellen unterbindet Acridinorange (AO) bereits in einer Konzentration von 1,5 bis 2,0 µg/ml die Proteinsynthese. Der Einbau von Isotopen wird schon 10—15 Min. nach AO-Zugabe merklich gehemmt. Die RNS-Synthese ist dagegen selbst 48 Std. nach AO-Behandlung nur auf 75% reduziert.

Nach Schwartz (1959) kann allerdings bei Hefe nach einer anfänglichen Hemmung durch AO auch eine anschließende Förderung beobachtet werden. Nach einer Latenzzeit tritt eine Vermehrungsphase mit erheblich höherer Zellen-zahl, verglichen mit der Kontrolle, auf.

Auch folgende Erscheinungen sind wohl vorwiegend auf eine Beeinflussung der Zellteilung, z. T. aber auch auf andere Vorgänge in der Zelle zurückzuführen. Malachitgrün hat auf die Infektionskraft eines extrahierten Tabakmosaikvirus keine Wirkung, hemmt aber die Virusentwicklung, wenn es dem Tabakblatt geboten wird (Takahashi 1948). Eine entsprechende Hemmung ist beim Kartoffel-X-Virus zu beobachten, wenn gut wachsende Sproßspitzen der Kartoffel mit Malachit-grün behandelt werden (Norris 1953). Es ist hier wohl mit einer Blockierung der für die Virusentwicklung notwendigen Fermente der Wirtspflanze zu rechnen (Takahashi 1948). In Gewebekulturen von Virustumorgewebe aus der Wurzel von *Rumex acetosa* beeinträchtigen Methylenblau, Kristallviolett, Malachitgrün und Neutralrot in unterschiedlichem Grade das Gewebewachstum. Trypanblau, Pyronin Y, Azur A und Methylgrün wirken dagegen stimulierend. Bei der letzten Gruppe handelt es sich um Farbstoffe, die für NS oder Nucleoproteide spezifisch sind, so daß vermutet wird, daß diese Farbstoffe den Virus und nicht das Wirts-gewebe beeinflussen (Nickel 1950/51). Proflavin hemmt die Infektion von *Phaseolus vulgaris* durch Tabaknekrosevirus, wenn es vor oder nach dem Virus auf die Blätter aufgepinselt wird. Es wird angenommen, daß Proflavin sowohl mit dem intakten Virus als auch mit der infektiösen Nucleinsäure eine Verbin-dung eingeht (Chant und Tovey 1965). Eine hypodermale Injektion von Anilin-blau, Chlorphenolrot und Malachitgrün in Tomatenstengel 2 Tage vor der Impfung mit *Agrobacterium tumefaciens* unterhalb der zukünftigen Infektions-stelle hemmt die Entwicklung von Krongallen. Es besteht keine Beziehung zwischen der Giftigkeit der Farbstoffe auf die Bakterien und ihrer Hemmwirkung auf die Gallenbildung (Dimond, Stoddard und Rich 1951).

Mit Neutralrot gefärbte Cyanophyceen entwickeln sich trotz pathologischer Vakuolisation weiter. Methylenblau wirkt dagegen letal (Becker und Beckerowa 1937). Methylenblau, Neutralrot, Eosin und Erythrosin führen bei Cyano-phyceen, je nach der Art, zu einer Änderung der Zahl von Heterocysten und Dauerzellen, z. T. beeinflussen sie auch Gestalt und Größe der vegetativen Zellen (Demeter und Renner 1960).

Nach dem Zufügen von Neutralrot (1 : 1000) zum Nährboden von *Didymium nigripes* keimen die Sporen normal aus, und es bildet sich ein Plasmodium, das den Farbstoff in Vakuolen speichert und auch zur Fruktifikation kommt. Die entstehenden Sporen besitzen ein oder zwei rosa gefärbte Vakuolen. Wird der Farbstoff dem Nährboden vor der Sterilisation zugegeben, so wirkt er eigenartigerweise selbst in schwächeren Konzentrationen giftig. Die Sporen keimen zwar normal aus, aber es entstehen nur wenige Plasmodien, von denen eine noch geringere Zahl zur Fruktifikation kommt, die meist anomal verläuft. Entwickeln sich aber in diesem Fall Sporen, so sind die daraus hervorgehenden Plasmodien an die sterilisierten Neutralrot-haltigen Nährböden adaptiert (SKUPIENSKI 1931). Nach STRUGGER (1941 b) entwickeln sich mit Acridinorange gefärbte Myxamöben von *Didymium nigripes* weiter bis zur normalen Fruktifikation mit keimfähigen Sporen. Während Maiswurzeln recht unempfindlich sind, bewirken Neutralrot 1 : 75 000 + 1 Std. Sonnenlicht bei Gerstenwurzeln völlige Einstellung der Zellteilungen für 7 Std. (PATTERSON 1941).

Mit Rhodamin B gefärbte Zoosporen von *Saprolegnia* keimen aus und bilden ein normales Mycel (JOHANNES 1941). Die Entwicklung von *Fusarium culmorum* wird durch Kristallviolett gehemmt oder ganz unterbunden (TOLBA und SALEH 1964). Mit TTC und den Nadi-Reagenzien behandelte Konidien von *Fusarium decemcellulare* sind nicht mehr entwicklungsfähig (TRÖGER 1956).

Nitzschia putrida, deren Vakuolen mit Neutralrot gefärbt worden sind, behält nach RICHTER (1909) ihre Teilungsfähigkeit bei, die Tochterindividuen sind aber meist farblos.

Die neue Zellwand, die in Algen-, *Funaria*- und *Helodea*-Zellen nach einer Plasmolyse in 1% Rohrzucker um den kontrahierten Protoplasten entsteht, tritt nach Zugabe von 0,01% Congorot viel schärfer und deutlicher hervor, gleichzeitig verhindert der Farbstoff ein Längenwachstum der Wand, während das Dickenwachstum ungestört oder sogar lebhafter weitergeht (KLEBS 1886 b). Auch die Callosebildung in den Zellen wird durch Eosin (SCHUMACHER 1930, CRAFTS 1932, BOTH 1937, ESCHRICH 1953, CURRIER 1957, LERCH 1960), Erythrosin, Phloxin (SCHUMACHER 1933), Anilinblau (CURRIER 1957) und Berberinsulfat (SCHUSTER 1960) gefördert, während Fluorescein (SCHUMACHER 1933) bzw. K-Fluorescein (ESCHRICH 1953) ohne Einfluß auf diesen Prozeß sind.

β) Auslösung von Mutationen

Besonders bei einer Veränderung der Chromosomen kann es unter der Farbstoffwirkung zum Auftreten von Mutanten kommen. Als erster beobachtet DÖRING (1938) eine Erhöhung der Mutationsrate von *Neurospora crassa* durch Eosin bei der Gegenwart von Licht um etwa das Fünffache des Normalen. Da weder das sichtbare Licht für sich noch Eosin im Dunkeln mutationsauslösend wirken, liegt ein photodynamischer Effekt vor. Mit dem nahe verwandten Erythrosin gelingt es KAPLAN (1948, 1950a, b, c), in der Gegenwart von Licht bei *Bacterium prodigiosum, Escherichia coli* und *Penicillium notatum* Mutanten zu erzielen. Bei höherer Konzentration, z. B. 0,5 g/l, löst Erythrosin auch im Dunkeln Mutationen aus. Jodeosin ist nach BARTHELMESS (1953) auch bei Laubmoosen mutagen, ebenso Trypaflavin, während Fluorescein, Malachitgrün und Prontosil unwirksam sind.

Seit der Erzeugung atmungsdefekter Mutanten, den sogenannten „petites colonies", bei der Hefe mit Hilfe von Acriflavin und Euflavin (= Trypaflavin und neutrales Trypaflavin) durch Ephrussi, Hottinguer und Chimenes (1949a, b) sind die Acridine als mutagene Substanzen in den Vordergrund gerückt. Bei den „petites colonies" soll es sich nicht um eine Kern-, sondern um eine Plasmamutation handeln (Ephrussi, L'Héritier und Hottinguer 1949, Ephrussi und Hottinguer 1950). Die Atmung dieser Mutanten ist bis auf einen Rest von 8%, der nicht durch KCN beeinflußt wird, herabgesetzt. Die Gärung verläuft unter anaeroben Verhältnissen wie bei den normalen Zellen (Slonimski 1949). Cytochrom a und b sind ausgefallen, a_1 ist vorhanden, und der Gehalt an c ist gegenüber normalen Zellen stark gestiegen. Eine Cytochromoxydaseaktivität fehlt (Slonimski und Ephrussi 1949). Elektronenmikroskopisch lassen die Chondriosomen der mit Acriflavin erzeugten atmungsdefekten Hefemutanten ein degeneriertes Membransystem erkennen (Avers, Pfeffer und Rancourt 1965). Die Kolonien zeichnen sich durch einen schwachen Wuchs aus. Auch bei dem Bakterium *Serratia marcescens* bewirkt Acriflavin die Ausbildung kleiner Kolonien (Tumulka und Kaplan 1965). Nagao und Sugimura (1965) können bei *Saccharomyces* die Hemmung der Synthese von Cytochrom a und b durch Acriflavin bestätigen. Da der Einbau von [^{14}C] Uracil in RNS durch Acriflavin beträchtlich gehemmt wird, schließen die Autoren, daß die Reduplikation des Cytoplasmafaktors, der für die Synthese von Cytochrom a und b erforderlich ist, durch Acriflavin unterbunden wird. Bei den durch Euflavin ausgelösten „petites colonies" kann es sich auch um Modifikationen handeln. Ob eine Mutante oder eine Modifikation auftritt, hängt von dem benutzten Hefestamm ab (De Deken 1966).

Das Auftreten atmungsdefekter Mutanten bei der Hefe nach Behandlung mit Vertretern der Trypaflavingruppe kann von Gause (1958), Nagai und Nagai (1958), Nagai (1959), De Deken (1961), Millbank und Hough (1961), Millbank (1962), Bulder (1964a, b), Avers und Dryfuss (1965), Avers, Pfeffer und Rancourt (1965) bestätigt werden. Dabei ist der Atmungsdefekt aber nicht immer mit der Eigenschaft „petite colonie" gekoppelt (De Deken 1961, Bulder 1964a). Die reversible Hemmung der Cytochrom a- und b-Synthese durch Euflavin kann auf einer Inaktivierung der Chondriosomen-DNS beruhen (De Deken 1966). Bei der Einwirkung sichtbaren Lichtes auf Oxydationsprodukte von Acridinen entstehen Radikale, die für den photodynamischen Mutationseffekt verantwortlich sein können. Eine Oxydation mit konz. Schwefelsäure ergibt aber nur für Acridingelb und Acridinorange R freie Radikale, aber nicht für 5-Aminoacridinhydrochlorid, Proflavin und Acridin, so daß kein Zusammenhang mit der mutagenen Aktivität zu bestehen scheint (Machmer 1966). Auch das als relativ unschädlich geltende Acridinorange führt bei *Escherichia coli* (Webb und Kubitschek 1963, Kubitschek 1964) und bei der Hefe zu Mutationen (Schwartz 1959, Bogen und Kraepelin 1961, 1964, Kraepelin 1961, 1962, 1965a, b, c). Nach Webb und Kubitschek (1963) ist Acridinorange bei *Escherichia coli* nur im Licht mutagen, im Dunkeln setzt es im Gegenteil die spontane Mutationsrate herab, wirkt also als Antimutagen, ebenso schwächt es bei Lichtabschluß den mutagenen Effekt von Coffein ab. Bei der Eliminierung eines plasmonischen „Fertilitätsfaktors" von *Escherichia coli* ist Acridinorange wegen seiner geringeren Letalität wirksamer als Proflavin, Acridingelb und Acriflavin. Methylenblau und Thionin schwächen die Acridine ab (HIROTA 1960). Auf *Neurospora crassa* wirkt ein Aminopropylaminoacridin mutagen (BROCKMAN und GOBEN 1965), und bei penicillinresistenten Stämmen von *Staphylococcus aureus* entstehen unter dem Einfluß von Acriflavin penicillinempfindliche Kolonien in einer Häufigkeit von 0,1 bis 3,5% (HASHIMOTO, KONO und MITSUHASHI 1964).

Bei *Lepidium sativum* und *Arabidopsis thaliana* werden durch Trypaflavin eine Reihe von Mutationen ausgelöst, die weitgehend denen durch Röntgenstrahlen erhaltenen gleichen (OVERBECK 1952/53). Die mutagene Wirkung von Acridinorange bei *Allium cepa* untersucht NUTI-RONCHI (1961). Eine genetische Analyse von drei Acriflavin-resistenten *Aspergillus nidulans*-Stämmen ist von ROPER und KÄFER (1957) durchgeführt worden. Mit den Wirkungsmöglichkeiten der Acridine unter besonderer Berücksichtigung der Nucleinsäuren setzen sich in theoretischer Hinsicht vor allem MASSART, PEETERS und VAN HOUCKE (1947), BRENNER, BARNETT, CRICK und ORGEL (1961), LERMAN (1963, 1964), ISENBERG und Mitarb. (1964), LIERSCH und

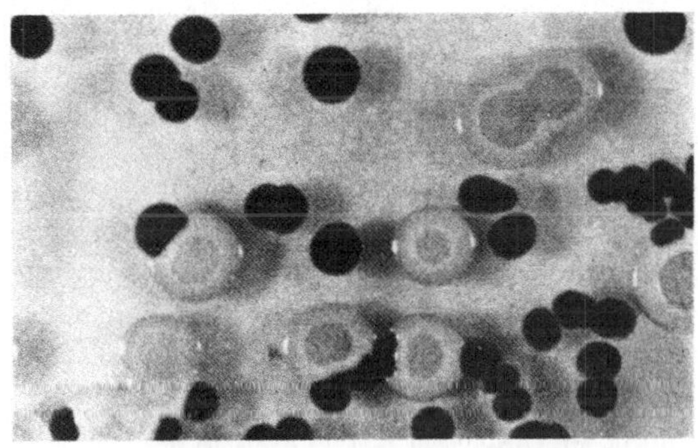

Abb. 106. Unterscheidung der Kolonien von normaler (groß, hell) und atmungsdefekter (klein, dunkel) *Saccharomyces uvarum* durch Zusatz einer Mischung von Rose bengale und Niagara sky blue 6 B (8—10 mg/l) zum Agarboden. (Nach NAGAI 1965 a.)

HARTMANN (1964) sowie DRUMMOND, SIMPSON-GILDEMEISTER und PEACOCKE (1965) auseinander. Mit der Wirkung von Acridinen auf Viren und besonders Bacteriophagen, vor allem auch in mutagener Hinsicht, befassen sich FITZGERALD und LEE (1946), DEMARS (1953), BRENNER, BENZER und BARNETT (1958), ORGEL und BRENNER (1961), SCHAFFER (1962), HESSLER (1963, 1964, 1965), DRAKE (1964), SILVER (1965), RAJADHYAKSHA und RAO (1965).

Zur Identifizierung atmungsdefekter Mutanten bei der Hefe werden häufig Farbreaktionen herangezogen, so die Nadi-Reaktion (EPHRUSSI und HOTTINGUER 1950), TTC- (RAUT 1953, OGUR, JOHN und NAGAI 1957, NAGAI 1959, SHERMAN und SLONIMSKI 1964, AVERS und DRYFUSS 1965, EPHRUSSI und GRANDCHAMP 1965, EPHRUSSI, JAKOB und GRANDCHAMP 1966), Leukomethylenblau- (GAUSE 1958) oder Magdalarot/Trypanblau- bzw. Eosin/Trypanblau-haltige Nährböden bei Gegenwart von Sauerstoff (NAGAI 1963b, d, 1965a). Auch Mischungen einiger anderer roter und blauer Farbstoffe werden verwendet. Diese färben die Kolonien atmungsdefekter Hefen purpurrot bis blauviolett, während die normalen Kolonien farblos bleiben (Abb. 106). Auch auf Bromcresolgrün- oder Bromphenolblau-haltigen Nährböden färben sich nur die Kolonien atmungsdefekter Stämme dunkelgrün bzw. dunkelblau (NAGAI 1965b). Nach HORN und WILKIE (1966) ergeben aber auxotrophe und prototrophe Stämme mit Magdalarot unterschiedliche Ergebnisse. TTC ist zum erstenmal von LEDERBERG (1948) zum Nachweis von Dehydrogenase-Mutanten bei *Escherichia coli* angewandt worden. Bei der

Verwendung von TTC ist aber zu beachten, daß dieses selber atmungsdefekte Mutanten erzeugen kann (LASKOWSKI 1954).

Außer den bereits genannten Farbstoffen sind noch einige weitere auf ihre mutagene Eigenschaft hin geprüft worden. So erzeugt Kristallviolett bei *Saccharomyces cerevisiae* atmungsdefekte Mutanten, aber nur, wenn es in einem flüssigen und nicht in einem festen Medium geboten wird (WILD und HINSHELWOOD 1956a). Dies steht im Einklang mit der allgemeinen Beobachtung, daß die Farbstoffe häufig in festen Nährböden weniger giftig wirken (vgl. S. 324). Durch Kristallviolett läßt sich auch die durch UV-Bestrahlung erhaltene Mutationsrate für UV-resistente Stämme bei *Escherichia coli* erhöhen (HILL und FEINER 1964). Nach Benzpyrenbehandlung treten bei *Chromobacterium violaceum* atmungsgehemmte Mutanten auf, deren Zahl durch zusätzliche UV-Bestrahlung noch erhöht wird (FRITZ und GRAFFI 1958). Pyronin B ist bei *Saccharomyces ellipsoideus* wirksam (YANAGISHIMA 1959).

NAGAI (1959) erhält außer mit Acriflavin noch mit folgenden Farbstoffen „petites colonies" bei Hefe: Kristallviolett, Aethylviolett, Methylviolett, Malachitgrün, Pararosanilin, Rosanilin, Viktoriablau B und 4 R, Pyronin Y und B, Acridinrot. Um eine hohe Mutationsrate zu erzielen, muß die Farbstoffkonzentration so gehalten werden, daß noch ein gutes Wachstum stattfindet, daß sie also weit unter der letal wirkenden Konzentration liegt. Aus den Angaben von NAGAI (1959) ist zu schließen, daß die Farbstoffe um so stärker wirken, je lipophiler sie sind; das würde aber heißen, je leichter sie von den Zellen aufgenommen werden. Ferner erweisen sich Phenosafranin, Pinacryptolgrün, Safranin rein sowie T und O, Amethystviolett, Mauvein, Magdalarot echt, Janusgrün B, Nilblau (NAGAI 1962a), Nachtblau (NAGAI 1962b) als wirksam. Keinen Effekt lösen Neutralrot, Cresylviolett, Brillantcresylblau, Azur I, Neumethylenblau, Methylenblau, Thionin, Toluidinblau aus (NAGAI 1962a). Bei Kombinationen der Farbstoffe können sich die Wirkungen gegenseitig verstärken oder abschwächen (NAGAI 1962c). Hierbei machen sich unter Umständen auch Farbstoffe bemerkbar, die allein nicht mutagen sind. So wird die Wirkung von Phenosafranin, Safranin T und Amethystviolett durch Neutralrot verstärkt, diejenige von Acriflavin und Janusgrün B aber durch denselben Farbstoff abgeschwächt (NAGAI 1962d). Auch Methylenblau und Toluidinblau setzen den Acriflavineffekt herab, während Magdalarot und Rhodamin B ohne Einfluß sind (NAGAI 1963a, c). Eine Übersicht mit Bibliographie findet sich bei NAGAI, YANAGISHIMA und NAGAI (1961).

Die mutagene Wirkung von Xanthen-Farbstoffen bei Bakterien soll auf dem Xanthen-Gerüst beruhen. Farbstoffe, die auf *Escherichia coli* und *Salmonella typhi murium* nicht mutagen wirken, können aber unter Umständen bei anderen Mikroorganismen Mutationen auslösen (LÜCK, WALLNÖFER und BACH 1963).

Die Inaktivierung von Hefe durch Thiopyronin ist nach LOCHMANN, STEIN und HAEFNER (1964) im Dunkeln vom Ploidiegrad abhängig (S. 285, Abb. 98), im Licht dagegen nicht. Die Mutationsrate ist sowohl im Dunkel- als auch im Hellversuch sehr gering, im Dunkeln aber etwa viermal höher als im Licht. Es wird vermutet, daß der Anstieg der Inaktivierung mit dem Ploidiegrad im Dunkeln vorwiegend durch dominante Letalmutationen hervorgerufen wird, während der um den Faktor 100 erhöhte photodynamische Effekt nicht genetischer

Natur sein soll, da er ploidiegradunabhängig ist. Im Licht werden anscheinend andere Zellorte geschädigt als im Dunkeln. Die Abhängigkeit vom Ploidiegrad kann auch für andere Farbstoffe, wie Acridingelb, Thionin, Trypaflavin, Acridinorange und Methylenblau, bestätigt werden (LOCHMANN, STEIN und UMLAUF 1965). Wirksam sind nur Farbstoffe, die *in vitro* mit DNS und RNS einen Niederschlag bilden.

Nach MARQUARDT und VON LAER (1966) bewirkt Thiopyronin hinsichtlich bestimmter Genorte bei *Saccharomyces cerevisiae* weder im Licht noch im Dunkeln eine Erhöhung der Mutations- bzw. Revertantenhäufigkeit gegenüber den Kontrollen.

Durch die Behandlung mit Gentianaviolett, Methylenblau, Neutralrot, Eosin und Erythrosin können DEMETER und RENNER (1960) bei Cyanophyceen keine Mutationen erhalten.

γ) Einfluß auf das Streckungswachstum

Neben der Teilung wird auch das Streckungswachstum der Zelle beeinflußt, was sich besonders bei den fadenförmigen Thallophyten und den höheren Pflanzen bemerkbar macht. Schon PFEFFER (1886) beobachtet, daß Methylenblau nicht nur die Sporenkeimung bei *Penicillium* hemmt, sondern auch das weitere Wachstum der Hyphen. Nach ORBAN (1919) bedingt Eosin eine vorzeitige morphologische Differenzierung der Gametangien und Suspensoren bei *Phycomyces nitens.* Die pH-Indikatoren Thymolblau, Bromphenolblau, Methylrot, Bromcresolpurpur, Bromthymolblau, Phenolrot, Cresolrot hemmen das Wachstum einiger Fadenpilze (VON MALLINCKRODT-HAUPT 1926).

Eingehender befaßt sich GUILLIERMOND (1929c, 1930b, c, 1934b, 1949, GUILLIERMOND und GAUTHERET 1938a, b, 1940) mit der Farbstoffwirkung auf das Wachstum bei *Saprolegnia diclina, Oidium lactis* und einigen anderen Pilzen. Am besten wird Neutralrot vertragen; so durchläuft *Saprolegnia* in einer Neutralrot-haltigen Nährlösung den ganzen Entwicklungszyklus mit gefärbten Vakuolen (1930c, 1934b). Bei den anderen Pilzen wird dagegen im allgemeinen das Wachstum eingestellt, sobald die Vakuolen gefärbt sind. Diese Pilze können aber den Farbstoff ausscheiden und nehmen nach Entfärbung der Vakuolen das Wachstum wieder auf (Abb. 107). In gut wachsenden Mycelien färbt sich der Zellsaft erst gar nicht. Zu entsprechenden Ergebnissen kommen BECKER und SKUPIENSKI (1935) bei *Basidiobolus ranarum* mit den Farbstoffen Neutralrot, Methylenblau, Brillantcresylblau. Natürlich spielt die Farbstoffkonzentration für die Verträglichkeit eine Rolle (s. S. 263, Tabelle 62). Kationische Farbstoffe hemmen oder unterbinden die Keimung der Uredosporen von *Puccinia triticina* in Wasser und das Wachstum der Keimschläuche bei viel geringerer Konzentration als die meisten der daraufhin untersuchten anionischen Farbstoffe (STOCK 1931). Neutralrot wird von den Uredosporen von *Puccinia simplex* viel besser vertragen als Methylenblau. In Neutralrotlösungen 1:100000 wachsen die Keimschläuche ebenso gut wie in der Kontrolle, obwohl sie schwach rot gefärbte Öltropfen im Plasma führen (RONSDORF 1934).

BHARGAVA (1951a) bestätigt die gute Verträglichkeit von Neutralrot für *Saprolegnia* und verfolgt das Wachstum auf farbstoffhaltigem Agar bis zu 10 Tagen. Auch auf Janusgrün-B-haltigem Nährboden entwickeln sich Saprolegniaceen und reduzieren dabei den Farbstoff im Substrat. Dahliaviolett unterbindet dagegen das Wachstum (Bhargava 1951 b). Die Verträglichkeit der Saprolegniaceen für Janusgrün B in den Versuchen von Bhargava ist sehr wahrscheinlich auf eine Schutzwirkung des Nährbodens zurückzuführen. In wässeriger Lösung ist Janusgrün B z. B. für den Basidiomyceten *Polystictus versicolor* so giftig, daß der „Spitzenkörper" augenblicklich verschwindet und das Wachstum eingestellt wird (Girbardt 1957). Wird der Farbstoff aber in einem festen Nährboden verteilt dem Pilz geboten, dann wächst auch *Polystictus* zunächst ungestört weiter (Drawert und Schlafke 1959); ähnlich verhalten sich die Hyphen von *Aspergillus niger*; nach einiger Zeit wird aber auch auf Agarböden das Wachstum eingestellt (Park und Robinson 1966). Außer in Neutralrotlösungen wächst *Achlya racemosa* auch in solchen von Acridinorange. Je nach Lage des pH-Wertes der Farbstofflösung fluorescieren dabei die Kerne, das Cytoplasma oder die Vakuolen. Jeder in den Farbstofflösungen auftretende Neuzuwachs an Hyphen zeigt aber keine sichtbare Färbung. Ferner sind die gefärbten Hyphen sehr empfindlich gegen Licht, besonders gegen kurzwelliges (Johannes 1954). Nach Dubitzky (1934) keimen zwar die Zoosporen von *Saprolegnia mixta* auf Neutralrothaltigem Substrat aus, und die Keimlinge wachsen zunächst schnell heran; nach 15 Std. zeigen die Neutralrotkulturen zu den ungefärbten Kontrollen aber bereits einen Unterschied im Längenwachstum von 15%, und nach 2 Tagen sind sie abgestorben.

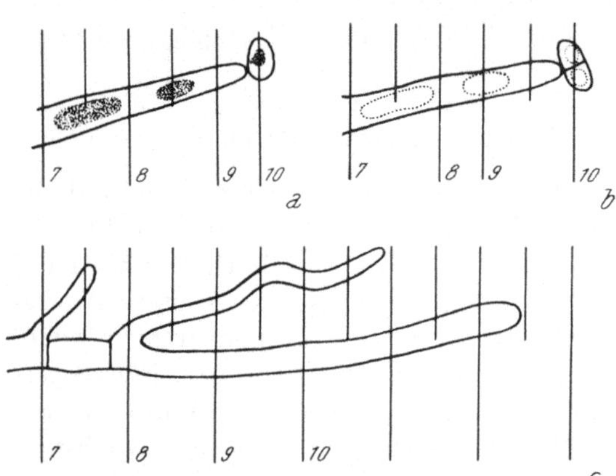

Abb. 107. Das Ende einer Hyphe von *Oidium lactis* mit einer anhaftenden Oidie auf Agar mit 1% Pepton, 1% Glucose, 4 mg/100 Neutralrot mit pH 8,2. *a* Mit gefärbten Vakuolen; *b* nach 2½ Std., die Vakuolen sind entfärbt, die Oidie hat sich geteilt; *c* nach weiteren 2 Std. die entfärbte Hyphe ist weitergewachsen und hat sich verzweigt. (Nach Guilliermond und Gautheret 1940, bei *a* und *b* liegt auch im Original wahrscheinlich ein Druckfehler im Maßstab vor.)

Mit Neutralrot gefärbtes Mycel von *Phycomyces blakesleeanus* entwickelt sich unter Entfärbung (Johannes 1939) weiter, während bei *Pythium de Baryanum* wie bei *Saprolegnia* die Vakuolen gefärbt bleiben (Saksena 1932, Guilliermond und Gautheret 1940). *Cunninghamella*-Arten stellen bei Neutralrotkonzentrationen über 4 mg/100 ihr Wachstum ein (Saksena und Sarbhoy 1963). Auf Chrysoidin-haltigem Agar bildet *Phycomyces nitens* ein koralloides, kurzes Mycel aus (Dietrich 1929). Mit Fuchsin S gefärbte Sporangienträger von *Phycomyces blakesleeanus* setzen ihr Wachstum fort (Küster 1940c). Fluorescein hemmt nur in sehr hohen Konzentrationen; 1%ige Lösungen beeinträchtigen dagegen das Wachstum von *Aspergillus niger* und *Rhizopus oryzae* in keiner Weise (Schütte 1956). Konidien von *Aspergillus niger* bilden in 1%igen Lösungen von Methylviolett, Kristallviolett und Malachitgrün in Objektträgerkulturen Mikrokolonien aus, die nur mit einer Verzögerung von etwa ein Siebentel der normalen Zeit versporen (Bose 1956). Auf Berberinsulfat-haltigen Nährlösungen ist das Anwachsen von Impfstücken aus Ascomyceten- und Basidiomyceten-Mycel stark verzögert;

statt 2—3 Tage werden 2—3 Monate benötigt (SPRECHER 1961). Der parasitische Phycomycet *Ancylistes closterii* wird in seinem Wachstum von Prune pure nicht beeinflußt (HÖFLER 1950).

Die Farbstoffwirkung auf das Pilzwachstum hängt stark vom pH-Wert des Mediums ab, was in vielen Fällen nicht beachtet worden ist. Abb. 108 belegt die Bedeutung der cH für die Wachstumshemmung bei *Fusarium oxysporum*. Der Kurvenverlauf zeigt das gewohnte Bild, daß die anionischen Farbstoffe bei hoher cH und die kationischen bei niedrigerer cH wirksamer sind. Der Wiederanstieg der Kurve II im sauren Bereich ist auf das Ausfallen des Rose bengale bei hoher cH zurückzuführen.

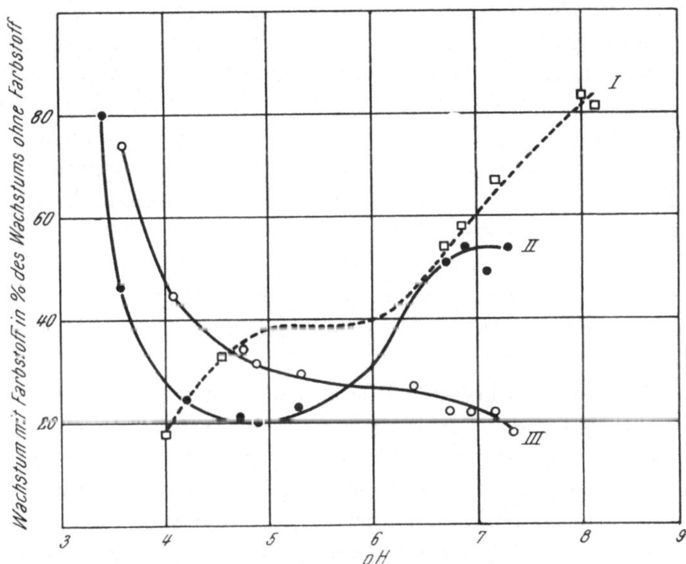

Abb. 108. Wachstum von *Fusarium oxysporum* auf Kartoffel-Dextrose-Agar bei verschiedenen pH-Werten unter Zusatz von I Eosin (1 : 1000 nach 81 Std.), II Rose bengale (1 : 2500 nach 92 Std.), III Dahlia (1 : 25 000 nach 92 Std.). (Nach KOBS und ROBBINS 1936.)

Aus Untersuchungen von STEINBERG (1940) an *Aspergillus niger* geht hervor, daß auch Spurenelemente das Ergebnis beeinflussen können. Bei vielen Farbstoffen macht sich eine stark stimulierende Wirkung gegenüber der Kontrolle bemerkbar, wenn Spurenelemente nicht in optimaler Menge vorhanden sind. Es ist anzunehmen, daß durch die Farbstoffe, die ja keine chemisch reinen Substanzen darstellen, die fehlenden Spurenelemente zugeführt werden, so daß unter Umständen sogar ein sonst hemmender Farbstoff fördernd wirken kann. Diese Stimulation ist dann aber nicht auf den Farbstoff zurückzuführen.

Über den Einfluß der Farbstoffe auf das Wachstum von Algen liegen nur wenige Angaben vor. Nach VAN WISSELINGH (1914) wird bei *Spirogyra* das Wachstum durch Methylenblau, selbst noch in Konzentrationen von 1 : 500 000, völlig unterbunden. Mit Neutralrot gefärbte *Vaucheria* speichert den Farbstoff in den Spitzen der Fäden in Granulaform. Die Fäden werden durch den gespeicherten Farbstoff, der noch nach mehreren Tagen Aufenthalt in reinem Wasser zu erkennen ist, in ihrem Wachstum nicht behindert. Bei der Bildung der Sporen geht ein Teil des Farbstoffes auf diese über, und bei der Keimung der Sporen ist er in der Keimlingsspitze wiederzufinden (W. Weber 1958). Bei *Volvox aureus* bewirkt Bismarckbraun, obwohl es nicht färbt, eine Inversion der Tochterkolonien. Werden die invertierten Kolonien in das Standortwasser zurückübertragen, erlangen sie wieder die Kugelform. Hierbei handelt es sich aber allem Anschein nach nicht um eine Wachstumserscheinung, sondern um eine Volumenabnahme der Höhle durch Wasserabgabe, da dieselben Inversionen auch durch hypertonische Rohrzucker-, Harnstoff- oder NaCl-Lösungen erzielt werden können (Nakazawa 1957 d). Trypaflavin führt bei *Scenedesmus-*, *Hormidium-* und *Chlamydomonas*-Arten sowie bei *Chlorella pyrenoidosa* ebenso wie Colchicin und Chlortetracyclin zu Vergrößerungen und Gestaltsänderungen der Zellen, auch Zahl und Größe der Pyrenoide können beeinflußt werden. Nach Überführung der veränderten Algen in giftfreie Medien treten innerhalb von einem Monat wieder nur normale Zellen auf. Wieweit hier ein direkter Einfluß auf das Streckungswachstum oder eine Polyploidisierung vorliegt, muß noch geklärt werden. *Mesotaenium caldariorum*, *Chlorella ellipsoidea* und *C. vulgaris* reagieren nicht in den noch verträglichen Konzentrationen. Über 1,5% Trypaflavin bringt die Zellen zum Absterben (Gerasimenko 1965).

Das Protonema von *Funaria hygrometrica* verträgt Neutralrot sehr gut. Trotz starker Vakuolenfärbung und Vakuolenkontraktion zeigen nach Strohmeyer (1935) in einem Versuch 94,2% der Protonemen keine Störung im Teilungs- und Streckungswachstum.

Bei Untersuchungen an höheren Pflanzen muß man zwischen den Versuchen unterscheiden, bei denen der Farbstoff den ruhenden Samen geboten, und jenen, bei denen der Farbstoff Wurzel oder Sproß direkt zugeführt wird. Zunächst sollen die mit der ersten Versuchsanordnung erzielten Ergebnisse besprochen werden, die naturgemäß auch den Vorgang der Keimung umfassen.

Nach Henneguy (1881) keimen Samen der Gartenkresse auf Baumwollwatte, die mit einer konzentrierten Bismarckbraunlösung getränkt ist, und es entwickeln sich Pflänzchen, deren Gefäße bis zu ihren Endigungen in den Blättern tiefbraun gefärbt sind. Wie aber bereits aus den Befunden von Traube und Marusawa (1916) hervorgeht, können Keimung und anschließendes Wachstum unterschiedlich beeinflußt werden; denn die Keimung von Gerstenkörnern wird von einigen der geprüften Farbstoffe mehr oder weniger stark gehemmt, von anderen nicht beeinträchtigt. Die Wachstumsgeschwindigkeit bei der Weiterentwicklung wird aber von allen benutzten kationischen und anionischen Farbstoffen herabgesetzt.

Ferner können sich Sproß und Wurzel verschieden verhalten. Das Einquellen von Samen mehrerer Arten in Lösungen fluorescierender Farbstoffe bedingt nach Piskernik (1921) einen Keimungsverzug und an den sich entwickelnden Keimpflanzen in höheren Konzentrationen ein Absterben der Wurzelspitzen oder der ganzen Wurzeln. Häufig treten Wurzelstummel mit einem Kranz von Wurzelhaaren auf. Bei Verdünnungen auf 1 : 100 000 kommt es oft zu einer Förderung des Wurzelwachstums. Der Sproß zeigt dagegen nie Absterbeerscheinungen, sondern immer nur eine Wachstumshemmung. Licht verstärkt die beschriebenen Effekte.

Im Zusammenhang mit der photodynamischen Erscheinung sind vor allem Eosin, Erythrosin und Methylenblau untersucht worden. Nach BOAS und MERKENSCHLAGER (1925) und BOAS (1933, 1949) hebt Eosin zwar den Geotropismus der Wurzeln von Gerste, *Lolium perenne* u. a. auf (s. S. 331), führt aber zu keiner Hemmung des Wachstums. Bei Reiskeimlingen sollen 0,01% desselben Farbstoffes fördern und 0,1% hemmen (POPOFF 1925). VAN DER MEER MOHR (1926) erhält bei Reis, Weizen, Mais, Sojabohnen mit 0,05% Eosin nur eine Verzögerung der Keimung, und nach kurzer Zeit wird das Wachstum ganz eingestellt. Die Wirkung ist im Licht stärker als im Dunkeln; TAKEDA (1929) beschreibt ebenfalls eine Hemmung des Sproß- und Wurzelwachstums von Reiskeimlingen durch 0,001 mol Eosin, Erythrosin, Cyanosin und Rose bengale, und nach SELLEI (1934) hemmt Eosin, der Erde zugesetzt, sowohl die Keimung als auch die Weiter-

Tab. 66. *Die Keimprozente von Chelidonium majus-Samen nach Vorbehandlung mit Wasser und verschieden konzentrierten Eosinlösungen bei einer Badezeit von 24 Stunden im Licht und im Dunkeln.* (Nach NIETHAMMER 1927.)

	Wasser	Eosin			
		1 : 1000	1 : 5000	1 : 10 000	1 : 20 000
Licht	15	20	20	35	45
Dunkel	5	—	—	—	5

entwicklung von Weizen. Methylenblau soll dagegen nur die Keimung beeinträchtigen; denn nach 10 Tagen hatten die Methylenblaupflanzen die Kontrollen in der Entwicklung überholt. Erythrosin beeinträchtigt das Wurzelwachstum von *Helianthus annuus* im Dunkeln und noch stärker im Licht (STEINKE 1940). Beim Weizen wird vor allem die Coleoptile durch Eosin gehemmt (NEUKIRCHEN 1930). Die Keimprozente bei Samen von Lichtkeimern werden durch Eosin und Erythrosin in Gegenwart von Licht mehr oder weniger stark erhöht (Tabelle 66, NIETHAMMER 1925, 1927). Methylenblau hemmt bei *Chelidonium majus* und fördert bei *Saxifraga aizoon* (NIETHAMMER 1927).

Nach POLJAKOFF-MAYBER (1958) beeinträchtigt dagegen Eosin die Keimung beim Salat — ebenfalls ein Lichtkeimer — im Licht ab $1,44 \cdot 10^{-5}$ mol und hat im Dunkeln in den Konzentrationen $1,44 \cdot 10^{-8}$ bis $1,44 \cdot 10^{-4}$ mol keinen Einfluß. Hier hemmen erst $1,44 \cdot 10^{-3}$ mol. Auf die Keimung von Leguminosen-Samen wirkt Eosin im Licht in schwächeren Konzentrationen fördernd und in stärkeren Konzentrationen hemmend (LONA und BOCCHI 1952). Werden *Phaseolus multiflorus*-Samen für 20 Std. in einer 0,05%igen Eosinlösung eingequollen, so zeigen 87% der daraus hervorgegangenen Pflanzen Fasciationen (TUTSCHOVA 1937). Auch BOAS (1949, S. 158, 159) beschreibt für Phaseolus durch Eosin erzeugte „Brettwurzeln" und Knotenbildungen.

Der Einfluß der verschiedenen Lichtqualitäten auf Keimung und Wachstum in Gegenwart von Eosin geht aus Versuchen von MUSSACK (1933) an Sporen und Rhizoiden von *Cystopteris fragilis* hervor. Unter Blaufiltern und Uviolglas bedingt Eosin eine starke Erhöhung der Keimungszahl und eine Anregung des Streckungswachstums, das unter Rot-, Gelb- und Grünfiltern gehemmt wird.

Querteilungen werden unter Gelbfiltern und Uviolglas zurückgedrängt und unter Grün- und Blauglas gefördert. Längsteilungen sind vor allem unter Grünglas zu beobachten und zeigen unter Gelb- und Uviolglas eine Hemmung.

Die Keimung von Tabaksamen verläuft auf Neutralrot-haltigem Nährsubstrat bis zu 3 mg/100 Farbstoff normal, über 5 mg/100 ist sie stark verzögert (Guilliermond, Dufrénoy und Labrousse 1930). Das Weiterwachsen der Wurzel gekeimter Getreidekörner wird von verschiedenen Farbstoffen sehr unterschiedlich stark gehemmt, so daß die Wachstumsgeschwindigkeit von Guilliermond und Gautheret (1938a, 1940) sowie von Schweighart (1935) direkt als Maß für die Giftigkeit der Farbstoffe benutzt wird (s. S. 268).

Aus dem Rahmen fallen die Befunde von Radoëff (1932, 1933), der für alle von ihm geprüften Farbstoffe (Neutralrot, Janusgrün, Phenosafranin, Cresylviolett, Nil-, Methylen-, Cresylblau, Thionin) beim Reis und weniger ausgeprägt beim Roggen eine starke Stimulation des Wachstums und eine Zunahme des Trockengewichtes gegenüber der Kontrolle, vor allem in den ersten Stadien der Keimung, feststellt. Mancuso (1935) beobachtet bei *Phaseolus vulgaris* ein unterschiedliches Verhalten nach der ersten Versuchswoche. Die auf Eosin- und Erythrosin-haltiger Watte gekeimten Pflanzen sterben bald ab; Methylenblau, Malachitgrün, Neutralrot bedingen eine Hemmung. Fuchsin und Congorot führen zu einer stetig geförderten Entwicklung, so daß die Kontrollkulturen überflügelt werden.

In eine Benzpyrenlösung (1,5 : 100 000 + 3% Glycerin + 3% Serum) für 24 Std. eingelegte Samen von *Vicia faba vulgaris* weisen gegenüber den unbehandelten Kontrollen eine starke Wachstumsförderung der Keimwurzeln auf, die bei verdunkelten Pflanzen 5 Tage nach der Behandlung 40% erreichen kann. Bei direkter Einwirkung des Benzpyrens auf die Wurzeln kommt es dagegen zu einer Wachstumshemmung und zu pathologischen Veränderungen. Licht setzt die wachstumsfördernde Wirkung herab (Cottet und Minder 1947).

Die Ungiftigkeit von Tetrazoliumverbindungen soll nach Lakon (1942a) eine Beobachtung des Wachstums der gefärbten Zonen an keimenden Samen ermöglichen (vgl. dazu aber die hemmende Wirkung von TTC auf das Bakterien- [S. 313], Hefe- [S. 318] und Wurzelwachstum [S. 329]; andererseits sollen sich nach Parker [1953] mit TTC behandelte Embryonen von *Pinus palustris* normal entwickeln).

Neutralrot setzt in Konzentrationen von 5‰ bis 7,5‰ die Keimung von *Prunus*-Pollen nicht herab, obwohl im Vakuom Neutralrotkristalle ausfallen (Plantefol 1933), ebenso keimen Pollenkörner von *Lilium tigrinum*, die vorher in einer Zuckerlösung + Neutralrot mit pH 7,2 behandelt worden sind, auf einer Zuckerlösung mit pH 4,7 zu 95% und zeigen ein gefärbtes Vakuolensystem (Hurel-Py 1934).

Die ersten Angaben über den Einfluß von Farbstoffen bei direkter Zuführung nach der Keimung auf das Wachstum finden sich bei Kny (1898). Danach verlangsamen Keimpflanzen von *Pisum sativum* ihre weitere Entwicklung, nachdem die Wurzeln ¾ Std. in 0,0003% Methylviolett gestanden haben. Über eine Stimulierung des Wachstums von Roggenwurzeln durch den anionischen Farbstoff Orange G berichtet Wolkenhauer (1924). Optimal wirken 0,1‰, geringere Konzentrationen haben keinen Einfluß, höhere hemmen. Der Autor betont ausdrücklich, daß die Beschleunigung auf einer stärkeren Zellstreckung und nicht auf einer Erhöhung der Zellteilungsfrequenz beruht. Mit dem nahe verwandten, wenn nicht identischen Farbstoff Goldorange G erhält auch SCHWEIG-HART (1935) an Leinwurzeln bei der Konzentration 1 : 20 000 eine Wachstumsbeschleunigung um 38%. Eine Förderung findet ferner MILDEBRATH (1932) mit Ca-Erythrosin bei Maiswurzeln. Nach den Untersuchungen von SYRE (1939) an Keimwurzeln von *Vicia faba, Lupinus, Zea mays* u. a. bedingt Erythrosin nur in den ersten Stunden nach der Behandlung eine Erhöhung der Wachstumsgeschwindigkeit, dann folgt eine Hemmung.

Das Wurzelwachstum beim Mais soll nicht durch Fluorescein und Eosin beeinflußt werden (MILDEBRATH 1932). Ebenso soll Neutralrot nicht das Wachstum der Wurzeln von *Allium cepa* behindern (EICHHORN 1930). Zwiebelwurzeln scheinen auch durch eine Färbung mit Prune pure (SCHÖNLEBER 1936) nicht stärker beeinträchtigt zu werden.

Eine Hemmung des Wurzelwachstums erhalten CHIUINI (1941) mit Thionin bei Getreide-Arten, BAUCH (1948) mit Trypaflavin bei *Allium cepa*, STENLID (1950) mit Methylenblau beim Weizen, PARKER (1952, 1953), H. ZIEGLER (1953 a) mit TTC bei *Allium cepa* bzw. beim Mais und SCHNEIDER (1965) mit Trypaflavin und Methylenblau beim Mais.

Die Bildung von Adventivwurzeln wird beim Mais durch TTC (H. ZIEGLER 1953 a) sowie bei Stecklingen von *Phaseolus vulgaris* var. *sub-compressus* durch die Fluorochrome Fluorescein, Chininsulfat bei bestimmten Konzentrationen (LANGE DE MORRETES und FERRI 1954) gefördert. Berberinsulfat hemmt die Adventivwurzelbildung und das Austreiben der Zwiebel bei *Allium cepa* (PERNER 1952 a).

Einquellen von Weizenfrüchten in 0,01% Eosinlösung für eine Stunde beeinträchtigt das Wachstum der Coleoptile (NEUKIRCHEN 1930), und an *Avena*-Coleoptilen einseitig aufgetragene Eosin- oder Erythrosin-haltige Paste bedingt positive Krümmungen, die mit steigender Farbstoffkonzentration zunehmen. Ein Zusatz der Farbstoffe zu β-Indolylessigsäure(IES)-haltiger Paste verstärkt aber bei genügend hoher IES-Konzentration die durch IES ausgelöste negative Krümmung. Bei einem nur geringen IES-Gehalt der Paste vermindert Eosinzusatz die negative Krümmung (STAHLBERG 1940). Auch LINSER und KAINDL (1951) beobachten eine Hemmung des Wachstums der *Avena*-Coleoptile durch Eosin und eine antagonistische Wirkung zur IES (LINSER 1951), die von KAINDL (1951) vom treffertheoretischen Standpunkt aus mathematisch formuliert wird. LINSER (1955) bezeichnet Eosin direkt als Zellstreckungshemmstoff. Bei der Wechselwirkung zwischen Eosin und IES soll es sich nicht um einen photochemischen Effekt handeln, da sie auch im Dunkeln auftritt (LINSER 1953). Demgegenüber stellen aber SKOOG (1935) und FERRI (1951 a) fest, daß Eosin und andere Vertreter der Fluorescein-Gruppe im Dunkeln unwirksam sind, im Licht dagegen die Aktivität der IES praktisch aufheben. Auch BRAUNER (1952, 1953) beobachtet eine Photolyse von IES bei Gegenwart von Eosin (vgl. S. 287), so daß die Angabe von LINSER über die Wirkung von Eosin auf IES im Dunkeln einer Nachprüfung bedarf.

Das Wachstum der *Avena*-Coleoptile wird auch durch Trypaflavin gehemmt. Dieser Effekt kann nach HÖHN (1954, 1955) auf einer Blockierung der Nucleinsäuren durch das Fluorochrom beruhen, andererseits wird aber auch die IES-Aktivität erheblich vermindert. Martos (1958) findet ebenfalls, nach Einstellen junger Weizenpflanzen mit ihren Wurzeln in eine 10^{-4}%ige Trypaflavinlösung, eine völlige Sistierung des Wachstums der Wurzel und des Sprosses. Dabei soll das Fluorochrom nicht in die oberirdischen Organe gelangen. Auf Grund der bekannten Reaktion von Trypaflavin mit Nucleinsäuren wird geschlossen, daß den Nucleinsäuren, die im Wurzelsystem synthetisiert werden, eine wichtige Rolle für das Wachstum der oberirdischen Teile zukommt. Durch die Trypaflavinbehandlung nimmt ferner die Menge des löslichen Stickstoffes beträchtlich zu, und der Proteinstickstoff sinkt ab, d. h., die mit Trypaflavin behandelten Pflanzen verhalten sich genauso wie entwurzelte. Diese letzten Befunde sind von besonderem Interesse hinsichtlich der entsprechenden Ergebnisse von Bogen und Keser (1954) mit Acridinorange bei Hefe. Nach Stich (1953) hemmt Trypaflavin auch das Wachstum von *Acetabularia mediterranea*. In der Konzentration 1 : 10 000 wird das Wachstum völlig eingestellt. Ebenso erfolgt eine Hemmung der Regeneration kernhaltiger und kernloser Fragmente derselben Pflanze, die mit einer Anhäufung von Metaphosphaten verbunden ist.

Im Zusammenhang mit der Wirkung von Trypaflavin auf IES einerseits und der Wechselbeziehung zwischen Trypaflavin und Nucleinsäuren andererseits ist es noch erwähnenswert, daß das ebenfalls nucleinsäurespezifische Pyronin B nach Masuda (1959) in seiner Aufnahme von *Avena*-Coleoptilenscheibchen durch IES gehemmt wird. RNase-Behandlung vermindert sowohl die Pyronin-Aufnahme als auch die IES-Wirkung auf das Wachstum. Nach 90 Min. setzt aber wieder eine Reaktion auf IES ein, und parallel mit der Zellstreckung wird auch das Pyronin-Aufnahmevermögen wieder regeneriert. Mit Pyronin vorgefärbte Scheibchen geben den Farbstoff nach Übertragung in RNase-Lösung ab, weniger dagegen in einer IES-Lösung.

Nach Wieler (1888) nehmen intakte Pflanzen von *Zea mays*, *Phaseolus multiflorus*, *Ricinus communis*, *Helianthus annuus* u. a. aus Methylenblauhaltiger (1 : 100 000) Nährlösung den Farbstoff mit den Wurzeln auf und leiten ihn allmählich bis in den Sproß. Trotz gefärbter Gefäße entwickeln sich die Pflanzen normal weiter (vgl. auch die Befunde von Henneguy 1881 mit Bismarckbraun auf S. 326).

Nach Zuführung einer 1-mol-Lichtgrünlösung durch eine dekapitierte Wurzel in einen Pflaumenbaum sind nach Harvey (1930a) die Blüten bei der Entfaltung der Knospen blaugrün gefärbt, es entwickeln sich aus ihnen normale Früchte, und die gefärbten Laubblätter wachsen ungestört weiter. Bohnenpflanzen blühen und fruchten nach einer Injektion von 1 : 100 Na-Fluorescein ganz normal (Parker und Bowmer 1956). Abgeschnittene Zweige, die längere Zeit in Lösungen anionischer Farbstoffe standen, lassen dagegen an den in der Entwicklung begriffenen Organen Wachstumsanomalien erkennen (Küster 1911/12, nähere Angaben fehlen leider). Das Wachstum von Narzissen, deren Zwiebeln in Gläsern auf Farbstofflösungen gesetzt werden, zeigt nach Mancuso (1935) auf Eosin, Erythrosin und Malachitgrün eine Hemmung und auf einigen anderen Farbstoffen eine Förderung in folgender Reihe: Methylenblau < Neutralrot < Fuchsin < Congorot. Es muß aber fraglich erscheinen, ob die Zahl der Ansätze diese Schlußfolgerung zuläßt. In Methylrotlösungen 1 : 100 000 wachsen Maiskeimlinge und Hyazinthen genauso gut wie in aqua dest., und die Entwicklung von *Salvinia auriculata* wird nur wenig herabgesetzt (ZÖTTL 1960).

Durch die Behandlung junger Blätter von *Begonia rex*, die sich noch an der Pflanze befinden, mit Eosin 1 : 25 000 werden die Siebröhren außer Funktion gesetzt, trotzdem wachsen die Blätter zu der normalen Größe heran, und bei genügender Luftfeuchtigkeit entstehen nach einiger Zeit Regenerate wie an abgeschnittenen Blättern mit mehrfach durchschnittenen Nerven (WIRTH 1960).

Den Angaben von SELLEI (1935, 1936) über die stark fördernde Wirkung fluorescierender Farbstoffe auf das Wachstum einiger Pflanzen muß man wohl mit größter Skepsis begegnen.

Den Einfluß von Eosin auf die Kurztagpflanze *Perilla ocymoides* var. *nankinensis* in Verbindung mit der Photoperiode untersuchen BOCCHI (1953) und LONA und BOCCHI (1955). Doch lassen die Ergebnisse noch keine klaren Zusammenhänge erkennen.

c) Reizphysiologische Vorgänge

α) Taxien

Über die Induzierung phototaktischer Bewegungen durch photodynamisch wirksame Farbstoffe berichtet METZNER. *Spirillum volutans*, *Chromatium Okeni* und mehrere *Navicula*-Arten, die an sich nicht lichtempfindlich sind, führen unter dem Einfluß von Eosin, Erythrosin und ganz schwach auch von Methylenblau phobophototaktische Bewegungen aus (METZNER 1920a). Spirillen zeigen in einer Eosinlösung 1 : 10 000 eine ausgeprägte negative Phobophototaxis. In höheren oder niedrigeren Konzentrationen ist die Reaktion nicht so deutlich (METZNER 1920b). Je nach der Reizstärke — die durch Lichtintensität, Farbstoffmenge und Sauerstoffkonzentration bestimmt wird — kann bei Paramaecien eine positive oder negative Phototaxis auftreten. Die auch photodynamisch wirksamen Farbstoffe Neutralrot und Cresylviolett rufen ebenso wie Methylenblau, trotz deutlicher Färbung der Individuen, nur andeutungsweise Reaktionen hervor (METZNER 1921). Obwohl Fluorescein und Uranin bei Paramaecien keine photodynamische Wirkung haben, werden doch positiv phototaktische Bewegungen der Tiere beobachtet. Am wirksamsten hinsichtlich negativer Phototaxis sind Eosin, Erythrosin, Rose bengale, Rhodamin B und Magdalarot (METZNER 1924).

β) Tropismen

Bei der Keimung von Gerste, Weizen, Mais, *Lolium perenne*, *Sinapis alba*, *Lupinus* in Gegenwart von Eosin im Keimbett oder nach einem Baden der Samen oder Früchte in Lösungen von Eosin 1 : 1000 bis 1 : 100000 reagieren die Keimwurzeln ageotropisch (BOAS und MERKENSCHLAGER 1925, BOAS 1927, 1933, 1949, SESSOUS 1925). Die Rhizoiden von *Cystopteris fragilis* verhalten sich in Eosinhaltigen Nährlösungen negativ geotropisch (MUSSACK 1933). Mit Malachitgrün, Methylenblau, Neutralrot, Trypanblau, Methylviolett, Acridinorange und Indigocarmin können keine entsprechenden Ergebnisse erzielt werden (BOAS und MERKENSCHLAGER 1925).

Nach TAKEDA (1929) soll die Wirkung auf die Wurzel vor allem auf dem Bromgehalt des Eosins beruhen, während der negative Geotropismus des Sprosses durch jodhaltige Eosine gestört wird. Chlor wirkt dem Brom entgegen. Boas (1949) bringt folgende allgemeine Übersicht: Na-Fluorescein ändert nicht das Reizempfinden der Pflanze. Nach Einführung von zwei Bromatomen in das Molekül entsteht eine verhältnismäßig schwach wirksame Verbindung. Einführung eines zweiten Br-Paares steigert den ageotropischen Wirkungsgrad um das Sechsfache. Bei einer Substituierung mit Jod bedingt das erste J-Paar eine Aktivität, die doppelt so stark ist wie die des analogen Bromderivates; das zweite J-Paar ändert dagegen den Wirkungsgrad nicht weiter. Chlorierung des Moleküls führt zu keinem Effekt, und entsprechend den Befunden von Takeda wird in Br- und J-Verbindungen durch Cl-Einführung die Wirkung abgeschwächt.

Bei der Weizencoleoptile verzögert eine einstündige Vorbehandlung der Früchte mit 0,01% Eosin die geotropische Reaktion (Neukirchen 1930).

Die Frage nach dem Wirkungsmechanismus des Eosins wird von den einzelnen Autoren recht unterschiedlich beantwortet. Man scheint sich nur in dem Punkt einig zu sein, daß es sich dabei um keinen photodynamischen Effekt handelt. Dies überrascht um so mehr, da man andererseits mit Eosin eine photodynamische Inaktivierung von IES erzielen kann (vgl. S. 286 u. f.). Im einzelnen werden folgende Wirkungsmöglichkeiten diskutiert:

Nach Claus (1929) fördert Eosin die Amylaseaktivität, wodurch die Statolithenstärke in der Wurzelhaube in Zucker übergeführt wird, so daß die Wurzel den Schwerereiz nicht mehr perzipieren kann. Auch Mildebrath (1932) stellt eine Verminderung der Statolithenstärke in Maiswurzeln nach Behandlung mit Eosin und Erythrosin fest. Dazu im Widerspruch steht seine Angabe, daß die Farbstoffe zu einer Abnahme des osmotischen Wertes führen sollen. Ebenso zieht Schweighart (1935) eine Beziehung zwischen dem Reizlähmungseffekt und der Amylaseaktivität in Betracht. Andererseits beobachtet er aber, daß bei Leinwurzeln eine Eosinbehandlung auch nach erfolgter Reizperzeption eine geotropische Krümmung unterbindet und daß bereits etwas gekrümmte Wurzeln bei Eosinzufuhr eine Weiterkrümmung sofort einstellen. Er schließt daraus, daß eine Störung der Reizperzeption durch Eosin sehr unwahrscheinlich ist. Das dürfte aber wiederum mit der Auflösung der Statolithenstärke als Primäreffekt unvereinbar sein. Syre (1939) beobachtet dagegen, daß in den Keimwurzeln von *Vicia faba*, *Zea mays*, *Lupinus* u. a. nach Erythrosinbehandlung, trotz Aufhebung der geotropischen Empfindlichkeit für 2 Tage, eine Verminderung des Gehaltes an Statolithenstärke im allgemeinen nicht stattfindet.

Nach Boysen-Jensen (1934) wird der Effekt durch eine Abnahme des Wuchsstoffes verursacht. In *Vicia faba*-Wurzeln ist nach Erythrosin-Einwirkung häufig kein Wuchsstoff mehr nachzuweisen. Erst allmählich setzt wieder eine Wuchsstoffbildung ein, und gleichzeitig erhalten die Wurzeln ihr geotropisches Reaktionsvermögen zurück. Bei *Pisum*-Wurzeln scheint außerdem auch die Fähigkeit zur Wuchsstoffverschiebung stark vermindert zu sein. Czaja (1935b) erhält mit den Spitzen von *Vicia faba*-Wurzeln, die nach Erythrosin-Behandlung negativ geotropisch gewachsen sind, an *Avena*-Coleoptilen keine Krümmungen.

Syre (1939) kann zwar bestätigen, daß sich mit der von Boysen-Jensen ausgearbeiteten Dextrose-Agar-Methode bei ageotropischen Wurzeln kein Wuchsstoff mehr nachweisen läßt, andererseits ergibt aber eine Extraktion des Wuchsstoffes mit Chloroform nach Thimann einen ganz normalen Wuchsstoffgehalt. Ferner reagieren die Erythrosin-Wurzeln auf einseitig applizierten Wuchsstoff genauso wie die nicht behandelten Kontrollen. SYRE zieht den Schluß, daß weder Störungen der Auxin-Verlagerungsfähigkeit noch Auxinschwund oder -inaktivierung für das ageotropische Verhalten verantwortlich sein können.

Die Frage nach dem Wirkungsmechanismus des Eosins und der verwandten Farbstoffe bei der geotropischen Reaktion ist also noch ungeklärt.

Nach PARKER (1953) ist eine TTC-Behandlung der Maiswurzel ohne Folgen für deren Geotropismus. Das ageotropische Verhalten von Gurkenwurzeln, die 1 Stunde lang mit Neutralrot unter Einwirkung von Sonnenlicht behandelt werden, ist wohl auf eine photodynamische Schädigung der belichteten Flanke zurückzuführen, da die konkave Seite mehr abgestorbene Zellen aufweist als die konvexe (PATTERSON 1942).

Zusammenfassende Darstellungen der älteren Arbeiten über die Wirkung der Fluoresceinderivate auf Wachstum und Geotropismus der Wurzel finden sich bei KLINKOWSKI (1930) und STEPHAN (1932).

Von den Farbstoffen sollte man vor allem einen Einfluß auf den Phototropismus erwarten, und in der Tat kann METZNER (1923) in Analogie zu den Phototaxien bei den phototropisch unempfindlichen Keimwurzeln von *Avena sativa*, *Raphanus sativus*, *Lepidium sativum* und *Lens culinaris* mit Erythrosin und Rose bengale einen positiven Phototropismus induzieren. Dabei müssen zwei Arten der Krümmung unterschieden werden. In relativ hohen Erythrosinkonzentrationen (1:20000 bis 1:50000) sterben die dem Licht zugewandten Epidermiszellen auf Grund der photodynamischen Wirksamkeit des Farbstoffes ab, und es kommt zu einer der Lichtquelle zugekehrten Krümmung, die METZNER als „passive Krümmung" bezeichnet. Bei niedrigeren Konzentrationen (1:500000) zeigen dagegen die Wurzeln positiv phototropische Krümmungen, weil die dem Licht zugekehrte Seite langsamer wächst = „aktive Krümmung".

Die Ergebnisse können BLUM und SCOTT (1933) für Weizenwurzeln mit Erythrosin und STEINKE (1940) für die Wurzeln von *Avena sativa* und *Lens culinaris* mit Eosin, Erythrosin und schwächer auch mit Rose bengale und Magdalarot bestätigen. Die normalerweise negativ phototropisch reagierenden Keimwurzeln von *Helianthus annuus* werden positiv phototropisch. Keine Wirkung haben K-Fluorescein, Methylenblau, Rhodamin B, saures Berberinsulfat und Trypaflavin.

Nach den eingehenden Untersuchungen von H. ZIEGLER (1950a) ist K-Fluorescein doch wirksam, ebenso Oxypyrentrisulfosaures Na. Ferner ist der mit Eosin, K-Fluorescein und Oxypyren induzierte positive Phototropismus der Wurzeln von *Helianthus* und *Sinapis* reversibel, d. h., nach Übertragung der Wurzeln aus der Farbstofflösung in reines Leitungswasser kehrt die normale negativ phototropische Reaktion zurück. Die Rückkrümmung erfolgt besonders rasch bei K-Fluorescein und Oxypyren, u. zw. auch bei Übertragung der Wurzeln in dampfgesättigte Luft, wenn also ein Auswaschen des Farbstoffes fortfällt. Irreversibel sind die durch Erythrosin und Jodeosin induzierten Krümmungen. Mit Trypaflavin, das nach STEINKE (1940) ebenfalls nicht wirksam sein soll, erhält SCHNEIDER (1965) an Maiswurzeln ebenso wie mit Coriphosphin im Blaulicht eine Umstimmung des negativen in einen positiven Phototropismus. Auch Methylenblau hat eine Wirkung, aber entgegengesetzt den beiden Fluorochromen verstärkt es den negativen Phototropismus nicht nur im Rotlicht, sondern auch im Blaulicht, das durch eine Methylenblaulösung gefiltert wird. Methylenblau kann demnach im letzten Fall nicht als Photoakzeptor wirken.

Weniger klar ist die Beeinflussung des Phototropismus der Gramineen-Coleoptile und des Keimsprosses dicotyler Pflanzen. Nach Neukirchen (1930) übt Eosin auf die Weizen-Coleoptile keine deutliche Wirkung aus. Bei der Coleoptile von *Lolium perenne* hebt Eosin die phototropistische Empfindlichkeit auf (Boas 1933, Schweighart 1935), und bei der *Avena*-Coleoptile sowie den Sprossen von *Lepidium, Sinapis, Fagopyrum, Helianthus* und *Linum* kommt es in den Lösungen von Eosin-w-gelblich, K-Fluorescein und Oxypyrentrisulfosaurem Na zu negativ phototropischen Krümmungen (Abb. 109), die nach Entfernung der Farbstoff-

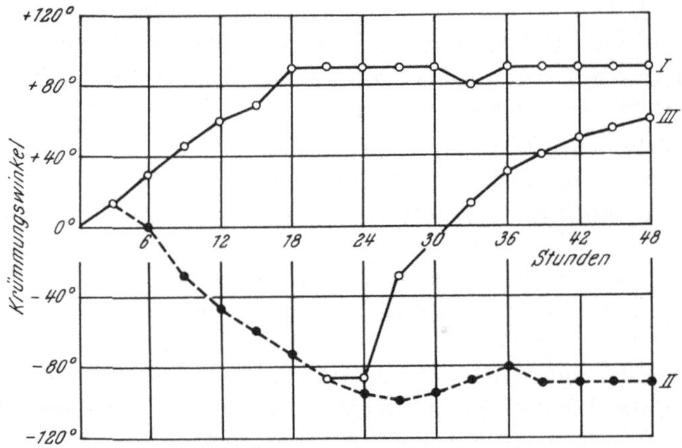

Abb. 109. Krümmung von *Helianthus*-Sprossen bei einseitiger Beleuchtung mit 400 Lux: I in Luft; II unter K-Fluoresceinlösung und III anschließend wieder in Luft. (Nach H. Ziegler 1950 a.)

lösung reversibel sind (H. Ziegler 1950 a). Die in Luft ragenden Teile zeigen zum Unterschied der untergetauchten bald photodynamische Schädigungen. Rose bengale, Erythrosin und Rhodamin B sind beim Sproß unwirksam. Bei den Sporangienträgern von *Phycomyces* wird jede Reaktion, auch der normale positive Phototropismus, und jeglicher Zuwachs unterbunden. Ziegler kommt zu dem Schluß, daß es sich bei dem Inversionsphänomen nicht um eine photodynamische Wirkung des aufgenommenen Farbstoffes handelt, sondern um eine Wirkung der das Organ umgebenden Farbstofflösung. Es können seiner Meinung nach auch nicht Änderung der Sauerstoffspannung, Verschiebung des pH-Wertes, Filterwirkung der Farbstofflösung oder die chemische Konstitution der wirksamen Farbstoffe dafür verantwortlich sein. Er vermutet, daß ein photoelektrischer Effekt vorliegt, da alle fluorescierenden Benzolderivate bei Belichtung Elektronen abgeben.

γ) Nastien

Der Einfluß von Farbstoffen auf die durch äußere Reize ausgelösten nastischen Bewegungen ist meines Wissens bisher noch nicht untersucht worden. Nur für die endogene Rhythmik von *Phaseolus multiflorus* liegen Angaben von Bünning (1956) vor. Werden abgeschnittene Pflanzen in Lösungen von Trypaflavin oder Acridinorange gestellt, so bedingen schon Konzentrationen, die erheblich unter den zu sichtbaren Schäden führenden liegen, deutliche Störungen der Rhythmik, denen ein Starrezustand folgt. Die Periodenlänge wird nicht geändert. Das letzte ist aber nach KELLER (1960) bei der Benutzung von Berberinchlorid und Viktoriablau der Fall. Berberinchlorid soll allerdings nur auf schwächere Winterpflanzen wirken. In Auraminlösungen verlaufen die Bewegungen ungestört, bis nach mehrtägiger Farbstoffeinwirkung die Blätter vergilben und erschlaffen.

4. Aufnahme und Speicherung der Farbstoffe durch die Zelle

Bei der Vitalfärbung muß man zwischen den Begriffen Intrameieren, Permeieren, Aufnahme und Speicherung unterscheiden. Unter Intrameieren verstehen wir das Eindringen des Farbstoffes in das Plasma, also den Durchtritt durch das Plasmalemma. Permeieren ist dagegen das Eindringen in die Vakuole, also der Durchtritt durch Plasmalemma, Binnenplasma und Tonoplasten. Bei der Aufnahme spielen außer Intrabilität und Permeabilität auch noch andere Faktoren eine Rolle, und wir müssen je nach Lokalisationsort des Farbstoffes in der Zelle zwischen einer Zellwand(= Membran)-, Plasma- und Vakuolenaufnahme unterscheiden (DRAWERT 1940). Für die Aufnahme des Farbstoffes durch die Zellwand sind die Permabilitätsverhältnisse des Plasmas ohne Bedeutung. Für die Aufnahme in das Plasma ist die Fähigkeit zum Intrameieren und für die Vakuolenfärbung die Fähigkeit zum Permeieren Voraussetzung. Die Aufnahme in das Plasma und in die Vakuole kann als Innenaufnahme der Zellwandaufnahme gegenübergestellt werden. Beide zusammen ergeben die Gesamtaufnahme einer Zelle. Unter Aufnahme schlechthin soll die Innenaufnahme verstanden werden. Da auf Grund der Giftigkeit und der schlechten Wasserlöslichkeit vieler Farbstoffe diese nur in sehr geringer Konzentration angewendet werden können, wird, von den meisten Fluorochromen abgesehen, ein Farbstoff in der Zelle erst sichtbar, wenn er über die gebotene Konzentration hinaus aufgenommen, d. h. gespeichert, wird. Diese Tatsache ist oft nicht berücksichtigt worden.

a) Geschwindigkeit der Farbstoffaufnahme und Farbstoffabgabe

Die Geschwindigkeit der Farbstoffaufnahme ist je nach Farbstoff und Zelle sehr unterschiedlich und wird durch die verschiedensten Außenfaktoren beeinflußt. Bei den Angaben in der Literatur handelt es sich meist um unbestimmte Mitteilungen relativer Art. Quantitative Werte finden sich selten.

Auffallend ist zunächst, daß einige Farbstoffe in kürzester Zeit aufgenommen werden, andere dagegen überhaupt nicht. Dazwischen gibt es alle Übergänge. So sind nach einem Aufenthalt von *Conferva-*, *Spirogyra-* und *Mesocarpus-*Fäden in einer Cresylblaulösung für 2 Sek., anschließendem Abspülen und Beobachten nach 30 Sek. die stark lichtbrechenden Körnchen in den Zellen intensiv gefärbt (P. A. DANGEARD 1916 c). Die Blätter von *Hymenophyllum demissum* färben sich mit Chrysoidin nach einigen Minuten, mit Neutralrot nach einigen Stunden und mit Methylenblau erst nach 8—12 Stdn. (HÄRTEL 1940). Für *Chara* findet BAZIN (1944 b) folgende Reihen: Bismarckbraun > Neutralrot > Viktoriablau und Rosanilin > Parafuchsin, Fuchsin > Kristallviolett > Diamantfuchsin > Malachitgrünchlorhydrat > Methylviolett $\geq$ Parisviolett $\geq$ Malachitgrünsulfat > Malachitgrünoxalat > Brillantgrün (BAZIN 1945). Die Aufnahmegeschwindigkeit von Orange G durch die Zellen längs der Leitbündel in den Perigonblättern von *Hyacinthus* (= *Galtonia*) *candicans* = 100 gesetzt, ergibt folgende Relativwerte: Cyanol und Rubin S = 25, Brillantponceau GG = 6, Methylorange = 4, Metanilgelb und Echtrot A sowie Trypanblau höchstens 2—3 (Collander und Holmström 1937). Die Permeationskonstante für die Neutralrotbase bei *Chara ceratophylla* und *Tolypellopsis stelligera* beträgt nach Collander, Lönegren und Arhimo

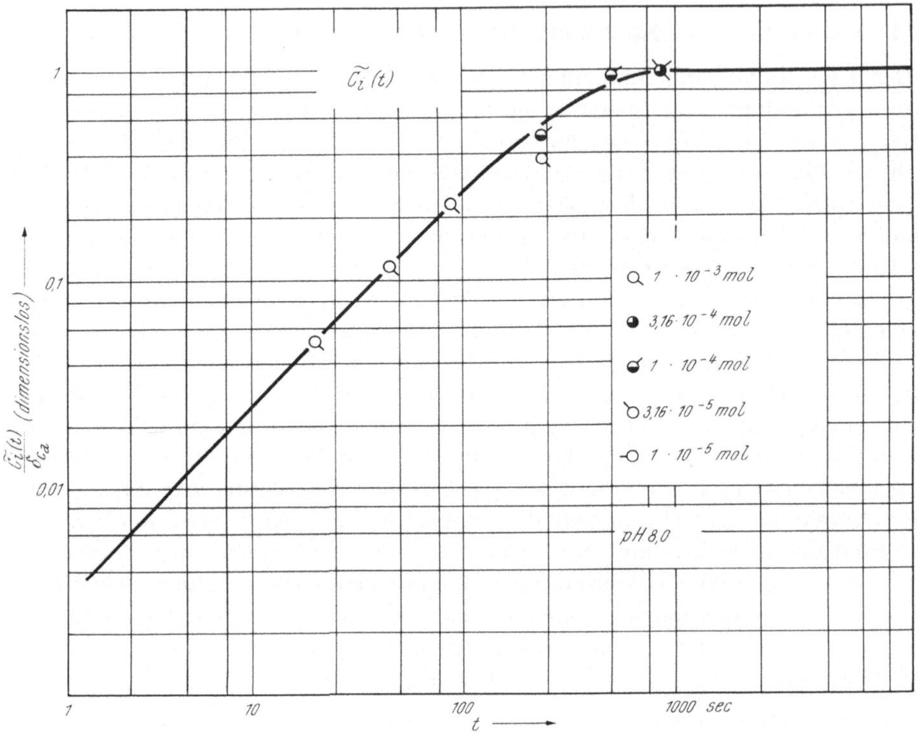

Abb. 110. Relativer zeitlicher Verlauf der Gesamtinnenkonzentration von Acridinorange in den Oberepidermiszellen der Zwiebelschuppen von *Allium cepa* bei Aufnahme des Farbstoffes aus einer auf pH 8 gepufferten Lösung. c_i Gesamtinnenkonzentration in der Vakuole, d. h. sowohl frei gelöster als auch eventuell adsorptiv gebundener Farbstoff; c_a Außenkonzentration, eine dimensionslose Zahl, die die Gesamtinnenkonzentration im Vielfachen der Außenkonzentration nach Einstellung des Gleichgewichtes angibt und als Speicherungsfaktor bezeichnet werden kann. (Nach Bartels 1954.)

(1943) 0,57 bzw. 0,67 cm/Std. Dieser Wert entspricht etwa der Geschwindigkeit, mit der Verbindungen von der Molekülgröße des Neutralrots in abgetötete *Chara*-Zellen eindringen. Demnach wird wahrscheinlich die Aufnahmegeschwindigkeit des Neutralrots nicht vom Permeationswiderstand des Plasmas, sondern von dem der Zellwand bestimmt. Verglichen mit den Permeationskonstanten für Glycerin und Harnstoff an den gleichen Objekten, wird die Neutralrotbase mindestens 800—8000mal schneller als Glycerin und mehr als 100—800mal schneller als Harnstoff aufgenommen. In die Unterepidermiszellen der Zwiebelschuppen von *Allium cepa* dringt nach den gleichen Autoren die Neutralrotbase etwa 20 000mal schneller ein als Harnstoff.

Bartels (1954) versucht spektrophotometrisch die Aufnahme und Speicherung von Acridinorange durch die Oberepidermiszellen der Zwiebelschuppen von

Allium cepa in Abhängigkeit von der Zeit zu bestimmen. Der zeitliche Anstieg der Gesamtinnenkonzentration erfolgt in den ersten 200 Sek. linear zu der Zeit (Abb. 110), was auch von BANCHER und HÖLZL (1960 b) bestätigt werden kann. Doch darf dieser Befund nicht verallgemeinert werden. Für Thionin (Abb. 111) er-

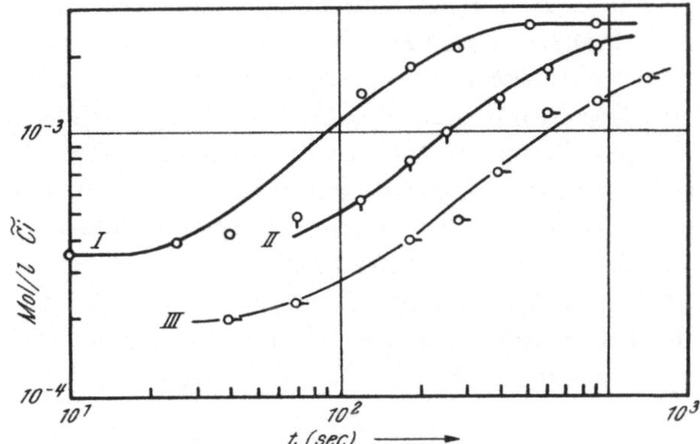

Abb. 111. Zeitlicher Verlauf der Gesamtinnenkonzentrationszunahme von Thionin in den Oberepidermiszellen der Zwiebelschuppen von *Allium cepa* bei Aufnahme des Farbstoffes aus einer auf pH 11,23 gepufferten Lösung für c_a = I 2,5 · 10⁻³ mol; II 7,5 · 10⁻⁴ mol; III 2,5 · 10⁻⁴ mol. (Nach BARTELS und SCHWANTES 1955.)

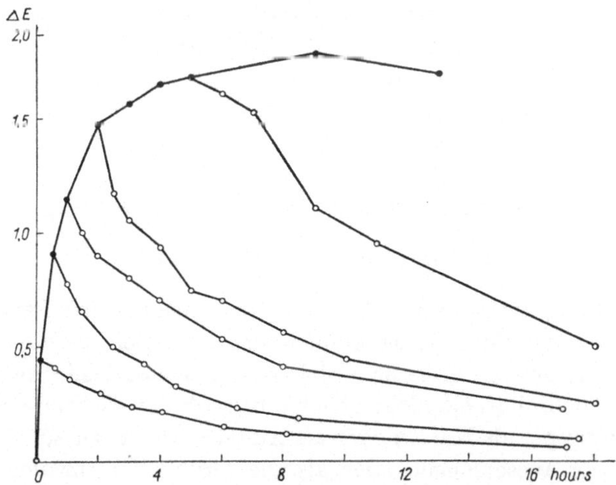

Abb. 112. Zeitlicher Verlauf der Gesamtinnenkonzentrationszunahme (—●—) von Rhodamin B in den Blattzellen von *Helodea canadensis* bei Aufnahme des Farbstoffes aus einer Lösung 1 : 1000 und zeitlicher Verlauf der Farbstoffabgabe (—○—) bei Übertragung der gefärbten Blättchen nach verschiedenen Färbungszeiten in ein farbloses Medium. △ E Extinktion bei 557 nm. (Nach ZURZYCKI und STARZECKI 1961.)

geben sich andere Verhältnisse (BARTELS und SCHWANTES 1955). Für Rhodamin B bringen ZURZYCKI und STARZECKI (1961) den Verlauf der spektrophotometrisch gemessenen Aufnahme durch die Blattzellen von *Helodea canadensis* über einen längeren Zeitraum (Abb. 112).

Wie bei der Farbstoffaufnahme gibt es auch bei der Farbstoffabgabe durch die gefärbten Zellen an ein farbloses Außenmedium alle Übergänge von einem relativ raschen Austritt bis zu einer praktisch nicht meßbaren Abgabe, d. h., die

Zellen behalten im letzten Fall den einmal gespeicherten Farbstoff bis zu ihrem Absterben.

Ganz allgemein verläuft die Abgabe des Farbstoffes in den meisten Fällen langsamer als die Aufnahme, wie aus Abb. 112 für Rhodamin B nach den Untersuchungen von Zurzycki und Starzecki (1961) hervorgeht. Der Austritt von Neutralrot aus gefärbten Blattzellen von *Helodea canadensis* erfolgt 2- bis 15mal langsamer als die Aufnahme (Esterák 1935). Ähnlich liegen die Verhältnisse für Rose bengale bei roten Blutkörperchen (Gilbert und Blum 1942). Nach Irwin (1926 c) hängt die Geschwindigkeit der Abgabe von Brillantcresylblau durch *Nitella* von der Farbstoffkonzentration im Zellinnern ab. Bei schwach gefärbten Zellen vollzieht sich der Farbstoffaustritt mit annähernd gleicher Geschwindigkeit, erfolgt aber merklich langsamer bei höheren Konzentrationen. Das unterschiedliche Verhalten verschiedener Farbstoffe kann man am besten nach einer Mehrfachfärbung der Zellen beobachten. Mit Rhodamin B und Uranin gefärbte Oberepidermiszellen der Zwiebelschuppen von *Allium cepa* geben bei einer Wässerung das Rhodamin B viel schneller als das Uranin ab (Höfler, Ziegler und Luhan 1956).

Während von den anionischen Farbstoffen Rose bengale (Gilbert und Blum 1942) oder das amphotere Methylrot (Zöttl 1960) sich relativ leicht auswaschen lassen, werden die sulfosauren Farbstoffe, wie Säurefuchsin, Cyanol, Ponceau u. a., wenn sie einmal aufgenommen sind, selbst bei wochenlanger Wässerung nicht wieder abgegeben, vorausgesetzt, daß die Zellen in dieser Zeit nicht absterben (Küster 1911, Collander 1921, Banus 1924, Drawert 1941 a).

Die Geschwindigkeit der Aufnahme hängt natürlich auch z. T. von der gebotenen Farbstoffkonzentration ab, doch soll dieser Punkt erst später betrachtet werden (s. S. 345).

b) Eigenschaften des Farbstoffes, die die Vitalfärbung beeinflussen

α) Chemische Konstitution

Overton (1899) stellt bereits fest, daß die kationischen Farbstoffe von der lebenden Zelle bedeutend leichter aufgenommen werden als die entsprechenden sulfosauren Salze, obwohl diese eine viel bessere Wasserlöslichkeit zeigen. Es ist also für die Aufnehmbarkeit nicht gleichgültig, ob der färbende Bestandteil, die chromophore Gruppe, als Kation oder als Anion vorliegt. Dieser Punkt ist für die Vitalfärbung viel ausschlaggebender als die Grundstruktur der chromophoren Gruppe. Ferner macht sich die Art der auxochromen Gruppen dadurch bemerkbar, daß sie maßgebend die lipophilen Eigenschaften des Farbstoffes mitbestimmt.

Die Bedeutung der auxochromen Gruppen für spezielle Fälle geht aus dem Verhalten verschiedener Janusgrün-Derivate bei der Vitalfärbung der Chondriosomen hervor. Schon Michaelis (1900) weist darauf hin, daß nur das Diaethyl-Derivat (= Janusgrün B) die „Körnchen" und „Fädchen" im Plasma (= Chondriosomen) elektiv färbt. Nach Cowdry (1918, 1925) hebt bereits ein Ersatz der beiden Aethylgruppen durch Methylgruppen (= Janusgrün G) das elektive Färbevermögen für Chondriosomen auf.

Das unterschiedliche Verhalten von Janusgrün B und Janusgrün G kann von Drawert (1953) für Pflanzenzellen bestätigt werden. Eine Änderung im „Nicht-

Safranin"-Teil des Moleküls hebt die Spezifität für Chondriosomen nicht auf. So färbt Janusblau (mit β-Naphthol-Ring) wie Janusgrün B die Chondriosomen tierischer Zellen, nur langsamer (LAZAROW und COOPERSTEIN 1953 a). In lebenden Pflanzenzellen soll es allerdings nie eine wahrnehmbare Färbung ergeben (GUILLIERMOND und GAUTHERET 1938 c).

Nach Untersuchungen über die Zellsaftfärbung bei *Chara* soll die Permeierfähigkeit eine Funktion der vorhandenen Aminogruppen sein (BAZIN 1945, 1946). Farbstoffe derselben Grundstruktur mit der gleichen Zahl von Aminogruppen permeieren um so langsamer, je mehr die Aminogruppen substituiert sind; so wird Thionin mit unsubstituierten NH_2-Gruppen (S. 120, Formel 6, I) stärker gespeichert als Methylenblau, dessen NH_2-Gruppen methyliert sind (S. 18, Formel 1, XVI). Dieser Befund kann aber nicht verallgemeinert werden. Außerdem setzt der Autor Speicherung gleich Permeabilität. Für die Speicherung können aber ganz andere Eigenschaften des Farbstoffes von Bedeutung sein als für die Permeabilität.

Die Angaben über die Aufnahme reduzierter Farbstoffe im Vergleich zur oxydierten Stufe widersprechen sich. Nach GUILLIERMOND und GAUTHERET (1938 e) werden die Leukoderivate von Janusgrün, Neutralrot, Cresyl-, Nil- und Methylenblau von Hefe-, *Allium cepa-*, *Saprolegnia-* u. a. Zellen genauso wie die normalen Farbstoffe aufgenommen und gespeichert, nur die Aufnahmegeschwindigkeit ist verringert. Später gibt GUILLIERMOND (1940) allerdings an, daß die Leukoform vom Neutralrot von Hefezellen nicht aufgenommen wird. In Paramaecien sollen die durch Reduktion mit Rongalit erhaltenen Leukoformen meist besser eindringen als die Farbstoffe selbst (GERSCH 1937 a).

Außer der Struktur des Chromogens kann aber auch der nicht gefärbte Bestandteil des Farbstoffes, bei den kationischen Farbstoffen also das Anion, für die Vitalfärbung, besonders für die Aufnahmegeschwindigkeit, von Einfluß sein. PFEFFER (1886) kann für die Aufnahme von Methylenblau keinen Unterschied zwischen dem salzsauren und dem citronensauren Salz sowie der freien Farbbase feststellen. Das gallussaure und das chinasaure Salz werden dagegen langsamer und das gerbsaure Salz gar nicht aufgenommen. OVERTON (1900) findet, daß Nitrat, Hydrochlorid, Sulfat und Acetat des Rosanilins ungefähr gleich schnell die lebenden Zellen färben. ENDLER (1912 b) beobachtet, daß Neutralrot als Carbonat von *Spirogyra* schneller gespeichert wird als das Acetat und dieses wiederum schneller als das Hydrochlorid. Die Unterschiede sind bei verschiedenen pH-Werten der Lösung verschieden groß, deshalb führt sie ENDLER auf die hydrolytische Spaltung zurück. Durch die frei werdende Salzsäure beim Hydrochlorid wird die cH der Farblösung stärker erhöht als durch die Hydrolyse des Acetats oder Carbonats. Auch PRZESMYCKI (1915 b) weist darauf hin, daß die Base des Neutralrotes *Opalina ranarum* besser färbt als das Farbsalz. BAZIN (1944 a, b) bringt für die Aufnahmegeschwindigkeit der verschiedenen Salze von Neutralrot und Bismarckbraun nach Versuchen mit *Helodea canadensis* und *Chara* folgende Reihe: Phenylpropionat > Isobutyrat > Chlorhydrat > Sulfat > Citrat > Succinat, und für Malachitgrün erhält er bei *Chara* die Reihe: Chlorhydrat > Sulfat > Oxalat (BAZIN 1945).

Von anionischen Farbstoffen erwähnt DRAWERT (1960 a) für Na- und K-Fluorescein, daß für die Vitalfärbung keine nennenswerten Unterschiede bestehen.

Das abweichende Verhalten der verschiedenen Salze desselben Farbstoffes kann in einigen Fällen, wie in den Versuchen von Pfeffer, auf einem unterschiedlichen Dispersitätsgrad beruhen. Doch dürften das Ausnahmen sein. Eine viel größere Rolle wird die hydrolytische Spaltung spielen, wie es Endler richtig erkannt hat. Je nach der Menge frei werdender permeierfähiger Farbbase und je nach Stärke der frei werdenden Säure und damit zusammenhängend der Aufnahmefähigkeit der Säure durch die Zelle werden recht unterschiedliche Ergebnisse erhalten, da sowohl die cH des Außenmediums als auch die cH des Zellsaftes die Aufnahme und Speicherung der Farbstoffe maßgebend beeinflussen.

β) Dispersitätsgrad

Im Zusammenhang mit den Ergebnissen von Pfeffer (1886) mit verschiedenen Salzen vom Methylenblau wurde bereits darauf hingewiesen, daß der Dispersitätsgrad der Farbstoffe für ihre Aufnahmefähigkeit von Wichtigkeit sein kann. Nach unseren heutigen Kenntnissen hat der Dispersitätsgrad bei der Vitalfärbung aber kaum die Bedeutung, die ihm von seiten der Anhänger der Ultrafiltertheorie zugesprochen wird, dazu gehörte auch der Verfasser dieser Zeilen (Drawert 1940, 1941 a). Der durch die Teilchengröße bedingte Diffusionswiderstand kommt allem Anschein nach in erster Linie in der Zellwand zur Wirkung; denn nach Collander, Lönegren und Arhimo (1943) entspricht die Permeationskonstante für die Neutralrotbase bei lebenden *Chara*-Zellen derjenigen entsprechender Verbindungen für tote *Chara*-Zellen (vgl. S. 336). Als stärker hemmender Faktor wirkt sich bei der Pflanzenzelle die Teilchengröße erst aus, wenn die Teilchen so groß werden, daß ein hoher Prozentsatz nicht mehr durch die Zellwand hindurchtreten kann.

Aus Abb. 17 und 18 auf S. 72, 73 geht hervor, daß die Farbstoffe, deren Diffusionsweg in Gelatine unter einer bestimmten Grenze liegt, nicht mehr von der lebenden Zelle aufgenommen werden. Hier tritt aber nicht die Permeabilität des Plasmas als begrenzender Faktor auf, wie ich früher annahm, sondern die Durchlässigkeit der Zellwand. Wie aus Abb. 17 abzulesen ist, müssen die Zellwände der Mesophyllzellen von *Philadelphus*-Blumenblättern durchlässiger sein als die der Epidermiszellen der Blumenblätter von *Chrysanthemum leucanthemum*.

Wenn mit dem Alter der Farbstofflösung der Dispersitätsgrad abnimmt, wie beim Prune pure (S. 89), unterbleibt von einer bestimmten Teilchengröße an eine Vitalfärbung, weil der Farbstoff bereits von der Zellwand abgefiltert wird, wie es bei den Hydropoten (S. 246, Abb. 81) und den Wurzelhaaren direkt mikroskopisch zu sehen ist.

γ) Dissoziation

Die unterschiedliche Aufnehmbarkeit der verschiedenen Salze desselben Farbstoffes wurde mit Endler (1912 b) auf den unterschiedlichen Dissoziationsgrad zurückgeführt. Je stärker ein Farbstoff in der Lösung dissoziiert ist, um so weniger eignet er sich für die Vitalfärbung. Besonders deutlich tritt diese Tatsache bei den anionischen Farbstoffen in Erscheinung. Mit den stark dissoziierten sulfosauren Farbstoffen färben sich nur ganz bestimmte Kategorien von Pflanzenzellen (S. 403), und außerdem auch nur bei Sauerstoffgegenwart und erst nach längerer Farbstoffeinwirkung. Die schwächer dissoziierten und zu einer hydrolytischen Spaltung neigenden anionischen Farbstoffe der Xanthengruppe und die meisten kationischen Farbstoffe werden viel leichter von der Zelle aufgenommen. Ein anionischer Farbstoff färbt den Zellsaft von *Valonia* nach S. C. und M. M. Brooks (1932) nur, wenn seine Dissoziationskonstante kleiner als $2 \cdot 10^{-6}$ — 10^{-3} ist. Besonders bei den kationischen Farbstoffen wirkt sich der Dissoziationsgrad auch auf die Farbstoffverteilung in der Zelle aus.

δ) Lipophilie

Der Einfluß der auxochromen Gruppen auf die Vitalfärbung scheint vor allem über die Lipoidlöslichkeit zu gehen. So haben Art und Zahl der Alkylgruppen einen starken Einfluß auf die Lipophilie eines Farbstoffes, wie Sauer (1960) zeigen kann (vgl. S. 119 u. f.). Diese Lipophilie wird sich aber erst bemerkbar machen, wenn der Farbstoff als Molekül der freien Farbbase oder Farbsäure vorliegt. Das Farbstoffion ist durch seine Wasserhülle in jedem Fall extrem hydrophil. Das heißt aber, daß die Lipophilie auch vom Dissoziationsgrad, besonders von der hydrolytischen Spaltung, abhängt.

ε) Ober-(Grenz-)flächenspannung

Die bessere Eignung der kationischen Farbstoffe für die Vitalfärbung kann auch mit ihrer größeren Oberflächenaktivität zusammenhängen (vgl. S. 99 u. f.). Da die Grenzflächenaktivität in vielen Fällen mit der Lipoidlöslichkeit parallel geht, wird auch in diesem Fall der Dissoziationsgrad eine bedeutende Rolle spielen.

c) Außenfaktoren, die die Vitalfärbung beeinflussen

Von den skizzierten Eigenschaften der Farbstoffe, die sich auf die Vitalfärbung auswirken können, scheint dem Dissoziationsgrad eine zentrale Bedeutung zuzukommen. Da vom Dissoziationsgrad aber verschiedene andere Eigenschaften des Farbstoffes abhängen, erhebt sich die Frage, ob die Dissoziation über den Dispersitätsgrad, die Lipophilie oder die Oberflächen-, besser Grenzflächenspannung wirkt. Zur Klärung dieser Frage soll der Einfluß von Außenfaktoren auf die Vitalfärbung untersucht werden.

α) Farbstoffkonzentration

Das Sichtbarwerden eines Farbstoffes in der Zelle ist eine Funktion von Konzentration und Zeit (MacArthur 1921). Handelt es sich um einen reinen Diffusionsvorgang, dann muß die Aufnahmegeschwindigkeit entsprechend dem Fickschen Diffusionsgesetz der Farbstoffkonzentration proportional verlaufen (Szücz 1910). Je nach Dissoziationsgrad, Adsorption an der Zellwand und Giftwirkung des Farbstoffes auf die Zelle und dadurch hervorgerufene Änderung der Permeabilität wird diese Proportionalität mehr oder weniger stark verwischt. Ferner muß man, besonders bei den stärker dissoziierten sulfosauren Farbstoffen, mit einer anosmotischen Aufnahme rechnen.

Bei entsprechender Speicherfähigkeit der Zelle kann eine Vitalfärbung aus extrem verdünnten Lösungen erfolgen. Das ist nach eigenen Untersuchungen z. B. bei manchen Schließzellen für Neutralrot der Fall. Häufig ist aber auch eine gewisse minimale Grenzkonzentration erforderlich, damit es noch vor dem Absterben der Zellen zu einer Vitalfärbung kommt. Nach P. Dangeard (1941) färben sich Hefen und Zellen von Phanerogamenwurzeln im allgemeinen nicht mehr in Neutralrotlösungen von geringerer Konzentration als 1:100000. Ranunculaceen-Pollen, z. B. von *Caltha palustris*, sind dagegen in der Lage, noch aus Lösungen von 1:1000000 bis zu 1:10000000 so viel Neutralrot aufzunehmen, daß sich in der Vakuole Kristallnadeln bilden, und bei verschiedenen Meeresalgen, z. B. bei *Ectocarpus*, färben sich „Fucosankörner" noch in einer Neutralrotlösung von

Tab. 67. *Konzentrationsschwellen der Färbung von Desmidiaceen mit Toluidinblau pH ~ 12.*
A = Färbezeit 5 Min.; B = Färbezeit 30 Min.; + = violette Vakuolenfärbung; 0 = grünblaue Färbung der Körnchen im Plasma. (Nach Hirn 1953a.)

	A						B					
	1:10 000	1:100 000	1:300 000	1:600 000	1:1 000 000	1:1 300 000	1:10 000	1:100 000	1:300 000	1:600 000	1:1 000 000	1:1 300 000
Spirotaenia condensata	+	+	−	−	−		+	+	−	−	−	−
Penium polymorphum	+	+	−	−	−		+	+	−	−	−	−
Tetmemorus laevis	+	+	−	−	−	−	+	+	−	−	−	−
Staurastrum teliferum	+	+	−	−	−		+	+	−	−	−	−
Cosmarium amoenum	+	+	−	−	−		+	+	−	−	−	−
C. globosum	0	0	−	−	−		0	0	0	0	−	−
C. pyramidatum	0	0	−	−	−	−	0	0	0	0−	−	−
C. palangula	0	0	−	−	−	−	0	0	0	0	0	−
Euastrum insigne	0+	0	−	−	−	−	0+	0	0	−	−	−
E. humerosum	0+	0	−	−	−		0+	0	0	−	−	−
E. didelta	0+	0	−	−	−		0+	0	0	−	−	−
Cylindrocystis breb.	0	0	0	0	0	−	0	0	0	0	0	0

1:1 Milliarde innerhalb von 24 Stdn. Wird das Seewasser filtriert, um eine Adsorption des Farbstoffes an fremde Bestandteile im Wasser zu verhindern, treten selbst noch in Lösungen von 1:10 Milliarden Färbungen auf. Bei Paramaecien reicht gerade noch eine Neutralrotverdünnung von 1:450000 zu einem Färbungseffekt aus (Gersch 1937a).

Untersuchungen über die Konzentrationsschwelle der Färbung von Vakuole und von im Plasma liegenden Körnchen („Kopetzkysche Körperchen") hat Hirn (1953a) an Desmidiaceen durchgeführt. Ein Teil ihrer Ergebnisse ist Tabelle 67 zu entnehmen.

Für Azur I gibt Pekarek (1938) an, daß sich die Oberepidermiszellen der Schuppenblätter von *Allium cepa* bei einer Lösung des Farbstoffes in Leitungswasser (pH ~ 7,5) nicht in Konzentrationen von 0,001 bis 0,003%, sondern erst von 0,006% an aufwärts färben. Bei einer Lösung von 0,002% Trimethylthionin in Leitungswasser (pH ~ 7,4) tritt an demselben Objekt nur eine reine Vakuolenfärbung auf, während bei 0,02% auch die Zellwände gefärbt sind (Borriss 1937a). Bancher und Hölzl (1960b) beschreiben dieselbe Erscheinung am gleichen Objekt für Neutralrot in Leitungswasser. In den stark verdünnten Lösungen bis zu $\sim 0,01\%$ färbt sich nur der Zellsaft, ab $0,033\%$ auch die Zellwand.

Da es sich in diesen Fällen vor allem um Zellwandfärbungen handelt, kann eine Blockierung durch die Kationen des Leitungswassers vorliegen (vgl. S. 373). Diese blockierende Wirkung von Salzen auf die Zellwandfärbung mit kationischen Farbstoffen ist außer von der Salz- auch von der Farbstoffkonzentration abhängig (BORRISS 1937 b).

Die Zellen der Schuppenblätter von *Allium cepa* färben sich bei Anwendung der Transpirationsstrommethode erst mit 5%igen Prontosil-Lösungen (KÜSTER 1952 b). Die Färbung des Zellsaftes mit Prontosil ist aber ein aktiver, anosmotischer Vorgang, so daß dieser Prozeß nicht mit der Aufnahme der normalen kationischen Farbstoffe verglichen werden kann. Bei der aktiven Aufnahme der sulfosauren Farbstoffe kommt es auch auf das Objekt an. Für die Blumenblätter von *Chrysanthemum leucanthemum* findet FABBRICOTTI-OBERRAUCH (1965 b) bei der Aufnahme von Cyanol, Ponceau und Orange G, daß die gleiche Färbungsintensität bei schwächerer Konzentration (K) nach entsprechend längerer Zeit (T) erreicht wird, so daß sich für eine bestimmte Färbungsintensität die Relation $T \cdot K = {}= \text{const.}$ ergibt. Für andere Objekte trifft das aber nicht zu, sondern hier bleibt in niedrigen Farbstoffkonzentrationen auch nach längerer Färbungszeit die Färbungsintensität bedeutend zurück.

Die Farbstoffkonzentration der Außenlösung kann sich auf die Schnelligkeit und Intensität der Färbung sowie auf die Verteilung eines Farbstoffes in der Zelle auswirken.

Eine konzentrationsabhängige Farbstoffverteilung wird z. B. für Paramaecien angeführt. Mit Neutralrot färben sich nach SLONIMSKI und ZWEIBAUM (1922) bei starker Verdünnung nur die Nahrungsvakuolen; bei höherer Konzentration ist eine granuläre und bei noch höherer eine diffuse Plasmafärbung zu beobachten. Ähnliche Effekte, z. B. auch mit anderen kationischen Farbstoffen, erhalten an Paramaecien FORTNER (1937), GERSCH (1937 a) und STRELIN (1951).

Auf einer konzentrationsabhängigen Farbstoffverteilung fußen auch die Angaben von KELLER und GICKLHORN (1928), daß kationische Farbstoffe je nach Konzentration im Gewebe angeblich Kathoden oder Anoden im Sinne von KELLER (s. S. 559) elektiv herausfärben.

Nach GEITLER und TSCHERMAK-WOESS (1956) zeigt die Gallerthülle von *Torulopsidosira ellipsoidea* je nach der Toluidinblaukonzentration eine differente Färbung. Bei hoher Konzentration weisen die älteren Zellen einen einheitlichen Mantel dunkelviolett gefärbter Gallerte auf. Bei Farbstoffverminderung quillt der Gallertmantel, und in einer farblosen Grundsubstanz sind radial angeordnete, gefärbte, stachelartige Gebilde zu erkennen.

Für Uranin beschreibt DÖRING (1935) an Oberepidermiszellen der Schuppenblätter von *Allium cepa* bei pH 8 der Farbstofflösung folgende Verteilung: 1:1000 Plasmafärbung, 1:10000 Vakuolenfärbung, 1:1000000 keine Färbung mehr. Die Plasmafärbung in den stärker konzentrierten Lösungen wird auf eine Zurückdrängung der Dissoziation zurückgeführt, da nur der undissoziierte Bestandteil des Farbstoffes zu einer Plasmafärbung imstande ist. Mit einer Änderung des Dissoziationsgrades erklärt ZÖTTL (1960) die unterschiedliche Lage der Färbeschwelle in der pH-Skala für Methylrot verschiedener Konzentration. Bei *Spirogyra* liegt die Färbeschwelle für 1:100000 bei pH 6,1 und für 1:10000 bei pH 7,1. In beiden Fällen sollen gleich viel undissoziierte Farbmoleküle vorhanden sein.

Eine Färbung der Chondriosomen mit Janusgrün B ist nur bei der Verwendung niedriger Konzentrationen möglich (Guilliermond 1949, Lazarow und Cooperstein 1953a). Bei höheren Konzentrationen können sich auch andere Bestandteile der Zelle färben, doch sind bei der relativ hohen Giftigkeit dieses Farbstoffes diese Färbungen im allgemeinen schon Folgen einer Zellschädigung.

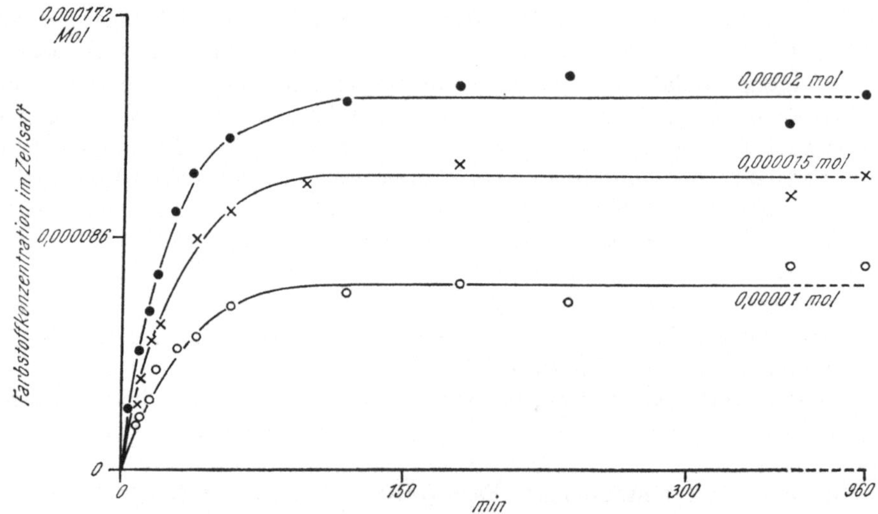

Abb. 113. Die Speicherung von Brillantcresylblau durch die Vakuole von *Nitella* in Abhängigkeit von der Außenkonzentration bei pH 6,9 und 25° C bis zur Erreichung des Gleichgewichtes. (Nach Irwin 1925/28.)

Die bei höheren Acridinorangekonzentrationen auftretende Rotfluorescenz kann ebenfalls auf eine Schädigung der Zelle durch den Farbstoff und eine darauf beruhende stärkere Adsorption desselben zurückzuführen sein. So erhält Hagedorn (1955a) bei Actinomyceten in Lösungen von 1:1000 in wenigen Sekunden, von 1:2000 nach 30 Sek. eine Rotfluorescenz, während bei den Konzentrationen 1:5000 bis zu 15 Min. und 1:10000 bis zu 5 Stdn. eine Grünfluorescenz der Zellen erhalten bleibt. Für diese Deutung sprechen auch die Befunde von Schwartz (1959) mit Hefezellen über die Abhängigkeit einer irreversiblen Schädigung durch Acridinorange von der Suspensionsdichte. Mit steigender Suspensionsdichte verringert sich die Schädigung. Der gleiche Effekt wird durch Zusatz von DNS erzielt, da DNS den Farbstoff bindet und dadurch die Konzentration des gelösten Acridinoranges herabsetzt.

Brooks (1931) führt die Erscheinung, daß nach Erreichung des Gleichgewichtszustandes bei *Valonia* die Innenkonzentration von o-Chlorphenolindophenol bei höherer Außenkonzentration relativ höher ist als bei niedriger, auf eine Schädigung der Zellen durch den Farbstoff zurück.

Bei einer Vakuolenfärbung mit kationischen Farbstoffen bilden sich nicht selten tropfenartige, intensiv gefärbte Entmischungen. Diese Gebilde, z. B. in Schließzellen (Beyer 1929) und *Allium cepa*-Epidermen (Elsner 1932), entstehen um so rascher, je höher die Farbstoffkonzentration ist. In den Protonemazellen von *Polytrichum commune* wandern die nach Neutralrotfärbung sich im Zellsaft entmischenden Tropfen in das Cytoplasma ein. Hier sollen Bildung und Wanderung der Aggregate nur bei geringeren Farbstoffkonzentrationen zu beobachten sein (GUILLIERMOND 1937b).

Die Abhängigkeit der Speicherungsgeschwindigkeit und der Höhe der Innenkonzentration nach Erreichen des Gleichgewichtszustandes von der Außenkonzentration untersucht IRWIN (1925/28) für Brillantcresylblau an *Nitella* durch

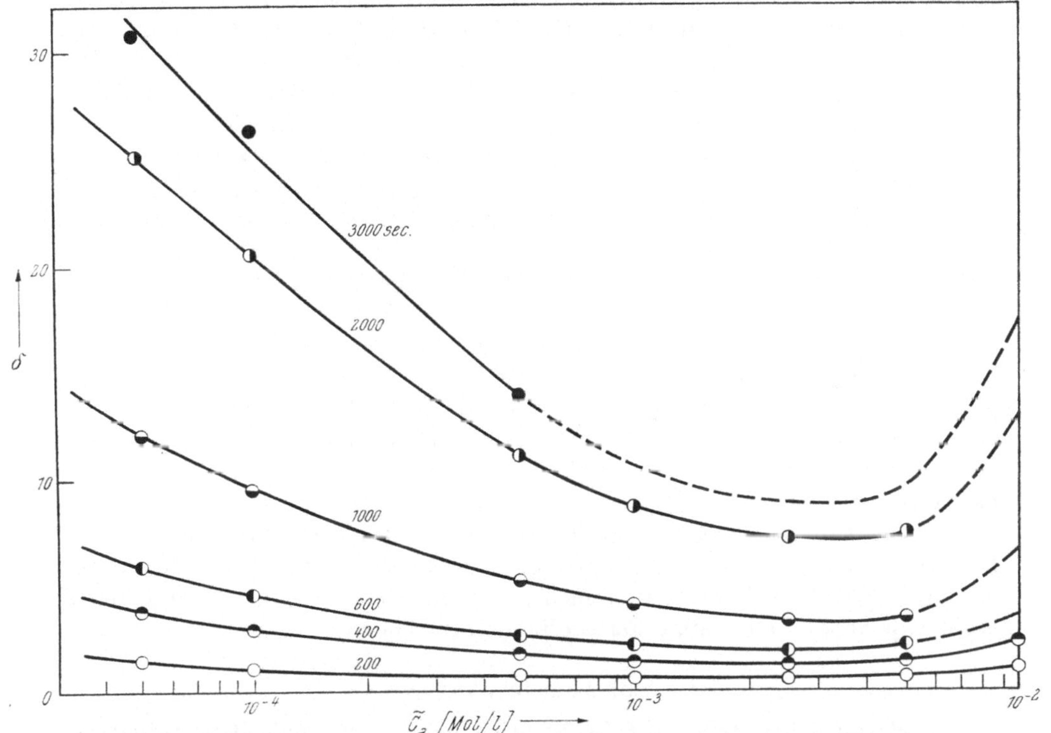

Abb. 114. Speicherungsfaktor δ für Neutralrot bei Oberepidermiszellen der Schuppenblätter von *Allium cepa* als Funktion der Gesamtaußenkonzentration c_a für verschiedene Zeiten. (Nach BARTELS und SCHWANTES 1957.)

kolorimetrischen Vergleich des isolierten Zellsaftes mit einer Konzentrationsreihe des Farbstoffes. Bei Konzentrationen, die zunächst zu keiner Schädigung führen, sind Speichergeschwindigkeit und Innenkonzentration um so größer, je höher die Außenkonzentration ist (Abb. 113).

HOMÈS (1930, 1933) studiert das gleiche mit Methylenblau an *Helodea canadensis* und einigen Braunalgen durch Bestimmung der Farbstoffabnahme im Außenmedium unter Berücksichtigung des Fehlers, der durch Farbstoffadsorption an die Zellwand entsteht. Er findet, daß die Geschwindigkeitskonstante von der Anfangskonzentration in der Außenlösung unabhängig ist, während das Verhältnis Innenkonzentration zu Außenkonzentration im Gleichgewichtszustand mit steigender Außenkonzentration kleiner wird.

Bei *Chaetopterus*-Eiern, die Neutralrot granulär im Plasma speichern, ist die aufgenommene Farbstoffmenge proportional der Außenkonzentration (COM-

Moner 1938). Hier wird der Farbstoff zur photometrischen Bestimmung mit alkoholischer Salzsäure den gefärbten Eiern wieder entzogen.

Bartels (1954) sowie Bartels und Schwantes (1955, 1957) untersuchen für Acridinorange bzw. für Thionin und Neutralrot die Aufnahme durch die Oberepidermiszellen der Schuppenblätter von *Allium cepa* spektrophotometrisch. Für Acridinorange und Neutralrot steigt die Innenkonzentration mit der Außenkonzentration linear an. Beim Acridinorange ist die Gesamtinnenkonzentration immer um den konzentrationsunabhängigen Speicherungsfaktor δ größer als die Außenkonzentration. Im untersuchten Fall beträgt $\delta = 10{,}8$. Für Neutralrot zeigt δ einen stetigen Anstieg mit fallender Außenkonzentration (Abb. 114). Die Aufnahme von Thionin erfolgt zunächst sehr langsam und erfährt dann in einem von der Außenkonzentration abhängigen Zeitpunkt eine Beschleunigung. Mit steigender Außenkonzentration verschiebt sich dieser Punkt zu kürzeren Zeiten (Abb. 111). Auch beim Thionin zeigt δ eine Konzentrationsabhängigkeit.

Entsprechend den Angaben von Bartels und Schwantes (1957) finden auch Bancher und Hölzl (1960b) für Neutralrot, daß die Speicherung bei geringen Außenkonzentrationen verhältnismäßig rascher erfolgt, ebenso tritt bei höheren Außenkonzentrationen wieder eine Zunahme der Speichergeschwindigkeit auf.

Nach Leman (1964) nehmen Hefezellen aus zwei verschiedenen Nilblaukonzentrationen bei entsprechender Acidität der Außenlösung annähernd gleiche prozentuale Mengen der Anfangskonzentration auf. Die Farbstoffaufnahme wird als Differenz der Anfangskonzentration der Außenlösung und der Restlösung unter bewußter Außerachtlassung des Lokalisationsortes in der Zelle kolorimetrisch bestimmt.

Für die Untersuchung des Einflusses der cH des Außenmediums auf die Farbstoffaufnahme ist der Befund von Vakaet (1952) wichtig, daß die Granulafärbung mit Toluidinblau in tierischen Eiern um so weiter im sauren Bereich beginnt, je höher die benutzte Farbstoffkonzentration ist.

β) Temperatur

Im allgemeinen bedingt eine Temperaturerhöhung eine schnellere Aufnahme sowohl der kationischen als auch der anionischen Farbstoffe. Dieser Effekt wird bereits von Pfeffer (1886) für die Methylenblaufärbung beobachtet und kann in der Folgezeit immer wieder bestätigt werden; so für die Färbung von Erythrocyten mit Methylenblau (Ross 1909) und Rose bengale (Gilbert und Blum 1942), Paramaecien (Fortner 1937, Neutralrot), Planarien (MacArthur 1921, kationische Farbstoffe), für die Kernfärbung in *Allium*-Zellen u. a. mit Eosin (Albach 1928) und Erythrosin (Paltauf 1928), für die Vakuolenfärbung in Pflanzenzellen (Abb. 115) mit Brillantcresylblau (Irwin 1925/28), Methylenblau (Brooks 1927a, b; Homès 1930, 1933), 2,6-Dibromphenolindophenol (Brooks 1938) und Neutralrot (Kончalová 1965a). Der Temperaturkoeffizient ist sowohl für die kationischen (Irwin 1931c) als auch für die anionischen Farbstoffe sehr hoch und für die letzten offenbar viel größer als derjenige der Diffusion (Collander 1921). Auch die Bildung von Entmischungstropfen im Zellsaft nach Methylenblaufärbung wird durch höhere Temperatur gefördert (Elsner 1932), ebenso die photodynamische Wirkung verschiedener Farbstoffe (Hannes und Jodlbauer 1909, Tennent 1938).

Das Temperaturoptimum der Farbstoffaufnahme ist aber je nach Versuchsobjekt verschieden und auch von der cH abhängig (ENDLER 1912b). Die einzelnen Farbstoffe verhalten sich aber unterschiedlich; so soll nach ESTERÁK (1935) eine Abkühlung die Aufnahme von Trypaflavin, Eosin und Fuchsin in die Vakuolen der Blattzellen von *Helodea canadensis* mehr vermindern als die von Neutralrot, Methylenblau, Methylviolett u. a., und beim Erwärmen bis auf 35—40° C verringert sich die Aufnahme von Neutralrot und Safranin, die von Trypaflavin wird aber beträchtlich erhöht. Bei menschlichen Bindehautzellen in Gewebekultur verdoppelt sich die Aufnahmegeschwindigkeit von Proflavin bei einer Temperatur

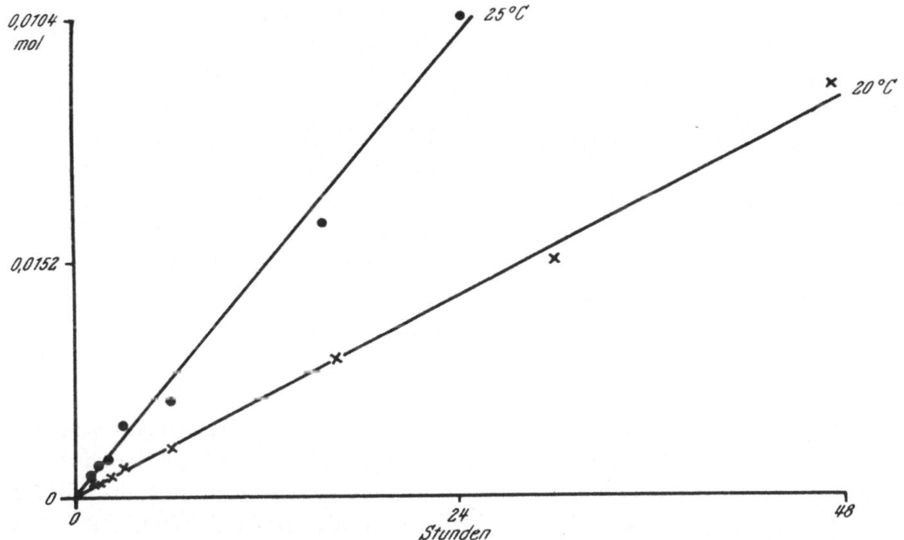

Abb. 115. Speicherung von Brillantcresylblau durch die Vakuolen von *Nitella* aus einer 0,000081 mol Lösung mit pH 6,9 bei 20° C und 25° C. (Nach IRWIN 1925/28.)

erhöhung um 10° C. Dieser Schluß wird aus einer Zunahme der Fluorescenzintensität gezogen (ROBBINS 1960). Dabei ist aber eine Beeinflussung der Fluorescenzintensität durch die Temperatur nicht berücksichtigt worden (vgl. S. 153). Auf die Färbung einer Hydra mit kationischen Farbstoffen (Granulafärbung im Plasma) sollen tiefe Temperaturen (6—8° C) keinen nennenswerten Einfluß haben (RELLA 1940). Die Aufnahme kationischer Farbstoffe durch lebende Mohrrübenscheiben sinkt mit steigender Temperatur (REDFERN 1922). Hierbei handelt es sich wahrscheinlich in erster Linie um eine Zellwandfärbung, da im Absorptionsverlauf und in der Absorptionshöhe kaum ein Unterschied zwischen lebendem und totem Gewebe gefunden wird.

Die meisten Angaben beziehen sich auf die Aufnahmegeschwindigkeit oder machen keinen Unterschied zwischen Aufnahmegeschwindigkeit und Speicherung. Einige Arbeiten berücksichtigen speziell die Speicherung. Nach ALBACH (1928) soll eine Temperaturerhöhung die Aufnahme von Eosin beschleunigen, aber nicht die erreichbare Farbstoffspeicherung steigern. Zu dem gleichen Ergebnis kommt BROOKS (1933) für o-Cresolindophenol. Nach BUCHY (1941) beträgt die Neutralrotaufnahme von 1 g Hefe in einem von ihm geprüften Fall bei 17° C 3 mg, bei

38° C 1,8 mg und bei 45° C 1,2 mg. Das Minimum liegt zwischen 45 und 48° C, dann steigt die Aufnahme mit höherer Temperatur wieder sehr rasch an, entsprechend der Menge abgetöteter Zellen.

Endler (1911) erwähnt, daß höhere Temperatur auch die gespeicherte Farbstoffmenge erhöht. Dasselbe geben Homès (1933) für die Speicherung von Methylenblau durch Braunalgen und Gilbert und Blum (1942) für die von Rose bengale durch rote Blutkörperchen an. Die Neutralrotspeicherung durch *Chaetopterus*-Eier verhält sich für eine bestimmte Eimenge und Farbstoffkonzentration der Lösung bei 14,6° — 15,5° — 19° C wie 8,7 : 9,4 : 14 (Commoner 1938).

Die unterschiedlichen Angaben über die Temperaturwirkung erklären sich dadurch, daß sich mit steigender Temperatur eine Optimumkurve ergibt und das Optimum je nach Objekt und benutztem Farbstoff bei verschiedenen Wärmegraden liegt. Je nachdem welcher Temperaturbereich untersucht worden ist, kann sich so eine fördernde oder herabsetzende Tendenz bei einer Temperatursteigerung ergeben. Häufig ist bei pflanzlichen Zellen auch nicht zwischen einer Zellwand- und einer Inhaltsfärbung unterschieden worden. Die erste wird aber als Adsorptionsvorgang durch die Temperatur anders beeinflußt werden als die zweite. Ferner können Temperaturänderungen auch kurzfristig Stoffwechseländerungen bedingen und damit die Speicherfähigkeit beeinflussen. Nach Nassonov (1932 a) soll eine Temperaturerhöhung zu einer Ansäuerung der Zellen führen.

γ) Licht

Auf die photodynamische Wirkung des Lichtes bei einer Anzahl von Farbstoffen ist schon näher eingegangen worden (S. 282 u. f.). Hier soll nur der Einfluß des Lichtes einschließlich des UV auf den Aufnahme- und Speicherungsprozeß durch die Zelle betrachtet werden. Dabei darf der photodynamische Effekt nicht außer acht gelassen werden, da das Licht auch auf diesem Wege Permeabilität und Speicherung beeinflussen kann.

Die vorhandenen Angaben über die Lichtwirkung auf die Farbstoffaufnahme sind sehr widersprechend. Nach Brooks (1926a, c, e) soll Licht die Permeationsgeschwindigkeit von 2,6-Dibromphenolindophenol in *Valonia macrophysa* erhöhen. Die Förderung ist keine Funktion der Intensität, sondern von der Wellenlänge abhängig und nimmt von Rot nach Ultraviolett zu. Lepeschkin (1930) beschreibt eine Permeabilitätssteigerung bei *Helodea canadensis* für Methylenblau durch Beleuchtung. Er betont ausdrücklich, daß es sich um keine Beeinflussung der Speicherfähigkeit handeln kann, da die *Helodea*-Zelle so viel farbstoffbindende Stoffe enthält, die sofort mit dem eindringenden Farbstoff reagieren, daß die Geschwindigkeit der Farbstoffspeicherung nur von der Permeiergeschwindigkeit des Farbstoffes abhängen kann. Auch Albach (1928) führt den günstigen Einfluß des Lichtes auf die Kernfärbung mit Eosin in seinen Versuchen auf eine Erhöhung der Permeabilität zurück. Paltauf (1928) kann dagegen keinen Einfluß des Lichtes auf die Kernfärbung mit Erythrosin feststellen, wohl aber eine Schädigung der Zelle. Bei der photodynamischen Wirksamkeit des Eosins ist zu vermuten, daß auch in den Versuchen von Albach eine Schädigung der Zelle vorlag. Gerade die Kernfärbung wird allgemein bei einer Abnahme der Vitalität der Zelle verstärkt. Diese Erscheinung beruht aber weniger auf einer

Erhöhung der Permeabilität als vielmehr auf einer Steigerung der Affinität des Kernes zu den Farbstoffen.

Eine günstige Beeinflussung der Farbstoffspeicherung durch das Licht nimmt HABERLANDT (1928) bei der Färbung von Froschleukocyten mit Nilblau an. Die beobachtete Farbvertiefung soll auf einer Änderung des Dispersitätsgrades des Farbstoffes beruhen. Nach KAMNEV und ZAKIJAN (1955) geht die Vitalfärbung mit Neutralrot in allen Teilen der Wurzel, mit Ausnahme der Calyptra, bei Belichtung schneller vor sich. Aber auch hier ist mit einer photodynamischen Schädigung zu rechnen, da die Autoren von einer Ablagerung des Farbstoffes in cytoplasmatischen Elementen sprechen. Diese Erscheinung deutet bei einer Färbung von Pflanzenzellen mit Neutralrot in den meisten Fällen auf eine Schädigung hin. KONČALOVÁ (1965 a) kann innerhalb der Versuchsdauer von 2 Stdn. keine Wirkung des Lichtes auf die Neutralrotaufnahme durch *Nitella* feststellen. Auch HOMÈS (1933) findet keinen Lichteinfluß auf die Aufnahme von Methylenblau durch Braunalgen. KEDROWSKY (1934) beobachtet eine Hemmung der granulären Vitalfärbung der Froscherythrocyten mit Neutralrot im Licht. Wird das Licht durch Neutralrot oder Hämoglobin gefiltert, fällt die Hemmung fort. Der Autor vermutet einen photodynamischen Effekt. Nach BORRISS (1937 b) hängt die Verteilung von Methylenblau in den Oberepidermiszellen der Schuppenblätter von *Allium cepa* von der Lichtintensität ab, wenn der Farbstoff in Acetatpuffer mit pH 5,5 geboten wird. Bis zu 1000 Lux färbt der Farbstoff die Vakuole, von 3000 bis 5000 Lux die Zellwände, und bei 10000 Lux tritt eine Schädigung auf, die zu einer Kernfärbung führt. Diese Befunde sprechen gegen die Annahme von LEPESCHKIN (1930), daß Licht eine Permeabilitätserhöhung für Methylenblau bedingen soll.

Gegen die Schlußfolgerungen von HOMÈS (1933) und BROOKS (1926 a, c, e) bringt JÄRVENKYLÄ (1937) schwerwiegende Bedenken vor. Bei der von HOMÈS angewandten Methode wird nicht die Farbstoffadsorption an die Zellwände berücksichtigt. Nach BROOKS soll die Permeation der Farbstoffe einer monomolekularen Reaktion folgen: $K = \dfrac{1}{T} \cdot \log \dfrac{a}{a - x}$, wobei a die Gleichgewichtskonzentration im Zellsaft und x die Konzentration zur Zeit T bedeuten, a soll von der Belichtung und der Wellenlänge abhängen. JÄRVENKYLÄ weist darauf hin — und nach WILBRANDT (1938) mit Recht —, daß die stark veränderte Gleichgewichtskonzentration diesen Schluß nicht zuläßt. Die Versuche von BROOKS sagen wohl etwas über eine Beeinflussung des Speicherungsvermögens der Zelle aus, aber nichts über die Permeabilität. Aus den Werten von BROOKS geht deutlich hervor, daß die Permeabilität sowohl im Dunkeln als auch bei den verschiedenartigen Beleuchtungen stets die gleiche ist.

Wieweit wirklich das Licht die Farbstoffaufnahme, sei es die Permeabilität oder die Speicherung, beeinflußt, läßt sich aus den bisher vorliegenden Ergebnissen nicht einwandfrei ablesen. In der zusammenfassenden Darstellung der Ergebnisse der Vitalfärbung von BROOKS und BROOKS (1941) wird über den Einfluß des Lichtes auf die Farbstoffaufnahme nichts mehr berichtet.

Das Licht, und besonders das UV, erlangt aber für die Vitalfärbung zum Teil eine große Bedeutung in seiner Wirkung auf Reduktions- und Oxydationsvorgänge (siehe S. 165 u. f.).

Cytochemische Untersuchungen mit TTC werden durch die photochemische Reduktion von TTC (S. 166) kompliziert (Nickerson und Merkel 1953). Licht fördert auch die intrazelluläre Reduktion von TTC (Gonse und Yotsuyanagi 1955). Auf die Reduktion von ,,Blau''-TTC (3,3'-Dianisol-bis-4,4'-[3,4-diphenyl]-tetrazoliumchlorid) soll Licht allerdings nicht katalytisch wirken (Jámbor 1958 b), andererseits kann aber nach Spode und Weber (1953) die Reduktionskraft von Eiweißen und Cystein durch Licht mit einer maximalen Wirkung bei 313 nm stark gefördert werden, so daß auf diesem Weg intrazellular ein Einfluß auf Blau-TTC möglich ist.

In Desmidiaceen-Zellen, deren Vakuolen mit Fluorescent X — einer Reduktionsform des Neutralrotes — vital gefärbt sind, tritt bei Belichtung ein Umschlag des gelben Farbtones nach Rot auf. Es wird vermutet, daß durch den Sauerstoff, der bei der einsetzenden Photosynthese frei wird, eine Reoxydation erfolgt (Kiermayer 1955 a).

Strugger (1940 b) macht die Beobachtung, daß Oberepidermen der Schuppenblätter von *Allium cepa*, deren Vakuolen mit Neutralrot gefärbt sind, nach 2—10 Min. UV-Bestrahlung (Mikroskopierkohlenbogenlampe) ein Umschlagen der ganz schwachen dunkelroten Zellsaftfluorescenz in ein leuchtendes Grüngelb zeigen. Der Autor denkt an eine Zustandsänderung der im Zellsaft lokalisierten Fettsäuren durch das UV als Ursache dieser Farbtonänderung, während Kölbel (1948) dafür eine Konzentrationsverschiebung des Farbstoffes in der Vakuole verantwortlich macht. Auch mit einigen anderen Farbstoffen erhält Strugger (1941 a) Bestrahlungseffekte an demselben Objekt. Zellen mit eisblauer Vakuolenfluorescenz nach Färbung mit Acridin bei pH 7,5—11,2 zeigen nach 15 Sek. UV-Bestrahlung eine Entfärbung des Zellsaftes und statt dessen eine ultramarinblaue Plasmafluorescenz. Dieser Effekt stellt sich auch ein, wenn ungefärbte Epidermen mit UV bestrahlt und erst anschließend mit Acridin gefärbt werden. Während die gelbe Plasmafluorescenz mit Pyronin gegen UV unempfindlich ist, schlägt die im stark alkalischen Bereich auftretende ultramarinblaue Plasmafluorescenz unter der Strahlenwirkung nach Gelb um. Da derselbe Effekt auch an einem Gelatine-Benzol-Modell zu beobachten ist, kann kaum eine Beeinflussung der Zelle die Ursache sein.

Toth (1952) sowie Drawert und Metzner (1956 a) können die Befunde von Strugger (1940 b) mit Neutralrot bestätigen und dahingehend erweitern, daß die Unterepidermen der Schuppenblätter von *Allium cepa*, die Neutralrot im Hellfeld mit mehr violettrotem Farbton speichern und im UV rot fluorescieren, keinen Farbtonumschlag der Zellsaftfluorescenz unter der Strahlenwirkung erkennen lassen, wie es bei den im Hellfeld zinnoberrot gefärbten Vakuolen der Oberepidermis der Fall ist. Die bei Verwendung von OG-Sperrfiltern goldgelbe Fluorescenz des Cytoplasmas schlägt sowohl in der Ober- als auch in der Unterepidermis nach Grüngelb um, und in der Oberepidermis tritt die gelbgrüne Vakuolenfluorescenz auch in Zellen mit reiner Zellwandfärbung — also mit im Hellfeld farblosen Vakuolen — unter der Strahlenwirkung auf (Drawert und Metzner 1956 a).

Der Bestrahlungseffekt bei den mit Neutralrot vitalgefärbten Zellen kann auf eine Veränderung des Farbstoffes zurückgeführt werden (Drawert und Metzner 1956 a). Die Farbbase wird photooxydativ angegriffen (siehe S. 165), während das Farbkation viel resistenter ist (SAUER 1960). Daraus erklärt sich das unterschiedliche Verhalten der Ober- und Unterepidermiszellen der Schuppenblätter von *Allium cepa*. Nur in dem „leeren" Zellsaft der Oberepidermis sind freie Farbbasenmoleküle vorhanden, in der Unterepidermis wird dagegen das Farbkation an Flavonole des „vollen" Zellsaftes gebunden.

Auch der von STRUGGER (1941 a) beobachtete Effekt an Zellen, die mit Pyronin gefärbt sind, beruht auf einer Strahlenempfindlichkeit des Xanthons, das in alkalischer Pyroninlösung entsteht (SAUER 1960).

Eine Reihe von Farbstoffen fluorochromiert die Sphärosomen (siehe S. 477). Aber nicht bei allen ist eine Sphärosomenfluorescenz sofort beim Einschalten der Strahlenquelle zu erkennen. Häufig beginnen diese Plasmaeinschlüsse erst nach einer gewissen Bestrahlungszeit zu leuchten. Einige Farbstoffe müssen in der Zelle reduziert werden, ehe es zu einer Fluorescenz der Sphärosomen kommt (siehe S. 478). In diesem Fall verkürzt die Bestrahlung die Zeit bis zum Aufleuchten der Einschlüsse, d. h., die Reduktion wird beschleunigt.

Neben der Strahlenwirkung auf den Farbstoff ist auch mit einer Beeinflussung der Zelle und deren Stoffwechsel zu rechnen, z. B. dürfte die Beschleunigung der Farbstoffreduktion auf eine Stimulierung des Stoffwechsels zurückzuführen sein. Nach ZEIGER, HARDERS und MÜLLER (1951) beeinflussen Intensität und Dauer der UV-Bestrahlung auch bei stärkster Einschränkung der Beleuchtungszeiten den Ablauf der Speicherung von Acridinorange durch Nervenzellen. Die Autoren vermuten die Freisetzung von Ribonucleinsäuren aus ihrer Bindung mit Proteinen durch das UV. Die dadurch freigelegten sauren Gruppen begünstigen die Speicherung kationischer Farbstoffe. Andererseits kann in einer Acridinorangelösung — allerdings erst nach längerer Bestrahlung — ein Umschlagen der Rotfluorescenz nach Gelb auftreten, ähnlich der Verschiebung der Rotfluorescenz nach Gelbgrün und Grün, die an den mit Acridinorange vitalgefärbten Vakuolen nach UV-Einwirkung zu beobachten ist (BANCHER und HÖLZL 1963). Erst eine genaue Analyse jedes Einzelfalles wird eine zuverlässige Aussage über den Angriffspunkt der Strahlen ermöglichen. Auch hier müssen wir uns vor einer Verallgemeinerung hüten.

δ) Sauerstoffspannung

Aus den vorstehenden Betrachtungen geht hervor, daß das Licht über Reduktions- und Oxydationsprozesse auf die Vitalfärbung einwirken kann. Diese Prozesse hängen aber in erster Linie von der Sauerstoffspannung ab.

PFEFFER (1886) findet keinen Einfluß eines O_2-Entzuges auf die Methylenblauaufnahme durch Pflanzenzellen. Dasselbe gibt GICKLHORN (1930 b) für die Speicherung von Neutralrot und Methylenblau durch Amöben an, obwohl Gestalt und Bewegungsfähigkeit der Amöben von der O_2-Spannung abhängen. Rhodamin wird dagegen unterschiedlich gespeichert. Nach DRAWERT und ENDLICH (1956) besteht hinsichtlich der Speicherung von Nilblau durch die Vakuolen der Epidermiszellen weißer Blumenblätter kein großer Unterschied zwischen den Ansätzen mit Preßluft, Sauerstoff oder Stickstoff (Tabelle 68). Die schwächere Färbung in den Ansätzen ohne Gasdurchleitung beruht bei der schnellen und intensiven Speicherung der kationischen Farbstoffe auf der raschen Konzentrationsabnahme in der nächsten Umgebung der in diesem Fall nicht bewegten Objekte.

Ein O_2-Mangel, wie er z. B. im mikroskopischen Präparat unter Deckglasabschluß auftritt, kann in den vorher gefärbten Zellen zu einer Farbtonänderung, Entfärbung oder auch zu einer Verlagerung des Farbstoffes führen.

Die Epithelzellen im Froschdarm sollen bei normalem O_2-Druck kationische (Neutralrot, Methylenblau, Janusgrün) und anionische (Fuchsin S, Trypanblau) Farbstoffe in gleicher Weise granulär speichern (Nassonov 1930). In einer H_2-Atmosphäre kommt es dagegen zu einer diffusen Plasma- und einer starken Kernfärbung. Bei O_2-Zufuhr verlieren die Kerne den Farbstoff wieder, und das Plasma färbt sich granulär. Durch O_2-Mangel wird die Reaktion der Epithel-

Tab. 68. *Speicherung von Nilblau in den Vakuolen der Epidermiszellen weißer Blumenblätter in Abhängigkeit von der Sauerstoffspannung nach 30 bis 45 Minuten Farbstoffeinwirkung. Die Intensitätsangaben beziehen sich nur auf die Zellreihen in Schnittrandnähe, da die Färbung nach der Mitte zu stark abnimmt.*
Es bedeuten: — = keine, + = schwache, + + = mäßige, + + + = intensive, + + + + = sehr intensive Speicherung. (Nach Drawert und Endlich 1956.)

| Art | Speicherungsintensität | | | |
| | ohne Durchleitung | bei Durchleitung von | | |
		Preßluft	Sauerstoff	Stickstoff
Azalea indica	+ +	+ + +	+ + + +	+ + +
Begonia verschaffeltiana	+ +	+ + +	+ +	+ +
Corydalis cava	+ + +	+ + + +	+ + + +	+ + + +
Galanthus nivalis	+ + +	+ + + +	+ + + +	+ + + +
Hyacinthus orientalis	+ + +	+ + +	+ + +	+ + +
Primula obconica	+ +	+ + + +	+ + +	+ + +
Thea japonica	+	+ +	+ + +	+ +
Vicia faba	+ +	+ + + +	+ + +	+ + +

zellen um ~ 0,4 pH-Einheiten nach der sauren Seite verschoben (Nassonov 1932 a). Entsprechende Befunde erhält Alexandrov (1932) bei *Chironomus*-Larven mit kationischen Farbstoffen und stellt dabei im sauerstofffreien Wasser ein Absinken des intrazellulären rH-Wertes von > 15 auf < 7,7 fest; auch er ist der Meinung, daß die gleichzeitig erfolgende Erhöhung der cH die Veränderung des Färbungsbildes herbeiführt. Bei Paramaecien wird Neutralrot unter aeroben Bedingungen diffus mit rotem Farbton im Plasma und in Granula gespeichert. Unter anaeroben Verhältnissen ist dagegen eine gelbe diffuse Plasmafärbung und eine nur schwache und bald ausbleibende rote Granulafärbung zu beobachten. Wie bei den anderen tierischen Zellen färbt sich jetzt auch der Kern rötlich (Gersch 1937 a). Der intrazelluläre rH-Wert fällt dabei von ~ 21 auf ~ 6. Da bei diesem rH-Wert Neutralrot nicht mehr reduziert wird, müßte man aus dem gelben Farbton im Plasma, entgegen den anderen Befunden, auf eine Erniedrigung der cH unter anaeroben Bedingungen schließen.

Zum Unterschied von den tierischen Zellen bedingt eine Senkung des O_2-Druckes bei Pflanzenzellen im allgemeinen keine Kernfärbung. Chadefaud (1936) beobachtet bei *Hormidium* nach Vitalfärbung des Zellsaftes mit Brillantcresylblau einen Umschlag des Farbtones von Violett nach Blau, der durch eine Ansäuerung verursacht sein soll. ROSE und HURD-KARRER (1927) erhalten nach einer Färbung des Blattstielgewebes von *Begonia* mit pH-Indikatoren z. T. eine allmähliche Umfärbung nach der alkalischen Seite, die um so schneller erfolgt, je besser die O_2-Versorgung ist.

An Zellen mit Vakuolenfärbung ruft ein Deckglas- oder Paraffinölabschluß bei manchen kationischen Farbstoffen eine Verlagerung derselben vom Zellsaft zur Zellwand hervor (Asphyxieeffekt bei Neutralrot nach STRUGGER 1936, BANCHER, HÖLZL und KLIMA 1960, und bei Acridinorange nach STRUGGER 1940 d). Allem Anschein nach haben bereits PLATO und GUTH (1901) diesen Asphyxieeffekt an *Penicillium*-Hyphen nach einer Vitalfärbung mit Neutralrot beobachtet, aber nicht als solchen erkannt. Bei Hefezellen, die mit Neutralrot gefärbt sind, tritt dagegen nach Deckglasabschluß nur eine Entfärbung auf, die GUILLIERMOND (1929 a) zunächst auf eine Reduktion zurückführt, später weist er aber darauf hin, daß dies nach der Lage des Redoxpotentials nicht möglich ist (GUILLIERMOND und GAUTHERET 1937 b). Auf eine Reduktion ist sehr wahrscheinlich die Entfärbung der mit Brillantcresylblau gefärbten Raphidenzellen im Rindenparenchym von *Haemaria discolor* zurückzuführen (DISKUS und KIERMAYER 1954). Der Asphyxieeffekt bei Neutralrot und Acridinorange kann auf einer Verschiebung des pH-Wertes des Zellsaftes zur alkalischen Seite oder auf einer Ansäuerung des umgebenden Mediums beruhen, wenn wir den Einfluß der cH des Außenmediums (s. S. 362 u. f.) und der cH des Zellsaftes (s. S. 411 u. f.) auf die Farbstoffverteilung zur Erklärung heranziehen. Eine Ansäuerung des Milieus erfolgt z. B. durch CO_2-Ausscheidung. Nach FREUDENBERGER (1941) führt eine Vorbehandlung von Schließzellen mit Stickstoff zu einer Verschiebung des Beginns der Neutralrotaufnahme aus Lösungen mit verschiedenem pH-Wert zur sauren Seite, und die Speicherung von Fluorescein wird herabgesetzt. Dieser Befund spricht für eine Ansäuerung des Zellsaftes bei O_2-Mangel. In die gleiche Richtung weist auch die Mitteilung von HÖFLER, ZIEGLER und LUHAN (1956), daß die Umlagerung des amphoteren, im physiologischen pH-Bereich aber anionischen Uranins vom Plasma in die Vakuole durch einen Deckglasabschluß gehemmt und durch H_2O_2 gefördert wird. Diese Schlußfolgerung steht auch mit den meisten Befunden an tierischen Zellen im Einklang.

Bei Hefe ist nach einer Färbung mit Acridinorange in durchlüfteten Kulturen der Prozentsatz von rot fluorochromierten Zellen bedeutend größer als in nicht durchlüfteten (BOGEN 1953). Da dieser Prozentsatz in belüfteten Glucoselösungen um so höher liegt, je später der Farbstoff der Versuchslösung zugesetzt wird, vermuten BOGEN und ELSTE (1955), daß die Acridinorangeaufnahme nicht nur osmotisch erfolgt. Der bei guter Durchlüftung erhöhte Energiestoffwechsel soll eine stärkere anosmotische Farbstoffaufnahme bewirken und so zu der konzentrationsbedingten Rotfluorescenz führen. Ferner soll eine Ansäuerung im Zellinnern eine Verzögerung der Acridinorangeaufnahme bedingen. Beide Schlußfolgerungen widersprechen aber unseren Erfahrungen über den Einfluß der O_2-Spannung und der cH des Zellsaftes auf die Aufnahme kationischer Farbstoffe.

Die Sauerstoffspannung hat bei einigen Farbstoffen eine große Bedeutung für die Verteilung derselben in der Zelle. Dabei handelt es sich vorwiegend um eine indirekte Wirkung, indem der Farbstoff bei O_2-Mangel die Rolle des H_2-Akzeptors übernimmt und dabei reduziert wird. Das bekannteste Beispiel hierfür ist die Färbung der Chondriosomen mit Janusgrün B, die nur bei guter O_2-Versorgung der Zellen gelingt (Cowdry 1914, Sorokin 1938, 1941, Drawert 1953, Lazarow und Cooperstein 1953 a, b, Bautz 1955 c, d, 1956). Bei O_2-Mangel wird der Farbstoff, zunächst durch Sprengung der Azoverbindung, irreversibel reduziert. Es entsteht das rote Diaethylsafranin (s. S. 160). Die Chondriosomen werden farblos, und Cytoplasma, Kern und z. T. auch die Vakuole färben sich rot (Guilliermond und Gautheret 1940, Drawert 1953, Kärber 1958).

Tab. 69. *Speicherung von Prontosil in Blumenblattzellen nach 15—20 Stunden Farbstoffeinwirkung in Abhängigkeit von der Sauerstoffspannung.*
Erklärung der Zeichen siehe Tab. 68. (Nach Drawert und Endlich 1956.)

Art	Speicherungsintensität			
	ohne Durchleitung	bei Durchleitung von		
		Preßluft	Sauerstoff	Stickstoff
Azalea indica	+ +	+ +	+	—
Begonia verschaffeltiana	+	+ +	+	—
Campanula medium	+ + + +	nicht geprüft		—
Capsicum fastigiatum	+	+ + +	+ +	—
Cyclamen persicum	+ +	+ + +	+ +	—
Galanthus nivalis	+ + +	+ + + +	+ + +	—
Hyacinthus orientalis	+	+	+	—
Lychnis coronaria	+ + + +	nicht geprüft		—
Nicotiana tabacum, Blütenröhre	+ + +	+ + + +	+ + +	—
Primula acaulis	+ + + +	+ + + +	+ + + +	—
Primula obconica	+ +	+ + +	+ + +	—
Solanum jasminoides	+ + +	+ + +	+ + +	—
Thea japonica	+	+ +	+ +	—

Durch weitere reversible Reduktion zur farblosen Leukoform entfärben sich dann auch die rot gefärbten Zellbestandteile. Da die Leukoform fluoresciert, kann Drawert (1953) zeigen, daß sich diese in den Sphärosomen anreichert. Eine Reoxydation durch O_2-Zutritt führt zu einer Löschung der Sphärosomenfluorescenz, und die erneut sich bildende rote Stufe färbt den Zellsaft.

Ein Übergang des Farbstoffes von den Chondriosomen auf die Sphärosomen bei O_2-Mangel kann auch für Berberinsulfat nachgewiesen werden (Drawert 1953, Drawert und Kärber 1956, Kärber 1958). Nach Perner (1952 a) soll allerdings zur Sphärosomenfluorescenz mit Berberin gerade O_2 notwendig sein.

Auch bei einer Reihe anderer Farbstoffe tritt bei O_2-Mangel und dadurch bedingter Reduktion des Farbstoffes eine Sphärosomenfluorescenz auf, die bei O_2-Zutritt wieder verlöscht (s. S. 478).

Schmid (1962) vermutet, daß die Aufnahme von Methylenblau durch Hefezellen von Stoffwechselvorgängen abhängt, bei denen durch Reduktion das lipophile Leukomethylenblau entsteht. Nur in dieser Form soll Methylenblau permeieren können.

Der Ausfall der Nadi-Reaktion ist bei Hefe von der O_2-Versorgung abhängig. In einer N_2-Atmosphäre verläuft die Reaktion negativ (BAUTZ und MARQUARDT 1953 b).

Während bei den kationischen Farbstoffen die O_2-Spannung für die eigentlichen Aufnahme- und Speicherungsprozesse durch die Zelle kaum eine Rolle spielt, ist sie von größter Bedeutung für die Aufnahme und Speicherung der sulfosauren Farbstoffe. Bereits OVERTON (1899) weist darauf hin, daß die „adenoide Tätigkeit" durch O_2-Entzug verhindert wird. COLLANDER und HOLMSTRÖM (1937) erbringen dann für Orange G und Cyanol den Beweis, daß die wenigen Zellen, die überhaupt in der Lage sind, sulfosaure Farbstoffe zu speichern, dies nur bei guter O_2-Versorgung tun. Dieser Befund wird von DRAWERT und ENDLICH (1956) für Prontosil, Ponceau PR, Bordeauxrot, Brillantsulfoflavin FF und von PILZ (1959) für die pH-Indikatoren Bromcresolgrün, Bromcresolpurpur, Bromphenolblau, Bromthymolblau und Phenolrot bestätigt. Bei einer Verdrängung des O_2 aus der Farbstofflösung durch Stickstoff unterbleibt eine Farbstoffspeicherung (Tabelle 69).

ε) Wasserstoffionenkonzentration des Außenmediums

Für einen großen Teil der kationischen und auch für einige anionische Farbstoffe hat sich die Wasserstoffionenkonzentration der Farbstofflösung als ein ausschlaggebender Faktor für deren Aufnahme und Speicherung durch die Zelle erwiesen.

In seinen grundlegenden Untersuchungen hat PFEFFER (1886) beobachtet, daß Citronensäure die Aufnahme von Cyanin hemmt und die von Methylenblau verhindert. Bereits mit Methylenblau gefärbte Zellen werden durch Citronensäure entfärbt. Ross (1909) erwähnt für Bakterien und Blutzellen, daß die Methylenblauaufnahme aus gefärbtem Agar durch Alkali gefördert und durch Säuren gehemmt wird. Der Einfluß der cH auf die Färbung der Bakterien kann in der Folgezeit immer wieder bestätigt werden (STEARN und STEARN 1923, YURI 1928 a, GUTSTEIN 1932 b, McCALLA und CLARK 1941, STRUGGER und HILBRICH 1942, STRUGGER 1949 a, HARRIS 1949, HEINMETS, VINEGAR und TAYLOR 1952). Bei der Kleinheit der Objekte bleibt aber nicht nur ungeklärt, welcher Bestandteil der Zelle sich gefärbt hat, sondern auch die Frage, ob es sich wirklich um eine Färbung noch lebender Bakterien handelt.

An *Spirogyra* und Zellen höherer Pflanzen können dann SzÜcz (1910), ENDLER (1911, 1912b), HARVEY (1911) und RUHLAND (1912b) einwandfrei nachweisen, daß die Aufnahme der kationischen Farbstoffe durch Laugenzusatz begünstigt und durch Säurezusatz herabgesetzt oder sogar unterbunden wird. Für anionische Farbstoffe gilt das Umgekehrte. Ein großer Teil der anionischen Farbstoffe färbt auch nicht bei Zugabe von Säuren die lebende Zelle. BETHE (1922) baut auf diesen Erkenntnissen seine Reaktionstheorie der Vitalfärbung auf.

SzÜcz (1910) und HARVEY (1911) weisen aber bereits darauf hin, daß man zwischen Zellwand- und Vakuolen- bzw. Plasmafärbung unterscheiden muß. NaOH verhindert eine Zellwandfärbung bei *Spirogyra* mit Neutralrot und ermöglicht eine Aufnahme in das Zellinnere (SzÜcz). *Helodea*-Zellen speichern Neutralrot im Zellinnern nur aus Lösungen in Leitungswasser oder 0,001 n NaOH. Lösungen in 0,001 n HCl färben nur die Zellwand (HARVEY). VON EULER und FLORELL (1919) betonen, daß man bei der Farbstoffaufnahme unbedingt zwischen Adsorption an der Zelloberfläche und Eindringen eines Farbstoffes unterscheiden muß.

Als Lokalisationsorte kommen bei der Pflanzenzelle, wenn wir von den Einschlüssen des Plasmas absehen, vor allem drei Bestandteile in Frage: Die Zellwand, das Plasma und die Vakuole. Die Verhältnisse liegen bei der tierischen Zelle einfacher, so daß zunächst die an dieser gewonnenen Ergebnisse kurz betrachtet werden sollen.

Bei der tierischen Zelle handelt es sich im allgemeinen nur um eine Plasmafärbung. Colpidien werden nach von Prowazek (1910 a, b) durch kationische Farbstoffe bei alkalischer Reaktion nicht nur schneller geschädigt als bei saurer, sondern die Art und Weise der Farbstoffspeicherung hängt auch von der Acidität

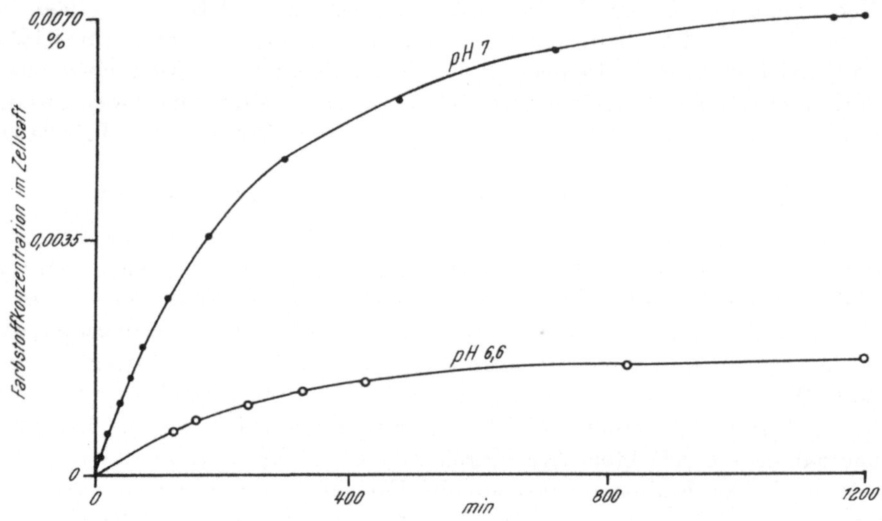

Abb. 116. Aufnahme und Speicherung von Brillantcresylblau durch die Vakuole von *Nitella* bei pH 6,6 und 7,0. (Nach Irwin 1923.)

der Außenlösung ab. Bei alkalischer Reaktion färbt sich das Plasma diffus, bei mehr saurer Reaktion dagegen granulär. Dieser Befund kann von von Möllendorff (1920) und an Seeigeleiern von Morita (1937) bestätigt werden, während Grossfeld (1937) die Auffassung vertritt, daß hierbei nicht die cH der ausschlaggebende Faktor ist, sondern der osmotische Druck der Außenlösung. Bei niedrigem osmotischen Druck soll eine diffuse und bei höherem eine granuläre Färbung auftreten.

Die meisten Arbeiten sagen allerdings nichts über die Art und Weise der Speicherungen aus, sondern befassen sich nur allgemeiner mit der Frage, ob überhaupt eine Färbung stattfindet. Oft untersuchte Objekte sind Paramaecien und andere Infusorien (Nirenstein 1920, Rona und Bloch 1921, Strelnikov 1929, Makarow 1935, Beck und Nichols 1937), *Opalina* (Rumjantzew und Kedrowsky 1926, Kedrowsky 1931 b), Planarien (MacArthur 1921) sowie Eier von Seestern und Seeigel (McCutcheon und Lucké 1924, Gellhorn 1927 c, d, Runnström 1928, Chambers 1929), Säugetiereier (Dalcq und Massart 1952), Amoebocyten von *Limulus* (Loeb und Blanchard 1924, Loeb und Pieper 1925), *Pelmatohydra* (Rella 1940), menschliche Bindehautzellen in Kultur (Robbins 1960).

Alle erhaltenen Ergebnisse besagen übereinstimmend, daß hohe cH die Plasmafärbung mit kationischen Farbstoffen in tierischen Zellen verhindert und bereits gefärbte Objekte zur schnellen Entfärbung bringt und daß eine niedrige cH die Färbung je nach Farbstoff mehr oder weniger stark fördert. Für einen Teil der anionischen Farbstoffe liegen die Verhältnisse gerade umgekehrt. Auf die Färbung mit dem amphoteren Rhodamin 3 B hat die cH im physiologischen pH-Bereich keinen Einfluß (GELLHORN 1927 c).

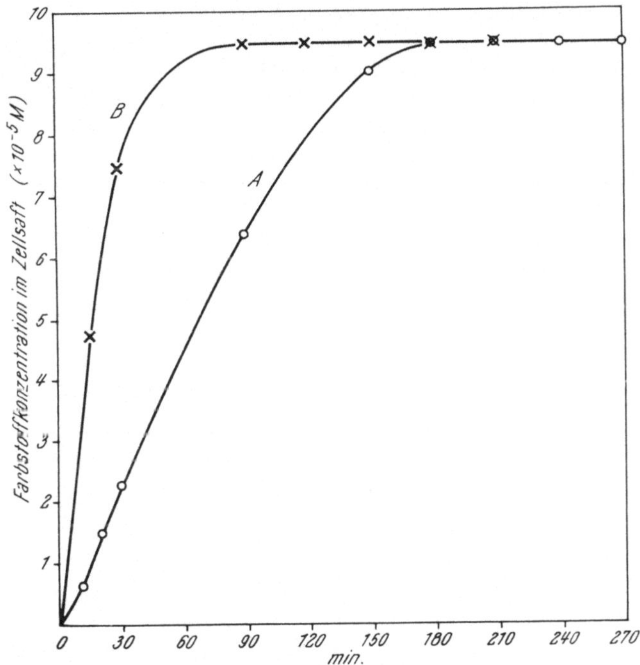

Abb. 117. Aufnahme und Speicherung von Methylenblau durch *Nitella* bei A pH 5,80 und B pH 8,83. (Nach BROOKS 1929 b.)

Dieselbe Gesetzmäßigkeit trifft für die Pflanzenzelle zu, nur daß es sich hier — jedenfalls bei den kationischen Farbstoffen — meist nicht um eine Plasma-, sondern um eine Zellsaftfärbung handelt. Wenn wir zunächst die kationischen Farbstoffe berücksichtigen, so sind vor allem die Arbeiten von IRWIN (1922/23— 1927/28) zu nennen, die sich mit der Aufnahme und Speicherung von Brillantcresyl-blau und Methylenblau durch *Nitella* und *Valonia* befassen. Bereits in ihrer ersten Arbeit zu dieser Frage versucht die Autorin durch kolorimetrische Ver-gleiche zu einer quantitativen Aussage über die Aufnahmegeschwindigkeit für Brillantcresylblau in die Vakuole zu kommen. Sie erhält folgende Vergleichs-zahlen: pH 7,38 = 5, pH 9 = 350 und pH 10 = 910 (IRWIN 1922/23). Das Geschwindigkeitsmaximum wird bei pH 9,3 erreicht. Eine weitere Erhöhung des pH-Wertes führt zu keiner bemerkenswerten weiteren Steigerung (IRWIN 1926 d). Umgekehrt verhält sich die Exosmose des gespeicherten Farbstoffes (IRWIN 1926 e). Die Außen-cH hat aber nicht nur einen Einfluß auf die Aufnahmegeschwindigkeit, sondern auch auf die endgültige Konzentration des Brillantcresylblaus nach

Erreichen des Gleichgewichtes (Abb. 116, Irwin 1923, 1926 h). Eine Vorbehandlung der *Nitella*-Zellen mit Phosphorsäure oder HCl soll das Eindringen von Brillantcresylblau stark hemmen, kurzes Abspülen der Zellen mit Salzlösungen soll die Hemmung wieder aufheben (Irwin 1926 b). Methylenblau wird von *Valonia* erst bei pH 9,5 im Zellsaft gespeichert, aber nach Meinung der Autorin nicht als Methylenblau (= Tetramethylthionin), sondern als Azur B (= Trimethylthionin), das in den Methylenblaupräparaten enthalten ist (Irwin 1927 a, e).

Tab. 70. *Durch gärende Hefezellen gespeicherte Nilblaumenge nach Erreichung des Gleichgewichtes in Abhängigkeit von der Acidität der Farbstofflösung. Die Konzentrationswerte sind abgerundet und geben die jeweils eingestellte Molarität für die Versuchsreihe mit der Anfangsaußenkonzentration an Farbstoff $4,2 \cdot 10^{-6}$ mol an. Unter „Innenkonzentration" wird der gesamte aufgenommene Farbstoff verstanden, ohne Rücksicht auf den Lokalisationsort.*
(Nach Leman 1964.)

pH	1 Gemessene Außenkonzentration nach Einstellung des Gleichgewichtes c_a max	2 Errechnete Innenkonzentration nach Einstellung des Gleichgewichtes c_i max	3 Innenkonzentration umgerechnet auf mittlere Außenkonzentration $2,7 \cdot 10^{-6}$	4 $\dfrac{c_i \text{ max}}{c_a \text{ max}}$ Speicherungsfaktor
3,1	$4,6 \cdot 10^{-6}$	$2,0 \cdot 10^{-4}$	$1,4 \cdot 10^{-4}$	50
4,0	$3,4 \cdot 10^{-6}$	$8,0 \cdot 10^{-4}$	$6,4 \cdot 10^{-4}$	240
4,9	$2,7 \cdot 10^{-6}$	$1,5 \cdot 10^{-3}$	$1,5 \cdot 10^{-3}$	560
6,0	$2,0 \cdot 10^{-6}$	$2,2 \cdot 10^{-3}$	$3,0 \cdot 10^{-3}$	1100
6,9	$1,4 \cdot 10^{-6}$	$2,8 \cdot 10^{-3}$	$5,4 \cdot 10^{-3}$	2000
7,6	$1,0 \cdot 10^{-6}$	$3,2 \cdot 10^{-3}$	$8,6 \cdot 10^{-3}$	3200

Entgegen den Befunden und der Schlußfolgerung von Irwin soll nach Scarth (1926 a) die cH des Außenmediums nur die Schnelligkeit der Permeation des Farbstoffes, aber nicht seine endgültige Konzentration in der Zelle beeinflussen. Zu demselben Ergebnis kommen Brooks (1927 a, b, 1929 a, b) für Methylenblau (Abb. 117) und Prát (1931 d) für verschiedene kationische Farbstoffe. Auch nach den Befunden von Bartels und Schwantes (1957) mit Neutralrot scheint nicht die endgültige Innenkonzentration, sondern nur die Zeit bis zur Erreichung des Gleichgewichtes von der Außen-cH abzuhängen. Nach den mikrospektrographischen Messungen von Bartels (1954) für Acridinorange und Bartels und Schwantes (1955, 1957) für Thionin und Neutralrot wird auf alle Fälle die Aufnahmegeschwindigkeit für diese Farbstoffe in hohem Grade von der Außen-cH beeinflußt.

Leman (1964) findet für die Gesamtaufnahme von Nilblau durch Hefezellen aber auch eine starke Abhängigkeit der endgültigen „Innenkonzentration" nach Einstellung des Gleichgewichtes von der cH des Außenmediums (Tabelle 70). Unter Innenkonzentration versteht der Autor die von den Hefezellen gespeicherte gesamte Farbstoffmenge ohne Präzisierung des Lokalisationsortes. Die Bestimmung erfolgt durch Kolorimetrie der Außenlösung.

Entgegen der Annahme von Irwin soll nach Brooks (1927 a, b, 1928, 1929 a, b) Methylenblau als solches und nicht als Azur B aufgenommen werden. Gegen die

Versuche von IRWIN wird eingewandt, daß die Autorin mit einem unreinen Präparat, zu alkalischer Reaktion (pH 9,5—10,5) und zu hoher Konzentration gearbeitet hätte, so daß die empfindliche *Valonia* geschädigt worden wäre (BROOKS 1929 b, 1934). Sofort nach dem Auspressen vitalgefärbter Valonien zeigt der Zellsaft spektrophotometrisch die für Methylenblau charakteristische Absorption, erst nach einigen Stunden Stehens treten die Merkmale des Azur B auf. Nach IRWIN (1928 a, 1929 b) soll der Zellsaft aber unfähig sein, Methylenblau in Azur B umzuwandeln; sie weist spektrophotometrisch nach, daß die Zellen, solange sie nicht geschädigt sind, nur Azur B aufnehmen können. Eine endgültige Klärung steht noch aus.

Aus den Untersuchungen von IRWIN geht ferner hervor, daß die Vakuolenfärbung mit Methylenblau bei einem höheren pH-Wert einsetzt als die mit Brillantcresylblau. Bei den Oberepidermiszellen der Schuppenblätter ruhender Zwiebeln von *Allium cepa* beginnt die Vakuolenfärbung mit Neutralrot bei pH $\sim$ 7,1 (STRUGGER 1936), mit Acridinorange bei pH $\sim$ 7 (STRUGGER 1940 d), mit Acridin bei pH $\sim$ 6,3 (STRUGGER 1941 a), mit Nilblau bei pH $\sim$ 6,8 und mit Brillantcresylblau bei pH $\sim$ 8,3 (HÖFLER und DISKUS 1957), mit Methylenblau dagegen erst bei pH $\sim$ 11,5 (DRAWERT und STRUGGER 1938). In Hefezellen färbt sich die Vakuole mit Neutralrot ab pH $\sim$ 6,0 (GEIGER-HUBER 1930, GUILLIERMOND und GAUTHERET 1939 a) und mit Cresylblau ab pH $\sim$ 6,8 (GUILLIERMOND und GAUTHERET 1939 a). In Untersuchungen mit 52 kationischen Farbstoffen findet DRAWERT (1940, 1951 a) an den Oberepidermiszellen der Schuppenblätter ruhender Zwiebeln von *Allium cepa* je nach Farbstoff einen Beginn der Vakuolenfärbung in dem weiten Intervall zwischen pH $\sim$ 5,0 und 11,5 (s. S. 38—47, Tabelle 6). Bei der Blaualge *Mastigocladus laminosus* färben sich die Volutinkörner mit Nilblau bei pH $\sim$ 6,3 mit Methylenblau aber erst im alkalischen Bereich (MARČENKO 1962).

Der Beginn der Vakuolenfärbung innerhalb der pH-Skala hängt aber nicht nur vom Farbstoff ab, sondern auch von der Art der Zelle bzw. von ihrem physiologischen Zustand.

Ein unterschiedliches Verhalten kann darauf zurückzuführen sein, daß z. B. bei Pilzen der pH-Wert des farbstoffhaltigen Kulturmediums durch die Tätigkeit des Pilzes geändert wird (CASSAIGNE 1931, GUILLIERMOND und OBATON 1934). Im allgemeinen liegen aber unterschiedliche Speicherfähigkeiten vor. So hat das Cambium von *Pinus strobus* u. a. zwei verschiedene Vakuolentypen A und B (BAILEY und ZIRKLE 1931). Der A-Typ färbt sich mit Neutralrot und Methylrot magenta oder rot, und der B-Typ zeigt mit Neutralrot einen orange oder rotorange Farbton und bleibt mit Methylrot farblos. Beide Vakuolentypen können in derselben Zelle vorkommen. Die A-Vakuolen speichern die meisten kationischen Farbstoffe schneller und weiter in den sauren Bereich hinein als die B-Vakuolen. Die Wurzelhaare von *Hydromystria bogotensis* speichern Neutralrot ab pH $\sim$ 6,4 in der Vakuole (STRUGGER 1935 a) und die Oberepidermiszellen der Schuppenblätter ruhender Zwiebeln von *Allium cepa* ab pH $\sim$ 7,1 (STRUGGER 1936). Für die Oberepidermiszellen der Schuppenblätter treibender Zwiebeln findet DRAWERT (1937 d) für denselben Farbstoff je nach Zelle einen unterschiedlichen Beginn der Vakuolenfärbung, der z. T. schon bei pH 3,2 liegen kann. Für Methylenblau variiert an demselben Objekt der Beginn der Vakuolenfärbung von pH $\sim$ 9 bis

~ 11,5 (Drawert und Strugger 1938). In Übereinstimmung mit den Befunden von Bailey und Zirkle (1931) färben sich die Vakuolen um so weiter im sauren Bereich, je mehr der Farbton des in der Vakuole gespeicherten Neutralrots nach Rot bis Violett geht. Sehr auffällig ist dieser Unterschied im Farbton zwischen den Ober- und Unterepidermiszellen der Schuppenblätter ruhender Zwiebeln von *Allium cepa*. Dementsprechend setzt bei den zinnoberrot gefärbten Oberepidermen die Vakuolenfärbung bei pH ~ 7,1 ein, bei den rotviolett gefärbten Unterepidermen bereits bei pH ~ 5. Dieses verschiedene Verhalten der beiden Epidermen, d. h., daß die Vakuolenfärbung in der Unterepidermis weiter im sauren Bereich beginnt als in der Oberepidermis, trifft für eine ganze Reihe von kationischen Farbstoffen zu (Drawert 1940, 1951 a). Bei manchen Farbstoffen tritt der Unterschied der beiden Epidermen dadurch noch stärker hervor, daß die Farbstoffe den Zellsaft nur in der Unterepidermis färben, in der Oberepidermis aber vom Plasma gespeichert werden (vgl. S. 437).

In Keimwurzeln vom Tabak (Guilliermond, Dufrénoy und Labrousse 1930) und vom Weizen (Strugger 1937 b) färben sich die Vakuolen mit Neutralrot bei einem um so niedrigeren pH-Wert, je jünger die Zelle ist (Abb. 118). Die gerbstoffführenden Zellen der Wurzel von *Impatiens balsamina* speichern kationische Farbstoffe noch unter pH 3,8, die gerbstofffreien erst von pH > 4,8 an (Rehm 1938). In den grünen Blättern von *Sedum praealtum* beginnt eine Zellsaftfärbung mit Neutralrot bei pH ~ 5,8, in den etiolierten Blättern dagegen erst bei pH ~ 6,7 (Drawert 1948 a). *Bryophyllum*-Blätter zeigen nach Overbeck (1957) morgens eine Vakuolenfärbung bei höherer Acidität der Außenlösung als nachmittags (S. 412, Tabelle 75), und in den Blättern von *Helodea densa* speichern die Schleimzellen Acridinorange unabhängig von der Außen-cH mit grüngelber bis orange Fluorescenz, während der Zellsaft der anderen Zellen erst ab pH ~ 7 kupferrot fluoresciert (Perner 1950 b). Die Vakuolen der Epidermiszellen von *Orchis maculata* fluorescieren mit Acridinorange ab pH ~ 6,6 kupferrot,

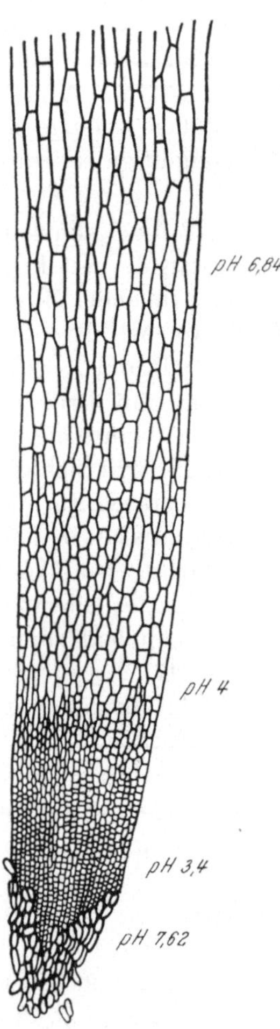

Abb. 118. Oberflächenbild (Epidermis) einer jungen Wurzelspitze von *Triticum aestivum* mit Angabe des für jede Zone kritischen pH-Wertes, bei dem ein Umschlag der Zellwandfärbung mit Neutralrot in eine Vakuolenfärbung erfolgt. (Nach Strugger 1937 b.)

diejenigen von *Platanthera bifolia* zeigen aber schon bei pH 3 eine gelbgrüne Fluorescenz (Höfler 1946 b). Zellen mit Tonoplastenplasmolyse nehmen im Gegensatz zu normalen Zellen Toluidinblau auch bei höherer Acidität auf (Höfler 1952, Burian 1962 a, b).

Je nach Art setzt bei Meeres- (Chadefaud 1933) und bei Süßwasseralgen (Hirn 1953 a, b, Höfler und Schindler 1951, 1955, Huber 1955) die Aufnahme kationischer Farbstoffe bei recht unterschiedlicher Acidität ein.

Die Vakuolenfärbung beginnt also je nach Farbstoff und je nach Zelle bei einem verschiedenen pH-Wert der Farbstofflösung, nimmt dann im allgemeinen mit fallender cH zu und verläuft im mehr oder weniger alkalischen Bereich recht gleichmäßig. Ausgesprochene pH-Intervalle für maximale Färbung, die nach der alkalischen Seite begrenzt sind, werden für die rein kationischen Farbstoffe nur selten angegeben, und dann steht das Abklingen der Färbung im allgemeinen im Zusammenhang mit einem Ausfallen der Farbbase bei zu alkalischer Reaktion.

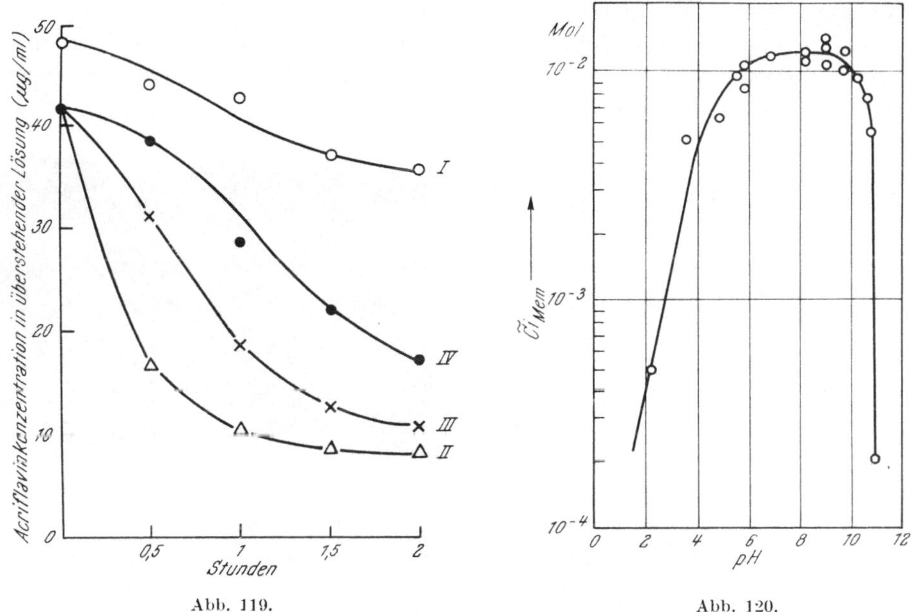

Abb. 119.Abb. 120.

Abb. 119. Die Aufnahme von Acriflavin durch *Saccharomyces cerevisiae* 239 in Abhängigkeit vom pH-Wert der Lösung. Die Suspension (10^8 Zellen/ml in $^1/_{15}$ mol Citrat- und Phosphatpuffer) wurde nach Zugabe des Farbstoffes bei 20° C geschüttelt, und nach Zentrifugierung die Konzentration der überstehenden Lösung bestimmt. I pH 3,0; II pH 5,0; III pH 7,0; IV pH 8,0. (Nach MILLBANK und HOUGH 1961.)

Abb. 120. Die Adsorption von Thionin durch die Zellwand lebender Oberepidermiszellen der Schuppenblätter von *Allium cepa* in Abhängigkeit vom pH-Wert der Farbstofflösung. Die mikrospektrographische Messung erfolgte an den durch Plasmolyse in 2 mol Rohrzucker freigelegten Zellwandpartien. (Nach BARTELS und SCHWANTES 1955.)

Darauf ist z. B. das Nachlassen der Vakuolenfärbung mit Neutralrot bei *Saprolegnia* ab pH 8 in den Versuchen von BHARGAVA (1951 a) zurückzuführen. Wieweit das auch für die Abnahme der Speicherung von Acriflavin (= Trypaflavin) durch Hefezellen im neutralen und alkalischen Bereich (Abb. 119) zutrifft, muß noch geklärt werden. MILLBANK und HOUGH (1961) bringen diesen Effekt mit der starken Zunahme der Giftigkeit des Acriflavins mit fallender cH in Zusammenhang. Die Erhöhung der Toxicität ist wiederum auf die schnellere Aufnahme der freien Base zurückzuführen. Dabei ist zu berücksichtigen, daß MILLBANK und HOUGH die Konzentrationsabnahme in der überstehenden Lösung bestimmen. Ihre Kurven sagen also nichts darüber aus, wie hoch der Prozentsatz lebender und toter Zellen bei den jeweiligen pH-Werten ist. Ferner muß bei den langen Versuchszeiten auch mit einer Aufnahme der Puffersalze und dadurch mit einer Änderung der Innen-cH gerechnet werden, die sich ebenfalls auf die Farbstoffaufnahme auswirkt (s. S. 411 u. f.).

Bevorzugte, nach beiden Seiten begrenzte pH-Intervalle oder auch ein ausgesprochenes pH-Optimum findet man bei amphoteren Farbstoffen, die außerdem vorwiegend das Plasma färben. Für die Aufnahme von Brillantgrün durch Hefe geben Adams und Robbins (1939) ein Optimum bei pH 5,1 an, nach beiden Seiten erfolgt ein Abfall. Prune pure wird nur zwischen pH 3 und 8,5 im Plasma oder Zellsaft (Drawert 1938 c), Malachitgrün zwischen pH 3 und 10,5 ebenfalls im Plasma oder Zellsaft (Drawert 1940) und Coelestinblau zwischen pH 7,8 und 9,0 in Plastiden und Kern bzw. zwischen 3,7 und 10,2 im Zellsaft gespeichert (Drawert 1954 a), um nur einige Beispiele aufzuführen.

Kationische Farbstoffe, die eine Zellsaftfärbung ab pH $\sim$ 5 oder von einem höheren pH-Wert an bedingen, färben im allgemeinen bei niedrigeren pH-Werten die Zellwand. Bei den meisten Zellen setzt die Zellwandfärbung um pH 3 ein,

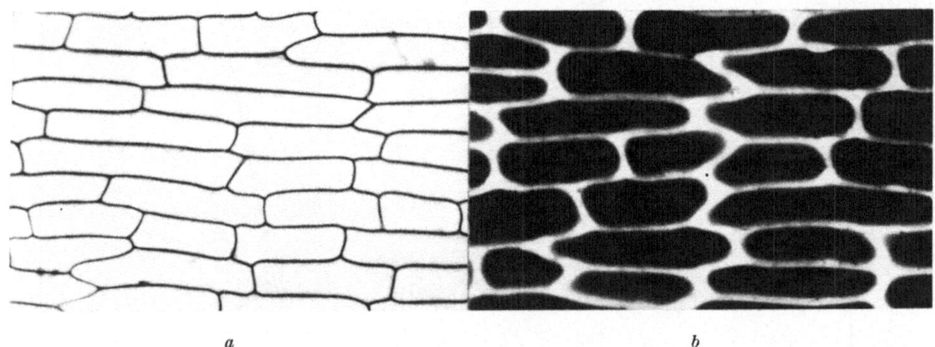

a   b

Abb. 121. *a* Zellwandfärbung der Oberepidermiszellen eines Schuppenblattes von *Allium cepa* mit Neutralrot 1 : 10 000 in Aqua dest. (pH 4,7). *b* Vakuolenfärbung desselben Objektes mit Neutralrot 1 : 10 000 in Leitungswasser (pH 7,2). Diffuse Zellsaftfärbung, Zellen mit Vakuolenkontraktion. (Nach Drawert 1956 c.)

steigt dann mit fallender cH rasch an, erreicht einen Sättigungswert, der über ein kleineres oder größeres pH-Intervall gehalten wird, und fällt dann im allgemeinen steil ab (Abb. 120). Diese Kurve der Zellwandfärbung an der lebenden Zelle entspricht in ihrem Verlauf der Farbstoffaufnahme durch die Zellwand einer fixierten Zelle oder auch einer isolierten Zellwand (S. 186, Abb. 56). Nur der Abfall der Kurve nach der alkalischen Seite kann bei der lebenden Zelle mehr oder weniger früher beginnen, da zwischen Zellwand und Vakuole eine Konkurrenz um den Farbstoff besteht.

Die Tatsache, daß sich mit demselben Farbstoff bei hoher cH die Zellwand und bei niedriger cH die Vakuole färbt (Abb. 121 a und b), wurde von Ruhland (1908 a, 1912 b) für Neutralrot sowie von Harvey (1911) für mehrere kationische Farbstoffe beobachtet und von Irwin (1923), Guilliermond, Dufrénoy und Labrousse (1930), Prát (1931 a) sowie Döring (1935) bestätigt.

Ruhland (1908 a, 1912 b) hat bereits erkannt, daß sich der Farbstoff von der Zellwand in die Vakuole und umgekehrt verlagert, wenn vitalgefärbte Zellen in ein farbloses Medium mit hoher bzw. niedriger cH übertragen werden. Diese Beobachtung geriet in Vergessenheit und wurde von Strugger (1935 a) erneut gemacht, interessanterweise am selben Objekt (Wurzelhaare von *Hydromystria bogotensis*) und mit demselben Farbstoff (Neutralrot). Cazalas (1930) beschreibt den entsprechenden Effekt für Brillantcresylblau. *Chara*-Zellen, die diesen Farbstoff in der Vakuole gespeichert haben, verlagern ihn beim Waschen mit aqua dest. in die Zellwand, und Staubfadenhaarzellen von *Tradescantia*, deren Zellwände mit reduziertem Neutralrot gelb gefärbt sind, verlagern nach BECKER und BECKEROWA (1934) den Farbstoff beim Waschen mit Leitungswasser in die Vakuole. CAZALAS sowie BECKER und BECKEROWA gehen aber noch nicht auf die cH ein (aqua dest. reagiert im allgemeinen sauer und Leitungswasser schwach alkalisch).

In abgestuften pH-Reihen können STRUGGER (1935a, 1936, 1940 b, d, 1941 a), DRAWERT und STRUGGER (1938), DRAWERT (1937 a, d, 1938 c, 1940, 1951 a, 1952 c), DRAWERT und METZNER (1955) für eine Anzahl kationischer Farbstoffe den Umschlagspunkt von der Zellwand zur Vakuolenfärbung in der pH-Skala festlegen. Die Lage dieses Umschlagpunktes hängt außer vom Farbstoff vom physiologischen Zustand der Zelle, z. B. von ihrem Alter, ab (Abb. 118). Diese Befunde lassen sich mit den verschiedensten Farbstoffen und den verschiedensten Objekten bestätigen (BORRIS 1937 b, GUILLIERMOND und GAUTHERET 1939 a, 1940, GUILLIERMOND 1940, GUTZ 1956, HIRN 1953 a, b, HÖFLER 1947 a, b, HÖFLER und KINZEL 1963, HÖFLER und SCHINDLER 1955, JOHANNES 1939, 1950 a, KIERMAYER 1955 a, 1956, KRISAI-KNYRIM 1959, MOSER 1942, PECKSIEDER 1950, PERNER 1950 b, PORZER 1952, 1953, SCHÖNLEBER 1937 a, STIEGLER 1950).

Es ist aber nicht nur die Verteilung eines kationischen Farbstoffes zwischen Zellwand und Vakuole von der Außen-cH abhängig, sondern für die entsprechenden Farbstoffe auch die Verteilung zwischen Zellwand und Plasma. Hier ist der cH-Einfluß allerdings im allgemeinen nicht so auffällig, da die Plasmafärbung häufig eine viel geringere cH-Abhängigkeit zeigt als die Zellsaftfärbung. Für Berberinsulfat beschreiben STRUGGER (1939 a) und PERNER (1952 a) einen Wechsel zwischen Zellwand-, Plasma- und Kernfärbung. Weitere Beispiele finden sich bei DRAWERT (1940) und STRUGGER (1943 a). Für *Hydrodictyon* gibt YAMAGISHI (1962 a) einen cH-abhängigen Wechsel zwischen Vakuolen- und „Granula"-Färbung an.

Der Einfluß der Außen-cH auf die Aufnahme der meisten kationischen Farbstoffe ist so auffallend, daß VON CHOLNOKY (1949) mit seiner Schlußfolgerung aus Versuchen mit Methylenblau und Neutralrot an *Primula*-Zellen, „daß das pH der Umgebung die Farbstoffaufnahme und Speicherung nicht oder nur unbedeutend beeinflußt", keine Zustimmung finden kann.

Andererseits wurde schon darauf hingewiesen, daß die Plasmafärbung bei der pflanzlichen Zelle häufig nicht die starke cH-Abhängigkeit erkennen läßt wie die Zellwand- und Vakuolenfärbung. Außerdem gibt es auch Farbstoffe, deren Aufnahme im physiologischen pH-Bereich weitgehend unabhängig von der Außen-cH ist. Dazu gehören z. B. die amphoteren Farbstoffe Rhodamin B und 3 B, die auch bei der Vitalfärbung der tierischen Zelle diese Ausnahmestellung einnehmen (GELLHORN 1927 c). Bei der Pflanzenzelle trifft dies sowohl für die Zellsaft- als auch für die Plasma- und Chondriosomenfärbung zu (BAILEY und ZIRKLE 1931, STRUGGER 1938 a, YAMAHA 1938 b, DRAWERT 1939 a, JOHANNES 1941, NAGAI 1955 b). Auch die mit Rhodamin S zu erzielenden Fluorochromierungen sind cH-unabhängig (JOHANNES 1941, DRAWERT 1958).

Ferner beeinflußt die Außen-cH kaum die Färbung der Chondriosomen mit Janusgrün B (SOROKIN 1938, GUILLIERMOND 1949), wohl aber die Färbung der Vakuole mit demselben Farbstoff (DRAWERT 1940, GUILLIERMOND 1949).

Auch die Sphärosomenfluorescenz mit Nilblau und Janusgrün B ist cH-unabhängig (Drawert 1952 c, 1953).

Bei dem Einfluß der Außen-cH auf die Geschwindigkeit der Reduktion von TTC durch lebende Zellen (Parker 1953, Drews 1955a, Abbot und Grove 1959, Nakazawa und Kimura 1964) handelt es sich kaum um eine direkte Wirkung auf den Reduktionsprozeß, sondern um eine Beeinflussung der Aufnahme des TTC durch die Zelle. Die Aufnahme und damit die Rotfärbung durch das sich bildende Formazan erfolgt um so schneller, je alkalischer die TTC-Lösung ist (Tabelle 71).

Tab. 71. *Auftreten der Rotfärbung in Mais-Wurzelspitzen nach Eintauchen derselben in 1% TTC bei ~ 26,5° C in Abhängigkeit von dem pH-Wert der Lösung.* (Nach Parker 1953.)

Minuten	pH-Wert der TTC-Lösung			
	3,0	5,4	7,8	8,4
5	—	—	rosa	rot
15	—	rosa	rot	rot
25	rosa	rosa	rot	rot

Nach Prát (1931 c) treten im Zellsaft von *Polysiphonia* bei Vitalfärbung mit Neutralrot unabhängig von der Außen-cH Kristallbildungen auf. Nach Methylenblaufärbung sind entsprechende, jetzt tiefblau gefärbte, nadelförmige Kristalle nur bei alkalischer Reaktion des Seewassers zu beobachten. Eine schwache Ansäuerung verhindert die Kristallbildung, obwohl die Vakuolen gefärbt sind.

Die Herabsetzung der „Intrabilität" für Chrysoidin und der „Permeabilität" für Neutralrot durch β-Indolylessigsäure nach Ruge (1937a) dürfte auch auf einen cH-Effekt zurückzuführen sein.

Bei der Aufnahme der anionischen Farbstoffe müssen wir zwei Gruppen unterscheiden. Die eine Gruppe umfaßt die Farbstoffe, die vor allem Kern und Plasma aller Pflanzenzellen ähnlich den entsprechenden kationischen Farbstoffen nach kurzer Einwirkungszeit färben. Die zweite Gruppe wird von den sulfosauren Farbstoffen gebildet, die nur von ganz bestimmten Zellarten und erst nach längerer Einwirkungszeit in der Vakuole gespeichert werden. Eine Färbung der Zellwand — wenn wir von Imbibitionsfärbungen mit Fluorochromen und einigen Echtfärbungen mit kolloidalen Diachromen absehen — tritt im physiologischen pH-Bereich mit den Farbstoffen beider Gruppen im allgemeinen nicht auf.

Zu der ersten Gruppe gehören das Fluorescein und seine Halogenderivate. Dabei handelt es sich um eine schwache Farbsäure, die außerdem noch amphoteren Charakter hat (s. S. 49). K- und Na-Fluorescein dienen als Fluorochrome, die Halogenderivate — besonders Eosin und Erythrosin — auch als Diachrome.

Wie bei der tierischen Zelle wirkt ebenfalls bei der Pflanzenzelle eine hohe cH fördernd auf die Aufnahme dieser Farbstoffe. Die Färbung mit Eosin läßt sich mit Leitungswasser (schwach alkalisch) auswaschen, mit aqua dest. (sauer) dagegen nicht (Albach 1928). Hefezellen färben sich mit Eosin erst unter pH 4,5 (Adams und Robbins 1934). Auch das Plasma der Pollenmutterzellen von *Lilium speciosum* (Yamaha 1938 b) und das der Oberepidermen der Schuppenblätter von *Allium cepa* färben sich mit Eosin, Erythrosin und Bengalrosa nur im sauren Bereich (Döring 1935, Yamaha und Nomura 1939). Eine Vorbehandlung mit HCl oder NaOH hat keinen Einfluß (Yamaha und Nomura 1939). Drawert (1941 a) erhält mit Eosin W gelblich bei *Allium* eine Plasma- und Kernfärbung bis pH 5—6 und mit Erythrosin noch bis pH ~ 7.

Eingehend ist die Fluorochromierung der Zellen mit K- und Na-Fluorescein (Uranin) in Abhängigkeit von der Außen-cH untersucht worden. Döring (1935) stellt fest, daß je nach Konzentration des Uranins die Fluorochromierung des Plasmas verschieden weit nach der alkalischen Seite geht. In der Konzentration 1 : 1000 tritt noch bei pH 8 eine Plasmafluorescenz auf. Strugger (1938 b) erhält mit K-Fluorescein 1 : 10000 bei Kurzfärbungen eine Kern- und Plasmafluorescenz bis pH ~ 5, bei Langfärbung (15—30 Min.) dagegen noch bis pH ~ 8,4. Auch Höfler, Ziegler und Luhan (1956) beobachten mit Uranin eine Plasmafluorescenz bis pH ~ 8 und Drawert (1960 a) bis pH ~ 7. Die Assimilationsstärke in den Chloroplasten läßt sich nach A. Ziegler (1960 b) nur im sauren Bereich fluorochromieren, Reservestärke aber noch bei alkalischer Reaktion.

Wieweit die Plasmafluorescenz mit Uranin nach der alkalischen Seite reicht, hängt vom Objekt ab. Bei Rotalgen variiert die „Uraninschwelle" von pH 4,6 bis 6,0 (Höfler, Ziegler und Luhan 1962 a), bei der Braunalge *Stypocaulon scoparium*, je nach Alter der Zellen, von pH 5 bis 6,25 (Höfler, Ziegler und Luhan 1962 b) und bei Zellen verschiedener Blütenpflanzen von pH 6,25 bis 7,1 (A. Ziegler und Luhan 1963). Jugendliche Zellen fluorescieren noch bei höheren pH-Werten, und gequollenes Plasma färbt sich weit über den Schwellenwert hinaus. Nach längerem Aufenthalt (8 bis 24 Stdn.) der mit Uranin gefärbten Zellen in der Farbstofflösung oder auch nach vorhergehendem Wässern der eingefärbten Zellen ist häufig eine Umlagerung des Farbstoffes vom Plasma in die Vakuole zu beobachten (Döring 1935, Höfler, Ziegler und Luhan 1956). Nach Drawert (1960 a) ist bei pH 2—3,5 auch schon nach Kurzfärbung in vielen Zellen eine Vakuolenfluorescenz zu erhalten.

Die X-Körper viruskranker *Aichryson × domesticum* f. *foliis variegatis* fluorescieren wie der Kern mit K-Fluorescein von pH 2,2 bis 6,5 und mit Eosin von pH 3,5 bis 5,0 (Reiter 1957). In Kartoffelknollen anzutreffende Eiweißkristalle, die nach Eicke und Köhler (1943) nichts mit einem Virusbefall zu tun haben, lassen sich nach denselben Autoren *intra vitam* zwischen pH 3,9 bis 7,8 und einem Optimum bei pH 5,4 mit Erythrosin, aber nicht mit Uranin färben. Nach Bancher und Hölzl (1960 c) sollen sich allerdings diese Kristalle nur in der toten und nicht in der lebenden Zelle fluorochromieren lassen.

Zu dieser Farbstoffgruppe gehört auch das ebenfalls amphotere (s. S. 65) Methylrot, das zum Unterschied von den Fluoresceinen in manchen Zellen bereits nach kurzer Einwirkungszeit auch den Zellsaft intensiv färbt (Schaede 1924 a, Bailey und Zirkle 1931). Die Zellsaftfärbung kann noch weiter nach der alkalischen Seite gehen als die Plasmafärbung. Die letzte erfolgt nur unter pH 6 (Chambers und Kerr 1932), in den Oberepidermen der *Allium*-Schuppenblätter nach Drawert (1941 a) noch bis pH 6,5, und der Zellsaft in der Unterepidermis desselben Objektes wird bis pH 7,5 gefärbt. Nach den Untersuchungen von Zöttl (1960) liegt die Färbeschwelle je nach Farbstoffkonzentration und Färbezeit zwischen pH 6,1 und 7,1. In *Sedum maximum*-Zellen färben sich die Gerbstoffidioblasten nach demselben Autor elektiv noch bei pH 10,3. In den Wurzeln von

Impatiens balsamina nehmen aber auch die gerbstoffhaltigen Zellen den Farbstoff nur bei saurer Reaktion auf (Rehm 1938). Die Ölkörper der Lebermoose färben sich mit Methylrot bis in den stark alkalischen Bereich, allerdings ist die Färbezeit pH-abhängig. In den lebenden Zellen von *Lophocolea bidentata* sind sie bei pH 3,95 bereits nach 1 Std. gut gefärbt, bei pH 10,7 dagegen erst nach 24 Stdn. Bei manchen Arten ist die Färbung bei alkalischer Reaktion nicht mehr möglich. So geht sie bei *Jungermannia lanceolata* nur bis pH 6,4 und bei *Calypogeia trichomanis* bis pH 7,5 (Zöttl 1963).

Eine Zwischenstellung scheinen die anionischen Halogenderivate des Indophenols einzunehmen, die von *Valonia* bei saurer Reaktion aufgenommen werden. So permeieren 2,6-Dibromphenolindophenol (Brooks 1925, 1926 c), o-Cresolindo-

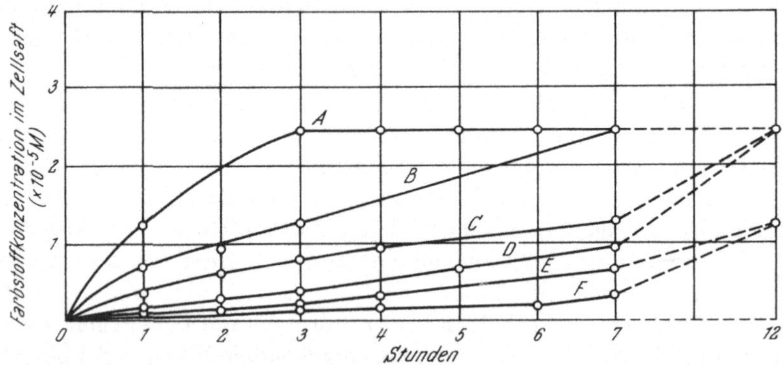

Abb. 122. Die Aufnahme von o-Chlorphenolindophenol durch *Valonia utricularis* bei verschiedenen pH-Werten der Außenlösung. A pH 6,3; B pH 7,4; C pH 7,6; D pH 7,7; E pH 7,9; F pH 8,1. A—D mit Phosphaten, E und F mit Boraten eingestellt. (Nach Brooks 1932 b.)

phenol, o-Chlorophenolindophenol (Brooks 1931, 1932 b), Meta-bromphenolindophenol und Guaiacolindophenol (Brooks 1933), aber nicht 1-Naphthol-2-sulfonatindophenol. Die Farbstoffe werden in der Zelle zur farblosen Form reduziert und müssen für colorimetrische Konzentrationsbestimmungen erst reoxydiert werden. Die Aufnahmegeschwindigkeit hängt vom pH-Wert der Außenlösung ab (Abb. 122), die Endkonzentration nach Erreichung des Gleichgewichtes dagegen nicht, sie beträgt immer ein Viertel der Außenkonzentration bei der Verwendung von Phosphatpuffern und ein Achtel bei Boratpuffern. Es findet zum Unterschied von den kationischen Farbstoffen also keine Speicherung statt.

Die sulfosauren Farbstoffe werden dagegen nur von ganz bestimmten Zellen, wie Meristem, Leitbündelparenchym sowie Epidermis und Mesophyll weißer Blumenblätter, nach längerer Einwirkungszeit aufgenommen. Andere Befunde, daß z. B. *Aspergillus*-Hyphen (Bünning 1936), Pollenmutterzellen (Yamaha 1938 b), Oberepidermiszellen der Schuppenblätter von *Allium cepa* (Yamaha und Nomura 1939) sich bei hoher Acidität auch mit sulfosauren Farbstoffen färben sollen, sind wohl auf Irrtümer zurückzuführen, wahrscheinlich lagen bereits geschädigte Zellen vor (vgl. auch Collander und Virtanen 1938). Allerdings scheint es Ausnahmen zu geben, so soll Säurefuchsin (= Rubin S, Fuchsin S) bei *Rivularia* nach Zusatz von CH₃COOH das Plasma (Becker und Beckerowa 1937) und bei den Sporangienträgern von *Phycomyces blakesleeanus* die Vakuole sowie nach Zusatz von Phosphorsäure das Plasma färben (KÜSTER 1940 c). Auch in den Wurzeln von *Impatiens balsamina* gibt Säurefuchsin bei hoher cH schwache Plasma- und Kernfärbung, während Lichtgrün und Cyanol nicht aufgenommen werden (REHM 1938). Mit Ausnahme der Befunde von KÜSTER ist es auch hier genauso fraglich wie bei der Angabe von DRAWERT (1937 a) über eine vitale Plastidenfärbung mit Säurefuchsin bei hoher cH an Algen, ob wirklich noch lebende Zellen vorgelegen haben. Die von KÜSTER gefärbten Pilzhyphen bewiesen ihre Vitalität durch ihr Vermögen weiterzuwachsen.

Nach COLLANDER (1921) und KOPACZEWSKI (1950) soll die Aufnahme der stark dissoziierten sulfosauren Farbstoffe ebenfalls durch eine hohe cH gefördert werden, während nach ALBACH (1928) und DRAWERT (1941 a, 1951 a) hier die cH nur von untergeordneter Bedeutung ist, vor allem, wenn die Transpirationsmethode zur Färbung benutzt wird. Dies steht im Einklang mit den Angaben von LUNDE-GÅRDH (1940), daß ganz allgemein die Aufnahme der Anionen zum Unterschied von der der Kationen weitgehend cH-unabhängig ist. Man darf aber nicht verallgemeinern. Nach PERNER (1950 a, b) werden pyrensulfosaure Farbstoffe und Brillantsulfoflavin FF nur im stark sauren Bereich nach längerer Einwirkungszeit aufgenommen, und zwar von Zellen wie die der Oberepidermis der *Allium cepa*-Schuppenblätter und der *Helodea densa*-Blätter, die andere sulfosaure Farbstoffe im allgemeinen nicht speichern. Sehr wahrscheinlich wird das unterschiedliche Verhalten hinsichtlich der Abhängigkeit von der Außen-cH mit der Dissoziationskonstanten der Farbstoffe zusammenhängen. Bei den Farbstoffen, die im ganzen physiologischen pH-Bereich stark dissoziiert vorliegen, wird die cH kaum einen Einfluß haben, bei den anderen wird sie sich dagegen mehr oder weniger bemerkbar machen.

Der Mechanismus der cH-Wirkung auf die Aufnahme wird von den einzelnen Autoren sehr unterschiedlich erklärt. Es schälen sich aber nach den postulierten Möglichkeiten vier Hauptgruppen heraus. Die erste Gruppe vermutet eine Wirkung über die Zellwand, die zweite denkt an eine Änderung der Permeabilität der Zellen, die cH soll also in erster Linie die Plasmaoberfläche beeinflussen. Die dritte Gruppe sieht den Hauptangriffspunkt im Zellinnern, und die vierte nimmt an, daß die cH vor allem den Farbstoff und weniger die Eigenschaften der Zelle verändert.

SZÜCZ (1910) vertritt die Meinung, daß die Adsorption der kationischen Farbstoffe an der Zellwand eine Diffusion ins Innere verhindert; eine Zellsaftfärbung kann nur erfolgen, wenn durch NaOH die Zellwandfärbung unterbunden wird. Nach JOHANNES (1950 a) soll die Zellwand unter ihrem IEP als hermetische Sperre für Kationen wirken, so daß auch das Zellinnere keine kationischen Farbstoffe aufnehmen kann.

Für eine Herabsetzung der Permeabilität des Plasmas für kationische Farbstoffe durch eine hohe cH setzen sich GUILLIERMOND (1930 b, GUILLIERMOND, DUFRÉNOY und LABROUSSE 1930, GUILLIERMOND und OBATON 1934) sowie ESTÉRÁK (1935) ein. Teilweise wird hier dem elektrischen Zustand der Plasmaoberfläche und dessen Änderung durch die cH eine besondere Bedeutung zugemessen (YURI 1928 a, CHADEFAUD 1933, STRUGGER 1937 b, LUNDEGÅRDH 1940, MASSART, PEETERS und VAN HOUCKE 1947, HARRIS 1949).

Den Wirkungsort ins Zellinnere verlegen PFEFFER (1886), RUHLAND (1908 a), IRWIN (1923), BÜNNING (1936).

Eine Wirkung der cH über den Farbstoff, besonders über die hydrolytische Spaltung desselben, wird von Harvey (1911), von Euler und Florell (1919), Irwin (1926 d, h), Kedrowsky (1931 b), Drawert (1940 u. f.), Bartels und Schwantes (1955), Kinzel (1955 a) u. a. angenommen.

Auf diese Fragen wird später bei der Besprechung der Vitalfärbungstheorien noch näher eingegangen. Es soll noch ein Modellversuch von Bungenberg de Jong und Bakhuizen van den Brink (1947) über den Einfluß der cH auf die Verteilung von Neutralrot in einem Coacervatsystem erwähnt werden.

Coacervate aus Celloidin und Gummiarabicum $+$ Gelatine werden mit Neutralrot gefärbt. Enthält die Vakuole des Coacervates Gummiarabicum, dann wird Neutralrot ($1/200\%$) in der Vakuole bei pH 7 diffus und bei pH 6 granulär gespeichert. Bei pH 6 kann auch eine diffuse Speicherung durch Zusatz von KCl oder Erniedrigung der Farbstoffkonzentration auf $^1/_{4000}\%$ erreicht werden. Nach Übertragung eines Coacervates mit granulärer Färbung aus pH 6 in eine Neutralrotlösung mit pH 5 entfärbt sich die Vakuole, und die gelierte Coacervatwand färbt sich. Bei pH 3,7 bleibt alles farblos, obwohl sich Gummiarabicum allein noch bis pH 2,3 mit Neutralrot färbt. Diese Effekte werden wie folgt erklärt: Ist der pH-Wert höher als der IEP der Gelatine, dann geht Gummiarabicum in die Vakuole; das hat zur Folge, daß diese kationische Farbstoffe speichern kann. Bei pH 5 wird Gummiarabicum von der Gelatine adsorbiert, aber die Kompensierung der Ladung des Gummiarabicums ist nur unvollständig, so daß die Coacervathülle sich noch mit Neutralrot färben kann. Bei pH 3,7 wird dagegen die Ladung des Gummiarabicums völlig durch die Ladung der Gelatine aufgehoben, so daß keine Anfärbung mehr stattfindet.

η) Salze

Sehr widersprechend sind die Ergebnisse, die über die Wirkung von Salzen auf die Farbstoffaufnahme erhalten worden sind. Schon Pfeffer (1886) kommt bei seinen Untersuchungen über den Einfluß von KNO_3 auf die Vitalfärbung zu der Erkenntnis, daß die Salzwirkung je nach Farbstoff und je nach Objekt verschieden sein kann. Mit Methylenblau gefärbte Zellwände lassen sich mit KNO_3 leicht entfärben, mit Methylviolett gefärbte dagegen schwer. Die Methylenblauaufnahme wird bei *Spirogyra* und *Hydromystria* durch KNO_3 gehemmt, bei *Azolla* dagegen nicht.

Wenn wir zunächst wieder einen Blick auf die einfacheren Verhältnisse bei der tierischen Zelle werfen, so ergibt sich dort auch kein einheitliches Bild; die Berichte über eine Hemmung der Aufnahme (Ross 1909, Blutzellen; MacArthur 1921, *Planaria*) und Förderung der Abgabe (Bornstein und Rüter 1925, Paramaecien; Andrejewa 1929, Paramaecien und *Glaucoma*) kationischer Farbstoffe durch Salze überwiegen allerdings. Gellhorn (1927 c) kann an Eiern von Meerestieren zunächst keine eindeutige Wirkung feststellen; später (Gellhorn 1931 a) gibt er für kationische Farbstoffe sowie anionische der Fluorescein-Gruppe eine Hemmung der Vitalfärbung von *Strongylocentrotus purpuratus*-Eiern bei Konstanthaltung des pH-Wertes durch $CaCl_2$ und eine Förderung durch NaCl, KCl, LiCl, $MgCl_2$ an. Im gleichen Sinne soll auch eine Vorbehandlung der Eier mit den Salzen wirken (Gellhorn 1931 b). Ca^{++} setzt die Förderung der anderen Salze herab. In einem Gemisch von $Na^+ : Ca^{++} = 73,5 : 1$ macht sich das Ca^{++} schon deutlich bemerkbar. Bei $MgCl_2$ übt Ca^{++} erst in höheren Konzentrationen einen antagonistischen Effekt aus. RELLA (1940) gibt für fast alle von ihm untersuchten Salze eine Förderung der Speicherung kationischer Farbstoffe durch *Pelmatohydra oligactis* an. Für die Anionen stellt er bei gleichem pH-Wert der Lösungen folgende Reihe auf: SCN^-, $J^- > NO_3^- > Br^- > Cl^- > Acetat^- > SO_4^{--} >$ Phosphat, und für die Kationen: $Mg^{++} > Ca^{++} > Na^+ > K^+ > Ba^{++} > Al^{+++} >$ NH_4^+. In Phosphaten sind die Tiere noch stärker gefärbt als in reinem Wasser. Ba- und Al-Salze haben kaum eine Wirkung, und NH_4Cl hemmt stark, sehr wahrscheinlich durch Alkalinisierung des Zellinnern. Für rote Blutkörperchen beschreibt TANAKA (1924) eine Hemmung der Aufnahme sowohl kationischer als auch anioni-

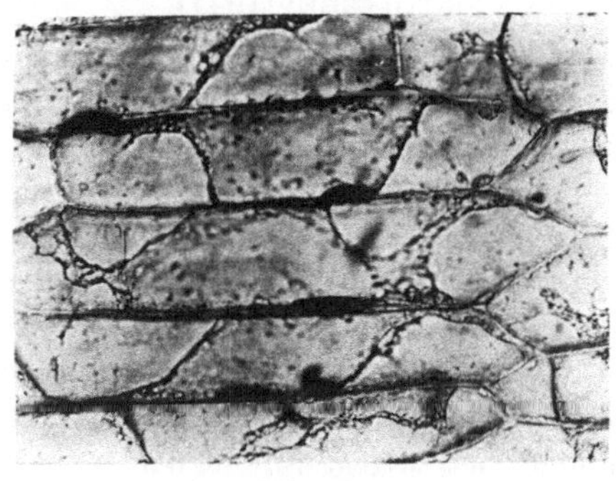

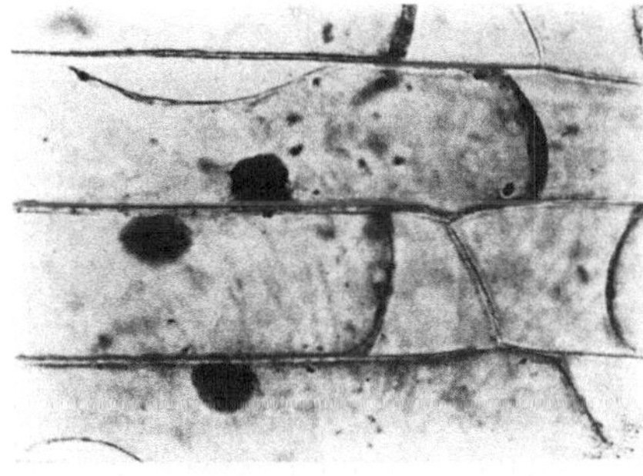

Abb. 123.   Abb. 124.

Abb. 123. Kern- und Plasmafärbung in den Oberepidermiszellen eines Schuppenblattes von *Allium cepa* mit Prune pure 1 : 10 000 in 1 vol. mol $CaCl_2$. (Nach DRAWERT 1938 c.)

Abb. 124. Kern- und Plasmafärbung in den Oberepidermiszellen eines Schuppenblattes von *Allium cepa* mit Methylviolett 1 : 10 000 in 0,5 vol. mol $Al_2(SO_4)_3$. (Nach DRAWERT 1940.)

scher Farbstoffe nach einer Vorbehandlung der Zellen mit isotonischen Salzlösungen. Auf die Speicherung der anionischen Farbstoffe sollen die Salze in umgekehrter Reihenfolge wirken wie auf die kationischen. Nach KŌNO (1930) haben Neutralsalze auf die Färbung von *Paramaecium* mit kationischen und anionischen Farbstoffen keinen Einfluß; nur NH_4-Salze hemmen. KRISZAT (1952) beobachtet nach Untersuchungen an der Amöbe *Chaos chaos* einen Zusammenhang der Ca^{++}-Wirkung mit dem Dissoziationsgrad der kationischen Farbstoffe. Auf die Aufnahme stärker dissoziierter Farbstoffe wirkt Ca^{++} hemmend, während es auf die Färbung mit schwächer dissoziierten kaum einen Einfluß ausübt. Die Aufnahme des anionischen Aurantia wird gefördert.

Wenn wir in Analogie zu der tierischen Zelle die Plasma- und Kernfärbung der Pflanzenzelle betrachten, so stellen wir fest, daß sich die meisten Angaben auf Färbungen mit Eosin, Erythrosin und Fluorescein — also anionische Farbstoffe — beziehen. Gleichzeitig mit dem Farbstoff geboten, üben die Salze vorwiegend eine fördernde Wirkung aus (SCARTH 1926 b, PALTAUF 1928, ALBACH 1928, YAMAHA 1938 b, YAMAHA und NOMURA 1939, HÖFLER, ZIEGLER und LUHAN 1956). REHM (1938) gibt dagegen für $AlCl_3$ eine Hemmung der Eosin-Aufnahme an, und NaCl sowie $CaCl_2$ sollen keinen Einfluß haben. Eine Vorbehandlung mit den Salzen soll sich nach PALTAUF (1928) ebenfalls günstig bemerkbar machen, nach ALBACH (1928) aber mit Ausnahme von Al^{+++} keinen Einfluß haben. KNO_3 fördert nach

Schönleber (1936) die Plasmafärbung mit dem amphoteren Prune pure. Ebenso beschreibt Drawert (1938 c) eine intensive Speicherung von Prune pure durch das Plasma selbst noch aus 3 vol. mol KCl- (S. 448, Abb. 155), 2 vol. mol $MgCl_2$- und 1 vol. mol $CaCl_2$-Lösungen (Abb. 123). Nur in 2 vol. mol $CaCl_2$-Lösung bleibt manchmal eine Färbung aus. Hemmend wirken aber die Al-Salze. Auf die Plasmafärbung mit dem kationischen Methylviolett hat nach Drawert (1940) 0,5 vol. mol $Al_2(SO_4)_3$ keinen Einfluß (Abb. 124). 1 vol. mol $CaCl_2$ bedingt eine leichte Hemmung. Nach Paltauf (1928) wird die Kernfärbung mit Dahliaviolett durch $Ca(NO_3)_2$ gehemmt und durch $Al_2(SO_4)_3$ verhindert. Weder KCl noch $CaCl_2$ beeinflussen die Plasmafärbung mit Rhodamin B und 3 B, und $AlCl_3$ wirkt erst bei 1 vol. mol blockierend (Drawert 1939 a). Salze setzen die Aufnahme von Trypaflavin durch Hefe herab (Massart, Peeters und Vercauteren 1947).

Sehr widersprechend sind die Angaben über die Salzwirkungen auf die Vakuolenfärbung mit kationischen Farbstoffen. Einen hemmenden Einfluß von Salzen auf die Aufnahme von Dahlia durch *Nitella* gibt Brooks (1926 b, 1927 c) an. NaCl, KCl, $CaCl_2$ sollen die Aufnahmegeschwindigkeit für Methylenblau durch *Helodea canadensis* vermindern (Homès 1930), und das endgültige Gleichgewicht zwischen der Methylenblaukonzentration Innen/Außen hängt bei *Dictyota* von der Meerwasserkonzentration ab (Homès 1933). Einwertige Kationen setzen bei Vorbehandlung von *Nitella* die Aufnahme von Brillantcresylblau herab, haben aber keine Wirkung, wenn sie gleichzeitig mit dem Farbstoff geboten werden. Eine Vorbehandlung mit zweiwertigen Kationen macht sich dagegen nicht bemerkbar, der Farbstofflösung zugesetzt tritt aber eine leichte Förderung der Farbstoffaufnahme ein (Irwin 1926 a, f, g, 1928 c). Nach Drawert (1937 d) hemmen $CaCl_2$ und $AlCl_3$ die Neutralrotaufnahme, aber nicht die von Rhodamin B. Später gibt Drawert (1939 a) auch für Rhodamin B eine Blockierung durch hohe Al-Salzkonzentrationen an. Die Zellsaftfärbung mit Prune pure wird ebenfalls nur durch hohe Al-Salzkonzentrationen vermindert, andere Salze haben keinen Einfluß (Drawert 1938 c). Auch auf die Zellsaftfärbung mit Neutralrot, Nilblau und Brillantcresylblau haben KCl, NaCl, $CaCl_2$ und $MgCl_2$ kaum eine Wirkung, und Al-Salze hemmen erst in höheren Konzentrationen (Drawert 1940). Nach Bank (1933 b) speichern *Allium*-Epidermen Neutralrot und Nilblau im Zellsaft noch aus einer Farbstofflösung mit 3 mol $CaCl_2$. Bei gleicher cH hat NaCl auf die Methylviolettaufnahme keinen Einfluß, $CaCl_2$ hemmt und $AlCl_3$ unterbindet sie (Rehm 1938). Im Gegensatz zu KCl setzen $CaCl_2$ und $AlCl_3$ die Neutralrotaufnahme stark herab (Bünning 1936). Nach Borriss (1937 b) soll $CaCl_2$ nur die Vakuolenfärbung mit Methylenblau hemmen, die Neutralrotaufnahme dagegen fördern. Auch Trimethylthionin wird noch aus $CaCl_2$-Lösungen im Zellsaft gespeichert (Borriss 1937 a). Nach Bailey und Zirkle (1931) beschleunigen Ca-Salze die Vakuolenfärbung mit kationischen Farbstoffen, die Aufnahme von Toluidinblau wird aber nach Czaja (1936) durch 0,5 n $CaCl_2$ unterbunden. Elektrolyte hemmen die Aufnahme kationischer Farbstoffe um so stärker, je höherwertig das Kation ist (Szücz 1910). NaCl und $MgCl_2$ setzen die Wirksamkeit von Acridinorange herab (Schwartz 1959, Kraepelin 1961). Die Zellen der Mittelrippe von *Helodea canadensis* speichern Neutralrot erst nach einer Vorbehandlung mit 0,05% $KMnO_4$ (Meindl 1934).

Ein ähnlich konfuses Bild erhalten wir bei den Angaben über die Salzwirkung auf die Farbstoffabgabe aus der Vakuole. Nach Bünning (1936) bedingen $CaCl_2$

und AlCl₃ einen raschen Austritt von Neutralrot. Auf die Abgabe von Methylviolett soll nur NaCl fördernd, CaCl₂ und AlCl₃ dagegen hemmend wirken (REHM 1938). 1 mol KCl und NaCl entfärben mit Methylenblau gefärbte Vakuolen nur in niedrigen Konzentrationen, höhere Konzentrationen wirken nicht oder langsamer (BANK 1937 a). Nach BORRISS (1937 b) und KERSTING (1937) setzt CaCl₂ die Abgabe von Neutralrot herab. AlCl₃ fördert nach DRAWERT (1937 d) wohl den Austritt von Neutralrot aus der Vakuole, hemmt aber den Durchtritt des Farbstoffes durch die Zellwand (Abb. 125).

Die geschilderten, sich widersprechenden Ergebnisse deuten an, daß bei der Salzwirkung auf die Vakuolenfärbung noch andere Faktoren mitspielen müssen.

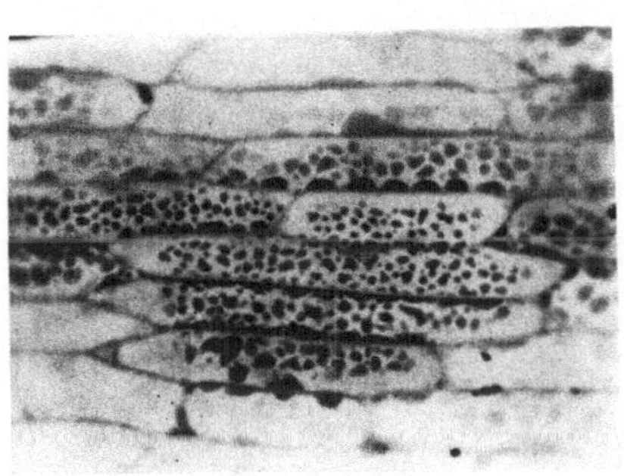
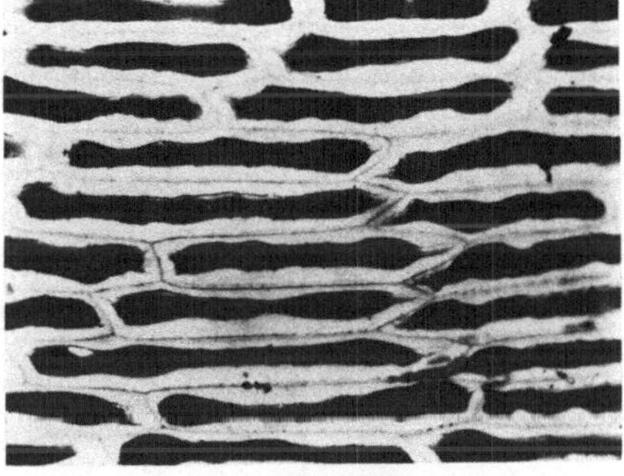

Abb. 125.   Abb. 126.

Abb. 125. Oberepidermis eines Schuppenblattes von *Allium cepa* mit Zellsaftfärbung (Neutralrot) nach Übertragung in 0,1 mol AlCl₃-Lösung. Der Farbstoff tritt aus der Vakuole aus und sammelt sich in Tröpfchen zwischen Protoplasten und Zellwand. Einige Zellen zeigen eine schwache Plasmolyse. (Nach DRAWERT 1937 d.)

Abb. 126. Oberepidermis eines Schuppenblattes von *Allium cepa* mit „vollem Zellsaft" (angetriebene Zwiebel). Die Vakuolen haben Rhodamin B aus einer 1 vol. mol AlCl₃ + Rhodamin B (1 : 1000)-Lösung gespeichert. (Nach DRAWERT 1939 a.)

Bereits ENDLER (1911, 1912 a, b) weist auf zwei Faktoren hin. Der eine ist die Salzkonzentration, der andere die cH. Die Neutralrot- und Methylenblauaufnahme und -abgabe werden durch Salze in niedriger Konzentration gefördert und in höherer gehemmt (ENDLER 1912 a, vgl. auch BANK 1937 a), und die Salzwirkung ist cH-abhängig (ENDLER 1912 b, IRWIN 1927 c, DRAWERT 1937 d, REHM 1938).

Als dritter und wichtigster Faktor kommt noch der physiologische Zustand der Zelle hinzu. Sobald der Zellsaft reich an Speicherstoffen ist, macht sich eine Salzwirkung viel weniger bemerkbar. Die Entfärbung der Vakuole durch AlCl₃- und CaCl₂-Lösungen erweist sich als weitgehend abhängig von dem Gehalt des Zellsaftes an Speicherstoffen von Art der Flavonole (DRAWERT 1937 d, damals schloß ich noch aus dem Farbton des gespeicherten Neutralrotes auf die cH des Zellsaftes, heute wissen wir aber, daß häufig der „saure" Farbton durch Speicherstoffe, wie Flavonole, bedingt wird. Es handelt sich also in solchen Fällen um „volle Zellsäfte" im Sinne von HÖFLER. Davon abgesehen hat auch die cH des Zellsaftes nach dem Ionenfallenprinzip einen Einfluß auf die Farbstoffverteilung unter der Salzwirkung im Außenmedium). Volle Zellsäfte speichern z. B. Rhodamin B noch aus einer 1 vol. mol AlCl₃-Lösung (Abb. 126) und Methylenblau aus einer Ca(NO₃)₂-Lösung (Abb. 127). Gerbstoff-führende Zellen nehmen kationische Farbstoffe noch aus höheren Salzkonzentrationen, selbst aus Al-Salzlösungen, auf (DRAWERT 1937 d, 1940, REHM 1938, HÖFLER und SCHINDLER 1952).

24*

Über den Einfluß von Salzen auf die Vakuolenfärbung mit sulfosauren Farbstoffen liegen Angaben von Collander (1921) vor. Danach fördern Al-Salze in niedrigen Konzentrationen die Aufnahme von Cyanol und Orange G. Die Wirkung von La-Salzen ist nicht eindeutig.

Aus den Untersuchungen über die Farbstoffaufnahme von ganzen Gewebestücken — meist durch Analyse der Außenlösung — läßt sich kaum sagen, ob es sich um eine Beeinflussung der Zellwand- oder der Vakuolenfärbung durch die Salze handelt. Nach Mann (1924) hemmen Salze die Aufnahme von Methylenblau, Neutralrot und auch des anionischen Orange G durch Mangoldwurzelstücke um so stärker, je höher die Wertigkeit und die Konzentration sind. Die Aufnahme kolloidaler, negativ geladener Farbstoffe durch Wurzeln und Blätter (lebend oder

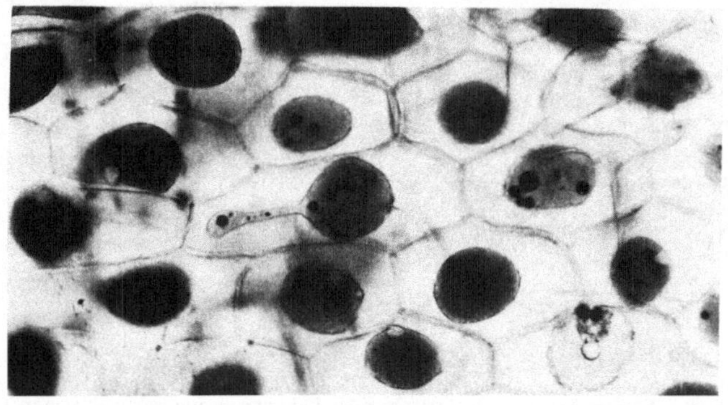

Abb. 127. Unterepidermiszellen eines Schuppenblattes von *Allium cepa* mit Vakuolenfärbung in einer Mischung von 5 cm³ 0,01% Methylenblau + 1 cm³ 0,1 mol Ca(NO₃)₂. Vor der Aufnahme wurden die Zellen mit 1 mol Ca(NO₃)₂ plasmolysiert. Die Plasmolyse führte zur Bildung von stärker gefärbten Entmischungstropfen in einigen Zellen. (Nach Drawert 1949 a.)

tot?) sollen Elektrolyte fördern, und zwar um so stärker, je höher die Konzentration und die Wertigkeit des Kations sind. Die Aufnahme kolloidaler, positiv geladener Farbstoffe wird dagegen herabgesetzt (Boutaric und Doladilhe 1931). Mit Pyronin B gefärbte Coleoptilenscheibchen von *Avena* geben den Farbstoff in CaCl₂-Lösung relativ schnell ab (Masuda 1959).

Auch bei den folgenden Untersuchungen mit Hefezellen kann nicht entschieden werden, ob es sich tatsächlich um eine Wirkung auf die Farbstoffspeicherung durch das Zellinnere handelt oder um eine Beeinflussung der Farbstoffadsorption durch die Zellwand. Meiner Meinung nach liegt entgegen der Auffassung der Autoren das letzte vor. Es wird die Methylenblauaufnahme und -abgabe durch normale und an NaCl-adaptierte Hefe untersucht. Nach Takada (1956) nimmt die Methylenblauabgabe durch normale Hefe mit steigender NaCl-Konzentration in der Außenlösung zu, aber nicht bei Hefe, die an NaCl adaptiert ist. Das nach 3 Minuten erreichte Gleichgewicht hängt bei der Zugabe von Na- und K-Salzen zu der Methylenblaulösung weitgehend von der Natur des Anions ab. Besonders Succinat und Acetat setzen die aufgenommene Farbstoffmenge stark herab (Hiraoka 1957 a). Die Anionen sollen die Affinität der Kationen zu Ribonucleoproteiden beeinflussen. Die Kationen Na⁺ und K⁺ hemmen die Aufnahme von Methylenblau (Hiraoka 1957 b, 1959), und die von Pyronin B wird besonders durch die zweiwertigen Kationen herabgesetzt (Takada und Tokuno

1958). Auch eine Behandlung der Zellen mit Ribonuclease vermindert die Farbstoffaufnahme (HIRAOKA und TAKADA 1957). Die Autoren vermuten eine Beteiligung von Ribonucleoproteiden, die in der Plasmaoberfläche lokalisiert sein sollen, an der Aufnahme und an dem Transport der Kationen in das Zellinnere. Auffallend und für die Schlußfolgerung der Autoren bedenklich ist die Angabe, daß die Methylenblauaufnahme lebender und durch Kochen abgetöteter Zellen fast gleich ist, und ebenso die Herabsetzung der Färbbarkeit durch RNase-Behandlung. Es fehlt jede mikroskopische Kontrolle.

Einen sehr starken Einfluß haben die Salze auf die Färbung der Zellwände mit kationischen Farbstoffen. Ganz allgemein verhindern Salze von einer bestimmten Konzentration an eine Färbung und bedingen eine Entfärbung bereits gefärbter Zellwände. So werden mit Methylviolett gefärbte Zellwände von *Spirogyra* durch $Ca(NO_3)_2$ entfärbt (SzÜCZ 1910), und $CaCl_2$ verhindert eine Färbung mit Methylenblau, Neutralrot (BRAUNER 1933) und Toluidinblau an demselben Objekt (CZAJA 1936) sowie mit Thionin bei Desmidiaceen (HÖFLER 1957), mit Neutralrot bei *Allium*-Epidermen und *Helodea*-Blättern (DRAWERT 1937 d) und drängt die Rotfluorescenz der Zellwände mit Acridinorange zurück (KINZEL 1953 a). Aber auch KCl (GENEVOIS 1930, HÖFLER und SCHINDLER 1953) sowie KNO_3 (KRESSIN 1935, DRAWERT 1937 c, 1949 a, PEKAREK 1938, MICHEL 1938, KÜSTER 1951) können kationische Farbstoffe aus der Zellwand verdrängen. Sehr schnelle Zellwandentfärbungen bedingen $MgCl_2$, $FeCl_2$ (LANZ 1942) und $AlCl_3$ (DRAWERT 1937 d). Für die Oberepidermiszellen der Schuppenblätter von *Allium cepa* liegt nach einer Färbung mit 0,02% Methylenblau bei pH 7,4 die gerade wirksame Konzentration für K- und Na-Salze bei 0,2 mol und für Ca bei 0,05 mol. Für andere Thioninderivate sind die wirksamen Konzentrationen von anderer Größenordnung (BORRISS 1937 a). Je höher die Farbstoffkonzentration ist, desto höher muß auch die Salzkonzentration sein, die zu einer Blockierung führt (BORRISS 1937 b). Die Entfärbungsgeschwindigkeit in 0,1 n Salzlösungen nimmt in folgender Reihe ab: $AlCl_3 > CaCl_2 > MgCl_2 > KCl > NaCl$. Die Anionen sollen auf die Entfärbungsgeschwindigkeit keinen Einfluß haben (KERSTING 1937).

Die Salze blockieren aber nicht nur die Färbung der Zellulose-haltigen Zellwände, sondern auch die der Diatomeen (GEISSLER 1958) und des Plectenchyms aus Basidiomyceten-Fruchtkörpern (KRISAI-KNYRIM 1959). Die Verdrängungswirkung der verschiedenen Kationen auf Methylenblau bei Ascosporen von *Neurospora tetrasperma* zeigt Tabelle 72. Die Wirkung der Kationen entspricht der Hofmeisterschen Reihe.

Wie die Zellwände gibt auch der mit Brillantcresylblau oder Neutralrot gefärbte Periplast von Euglenen in $CaCl_2$-Lösungen den Farbstoff wieder ab (DISKUS 1954). Entsprechend verhält sich die Färbung von Algengallerten mit kationischen Farbstoffen (HÖFLER und SCHINDLER 1952). KINZEL (1953 b) bestimmt mit Konzentrationsreihen von $CaCl_2$ den Entfärbungs- und den Färbungspunkt von Algengallerten und kommt zu dem Ergebnis, daß beide meist nicht übereinstimmen, und zwar liegt der Entfärbungspunkt in der Konzentrationsreihe häufig bedeutend höher als der Färbungspunkt. Dieser Unterschied wird darauf zurückgeführt, daß die Gallerte durch die Farbstoffionen weitgehend entladen und dadurch dehydratisiert, also kontrahiert, wird. Damit wird aber der Diffusionsweg innerhalb der Gallerte verengt, so daß eine Entfärbung langsamer erfolgen wird. Das Ca^{++} hat in der benutzten Konzentration eine viel schwächer kontrahierende Wirkung als die Farbstoffkationen. Das Methylenblau-Ion ist fast 380mal so stark adsorbierbar wie das gleichwertige K^+-Ion und noch über 10mal so stark wie das dreiwertige La^{+++}-Ion. In der Wirksamkeit bei der Adsorptionsverdrängung von Methylenblau aus Algengallerte ergibt sich folgende Kationenreihe: K^+, $Li^+ < Ca^{++} < H^+ < La^{+++}$. Eine orthochromatische Färbung läßt sich durch $CaCl_2$ meist leichter beseitigen als eine metachromatische.

Tab. 72. *Einfluß der Kationen auf die Farbstoffabgabe der mit Methylenblau gefärbten Ascosporen von Neurospora tetrasperma in $1 \cdot 10^{-3}$ mol Salzlösungen.*
(Nach Sussman und Lowry 1955.)

Kation	Abgegebene Methylenblaumenge in % nach			
	30 Min.	4 Stdn.	7 Stdn.	12 Stdn.
Li^+	1,4	0,6	—	—
Na^+	1,9	0,6	—	0,6
K^+	2,5	0,6	—	5,8
Ca^{++}	4,5	7,0	—	1,4
Mg^{++}	7,7	4,5	—	3,2
Mn^{++}	11,3	14,0	—	6,4
Hg^{++}	—	11,3	10,4	—
Zn^{++}	14,1	18,0	—	8,3
Co^{++}	15,2	14,9	—	9,6
Ni^{++}	16,7	16,7	16,7	—
H^+	28,2	28,2	24,3	—
Fe^{++}	29,5	—	37,3	—
UO_2^{++}	—	38,5	—	—
Cu^{++}	48,0	50,0	50,0	43,0
Al^{+++}	48,8	59,0	60,1	—
Fe^{+++}	75,0	79,5	78,9	—

Scarth (1926 a) beobachtet, daß die Salzwirkung auf die Zellwandfärbung bei lebenden Zellen viel stärker ist als bei toten, und schließt daraus, daß die Zellwand „lebend" ist. Eine Auffassung, die auch von Prát (1931 a) auf Grund von Färbungsversuchen vertreten wird. Pfeffer (1886) und Brauner (1933) können aber zeigen, daß die Zellwand beim Absterben mit Stoffen des Protoplasten (z. B. Gerbstoffe) durchtränkt wird, die für die bessere Färbung verantwortlich sind, und daß diese Erscheinung nichts mit einer „Belebtheit" der Zellwand zu tun hat. Durch eine Tanninbehandlung der Zellwände kann nach Brauner (1933) der gleiche Effekt erzielt werden (Tabelle 73).

Aus diesen Befunden geht hervor, daß wahrscheinlich zwei ganz verschiedene Färbungsmechanismen vorliegen; der eine bedingt eine „salzfeste" und der andere eine „nicht salzfeste" Zellwandfärbung. Bei dem ersten Typ handelt es sich um eine chemische „Niederschlagsfärbung" (Drawert 1937 c) und bei dem zweiten um eine adsorptive Farbstoffbindung (Austauschadsorption). Beide Färbungstypen können auch bei normalen Zellwänden ohne Vorbehandlung vorkommen.

Bei Benutzung metachromatischer Farbstoffe zeigt bereits der Farbton der Zellwände an, welcher Färbungstyp vorliegt. Metachromatische Färbungen sind bei Zellwänden wie bei der Gallerte im allgemeinen salzfest, orthochromatische dagegen salzempfindlich.

Mit Cresylechtviolett rosa gefärbte Zellwände lassen sich mit $CaCl_2$ entfärben, blau und violett gefärbte dagegen nicht (HÖFLER und STIEGLER 1947). Verholzte Zellwände, z. B. von Holundermark, weisen mit Cresylechtviolett eine salzfeste violette Färbung auf (STIEGLER 1950). Mit HÖFLER (1948, 1951) können wir $CaCl_2$ zur Unterscheidung einer elektroadsorptiven von einer chemischen Zellwandfärbung benutzen.

Tab. 73. *Entfärbungspunkt der mit Methylenblau gefärbten Zellwände von Spirogyra mit und ohne Vorbehandlung durch eine 0,25%ige Tanninlösung für 5 Minuten.* (Nach BRAUNER 1933.)

	KCl	$CaCl_2$	$AlCl_3$
ungebeizt	0,1 n	0,004 n	0,0008 n
gebeizt	> 0,5 n	> 0,5 n	0,1 n

Bei der Entfärbung mit Salzen verhält sich die Mittellamelle anders als die Sekundärschichten. Nach Behandlung der mit Methylenblau gefärbten Endospermzellen von *Tropaeolum* und *Phoenix* mit 2 n KNO_3 bleibt die Mittellamelle rot gefärbt (KÜSTER 1951). Auch bei einigen Lebermoosen ist die Färbung der Mittellamelle mit verschiedenen kationischen Farbstoffen salzfest (PORZER 1953). Bei *Funaria*, dessen Zellwände Gerbstoffe oder andere phenolische Substanzen führen (DRAWERT 1937 c), ist die Färbung der gesamten Zellwand mit Methylenblau salzfest (KÜSTER 1951). Auch bei der Färbung der Trennwand zwischen Sporangium und Traghyphe sowie der Tüpfel in der Oogonwand von *Achlya racemosa* mit Neutralrot und Acridinorange muß eine chemische Farbstoffbindung vorliegen, da der Farbstoff nicht durch $CaCl_2$ verdrängt wird (JOHANNES 1954). Bei der Rotalge *Antithamnion cruciatum* färbt sich die „Decklamelle" nur sehr schwach mit Methylenblau, die eigentliche Zellwand ist wesentlich stärker färbbar. In dieser Zellwand tritt in Konzentrationsreihen von $CaCl_2$ + Methylenblau ein unterschiedliches Verhalten der einzelnen Lamellen auf. Die Färbbarkeit nimmt mit dem Alter der Lamellen zu. Diese Abstufung kann nur in den $CaCl_2$-Reihen sichtbar gemacht werden (KINZEL 1956).

Auch mit Coriphosphin HK treten nach HÖFLER und MÜLLNER-HAITINGER (1949) salzfeste Zellwandfärbungen auf. Hierbei handelt es sich allerdings nicht um eine Niederschlagsfärbung, sondern um eine sogenannte „Echtfärbung", wie man sie vor allem mit kolloidalen anionischen Farbstoffen erhält (vgl. S. 228 u. f.).

Die Zellwandfärbung mit anionischen Farbstoffen soll durch Salze gefördert werden (YAMAHA 1938 b). Dies würde mit dem Verhalten von Zellulose (s. S. 185) im Einklang stehen. Dabei kann es sich um Quellungseffekte handeln. So ist Oxypyrentrisulfonat nicht in der Lage, den Basalring der Keulenhaare von *Vicia faba* zu durchdringen. Dies ermöglicht aber ein Zusatz von 0,1 n KCl (BUTTERFASS 1956 b).

Der Farbstoff tritt nicht immer in diffuser Form aus der Zellwand aus, wenn er durch Salze aus seiner Bindung an die Zellwand verdrängt wird. In manchen

Fällen kommt es zu amorphen oder kristallinen Ausfällungen. Kressin (1935) beschreibt als erster den Übertritt von blauen Tropfen aus den mit Methylenblau gefärbten Zellwänden von *Lophocolea bidentata* in den extraplasmatischen Raum nach Zugabe von hypertonischen KNO_3-Lösungen. Dieser Vorgang ist reversibel. Nach Zuführung von Leitungswasser verschwinden die Tropfen, und die Zellwand färbt sich wieder. Der Autor denkt an eine reversible Entmischung von Zellwandlipoiden. Bank und Estérák (1935) machen die gleiche Beobachtung mit Methylenblau an *Allium*-Epidermen. Sie stellen fest, daß die Bildung der „extraplasmatischen Granula" nur bei der Verwendung von Nitraten erfolgt; bei einer Plasmo-

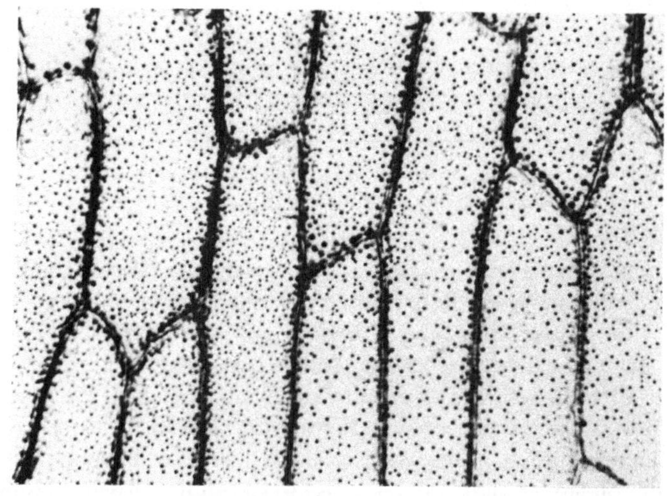

Abb. 128. Mit Methylenblau gefärbte Oberepidermiszellen eines Schuppenblattes von *Allium cepa* (Zellwandfärbung) unmittelbar nach dem Einlegen in 0,3 mol KNO_3-Lösung. Austreten von Farbstoffkugeln in den extraplasmatischen Raum. (Nach Borriss 1937 a.)

lyse mit Chloriden unterbleibt sie. Ferner können die Granula bei höheren Temperaturen zu Netzen und Häuten zusammenfließen. Bank und Estérák machen für die Erscheinung Substanzen verantwortlich, die unter dem Einfluß des Farbstoffes aus dem Protoplasten austreten.

In Untersuchungen mit verschiedenen Thioninderivaten an *Allium*-Epidermen kann dann Borriss (1937 a) klären, daß erstens nur Methylenblau in der Lage ist, mit Nitraten solche „Entmischungen" zu bilden, und zweitens, daß es sich nicht um eigentliche Entmischungen handelt, sondern um eine kolloidale Modifikation des Methylenblaunitrates, die auch bei Zusammenführung der beiden Partner außerhalb der Zelle entsteht. Die nach Zugabe von KNO_3 zu den mit Methylenblau gefärbten Zellen auftretenden Gebilde sind sehr vielgestaltig, und ihr Aussehen hängt in gesetzmäßiger Weise von der Konzentration der KNO_3-Lösung ab. Die Umwandlung von einfachen Farbstoffkugeln (Abb. 128) in komplizierte Muster (Abb. 129) kann man am besten bei seitlicher Zugabe einer 1 mol KNO_3-Lösung zu dem in Wasser liegenden gefärbten Präparat nacheinander beobachten. Im Gegensatz zu Borriss erhält Pekarek (1938) auch bei Färbungen mit dem Thioninderivat Azur I entsprechende Gebilde nach Zugabe von KNO_3. Eine Verunreinigung des Präparates mit Methylenblau soll nicht vorliegen. Bei diesem

Farbstoff kommt es nicht zu der primären Tröpfchenbildung. Es entstehen gleich gefärbte Scheiben und Netze, und für die Gestalt soll nicht nur die KNO_3-Konzentration, sondern auch die Geschwindigkeit, mit der das Salz mit dem Farbstoff reagiert, verantwortlich sein. Die primär entstehenden Gebilde sind zunächst optisch isotrop, zeigen jedoch bald Doppelbrechung (Abb. 130) und Dichroismus, gehen also in „Sekundär"-Kristalle über.

Der Entfärbungsvorgang von Zellwänden, die mit Methylenblau gefärbt sind, durch KNO_3 wird auch von KÜSTER (1951) beschrieben und dann noch einmal von WEISS (1957) studiert. WEISS bestätigt, daß Chloride, Sulfate und Salze organischer Säuren nicht imstande sind, die Bildung distinkter, gefärbter Aggregate auszulösen. Nach ihren Untersuchungen sind außer Nitraten auch noch Bromide dazu befähigt, und KJ sowie KCNS bewirken kristalline Ausfällungen, die z. T. in submikroskopischen Dimensionen in der Zellwand auftreten dürften, so daß es zu keiner Entfarbung, sondern nur zu einer mehr oder weniger metachromatischen Verfärbung der Zellwand kommt. KJ und KCNS geben auch *in vitro* mit Methylenblau augenblicklich eine kristalline Fällung. Eigenartige Aggregate treten nach WEISS bei Behandlung von Zellen auf, deren Zellwände mit Toluidinblau — ebenfalls ein Thoninderivat — gefärbt sind, aber nicht bei Neutralrotfärbungen.

Zu kristallinen Ausfällungen in der Zellwand und anschließend auch im Plasma kommt es nach Behandlung von Zellen mit KCNS, die

Abb. 129. Wie Abb. 128, aber nach Behandlung mit 1 mol KNO_3-Lösung. Musterbildung. (Nach BORRISS 1937 a.)

vorher mit Berberinsulfat (Abb. 131) oder Auramin gefärbt werden (STRUGGER 1939 a, 1943 b).

Wenn wir uns die Frage nach dem Mechanismus der Wirkung der Salze auf die Vitalfärbung vorlegen, so ist am einfachsten die Beeinflussung der Zellwandfärbung zu erklären. Hier liegt eine Adsorptionsverdrängung auf dem Wege der Austauschadsorption vor. Diese Vorstellung wird von einigen Autoren auf die Beeinflussung der Plasma- und Zellsaftfärbung durch Salze übertragen. Das hat aber ein Permeationsvermögen der Salze zur Voraussetzung, wenn man nicht bereits eine Wirkung an der Plasmaoberfläche annimmt, was dann letzten Endes auf eine Änderung der Intrabilität und Permeabilität für Farbstoffe hinauskommt.

Eine Adsorptionsverdrängung der kationischen Farbstoffe durch die Kationen der zugeführten Salze im Zellinnern befürworten Bünning (1936, 1937), Rehm (1938) und Rella (1940). Aus dem Auftreten von Entmischungen im vital-gefärbten Zellsaft in hypertonischen Konzentrationen von NH_4SCN, KSCN, KJ und KBr schließt Bank (1933 a) auf eine Reaktion dieser Salze mit dem Farb-stoff in der Vakuole. Hier liegt wahrscheinlich eine Permeation der Salze vor, bei KJ und KBr aber wohl nur eine postvitale. Auch nach Krauss (1935) entstehen die Niederschläge wahrscheinlich erst im Augenblick des Absterbens der Zellen,

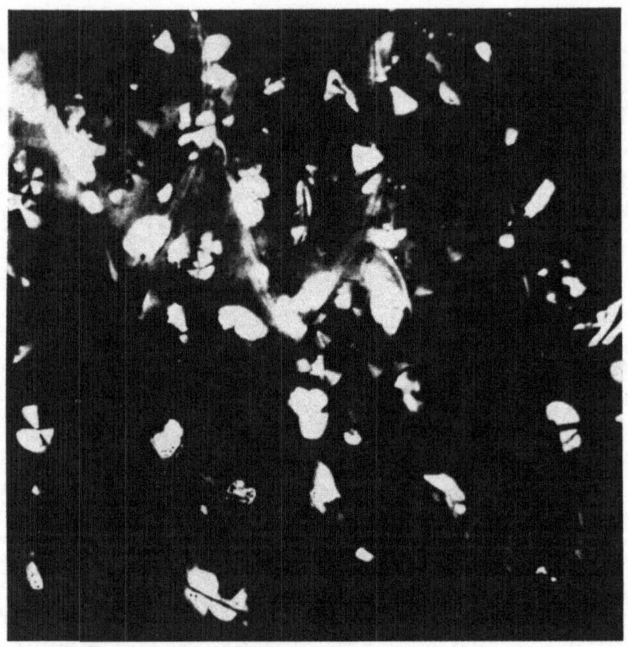

Abb. 130. Mit Azur I gefärbte Oberepidermiszellen eines Schuppenblattes von *Allium cepa* (Zellwandfärbung) 10 Min. nach Zugabe von 1 mol KNO_3-Lösung, im polarisierten Licht. Die entstandenen scheibenartigen Gebilde zeigen Doppelbrechung. (Nach Pekarek 1938.)

und Pekarek (1938) erhält mit KNO_3 nur in den mit Azur I stark überfärbten Zellen im Zellsaft Ausfällung auf Grund einer prämortalen Salzpermeabilität. Das Eindringen von Rhodaniden in den Protoplasten kann Strugger (1939 a, 1943 b) mit Berberinsulfat (Abb. 131) und Auramin nachweisen. KCl, KNO_3, Na_2SO_4 und $CaCl_2$ führen nach Bank (1933 a) zu keinen Entmischungen im Zellsaft. Am Zell-kern erhält er aber, besonders nach Färbung mit Methylviolett und Behandlung mit hypertonischen Salzkonzentrationen, Entmischungen und Farbstoffverlage-rungen, die auf Dehydration beruhen sollen (Bank 1936, 1937 b, 1938 a, 1939). Es scheint aber fraglich, ob es sich hierbei noch um vitale Vorgänge handelt. Küster (1933) hat nach Plasmolyse mit 1 n KNO_3 eine Entfärbung der mit Prune pure vitalgefärbten Kerne beobachtet. Wahrscheinlich liegt nur ein Plasmolyse-effekt vor.

Nach Perner (1950 a) zeigen *Allium*-Zellen, die Pyrensulfosaures Na und Brillantsulfoflavin FF in der Vakuole gespeichert haben, nach Plasmolyse mit K- und Ca-Salzen auch eine Fluorescenz des Plasmas und der Kerne. Bei *Allium-*

Zellen, die mit Uranin eine Plasmafluorescenz aufweisen, bedingt Ammoncarbonat eine Umlagerung des Farbstoffes vom Plasma in die Vakuole. Plasmolyse der Zellen mit 0,5 n KNO_3 führt zu einer Rückverlagerung des Uranins in das Plasma. Wird dem KNO_3 aber Ammoncarbonat zugesetzt, dann unterbleibt die Rückverlagerung (ENÖCKL 1960 a). Die Fluorescenz der mit Lactoflavin vitalgefärbten *Allium*-Zellen wird durch Plasmolyse mit KNO_3 oder KSCN verstärkt (SCHOPFER 1941).

Die Salze können zum Teil auch über die cH wirken. Besonders Al-Salze reagieren in höheren Konzentrationen recht sauer (Abb. 132). So vermutet COLLANDER (1921), daß bei der Förderung der Vakuolenfärbung mit den sulfosauren Farbstoffen Cyanol und Orange G durch Al-Salze die cH eine Rolle spielen könnte. ALBACH (1928) führt die günstige Wirkung von Salzen bei der Plasmafärbung mit Eosin auf die cH der Salzlösungen zurück. Sowohl den Anionen als auch den Kationen soll mit Ausnahme der Al^{+++} keine Bedeutung zukommen. DRAWERT (1937 c) versucht zunächst, die Blockierung der Zellwandfärbung mit kationischen Farbstoffen durch Salze der cH der Lösungen zuzuschreiben, kommt aber später zu der Erkenntnis, daß dies nicht allgemein zutrifft (DRAWERT 1937 d, 1938 c). KINZEL

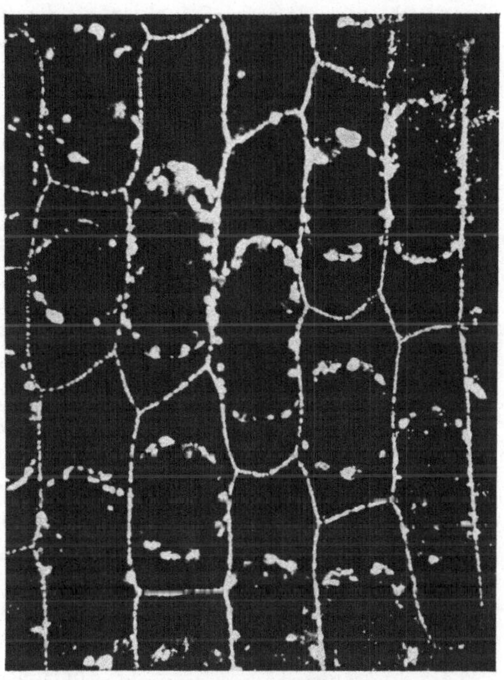

Abb. 131. Mit Berberinsulfat fluorochromierte Oberepidermiszellen eines Schuppenblattes von *Allium cepa* nach Plasmolyse mit 0,6 mol KCNS-Lösung. In den Zellwänden und im Plasma haben sich intensiv fluorescierende Berberinrhodanidkristalle gebildet. (Nach STRUGGER 1939 a.)

(1953 b) vertritt den Standpunkt, daß bei dem Einfluß von Pufferlösungen auf die Färbung von Algengallerten der Salzkonzentration eine größere Wirksamkeit zukommt als der cH.

Ohne Zweifel wirken die Ammoniumsalzlösungen in erster Linie über die cH auf die Vitalfärbung. Durch die hydrolytische Spaltung entsteht NH_4OH, das relativ leicht von der Zelle aufgenommen wird und so zu einer Alkalinisierung des Zellinnern führt, während die cH des Außenmediums etwa bei der Verwendung von NH_4Cl dementsprechend ansteigen muß. Beides sind Faktoren, die die Aufnahme kationischer Farbstoffe herabsetzen. Dieser Effekt ist immer beobachtet worden (IRWIN 1925/26, KÔNO 1930, RELLA 1940, HONSELL 1957 c). Ebenso dürfte der Einfluß von $(NH_4)_2CO_3$ auf die Fluorochromierung mit Uranin, wie sie von HÖFLER, ZIEGLER und LUHAN (1956) und ENÖCKL (1960 a) beobachtet worden ist, auf einer cH-Wirkung im Zellinnern beruhen.

Am weitesten verbreitet ist die Ansicht, daß die Salze die Permeabilität für die Farbstoffe beeinflussen (IRWIN 1926 g, GELLHORN 1927 c, 1931 a, b, STOCKER

1942), entweder durch Ladungsänderung der Plasmagrenzflächen (Szücz 1910, Lundegårdh 1940), durch Blockierung von Ribonucleinproteiden (Hiraoka und Takada 1957) oder durch ihre koagulierende Wirkung auf das Plasma (Mann 1924). Paltauf (1928) vertritt dagegen die Meinung, daß die Salze nicht über eine Permeabilitätsänderung auf die Vitalfärbung wirken können.

Nach Czaja (1936) soll jeder Aufnahme in das Zellinnere eine Zellwandfärbung vorausgehen, so daß eine Blockierung der Zellwandfärbung durch Salze auch immer das Ausbleiben einer Vitalfärbung des Zellinhaltes zur Folge hätte. Brauner (1933) kann aber zeigen, daß Methylviolett auch ohne vorhergehende Zellwandfärbung von *Spirogyra* gespeichert wird, und ferner nehmen eine Reihe von Zellen andere kationische Farbstoffe aus Salzlösungen auf, obwohl durch diese eine Zellwandfärbung verhindert wird (Borriss 1937 a, Drawert 1937 d, 1939 a, 1940, 1949, Rehm 1938). Höfler und Schindler (1953) vermitteln, indem sie sagen, daß molekular gelöste, lipoidlösliche Farbstoffe auch bei Salzzutritt permeieren, ionisierte aber nicht, weil bei diesen die Farbstoffaufnahme im Sinne von Czaja über die Zellwand erfolgt, diese aber durch die Salze blockiert wird.

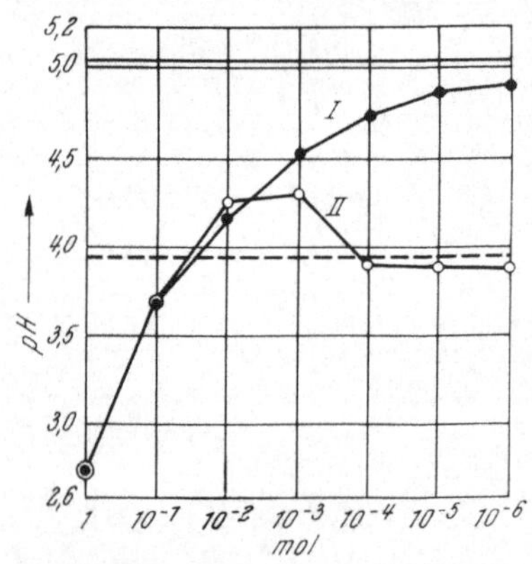

Abb. 132. pH-Werte verschieden konzentrierter Al(NO₃)₃-Lösungen in aqua dest. mit einem Ausgangs-pH von 5,03 (I) und von Prune pure 1:10000 in verschieden konzentrierten Al(NO₃)₃-Lösungen (II). Ausgangs-pH der reinen Farbstofflösung 3,94. (Nach Drawert 1938 c.)

Eine Wirkung der Salze über eine Beeinflussung des Farbstoffes hält Gellhorn (1931 b) für ausgeschlossen. Seitdem wir aber wissen, welchen Einfluß der Dissoziationsgrad eines Farbstoffes auf seine Aufnehmbarkeit hat, müssen wir auch diese Möglichkeit berücksichtigen. Die Versuchsergebnisse von Drawert (1938 c, 1939 a, 1940) über den Einfluß der Salze auf die Verteilung mancher Farbstoffe zwischen einer hydrophoben und einer hydrophilen Phase und auf die Wanderung im Elektrophoreseversuch sprechen für diese Möglichkeit, die auch von anderen Autoren in Betracht gezogen wird (Höfler und Schindler 1952, Kriszat 1952). Auf diese Frage werden wir später bei der Besprechung der Vitalfärbungstheorien noch zurückkommen.

ι) Pufferzusammensetzung

Bei den Untersuchungen über den Einfluß der cH auf die Vitalfärbung werden die pH-Werte im allgemeinen durch Puffersalze eingestellt. Wir können aber nicht für den ganzen pH-Bereich die gleichen Salze verwenden und werden auch für ein bestimmtes pH-Intervall verschiedene Salze benutzen, so daß neben der cH noch mit einer Wirkung der in dem jeweiligen Puffersystem vorhandenen anderen Kationen und Anionen zu rechnen ist, die sich auch bei unterschiedlichen Konzentrationen desselben Puffergemisches bemerkbar machen wird. Diese Möglichkeit ist bisher in den meisten Fällen nicht berücksichtigt worden, obwohl dafür Hinweise in der Literatur vorhanden sind, allerdings nicht nur positiver, sondern auch negativer Art. So gibt Irwin (1923) an, daß bei der Aufnahme von Brillantcresylblau durch *Nitella* bei gleichem pH-Wert verschiedene Pufferlösungen dieselben Ergebnisse zeitigen, die chemische Zusammensetzung also nur einen geringen Einfluß haben könnte. Derselben Ansicht ist BÜNNING (1936). IRWIN (1925/28) beobachtet zwar, daß im Gleichgewichtszustand bei der Verwendung von 1/750 mol Phosphatpuffer die Brillantcresylblaukonzentration im Zellsaft von *Nitella* 1,45 mol höher ist als bei 1/150 mol Phosphatlosungen, führt aber diesen Unterschied auf eine Erhöhung des pH-Wertes der Außenlösung durch die Pufferverdünnung zurück und nicht auf die Änderung der Salzkonzentration. Nach BROOKS (1931) beträgt im Gleichgewichtszustand die Konzentration einiger Indophenole im Zellsaft von *Valonia* bei der Verwendung von Phosphaten als Puffer ein Viertel der Außenkonzentration, bei Boraten aber nur ein Achtel.

Tab. 74. *Färbung des Plasmas in den Oberepidermiszellen der Schuppenblätter von Allium cepa mit Erythrosin (0,01%) in Abhängigkeit von der Konzentration des Essigsäure-Acetatpuffers bei pH 5,3.* (Nach YAMAHA und NOMURA 1939.)

Färbungsdauer in Min.	Wasser (pH 5,3)	0,001 gmol	0,01 gmol	0,1 gmol
5	—	—	—	+ +
15	—	—	+	+ +
30	—	—	+	+ + +
60	—	—	+	+ + +[1]

[1] Die Zellen sind abgestorben.

POIJÄRVI (1928) stellt fest, daß die Entfärbung von *Lemna*-Wurzeln, die vorher mit Neutralrot vitalgefärbt waren, in Pufferlösungen schneller erfolgt als in reinem Wasser und die Geschwindigkeit von der Zusammensetzung der Pufferlösung abhängt. Es wird ein teilweises Permeieren der Puffersubstanzen und dadurch eine Verschiebung der cH des Zellsaftes vermutet. Nach HIRN (1953 b) tritt bei Übertragung von Diatomeen, deren Zellwände bei pH 6 mit Toluidinblau gefärbt worden sind, in ein farbloses Medium eine Umlagerung des Farbstoffes von der Zellwand in das Zellinnere ein. Diese Umfärbung geht bei gleichem pH-Wert in n/150 Phosphatpufferlösung schneller vor sich als in reinem aqua dest.

Methylenblau wirkt in Veronalpuffer mit pH 7,4 auf die Succinat-Oxydation durch *Escherichia coli* viel giftiger als in Phosphatpuffer mit pH 7,4 (QUASTEL und WHEATLEY 1931). Algengallerten färben sich mit kationischen Farbstoffen aus 1/150 mol Phosphatpuffer auch im alkalischen Bereich recht gut, aber nicht aus 1/15 mol bei gleichem pH-Wert (KINZEL 1953 b). Nach YAMAHA und NOMURA (1939) speichert das Plasma bei gleichem pH-Wert Erythrosin um so schneller, je höher die Konzentration der benutzten Phosphat- oder Acetatpuffer ist (Tabelle 74).

Große Unterschiede in der Vitalfärbung von *Allium*-Epidermen mit Neutralrot und Methylenblau aus Phosphat- und Acetatpufferlösungen hat BORRISS (1937 b) beobachtet. Während Neutralrot aus Phosphatpufferlösung im sauren Bereich nicht in der Vakuole gespeichert wird, tritt in Acetatpuffern nach einiger Zeit selbst noch bei pH 5 Vakuolenfärbung auf. Methylenblau färbt in Phosphatpufferlösung von pH 5,3 bis 7,7 auch nach mehrtägigem Liegen der Epidermen im

Farbbad nie die Vakuole. In Acetatpufferlösung erfolgt aber bei pH 5,5 maximale Zellsaftfärbung, und außerdem erscheinen im Plasma tiefblaue Tröpfchen.

Bei diesen Unterschieden zwischen den einzelnen Puffersystemen werden ganz verschiedene Wirkungsmechanismen vorliegen, je nachdem welche Phase der Vitalfärbung betroffen wird. Die Beeinflussungen der Gallertenfärbung nach Kinzel (1953 b) oder der Umfärbung Zellwand/Zellinneres bei Diatomeen in den Versuchen von Hirn (1953 b) sind wohl auf eine reine Kationenwirkung zurückzuführen. Die Ergebnisse hinsichtlich der Vakuolenfärbung von Borriss (1937 b) beruhen dagegen sehr wahrscheinlich auf einer schnelleren Permeation der Acetate gegenüber den Phosphaten und einer dadurch bedingten unterschiedlichen Änderung der cH des Zellsaftes.

Da der physiologische Zustand der Zellen auch eine Bedeutung für den Ausfall einer Vitalfärbung hat, ist bei Versuchen von längerer Dauer nicht nur die unterschiedliche Giftwirkung der benutzten Puffersubstanzen zu berücksichtigen, sondern auch die Möglichkeit der Verwertung einer Puffersubstanz als Nährstoff. Beides ist wiederum vom pH-Wert abhängig. Zum Beispiel zeigt *Absidia orchidis* je nach der Pufferzusammensetzung bei verschiedener cH ein optimales Wachstum: pH 4 bei Phosphat und Citrat, pH 5 bei Oxalat und pH 6 bei Acetat. Diese Unterschiede führen Dagys und Kaikaryte (1943) darauf zurück, daß, sofern die Puffersubstanz ein Nährstoff für den Pilz ist, das optimale Wachstum beim Optimum der Stoffaufnahme stattfindet; ist die Puffersubstanz aber ein Gift, dann liegt das optimale Wachstum bei dem pH-Wert der geringsten Stoffaufnahme.

In dem folgenden, von Strugger (1936) beschriebenen Versuchsergebnis können mehrere Faktoren wirksam gewesen sein. In Oberepidermiszellen der Schuppenblätter von *Allium cepa*, deren Zellsaft bei entsprechender cH mit Neutralrot angefärbt worden ist, tritt nach Übertragung in Phosphatpuffer im alkalischen Bereich nach mehreren Stunden auch eine Färbung der Zellwände auf, und die Vakuolen entfärben sich allmählich. In Leitungswasser behalten dagegen die Zellen die reine Vakuolenfärbung bei. Werden die in Phosphatpufferlösung umgefärbten Zellen in Leitungswasser übertragen, erfolgt wieder eine Entfärbung der Zellwände und erneute Speicherung des Farbstoffes im Zellsaft. Das unterschiedliche Verhalten in den beiden Medien ist wahrscheinlich darauf zurückzuführen, daß erstens im Leitungswasser die Zellwand durch Ca^{++} für den Farbstoff blockiert wird — die Phosphatpufferlösung enthält nur einwertige Kationen —, und zweitens permeieren Phosphate — besonders die sekundären und erst recht die tertiären — allmählich in die Zelle und bedingen eine Erhöhung des Zellsaft-pH-Wertes, wodurch die Speicherfähigkeit der Vakuole herabgesetzt wird. In den Versuchen von Borriss (1937 b) führen dagegen die schneller permeierenden Acetate zu einer Erniedrigung des Zellsaft-pH-Wertes und damit zu einer Erhöhung der Speicherfähigkeit der Vakuole.

ϰ) Farbstoffe

Bei den Farbstoffen handelt es sich vorwiegend um schwache und zum Teil um starke Elektrolyte; es ist deshalb anzunehmen, daß sie sich gegenseitig bei der Vitalfärbung beeinflussen werden. Ferner ist zu vermuten, daß diese Reaktionen unterschiedlich ausfallen werden, je nachdem ob gleichsinnig oder entgegengesetzt geladene Farbstoffe benutzt werden.

Für tierische Zellen beschreibt HERZFELD (1917), daß die durch Injektion von anionischen Farbstoffen in der Niere entstandenen, gefärbten Granuli nachträglich kationische Farbstoffe auf Grund einer Reaktion der beiden Farbstoffe miteinander speichern. Werden dagegen erst die kationischen Farbstoffe injiziert, dann färben sich die Granuli nicht mehr mit anionischen Farbstoffen, da die kationischen durch eine chemische Bindung an Eiweiß ihre Reaktionsfähigkeit verloren haben. Aus einem Gemisch von Neutralrot und Methylenblau werden beide Farbstoffe von *Daphnia magna* bedeutend schneller gespeichert, als wenn jeder Farbstoff für sich geboten wird. Dies trifft vor allem für das Neutralrot zu (LEBER 1931). TTC erhöht nach BECKER und QUADBECK (1952) die Durchlässigkeit der Blut-Hirnschranke für Astraviolett FF und in geringerem Maße auch für Trypanblau. Dieser Effekt soll auf einer Aciditätserhöhung beruhen, da durch die TTC-Reduktion HCl frei wird. Stark toxische, kationische Farbstoffe können durch anionische neutralisiert werden, so daß Paramaecien davon recht hohe Konzentrationen vertragen (CHEJFEC 1937). Auf demselben Effekt beruht die Herabsetzung der photodynamischen Wirksamkeit des anionischen Farbstoffes Rose bengale durch Zuführung eines kationischen, ebenfalls photodynamisch aktiven Farbstoffes, wie Phenosafranin (DOGNON 1928 b, SZÖRÉNYI 1932, BLUM 1937).

An Pflanzenzellen beobachtet bereits SZÜCZ (1910), daß anionische Farbstoffe die Aufnahme kationischer hemmen, da sie mit diesen Salze bilden, die nicht permeieren können. Nach RUHLAND (1912 b) sind Blattzellen von *Primula sinensis*, die reichlich Säuregrün gespeichert haben, nicht mehr in der Lage, Neutralrot aufzunehmen. Von Characeen im Zellsaft gespeichertes Brillantcresylblau soll dagegen von Neutralrot aus der Zelle verdrängt werden (CAZALAS 1930), und mit Neutralrot gefärbte netzartige Gebilde im Zellsaft von *Bryopsis plumosa* verschwinden nach Zugabe von Brillantcresylblau. In den mit Brillantcresylblau gefärbten Zellen entstehen aber durch Neutralrot fadenförmige Vakuolenstrukturen (BECKEROWA 1935). Für die Haarzellen von *Padonia pavonica* beschreibt BANK (1937 b) Entmischungserscheinungen im Zellsaft nach der Einwirkung verschiedener Farbstoffe nacheinander, und in den Zellkernen von *Allium*-Epidermen, die mit Methyl- oder Gentianaviolett gefärbt sind, sollen nach Zugabe einiger anderer Farbstoffe unabhängig von deren Ladung Granulationen entstehen (BANK und SERY 1937). Hierbei handelt es sich wahrscheinlich um einen postvitalen Vorgang. Bei der Nachfärbung von *Allium*-Zellen, deren Vakuolen mit Brillantsulfoflavin FF gefärbt sind, entsteht mit Acridinorange im Zellsaft ein rot fluorescierender Niederschlag (PERNER 1950 a). Die Grünfluorescenz des Plasmas mit Acridinorange wird in *Allium*-Epidermen durch Vor- und auch durch Nachbehandlung der Zellen mit Prontosil stark herabgesetzt. Bei Hefe kann eine Vorbehandlung mit Prontosil die Aufnahme von Acridinorange fast völlig blockieren. Bei manchen Bakterien können Vor- und Nachbehandlung verschieden wirken, und bei anderen hat Prontosil überhaupt keinen Einfluß auf die Acridinorangefluorescenz (STRUGGER 1942). Die Giftigkeit von Nilblausulfat für *Allium*-Epidermen soll nach BANK (1933 b) durch Zusatz von Neutralrot stark herabgesetzt werden.

λ) Alkaloide

Die Alkaloide verhalten sich in vieler Hinsicht den kationischen Farbstoffen sehr ähnlich. Aus Angaben von VON PROWAZEK (1910 b) geht hervor, daß sich

Farbstoffe und Alkaloide in ihrer Wirkung auf die Zelle gegenseitig beeinflussen können. Einige lipoidlösliche Farbstoffe, besonders Methylenblau, Azur, Eosin und nicht so eindeutig Neutralrot, erhöhen die Resistenz von Colpidien gegenüber Chinin. Die Farbstoffe sollen zuerst die Angriffspunkte in der Zelle besetzen, an die dann das giftige Chinin nicht mehr in derselben Weise herantreten kann. Nach Lärz (1942) bedingt andererseits eine Vitalfärbung der Blätter von *Helodea canadensis* mit Vesuvin und Janusgrün ein schnelleres Absterben der Zellen in Nikotinlösungen.

Alle bisher vorliegenden Versuche über den Einfluß von Alkaloiden auf die Vitalfärbung sprechen gegen die Auffassung von von Prowazek; denn es wird immer festgestellt, daß nicht die Farbstoffe die Alkaloide, sondern umgekehrt die Alkaloide die Farbstoffe aus der Zelle verdrängen. Mit Neutralrot, Nilblau, Methylenblau gefärbte Paramaecien und weiße Hyacinthen-Blüten werden durch Chininhydrochlorid entfärbt. Die Entfärbung wird durch Erhöhen der Acidität mit Citronensäure unterbunden und durch Alkalinisieren mit K_2CO_3 beschleunigt (Bornstein und Rüter 1925). Dieser Entfärbungseffekt der Alkaloide ist ferner von Lauer (1930) mit Chinin, Cocain, Pilocarpin, Coffein an Hydren, Trypanosomen und Würmern, die mit Neutralrot oder Nilblau vital gefärbt waren, und von Levin (1933 a) an Protozoen nach Vitalfärbung mit Neutralrot, Nilblau, Bismarckbraun, Lichtgrün (?) beobachtet worden. Atropin, Cocain, Novocain hemmen oder verhindern eine Aufnahme von Neutralrot durch Paramaecien, während Morphin, Pilocarpin, Strychnin, Nikotin und einige andere ohne oder nur von geringem Einfluß sein sollen (Kōno 1930). Ebenso vermindert Cocain die Aufnahme von Neutralrot durch die Blätter von *Helodea canadensis* (Régnier und Bazin 1940) und die verschiedener kationischer Farbstoffe durch *Pelmatohydra oligactis* (Rella 1940). Nach Schmid (1962) hemmen die Alkaloide die Aufnahme von Methylenblau durch Hefezellen.

Eine eingehende Untersuchung über die Wirkung von Coffein auf Zellen der verschiedensten Pflanzenarten, die vorher mit Rhodamin B oder Acridinorange vital gefärbt waren, hat Flasch (1955) durchgeführt. Je nach Zellenart bewirkt die Coffeinbehandlung die verschiedensten Erscheinungsbilder, die von einer völligen Entfärbung über das Umschlagen der Rot- in eine Grünfluorescenz des gespeicherten Acridinoranges bis zu der Entstehung von Entmischungskugeln reichen. Volle Zellsäfte, die mit Acridinorange von vornherein eine grüne Fluorescenz ergeben, zeigen bei Zusatz von Coffein keine Änderung, nur durch den Farbstoff in manchen Zellen gebildete Entmischungstropfen werden aufgelöst. Der letzte Effekt kann von Kinzel und Bolay (1961) auch für andere kationische Farbstoffe bestätigt werden. Der amphotere Farbstoff Methylrot und Coffein reagieren beide mit Gerbstoffen. Werden in *Spirogyra* zuerst die Gerbstoffe mit Coffein gefällt, dann färbt sich der Niederschlag mit Methylrot elektiv rot. Wird zuerst Methylrot zugegeben, dann entstehen violette Krümelaggregate, die sich nach Coffein-Zutritt über traubige Gebilde zu größeren und kleineren diffus-dunkelroten Kugeln umwandeln. Werden die Zellen in der Coffeinlösung belassen oder in reines Wasser übertragen, dann entfärben sich die Kugeln allmählich (Zöttl 1960). Wird zu *Spirogyra*-Zellen, die nach einer Vitalfärbung mit Methylenblau Ausfällungen zeigen, nachträglich Coffein zugeführt, so entsteht noch eine zusätzliche starke Ausfällung. Bei *Azolla*, *Quercus*, *Rosa* und *Nymphaea alba* ist das dagegen nicht der Fall (KLEMM 1892). Je nachdem in welcher Form der Farbstoff in der Zelle vorliegt und in welcher Art er gebunden wird, ergibt sich für das Coffein ein verschiedenes Wirkungsbild.

An sich nicht giftige Farbstoff- und Alkaloidkonzentrationen sind nach LAUER (1930) giftig, wenn Farbstoff und Alkaloid gleichzeitig geboten werden.

BORNSTEIN und RÜTER (1925) können an Paramaecien, die mit Neutralrot gefärbt sind, nach Alkaloidzugabe keine Farbtonänderung des gespeicherten Neutralrots von Rot nach Gelb beobachten, nach KÜSTER (1933) schlägt aber das mit Prune pure in Zwiebelzellen violett gefärbte Plasma nach Blau um.

Wie bei der Wirkung der Ammoniumsalze liegt auch bei den Alkaloiden sehr wahrscheinlich in erster Linie ein cH-Effekt vor, besonders bei der Entfärbung leerer Zellsäfte. Die Alkaloide werden wegen der besseren Löslichkeit in Salzform angewendet. Durch hydrolytische Spaltung entsteht die lipophile Base, die nach dem Ionenfallenprinzip (s. S. 490) vom Zellsaft gespeichert wird und dessen pH-Wert nach der alkalischen Seite verschiebt. Die cH des Außenmediums muß dagegen ansteigen. Beides führt dazu, daß gespeicherte kationische Farbstoffe, die bei den sich einstellenden pH-Verhältnissen im Außenmedium stärker dissoziiert sind als das benutzte Alkaloid, die Zelle verlassen.

μ) Nichtleiter

Unter dem Begriff „Nichtleiter" sollen alle Stoffe zusammengefaßt werden, die nicht zu den ausgesprochenen Elektrolyten gehören. Entsprechend ihrer vielgestaltigen chemischen Natur und ihrer vielseitigen physiologischen Wirkung kann ihr Einfluß auf die Vitalfärbung nicht auf einen Nenner gebracht werden. Sie sollen deshalb je nach ihrer chemischen Struktur oder nach ihrem physiologischen Verhalten in einzelnen Untergruppen behandelt werden.

Kohlenhydrate

Von den Kohlenhydraten sind in erster Linie die löslichen Zucker untersucht worden. Hierbei muß man wiederum die Wirkungen in hypo- und hypertonischen Konzentrationen auseinanderhalten, da sich bei dem Eintritt einer Plasmolyse in der Pflanzenzelle ganz andere Bedingungen ergeben können. Häufig wird aber die benutzte Konzentration nicht angegeben.

Bei roten Blutkörperchen führt ein Waschen mit isotonischer Rohrzuckerlösung nach HÖBER und MEMMESHEIMER (1923) zu einer Hemmung in der Aufnahme von Rhodamin 3 B, Methylviolett B extra und Methylenblau. Die Aufnahme von Methylenblau, Neutralrot und weniger von Rhodamin B durch Froschmuskeln wird durch Rohrzucker gefördert (HIRUMA 1923), während die Vitalfärbung der Eier von Meerestieren mit Methylenblau, Pyronin, Erythrosin durch Rohrzucker, Traubenzucker und Galactose stark gehemmt werden soll (GELLHORN 1927 c).

An Pflanzenzellen ist ebenfalls sowohl eine Hemmung als auch eine Förderung der Vitalfärbung durch Zucker beobachtet worden, allerdings überwiegt der erste Effekt. ENDLER (1912 b) gibt für Neutralrot bei *Helodea densa* eine Hemmung an, ebenso BAILEY und ZIRKLE (1931) für kationische Farbstoffe bei Cambiumzellen von *Pinus*, KÜSTER (1933) für Prune pure und 1 n Rohrzucker bei Schuppenblättern von *Allium cepa*. Zusatz von 5% Traubenzucker zu 0,3% Peptonagar verhindert fast völlig die Vakuolenfärbung von *Saprolegnia mixta* durch Neutralrot (Dubitzky 1934). Eine Plasmolyse mit Rohrzucker bei pH 3,9 verlangsamt die Entfärbung der mit Methylviolett gefärbten Wurzelzellen von *Impatiens balsamina* durch Salze (Rehm 1938). Glucose, Saccharose, Lävulose, Galactose und weniger Maltose fördern die Aufnahme von Methylenblau durch Hefezellen ganz beträchtlich. Ein geringer Salzzusatz — bereits Leitungswasser ist wirksam — kann die Förderung aufheben (Fink 1931). Es ist aber fraglich, ob es sich bei diesem Zuckereffekt noch um eine vitale Erscheinung handelt (Fink und Weinfurtner 1931). Nach Schwartz (1959) und Kraepelin (1961) fördert Glucose bei Hefezellen sowohl die Aufnahme als auch die Abgabe von Acridinorange. Eine Aufnahmehemmung tritt aber auch bei Anwesenheit von Glucose ein, wenn durch Dinitrophenol die Zuckerverwertung durch die Zellen herabgesetzt wird. Glucose soll auf die Färbung gerbstoffhaltiger Zellen mit Rhodamin S keinen Einfluß haben (Drawert 1940).

Über die Wirkung von Rohrzucker in hypertonischer Konzentration auf die Färbung von Pflanzenzellen mit anionischen Farbstoffen liegen Angaben von Scarth (1926 b) vor. Bei *Spirogyra* wird der Eintritt von Erythrosin und Säurefuchsin gefördert. Der Autor vermutet, daß eine erhöhte Plasmolysepermeabilität dafür verantwortlich ist. Auf die Fluorochromierung von Callose in *Allium*-Epidermen mit dem anionischen Farbstoff Anilinblau hat Plasmolyse mit 1 mol Rohrzucker keinen Einfluß, wenn diese nach der Färbung erfolgt. Eine Plasmolyse vor der Färbung vermindert dagegen die Fluorescenzintensität. Die Plasmolyse mit Rohrzucker soll die Callosemenge herabsetzen; denn bei gleichzeitiger Gabe von Anilinblau + 1 mol Rohrzucker fluoresciert auch der extraplasmatische Raum (Currier und Strugger 1956).

Bei Schließzellen von *Tradescantia* fördert Rohrzucker in hypotonischer Konzentration nach Kisselew (1925) die Plasmafärbung mit Indigocarmin. Hierbei kann es sich aber nicht um eine Erhöhung der Plasmapermeabilität handeln, wie der Autor annimmt. Indigocarmin ist gar nicht in der Lage, das Plasma lebender Pflanzenzellen zu färben. Ohne Zweifel liegen bereits abgestorbene Zellen vor. Bestenfalls wird also die Zellwandpermeabilität geändert. Nach Frenzel (1929) verzögert Rohrzucker den Durchtritt von Malachitgrün durch die Zellwände von Pflanzenhaaren, und Congorot macht die Zellwände für Rohrzucker permeabler.

Harnstoff und Glycerin

Harnstoff hemmt die Färbung von *Helodea densa* mit Neutralrot (Endler 1912 b), während die Aufnahme von Rhodamin S in gerbstoffhaltigen Zellen nicht beeinflußt wird (Drawert 1940).

Über die Beeinflussung der Harnstoff- und Glycerinaufnahme durch Farbstoffe s. S. 297.

Narkotica

Der Einfluß von Narkotica und ähnlichen Stoffen auf die Vitalfärbung hängt davon ab, ob es sich um eine passive Aufnahme der Farbstoffe nach osmotischen Gesetzen handelt oder um einen aktiven Vorgang, an dem auch Stoffwechselprozesse beteiligt sind. Hier soll zunächst vorwiegend die erste Erscheinung behandelt werden, wie sie für die lipophilen, schwächer dissoziierten Farbstoffe zutrifft.

Nach PFEFFER (1886) hemmt Chloroform die Aufnahme von Methylenblau in die Wurzelhaare von *Hydromystria bogotensis*, wahrscheinlich durch die Sistierung der Plasmaströmung. Äther, Chloroform, Alkohol setzen auch die Vitalfärbung von *Spirogyra* mit Methylenblau und Methylgrün herab, aber nicht die mit Bismarckbraun (LEPESCHKIN 1911 a, b). Die Aufnahme mancher Farbstoffe kann auch gefördert werden. Dies unterschiedliche Verhalten soll darauf beruhen, daß die Permeabilität für Farbstoffe, die in dem benutzten Narkoticum schlechter löslich sind als in Wasser, vermindert, für Farbstoffe, die dagegen im Narkoticum besser löslich sind, erhöht wird (LEPESCHKIN 1913, 1932). Vielleicht erklären sich auf dieser Grundlage die unterschiedlichen Befunde der einzelnen Autoren. Eine Hemmung findet ALBACH (1928) für Eosin nach Äthervorbehandlung von *Allium*-Zellen, und nach REHM (1938) setzt Chloroform die Aufnahmegeschwindigkeit für Methylviolett durch *Impatiens*-Wurzeln herab, hat aber keinen Einfluß auf den endgültigen Färbungsgrad.

Urethane hemmen die Färbung mit Neutralrot bei *Helodea canadensis* (RÉGNIER und BAZIN 1940), fördern genauso wie Alkohol, Äther, Chloroform die Neutralrotaufnahme bei Infusorien (MAKAROW 1935) und haben ebenso wie Chloroform keinen Einfluß auf die Färbung mit kationischen Farbstoffen — darunter auch Neutralrot — bei *Pelmatohydra oligactis* (RELLA 1940) und bei Paramaecien (KŌNO 1930). Bei *Opalina* sollen Urethane nur die Aufnahme der nicht lipoidlöslichen Farbstoffe vermindern, nicht aber die der lipoidlöslichen (HERTZ 1922). Neutralrot ist lipoidlöslich. In diesem Zusammenhang ist es von Interesse, daß Urethane die Rhodanid- und Chloridpermeabilität einer Kollodiummembran herabsetzen (ANSELMINO 1928).

KCN hat keinen Einfluß auf die Färbung mit Methylviolett bei *Impatiens*-Wurzeln (REHM 1938), Methylenblau bei *Valonia* (BROOKS 1938), Nilblau bei *Allium*-Epidermen und Blütenblättern (DRAWERT und ENDLICH 1956) und auf die Färbung präformierter Granula von Froscherythrozyten, hemmt aber die Bildung neuer Farbstoffgranula (KEDROWSKY 1934). Es soll dagegen die Aufnahme von Neutralrot und 2,8-Dibromphenolindophenol durch *Valonia* stark herabsetzen (BROOKS 1938). SCHWANTES (1961, 1965) schließt aus spektrophotometrischen Messungen auf eine geringfügige Hemmung der Aufnahme bzw. Speicherung von Neutralrot und Thionin durch die Oberepidermiszellen der Schuppenblätter von *Allium cepa* unter dem Einfluß von KCN, Dinitrophenol, Monojodessigsäure, Natriumarsenat und Natriumfluorid. KCN bedingt eine Entfärbung der mit Janusgrün B gefärbten Chondriosomen (LAZAROW und COOPERSTEIN 1953 a) und verhindert ihre Färbung mit demselben Farbstoff (RITCHIE und HAZELTINE 1953). Wie KCN wirken auch Alkohol, Chloralhydrat und Aethylurethan auf die Chondriosomenfärbung mit Janusgrün B (MEISSEL 1938 c).

Alkohol hat keinen Einfluß auf die Färbung mit Neutralrot bei *Helodea* (ENDLER 1912 b) und wie Äther auf die Methylenblauaufnahme durch verschiedene Braunalgen (HOMÈS 1933), begünstigt aber wie Äther die Kernfärbung mit Erythrosin bei *Allium* (PALTAUF 1928) und wie Äther, Chloroform, Anilin auch die Kernfärbung mit kationischen Farbstoffen an demselben Objekt (BANK 1938 b). Er fördert die Aufnahme von Prune pure durch verschiedene Pflanzenzellen (SCHÖNLEBER 1936) und wie Äther im allgemeinen auch die von Proflavin durch menschliche Bindehautzellen in Gewebekultur (ROBBINS 1960). Isopropyl- und

Butylalkohol hemmen nach Schmid (1962) in höheren Konzentrationen die Aufnahme von Methylenblau durch Hefezellen. Vor der hemmenden Konzentration liegt aber ein fördernder Konzentrationsbereich.

Anilin beschleunigt die Absorption von Neutralrot und Methylenblau durch *Spirogyra*. Eine Vorbehandlung der Zellen mit Anilin bleibt ohne Wirkung (Prát 1922). Auch Acetylen fördert die Aufnahme von Methylenblau, Thionin und Viktoriablau durch Gerstenkörner (Nord und Weichherz 1930), während Chloralhydrat je nach Konzentration die Färbung von Braunalgen mit Methylenblau hemmt oder begünstigt (Homès 1933).

Saponin verringert die Aufnahme kationischer Farbstoffe durch Hefe (Boas 1920), hat keine Wirkung auf die Färbung von Paramaecien (Kōno 1930) und fördert, wenn es vor dem Farbstoff den Zellen geboten wird, die Aufnahme von Neutralrot, Rhodamin B sowie Erythrosin durch *Spirogyra*, unterbindet aber, wenn es der Farbstofflösung zugesetzt wird, eine Färbung mit den 3 Farbstoffen (Yamaha und Araki 1939).

Bei der Hemmung der Aufnahme von Cyanol und Orange G durch Äther sowie Chloralhydrat bei den Kronblättern von *Hyacinthus* (Collander 1921) und von Cyanol durch Chloralhydrat bei den Trennungszellen in den Stengeln der männlichen Blüten von *Vallisneria spiralis* (Pfeiffer 1927 a) handelt es sich um die Drosselung eines aktiven Vorganges, also um eine Wirkung über den Stoffwechsel. Dasselbe trifft für den hemmenden Einfluß von KCN, Dinitrophenol, Monojodessigsäure und anderen Stoffwechselinhibitoren auf die Färbung von Oberepidermiszellen der Schuppenblätter von *Allium cepa* (Schwantes 1961, 1965) sowie von Blumenblattzellen (Drawert und Endlich 1956) mit anionischen Xanthen- und sulfosauren Farbstoffen zu (s. S. 417).

Kolloide

Während nach Pfeffer (1886) Albumin und Leim keinen Einfluß auf die Färbung mit Methylenblau haben sollen, fördern Kolloide nach Endler (1912 b) die Farbstoffabgabe von *Helodea*-Blättern, die mit Neutralrot gefärbt sind, und setzen die Giftwirkung kationischer Farbstoffe für Protozoen herab (de Castro und Couceiro 1955). Gelatine und Albumen hemmen die Aufnahme von Methylenblau und Trypanblau (?) durch Hefe (Axmacher und Narath 1934), und Pepton begünstigt die Färbung von *Opalina* mit Cyanol und Benzoblau (Kedrowsky 1931 b).

Das antibiotisch wirksame Polypeptid Polymyxin hat bei gleichzeitiger Gabe mit Methylenblau zu Sporen von *Neurospora tetrasperma* keinen Einfluß auf die Farbstoffadsorption. Wird das Antibioticum aber vor der Färbung den Sporen geboten, dann setzt es die Farbstoffadsorption stark herab (Lowry und Sussman 1956).

Normalerweise mit Acridinorange rot fluorescierende Zellwände leuchten bei Gegenwart von Heparin grün; ebenso zeigen leere Zellsäfte mit Acridinorange bei Zusatz von Heparin keine rote, sondern eine grüne bis gelbliche, manchmal auch eine mattrote Fluorescenz. Auf die Fluorochromierung mit Rhodamin B und Erythrosin hat dagegen Heparin keinen Einfluß (Thaler 1965).

Huminsäuren löschen nach Michel (1963 a) die Fluorescenz von Zellen, die mit kationischen Fluorochromen gefärbt worden sind. Dieser Effekt tritt sowohl bei simultaner als auch bei sukzedaner Einwirkung beider Komponenten auf. Dabei ist es im letzten Fall gleichgültig, ob der Farbstoff oder die Huminsäure der Zelle zuerst geboten wird. Mit Acridinorange fluorochromierte leere Zellsäfte sowie rotfluorescierende Zellwände schlagen nach Huminsäurezugabe in ein schmutziges Grün bis Gelb um. Durch elektroneutrale oder anionische Fluorochrome hervorgerufene Sekundärfluorescenz der Zellen wird dagegen von Huminsäuren kaum beeinflußt.

Bei der vorwiegend hemmenden Wirkung der Kolloide auf die Aufnahme der kationischen Farbstoffe handelt es sich sehr wahrscheinlich um einen Konzentrationseffekt. Die Kolloide adsorbieren die Farbstoffe und setzen dadurch die wirksame Farbstoffkonzentration im Außenmedium herab.

ν) Elektrischer Strom

Nahrungsvakuolen und Plasmaeinschlüsse färben sich bei *Paramaecium caudatum* mit Neutralrot violett; unter der Einwirkung eines konstanten elektrischen Stromes (0,7—2,0 mA) schlägt der Farbton über Rosa nach Dunkel- oder Braungelb um. Nach Unterbrechung der Stromzufuhr kehrt allmählich der ursprüngliche Farbton zurück. Es liegt demnach eine reversible Alkalinisierung vor (STATKEWITSCH 1906).

An Oberepidermen der Schuppenblätter von *Allium cepa*, die mit Neutralrot gefärbt sind und mit 6 Volt Gleichstrom durchströmt werden, tritt nach BECKER und BECKEROWA (1934) an der Anode eine Alkalinisierung auf, so daß die vitalgefärbten Vakuolen orangegelb und gelb werden. An der Kathode ist dagegen eine Ansäuerung zu beobachten, die Vakuolen färben sich kirschrot. Die Autoren haben dabei nicht beachtet, daß im mikroskopischen Bild die Seiten vertauscht sind, so daß in Wirklichkeit die Alkalinisierung an der Kathode und die Ansäuerung an der Anode stattfinden (DRAWERT 1937 a). Ferner können BECKER und BECKEROWA an der „Kathode" — in Wirklichkeit also an der Anode — eine reversible vitale Kernfärbung erhalten. DRAWERT (1937 a) verzeichnet unter den gleichen Bedingungen nur eine reversible Färbung des Nucleolus, nie des ganzen Kernes.

Werden nach DRAWERT (1937 a) im schwach alkalischen Milieu Oberepidermiszellen der Schuppenblätter von *Allium cepa*, deren Vakuolen mit Neutralrot gefärbt sind, kurze Zeit mit Gleichstrom (6—80 Volt) oder Induktionsschlägen gereizt, so ist bei schwacher Reizung eine reversible Entfärbung des Zellsaftes und eine rote Zellwandfärbung zu beobachten. Dieser Effekt wird auf eine Aciditätssteigerung des Außenmediums zurückgeführt, die durch eine erhöhte CO_2-Abgabe oder durch Ausscheidung organischer Säuren zustande kommen soll, da elektrisch gereizte Zellen eine Atmungsförderung aufweisen. Je mehr der Zellsaft nach Violett gefärbt ist — damals schloß ich daraus: je saurer er ist —, desto größer muß die Reizstärke sein, um noch eine reversible Zellwandfärbung zu erhalten. Das hat natürlich seine Grenzen. Bei zu hoher Reizstärke erfolgt eine Schädigung des Plasmas, aus dem Protoplasten austretende nekrotische Stoffe imprägnieren die Zellwand und führen so zu einer irreversiblen Niederschlagsfärbung derselben (s. S. 487). Beide Typen der Zellwandfärbung müssen auseinandergehalten werden. Der Farbton der irreversiblen Zellwandfärbung geht mehr nach Braunrot. UMRATH (1937) kann diese Befunde bestätigen.

Umrath betont, daß er einen Aktionsstrom schon bei viel schwächeren Reizen erhielt als eine reversible Zellwandfärbung und schließt daraus, daß die Zellwandfärbung nicht eine Begleiterscheinung des Erregungsvorganges sein kann. Die reizphysiologischen Fragen stehen hier nicht zur Diskussion, aber auf die erforderliche Reizstärke zur Erzielung einer reversiblen Zellwandfärbung, soll kurz eingegangen werden. Der elektrische Reiz löst nicht direkt die Färbung aus, sondern führt zu einer Stoffwechseländerung und damit zu einer verstärkten CO_2-Ausscheidung, die wiederum die Acidität des Außenmediums erhöht. Diese erhöhte cH bedingt erst die Verlagerung des Farbstoffes aus dem Zellsaft in die Zellwand. Der Umschlagspunkt Vakuolen-/Zellwandfärbung ist keine konstante Größe, sondern von den Speicherfähigkeiten des Zellsaftes abhängig. Je saurer der Zellsaft ist, oder je mehr Speicherstoffe er enthält, desto weiter im sauren Bereich liegt für Neutralrot der Umschlagspunkt Vakuolen-/Zellwandfärbung. Bei gleichem Ausgangs-pH-Wert des Außenmediums ist bei diesen Zellen eine viel größere CO_2-Menge nötig, um die für das Auftreten einer Zellwandfärbung erforderliche Acidität zu erreichen, d. h., bei schwacher Reizung wird sie viel später einsetzen. Ferner können wir nach unseren heutigen Kenntnissen aus der Umlagerung des Farbstoffes aus der Vakuole in die Zellwand nach einer elektrischen Reizung nicht mehr einwandfrei auf eine Ansäuerung des Außenmediums schließen, da auch eine Alkalinisierung des Zellsaftes oder der Zerfall von Speicherstoffen bei gleichbleibender Außen-cH zu derselben Erscheinung führt (Drawert 1940).

Sehr umstritten ist die Frage einer Permeabilitätserhöhung für sulfosaure Farbstoffe durch den elektrischen Strom. Höber und Banus (1923) sowie Banus (1924) beschreiben, daß *Spirogyra*-Zellen unter dem Einfluß von Gleich- oder Wechselstrom für Sulfosäurefarbstoffe permeabel werden und Säurefuchsin und Cyanol in der Vakuole speichern. Aus einem Gemisch von leicht diffusiblem Säurefuchsin und schwer diffusiblem Isaminblau sollen die gereizten Zellen nur das erste aufnehmen. Gicklhorn und Dejdar (1931) können diesen Befund weder an *Spirogyra* noch an Oberepidermen der Schuppenblätter von *Allium cepa* bestätigen. Auch bei jungen Blättern von *Scilla sibirica*, die bereits normalerweise in den Mesophyllzellen nach 6—8 Stdn. Aufenthalt in einer 0,5%igen Lösung Säurefuchsin speichern, kann mit einer 5 Sek. bis zu 5 Min. dauernden Durchströmung von 1 bis 50 mA keine Beschleunigung der Farbstoffaufnahme erzielt werden. Die Autoren kommen zu dem Schluß, daß, wenn die elektrische Reizung überhaupt einen Einfluß hat, diese dann stärker auf die Farbstoffspeicherung als auf die Permeabilität wirkt. Entgegen diesen Angaben kann Höber (1933) erneut die älteren Befunde bestätigen. Eine sehr sorgfältige Nachprüfung von Suolahti (1937) mit Cyanol und Orange G an *Chara ceratophylla* ist aber völlig negativ verlaufen. Nur irreversibel geschädigte Zellen färben sich.

Auch die Angaben von Yamaha (1937 b) über eine Anfärbung der Pollenmutterzellen von *Lilium* mit Bromcresolgrün im Kataphoreseversuch infolge einer Permeabilitätssteigerung durch den elektrischen Strom beruhen sehr wahrscheinlich auf einer Fehlbeurteilung des Lebenszustandes der Zellen.

o) Mechanische Einwirkungen

Mechanische Einwirkungen auf die Zelle sind meist mit einer Schädigung verbunden, so daß es sich vorwiegend um Traumaeffekte handeln wird. Jede Verwundung hat Stoffwechseländerungen zur Folge, die sich in erster Linie auf die Farbstoffspeicherung auswirken werden.

BASSARSKAJA (1928) stellt an verschiedenen pflanzlichen Objekten fest, daß sich eine Zentrifugierung günstig auf die Aufnahme von Methylviolett auswirkt. Die zentrifugierten Zellen speichern den Farbstoff rascher und ausgiebiger als die Kontrollobjekte. Die schnellere Färbung hängt aber wahrscheinlich damit zusammen, daß das Gewebe beim Zentrifugieren mit der Farbstofflösung infiltriert wird und diese so den Zellen besser zugänglich ist. WEBER (1927) hat aus diesem Grunde die „Zentrifugen-Infiltrationsmethode" zur besseren Färbung der Zellen in die Vitalfärbungstechnik eingeführt (s. S. 254).

In den Epidermiszellen der Blattbasen von *Iris germanica* und *I. flavescens* speichert der Zellsaft intensiv Neutralrot, Methylenblau, Methylviolett. Bei rhythmischem Klopfen auf das Präparat erfolgt ein Zerfall des homogen gefärbten Zellsaftes in gallertige Schollen und Brocken. Nach kurzer Zeit beginnen diese Brocken zu quellen, und nach wenigen Minuten beobachtet man wieder einen homogenen Zellsaft. Dieser Vorgang kann einige Male wiederholt werden (GICKLHORN 1932 b). Bei *Allium*-Epidermen wird die Kernfärbung mit Methyl-, Kristall-, Gentianaviolett, Prune pure oder Methylgrün in Neutralsalzlösungen hypertonischer Konzentration durch mechanischen Druck, z. B. Belastung des Deckglases, nach BANK (1936) begünstigt. Mit Prune pure, Malachit- oder Methylgrün in 2 mol $CaCl_2$- oder KCl-Lösung gefärbte Kerne sollen dagegen durch mechanischen Druck entfärbt werden.

Sobald es zu einer regelrechten Verwundung kommt, wird in den Wundrandzellen die Färbung des Plasmas mit Eosin (ALBACH 1928) und Erythrosin (GICKLHORN 1927 b, STRUGGER 1931) gefördert. Auch bei der Benutzung des amphoteren Prune pure begünstigt ein Trauma die Plasmafärbung (SCHÖNLEBER 1936). Nach KÜSTER (1933) tritt an Stichpunktwunden in den Schuppenblättern von *Allium cepa* bei einer Vitalfärbung mit Prune pure folgende Zonierung auf: Der Wunde am nächsten liegen Zellen mit gefärbtem Plasma und ungefärbtem oder fast farblosem Zellsaft, dann folgen Zellen mit gefärbtem Plasma und gefärbtem Zellsaft, daran schließt sich eine Zone mit reiner Vakuolenfärbung und farblosem Plasma an.

Während bei den Chlorophyceen und Phaeophyceen die Intensität der Vakuolenfärbung mit kationischen Farbstoffen bei einer Beschädigung der Zellen steigt, zeigen die Rhodophyceen schon bei leichter Schädigung eine Entfärbung (PRÁT 1931 d).

Aus einer Mischung von 0,001%igem Neutralrot und Methylenblau in Leitungswasser 1 : 1 oder 2 : 3 speichern die Epidermiszellen der Blätter verschiedener Mono- und Dicotyledonen nach einem Trauma vorwiegend Methylenblau, die ungeschädigten oder ungereizten Zellen dagegen Neutralrot (KÜSTER 1942 a).

Bei längerer Einwirkung von KOH auf die Unterepidermiszellen der Schuppenblätter von *Allium cepa*, deren Vakuolen mit Neutralrot gefärbt sind, wird nach LUYET (1937) der Farbton des Zellsaftes röter; der Autor vermutet eine Aciditätserhöhung als Folge der allmählich einsetzenden Schädigung durch die KOH. PERNER (1950 a) schließt dagegen aus dem Fluorescenzfarbton der von Oberepidermiszellen von *Allium cepa* im Zellsaft gespeicherten Pyrenosulfosäurefarbstoffe auf eine irreversible Verschiebung der cH nach der alkalischen Seite durch einen Wundreiz. Allem Anschein nach kann der Farbton eines gespeicherten Indikators je nach der Intensität der Reizwirkung verschieden ausfallen. So färben sich nach Küster (1940 b) die Vakuolen in den Epidermiszellen der Kronblätter von *Veronica latifolia*, die einer Stichwunde am nächsten liegen, mit Neutralrot nach 24 Stdn. backsteinrot, also in alkalischem Farbton, ferner bilden sich schwarzrote Entmischungskugeln. Die nächstfolgenden Zellreihen weisen dagegen eine violettrote, also saure Färbung des Zellsaftes auf.

Nach unseren heutigen Kenntnissen müssen wir bei dem Schluß aus dem Farbton eines gespeicherten Farbstoffes auf den Aciditätsgrad sehr vorsichtig sein. Der violettrote Farbton des Neutralrotes kann auch durch Speicherstoffe

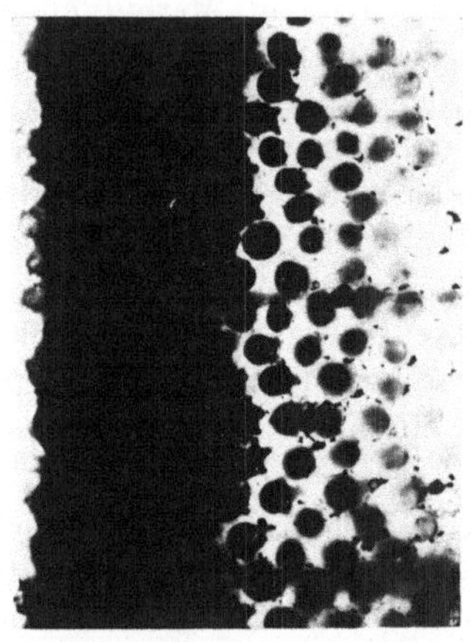

Abb. 133.

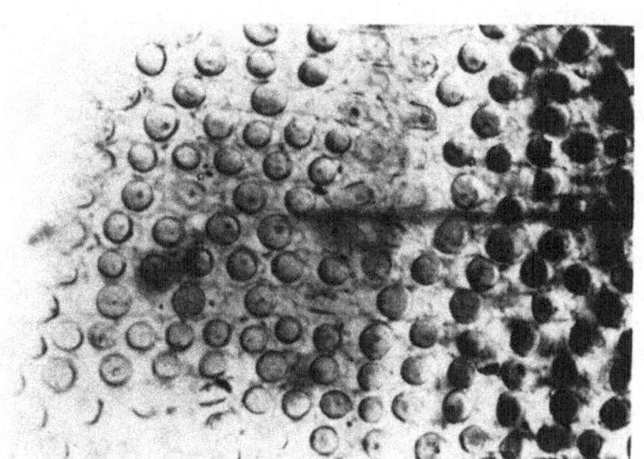

Abb. 134.

Abb. 133. Schnittrand (links im Bild) eines Blumenblattes von *Chrysanthemum leucanthemum* mit Neutralrot (kationisch) gefärbt und in 1 mol Traubenzucker plasmolysiert. In den toten Schnittrandzellen sind alle Zellbestandteile einschließlich der Zellwände so stark gefärbt, daß der Schnittrand als undifferenzierte, dunkle Zone erscheint. Die dann folgenden lebenden Zellen haben das Neutralrot sehr intensiv in den Vakuolen gespeichert. Die Vakuolenfärbung nimmt mit der Entfernung der Zellen vom Schnittrand ab. (Nach Drawert 1941 a.)

Abb. 134. Wie Abb. 133, aber mit Ponceau (anionisch) gefärbt. In den toten Zellen sind ebenso wie in den zunächst anschließenden lebenden Zellen alle Zellbestandteile farblos. Die in den plasmolysierten Protoplasten erkennbaren dunklen Körper sind gelbliche Entmischungstropfen des Zellsaftes, wie sie in den *Chrysanthemum*-Epidermen nach einer Plasmolyse manchmal erscheinen. Je weiter die Zellen vom Schnittrand entfernt liegen, desto stärker speichern sie den sulfosauren Farbstoff diffus in der Vakuole. (Nach Drawert 1941 a.)

mit phenolischen Gruppen bedingt sein, und es ist durchaus möglich, daß solche Stoffe nach einer mechanischen Reizung im Zellsaft entstehen oder vom Plasma in die Vakuole ausgeschieden werden (s. S. 408, 489).

Auf alle Fälle scheint durch viele Beobachtungen — auf die hier nicht im einzelnen eingegangen werden soll — festzustehen, daß Wundrandzellen kationische Farbstoffe viel intensiver oder zumindest schneller speichern als voll vitale Zellen (Abb. 133). Gegenüber sulfosauren Farbstoffen können wir im Verhalten der Zellen gerade das Gegenteil verzeichnen. Nach Drawert (1941 a) speichern Wundrandzellen sulfosaure Farbstoffe viel schlechter als voll vitale (Abb. 134), soweit die letzten überhaupt dazu befähigt sind. Fabbricotti-Oberrauch (1964) kann diese Befunde für Cyanol und Ponceau bestätigen. Das ebenfalls sulfosaure Orange G soll dagegen wie ein kationischer Farbstoff durch die Wundrandzellen intensiv gespeichert werden. Das Verhalten der kationischen Farbstoffe bezeichnet die Autorin als positiven Wundrandeffekt und das der sulfosauren — mit Ausnahme von Orange G — als negativen Wundrandeffekt.

d) Eigenschaften der Zellen, die die Vitalfärbung beeinflussen

α) Physiologischer Zustand der Zelle

Bei dem Studium der Abhängigkeit der Vitalfärbung von Außenfaktoren haben wir bereits kennengelernt, daß die Wirkung dieser Außenfaktoren nicht bei allen Zellen gleich verläuft und daß auch ein und dieselbe Zelle sich zu verschiedenen Zeiten unterschiedlich verhalten kann. Es müssen also noch variable innere Faktoren der Zelle die Farbstoffaufnahme und Farbstoffspeicherung beeinflussen. Die Zellen zeigen in Abhängigkeit von ihrem Alter beträchtliche Unterschiede, und die Oberepidermis der Schuppenblätter von *Allium cepa* einer ruhenden Zwiebel reagiert ganz anders als die einer treibenden (DRAWERT 1937 a, d).

Das Verhalten einer Zelle bei der Vitalfärbung hängt demnach in hohem Grade von ihrem jeweiligen physiologischen Zustand ab. Dies soll am Beispiel der Schließzellen demonstriert werden, die sich einmal in ihrer physiologischen Funktion von den übrigen Epidermiszellen unterscheiden und sich zum anderen bei geschlossenen Spaltöffnungen in einem anderen physiologischen Zustand befinden dürften als bei offenen.

Sehr oft kommt es bei der Anwendung kationischer Farbstoffe zu einer elektiven Färbung der Schließzellen, oder sie unterscheiden sich in der Färbungsintensität, im Farbton bzw. der Art der Farbstoffspeicherung von den anderen Epidermiszellen. Mit Rongalitweiß (= reduziertes Methylenblau) färben sich die Schließzellen von *Iris florentina* (KELLER 1925) und *Chrysanthemum maximum* (LINSBAUER 1926) elektiv blau. Die Schließzellen von *Tradescantia*-Arten nehmen Neutralrot (SCARTH 1926 a, LINSBAUER 1927) und Methylenblau (LILIENSTERN 1934) schneller und intensiver auf. Dasselbe ist bei *Rumex acetosa* (WEBER 1930 b) und *Bellis perennis* (WEBER 1933) mit Neutralrot und bei *Sonchus oleraceus*, *Senecio vulgaris*, *Taraxacum officinale* u. a. mit Acridinorange (PECKSIEDER 1950) der Fall, ferner bei verschiedenen Pflanzenarten mit Methylrot (ZÖTTL 1960), bei *Platanthera bifolia* mit Pyronin (BURIAN 1962 a), bei *Agropyron repens* mit Neutralrot, Brillantcresylblau und Acridinorange (LUHAN 1963). Bei *Chrysanthemum leucanthemum* und *Tanacetum vulgare* sollen dagegen Schließ- und Epidermiszellen Acridinorange gleich stark speichern (PECKSIEDER 1950). Während die Epidermiszellen verschiedener Pflanzen nach einer Vitalfärbung mit Cresylechtviolett keine Vakuolenkontraktion erkennen lassen, ist diese oft bei den Schließzellen zu beobachten (STIEGLER 1950). Aus einem Gemisch von Neutralrot und Methylgrün speichern die Schließzellen von *Bellis perennis* im unplasmolysierten Zustand elektiv das Neutralrot diffus mit rotem Farbton in der Vakuole, während die Epidermiszellen einen feinkörnigen, blaugrünen Niederschlag aufweisen. Dieselben Farbstoffe gleichzeitig mit 1 mol KCl geboten, führen zu einer grünblauen bis blauvioletten homogenen Zellsaftfärbung in den Epidermiszellen; die Schließzellen zeigen auch in diesem Fall einen roten Zellsaft (WEBER 1933). Die steckengebliebenen Schließzellenmutterzellen in den Cotyledonen von *Lupinus* speichern bei Kurzfärbung aus demselben Farbstoffgemisch elektiv Methylgrün (WEISSENBÖCK 1950). Mit den Gemischen Methylenblau und Neutralrot sowie Nilblau und Neutralrot sind bei *Tradescantia virginiana* keine unterschiedlichen Färbungen zu erhalten (LILIENSTERN 1934).

Bei *Canna* zeigt der Zellsaft der Schließzellen mit Neutralrot einen bläulichen Farbton, der der Epidermiszellen einen bräunlichen (FREUDENBERGER 1941). Für

Polypodium vulgare gibt Reuter (1942) das entgegengesetzte Verhalten an. Außerdem tritt der Unterschied erst mit dem Beginn der Funktionsfähigkeit, mit dem erstmaligen Auftreten von Stärke, in Erscheinung. Die noch nicht voll entwickelten Schließzellen färben sich wie die übrigen Epidermiszellen blauviolett (Abb. 135). Bei Keimpflanzen von *Allium cepa* speichern nach Bünning und Biegert (1953) Schließzellenpaare mit der durchschnittlichen Zellenlänge

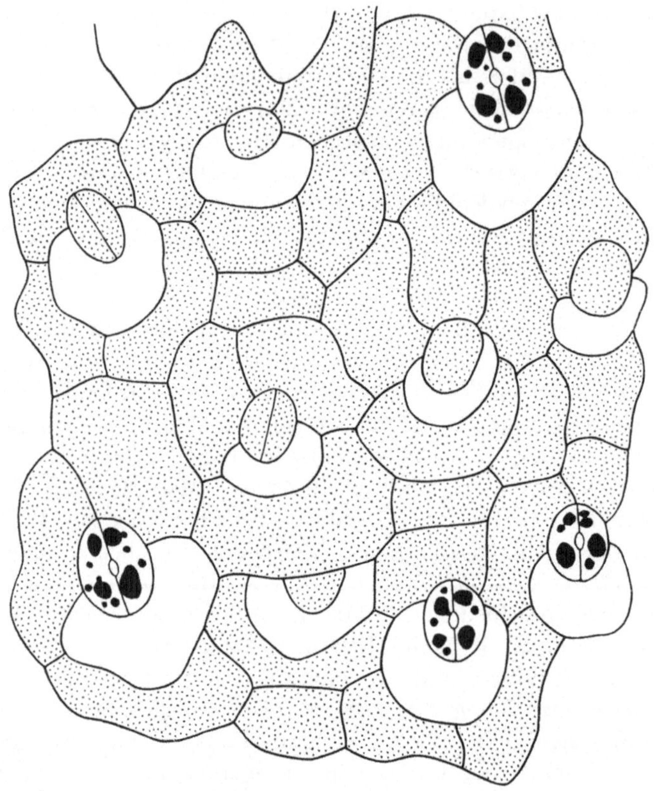

Abb. 135. Der Farbton des Zellsaftes in einer Epidermis von *Polypodium vulgare* mit verschiedenen Entwicklungsstadien der Stomata nach Vitalfärbung mit Neutralrot 1:100000. Farbtöne: ▭ blauviolett; ▭ blauviolett, aber von geringer Intensität; ▬ gelbrot, meist „Tropfenbildung". (Nach Reuter 1942.)

von 50 bis 70 μ und einem Kernvolumen von 1000 bis 2300 μ³ Neutralrot mit ziegelrotem Farbton. Schließzellen mit der gleichen Zellenlänge, aber mit einem Kernvolumen < 1000 μ³ weisen nur eine schwache Färbung mit blaßrotem Farbton auf. Je größer die Schließzellen werden (> 80 μ), desto weniger unterscheiden sie sich im Farbton von den umgebenden Epidermiszellen. Nur die Epidermiszellen in nächster Nachbarschaft funktionstüchtiger Stomata färben sich intensiver, die anderen nur schwach oder gar nicht. Die Zellsäfte der Epidermis von *Orchis maculata* fluorescieren mit Coriphosphin braun und lassen sich mit NH₄OH sofort entfärben, die der Schließzellen zeigen dagegen eine grüne Fluorescenz, die NH₄OH-fest ist (Höfler und Müllner-Haitinger 1949). Die Grünfluorescenz derselben Schließzellen mit Acridinorange bleibt noch bis unter pH 2 des Außenmediums erhalten (Höfler 1949 a). Die Schließzellen von *Convol-*

vulus arvensis sind nach einer Färbung mit Acridinorange und Rhodamin B niederschlagsfrei, in der innersten Nebenzelle werden einzelne Körnchen sichtbar, die nächste ist schwach diffus gefärbt mit vielen Körnchen und die anschließenden Zellen führen reichlich Niederschläge. Bei *Ononis spinosa* tritt dagegen elektiv eine starke Krümelbildung mit beiden Farbstoffen in den Schließzellen auf. In der Epidermis von *Succisa pratensis* ist nach Fluorochromierung mit Acridinorange kaum ein Unterschied zu bemerken, alle Zellen leuchten blaugrün, nur daß in den Epidermiszellen noch rot fluorescierende Körnchen erscheinen, die den Schließzellen fehlen. Pyronin gibt an demselben Objekt sehr unterschiedliche Bilder. Die Vakuolen der Schließzellen leuchten im UV braun und die der Epidermiszellen diffus himmelblau (HÖFLER 1949 b). Der Zellsaft der Schließzellen grüner Blätter von *Allium cepa* speichert Nilblau mit grünblauem Farbton (DRAWERT 1952 b). Andererseits kann zunächst auch eine Färbung der Schließzellen ausbleiben, so mit Neutralrot bei *Tradescantia virginiana* (LINSBAUER 1927) und mit Methylrot bei *Primula auricula* und *P. clusiana* (ZÖTTL 1960). Bei *Tradescantia virginiana* färben sich die Schließzellenkerne nicht mit Dahliaviolett, im Gegensatz zu den Kernen der übrigen Epidermiszellen. Dasselbe ist bei *Tradescantia virginiana* und *Echeveria scheidecheri* mit Erythrosin der Fall, selbst nach Zusatz von $Al_2(SO_4)_3$, das in den Epidermiszellen eine sehr starke Kernfärbung mit dem anionischen Farbstoff bedingt (PALTAUF 1928).

Nicht selten wird für die Schließzellen nach Färbung der Vakuole eine „Tröpfchenbildung" erwähnt, so von SCARTH (1926 a, *Tradescantia*), LINSBAUER (1927, *Allium*, *Tradescantia*, *Chrysanthemum*), BEYER (1929, *Tradescantia*), WEBER (1930 b, *Rumex acetosa*), ALVIM (1949, *Tradescantia*), HÖFLER (1949 b, *Dipsacus silvester*), DRAWERT (1955 a, *Narcissus poeticus*, Kronblätter), ZÖTTL (1960, *Anthyllis vulneraria*, *Pisum sativum*). Hierbei kann es sich um spezifische Entmischungen durch den Farbstoff handeln. Es können auch durch andere Faktoren ausgelöste Entmischungen sekundär angefärbt werden. Häufig werden gar nicht eigentliche Entmischungen vorliegen, da die Bildung von „Farbstoffkugeln" auch durch Vakuolenkontraktion und Zerklüftung der Vakuole (Aggregation) vorgetäuscht werden kann. Alle drei Erscheinungen werden von WEBER (1930 b) für die Schließzellen von *Rumex acetosa* nach Neutralrotfärbung beschrieben.

Aus der Färbung der Zellwände mit Brillantcongoblau 2 RW und Methylenblau (?) schließt KELLE (1934) auf ein lockeres Gefüge der Stomatawände gegenüber den Wänden anderer Epidermiszellen.

Das abweichende Verhalten der Schließzellen bleibt auch im metamorphosierten Zustand in der Gleitzone der Kanne von *Nepenthes allardii* erhalten (REUTER 1938). Die funktionslos gewordenen Schließ- und Nebenzellen der stets offenen Stomata bei *Stratiotes aloides* färben sich mit Neutralrot später als die übrigen Epidermiszellen des Blattes (DIANNELIDIS 1950).

Einige der auftretenden Widersprüche erklären sich vielleicht aus dem unterschiedlichen Verhalten der Schließzellen bei den verschiedenen Beleuchtungsverhältnissen bzw. bei geöffneten und geschlossenen Stomata. Aus dem Farbton der gespeicherten Indikatoren, vor allem Neutralrot, aber auch Methylrot, wird häufig geschlossen, daß der Zellsaft der Schließzellen im Licht bei geöffneten Stomata weniger sauer ist als bei geschlossenen im Dunkeln (SAYRE 1923,

Scarth 1932, Pekarek 1934). Mit Bromcresolpurpur, das nach Scarth (1932) von den Schließzellen aufgenommen wird, findet der Autor im Zellsaft der Schließzellen von *Tradescantia zebrina* bei Beleuchtung pH 6,0—7,4 und im Dunkeln pH 5 und weniger. Ähnliche Unterschiede geben Small und Maxwell (1939) an, die ihre Werte mit der Range-indicator-Methode gewonnen haben, doch ist diese Methode für Vitalfärbungen unbrauchbar (s. S. 525). Nach Martin (1927) soll dagegen — ebenfalls nach Bestimmungen mit der Range-indicator-Methode — die cH der Schließzellen von Sonnenblumen nicht von der der umgebenden Epidermiszellen abweichen. Nach Kisselew (1925 b) färbt sich das Plasma offener Stomata mit Indigocarmin schwächer als das geschlossener. Es wurde aber bereits darauf hingewiesen (s. S. 386), daß es sich hierbei kaum um eine Vitalfärbung handeln dürfte. Mit Rongalitweiß sind offene Stomata von *Chrysanthemum maximum* nach Linsbauer (1926) selbst nach 1—10 Min. Färbedauer noch nicht gefärbt, nur vereinzelte enthalten wenige blaue Tröpfchen. Geschlossene Stomata haben sich dagegen bereits nach 20 Sek. gebläut. Der Zellsaft offener Spaltöffnungen färbt sich intensiv mit Neutralrot unter Bildung von Farbstoffkugeln. Im Dunkeln oder in schwach diffusem Licht färbt sich der Zellsaft der geschlossenen Spaltöffnungen schwächer und homogen (Linsbauer 1927). Werden *Avena*-Koleoptilen mit Neutralrotlösung 1 : 50 000 in aqua dest. infiltriert, dann zeigen in Lichtversuchen die Schließzellen der geöffneten Stomata keine Färbung, während die Porenzellen der Wasserspalten gefärbt sind. In Dunkelversuchen speichern die Schließzellen der geschlossenen Stomata ebenso wie die Porenzellen der Wasserspalten intensiv den Farbstoff, und zwar intensiver als die Mesophyll- und Epidermiszellen (Meissner 1937).

Es fragt sich, ob das unterschiedliche Verhalten der Schließzellen geöffneter und geschlossener Stomata bei der Vitalfärbung auf einer direkten Wirkung des Lichtes beruht, oder ob der Öffnungszustand der Spaltöffnungen dafür verantwortlich ist. Das Licht würde dann nur sekundär eine Rolle spielen als ein Faktor, der die Öffnung auslöst. Werden die Schließzellen welkender Blätter von *Tradescantia zebrina* dem Licht ausgesetzt, dann färben sie sich mit Methyl- und Aethylrot wie die im Dunkeln gehaltenen und nicht wie die beleuchteter turgeszenter Blätter (Scarth 1932). Dieser Befund würde dafür sprechen, daß es primär auf den Öffnungszustand und die damit zusammenhängenden plasmatischen Veränderungen ankommt, und nicht auf das Licht. Aus seinen Versuchen an turgeszenten Blättern schließt aber Scarth, daß die Unterschiede nicht davon abhängen, ob die Stomata offen oder geschlossen sind, denn bei einer Beleuchtung tritt der Indikatorumschlag auf, bevor die Stomata sich öffnen. Sayre (1923) hält ebenfalls das Licht für den primären Faktor, da es durch Änderung der Acidität erst die Voraussetzung für ein Öffnen der Stomata schafft. Nach Pekarek (1936) färbt sich bei *Rumex acetosa* unter völlig gleichen Bedingungen ausnahmslos der Zellsaft der Schließzellen offener Spalten eher und kräftiger als der geschlossener sowohl bei belichteten als auch bei verdunkelten Objekten. Werden andererseits aber Stomata des gleichen physiologischen Zustandes benutzt, dann färbt sich der Zellsaft verdunkelter Schließzellen mit Neutralrot schneller und intensiver als der beleuchteter, gleichgültig, ob die Spaltöffnungen offen oder geschlossen sind. Mit Methylenblau erhält man im letzten Fall das gegenteilige Ergebnis (Pekarek 1936).

Die Verhältnisse scheinen nicht einfach zu sein, wie auch aus der Studie von PEKAREK (1934) über die Acidität in den Epidermis- und Schließzellen bei *Rumex acetosa* im Licht und im Dunkeln hervorgeht. Der Autor infiltriert ganze Blätter mit 0,001%igen Neutralrotlösungen in aqua dest. und setzt sie dann in Petrischalen in der Farblösung einer Beleuchtung mit diffusem Sonnenlicht bzw. mit 1000 Watt in 75 cm Entfernung unter Zwischenschaltung eines Wasserfilters zum Abhalten der Wärmestrahlen aus oder beläßt sie im Dunkeln. Das Ausschalten der Wärmestrahlen ist wichtig, da nach SCARTH (1932) Temperaturerhöhung eine Erhöhung des pH-Wertes im Zellsaft der Schließzellen zur Folge hat.

Abb. 136. Schematische Darstellung des Färbeergebnisses eines belichteten, mit Neutralrot infiltrierten Blattes von *Rumex acetosa* 3 Stdn. nach Versuchsbeginn. Die Schließzellen und die meisten Epidermiszellen sind farbstofffrei, nur die Drüsen- und die Nebenzellen haben Neutralrot gespeichert. Die Dichte der Punktierung gibt die Intensität der Färbung an. (Nach PEKAREK 1934.)

Bei Beleuchtung färben sich zuerst die Drüsenhaare mit Neutralrot, darauf nehmen die Nebenzellen den Farbstoff mit einem Rosaton auf und sind nach 4—6 Stdn. intensiv violettrot gefärbt, erst dann färben sich allmählich die Schließzellen und die übrigen Epidermiszellen, aber selbst nach 10 Stdn. Versuchsdauer sind die Schließzellen zum Teil noch farblos, und, soweit sie sich gefärbt haben, zeigen sie einen erdbeerroten Farbton (Abb. 136). Im Dunkelversuch verhalten sich die Drüsenzellen wie bei Beleuchtung, dann speichern die Nebenzellen und gleichzeitig auch die Schließzellen den Farbstoff. Jetzt sind aber die Nebenzellen orangegelb und die Schließzellen rotviolett gefärbt (Abb. 137). Die erhaltenen Färbeergebnisse sind durch Änderung der Lichtverhältnisse am selben Blatt umzukehren. Der Autor zieht folgenden Schluß: „Die Verschiedenheit der vitalen Färbung in Licht- und Dunkelversuchen ist der Ausdruck einer reversiblen Verschiebung des pH-Wertes im Vakuom der Epidermis- und Schließzellen." Aus dem Farbton des gespeicherten Neutralrots ergeben sich folgende Aciditätsverhältnisse: Schließzellen im Licht pH 5,3—6; im Dunkeln pH 4—5; Neben- und Epidermiszellen im Licht pH 5—6,2; im Dunkeln pH 7,6—8.

Demgegenüber kann Scarth (1932) bei *Tradescantia zebrina* mit Bromcresolpurpur keine meßbaren pH-Änderungen in den Epidermiszellen durch einen Licht-Dunkel-Wechsel feststellen. In eigenen, noch nicht veröffentlichten Versuchen unter Mitarbeit von Ilse Schröder (1959) an *Rumex acetosa* erhalten wir

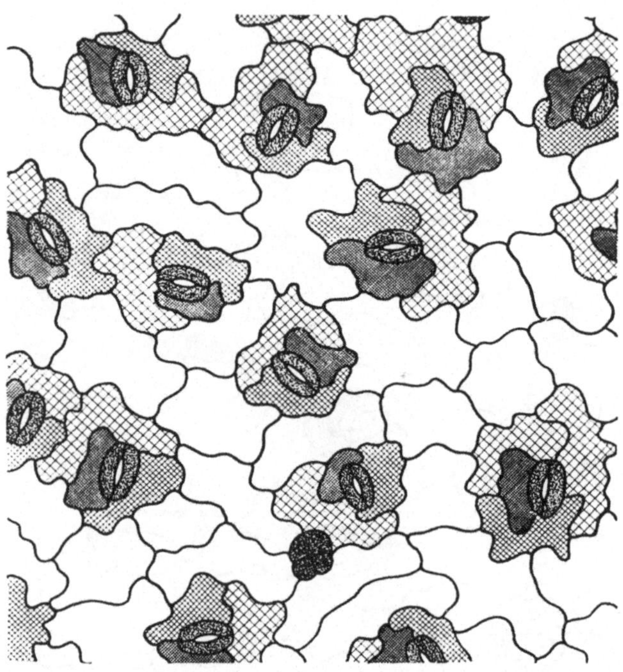

Abb. 137. Wie Abb. 136, aber die Ergebnisse bei einer Färbung nach 4 Stdn. im Dunkeln. Die Schließzellen sind intensiv himbeerrot, die Drüsenzellen purpurrot und die Nebenzellen orangegelb gefärbt. Die Dichte der Punktierung und Schraffierung gibt die Intensität der Färbung an. (Nach Pekarek 1934.)

nach Neutralrotfärbung in den Nebenzellen die von Pekarek beschriebene Änderung des Farbtones wohl an Freilandmaterial, aber nicht an Gewächshauspflanzen. Bei den Schließzellen können wir in beiden Fällen keine Farbtonänderung feststellen.

Durch unsere neuen Kenntnisse über den Einfluß von Flavonolen und anderen phenolischen Zellsaftstoffen auf den Farbton des gespeicherten Neutralrots ist es fraglich geworden, ob wir überhaupt aus der Farbtonänderung auf eine Aciditätsverschiebung schließen dürfen. Gerade bei der Epidermis und den Spaltöffnungen scheint das am wenigsten zulässig zu sein, da hier nicht nur das häufige Vorkommen von „Gerbstoffen" seit langem bekannt ist, sondern auch deren unterschiedliche Verteilung im Bereich der Stomata (z. B. Hamorak 1915, Metzner 1930, Fischer 1931, hier auch weitere Literatur). In den erwähnten eigenen Versuchen mit *Rumex acetosa* und auch *Tradescantia*-Arten fallen für die

Schließzellen Prüfungen mit NH_4OH auf Substanzen mit phenolischem Charakter positiv aus. Nach MAERCKER (1965) färben sich die Schließzellen von 30 verschiedenen Arten mit Neutralrot, Toluidinblau und Acridinorange negativ metachromatisch. Durch Fütterungsversuche mit radioaktivem Phenylalanin kann die Autorin die Geschwindigkeit der Bildung und Anhäufung sekundärer Pflanzenstoffe aus der Flavon-Gerbstoffgruppe verfolgen. Ganz allgemein sind die Schließzellen reicher an Sulfhydrylgruppen als die übrigen Epidermiszellen.

IMAMURA (1943) weist im Zusammenhang mit dem häufigen Vorkommen von „Gerbstoffen" im Spaltöffnungsbereich darauf hin, daß „Gerbstoffe" im Zellsaft vieler Bewegungsorgane, diffus oder in besondere Vakuolen eingeschlossen, weit verbreitet sind.

Die Epidermiszellen von *Sparmannia*-Filamenten enthalten Gerbstoffbläschen, deren Färbungsgeschwindigkeit mit Neutralrot, Methylenblau und Methylviolett vom physiologischen Zustand der Zellen abhängt. Die Geschwindigkeit nimmt nach seismischer Reaktion zu. Ungereizt färben sie sich nach mehr als 3 Min., gereizt schon nach weniger als 30 Sek. Diese Erscheinung wird auf eine Permeabilitätserhöhung zurückgeführt (BÜNNING 1928/29). Nach unseren heutigen Kenntnissen könnte sie aber auch auf einer Aciditätsänderung im Außenmedium — die Reaktion wurde in der Lösung durchgeführt —, z. B. durch Austritt basischer Substanzen oder auf einer cH-Erhöhung im Zellinnern, beruhen. Sie würde dann eine Permeabilitätsänderung des Plasmas für den Farbstoff nur vortäuschen oder hätte direkt nichts mit einer solchen zu tun. Für diese Deutung könnten die Befunde von COLLA (1934, 1937) sprechen, daß die cH des Zellsaftes kontraktiler Zellen, z. B. in den Filamenten von *Berberis*, nach der Reizung ansteigt, wenn die Messungen nicht mit der unbrauchbaren Range-indicator-Methode nach SMALL (s. S. 525) durchgeführt worden wären.

Nach BÜNNING (1935) treten cH-Änderungen im Zellsaft der Gelenke von *Phaseolus multiflorus*-Blättern im Zusammenhang mit der endogenen Tagesrhythmik auf. Die Gelenke werden mit 0,001%iger Neutralrotlösung in aqua dest. infiltriert. In der Nacht wird der Farbstoff anscheinend ebenso stark gespeichert wie am Tage, aber nachts ist der Farbton ausnahmslos rot und am Tage mehr orange. Bei nicht etiolierten Pflanzen ist der Effekt viel deutlicher. Der Autor schließt, daß der pH-Wert des Zellsaftes am Tage etwa bei 6,8—7,0 und nachts bei 6,0—6,5 liegen dürfte. Bromcresolpurpur färbt die Zellen des Bewegungsgewebes nachts gelb und tags purpur. Wenn MOSEBACH (1941) dieses Ergebnis durch Messungen an Preßsäften mit der Chinhydron-Elektrode auch bestätigen kann, so muß man doch in diesem Fall mit einer Beeinflussung des Neutralrotfarbtones durch phenolische Substanzen rechnen, zumal Leguminosen-Gelenke „Gerbstoffe" führen (Literatur s. IMAMURA 1943). Ob die Menge phenolischer Substanzen in den Gelenken einer endogenen Rhythmik unterliegt, wäre zu prüfen.

Für *Mimosa pudica* liegen Vitalfärbungsversuche mit Eosin, Neutralrot, Methylenblau, Brillantcresylblau, Rhodamin B und Chrysoidin von TORIYAMA (1953, 1955, 1957, 1960) vor (vgl. auch DATTA 1959). Innerhalb der Zentralvakuolen der Parenchymzellen des Hauptgelenkes befinden sich noch Tannin-Vakuolen, von denen mit Chrysoidin und Coffein vier Typen unterschieden werden: A-Vakuolen mit diffuser Chrysoidinfärbung ohne Ausfällungen. B-Vakuolen wie A, aber mit Ausfällungen im Zentrum. C-Vakuolen wie A, aber mit diffusen Ausfällungen in der ganzen Vakuole. D-Vakuolen ohne Chrysoidinfärbung, aber mit dichten Ausfällungen. A- und D-Vakuolen sind über den ganzen Querschnitt verteilt. B- und C-Vakuolen erscheinen auf der Unterseite häufiger als auf der Oberseite. Die Verteilung dieser Vakuolen wird bei einer Reizung nicht verändert, aber ihre Größe nimmt ab (Toriyama 1953). Mangenot (1927) hat bereits beobachtet, daß nicht nur in den Blattgelenken von *Mimosa,* sondern auch in den Staubfäden von *Berberis* verschiedene Vakuolen in einer Zelle vorkommen, die sich durch Vitalfärbung unterscheiden lassen. Dabei handelt es sich allerdings nicht um eine Erscheinung, die nur auf seismonastisch empfindliche Organe beschränkt ist. Vakuolen ein und derselben Zelle, die sich gegenüber Vitalfarbstoffen verschieden verhalten, finden wir auch bei Cambien (Bailey 1930, Bailey und Zirkle 1931, s. S. 438), in der Achse von *Monotropa* (Mangenot 1927) und in den Zellen der gelben Fruchtseite von *Malus toringo* (Miličić 1952).

In den Haaren der Blaseninnenseite von *Utricularia vulgaris* färbt sich im nüchternen Zustand mit Neutralrot eine große Zentralvakuole. Werden die Blasen mit Mückenlarven gefüttert, zerfällt die Vakuole in viele Teilvakuolen (Honsell 1951). Später beschreibt derselbe Autor, daß die Haare nach einer Reizung durch Beute bei einer Färbung mit kationischen Farbstoffen eine Entmischung kleiner, intensiv gefärbter Tropfen aufweisen, die im diffus gefärbten Zellsaft liegen. In den ungereizten Haarzellen sind dagegen nur Entmischungstropfen zu beobachten, der Zellsaft bleibt farblos (Honsell 1955/56). Die Drüsenzellen von *Drosera*-Tentakeln speichern Neutralrot, Nil- und Brillantcresylblau entweder homogen im Zellsaft oder auch in Form von Entmischungstropfen. Nach einer Fütterung der Blätter mit organischen Substanzen verlieren die Zellen die Fähigkeit, die Farbstoffe in der Vakuole zu speichern, und mit Brillantcresylblau färben sich jetzt z. T. die Zellwände an (Kedrowsky 1931 a).

Nach Gundel (1933) sollen in etiolierten Hypokotylen von *Helianthus* und Epikotylen von *Phaseolus multiflorus* nach 6stündiger geïscher Reizung in Zwangslage bei einer Färbung nach 10—12 Stdn. nur die Zellen der Konvexseite intensiv Methylenblau speichern. Dieser Unterschied zur Konkavseite wird teils auf Verschiedenheiten in der Permeabilität, teils auf eine größere Reduktionskraft auf der Konkavseite zurückgeführt.

Wie bereits erwähnt, kommt die Abhängigkeit der Vitalfärbung vom physiologischen Zustand auch gut bei Zellen verschiedenen Alters zum Ausdruck. Die unterschiedliche Lage des Umschlagspunktes von der Zellwand- zur Vakuolenfärbung mit Neutralrot in den einzelnen Zonen einer Wurzelspitze (s. S. 360, Abb. 118) ist dafür der beste Beleg. Das Alter macht sich schon bei der Färbung von Bakterien bemerkbar. Bei *Escherichia coli* nimmt die Fähigkeit, Fluorochrome zu absorbieren, mit dem Alter zu. Doch kann diese Erscheinung mit einer Zunahme der toten Zellen in den Kolonien zusammenhängen (Levaditi und Giuntini 1941 a, b). Jensen und Haas (1963) bestimmen quantitativ die Methylenblauadsorption durch *Bacillus subtilis* während des Wachstums. Gegen Ende der logarithmischen Wachstumsphase tritt ein Minimum in der aufgenommenen Farbstoffmenge auf, das auf ein Minimum des elektrokinetischen Potentials der Zelloberfläche zurückgeführt wird.

Klarer liegen die Verhältnisse bei Pilzhyphen und fädigen Algen, an denen man entsprechend der Wachstumszone Färbungsgradienten erhält. Bei *Poly-*

stictus versicolor färbt sich zuerst die wachsende Hyphenspitze mit kationischen Farbstoffen (DRAWERT und SCHLAFKE 1959). Ebenso werden Diaminostilbene in den Wachstumszonen von *Penicillium chrysogenum, Mucor* und *Neurospora crassa* angereichert (DARKEN 1961 a, 1962). In diesem Zusammenhang sind auch die Angaben von GUILLIERMOND und GAUTHERET (1937 a, b, 1940) sowie GUILLIER-MOND (1940) von Interesse, daß mit Ausnahme von *Saprolegnia* Pilze, wie *Saccharomyces ellipsoideus* und *Oidium lactis*, Neutralrot nur im Ruhezustand in ihren Vakuolen speichern. Bereits gefärbte Zellen entfärben sich bei der Wachstumsaufnahme. Auch bei *Saprolegnia* kann es zu einer Entfärbung kommen, wenn die Wachstumsintensität durch reichliche Nährstoffzufuhr stark gesteigert wird. Hierbei sollen weder pH-Änderungen noch Reduktionsvorgänge eine Rolle spielen.

Bei *Cladophora* färbt sich der Zellsaft jüngerer Zellen homogen, der älterer granulär. Außerdem ist Geschwindigkeit und Form der vitalen Farbstoffspeicherung jahreszeitlich verschieden (GICKLHORN und MÖSCHL 1930). Die Aufnahme von Neutralrot beginnt auch bei *Cladophora* von der Spitze her (NAKAZAWA 1959 b). Bei *Vaucheria* färben sich mit Neutralrot kleine Granula im peripheren Plasma besonders intensiv in der wachsenden Spitze. Geht die Keimlingsspitze durch Kontaktwirkung der Umgebung zur Rhizoidbildung über, dann verschwindet die Färbung (WEBER 1958).

Die alten Zellwände von *Ceramium* und *Polysiphonia* färben sich mit Janusgrün weniger stark als die jungen, und mit Toluidinblau bleiben die jungen farblos und die alten tingieren sich tief blau bis violett (PRÁT 1931 a). Auch hinsichtlich der Vakuolenfärbung tritt bei einigen Rotalgen ein vom Zellenalter abhängiger Gradient auf. Die Färbung der Zellen von *Callithamnion granulatum* und *Griffithsia opuntioides* mit Toluidinblau wird mit zunehmendem Alter schwächer (BURIAN 1963).

An Moosen beobachtet KRESSIN (1935), daß sich die Wände älterer Zellen mit kationischen Farbstoffen besser färben als die junger. Dasselbe trifft bei *Dicranum undulatum* für die anionischen Farbstoffe Eosin und Erythrosin zu. Der Zellsaft von *Fontinalis antipyretica, Dicranum undulatum, Mnium splendens* (?) und *Lophocolea bidentata* speichert Neutralrot in den älteren Zellen viel schneller als in den jüngeren. Die gleichen Unterschiede in der Vakuolenfärbung haben SCHEIBMAIR (1937) mit Neutralrot bei *Plagiochila asplenioides* und BURIAN (1962 b) mit verschiedenen kationischen Farbstoffen bei *Calypogeia*-Arten erhalten. Ferner gibt BURIAN eine jahreszeitliche Variabilität im Verhalten an. Die Ölkörper vieler Lebermoose färben sich nach ZÖTTL (1963) mit Methylrot in den jüngeren Zellen bedeutend besser als in den alten. Für die Zellwandfärbung mit demselben Farbstoff, die bei einigen Arten möglich ist, tritt dagegen der umgekehrte Gradient auf.

Bei den Prothallien von *Dryopteris parasitica* speichern nur die schon weiter entwickelten Zellen Neutralrot im Zellsaft. Die jungen Zellen bleiben farblos (REUTER 1953). In den noch fädigen Prothallien von *Dryopteris varia* erscheinen kationische Farbstoffe zuerst in den cytoplasmatischen Granula (Gerbstoffe?) der Spitze (NAKAZAWA und OOTAKI 1962).

Bei den Phanerogamen sind vor allem die Blätter von *Helodea canadensis* und *H. densa* untersucht worden. Die jungen Zellen der Blattbasis färben sich mit kationischen Farbstoffen am langsamsten und am schwächsten (MODER 1932, MEINDL 1934, LILIENSTERN 1935, STRUGGER 1935 a, 1937 a, DIEHL 1936, RUGE

1940, Perner 1950 b). Es werden hiervon sowohl Zellwand-, Vakuolen- als auch Plastidenfärbung betroffen. Je jünger ein Blättchen ist, desto größer ist bei Kurzfärbungen die farblose Zone (Abb. 138). Interessanterweise bleibt diese Zonierung nach Diehl (1936) und Drawert (1937 e) auch bei einer Färbung fixierter Blätter erhalten (s. S. 245). Der unterschiedliche physiologische Zustand alter und junger Zellen wirkt sich selbst auf das umgebende Milieu aus. Werden Blätter von *Helodea densa* auf Methylenblau-haltigen Agar gelegt, dann wird der Agar unter den selber nicht gefärbten Zonen junger Zellen durch Reduktion des Farbstoffes entfärbt (Lilienstern 1935).

In den Oberepidermen der Schuppenblätter von *Allium cepa* zeigen ältere Zellen mit Erythrosin viel schneller eine Plasmafärbung als jüngere (Strugger 1931), und Acridin führt bei Sommerzwiebeln zu einer Vakuolenfärbung und bei ruhenden Winterzwiebeln zu einer Plasmafärbung (Strugger 1941 a). Die Aufnahme von Neutralrot durch die Cotyledonen von *Lupinus albus* ist vom Alter der Keimblätter abhängig (Pop, Soran und Cosma 1961).

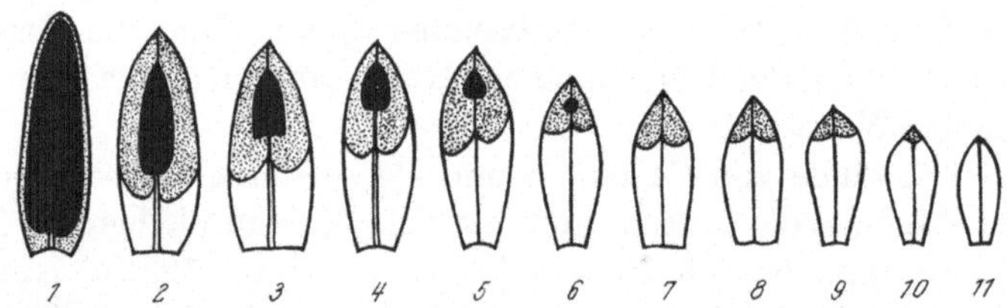

Abb. 138. Nach dem Alter geordnete Blätter aus der Knospe von *Helodea canadensis* nach einer Vitalfärbung mit Rhodamin B. Schwarz = Vakuolen- und Plastidenfärbung, punktiert = Plastidenfärbung. (Nach Strugger 1937 a.)

Bei den extrafloralen Nektarien von *Vicia faba* hängt die Intensität der Zellsaftfärbung mit kationischen Farbstoffen ebenfalls vom Alter der Drüsenzellen ab. Ein Optimum der Färbung fällt mit dem optimalen Funktionszustand der Nektarien zusammen (Pekarek 1929 b). Junge rote Blüten von *Anchusa officinalis* speichern in der Oberepidermis der Kronblätter weniger Neutralrot als alte blaue Blüten. Die anthocyanfreie Unterepidermis speichert noch weniger, aber auch hier besteht der Unterschied zwischen jungen und alten Blüten (Enöckl 1960 b).

Der Zellsaft in den Epidermiszellen junger Blätter von *Agropyron repens* färbt sich mit Neutralrot, Brillantcresylblau und Acridinorange orthochromatisch und der älterer Blätter metachromatisch (Luhan 1963). In den Zellen der Blattunterseite von *Platanthera bifolia* verschiebt sich der IEP der Zellwände mit dem Alter nach der sauren Seite, wie aus der Fluorochromierung mit Acridinorange hervorgeht (Höfler 1946 a).

Kuttelwascher (1965) beobachtet an Orchideen-Luftwurzeln nach einer Vitalfärbung mit kationischen Farbstoffen, daß bei der Ausdifferenzierung von Zellen mit verholzten Wandstrukturen, z. B. im Velamen, der Grad der negativen Metachromasie der gefärbten Vakuolen zurückgeht, d. h., aus „vollem" Zellsaft wird „leerer". Der Autor vermutet, daß die sekundären Inhaltsstoffe des Zellsaftes abgebaut und in neuer Form am Zellwandaufbau beteiligt werden.

Es ergeben sich auch jahreszeitliche Schwankungen hinsichtlich des Verhaltens der Zellen bei der Vitalfärbung, wie sie vor allem Gicklhorn und Möschl

(1930) für die Zellsaftfärbung mit kationischen Farbstoffen bei *Cladophora* und GICKLHORN (1929 a) bei *Ceratophyllum* beobachtet haben. Die Vakuolen der Meristeme von Coniferen und von einigen Dicotylen färben sich mit Neutralrot intensiv während des Winters, aber nicht oder nur schwach in der Hauptwachstumsperiode (BAILEY 1930).

Besonders deutlich tritt die Bedeutung des physiologischen Zustandes der Zellen für die Aufnahme der sulfosauren Farbstoffe in Erscheinung. Nur ganz bestimmte Zellen sind dazu befähigt, Vertreter dieser Farbstoffklasse im Zellsaft zu speichern. Dazu gehören nach COLLANDER (1921) jugendliche, noch kaum ausgewachsene Zellen, Blumenblattzellen und Parenchymzellen der Leitbündelscheide. Ein gutes Beispiel für das Verhalten jugendlicher Zellen liefert wieder das *Helodea*-Blatt. Während sich die jungen Zellen mit kationischen Farbstoffen gar nicht oder nur sehr schlecht färben, speichern sie das sulfosaure Brillantsulfoflavin FF, die alten Zellen bleiben farblos. Die mit Acridinorange und die mit Brillantsulfoflavin gefärbten Zonen schließen sich gesetzmäßig aus (PERNER 1950 b), ähnlich wie es nach DRAWERT (1941 a) am Wundrand weißer Blumenblätter der Fall ist (vgl. S. 392, Abb. 133, 134). Bei *Vallisneria spiralis* speichern die Trennungszellen in den Stengeln männlicher Blüten von jungen Pflanzen das sulfosaure Cyanol bedeutend stärker als die Zellen blühreifer Individuen (PFEIFFER 1927 a).

Nach FABBRICOTTI-OBERRAUCH (1965 b) erfolgt die Aufnahme der sulfosauren Farbstoffe Cyanol, Ponceau und Orange G bei eben voll entwickelten Blumenblättern am stärksten, in jüngeren und älteren Stadien ist sie schwächer.

Weitere Beispiele für den Zusammenhang von physiologischem Zustand und Vitalfärbung finden sich im Abschnitt „Protoplasmatische Anatomie der lebenden Pflanze" (s. S. 546).

Es bleibt die Frage zu klären, welche Faktoren sich mit einem Wechsel des physiologischen Zustandes der Zelle ändern und die Vitalfärbung beeinflussen. Zur Diskussion stehen in erster Linie folgende: Permeabilität, cH des Zellsaftes, Speicherstoffe, Stoffwechselaktivität.

β) Permeabilität

Am häufigsten werden Vitalfärbungsunterschiede auf Permeabilitätsunterschiede zurückgeführt. So soll das besondere Verhalten der Schließzellen nach KISSELEW (1925), LINSBAUER (1927) und WEBER (1933) auf einer von den anderen Epidermiszellen abweichenden Permeabilität des Plasmas beruhen, und mit dem Öffnen und Schließen der Stomata gehen Permeabilitätsänderungen einher. LINSBAUER (1927) vermutet neben einer Permeabilitätserhöhung im Licht auch eine Zustandsänderung in der Zelle. Für PEKAREK (1936) ist es dagegen sicher, daß für das verschiedene Verhalten offener und geschlossener Stomata die Permeabilität keine Rolle spielt.

Der Unterschied zwischen jungen und alten Zellen soll ebenfalls durch die Plasmapermeabilität bedingt sein (PFEIFFER 1927 a, STRUGGER 1935 b, NAKAZAWA und OOTAKI 1962, ZÖTTL 1963). In diesem Fall sind aber Permeabilitätsunterschiede in der Zellwand (SCHEIBMAIR 1937, KRESSIN 1935, DRAWERT 1937 e, DRAWERT und SCHLAFKE 1959, NAKAZAWA 1959 b) bzw. in der Cuticula (DIEHL 1936, RUGE 1940) wahrscheinlicher. Während die Zellwände alter Zellen für die meisten Farbstoffe permeabel sind, zeichnen sich die Wände junger Zellen häufig durch besondere Inkrusten oder eine dichtere Cuticula aus, die den Stoffdurchtritt stark hemmen. Das gilt aber nicht für Objekte mit ausgesprochenem Spitzenwachstum, wie Pilzhyphen und manche Algen. Hier sind die Zellwände junger, noch wachsender Zonen permeabler als die der ausgewachsenen Teile.

Aus den zitierten Beispielen geht hervor, daß wir nicht in der Lage sind einwandfrei zu entscheiden, wieweit Permeabilitätsunterschiede des Plasmas für das besondere Verhalten der Stomata oder der ungleichen Färbbarkeit junger und alter Zellen verantwortlich sind. Wir müssen uns deshalb die Frage vorlegen, in welchem Grade die Plasmapermeabilität überhaupt die Vitalfärbung beeinflußt.

Seit den Untersuchungen von Pfeffer (1886) über die Aufnahme von Anilinfarben durch lebende Pflanzenzellen wird die Permeabilität von vielen Autoren als der Hauptfaktor angesehen, der die Farbstoffaufnahme steuert. Dies geht schon aus der Tatsache hervor, daß bei der Aufstellung der klassischen Permeabilitätstheorien die Vitalfärbung eine bedeutende Rolle gespielt hat. Folgende Autoren halten die Permeabilität als ausschlaggebend für die Vitalfärbung: Gellhorn (1927 c), Pfeiffer (1927 b), Albach (1928), Brooks (1931), Plowe (1931), Guilliermond und Obaton (1934), Chadefaud (1936), Kersting (1937), Collander und Virtanen (1938), Collander, Lönegren und Arhimo (1943), Goldacre (1952), Du Buy, Greenblatt, Lincicome und Hayes (1963). Du Buy, Riley und Showacre (1964) gehen sogar soweit, daß über die Fluorochromierung mit Tetracyclin nicht nur die Permeabilität von Plasmalemma und Tonoplast, sondern auch die der Chondriosomen- und Kernmembran entscheiden soll. Für die Lipoidtheorie der Permeabilität als Grundlage der Vitalfärbung entscheiden sich: Overton (1899), Höber (1909), Höber und Nast (1913), Harvey (1911), Nirenstein (1920), Collander (1921), Collander und Äyräpää (1947), Seo (1923), Irwin (1927 d, 1929 b), Okuneff (1927 b), Gutstein (1932 a), Höfler (1947 a, 1948, 1949 a, 1951, 1952, 1956 a, 1959, 1960), Perner (1950 a). Auch Traube (1924, Traube und Yumikura 1925) ist hierher zu rechnen, nachdem seine Haftdruck- oder Oberflächenaktivitätstheorie die Lipoidtheorie mit umfassen soll. Robertson (1908), Küster (1911/12), Evans, Schulemann und Wilborn (1914) sprechen dagegen der Lipoidtheorie eine Bedeutung für die Farbstoffaufnahme ab, und nach Mansheim (1932) sollen Lipoide sogar hemmend wirken. Der Ultrafiltertheorie räumen Ruhland (1912 a, 1913 a) und Mann (1924) die größte Bedeutung für die Vitalfärbung ein, während sie vor allem von Höber (1909) scharf abgelehnt wird.

Bereits Pfeffer (1886), Michaelis (1910 b) und Ruhland (1912 b, 1913 a) weisen darauf hin, daß für das Erkennen eines Farbstoffes in der Zelle nicht nur ein Permeieren, sondern auch eine Speicherung erforderlich ist. Harvey (1911) betont, daß zwischen dem Zustand, in dem ein Farbstoff permeiert, und dem Zustand, in dem er gespeichert wird, streng unterschieden werden muß. Es fehlt deshalb nicht an Stimmen, die betonen, daß man aus Vitalfärbungsergebnissen keine quantitativen Aussagen über Intrabilität und Permeabilität machen kann. Vor allem darf man aus dem Ausbleiben einer Färbung nicht auf eine Impermeabilität des Plasmas schließen (von Möllendorff 1920, Ball 1927, Moder 1932, Pekarek 1936, Gersch 1937 b, Bungenberg de Jong und Bank 1940, Drawert 1940, Rella 1940).

γ) Speicherstoffe

Die Permeierfähigkeit eines Farbstoffes ist eine Voraussetzung für die Vital-färbung. Andere Faktoren sind für seine Speicherung verantwortlich. Hierzu ge-hören unter anderem zelleigene Stoffe, die sich mit dem eindringenden Farbstoff chemisch oder adsorptiv zu einem nicht permeierfähigen Körper verbinden und so zu einer Anreicherung des Farbstoffes in der Zelle führen.

Als Speicherstoffe, die mit kationischen Farbstoffen reagieren, kennen wir seit PFEFFER (1886) die „Gerbstoffe", die in vielen Fällen das Färbungsbild be-stimmen (ENDLER 1911, LEPESCHKIN 1911 a, DEVAUX 1930, OSTERHOUT 1933, STRUGGER 1935 b, CHADEFAUD 1936, DRAWERT 1937 c, 1940, MILIČIĆ 1952). Nach HÄRTEL (1952 b) und MILIČIĆ und BRAT (1952) ist eine Farbstoffspeicherung durch „Gerbstoffe" nur so lange möglich, wie diese in diffuser Verteilung, also ge-löst, vorliegen. In diesem Zustand neigen sie zur Adsorptions- oder Komplexbin-dung; ausgefällter oder krümeliger „Gerb-stoff" vermag keinen Farbstoff mehr zu binden. Durch das starke Speich, erver-mögen der gerbstofführenden Zellen lassen sich diese in Geweben unter Umständen elektiv herausfärben (Abb. 139). Auch die amphoteren Farbstoffe Rhodamin S (DRAWERT 1940) und Methylrot (ZÖTTL 1960) reagieren mit „Gerbstoffen".

Für die Speicherung der kationischen Farbstoffe ist es wichtig, daß der zell-

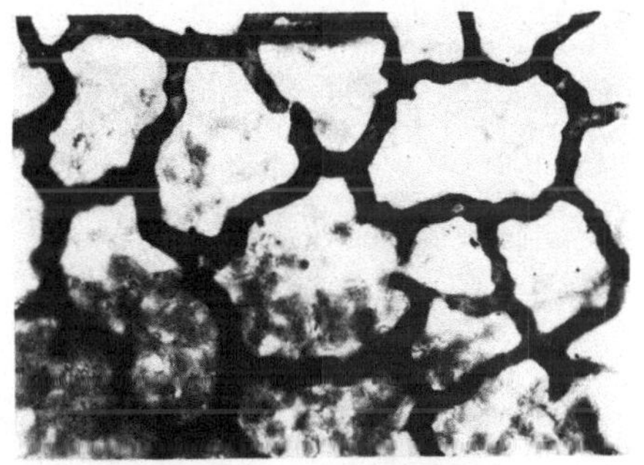

Abb. 139. Elektive Färbung des Gerbstoffhorizontes im Schwammparenchym eines Blattes von *Impatiens parviflora* mit Rhodamin S 1:10000 in aqua dest. (Nach DRAWERT 1940.)

eigene Stoff saure Gruppen besitzt (RUHLAND 1912 b, ZIPF 1927, FINK und WEIN-FURTNER 1931, KEDROWSKY 1941, COLLANDER und ÄYRÄPÄÄ 1947, HÖFLER und KINZEL 1960, HÖFLER 1961). Bei diesen sauren Gruppen braucht es sich nicht immer um Carboxylgruppen zu handeln, sondern es scheint dabei den phenoli-schen OH-Gruppen eine besondere Bedeutung zuzukommen. Aus diesem Grunde sind sehr wahrscheinlich gerade die „Gerbstoffe" als Speicherstoffe für kationische Farbstoffe prädestiniert, da sie neben Carboxylgruppen phenolische OH-Gruppen führen. In neuerer Zeit sind noch andere phenolische Substanzen, außer den eigent-lichen „Tanninen", als Speicherstoffe bekanntgeworden, so Chlorogen- und Kaffee-säure (BANCHER und HÖLZL 1960 d). Auf die mögliche Funktion der letzten als Spei-cherstoffe hat bereits RUHLAND (1912 c) aufmerksam gemacht. In dieser Gruppe scheinen die Flavonole eine hervorragende Rolle zu spielen (KINZEL 1959 a, c).

HÖFLER (1947 a, b, 1949 a, b, 1951, 1953) bezeichnet die speicherstofführenden Zellsäfte als „voll" gegenüber den speicherstofffreien „leeren" Zellsäften und bringt als Test die NH_3-Probe. Mit kationischen Farbstoffen gefärbte leere Zell-säfte entfärben sich nach Zugabe von NH_4OH, volle Zellsäfte dagegen nicht. Ferner zeichnen sich die vollen Zellsäfte durch eine negativ metachromatische Färbung aus. Charakteristisch ist die Fluorochromierung mit Acridinorange; die vollen Zellsäfte leuchten grün, die leeren kupferrot.

Für die „vollen" Zellsäfte im Sinne HÖFLERS scheinen Flavonole die Haupt-rolle zu spielen.

Die vollen Zellsäfte neigen zu den verschiedenartigsten Entmischungsformen, die von Bolay (1960) sowie Kinzel und Bolay (1961) studiert worden sind. Alle Ausfällungen beginnen mit der Bildung kleiner Kügelchen, die sich zu Aggregaten zusammenlagern (Abb. 140), zu größeren Kugeln verschmelzen (Abb. 141) oder in

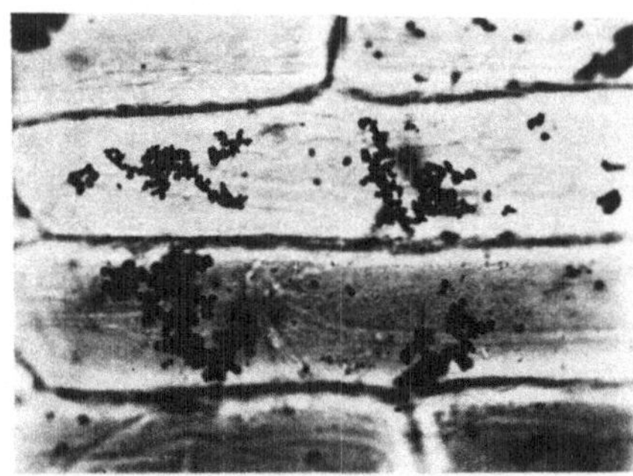

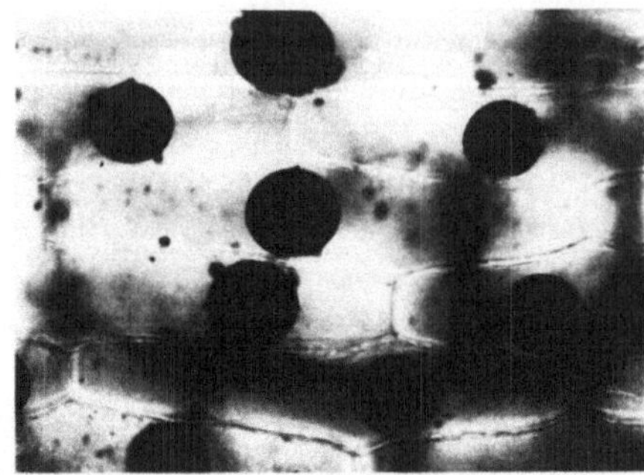

Abb. 140.   Abb. 141.

Abb. 140. In den Vakuolen der Oberepidermis eines Schuppenblattes einer angetriebenen Zwiebel von *Allium cepa* nach einer Vitalfärbung mit Rhodamin B entstandene Entmischungsaggregate. (Nach Drawert 1939 a.)

Abb. 141. Nach einer Vitalfärbung mit Rhodamin B in den Vakuolen der Unterepidermis eines Schuppenblattes von *Allium cepa* entstandene große Entmischungskugeln. (Nach Drawert 1939 a.)

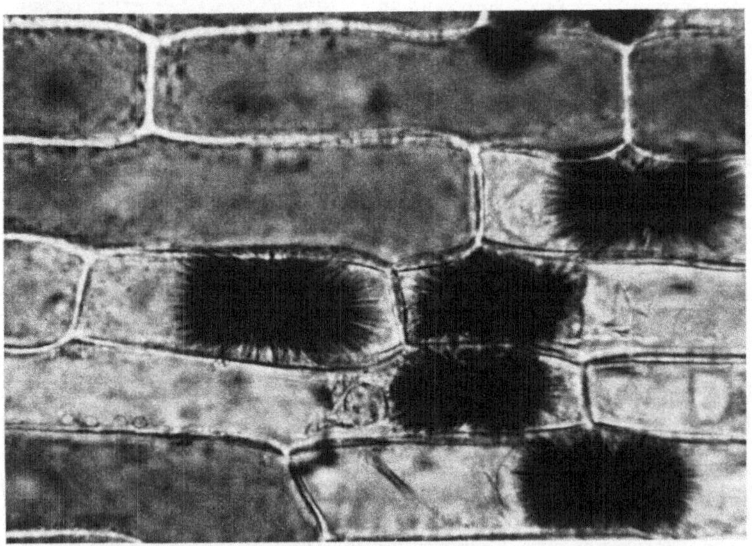

Abb. 142. Nach einer Vitalfärbung mit Rhodamin B in den Vakuolen der Blattoberepidermis von *Polygonatum multiflorum* entstandene kristalline Entmischungen. (Nach Bolay 1960.)

kristalline Bildungen (Abb. 142) übergehen können. Die Autoren vermuten, daß bei einem Erhaltenbleiben der diffusen Färbung die Ausfällung so rasch erfolgt, daß der entstehende Niederschlag im submikroskopisch-kolloidalen Bereich bleibt. Durch Zugabe von NH_3-Dämpfen können die Entmischungen in flavonhaltigen Vakuolen zum Teil begünstigt werden. Die mit Rhodamin B von vornherein auftretenden Entmischungskugeln werden allerdings durch NH_3 wieder gelöst, so daß in diesem Fall eine Diffusfärbung die Folge der NH_3-Behandlung ist. Allgemein ergibt sich bei der Speicherung kationischer Farbstoffe durch volle Zellsäfte nach KINZEL und BOLAY (1961) folgende Skala von Färbungsbildern: molekular gelöster Farbstoff = echte Diffusfärbung → Entmischungskugeln → Kristalle → Verschmelzungsprodukte (Entmischungstropfen sind so viskos, daß sie nur unvollkommen zusammenfließen) → Dendriten (Entmischungstropfen verfestigen sich so schnell, daß sie nur untereinander verkleben, hierher gehören auch Körnchenfällungen) → Krümelfällungen (feinste feste Partikeln, die sich zu flockigen Aggregaten zusammenschließen) → unechte Diffusfärbung (der entstehende Niederschlag bleibt in submikroskopischen Dimensionen bzw. kolloidaler Lösung). Diese Färbebilder sind von gewisser diagnostischer Bedeutung dafür, ob die Zellsäfte einen mehr „flavonoiden" oder mehr „tannoiden" Charakter haben. Flavongehalt geht meist konform mit kugeligen Entmischungen, Gerbstoffgehalt mehr mit Dendritenbildung oder Krümelfällung.

Nach BOLAY (1960) soll der Standort eines Objektes eine wesentliche Rolle für das Fällungsbild spielen. Gleiche Objekte von verschiedenen Standorten mit unterschiedlichen Bodenverhältnissen variieren oft stark in der Fähigkeit, einen Farbstoff chemisch zu binden und zur Ausfällung zu bringen.

Es wurde bereits erwähnt, daß die vollen Zellsäfte flavonoider Natur bei Behandlung mit metachromatischen Farbstoffen eine negative Metachromasie zeigen. In spektroskopischen Untersuchungen von KINZEL (1959 a) tritt in vollen Zellsäften nach Vitalfärbung mit Brillantcresylblau eine Bande bei 640 nm auf, die der Autor als „Verbindungs-Bande" (V-Bande) bezeichnet. Mit Brillantcresylblau vital-gefärbte leere Zellsäfte weisen bei 585 nm die Absorptionsbande der assoziierten Farbkationen auf, die KINZEL mit RABINOWITCH und EPSTEIN (1941) Dimeren = D-Bande nennt. Diese entspricht je nach dem Grad der Assoziation der β- oder auch der γ-Bande anderer Autoren (s. S. 171). In den Vakuolen mit vollen Zellsäften ist neben der V-Bande auch die D-Bande mehr oder weniger gut zu erkennen. Nach Absättigung der zelleigenen, farbstoffbindenden Substanz liegt das weiter in die Vakuole eindringende Brillantcresylblau in der Form freier assoziierter Ionen vor.

BANCHER und HÖLZL (1963) führen an Zellen, die mit Acridinorange vital fluorochromiert worden sind, mikrospektrographische Untersuchungen durch. Die vollen Zellsäfte der Schuppenblattunterepidermis von *Allium cepa* weisen mit Acridinorange eine Grünfluorescenz mit einem Maximum bei 545 nm auf. Dasselbe Objekt mit Neutralrot gefärbt, zeigt einen rotvioletten Farbton des Zellsaftes mit einer V-Bande bei 540—550 nm, und der orangerot gefärbte leere Zellsaft der Oberepidermis der Schuppenblätter läßt die D-Bande bei 490 nm erkennen (BANCHER und HÖLZL 1960 e). DRAWERT und RÜFFER-BOCK (1965) prüfen mikrospektrophotometrisch mit dem UMSP I von C. Zeiss den Flavonolgehalt und die Lage der Absorptionsmaxima der einzelnen Zellen einer Schuppenblattoberepidermis von *Allium cepa*, die sich nach einer Vitalfärbung mit Neutralrot durch eine „Mosaikfärbung" (DRAWERT 1937 a, d, 1938 a, BANCHER und HÖLZL 1960 e) auszeichnet. Je mehr der Farbton der gefärbten Zellen nach Violettrot geht, desto höher ist sein Flavonol-Gehalt, und das Absorptionsmaximum des gespeicherten Neutralrotes verschiebt sich kontinuierlich von 488 nm der D-Bande nach 560 nm der V-Bande (Abb. 143). Dieses Verhalten entspricht den Ergebnissen, die BOCK (1964) *in vitro* mit Neutralrot und Rutin erhalten hat. Das Ab-

sorptionsmaximum einer Neutralrotlösung verschiebt sich mit steigender Rutin-
konzentration von 530 nm (Monomerenbande) nach 562,5—565 nm (Abb. 144).

Die verschiedenen Färbungsbilder, die Pekarek (1930) für die Schuppenblattoberepidermis von *Allium cepa* nach einer Zellsaftfärbung mit Azur I beschreibt, sind sehr wahrscheinlich auf den unterschiedlichen Flavonolgehalt der
Zellen zurückzuführen und entsprechen der „Mosaikfärbung" nach Neutralrotbehandlung.

Es ist zu vermuten, daß auch die nekrogenen Speicherstoffe, die nach Burian
(1962 a ,b) und Höfler (1963 b) bei dem Übergang von Zellen in das Tonoplastensta-

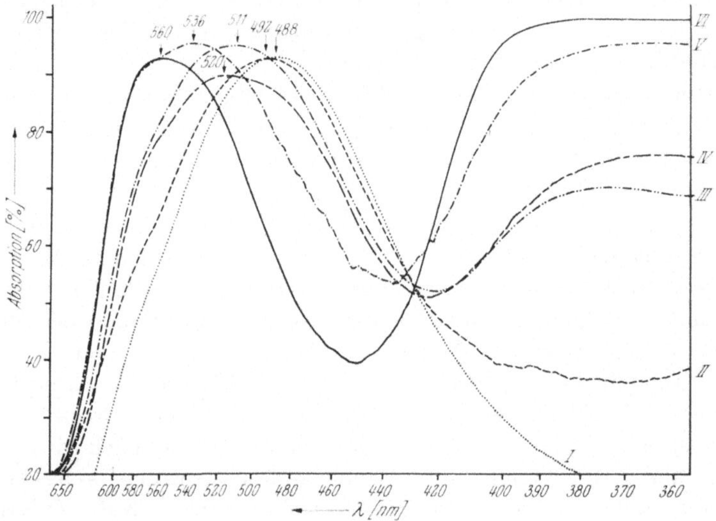

Abb. 143. Absorptionskurven verschiedener Zellen aus Oberepidermen der Schuppenblätter von *Allium cepa*,
die nach Vitalfärbung mit Neutralrot eine Mosaikfärbung zeigen. Mit zunehmendem Flavonolgehalt (Anstieg der
Absorption unter ~ 400 nm) verschiebt sich das Absorptionsmaximum des gefärbten Zellsaftes von 488 nm nach
560 nm. (Nach Drawert und Rüffer-Bock 1965.)

dium entstehen, zu der Flavon-Gerbstoff-Gruppe gehören. Neuerdings vertritt
aber Burian (1964 b, 1965 a) die Meinung, daß die nekrogenen Speicherstoffe
weder Flavonoide noch Gerbstoffe sind.

Auch eine Reihe anderer Stoffe, besonders Substanzen kolloidaler Natur,
können zu einer Farbstoffspeicherung führen. Bei den Kolloiden wird es sich vorwiegend um eine adsorptive Bindung handeln, die von der elektrischen Ladung
der Kolloide, also von deren IEP und der cH des Suspensionsmittels, abhängt. Die
Bedeutung solcher chemisch nicht näher charakterisierten Kolloide — wenn auch
in erster Linie an Eiweiße gedacht wird — für die Speicherung diskutieren:
Irwin (1923), Chadefaud (1933, 1936), Guilliermond und Obaton (1934),
Guilliermond (1937 a), Bünning (1936), Drawert (1937 a), Bungenberg de
Jong und Bank (1940), Rella (1940).

Bei Diatomeen und Desmidiaceen scheinen saure Kohlenhydrate pektin-
artiger Natur im Zellsaft eine Rolle als Speicherstoffe zu spielen (Höfler und
Höfler 1965, Höfler 1965, Kowallik 1965), die trotz positiv metachromatischer Färbung des Zellsaftes eine Entmischung bedingen. Dasselbe tritt bei einigen

Rotalgen auf (TSEKOS 1965). HÖFLER (1965) und KOWALLIK (1965) schlagen vor, auch diese Zellsäfte als „leer" zu bezeichnen und unter „vollen" Zellsäften nur solche zu verstehen, die sich infolge des Besitzes phenolischer OH-Gruppen negativ metachromatisch färben und auch im Hellfeld sichtbar Rhodamin B speichern. Mit dieser Definition kann ich mich nicht befreunden; denn im Begriff „leer" steckt die Vorstellung von der Abwesenheit jeglicher Speicherstoffe, unabhängig von deren chemischer Natur und damit unabhängig von der Art der Farbstoffbindung.

Häufig wird an Lipoide als Speicherstoffe gedacht. Von verschiedenen Seiten wird betont, daß Lipoide nicht für die Permeabilität, sondern nur für die Speicherung von Bedeutung sind (VON MÖLLENDORFF 1918a, MANSHEIM 1932). Vor allem

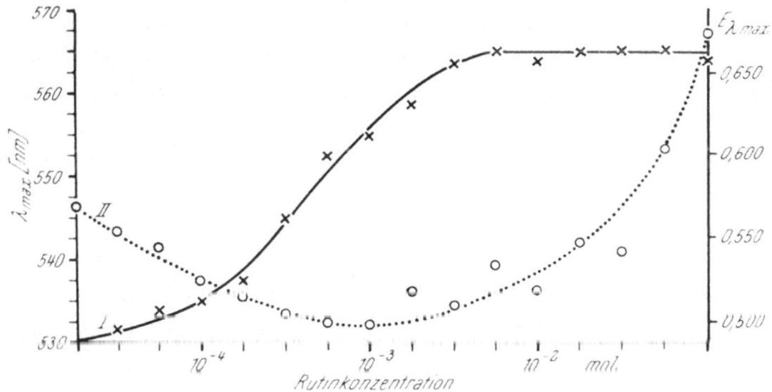

Abb. 144. I Die kontinuierliche Verschiebung des Absorptionsmaximums einer Neutralrotlösung mit pH ~ 2,25 in HCl/KH₂PO₄-Puffer von 530 nm nach 565 nm bei Zugabe von Rutin in steigender Konzentration. II Die bei den jeweiligen Absorptionsmaxima gemessenen Extinktionswerte E. (Nach DRAWERT und RÜFFER-BOCK 1965.)

sollen Lipoide bei der Bildung von Entmischungen im Zellsaft und im Cytoplasma nach einer Vitalfärbung beteiligt sein, so bei Diatomeen (VON CHOLNOKY 1935), in den Schuppenblattepidermen von *Allium cepa* (STRUGGER 1941a), von *Narcissus pseudonarcissus* und anderen Epidermen (HOFMEISTER 1948), in den Epidermen von Potamogetonaceen (POP 1959) und in den Epidermen der Schuppenblätter von *Galanthus nivalis* (POP und SORAN 1960, 1961, 1962, 1963). Auch präformierten Einschlüssen, die sich mit kationischen Farbstoffen färben, wird Lipoidcharakter zugesprochen. Bei der Kultur von Gerste in Zuckerlösung entstehen in den Vakuolen große, runde Körper, die sich mit Neutralrot und Brillantcresylblau färben (GAUTHERET 1934). Sphärokristalle im Zellsaft von *Saprolegnia dioica* speichern Neutralrot, Brillantcresyl-, Toluidin-, Nil- und Methylenblau; sie sollen aus Phosphatiden bestehen (GUILLIERMOND 1934a). Ähnliche Gebilde, die auch Myelinfiguren-artige Formen annehmen können, befinden sich in den Epidermiszellen der Perianthblätter von *Delphinium* und *Aconitum*. Sie speichern sehr rasch und intensiv Neutralrot, so daß der Zellsaft zunächst farblos bleibt. Interessanterweise färben sie sich aber nicht mit Sudan (SCHARINGER 1936). Blau fluorescierende Idioblasten mit Inhaltskörpern im Stengel von *Scrophularia nodosa* und *S. alata* färben sich nicht nur mit einigen kationischen Farbstoffen, sondern auch mit anionischen, so daß Lipoproteide vorliegen sollen (A. ZIEGLER 1955). Myelinfiguren aus dem Zellsaft von *Allium cepa*-Epidermen speichern intensiv

Methylviolett, Neutralrot und Rhodamin (Gicklhorn 1932 a). Aus der Fluorescenz mit Phosphin 3 R, Benzpyren und der Färbung mit Nilblausulfat schließt Pfeiffer (1963) auf Phospholipoide in den Vakuolen von *Endomyces lactis* und *Candida utilis.*

Die Rückschlüsse auf das Vorhandensein von Lipoiden als Speicherstoffe im Zellsaft sind mit einiger Skepsis aufzunehmen. Bei Färbungen mit den relativ stark dissoziierten Farbstoffen Toluidin- und Methylenblau ist es sehr fraglich, ob gerade in der Vakuole Lipoide diese Farbstoffe speichern. Andererseits darf man aus dem Ausbleiben einer Färbung mit Farbstoffen, die an sich lipoidlöslich sind, nicht auf die Abwesenheit von Lipoiden schließen (Spek 1943), zumal eine Färbung auch von der Art des Lipoids abhängt. Das lipophile Rhodamin B ist z. B. zum Fettnachweis in den Samen von *Glycine soja* unbrauchbar (Muschik 1953).

Eher spielen Lipoide als Speicherstoffe im Cytoplasma eine Rolle, zumal dafür mehr positive Hinweise vorhanden sind als für den Zellsaft. Nach Metzner (1924) deuten die Absorptions- und Fluorescenzspektren mit Eosin oder Magdalarot vitalgefärbter Paramaecien auf eine Lokalisierung der gespeicherten Farbstoffe in Phosphatiden des Plasmas. Zu ähnlichen Ergebnissen kommt Spek (1943, 1951) für einige andere anionische und kationische Farbstoffe an tierischen Zellen (s. S. 497). Andererseits sollen sich mit Lecithin gefütterte Paramaecien schlechter färben als ungefütterte (Bornstein und Rüter 1925, Levin 1933 b).

Die Bedeutung der Lipoide für die Farbstoffspeicherung im Cytoplasma wird vor allem von Wankell (1921), Scarth (1926 a), Drawert (1948 b, 1956 c, 1958, 1960 a), Hofmeister (1948) und Höfler (1953) hervorgehoben.

Die Farbstoffe können auf dem Lösungsweg in den Lipoiden angereichert oder auch adsorptiv gebunden werden. Das erste wird bei neutralen, das zweite bei polaren Lipoiden in Frage kommen. Die Vorstellung von Enghusen und Enghusen (1961), daß ein Farbstoff nur in reduzierter Form von Lipoiden absorbiert werden kann und dann von ihnen dehydriert wird, ist wohl nicht zu verallgemeinern.

In neuerer Zeit werden für das Cytoplasma auch Nucleinsäuren als Speicherstoffe für kationische Farbstoffe immer stärker diskutiert (Stich 1951 a, Zeiger, Harders und Müller 1951, De Bruyn, Farr, Banks und Morthland 1953, Loeser, West und Schoenberg 1960, Robbins 1960); ein Gedanke, der sich bereits bei Zipf (1927) findet, von Enghusen und Enghusen (1961) aber abgelehnt wird.

Bei der Vakuolenfärbung verschiebt die Anwesenheit von Speicherstoffen im Zellsaft die Färbeschwelle, d. h. den Beginn der Anfärbung, in Abhängigkeit vom pH-Wert der Farbstofflösung z. T. stark in den sauren Bereich hinein, wenn man sie mit dem Färbungsbeginn leerer Zellsäfte vergleicht (Höfler und Schindler 1951, Höfler und Diskus 1957, Kinzel 1959 c).

Die Natur der Speicherstoffe im Zellsaft ist nach Küster (1911/12) für sulfosaure Farbstoffe weitgehend unbekannt, was auch heute noch zutrifft. Die Vorstellung von Collander (1921) und Drawert (1941 a) über eine feste chemische Bindung der sulfosauren Farbstoffe mit zelleigenen Stoffen lehnt Perner (1950 a) auf Grund seiner Untersuchungen mit Fluorochromen aus der Gruppe der pyrensulfosauren Farbstoffe ab. Er schließt auf eine elektroadsorptive Bindung an positiv geladene Biokolloide des Zellsaftes. Wir dürfen aber auch hier nicht verallgemeinern, da sich die sulfosauren Farbstoffe sehr verschieden verhalten können, wie aus Untersuchungen von FABBRICOTTI-OBERRAUCH (1965 a, b) und KINZEL (1965) hervorgeht (s. S. 492).

δ) Wasserstoffionenkonzentration des Zellsaftes

Bei einer elektroadsorptiven Bindung der Farbstoffe an vakuoleneigene Kolloide kommt der cH des Zellsaftes für die Speicherung eine Bedeutung zu, da sie für die elektrische Ladung mitbestimmend ist. Die cH spielt aber noch in anderer Hinsicht, besonders bei leeren Zellsäften für die Speicherung eine Rolle, da die Dissoziation der aufgenommenen Farbstoffe ebenfalls von der Zellsaft-cH abhängt.

In der Literatur findet man häufig den Begriff „cH der Zelle". Bei der Pflanzenzelle wird damit meist die cH des Zellsaftes gemeint, denn eine „cH der Zelle" gibt es nicht. Jeder Bestandteil und jede Phase der Zelle haben ihre eigene cH. Im folgenden werde ich von cH des Zellinnern sprechen, wenn aus den Literaturangaben nicht klar hervorgeht, welcher Bestandteil der Zelle gemeint ist.

Der Einfluß der cH des Zellinnern auf die Ladung der Zellkolloide und damit auf die Speicherung ist die Grundlage der Reaktions- oder Ladungshypothese der Vitalfärbung von BETHE (1922, 1950). Die Wasserstoffionenkonzentration des Zellinnern soll nach BETHE keinen Einfluß auf die Permeabilität haben, wie es z. B. IRWIN (1922/23) noch in ihrer ersten Mitteilung und auch CHADEFAUD (1933, 1936) annehmen, sondern nur auf die Speicherung wirken. Ausgehend von den Befunden seines Schülers ROHDE (1917) schließt BETHE, daß saure Reaktion im Zellinnern ebenso wie eine hohe cH im Außenmedium die Speicherungsfähigkeit für anionische Farbstoffe erhöht und die Färbbarkeit mit kationischen Farbstoffen herabsetzt. Alkalische Reaktion im Zellinnern wirkt ebenso wie eine niedrige cH im Außenmedium umgekehrt. Die Zellkolloide sollen sich demnach wie ein amphoterer Eiweißkörper verhalten und sich wie Gelatine auf der sauren Seite ihres IEP auf dem Wege einer Austauschadsorption mit anionischen und auf der alkalischen Seite mit kationischen Farbstoffen verbinden. Der Auffassung von BETHE schließt sich auch GELLHORN (1927 a, b) an.

Für die Außen-cH kann im allgemeinen die Schlußfolgerung von BETHE bestätigt werden; sie gilt aber nicht für die Innen-cH, worauf bereits COLLANDER (1921), RUMJANTZEW und KEDROWSKY (1926) sowie KEDROWSKY (1931 b) hinweisen.

Alle Untersuchungen über den Einfluß der Innen-cH auf die Vitalfärbung kranken bisher an der Unmöglichkeit einer exakten pH-Bestimmung im Zellinnern (s. S. 524). Nicht selten wurde angenommen, daß sich die cH des Zellinnern in kurzer Zeit an die des umgebenden Mediums angleicht oder zumindest von dieser stark beeinflußt wird (LOEB und BLANCHARD 1924, GELLHORN 1927 b). Auch bei Phagen soll nach KADISH und PARDEE (1963) die Innen-cH mit der Außen-cH übereinstimmen. Andere Autoren finden dagegen keine Änderung der Innen-cH durch die Außen-cH (z. B. STRUGGER 1941 a, Literatur bei DRAWERT 1955 c).

Ob eine Beeinflussung der Innen-cH durch die Außen-cH stattfindet oder nicht, hängt von den Substanzen ab, mit denen die Außen-cH eingestellt wird. Schwach dissoziierte Säuren, Basen und Salze dringen leichter in die Zelle ein und verändern den pH-Wert z. B. des Zellsaftes (Poijärvi 1928). Ein CO_2-haltiges Außenmedium erhöht die Innen-cH (McCutcheon und Lucké 1924, Kedrowsky 1931 b), ebenso CH_3COOH und Acetate (Irwin 1926 d, f). NH_4OH und NH_4-Salze erniedrigen durch das Permeieren von NH_3 die Innen-cH (McCutcheon und Lucké 1924, Irwin 1925/26, 1925/28, 1926 e, S. C. und M. M. Brooks 1932, Höfler 1947 b, Wiesner 1951, Honsell 1957 c), auch tertiäre Phosphate erhöhen den pH-Wert des Zellsaftes auf Grund ihrer relativ leichten Permeation.

Wenn wir von wenigen Ausnahmen absehen — so soll nach Irwin (1926 f, 1927/28) eine Vorbehandlung von *Nitella* mit CH_3COOH und Acetaten die Aufnahmegeschwindigkeit für Brillantcresylblau durch Erniedrigung des pH-Wertes des Plasmas herabsetzen, und nach Bogen und Elste (1955) verzögert bei Hefezellen

Tab. 75. *Beginn der Vakuolenfärbung mit Neutralrot in den Mesophyllzellen von Bryophyllum in Abhängigkeit vom pH-Wert des Außenmediums und des Zellsaftes.* (Nach Overbeck 1957.)

	B. tubiflorum		B. daigremontianum	
	morgens	nachmittags	morgens	nachmittags
pH-Wert des Preß- saftes	4,44	5,82	4,49	5,74
Beginn der Vakuolen- färbung bei pH- Wert der Farb- stofflösung	$4,36 \pm 0,04$	$6,20 \pm 0,05$	$4,53 \pm 0,10$	$5,76 \pm 0,06$

eine Ansäuerung im Zellinnern die Aufnahme von Acridinorange —, sprechen die bisher erhaltenen Ergebnisse gegen die Annahme von Bethe, daß eine hohe cH im Zellinnern die Aufnahme kationischer Farbstoffe hemmt. Das Gegenteil ist der Fall. Die Permeation von NH_3 und die damit verbundene Alkalinisierung des Zellsaftes setzt bei *Nitella* die Aufnahmegeschwindigkeit für Brillantcresylblau herab (Irwin 1925/28) und erhöht dessen Austrittsgeschwindigkeit (Irwin 1926 e). Bei „leeren" Zellsäften, die mit kationischen Farbstoffen vital gefärbt sind, bedingt im allgemeinen eine Alkalinisierung des Zellsaftes durch NH_3 eine Entfärbung (Höfler 1947 a, b, 1951, Wiesner 1951, Honsell 1957 c).

Eine besondere Bedeutung für die Aufnahme und Speicherung kationischer Farbstoffe kommt dem Gefälle cH Außenmedium/cH Zellsaft zu, und zwar erfolgt die Aufnahme und Speicherung bis zu einem gewissen Grade um so rascher, je tiefer die Außen-cH und je höher die Innen-cH ist (Irwin 1922/23, 1926 e, f, 1930 c, McCutcheon und Lucké 1924, Brooks 1925, 1926 b, c, Scarth 1926 a, Poijärvi 1928, Bailey 1930, Bailey und Zirkle 1931, S. C. und M. M. Brooks 1932, Gutstein 1932 b, 1933 c, Chadefaud 1933, Osterhout 1933, Bünning 1936, Drawert 1937 a, 1948 a, Drawert und Strugger 1938, Wilbrandt 1938, Höfler 1947 a, 1951, Hirn 1953 a, Bartels und Schwantes 1955, 1957, Kinzel 1954, 1959 c, Kinzel und Imb 1961, Overbeck 1957, Robbins 1960, Bancher und Hölzl 1960 b, 1963, Končalová 1965 a).

Am klarsten kommt der Einfluß der Zellsaft-cH auf die Aufnahme und Speicherung kationischer Farbstoffe bei der Bestimmung der Färbeschwelle für die Vakuolenfärbung in Abhängigkeit von der cH des Außenmediums zum Ausdruck, wie Tabelle 75 für Sukkulenten mit einem Tagesrhythmus im Säuregehalt belegt. Der Beginn der Vakuolenfärbung liegt um so weiter im sauren Bereich, je saurer der Zellsaft ist.

Bei tierischen Zellen hat das cH-Gefälle einen entsprechenden Einfluß auf die Plasmafärbung (CHAMBERS 1929, BRUCH und NETTER 1930, KEDROWSKY 1931 b). Aber auch bei Pflanzenzellen kann das cH-Gefälle Außenmedium/Zellsaft darüber entscheiden, ob ein Farbstoff das Plasma oder die Vakuole färbt (s. S. 504). Dem cH-Gefälle scheint eine allgemeine Bedeutung für die Verteilung eines kationischen Farbstoffes im biologischen Milieu zuzukommen, wie auch aus den Befunden von BECKER und QUADBECK (1952) mit Astraviolett FF an der Blut-Hirnschranke hervorgeht, und intramuskulär injiziertes Neutralrot wird um so schneller in den Magen ausgeschieden, je höher dessen Säuregehalt ist (GLAESSNER und WITTGEN-STEIN 1925, CORONINI und WEISS 1947).

Die Tatsache als solche wird immer wieder bestätigt, die dafür gegebenen Erklärungen sind aber recht unterschiedlich. Ferner ist zu bedenken, daß in vielen Fällen aus dem Farbton gespeicherter Indikatoren auf die cH im Zellinnern geschlossen worden ist. Aus dem Farbton können wir aber nicht ohne weiteres entnehmen, ob er uns den pH-Wert der wässerigen Phase angibt oder ob der Farbstoff von sauren Bestandteilen des Zellsaftes adsorbiert oder chemisch gebunden worden ist und demnach der Farbton auf einer negativen Metachromasie beruht. In beiden Fällen sprechen die Ergebnisse für den Schluß, daß dem „cH-Gefälle" eine ausschlaggebende Bedeutung für die Farbstoffspeicherung zukommt, in beiden Fällen liegt aber ein ganz anderer Mechanismus der Farbstoffspeicherung vor. Auf diese Fragen soll an anderer Stelle eingegangen werden (s. S. 488).

Bei der Aufnahme und Speicherung der stark dissoziierten sulfosauren Farbstoffe kommt der Innen-cH nicht die Bedeutung zu wie bei den kationischen Farbstoffen. Anders liegen die Verhältnisse bei den schwach dissoziierten anionischen Farbstoffen. Hier begünstigt eine niedrige Innen-cH die Farbstoffaufnahme, allerdings sind in dieser Richtung bisher nur wenige Versuche durchgeführt worden (z. B. ENÖCKL 1960 a).

ε) Stoffwechselaktivität

KELLER (1937) stellte den Satz auf: „Wer sich mit der Vitalfärbung tierischer und pflanzlicher Zellen beschäftigt, macht die Erfahrung, daß sich Zellen und Gewebe, die durch äußere oder innere Einwirkung eine Schädigung erleiden oder in ihrer Atmung behindert sind, schlechter färben lassen als normale Zellen, zumindest mit den basischen eigentlichen Vitalfarbstoffen." Wir werden sehen, daß dieser Satz gerade für die kationischen Farbstoffe nur selten zutrifft, aber für die sulfosauren Farbstoffe seine volle Berechtigung hat.

Da die Stoffwechselaktivität weitgehend von der Sauerstoffspannung des umgebenden Mediums abhängt, lassen sich einige Überschneidungen mit dem Abschnitt über die Wirkung des O_2 als Außenfaktor (S. 351) nicht vermeiden. Wie dort bereits erwähnt worden ist, hat PFEFFER (1886) keinen Einfluß eines O_2-Entzuges auf die Methylenblauaufnahme beobachten können, d. h. mit anderen Worten: Die Aufnahme kationischer Farbstoffe erfolgt unabhängig von der Atmungsintensität der Zelle. Dieser Befund kann von DRAWERT und ENDLICH (1956) nicht nur durch O_2-Entzug (s. S. 352, Tabelle 68), sondern auch durch Zugabe von Atmungsinhibitoren wie KCN, Monojodacetat, Dinitrophenol und Natriumazid bestätigt werden. Nach Končalová (1965 a) haben 0,5 mol Blausäure keinen Einfluß auf die Neutralrotaufnahme durch *Nitella*. Für tierische Zellen gibt Kedrowsky (1934, 1935) an, daß KCN wohl die „Granula-" = Vakuolenbildung verzögert, aber nicht die Speicherung von Neutralrot, und nach Dalcq (1952 b) haben KCN und NaN_3 keine nennenswerte Wirkung auf die Aufnahme von Toluidinblau durch Nagetiereier, nur Dinitrophenol hemmt.

Bogen (1953) sowie Bogen und Elste (1955) beobachten aber, daß bei Hefezellen die Aufnahme von Acridinorange bei O_2-Mangel oder Zugabe von Natriumazid anders verläuft als in gut durchlüfteten Kulturen, und zwar wird in den ersten beiden Fällen die Rotfluorochromierung verzögert. Bereits von Euler (1913) vermutet, daß die Aufnahme mancher Farbstoffe in hohem Grade von der Gärtätigkeit der Hefe abhängig ist. Jodacetat soll sowohl bei gärender als auch bei ruhender Hefe die Aufnahme von Methylenblau hemmen (Schmid 1962). Nach Bancher und Hölzl (1960 a) verzögern NaN_3, KCN und weniger auch Dinitrophenol die Neutralrotaufnahme durch die Oberepidermiszellen der Schuppenblätter von *Allium cepa*. Auch eine Vorbehandlung der Zellen für 6—26 Stdn. setzt die Farbstoffaufnahme herab. Nach zweitägiger Einwirkung von 10^{-2} mol NaN_3 und KCN ist dagegen eine beträchtliche Erhöhung der Neutralrotspeicherung zu beobachten. An demselben Objekt stellt auch Schwantes (1961, 1965) eine leichte Hemmung der Neutralrot- und Thioninaufnahme durch KCN, Dinitrophenol, Monojodessigsäure, Natriumfluorid und Natriumarsenat fest und zieht daraus den Schluß, daß ein Teil der Aufnahme kationischer Farbstoffe stoffwechselabhängig ist. Bancher und Hölzl (1960 a) vertreten dagegen die Ansicht, daß die Atmungsgifte die Aufnahme und Speicherung des Neutralrots nicht direkt, sondern indirekt beeinflussen, besonders über eine Änderung der Zellsaft-cH und eine Schädigung des Plasmas.

Meiner Meinung nach spricht alles dafür, daß es sich bei einer Beeinflussung der Aufnahme und Speicherung kationischer Farbstoffe durch die Stoffwechseltätigkeit der Zelle nur um einen indirekten Vorgang handelt. Diese indirekte Wirkung kann allerdings sehr mannigfaltiger Natur sein und sowohl den Farbstoff als auch die Gegebenheiten in der Zelle und im Außenmedium betreffen.

Der Farbstoff selbst kann durch Oxydations- und Reduktionsprozesse verändert und damit in seiner Aufnehmbarkeit, Speicherung und Verteilung in der Zelle beeinflußt werden. Eine Oxydation des Nadi-Reagenzes zu Indophenolblau und eine Speicherung des letzten in der Zelle findet nur statt, wenn die Zellen normal atmen können. Atmungsdefekte Hefen, O_2-Entzug und Atmungsinhibitoren verhindern eine Anfärbung (Perner 1952 c, Bautz und Marquardt 1953 b, Marquardt und Bautz 1954, Hartman und Liu 1954). Stoffwechselgifte und Hitze unterbinden auch die Reduktion von TTC und eine Anfärbung mit Formazan (Hartman und Liu 1954, Drews 1955 a, Currier und van der Zweep 1955 a). Janusgrün B zeigt besonders klar, wie eine Reduktion des Farbstoffes durch die Stoffwechselaktivität der Zelle seine Verteilung in der Zelle ändern kann. Eine Färbung der Chondriosomen findet nur bei guter O_2-Versorgung statt, die erste weniger lipophile Reduktionsstufe wird zunächst von Plasma und Kern gespeichert und die zweite stärker lipophile Reduktionsstufe von den Sphärosomen (s. S. 354). Ähnliche Verhältnisse finden wir beim Berberinsulfat (s. S. 477) und bei einigen Oxazinfarbstoffen wie Nil- und Meldolablau. Diese Farbstoffe werden in ihrer mehr hydrophilen oxydierten Form vom Zellsaft gespeichert. Bei O_2-Mangel tritt eine Reduktion auf, und die sich bildende lipophile Leukoform fluorochromiert die Sphärosomen (DRAWERT 1952 c, 1953, DRAWERT und GUTZ 1953, GUTZ 1956, 1958, KUTTIG 1957, MIX 1959). Das Auftreten dieser Sphärosomenfluorescenz kann nach YAMAGISHI (1963 b) durch KCN gehemmt werden, während MOURAVIEF (1958) keinen Einfluß von HCN beobachtet. Hierbei ist aber zu bedenken, daß in wässerigen Lösungen der Oxazinfarbstoffe bei Gegenwart von Luft sehr rasch Oxazone entstehen (s. S. 155), die eine von der Stoffwechselaktivität unabhängige Sphärosomenfluorescenz bedingen.

Die Oxydation und Reduktion der Farbstoffe führt zu einer Änderung der physikalisch-chemischen Eigenschaften der letzten und damit sehr häufig zu einer Verlagerung in der Zelle. Während Nil- und Meldolablau durch Reduktion lipophiler werden und dadurch ihren Lokalisationsort vom Zellsaft zu den Sphärosomen verlegen, wird der Oxazinfarbstoff Coelestinblau durch die Reduktion hydrophiler. Dementsprechend haben wir auch andere Lokalisationsorte: Die oxydierte Stufe färbt vor allem die Plastiden, und bei Reduktion wandert der Farbstoff in die Vakuole und fluorochromiert den Zellsaft (DRAWERT 1954 a).

Wir dürfen demnach aus den Lokalisationsorten der oxydierten und reduzierten Stufen eines Farbstoffes nicht ohne weiteres auf Oxydations- und Reduktionsorte schließen, wie es vor allem bei der Nadi- und der TTC-Reaktion häufig geschehen ist (s. S. 534).

Da die Reduktion der Farbstoffe meist mit einem Farbverlust verbunden ist — viele zeigen aber eine Fluorescenz der Leukoform —, kann, wenn die Reduktion bei O_2-Mangel sehr schnell erfolgt und wir nur im Lichtmikroskop mit Hellfeld beobachten, eine direkte Wirkung des Stoffwechsels auf die Farbstoffaufnahme, und zwar eine Hemmung, vorgetäuscht werden.

Bei den bisher betrachteten Fällen lag eine Veränderung des Farbstoffes durch die Stoffwechselaktivität vor. Es kann aber auch das Milieu verändert werden. So handelt es sich bei dem von STRUGGER (1936) beschriebenen Asphyxieeffekt, der nach einem Deckglasabschluß in Form einer Neutralrotverlagerung von der Vakuole in die Zellwand auftritt, sehr wahrscheinlich um eine Ansäuerung des Milieus durch CO_2. Ein Abschluß mit Paraffinöl beschleunigt diesen Effekt noch (BANCHER, HÖLZL und KLIMA 1960).

Eine gute Sauerstoffversorgung kann auch die Speicherfähigkeit des Zellsaftes für kationische Farbstoffe erhöhen, wie es BANCHER und HÖLZL (1960 e) sowie BOCK (1964) an der Oberepidermis der Schuppenblätter von *Allium cepa* beobachten. Die an sich „leeren" Zellsäfte in der Oberepidermis der ruhenden Zwiebel werden durch die angeregte Stoffwechseltätigkeit „voll", indem sehr wahrscheinlich Flavonole entstehen. Auch in diesem Fall handelt es sich nur um eine indirekte Wirkung der Stoffwechselaktivität auf die Farbstoffaufnahme, die als solche rein osmotisch erfolgt.

Anders liegen die Verhältnisse bei den sulfosauren Farbstoffen, wie bereits OVERTON (1899) beobachtet hat. Hier wird der Aufnahmeprozeß direkt durch die Stoffwechselaktivität beeinflußt, d. h., von seiten der Zelle wird der Farbstoff aktiv aufgenommen. OVERTON bezeichnet diesen Prozeß als „adenoide Tätigkeit" und HÖBER (1909) als „physiologische Permeabilität" zum Unterschied von der

„physikalischen Permeabilität" bei der Aufnahme der kationischen Farbstoffe. Von Ruhland (1909) und in neuerer Zeit von Küster (1940 c) wird diese Unterscheidung abgelehnt. Durch die Ergebnisse der Arbeiten von Collander (1921, 1942, Collander und Holmström 1937) ist nicht mehr daran zu zweifeln, daß für die Aufnahme der stark dissoziierten sulfosauren Farbstoffe die Stoffwechseltätigkeit der Zelle eine Voraussetzung ist (Lundegårdh 1940, Höfler 1960). Nur stoffwechselaktive Gewebe wie Blumenblätter, Meristeme und Leitbündelparenchym speichern diese Farbstoffe im Zellsaft. Für die Leitbündel hat Willenbrink (1957) gezeigt, daß diese viel stärker atmen als das umliegende Gewebe. Die Ergebnisse von Collander können von Drawert (1941 a, 1950, 1951 a), Drawert und Endlich (1956), Perner (1950 b), Schwantes (1961, 1965), Fabbricotti-Oberrauch (1965 a, b) und Kinzel (1965) bestätigt werden. Sauerstoffentzug (S. 354, Tabelle 69) sowie Stoffwechselgifte hemmen die Färbung.

Bei den in Tabelle 69 wiedergegebenen Ergebnissen ist auffallend, daß die Färbung beim Durchperlen von Luft besser ist als beim Durchleiten von reinem Sauerstoff. Allem Anschein nach tritt in einer reinen O_2-Atmosphäre eine Verzögerung der Stoffwechseltätigkeit ein; so zeigen nach Siegel und Gerschman (1959) Pflanzenembryone in reinem O_2 einen Wachstumsstillstand und eine Abnahme der Enzymaktivität.

An einer aktiven Aufnahme der sulfosauren Farbstoffe ist nicht mehr zu zweifeln. Es bestehen aber Unterschiede in der Auffassung, wie diese aktive Aufnahme vor sich geht. Hier soll nur auf die Meinungsverschiedenheit von Collander und Drawert hingewiesen werden. Während Collander ebenso wie Lundegårdh in der Atmung vor allem den Energielieferanten für den Prozeß sieht, vermutet Drawert, daß bei der Stoffwechseltätigkeit Neben-, Zwischen- oder Endprodukte entstehen, die als Speicherstoffe für die sulfosauren Farbstoffe von Bedeutung sind. Diese Auffassung wird von Collander (1942) zurückgewiesen. Ausgehend von der naheliegenden Annahme, daß sich Farbstoffverbindungen mit Stoffwechselprodukten im Papierchromatogramm in ihrem Rf-Wert von den reinen Farbstoffen unterscheiden müssen, bestimmt Fabbricotti-Oberrauch (1965 b) die Rf-Werte von reinen Farbstofflösungen und von Extrakten aus vitalgefärbten Zellen. Es ergeben sich keine Unterschiede, so daß die Vorstellung von Collander wohl zutreffender ist. Andererseits ist mit beiden Möglichkeiten zu rechnen, zumal — ebenfalls nach Untersuchungen von Fabbricotti-Oberrauch (1965 a, b) — sich einige sulfosaure Farbstoffe, wie Cyanol und Orange G, besonders hinsichtlich des Wundrandeffektes (s. S. 392) und in ihrer Speicherung durch Zellen mit verschiedenen Vakuolen (s. S. 492) unterschiedlich verhalten können.

Für verschiedene Mechanismen bei den einzelnen Teilschritten der aktiven Farbstoffaufnahme spricht das Verhalten der schwächer dissoziierten carbonsauren Farbstoffe, besonders der Fluoresceingruppe, die eine Mittelstellung zwischen den kationischen und den stark dissoziierten sulfosauren Farbstoffen einnehmen und zum Unterschied von den letzten vor allem das Plasma färben. Auf irgend eine Art und Weise scheint auch hier die Stoffwechselaktivität der Zelle für die Färbung von Bedeutung zu sein.

K- und Na-Fluorescein fluorochromieren das Plasma, und nach einiger Zeit tritt eine Verlagerung des Farbstoffes in die Vakuole auf (Döring 1935). Nach Höfler, Ziegler und Luhan (1956) erfolgte diese Umlagerung bei Deckglasabschluß langsamer als bei frei flottierenden Gewebestücken, und H_2O_2 sowie Dinitrophenol fördern in niedriger Konzentration die Umlagerung. DNP stimuliert in niedriger Konzentration die Atmung. Bei der Einwanderung des Fluorochroms in *Helodea*-Blätter wird das sogenannte Mittelrippenphänomen (s. S. 574) nach STRUGGER (1938 b) durch eine Äthernarkose, aber auch durch eine Ansäuerung gehemmt, Anaerobiose und KCN sollen dagegen nach BAUER (1949) fördern. Es fragt sich, ob hier der Stoffwechsel auf die Vorgänge direkt wirkt oder wie bei den kationischen Farbstoffen nur indirekt, etwa durch pH-Wert-Änderungen.

Tab. 76. *Hemmung der Aufnahme kationischer (bas.), sulfosaurer (suls.) und carbonsaurer (carbs.) Farbstoffe von den Oberepidermiszellen der Schuppenblätter von Allium cepa durch die Stoffwechselgifte Natriumarsenat (As), Natriumfluorid (F), Kaliumcyanid (CN), Monojodessigsäure (MJE) und Dinitrophenol (DNP).*
Es bedeuten: — — = nur geringfügige, + = deutliche, + + = kräftige, + + + = sehr starke Hemmwirkung. (Nach SCHWANTES 1961.)

Farbstoff	Lokali-sationsort	Stoffwechselgift				
		As	F	CN	MJE	DNP
Neutralrot, bas.	Vakuole	— —	— —	— —	— —	— —
Thionin, bas.	Vakuole	— —	— —	— —	— —	— —
Oxypyrentrisulfosaures Na, suls.	Vakuole	— —	— —	+	+ +	+ + +
Brillantsulfoflavin FF, suls.	Vakuole	— —	— —	+	+ +	+ + +
K-Fluorescein, carbs.	Plasma	+ + +	— —	+ +	+	— —
Eosin, carbs.	Plasma	+ + +	— —	+ +	+	— —

Das Mittelrippenphänomen läßt sich durch künstliche cH-Verschiebung beeinflussen. Eine Vakuolenfluorescenz mit Fluorescein tritt nach DRAWERT (1960 a) bei einer hohen cH des Außenmediums viel früher auf als bei einer niedrigen, und eine niedrige cH des Zellsaftes bewirkt nach ENÖCKL (1960 a) den gleichen Effekt in kürzester Zeit. Andererseits speichert nach HONSELL (1959 a) *Spirogyra* nur im photosynthetisch aktiven Zustand K-Fluorescein in den Pyrenoiden der Chromatophoren, und *Oscillatoria* kann nur bei voller Atmungsfähigkeit fluorochromiert werden. Eine Hemmung der Atmung durch Inhibitoren führt bei bereits gefärbten Zellfäden zu einer Farbstoffabgabe (HONSELL 1959 b, 1961 a, 1965).

Aus Versuchen von SCHWANTES (1961, 1965) mit Stoffwechselinhibitoren geht hervor, daß auch bei der Färbung des Plasmas mit Farbstoffen der Fluoresceingruppe mit einer direkten Beteiligung des Stoffwechsels zu rechnen ist. Allerdings muß es sich dabei um andere Stoffwechselschritte handeln als bei der Speicherung der sulfosauren Farbstoffe im Zellsaft, da die Inhibitoren auf beide Prozesse unterschiedlich wirken, wie Tabelle 76 belegt.

Nach RUHLAND (1912 b) sollen sich die Zellen in Querschnitten durch den Blattstiel von *Primula sinensis* mit dem sulfosauren Palatinscharlach nach mehrmaligem Welken der Gewebestücke viel schneller färben. Dasselbe behaupten FRITSCH und HAINES (1923) für die Färbung von Erdalgen, wie *Zygogonium* und *Hormidium*, sowie Moos-Protonemen mit Eosin und Erythrosin. Zunächst wäre auch in diesen Fällen an eine Stoffwechseländerung zu denken. Allem Anschein nach lagen den Autoren aber bereits abgestorbene Zellen vor.

5. Verteilung der Farbstoffe in der Zelle

Hinsichtlich der Vitalfärbung der einzelnen Zellbestandteile verhalten sich die Farbstoffe recht unterschiedlich. Man kann sie, je nachdem was sie färben, zu verschiedenen Gruppen zusammenfassen. Guilliermond und Gautheret (1938 c) stellen auf Grund ihrer Erfahrungen an Algen, Pilzen und höheren Pflanzen nach Giftigkeit, Aufnehmbarkeit und Speicherort folgende 5 Gruppen auf:

1. Neutralrot und Neutralviolett sind die weitaus ungiftigsten Farbstoffe, sie färben die Vakuole. Eine Entfärbung des Zellsaftes und Färbung von Cytoplasma und Zellkern werden als Kriterien für ein Absterben der Zelle aufgefaßt.

2. Brillantcresyl-, Nil-, Naphthylen- und Naphthylaminblau werden in schwachen Konzentrationen wie Neutralrot elektiv von der Vakuole gespeichert. In höheren Konzentrationen und bei alkalischer Reaktion können sie auch Cytoplasma und Kern vital färben. Eine Färbung der Chondriosomen und Plastiden ist bereits das Anzeichen einer Zellschädigung.

3. Chrysoidin, Bismarckbraun, Rhodamin, Pyronin B, Fuchsin, Safranin, Thionin, Methylenblau, Toluidinblau und Azur II speichert die Vakuole nur, wenn sie zelleigene phenolische Stoffe wie Oxyflavone, Anthocyane, Tannine (voller Zellsaft im Sinne von Höfler) enthält. Sonst färben Chrysoidin, Bismarckbraun und Rhodamin Cytoplasma und Kern. Methylenblau, Toluidinblau, Azur II werden immer zuerst von der Zellwand adsorbiert. Methylenblau kann auch Chondriosomen und Plastiden schwach tönen.

4. Janusgrün, Dahliaviolett und Methylviolett 5 B färben elektiv die Chondriosomen und Plastiden; bis zu einem gewissen Grade sind auch Kristall-, Hoffmanns-, Gentianaviolett, Methyl-, Jod-, Malachitgrün, Janusschwarz und Viktoriablau B dazu befähigt. Diese Farbstoffe zeichnen sich aber durch große Giftigkeit aus. Sie können auch von Vakuolen mit vollem Zellsaft gespeichert werden und beim Absterben der Zelle Cytoplasma und Kern färben.

5. Vitalrot, Nigrosin, Janusrot, Janusblau, Mauvein, Säurefuchsin, Lichtgrün, Bromphenolrot, Phenolrot, Bromthymolblau, Bromcresolpurpur, Cresolrot, Methylblau, Orange III, Pyrrolblau und Baumwollblau führen zu keiner vitalen Färbung, da sie nicht permeieren können.

Aus dieser Aufstellung geht bereits hervor, daß ein und derselbe Farbstoff unter verschiedenen Bedingungen verschiedene Zellbestandteile mehr oder weniger elektiv färbt, d. h., es kann nach ihrem Lokalisationsort in der Zelle keine absolut gültige Einteilung der Farbstoffe gegeben werden. Auch die in Gruppe 5 aufgeführten Farbstoffe können unter bestimmten Umständen von spezialisierten Zellen aufgenommen werden und etwa zu einer Vakuolenfärbung führen. Nur zu giftige und hochkolloidal gelöste Farbstoffe werden nie vital färben. Aber selbst im letzten Fall kann eine Farbstofflösung in ganz geringem Maße eine höher disperse Phase enthalten, so daß es bei dem ganz beträchtlichen Speichervermögen mancher Zellen nach längerer Farbstoffeinwirkung doch noch zu einer Vitalfärbung kommt.

Unter Beachtung der Einschränkungen (vgl. Drawert 1956 c) und unter Zugrundelegung des Verhaltens der Farbstoffe in wässeriger Lösung ohne jegliche Zusätze kann man die Farbstoffe dennoch grob nach dem Lokalisationsort in der Zelle in die drei Gruppen: Zellwand-, Vakuolen- sowie Kern- und Cytoplasmafärber einteilen. Eine Färbung der Chondriosomen, Plastiden und Sphärosomen wird nur unter bestimmten Bedingungen, vorwiegend mit Vertretern der letzten Gruppe, erreicht.

Im folgenden sollen einige Färbungsbilder unter jeweiliger Betonung eines Zellbestandteiles geschildert werden.

a) Zellwandfärbung

α) Normale Zellwand

Zu den guten Zellwandfärbern gehören in erster Linie die stärker dissoziierten kationischen Farbstoffe wie Azur I, Cresylechtviolett, Pyronin, Methylenblau, Safranin, Thionin, Toluidinblau, deren Farbbasen eine Dissoziationskonstante um 10^{-3} besitzen. Auch die schwächer dissoziierten Farbstoffe sind in der Lage, die Zellwand zu färben, sobald sie durch Erhöhung der cH der Farbstofflösung zu einer stärkeren Dissoziation gebracht werden. Praktisch ist jeder kationische Farbstoff, der bei einem pH-Wert auf der alkalischen Seite vom IEP der Zellwand noch Farbkationen bildet, bei entsprechender cH der Lösung zu einer Zellwandfärbung befähigt. Wie bei der toten Zelle (vgl. S. 224) liegt auch bei der lebenden eine Adsorption der Farbkationen an der Wand vor. Theoretisch wäre also in Abhängigkeit von der Außen-cH eine Zellwandfärbung vom IEP der Wand bis zur vollständigen Zurückdrängung der Farbstoffdissoziation möglich. Für Neutralrot wäre das der Bereich von pH $\sim$ 3 bis $\sim$ 7 und für Toluidinblau von pH $\sim$ 3 bis $\sim$ 10. Farbstoffe, die wie Methylviolett erst unter pH 3 dissoziieren, können adsorptiv nur noch einige wenige Zellwände färben, deren IEP unter pH 3 liegt.

Bei Kurzfärbungen der lebenden Zelle wird aber — wie wir aus den Untersuchungen von STRUGGER (1935 a, 1936, 1940 d) und DRAWERT (1940, 1951 a) wissen — die theoretisch zu erwartende Grenze nach der alkalischen Seite meist nicht erreicht, da hier die Vakuole als Konkurrent um den Farbstoff auftritt. Je nach der Speicherfähigkeit der Vakuole hört die Zellwandfärbung schon bei einem niedrigeren pH-Wert auf, und die Vakuole beginnt, den Farbstoff zu speichern. Während in lebenden Zellen die Rotfluorescenz der Zellwände mit Acridinorange auf Grund der Speicherkonkurrenz des Zellsaftes höchstens bis pH 6,5 reicht, leuchten die Wände toter Zellen noch bis pH $\sim$ 11 grell rot (HÖFLER 1949 a). Ebenso beginnen die Zellwände lebender Zellen mit leerem Zellsaft, die mit Acridinorange eine rote Vakuolenfluorescenz zeigen, im alkalischen Bereich kupferrot zu fluorescieren, wenn durch NH_3-Zugabe die Vakuolenkonkurrenz ausgeschaltet wird. NH_3 bedingt durch Alkalinisierung des Zellsaftes eine Aufhebung der Speicherfähigkeit der Vakuole und führt somit zu deren Entfärbung (HÖFLER 1947 b).

Mit der Konkurrenz zwischen Zellwand und Vakuole hängt auch die Erscheinung zusammen, daß in reinen wässerigen Lösungen des schwächer dissoziierten Neutralrots nach HOFMEISTER (1938) bei *Helodea densa* die Zellwand erst gefärbt wird, wenn die Vakuole mit dem Farbstoff abgesättigt ist, und bei dem stärker dissoziierten Methylenblau die Vakuole den Farbstoff erst speichert, wenn die Zellwand abgesättigt ist.

Außer der rein adsorptiven Zellwandfärbung (Austauschadsorption) kann es in selteneren Fällen zu einer chemischen Bindung von kationischen Farbstoffen (Niederschlagsfärbung) kommen, vor allem, wenn die Inkrusten der Wände, wie bei manchen Moosen, phenolische Gruppen besitzen. Eine adsorptive Färbung ist bei metachromatischen Farbstoffen durch eine positive Metachromasie und eine Niederschlagsfärbung durch eine negative Metachromasie charakterisiert. Ferner läßt sich wie bei der toten Zelle der Farbstoff aus einer adsorptiven Bindung durch Salze verdrängen, eine chemische Niederschlagsfärbung ist dagegen bis zu einem gewissen Grade salzfest.

In Ausnahmefällen können auch bei der lebenden Zelle kolloidale anionische Farbstoffe zu Zellwandfärbungen führen. Seit den Untersuchungen von Klebs (1886 a) an Algen wird vor allem Congorot zu Zellwandfärbungen benutzt. Klebs (1919) hat aber bereits festgestellt, daß sich nicht alle Zellwände mit Congorot färben. Während bei den Prothallien von *Pteridium longifolia* und *Ceratopteris thalictroides* die Rhizoidzellwände Congorot selbst aus einer 0,000001%igen Lösung intensiv speichern, bleiben die Zellwände des Prothalliums in einer 0,1%igen Lösung monatelang ungefärbt (vgl. auch Dorner 1922 a und Brauner 1933). Bei *Chara* färben sich ebenfalls besonders die Zellwände der Rhizoiden mit Congorot (Zacharias 1889). Ferner sind mit demselben Farbstoff Zellwandfärbungen bei Cyanophyceen (Schmid 1923), an den Oberepidermen der Schuppenblätter von *Allium cepa* (Yamaha und Nomura 1939) und an der plastiden-freien Chlorophyceae *Prototheca zopfii* (Krentel 1961) erzielt worden. Eine große

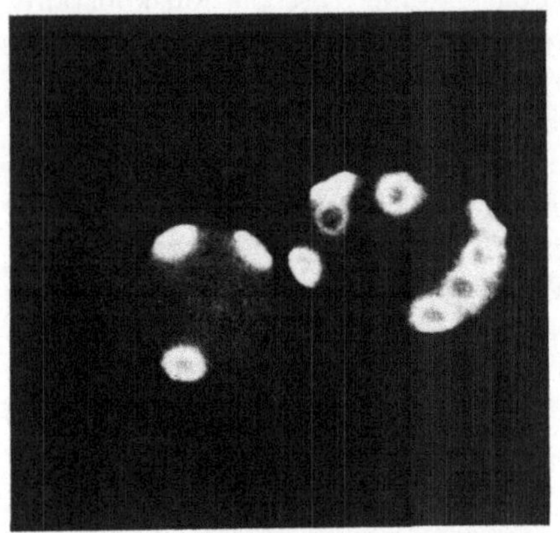

Abb. 145. Zellen von *Saccharomyces cerevisiae* mit Sproßungsnarben nach Fluorochromierung mit Primulin. (Nach Streiblová und Beran 1963.)

Affinität zu Congorot besitzen die sich neu bildenden „Vernarbungsmembranen" z. B. um die kontrahierten Protoplasten von Algen, *Funaria*, *Helodea* u. a. nach einer Plasmolyse mit 1% Rohrzucker (Klebs 1886 b), von *Saprolegnia mixta*-Hyphen nach Plasmolyse mit 0,5 mol Traubenzucker (Grohrock 1935) und *Vaucheria* (Weissenböck 1939). Die beiden letzten Fälle sind dadurch von Interesse, daß die normalen Zellwände von *Saprolegnia* und *Vaucheria* Congorot kaum oder gar nicht aufnehmen. Wie Congorot verhalten sich in einigen Fällen auch Wasser-, Anilin- und Trypanblau (Yamaha und Nomura 1939). Nach Meyer (1936) soll Trypanblau fast alle reinen Kohlenhydratwände färben, aber nicht kutinisierte Zellwände und Suberinlamellen. Auch das anionische Fluorochrom Primulin ist zur Darstellung der Zellwände brauchbar (Haitinger 1935). Bei Hefen heben sich mit diesem Fluorochrom die Sprossungsnarben gut ab (Abb. 145). Am Ende der logarithmischen Wachstumsphase können bei *Saccharomyces cerevisiae* bis zu 25 Narben an einer Zelle gezählt werden (Streiblová und Beran 1963). Ferner ist ein sulfosaures Diaminostilben zur Fluorochromierung von Zellwänden bei Pilzen und Bakterien geeignet. Bei Kultur von *Penicillium chrysogenum* auf einem Nährboden, der das Fluorochrom enthält, zeigen die Hyphen eine blaue Fluorescenz sowohl im Zellinnern als auch in den Zellwänden. Besonders intensiv fluoresciert die wachsende Hyphenspitze, und die Fluorescenz bleibt monatelang erhalten. Außerdem sind Diaminostilbene substantiv für

Zellulosefasern (DARKEN 1961 a). Die gute Verträglichkeit des Fluorochroms deutet darauf hin, daß es praktisch nur in den Zellwänden lokalisiert sein dürfte. Wie auch aus dem Verhalten der Vernarbungsmembranen gegenüber Congorot hervorgeht, scheinen besonders wachsende bzw. sich neu bildende Zellwände eine hohe Affinität zu den anionischen substantiven Farbstoffen zu haben. Mit dem Diaminostilben „Calcofluor White M 2 R, New" fluorochromierte Salmonellen lassen sich in den damit infizierten Eiern verfolgen (PATON und AYRES 1964).

Für das Verhalten der Zellwände gegenüber kationischen Farbstoffen sollen einige Beispiele aus den Hauptgruppen des Pflanzenreiches gebracht werden.

Von gramnegativen Bakterien hat STRUGGER (1949 a) *Escherichia coli* mit Acridinorange fluorochromiert. Nicht immer, aber doch häufig ist an noch lebenden Zellen eine rot fluorescierende zarte Zellwand vom grün leuchtenden Protoplasten zu unterscheiden. Viel stärker tritt die rote Zellwandfluorescenz bei den grampositiven Bakterien nach Behandlung mit demselben Fluorochrom in Erscheinung (RAFFELT 1944, STRUGGER 1949 a). Nach STRUGGER löscht Wasserblau die Acridinorangefluorescenz der Bakterienzellwände.

Über Zellwandfärbungen bei Cyanophyceen mit kationischen Farbstoffen berichtet SCHMID (1923). Nach seinen Untersuchungen an *Oscillatoria jenensis* lassen sich drei Farbstoffgruppen unterscheiden: 1. Mit Jodgrün, Safranin, Bismarckbraun erzielt man keine Zellwandfärbung. 2. Die anionischen Farbstoffe Säurefuchsin, Eosin, Erythrosin, Congorot und das kationische Methylviolett ergeben eine einheitliche Färbung der Längs- und Querwände. 3. Methylenblau, Methylgrün, Neutralrot und Nilblau färben die Querwände stärker als die Längswände. Nach SCHÖNLEBER (1937 a) ist für *Scytonema javanicum* Brillantcresylblau als Zellwandfärber besonders gut geeignet. DRAWERT (1949 b) kann mit den typischen Zellwandfärbern Toluidinblau und Methylenblau bei *Oscillatoria borneti* keine Wandfärbung erreichen, wohl aber mit den Plasmafärbern Chrysoidin, Kristallviolett, Janusgrün, Rhodamin B und Acridinorange sowie mit dem amphoteren, aber im physiologischen pH-Bereich anionischen Fluorochrom Na-Fluorescein. Vor allem werden die Querwände intensiv gefärbt. Für Acridinorange geben auch VON ZASTROW (1953) und BECK (1963) eine kupferrote Fluorescenz der Zellwände an. Bei *Oscillatoria borneti* fluorescieren mit diesem Fluorochrom bevorzugt die Querwände (DRAWERT und METZNER 1958 a). Bei *Beggiatoa mirabilis* kann VON ZASTROW in einigen Fällen auch mit Neutralrot eine Zellwandfärbung erhalten, und bei *Oscillatoria borneti* sind die Querwände nicht nur im Hellfeld mit Neutralrot gefärbt, sondern zeigen auch eine gelborange Fluorescenz im Blaulicht (DRAWERT und METZNER 1958 a). An *Beggiatoa alba* und *Thiothrix nivea* beobachteten DRAWERT und METZNER-KÜSTER (1958 b) weder mit Acridinorange noch mit Neutralrot eine Zellwandfärbung. Nur die Querwände färben sich in alkalischer Methylenblaulösung.

Aus den Färbungsergebnissen an Zellwänden von Blaualgen mit verschiedenen kationischen und anionischen Farbstoffen geht hervor, daß die Blaualgenwände ein ganz anderes Verhalten als die normalen pektin- und zellulosehaltigen Zellwände der anderen Pflanzen aufweisen.

Die verkieselten Zellwände einer Anzahl von Süßwasser-Diatomeen färben sich mit Toluidinblau (HIRN 1953 b), ebenso die von Meeres-Diatomeen (HÖFLER und HÖFLER 1965), besonders aus angesäuerten Lösungen. Bei *Biddulphia titiana* erhält Höfler (1963 a) mit Brillantcresylblau, Neutralrot, Acridinorange, Thionin u. a. allerdings nie eine Färbung der Zellwand.

Unter den Conjugaten kann bei *Spirogyra* der IEP der Zellwand soweit im sauren Bereich liegen, daß selbst noch mit Methylviolett bei entsprechender cH-Lage der Farbstofflösung eine elektroadsorptive Färbung eintritt (Drawert 1937 c). Meist bleibt aber auch bei Spirogyren zum Unterschied von Methylenblau eine Zellwandfärbung mit diesem Farbstoff aus (Brauner 1933). Thionin färbt nach Höfler (1957) die Zellwände von *Spirogyra-*, *Zygnema-* und *Mougeotia-*Arten. In den letzten beiden Gattungen gibt es auch Formen, bei denen eine Wandfärbung mit Thionin unterbleibt. Der anionische Farbstoff Eosin soll — wie bei *Cladophora* so auch bei *Spirogyra* — nur die Querwände färben (Traube, Mengharini und Scala 1909). Aber auch kationische Farbstoffe wie Toluidinblau und Neutralrot werden von *Zygnema-* und *Mougeotia-*Arten bevorzugt von den Querwänden adsorbiert (Kowallik 1965). Für Desmidiaceen liegen Untersuchungen über den Einfluß der cH auf die Zellwandfärbung mit Toluidinblau, Neutralrot und Brillantcresylblau von Hirn (1953 a) und für Toluidinblau auch von Höfler und Schindler (1951) vor. Der Grenzwert für die Wandfärbung bleibt nach der alkalischen Seite in Abhängigkeit von der Färbungszeit bei Arten mit leerem Zellsaft konstant, während er sich bei speicherstoffhaltigen Zellen nach längerer Versuchsdauer weiter in den sauren Bereich verschiebt. Verschiedene Closterien können sich sehr unterschiedlich gegenüber Brillantcresylblau, Neutralrot, Acridinorange, Toluidinblau u. a. verhalten, manche bleiben völlig ungefärbt (Prát 1931 a, Höfler und Schindler 1953). Häufig sind elektiv und salzfester gefärbte Innenschichten der Zellwand zu beobachten. Während Brauner (1933) eine Parallelität zwischen Färbbarkeit der Zellwände mit Janusgrün und Eisenabwesenheit annimmt, soll nach Höfler und Schindler (1953) — allerdings nach Untersuchungen mit anderen Farbstoffen — diese Beziehung nicht bestehen. Bei der Färbung von eisenspeichernden Zellwänden mit Thionin liegt nach Höfler (1957) eine Niederschlagsfärbung vor. Im allgemeinen ist die Wand der älteren Zellenhälfte kräftiger anfärbbar (Höfler und Schindler 1953, Kiermayer 1955 a, Höfler 1957), und bei fädigen Formen speichern die Querwände intensiver (Kowallik 1965). Warzen und Stacheln färben sich mit Toluidinblau oder Neutralrot stets eher und wesentlich stärker als die übrige Zellwand (Kowallik 1965). Salzfeste Zellwandfärbungen mit Toluidinblau sind bei *Penium cylindrus* und *Cosmarium conspersum* beobachtet worden (Höfler und Schindler 1951).

Das als Zellwandfärber meist nicht geeignete Chrysoidin wird nach Dietrich (1929) von *Nitella flexilis* intensiv in der Wand gespeichert.

Die Zellwände von *Antithamnion plumula* bleiben in Methylenblau in Seewasser (pH 7,71) gelöst farblos, während sich die einiger anderer Rot-, Braun- und Grünalgen färben (Biebl 1939). Nach Kinzel (1956) speichern aber die Zellwände von *Antithamnion cruciatum* Methylenblau. Die Intensität der Färbung ist vom Alter der Wände abhängig.

Recht unterschiedlich ist auch die Färbbarkeit der Zellwände von Pilzen. Während sich unter den Phycomyceten die Wände von *Phycomyces blakesleeanus* mit Neutralrot (Johannes 1939) und Acridinorange (Johannes 1950 a) färben, adsorbieren die Wände des vegetativen Mycels von *Achlya racemosa* keinen der beiden Farbstoffe. Eine Ausnahme macht die Trennwand zwischen Traghyphe und

Sporangium, u. zw. muß hier eine chemische Farbbindung vorliegen, da die Färbung salzfest ist (JOHANNES 1954).

Von den Ascomyceten sind die Hefen beliebte Versuchsobjekte für die Vitalfärbung, aber nur selten wird etwas über eine Zellwandfärbung berichtet. Nach STRUGGER (1943 a, 1949 a) fluoresciert die Zellwand lebender Hefezellen mit Acridinorange von pH ~ 6 bis ~ 10 rötlich und unter pH ~ 4,5 grün.

Die Hyphenwände des Basidiomyceten *Polystictus versicolor* lassen sich nach DRAWERT und SCHLAFKE (1959) an lebenden Zellen weder mit Acridinorange noch mit Neutralrot, Methylenblau und Thionin färben. In den Zellen des Plectenchyms mancher Hutpilze haben aber HÖFLER und PECKSIEDER (1947) und KRISAI-KNYRIM (1959) mit Acridinorange ab pH ~ 4 kupferrote Zellwandfluorescenzen erhalten. Ebenso färben Toluidinblau, Nilblau und Neutralrot. Die Färbungen sind nicht salzfest. Bei einigen Arten wie *Tricholoma rutilans* und *Phlegmacium cyanopus* tritt im ganzen untersuchten pH-Bereich nur eine grüne Wandfluorescenz mit Acridinorange auf, und bei *Mycena flavo-alba* fluorescieren die Wände bis pH ~ 2,2 rot (HÖFLER und KINZEL 1963).

Die Zellwände mehrerer daraufhin untersuchter Laub- und Lebermoose färben sich mit Methylenblau, Neutralrot und Bismarckbraun (KRESSIN 1935, BIEBL 1940). Ausführliche Untersuchungen über die Zellwandfärbungen von Lebermoosen mit verschiedenen kationischen Farbstoffen liegen von PORZER (1952, 1953) vor. Häufig unterscheiden sich Mittellamelle und Sekundärlamellen im Farbton. Aus Entfärbungsversuchen mit $CaCl_2$ geht hervor, daß die erste den Farbstoff chemisch und die zweiten elektroadsorptiv binden. Bei Laubmoosen ist durch den Gehalt der Zellwände an phenolischen Körpern mit einer Niederschlagsfärbung zu rechnen.

BECKER (1932 a, c, d, 1934) hat versucht, die Entstehung der neuen Zellwand bei der Zellteilung in den Staubfadenhaaren von *Tradescantia virginiana* mit Hilfe der Vitalfärbung zu analysieren. Im Anaphasestadium zeigt der Phragmoplast mit Neutralrot einen stark rot gefärbten Streifen im Äquator. Die neue Zellwand entsteht ungefähr in der Mitte dieses Streifens und ist farblos. Methylenblau wird durch die lebende Zelle zur farblosen Stufe reduziert, im Phragmoplasten bleibt aber ein Streifen violett gefärbt. Mit Phenosafranin tritt das umgekehrte Bild auf. Hier färbt sich die neu entstehende Zellwand ziegelrot. Die Wände der Pollenschläuche von *Crinum asiaticum* fluorescieren nach Behandlung mit verdünnten Lösungen von Tetracyclin oder Riboflavin. Die distinkte Wandfluorescenz tritt besonders deutlich bei Gegenwart von Ca^{++} hervor (KWACK und MACDONALD 1965).

Den lipophilen, nur schwach dissoziierten kationischen Farbstoff Chrysoidin speichern vor allem wachshaltige Bestandteile der Zellwand, wie die Exine von Pollenkörnern (WULFF 1934 b) und die Cuticula des Blattstieles von *Solanum tuberosum* (HOFMEISTER 1948) und des Blattes von *Clivia nobilis* (HÄRTEL 1952 a). Nach HÄRTEL färben auch Methylviolett, Gentianaviolett, Neutralrot, Nilblau und Safranin die Cuticula, und zwar in dem pH-Bereich, in dem sich die Farbstoffe mit Ölsäure aus einer hydrophilen Phase ausschütteln lassen. Die Färbung der Zellwände von Pflanzenhaaren mit Chrysoidin nach DIETRICH (1929) dürfte auch auf Cutin zurückzuführen sein, da eine Adsorption durch reine Zellulosewände nach den Ergebnissen von DRAWERT (1940) erst von pH 5 an abwärts und auch nur bei Zellen mit leerem Zellsaft zu erwarten ist.

Die Eignung weiterer kationischer Farbstoffe zur Zellwandfärbung bei Angiospermen und die Abhängigkeit der Färbung vom pH-Wert der Lösung ist Tabelle 6 (S. 38—47) und dem Abschnitt über die Zellwandfärbung der toten Zelle (S. 224) zu entnehmen.

β) Gallerten und Schleime

Im Zusammenhang mit der Zellwandfärbung der lebenden Zelle soll noch auf die Färbung von Gallerten und Schleime eingegangen werden, da es sich hierbei in gewissem Sinne um einen „Bestandteil der Zellwand" handelt. Allerdings liegt in den meisten Fällen nicht eine entsprechende Metamorphose der äußeren Wandschichten vor — wie man häufig angenommen hat —, sondern Gallerten und Schleime sind vorwiegend Ausscheidungsprodukte des Protoplasten durch die Zellwand (Kinzel 1953 b, für Zygnemataceen vgl. Buer 1964).

Die meisten Cyanophyceen besitzen eine mehr oder weniger stark ausgeprägte gallertige Scheide, die sich häufig mit Congorot gut färben läßt (Brand 1905, Schönleber 1937 a), aber auch kationische Farbstoffe wie Neutralrot, besonders bei saurer Reaktion, stärker adsorbiert (Becker und Beckerowa 1937, Schönleber 1937 a). Schwer oder nicht mit kationischen Farbstoffen färbbar sind die Gallerten der Cyanophyceen *Aphanothece microscopia*, *Microcystis elabens*, *Coelosphaerium naegelianum*, *Chroococcus turgidus* (Höfler und Schindler 1952). Nach Kowallik (1965) soll sich aber die Gallerte von *Chroococcus turgidus* mit Neutralrot färben, wenn keine Speicherkonkurrenz anderer Algen vorliegt. Cyanophyceen-Schleim färbt sich nach Prát (1925 b) leicht mit Brillantmethylblau (ein in den heutigen Farbstofftabellen nicht mehr zu findendes Präparat).

Wie bei den Zellwänden kann auch bei den Gallerten und Schleimen die Färbung mit kationischen Farbstoffen salzempfindlich oder salzfest sein. Eine salzfeste Färbung ist seltener anzutreffen; unter den Cyanophyceen tritt sie bei *Aphanothece stagnina* und *Gloeocapsa* auf (Höfler und Schindler 1952). Auch die von Euglenen ausgeschiedenen Schleimhüllen und subpellicularen Schleimkörperchen färben sich mit Neutralrot, Brillantcresylblau u. a. salzfest (Diskus 1956). Ferner speichern die Gallertstiele von *Frustulia saxonica* und die Gallerthülle von *Micrasterias papillifera* Rhodamin B salzfest (Kowallik 1965).

Nicht salzfest sind die bisher wohl am eingehendsten untersuchten Färbungen der Gallerten von Conjugaten. Eine Ausnahme macht nach Höfler und Schindler (1952) *Mesotaenium macrococcum* (vgl. auch Kowallik 1965 für *Micrasterias papillifera*). Bereits aus den Befunden von Klebs (1886 a) und anderen Autoren (z. B. Hauptfleisch 1888, Schröder 1902, Andreesen 1909) über die Kontraktion der Gallertscheiden von Zygnemataceen und Desmidiaceen bei der Fäbung mit kationischen Farbstoffen ist zu schließen, daß der Färbung ein elektroadsorptiver Vorgang zugrunde liegt und diese demnach salzempfindlich sein muß. Die Färbung bedingt eine Entladung und damit eine Entquellung der Gallerte (Kinzel 1953 b). Die mit Vesuvin schwach gelb gefärbte Gallertscheide einer *Zygnema*-Art hatte in Versuchen von Klebs (1886 a) eine Breite von 16 μ, die intensiv braunrot gefärbte Scheide war dagegen bis auf 2,7 μ kontrahiert, und bei einigen Desmidiaceen schrumpfte nach Färbung mit Neutralrot oder Methylenblau die Gallerte auf 1/5 bis 1/10 der ursprünglichen Breite. Durch Auswaschen des Farbstoffes wurde die Schrumpfung wieder rückgängig gemacht (Andreesen 1909). Zum Unterschied von den Gallerten scheint die Dicke der Zellwand nicht durch

Farbstoffe beeinflußt zu werden, wie aus Angaben von FÖRSTER (1933) nach Untersuchungen an der Cladophoracee *Rhizoclonium* hervorgeht.

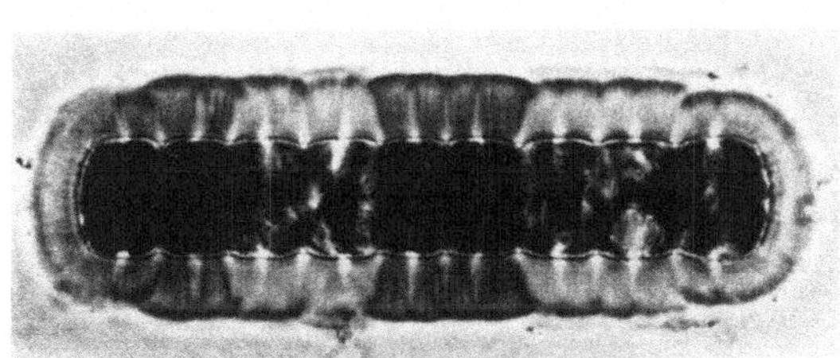
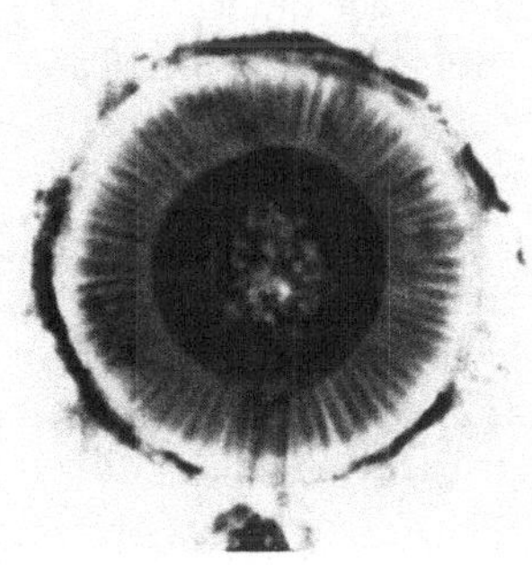

Abb. 146.   Abb. 147.

Abb. 146. „Stäbchenstruktur" der Hüllgallerte von *Hyalotheca dissiliens* nach stärkerer Färbung mit Methylviolett. (Nach DRAWERT und METZNER-KÜSTER 1961.)

Abb. 147. „Stäbchenstruktur" der Hüllgallerte einer Einzelzelle von *Hyalotheca dissiliens* bei Aufsicht auf die Querwand nach stärkerer Färbung mit Methylviolett. (Nach DRAWERT und METZNER-KÜSTER 1961.)

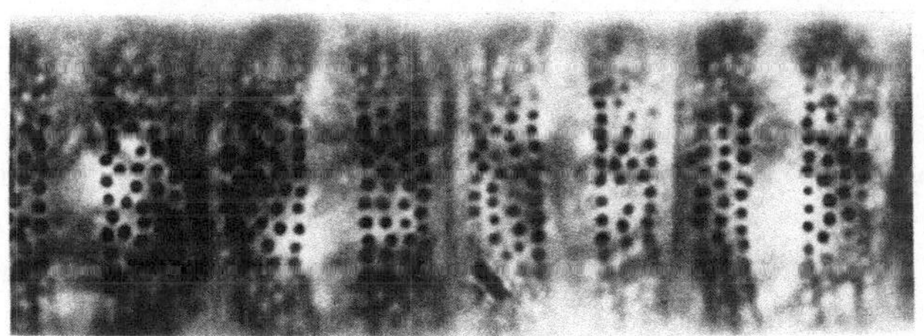

Abb. 148. Porengürtel in der Außenwand von *Hyalotheca dissiliens* nach elektiver Färbung der „Porenapparate" mit Methylviolett. (Nach DRAWERT und METZNER-KÜSTER 1961.)

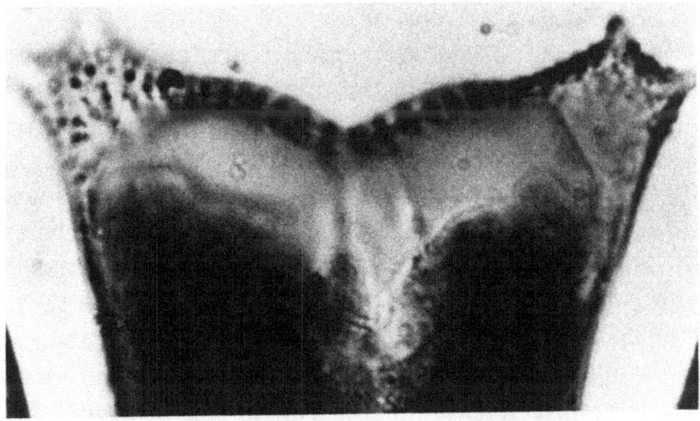

Abb. 149. „Porenapparate" am Ende eines Polarlappens von *Micrasterias rotata* nach Färbung mit Methylviolett. (Nach DRAWERT und MIX 1961 a.)

Eine grundlegende Untersuchung über den Einfluß von Salzen auf die Färbung der Gallerte von Süßwasseralgen stammt von KINZEL (1953 b). In Konzentrationsreihen verschiedener Salze — vorwiegend $CaCl_2$ — stellt der Autor den

Entfärbungspunkt fest. Bei einer erneuten Färbung liegt der Färbungspunkt meist bedeutend tiefer in der Konzentrationsreihe als vorher der Entfärbungspunkt. Durch die Abnahme der Hydratation bei der Färbung werden die Diffusionswege innerhalb der Gallerte verengt, so daß eine Entfärbung um so langsamer erfolgen wird, je stärker die Gallerte kontrahiert ist. Auf diese Erscheinung ist wohl die unterschiedliche Lage von Entfärbungs- und Färbungspunkt in der Konzentrationsreihe zurückzuführen.

Bei mit Methylenblau oder Safranin sehr intensiv gefärbten Gallerten, z. B. von *Eudorina elegans*, kann eine Entfärbung in hohen $CaCl_2$-Konzentrationen ausbleiben, da der Farbstoff bei Zugabe des Salzes auskristallisiert. Hierbei handelt es sich nicht um eine salzfeste Färbung im eigentlichen Sinn.

In der Gallerte der Conjugaten können nach einer Färbung bestimmte Strukturen sichtbar werden (Abb. 146, 147), die man mit Klebs (1886 a) als Stäbchenstrukturen bezeichnet (Hauptfleisch 1888, Schröder 1902, Andreesen 1909, Kinzel 1953 b, Barg 1942, Drawert und Metzner-Küster 1961, Drawert und Mix 1961 a, Buer 1964). Bei den Desmidiaceen vom *Cosmarium*-Typ werden auch die sogenannten „Porenapparate" (Abb. 148—150) durch die Färbung mit kationischen Farbstoffen hervorgehoben (Hauptfleisch 1888, Lütkemüller 1902, Schröder 1902). Färbungsanalytische Studien in Verbindung mit elektronenmikroskopischen Untersuchungen der Gallertstrukturen liegen von Drawert und

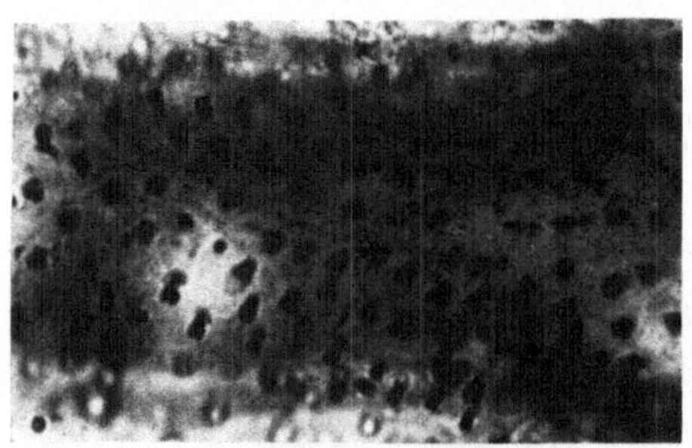

Abb. 150. Die sich nach oben trichterförmig erweiternden Endknöpfchen der „Porenapparate" von *Micrasterias rotata* nach Färbung mit Methylviolett. In der Aufnahme durch das Deckglas zur Seite gedrückt. (Nach Drawert und Mix 1961 a.)

Metzner-Küster (1961) sowie Drawert und Mix (1961 a) für Desmidiaceen und von Buer (1964) für Zygnemataceen vor.

Bestimmte Strukturen lassen sich nach Geitler und Tschermak-Woess (1956) auch in der Gallerte von *Torulopsidosira ellipsoidea* — einem Pilz noch nicht geklärter systematischer Stellung — mit Toluidinblau nachweisen. Die Gallerte von *Torulopsidosira filamentosa* färbt sich dagegen weder mit Toluidinblau noch mit Methylenblau und Rutheniumrot. Auch die Gallerthülle, die sogenannte „Decklamelle" der Rotalge *Antithamnion cruciatum* färbt sich, verglichen mit der eigentlichen Zellwand, nur äußerst schwach mit Methylenblau (Kinzel 1956).

Wenn hier die Ansicht vertreten wird, daß es sich bei der Gallertfärbung mit kationischen Farbstoffen in erster Linie um eine Austauschadsorption handelt, darf nicht verschwiegen werden, daß dieser Annahme die intensive Färbung der Desmidiaceen-Gallerte mit Methylviolett, wie sie in Abb. 146—150 deutlich zum Ausdruck kommt, im Grunde genommen widerspricht. Beim Methylviolett handelt es sich um einen relativ schwach dissoziierten Farbstoff, der aus diesem Grund auch nur in Ausnahmefällen normale Zellwände elektroadsorptiv färbt (s. S. 422), andererseits dürften die Gallerten aber eine viel stärkere negative Ladung besitzen als die Zellwände, da sie mehr saure Kohlenhydrate enthalten. Nach Kinzel (1953 b) besteht kein grundsätzlicher Unterschied zwischen sogenannter

elektroadsorptiver und chemischer Niederschlagsfärbung, da beide Färbungstypen nur auf Verschiedenheiten in den Dissoziationskonstanten der entstehenden
Substrat-Farbstoff-Verbindungen beruhen sollen.

b) Vakuolenfärbung

Bei der Vakuolenfärbung ist grundsätzlich zwischen einer aktiven, von dem
Stoffwechsel der Zelle abhängigen und einer passiven, nur auf der Diffusion beruhenden Farbstoffaufnahme zu unterscheiden. Den ersten Vorgang finden wir
bei den stark dissoziierten sulfosauren Farbstoffen, die nur bestimmte Zellen
färben, der zweite Vorgang liegt der Vakuolenfärbung mit kationischen Farbstoffen zugrunde. Unter den letzten sind Neutralrot, Nilblau, Brillantcresylblau
und auch Acridinorange ausgesprochene Vakuolenfärber. Verglichen mit den
eigentlichen Zellwandfärbern — wie etwa Toluidinblau —, handelt es sich um
schwächer dissoziierte Farbstoffe. Die Dissoziationskonstante ihrer Farbbasen
liegt um 10^{-6}.

Ferner bestehen Unterschiede hinsichtlich der Art und Weise der Farbstoffspeicherung im Zellsaft. Der Farbstoff kann diffus im Zellsaft verteilt sein und
so zu einer homogenen Vakuolenfärbung führen, oder er kann sich mit zelleigenen
Komponenten verbinden und diese entmischen, so daß es zu inhomogenen Vakuolenfärbungen kommt. Schließlich kann er unter gewissen Umständen eine sogenannte Vakuolenkontraktion (s. S. 440) bedingen, die mit einer Ansammlung
und Quellung des Plasmas in den Zellzwickeln verbunden ist.

α) Analyse der Vakuolenbildung

Neutralrot ist nach GUILLIERMOND (1930 a) der geeignetste Farbstoff zur elektiven Vakuolenfärbung, so daß dieser Farbstoff von der französischen Schule bevorzugt zum Studium der Entwicklung des Vakuolensystems beim Wachstum
der Pflanzenzelle benutzt worden ist. Auch zur Identifizierung von Zellstrukturen als Vakuolen hat Neutralrot eine Bedeutung erlangt. Daneben ist von den
anderen kationischen Farbstoffen nur noch Brillantcresylblau öfter für diese speziellen Zwecke herangezogen worden.

Eine hervorragende Rolle hat die Vitalfärbung beim Studium der Frage, ob
die Cyanophyceen echte Vakuolen besitzen, gespielt.

Nach PALLA (1893) treten nach Zusatz von Methylenblau im Chromatoplasma
der Blaualgen eine Anzahl von Vakuolen auf, die sich unter der Einwirkung des
Farbstoffes vergrößern und blau färben. HEGLER (1901) hält dagegen die Gebilde
für präformierte „Schleimvakuolen", die mit Methylenblau und Methylenviolett
eine intensive Färbung zeigen. Die Beobachtung von PALLA ist in der Folgezeit,
besonders bei Anwendung von Neutralrot und Brillantcresylblau, immer wieder
bestätigt worden. Es ist nur die Frage, ob es sich um ein Anschwellen bereits vorhandener kleinster Vakuolen oder um eine durch den Farbstoff veranlaßte Neu-
bildung handelt. Vorherrschend ist die erste Ansicht, die auf GUILLIERMOND
(1925 a, b, 1926 a, e, 1933 b) zurückgeht (P. A. DANGEARD 1933, P. DANGEARD
1956 b, GAVAUDAN und GAVAUDAN 1933, HOLLANDE 1933, GONÇALVES DA CUNHA
1935, DELAPORTE 1934, 1940, BECKER und BECKEROWA 1937, CHADEFAUD
1937). In der normalen Cyanophyceen-Zelle sollen die Vakuolen nicht hydrati-

siert sein und aus relativ festem „Metachromatin" bestehen. Erst unter dem Einfluß des Farbstoffes tritt eine Hydratation auf. Diese Vakuolisierung soll, wenn sie durch Neutralrot hervorgerufen wird, reversibel sein (Becker und Beckerowa 1937). Von Zastrow (1953) hält es für möglich, daß die Vakuolen aus der nucleinsäurehaltigen Zentralsubstanz hervorgehen. Dies dürfte kaum zutreffen. Stroh (1938) und Spearing (1961) sehen in der Vakuolenbildung durch Neutralrot und Brillantcresylblau nur eine pathologische Erscheinung. Eine Vakuolisation durch Neutralrot, ohne Zusammenhang mit präformierten Strukturen, beobachten auch Drawert und Metzner (1956 b).

Nach Dughi (1949) sollen die färbbaren Granula Metachromatin darstellen, das im Zentralkörper lokalisiert ist und nie im gelösten Zustand im Zellsaft vorkommt.

In Ausnahmefällen enthalten aber auch Blaualgen präformierte Vakuolen, die Neutralrot speichern, so die Zellen des Haarteiles von *Rivularia* (Becker und Beckerowa 1937), *Scytonema javanicum* (Schönleber 1937 a) und die älteren Zellen von *Fischerella thermalis*, deren Zellsaft auch Acridinorange mit kupferroter Fluorescenz aufnimmt (von Zastrow 1953).

Eine besondere Struktur, die an große Vakuolen erinnert, besitzt *Oscillatoria borneti* in Form der sogenannten „Keritomie" (Geitler 1925). Diese „Vakuolen" speichern Neutralrot mit zinnoberrotem Farbton, und die in ungefärbten Zellen mehr eckig-kantigen Formen gehen in abgerundete über. Der Gestaltswechsel wird wahrscheinlich durch Hydratation des gelartigen Inhaltes der „Vakuolen" und eine dadurch bedingte Turgorerhöhung verursacht (Drawert 1949 b). Für diese Möglichkeit sprechen die zahlreichen Beobachtungen über das vakuolige Anschwellen der vitalgefärbten „Metachromatinkörperchen" bei anderen Blaualgen, und ferner sollen nach Stroh (1938) mit Neutralrot gefärbte Zellen eines *Oscillatoria*-Fadens einen höheren Turgor besitzen als ungefärbt gebliebene Nachbarzellen. Obwohl sich die „Vakuolen" der *Oscillatoria borneti* mit Neutralrot zinnoberrot färben, was bei normalen Vakuolen einen leeren Zellsaft anzeigen würde, beginnt die Farbstoffspeicherung bereits ab pH 3,5. Mit Acridinorange lassen sich die „Vakuolen" im voll vitalen Zustand der Zellen eigenartigerweise nicht fluorochromieren. Erst nach stärkerer Farbstoffeinwirkung können in einzelnen Fäden auch „Vakuolen" kupferrot leuchten (Drawert und Metzner 1958 a).

In Analogie zu den Cyanophyceen werden bei verschiedenen Bakterien (Delaporte 1940), *Mycobacterium* (Yuasa 1955), Pilzen und embryonalen bzw. meristematischen Zellen höherer Pflanzen Granula, die sich mit Neutralrot färben, für Vakuolen gehalten. Dabei handelt es sich um Vakuolen mit relativ festem Inhalt. Bei der Entwicklung des Vakuolensystems mit dem Streckungswachstum der Zelle muß eine Hydratisierung des Vakuoleninhaltes stattfinden, was eine Abnahme des spezifischen Gewichtes zur Folge haben kann. Nach Zentrifugenversuchen von Milovidov (1930) an jungen Gerstenwurzeln trifft dies tatsächlich zu. Für eine Hydratisierung spricht nach demselben Autor auch die bedeutend schwächere Färbung des Vakuoms älterer Zellen mit Neutralrot, verglichen mit der Färbung meristematischer Zellen. Guilliermond (1927 b) unterscheidet zwischen festen (z. B. Aleuronkörner), halbflüssigen und flüssigen Vakuolen. Nur die beiden letzten sollen Neutralrot speichern. Nach P. Dangeard

(1956 b) handelt es sich bei den Neutralrotgranula der meristematischen Zellen um kondensierte Vakuolen. Im Gegensatz zu GUILLIERMOND gibt P. DANGEARD auch für Aleuronkörner eine Färbbarkeit mit Neutralrot an.

Zusammenfassende Darstellungen über die Studien zur Entwicklung des Vakuolensystems mit Hilfe der Vitalfärbung finden sich bei GUILLIERMOND (1927 a, 1930 a, 1934 b) und P. DANGEARD (1956 b).

Von Pilzen sind vor allem *Saprolegnia* und *Achlya* untersucht worden (GUILLIERMOND 1923 c, 1926 c, 1930 c, P. A. DANGEARD 1930, CASSAIGNE 1931, DUBITZKY 1934, BHARGAVA 1951 a, JOHANNES 1954), ferner Hefen (GUILLIERMOND 1923 a, P. DANGEARD 1927) und *Cunninghamella* (SAKSENA und SARBHOY 1963). Auch bei der Grünalge *Scenedesmus* sollen nach P. A. DANGEARD (1921) mit Brillantcresylblau färbbare Granula Urformen der Vakuolen darstellen, die auf diesem Zustand stehenbleiben. DANGEARD und DANGEARD (1924) untersuchen *Chlamydomonas, Gonium, Eudorina, Volvox* u. a. Nach diesen Autoren können Vakuolen nie *de novo* entstehen. So werden bei *Cladophora* und *Vaucheria* im plasmatischen Wandbelag befindliche kleine Vakuolen, die sich mit Neutralrot färben, mit den Zoosporen weitergegeben (P. DANGEARD 1932). Bei Characeen studieren CAZALAS (1930) und GAVAUDAN (1930 b) die Vakuolenentwicklung mit Neutralrot, Brillantcresylblau u. a. In *Acrosiphonia spinescens* entstehen bei der Einziehung der neuen Querwand nach Teilung der großen Zentralvakuole im Bereich des Diaphragmas kleine Vakuolen, die sich intensiv mit Brillantcresylblau färben (JÓNSSON 1960). Nach KIERMAYER und JAROSCH (1962) setzt die Vakuolenbildung in der neuen Zellhälfte von *Micrasterias rotata* am Ende der Formdifferenzierung ein. Durch Neutralrotfärbung kann sie aber zu einem früheren Zeitpunkt ausgelöst werden.

Bei Lebermoosen hat GAVAUDAN (1928, 1930 a) die Entwicklung des Vakuoms verfolgt. In *Equisetum*-Sporen färben Neutralrot und Brillantcresylblau fadenförmige Einschlüsse, die dadurch quellen und zu größeren Vakuolen zusammenfließen (BECKER und SIEMASZKO 1936). Die Vakuolen in Pollenkörnern sowie deren Verhalten bei der Keimung untersuchen P. DANGEARD (1923 a, 1933, 1934) und HUREL-PY (1933, 1934, 1942 b). Interessant ist die Feststellung von P. DANGEARD (1933), daß der Zellsaft der meisten von ihm gefärbten Pollenkörner alkalisch reagiert. Wenn auf Grund metachromatischer Erscheinungen auch der Schluß aus dem Farbton eines gespeicherten Indikators auf den pH-Wert äußerst zweifelhaft erscheinen muß (vgl. S. 523), so besteht in diesem besonderen Fall die Möglichkeit, daß tatsächlich der Zellsaft alkalisch ist; denn nach PLANTEFOL (1932, 1933) fällt Neutralrot in den Vakuolen von *Prunus*-Pollen in kristalliner Form aus. P. DANGEARD (1956 a) kann diese Erscheinung nicht nur für Rosaceen, sondern auch für Ranunculaceen bestätigen. In dem Pollen von *Caltha palustris* bilden sich, selbst noch bei einem Farbstoffangebot in der Verdünnung von $1 : 10^7$, Neutralrotkristalle. Dabei kann es sich nur um die Farbbase handeln, die bei alkalischer Reaktion auskristallisiert. Neben Epidermen junger Blumenblätter, z. B. von *Geranium* (P. A. DANGEARD 1916 b), *Primula kewensis* (VAN DER MERWE 1959), und Laubblätter, z. B. von *Iris germanica* (GUILLIERMOND 1926 d), sowie Meristemzellen von *Helodea canadensis* (GUILLIERMOND 1926 d, GONÇALVES DA CUNHA 1929) und von Gymnospermen (P. DANGEARD 1923 c, BAILEY 1930) sind besonders Keimlinge, und hiervon bevorzugt die Wurzel, zum Studium der Vakuolenentwicklung herangezogen worden (GUILLIERMOND 1921 b, 1926 b,

Guilliermond und Gautheret 1938 a, 1940/46, Chaze 1927, Gonçalves da Cunha 1928, Dufrénoy und Radoëff 1932, 1933, Buvat und Mousseau 1960). Angaben über das Verhalten kleiner Vakuolen während der Mitose gegenüber Vitalfarbstoffen finden sich bei Becker (1932 a, c) und Bank (1935 a).

β) Vakuolen ausgewachsener Zellen

Die weitaus größte Zahl von Vitalfärbungsarbeiten auf botanischem Gebiet befaßt sich mit der Farbstoffspeicherung durch die Vakuole der ausgewachsenen Zelle. Es liegt in der Natur der Sache, daß ein Teil der im vorhergehenden Abschnitt zitierten Arbeiten auch das Verhalten der ausgewachsenen Zelle berücksichtigt.

Neben der einfachen Feststellung, ob der Zellsaft einer bestimmten Pflanzenzelle einen Farbstoff aufnimmt oder nicht, wird auch die Art und Weise der Farbstoffspeicherung beschrieben, d. h., ob eine homogene Vakuolenfärbung auftritt oder sofort bzw. mit der Zeit eine Zellsaftentmischung zu beobachten ist. In den letzten Jahren nimmt ferner die Analyse der Zellen mit „leeren" oder „vollen" Zellsäften einen breiten Raum in der Vitalfärbungsliteratur ein. Innerhalb der einzelnen systematischen Gruppen sind folgende Beobachtungen gemacht worden.

Zu den zuerst untersuchten Algen gehören neben Conjugaten die Diatomeen. Prowazek (1900) beschreibt bereits die Vitalfärbung des Zellsaftes einer apochlorotischen Diatomee (*Synedra hyalina*?) mit Neutralrot und das Auftreten polarer, kappenförmiger Entmischungen (vgl. auch Barg 1943). Richter (1909) und Barg (1943) färben mit demselben Farbstoff *Nitzschia putrida*, und Guilliermond (1916) sowie P. Dangeard (1932) untersuchen weitere Arten. Die Speicherung von Brillantcresylblau durch *Himantidium pectinale* beobachtet P. A. Dangeard (1916 a, 1935). Hirn (1953 b) prüft die Vitalfärbung von 63 Süßwasserdiatomeen mit Toluidinblau und von Cholnoky (1935) die Aufnahme von Methylenblau durch pennate Formen. Meist ist die Färbung inhomogen, dabei soll es sich nach P. A. Dangeard (1916 f) um Entmischungen handeln, nach Guilliermond (1916) aber um die Färbung vorgebildeter Körperchen. Die erste Auffassung dürfte zutreffen. Aus dem häufigen Auftreten von Entmischungen sollte man auf das Vorherrschen voller Zellsäfte bei den Diatomeen schließen. Um so überraschender ist die Tatsache, daß die meisten daraufhin untersuchten Diatomeen eine positiv metachromatische Färbung der Vakuolen zeigen, was auf leere Zellsäfte hindeutet (Höfler, Url und Diskus 1956 a, Höfler 1963 a, Höfler und Höfler 1965). Andererseits wird aber Neutralrot von *Biddulphia titiana* trotz positiver Metachromasie noch bei pH ~ 3 der Außenlösung von den Vakuolen gespeichert (Höfler und Höfler 1965), was wiederum für einen vollen Zellsaft spricht. Nach den zuletzt genannten Autoren muß man an eine Speicherung durch saure Kohlenhydrate denken und nicht durch Substanzen mit phenolischen OH-Gruppen, wie es bei den vollen Zellsäften der höheren Pflanzen vorwiegend der Fall zu sein scheint.

Bei Euglenen färben sich kleine Vakuolen mit Neutralrot und Brillantcresylblau nach den von Grassé (1925) angegebenen Farbtönen positiv metachromatisch. P. A. Dangeard (1924, 1928) beobachtet Entsprechendes. P. Dangeard (1956 b) wendet sich gegen die Vorstellung von Hall (1936), diese „Neutralrotgranula" dem Golgi-Apparat zuzurechnen. Auch das Vakuom von *Ceratium*- und *Peridinium*-Arten speichert Neutralrot orangerot (P. DANGEARD 1923 b), also positiv metachromatisch. Die Vakuolen einer *Chlorochromonas*-Art nehmen außer Neutralrot auch Chrysoidin auf (GAVAUDAN 1931), das eigentlich nur volle oder sehr saure Zellsäfte färbt. Leukosin-Vakuolen derselben Art speichern nicht die beiden Farbstoffe, während die Leukosin-Vakuolen von einem apochlorotischen *Ochromonas* sich mit Brillantcresylblau violett färben und die kontraktilen Vakuolen mit demselben Farbstoff einen blauen Farbton annehmen (GAVAUDAN 1932 a).

Von den Conjugaten hat bereits PFEFFER (1886) *Zygnema* und *Spirogyra* untersucht. Methylenblau wird von *Zygnema* zum Teil diffus im Zellsaft gespeichert, während bei *Spirogyra* vorwiegend ein feinkörniger Niederschlag entsteht (vgl. auch SCARTH 1926 a). LOEW (1917 b) beobachtet bei absterbenden *Spirogyra*-Zellen in Malachitgrünlösungen die Bildung von Kristallen nicht nur zwischen Cytoplasma und Zellwand, sondern nach Coffeinbehandlung auch im Zellsaft. Es soll sich um die auskristallisierte Leukobase des Farbstoffes handeln, was aber kaum zutreffen dürfte. Mit Neutralrot treten nach HUBER (1956) im Zellsaft von *Spirogyra* hellviolette Tröpfchen auf, die rasch an Größe zunehmen und nicht mit präformierten Gerbstoffbläschen identisch sein sollen. HÖFLER und SCHINDLER (1955) stellen für die von ihnen geprüften Spirogyren volle und für *Mougeotia* leere Zellsäfte fest. Unter Umständen färbt sich der Zellsaft von *Spirogyra* auch mit den anionischen Farbstoffen Eosin und Säurefuchsin (SCARTH 1926 b). Diese Angaben bedürfen jedoch der Nachprüfung.

Häufiger sind die Vakuolen der Desmidiaceen und Mesotaeniaceen mit Hilfe der Vitalfärbung analysiert worden. BARG (1942) macht bei verschiedenen Desmidiaceen die Vakuolen erst durch Neutralrot sichtbar. Nach P. A. DANGEARD (1932) speichern bei *Closterium* die Kristallvakuolen und einige andere Vakuolen Neutralrot, sie können aber auch farblos bleiben. Untersuchungen über die Aufnahme von Toluidinblau, Neutralrot und Brillantcresylblau in Abhängigkeit von der Außen-cH durch die Vakuolen verschiedener Desmidiaceen liegen von HIRN (1953 a) vor. Eingehend hat sich KIERMAYER (1954, 1955 a, 1956) mit der Zellsaftfärbung bei dieser Algengruppe befaßt. Bei *Closterium lunula* färben sich die Kristallvakuolen mit Brillantcresylblau rötlich-violett und die sogenannten Wabenvakuolen zwischen den Leisten des Chloroplasten hellblau. *Pleurotaenium* zeigt nicht diese metachromatischen Unterschiede der beiden Vakuolen-Arten. Bei *Desmidium swartzii* speichern Zellen desselben Fadens Brillantcresylblau teils mit violettem, teils mit blauem Farbton. *Cosmarium pseudopyramidatum* und *Euastrum obesum* geben mit Brillantcresyl- und Toluidinblau stets eine grünblaue Vakuolenfärbung (KIERMAYER 1954) statt der violetten bei den meisten anderen Desmidiaceen (VON CHOLNOKY und HÖFLER 1950), sie dürften demnach volle Zellsäfte besitzen wie *Cylindrocystis brébissonii* und *Netrium digitus* unter den Mesotaeniaceen (vgl. auch HÖFLER und SCHINDLER 1955, HUBER 1955, KOWALLIK 1965). In Analogie zu den Diatomeen treten bei den Desmidiaceen trotz positiv metachromatischer Zellsaftfärbung kugelige Entmischungen auf. Nach KOWALLIK (1965) sind diese Entmischungskugeln stark quell- und entquellbar sowie nach vorhergehender Abtötung der Zellen in 96% Alkohol leicht mit 0,3 mol CaCl₂ zu entfärben. Wahrscheinlich handelt es sich auch in diesem Fall um Zellsaftpektine, die bei Verdunkelung der Zellen abgebaut werden. Höfler (1965) und Kowallik (1965) schlagen vor, diese Zellsäfte als „leer" zu bezeichnen (vgl. S. 409).

Chlorella speichert Neutralrot und andere kationische Farbstoffe in Form stark gefärbter Tröpfchen im Zellsaft (Genevois 1928). Bei *Platymonas, Stigeoclonium* und *Oedogonium* bilden sich nach Chadefaud (1936) im Zellsaft nicht nur nach einer Vitalfärbung mit Neutralrot und Brillantcresylblau Entmischungen, sondern es entstehen auch mit Alkohol, Formol oder Sublimat Niederschläge, die sich nachträglich färben lassen. Prát (1931 c) beobachtet bei *Oedogonium* nach einer Färbung mit Methylenblau das Auftreten von zahlreichen nadel- bis langsäulenförmigen Kristallen. Aus dem Farbton des gespeicherten Neutralrots schließt Chadefaud auf pH 6,5—7,8, während der Farbtonumschlag vom Brillantcresylblau nach Violettpurpur im Zellsaft nicht pH-bedingt, sondern auf einer Adsorption an Zellsaftkolloiden beruhen soll. Der Autor kommt zu dem Schluß, daß das Vakuom der Grünalgen normalerweise alkalisch reagiert und Kolloide enthält, die im alkalischen Medium kationische Vitalfarbstoffe mit positiv metachromatischem Farbton adsorbieren. Bei Asphyxie und reichlichem Gerbstoffgehalt wird das Vakuom sauer, so daß Adsorption und Metachromasie schwinden. Nach unserer heutigen Kenntnis dürfte auch der Farbton des gespeicherten Neutralrots nicht durch die cH des Zellsaftes bedingt sein, sondern ebenfalls auf Metachromasie beruhen.

Einen eigenartigen Vitalfärbungseffekt beschreiben Gicklhorn und Möschl (1930) von *Cladophora*. Neutralrot, Brillantcresyl-, Methylen- und Toluidinblau werden zunächst diffus im gekammerten Zellsaft gespeichert, so daß sich die farblos bleibenden plasmatischen Schaumlamellen zwischen den Vakuolen scharf abheben. Nach 30—60 Min. kontrahiert sich der Zellsaft in den einzelnen Kammern stark, und die kontrahierten Vakuolen zeigen die gleichen Umrisse wie die dazugehörigen Zellkammern. Beim Zerschneiden der Algenfäden verteilt sich der kontrahierte und gefärbte Vakuoleninhalt im Wasser, ohne daß selbst nach Stunden ein Verquellen oder Lösen erfolgt. Moser (1942) und Höfler (1956 a) können das Färbungsbild bestätigen. Mit Acridinorange fluresciert der kontrahierte gelartige Inhalt der Teilvakuolen grellrot, und mit Brillantcresylblau färbt er sich blau. Nur die peripheren Vakuolen zeigen die Kontraktion, nie die größeren Schaumvakuolen im Innern des Protoplasten, die sich kaum färben. Eingehender untersucht Diskus (1961) das Verhalten verschiedener mariner und Süßwasser-Arten von *Cladophora* mit demselben Ergebnis. Rhodamin B färbt nur schwach die peripheren Teilvakuolen, und obwohl Acridinorange eine Rotfluorescenz bedingt, müssen volle Zellsäfte vorliegen, da die mit Neutralrot gefärbten Vakuolen weder durch $CaCl_2$ noch NH_3 entfärbt werden können. Eine Fluorochromierung mit Uranin ist nicht zu erreichen.

Bei *Coleochaete*-Arten färben sich die Zellsäfte des basalen, Kern und Chromatophoren enthaltenden Abschnittes homogen mit Neutralrot im Farbton leerer Zellsäfte. Merkwürdigerweise speichert das eigentliche Haar, das hauptsächlich Zellsaft enthält, keinen Farbstoff. Auch in den Nichthaarzellen ist zunächst keine Färbung zu beobachten, allmählich färben sich aber präformierte kugelige Körper in den Vakuolen der peripheren Zellen (Geitler 1960 a, b).

Beckerowa (1935) beschreibt für *Bryopsis plumosa* netzartige Strukturen im Zellsaft, die sich mit Neutralrot und Methylenblau färben. Brillantcresylblau tönt den Zellsaft blau. Mit Neutralrot bilden sich allmählich lange nadel- oder besenförmige rote Farbstoffkristalle. Allem Anschein nach fällt die Farbbase aus. Nach HONSELL (1957 a) färben sich die Vakuolen von *Bryopsis plumosa* mit Neutralrot im Farbton leerer Zellsäfte, und nach HÖFLER (1963 b) zeigen die Fiederzellen von *Bryopsis cupressoides* mit Neutralrot nur hellrote Kugeln im sonst farblosen Zellsaft. Eine positiv metachromatische Diffusfärbung weist der Zellsaft von Zellen im Tonoplastenstadium auf. Auch Färbungen mit Brillantcresylblau und Acridinorange deuten bei *Bryopsis* leeren Zellsaft an (HÖFLER, URL und DISKUS 1956 b).

Auf die an anderen Stellen (S. 374 u. f.) bereits besprochenen Arbeiten von IRWIN und von BROOKS über Vakuolenfärbungen bei *Valonia* und Characeen soll hier nur hingewiesen werden. Die Vakuolenfärbung von *Chara* mit Neutralrot und Brillantcresylblau ist auch von CAZALAS (1930) untersucht worden. Nach HONSELL (1957 c) besitzen *Nitella mucronata* und *Chara crinita* leere Zellsäfte, und die Vakuolen der Internodialzellen speichern stärker als die der umgebenden Rindenzellen. Die Zellsaftfärbung bei *Nitella* erfolgt nach dem Ionenfallenprinzip (KONČALOVÁ 1965 a). *Tolypellopsis stelligera* nimmt keine sulfosauren Farbstoffe auf, speichert aber Neutralrot so stark, daß die Konzentration im Zellsaft nach einer Stunde das 30 bis 40fache der Außenkonzentration erreicht hat (COLLANDER und VIRTANEN 1938).

Bei der Rotalge *Polysiphonia* bilden sich mit Methylenblau und Neutralrot im Zellsaft kristalline Ausfällungen (PRÁT 1931 c). Während bei Chlorophyceen und Phaeophyceen die Färbungsintensität der Vakuolen mit kationischen Farbstoffen nach einer Schädigung der Zellen steigt, führt bei Rhodophyceen schon eine leichte Schädigung zu einer Entfärbung (PRÁT 1931 d). *Antithamnion plumula* zeigt mit Methylenblau eine diffuse Vakuolenfärbung, während die meisten Rotalgen diesen Farbstoff aus einer Lösung in Seewasser vorwiegend an den Zellwänden adsorbieren (BIEBL 1939). Über eine besondere Affinität der Blasenzellen von *Antithamnion*-Arten zu Anilinblau (wahrscheinlich Methylenblau) berichtet bereits NESTLER (1899). Aus dem Farbton des in der Vakuole gespeicherten Neutralrots schließt KYLIN (1938) bei einer Anzahl von Rotalgen auf den pH-Wert des Zellsaftes. Bei *Polysiphonia* fällt der Farbstoff entsprechend den Beobachtungen von PRÁT in kristalliner Form aus. Aus den von KYLIN aufgeführten Farbtönen des gespeicherten Neutralrots ist zu vermuten, daß bei den Rhodophyceen sowohl Arten mit leeren als auch mit vollen Zellsäften vorkommen; dies kann durch Färbungen mit Rhodamin B, Nil- und Brillantcresylblau sowie Acridinorange von HÖFLER, URL und DISKUS (1956 a, b), HÖFLER (1961) und TSEKOS (1965) bestätigt werden. Die meisten bisher untersuchten Arten haben allerdings leere Zellsäfte, als voll erweisen sie sich bei einer *Polysiphonia*-Art und bei *Dasya*-Arten. Als Speicherstoffe sollen weder Gerbstoffe noch Flavonglukoside, sondern unbekannte hochmolekulare Stoffe mit sauren Gruppen vorliegen (HÖFLER 1961, TSEKOS 1965).

Von Myxomyceten hat SKUPIENSKI (1929, 1931) *Didymium nigripes* untersucht und eine Vakuolenfärbung mit Neutralrot beobachtet. Am kräftigsten färben sich die Verdauungsvakuolen. Die Myxamöben derselben Art speichern Acridinorange mit kupferroter Fluorescenz im Zellsaft (STRUGGER 1941 b). Die Vakuolen in den Plasmodien von *Hemitrichia vesparium* färben sich mit Neutralrot homogen oder bilden einen Niederschlag (MANGENOT 1933 a).

In dem „Plasmodium" des auf Desmidiaceen parasitierenden Rhizopoden *Vampyrella closterii* befinden sich an der Peripherie gerbstoffhaltige Vakuolen, die Neutralrot und Brillantcresylblau aufnehmen, andere noch vorhandene Vakuolen lassen sich nicht vital färben (Poisson und Mangenot 1933).

Unter den Phycomyceten ist die Vakuolenfärbung bei *Saprolegnia* und *Achlya*, vor allem von Guilliermond, zur Klärung der Vakuolenentwicklung benutzt worden (vgl. vorhergehenden Abschnitt). Nach Johannes (1939) speichern viele kleine Vakuolen in *Saprolegnia*-Hyphen Neutralrot und fließen dann unter der Farbstoffeinwirkung zu großen Vakuolen zusammen. Dabei bilden sich häufig Entmischungen. Auch bei *Basidiobolus ranarum* lassen sich die Vakuolen mit Neutralrot färben (Johannes 1939), nach Becker und Skupienski (1935) aber nicht, wenn der Farbstoff mit der Nährlösung geboten wird. In diesem Fall wachsen die Hyphen normal weiter, bleiben jedoch farblos (s. S. 523). Die Vakuolen von *Phycomyces blakesleeanus* (Johannes 1950 a) fluorescieren ebenso wie die von *Achlya racemosa* (Johannes 1954) mit Acridinorange kupferrot. Es bilden sich nach einiger Zeit Entmischungen im Zellsaft. Mit Chrysoidin kann Dietrich (1929) bei *Mucor mucedo* und *Phycomyces nitens* keine Vakuolenfärbung erhalten. Alle Ergebnisse — mit Ausnahme der Zellsaftentmischung — sprechen bei den bisher untersuchten Phycomyceten für leere Zellsäfte. Die Entmischungen deuten aber darauf hin, daß ähnlich wie bei einigen Algen der Zellsaft trotzdem farbstoffspeichernde Substanzen enthalten muß. Bei jungen Sporangienträgern von *Phycomyces blakesleeanus* hat Küster (1940 c) mit den sulfosauren Farbstoffen Fuchsin S und Lichtgrün SF Vakuolenfärbungen erhalten.

Von den Pilzen sind die Hefen das beliebteste Objekt für Vitalfärbungsversuche. Bereits Hieronymus (1893) und Küster (1898) beschreiben für lebende Zellen von Preßhefe eine Vakuolenfärbung mit Methylenblau. Beide Autoren geben auch schon unterschiedliche Farbtöne des gespeicherten Methylenblaus an. Nach Küster färben sich zunächst „Vakuolenkörnchen" rot, und erst allmählich speichert die ganze Vakuole den Farbstoff. Dieses Verhalten gegenüber Methylenblau kann von Henneberg (1912, 1916) bestätigt werden. Guilliermond (1902) bezeichnet die in der lebenden Hefezelle Methylenblau speichernden Vakuolenkörnchen als „corpuscules métachromatiques", ein aus der Bakteriologie entlehnter Begriff. Eingehende Untersuchungen über die Vakuolenfärbung, vor allem mit Neutralrot, bei verschiedenen Hefen liegen von Guilliermond (1923 a, 1924 a, b, 1929 a, b, 1940, Guilliermond und Gautheret 1938 d, 1939 a, 1940/46) vor. Nach Guilliermond färben sich nicht zuerst präformierte „Vakuolenkörnchen", sondern der Farbstoff bedingt eine Entmischung der Zellsaftkolloide, die als rote Tröpfchen sichtbar werden, sie legen sich häufig dem Tonoplasten an und bilden rote Sicheln oder Ringe. Die Entmischungen können auch wieder in Lösung gehen und dann eine diffuse Zellsaftfärbung bedingen. Auch nach Brandt (1942) tritt am Rand der Vakuole mit Neutralrot eine stärkere Färbung auf — wie sie bereits Hieronymus (1893) für Methylenblau beschreibt —, und im Zellsaft entstehen gefärbte Ausflockungen.

Aus der Gruppe der Ascomyceten ist ferner von Plato und Guth (1901) *Penicillium brevicaule* mit Neutralrot in alkalischer Lösung gefärbt worden. Bei den von den Autoren beschriebenen teils runden, teils ovalen, teils langgestreckten gefärbten „Kugeln", die sie als „Granula" bezeichnen, handelt es sich ohne

Zweifel um Vakuolen, zumal an diesen „Granula" tief dunkelrot gefärbte Kappen auftreten können, die Entmischungen des Zellsaftes darstellen dürften. Allem Anschein nach haben PLATO und GUTH auch schon den Asphyxieeffekt (s. S. 353) beobachtet, da bei Hyphen mit „Granula"-Färbung entweder spontan oder als Folge irgendeiner schädigenden Einwirkung plötzlich eine diffuse Rosafärbung der Zellen zu sehen ist. Hierbei handelt es sich wahrscheinlich um einen Wechsel von der Vakuolen- zur Zellwandfärbung unter dem Einfluß des Deckglasabschlusses. In den Konidien von *Sphaerotheca fuliginosa* entstehen in den Vakuolen zunächst mit Neutralrot tropfige Entmischungen. Erst nach dem Ausfallen der Tropfen nimmt der übrige Zellsaft einen schwach orange Farbton an (HASHIOKA 1936). Eine Vitalfärbung des Vakuoms von *Aspergillus niger* mit Neutralrot beschreibt COSMOVICI (1939). Die Vakuolen im Mycel von *Claviceps purpurea* sollen sich nach JUNG und ROCHELMEYER (1960) mit Neutralrot, aber im allgemeinen nicht mit Acridinorange färben. Nur in alten Konidien erhalten die Autoren mit Acridinorange eine schwache Rotfluorescenz des Zellsaftes.

Im Thallus von Flechten, wie *Peltigera* u. a., macht REDON (1940) das Vakuom der Pilzhyphen mit Neutralrot sichtbar. Sind die Thalli trocken, besteht das Vakuom aus kleinen Granuli, die bei der Anfärbung bereits beginnen, Wasser aufzunehmen und größer zu werden. Im wassergesättigten Zustand sind die Vakuolen kugelig oder in Richtung der Hyphenlängsachse gestreckt. Die intensive Farbstoffspeicherung wird auf einen hohen Kolloidgehalt der Vakuolen zurückgeführt. Trotz des Kolloidgehaltes färbt sich auch in diesem Fall der Zellsaft positiv metachromatisch.

BOSE (1927) färbt die Vakuolen in Basidien mit Neutralrot, und KRISAI-KNYRIM (1959) sowie HÖFLER und KINZEL (1963) untersuchen die Speicherung von Neutralrot, Toluidinblau, Rhodamin B und Acridinorange durch das Plectenchym verschiedener Blätterpilze. Die Vakuolen färben sich immer im Farbton leerer Zellsäfte, also positiv metachromatisch. Zum cytologischen Studium der Ustilagineen tingiert WANG (1934) deren Vakuom mit Neutralrot und Brillantcresylblau.

Bei Lebermoosen soll sich nach GAVAUDAN (1930a) das Vakuom außer mit Neutralrot und Brillantcresylblau auch mit Chrysoidin, Dahliaviolett und Janusgrün färben. *Plagiochila* speichert Neutralrot in der Vakuole (SCHEIBMAIR 1937). Nach dem von BIEBL (1940) angegebenen weinroten Farbton des von *Plagiochila asplenioides* aufgenommenen Neutralrots müßte es sich um einen vollen Zellsaft handeln. Dafür spricht das Auftreten von Entmischungskugeln und die Vakuolenfärbung mit Methylenblau. Alkalische Reaktion begünstigt auch bei den Lebermoosen die Zellsaftfärbung mit kationischen Farbstoffen (PORZER 1952).

Neutralrot wird vom Protonema von *Funaria hygrometrica* (KRESSIN 1935) und *Polytrichum commune* (GUILLIERMOND 1937b) unter Bildung von Entmischungskörpern im Zellsaft gespeichert. Nach GUILLIERMOND sollen die entstehenden Farbstofftröpfchen in das Cytoplasma übertreten. *Bryum capillare* zeigt mit Neutralrot Vakuolenfärbung (BIEBL 1940). Durch Färbung der Spermatozoidenmutterzellen von *Sphagnum* mit Neutralrot kann MÜHLDORF (1930) nachweisen, daß die vorhandenen Vakuolen immer außerhalb der Spermatozoiden liegen. Die Spermatozoiden selber führen nie Vakuolen.

An Farnprothallien hat bereits KLEBS (1919) mit kationischen Farbstoffen

Zellsaftfärbungen erhalten. Nach einem Aufenthalt von 24 Stdn. und mehr in der Farblösung sollen auch einige anionische Farbstoffe vom Zellsaft gespeichert werden, z. B. Alizarinrot unter Bildung gelber Kristallhäufchen. Bei Hymenophyllaceen hat Härtel (1940) mit Neutralrot Vakuolenfärbung erhalten. Nach Germ und Kubelka (1965) besitzen die Rindenzellen des Stämmchens von *Selaginella martensii* ,,leeren'' Zellsaft, da sie weder Chrysoidin noch Rhodamin B in der Vakuole speichern. Diese Farbstoffe färben nur das Plasma.

Von den Samenpflanzen sind in erster Linie wegen ihrer leichten Präparation und Beobachtungsmöglichkeit Epidermiszellen als Versuchsobjekte herangezogen worden. Ferner sind auch Wasserpflanzen beliebte Objekte, da sie von Natur aus an ein wässeriges Milieu angepaßt sind und so den Färbungsprozeß besser vertragen dürften. Auf Grund des zarten Baues ihrer Blätter, die häufig nur zwei Zellschichten dick sind, lassen sich die Zellen ohne weitere Präparation gut beobachten. Seit Pfeffer (1886) werden *Helodea canadensis* und in neuerer Zeit auch *H. densa* viel benutzt. Die Vakuolen der Blattzellen färben sich mit Neutralrot zunächst homogen; häufig treten aber bald gefärbte Krümel im Zellsaft auf (Hofmeister 1938), die an den Polen der Zelle zu kappenförmigen Gebilden zusammenfließen können (Weber 1930 a). Prune pure bedingt eine schwache hellblaue Vakuolenfärbung (Schönleber 1937 b), die allerdings nicht immer zu erzielen ist und in jungen Zellen an der Blattbasis einen violetten Farbton annehmen kann (Drawert 1938 c). Mit Rhodamin B färbt sich der Zellsaft in *Helodea*-Blättern rosa (Strugger 1937 a, Drawert 1937 d, Zurzycki und Starzecki 1961). Ähnlich dem Verhalten gegenüber Prune pure speichern aber meist nicht alle Zellen eines Blattes Rhodamin B oder 3 B (Drawert 1939 a). Aus den geschilderten Ergebnissen kann auf einen vollen Zellsaft in den *Helodea*-Blättern geschlossen werden. Diesem Schluß widerspricht die Angabe von Perner (1950 b), daß die Vakuolen in den Blattzellen von *Helodea densa* nach Färbung mit Acridinorange eine kupferrote Fluorescenz zeigen. Die ,,Füllung'' kann demnach nicht auf Substanzen mit phenolischen OH-Gruppen beruhen. Auch dieser Erscheinung wegen ist davon abzuraten, nur Zellsäfte mit gerbstoffartigen oder flavonoiden Inhaltsstoffen als ,,voll'' zu bezeichnen (s. S. 409).

Für *Ceratophyllum*-Arten gibt Gicklhorn (1929 a) nach Neutralrotbehandlung eine anfangs homogene Zellsaftfärbung an. Bald bilden sich aber intensiv gefärbte Tröpfchen, die sich in drusenförmige Kristallaggregate umwandeln, die auch im Plasma entstehen können. Kristalle treten nach Neutralrotfärbung ebenso im Zellsaft der Hydrocharitacee *Halophila stipulacea* auf (Diannelidis 1963). Hier speichern die Vakuolen der Blätter den Farbstoff zunächst diffus mit violettblauem Farbton, dann entstehen violett-dunkelrote Entmischungstropfen, aus denen langsam feine Kriställchen abgeschieden werden. In Form von Entmischungstropfen speichert dasselbe Objekt auch Methylen-, Toluidin-, Brillantcresylblau, Rhodamin B und Acridinorange. Farbtöne und Entmischungsformen weisen auf volle Zellsäfte mit flavonoidem Charakter hin. Auch die Wurzelhaare von *Hydrocharis morsus-ranae* müssen vollen Zellsaft besitzen, da nach Schaede (1923 b) Prune pure die Vakuole färbt und sich der Zellsaft mit Brillantcresyl-, Nil-, Naphthol- und Neumethylenblau entmischt. Einige Potamogetonaceen zeigen ebenfalls im Zellsaft der Epidermis nach Färbung mit Neutralrot Entmischungen (Pop 1959).

Viele Untersuchungen über die Vakuolenfärbung sind seit RUHLAND (1908 a, 1912 b) mit den beiderseitigen Epidermen der Schuppenblätter von *Allium cepa* durchgeführt worden. Auf Grund ihrer leichten Abtrennung vom Mesophyll wird bevorzugt die Oberepidermis benutzt. Im Gegensatz zur Oberepidermis, die bei ruhenden Zwiebeln einen leeren Zellsaft führt, besitzt die Unterepidermis immer einen vollen Zellsaft mit flavonoidem Charakter, so daß die gleichzeitige Untersuchung beider Epidermen sehr anzuraten ist. RUHLAND hat bereits auf das unterschiedliche Verhalten der beiden Epidermen hingewiesen. Die schwächer dissoziierten Farbstoffe wie Prune pure, Chrysoidin, Rhodamin B, Methylviolett, Methylrot werden von der Unterepidermis in der Vakuole gespeichert, von der Oberepidermis dagegen in Kern und Cytoplasma. Auf die Vakuolenfärbung bei *Allium cepa* soll hier im einzelnen nicht näher eingegangen werden, da sich darüber in anderen Kapiteln eine Reihe von Angaben findet. Vergleichende Untersuchungen sind an beiden Epidermen mit einer Anzahl kationischer Farbstoffe von DRAWERT (1940, 1951 a) und WIESNER (1951) durchgeführt worden.

Bei Sauerstoffzutritt kann allerdings auch der Zellsaft in der Oberepidermis voll werden (s. S. 415). Diese Erscheinung muß beim Studium der Vakuolenfärbung unbedingt berücksichtigt werden. LUYET und GEHENIO (1936) erhalten bei der Durchstrahlung von *Allium*-Oberepidermen mit UV ein Mosaik von absorbierenden und weniger oder nicht absorbierenden Zellen. Aus Plasmolyse- und Vitalfärbeversuchen schließen sie, daß die nicht absorbierenden Zellen wahrscheinlich abgestorben sind. Nach unseren jetzigen Kenntnissen ist eher anzunehmen, daß den Autoren Epidermen mit einer mosaikartigen Anordnung von Zellen mit leeren und vollen Zellsäften vorgelegen haben, wie man sie z. B. bei bereits treibenden oder vorher gut durchlüfteten Zwiebeln beobachten kann. Mit der Anreicherung des Zellsaftes an flavonoiden Substanzen nimmt die UV-Absorption der Vakuolen ganz beträchtlich zu (vgl. S. 408, Abb. 143).

Aus diesem Grunde ist es naheliegend, das so häufige Auftreten voller Zellsäfte in Epidermen (HÖFLER 1949 b) mit einer Strahlenschutzfunktion in Zusammenhang zu bringen. Nach den bisherigen Untersuchungen finden wir volle Zellsäfte z. B. in der Epidermis der Blätter von *Platanthera bifolia* und des Stengels von *Ballota nigra*; *Orchis maculata* besitzt dagegen, mit Ausnahme der Schließzellen, leeren Zellsaft (HÖFLER und STIEGLER 1947, Cresylechtviolett). Voll sind die Epidermen — die Angaben beziehen sich vorwiegend auf die Unterepidermis — der Blätter von *Dipsacus silvester, Listera ovata, Epipactis latifolia, Trifolium montanum, Lactuca sativa* (HÖFLER 1949 b, Acridinorange, Rhodamin B, Pyronin), *Coronilla varia, Lathyrus pratensis, Lotus corniculatus, Vicia cracca, Daphne laureola, Cerinthe minor, Calamintha alpina, Digitalis ambigua, Anacamptis pyramidalis, Cephalanthera alba* und *C. rubra* (TOTH 1952, Neutralrot: leere Zellsäfte in der Unterepidermis haben nach derselben Autorin außer *Orchis maculata* nur noch *O. militaris* und *Epipactis latifolia*, nach HÖFLER 1949 b besitzt aber *E. latifolia* vollen Zellsaft). HÄRTEL (1952 b, 1953 b, Acridinorange, Pyronin) gibt für folgende Epidermen volle Zellsäfte an: *Monotropa hypopitys, Pirola secunda, Cirsium arvense*, und desgleichen BIEBL (1956 b, Rhodamin B, Nilblau, Brillantcresylblau) für die Blattstielepidermen von *Nicotiana glauca, N. glauca* × *plumbaginifolia, Brassica oleracea, Soja hispida*. Auch die Vakuolen der Unterepidermis von *Buxus sempervirens*-Blättern besitzen einen vollen Zellsaft (Flasch und Kinzel 1954) ebenso wie die Epidermiszellen von *Vanilla planifolia, V. pompona* und der Zwiebelschuppen von *Lilium candidum* und *L. tigrinum* (Thaler 1956). Auch die Zwiebelschuppen von *Hippeastrum hybridum* (= *Amaryllis vittata*) haben in der Unterepidermis volle und in der Oberepidermis leere Zellsäfte (Thaler 1966, Acridinorange). Flasch (1956) untersucht die Auswaschbarkeit der von vollen Zellsäften gespeicherten kationischen Farbstoffe und kommt zu dem Schluß, daß Farbstoffe mit hoher Dissoziationskonstante der Farbbase festere Bindungen eingehen. Schwer ionisierbare Farbstoffe lassen sich dagegen verhältnismäßig leicht wieder auswaschen. Neutralrot nimmt eine Mittelstellung ein.

Leere und volle Zellsäfte können in ein und derselben Zelle vorkommen. So beschreiben Bailey (1930) sowie Bailey und Zirkle (1931) für das Cambium einiger Gymnospermen und Dicotylen zwei Vakuolentypen. Der A-Typ färbt sich mit Neutral- und Methylrot intensiv magenta oder rot, und der B-Typ speichert Neutralrot mit orange oder rotorange Farbton und bleibt mit Methylrot farblos. Die Autoren weisen darauf hin, daß sich der A-Typ durch den Besitz von Phenolabkömmlingen, wie Tanninen und Flavonen, sowie durch die Neigung, gefärbte Niederschläge zu bilden, auszeichnet. Für die Zellen der Wurzelspitzen verschiedener Pflanzen hat Politis (1950, 1954) mit Methylenblau zwei verschiedene Vakuolentypen festgestellt. P. Dangeard (1920) gibt für die Epidermen junger Blätter von *Taxus baccata* ebenfalls zwei Zellsorten an, die aber nur im Winter nachzuweisen sind. Die eine Zellensorte enthält Tannin im Zellsaft und gibt mit Methylen- und Brillantcresylblau eine blaue und mit Neutralrot eine himbeerrote Vakuolenfärbung. Die andere Zellensorte ist tanninfrei und färbt sich mit den blauen Farbstoffen violett bis rot und mit Neutralrot orangerot. Die letzte Zellensorte befindet sich mit nur schwach ausgebildetem Vakuom noch im meristematischen Zustand. Im April, wenn die Blätter völlig ausgewachsen sind, führen sie nur tanninhaltige Zellen.

Auch die anthocyanführenden Zellen gehören in die Gruppe mit vollem Zellsaft. Die pigmentierte Epidermis von *Tradescantia*-Arten speichert Neutralrot unter Bildung eines Niederschlages (Scarth 1926 a). Die Fluorescenz von Acridinorange wird durch Anthocyan gelöscht, wie Höfler (1949 b) an anthocyanhaltigen Zellen in der Hypodermis des Stengels von *Maianthemum bifolium* beobachtet. In diesem Zusammenhang ist die Vitalfärbung bunter Blumenblätter von Interesse. von Cholnoky (1950 a, b) färbt die Unterepidermen roter und blauer Blumenblätter von *Senecio cruentus* („Cineraria") mit Nilblau und Neutralrot. Im Zellsaft entstehen nur Entmischungen. Dasselbe ist bei roten Primeln zu beobachten (von Cholnoky 1952). Da rote und blaue Zellen keinen grundlegenden Unterschied in dem Färbungsvorgang zeigen, schließt von Cholnoky (1950 a), daß die Aufnahme und Speicherung von Nilblau unabhängig vom pH-Wert des Zellsaftes zu sein scheint. Dabei übersieht der Autor, daß der Farbton des Anthocyans nichts über den pH-Wert des Zellsaftes aussagt (Drawert 1954 b).

Die sogenannten Anthocyanophoren in den Epidermiszellen der Kronblätter von *Centaurium umbellatum* färben sich nur langsam und schwach mit Neutralrot, und der Zellsaft, in dem die Gebilde liegen, speichert meist keinen Farbstoff (Weber 1937 b). In den Blumenblättern von *Anchusa* und *Symphytum* bewirkt

Neutralrot eine Zellsaftverfestigung (HOFMEISTER 1940 a). Dieser Effekt hat nichts mit dem Anthocyan zu tun, da auch farblose Parenchymzellen aus dem Stengel von *Symphytum* dieselbe Erscheinung aufweisen; andererseits tritt sie aber nicht in der Blattepidermis von *Echium* auf.

In den Parenchymzellen der Blütenachse von *Hyacinthus, Scilla, Ornithogalum, Muscari* entsteht nach Vitalfärbung mit Neutralrot an der Grenze Zellsaft/ Plasma eine zusammenhängende Niederschlagsmembran, die sich alsbald kontrahiert und einen schmutzigroten Schlauch bildet, der verkleinert die Form der Zelle wiedergibt. Diese Niederschlagskörper werden mit den Anthocyanophoren der Borraginaceen verglichen (KÜSTER 1946).

Da viele gelbe und weiße Blüten Flavonole in der Vakuole enthalten, treffen wir auch hier vorwiegend volle Zellsäfte an. Die gelben Kronblätter von *Verbascum*-Arten zeigen nach Färbung mit Neutralrot, Nil-, Methylenblau und Chrysoidin im Zellsaft myelinartige Entmischungen (SCHORR 1938). Ähnliche Entmischungen erhält POLITIS (1957) in den Epidermiszellen der Kronblätter und der Filamente einiger weißer Rosaceen nach Vitalfärbung mit Methylenblau. Da die Gebilde nach Meinung des Autors im Plasma liegen, hält er sie für Gerbstoffbildner und bezeichnet sie als Tanninoplasten. Den Bildern nach handelt es sich aber um Entmischungsformen voller Zellsäfte, die allerdings manchmal in das Plasma übertreten können, was aber in den photographisch gebrachten Beispielen kaum der Fall sein dürfte.

Häufig wird die Vitalfärbung des Zellsaftes auch zum Studium des Vakuolensystems spezialisierter Zellen angewendet, so bei Carnivoren wie *Pinguicula* (DUFRÉNOY 1929, MIRIMANOFF 1938, DÉSIRÉ 1946) und *Sarracenia* (DUFRÉNOY 1929). Die langgestreckten Zellen des Leitbündelparenchyms von *Monotropa hypopitys* speichern Neutralrot intensiv im Vakuom (DUFRÉNOY 1930). Im Meristem der Wurzeln von *Vanilla planifolia* und *Hyacinthus orientalis* lassen sich nach Färbung mit Neutralrot bestimmte Zellen als Raphideninitialen erkennen, und es kann deren Weiterentwicklung verfolgt werden (HUREL-PY 1942 a). Die Vakuolen der Siebröhren und der Geleitzellen von *Robinia pseudacacia* speichern Neutralrot aus wässeriger Lösung mit pH 8, bei *Cucurbita* färben sich — von ganz jungen Siebröhren abgesehen — nur die Geleitzellen (HUBER und ROUSCHAL 1938). Auch bei *Pinus silvestris* und *Picea pungens* färbt sich nur der Zellsaft junger Siebröhren mit Neutralrot. Der Farbton ist ziegelrot (ROUSCHAL 1940 b). Dasselbe beobachten ABBÉ und CRAFTS (1939) und CRAFTS (1939). Nach ESCHRICH (1953) speichert der Zellsaft von Wundsiebröhren bei *Impatiens holstii* Neutralrot nur, solange die Zellen noch einen Kern besitzen. Bei den Längssiebröhren hört im allgemeinen die Farbstoffspeicherung bereits beim 4. oder 5. Glied auf, ältere Glieder färben sich nicht mehr, obwohl die Zellen noch einen Kern enthalten.

DUFRÉNOY (1928) stellt mit Hilfe der Neutralrotfärbung fest, daß sich die Vakuolensysteme der Zellen mosaikkranker Zuckerrohrpflanzen von dem gesunder Pflanzen unterscheiden. Zur besseren Beobachtung des Verhaltens der Vakuolen in Austrocknungsversuchen färbt sie ETZ (1939) mit Neutralrot. Mit dem aus der Färbung fixierter Zellen bekannten Haematoxylin erhält KÜSTER (1952 a) bei Zwiebelzellen von *Allium cepa* eine vitale Vakuolenfärbung, und nach SCHOPFER (1940 b, 1942) lassen sich die Vakuolen von *Allium* und anderen Pflanzen mit Thiochrom, einem Abbauprodukt des Aneurins, vital fluorochromieren.

Sulfosaure Farbstoffe werden im allgemeinen nur vom Zellsaft spezialisierter Zellen, wie Leitbündelparenchym, Epidermen und Mesophyll weißer Blumenblätter, gespeichert. Die Anwesenheit von Carotinoiden in den Blumenblattzellen scheint eine Speicherung sulfosaurer Farbstoffe auszuschließen, zumindest stark zu hemmen (Drawert 1941 b). Der Zellsaft speichert diese Farbstoffe meist homogen. Nur in seltenen Fällen entsteht ein Niederschlag. So berichtet Küster (1911/12) von einem feinen Niederschlag nach Färbung mit Indigocarmin, und Drawert und Endlich (1956) erhalten mit Brillantsulfoflavin FF in den Blumenblattepidermen von *Chrysanthemum leucanthemum* kristalline Ausfällungen (Abb. 151). Die Transpirationsmethode ist besonders für die Vitalfärbung mit sulfosauren Farbstoffen geeignet.

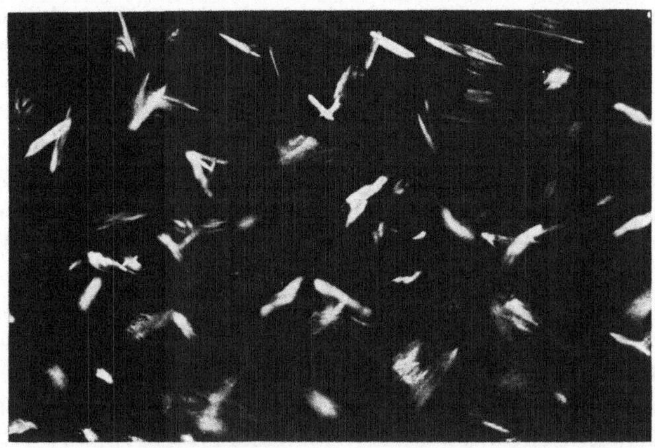

Abb. 151. Blumenblattstück von *Chrysanthemum leucanthemum* nach Vitalfärbung mit Brillantsulfoflavin FF. Unterepidermis mit kristallinen Ausfällungen im Zellsaft, die im polarisierten Licht eine Doppelbrechung zeigen. (Nach Drawert und Endlich 1956.)

γ) Vakuolenkontraktion

Häufig ist die Vitalfärbung des Zellsaftes mit kationischen Farbstoffen mit einer Kontraktion der Vakuole verbunden. Als erster hat Küster (1927 d) diese Erscheinung in den Wundrandzellen der Unterepidermis der Schuppenblätter von *Allium cepa* nach Neutralrotfärbung beobachtet. Hier ist die Vakuolenkontraktion eine Folge der kombinierten Wirkung von Neutralrot und Wundreiz. Allem Anschein nach gibt die Vakuole Wasser ab, das vom Plasma aufgenommen wird, so daß der Volumenabnahme der Vakuole eine Volumenzunahme des Plasmas parallel geht. Das Plasma sammelt sich in den Zellzwickeln. Bei nur flüchtigem Hinschauen hat man den Eindruck einer Plasmolyse. Der Raum zwischen Zellwand und Tonoplast ist aber von gequollenem, völlig farblosem Plasma ausgefüllt (Abb. 152). Neben einer Quellung des Cytoplasmas kann auch eine solche des Kernes auftreten (Keil 1930, Strohmeyer 1935).

Nach Keil (1930) kommt es bei diesem Vorgang nur auf den Wundreiz an, und Neutralrot soll keine fördernde Wirkung besitzen (vgl. auch Küster 1938 c). Strugger (1936) beobachtet dagegen in den Oberepidermiszellen der Schuppenblätter von *Allium cepa* nach Neutralrotbehandlung in allen Zellen ein Vitalfärbungsbild, das auch ohne Wundreiz einer „Vakuolenkontraktion" entspricht (Abb. 153).

KÜSTER (1942 a) hält es für zweckmäßig, nur dann von Vakuolenkontraktion zu sprechen, „wenn eine Volumenabnahme der vom Protoplasma allseits umhüllten Vakuole deutlich erkennbar wird". Bei der von STRUGGER (1936) als

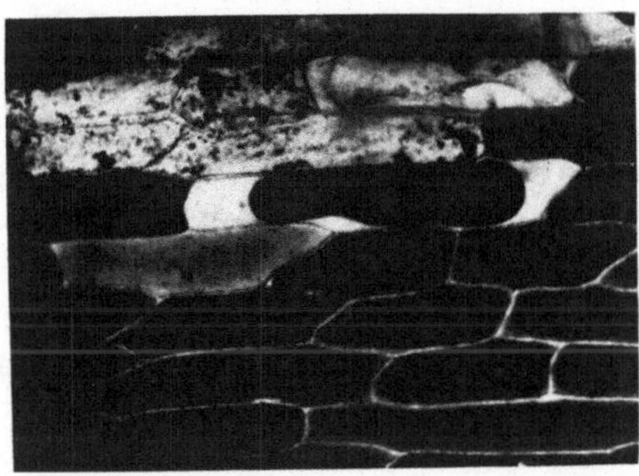

Abb. 152. Oberepidermiszellen eines Schuppenblattes von *Allium cepa* mit violettrot gefärbtem Zellsaft nach Neutralrotbehandlung. Nur eine Wundrandzelle zeigt ausgeprägte Vakuolenkontraktion. (Nach DRAWERT 1938 a.)

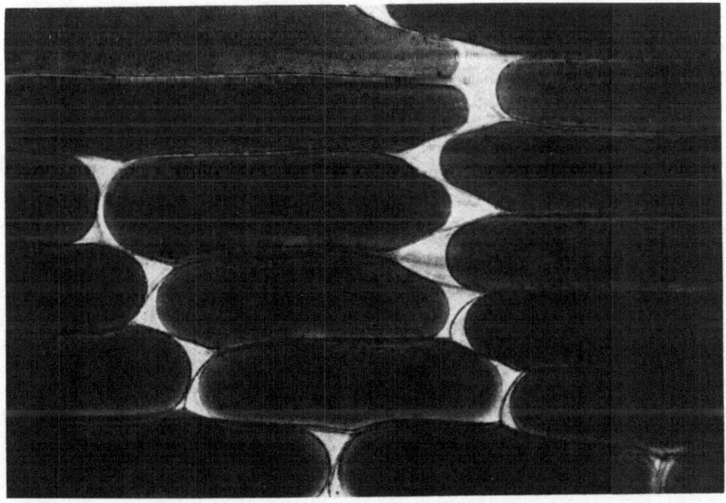

Abb. 153. Vakuolenkontraktion in den Oberepidermiszellen eines Schuppenblattes einer ruhenden Zwiebel von *Allium cepa* nach Färbung des Zellsaftes mit Neutralrot (Zinnoberrot).

Vakuolenkontraktion beschriebenen Erscheinung liegt danach keine echte Vakuolenkontraktion vor, „da es nach ihm der Annahme einer Protoplasmaquellung nicht bedarf; DRAWERT (1938 a, S. 123) scheint sich dem Genannten anzuschließen. In den von ihnen beobachteten Zellen liegt wohl weniger eine Kontraktion, d. h. Volumenabnahme der Vakuole, vor, als eine Verlagerung des Plasmas, das zum großen Teil von den Längswänden der Zelle an ihre Schmalseiten und zu den Zellenspitzen abwandert, da die Vakuole mit größerer Energie als vorher zur Kugelform strebt" (KÜSTER 1942 a, S. 251). Es stimmt zwar, daß in den von KÜSTER herangezogenen Fällen bisher weder eine eigentliche Kontraktion der

Vakuole noch eine Quellung des Plasmas quantitativ nachgewiesen worden sind; das erhaltene Bild entspricht aber in so hohem Maße der nach einer Verwundung erhaltenen Vakuolenkontraktion — nur mit dem Unterschied, daß die „Kontraktion" meist nicht den Grad erreicht wie nach zusätzlichem Wundreiz —, daß ich auch hierfür den Begriff „Vakuolenkontraktion" beibehalten möchte. Ferner schließen Höfler, Ziegler und Luhan (1956) aus der Erscheinung, daß sich das nach einer Neutralrotfärbung in den Zellzwickeln befindliche Plasma mit Uranin intensiv fluorochromiert, daß auch ohne Wundreiz das Plasma wirklich gequollen ist und sich nicht nur in den Zwickeln zusammengezogen hat.

Zur Auslösung der Vakuolenkontraktion ist vorwiegend mit Neutralrot gearbeitet worden. Man kann sie aber auch mit einer Reihe anderer kationischer Farbstoffe erreichen, allerdings sind die vorliegenden Angaben — wie im übrigen auch für Neutralrot — teils positiver, teils negativer Natur. Positive Ergebnisse, vorwiegend an den Oberepidermiszellen der Zwiebelschuppen von *Allium cepa*, teilen mit: Bank (1935 b) für ein Gemisch von Methylenblau und Prune pure; Borriss (1937 a) Thioninhydrochlorid, Trimethylthionin; Strugger (1940 d) Acridinorange; Schopfer (1942) Thiochrom; Strugger (1943 b) Auramin; Scheidl (1954) Vesuvin; Drawert (1939 a) für den Plasmafärber Rhodamin 3 B, während bei Rhodamin B (Drawert 1955 a) eine Vakuolenkontraktion erst nach NH_4OH-Zugabe auftritt, gleichgültig, ob das Plasma oder der Zellsaft fluorochromiert ist. NH_4OH bewirkt nach Scheidl (1954) allerdings auch ohne Farbstoff bereits eine Vakuolenkontraktion. Bei *Helodea densa* und *H. canadensis* soll Methylenblau eine Vakuolenkontraktion auslösen, dagegen nicht Nilblau. Wie Nilblau verhalten sich bei denselben Objekten Thionin und Prune pure (Küster 1938 a), während Zwiebelzellen von *Allium cepa* bei Plasmafärbung mit Prune pure, allerdings nach Anbringung von Stichwunden, eine Vakuolenkontraktion zeigen (Küster 1933). Auch Drawert (1938 c) beobachtet nach Behandlung mit Prune pure, sowohl bei Plasmafärbung in den Oberepidermiszellen als auch bei Vakuolenfärbung in den Unterepidermiszellen von *Allium cepa*, nur in den Wundrandzellen eine Vakuolenkontraktion. Er erwähnt (Drawert 1940, 1951 a, 1952 c) in seinen Aufstellungen über die Speicherung kationischer Farbstoffe durch die Oberepidermis der Schuppenblätter von *Allium cepa* in Abhängigkeit von der Außen-cH nur beiläufig bei einigen Farbstoffen das Auftreten einer Vakuolenkontraktion. Unter den Vakuolenfärbern ist dies der Fall bei: Anilinfuchsin, Azur I, Brillantcresylblau, Nilblausulfat; unter den Plasmafärbern bei: Acridingelb, Brillantgrün, Kristallviolett, Malachitgrün, Coriphosphin, Viktoriagrün. Beim Neutralviolett wird betont, daß trotz guter Zellsaftfärbung eine Vakuolenkontraktion ausbleibt.

Unter den anionischen Farbstoffen führen die das Plasma fluorochromierenden Fluoresceine bei den *Allium*-Oberepidermen zu einer Vakuolenkontraktion (Döring 1935, Höfler, Ziegler und Luhan 1956, Drawert 1960 a).

Außer an *Allium*- und *Helodea*-Zellen ist eine Vakuolenkontraktion nach Vitalfärbung mit kationischen Farbstoffen an folgenden Objekten beobachtet worden: verschiedene Süßwasseralgen (Huber 1955), speziell bei Desmidiaceen (Kiermayer 1954, Burian 1961), Protonema von *Funaria hygrometrica* (Strohmeyer 1935), Epidermen einer Reihe von Mono- und Dicotyledonen (Küster 1942 a), von *Vicia faba*- (Weber 1930 c) und *Hyacinthus*-Blumenblättern (Küster

1938 c), Schließzellen von *Galium mollugo* (WEBER 1927) und *Rumex acetosa* (WEBER 1930 b), metamorphosierte Schließzellen der Gleitzone von *Nepenthes*-Kannen (REUTER 1938), Stielzellen der Haare von *Hyoscyamus*-Arten (KÜSTER 1940 a).

Eine von MIRIMANOFF (1938) für die Drüsenhaare von *Pinguicula vulgaris* als „Vakuolenkontraktion" beschriebene Erscheinung soll nach KÜSTER (1942 c) eine Zellsaftentmischung durch Neutralrot sein und demnach nichts mit einer Vakuolenkontraktion zu tun haben.

Bei *Helodea canadensis* und *H. densa* können sich die verschiedenen Blattzonen sehr unterschiedlich verhalten. Nach ESTEŘÁK (1935) ruft Neutralrot nur im apikalen Blattfeld bei *Helodea canadensis* eine Vakuolenkontraktion hervor. *H. densa* reagiert bedeutend besser als *H. canadensis*, und die Vakuolen der Blattunterseite sind meist stärker kontrahiert als die der Oberseite, noch schneller und stärker reagieren die Randzellen (KÜSTER 1938 a).

Eigenartige Vakuolenkontraktionen, die mit einer Verfestigung des Zellsaftes verbunden sind, zeigen viele Borraginaceen (GICKLHORN und WEBER 1926, GICKLHORN und MÖSCHL 1930, WEBER 1934, HOFMEISTER 1940 a, b, ENÖCKL 1960 b). Einen ähnlichen Effekt kann man auch bei *Cladophora* beobachten (GICKLHORN und MÖSCHL 1930, MOSER 1942). Dasselbe scheint für die Rotalgen *Dasya squarrosa* (HÖFLER 1961) und *Polysiphonia secunda* (TSEKOS 1968) nach Vitalfärbung mit kationischen Farbstoffen zuzutreffen. In der Unterepidermis der Schuppenblätter von *Allium cepa* tritt Vakuolenkontraktion mit Verfestigung des Zellsaftes bei gleichzeitigem Angebot von Neutralrot und Aluminiumsulfat auf (KÜSTER 1949). Sehr wahrscheinlich liegt in diesen Fällen aber keine eigentliche Vakuolenkontraktion, sondern eine Synärese des Zellsaftes vor, wie vor allem aus den Untersuchungen von TSEKOS (1968) an *Polysiphonia* hervorgeht.

Es wurde bereits darauf hingewiesen, daß manche Autoren (KEIL 1930, KÜSTER 1938 c) zur Auslösung der Vakuolenkontraktion einen Wundreiz für unumgänglich halten, während andere (GICKLHORN und MÖSCHL 1930) die Vitalfärbung als ausreichend für die Reaktion ansehen. Ebenso wird der Vorgang von einigen Forschern als Zeichen für eine Schädigung der Zelle gehalten (KÜSTER 1938 b), andere betonen, daß keineswegs ein letales Phänomen vorliegt (WEBER 1930 a).

Ohne Zweifel treffen alle Anschauungen für jeweils bestimmte Fälle zu, sie dürfen aber nicht verallgemeinert werden. Je nach dem Objekt und dessen physiologischem Zustand und nach den jeweiligen Außenbedingungen wird die Vakuolenkontraktion eine Folge der Vitalfärbung und reversibel sein, oder es muß außer der Farbstoffwirkung noch ein Wundreiz hinzutreten; je nach dessen Stärke oder nach der Giftigkeit des benutzten Farbstoffes kann der Vorgang irreversibel werden und einen letalen Ausgang nehmen.

Eine ohne Wundreiz auftretende Vakuolenkontraktion wird häufig durch einen zusätzlichen Reiz verstärkt, so bei Oberepidermen der Schuppenblätter von *Allium cepa* nach einer Neutralrotfärbung durch eine elektrische Reizung (DRAWERT 1937 a) oder bei *Helodea densa* und *H. canadensis* durch Wundreiz bzw. Äthernarkose (KÜSTER 1938 a) und in den Haarstielzellen von *Hyoscyamus* durch ein Trauma (KÜSTER 1940 a). Manche Zellen von *Helodea densa* und *H. canadensis* sind nach einer Vitalfärbung mit Neutralrot erst durch ein zusätzliches Trauma zur Vakuolenkontraktion zu bringen (Küster 1938 a). Das letzte scheint ganz allgemein für die Unterepidermis der Schuppenblätter von *Allium cepa* zuzutreffen (Küster 1927 c, Hartmair 1937, Drawert 1938 a). Nur die Wundrandzellen weisen nach einer Vitalfärbung eine Vakuolenkontraktion auf (Abb. 152). Oberepidermen von *Allium cepa*, die nach einer Vitalfärbung mit Rhodamin B keine Kontraktion der Vakuolen erkennen lassen, können durch Zugabe von NH_4OH dazu gebracht werden. Bei den Unterepidermen ist in diesem Fall außer NH_4OH noch der Wundreiz erforderlich (Drawert 1955 a).

Es erhebt sich die Frage, worauf ist das unterschiedliche Verhalten, z. B. der beiden Schuppenblattepidermen von *Allium cepa*, zurückzuführen?

Zunächst ist es auffällig, daß bei *Helodea*-Blättern die Reaktion davon abhängt, ob der Farbstoff in Leitungswasser oder in aqua dest. gelöst den Zellen geboten wird. Im ersten Fall tritt die Reaktion schneller und stärker ein, und im zweiten Fall kann sie sogar ganz ausbleiben (Weber 1930a, Küster 1938 a). Werden die Blätter aber aus der zweiten Lösung mit gefärbten Vakuolen ohne Kontraktion in farbloses Leitungswasser übertragen, setzt eine spontane Vakuolenkontraktion ein (Weber 1930 a, Strohmeyer 1935). Da aqua dest. im allgemeinen saurer reagiert als Leitungswasser, war es naheliegend, den pH-Wert des Außenmediums dafür verantwortlich zu machen. Küster (1940 a) gibt für die Haarstielzellen von *Hyoscyamus* an, daß eine saure Außenreaktion die Auslösung der Vakuolenkontraktion durch Neutralrot hemmt. Nach Kunze (1931) ist der pH-Wert des Außenmediums der ausschlaggebende Faktor für die Vakuolenkontraktion, die in den vitalgefärbten Zellen um so schneller und stärker ausgebildet wird, je weiter die cH nach der alkalischen Seite hin verschoben wird.

Scheidl (1954) stellt dann fest, daß in den Oberepidermen der Schuppenblätter von *Allium cepa* nicht nur Neutralrot und Vesuvin eine Vakuolenkontraktion hervorrufen, sondern auch andere farblose organische Basen und NH_4OH, aber nicht KOH und NaOH. Er kommt zu dem Schluß, daß für die Vakuolenkontraktion nicht die alkalische Reaktion des Außenmediums als solche maßgebend ist, sondern das Vorhandensein undissoziierter Basenmoleküle, die in die Zelle eindringen. Ferner ist die Stärke der Vakuolenkontraktion nach einer Vitalfärbung von der Färbungsintensität des Zellsaftes abhängig (Strugger 1936, Scheidl 1954).

Die Wirkung der Außen-cH müssen wir demnach auf die Abhängigkeit der Farbstoffaufnahme vom pH-Wert des Außenmediums zurückführen. Im Außenmedium sind um so mehr permeierfähige Farbbasenmoleküle vorhanden, je alkalischer die Lösung ist, d. h., eine Färbung wird um so schneller erfolgen und in der Zeiteinheit um so intensiver sein, je höher der pH-Wert ist. Zum Unterschied von der Wirkung der reinen farblosen Basen in den Versuchen von Scheidl (1954) können bei Gegenwart kationischer Farbstoffe auch KOH und NaOH fördernd sein. Es liegt dann ein indirekter Einfluß über die Dissoziation des Farbstoffes vor. Auf demselben Effekt beruht auch das unterschiedliche Verhalten der Zellen gegenüber Neutralrot, je nachdem, ob es in aqua dest. oder in Leitungswasser gelöst vorliegt.

Es ist naheliegend, aus den Befunden von Scheidl (1954) mit farblosen Basen zu schließen, daß für die Ausbildung der Vakuolenkontraktion auch der cH des Plasmas bzw. des Zellsaftes eine Bedeutung zukommt. Dieser Schluß ist bereits von DRAWERT (1937 a, 1938 a, 1948 a) aus dem Farbton des vom Zellsaft gespeicherten Neutralrots gezogen worden. Nach DRAWERT soll die Vakuolenkontraktion um so schwächer sein, je saurer der Zellsaft ist, d. h., je mehr der Farbton des gespeicherten Neutralrots nach Violettrot geht (Abb. 154). Bei violettroter Vakuolenfärbung, wie sie z. B. die Unterepidermis der Schuppenblätter von *Allium cepa* nach Behandlung mit Neutralrot zeigt, ist eine Vakuolenkontraktion erst nach einem zusätzlichen Wundreiz zu erzielen. STRUGGER (1940 d) kann bestätigen, daß Zellen mit bläulich-rotem Farbton des Zellsaftes keine Vakuolenkontraktion aufweisen. Nach Färbung mit Brillantcresylblau zeigen die Zellen mit violettem Zellsaft eine Vakuolenkontraktion, deren Stärke beim Übergang zu mehr blauen Farbtönen abnimmt und die bei grünblauem Zellsaft ganz ausbleibt (DRAWERT und METZNER 1955). BORRISS (1937 b) stellt in der Oberepidermis von *Allium* nach Färbung mit Neutralrot einen Längsgradienten in der Stärke der Vakuolenkontraktion fest (vgl. auch SCHEIDL 1954), der einem cH-Gradienten — ebenfalls aus dem Farbton des gespeicherten Neutralrots geschlossen — parallel verläuft. Der Autor leugnet aber einen direkten Zusammenhang beider Gradienten.

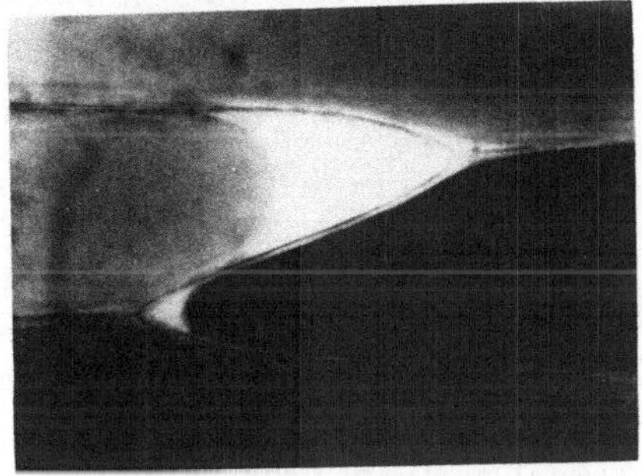

Abb. 154. Zusammenhang des Ausbildungsgrades der Vakuolenkontraktion in der Schuppenblatt-oberepidermis von *Allium cepa* mit dem Farbton des im Zellsaft gespeicherten Neutralrotes. Zwei aneinanderstoßende Zellen, von denen eine gelblichrot gefärbten Zellsaft und die andere hochrot getönten Zellsaft besitzt; dementsprechend ist die Vakuolenkontraktion im ersten Fall stark und im zweiten schwach ausgebildet.

Nach den heutigen Kenntnissen kann ich die Annahme einer Abhängigkeit der Stärke der Vakuolenkontraktion von der cH des Zellsaftes nicht mehr in vollem Umfange vertreten, da die Reaktion des Zellsaftes aus dem Farbton des gespeicherten Neutralrots geschätzt worden ist. Es ist vielmehr zu vermuten, daß die Stärke der Vakuolenkontraktion nach einer Vitalfärbung mit kationischen Farbstoffen von dem Gehalt des Zellsaftes an Speicherstoffen — vorwiegend flavonoiden Charakters — abhängt. Je nach dem Grad der „Füllung" des Zellsaftes ist die Vakuolenkontraktion stark (leerer Zellsaft) oder schwach ausgebildet bzw. bleibt ganz aus (voller Zellsaft). Im letzten Fall ist meist ein zusätzlicher Wundreiz zur Auslösung einer Vakuolenkontraktion erforderlich (*Allium*-Unterepidermis).

Dieser postulierte Zusammenhang geht auch aus der Mitteilung von WEBER (1930 a) hervor, daß bei *Helodea canadensis* nach Neutralrotfärbung eine Vakuolenkontraktion nur auftritt, wenn sich der Zellsaft diffus färbt, aber nicht, wenn sich Entmischungen bilden. Der Zusammenhang wird durch die Beobachtung von HÖFLER (1947 b) zur Gewißheit, daß nach einer Behandlung mit Acridinorange nur Zellen mit roter Zellsaftfluorescenz eine Vakuolenkontraktion besitzen, aber nicht solche mit grün fluorescierenden Vakuolen. Volle Zellsäfte zeigen häufig eine rote Primärfluorescenz, dementsprechend bilden Zellen ohne Primärfluorescenz in den Oberepidermen treibender Zwiebeln nach Neutralrotbehandlung eine Vakuolenkontraktion aus und solche mit rötlicher Primärfluorescenz nicht (DRAWERT und METZNER 1956 a). Bei Süßwasseralgen tritt mit kationischen

Farbstoffen eine Vakuolenkontraktion vorwiegend bei Arten mit leerem Zellsaft auf (Huber 1955).

Auch hier darf man nicht ohne weiteres verallgemeinern. Nach Scheidl (1955) befinden sich im ersten Laubblatt, das der Zwiebel bei *Tulipa sylvestris* und bei *Colchicum speciosum* folgt, Idioblasten mit vollem Zellsaft, die nach Neutralrot- oder Chrysoidinbehandlung eine starke Vakuolenkontraktion aufweisen. Aus einer Mischlösung von Neutralrot und Methylenblau werden im physiologischen pH-Bereich Zellen mit leerem Zellsaft nur Neutralrot speichern, also rote Vakuolen besitzen. Zellen mit vollem Zellsaft speichern auch Methylenblau; deren Vakuolen- farbton wird demnach mischfarbig sein oder auch mehr nach Blau gehen. Nach Küster (1942 a) beschränkt sich aber die Vakuolenkontraktion gerade auf die mehr blauen Zellen. Ein besonders gutes Objekt zur Beobachtung der Vakuolenkon- traktion nach Vitalfärbung sind Schließzellen, aber auch diese besitzen vor- wiegend einen vollen Zellsaft.

Zur Theorie der Vakuolenkontraktion können wir nur Vermutungen auf- stellen. Nach Bank (1935 b) soll neben synäretischen Vorgängen eine Änderung der Tonoplastenpermeabilität von Bedeutung sein. Hartmair (1937) kann nach Neutralrotfärbung und Wundreiz in den Zellen von *Allium*-Unterepidermen mit kontrahierten Vakuolen eine Senkung des osmotischen Druckes bis auf die Hälfte des Normalwertes und eine erhöhte Permeabilität für Rohrzucker und Harnstoff feststellen. Diese Beobachtung trifft aber nicht für die Zellen der Blattunterseite von *Helodea canadensis* zu. Da bei *Helodea* die Vakuolenkontraktion nur durch die Färbung ohne Wundreiz hervorgerufen wird, ist anzunehmen, daß die bei *Allium* beobachteten Effekte eine Folge des Traumas sind.

Für die Beteiligung einer Synärese setzt sich besonders Weber (1934) ein (vgl. auch Küster 1949). Dies trifft wohl für den Sonderfall der Borraginaceen und einiger anderer Objekte zu (s. S. 443), aber kaum für die eigentliche Vakuolen- kontraktion, die auf einer Verkleinerung der ganzen Vakuole und einer Plasma- quellung beruht (Enöckl 1960 b). Im Zusammenhang mit vergleichenden Unter- suchungen über die Kappenplasmolyse führt Bogen (1951) die Vakuolenkontrak- tion auf Plasmaquellung und Entquellung von Vakuolenkolloiden zurück.

δ) Vakuoleneinschlüsse

Der Zellsaft enthält manchmal präformierte Einschlüsse, die durch Farb- stoffe elektiv, intensiver oder in einem anderen Farbton als der Zellsaft gefärbt werden. Dabei scheint es sich vorwiegend um lipoidhaltige Strukturen zu handeln, die teilweise direkt als Phosphatidkörper bezeichnet werden (vgl. Guilliermond 1937 a). Solche Körper, wie sie z. B. in älteren Zellen der Schuppenblätter von *Lilium candidum* auftreten, wo sie sich mit Brillantcresylblau oder Neutralrot in demselben Farbton wie der Zellsaft — aber intensiver als dieser — färben, als „Sterinoplasten" zu bezeichnen (Reilhes 1933) ist irreführend (Guilliermond 1937 a), da es sich nicht um Plastiden handelt. Dieser Begriff wird von Thaler (1956) beibehalten, obwohl sie betont, daß die darunter verstandenen Zellsaft- einschlüsse die Bezeichnung zu Unrecht führen. Nach ihren Färbungsstudien — ebenfalls bei *Lilium candidum* und *L. tigrinum* — fluorescieren die Gebilde mit Acridinorange an ihrer Peripherie hellgelb und im Innern gelbgrün bis orange, mit Eosin hellgelb und dottergelb, mit Pyronin kräftig gelb und erst bei pH 10,3 ultramarinblau. Die aus den „Sterinoplasten" häufig gebildeten Sphärokristalle leuchten mit Rhodamin B goldgelb.

In den Blasenzellen von *Antithamnion cruciatum* befinden sich Eiweißkristalle, die nach einer Kurzfärbung mit Brillantcresylblau stärker tingiert sind als der übrige Zellinhalt (HÖFLER 1956 b). Diese Eiweißkristalle sind nicht mit kristallähnlichen Entmischungen zu verwechseln, die nach einer Vitalfärbung auch bei Rotalgen auftreten können, z. B. bei *Polysiphonia* mit Neutralrot (NAKAZAWA 1959 a).

Zellsafteinschlüsse können die Natur von Sphärokristallen besitzen und eine Doppelbrechung zeigen, so bei *Saprolegnia dioica* (GUILLIERMOND 1934 a), wo sie sich mit Neutralrot, Cresyl-, Toluidin-, Nil- und Methylenblau färben. Die Blaufärbung mit Methylen- und Toluidinblau spricht gegen eine lipoide Natur dieser Gebilde, zum Unterschied von den ebenfalls doppelbrechenden Einschlüssen in den Epidermiszellen der Perianthblätter von *Delphinium* und *Aconitum*, die außer Neutralrot das lipophile Chrysoidin speichern (SCHARINGER 1936).

Ähnliche Vakuoleneinschlüsse und deren Vitalfärbung beschreiben GAUTHERET (1934) für Gerstenkeimlinge, die in Zuckerlösung kultiviert werden, und STIEGLER (1950) für die Epidermis der Blattunterseite von *Nuphar pumila*, wo sie sich mit Cresylviolett rein blau und mit Brillantcresylblau tiefblau färben, während der Zellsaft mit dem letzten Farbstoff einen grünlichen Farbton annimmt. In *Phlox paniculata hybr.*-Blüten färben sich die immer in Einzahl je Vakuole auftretenden, fettglänzenden und doppelbrechenden Inhaltskörper mit Rhodamin B (BANCHER 1953). Auch bei der Rotalge *Callithamnion granulatum* speichern Zellsafteinschlüsse lipoider Natur Neutralrot, Nilblau, Acridinorange, Rhodamin B u. a. (FETZMANN 1961). Bei Characeen färben sich kugelige Inhaltskörper mit kationischen Farbstoffen. Hier scheint der physiologische Zustand der Zellen eine Rolle zu spielen, da die Färbung nicht immer zu erhalten ist (HONSELL 1957 c). Die Zentralvakuole von *Vaucheria* besitzt physodenartige Einschlüsse, die Neutralrot, Methylenblau, Nilblau, Rhodamin B intensiv aufnehmen (SCHULTE 1964).

In der Hauptvakuole der Zellen des Bewegungsgewebes in den Gelenken von *Mimosa pudica* soll sich nach DATTA (1957) eine Tanninmasse befinden, die Neutralrot, Toluidin-, Methylenblau und auch Janusgrün B speichert. Aus der Darstellung ist nicht deutlich ersichtlich, ob es sich um einen präformierten Tanninkörper handelt oder um eine durch den Farbstoff bedingte Entmischung. Für die letzte Deutung würde sprechen, daß die Reaktion erst nach 20 bis 30 Min. Farbstoffeinwirkung auftritt.

Zur Sichtbarmachung von SiO_2-Solen in pflanzlichen Zellen empfiehlt PFEIFFER (1928) konzentrierte Methylenblaulösung. Der Farbstoff soll die Gelbildung fördern.

c) Cytoplasmafärbung

Während man bei der Cytoplasmafärbung der tierischen Zelle grundsätzlich zwischen einer Diffusfärbung und einer Granulafärbung unterscheiden muß (vgl. STOCKINGER 1964), tritt bei der Pflanzenzelle die Diffusfärbung des Cytoplasmas weit in den Vordergrund. Farbstoffe, die bei der tierischen Zelle eine Granulafärbung hervorrufen, gehören in der Botanik vorwiegend zu den Vakuolenfärbern. Die eigentlichen Plasmafärber zeichnen sich durch eine schwache Dissoziation aus (Dissoziationskonstante der Farbbase um 10^{-9}). Außer kationischen

Farbstoffen gehören auch einige schwach dissoziierte anionische Farbstoffe in diese Gruppe. Über Ergebnisse der vitalen Cytoplasma- und Kernfärbung berichtet Becker (1936) in einem Sammelreferat.

α) Grundplasma

Pfeffer (1886) erhält mit Methylviolett, Bismarckbraun u. a. Färbungen des Cytoplasmas, allerdings immer nur eine Färbung „körniger oder vakuoliger Bildungen" desselben. Ferner geben Lauterborn (1896), Paltauf (1928), von Cholnoky (1935), Becker (1935), Becker und Siemaszko (1936), Drawert (1940), Guilliermond und Gautheret (1940/46), Bhargava (1951 b) für Diatomeen, *Saprolegnia*, Oberepidermis der Schuppenblätter von *Allium cepa* und anderen Objekten eine Plasmafärbung mit Methylviolett und dessen Verwandten Dahlia-, Gentiana-, Hoffmanns- und Kristallviolett an. Alle Autoren weisen auf die relativ hohe Giftigkeit dieser Farbstoffe hin. Auch mit dem von Pfeffer benutzten Bismarckbraun und dem identischen Vesuvin haben Becker (1933 a, 1935), Drawert (1940), Guilliermond und Gautheret (1940) eine Färbung des Cytoplasmas erhalten.

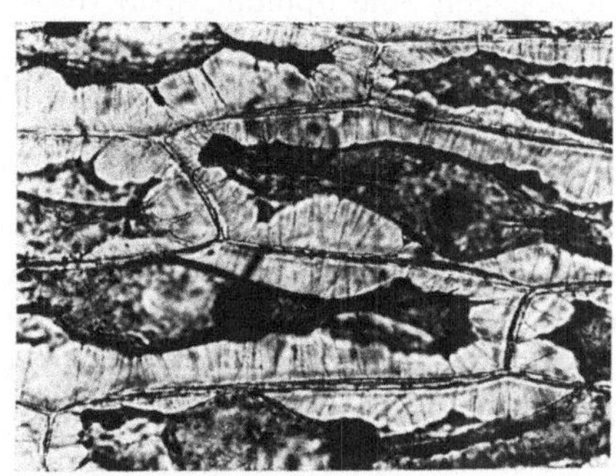

Abb. 155. Oberepidermiszellen eines Schuppenblattes von *Allium cepa* mit Prune pure 1:10000 in 3 vol. mol KCl gefärbt. Kern und Cytoplasma haben den Farbstoff gespeichert. Die violett gefärbten Hechtschen Fäden treten gut hervor. (Nach Drawert 1938 c.)

Besser als Methylviolett ist Chrysoidin geeignet, da es weniger giftig ist. Es besitzt aber auf Grund seines gelben bis braungelben Farbtones den Nachteil der schlechteren Sichtbarkeit im mikroskopischen Präparat. Mit Chrysoidin sind bisher die meisten Plasmafärbungen an den verschiedensten Objekten durchgeführt worden (Ruhland 1912 b, Ruhland und Hoffmann 1925, Küster 1926, Schaede 1923 a, 1924 b, Albach 1928, Dietrich 1929, Wulff 1934 b, Becker 1935, Becker und Siemaszko 1936, Guilliermond und Gautheret 1938 b, 1940/46, Drawert 1940, Hofmeister 1948, Höfler 1963 a, Germ und Kubelka 1965). Die gute Eignung des Chrysoidins zu einer vitalen Färbung des Cytoplasmas ist in erster Linie auf seine relativ starke Lipophilie zurückzuführen (Monné 1942 b). Über den Einfluß von Chrysoidin auf die Doppelbrechung des Plasmas tierischer Spermatozyten berichtet Monné (1939, 1942 a, b).

Ferner ist das amphotere Prune pure ein guter Cytoplasmafärber (Ruhland 1912 b, Küster 1926, Betz 1953), das allerdings nicht immer zum Erfolg führt (Schönleber 1936). Die negativen Ergebnisse können z. T. auf einer sehr schnellen Abnahme der Dispersität des Farbstoffes in wässeriger Lösung beruhen (Drawert 1938 c). Bei einer schnellen und starken Plasmolyse der mit Prune pure behandelten Zellen treten die violett gefärbten Hechtschen Fäden sehr gut hervor (Abb. 155). Bei Deckglasabschluß erfolgt eine Reduktion des Farbstoffes, und das Plasma beginnt goldgelb zu fluorescieren (Fritz 1951, Drawert 1953).

Von amphoteren und kationischen Fluorochromen, die auch teilweise eine im Hellfeld sichtbare Plasmafärbung bedingen, ist vor allem Rhodamin B zu nennen

(STRUGGER 1938 a, DRAWERT 1939 a, 1955 a, 1957, DRAWERT und SCHLAFKE 1959, JOHANNES 1939, YAMAHA und NOMURA 1939, STEFFEN 1953, DISKUS 1954, WARTENBERG 1960, HÖFLER 1963 a, GERM und KUBELKA 1965); ebenso Rhodamin 3 B (DRAWERT 1939 a, JOHANNES 1941). Auch Rhodamin 6 G fluorochromiert das Plasma, ist aber zu giftig (STRUGGER 1938 a, DRAWERT 1939 a, JOHANNES 1941). Nach JOHANNES (1941) bedingt Rhodamin S ebenfalls eine Plasmafluorescenz. Bei dem färbenden Bestandteil handelt es sich aber um eine Komponente, die sich wahrscheinlich erst in der wässerigen Lösung bildet und deren Menge mit dem Alter der Lösung zunimmt (DRAWERT 1958). Ferner eignet sich Berberinsulfat zur Plasmafluorochromierung. Allerdings sollen mit diesem Alkaloid nach STRUGGER (1939 a) nur die granulären Einschlüsse des Plasmas (Mikrosomen = Sphärosomen) fluorescieren und nicht die cytoplasmatische Grundsubstanz. Nach den Befunden von DRAWERT und KÄRBER (1956) und KÄRBER (1958) an Hefe tritt bei guter O_2-Versorgung der Zellen zunächst eine intensive Cytoplasmafluorescenz auf, die nach unveröffentlichten Beobachtungen bei frisch aus dem Kühlschrank entnommener Hefe länger anhält als bei Zellen, die unter Zimmertemperatur kultiviert werden. Diese Erscheinung ist auf die höhere Stoffwechselaktivität der letzten und dem damit verbundenen rascheren O_2-Verbrauch zurückzuführen.

Acridinorange und das nahe verwandte Coriphosphin gehören zwar mehr in die Gruppe der Vakuolenfärber, fluorochromieren aber auch häufig das Plasma (STRUGGER 1940 d, 1941 a, b, c, 1943 a, HÖFLER 1947 b, 1951, PERNER 1950 b, ACCOLA 1960, KRAEPELIN 1962, GERM und KUBELKA 1965). Ebenso ist Neutralrot ein Vakuolenfärber, der jedoch bei einigen Objekten zu einer im Hellfeld erkennbaren Plasmafärbung führt. Dabei handelt es sich meist nicht um eine diffuse Plasmafärbung wie bei *Opalina ranarum*, *Trachelius ovum* (VON PROWAZEK 1898) oder beim Rinnenplasma von *Spirogyra* (SAKAMURA 1933) und bei der Diatomeae *Caloneis* (VON CHOLNOKY und HÖFLER 1950), sondern um die Färbung von Granula oder kleinen Vakuolen, z. B. bei Hefe (BRANDT 1942). Nach WEIER (1933) färben sich im Protonema von *Polytrichum* präformierte Granula mit Neutralrot, nach GUILLIERMOND (1937 b) sollen dagegen im gefärbten Zellsaft desselben Objektes Entmischungstropfen entstehen, die erst sekundär in das Plasma übergehen. Bei *Bryopsis* treten nach Zertrümmerung des Zellschlauches Plasmakugeln auf, die Neutralrot in kristalliner Form im körnigen Plasma speichern. Das Hyaloplasma färbt sich nicht (KÜSTER 1939 c). Nach HONSELL (1962) speichert das Plasma von *Bryopsis* und *Derbesia* im voll aktiven Zustand der Zellen Neutralrot zunächst diffus mit positiv metachromatischem Farbton, dann treten kleine Entmischungstropfen auf, und die Grundsubstanz entfärbt sich, schließlich fällt der Farbstoff in kristalliner Form aus, und die Entmischungstropfen verschwinden. Feinste Kristalltrichite hat bereits VON PROWAZEK (1907) in den äußersten Cytoplasmaschichten bei *Bryopsis plumosa* nach einer Vitalfärbung mit Neutralrot beobachtet.

Bei einem Teil der Angaben über eine Plasmafärbung mit Neutralrot kann man im Zweifel sein, ob wirklich eine vitale Färbung vorlag; dieser Zweifel scheidet für die Fluorochromierung des Cytoplasmas mit Neutralrot aus. Auch bei intensiver Vakuolenfärbung zeigt das im Hellfeld farblose Plasma je nach benutztem Sperrfilter eine goldgelbe bis gelbgrüne Fluorescenz (Abb. 156), die besonders nach Plasmolyse (Abb. 157) deutlich sichtbar wird (Strugger 1940 b, Toth 1952, Drawert und Metzner 1956 a).

Mit dem Vakuolenfärber Nilblau tritt ebenfalls hin und wieder eine im Hellfeld sichtbare Färbung des Plasmas auf (Guilliermond und Gautheret 1938 d, Drawert 1940). Wenn Zellsaft und Plasma nebeneinander in derselben Zelle gefärbt sind, dann besitzt nach eigenen Beobachtungen an den Oberepidermiszellen der Schuppenblätter von *Allium cepa* die Vakuole einen blauen und das Plasma einen violettroten Farbton. Nach Gavaudan (1934) soll bei einigen Flagellaten Brillantcresylblau bei guter O_2-Versorgung eine blaue Plasmafärbung bedingen (vgl. auch Guilliermond und Gautheret 1940/46).

In einem Gemisch von Malachitgrün und basischem Fuchsin nimmt das Plasma von Bakterien und Hefesporen je nach Alter der Zellen einen verschiedenen Farbton an (Gray 1941).

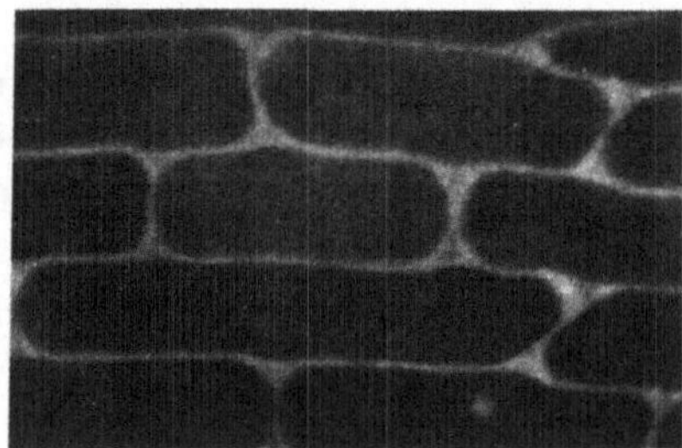 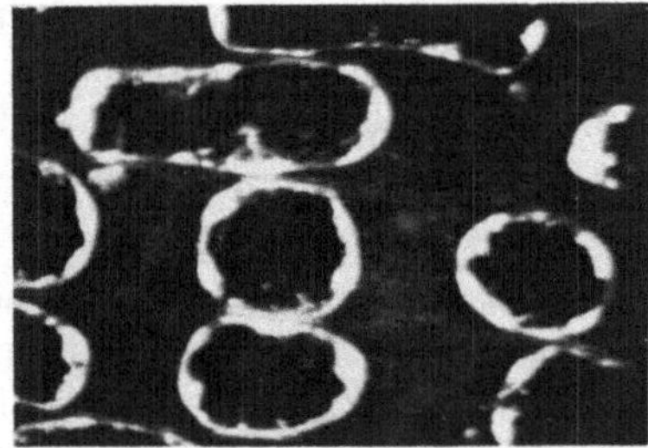

Abb. 156.   Abb. 157.

Abb. 156. Oberepidermiszellen eines Schuppenblattes von *Allium cepa* mit Neutralrot gefärbt. Vakuolenkontraktion. Im Hellfeld farbloses Cytoplasma mit Fluorescenz im UV. Im Hellfeld gefärbte Zellwände und Vakuolen ohne Fluorescenz. (Nach Strugger 1940 b.)

Abb. 157. Wie Abb. 156, aber mit 1 mol KNO_3 plasmolysiert. (Nach Strugger 1940 b.)

In ihren vergleichenden Untersuchungen haben Guilliermond und Gautheret (1940/46) mit folgenden kationischen Farbstoffen eine Plasmafärbung beobachtet: Bismarckbraun, Chrysoidin, Dahlia-, Gentiana-, Hoffmanns-, Kristallviolett, Methylviolett 5 B, Methyl-, Jod-, Malachitgrün, Pyronin B, Viktoriablau B, gelegentlich auch mit Cresyl-, Nil-, Naphthylen-, Naphthylaminblau und selten mit Thionin. Drawert (1940) führt folgende Farbstoffe auf: Acridingelb, Anilingrün, Brillantgrün, Chrysoidin, Gentianaviolett, Jodgrün (Violettfärbung! — wahrscheinlich durch Verunreinigung mit Methylviolett), Kristallviolett, Malachitgrün, Methylgrün, Methylviolett, Nilblau (nur gelegentlich), Pyronin (vgl. auch Strugger 1941 a), Vesuvin, Viktoriablau und ferner (Drawert 1951 a): Astraviolett, Coriphosphin, Indoinblau, Methylengrün, Methylenviolett, Parafuchsin, Phenosafranin, Safranin, Viktoriagrün.

Neben den kationischen und amphoteren Farbstoffen läßt sich das Cytoplasma auch mit einigen schwach dissoziierten anionischen Farbstoffen, vor allem der Fluorescein-Gruppe, vital färben. Bereits Hecht (1912) benutzt zum Nachweis der nach ihm benannten „Hechtschen Fäden" bei der Plasmolyse Eosin, das dann, ebenso wie seine nahen Verwandten Erythrosin und Rose bengale, in der Folgezeit nicht nur als Diachrom, sondern auch als Fluorochrom häufig zur Vitalfärbung des Cytoplasmas angewendet worden ist (Küster 1926, Gicklhorn

1927 b, Albach 1928, Paltauf 1928, Strugger 1931, Döring 1935, Yamaha und Nomura 1939). Als Fluorochrome sind die Na- und K-Salze des Fluoresceins — häufig unter der Bezeichnung „Uranin" in den Handel gebracht — noch besser geeignet, da sie ungiftiger sind (Gicklhorn 1927 b, Döring 1935, Schumacher 1933, 1936, Strugger 1938 b, Johannes 1939, Rouschal 1940 b, Agthe 1951, Bauer 1953, Höfler, Ziegler und Luhan 1956, 1962 a, b, Drawert 1958, 1960 a, Accola 1960, Germ und Kubelka 1965).

Von den sulfosauren Farbstoffen färbt Säurefuchsin das Plasma bei *Phycomyces* (Küster 1940 c) und bei *Epilobium* (von Dellingshausen 1944). Mit dem amphoteren Methylrot, das im physiologischen pH-Bereich anionisch reagiert, lassen sich vitale Färbungen des Plasmas mit gelbem Farbton erzielen (Schaede 1924 a, Drawert 1941 a).

Zur vitalen Fluorochromierung des Plasmas werden außerdem Scharlachrot, Primulingelb (Haitinger und Linsbauer 1933), Benzoflavin (Strugger 1941 a) und Benzpyren (Cottet 1947) angeführt. Weitere von Haitinger und Linsbauer (1933, 1935) benutzte Fluorochrome, darunter auch viele Pflanzenextrakte, scheinen mehr das tote Plasma zu färben, was allerdings nicht immer aus der Darstellung der Autoren hervorgeht.

β) Tonoplast und submikroskopische Membransysteme

Die Grenzschicht des Cytoplasmas zur Vakuole, der Tonoplast, läßt sich an der unversehrten Zelle vor allem durch das lipophile Chrysoidin darstellen (Wulff 1934 b). Bei *Bryopsis plumosa* kann nach Behandlung der Zellen mit Chrysoidin der elektiv gefärbte Tonoplast ausgestoßen werden (Beckerowa 1935). Isolierte Tonoplasten färben sich dagegen allem Anschein nach mit stärker dissoziierten Farbstoffen, wie Methylenblau (Bank 1935 a), Brillantcresyl-, Nil-, Toluidin-, Viktoriablau, Malachit-, Brillantgrün, aber auch mit Methylviolett und Dahlia, dagegen nicht mit Neutralrot, und eine Färbung mit Chrysoidin soll in diesem Fall fraglich sein (Lederer 1934, 1935). Nach Becker und Beckerowa (1934) speichern isolierte Tonoplasten unter dem Einfluß eines elektrischen Stromes außer Brillantcresylblau auch Neutralrot. Guilliermond und Gautheret (1940/46) erklären auf Grund ihrer eigenen Ergebnisse alle Angaben über eine Färbung des Tonoplasten für Fehlinterpretationen. Höfler (1952) hält den Tonoplasten für kationenpermeabel, da Toluidinblau auch im stärker dissoziierten Zustand den Zellsaft färbt, sobald die Vakuole nur noch von einem Tonoplasten umgeben ist.

Nach einer Behandlung der Oberepidermiszellen der Zwiebelschuppen von *Allium cepa* mit dem Antibiotikum Tetracyclin scheint nach Drawert und Rüffer-Bock (1964) das Plasmalemma zu fluorescieren, ob auch der Tonoplast leuchtet, konnte noch weniger einwandfrei geklärt werden. Da mit Tetracyclin vor allem das Endoplasmatische Reticulum (ER) fluoresciert (Abb. 158), das häufig direkt dem Tonoplasten anliegt, ist eine Entscheidung darüber, ob auch der Tonoplast leuchtet, schwierig. Obwohl es sich bei dem ER um eine submikroskopische Struktur handelt, wird es durch die Fluorochromierung selbstleuchtend und dadurch auch im Fluorescenzmikroskop sichtbar. Ähnlich verhalten sich die Dictyosomen des Golgi-Apparates, die sich ebenfalls mit Tetracyclin fluorochromieren lassen. Die Fluorochromierung von ER und Dictyosomen gelingt aber nicht bei allen daraufhin untersuchten Objekten.

Url und Bolhàr-Nordenkampf (1965) können die Fluorochromierungen mit Tetracyclin an der *Allium*-Oberepidermis bestätigen, halten aber den nicht-fluorescierenden Teil des Plasmas für das ER.

Nach Palczewska (1965) sollen sich in den Hyphen von *Achlya* spec. die Dictyosomen mit Neutralrot vital färben. Die Färbung ist intensiver als die der Vakuolen, und die kleineren Dictyosomen speichern den Farbstoff stärker als die größeren. Chrysoidin und Bismarckbraun färben die Dictyosomen nicht.

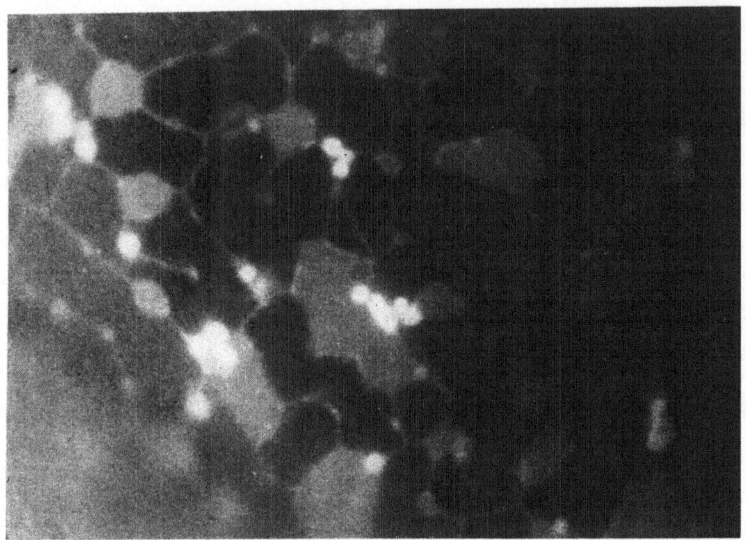

Abb. 158. Oberepidermiszellen eines Schuppenblattes von *Allium cepa* mit Tetracyclin fluorochromiert. Das fluorescierende endoplasmatische Reticulum (ER) besteht aus einem Netzwerk von Fäden mit kleinen und größeren segelartigen Erweiterungen (= Kavernen im elektronenmikroskopischen Bild). Unter dem ER stärker leuchtende Chondriosomen. Auf 2000fach nachvergrößert. (Nach Drawert und Rüffer-Bock 1964.)

γ) Plasmaeinschlüsse

Unter Plasmaeinschlüssen sollen hier nicht die Zellorganellen verstanden werden, denen besondere Abschnitte gewidmet sind, sondern Gebilde wie etwa die sogenannten „Physoden" bei den Braunalgen.

Die vital färbbaren granulären Einschlüsse der Cyanophyceen sind bereits bei der Besprechung der Vakuolenbildung (S. 427) berücksichtigt worden, da es sich dabei nach der vorwiegend vertretenen Auffassung um Strukturen handelt, die den normalen Zellsaftvakuolen homolog sein sollen. Bei *Beggiatoa* sind außer diesen Gebilden nach Guilliermond (1926 a) noch runde Bläschen im Plasma enthalten, die sich vital mit Indophenolblau färben und auch Sudan speichern, so daß auf eine lipoide Natur geschlossen werden kann. Nach Drawert und Metzner-Küster (1958 b) lassen sich mit Nilblau bei *Beggiatoa alba* Granula fluorochromieren. Diese Lipoidfluorescenz tritt aber nur in Zellen auf, die Schwefel führen. Schwefelfreie Zellen scheinen auch lipoidfrei zu sein.

Bei *Bacillus megatherium* lassen sich lipoidhaltige Körper mit Indophenolblau und Sudan nur postvital färben. Eine Vitalfärbung ist wahrscheinlich auf Grund der Schleimhülle nicht möglich, auch nicht mit Brillantcresylblau (Guilliermond 1933 a).

Zahlreiche Vitalfärbungsversuche liegen über die „Physoden" oder „Fucosan-bläschen" der Braunalgen und über ähnliche Einschlüsse („Gerbstoffbläschen") anderer Algen vor. Auf die unterschiedliche Definition dieser Gebilde soll hier nicht eingegangen werden (vgl. KÜSTER 1956). Wir wollen unter „Physoden" Einschlüsse verstehen, die phenolische Stoffe führen und deshalb meist auf Gerbstoffreaktionen ansprechen.

Die Physoden der Braunalgen lassen sich vital mit kationischen Farbstoffen wie Brillantcresylblau, Neutralrot, Methylenblau, Dahlia (CHADEFAUD 1927, 1932, 1936, PRÁT 1931 d, KYLIN 1939 b, HÖFLER, URL und DISKUS 1956 a) und Rhodamin B (HÖFLER 1956 a) färben. Im Ei von *Fucus* tingieren sich mit Neutral-rot außerdem noch vorher farblose Tröpfchen, die wie Fett aussehen (DÖRING 1932).

Den Physoden der Phaeophyceen entsprechende Einschlüsse lassen sich mit kationischen Farbstoffen bei *Vaucheria* nachweisen (MANGENOT 1935, WEBER 1958). Aber auch hier färben sich neben den gerbstoffartigen Gebilden Öltropfen, die außerdem Indophenolblau und Formazan nach Durchführung der Nadi- bzw. TTC-Reaktion speichern (SCHULTE 1964). CHADEFAUD (1927) gibt für die Phy-soden der Braunalgen eine Färbung mit Indophenol an. Nach ZWEIBAUM und MANGENOT (1923) eignet sich eine Vitalfärbung mit dem Nadi-Gemisch noch zum Nachweis feinster Öltröpfchen im Plasma. Wie die Physoden verhält sich ein Teil der Granula im Plasma der Zygnomataccon, deren Färbbarkeit mit kationischen Farbstoffen seit den Befunden von PFEFFER (1886) vor allem für *Spirogyra*, aber auch für *Zygnema* und *Mougeotia* immer wieder beschrieben wird (VAN WISSELINGH 1914, SCARTH 1926 b, LEDERER 1934, VON CHOLNOKY 1937 a, P. DANGEARD 1951). Diese Einschlüsse lassen sich bei *Spirogyra* auch mit dem im physiologischen pH-Bereich anionischen Methylrot färben (ZÖTTL 1960). Wieweit ähnliche Ein-schlüsse der Desmidiaceen (HIRN 1953 a) in die Gruppe der Physoden einzuordnen sind, ist fraglich. KOWALLIK (1965), der sich mit diesen Gebilden eingehend befaßt hat, kommt zu dem Schluß, daß es sich bei den Physoden der Zygnemataceen und den Einschlüssen der Desmidiaceen um verschiedene Strukturen handelt, wie vor allem aus ihrer irreversiblen und reversiblen Färbbarkeit hervorgeht.

Für eine *Spirogyra maxima* beschreibt KIERMAYER (1955 b) farblose, stärker lichtbrechende, in Aufsicht ringförmige Einschlußkörper, die von der Plasma-strömung mitgeführt werden und die sich mit Neutralrot, Brillantcresylblau, Toluylenblau und Rhodamin B färben. Der Autor denkt an Phytosteringebilde; dagegen sprechen aber meiner Meinung nach die Angaben, daß sie sich mit Millons Reagens gelbbraun färben, nicht Sudan III speichern und in Xylol un-löslich sind.

Granuläre oder tropfige Einschlüsse, die kationische Farbstoffe intensiv auf-nehmen, finden sich auch in anderen Algengruppen. Im Plasma der Rhizoiden von *Chara* speichern größere Körper Methylviolett (ZACHARIAS 1889), und im Plasma von *Nitella* tingieren sich „Bläschen" mit Methylenblau (OVERTON 1890). Nach P. A. DANGEARD (1921) speichern im Plasma von *Scenedesmus* metachromatische Körperchen, die seiner Meinung nach Urformen der Vakuolen sind, Brillant-cresylblau. Bei *Stypocaulon* färben sich Physoden mit Neutralrot vital (PRÁT 1925 b) und bei *Cladophora fracta* peripher gelegene Vakuolen mit Methylenblau (LANZ 1942). Das Plasma verschiedener Diatomeen führt Granula, die Methylenblau, Bismarckbraun, Neutralrot und Brillantcresylblau absorbieren (Lauter-born 1896, von Prowazek 1900, Hirn 1953 b). Bei der Anwendung metachromatischer Farbstoffe zeigen diese Einschlüsse eine negative Metachromasie (von Cholnoky und Höfler 1950, Höfler und Schindler 1951, Höfler und Höfler 1965). Die sogenannten Doppelplättchen der Diatomeen lassen sich nach Gschöpf (1952) nicht vital färben.

Im Plasma des Pilzes *Oospora lactis* finden sich ebenso wie bei *Basidiobolus ranarum* (Becker 1937) mit Neutralrot vital färbbare Granula eingebettet (Kuchar 1950). Durch Färbung mit Neutralrot weist auch Gavaudan (1932 b) bei *Ascoidea rubescens* nach, daß stark bewegliche, kleine Granula nicht im Zellsaft, sondern im Cytoplasma lokalisiert sind. Doch geht aus seinen Angaben nicht hervor, was sich mit Neutralrot gefärbt hat, wahrscheinlich nur die Vakuole.

Bei den nach einer Vitalfärbung im Plasma sichtbar gefärbten granulären Einschlüssen kann häufig nicht entschieden werden, ob sie mit primär vorhandenen Granula identisch oder erst durch die Färbung entstanden sind. Selbst bei *Spirogyra* hält Kinzel (1959 b) diese Entscheidung für nicht möglich. Wie für den Zellsaft ist auch für das Plasma das Auftreten offensichtlicher Entmischungsprodukte bei einer Vitalfärbung beschrieben worden, so bei *Euglena* (Diskus 1954), Diatomeen (Hirn 1953 b), verschiedenen Meeresalgen (Biebl 1952, 1956 a), *Rhodotorula rubra* und *Saccharomyces cerevisiae* (Schweisfurth 1960).

Die sogenannten Elaioplasten der Rotalge *Laurencia obtusa* speichern in lebenden Zellen Brillantcresylblau mit himmelblauem Farbton und Nilblau negativ metachromatisch, während Neutralrot, Uranin und Rhodamin B nicht angenommen werden. Im UV leuchten die Elaioplasten im letzten Fall hell ockergelb, ebenso ist nach einer Behandlung mit Acridinorange nur durch die Grünfluorescenz im UV eine Farbstoffaufnahme festzustellen. In abgestorbenen Zellen absorbieren die Elaioplasten rasch alle geprüften Farbstoffe mit den von totem Plasma her bekannten Farbtönen (Diannelidis und Höfler 1959). Die Elaioplasten (Ölkörper) der Lebermoose *Lophocolea cuspidata*, *Plagiochila asplenioides* und *Scapania aspera* färben sich mit Chrysoidin (Biebl 1940). Entgegen anderer Meinung sollen die Ölkörper von *Plagiochila asplenioides* mindestens während ihrer jugendlichen Entwicklungsphase im Cytoplasma liegen, wie Gavaudan (1928) aus seinen Vitalfärbungsuntersuchungen schließt. Zur elektiven Färbung der Ölkörper von Lebermoosen eignet sich auch Methylrot (Zöttl 1963). Die Elaioplasten in den Epidermiszellen von *Vanilla planifolia* und *V. pompona* fluorescieren mit Coriphosphin intensiv grün, mit Primulin weißblau, mit Pyronin blau und mit K-Fluorescein mattgrün (Thaler 1956).

In den chlorophyllfreien Trichomen der *Myriophyllum*-Blätter befinden sich stark lichtbrechende Kugeln, die zunächst in der Nähe des Zellkernes entstehen, größer werden und mit dem Altern der Blätter wieder verschwinden. In lebenden Zellen speichern diese Kugeln intensiv Methylenblau (Raciborski 1893). Mit Methylgrün färben sich nach Janson (1918) die Kugeln älterer Zellen grün und die jüngerer Zellen violett. Meiner Meinung nach beruht die Violettfärbung auf einer Verunreinigung des benutzten Methylgrünpräparates mit Methylviolett, und nicht auf Reduktionsunterschieden, wie die Verfasserin vermutet. In einem Neutralrot-Methylenblaugemisch werden die älteren Kugeln blau und die jüngeren rot gefärbt.

Die X-Körper viruskranker *Aichryson* × *domesticum f. foliis variegatis* fluorescieren nach Behandlung der Zellen mit K-Fluorescein, Eosin, Pyronin, Coriphosphin, Acridinorange, Neutralrot, Rhodamin B, Auramin und Primulin bei entsprechenden pH-Werten der Farbstofflösungen (REITER 1957). Die X-Körper nichtvariegater Zimmeräonien führen zahlreiche Granula, die nach WEBER und REITER (1958) lipoider Natur sein dürften, da sie Coriphosphin intensiv speichern und dann stark fluorescieren.

Viren selber lassen sich nach HAGEMANN (1937) mit Primulin fluorescenzmikroskopisch darstellen, so daß sie schon bei 200facher Vergrößerung erkennbar sind.

Auf Chrysoidin-haltigem Zucker-Agar färbt sich in den keimenden Pollenkörnern von *Crinum latifolium* und *Hippeastrum vittatum* die ,,Tröpfchenscheide'' (,,Cytosomen''), u. zw. in der generativen Zelle intensiver als in der vegetativen (SUITA 1938). Dies Verhalten spricht für einen hohen Lipoidgehalt der Gebilde.

Bei den ,,Tanninoplasten'', die sich nach POLITIS (1957) im Plasma der Epidermiszellen einiger Rosaceen mit Methylenblau färben sollen, handelt es sich sehr wahrscheinlich um Zellsaftentmischungen (s. S. 439).

In den Blumenblattzellen von *Gladiolus* × *gandavensis* entstehen nach dem Aufblühen im Cytoplasma kleine Vakuolen, die sich zum Unterschied von der Hauptvakuole nicht mit Neutralrot oder Methylenblau färben (BANCHER 1938). Entsprechende Vakuolen kommen nach RUHLAND (1912 b) im Plasma der Epidermiszellen der Petalen von *Cyclamen* vor und speichern Säuregrün. DRAWERT (1941 a) findet diese kleinen Plasmavakuolen in den Zellen der Blumenblätter der verschiedensten Familien, wie Malvaceae, Oxalidaceae, Rosaceae, Primulaceae u. a., und stellt ihre große Affinität zu sulfosauren Farbstoffen fest (vgl. auch FABBRICOTTI-OBERRAUCH 1965 a, b und KINZEL 1965). In den Epidermiszellen der Laubblätter von *Fagus sylvatica* sind diese Gebilde ebenfalls enthalten; sie färben sich intensiv mit dem anionischen Prontosil (DRAWERT und THIELKE 1951). Es bleibt zu prüfen, ob die von GERM und KIETREIBER (1956) beschriebenen hyalinen Cytoplasmakomponenten, die nach Plasmolyse in den Grundgewebszellen der Blattstiele von *Cyclamen europaeum* entstehen sollen und sich intensiv mit Chrysoidin färben, mit den ,,Plasmavakuolen'' der Petalen identisch sind.

d) Kernfärbung

Die meisten Farbstoffe, die das Cytoplasma vital färben, färben auch den Kern. Lange Zeit war es sehr umstritten, ob überhaupt eine Vitalfärbung des Kernes, selbst bei großzügigster Auslegung des Begriffes ,,vital'', möglich wäre. Viele Autoren sahen eine Farbstoffaufnahme durch den Zellkern als das sicherste Zeichen für den eingetretenen Zellentod an und äußerten größte Skepsis (z. B. MARTENS 1928). Es hat sich aber gezeigt, daß unter Umständen gefärbte Kerne noch zur Durchführung einer Mitose befähigt sind.

Da Färbungen bestimmter Strukturen in der Cyanophyceen- und auch in der Bakterien-Zelle mit bestimmten Farbstoffen als Indizienbeweise für das Vorhandensein von Kernäquivalenten in diesen Organismen angesehen werden, soll bei der Besprechung der Kernfärbungen nicht mit diesen Pflanzengruppen angefangen werden. Wir wollen bei den normalen Zellkernen erst kennenlernen, welche Farbstoffe zur vitalen Kernfärbung geeignet sind und bis zu welchem Grade diese

Färbungen eine Spezifität besitzen, um dann bei Cyanophyceen und Bakterien entscheiden zu können, mit welchem Recht wir auf Grund von Färbungsergebnissen bestimmte Strukturen als Kernäquivalente ansprechen dürfen.

α) Normaler Zellkern

In den Staubfadenhaaren von *Tradescantia* lassen sich der Interphasekern und auch die verschiedenen Teilungsstadien nach Campbell (1887, 1888) mit Dahlia, Methylviolett und Mauvein färben, die Plasmaströmung bleibt erhalten. Mit Methylviolett färbt sich auch der Zellkern bei Diatomeen vital (Lauterborn 1896), und Przesmycki (1899) erhält bei *Opalina ranarum* und *Nyctotherus cordiformis*, aber nicht bei *Stentor*, positive Ergebnisse mit Neutralrot. Im letzten Objekt soll Auramin den Kern färben. In den Oberepidermen der Schuppenblätter von *Allium cepa* bedingt Auramin eine intensive, goldgelbe Kernfluorescenz (Strugger 1943 b). Die Erfolge mit Neutralrot kann Przesmycki (1915 a) später bei verschiedenen Protozoen erneut erzielen. Robertson (1908) gibt für tierische Zellen Methylgrün als besonders gut geeigneten Vitalfarbstoff für den Zellkern an, und nach Russel (1914) waren Paramaecien, deren Kern mit Gentianaviolett gefärbt war, noch nach 48 Stdn. beweglich.

Mit Methylviolett und dessen verwandten oder sogar identischen Farbstoffen Dahlia- und Kristallviolett haben auch Henneberg (1912, Hefe), P. Dangeard (1923 c, Zellen von *Ricinus* und *Pinus*), Albach (1927, Epidermis von *Orchis latifolia* u. a.), Paltauf (1928, Zellen verschiedener pflanzlicher Objekte), Bank (1939, Zwiebelzellen von *Allium cepa*), Malvesin-Fabre (1941, verschiedene Gewebe von *Arum italicum*) positive Ergebnisse erhalten. In den Staubfadenhaaren von *Tradescantia* färben sich nach Becker (1935) zwar die Kerne mit Dahlia- und Methylviolett, doch wird meist die weitere Teilung eingestellt.

Ferner sind mit Malachitgrün (Albach 1927, Becker 1935) und mit Prune pure (Ruhland 1912 b, Küster 1926, 1933, Drawert 1938 c, Fritz 1951, Betz 1953) vitale Kernfärbungen beobachtet worden. Für Chrysoidin werden unterschiedliche Angaben gemacht. Während Ruhland (1912 b) und Küster (1926) mit diesem ausgesprochenen Plasmafarbstoff Kernfärbungen erhalten haben (vgl. auch Certes 1885 sowie Guilliermond und Gautheret 1940/46, dagegen aber Drawert 1940), betonen Paltauf (1928), Becker (1935) und Höfler (1963 a) ausdrücklich das Ausbleiben einer Kernfärbung.

Obwohl mit Neutralrot bei Protozoen allem Anschein nach gar nicht selten Kernfärbungen zu beobachten sind, liegen für Pflanzenzellen nur spärliche Angaben vor. Nach P. Dangeard (1923 c) sollen sich in den Pollenmutterzellen von *Ginkgo* Kern und Chromosomen leicht mit Neutralrot im gelben Farbton vital färben lassen. Dasselbe Ergebnis haben Becker und Beckerowa (1934) an den Pollenmutterzellen von *Tradescantia* erhalten. Bei einem Fortschreiten der Teilung entfärben sich die Chromosomen wieder, doch werden keine normalen Interphasekerne mehr ausgebildet. Nach von Cholnoky (1949) färben sich Zellkerne nur im prämortalen Zustand mit Neutralrot und Methylenblau. Die im Hellfeld nach einer Neutralrotbehandlung farblosen Zellkerne der Schuppenblattoberepidermis von *Allium cepa* zeigen im UV oberhalb von pH 6 eine zarte grüngelbe Fluorescenz der Kernhülle und im schwach sauren Bereich eine graugrüne Fluorescenz des Caryotingerüstes (Strugger 1940 b).

Von Farbstoffen mit ähnlichem oder stärkerem Dissoziationsgrad als das Neutralrot erwähnen P. A. DANGEARD (1932, *Vaucheria*), GAVAUDAN (1934, Flagellaten), HÖFLER (1963 a, 1966, *Biddulphia titiana*) und ARNOLD (1965, Kerne von Pflanzenzellen in Teilung) eine Kernfärbung mit Brillantcresylblau und BANK (1933 b) sowie HÖFLER (1963 a, 1966) fur einige Objekte auch mit Nilblau. In glykogenfreien, fett- und eiweißarmen Hefezellen speichert der Zellkern intensiv Methylenblau (HENNEBERG 1912). Mit reduziertem Methylenblau soll sich die Oberfläche des Nucleolus im Kern von *Basidiobolus ranarum* blau färben (TARWIDOWA 1938). Kerne im Monocotylengewebe nehmen Safranin auf und zeigen dabei nur eine sehr geringe Schrumpfung (MONSCHAU 1930). Mit Pyronin färben sich die Nucleolen in den Wurzelhaarzellen von *Stratiotes aloides*, doch kann diese Färbung nicht mehr als vital bezeichnet werden, da sie von rasch fortschreitenden Degenerationserscheinungen im Kern begleitet ist (BECKEROWA 1934). In den Oberepidermiszellen der Schuppenblätter von *Allium cepa* läßt sich aber nach DRAWERT (1940) ab pH 8,5 mit Pyronin eine vitale Färbung des ganzen Kernes erzielen, die im UV bereits ab pH 3 als gelbe Fluorescenz des Caryotingerüstes zu erkennen ist. Die Fluorescenzintensität nimmt bis pH 8 zu und darüber bis zu pH 10 wieder ab. Von pH 10 an leuchtet nur noch die Kernhülle ultramarinblau (STRUGGER 1941 a).

Von den Rhodaminen ist vor allem Rhodamin B brauchbar, das sowohl im Hellfeld als auch im UV bzw. Blaulicht zu einer guten Kernfärbung führt (STRUGGER 1938 a, DRAWERT 1939 a, 1955 a, HÖFLER 1963 a, 1966, HÖFLER und HÖFLER 1965). Nach STRUGGER soll nur die Kernhülle den Farbstoff aufnehmen.

Als Fluorochrom eignet sich Berberinsulfat bei alkalischer Reaktion der Farbflotte (HAITINGER 1935, STRUGGER 1939 a, PERNER 1952 a, DRAWERT 1953, SCHUMACHER und HÜLSBRUCH 1955, ACCOLA 1960, JUNG und ROCHELMEYER 1960). Nach STRUGGER (1939 a) wird das Alkaloid vom Caryotingerüst und von den Nucleolen gespeichert. Caryolymphe und Kernhülle bleiben farblos.

Über Trypaflavin als Fluorochrom für den Kern widersprechen sich die Angaben. BAUCH (1949 a) hält es für einen sehr brauchbaren Farbstoff, und zwar ist die Speicherung im Interphasekern der Zwiebelepidermiszellen von *Allium cepa* ausschließlich auf das erhalten bleibende Heterochromatin beschränkt, und in den Riesenkernen der Speicheldrüsen von *Chironomus* und *Drosophila* werden nur die Chromosomen vital gefärbt. Nach STICH (1951 a) läßt sich Trypaflavin bei lebender *Acetabularia* nur in der Nucleolarsubstanz nachweisen, und nach WERZ (1957) sollen bei demselben Objekt nur Kerne von irreversibel geschädigten Pflanzen eine Trypaflavinfluorescenz zeigen.

In den letzten Jahren sind alle kationischen Dia- und Fluorochrome zur vitalen Kerndarstellung von Acridinorange überflügelt worden. Unabhängig voneinander wurde die Brauchbarkeit dieses Fluorochroms von BUKATSCH und HAITINGER (1940) sowie STRUGGER (1940 c, d) entdeckt. Nach den Ausführungen des letzten Autors fluorescieren das Caryotingerüst und die Nucleolen bei lebenden Kernen grün und bei toten kupferrot. Mitosen in den Staubfadenhaarzellen von *Tradescantia virginiana* zeigen eine gelblichgrüne Fluorescenz der Chromosomen. Zellen mit gefärbten Chromosomen beenden die Teilung, und noch in den Tochterzellen fluresciert das Caryotingerüst. Mit Acridinorange gefärbte Myxamöben entwickeln sich trotz fluorescierender Zellkerne im Dunkeln normal, bilden Plasmodien und Fruchtkörper, deren Sporen sich weiter kultivieren lassen (STRUGGER

1941 b). Entsprechend dem Acridinorange verhält sich das nahe verwandte Coriphosphin (Bukatsch und Haitinger 1940, Bukatsch 1941, Höfler 1951). Die gute Verwendbarkeit beider Fluorochrome hat sich immer wieder bei den verschiedensten Objekten bestätigt (Strugger 1943 a, Hefe; Johannes 1950 a, b, 1954, Phycomyceten; Royan und Subramaniam 1960, Hefe; Jung und Rochelmeyer 1960, *Claviceps purpurea*; Accola 1960, Zwiebelepidermis von *Allium cepa*; Krentel 1961, *Prototheca zopfii* mit Feulgen-negativem Zellkern; Höfler und Höfler 1965, Diatomeen). Merkwürdigerweise bleibt aber bei der Diatomee *Biddulphia titiana* eine grüne Kernfluorescenz aus (Höfler 1963 a).

Eigenartige intensiv gefärbte Kernentmischungen erhält Drawert (1954 a) nach längerer Einwirkung von Coelestinblau in den Oberepidermiszellen der Schuppenblätter von *Allium cepa*. Im Kern treten violett gefärbte Körnchen und stäbchenartige Gebilde auf, die allmählich zu einem Netzwerk zusammentreten (Abb. 159). Diese Entmischungen sind nicht in allen Zellen zu beobachten, bevorzugt scheinen sie sich in der Umgebung verwundeter Zellen zu bilden. Ob daran das Caryotin oder die Caryolymphe beteiligt ist, kann nicht definitiv gesagt werden, wahrscheinlich ist es die Caryolymphe, da es sich um einen vitalen Vorgang handelt. Trotz intensiv gefärbter Kerne bleibt die Plasmaströmung unvermindert erhalten, und bei O_2-Mangel erfolgt eine Reduktion des Farbstoffes und damit eine Entfärbung der Kerne, die auch dann noch eine unveränderte Konfiguration zeigen. Andererseits wird Coelestinblau im Verein mit Pyronin zur Unterscheidung der beiden Nucleinsäuren benutzt (vgl. Harms 1957/1965).

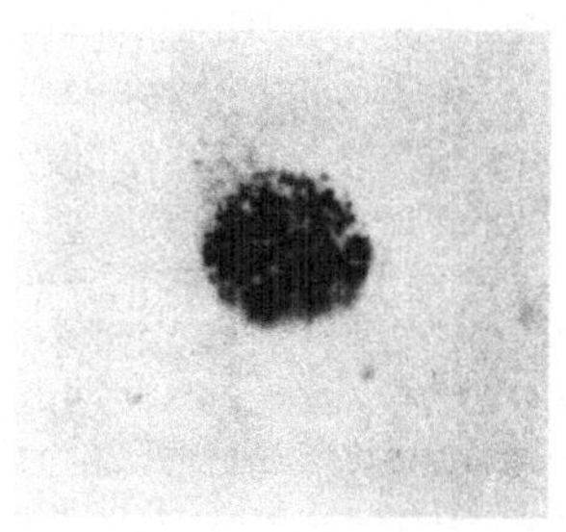

Abb. 159. Zellkern einer lebenden Oberepidermiszelle eines Schuppenblattes von *Allium cepa* mit stark gefärbten Entmischungsaggregaten nach längerer Einwirkung von Coelestinblau. (Nach Drawert 1954 a.)

Nach Lehman und Andrews (1935) sollen sich die Kerne von *Spirogyra crassa* und *Tradescantia virginiana* mit einer Reihe von Pflanzenextrakten, darunter aus *Beta vulgaris*, *Allium cepa*, *Coleus*-Arten, *Zea mays*, *Poa pratensis*, *Crocus vernus* u. a., vital färben lassen. Diese Angaben bedürfen einer Nachprüfung.

In ihren ausgedehnten Untersuchungen haben Guilliermond und Gautheret (1940/46) folgende kationischen Farbstoffe als brauchbar für eine vitale Kernfärbung gefunden: Chrysoidin, Dahlia-, Gentiana-, Hoffmanns-, Kristallviolett, Methylviolett 5 B, Methyl-, Jod-, Malachit-, Säuregrün, Pyronin B und beschränkt, da nur in besonderen Fällen färbend, Brillantcresyl-, Nil-, Naphthylen-, Naphthylaminblau. Drawert (1940) führt folgende Farbstoffe an: Acridingelb, Anilin-, Brillantgrün, Dahlia, Gentianaviolett, Jodgrün, Kristallviolett, Malachit-, Methylgrün, Methylviolett, Nilblau (aber nur in Ausnahmefällen), Pyronin, Vesuvin, Viktoriablau, und ferner noch (Drawert 1951 a): Astraviolett, Coriphosphin, Indoinblau, Methylengrün, Methylenviolett, Parafuchsin, Phenosafranin, Safranin, Viktoriagrün.

Auch bei den anionischen Farbstoffen finden wir eine Identität zwischen Cytoplasma- und Kernfärbern. Eosin und Erythrosin sind als Dia- und Fluorochrome geeignet (Küster 1926, Scarth 1926 b, Gicklhorn 1927 b, 1930 a, Paltauf 1928, Strugger 1931, Bank 1933 b, Döring 1935, Drawert 1941 a). Es ist nur darauf zu achten, daß die Farblösung sauer reagiert und die Färbungen unter Lichtabschluß durchgeführt werden, da die Farbstoffe stark photodynamisch wirksam sind.

Auf Grund der geringeren Giftigkeit und der großen Fluorescenzintensität haben das Fluorescein, besonders die gut wasserlöslichen K- und Na-Salze, die Jod- und Bromderivate als Fluorochrome abgelöst (GICKLHORN 1927 b, SCHUMACHER 1933, LEHMAN und ANDREWS 1934, DÖRING 1935, STRUGGER 1938 b, DRAWERT 1941 a, 1960 a, FREUDENBERGER 1941, HÖFLER, ZIEGLER und LUHAN 1956, DRAWERT und MIX 1962 a).

Ferner erhält man gelbe vitale Kernfärbungen mit Methylrot (SCHAEDE 1924 a, DRAWERT 1941 a) allerdings, wie bei den meisten kationischen Farbstoffen, nur in Zellen mit leerem Zellsaft. In seiner Übersicht erwähnt DRAWERT (1941 a) außer dem zur Fluorescein-Gruppe gehörenden Phloxin BBN noch Alizaringelb GG und Anilingelb als Kernfärber unter den anionischen Farbstoffen.

β) Kernäquivalente bei Cyanophyceen und Bakterien

Da den Cyanophyceen und Bakterien ein morphologisch ausdifferenzierter Kern fehlt, hat man unter anderem mit Hilfe der Vitalfärbung versucht, bestimmte Zellstrukturen oder Bezirke als Kernäquivalente zu identifizieren.

Nach ZACHARIAS (1890, 1900) läßt sich das Zentroplasma, der „Zentralkörper" der Cyanophyceen, mit Methylviolett und Methylenblau vital färben. Dieser Befund kann vor allem für Methylenblau und auch für einige andere kationische Farbstoffe, wie Fuchsin und Janusgrün, von einer Reihe Autoren bestätigt werden (PALLA 1893, STOCKMAYER 1894, KLEBAHN 1895, NADSON 1895, BRAND 1901, 1905, HEGLER 1901, MASSART 1901, KOHL 1903, BAUMGÄRTEL 1920). Nach GONÇALVES DA CUNHA (1935) soll sich der Zentralkörper nur mit Janusgrün und nie mit Neutralrot oder Cresylblau färben. BRAND (1901) betont, daß sich nur in älteren Zellen ein Zentralkörper mit Methylenblau darstellen läßt; in jüngeren tritt keine Differenzierung auf, da die ganze Zelle den Farbstoff annimmt. Nach PRÁT (1925 a) soll sich dagegen ausschließlich in Zellen aus jungen, voll aktiven Kulturen ein Zentralkörper herausfärben, während er in Zellen aus alten Kulturen nicht mehr nachweisbar ist; er erscheint aber sofort wieder nach Übertragung der Fäden in frische Nährlösung. Bei Meerescyanophyceen kann der Zentralkörper zum Unterschied von den Süßwasserformen nicht mit Methylenblau, sondern nur mit Toluidinblau elektiv vital gefärbt werden (PRÁT 1931 b). Bei *Oscillatoria borneti*, die sich durch ihren besonderen keritomischen Bau auszeichnet, können weder ZUKAL (1894) noch DRAWERT (1949 b) einen „Zentralkörper" mit Hilfe der Vitalfärbung nachweisen.

Nach PALLA (1893), MASSART (1901) und PRÁT (1925 a) behalten die Fäden mit gefärbten Zentralkörpern noch eine Zeitlang ihre Bewegungsfähigkeit, so daß es sich um eine echte Vitalfärbung handeln soll. Demgegenüber heben BAUMGÄRTEL (1920), GUILLIERMOND (1925 a, b, 1926 e, 1933 b), GAVAUDAN und GAVAUDAN (1933), CHADEFAUD (1937) und DELAPORTE (1940) hervor, daß sich der Zentralkörper erst beim oder nach dem Absterben färbt.

Da eine Vitalfärbung des Zellkernes mit Methylenblau oder gar Toluidinblau bei der höheren Pflanze nur äußerst selten beobachtet worden ist, erscheint es zunächst sehr zweifelhaft, daß der sich nach den meisten Autoren mit Methylenblau vital färbende sogenannte Zentralkörper der Cyanophyceen einem Zellkern entspricht, wie es Stockmayer, Nadson, Hegler, Kohl, Guilliermond, Delaporte u. a. annehmen. Von Zacharias, Massart und Baumgärtel wird die Kernnatur abgelehnt.

Anders scheinen die Verhältnisse bei einigen Fluorochromen zu liegen, die auch von der höheren Pflanzenzelle als gute Kernfärber bekannt sind. Mit diesen läßt sich jedoch kein eigentlicher „Zentralkörper" im Sinne der älteren Autoren herausfärben. Höfler (1944, S. 283) schreibt allerdings, das Zentroplasma der Blaualgen gibt, mit Acridinorange vital gefärbt, „eine prächtige grüne Fluorescenzfärbung, die genau der Farbreaktion der Zellkerne anderer Algen und höherer Pflanzen entspricht. Man erkennt so eine schärfere Abgrenzung des phosphorsäurehaltigen Eiweißes, d. h. des Kernäquivalentes der Cyanophyceen, als sich hätte erwarten lassen." von Zastrow (1953) stellt an 27 Blaualgenarten fest, daß sich mit Methylenblau (Hellfeld) und Acridinorange (gelb-grünes Fluorescenzbild) in allen Fällen eindeutig genau die gleichen Zellstrukturen, u. zw. die Zentralsubstanz, färben. Jede normale Blaualgenzelle besitzt diese Zentralsubstanz, die aber in ihrer morphologischen Ausbildung, je nach systematischer Zugehörigkeit der jeweiligen Art und nach dem Alter der Zellen, zwischen der Form eines geschlossenen Zentralkörpers und weitgehender Auflösung in einzelne, mehr oder weniger zahlreiche Partikelchen pro Zelle variieren kann. Mit der Feulgen-Reaktion und der Pyronin-Methylgrünessigsäure-Methode kann von Zastrow in der Zentralsubstanz auch DNS und RNS nachweisen. Die Feulgen-positiven Strukturen treten immer nur in Granula-Form auf. Nach Drews und Niklowitz (1956) sowie Tischer (1957) und Fuhs (1958 a) soll sich die Pyronin-Methylgrün-Methode für Cyanophyceen nicht eignen. Drews und Niklowitz (1956) geben für das Zentroplasma von *Phormidium uncinatum* mit Acridinorange ebenfalls eine gelbgrüne Fluorescenz an. Fuhs (1958 a, b) weist darauf hin, daß mit Acridinorange und Trypaflavin bei *Oscillatoria amoena* außer der Zentralsubstanz auch noch die Zellwände und Polyphosphatkörper leuchten. Berberinsulfat bleibt mehr auf die Zentralsubstanz beschränkt. Nach Krieg (1954 e) soll aber Berberinsulfat, abgesehen von geschädigten oder abgestorbenen Zellen, bei *Oscillatoria* und *Nostoc* nicht das Kernäquivalent färben. In der lebenden Zelle leuchten mit diesem Alkaloid nur die Metachromatinkörner. Mit Acridinorange soll sich dagegen neben den gelblichrot fluorescierenden Metachromatinkörnern im peripheren Plasma ein hellgrüngelb leuchtendes, retikuläres Kernäquivalent im Zentroplasma darstellen lassen.

Bei der durch Keritomie sehr blassen *Oscillatoria borneti*, die keine Differenzierung in farbloses Zentroplasma und peripheres Chromatoplasma erkennen läßt, leuchten die den Zellraum durchsetzenden Plasmafäden und Plasmawände nach Acridinorangebehandlung grün mit etwas stärker hervortretenden Granula. Im zentralen Plasma sind die Granula meist größer, im peripheren kleiner. Berberinsulfat liefert entsprechende Ergebnisse. Hier treten die Granula etwas stärker hervor. Eine Identität dieser Granula mit Feulgen-positiven Körnchen ist wahrscheinlich (Drawert und Metzner 1958 a). Entgegen den Angaben von Krieg (1954 e) fluorescieren bei *Cylindrospermum-*, *Nostoc-*, *Anabaena*-Arten und Oscillatorien ohne Keritomie mit Berberinsulfat nicht die Metachromatinkörner, sondern die Zentralsubstanz; nur in überalterten Kulturen tritt auch eine Granulafluorescenz auf. Acridinorange liefert hinsichtlich der Zentralsubstanz identische Bilder (DRAWERT und METZNER 1956 b). Die Kernäquivalente bei *Mastigocladus laminosus* können ebenfalls mit Berberinsulfat und Auramin vital fluorochromiert werden (MARČENKO 1962). Auch bei *Beggiatoa alba* kann mit Acridinorange eine grün fluorescierende „Zentralsubstanz" nachgewiesen werden (Abb. 160), während *Thiothrix nivea* eine grüne Fluorescenz des ganzen Protoplasten zeigt (Abb. 161). Die Feulgen-Reaktion verläuft bei beiden Arten negativ (DRAWERT und METZNER-KÜSTER 1958 b).

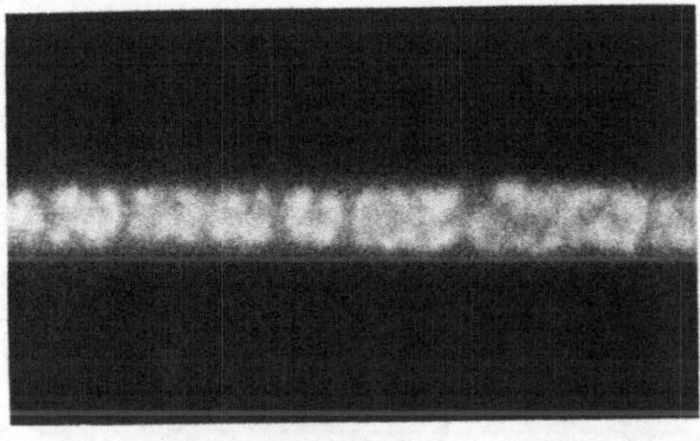 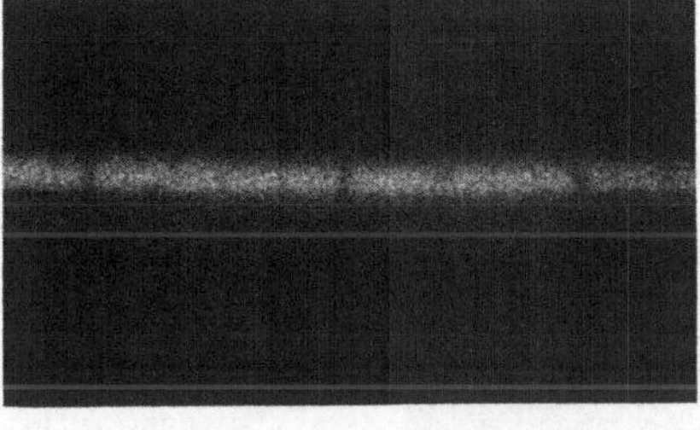

Abb. 160.   Abb. 161.

Abb. 160. Schwefelfreie Zellen von *Beggiatoa alba* mit Acridinorange vital fluorochromiert. Grüne Fluorescenz der „Zentralsubstanz". (Nach DRAWERT und METZNER-KÜSTER 1958 b.)

Abb. 161. Schwefelfreie Zellen von *Thiothrix nivea* mit Acridinorange vital fluorochromiert. Grüne Fluorescenz der ganzen Protoplasten. (Nach DRAWERT und METZNER-KÜSTER 1958 b.)

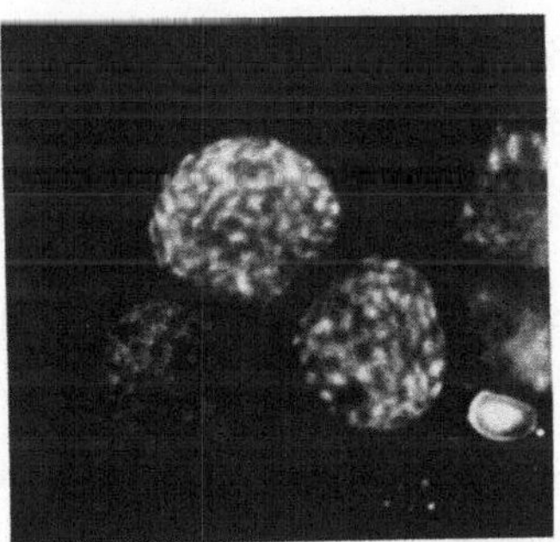

Abb. 162. *Pleurocapsa fuliginosa*. Vitalfluorochromierung mit Coriphosphin. Große vegetative Zellen mit fluorescierendem Chromatinapparat. Die Einzelelemente sind gleichmäßig über die ganze Zelle verteilt. Vergr. 350, auf 900 nachvergrößert. (Nach BECK 1963.)

Nach den vergleichenden licht- und elektronenmikroskopischen Untersuchungen von BECK (1963) an einer sporenbildenden Art aus dem Formenkreis von *Pleurocapsa fuliginosa* ist es sehr wahrscheinlich, daß die Fluorochrome Berberinsulfat, Acridinorange und Coriphosphin — allerdings neben einigen anderen Strukturen — vor allem die kernäquivalenten Bezirke fluorochromieren. Auffallend ist die unterschiedliche Fluorescenzintensität der Chromatinstrukturen in den verschiedenen Entwicklungszuständen. Vegetative Zellen zeigen eine schwache, mehr diffuse Fluorescenz; junge, in Teilung befindliche Sporangien leuchten intensiver, und die Kernäquivalente der Sporen weisen die stärkste Fluorescenz auf. Eine Beschränkung der Kernäquivalente auf ein Zentroplasma liegt bei dieser Art nicht vor. Die Einzelelemente sind gleichmäßig über die ganze Zelle verteilt (Abb. 162). Die Sporen enthalten nur ein Kernäquivalent, wie Abb. 163 belegt.

Nach diesen Befunden wären die normalen *Pleurocapsa*-Zellen als polyenergid zu betrachten.

Auch bei den Bakterien hat sich Acridinorange als Vitalfarbstoff zur Darstellung der Kernäquivalente am besten bewährt (Schuler 1952, 1954, *Escherichia coli*; Krieg 1953 b, 1954 a, b, d *Escherichia coli, Proteus vulgaris, Azotobacter chroococcum*, Stäbchenbakterien und Coccen; Floethmann 1954, *Azotobacter chroococcum*; Hagedorn 1959, *Nocardia corallina*; Malatyan 1963, *Escherichia coli*; Poglazova 1964, *Actinomyces streptomycini*).

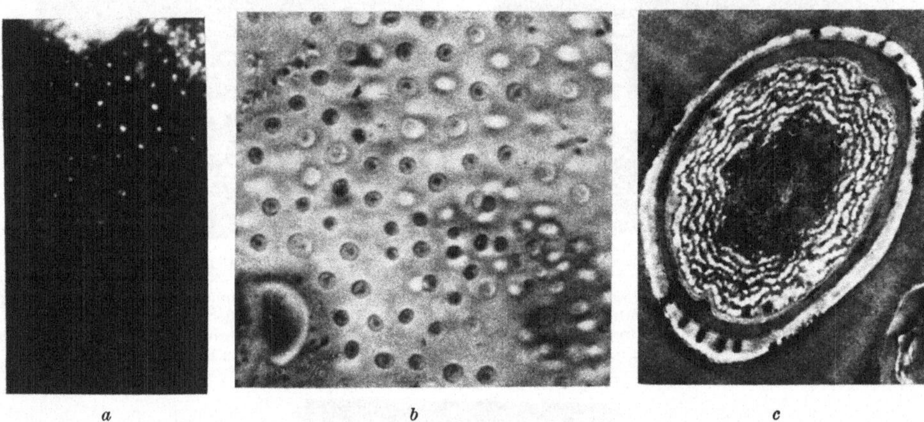

a   b   c

Abb. 163. Sporen von *Pleurocapsa fuliginosa* mit je einem Kernäquivalent, das auf verschiedene Art und Weise dargestellt worden ist. *a* nach RN-ase-Behandlung und Fluorochromierung mit Coriphosphin. Vergr. 350, auf 900 nachvergrößert; *b* Nuclealreaktion nach Feulgen. Vergr. 610, auf 2100 nachvergrößert; *c* elektronenmikroskopische Aufnahme eines Schnittes durch eine Spore nach OsO_4-Fixierung und Uranylacetatkontrastierung. Vergr. 7500, auf 20000 nachvergrößert. (Nach Beck 1963.)

Die von Bielig, Kausche und Haardick (1949) für Bakterien postulierte Übereinstimmung der Reduktionsorte von TTC mit nucleinsäurehaltigen Bezirken wird von Preuner und von Prittwitz und Gaffron (1952) sowie von Hahn (1952) abgelehnt. Außerdem weisen die letzten Autoren mit Recht darauf hin, daß eine charakteristische Lage der Reduktionsorte mit der TTC-Methode gar nicht festgelegt werden kann. Wallhäuszer (1954) läßt noch offen, ob es sich bei den Reduktionsorten von TTC in sporenbildenden Bakterien um Chondriosomen oder Kernäquivalente handelt. Auch dieser Autor übersieht, daß die Speicherorte des durch die Reduktion von TTC entstandenen Formazans nicht mit den Reduktionsorten übereinstimmen müssen (s. S. 534), geschweige denn etwas mit Kernäquivalenten zu tun haben.

e) Plastidenfärbung

Zur vitalen Färbung von Plastiden scheinen sich nur wenige Farbstoffe zu eignen. Einige Färbungen sind sehr umstritten, doch muß man — wie bei jeder Vitalfärbung — berücksichtigen, daß sich nicht jede Zelle gleich verhält. Je nach Art und physiologischem Zustand der Zelle ist mit einem Farbstoff in dem einen Fall eine Vitalfärbung möglich, in dem anderen nicht.

Zu den für eine vitale Plastidenfärbung umstrittenen Farbstoffen gehört Neutralrot. Randolph (1922) und Zirkle (1927) erwähnen, daß zur Verfolgung der Plastidenentwicklung eine Vitalfärbung mit Neutralrot ebenso ungeeignet ist wie eine Färbung mit Methylenblau, Brillantcresylblau oder Janusgrün B, da sich die Plastiden-primordien vom Plasma nicht stärker abheben als in unbehandelten Zellen. FRITSCH und HAINES (1923) geben für Erdalgen, wie *Zygogonium*, eine Vitalfärbung der Plastiden mit Neutralrot an, doch erscheint es fraglich, ob die Zellen wirklich noch vital waren. Bei *Helodea canadensis* färben sich die Chloroplasten nach ein bis zwei Tage langer Neutralroteinwirkung ein bis zwei Tage vor dem Absterben der Zellen. Da die Zellen eine Plasmaströmung aufweisen und normal plasmolysierbar sind, kann man, obwohl die Zellen schon als geschädigt anzusehen sind, die Färbung mit WEBER (1930 a) noch als vital bezeichnen. Auffallend ist, daß die Chloroplasten ein und derselben Zelle nach sehr unterschiedlicher Zeit den Farbstoff aufnehmen. WEBER führt dies auf eine verschiedene Resistenz der einzelnen Chloroplasten zurück. In der Terminologie von STRUGGER (1937 a) dürfte eine turbante Färbung (s. S. 8) vorliegen. Über die Lokalisation des Farbstoffes, ob das gesamte Stroma oder nur eine periphere Schicht des Chloro-plasten gefärbt ist, kann nichts ausgesagt werden. Auch in den Blättern von *Halophila stipulacea* ist kurz vor dem Absterben eine Chloroplastenfärbung mit Neutralrot zu beobachten. Die Zellen sind ebenfalls noch plasmolysierbar und zeigen zum Teil Plasmaströmung (DIANNELIDIS 1951). DRAWERT und METZNER (1956 a) können die Befunde von WEBER und DIANNELIDIS für *Helodea densa* bestätigen. Nach ihren Beobachtungen zeigen die Chloroplasten

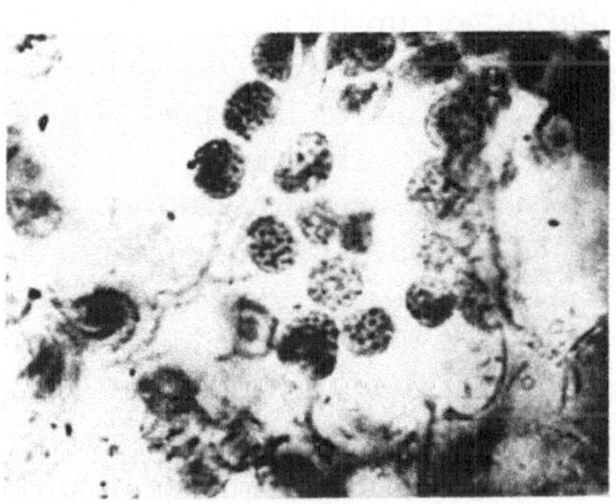

Abb. 164. Chloroplasten aus dem Schwammparen-chym eines Blattes von *Aspidistra elatior* 15 min. mit Rhodamin B behandelt. Elektive Färbung der Grana. (Nach STRUGGER 1937 c.)

in einigen Zellen, besonders längs der Mittelrippe, eine rote Granafärbung. Obwohl die Zellen noch eine Plasmaströmung erkennen lassen, machen die Plastiden schon einen degenerierten Eindruck, so daß die Autoren es für rich-tiger halten, von einer prämortalen Färbung zu sprechen. GUILLIERMOND und GAUTHERET (1940/46) lehnen die Möglichkeit einer Vitalfärbung der Chloroplasten mit Neutralrot ab. HONSELL (1962) gibt für die marinen Grünalgen *Bryopsis* und *Derbesia* eine Vitalfärbung der Plastiden mit Neutralrot und Brillantcresylblau an. Nach THALER (1955) gelingt eine Lebendfärbung der großen Leukoplasten in der Blattepidermis von *Helleborus corsicus* mit Neutralrot ebensowenig wie mit Säurefuchsin, Eosin, Toluidinblau und Pyronin. Auch die Chromoplasten in den Staminalhaaren von *Tinantia fugax*, die sich beim Abblühvorgang stark vakuoli-sieren, speichern kein Neutralrot (KÜSTER 1950). Dasselbe finden LINSER und KIERMAYER (1957) für die stark vakuolisierten Plastiden der farblosen Blätter, die sich bei Kultur von *Helodea densa* in 10^{-2} und $10^{-3}\%$igen Lösungen von 3-Aminotriazol entwickeln.

Die meisten positiven Ergebnisse sind mit Rhodamin B erzielt worden. Als erster beschreibt STRUGGER (1937 a, c) eine Vitalfärbung der Chloroplasten von *Helodea densa*, *H. canadensis* und einigen anderen Pflanzenarten sowie der Leuko-plasten in den Perikarpzellen von *Symphoricarpus racemosus* mit diesem Farb-stoff, der von den Chloroplasten in den Grana gespeichert wird (Abb. 164). Mit

Hilfe der Vitalfärbung mit Rhodamin B untersucht STRUGGER (1937 c) den Ergrünungsvorgang etiolierter Plastiden und kommt so zu seiner Vorstellung vom Primärgranum der Proplastiden (STRUGGER 1950, 1954). DÜVEL (1954) kann aber in Meristemzellen von *Helodea canadensis* mit Rhodamin B kein Primärgranum in Proplastiden nachweisen. Auch in den ersten Blattanlagen färben sich 0,7—0,9 μ große Körperchen nur homogen. Die Speicherung in den Grana ausdifferenzierter Chloroplasten kann dagegen bestätigt werden (LÄRZ 1942, H. H. SCHMIDT 1951, BÖING 1955 [hier auch „Primärgranum"], ZURZYCKI und STARZECKI 1961, SENSER und SCHÖTZ 1964, RÖBBELEN und WEHRMEYER 1965). Ferner führen HÖFLER (1951, 1956 a), HÖFLER, URL und DISKUS (1956 b), FRANZ (1958) und HONSELL (1962) eine Vitalfärbung von Chloroplasten mit Rhodamin B an. Nach GUILLIERMOND und GAUTHERET (1940/46) sind dazu relativ hohe Farbstoffkonzentrationen und lange Einwirkungszeiten erforderlich. HÖFLER, URL und DISKUS (1956 b) betonen, daß es auf das Objekt und das relative Speichervermögen der Zellbestandteile ankommt, ob man nach Rhodamin-B-Behandlung vitale Plasma-, Plastidenoder Zellsaftfärbungen erhält, z. B. bleibt bei *Polysiphonia* und *Bryopsis* eine Plastidenfärbung aus, während die Chloroplasten einer *Cladophora* ein sehr gutes Speichervermögen besitzen. HONSELL (1962) erhält dagegen auch bei *Bryopsis* mit Rhodamin B eine Plastidenfärbung. Bei *Coleochaete soluta* färben sich ebenfalls die Plastiden, die aber bald streifig werden. In wenigen Minuten bewirkt Rhodamin B hier allerdings eine starke Schädigung (GEITLER 1960 b).

Nach WEBER (1937 a) bleibt die Doppelbrechung der *Helodea*-Chloroplasten bei einer Färbung mit Rhodamin B erhalten, und nach MENKE (1938, 1943) wird die Doppelbrechung der Chloroplasten von *Closterium moniliferum* durch eine Vitalfärbung mit Rhodamin B sogar verstärkt. Aus dem auftretenden Dichroismus läßt sich auf die Anordnung der Lipoidmoleküle im Chloroplasten schließen, die senkrecht zu den Eiweißschichten stehen müssen.

In diesem Zusammenhang ist es von Interesse, daß beim Eintrocknen des Fruchtsaftes von *Sophora japonica* Sphärokristalle entstehen, die mit Rhodamin B, Neutralrot und Methylenblau myelinartige Auswüchse liefern, und daß diese Myelinfiguren besonders nach Färbung mit Rhodamin B im Polarisationsmikroskop aufleuchten (BANCHER 1954). Nach MONNÉ (1939) wird allgemein die Doppelbrechung lipoidhaltiger plasmatischer Phasen durch Rhodamin B und 6 G sowie Chrysoidin verstärkt.

In den Leukoplasten der Wurzeln von *Iris* und *Vicia faba* können Grana elektiv mit Rhodamin B gefärbt werden (BARTELS 1955). Auch in den Leukoplasten der Oberepidermiszellen der Schuppenblätter von *Allium cepa* sollen sich nach PERNER und PFEFFERKORN (1953) ein bis zwei Grana elektiv mit Rhodamin B färben. DRAWERT (1955 a, 1958) erhält dagegen an demselben Objekt nur eine homogene Fluorescenz der Leukoplasten, die außerdem sehr launenhaft ist. Die großen Leukoplasten der Blattepidermis von *Helleborus corsicus* nehmen kein Rhodamin B auf (THALER 1955).

Bei *Helodea canadensis* (LÄRZ 1942) und *H. densa* (DRAWERT 1938 c) wird auch Prune pure von den Chloroplasten in den Grana gespeichert, und Coelestinblau färbt die Leuko- und Chloroplasten in Geweben von *Allium cepa, Dracaena deremensis* und *Agapanthus umbellatus*. Hier färbt sich auch das Stroma der Chloroplasten, und die Grana heben sich etwas intensiver schmutzigviolettblau vom

Stroma ab. Negativ verlaufen Färbungsversuche bei den Chloroplasten von *Aspidistra*, *Chlorophytum*, *Tradescantia* und *Helodea* (DRAWERT 1954 a). Wie Rhodamin B sind die beiden Oxazinfarbstoffe Prune pure und Coelestinblau lipophil und amphoter.

Für andere kationische Farbstoffe werden nur gelegentlich Angaben über eine Vitalfärbung von Plastiden gemacht. So berichtet LÄRZ (1942) über positive Ergebnisse mit Janusgrün, Vesuvin und Mauvein, und nach KONČALOVÁ (1962) färben sich Leukoplasten mit Janusgrün B rosa, also im Farbton der ersten Reduktionsstufe. Nach Behandlung von Chlorellen mit TTC werden die Chloroplasten vom Formazan, das durch Reduktion entsteht, rot gefärbt (PARKER 1953). Das gleiche beobachtet H. ZIEGLER (1953 a, b) an den Chloroplasten von *Tradescantia*. Die Zellen etiolierter *Avena*-Coleoptilen besitzen zwei Plastidengruppen. Die eine enthält viel Stärke, färbt sich nicht mit Neotetrazoliumchlorid und soll mit den Statolithen identisch sein. Die zweite Gruppe besitzt dagegen ein Granulum, das bei Gegenwart von 1/20 mol Succinat oder Malat intensiv Neo-TTC speichert. Es wird vermutet, daß dies Granulum mit dem Prolamellarkörper etiolierter Plastiden identisch ist (SOROKIN und THIMANN 1960). Nach GUILLIERMOND und GAUTHERET (1940/46) werden die Leukoplasten zum Unterschied von den Chloroplasten von allen Farbstoffen vital gefärbt, die von den Chondriosomen gespeichert werden. Es sind dies: Janusgrün, Dahlia-, Methyl-, Kristall-, Hoffmanns-, Gentianaviolett, Methyl-, Jod-, Malachit-, Säuregrün, Janusschwarz und Viktoriablau.

Von anionischen Farbstoffen erwähnt SCARTH (1926 b) für Eosin, daß sich bei *Spirogyra* nach längerer Einwirkung einer Farbstoff-Zuckerlösung die Chloroplasten mit den Pyrenoiden färben. Diese Färbung ist jedoch mit pathologischen Veränderungen verbunden.

Häufiger findet man Angaben über eine vitale Fluorochromierung von Plastiden mit Fluorescein und seinen K- und Na-Salzen (Uranin). FREUDENBERGER (1941) berichtet darüber von den Chloroplasten in den Schließzellen von *Canna*, THALER (1955) von den Leukoplasten in den Blattepidermen von *Helleborus corsicus* und VAN DER MERWE (1959) von den Chromoplasten in den Blütenblättern von *Primula kewensis*. Außer den Chloroplasten verschiedener Landpflanzen fluorescieren auch Algenplastiden mit Uranin. Hier leuchten besonders intensiv die Pyrenoide mit ihren Stärkehüllen (HÖFLER, ZIEGLER und LUHAN 1956). Die verschiedenen Arten verhalten sich aber unterschiedlich. Während bei *Spirogyra-*, *Mougeotia-*, *Zygnema-*, *Closterium*-Arten und *Cylindrocystis brébissonii* eine gute bis sehr intensive Pyrenoidfluorescenz zu beobachten ist, leuchten bei *Micrasterias* die Pyrenoide nur schwach, und bei *Euastrum* bleibt die Fluorescenz ganz aus. DRAWERT und MIX (1962 a) beschreiben entsprechende Unterschiede zwischen *Spirogyra* und *Micrasterias rotata*. Bei der letzten Art fluoresciert zwar der Zellkern, aber es leuchten nicht die Pyrenoide. Bei *Cladophora*-Arten zeigen dagegen die Pyrenoide mit Uranin eine grüne Fluorescenz (DISKUS 1961). A. ZIEGLER (1960 b) untersucht 51 Arten von Moosen, Farnen und Blütenpflanzen mit Uranin und kommt zu dem Schluß, daß erwachsene, lebende Chloroplasten außer ihrer roten Eigenfluorescenz nur einen schmalen grün-fluorescierenden Saum (Peristromium) aufweisen. Eine sehr intensive Grünfluorescenz zeigt dagegen die Assimilationsstärke in den Chloroplasten, so daß bei großem Stärkegehalt eine grüne Allgemeinfluorescenz der Plastiden vorgetäuscht werden kann. Auch Reservestärke und käufliches Stärkepulver lassen sich mit Uranin fluorochromieren, und Chromoplasten zeigen erst bei vakuoliger Degeneration eine Fluorescenz der auftretenden Blasen. Frühe Entwicklungsstadien der Chloro- und Leukoplasten sowie die Plastiden weißer Teile panaschierter Blätter sind dagegen mit Uranin fluorochromierbar. Eine intensive Fluorescenz von Stärkekörnern mit Na-Fluorescein haben auch Bopp und Stehle (1957) in der Rindenschicht des Stämmchens von *Funaria hygrometrica* beobachtet. Nach Kakhidze und Yermakov (1964) sind nur die Chloroplasten von *Helodea densa*-Pflanzen mit K-Fluorescein fluorochromierbar, die durch Behandlung mit Gibberellinsäure ein stärkeres Streckungswachstum besitzen.

Das unterschiedliche Verhalten der Plastiden gegenüber Fluorescein findet vielleicht in dem Befund von Honsell (1959 a), daß die Fluorochromierung der *Spirogyra*-Chloroplasten von der Stoffwechselaktivität der Zellen abhängt, eine Erklärung. Bei hoher photosynthetischer Aktivität fluorescieren die Plastiden und besonders die Pyrenoide intensiv grün. Werden die Zellen 24 bis 27 Stunden im Dunkeln gehalten, ist nur eine schwache oder gar keine Fluorescenz der Pyrenoide zu beobachten. Meiner Meinung nach scheint die Anwesenheit von Stärke eine der Voraussetzungen für die Plastidenfluorescenz mit Fluorescein zu sein. Allem Anschein nach fluoresciert eine Grenzschicht zwischen Stärkekorn und Plastidenmatrix besonders intensiv. Vielleicht handelt es sich dabei um eine Grenzschicht mit polaren Lipoiden. Auf die Anwesenheit der letzten führt Drawert (1960 a) auch die intensive Plasmafluorescenz bei Zellen mit Vakuolenkontraktion und gequollenem Plasma zurück.

f) Chondriosomenfärbung

a) Normale Chondriosomen

Die Literatur über die Vitalfärbung der Chondriosomen oder Mitochondrien ist kaum zu übersehen. Die erste Vitalfärbung von Chondriosomen ist wohl von La Valette (1886) bei männlichen Geschlechtszellen von Insekten mit Dahlia durchgeführt worden. Nach wie vor nimmt aber Janusgrün B zur lichtmikroskopischen Identifizierung der Chondriosomen die erste Stelle ein. Bei der Färbung mit Janusgrün B ist vor allem darauf zu achten, daß den Zellen reichlich Sauerstoff zur Verfügung steht und daß es sich bei dem Farbstoffpräparat wirklich um Diaethylsafraninazodimethylanilin = Janusgrün B (= Diazingrün) handelt, da andere Janusgrün-Präparate versagen (s. S. 338), worauf bereits Michaelis (1900) bei der Einführung dieser Färbungsmethoden hingewiesen hat. Auf die Nichtbeachtung dieser beiden Punkte sind sehr wahrscheinlich zu einem Teil die Mißerfolge zurückzuführen. Eine Färbung, z. B. von Ciliaten, kann schon deshalb ausbleiben, weil diese nur in einem Milieu mit rH 6—7 leben, Janusgrün B sich aber bereits unterhalb rH 14 entfärbt und die Tiere wiederum bei vollem Sauerstoffdruck, wie er für eine Vitalfärbung erforderlich wäre, absterben (Schulze 1959).

Von älteren Autoren, die an tierischen Zellen mit Janusgrün B zum Nachweis von Chondriosomen gearbeitet haben, sind außer Michaelis noch Laguesse (1912) und E. V. Cowdry (1914) zu nennen. N. H. Cowdry (1917) erbringt den Nachweis, daß sich die Chondriosomen aus Pankreaszellen von Kleinsäugern und die aus Wurzelzellen von *Pisum sativum* gegenüber Janusgrün B im Prinzip gleich verhalten. Die pflanzlichen Chondriosomen färben sich nur langsamer, da der Farbstoff schlechter in die Pflanzenzelle eindringen soll. Es wird immer betont, daß die Janusgrün-B-Färbung besonders bei der Pflanzenzelle sehr launenhaft und die Identifizierung von Chondriosomen mit einem gewissen Unsicherheitsfaktor belastet ist (GUILLIERMOND 1919, 1923 b). So schreibt P. A. DANGEARD (1916 b), daß sich in den jungen Blumenblättern von *Geranium* stäbchen- und fadenförmige Gebilde sowohl mit Cresylblau als auch mit Janusgrün elektiv färben und es nicht möglich wäre zu entscheiden, ob nicht ein Teil dieser Gebilde sich zum Vakuolensystem entwickelt. Nach unseren heutigen Kenntnissen kann man aber mit einiger Sicherheit sagen, daß die mit Brillantcresylblau färbbaren Gebilde zum Vakuolensystem gehören und die sich mit Janusgrün färbenden Einschlüsse Chondriosomen darstellen. Allerdings erwähnt GUILLIERMOND (1949) in seiner zusammenfassenden Darstellung der Vitalfärbung von Chondriosomen, daß man unter gewissen Bedingungen bei der Anwendung sehr niedriger Konzentrationen auch mit folgenden Farbstoffen eine vorübergehende und sehr schwache Tönung der Chondriosomen in den Oberepidermen der Schuppenblätter von *Allium cepa* und in den Hyphen von *Saprolegnia* erhalten kann: Nil-, Cresyl-, Methylen-, Naphthyl-, Naphthylamin-, Viktoriablau, Thionin, Gentiana-, Hoffmanns-, Kristallviolett, Jod-, Methyl-, Malachitgrün, Janusschwarz, Rhodamin B, und gute Färbungen ergeben Dahliaviolett und Methylviolett 5 B. Auch NAGAI (1955 b) erwähnt vitale Chondriosomenfärbungen in Hefezellen außer für Janusgrün B noch für Nilblau, Toluidinblau und Rhodamin B, allerdings nur für das Anfangsstadium der Zellfärbung. Für die Chondriosomen von Fibroblasten gibt LETTRÉ (1951) eine besondere Affinität zu Viktoriablau an.

Ein wie diffiziler Punkt die Chondriosomenfärbung ist, geht daraus hervor, daß einer der besten Kenner der pflanzlichen Chondriosomen, GUILLIERMOND, sich häufig in seinen Angaben widerspricht. So vertritt er einmal die Meinung, daß die Färbung mit Janusgrün und Dahliaviolett an den verschiedensten Objekten noch als vital zu betrachten ist, da sie bei normaler Plasmaströmung stattfindet. Allerdings machen sich bald Vergiftungserscheinungen bemerkbar. Bei Pilzen erhält er mit Neutralrot + Janusgrün eine vitale Doppelfärbung, da die Vakuole das Neutralrot und die Chondriosomen das Janusgrün speichern (GUILLIERMOND 1923 b). Einige Jahre darauf ist er aber der Auffassung, daß sich die Chondriosomen erst nach dem Zellentod mit Janusgrün, Dahlia- und Methylviolett färben (GUILLIERMOND 1932) und man sie dadurch in meristematischen Zellen gut von Vakuolenprimordien unterscheiden kann. Die letzten färben sich nur elektiv mit Neutralrot und Cresylblau, solange die Zelle noch lebt. Beim Absterben geben die Vakuolen den Farbstoff ab, und erst jetzt tritt die elektive Färbung der Chondriosomen mit den oben genannten Farbstoffen ein. Später schreibt der gleiche Autor (GUILLIERMOND 1937 c) aber wieder, daß nach einer Vitalfärbung mit Janusgrün B die Plastiden schneller zu degenerieren scheinen als die Chondriosomen. CHAMBERS (1925) betont, daß sich die Chondriosomen nur in einer gesunden, intakten Zelle mit Janusgrün B blau färben, beim Absterben verläßt der Farbstoff die Chondriosomen und färbt den Zellkern, der wiederum Janusgrün nur aufnimmt, wenn die Zelle tot ist.

Zunächst sollen in einer Übersicht die mit Janusgrün B in den einzelnen Pflanzengruppen erzielten Ergebnisse zusammengefaßt werden, dabei aber auch gleich Befunde mit anderen Farbstoffen Berücksichtigung finden, wenn sie mit Janusgrün verglichen werden. Häufig ist aus den Angaben der Autoren nicht zu entnehmen, ob wirklich mit Janusgrün B gearbeitet worden ist, so daß im folgenden das „B" nur zugesetzt wird, wenn dies auch in der besprochenen Arbeit ausdrücklich erwähnt wird.

Guilliermond (1923 b) weist darauf hin, daß bei Pilzen der vitalfärberische Nachweis von Chondriosomen viel leichter gelingt als bei höheren Pflanzen, und in der Tat beziehen sich die meisten positiven Ergebnisse auch auf Pilze.

Von Phycomyceten hat Guilliermond (1923 c) *Achlya* untersucht, deren Chondriosomen sich erst beim Absterben unter Anschwellen mit Dahliaviolett und Janusgrün färben. Bei *Saprolegnia* können nach dem gleichen Autor (Guilliermond 1927 c) die Chondriosomen selbst in substanzreichen Zellenteilen durch eine Vitalfärbung mit Janusgrün sichtbar gemacht werden. An anderer Stelle wird erwähnt, daß in *Saprolegnia*-Hyphen wie bei *Oidium*- und *Allium*-Zellen Janusgrün sowohl von den Chondriosomen als auch vom Zellsaft aufgenommen wird (Guilliermond und Gautheret 1939c, 1940/46). Bhargava (1951 b) erhält bei Saprolegniaceen eine Vitalfärbung der Chondriosomen mit Janusgrün B und Dahliaviolett, aber nicht mit Neutralrot, Cresyl-, Methylen-, Nil- und Toluidinblau. In einem Neutralrot/Janusgrün B-Gemisch färben sich die Vakuolen orange und die Chondriosomen himmelblau. Bei *Basidiobolus ranarum* färbt Tarwidowa (1938) die Chondriosomen vital mit Janusgrün und mit reduziertem Methylenblau. Entgegen der Beobachtung von Guilliermond an *Saprolegnia* bedingt Janusgrün bei *Basidiobolus* keine Vakuolisation der Chondriosomen. Die Chondriosomen sollen Fetttropfen bilden. Nach Absonderung des Fettes bleibt das Chondriosom als Proteinhülle zurück, die nicht mehr Janusgrün aufnimmt. In den Hyphen von *Allomyces* färben sich nach Ritchie und Hazeltine (1953) viele Plasmaeinschlüsse, die schwerlich identisch sein können. Bei *Rhizopus nigricans* sollen dagegen nur winzige Granula Janusgrün speichern, während im Phasenkontrast auch stäbchen- und fadenförmige Chondriosomen zu erkennen sind. Nečas (1959) kommt deshalb zu dem Schluß, daß Janusgrün B nicht das richtige Bild von der tatsächlichen Gestalt der Chondriosomen liefert.

Guilliermond (1919) erwähnt bereits, daß die Chondriokonten einen granulösen Aspekt geben und die Granula allein gefärbt erscheinen. Drawert und Mix (1961 b) vermuten, daß es sich bei diesen Granula um Entmischungserscheinungen in den zunächst homogen gefärbten Chondriokonten handelt.

Auch bei *Mucor* scheinen sich mit Janusgrün B verschiedene Plasmaeinschlüsse oder verschiedene Zustandsformen ein und desselben Organells zu färben (Gutz 1956).

Unter den Ascomyceten sind am häufigsten die Hefepilze untersucht worden. In den Zellen von *Saccharomycodes ludwigii* erhält man eine Vitalfärbung der Chondriosomen mit Janusgrün und Dahliaviolett, die sehr langsam vor sich geht und nie eine hohe Intensität erreicht. Während Dahliaviolett elektiv färbt, wird Janusgrün häufig von Metachromatinkörnern gespeichert (Guilliermond 1923 a). An demselben Objekt erhält auch Meissel (1938 a, b, c) eine Chondriosomenfärbung mit Janusgrün B und reduziertem Methylenblau. Durch Zusatz von Neutralrot zu Janusgrün ergibt sich auch bei Hefe eine Doppelfärbung von Vakuole und Chondriosomen (Guilliermond 1929 b). Die Chondriosomenfärbung mit

Janusgrün kann von BRANDT (1942) an Preßhefe bestätigt werden. Nach HARTMAN und LIU (1954) färben sich Cytoplasmagranula mit Janusgrün B grün. Hier muß ein Irrtum in der Farbtonangabe vorliegen, da Janusgrün B im oxydierten Zustand die plasmatischen Bestandteile immer blau, bestenfalls grünlichblau und in der ersten Reduktionsstufe rot färbt. Bei vollständiger Reduktion ist es farblos.

EPHRUSSI und SLONIMSKI (1955) betonen, daß der Begriff Mitochondrien = Chondriosomen cytoplasmatischen Strukturen vorbehalten bleiben sollte, die in bestimmter Weise auf Fixiermittel reagieren, im fixierten Zustand nach der Altmann-Methode mit Säurefuchsin färbbar sind und vital Janusgrün B speichern. Die Janusgrün-B-Färbung soll ein Indikator für die Lokalisation der Cytochrom-c-Oxydase sein. Auch YOTSUYANAGI (1955) und BAUTZ (1955 d) sowie MARQUARDT und BAUTZ (1955) schlagen vor, bei Pilzen nur die mit Janusgrün B färbbaren Plasmaeinschlüsse als Mitochondrien zu bezeichnen und sie von den sich nach der Nadi- oder TTC-Reaktion färbenden Einschlüssen zu unterscheiden. Neben kugelförmigen können in *Rhodotorula rubra* und *Saccharomyces* auch kurze, stäbchenförmige Chondriosomen mit Janusgrün B nachgewiesen werden (BAUTZ 1955 c).

Die Konfiguration der Chondriosomen ist weitgehend vom physiologischen Zustand der Hefezelle abhängig (MEISSEL 1938 a, b, YOTSUYANAGI 1955, EPHRUSSI, SLONIMSKI, YOTSUYANAGI und TAVLITZKI 1956). Nach MÜLLER (1957) treten bei stark gedrosseltem oxydativen Stoffwechsel in den Zellen von *Saccharomyces-*, *Saccharomycodes-* und *Hansenula*-Arten fädige Chondriosomen auf, die sich unter besonderer Vorsicht mit Janusgrün B vital färben lassen. Im allgemeinen zerfallen die Fäden bei Vitalfärbung, Mediumwechsel, pH-Änderung in kleinere Fragmente. Auch KÄRBER (1958) findet fädige Chondriosomen vorwiegend während der Gärung, sonst herrschen runde vor. Beide Formen färben sich mit Janusgrün B (vgl. auch AVERS, LIN und PFEFFER 1965). Nach MEISSEL (1938 b) durchsetzen bei guten Atmungsbedingungen zahlreiche fädige Chondriosomen das Cytoplasma. Bei der Gärung verschmelzen sie zu einigen großen hypertrophierten Strängen, die an die Peripherie der Zellen wandern. In atmungsgehemmten Hefen bleibt eine Chondriosomenfärbung mit Janusgrün B aus (HARTMAN und LIU 1954, YOTSUYANAGI 1955, BAUTZ 1955 d, YANAGISHIMA 1956, KÄRBER 1958), obwohl sich mit der Altmann-Methode an fixierten Zellen Chondriosomen nachweisen lassen (YOTSUYANAGI 1955). Auch bei einer Hemmung der Atmung normaler Hefezellen durch Aethylalkohol, Chloralhydrat, Aethylurethan, KCN wird die Färbbarkeit der Chondriosomen mit Janusgrün B sofort aufgehoben, ohne daß zunächst morphologische Veränderungen der Organelle zu beobachten sind. Nach Entfernung der Narkotika kehrt die Fähigkeit zur Farbstoffspeicherung zurück (MEISSEL 1938 a, c). WOLL (1956) hält Janusgrün bei Hefepilzen als nicht spezifisch für Chondriosomen.

Die Beobachtungen von MERKEL und NICKERSON (1953), daß in Zellen von *Candida albicans* nach Behandlung mit Natriumaethylendiamintetraessigsäure und KCN, trotz Lyse der Zellen, Chondriosomen mit Janusgrün B blau gefärbt bleiben und austreten, dürften kaum noch einen vitalen Vorgang darstellen. An *Oospora lactis* führen STEINER und HEINEMANN (1954 b) Chondriosomenfärbungen mit Janusgrün durch; BAUTZ (1955 a, d) berichtet über Ergebnisse bei verschiedenen Asco- und Basidiomyceten, und Drawert und Schlafke (1959) teilen Befunde an *Polystictus versicolor* und *Coprinus lagopus* mit. Bringmann (1953) beobachtet in den Hyphen von *Penicillium chrysogenum* im Phasenkontrast dunkle Körper, die sich mit Methylviolett und metachromatisch mit Toluidinblau färben sowie bei der TTC-Reaktion Formazan speichern. Er hält sie für Chondriosomen, da sie sich auch mit Janusgrün tingieren.

Bei Algen ist Janusgrün B relativ selten zum Nachweis von Chondriosomen benutzt worden, das mag mit der schlechten Sichtbarkeit des Farbstoffes in Chloroplasten-führenden Zellen zusammenhängen. P. Dangeard (1951) gelang es nicht, bei *Spirogyra* mit Dahlia und Janusgrün Chondriosomen darzustellen. Poisson und Mangenot (1933) geben nur für den auf Desmidiaceen parasitierenden Rhizopoden *Vampyrella closterii* eine Vitalfärbung der Chondriosomen mit Janusgrün an, aber nicht für den Wirt. *Micrasterias rotata* besitzt sehr große Chondriosomen, die mit Diazingrün (= Janusgrün B) eine granuläre Färbung aufweisen, der wahrscheinlich eine homogene Färbung vorausgeht, was aber auf Grund der großen grünen Chromatophoren schwer zu entscheiden ist (Drawert und Mix 1961 b). *Rhopalocystis oleifera* läßt nach einer Behandlung mit Janusgrün B Chondriosomen in Form kleiner Körnchen oder kurzer Stäbchen zwischen Zellwand und Chromatophorenplatte sowie um den Zellkern gelagert erkennen (Täumer 1959). Ebenso kann Yamagishi (1962 a) bei *Hydrodictyon reticulatum* mit Janusgrün Chondriosomen nachweisen.

Bei Hepaticae färben sich mit Janusgrün die Vakuolen, aber nicht die Chondriosomen (Gavaudan 1930 a).

In den Oberepidermen der Schuppenblätter von *Allium cepa* können nach Sorokin (1938) Chondriosomen und Leukoplasten mit Janusgrün B unterschieden werden. Nur die ersten speichern zunächst den Farbstoff homogen, glänzend blaugrün. Nach einem Aufenthalt von über 12 Stdn. in der Farblösung (1:100000) färben sich auch Zellsaft und Zellwand. Die Sphärosomen nehmen keinen Farbstoff auf, und die Leukoplasten adsorbieren nur in toten Zellen. Nach Deckglasabschluß tritt sehr rasch eine Entfärbung der Chondriosomen ein. Von gefärbten Entmischungstropfen und anderen Präcipitaten unterscheiden sich die Chondriosomen vor allem durch ihre schnelle Entfärbung bei O_2-Mangel. Bei einer Anzahl von Objekten wird das unterschiedliche Verhalten von Chondriosomen, Sphärosomen, Plastiden und Zellsaftentmischungen nach einer Janusgrünfärbung untersucht (Sorokin 1941, 1955 a, b, c, 1956). Drawert (1953) sowie Perner und Pfefferkorn (1953) können die von Sorokin erhaltenen Ergebnisse bestätigen. Auch in den Oberepidermen der Zwiebelschuppen von Narzissen (Sorokin und Sorokin 1956) sowie im Plasma der Siebröhren von *Helianthus annuus* u. a. speichern im vitalen Zustand nur die Chondriosomen Janusgrün B. Sphärosomen und Plastiden bleiben farblos (McGivern 1957).

Nach Končalová (1962) sollen sich dagegen in den Wurzelhaaren von Weizen und in den Oberepidermen der Schuppenblätter von *Allium cepa* die Leukoplasten mit Janusgrün B rosa und die Sphärosomen grün färben. Zum Unterschied von der Chondriosomenfärbung bleichen diese Färbungen aber bei O_2-Mangel nicht aus.

In jugendlichen Zellen, wie im Cambium von Coniferen und Dicotylen, kann Bailey (1930) mit Janusgrün B keine wirkliche Vitalfärbung der Chondriosomen erzielen. Nach BECKER (1933 a) speichern aber die Chondriosomen sich teilender Zellen Janusgrün und Phenosafranin. Findet die Färbung in der Meta- oder Anaphase statt, dann wird die Teilung normal fortgesetzt. Im Wurzelmeristem verschiedener Gräser färben sich ebenfalls die Chondriosomen mit Janusgrün B (AVERS und KING 1960). Auch während der Entwicklung des Embryosacks von *Orchis latifolia* können die Chondriosomen mit Janusgrün B und Phenosafranin vital gefärbt werden, während Dahlia keine positiven Ergebnisse liefert (SIWICKA-TARWIDOWA 1934).

Im Endosperm von Weizen gelingt es ENGEL und BRETSCHNEIDER (1947), die Chondriosomen mit Janusgrün B zu färben. Die meisten Chondriosomen enthält die Aleuronschicht. Unter der Wirkung des Farbstoffes schwellen die tief gefärbten Organelle an. Die Färbung wird dann schwächer und wechselt über Rot nach farblos. DUVICK (1955) gelingt es dagegen nicht, mit derselben Methode im Maisendosperm die Chondriosomen darzustellen. Er erhält nur eine sehr schnell auftretende Rosafärbung von Kernen und Vakuolen. Diese Erscheinung deutet auf eine zu geringe O_2-Versorgung der Schnitte während der Färbung hin.

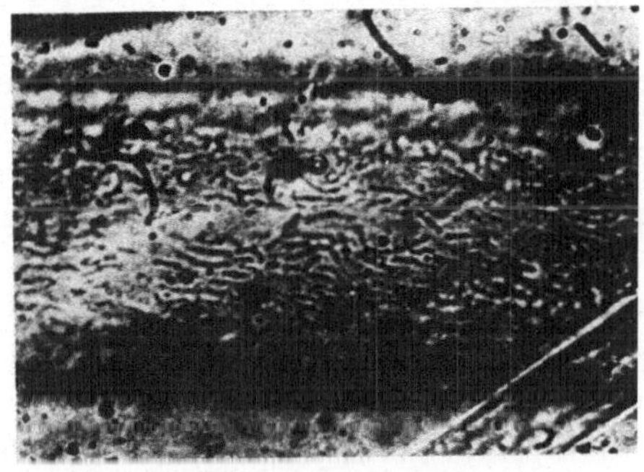

Abb. 165. Chondriosomen in einer Hyphe von *Saprolegnia* nach Färbung mit Rhodamin B. (Nach JOHANNES 1941 b.)

Für *Phaseolus*-Embryonen erwähnt SATO (1956 a, b) eine Chondriosomenfärbung mit Janusgrün B.

Neben Janusgrün B und Methylviolett-Präparaten (Dahlia) wird Rhodamin B häufiger zur Darstellung von Chondriosomen herangezogen, seit STRUGGER (1938 a) mit diesem Farbstoff in der Oberepidermis der Schuppenblätter von *Allium cepa* sowohl im Hellfeld als auch im UV eine rote Färbung bzw. eine goldgelbe Fluorescenz dieser Organelle erhalten hat. Ebenso eignet sich nach STRUGGER Rhodamin 6 G, nur daß dieses viel giftiger ist. Die Ergebnisse von STRUGGER können von verschiedenen Autoren bestätigt werden: JOHANNES (1941) für die Hyphen von *Saprolegnia* (Abb. 165) und *Basidiobolus ranarum*, AGTHE (1951) für das Sekretionsgewebe der Nektarien von *Euphorbia pulcherrima*, PERNER (1952 c) sowie PERNER und PFEFFERKORN (1953) für die *Allium*-Epidermen, NAGAI (1955 b) für *Saccharomyces ellipsoideus* und BURIAN (1965 b) für *Closterium lunula*. Nach GUILLIERMOND (1949) ist dagegen Rhodamin B nur in geringerem Maße zur Darstellung der Chondriosomen zu gebrauchen, und auch STEFFEN (1953) betont, daß sich in den Pollenschläuchen von *Galanthus nivalis* die Chondriosomen nur wenig vom goldgelb fluorescierenden Plasma abheben, da sie eine geringere elektive Fluorescenz aufweisen, als nach den Literaturangaben zu erwarten wäre. YAMAHA (1938 b) kann mit Rhodamin B in den *Allium*-Epidermen keine Chondriosomenfärbung erhalten; dasselbe berichtet DRAWERT (1953), von einer Ausnahme abgesehen. Der physiologische Zustand der Zellen scheint auch für die Färbung der Chondriosomen mit Rhodamin B von großer Bedeutung zu sein. Auf alle Fälle müssen die Zellen einen leeren Zellsaft besitzen, denn bei vollem Zellsaft speichert ausschließlich die Vakuole den Farbstoff.

Eine Fluorochromierung der Chondriosomen ist unter bestimmten Bedingungen auch mit Berberinsulfat möglich. Während Perner (1952 a) betont, daß Chondriosomen und Leukoplasten zum Unterschied von Sphärosomen in den Oberepidermiszellen der Schuppenblätter von *Allium cepa* nicht befähigt sind, Berberinsulfat zu speichern, gibt Drawert (1953) für dasselbe Objekt eine goldgelbe Chondriosomenfluorescenz an. Wie die Diachromierung mit Janusgrün B ist auch die Fluorochromierung dieser Organelle mit Berberin sehr launenhaft und gelingt ebenfalls nur bei guter O_2-Versorgung. Bei Deckglasabschluß wird die Chondriosomenfluorescenz durch den eintretenden O_2-Mangel und die Strahlenwirkung des Erregerlichtes während der Beobachtung rasch gelöscht, stattdessen beginnen die Sphärosomen intensiv weißgrün zu fluorescieren. Drawert vermutet, daß schon Strugger (1939 a) diesen Effekt beobachtet hat, er ist von ihm nur anders gedeutet worden. Für *Saccharomycodes* geben Meissel, Pomotschnikova und Schawlowski (1950) eine Fluorescenz der Chondriosomen mit Berberin an. Dasselbe beschreiben Krieg (1954 a, c) und Geissler (1955) für *Saccharomyces cerevisiae*. Es ist aber fraglich, ob es sich bei den von diesen Autoren beobachteten Strukturen wirklich um Chondriosomen handelt, da Drawert und Kärber (1956) und Kärber (1958) sowohl bei *Saccharomyces cerevisiae* als auch bei *Saccharomycodes ludwigii* den gleichen Effekt wie bei den *Allium*-Epidermen beobachtet haben, d. h., die Chondriosomen fluorescieren nur für ganz kurze Zeit nach dem Einschalten des Erregerlichtes, dann beginnen die Sphärosomen intensiv zu leuchten. Sehr wahrscheinlich lag Meissel und Mitarb. sowie Krieg und Geissler die Sphärosomenfluorescenz vor. Auch die Angaben von Jung und Rochelmeyer (1960) bedürfen einer Nachprüfung. Diese Autoren unterscheiden unter anderem nach der Fluorochromierung mit Berberinsulfat bei *Claviceps purpurea* Chondriosomen und Sphärosomen. Die letzten verhalten sich, wie es Drawert und Kärber für Hefe angeben, die ersten sollen zwar gleich beim Einschalten der Strahlenquelle fluorescieren, dann aber ihre Fluorescenz noch verstärken statt zu verlöschen.

Ein weiteres Fluorochrom für Chondriosomen ist nach Graffi (1940 a, b, 1941) sowie Graffi und Maas (1940) — allerdings mit Einschränkungen — der cancerogene Kohlenwasserstoff Benzpyren. In *Allium*-Epidermen und Hefezellen werden aber mit einem im N substituierten Aminopyren nur die Sphärosomen und nicht die Chondriosomen fluorochromiert (Drawert 1955 b).

Du Buy und Showacre (1961) sowie Gutkina, Budantsev und Arefyeva (1964) berichten über eine vitale Fluorochromierung der Chondriosomen tierischer Zellen mit dem Antibioticum Tetracyclin. Drawert und Rüffer-Bock (1964) können dasselbe an einigen Pflanzenzellen beobachten, außerdem fluorescieren hier noch die Dictyosomen des Golgi-Apparates und das Endoplasmatische Reticulum (s. S. 451).

Mit verschiedenen Fluorescein-Präparaten erhält Drawert (1960 a) eine Chondriosomenfluorescenz in den Oberepidermiszellen der Schuppenblätter von *Allium cepa*, und an demselben Objekt hat Drawert (1954 a) mit Coelestinblau neben einer Färbung der Leukoplasten in seltenen Fällen auch eine solche der Chondriosomen im Hellfeld beobachtet.

Problematisch ist es, die nach einer Fluorochromierung mit Acridinorange im Cytoplasma liegenden, gelbrot leuchtenden Granula als Chondriosomen anzusprechen, wie es von BORCHERT und HELMCKE (1950, 1951) bei Paramaecien sowie von KRIEG (1954 c) und KRAEPELIN (1962) bei Hefen geschieht. Vor allem legt der Hinweis von KRAEPELIN, daß die Zahl der granulierten Zellen mit der Färbungszeit ansteigt und dann zwischen 30 und 45 Minuten die selektive Granulafärbung in eine Fluorescenz des gesamten Zellinhaltes übergeht, den Gedanken nahe, daß es sich bei den Granula um Entmischungsprodukte handelt, zumal die Zellen nach 30 Min. abzusterben beginnen. Dieselben Bedenken müssen auch gegen die supravitale Fluorochromierung der Chondriosomen in tierischen Zellen mit Coriphosphin nach KORB und HECHT (1962), KORB und DAVID (1963) sowie MEYER und HACKENSELLNER (1963) erhoben werden. In den Hyphen von *Polystictus versicolor* lassen sich lange Fäden mit Acridinorange grün fluorochromieren (DRAWERT und SCHLAFKE 1959), die man nach ihrem elektronenmikroskopischen Bild (GIRBARDT 1958) als Chondriosomen ansprechen könnte, obwohl es nicht gelungen ist, sie mit Janusgrün B vital zu färben.

Nach PERNER (1953) sollen sich mit Phosphin 3 R, einem Acridinfarbstoff, am intensivsten die Sphärosomen und schwächer auch die Chondriosomen und Leukoplasten in den Oberepidermiszellen der Schuppenblätter von *Allium cepa* fluorochromieren lassen. In bisher unveröffentlichten eigenen Untersuchungen mit Phosphin 3 R und Phosphin E — beide Präparate von „Bayer" (Leverkusen) — konnten aber weder an *Allium*-Epidermen noch an *Helodea*-Blättchen die Befunde bestätigt werden.

An tierischen Zellen ist mit Pinacyanol, einem kationischen, lichtempfindlichen Farbstoff aus der Gruppe der Carbocyanine, eine Chondriosomenfärbung erzielt worden (HETHERINGTON 1936, SCHWIND 1950, WATANABE und WILLIAMS 1951, FUJIMOTO 1963). Nach eigenen Versuchen mit den Oberepidermen der Schuppenblätter von *Allium cepa* färben sich auch in der Pflanzenzelle in erster Linie die Chondriosomen (DRAWERT 1966). Der blaue Farbton der Organelle ist aber nur von geringer Intensität, so daß bei Chlorophyll-führenden Zellen eine Entscheidung darüber, ob die Chondriosomen gefärbt sind oder nicht, sehr schwer ist.

MONNÉ (1938 a, 1942 c) gibt für Pyronin G eine elektive Rotfärbung der Chondriosomen in den Spermatocyten von *Helix*-Arten an. Bei Pflanzenzellen ist mit diesem Farbstoff bisher keine Chondriosomenfärbung — auch nicht fluorescenzmikroskopisch — beobachtet worden.

Mit Leukobrillantcresylblau will TARAO (1964) unter bestimmten Bedingungen eine rote Färbung der Chondriosomen tierischer und pflanzlicher Zellen erhalten haben. Diese Angaben bedürfen aber der Nachprüfung. Eigene Versuche sind bisher fehlgeschlagen. Bereits JOYET-LAVERGNE (1932 a, b, 1933 a, 1934 a, b) gibt Chondriosomenfärbungen mit den Leukoformen von Methylenblau (vgl. auch MEISSEL 1938 b und TARWIDOWA 1938), Cresyl-, Nil-, Toluidin-, Methylblau und Lichtgrün an. Dabei dürfte es sich aber nicht mehr um eine Vitalfärbung handeln, denn es permeieren z. B. von Methylblau und Lichtgrün auch die reduzierten Stufen nicht in *Helodea*- oder *Oidium*-Zellen.

Da die Chondriosomen Lokalisationsorte von Redox-Systemen sind, ist es naheliegend, ihre Darstellung auch mit der Nadi- und der Tetrazolium-Methode zu versuchen. So bezeichnen BAUTZ und MARQUARDT (1953 b) und MARQUARDT und BAUTZ (1954) nach Behandlung von Hefezellen mit dem Nadi-Reagenz die

Plasmaeinschlüsse, die das entstehende Indophenolblau speichern, als „Granula mit Mitochondrienfunktion" (die Autoren sprechen von „Grana mit Mitochondrienfunktion"; da der Begriff „Grana" aber für eine Struktureinheit der Chloroplasten festgelegt ist, soll er hier vermieden werden). Zwischen der Anzahl Nadi-positiver Zellen sowie der Farbintensität der mit Indophenolblau gefärbten Granula und der Intensität der Cytochrombanden von *Saccharomyces*-Kulturen soll eine enge Beziehung bestehen (Bautz und Hagen 1954, vgl. auch Sinke, Sigenaga und Hiraoka 1954 für Angiospermen- und Gymnospermenzellen). Nach Greve (1958) lassen weder der Prozentsatz Nadi-positiver Zellen noch die Farbintensität der gefärbten Granula einen Rückschluß auf die Atmungsstärke zu. Auch Steiner und Heinemann (1954 a, b) halten die Nadi-positiven Granula in den Zellen von *Oospora lactis*, *Endomycopsis vernalis*, *Torulopsis*-Arten u. a., die als Orte der primären Fettbildung anzusehen sind, für Chondriosomen. Zu demselben Schluß kommen Hartman und Liu (1954) für die Nadi-positiven Plasmabestandteile bei *Saccharomyces*. Auch Turian (1958) setzt bei *Allomyces* die sich mit Indophenolblau färbenden Einschlüsse gleich Chondriosomen. In den späteren Arbeiten von Bautz (1955 a, b, c) und Marquardt und Bautz (1955) unterscheiden die Autoren bei Hefe und anderen Pilzen zwei Granula-Arten und neigen mehr dazu, die Indophenolblau speichernden „Granula mit Mitochondrienfunktion" als Sphärosomen zu identifizieren und nur die sich mit Janusgrün B färbenden und dann ausbleichenden Einschlüsse als Chondriosomen aufzufassen. Dies entspricht dem Vorschlag von Ephrussi und Slonimski (1955), die ausdrücklich betonen, daß die Lokalisation des Indophenolblaus nicht mit seinem Bildungsort übereinstimmen muß. Zur Vorsicht bei der Deutung der Lokalisationsorte des Indophenolblaus als Chondriosomen mahnen auch Nagai (1955 b), Gutz (1956), Jung und Rochelmeyer (1960). Yamagishi (1962 a) hebt hervor, daß bei *Hydrodictyon* die Nadi-positiven Granula alle Eigenschaften von Sphärosomen und nicht die der Chondriosomen zeigen.

Genauso problematisch wie die Lokalisation des Indophenolblaus bei der Nadi-Reaktion ist die des Formazans bei der Tetrazolium-Reaktion. Eine Lokalisation in den Chondriosomen nehmen Seyfarth (1952), Krieg (1954 a, c), Sorokin (1956), Sorokin und Sorokin (1956), Jung und Rochelmeyer (1960) an. Nach Parker (1953) ist es fraglich, ob in den nach der Reaktion roten Zellen der Maiscoleoptile die Chondriosomen gefärbt sind, und nach Gutz (1956) kann man bei *Mucor* aus der Formazanspeicherung nicht ohne weiteres auf Chondriosomen schließen. Nagai (1955 a, b) gibt für Hefe an, daß Formazan zuerst in den Chondriosomen anzutreffen ist, dann wird das Bild aber unklar, da auch andere lipoide Bestandteile der Zelle den Farbstoff anreichern. Sato (1956 b) weist darauf hin, daß bei Embryonen von *Phaseolus* die Reaktionszonen auf TTC nicht mit den Zonen übereinstimmen, die sich mit Janusgrün B färben. Nach H. Ziegler (1953 b) erscheint bei *Allium*-Epidermen und im Palisadenparenchym von *Tradescantia* das Formazan in den Sphärosomen und nicht in den Chondriosomen. Auch nach Yotsuyanagi (1955) und Williams, Lindegren und Yuasa (1956) ist TTC kein Nachweis für Chondriosomen in Hefe. Avers (1958, 1961), Avers und King (1960) sowie Avers und Tkal (1963) finden in den Rhizodermiszellen der meristematischen Zone von Graswurzeln keine absolute Übereinstimmung der sich mit Janusgrün B, Indophenolblau und Formazanen färbenden Zelleinschlüsse.

Beim Indophenolblau und bei einer Reihe von Formazanen ist deren Lipophilie zu berücksichtigen, so daß sich diese Stoffe ganz unabhängig von ihrem Bildungsort in irgendwelchen lipoiden Einschlüssen des Plasmas anreichern können.

Die Formazane neigen ferner zur Kristallisation in der Zelle; da die Kristalle fadenartige Formen annehmen können, sind diese nicht selten als Chondriokonten gedeutet worden.

AVERS, LIN und PFEFFER (1965) kommen auf Grund von Färbungsbildern, die sie mit Janusgrün B, Variaminblau-B-Base und Nitroblautetrazolium erhalten haben, zu dem Schluß, daß Hefezellen zwei verschiedene Arten von Chondriosomen besitzen. Die eine Gruppe führt sowohl Cytochromoxydase als auch Bernsteinsäurehydrogenase und Tetrazoliumreduktase, die andere Gruppe nur Cytochromoxydase. Diese Angaben sind aber darauf zu prüfen, ob die eine Gruppe nicht den Sphärosomen entspricht, die erst sekundär die an anderem Ort gebildeten Reaktionsprodukte speichern. Das gleiche trifft auch für die Befunde von AVERS (1958), AVERS und KING (1960) sowie AVERS und TKAL (1963) an meristematischen Wurzelzellen verschiedener Gräser zu.

Außer in der lebenden Zelle kann der Chondriosomenfärbung auch noch bei Zellhomogenisaten eine Bedeutung zur Identifizierung dieser Zellorganelle zukommen. So sollen sich nach MILLERD, BONNER, AXELROD und BANDURSKI (1951) und MILLERD (1953) in einer Fraktion des Breics etiolierter Keimpflanzen von *Phaseolus aureus* Chondriosomen mit Janusgrün nachweisen lassen. Desgleichen gibt BAUTZ (1956 c) an, daß sich die Chondriosomen in Suspensionen von zertrümmerten Hefezellen noch mit Janusgrün B färben und auch die charakteristische Entfärbung zeigen. Entsprechende Ergebnisse teilen COOPERSTEIN, DIXIT, LAZAROW und JACKSON (1960) für Homogenisate der Rattenleber mit. In nackten Hefeprotoplasten, die unter der Einwirkung hypertonischer $SrCl_2$-Lösungen entstehen, sollen sich mit Janusgrün B Granula färben, die den Chondriosomen normaler Hefezellen entsprechen (TAKADA und YAMAMOTO 1963). In Homogenisaten von *Allium*-Epidermen ist aber nach PERNER (1952 b) und PERNER und PFEFFERKORN (1953) eine Unterscheidung von Chondriosomen und Leukoplasten mit Janusgrün B nicht mehr möglich, da alle proteinhaltigen Fragmente den Farbstoff speichern und selbst bei O_2-Mangel keine Reduktion mehr stattfindet.

β) Chondriosomenäquivalente bei Cyanophyceen und Bakterien

Bei Cyanophyceen und Bakterien hat man vor allem mit Janusgrün B sowie mit der Nadi- und TTC-Reaktion versucht, Chondriosomen-Äquivalente nachzuweisen.

BRINGMANN (1952) erhält bei *Lyngbya amplivaginata* mit Janusgrün B (1:10000) nur bei Luftzutritt eine Färbung im zentralen Plasma. Es soll sich um einen vitalen Vorgang handeln. Der Autor schließt daraus, daß der Bereich der Kernäquivalente bei Cyanophyceen und Bakterien auch der Bereich der Chondriosomenäquivalente ist. Hier soll noch keine räumliche Trennung zwischen Kern- und Chondriosomenfunktion eingetreten sein, wie es bei den höher organisierten Zellen der Fall ist. Es ist aber sehr zu bezweifeln, daß dem Autor noch eine vitale Färbung vorlag (vgl. die folgenden Befunde von DREWS und NIKLOWITZ).

Bei *Phormidium, Oscillatoria* u. a. färben sich nach Drews und Niklowitz (1956, 1957) mit Janusgrün B (1:10000) bereits in kurzer Zeit das Zentroplasma und später die Zellwand blau. Erst bei stärkerer Verdünnung (1:100000 bis 1:200000) findet eine schwache Granulafärbung statt, die aber nicht regelmäßig zu beobachten ist. Eine Reduktion des Farbstoffes tritt nur bei Luftabschluß ein. In den Zellen von *Cylindrospermum licheniforme* zeigen Granula mit TTC eine Rot- und mit Nadi eine Blaufärbung, z. T. speichern sie auch Sudanschwarz und fluorescieren mit Berberinsulfat. Die sich zuerst mit Indophenolblau und Formazan färbenden Granula speichern auch Janusgrün B und liegen bevorzugt im Bereich der Querwände. Die Autoren bezeichnen diese Einschlüsse vorsichtig als „ferment-aktive Granula". Bei anderen Arten ist mit TTC bald ein Auskristallisieren von Formazan festzustellen. Die Kristalle lassen keine Beziehung zu zelleigenen Strukturen erkennen.

Nach Tischer (1957) besitzt die Cyanophyceenzelle außer metachromatischen Körperchen und Cyanophycinkörnchen noch zwei weitere Granulagruppen, die sich mit den Oxydations- bzw. Reduktionsprodukten verschiedener Redox-Indikatoren anfärben. Sie unterscheiden sich dadurch, daß die einen größer und entweder über die ganze Zelle verteilt sind oder auch an den Querwänden gehäuft vorkommen und sowohl Formazan als auch Indophenolblau speichern. Die anderen sind kleiner, liegen nur im zentralen Bereich des Plasmas und treten erst im Fluorescenzmikroskop in Erscheinung, wenn sie die reduzierten Stufen von Janusgrün B oder Nilblau gespeichert haben. Die Autorin warnt davor, diese Granula ohne weiteres als die Reduktions- oder Oxydationsorte anzusehen, da es sich um sekundäre Lokalisationsorte der lipophilen Redoxprodukte handeln kann.

Im Gegensatz zu den Beobachtungen der bisher aufgeführten Autoren sollen sich nach Fuhs (1958 b) bei *Oscillatoria amoena* die Cyanophycinkörner sowohl mit Indophenolblau und Formazan als auch mit Janusgrün B färben und mit den von Drews und Niklowitz (1956) beschriebenen Janusgrün-positiven Granula identisch sein. Der Autor schließt: „Die Cyanophycinkörner geben zwar typische Reaktionen von Mitochondrien, können aber nicht als solche bezeichnet werden, solange ihre Kontinuität ungewiß ist." Entgegen den Angaben von Fuhs betont Marčenko (1962) für *Mastigocladus laminosus*, daß sich die Cyanophycinkörner weder mit Janusgrün noch mit Indophenolblau färben. Die Nadi-Reaktion fällt zwar in Form von blauen Tropfen positiv aus, diese sind aber nicht an Cyanophycinkörner gebunden. Chondriosomenäquivalente können nicht nachgewiesen werden.

Von fast allen Autoren wird die Frage nach der Existenz von Chondriosomenäquivalenten bei den Cyanophyceen mit äußerster Zurückhaltung beantwortet. Ganz anders liegen die Verhältnisse bei den Bakterien. Hier wird von fast allen Untersuchern viel weniger kritisch die Existenz von Chondriosomenäquivalenten bejaht.

Mudd, Winterscheid, De Lamater und Henderson (1951), Mudd, Brodie, Winterscheid, Hartman, Beutner und McLean (1951), Davis, Winterscheid, Hartman und Mudd (1953), Sorouri und Mudd (1953), Sall und Mudd (1955), McLean, Stuart und Davis (1955), Mudd, Takeya und Henderson (1956), Davis und Mudd (1957) halten nach ihren Untersuchungen an den verschiedensten Bakterien-Arten Granula, die sich mit Janusgrün B, Indophenolblau

und Formazan färben, für Chondriosomenäquivalente. KELLENBERGER und HUBER
(1953) bezeichnen die Lokalisationsorte des Formazans nach TTC-Reduktion in
Bakterien als „Chondrioide". KRIEG (1954 a, b) identifiziert die metachromatischen Körperchen als Chondriosomenäquivalente, da sie sich mit Berberinsulfat
fluorochromieren lassen. WALLHÄUSZER (1954) läßt die Frage noch offen, ob es sich
bei den Lokalisationsorten des Formazans in sporenbildenden Bakterien, die er
— wie fast alle Bakteriologen — als die Reduktionsorte des TTC ansieht, um
Kernäquivalente etwa im Sinne von BIELIG, KAUSCHE und HAARDICK (1949) oder
um Chondriosomen handelt. Er faßt aber die Möglichkeit ins Auge, daß diese Orte
sowohl Kern- als auch Chondriosomenfunktionen besitzen (vgl. BRINGMANN
1952). Für *Mycobacterium* erwähnt YUASA (1955), daß bei Färbung mit Janusgrün B chondriosomenartige Körper sichtbar werden. Die Lokalisationsorte von
Formazan und Indophenolblau bei *Bacterium megatherium* fassen PONTIERI und
SCHIANO (1957) funktionell als Chondriosomen auf. Aus der Fluorochromierbarkeit
bestimmter Strukturen mit dem Antibioticum Tetracyclin und der Speicherung
von Formazan in diesen Strukturen schließen MALATYAN (1962, 1963) bei *Escherichia coli* und POGLAZOVA (1964) bei *Actinomyces streptomycini* auf Chondriosomen. Bei *E. coli* färben sich diese Orte auch mit Janusgrün B.

g) Sphärosomen- (= Mikrosomen-)färbung

Für die Sphärosomen = Mikrosomen (Terminologie vgl. PERNER 1953, 1958
und DRAWERT 1955 b, 1956 c, DRAWERT und METZNER 1955) gibt GUILLIER-
MOND (1921 a) an, daß sie sich weder mit Nilblau noch mit einem anderen Vitalfarbstoff färben lassen. Sie bräunen sich aber sofort bei Behandlung der Zellen
mit einer OsO_4-Lösung und zeigen auch sonst das Verhalten von Lipoiden.
GUILLIERMOND bezeichnet deshalb diese Einschlüsse des Cytoplasmas als „granu-
lations lipoidiques".

In seinen Fluorochromierungsversuchen mit Berberinsulfat erhält STRUGGER
(1939 a) außer einer Zellwand- und Kernfluorescenz auch ein Leuchten der Sphärosomen. Neben größeren, sich scharf abhebenden fluorescieren auch noch viele
sehr kleine Sphärosomen. Die Befunde von STRUGGER werden von PERNER
(1952 c) bestätigt. Darüber hinaus stellt PERNER fest, daß die Sphärosomenfluorescenz durch O_2-Mangel und durch Bestrahlen mit kurzwelligem Licht zum
Verschwinden gebracht werden kann. Nach DRAWERT (1953) ist aber für die
Sphärosomenfluorescenz mit Berberinsulfat gerade die Abwesenheit von O_2 und
eine gewisse Bestrahlungszeit erforderlich (vgl. auch MIX 1959). Im Gegensatz zu
STRUGGER (1939 a) und PERNER (1952 c), die das Ausbleiben einer Fluorescenz der
Chondriosomen mit Berberinsulfat betonen, beobachtet DRAWERT an demselben
Objekt, der Oberepidermis der Schuppenblätter von *Allium cepa*, zunächst ein
Leuchten der Chondriosomen, das aber nur bei guter O_2-Versorgung der Zellen
zu erkennen ist. Nach einigen Minuten Deckglasabschluß wird die Chondriosomenfluorescenz durch den eintretenden O_2-Mangel und durch die Strahlenwirkung
gelöscht, und erst jetzt beginnen die Sphärosomen intensiv zu fluorescieren. Unter
der Strahlenwirkung nimmt die Intensität zunächst zu, geht dann aber wieder
zurück. Hefezellen (DRAWERT und KÄRBER 1956, KÄRBER 1958), Hyphen von
Polystictus versicolor (DRAWERT und SCHLAFKE 1959) sowie einige *Closterium-*

Arten (Drawert und Mix 1961 b) verhalten sich entsprechend. Worauf die gegensätzlichen Befunde, besonders hinsichtlich des Einflusses der O_2-Spannung auf die Sphärosomenfluorescenz mit Berberinsulfat, zurückzuführen sind, kann nicht gesagt werden. Perner (1958) vermutet, daß diese Unterschiede auf der Verwendung verschiedener Berberinsulfatpräparate beruhen.

In abgeschnittenen Blättern von *Bryonia* und *Pelargonium* haben Schumacher und Hülsbruch (1955) nach Behandlung mit Berberinsulfat eine Fluorescenz der Sphärosomen in den Geleitzellen beobachtet.

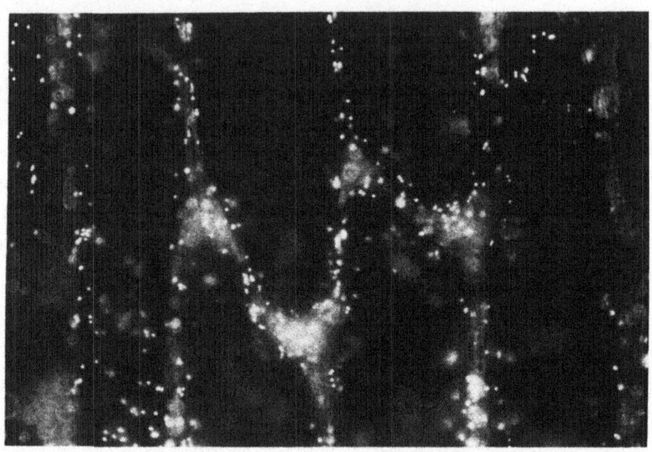

Abb. 166. Sphärosomenfluorescenz in den Oberepidermiszellen eines Schuppenblattes von *Allium cepa* nach einer Vitalfärbung mit Nilblau. (Nach Mix 1959.)

Drawert (1952 b, c) gelingt es ferner, die Sphärosomen mit Nilblaupräparaten zu fluorochromieren (Abb. 166). Eingehende Untersuchungen (Drawert 1953, Drawert und Gutz 1953, Drawert und Metzner 1955, Gutz 1956, 1958, Mix 1959) haben ergeben, daß für diese Fluorescenz nicht die Farbbase verantwortlich ist, wie es zunächst Drawert vermutet hat, sondern zwei ganz verschiedene Mechanismen vorliegen. Die wässerigen Lösungen von Nilblau enthalten immer in geringen Mengen das Oxazon Nilrot, das durch Oxydation aus dem Nilblau gebildet wird und beim Stehen der Farblösung an der Luft noch an Menge zunimmt (vgl. S. 155). Das Nilrot verursacht eine von der O_2-Spannung unabhängige Sphärosomenfluorescenz nicht nur in der lebenden, sondern auch in der toten Zelle. Bei O_2-Mangel wird das Nilblau durch die lebende Zelle reduziert, und das dadurch gebildete Leukonilblau bedingt ebenfalls eine Sphärosomenfluorescenz, die aber zum Unterschied von der Nilrotfluorescenz durch O_2-Zutritt gelöscht wird. Die O_2-abhängige Sphärosomenfluorescenz zeigt normalerweise nur die lebende Zelle, sie kann aber auch nach längerer UV-Einstrahlung an toten Zellen, die vorher mit Nilblau gefärbt worden sind, auftreten (Gutz 1958). Hierbei handelt es sich um eine Veränderung des Farbstoffes durch die kurzwelligen Strahlen (Mix 1959).

Nach Balz (1966) lassen sich die Sphärosomen auch in gequetschten Keimwurzeln von *Nicotiana tabacum* var. *alta* ebenso wie die durch die Dichtegradientenzentrifugation aus Tabakblättern gewonnenen Sphärosomen mit Nilblau fluorochromieren.

Wie mit Nilblau fluorescieren die Sphärosomen auch mit Janusgrün B, wenn der Farbstoff bis zur Leukoform von der Zelle reduziert wird (DRAWERT 1953, SAUER 1960). Das gleiche tritt mit Malachit-, Brillant-, China-, Solidgrün, Viktoriablau B und 4 R, Astrazonorange R, Bindschedler's Grün und Setocyanin auf. Bei den letzten drei Farbstoffen reicht allerdings die Reduktionskraft der *Allium*-Zelle nicht aus; hier ist noch eine kürzere oder längere Bestrahlung der gefärbten Zellen mit UV- oder Blaulicht erforderlich, bis die Sphärosomen zu leuchten beginnen (KUTTIG 1957). Bei chlorophyllhaltigen Zellen kann die Fluorescenz ausbleiben, was mit der O_2-Bildung bei Beleuchtung zusammenhängen dürfte (KUTTIG 1957, MIX 1959). Von elf untersuchten Oxazinfarbstoffen eignen sich nach MIX (1959) zur vitalen Fluorochromierung der Sphärosomen außer Nilblau noch Meldolablau, Neublau, Naphthylenblau R, Neuindigoblau R. Davon sind die benutzten Präparate von Meldolablau, Neublau und Naphthylenblau identisch, wie aus Papierchromatogramm und Absorptionsspektrum hervorgeht. Für Naphthylenblau beschreibt auch MOURAVIEF (1958) eine Sphärosomenfluorescenz.

In den Oberepidermiszellen der Schuppenblätter von *Allium cepa* können die Sphärosomen auch mit einem aliphatisch im N substituierten Aminopyren vital fluorochromiert werden (DRAWERT 1955 b). Sehr wahrscheinlich hat COTTET (1947) an demselben Objekt mit dem cancerogenen Benzpyren eine Sphärosomenfluorescenz beobachtet: denn er schreibt, daß in einigen Zellen die Fluorescenz auf kleine runde Körnchen verteilt war. HOLCOMB, HILDEBRANDT und EVERT (1965) erhalten außer mit Nilblau auch mit Benzpyren eine Sphärosomenfluorescenz in den Zellen aus Gewebekulturen, die von Krongallen der Sonnenblume abstammen. Nach diesen Befunden erscheint es fraglich, ob die von GRAFFI (1940 a, b, 1941) sowie GRAFFI und MAAS (1940) nach Behandlung pflanzlicher und tierischer Zellen mit Benzpyren beobachteten fluorescierenden Granula Chondriosomen entsprechen, wie die Autoren vermuten. DRAWERT (1955 b) und PERNER (1958) haben bereits dagegen Bedenken geäußert.

Genauso fraglich ist die häufig anzutreffende Meinung, daß die Chondriosomen die Lokalisationsorte des Indophenolblaus bei der Nadi-Reaktion und des Formazans bei der TTC-Reaktion sind. Auch in diesen Fällen werden zuerst die Sphärosomen die stark lipophilen Reaktionsprodukte anreichern. So wird nach PERNER (1952 c, 1953, 1958) das bei der Nadi-Reaktion gebildete Indophenolblau ausschließlich in den Sphärosomen gespeichert, und H. ZIEGLER (1953 a, b) gibt dasselbe für Formazan an. In Chloroplasten-haltigen Zellen färbt Formazan später auch die Plastiden und fällt schließlich in Kristallform in der Zelle aus. Werden mit Formazan gefärbte Zellen der Nadi-Reaktion unterworfen, dann zeigen die Sphärosomen eine Mischfarbe, so daß auch in diesem Fall kein Zweifel darüber besteht, daß die Sphärosomen das Indophenolblau gespeichert haben (H. ZIEGLER 1953 a). Während PERNER in den Sphärosomen den Reaktionsort sieht, denkt ZIEGLER an eine sekundäre Anreicherung der an anderer Stelle gebildeten lipophilen Reaktionsprodukte (vgl. S. 534).

Nachdem BAUTZ und MARQUARDT (1953 a, b, BAUTZ 1954, MARQUARDT und BAUTZ 1954) zunächst bei Hefen und anderen Pilzen in den Granula, die sich bei der Nadi-Reaktion mit Indophenolblau färben, „Granula mit Mitochondrienfunktion" sehen, unterscheiden sie später zwei Sorten von Mitochondrien und setzen die eine Gruppe, die sich mit Indophenolblau färbt, den Sphärosomen gleich (Bautz 1955 a, b, d). Dabei scheinen die Autoren zunächst auch an eine Lokalisation von Fermenten in den Sphärosomen im Sinne von Perner zu denken, machen dann aber die Einschränkung, daß auch mit einer Indophenolblausynthese in den Mitochondrien zu rechnen ist und der Farbstoff sich erst sekundär in den Lipoiden der Sphärosomen anreichert (Marquardt und Bautz 1955). Jung und Rochelmeyer (1960) mahnen zwar bei der Beurteilung der Nadi-Reaktion zur Vorsicht, da das Indophenolblau stark lipoidlöslich ist, schließen aber bei *Claviceps purpurea* aus der Lokalisation des Formazans, das genauso lipoidlöslich ist, auf Chondriosomen; stark lichtbrechende, sich mit Indophenolblau färbende Granula sollen den Sphärosomen entsprechen. Bei *Hydrodictyon reticulatum* speichern die Sphärosomen nach Yamagishi (1962 a) Indophenolblau bei der Nadi-Reaktion und lassen sich auch mit Nilblau fluorochromieren. Das nicht lipoidlösliche Oxydationsprodukt einer modifizierten Nadi-Reaktion färbt dagegen nicht die Sphärosomen, so daß sie nach Meinung des Autors keine Cytochromoxydase enthalten dürften, wie Perner annimmt.

Die plastidenfreie Chlorophycee *Prototheca zopfii* führt stark lichtbrechende Einschlüsse, die sich mit OsO_4 schwärzen, mit Sudan III röten und mit Nilblau fluorescieren, also die Reaktionen von Sphärosomen zeigen. Nach Krentel (1961) soll es sich um Reservefette handeln. Scott (1955) beschreibt für eine Reihe von Pflanzen Fetttropfen, die vor allem die Plastiden umgeben, sich im Wandplasma sammeln, gelegentlich in Chondriosomen vorkommen und in meristematischen Zellen den Beginn des Vakuoms kennzeichnen. Diese Fetttropfen färben sich mit Sudanschwarz, das sehr schnell in die Zellen eindringt, und bläuen sich mit Nilblausulfat (Hellfelduntersuchung). Wieweit es sich hierbei um Sphärosomen handeln könnte, muß dahingestellt bleiben. Allem Anschein nach lagen dem Autor recht verschiedenartige Plasmaeinschlüsse vor, die identische Reaktionen zeigten.

Nach Končalová (1962) färben sich in den Wurzelhaaren von Weizen und in den Oberepidermen der Schuppenblätter von *Allium cepa* die Sphärosomen mit Janusgrün B grün und bleichen zum Unterschied von Chondriosomen bei O_2-Mangel nicht aus. Entsprechende Befunde gibt auch Bautz (1955 c, 1956 b) für *Rhodotorula rubra* und *Saccharomyces cerevisiae* an. Nach Sorokin (1955 a, 1956) sowie Sorokin und Sorokin (1956) sollen sich dagegen Sphärosomen nie mit Janusgrün B färben und auch nicht Diformazan speichern, das bei Behandlung der Zellen mit Neotetrazoliumchlorid entsteht.

Für Desmidiaceen beschreibt Kramer (1960) zwei Arten von „Mikrosomen": stark basophile, die sich mit Toluidinblau, Brillantcresylblau und Neutralrot färben, und schwach basophile, die ungefärbt bleiben. Beide Gruppen scheinen sich gegenseitig auszuschließen. Die zweite Gruppe könnte den Sphärosomen entsprechen.

6. Vitalfärbungstheorien

Eine Theorie, die allen Phänomenen der Vitalfärbung gerecht wird, gibt es nicht. Es gilt noch immer der Satz von Gicklhorn (1931 a): „. . . daß heute nicht oft und eindringlich genug verlangt werden kann, vor allem vielseitig variierte Versuche unter definierten Bedingungen auszuführen, die Ergebnisse möglichst hypothesenfrei zu beschreiben und sie nicht gleich vom Standpunkt einer bestimmten unter den zahlreichen Theorien der Vitalfärbung bei bewußter oder unbewußter Vernachlässigung anderer Gesichtspunkte zu interpretieren. Die Unzulänglichkeit **aller** bisherigen Theorien im Hinblick auf das **Gesamt**problem der Vitalfärbung ist heute wohl nicht mehr zu verkennen."

Die theoretischen Erklärungsversuche kann man zwei Gruppen zuordnen. Die eine Gruppe geht von der Permeabilität des Plasmas bzw. der Plasmagrenzflächen aus und versucht, allein unter diesem Gesichtswinkel das Eintreten oder Ausbleiben und die Geschwindigkeit einer Vitalfärbung zu erklären. Viele Vertreter dieser Gruppe übersehen aber, daß im allgemeinen ein Farbstoff in der Zelle erst sichtbar wird, wenn er über das Konzentrationsgefälle hinaus in die Zelle aufgenommen, also gespeichert wird. PFEFFER (1886) hat bereits darauf hingewiesen, daß auf Grund der Giftigkeit der meisten Farbstoffe — OVERTON (1895) lehnte unter anderem aus diesem Grunde zunächst Versuche mit Farbstoffen überhaupt ab — diese nur in Konzentrationen angewendet werden können, deren Farbintensität bei der Schichtdicke einer Zelle unter unserem Wahrnehmungsvermögen liegt. Von dieser Tatsache ausgehend, versucht die zweite Gruppe, die Vitalfärbung als Speicherungsphänomen in den einzelnen Zellbestandteilen zu erklären, und betont, daß Permeabilität und Zustandekommen einer Färbung zwei selbständige Dinge sind (PEKAREK 1936, BUNGENBERG DE JONG und BANK 1940, DRAWERT 1940). Man muß zwischen dem Zustand des Farbstoffes, in dem er permeiert, und dem, in dem er gespeichert wird, unterscheiden (HARVEY 1911). Die Permeation ist nur eine Vorbedingung (MICHAELIS 1910 b), d. h., aus dem Auftreten einer Färbung können wir folgern, daß der Farbstoff auch permeieren kann; aus dem Ausbleiben einer Färbung dürfen wir aber nicht ohne weiteres auf eine Impermeabilität des Plasmas für den Farbstoff schließen (DRAWERT 1940).

Bei einem Vergleich der Vorgänge bei der Tier- und bei der Pflanzenzelle muß noch berücksichtigt werden, daß der Begriff Permeation in der Botanik das Passieren des ganzen Plasmaschlauches und das Eintreten in die Vakuole umfaßt; in der Zoologie wird aber im allgemeinen darunter nur das Eintreten in das Plasma, also nur die Permeation durch das Plasmalemma, verstanden. Diesen Vorgang bezeichnen wir in der Botanik als Intrameieren.

a) Theorien der Farbstoffaufnahme in die Zelle

Bevor es zu einer Speicherung in der Zelle kommt, muß der Farbstoff in die Zelle aufgenommen werden. Bei dieser Aufnahme in die Zelle kann es sich um einen reinen Permeationsvorgang oder auch um Adsorptionserscheinungen handeln. Bei der Annahme einer Adsorption wird häufig übersehen, daß auch in diesem Fall für das Eintreten in die Zelle ein Intrameieren oder Permeieren stattfinden muß.

α) Permeabilität

Nach PFEFFER (1886) erfolgt die Aufnahme nach osmotischen Gesetzen, bei denen die Permeabilitätseigenschaften der Plasmagrenzflächen entscheidend sind. Das Ausbleiben einer Färbung mit Nigrosin und Anilinblau soll nach PFEFFER z. B. nicht auf einer mangelnden Speicherung, sondern auf einem mangelnden Permeiervermögen beruhen. Dasselbe nimmt SCARTH (1926a) für die Nichtaufnahme von Säurefuchsin durch *Spirogyra* an, und aus Injektionsversuchen mit Farbstoffen schließt PLOWE (1931) ebenfalls, daß allein Tonoplast und Plasmalemma auf Grund ihrer Semipermeabilität über Aufnahme und Nichtaufnahme bestimmen. Ball (1927) betont dagegen, daß das Fehlen einer Plasmafärbung bei Paramaecien nicht besagt, daß anionische Farbstoffe nicht permeieren (intrameieren!) können; denn das Verhalten der Organismen spricht für eine Permeation.

Für das Permeiervermögen der hochdispersen anionischen Farbstoffe tritt vor allem, auch beim Ausbleiben einer Färbung, Ruhland ein. Nachdem Ruhland (1908 b) zuerst der Meinung war, daß der Grad der Kolloidität der Farbstoffe für ihre Aufnahme nicht wesentlich mitbestimmend sei, wie es Höber zunächst annahm (Höber und Chassin 1908, Höber und Kempner 1908), kommt er später zu dem Schluß, daß die Größe der Teilchen kolloider Lösungen über die Aufnehmbarkeit entscheidet (vgl. auch Küster 1911/12), und zwar bei kationischen und anionischen Farbstoffen in gleicher Weise. Das Ausbleiben einer Färbung mit anionischen Farbstoffen wäre im Unterschied zu kationischen Farbstoffen gleicher Dispersität nur auf das mangelnde Speichervermögen für die ersten zurückzuführen (Ruhland 1912 a, 1913 a, b). Für die Ultrafiltertheorie als Grundlage der Farbstoffaufnahme setzen sich ferner Mann (1924) und zunächst auch Drawert (1940, 1941 a) ein. Guilliermond und Obaton (1934) fußen ebenfalls auf der Ultrafiltertheorie. Sie nehmen an, daß eine cH-Erhöhung der Außenlösung durch Herabsetzung der Permeabilität und eine Erniedrigung der cH durch Änderung des Dispersitätsgrades die Vitalfärbung beeinflussen.

Im Gegensatz zu Ruhland sieht Overton (1899, 1900) in der Lipoidlöslichkeit der Farbbasen und Farbsalze den Hauptfaktor, der eine Permeation ermöglicht. Das Plasma besitzt eine „auswählende Löslichkeit". Die sulfosauren Farbstoffe werden auf Grund ihrer lipophoben Eigenschaften — von Ausnahmen abgesehen — nicht aufgenommen. Die Lipoidtheorie hat unter den Vitalfärbern großen Anklang gefunden und wird von vielen Autoren als einer der Grundpfeiler für eine vitale Färbung anerkannt (Höber 1909, Höber und Nast 1913, Harvey 1911, Collander 1921, Collander und Äyräpää 1947, Irwin 1926 u. f., Gutstein 1932 a, b, Chadefaud 1933, Höfler 1947 a u. f.). Nirenstein (1920) modifiziert die Lipoidtheorie dahingehend, daß er zur Bestimmung der Lipoidlöslichkeit im Ausschüttelversuch durch Zusatz von Ölsäure und Diamylamin zu neutralen Lipoiden eine Polarität in die organische Phase bringt, so daß es fraglich ist, ob man in diesem Fall noch von „Löslichkeit" sprechen kann (vgl. z. B. Zipf 1927). Der Fassung von Nirenstein schließt sich Seo (1923) an. Da Oberflächenaktivität und Lipoidlöslichkeit bis zu einem gewissen Grade parallel gehen, verschmilzt Traube seine „Haftpunkttheorie" mit der Lipoidtheorie (Traube 1924, Traube und Yumikura 1925).

Nur neutrale Moleküle, aber nicht Ionen, können lipophile Eigenschaften haben. Demnach muß bei einem Permeieren auf dem Wege der Lipoidlöslichkeit dem Dissoziationsgrad der Farbstoffe eine besondere Bedeutung zukommen. Nur die neutralen Moleküle der Farbbasen und nicht die Farbkationen können permeieren (Harvey 1911, Irwin 1926 d, e, 1929 b, c, 1930 a, Höfler 1947 a, 1949 a, 1951, 1952, 1956 a, 1959). Höfler (1949 a) macht allerdings für den Tonoplasten eine Einschränkung, dieser soll auch für Ionen durchlässig sein. Die Aufnahmegeschwindigkeit eines kationischen Farbstoffes hängt nach Irwin (1926 d) von der Konzentration der Farbbasenmoleküle in der Außenlösung ab, und nach Höfler (1960) diffundiert der undissoziierte Anteil einer Farbstofflösung nach dem Fickschen Gesetz in die Zelle. Bei dem undissoziierten Teil soll es sich nicht nur um Farbbasenmoleküle, sondern auch um Farbsalzmoleküle handeln (von Chol-noky und Höfler 1950, Höfler und Diskus 1957). Für eine Unabhängigkeit der Farbstoffaufnahme von der Dissoziation tritt dagegen Rehm (1938) ein.

Irwin (1927 c) weist darauf hin, daß die Lipoidtheorie in der Fassung von Overton für die Vitalfärbung nicht ganz zutreffend sei, da er nur einen Verteilungs-koeffizienten in Betracht zieht, nämlich den zwischen der Außenlösung und der lipoiden Grenzschicht der Zelle. Da sich aber nicht diese, sondern Einschlüsse des Plasmas oder der Zellsaft färben, sind mehrere Verteilungskoeffizienten zu berücksichtigen, z. B. bei der Vakuolenfärbung vier, nämlich außer dem für Außenlösung/hydrophobe Grenzschicht noch folgende: hydrophobe Grenzschicht/ hydrophiles Binnenplasma, hydrophiles Binnenplasma/hydrophobe Vakuolenhaut und hydrophobe Vakuolenhaut/hydrophiler Zellsaft (Irwin 1927 c, 1928 b, c). M. M. und S. C. Brooks (1932) lehnen die „multiple Verteilungskoeffizienten-Hypo-these" von Irwin ab und betonen, daß die Theorie von Overton auf einer Löslich-keit in organischen Lösungsmitteln beruht und nicht auf Verteilungskoeffizienten zwischen Wasser und organischer Phase. Die Autoren haben insofern recht, als der Verteilungskoeffizient nichts über die Lipoidlöslichkeit des Farbstoffes aussagt, sondern nur Aufschluß über die hydrolytische Spaltung des Farbstoffes in der wässerigen Lösung und über die Lipophilie der dabei entstehenden freien Farb-base gibt.

Eine Bedeutung der Lipoidtheorie für die Permeabilität der Farbstoffe wird von Robertson (1908), Küster (1911/12), Lepeschkin (1911 a, 1941), von Möllen-dorff (1918 a) und Mansheim (1932) abgelehnt. Lepeschkin (1911 a) und Mans-heim (1932) weisen darauf hin, daß bei einer Aufnahme der Farbstoffe in die Plasmamembran diese auf Grund ihrer Lipoidlöslichkeit dort gespeichert werden, d. h., die Permeation wird sogar gehemmt. Für diese Auffassung kann man die Befunde von Bazin (1946) heranziehen, nach denen ein Farbstoff um so schneller permeiert und im Zellsaft gespeichert wird, je mehr Aminogruppen er hat. Methy-lierte NH_2-Gruppen setzen die Permeation herab. Durch die Methylierung wird aber die Lipophilie des Farbstoffes erhöht. Wir werden später sehen, daß dieser Einwand gegen die Lipoidtheorie seine volle Berechtigung hat. Der Farbstoff kann auf dem Wege einer Lösung in den Plasmalipoiden nur in die Vakuole ge-langen, wenn er auf irgendeine Weise dem Plasma vom Zellsaft entrissen wird. Gilbert und Blum (1942) nehmen z. B. für die Aufnahme von Rose bengale durch rote Blutkörperchen an, daß der Farbstoff zunächst in den Lipoiden der Plasma-membran gelöst wird, dann aber mit anderen Komponenten, wahrscheinlich mit Proteinen, reagiert. Nach Jurišic (1927) soll dagegen die Aufnahme durch die roten Blutkörperchen für die meisten daraufhin geprüften Farbstoffe dem Henry-schen Verteilungssatz folgen. Doch damit schneiden wir schon Fragen der Spei-cherung an, die uns erst später beschäftigen werden.

Es ist noch zu erwähnen, daß Brooks (1926 d) zunächst annahm, daß zwischen dem Redoxpotential eines Farbstoffes und seinem Permeationsvermögen ein Zu-sammenhang besteht. In späteren Untersuchungen kann die Autorin diese Ver-mutung nicht bestätigen (Brooks 1930 b). Wenn wir berücksichtigen, daß die reduzierte Form häufig lipophiler ist als die oxydierte (s. S. 134), könnte bei einem Zutreffen der Lipoidtheorie in manchen Fällen der zuerst vermutete Zusammen-hang durchaus gegeben sein.

β) Adsorption

Viele Autoren sind der Meinung, daß der erste Schritt der Farbstoffaufnahme nicht ein einfacher Diffusionsprozeß auf dem Wasser- oder auf dem Lipoidweg ist, sondern die Adsorption an der Zellenoberfläche. Bei der tierischen Zelle wird es immer die Oberfläche des Protoplasten sein, bei der Pflanzenzelle ist auch die Zellwand zu berücksichtigen.

Plasmaoberfläche

Endler (1912 b) nimmt an, daß die elektrische Ladung des Protoplasten für die Farbstoffaufnahme von ausschlaggebender Bedeutung ist. Der Einfluß von cH und von Salzen wird auf Ladungsänderungen zurückgeführt. Höber und Nast (1913) vermuten, daß der Unterschied zwischen kationischen und anionischen Farbstoffen bei der Vitalfärbung mit der elektrischen Ladung des Protoplasten zusammenhängt. Auch Wertheimer (1924) deutet die Vitalfärbung als polare Adsorption und erklärt damit die Salzwirkung auf den Färbevorgang. Nach Yuri (1928 a, b) ist die Färbung von Bakterien ein rein elektrostatischer Prozeß, er soll der Freundlichschen Adsorptionsisotherme folgen. Strugger (1937 b) und Drawert (1937 a) denken bei dem Einfluß der cH auf die Farbstoffaufnahme und -verteilung zunächst an Umladungserscheinungen. Nach Dagys und Kaikaryte (1943) erfolgt beim Vorhandensein eines geeigneten cH-Gradienten eine stufenweise Adsorption und Desorption in der Richtung Außenlösung → Plasmahaut → Mesoplasma → Tonoplast → Vakuole. Eine ähnliche Auffassung vertritt auch Irwin (1931 a) parallel zu ihrer multiplen Verteilungskoeffizientenhypothese (s. S. 483) für den Fall, daß die Zelle den Farbstoff in dissoziierter Form aufnimmt. Das Farbstoffion wird an der Außenfläche des Protoplasten adsorbiert und an der Innenseite wieder abgegeben. Proteine wirken dabei als „carrier". Da sowohl kationische als auch anionische Farbstoffe aufgenommen werden, muß die Oberfläche des Protoplasten aus einer Mischung von Proteinen mit verschiedenem IEP bestehen. Goldacre (1952) denkt an eine Farbstoffaufnahme durch Faltung und Entfaltung von Proteinmolekülen, die dann die Funktion eines „carriers" haben. Scheffer, Rathje und Schafmayer (1952) wenden sich gegen die Beteiligung von „carrier-Molekülen" bei der Stoffaufnahme und -abgabe, da K-Ionen, Harnstoff und nicht-biogene Farbstoffe, z. B. bei Hefezellen, eine gegenläufige Bewegung zeigen. Es sei unwahrscheinlich, daß für Harnstoff und Farbstoffe spezifische Trägersubstanzen in der Plasmamembran vorhanden sind. Dabei übersehen die Autoren, daß Harnstoff und die schwach dissoziierten kationischen und anionischen Farbstoffe — denn nur um solche dürfte es sich bei einer vitalen Färbung der Hefezellen handeln — wohl kaum nach dem Trägerprinzip aufgenommen werden. Allerdings kommt Goldacre vor allem durch Versuche mit kationischen Farbstoffen wie Neutralrot zu ihrer Anschauung. Es muß bezweifelt werden, daß ihre Vorstellungen gerade für diese Farbstoffe zutreffen.

Auch nach Redfern (1922) ist die Farbstoffaufnahme ein reiner Adsorptionsprozeß. Sein Befund, daß im Absorptionsverlauf und in der Absorptionshöhe zwischen lebendem und totem Gewebe kaum ein Unterschied besteht, gibt aber zu denken. Man kann sich bei einigen Anhängern der Adsorptionstheorien nicht des Eindruckes erwehren, daß sie zu ihren Schlußfolgerungen aus Versuchen an bereits abgestorbenem Material gekommen sind oder daß sie die Adsorption der Zellwände nicht berücksichtigt haben.

GUILLIERMOND, GAUTHERET und BUCHY (1939) können für den Verlauf der Aufnahme von Cresylblau und Neutralrot durch lebende und tote Hefezellen keine Übereinstimmung feststellen. Nur für Nilblau ist der Gang der Absorptionskurve fast gleich, die aufgenommene Farbstoffmenge ist jedoch auch in diesem Fall unterschiedlich. Die Autoren kommen zu dem Schluß, daß es sich bei der Farbstoffaufnahme durch die lebende Zelle nicht nur um eine reine Adsorptionserscheinung handeln kann.

Für die Beteiligung von Adsorptionsvorgängen setzen sich ferner OKUNEFF (1928 a), KREBS und NACHMANSOHN (1927), AXMACHER (1933 c) und KERSTING (1937) ein. Nach KREBS und WITTGENSTEIN (1926) soll es sich nicht nur um eine Adsorption an der Plasmagrenzfläche, sondern um einen Vorgang im Gesamtplasma handeln. HÖBER (1941) räumt auch dem Molekülbau der Farbstoffe eine Bedeutung ein. Nach ZIPF (1927) soll keine Adsorption, sondern eine einfache Salzbindung vorliegen. Diese Unterscheidung ist heute hinfällig. LUNDEGÅRDH (1940) sieht den ersten Schritt bei der Aufnahme kationischer Farbstoffe in einer Ionenadsorption an der Plasmagrenzfläche, die im Austausch gegen H-Ionen erfolgt. Nach Ansicht einiger japanischer Autoren soll beim Kationenaustausch den Ribonucleoproteiden der Plasmaoberfläche eine besondere Bedeutung zukommen (TANADA 1956, HIRAOKA und TAKADA 1957, TAKADA und TOKUNO 1958, HIRAOKA 1959).

TROSCHIN (1958) führt die Aufnahme der Vitalfarbstoffe durch die Zelle auf das „Sorptionsniveau" der gesamten Masse der lebenden Substanz und in erster Linie auf den Zustand der protoplasmatischen Eiweiße zurück. Die Beteiligung einer semipermeablen Membran an dem Aufnahmeprozeß lehnt der Autor ab. Unterschiede in der Aufnahme und Verteilung der Farbstoffe beruhen seiner Meinung nach allein auf Verschiedenheiten im Sorptionsvermögen der Zelleiweiße.

Zellwand

Auf Grund der Färbungsergebnisse von KLEBS weist DORNER (1922 b) in einem Sammelreferat über die Ansichten zur Farbstoffaufnahme von OVERTON, RUHLAND und HÖBER auf die Bedeutung der Zellwand für diesen Prozeß hin. Nach STRUGGER (1935 a) kommt der Zellwand eine hervorragende Rolle bei der Stoffaufnahme zu. Besonders soll die Wurzelhaarspitze für die Stoffaufnahme prädestiniert sein, da sich in Wurzelhaarzellen von *Hydromystria bogotensis*, deren Zellwände mit Neutralrot gefärbt sind, nach Übertragung in eine farblose Lösung mit höherem pH-Wert, als erstes die Zellwand der Haarspitze entfärbt und der Farbstoff in die Vakuole übertritt. DRAWERT (1938 c) schließt dagegen aus Versuchen mit Prune pure an demselben Objekt, daß die Mittelzone des Wurzelhaares der stoffaufnehmende Bereich ist.

Vor allem schreibt CZAJA (1935 a, 1936) der Zellwand eine primäre Bedeutung für die Aufnahme der kationischen Farbstoffe zu. Jede Farbstoffaufnahme soll durch eine Adsorption an der Zellwand eingeleitet werden. Dieser Gedanken wird erneut von HÖFLER und SCHINDLER (1953) aufgegriffen, allerdings mit der Einschränkung, daß dies nur für die ionisierten Farbstoffe zutrifft und nicht für den undissoziierten, lipoidlöslichen Anteil einer Farbstofflösung, der ohne Beteiligung der Zellwand permeiert. Nach Hirn (1953 b) ist das Diatomeen-Plasma für Farbionen impermeabel. Wird aber z. B. Toluidinblau von der Zellwand adsorptiv gebunden, dann kann allmählich auch aus stärker sauren Lösungen, in denen der Farbstoff vollständig dissoziiert ist, eine Verlagerung in das Zellinnere erfolgen. Es fragt sich nur, ob wirklich eine hundertprozentige Dissoziation vorliegt. Auch die Anwesenheit einer nur geringen Zahl von Farbbasenmolekülen wird zu einer langsamen Farbstoffaufnahme führen.

Das Ausbleiben einer Färbung mit anionischen Farbstoffen wird von Lepeschkin (1911 a) damit erklärt, daß diese Farbstoffe bereits von der Zellwand zurückgehalten werden. Dieser Vermutung tritt bereits Ruhland (1912 b) entgegen; sie findet sich aber auch später hin und wieder in der Literatur. Nach Seo (1923) soll die Zellwand diamylaminlösliche Sulfosäurefarbstoffe intensiv speichern und dadurch den Farbstoff abfangen, so daß sich das Zellinnere bei Pflanzenzellen mit diesen Farbstoffen viel schwerer färbt als das tierischer Zellen. Johannes (1950 a) sieht in der Zellwand unter ihrem IEP im stark sauren Bereich auf Grund ihrer positiven Ladung eine hermetische Sperre für kationische Farbstoffe. Diese Auffassungen lassen sich nicht aufrechterhalten.

γ) Aktive Aufnahme

In den vorhergehenden Abschnitten war vorwiegend von der Aufnahme kationischer Farbstoffe die Rede, die der anionischen wurde nur am Rande und dann vorwiegend im negativen Sinne erwähnt, d. h., daß sie im allgemeinen — von wenigen Ausnahmen abgesehen — nicht stattfindet. Es gibt aber Zellen, die auch von sulfosauren Farbstoffen vital gefärbt werden. Bereits Overton (1899) hat erkannt, daß es sich hierbei nicht um einen osmotischen Vorgang oder eine einfache Adsorption handelt, sondern um einen aktiven Prozeß, an dem der Stoffwechsel der Zelle mitbeteiligt ist. Er bezeichnet diese Art der Farbstoffaufnahme als „adenoide Tätigkeit“. Höber (1909) prägt dafür den Begriff „physiologische Permeabilität“.

Von Ruhland (1909), Küster (1940 c) und Liesegang (1941 a) wird die Annahme eines besonderen Mechanismus für die Aufnahme der anionischen Farbstoffe abgelehnt, und Okuneff (1927 b) gibt zu bedenken, daß der adenoiden Tätigkeit vielleicht nur eine Adsorption der kapillaraktiven Farbstoffe an den Lipoiden der Plasmaoberfläche zugrunde liegt.

Dieser Einwand trifft ohne Zweifel für die schwach dissoziierten anionischen Farbstoffe wie Eosin und Erythrosin zu, bei denen in der wässerigen Lösung durch hydrolytische Spaltung die lipophile Farbsäure in Freiheit gesetzt wird. Er läßt sich aber nicht für die stark dissoziierten sulfosauren Farbstoffe aufrechterhalten. Hier ist tatsächlich die aktive Beteiligung des Stoffwechsels der Zelle bei der Aufnahme erforderlich, wie aus den Untersuchungen von Collander und Holmström (1937), Collander und Virtanen (1938), Collander (1942), Lundegårdh (1940), Drawert (1941 a), Drawert und Endlich (1956), Schwantes (1961), Fabbricotti-Oberrauch (1965 a, b), Kinzel (1965) hervorgeht. Über die Mechanik im einzelnen wissen wir allerdings noch nichts (Collander 1942), so daß wir auch nicht die einzelnen Schritte des Vorganges, wie Aufnahme in die Zelle und Speicherung im Zellsaft, trennen können. Einige theoretische Anschauungen werden später bei der Speicherung diskutiert (s. S. 492).

b) Speicherung

Zunächst soll die Besprechung der Reaktions- oder Ladungshypothese von
BETHE (1922, 1950, vgl. auch ROHDE 1917) nachgeholt werden, die man in den
Lehrbüchern im allgemeinen bei den Permeabilitätstheorien findet, die aber ihrer
Natur nach nichts über die Permeabilität, sondern nur etwas über den Mechanismus der Speicherung aussagt, worauf KEDROWSKY (1931 b) mit Recht hinweist.
Hierbei handelt es sich um eine Austausch-Adsorption an Zellkolloiden, die nur
für geladene Teilchen in Frage kommt und zum Unterschied von der van der Waal-
schen Adsorption pH-abhängig ist. Der Autor setzt voraus, daß sowohl Anionen
als auch Kationen permeieren können. Wenn die meisten Zellen sich nur mit
kationischen Farbstoffen vital färben lassen, so liegt das daran, daß die Innen-
reaktion im allgemeinen zwischen pH 5,5 und 7,2 liegt und sehr viele Zellkolloide
ähnlich der Gelatine einen IEP unter pH 5,0 besitzen, also im Normalfall negativ
geladen sind. Eine Erhöhung des pH-Wertes im Zellinnern muß nach dieser Theorie die Speicherung kationischer Farbstoffe fördern, und eine Erniedrigung des
pH-Wertes begünstigt die der anionischen Farbstoffe. Wie wir im praktischen
Teil gesehen haben, ist aber im allgemeinen das Gegenteil der Fall, da die Speicherung vorwiegend nach anderen Mechanismen abläuft. Diese Mechanismen sind
sehr verschieden, je nachdem welcher Zellbestandteil einen Farbstoff speichert,
so daß die Betrachtung einzeln für den jeweiligen Zellbestandteil erfolgen soll.

α) Theorien der Zellwandfärbung

Die Theorien der Zellwandfärbung bei der lebenden Zelle entsprechen denjenigen bei der toten Zelle. Wir müssen wie dort drei Farbungstypen unterscheiden (HÖFLER 1948, DRAWERT 1956 c).

1. Auf Grund ihres Gehaltes an Pektin (KINZEL 1953 a, 1955 b) ist die Zellwand
im physiologischen pH-Bereich negativ geladen und kann deshalb durch Austauschadsorption Farbkationen speichern. Sie wird sich auf diesem Wege nur
mit dissoziierten kationischen Farbstoffen färben, und die Färbung ist cH- und
salzempfindlich.

2. Durch Inkrusten, vor allem phenolischer Natur, werden bestimmte Zellwände auch kationische Farbstoffe chemisch binden.

Es entsteht eine „Niederschlagsfärbung" (DRAWERT 1937 c), die cH- und salzunempfindlich ist. Zellwände, die sich bei der lebenden Zelle nur nach dem ersten
Typ oder gar nicht färben, können beim Absterben der Zelle durch Stoffe, die aus
dem Protoplasten austreten, imprägniert werden (PFEFFER 1886, RICHTER 1909)
und dann nach dem zweiten Typ Farbstoffe speichern („sekundäre Induktion"
nach BRAUNER 1933).

3. Anionische Farbstoffe und auch einige kationische mit hoher Teilchengröße oder bestimmter Molekülgestalt werden in die submikroskopischen Kapillaren oder Intermicellarräume der Zellwände eingelagert. Es entsteht eine
„Echtfärbung", die weitgehend cH- und salzunempfindlich ist.

Um unnötige Wiederholungen zu vermeiden, sei auf die Ausführungen über
die Färbung der Zellwand toter Zellen verwiesen (s. S. 224 u. f.). Gegenüber toten
Zellen besteht bei lebenden Zellen nur hinsichtlich des pH-Bereiches, in dem sich

die Zellwand nach Typ 1 färbt, auf Grund der Speicherkonkurrenz des Zellsaftes ein Unterschied. Doch ist darüber auf S. 359 u. f. nachzulesen.

Die Vorstellung von Scarth (1926a), daß die Zellwandfärbung auf Kolloiden lipoiden Charakters beruht, hat keine Anhänger gefunden.

β) Theorien der Vakuolenfärbung

Die meisten Vitalfärbungsversuche an der Pflanzenzelle beziehen sich auf eine Färbung des Zellsaftes, und so befassen sich auch die meisten Theorien von der Permeabilität bis zur Speicherung mit der Vakuolenfärbung. Hinsichtlich der Speicherung im Zellsaft lassen sich sechs Möglichkeiten herauskristallisieren (Drawert 1956 c).

1. Der Farbstoff wird im Zellsaft an zelleigene Stoffe chemisch gebunden und dadurch ausgefällt; oder die entstehende Verbindung bleibt in Lösung, ist aber so großmolekular bzw. kolloidal oder so hydrophil, daß sie auf Grund der Permeabilitätseigenschaften des Plasmas nicht exosmieren kann. Das Konzentrationsgefälle für den permeierenden Farbstoffanteil bleibt solange aufrechterhalten, bis die zelleigenen Reaktionspartner abgesättigt sind. Für die kationischen Farbstoffe kommen vor allem Inhaltsstoffe phenolischer Natur wie Gerbstoffe und Flavonole als Reaktionspartner in Betracht. Zellsäfte, die vorwiegend auf diesem Wege speichern, bezeichnen wir mit Höfler (1946 b, 1947 a) als „voll". Zeigen die gefärbten Zellsäfte bei der Benutzung metachromatischer Farbstoffe eine negative Metachromasie oder mit Acridinorange eine grüne Fluorescenz und bleibt die Färbung nach Zugabe verdünnter NH_4OH erhalten (Höfler 1946 b, 1947 a, 1951), so liegt mit großer Wahrscheinlichkeit eine Speicherung nach diesem Mechanismus vor.

Die Bedeutung der „Gerbstoffe" im weitesten Sinn ist für diese Art der Speicherung kationischer Farbstoffe schon von den Klassikern der Vitalfärbung erkannt worden (Pfeffer 1886, Endler 1911, Lepeschkin 1911 a, Ruhland 1912 b). Eine Bindung mit sauren Zellsaftkomponenten vermuten ohne nähere Definition derselben Irwin (1923, 1925/28), McCutcheon und Lucké (1924), Devaux (1930), Osterhout (1933), Chadefaud (1936), Guilliermond (1937 a), Drawert (1937 c), Rehm (1938), Collander und Äyräpää (1947), Höfler (1946 b, 1947 a u. f.). Härtel (1952 b) weist darauf hin, daß nur diffus im Zellsaft verteilte Gerbstoffe zur Speicherung befähigt sind und nicht vorher gefällte. Diese Erscheinung deutet schon eine chemische Bindung und nicht eine Adsorption an kolloidal verteilte Gerbstoffe an. Als weitere zelleigene phenolische Reaktionspartner erkennen Bancher und Hölzl (1960 d) Chlorogen- und Kaffeesäure. Als Hauptpartner dieser Stoffgruppe sind aber die Flavonole anzusprechen (Guilliermond 1933 c, Guilliermond und Gautheret 1940/46, Kinzel 1958, 1962, Bolay 1960, Bancher und Hölzl 1960 e, 1963, Bock 1964). Mit der theoretischen Seite dieser Färbungsmöglichkeit setzt sich vor allem Kinzel (1959 c) auseinander.

2. Ebenso wie durch eine chemische Bindung kann es durch eine Adsorption des Farbstoffes an Zellsaftkolloide zu einer Speicherung in der Vakuole kommen. Die kationischen Farbstoffe werden sich mit elektronegativen Kolloiden (Guilliermond und Obaton 1934) und die anionischen mit elektropositiven (Perner 1950 a) verbinden. Ruhland (1912 b) stellt sich bereits die Speicherung der sulfo-

sauren Farbstoffe auf diese Weise vor. Seiner Meinung nach sollen die anionischen Farbstoffe nach dem Ultrafilterprinzip genauso gut permeieren können wie die kationischen gleicher Dispersität, aber beide unterscheiden sich in der Art der Speicherung. Die kationischen werden chemisch gebunden, und die anionischen erfahren durch Adsorption an zelleigene Stoffe eine derartige Teilchenvergröberung, daß sie nicht mehr die Zelle verlassen können. An eine Speicherung durch Adsorption denken auch Bethe (1922, 1950), Scarth (1926 a), Chadefaud (1933, 1936), Bünning (1936, 1937), Rehm (1938), Yamaha und Araki (1939), Drawert (1948 b), Bartels (1954), Wartenberg (1961).

Häufig wird es nicht zu entscheiden sein, ob eine echte chemische Bindung oder eine Adsorption vorliegt. Die Bindungen mit Flavonolen zeichnen sich durch eine negative Metachromasie aus. Bei *Bryopsis* liegt nach den Untersuchungen von Höfler (1963 b), besonders bei Zellen im Tonoplastenstadium, zwar ein voller Zellsaft vor, die Vakuolen färben sich aber positiv metachromatisch. Der Autor denkt in diesem Fall an eine elektroadsorptive Bindung der Farbstoffe an Zellsaftkolloide. Nach Burian (1962 a, 1963) beruht die stärkere Färbbarkeit der Vakuolen geschädigter Zellen, besonders im Tonoplastenstadium, nicht in erster Linie auf einer Ionenpermeabilität des Tonoplasten, wie Höfler (1952) zunächst vermutet hat, sondern auf dem Austritt nekrogener Speicherstoffe aus dem Protoplasten in den Zellsaft. Bei diesen Speicherstoffen handelt es sich weder um Flavone noch um Gerbstoffe (Burian 1962 b). Nach den Befunden von Höfler an *Bryopsis* liegen vielleicht auch in diesen Fällen Kolloide vor, die den Farbstoff adsorptiv binden. Als Parallele sei auf die Färbung der Zellwände in absterbenden Zellen durch „sekundäre Induktion" (s. S. 487) hingewiesen.

3. Der Farbstoff kann sich auch in einer lipoiden Phase des Zellsaftes anreichern. Dabei wird es allerdings kaum zu einer homogenen Färbung kommen, sondern entweder färben sich primär entmischte lipoide Bestandteile, oder der Farbstoff bedingt sekundär Entmischungen. Eine Beteiligung von Lipoiden bei der Zellsaftfärbung ziehen folgende Autoren in Betracht: Endler (1911), von Cholnoky (1935), Drawert (1937 c, 1939 a) und vor allem Pop (1959, Pop und Soran 1960, 1962). Dabei ist wohl weniger an eine Lösung der Farbstoffe in neutralen Lipoiden zu denken, sondern mehr an eine Adsorption durch polare Lipoide. Dieser Mechanismus müßte dann der vorhergehenden oder auch der ersten Gruppe zugeordnet werden. Im Gegensatz zur Cytoplasma-, Plastiden- und Sphärosomenfärbung wird aber den Lipoiden bei der Zellsaftfärbung, wenn überhaupt, dann nur eine untergeordnete Bedeutung zukommen.

4. Der Einfluß sowohl der cH des Außenmediums als auch der des Zellsaftes auf die Farbstoffspeicherung, besonders der kationischen Farbstoffe, legt die Vermutung der Beteiligung eines Donnan-Gleichgewichtes an dem Vorgang nahe (Axmacher und Narath 1934, Wilbrandt 1938, Bungenberg de Jong und Bank 1939 b). Da dafür aber die Permeation von Ionen eine der Voraussetzungen ist, erscheint es sehr zweifelhaft, ob Donnan-Gleichgewichte bei der Speicherung der lebenden Zelle eine Rolle spielen.

5. Der große Einfluß der cH auf die Farbstoffspeicherung läßt sich einfacher mit einem Mechanismus erklären, der gerade auf der Impermeabilität des Plasmas für Ionen beruht. Wie schon Harvey (1911) betont, permeieren nur die Moleküle der lipophilen Farbbase, infolgedessen fördert eine Herabsetzung der Außen-cH

über die hydrolytische Spaltung die Aufnahme eines kationischen Farbstoffes. Eine Erniedrigung der cH des Zellsaftes wirkt dagegen hemmend und eine Erhöhung der Innen-cH fördernd auf Aufnahme und Speicherung kationischer Farbstoffe (McCutcheon und Lucké 1924). Die letzte Erscheinung führt Irwin (1926 h) darauf zurück, daß das permeierende Farbbasenmolekül im Zellsaft dissoziiert und als Ion nicht exosmieren kann. Nach der Einstellung des Gleichgewichtes hat nur der permeierende Bestandteil des Farbstoffes innen und außen die gleiche Konzentration.

Ist die cH im Zellsaft höher als in der Außenlösung, dann wird der Farbstoff in der Vakuole stärker dissoziiert sein und damit im Zellinnern eine höhere Gesamtkonzentration (Ionen + Farbbasenmoleküle) besitzen als außen. Ist dagegen die cH der Außenlösung höher als die des Zellsaftes, dann wird die Farbstoffkonzentration in der Vakuole nicht die des Außenmediums erreichen. Dem cH-Gefälle Außenmedium/Zellsaft kommt demnach für die Speicherung eine ausschlaggebende Bedeutung zu (Poijärvi 1928, Chambers 1929, Gutstein 1932 b, 1933 c, Osterhout 1933, Collander, Lönegren und Arhimo 1943, Drawert 1948 b). Für den Idealfall eines wirklich „leeren" und so gut gepufferten Zellsaftes, daß der aufgenommene Farbstoff dessen pH-Wert nicht verschiebt, ist der Speicherungsgrad lediglich eine Funktion der Dissoziationskonstanten der Farbbase sowie der Innen- und Außen-cH. Hat der pH-Wert der Außenlösung eine

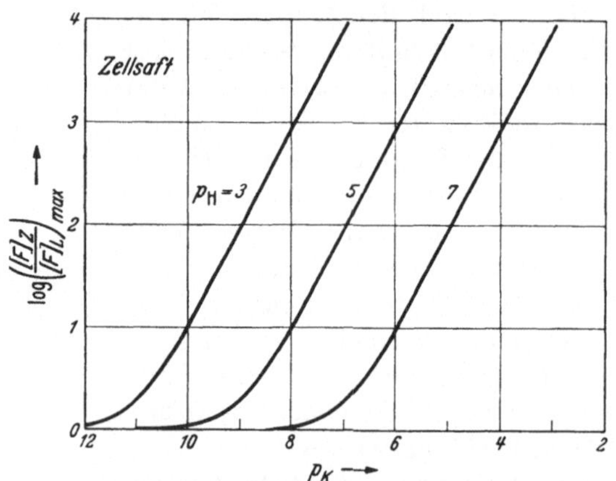

Abb. 167. Die Speichermaxima verschiedener kationischer Farbstoffe in ideal gepufferten, speicherstofffreien Zellsäften mit den pH-Werten 3, 5 und 7. Abszisse: Der negative Logarithmus der Dissoziationskonstanten des Farbstoffes pK. Ordinate: Logarithmus des Speichermaximums. (Nach Kinzel 1954.)

Größenordnung, bei der ein Farbstoff in völlig undissoziierter Form vorliegt, können wir die Außen-cH vernachlässigen und erhalten nach Kinzel (1955 a) in Abhängigkeit von der Dissoziationskonstanten des Farbstoffes und dem pH-Wert des Zellsaftes die in Abb. 167 für drei Zellsäfte unterschiedlicher Acidität graphisch dargestellten Speichermaxima. Aus Abb. 167 geht hervor, daß ein speicherstofffreier und gut gepufferter Zellsaft mit pH 5 nicht in der Lage ist, einen kationischen Farbstoff mit K_B kleiner als 10^{-8} zu speichern. Für einen Zellsaft mit pH 7 befindet sich die Grenze bei $K_B = 10^{-6}$.

Ein Farbstoff, der im physiologischen pH-Bereich nur in einer Zustandsform vorliegt, also entweder gar nicht oder hundertprozentig dissoziiert ist, kann nach diesem Mechanismus nicht gespeichert werden (Irwin 1930 c), und die cH spielt für seine Aufnahme kaum eine Rolle.

Mit Brooks und Brooks (1941) bezeichnen wir den geschilderten Mechanismus als „trap mechanism" und mit Höfler (1946 b, 1947 a, 1948, 1949 b) als „Ionenfalle". Eingehend mit dieser Art der Farbstoffspeicherung, z. T. auch von der theoretischen Seite, befassen sich vor allem Kinzel (1955 a, 1959 c, 1962), Bartels (1954), Bartels und Schwantes (1957), Bancher und Hölzl (1960 b, 1963).

Da der Zellsaft der meisten Zellen sauer reagiert und die anionischen Farbstoffe in wässeriger Lösung überwiegend im völlig dissoziierten Zustand vorliegen, wird bei diesen eine Speicherung nach dem Ionenfallenprinzip nur selten stattfinden. Nach ENÖCKL (1960 a) könnte dies bei der Vakuolenfärbung mit Uranin (Fluorescein) nach einer Behandlung der Oberepidermiszellen der Schuppenblätter von *Allium cepa* mit Ammoncarbonat, wodurch der Zellsaft alkalisch wird, der Fall sein. In normalen Zellen desselben Objektes zeigen die im Zellsaft gespeicherten Fluoresceine, die ja amphoteren Charakter besitzen, das Fluorescenzspektrum des Kations oder des neutralen Moleküls. Dabei kann das Kation an eine zellsafteigene Substanz von saurer Natur gebunden sein (HONSELL 1961 c).

BARTELS (1954) bestätigt die Bedeutung des cH-Gefälles für die Speicherung kationischer Farbstoffe, hält aber seinen Befund, daß nach Einstellung des Gleichgewichtes die Gesamtinnenkonzentration von der Außenkonzentration abhängig ist, für unvereinbar mit dem Ionenfallenprinzip, so daß von ihm zunächst Bedenken gegen das Ionenfallenprinzip erhoben werden. Die Speicherung soll durch Adsorption an Vakuolenkolloide stattfinden. Später zieht er seinen Einwand zurück (BARTELS und SCHWANTES 1957). Gegen den Mechanismus der Ionenfalle wendet sich ferner WARTENBERG (1961), nach dessen Vorstellung eine Speicherung nach dem Ionenfallenprinzip energetisch unhaltbar sein soll. DRAWERT und BOCK (1961) und BOCK (1964) können aber an einem Modell die Ionenfalle demonstrieren (s. S. 124). WARTENBERG hat nicht erkannt, daß die Aufrechterhaltung des Konzentrationsgefälles für die Moleküle der Farbbase durch deren Dissoziation im Zellsaft die treibende Kraft für die Speicherung darstellt, wie es bereits IRWIN (1926 h) beschreibt.

6. Die bisher betrachteten Mechanismen der Farbstoffspeicherung verlaufen passiv, d. h., der Stoffwechsel der Zelle ist nicht direkt beteiligt, das bedeutet aber nicht, daß der Stoffwechsel völlig ohne Einfluß ist; so kann die cH des Zellsaftes durch den Stoffwechsel erhöht oder erniedrigt werden, oder durch Atmungs-CO_2 wird der pH-Wert des umgebenden Mediums geändert. Diese Verschiebungen der aktuellen Acidität werden sich auf die Schnelligkeit der Farbstoffaufnahme oder auf die Farbstoffkonzentration in der Vakuole nach Erreichen des Gleichgewichtes auswirken, sie ändern aber nichts an dem eigentlichen Vorgang der Stoffaufnahme und -speicherung nach dem Ionenfallenprinzip. Durch Oxydation von Vorstufen können in einem „leeren" Zellsaft Flavonole entstehen, der Zellsaft wird dadurch „voll", d. h., durch die Stoffwechseltätigkeit der Zelle wird der Färbungsmechanismus vom Ionenfallenprinzip allmählich zur Speicherung durch chemische Bindung umschlagen (s. S. 415). Auch in diesem Fall bleibt der Mechanismus der Farbstoffaufnahme durch den Stoffwechsel unbeeinflußt, sie erfolgt durch Diffusion der Farbbasenmoleküle auf dem Lösungswege. Nur die Voraussetzungen für die Speicherung werden durch die Flavonolbildung geändert.

Ganz anders liegen die Verhältnisse bei der Färbung mit sulfosauren Farbstoffen. Hier sind die Vorgänge der Aufnahme und Speicherung direkt mit dem Stoffwechsel der Zelle gekoppelt, sie erfolgen unter aktiver Beteiligung der Zelle. Bei O_2-Abwesenheit oder bei Gegenwart bestimmter Stoffwechselgifte unterbleibt eine Färbung.

Wie bereits erwähnt worden ist, können wir bei diesem Prozeß die Schritte der Aufnahme und der Speicherung noch nicht einwandfrei voneinander trennen.

Collander betrachtet den Vorgang mehr von seiten der Aufnahme und sieht in der Energielieferung für die Ionenaufnahme den Hauptfaktor, den der Stoffwechsel dazu beiträgt (Collander und Holmström 1937, Collander 1942). Drawert vermutet dagegen, daß der Stoffwechsel Substanzen liefert, die für die Speicherung der sulfosauren Farbstoffe wichtig sind (Drawert 1941 a, Drawert und Endlich 1956). Dabei wird es sich in erster Linie um Zwischenprodukte handeln, die nur während des Stoffwechselablaufes zur Verfügung stehen. Zum Unterschied von der passiven Aufnahme, die in kürzester Zeit erfolgen kann, benötigt die aktive eine längere Zeitspanne, ehe eine Färbung in der Zelle sichtbar wird.

Ansätze zur Klärung der hier vorliegenden Verhältnisse geben die Versuche von Schwantes (1961, 1965) mit verschiedenen Stoffwechselgiften sowie die von Fabbricotti-Oberrauch (1965 a, b) und Kinzel (1965) mit verschiedenen sulfosauren Farbstoffen, die sich unter anderem in ihrem Verhalten zu Wundrandzellen unterscheiden.

Nach den Befunden von Schwantes (1961, 1965) werden die vom Plasma gespeicherten anionischen Xanthenfarbstoffe durch andere Stoffwechselgifte gehemmt als die vom Zellsaft gespeicherten sulfosauren Farbstoffe (s. S. 417, Tab. 76).

Die Vakuolen der Wundrandzellen speichern intensiv kationische Farbstoffe (positiver Wundrandeffekt), während sie von sulfosauren Farbstoffen gar nicht oder nur sehr schwach gefärbt werden (negativer Wundrandeffekt; s. S. 392, Abb. 133 und 134). Nach den Untersuchungen von Fabbricotti-Oberrauch (1965 a, b) und Kinzel (1965) darf man das letzte aber nicht verallgemeinern, da unter den sulfosauren Farbstoffen z. B. Orange G im Unterschied etwa zu Cyanol von den Wundrandzellen gespeichert wird, also einen positiven Wundrandeffekt zeigt. Während in einer Stickstoffatmosphäre die Aufnahme von Cyanol durch Blumenblattzellen weitgehend unterdrückt ist, speichern alle Zellen Orange G, nur der positive Wundrandeffekt ist aufgehoben. Durch den Wundreiz wird die Atmung wahrscheinlich nicht nur erhöht, sondern es erfolgt auch eine qualitative Umstimmung des Atmungsstoffwechsels.

Auch bei der Färbung der Blumenblattepidermen von Rosaceen, Primulaceen u. a. tritt das unterschiedliche Verhalten dieser beiden sulfosauren Farbstoffe deutlich in Erscheinung. Neben der großen Zentralvakuole befinden sich bei diesen Objekten noch kleine Vakuolen im Cytoplasma. Cyanol färbt nur die kleinen Plasmavakuolen und Orange G nur die Zentralvakuole. Eine Doppelfärbung ist möglich, wenn das gebotene Farbstoffgemisch zehnmal mehr Cyanol als Orange G enthält. Eine Verschiebung des Konzentrationsverhältnisses zugunsten von Orange G unterdrückt die Aufnahme des Cyanol ganz. Es tritt eine kompetitive Hemmung auf.

Kinzel (1965) nimmt an, daß die Aufnahme zwei Reaktionsschritte umfaßt, und er stellt in Anlehnung an die Vorstellungen von Arisz (1960) folgendes Schema auf:

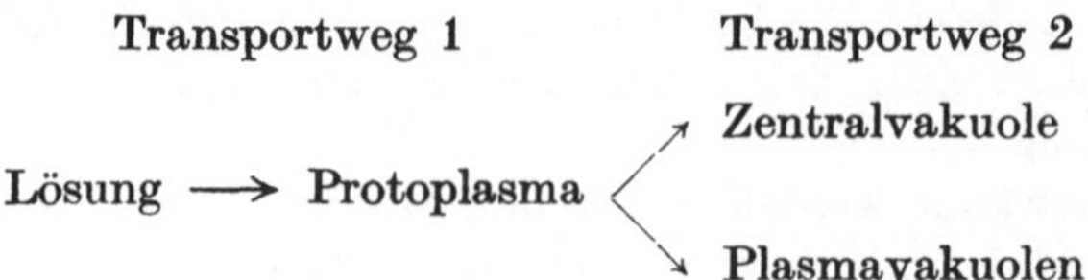

Für Cyanol und Orange G wäre der Transportweg 1 gemeinsam, und hier würde auch die kompetitive Hemmung stattfinden. Der Transportweg 2 unterscheidet sich dagegen für beide Farbstoffe. Es muß auch hier betont werden, daß es sich nicht nur um Unterschiede im Transportweg handeln kann, sondern daß auch Unterschiede in der Speicherung vorliegen müssen, denn es muß ja in den Vakuolen zu einer Farbstoffaufnahme über den Konzentrationsausgleich hinaus kommen, damit die Färbung wahrgenommen werden kann.

In der Praxis wird kaum einer der hier geschilderten Mechanismen der Vakuolenfärbung allein verwirklicht sein. Die verschiedenen Vorgänge werden ineinandergreifen. Zum Beispiel speichert eine Vakuole mit wenig Inhaltsstoffen und relativ saurem Zellsaft zuerst den aufgenommenen Farbstoff durch chemische Bindung oder adsorptiv an Zellsaftkolloide, und nach Absättigung dieser Möglichkeiten kann darüber hinaus noch eine Speicherung nach dem Ionenfallenprinzip stattfinden.

γ) Theorien der Cytoplasmafärbung

Eine Färbung des Cytoplasmas kann durch folgende drei Gegebenheiten zustande kommen (DRAWERT 1956 c): 1. Die Farbionen werden von der hydrophilen Eiweißkomponente oder von polaren Lipoiden des Plasmas adsorbiert. 2. Die Farbstoffe reagieren mit bestimmten Plasmabestandteilen chemisch, kationische Farbstoffe z. B. mit Nucleinsäuren. 3. Die Moleküle der Farbbasen oder Farbsäuren werden auf Grund ihrer Lipophilie in den lipoiden Komponenten des Plasmas angereichert.

Bei der Plasmafärbung der tierischen Zelle wird zwischen einer diffusen und einer granulären Farbstoffspeicherung unterschieden. Zu einem Vergleich mit der Plasmafärbung der Pflanzenzelle dürfen wir nur die Diffusfärbung heranziehen; denn nur diese wird mit den Farbstoffen erzielt, die auch bei der Pflanzenzelle das Cytoplasma färben. Die Granulafärber der tierischen Zelle werden von der Pflanzenzelle in erster Linie im Zellsaft gespeichert (DRAWERT 1948 b), und es fehlt nicht an Stimmen, die diese Granula auch mit Vakuolen vergleichen (z. B. PARAT 1928, LEPESCHKIN 1936, VON MÖLLENDORFF 1936). Die granuläre Färbung der tierischen Zelle scheint vor allem mit der Wasserbindungskapazität der Kolloide im Zusammenhang zu stehen (TAKAMI 1955). Nach GICKLHORN (1929 b) tritt bei Pflanzenzellen keine Granulafärbung im Plasma auf, weil die Vakuolen als Speicherungsort vorhanden sind. Die meristematische Pflanzenzelle zeigt dagegen entsprechend der tierischen Zelle mit Vakuolenfärbern eine granuläre Plasmafärbung (KEDROWSKY 1941, KAMNEV und ZAKIJAN 1955). Dabei dürfte es sich um Vakuolenprimordien handeln.

Im Gegensatz zur Zellsaftfärbung wird die Färbung des Plasmas einen stärkeren Eingriff in das Gefüge der Zelle bedeuten. Sie muß aber deshalb nicht unbedingt letal sein, wie es JOHANNES (1954) annimmt, gleichgültig ob eine Ionenadsorption oder eine Bindung von Farbstoffmolekülen an Plasmalipoide erfolgt. Interessanterweise wird auch von der tierischen Zelle die granuläre Plasmafärbung besser vertragen als die diffuse (RUMJANTZEW und KEDROWSKY 1926).

Nach STRUGGER (1947) müssen für eine vitale Plasmafärbung folgende fünf Voraussetzungen erfüllt sein: 1. Der Farbstoff muß leicht durch die Plasmagrenzschicht permeieren können. 2. Die Molekülgestalt des Farbstoffes muß den zur

Einlagerung zur Verfügung stehenden submikroskopischen Plasmastrukturen sterisch adäquat sein, so daß der betreffende Farbstoff auch in das Eiweißgerüst des lebenden Protoplasmas eingelagert werden kann. 3. Die Dissoziationseigenschaften des Farbstoffes müssen so liegen, daß eine elektroadsorptive Bindung des Farbstoffes an das Micellarsystem der Eiweißkörper möglich ist. 4. Der Farbstoff muß relativ ungiftig sein. 5. Die intraplasmatische Konzentration des Farbstoffes darf zur Vermeidung von Intoxikationen nicht zu hoch ansteigen, d. h., die optische Nachweisbarkeit des Farbstoffes muß bei sehr niedrigen Konzentrationen liegen.

Strugger vertritt damit die Ansicht, daß die Plasmafärbung in erster Linie auf einer Ionenadsorption beruht, jedenfalls die Färbungen mit K-Fluorescein (Strugger 1938 b), Acridinorange (Strugger 1941 a, b, 1942 a), Berberin, Primulin (Strugger 1942 a). Bei den Färbungen mit Auramin und Pyronin soll neben einer Ionenadsorption auch z. T. eine Lösung der Farbbasenmoleküle in Lipoiden vorliegen (Strugger 1941 a, 1943 b). Eine Ionenadsorption befürwortet vor allem Kölbel (1947, 1949), ein Schüler von Strugger, der selbst die Fluorochromierung des Plasmas mit Neutralrot, die von Strugger (1940 b) noch auf eine Lösung der Basenmoleküle in der lipoiden Phase zurückgeführt wird, als Ionenadsorption erklärt (Kölbel 1948) und den anderen Farbton des lebenden Plasmas gegenüber dem des toten für einen Konzentrationseffekt der Farbkationen hält.

Die Vorstellung der Plasmafärbung als Ionenadsorption geht auf Bethe (1922, 1950) zurück und wird auch von Albach (1928), Betz (1953) und zum Teil von Chadefaud (1933) vertreten. Diese Anschauung hat zur Voraussetzung, daß entweder die Farbionen intrameieren können (Bethe) oder, falls nur die Moleküle der Farbsäure oder Farbbase intrameieren, im Plasma eine Dissoziation stattfindet (Betz).

Eine mehr chemisch ausgerichtete Theorie der Plasmafärbung finden wir zuerst in der „Seitenkettentheorie" von Ehrlich, die Evans, Schulemann und Wilborn (1914) und Schulemann (1917) zurückweisen. Für eine chemische Bindung an Plasmakomponenten setzen sich ferner Růžička (1905 b), Zipf (1927) sowie Gilbert und Blum (1942) ein. Zum Teil wird nur für besondere Fälle eine chemische Bindung angenommen; so soll nach Höfler, Ziegler und Luhan (1956) die Uraninfluorochromierung nicht auf einer Elektroadsorption beruhen, wie Strugger (1938 b) vermutet, sondern auf einer Bindung an Stoffwechselprodukte im Sinne von Drawert (1941 a). Manche Rotalgen führen im Plasma bestimmte Speicherstoffe, die mit Nilblau reagieren und dann zu einer Tröpfchenfärbung führen (Höfler 1961). Auch die bei *Bryopsis* zu beobachtende Plasmafärbung mit Neutralrot, Brillantcresylblau und Acridinorange soll auf einer chemischen Bindung beruhen (Honsell 1962). Das Plasma enthält Substanzen, die eine besondere Affinität zu Coffein und kationischen Farbstoffen besitzen (Honsell 1961 b).

Mit der Kenntnis des Vorkommens von Ribonucleinsäure im Cytoplasma und der großen Affinität kationischer Farbstoffe zu Nucleinsäuren hat die chemische Theorie der vitalen Plasmafärbung, besonders im zoologischen Bereich, wieder an Boden gewonnen. Die Absorptions- und Fluorescenzspektren von Ascites-Zellen und weißen Blutkörperchen des Frosches nach einer Vitalfärbung mit Acridinorange zeigen eine gute Übereinstimmung mit den entsprechenden Spektren von Acridinorange/Nucleinsäurekomplexen *in vitro* (LOESER, WEST und SCHOENBERG 1960). Trypaflavin färbt in lebenden und toten Zellen nur DNS- und RNS-haltige Strukturen (STICH 1951 a), und die Orte höchsten RNS-Gehaltes zeigen auch die stärkste Acridinorangespeicherung (ZEIGER und HARDERS 1951, ZEIGER, HARDERS und MÜLLER 1951). Nach den letzten Autoren läßt sich aber Acridinorange im Gegensatz zu toten Zellen aus lebenden Zellen wieder auswaschen, so daß es doch fraglich erscheinen muß, ob die Färbung lebenden und toten Plasmas nach dem gleichen Mechanismus erfolgt, wie von den Vertretern der Nucleinsäuretheorie der Plasmafärbung meist angenommen wird. ENGHUSEN und ENGHUSEN (1961) sind der Meinung, daß die RNS nur für die Färbung fixierter Zellen von Bedeutung ist, aber nicht für lebende, in denen die Farbstoffe von Lipoiden adsorbiert werden sollen.

Nach HAFIEK und KOVÁCS (1964) erfolgt die granuläre Speicherung kationischer Farbstoffe im Plasma tierischer Zellen durch Bindung an RNS.

Die meisten der vorliegenden experimentellen Ergebnisse sprechen für eine Plasmafärbung durch Speicherung der lipophilen Farbbasen- und Farbsäurenmoleküle in der lipoiden Phase des Plasmas. Diese Auffassung wird von LEPESCHKIN (1913, 1935, 1936, 1950), METZNER (1924), BEUTNER und CAYWOOD (1929), BEUTNER, LOZNER und CAYWOOD (1931), MANSHEIM (1932), DRAWERT (1938 c u. f.), MONNÉ (1942 c), HOFMEISTER (1948), HÖFLER (1948 u. f.), SPEK (1951), BANCHER und HÖLZL (1963) und zum Teil auch von CHADEFAUD (1933) vertreten. Ebenso schließt sich STRUGGER in seinen ersten Arbeiten über Plasmafärbung dieser Ansicht an, so für die Färbung mit Rhodamin B (STRUGGER 1938 a), Neutralrot (STRUGGER 1940 b) und Benzoflavin (STRUGGER 1940 b).

Nach DRAWERT (1948, 1956 c) sprechen folgende Punkte für eine Speicherung der Farbstoffe in der lipoiden Phase des Plasmas und darüber hinaus für eine Abschirmung der meisten freien sauren und basischen Gruppen der das Plasma aufbauenden Proteine und Proteide durch Lipoide:

1. Eine Färbung des Plasmas ist im allgemeinen nur mit schwach dissoziierten Farbstoffen — unabhängig von ihrer Ladung — nur auf Grund ihrer Lipophilie möglich.

2. Der Farbton der vom Cytoplasma diffus gespeicherten kationischen Farbstoffe entspricht in den meisten Fällen dem Farbton der in apolaren Lipoiden gelösten Farbbase. Man darf aus diesem Farbton nicht auf eine alkalische Reaktion des Plasmas schließen. Das wäre nur möglich, wenn sich die Farbstoffe in der wässerigen Phase des Plasmas befänden und keine chromotropen Substanzen vorhanden wären.

3. Nicht nur der Farbton des Plasmas im sichtbaren Licht ist mit dem der in Lipoiden gelösten Farbbase identisch, sondern auch der Farbton der Fluorescenz, z. B. bei Acridinorange und besonders instruktiv bei Neutralrot. Das im Hellfeld nach einer Vitalfärbung mit Neutralrot farblose Cytoplasma zeigt im Blaulicht die Fluorescenz der in apolaren hydrophoben Medien gelösten Farbbase und nicht die einer wässerigen Farbbasenlösung (STRUGGER 1940 b, TOTH 1952, DRAWERT und METZNER 1956 a). Die Möglichkeit einer Reduktion des Neutralrotes im Plasma, die ebenfalls zu einer entsprechenden Fluorescenz führen würde, kann ausgeschlossen werden, da nach den bisherigen Erfahrungen die lebende Zelle,

selbst bei O_2-Mangel, im allgemeinen nicht in der Lage ist, Neutralrot zu reduzieren. Die Annahme von Kölbel (1948), daß die Plasmafluorescenz auf einer Adsorption von Neutralrotkationen beruht, kann nicht zutreffen, da eine Alkalinisierung des Plasmas mit NH_4OH keine Löschung der Fluorescenz, sondern im Gegenteil eine Verstärkung derselben bedingt (Drawert und Metzner 1956 a).

4. Mit stärker dissoziierten Farbstoffen konnte bisher im Hellfeld nie eine vitale Cytoplasmafärbung beobachtet werden, die aber, vor allem nach den Vorstellungen von Bethe, zu erwarten wäre. Selbst für den Fall, daß nur die lipophilen Farbbasen- oder Farbsäurenmoleküle intrameieren können, müßte bei einer günstigen Lage des pH-Wertes der Außenlösung und vor allem der wässerigen Phase des Plasmas bei dem Vorhandensein freier saurer und basischer Gruppen im Plasma eine Färbung erwartet werden. Das lebende Cytoplasma bleibt aber im Gegensatz zum reaktionsfähigen toten bei der Benutzung stärker dissoziierter Farbstoffe immer farblos bzw. zeigt nie den Farbton des Farbsalzes oder den der Farbionen.

5. Die nach der Ionen-Adsorptionshypothese zu erwartende Anfärbung des Plasmas tritt beim Absterben der Zelle als postvitale Erscheinung auf, die man an Zellen mit einer Vakuolenkontraktion gut beobachten kann. Erst beim Absterben werden die von Lepeschkin und Drawert für das lebende Plasma postulierten Eiweiß-Lipoidkomplexe, vielleicht auch RNS-Lipoidverbindungen, gelöst, das Cytoplasma wird labil und nach außen reaktionsfähig, es färbt sich im Tone des Farbsalzes. Diesen Vorgang kann man sehr gut an Zellen mit leerem Zellsaft beobachten, die mit Neutralrot vital gefärbt sind und eine Vakuolenkontraktion aufweisen. Zunächst zeigt das im Hellfeld völlig farblose Plasma in den Zellzwickeln die Fluorescenz der in apolaren Lipoiden gelösten Neutralrotbase. Nach längerer Farbstoffeinwirkung macht sich die Giftwirkung des Neutralrots bemerkbar, und die Zellen sterben allmählich ab. Mit dem Absterbeprozeß beginnt sich das Plasma im Farbton des Farbsalzes netzartig zu färben (Abb. 165).

Die Zunahme der Färbbarkeit des Plasmas mit dem Absterben wird immer wieder betont (Devaux 1930), aber auf ganz verschiedene Ursachen zurückgeführt. Nach Kölbel (1949) soll das höhere Speicherungsvermögen des toten Plasmas für kationische Farbstoffe auf einer Verschiebung des IEP zur sauren Seite beim Absterben beruhen. Goldacre (1952) nimmt eine Erhöhung der Permeabilität (Intrabilität!) an. Die Autorin übersieht dabei, daß eine Erhöhung der Permeabilität nicht eine Vergrößerung des Speicherungsvermögens zur Folge haben kann. Eher könnte man den von Goldacre für den Farbstofftransport postulierten Mechanismus der Faltung und Entfaltung der Proteinmoleküle zur Erklärung heranziehen, wenn man annimmt, daß der Absterbeprozeß mit einer irreversiblen Entfaltung gekoppelt ist, wodurch mehr reaktionsfähige Seitengruppen frei werden. Gegen die erste Annahme von Goldacre spricht genauso wie gegen die Vorstellung von Kölbel, daß der Absterbeprozeß bei vielen Farbstoffen in der geschilderten Weise mit einer Farbtonänderung verbunden ist.

Bei der Speicherung der Farbstoffe in der lipoiden Phase kann es sich um eine Lösung in apolaren Lipoiden handeln, um eine Anreicherung nach dem Henryschen Verteilungssatz oder auch um eine Adsorption an polare Lipoide. Der erste Fall wäre zu erwarten, wenn sich Lipoid- und Eiweiß- (Nucleinsäure-) Komponenten gegenseitig völlig abschirmen. Der zweite Fall würde eintreten, wenn es zu einer leichten Trennung kommt oder im Plasma apolare Lipoide frei existieren. Bereits die Färbung als solche kann schon zu einer leichten Trennung der Partner führen, noch ehe die oben beschriebene Desorganisation eintritt. In welchem Grade solche Erscheinungen eine Rolle spielen, wird von der Giftigkeit des benutzten Farbstoffes abhängen.

Eine Speicherung nach dem Verteilungssatz wird durch eine sehr leichte Auswaschbarkeit des Farbstoffes gekennzeichnet sein, wie es z. B. für die Färbung mit Rhodamin B zutrifft.

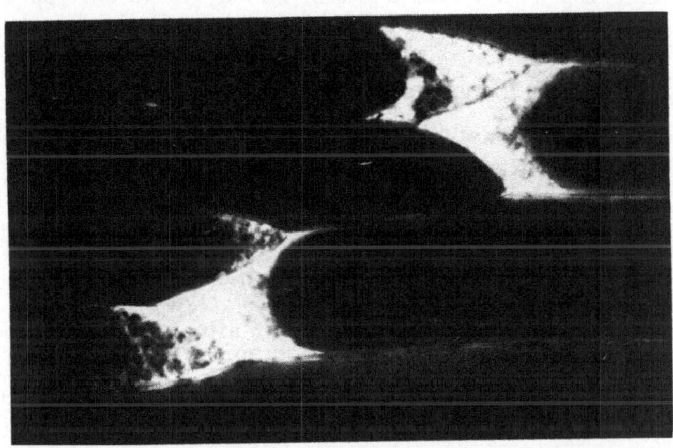

Abb. 168. Oberepidermis eines Schuppenblattes von *Allium cepa* nach 24 Stdn. Aufenthalt in einer Neutralrotlösung 1:10000 in Leitungswasser. Die Vakuolen sind sehr intensiv gefärbt, ebenso zeigen die Zellwände eine Färbung. Das in den Zellecken systrophisch zusammengezogene Cytoplasma (Vakuolenkontraktion) beginnt, als erstes Anzeichen einer Schädigung, sich zu färben. (Nach Drawert 1948 b.)

Zur Klärung der hier vorliegenden Verhältnisse können uns spektrophotometrische Messungen weiterhelfen. Aus den Fluorescenz- und Absorptionsspektren gefärbter Paramaecien schließt Metzner (1924), daß die Farbstoffe in der Zelle an Phosphatide gebunden sind. Nach Spek (1951) zeigt mit Safranin gefärbtes lebendes tierisches Plasma immer das Spektrum einer Safraninlösung in Phosphatiden; erst bei einer Schädigung der Zellen treten auch die Banden der wässerigen Lösung auf. Leider fehlen in diesen Untersuchungen die Vergleiche mit den Spektren in apolaren hydrophoben Medien. Bei den polaren Phosphatiden kann es sich sowohl um eine Lösung der Farbstoffe als auch um eine Bindung an die polaren Gruppen handeln. Auf alle Fälle zeigen die Ergebnisse an, daß die Farbstoffe in einer lipoiden Phase des Plasmas lokalisiert sein müssen.

Eine Bindung an polare Lipoide nimmt Drawert (1960 a) für die Plasmafluorochromierung mit Fluoresceinen an. Gequollenes Plasma fluoresciert besonders intensiv (Döring 1935, Höfler, Ziegler und Luhan 1956), da hier wahrscheinlich bereits eine leichte Trennung von Lipoid- und Eiweißkomponenten eingetreten ist. Eine Ausnahme davon macht das bei der Aggregation in *Drosera*-Tentakeln auftretende gequollene Plasma, das kein Uranin speichert. Burian und Höfler (1966) nehmen an, daß es in diesem Fall noch zu keiner Trennung der Plasmaphasen gekommen ist, so daß keine Bindungsmöglichkeiten für den Farbstoff gegeben sind. Im Ausschüttelversuch mit Fluoresceinen *in vitro* fluoresciert die hydrophobe Phase nur dann intensiv, wenn sie polare Lipoide enthält

(Scharf 1956, Drawert 1960 a). Honsell (1961 c, 1965) schließt aus Fluorescenz-spektren der mit Fluoresceinen gefärbten lebenden Oberepidermiszellen der Schuppenblätter von *Allium cepa*, daß sowohl normales Cytoplasma als auch der Zellkern die Fluoresceine als bivalente Anionen in einer hydrophilen Phase speichern. Es ist aber nicht unwahrscheinlich, daß die Anionen sich mit zelleigenen Stoffen verbinden, die freie basische Gruppen besitzen. Plasma, in dem vermutlich durch den Schnittreiz Lipoproteidkomplexe gelockert worden sind, so daß basische Gruppen polarer Lipoide reaktionsfähig werden können, zeigt nach Färbung mit Fluorescein ein Fluorescenzspektrum, das dem sehr ähnelt, das *in vitro* bei einer Lösung des Fluorochroms in Chloroform + 2 n-Amylamin auftritt.

δ) Theorien der Kernfärbung

Zunächst ist auffallend, daß die meisten Farbstoffe, die das Cytoplasma diffus vital färben, auch vom Kern gespeichert werden. Diese Tatsache scheint dafür zu sprechen, daß bei der vitalen Färbung des Kernes wie beim Plasma den Lipoiden eine besondere Bedeutung zukommt oder umgekehrt die Nucleinsäuren auch bei der Cytoplasmafärbung eine Rolle spielen.

De Bruyn, Farr, Banks und Morthland (1953) schreiben: "It is well known that the cell nucleus can be stained only after the cell has been killed by fixation or other means and that staining the nucleus of the living and undamaged cell is generally not possible." Die Autoren vermuten, daß das Ausbleiben einer Vitalfärbung darauf beruht, daß die Nucleinsäuren im lebenden Zellkern durch basische Gruppen der Proteine für kationische Farbstoffe blockiert sind. Fischer (1939) nimmt dagegen an, daß die Kerne lebender Zellen sich nicht färben, weil die Kernkolloide ungeschädigter Zellen zu stark hydratisiert sind und infolgedessen kationische Farbstoffe nicht zu adsorbieren vermögen.

Andere Autoren halten aber eine Vitalfärbung des Zellkernes für möglich, nur gehen die Ansichten über den Mechanismus stark auseinander.

Während nach Gicklhorn (1930 a) und Keller (1931) nur anionische Farbstoffe, die zum negativen (?) Pol (vgl. S. 559) wandern, in der Lage sein sollen, den Kern vital zu färben, werden nach Beutner, Caywood und Mitarb. (1929, 1930, 1931) nur Farbstoffe vom Kern vital gespeichert, die in Lipoiden mit sauren Gruppen löslich sind, das sind aber kationische Farbstoffe. Strugger (1932) gibt an, daß sich das Caryotin mit kationischen Farbstoffen färbt, weil es positiv geladen ist, und die Caryolymphe mit anionischen, weil sie negative Ladung trägt. Später korrigiert Strugger (1939 a) seine zuerst durch die Vorstellung von Keller (s. S. 559) beeinflußte Begründung und führt aus, daß sich das Caryotin unterhalb seines IEP mit dem anionischen K-Fluorescein und oberhalb mit dem kationischen Berberinsulfat färbt. Bei der Speicherung von Pyronin, Acridinorange und anderen kationischen Farbstoffen soll eine Kationenadsorption am Kerneiweiß vorliegen, bei der Färbung der Kernhülle dagegen eine Lösung der Farbbase in Lipoiden (Strugger 1940 b, 1941 a, b). Nach Kelley (1939) hängt die vitale Färbbarkeit des Kernes allein vom Gehalt an Nucleinsäure ab und nicht vom IEP des Nucleoproteids. Von Möllendorff (1918 b) vermutet eine Lösung des Farbstoffes in schwacher Konzentration im Kernsaft, d. h. eine einfache diffuse Durchtränkung. Gegen diese Vorstellung kann man aber einwenden, daß der Farbstoff ohne Speicherung im Kern gar nicht zu sehen wäre. Die Kernfärbungen bei *Biddulphia titiana* und *Rhizosolenia styliformis* mit Acridinorange und Rhodamin B beruhen nach HÖFLER und HÖFLER (1965) auf einer Speicherung in der lipoiden Phase. Da die Kernfärbung beim Zellentod rasch ausbleicht, kann keine Bindung an Caryotin vorliegen. Die Grünfluorescenz der meisten lebenden Zellkerne mit Acridinorange wird von HÖFLER, TOTH und LUHAN (1949) entgegen der Ansicht von STRUGGER nicht auf eine Kationenadsorption, sondern auf eine chemische Bindung zurückgeführt; erst die Rotfluorescenz toter Zellkerne ist die Folge einer Kationenadsorption. Eine Bindung an Nucleinsäuren wird bereits von KIESEL (1930) angenommen und von STICH (1951 a) für Trypaflavin bestätigt. Nach ROBBINS (1960) soll Proflavin als Molekül intrameieren, im Plasma dissoziieren und sich dann mit der Nucleinsäure des Kernes verbinden.

An der Möglichkeit einer — natürlich immer in relativem Sinn — vitalen Kernfärbung mit einigen anionischen und kationischen Farbstoffen kann heute nicht mehr gezweifelt werden. Zum Beispiel färbt der amphotere Farbstoff Coelestinblau den Kern, und nach längerer Farbstoffeinwirkung kommt es im Kern sogar zu intensiv gefärbten Entmischungen. Bei O_2-Mangel wird das vom Kern gespeicherte Coelestinblau zur Leukoform reduziert und in diesem Zustand in die Vakuole verlagert. Der Kern läßt keine Schädigungen nach diesem Vorgang erkennen (DRAWERT 1954 a).

In neuerer Zeit neigt man dazu, den Nucleinsäuren für die Vitalfärbung des Kernes eine besondere Bedeutung zuzuschreiben. Für diese Vorstellung spricht vor allem die mutagene Wirkung mancher Farbstoffe, besonders aus der Acridingruppe. Andererseits kann die Kernfärbung nicht auf nur einen Mechanismus zurückgeführt werden, denn bei der Färbung mit anionischen Farbstoffen dürften die Nucleinsäuren keine Rolle spielen, wahrscheinlich auch nicht bei der oben beschriebenen Speicherung des amphoteren Coelestinblaus.

Auffallend ist die Tatsache, daß es sich bei den anionischen Kernfärbern vorwiegend um schwach dissoziierte Verbindungen lipophiler Farbsäuren handelt, so daß ähnlich der Cytoplasmafärbung mit einer Speicherung in lipoiden Phasen des Kernes zu rechnen ist. Es besteht die Hoffnung, daß die Mikrospektralphotometrie auch in dieser Frage zur Klärung beitragen wird.

ε) Theorien der Plastidenfärbung

Die wenigen bisher vorliegenden Vitalfärbungen an Plastiden haben noch zu keiner Auseinandersetzung über den Mechanismus des Färbeablaufes geführt. Bei den Farbstoffen, die zu einer wirklich vitalen Färbung der Plastiden befähigt sind, wie Rhodamin B und Coelestinblau, handelt es sich um stark lipophile Verbindungen, so daß man allgemein dazu neigt, eine Lösung in den Lipoiden der Plastiden nach dem Henryschen Verteilungssatz anzunehmen. Dafür spricht die leichte Auswaschbarkeit derartiger Plastidenfärbungen (STRUGGER 1937 a, c, DRAWERT 1954 a) und Coelestinblau verläßt die Plastiden, sobald es durch Reduktion in eine hydrophilere Form übergeführt wird. Eine festere Bindung kann demnach nicht erfolgt sein.

Anders scheinen die Verhältnisse bei der Färbung der Plastiden mit Neutralrot zu liegen, die aber nicht mehr als voll vital bezeichnet werden kann. Hier dürfte die Schädigung beim Eintreten der Färbung schon so weit fortgeschritten sein, daß bereits eine teilweise Sprengung der Lipoproteidkomplexe der Plastiden eingetreten ist und der Farbstoff adsorptiv von der Eiweißkomponente gebunden wird.

Unklar ist auch die Plastidenfärbung mit dem im physiologischen pH-Bereich anionisch reagierenden, amphoteren Fluorescein. Drawert (1960 a) vermutet, daß der Stärkegehalt der Plastiden eine Voraussetzung für die Fluorochromierung ist und daß eine mit polaren Lipoiden ausgestattete Grenzschicht zwischen Stärkekorn und Plastidenmatrix das Fluorochrom speichert.

Außer den hier diskutierten Mechanismen der Plastidenfärbung, wie Verteilung nach dem Henryschen Verteilungssatz auf Grund der Lipophilie oder Adsorption an Eiweiße bzw. polare Lipoide, müssen die zur Plastidenfärbung befähigten Farbstoffe noch eine besondere Affinität zu irgendeiner speziellen Komponente der Plastiden besitzen, denn die diskutierten Mechanismen sind so allgemeiner und unspezifischer Natur, daß man sich fragen muß, weshalb nicht mehr Farbstoffe zu einer Plastidenfärbung befähigt sind. Oder es muß, etwa bei der Färbung nach dem Verteilungssatz, ein ganz bestimmter Lipophiliegrad vorliegen, den nur das Rhodamin B besitzt, damit der Farbstoff außer im Plasma auch in den Grana der Plastiden gespeichert wird. Auffallend ist ferner, daß die in den Grana gespeicherten Farbstoffe, wie Rhodamin B, Coelestinblau und Prune pure, außer durch eine relativ hohe Lipophilie durch einen amphoteren Charakter ausgezeichnet sind. Im physiologischen pH-Bereich liegen diese Farbstoffe also kaum als Moleküle einer freien Farbbase oder Farbsäure vor, sondern in einem elektroneutralen Zustand, der durch eine innere Salzbindung verursacht wird.

η) Theorien der Chondriosomenfärbung

Das zuletzt für die Plastidenfärbung Gesagte gilt auch für die Chondriosomenfärbung. Nach Monné (1942 c) sollen sich zwar die Chondriosomen in der tierischen Zelle entweder zusammen mit dem Grundplasma mit lipoidlöslichen Farbstoffen auf dem Lösungsweg oder elektiv mit nichtlipoidlöslichen Farbstoffen durch Adsorption an die Eiweißphase färben. Auch hier muß man sich die Frage vorlegen: Wenn nur diese beiden Mechanismen für die Färbung verantwortlich sind, weshalb sind nur einige wenige Farbstoffe in der Lage, die Chondriosomen zu färben, und selbst mit diesen wenigen ist nicht immer eine Färbung zu erzielen. Alle Chondriosomenfärbungen werden in der Literatur als sehr „launenhaft" bezeichnet, d. h., sie sind in hohem Grade von dem physiologischen Zustand der Zelle abhängig. So ist es verständlich, wenn für die Färbung der Chondriosomen recht unterschiedliche Hypothesen aufgestellt worden sind.

Die Vitalfärbung mit Rhodamin B führen Strugger (1938 a), Johannes (1941) und Perner (1952 c) auf eine Lösung des Farbstoffes in den Lipoiden der Chondriosomen zurück.

Die für die Unterscheidung von anderen Organellen und Einschlüssen so wichtige Färbung mit Janusgrün B wird auf die verschiedenste Art und Weise gedeutet, aber alle Auslegungen fußen auf der Anwesenheit von Fermenten in den Chondriosomen, die für die Spezifität der Janusgrün-B-Färbung verantwortlich gemacht werden. Nach Marston (1923) bilden proteolytische Enzyme mit Safraninen Niederschläge und sollen trotzdem ihre Aktivität beibehalten. Die Janusgrün-B-Färbung beruht nach dieser Hypothese auf einer Bindung der in den Chondriosomen lokalisierten proteolytischen Enzyme an den Azin-Stickstoff des

Farbstoffes. Eine Verbindung von Janusgrün B mit Cholinesterase nehmen ZACKS und WELSH (1951) als Voraussetzung für die Vitalfärbung der Chondriosomen an, und BRENNER (1953) macht den Basizitätsgrad eines Farbstoffes für sein Vitalfärbungsvermögen gegenüber Chondriosomen verantwortlich. Je basischer ein Farbstoff in der Phenosafraninreihe ist, desto geringer ist die zur Vitalfärbung erforderliche Konzentration. Nach SHOWACRE und DU BUY (1955) beruht die Färbung auf einer Adsorption des Farbstoffes an bestimmte „Loci" in den Chondriosomen; diese enthalten Dehydrogenasen des Krebs-Cyclus, die das Janusgrün B reduzieren, und Oxydasen, die den Farbstoff bei O_2-Anwesenheit schnell oxydieren.

Auf die Anwesenheit von Oxydasen in den Chondriosomen stützt sich auch die Hypothese von LAZAROW, COOPERSTEIN und PATTERSON (1949, COOPERSTEIN und LAZAROW 1953, LAZAROW und COOPERSTEIN 1953 a, b), die bis jetzt wohl die meiste Anerkennung gefunden hat. Die Autoren sind der Meinung, daß alle lebenden Teile der Zelle befähigt sind, Janusgrün B zu binden und zu reduzieren. Da die Chondriosomen der Sitz des Cytochromoxydasesystems sind, bleibt der Farbstoff bei genügender O_2-Zufuhr in den Chondriosomen in der oxydierten Form erhalten und bedingt so, gekoppelt mit der Bildung einer unlöslichen Verbindung, die elektive Färbung. Ohne Zweifel hängt die vorübergehende Färbung der Chondriosomen mit ihrem Gehalt an Cytochromoxydase zusammen (EPHRUSSI und SLONIMSKI 1955); denn die Chondriosomen atmungsdefekter Hefemutanten lassen sich nicht mit Janusgrün B färben (YOTSUYANAGI 1955, BAUTZ 1955 c, KÄRBER 1958). Die zweite Annahme von LAZAROW und COOPERSTEIN, daß auch die anderen Zellbestandteile den Farbstoff aufnehmen, ihn aber so schnell reduzieren, daß es zu keiner sichtbaren Färbung kommt, kann jedoch nicht zutreffen. Dagegen spricht die Rotfärbung von Kern und Plasma nach einem Deckglasabschluß. Die blaue oxydierte Form wird bei O_2-Mangel zunächst zur roten Stufe reduziert, die sich vorübergehend sowohl im Kern als auch im Plasma, dann aber vorwiegend in der Vakuole anreichert. Darauf erfolgt die Reduktion zur stark lipophilen Leukoform, die nach DRAWERT (1953) grünlich fluoresciert und elektiv die Sphärosomen fluorochromiert. Würde die Vorstellung von LAZAROW und COOPERSTEIN zutreffen, dann dürften sich Kern, Plasma und Zellsaft nicht erst nach einem Deckglasabschluß rot färben, und außerdem müßten alle Zellbestandteile außer den Chondriosomen von vornherein fluorescieren. Das ist aber nicht der Fall (DRAWERT 1953). Die Fluorochromierung der Sphärosomen ist eine sekundäre Erscheinung. Die an anderer Stelle durch Reduktion entstandene Leukoform wird auf Grund ihrer starken Lipophilie in den Sphärosomen gespeichert.

Der Cytochromoxydase und der Gegenwart von O_2 scheinen auch bei der Fluorochromierung der Chondriosomen mit Berberinsulfat (DRAWERT 1953) und bei der Leukobrillantcresylblaufärbung nach TARAO (1964) eine Bedeutung zuzukommen. Beide Faktoren können aber keine Rolle bei der Färbung mit Rhodamin B, Tetracyclin und Pinacyanol spielen. Die Fluorochromierung der Chondriosomen mit Tetracyclin führen DU BUY, RILEY und SHOWACRE (1964) darauf zurück, daß nur Plasmalemma und Chondriosomenmembranen für das Antibioticum permeabel, Kernhülle und Tonoplast dagegen impermeabel sind. Wenn nur die Permeabilitätseigenschaften für die Färbung ausschlaggebend sind, fragt es sich, weshalb dann nicht das Cytoplasma als Ganzes fluoresciert. DRA-

Wert und Rüffer-Bock (1964) schließen aus Modellversuchen, daß Tetracyclin nur fluoresciert, wenn es an innerplasmatische Membranen adsorbiert vorliegt. Für diese Auffassung spricht die Tatsache, daß sich außer den Chondriosomen noch das Endoplasmatische Reticulum, die Dictyosomen, die Kernhülle und die Peripherie der Leukoplasten fluorochromieren lassen. Bei der Färbung mit Pinacyanol muß noch ein anderer Mechanismus vorliegen, da die damit gefärbten Chondriosomen nicht fluorescieren, was aber bei einer Adsorption an innerplasmatischen Membranen der Fall sein müßte, wie aus Modellversuchen zu schließen ist (Drawert 1966).

Auf den Gehalt der Chondriosomen an Cytochromoxydase und Dehydrogenasen wird auch die Färbung derselben mit Indophenolblau bei der Nadi-Reaktion und mit Formazan bei den verschiedenen Tetrazoliumreaktionen zurückgeführt. Einmal ist es aber sehr zweifelhaft, ob es sich bei den mit diesen Reaktionsprodukten gefärbten Zelleinschlüssen wirklich immer um Chondriosomen handelt (vgl. S. 474), und zweitens wird bei diesen Reaktionen häufig nicht beachtet, daß die Lokalisationsorte der Reaktionsprodukte nicht unbedingt mit den Reaktionsorten übereinstimmen müssen.

Wie die Kernfärbung ist auch die Chondriosomenfärbung bisher noch recht undurchsichtig. Auf alle Fälle müssen wir mit mehreren Mechanismen rechnen.

ι) Theorien der Sphärosomenfärbung

Alle bisherigen Erfahrungen sprechen dafür, daß die Sphärosomenfärbung auf einer Anreicherung lipophiler Farbstoffe in der lipoiden Phase der Sphärosomen beruht. Die Sphärosomen scheinen der lipoidreichste Zellbestandteil zu sein, und wenn bei Reduktions- oder Oxydationsprozessen eine sehr lipophile Form eines Farbstoffes entsteht, finden wir sie in den Sphärosomen lokalisiert. Dies trifft auch für die Nadi- und die Tetrazolium-Reaktionen zu. Aus diesem Grunde hat man wahrscheinlich häufig Sphärosomen als Chondriosomen angesprochen, da man den Lokalisationsort von Indophenolblau und Formazanen dem Reaktionsort gleichsetzte.

Perner (1952 c, 1953, 1958) hat aus der Färbung der Sphärosomen mit Indophenolblau bei der Nadi-Reaktion auf die Anwesenheit von Cytochrom-Oxydase in diesen Zelleinschlüssen geschlossen. Die letzte Ansicht wird von Drawert (1953), Drawert und Mix (1962 b), Sorokin (1955 a) und Yamagishi (1962 a, 1963 b) nicht geteilt. Nach Drawert sind die Sphärosomen (Mikrosomen) sehr wahrscheinlich ergastische Gebilde, die vorwiegend aus Lipoiden bestehen. Es soll allerdings nicht verschwiegen werden, daß auch Wałek-Czernecka (1962, 1963) sowie Olszewska und Gabara (1964) auf Grund vorwiegend cytochemischer Farbreaktionen in den Sphärosomen Fermentträger sehen, die vor allem unspezifische Esterasen, Lipasen, saure und alkalische Phosphatasen, Arylsulfatase, saure Desoxyribonuclease und β-Glucuronidase enthalten sollen. Holcomb, Hildebrandt und Evert (1965) schließen aus dem positiven Ausfall der Gomori-Reaktion ebenfalls auf die Anwesenheit saurer Phosphatase, und nach Balz (1966) sind die Sphärosomen pflanzliche Äquivalente der tierischen Lysosomen und enthalten Proteasen, Ribonucleasen, Esterasen und Phosphatasen. Diese Ansichten kann ich nicht teilen.

Berberinsulfat soll nach STRUGGER (1939 a) und DRAWERT (1953) in der Lipoidphase der Sphärosomen gelöst sein, ebenso Nilrot und die reduzierte Leukoform des Nilblaus (DRAWERT 1952 c, 1953, GUTZ 1956). Dasselbe trifft auch für andere Oxazinfarbstoffe zu (MOURAVIEF 1958, MIX 1959). Nach Extraktion der Lipoide mit Äther/Alkohol lassen sich mit Nilblau und Benzpyren keine Sphärosomen mehr nachweisen (HOLCOMB, HILDEBRANDT und EVERT 1965). Bei der sehr intensiven Fluorescenz der Sphärosomen mit einer Reihe von Farbstoffen erscheint es allerdings fraglich, ob wirklich eine Lösung in Lipoiden vorliegt. Es ist eher eine Anreicherung der Farbstoffe an der Grenzfläche Sphärosom/Plasma durch Adsorption anzunehmen (DRAWERT 1956 c, MIX 1959). Eine dadurch bedingte Ausrichtung der Moleküle würde zur Fluorescenzverstärkung beitragen.

c) Allgemeine Schlußfolgerungen unter besonderer Berücksichtigung des Einflusses der cH

Rückblickend wollen wir zu klären versuchen, welche der vielen theoretischen Möglichkeiten den experimentell gewonnenen Ergebnissen der Vitalfärbung am meisten gerecht werden. Zur Prüfung dieser Frage soll der Einfluß der cH des Außenmediums auf die Farbstoffverteilung zwischen Zellwand, Plasma und Vakuole in Abhängigkeit von der cH des Zellsaftes und dem Gehalt der Vakuole an Speicherstoffen in den Mittelpunkt unserer Betrachtungen gestellt werden. Die speziellen Fälle der vitalen Kern-, Plastiden-, Chondriosomen- und Sphärosomenfärbung sind noch zu undurchsichtig und sollen deshalb nicht berücksichtigt werden.

Das vorliegende Tatsachenmaterial spricht dafür, daß sowohl die kationischen als auch die anionischen Farbstoffe nur in Form elektrisch neutraler Moleküle, vorwiegend der freien Farbbase oder Farbsäure, intrameieren und permeieren, d. h., die Aufnahme der schwachen Elektrolyte unter den Farbstoffen erfolgt, von der Zelle aus gesehen, passiv auf dem Wege der Diffusion. Völlig dissoziierte Salze, wozu vor allem viele sulfosaure Farbstoffe gehören, können auf diesem Wege nicht aufgenommen werden, da Ionen weder intrameieren noch permeieren. Die Ionen-Aufnahme stellt, von der Zelle aus gesehen, einen aktiven Vorgang dar, d. h., er geht unter Mitbeteiligung des Stoffwechsels vor sich und ist, verglichen mit der Aufnahme der schwachen Elektrolyte, von der cH des Außenmediums relativ unabhängig. Da dieser Vorgang noch schwer durchschaubar ist, soll er hier ebenfalls ausgeklammert werden.

Aus der Erkenntnis, daß auf dem Diffusionsweg nur die Moleküle das Plasma und seine Grenzflächen passieren können, ergibt sich der große Einfluß des Dissoziationsgrades der Farbstoffe auf die Aufnahme in die Zelle und daraus auch der Einfluß der cH auf diesen Vorgang. Die Stärke der elektrolytischen und hydrolytischen Dissoziation ist von der Dissoziationskonstante des benutzten Farbstoffes und von der cH abhängig. Da bei den kationischen Farbstoffen die Moleküle der Farbbase bei niedriger cH in Freiheit gesetzt werden, fördert ein hoher pH-Wert der Außenlösung die Aufnahme in das Zellinnere. Ein niedriger pH-Wert verhindert eine Aufnahme, da die Farbstoffe bei hoher cH völlig dissoziiert sind (Abb. 169, Beispiel a—c/I). Bei den anionischen Farbstoffen liegen die Verhältnisse umgekehrt, hier fördert ein niedriger pH-Wert die Aufnahme in die Zelle.

Die Diffusion der Moleküle erfolgt auf Grund ihrer Lipophilie durch das Plasma und seine Grenzflächen auf dem Lösungsweg in der lipoiden Phase des Plasmas. Bei den gewöhnlich benutzten Farbstoffkonzentrationen kann es zu keiner sichtbaren Färbung des Plasmas kommen, wenn der Farbstoff nicht gespeichert wird. Das Plasma kann sich folglich auf diesem Wege nur mit Farbstoffen färben, deren Verteilungskoeffizient zwischen einer hydrophoben und einer hydrophilen Phase stark zugunsten der ersten verschoben ist. Auf Grund seiner Lipophilie reichert sich der Farbstoff im Plasma an, da er in größerer Menge nicht

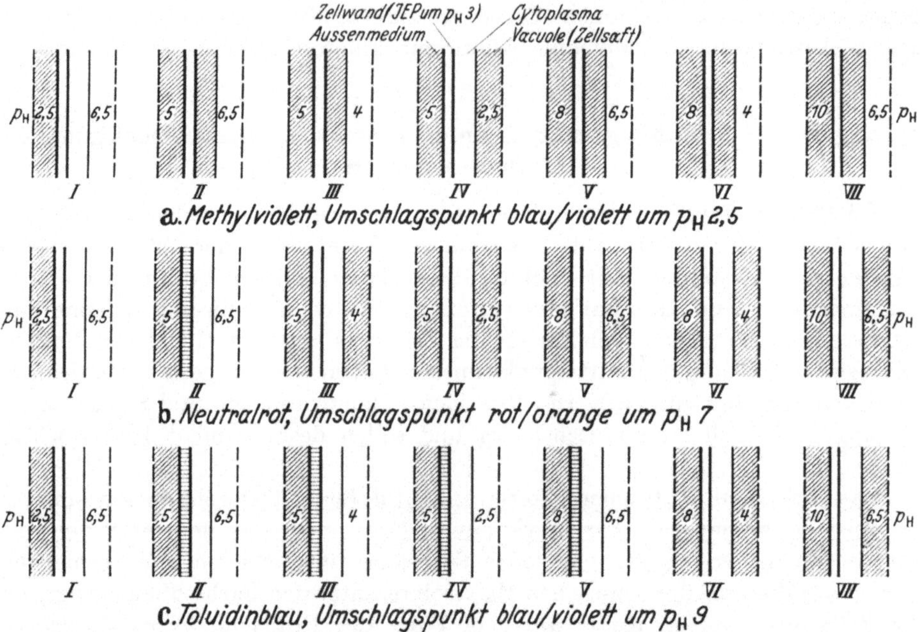

Abb. 169. Schematische Darstellung der Farbstoffverteilung in einer Zelle, die arm an Speicherstoffen ist (Vakuole mit „leerem" Zellsaft), in Abhängigkeit von den pH-Werten des Außenmediums und des Zellsaftes für die kationischen Farbstoffe *a* Methylviolett, *b* Neutralrot, *c* Toluidinblau. (Nach Drawert 1948 b.)

in die hydrophile Vakuole übertreten kann, so daß es zu einer Gleichgewichtseinstellung zwischen hydrophilem Außenmedium, lipoidem Plasma und hydrophilem Zellsaft kommt, bei der sich der Hauptanteil des Farbstoffes im Plasma befindet. Dieser Fall wird unter folgenden Voraussetzungen verwirklicht sein: bei kationischen Farbstoffen mit einer Dissoziationskonstante der Farbbase um 10^{-9} in nicht zu stark saurer Lösung und bei Zellen mit leerem und nur schwach saurem bis alkalischem Zellsaft (Abb. 169, Beispiel a/II, III, V—VII) sowie bei anionischen Farbstoffen mit entsprechender Dissoziationskonstante der Farbsäure in stark saurer Lösung und bei Zellen mit schwach bis stark saurem Zellsaft.

Aus diesem Beispiel geht hervor, daß für bestimmte Fälle der Einwand gegen die Lipoidtheorie, daß die Lipoidlöslichkeit für die Speicherung von viel größerer Bedeutung ist als für die Permeabilität, bis zu einem gewissen Grade seine Berechtigung hat. Damit es zu einer Färbung der Vakuole kommt, muß der Farbstoff dem Plasma vom Zellsaft entrissen werden. Das kann über die Dissoziation des Farbstoffes im Zellsaft geschehen. Ist der Zellsaft stark sauer, dann wird ein durch den Tonoplasten austretendes Farbbasenmolekül in der Vakuole sofort dissoziiert. Nach dem Massenwirkungsgesetz wird ein weiteres Molekül aus dem Plasma folgen, das demselben Schicksal unterliegt. Durch die Abnahme der Farbbasenmoleküle im Plasma müssen neue aus der Außenlösung in das Plasma übertreten; das hat nach dem Massenwirkungsgesetz zur Folge, daß sich in der Außenlösung neue Farbbasenmoleküle bilden und so die Konzentration an Farbkationen abnimmt. Da die im Zellsaft entstehenden Farbkationen nicht exosmieren können, kommt es zu einer Farbstoffanreicherung in der Vakuole nach dem Ionenfallenprinzip (Abb. 169, Beispiel a/IV).

In diesem Fall erfolgt eine Permeation des Farbstoffes auf Grund der Lipophilie der Farbbasenmoleküle. Dieser Vorgang wird aber nur dadurch aufrechterhalten, daß der Farbstoff in der Vakuole durch die Dissoziation in einen Zustand übergeführt wird, für den das Plasma impermeabel ist. Das gleiche wird bei einem „vollen" Zellsaft dadurch erreicht, daß der Farbstoff, entweder durch eine chemische Bindung oder durch Adsorption an Vakuolenkolloide, in einen nicht permeationsfähigen Zustand übergeht. Im Gleichgewichtszustand befindet sich bei der Ionenfalle um so mehr Farbstoff in der Vakuole, je saurer der Zellsaft gegenüber dem Außenmedium ist.

Da der Zellsaft der meisten Zellen im allgemeinen sauer reagiert und auch äußerst arm an Speicherstoffen ist, die sich mit anionischen Farbstoffen chemisch oder adsorptiv verbinden können, wird es auf diesem Wege nur selten zu einer Vakuolenfärbung mit anionischen Farbstoffen kommen. Wir erhalten deshalb mit lipophilen anionischen Farbstoffen vorwiegend Plasmafärbungen.

Bei etwas stärker dissoziierten kationischen Farbstoffen, etwa mit einer Dissoziationskonstante der Farbbase um 10^{-6}, bleibt im physiologischen pH-Bereich eine Plasmafärbung aus, da es auf Grund des sauren Zellsaftes selbst dann zu keiner Anreicherung der lipophilen Farbbase im Plasma kommen kann, wenn sich der pH-Wert des Außenmediums in einer Größenordnung befindet, in der der Verteilungskoeffizient zwischen Außenmedium und Plasma zugunsten des letzten liegt. Sobald die Farbbasenmoleküle auf der Wanderung durch das Plasma den Tonoplasten erreicht haben, werden sie diesem vom Zellsaft auf dem Wege der Dissoziation entrissen (Abb. 169, Beispiel b/III—VII). Diese Erscheinung tritt erst recht bei Vakuolen mit vollem Zellsaft auf. Mit der empfindlichen Fluorescenzmethode kann man in günstigen Fällen, in denen — wie beim Neutralrot — die Farbbase fluoresciert, nachweisen, daß diese tatsächlich das Plasma durchsetzt. Die Konkurrenz der Vakuole verhindert jedoch eine Anreicherung bis zur Sichtbarkeitsgrenze im normalen Licht.

Sind die kationischen Farbstoffe noch stärker dissoziiert, etwa mit einer Dissoziationskonstante der Farbbase um 10^{-3}, dann sind im physiologischen pH-Bereich so wenig Farbbasenmoleküle vorhanden, daß der Verteilungskoeffizient zwischen Außenmedium und Plasma so stark zugunsten des Außenmediums liegt, daß eine Vakuolen- und erst recht eine Plasmafärbung ausbleibt. Erst durch Erhöhen des pH-Wertes im Außenmedium wird die Dissoziation so zurückgedrängt, daß sich der Verteilungskoeffizient zugunsten des Plasmas verschiebt und genügend Farbbasenmoleküle permeieren können. Diese werden im sauren Zellsaft sofort dissoziiert, so daß es zu einer Vakuolenfärbung kommt (Abb. 169, Beispiel c/VI, VII).

In den bisherigen Betrachtungen ist die Zellwand unberücksichtigt geblieben. Bei der Aufnahme anionischer Farbstoffe kann man sie auch, von den wenigen Fällen einer „Echtfärbung" der Zellwand abgesehen, weitgehend unberücksichtigt lassen. Anders liegen jedoch die Verhältnisse bei den kationischen Farbstoffen. Hier werden, außer bei der selten vorkommenden Echt- oder Niederschlagsfärbung der Zellwand, die Farbkationen von der negativ geladenen Zellwand adsorbiert, so daß es in dem pH-Bereich, in dem der Farbstoff dissoziiert ist, zu einer Zellwandfärbung kommen muß. Die Stärke der negativen Ladung der Zellwand ist ebenfalls von der cH des Außenmediums abhängig. Am höchsten ist sie im alkalischen Gebiet und fällt nach der sauren Seite ab, bis sie um pH $\sim$ 3 ganz verschwindet. Unter pH 3 bleibt eine Zellwandfärbung aus, obwohl die meisten kationischen Farbstoffe in diesem pH-Bereich stark dissoziiert sind (Abb. 169, Beispiel a—c/I). Theoretisch müßte die Zellwandfärbung von pH $\sim$ 3 bis zu dem pH-Wert auftreten, bei dem die Dissoziation des Farbstoffes völlig zurückgedrängt ist. Die Lage dieses pH-Wertes hängt also von der Dissoziationskonstante des Farbstoffes ab. Bei schwach dissoziierten Farbstoffen kann er unter pH $\sim$ 3 liegen, dann unterbleibt überhaupt eine Zellwandfärbung (Abb. 169, Beispiel a/I); und er wird um so höher sein, je stärker ein Farbstoff dissoziiert ist (Abb. 169, Beispiele b/II und c/II—V).

Bei der lebenden Zelle wird die Lage des Grenz-pH-Wertes nach der alkalischen Seite, bis zu dem noch eine Zellwandfärbung stattfindet, außerdem von der Speicherfähigkeit des Zellsaftes bestimmt. Es besteht zwischen Zellwand und Vakuole eine Konkurrenz um den Farbstoff, die sich über das Plasma als Diaphragma auswirkt. Sind viele Farbkationen vorhanden, so betätigt sich die Zellwand als Kationenfänger. In nächster Umgebung der Zellwand wird es kaum Farbbasenmoleküle geben, da durch die Adsorption der Kationen erstens die wenigen vorhandenen Basenmoleküle dissoziieren, ehe sie bis zum Plasmalemma vordringen können. Zweitens sinkt der pH-Wert im Porensystem der Zellwand durch die Farbkationenadsorption im Austausch gegen H-Ionen, so daß die Dissoziation noch gefördert wird. Die Zelle zeigt also zunächst eine reine Zellwandfärbung. Erst nach völliger Absättigung der Zellwand kann es unter Umständen zu einer Vakuolenfärbung kommen. Liegt der pH-Wert des Außenmediums so, daß vorwiegend Farbbasenmoleküle vorhanden sind, dann passieren diese ungehindert die Zellwand und werden begierig vom Plasma aufgenommen, dem sie auf der Vakuolenseite wieder vom sauren oder speicherstoffführenden Zellsaft entrissen werden. Für jedes aus dem Porensystem der Zellwand entzogene Farbbasenmolekül muß wieder ein neues entstehen, so daß dadurch die Dissoziation immer weiter zurückgedrängt wird und die Zellwand gar nicht in der Lage ist, so viele Farbkationen zu adsorbieren, daß es zu einer sichtbaren Zellwandfärbung kommt. Die Zelle zeigt zunächst eine reine Vakuolenfärbung. Erst wenn der Zellsaft abgesättigt ist, kann sich unter Umständen je nach der cH-Lage noch die Zellwand färben.

Aus dem Dargelegten geht hervor, daß je nach der Dissoziationskonstante des Farbstoffes und der Speicherfähigkeit des Zellsaftes in Abhängigkeit von der cH des Außenmediums bei einem bestimmten pH-Wert ein Umschlagen von einer Zellwand- zu einer Vakuolenfärbung erfolgen muß (Abb. 169, Beispiele b/II, III und II, V sowie c/V, VI und V, VII).

In diesem Zusammenhang müssen wir noch auf die von KINZEL (1959 c) hinsichtlich des Beginns der Vakuolenfärbung in Abhängigkeit von der Außen-cH und von der Dissoziationskonstante des Farbstoffes geprägten Begriffe „absolute Färbeschwelle" und „relative Färbeschwelle" eingehen.

Bei einer Zelle mit leerem Zellsaft, die kationische Farbstoffe nach dem Ionenfallenprinzip in den Zellsaft aufnimmt, wird dieser Vorgang zum Stillstand kommen, wenn die Konzentration an Farbbasenmolekülen im Außenmedium und im Zellsaft gleich groß ist. Zu einer sichtbaren Speicherung des Farbstoffes in der

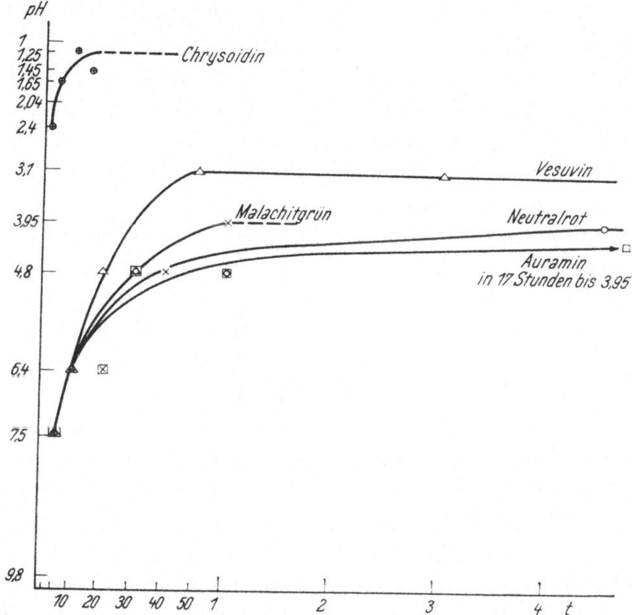

Abb. 170. Vakuolenfärbung im Blattstielparenchym von *Begonia*. Abhängigkeit der Färbeschwelle von der Färbezeit bei einigen Hellfeldfarbstoffen. Im Gebiet unterhalb der jeweiligen Kurve sind die Zellsäfte gefärbt, im Bereich oberhalb derselben ungefärbt. Abszisse: Färbezeit in Stunden, Ordinate: pH-Wert der Farbstofflösung. (Nach KINZEL und IMB 1961.)

Vakuole, d. h. zu einer Aufnahme über die Außenkonzentration hinaus, kann es nur dann kommen, wenn der Zellsaft saurer als das Außenmedium ist (DRAWERT 1948 b). Hat der Zellsaft pH 6, so wird z. B. Neutralrot bei pH 6 der Farblösung bis zum Konzentrationsausgleich aufgenommen, es findet keine Speicherung statt, erst recht nicht bei pH 5 der Außenlösung. Die Speicherung setzt erst bei pH-Werten > 6 ein. Dies wäre die „absolute Färbeschwelle". In Neutralrotlösung färbt sich die Vakuole bei pH ~ 7 in kurzer Zeit. Behandelt man aber dieselbe Zelle mit einer Thioninlösung bei pH 7, dann ist keine Zellsaftfärbung zu beobachten, obwohl die Forderung, daß der Zellsaft saurer sein muß als das Außenmedium, erfüllt ist, theoretisch also eine Vakuolenfärbung zu erwarten wäre. Mit Thionin setzt die Vakuolenfärbung aber erst bei stark alkalischer Reaktion des Außenmediums ein. Diese Erscheinung ist auf die stärkere Dissoziation des Thionins — verglichen mit Neutralrot — zurückzuführen. In der Thioninlösung liegen bei pH 7 bedeutend weniger Farbbasenmoleküle vor als in der Neutralrotlösung gleicher Reaktion, so daß es in derselben Zeiteinheit mit Thionin noch zu keiner Zellsaftfärbung kommen kann. Dies wird erst im alkalischen Bereich erzielt, in dem die Thioninlösung mehr Farbbasenmoleküle enthält. Diesen pH-Wert bezeichnet Kinzel als „relative Färbeschwelle".

Die „absolute Färbeschwelle" wird durch den pH-Wert des Zellsaftes bestimmt und ist damit festgelegt. Die „relative Färbeschwelle" steht dagegen mit der Dissoziationskonstante des Farbstoffes im Zusammenhang und liegt nicht fest, da sie außerdem noch von der Einwirkungszeit abhängt. Mit der Einwirkungszeit verschiebt sich die relative Färbeschwelle in Richtung auf die absolute. Ob diese jemals erreicht wird, hängt einmal davon ab, ob im Bereich der absoluten Färbeschwelle überhaupt noch Farbbasenmoleküle in der Außenlösung vorhanden sind und ob die Zelle die dafür erforderliche Einwirkungszeit verträgt.

Bei dem angeführten Beispiel einer Zelle mit pH 6 im Zellsaft wird es für Neutralrot kaum eine relative Färbeschwelle geben, da eine Lösung dieses Farbstoffes im Bereich der absoluten Färbeschwelle bereits so viele Farbbasenmoleküle enthält, daß schon bei pH-Werten etwas über 6 sofort eine Färbung der Vakuole einsetzt. Anders liegen die Verhältnisse bei Zellen mit sehr saurem Zellsaft, wie sie z. B. bei Begonien-Gewebe mit pH 1,2—2,0 gegeben sind. Hier muß die absolute Färbeschwelle zwischen pH 1,2 und 2,0 liegen und kann, wie aus Abb. 170 hervorgeht, vom Neutralrot nicht erreicht werden, da es in diesem pH-Bereich 100%ig dissoziiert sein dürfte. Das schwächer dissoziierte Chrysoidin ist dazu in der Lage.

Zellen mit leerem Zellsaft können unterhalb der absoluten Färbeschwelle keine Vakuolenfärbung mehr zeigen. Dies ist aber bei Zellen mit vollem Zellsaft möglich. Führt eine Farbstofflösung bei einem pH-Wert unterhalb der absoluten Färbeschwelle noch Farbbasenmoleküle, so können diese zwar bis zur Vakuole vordringen, es kommt aber zu keiner Anreicherung über die Außenkonzentration hinaus, im Gegenteil, die Außenkonzentration wird nicht erreicht, da der Farbstoff in der Außenlösung stärker dissoziiert ist als im Zellsaft. Führt der Zellsaft aber Substanzen, mit denen der eindringende Farbstoff reagiert, so entsteht ein Konzentrationsgefälle, das solange aufrechterhalten bleibt, bis der zelleigene Reaktionspartner aufgebraucht ist. Das hat aber eine Vakuolenfärbung auch unterhalb des absoluten Schwellenwertes zur Folge. Aus diesem Grunde können Zellen mit vollem Zellsaft viel weiter in den sauren Bereich hinein kationische Farbstoffe in der Vakuole speichern als solche mit leerem Zellsaft.

Kinzel (1959 c) möchte auch bei vollen Zellsäften zwischen einer absoluten und einer relativen Färbeschwelle unterscheiden. Ich halte das für nicht sehr glücklich. Man sollte die Begriffe nur auf leere Zellsäfte mit einer Färbung nach dem Ionenfallenprinzip beschränken. Eine absolute Färbeschwelle, die nach der Definition von Kinzel von den Eigenschaften des Zellsaftes — bei leeren Zellsäften also von deren pH-Wert — abhängt, wird es in dem Sinne bei vollen Zellsäften gar nicht geben. Hier dürfte die endgültige Grenze der Vakuolenfärbung nach der sauren Seite allein von den Dissoziationsverhältnissen des Farbstoffes abhängig sein. Eine Zellsaftfärbung tritt so weit in den sauren Bereich hinein auf, solange noch Farbbasenmoleküle im Außenmedium vorhanden sind, nur wird die Zeit bis zum Sichtbarwerden dieser Färbung mit fallendem pH-Wert der Farbstofflösung immer länger. Eine endgültige Grenze ist erst mit dem pH-Wert gesetzt, bei dem der Farbstoff 100%ig dissoziiert ist. Entsprechend der Definition von Kinzel kann es demnach bei vollen Zellsäften nur eine relative Färbeschwelle geben.

7. Anwendung der Vitalfärbung zu physiologischen Untersuchungen

Zum Schluß soll zur Abrundung des Bildes ein Überblick gegeben werden, zu welchen physiologischen Untersuchungen die Vitalfärbung — im weitesten Sinn — bisher herangezogen worden ist und welche Ergebnisse in den einzelnen Sparten mit ihr erhalten worden sind. Dabei sollen sowohl die Gebiete der Funktions- als auch die der Strukturforschung berücksichtigt werden. Bei einer Reihe von Punkten kann es sich naturgemäß nur um eine Ergänzung handeln, da viele Fragen bereits in den vorangegangenen Kapiteln angeschnitten worden sind.

a) Permeabilitätsforschung

Wie aus der bisherigen Darstellung hervorgeht, hat die Vitalfärbung zu der Erforschung der Permeabilitätseigenschaften der Zelle Wesentliches beigetragen und insbesondere bei der Aufstellung der klassischen Permeabilitätstheorien eine große Rolle gespielt. Unter Hinweis auf das bereits Gesagte sollen hier nur einige Punkte herausgegriffen werden.

α) Permeabilität der Zellwände

Die Zellwände der normalen Parenchymzelle werden als omnipermeabel angesehen, so daß deren Durchlässigkeitseigenschaften bei den meisten Untersuchungen über die Permeabilitätsverhältnisse der Zelle unberücksichtigt blieben. Erst bei hochkolloidal gelösten Farbstoffen tritt die Durchlässigkeit der Zellwand als begrenzender Faktor auf. Mit Hilfe von Farbstofflösungen verschiedenen Dispersitätsgrades kann man einen Aufschluß über die Dichte einer Zellwand erhalten. Seit den Untersuchungen von SCHWARZ (1924) und CZAJA (1930 b, c) an reinen Zellulose- sowie an Lignin- und Kutinwänden mit polydispersen, anionischen, substantiven Farbstoffen (s. S. 229) ist besonders diese Farbstoffgruppe zu Dichteprüfungen von Zellwänden herangezogen worden. FICHTE (1929) verfolgt mit Oxaminblau 4 und Diamingrün HS strukturelle Veränderungen des Holzes durch mechanische Einwirkungen. KÜNEMUND (1932) untersucht die Entstehung verholzter Lamellen — besonders bei *Salix caprea* — mit Oxaminblau 4 R. Danach hat die Holzlamelle in frühen Phasen eine geringere Dichte als im „reifen" Holz. Die Verdichtung tritt in der Primärlamelle früher ein als in der Sekundärschicht, und in der ersten wird die Verdichtung stärker ausgebildet als in der zweiten. Zur Feststellung eines Unterschiedes in der Zellwanddichte von Schließzellen und gewöhnlichen Epidermiszellen benutzt KELLE (1934) Brillantcongoblau 2 RW und Methylenblau. Auf Grund einer intensiveren Färbung der Verdickungsleisten der Schließzellen wird auf ein lockereres Gefüge derselben geschlossen. Aus der Färbung von Schnitten durch die Früchte von *Secale cereale* mit Oxaminblau B folgert NIETHAMMER (1939) aus den verschiedenen Farbtönen einzelner Zellpartien auf ein unterschiedliches Zellwandgefüge. ZIEGENSPECK (1952 a) prüft mit einer Reihe von Fluorochromen die Wegsamkeit der Pigmentschicht intakter Weizenkörner. Die Pigmentschicht erweist sich als ausgezeichnete Sperre. HILKENBÄUMER (1958) kann die in der Cuticula des Ontarioapfels elektronenmikroskopisch nachgewiesenen Lacunen mit Hilfe von Fluorochromen auch lichtmikroskopisch bestätigen. Der Casparysche Streifen unterhalb der Ligula bei Selaginellen und in den Achsen der Luftsprosse von *Myriophyllum-*

und *Equisetum*-Arten ist nach Ziegenspeck (1921) nur für hochdiffusible Farbstoffe durchlässig. Oxypyrentrisulfonat vermag den Basalring der Keulenhaare von *Vicia faba* erst nach Zusatz von 0,1 n KCl zu durchdringen; das stärker diffusible Acetylaminopyrentrisulfonat ist dazu auch ohne KCl-Zusatz befähigt (Butterfass 1956 b). Die Permeabilität der Zellwände von *Rhizoclonium* bestimmt Förster (1933) mit einer größeren Anzahl von Farbstoffen, doch muß es fraglich erscheinen, ob damit wirklich die Permeabilität der Zellwand erfaßt worden ist. Black und Gerhardt (1962) schließen aus der Fluorescenz keimender Sporen von *Bacillus cereus* nach Behandlung mit einem Fluorochrom, daß die Permeabilität der Sporenhülle bei der Keimung erhöht wird.

β) Permeabilität und Struktur des Plasmas und seiner Grenzflächen

Dieser Punkt ist so eng mit den Vitalfärbungsfragen gekoppelt, daß darüber schon im allgemeinen Teil genügend berichtet worden ist und sich hier ein nochmaliges Eingehen erübrigt. Der Vollständigkeit halber soll nur auf diesen wichtigen Komplex hingewiesen werden.

γ) Permeationsvermögen von Säuren und Basen

Zum Unterschied von den beiden vorhergehenden Fragestellungen ist die Permeabilität von Säuren und Basen in der bisherigen Darstellung nicht direkt besprochen worden, da diese Frage nur indirekt mit der eigentlichen Vitalfärbung zusammenhängt. Sie kann aber für den Ausgang einer Vitalfärbung von großer Bedeutung sein, da, wie gezeigt worden ist, nicht nur die cH des Außenmediums, sondern auch die des Zellsaftes eine Rolle spielt. Wird die cH des Außenmediums mit Puffersubstanzen, Säuren oder Basen, eingestellt, für die das Plasma gut permeabel ist, so wird sich in kurzer Zeit auch die cH des Zellsaftes ändern und dadurch zu falschen Schlußfolgerungen über die Wirkung der Außen-cH führen. Es sei nur an das tertiäre Phosphat oder an NH_4OH erinnert.

Da eine Reihe von Vitalfarbstoffen Indikatoreigenschaften besitzt, hat man mit diesen vitalgefärbte Zellen zur Prüfung des Permeationsvermögens von Säuren und Basen benutzt. Als Indikator ist vorwiegend Neutralrot angewendet worden.

Entsprechend den Beobachtungen an den Farbstoffen selber bestätigt sich auch für die Säuren und Basen, daß sowohl in tierische als auch in pflanzliche Zellen nur Moleküle und keine Ionen intrameieren und permeieren können. Lebende Rhizostomen, die mit Neutralrot orangerot gefärbt sind, zeigen nach Zusatz von HCl oder NaOH zum Seewasser selbst nach Stunden keine Änderung des Farbtones (Bethe 1909). Dasselbe können Warburg (1910) für NaOH an Seeigeleiern, Harvey (1911, 1913) für NaOH, KOH an Zellen von *Helodea* und *Spirogyra*, Collander (1957) an *Torulopsis utilis* sowie Collander und Äyräpää (1947) an Hefezellen, die mit Neutralrot vital gefärbt sind, bestätigen, während Zugabe von NH_4OH in allen Fällen sofort einen Umschlag nach Gelb bedingt. Eine NH_4Cl-Lösung reagiert durch hydrolytische Spaltung sauer, trotzdem schlägt der Farbton von Seeigeleiern, die vorher mit Neutralrot vital gefärbt werden, nach Orangegelb um, weil das durch die hydrolytische Spaltung entstehende NH_4OH, nicht aber die stärker dissoziierte HCl permeiert (Jacobs 1922). Chambers (1922) kann diesen Befund am selben Objekt mit derselben

Methode bestätigen; wird aber NH_4Cl in das Zellinnere injiziert, so nimmt das gefärbte Plasma entsprechend der Reaktion der NH_4Cl-Lösung einen rosaroten Farbton an.

PACKARD (1925) benutzt die Geschwindigkeit der Um- oder Entfärbung von vorher mit Neutralrot gefärbten Paramaecien durch NH_4OH bei verschiedenen Lichtquantitäten und -qualitäten als Maß für den Lichteinfluß auf die Permeabilität. Danach soll das Licht die Permeabilität erhöhen und die Förderung des Lichtes vom Rot zum Ultraviolett zunehmen.

Mit Rückschlüssen aus einer Entfärbung auf die Permeabilität muß man aber vorsichtig sein, da die Entfärbung auch durch andere Faktoren bedingt sein kann. Ist der Farbstoff außer einem pH- auch ein Redox-Indikator, so kann eine Entfärbung, unter Umständen auch eine Farbtonänderung, durch Reduktion bzw. Oxydation hervorgerufen werden. HARVEY (1922) benutzt z. B. diese Eigenschaft des Methylenblaus zum Nachweis der Intrabilität tierischer Zellen für O_2. Mit Methylenblau gefärbte Zellen werden in einer O_2-freien Atmosphäre durch Reduktion des gespeicherten Farbstoffes entfärbt. Bei Luftzutritt bläuen sich die Zellen wieder. Die Geschwindigkeit des Blauwerdens dient HARVEY als Maß für die O_2-Intrabilität. Danach soll O_2 in lebende Zellen ebenso leicht intrameieren wie in tote.

Eine größere Rolle als die Entfärbung durch Redoxprozesse spielt eine Entfärbung nach dem Ionenfallenprinzip durch die Außen-cH, die unter bestimmten Umständen eine beträchtliche Fehlerquelle darstellt. Diese Entfärbung kann auf zweierlei Art zustande kommen, und zwar einmal durch Permeieren eines basischen Bestandteiles, der eine Erhöhung des pH-Wertes im Zellinnern, etwa im Zellsaft, und dadurch eine Zurückdrängung der Farbstoffdissoziation verursacht. Die frei werdenden Farbbasenmoleküle exosmieren, und ist der pH-Wert in der Außenlösung niedriger — z. B. bei den erwähnten Versuchen mit NH_4Cl —, dissoziieren sie im Außenmedium. Das Konzentrationsgefälle bleibt für die Farbbasenmoleküle nach außen erhalten, was eine weitere Farbstoffabgabe bedingt, die bis zu einer Entfärbung gehen kann (POIJÄRVI 1928). In diesem Fall zeigt die Entfärbung wirklich das Permeieren einer Base an und ist auch als Nachweis dafür benutzt worden. Auf diesem Prinzip beruht die von HÖFLER (1947 b) eingeführte Methode zur Prüfung von „leeren" und „vollen" Zellsäften mit NH_4OH. Einem Fehlschluß ist aber GELLHORN (1927 a) zum Opfer gefallen, wenn er die Entfärbung von Eiern verschiedener Meerestiere, die er vorher mit Neutralrot gefärbt hat, auf ein Permeieren von Säuren zurückführt, worauf bereits COLLANDER (1927) hinweist. Die Zugabe der Säure zum Außenmedium bedingt eine Dissoziation der exosmierenden Farbbasenmoleküle und damit eine Entfärbung nach dem Ionenfallenprinzip, ohne daß die cH des Zellinnern durch eintretende Säure geändert wird.

Die weiter oben erwähnten Versuchsergebnisse mit NH_4Cl kann auch LEPESCHKIN (1941) an vitalgefärbten Eiern des Seeigels und eines Seesterns bestätigen und das Entsprechende bei der Behandlung der mit Neutralrot gefärbten Eier mit $NaHCO_3$ beobachten. Durch Eindringen von H_2CO_3, das durch die hydrolytische Spaltung entsteht, färbt sich das Zellinnere rosa.

DEYSSONS (1952) untersucht den Einfluß von Chloroform, Äther, Benzol u. a. auf die Permeation von Na_2CO_3 an Zellen von *Helodea canadensis*. Als Maß dient die Zeit bis zum Farbtonumschlag des im Zellsaft gespeicherten Neutralrots. Äyräpää (1950) prüft die Permeabilität von *Saccharomyces cerevisiae* für 19 schwache Basen mit Hilfe der Neutralrotfärbung und kommt zu dem Schluß, daß die Lipoidlöslichkeit der wichtigste Faktor für das Permeationsvermögen der Basen ist. Die kleinsten Moleküle permeieren aber 10^2- bis 10^3mal schneller als größere Moleküle mit entsprechender Lipoidlöslichkeit. Pfeiffer (1930 d) erzeugt am Blattrand von *Helodea densa* durch Plasmolyse und Deplasmolyse mit Traubenzucker eine Abgliederung kernloser Zellen und vergleicht deren Permeabilität für NH_4OH und $NaOH$ mit der kernhaltiger Zellen nach einer Vitalfärbung mit Neutralrot. Die daraus gezogenen Schlüsse über die Permeabilität sind aber nicht stichhaltig, da nicht geprüft worden ist, ob die beiden Zelltypen sich nicht in ihrem Gehalt an Säuren und Basen unterscheiden. Wenn in der einen Zelle der pH-Wert des Zellsaftes näher am Umschlagspunkt des Neutralrots liegt als in der anderen, wird eine unterschiedliche Permeation der untersuchten Base oder Säure unter Umständen nur vorgetäuscht.

Nach Spek (1938) schlägt der durch verschiedene Indikatoren in tierischen Eizellen verursachte Farbton in CO_2 oder NH_4OH sofort reversibel um, während eine Injektion von HCl- oder NaOH-Lösungen mit viel extremeren pH-Werten zu keiner Farbtonänderung führt.

Entgegen der immer wieder beobachteten Impermeabilität lebender Zellen für NaOH beschreibt Linsbauer (1927) für diese Base bei *Tradescantia virginiana*-Epidermen, deren Zellen mit Neutralrot vital gefärbt sind, eine Farbtonänderung von Carmin- nach Zinnoberrot. Diese Farbtonänderung soll in vitalen Zellen erfolgen, während der sich anschließende schnelle Umschlag nach Gelb auf eine Zerstörung des Plasmas zurückgeführt wird. Sehr wahrscheinlich ist auch die erste Farbtonverschiebung bereits ein Zeichen für den Beginn einer postvitalen Permeabilitätsänderung. Morita und Chambers (1929) erhalten bei *Amoeba dubia*, die sie vorher mit Methylrot gefärbt haben, nach Zugabe von $n/400$ bis $n/3200$ HCl einen Umschlag von Gelb nach Rot. Der Farbtonumschlag beginnt am Ende eines Pseudopodiums. Nach Injektion von HCl ins Plasma erfolgt ebenfalls ein Umschlag sowohl im Plasma als auch im Kern, aber nicht in der kontraktilen Vakuole. Es wird vermutet, daß deren Membran im Gegensatz zur Kernhülle für HCl impermeabel ist.

Schopfer (1942) empfiehlt Thiochrom als Fluorescenzindikator für das Permeationsvermögen von Säuren, da dessen Fluorescenzfarbe von der cH abhängig ist.

Bei den bisher betrachteten Untersuchungen werden die Zellen vor der Basen- oder Säurenzugabe gefärbt. Ribbert (1931) behandelt dagegen Blattepidermen von *Iris ochroleuca* und *Tradescantia virginiana* zuerst mit $(NH_4)_2SO_4$ und injiziert anschließend mit einem Mikromanipulator Bromthymolblau und Phenolrot. Auf diese Weise stellt Ribbert gegenüber den unbehandelten Zellen einen Anstieg des pH-Wertes im Zellsaft fest.

b) Kolorimetrische pH-Bestimmung in der Zelle

Ein Teil der gebräuchlichen Vitalfarbstoffe besitzt Indikatoreigenschaft, so daß es sehr naheliegend ist, aus dem Farbton des gespeicherten Farbstoffes auf den pH-Wert des gefärbten Zellbestandteiles zu schließen. Pfeffer (1886) folgert bereits aus den mit Cyanin und Methylorange erhaltenen Färbungsbildern, daß das Plasma alkalisch und der Zellsaft „nicht erheblich" sauer reagieren müßten. RUHLAND (1912 c) schließt aus der Tatsache, daß sich die Vakuolen der meisten Zellen mit Neutralrot violettrot färben, daß der Zellsaft vorwiegend sauer ist. Manche Zellsäfte färben sich himbeerrot, sind also nur schwach sauer, und nur die langgestreckten Siebteilelemente nehmen einen ziegel- bis gelbroten Farbton an, sind demnach alkalisch. Da sich *Opalina* und einige Algen in isotonischer Rohrzuckerlösung + Methylviolett mit violettem Farbton färben, in isotonischer NaCl-Lösung + Methylviolett aber blau werden, vermuten TRAUBE, MENGHA-RINI und SCALA (1909), daß NaCl eine Ansäuerung des Zellinnern bedingt. Einen historischen Rückblick gibt REISS (1926 a).

Bald stellte sich heraus, daß besonders bei den kationischen Indikatoren Eiweiße und Salze cH-unabhängige Farbtonänderungen bedingen, so daß bei der pH-Wert-Bestimmung mit sogenannten Eiweiß- und Salzfehlern gerechnet werden muß. Da anionische Indikatoren diese Fehler in geringerem Maße zeigen, versuchte man auch bei der lebenden Zelle, mit diesen Indikatoren pH-Werte zu bestimmen, was aber in vielen Fällen an der Impermeabilität der Zellen für einen großen Teil der anionischen Farbstoffe scheiterte, so daß man von der Immersions- zur Injektionsmethode übergehen mußte. Nach Entdeckung der metachromatischen Eigenschaften vieler pH-Indikatoren mehrten sich die Stimmen, die eine kolorimetrische pH-Bestimmung in der lebenden Zelle für fragwürdig ansehen.

Wir müssen also nach der Aufzählung der kolorimetrisch für die einzelnen Zellbestandteile erhaltenen pH-Werte unter Berücksichtigung der möglichen Fehlerquellen versuchen zu klären, wieweit die bisher vorliegenden Angaben zuverlässig sind.

α) Die zur Vitalfärbung gebräuchlichen Indikatoren

Die cH-Bestimmung in Pflanzenzellen setzt voraus, daß der Indikator leicht permeieren kann. Nach PFEIFFER (1925) soll sich folgende Reihe eignen: Metanilgelb (pH 1,2—2,3 = rot nach gelb), Tropaeolin 00 = Orange IV (pH 1,3—3,2 = rot nach gelb), Methylorange = Orange III (pH 3,1—4,4 = rot nach orangegelb), Alizarinsulfosaures Na (pH 3,7—5,2 = gelb nach violett), Methylrot (pH 4,4 bis 6,2 = rot nach gelb), p-Nitrophenol (pH 5,5—7,5 = farblos nach gelb), Neutralrot (pH 6,0—8,0 = rot nach gelb), Rosolsäure (pH 6,9—8,0 = rot nach gelb), α-Naphtholphthalein (pH 7,3—8,7 = rosa nach grünblau), Thymolsulfonphthalein (8,0—9,6 = gelb nach blau). In dieser Serie sind die meisten Farbstoffe anionisch, so daß — abgesehen vom amphoteren Methylrot und dem kationischen Neutralrot, dem in der Vitalfärbung wohl am häufigsten benutzten Indikator — die Brauchbarkeit zweifelhaft erscheinen muß, da die erwähnte Voraussetzung, die leichte Permeation, nicht erfüllt ist. Dasselbe trifft für die von KELLER und GICKLHORN (1928) angeführten Indikatoren, für die von KARCZAG und BODÓ (1923) empfohlenen Carbinole und auch für die meisten Farbstoffe der „range indicator"-Methode von SMALL (1926, 1929, 1955, 1956) zu. Aus diesem Grunde werden beim Benutzen der nicht oder nur schlecht permeierenden anionischen Indikatoren die Zellen entweder in der Farbstofflösung zerquetscht, oder man injiziert die Farbstoffe (PÉTERFI 1928).

Eine Vitalfärbung mit der Immersionsmethode ist bei entsprechendem pH-Wert der Farbstofflösung mit den in Tabelle 77 aufgeführten Indikatoren möglich.

Tab. 77. *Umschlagsbereiche einiger kationischer und amphoterer Indikatoren, die bei entsprechender cH-Lage der Farbstofflösung von der Pflanzenzelle schnell aufgenommen werden.* Zusammengestellt nach Angaben von Drawert (1938c, 1940, 1941a) und Strugger (1941a).

Farbstoff	Umschlagsbereich in pH	Farbtonwechsel
Benzoflavin	0,3 — 1,7	gelb — grün (Fluorescenz)
Methylviolett	2,5 — 3,5	blau — violett
Kristallviolett	2,5 — 3,5	blauviolett — violett
Gentianaviolett	2,5 — 3,5	blauviolett — rotviolett
Dahlia	2,5 — 3,5	blauviolett — rotviolett
Prune pure	2,7 — 3,5	rot — blau
	7,3 — 8,3	blau — violett
Acridin	4,8 — 5,0	eisblau — ultramarinblau (Fluorescenz)
Viktoriablau	5,0 — 6,0	blau — violett
	7,5 — 8,0	violett — rotbraun
Chrysoidin	5,0 — 6,5	rotorange — gelb
Vesuvin	5,5 — 6,5	rotbraun — gelb
Methylrot	5,5 — 6,5	rot — gelb
Neutralrot	6,5 — 7,5	rot — orangegelb
Brillantcresylblau	7,0 — 8,0	blau — violett
Nilblausulfat	7,5 — 8,5	blau — braunrot
Echtneublau	8,0 — 9,0	violett — grün
Cresylechtviolett	8,5 — 9,5	violett — blaßorange
Toluidinblau	9,0 — 9,5	blau — violett
Thionin	9,5 — 10,5	violett — weinrot
Pyronin	10,0 — 10,3	gelb — ultramarinblau (Fluorescenz)
Acridinrot	10,0 — 11,0	gelb — ultramarinblau (Fluorescenz)

Tab. 78. *Umschlagsbereiche anionischer Indikatoren, die zur pH-Bestimmung in die Zelle injiziert werden müssen bzw. bei der „range indicator"-Methode nach Small Verwendung finden.* (Nach Small 1956.)

Farbstoff	Umschlagsbereich in pH	Farbtonwechsel
Thymolblau	1,1 — 2,8	rot — gelb
	8,0 — 9,6	gelb — violett
Bromphenolblau	2,8 — 4,4	gelb — violett
Bromcresolgrün	3,6 — 5,2	gelb — blau
Chlorphenolrot	5,2 — 6,8	gelb — rot
Bromcresolpurpur	5,2 — 6,8	gelb — purpur
Bromthymolblau	6,0 — 7,6	gelb — blau
Phenolrot	6,8 — 8,4	gelb — rot
Cresolrot	7,2 — 8,8	gelb — rot

Zur pH-Bestimmung auf dem Wege der Injektion sind vorwiegend die in Tabelle 78 zusammengefaßten Indikatoren nach Clark und Lubs (1917) benutzt worden.

Einige der in Tabelle 78 erwähnten Farbstoffe färben auch manche Zellen mit der Immersionsmethode vital, allerdings meist erst nach langer Einwirkungszeit. So speichern Epidermis- und Mesophyllzellen der Schuppenblätter von *Allium cepa* nach 24—48 Stdn. Bromphenolblau und Phenolrot im Zellsaft. *Helodea canadensis* nimmt dagegen Bromphenolblau selbst nach zehntägigem Aufenthalt in der Farblösung nicht auf (KÜSTER 1927 a), und mit Bromthymolblau gefärbte Eier von *Arbacia* und *Cumingia* (Plasmafärbung) sind bereits abgestorben (LUCKÉ 1925). Auch Chlorphenolrot färbt nach KÜSTER (1927 b) die Vakuolen von *Allium cepa*. Bromthymolblau, Cresolrot, Thymolblau und Bromcresolpurpur werden dagegen nicht von der vitalen Zelle aufgenommen (KÜSTER 1927 a). Die Wurzelhaare von *Limnobium spongia* lassen sich mit keinem der in Tabelle 78 aufgeführten Indikatoren mit der Immersionsmethode vital färben (CHAMBERS und KERR 1932). Diese Befunde sind im Hinblick auf die „range indicator"-Methode von SMALL (s. S. 525) besonders wichtig.

Eine Übersicht von 61 kationischen und anionischen Indikatoren mit ihren Umschlagsbereichen gibt Tabelle 38 (S. 142).

β) Kolorimetrisch bestimmte pH-Werte von Zellbestandteilen

Aus den Angaben der Autoren geht manchmal nicht klar hervor, welcher Bestandteil der Zelle gemeint ist. CHAMBERS und KERR (1932) weisen darauf hin, daß selbst in den Literaturübersichten von REISS (1926 a) und SMALL (1929) nicht scharf zwischen Plasma und Zellsaft unterschieden wird. SCARTH (1924) wendet sich gegen die Gepflogenheit, aus dem pH-Wert des Zellsaftes oder der Körperflüssigkeit auf die Reaktion des Plasmas zu schließen. Nach einer Vitalfärbung der Amöbe *Pelomyxa palustris* mit Neutralrot haben Plasma, Vakuole und Außenmedium durchaus verschiedene Farbtöne.

GUTSTEIN (1932 a, b, 1933 b) beimpft Indikator-haltige Nährböden mit Hefen und Bakterien und schließt aus dem Farbton der Kolonien auf den pH-Wert des Zellinnern. Er kommt so für Hefe und einzelne Bakterien-Arten auf pH 6,1—6,3 oder 6,4—6,8, andere Bakterien wie *Escherichia coli* sollen pH 7,2 bis 7,6 besitzen. Da nicht geprüft worden ist, ob die Zellen die Farbstoffe wirklich aufgenommen haben, sind die Schlüsse unbrauchbar. Aus dem Farbton injizierten Neutralrots schätzen NEEDHAM und NEEDHAM (1925) für das Zellinnere von *Amoeba proteus* auf pH 7,6. RAPKINE und WURMSER (1926 a) geben für das Zellinnere von *Spirogyra* nach Injektion von Methylrot, Bromcresolpurpur und Phenolrot pH 6,0 ± 0,2 an. Mit der „range indicator"-Methode erhält MARTIN (1927) bei Sonnenblumenkeimlingen je nach dem Gewebe Werte von pH < 3,4 (Pericykel) bis pH 9—10 (Haare), und PIETZ (1938) bestimmt mit derselben Methode in den Wurzelknöllchen von *Vicia faba* den pH-Wert für das äußere Gewebe mit ~ 3,5 und für das Bakterioidengewebe mit 5,8—6,0.

Wenn bei tierischen Zellen keine näheren Angaben gemacht werden, kann man in den meisten Fällen voraussetzen, daß das Plasma gemeint ist. Man muß aber mit SPEK (1938) zwischen dem wässerigen Dispersionsmittel und der dispergierten Phase unterscheiden, die in ihrer cH verschieden sind. Nach SPEK hängt der Farbton eines vom Plasma gespeicherten Indikators von der cH der Grenzfläche der Plasmakolloide ab, so daß man kolorimetrisch nur den pH-Wert der dispergierten Kolloide erfassen kann, der zwischen pH 5 und 8 schwanken soll. Der Autor erhält diese Werte an Eiern von Meerestieren (?) durch Vitalfärbungen mit kationischen Farbstoffen und Injektion anionischer Indikatoren (Spek 1933, 1934 a, b, Spek und Chambers 1934). Eier, besonders von Seeigel und Seestern, sind ein beliebtes Objekt zur pH-Bestimmung im Cytoplasma. Nach Injektion verschiedener Indikatoren finden Needham und Needham (1926 b) pH 6,6; Chambers und Pollack (1926) pH 6,6—6,8; Chambers und Pollack (1927) pH 6,7 ± 0,1; Chambers, Pollack und Hiller (1927) pH 6,9 ± 0,1; Reiss (1928) pH 5,6; Pandit und Chambers (1932) pH 6,8 ± 0,2. Auch das Plasma von Hühnschen-Zellen soll nach Chambers und Cameron (1932) pH 6,8 ± 0,2 besitzen; für den quergestreiften Muskel der Maus gibt Schmidtmann (1924) pH ~ 6,6 an, und Gersch (1937 a) erhält für das Plasma von Paramaecien mit einer Reihe von Indikatoren und der Immersionsmethode aerob pH 6,7—6,9 und anaerob pH ~ 8.

Nach Verletzung, es genügt schon der Anstich mit der Mikronadel bei der Injektion, stellen fast alle Autoren eine Ansäuerung des Plasmas bis auf pH ~ 5,2 fest. Nur Reiss (1928) gibt bei Cytolyse der Seeigeleier einen Anstieg auf pH 7,8 (Injektion von Bromcresolgrün) an. Aus dem Farbton der Fluorescenz der mit Coriphosphin vitalgefärbten Leukocyten schließen Schlosshardt und Heilmeyer (1942) auf eine alkalische Reaktion des Plasmas. Nassonov (1932 b) schätzt aus Neutralrotfärbungen bei anaeroben Infusorien auf pH 6,8—7,0.

Auf eine etwas abgewandelte Art versucht Pollack (1928) den pH-Wert des Plasmas von Amöben zu bestimmen. Er injiziert zuerst Cresolpurpur und Phenolrot und anschließend Phosphatpufferlösungen von pH 5,6—8,0. Der injizierte Puffer bedingt, wenn er nicht mit dem pH-Wert des Plasmas übereinstimmt, eine kurzfristige Farbtonänderung des im Plasma enthaltenen Farbstoffes, die aber auf Grund der guten Pufferung des Plasmas (Reznikoff und Pollack 1928) schnell wieder ausgeglichen wird. Tritt überhaupt keine Farbtonänderung auf, dann muß der pH-Wert des Plasmas mit dem des injizierten Puffers übereinstimmen. Pollack erhält auf diese Weise für das Cytoplasma pH 6,6—7,0.

Für die Pflanzenzelle liegen nur wenige Versuche mit der Injektionsmethode vor, meist ist aus dem Farbton des mit der Immersionsmethode vitalgefärbten Plasmas auf dessen cH geschlossen worden.

Aus Färbungen der Wurzelhaare von *Hydrocharis morsus-ranae* mit Chrysoidin, Bismarckbraun und Gentianaviolett folgert Schaede (1923 a), daß lebendes Cytoplasma alkalisch, totes sauer, der Zellsaft neutral und im Zellsaft entstehende Niederschläge sauer reagieren. In den Epidermen der Schuppenblätter von *Allium cepa* deuten die mit Methyl- und Aethylrot erzielten Farbtöne auf alkalische Reaktion des lebenden und auf saure Reaktion des toten Plasmas und des Zellsaftes hin (Schaede 1924 a). Küster (1933) schließt aus Färbungen mit Prune pure an demselben Objekt auf pH > 8 für das Plasma und pH 5,2—7,3 für den Zellsaft. Zu ähnlichen Ergebnissen kommt Hofmeister (1940 c) nach Injektion von Neutralrot in die Unterepidermiszellen der Schuppenblätter von *Allium cepa*, wie man aus den von ihm angegebenen Farbtönen folgern kann. Das Plasma färbt sich gelbrot und der Zellsaft weinrot. In derselben Richtung liegen die Ergebnisse von Plowe (1931), die er durch Injektion von Bromcresolpurpur in die Wurzelhaare von *Hydromystria bogotensis* gewonnen hat. Danach reagieren das Plasma alkalisch und der Zellsaft sauer. Beim Absterben der Zellen ist das Verhältnis gerade umgekehrt. Nach Injektion von Farbstoffen der Tabelle 78 (S. 514) in Cytoplasma und Vakuole der Wurzelhaare von *Limnobium spongia* zeigt das Plasma pH 6,9 $\pm$ 0,2 und bei mechanischer Verletzung pH 5,2 $\pm$ 0,2. Der Zellsaft besitzt pH 5,2 $\pm$ 0,2 und beim Absterben pH 6,4 (CHAMBERS und KERR 1932). Von Interesse ist die Erscheinung, daß der in die Vakuole der Pflanzenzelle injizierte Farbstoff nicht in das Plasma übertritt und umgekehrt. Auch in die Nahrungsvakuole von *Actinosphaerium eichhorni* injizierte Indikatoren der Tabelle 78 diffundieren nicht aus der Vakuole heraus (HOWLAND 1928).

REHM (1938) erhält mit der Immersionsmethode an Wurzeln von *Impatiens balsamina* mit Bromphenolblau, Bromcresolgrün und Bromthymolblau für das Plasma pH 4,2—4,4. Hierbei dürfte es sich aber um bereits abgestorbene Zellen handeln, da das Plasma lebender Zellen diese Farbstoffe nicht speichert. Dasselbe trifft für die Befunde von YAMAHA und ISHII (1932, 1933) sowie YAMAHA (1935, 1938 a) mit Bromcresolgrün an Pollenmutterzellen und von BABA (1956) mit der „range indicator"-Methode an Kartoffel- und Topinamburknollen zu. Der letzte Autor gibt für das Cytoplasma pH 5,8—6,2 an, und nach Verletzung oder bei Zellteilung soll der pH-Wert auf 5,0—5,6 absinken.

Über den pH-Wert des Zellkernes liegen nur wenige Untersuchungen vor. Für tierische Zellen, vorwiegend Seesterneier und Amöben, werden Werte von pH 7,6—7,8 (CHAMBERS und POLLACK 1926) sowie pH 7,5 $\pm$ 0,1 (CHAMBERS, POLLACK und HILLER 1927) und für den Kernsaft (Caryolymphe) pH 7,4—7,6 (CHAMBERS und POLLACK 1927) angeführt. Diese Werte sind durch Injektion von Indikatoren der Tabelle 78 gewonnen worden. NASSONOV (1932 b) schätzt aus Neutralrotfärbungen für den Zellkern anaerober Infusorien auf pH < 6,0. Für Pflanzenzellen teilen YAMAHA und ISHII (1933) Werte mit, die mit Bromcresolgrün an überlebenden Zellkernen erhalten worden sind und je nach Art und Alter der Zellen zwischen pH 4,2 und 5,8 liegen. In den sich teilenden Pollenmutterzellen von *Lilium auratum* läßt nach YAMAHA (1935) das Caryotin mit Bromcresolgrün folgenden Gang erkennen: I. Prophase pH 4,6 (4,35), I. Anaphase 4,1 (4,6), I. Telophase 4,6 (4,35), II. Metaphase 4,0 (4,35), Tetrade 4,5 (4,2). Die in Klammern beigefügten Zahlen beziehen sich auf das Cytoplasma. Es muß aber fraglich erscheinen, ob es sich dabei erstens um noch lebende Zellen handelt und zweitens, ob die Farbtonänderungen auf pH-Verschiebungen beruhen.

Da in der Pflanzenzelle die kationischen Indikatoren vorwiegend in der Vakuole gespeichert werden, beziehen sich die meisten Literaturangaben auf den pH-Wert des Zellsaftes. Bei der Besprechung der Reaktion des Plasmas sind bereits einige Werte für den Zellsaft mit aufgeführt worden. Aus diesen Angaben geht schon hervor, daß der Zellsaft im allgemeinen sauer reagiert. Dafür sprechen weitere Befunde. BÜNNING (1936) erhält für den Zellsaft in den Hyphen von *Aspergillus niger* mit Neutralrot, Methylorange, Bromcresolgrün und Bromphenolblau pH 4,2—5,0. Der Zellsaft nackter Protoplasten von *Solanum nigrum*-Beeren soll die auf S. 513 angeführten, von PFEIFFER (1925) empfohlenen Indikatoren intensiv speichern. PFEIFFER (1930 b) schließt aus den Farbtönen auf eine intraplasmatische cH von pH 5,8 bis 6,0, die sich bei Degeneration der Protoplasten nach pH 4,8—5,2 verschiebt. Aus der Farbtonänderung des im Zellsaft gespeicherten Neutralrotes vermutet auch DRAWERT (1937 a, d) eine Ansäuerung des Zellsaftes in den Oberepidermiszellen der Schuppenblätter von *Allium cepa* nach Verletzung. Perner (1950 a) schließt aus dem Fluorescenzfarbton einiger Pyrensulfosaurer-Na-Verbindungen für dasselbe Objekt, daß der pH-Wert des Zellsaftes zwischen pH 4,5 und 6,5 schwankt. Nach Küster (1927 a) färben sich die Vakuolen der *Allium cepa*-Zellen mit Bromphenolblau tiefblau und mit Phenolrot sattgelb. Danach dürfte der pH-Wert des Zellsaftes zwischen 5,0 und 6,5 zu suchen sein. Aus Färbungen mit Chlorphenolrot vermutet Küster (1927 b), daß er noch unter pH 5 liegt. Ein unterschiedliches Verhalten von Mesophyll sowie Unter- und Oberepidermis der Schuppenblätter, wie es ganz ausgeprägt nach einer Färbung mit Neutralrot auftritt, wird nicht erwähnt. Den Injektionsversuchen mit Bromthymolblau von Ribbert (1931) kann man entnehmen, daß der pH-Wert des Zellsaftes der Epidermiszellen von *Tradescantia virginiana* um 6 oder darunter liegen muß.

Nur selten wird für den Zellsaft, wenn wir von den Meeresalgen absehen, eine neutrale oder alkalische Reaktion angegeben.

Nach Atkins (1922 a) deutet der Farbton des gespeicherten Neutralrots bei *Enteromorpha spec.* und *Ceramium rubrum* auf eine annähernd neutrale Reaktion hin. Kylin (1938) schließt aus einer Neutralrotfärbung, daß der Zellsaft der Haarzellen von *Ceramium rubrum* pH 7,6—8,0 besitzt, die kleinen Rindenzellen dagegen pH 6,6—6,8 aufweisen. Die Blasenzellen von *Antithamnion plumula* sollen alkalisch und die von *Bonnemaisonia asparagoides* sauer sein. Färbungen mit Neutralrot und Cresylblau deuten bei den meisten pennaten Diatomeen, bei fast allen untersuchten Meeres-Chlorophyceen, außer einigen *Cladophora*-Arten, und bei der Mehrzahl der daraufhin geprüften Phaeophyceen auf einen alkalischen Zellsaft hin. Bei den Rotalgen finden sich dagegen sowohl Arten mit alkalischem als auch mit saurem Zellsaft (Kylin 1939 a). Der niedrigste pH-Wert mit 1,8 wurde bei der Braunalge *Desmarestia viridis* gefunden, aber nicht auf dem Wege der Vitalfärbung mit kationischen Farbstoffen, sondern am Preßsaft mit den Indikatoren von Clark und Lubs (Kylin 1938). Mit Bromcresolpurpur und Bromthymolblau zeigt der extrahierte Zellsaft von *Valonia ventricosa* pH 6,2—6,4 und mit der Glaselektrode pH 6,02—6,07 (Brooks 1930 c). Sehr zu denken geben die Befunde von Bailey und Zirkle (1931) an *Nitella*. Eine Vitalfärbung mit Neutralrot deutet für den Zellsaft auf pH 7,0—7,8. Der ausgepreßte Zellsaft besitzt dagegen, sowohl kolorimetrisch als auch elektrometrisch bestimmt, pH 5,6.

In den meisten der von P. Dangeard (1933) untersuchten Pollenkörnern soll der Zellsaft, aus dem Farbton des gespeicherten Neutralrots geschlossen, alkalisch reagieren, einige Pollenkörner zeigen saure Vakuolen und andere saure und alkalische Vakuolen nebeneinander. Auch in den Cambiumzellen von *Pinus* liegen saure A-Vakuolen neben alkalischen B-Vakuolen in derselben Zelle. Während aber alle geprüften Indikatoren für die A-Vakuolen etwa den gleichen pH-Wert ergeben, schwanken die aus dem Farbton der einzelnen Indikatoren geschlossenen pH-Werte bei den B-Vakuolen ganz beträchtlich; so deutet Neutralrot auf pH 7,2, Brillantcresylblau dagegen auf pH 13,0 (Bailey und Zirkle 1931). Aus dem Farbton des im Zellsaft gespeicherten Neutralrots könnte man in den Mesophyllzellen der Blätter von *Iris japonica* auf einen alkalischen Zellsaft und in der Unterepidermis auf eine saure Reaktion schließen, doch ist die Deutung nach Jantsch (1959) schwierig.

Der Farbton eines in der Vakuole gespeicherten Farbstoffes reagiert relativ schnell auf einen Wechsel des physiologischen Zustandes der Zelle. Im allgemeinen wird diese Farbtonänderung auf eine Verschiebung des pH-Wertes zurückgeführt.

Nach PEKAREK (1934) soll mit dem Öffnen und Schließen der Spaltöffnungen beim Licht/Dunkel-Wechsel eine Schwankung des pH-Wertes einhergehen. Eine Neutralrotfärbung deutet bei *Rumex acetosa* für den Zellsaft der Schließzellen im Licht auf pH 5,3—6,0 und im Dunkeln auf pH 4,0—5,0; für die angrenzenden Neben- und Epidermiszellen ergeben sich im Licht pH 5,0—6,2 und im Dunkeln pH 7,6—8,0.

COLLA (1934, 1937) schließt aus Versuchen mit den Indikatoren nach CLARK und LUBS und mit der „range indicator"-Methode nach SMALL, daß der Zellsaft seismisch reizbarer Organe nach der Reizung saurer wird. Nach BÜNNING (1935) geht aus Färbungen mit Neutralrot und Bromcresolpurpur hervor, daß der Zellsaft des Bewegungsgewebes von *Phaseolus multiflorus* tagsüber pH 6,8—7,0 und nachts pH 6,0—6,5 aufweist. MOSEBACH (1941) kann durch Messungen an Preßsaft mit der Chinhydron-Elektrode diese Tendenz bestätigen.

DRAWERT (1948 a) kommt auf Grund des Farbtones, der Ausbildung einer Vakuolenkontraktion und der Lage des Umschlagspunktes Zellwand-Vakuolenfärbung in der pH-Skala bei einer Vitalfärbung mit Neutralrot zu der Auffassung, daß der Zellsaft der Unterepidermis grüner Blätter von *Sedum praealtum* eine höhere Acidität besitzt als der etiolierter Blätter. Bestimmungen des pH-Wertes vom Preßsaft ganzer Blätter mit der Wasserstoffelektrode ergeben dementsprechend pH 5,21 für den grünen und pH 6,08 für den etiolierten Zustand. Nach JABLOKOVA (1954) deutet der Farbton des gespeicherten Neutralrots bei grünen Weizenblättern auf pH 5,5—6,0 und bei etiolierten auf pH 7,5—8,5. DRAWERT (1948 a) und REIMERS (1957) können dagegen kaum einen Farbtonunterschied des gespeicherten Neutralrots bei *Triticum*-Blättern feststellen, und Messungen mit der Chinhydron-Elektrode ergeben am Preßsaft nach DRAWERT für grüne Blätter pH 6,17 und für etiolierte pH 5,88. *Triticum* verhält sich demnach umgekehrt wie *Sedum praealtum*. REIMERS findet mit der Glaselektrode nur geringfügige Unterschiede, und je nach Organ kann der grüne oder der etiolierte Teil etwas saurer sein.

THEIN (1957) benutzt die Vitalfärbung mit Neutralrot zur pH-Bestimmung bei der Kurztagpflanze *Xanthium pennsylvanicum* und stellt beim Übergang zur reproduktiven Phase unter Kurztag eine Verschiebung der Zellsaftreaktion nach der alkalischen Seite fest, da der Farbton von den Zellen der reproduktiven Stengel mit orange und von den Zellen der rein vegetativen Stengel mit rotem Farbton aufgenommen wird. Bei den vegetativen Langtagpflanzen tritt nur im Zellsaft des basalen Internodiums ein orange Farbton auf. THEIN sieht deshalb in der pH-Veränderung (s. aber S. 524) ein Zeichen der Alterung des Gewebes.

Vor allem wird von den Verfechtern der „range indicator"-Methode (MARTIN 1927, SMALL 1955) aus dem Farbton der von den Zellwänden adsorbierten Indikatoren auf den pH-Wert der Wände geschlossen. RUGE (1937 a) bestimmt den pH-Wert der Zellwände im Hypokotyl von *Helianthus annuus* mit Bromcresolpurpur, Methylorange und Congorot und kommt für nichtwachsende Zellwände auf pH 5 und für wachsende auf pH 3. Die Ansäuerung der letzten wird auf eine Anreicherung von β-Indolylessigsäure in den Wänden zurückgeführt.

Auf die Anwendung der Indikatoren zum Nachweis einer Ansäuerung oder Alkalinisierung von Kulturmedien durch Mikroorganismen soll nur hingewiesen werden (z. B. Clark und Lubs 1915, Labrousse und Sarejanni 1929, Cowan 1953).

γ) Fehlerquellen

Gegen die kolorimetrische pH-Bestimmung im allgemeinen und deren Anwendung im Rahmen der Vitalfärbung im besonderen sind schwerwiegende Einwände erhoben worden, da sie mit zu vielen Fehlerquellen belastet ist. Sie soll günstigenfalls die Richtung angeben, ob sauer oder alkalisch, zu einer quantitativen Auswertung aber ungeeignet sein (Leuthardt 1929). Über die verschiedenen Fehlermöglichkeiten bei der pH-Bestimmung durch Indikatoren vergleiche man Clark (1928). Bei der kolorimetrischen pH-Bestimmung in der Zelle sind vor allem keine Korrekturen möglich, da Salz-, Protein- und Konzentrationsfehler nicht bestimmbar sind (Needham und Needham 1926 a). Deutsch (1928) weist darauf hin, daß die Zelle ein wässeriges System mit vielen Grenzflächen darstellt, das sich hinsichtlich der elektrolytischen Dissoziation stark vom Wasser unterscheidet, und deshalb pH-Bestimmungen mit Indikatoren auf größte Schwierigkeiten stoßen müssen. Keller (1929) hält eine Bestimmung von pH-Werten in der Zelle überhaupt für unmöglich, da zwischen den Angaben verschiedener Autoren Differenzen von 4 bis 10 pH-Einheiten bestehen. Von anderen Autoren wird aber die Möglichkeit der pH-Bestimmung mit Hilfe der Vitalfärbung verteidigt (besonders Spek 1933—1944), so daß wir uns mit den verschiedenen Fehlerquellen beschäftigen müssen, um zu einer Entscheidung zu kommen.

In seinem Sammelreferat über die kolorimetrische Acidimetrie in der Gewebephysiologie weist Pfeiffer (1927 a) auf folgende Fehlerquellen hin: 1. Unterschiede in der Löslichkeit der Indikatoren. 2. Eigenfarbe der Zellbestandteile. 3. Chemische Bindung oder Adsorption des Indikators an Strukturpartikeln. Hierher wäre auch der sogenannte Eiweißfehler zu rechnen. 4. Der Salzfehler: Neutralsalze verschieben die Farbnuance eines anionischen Indikators nach der alkalischen und die eines kationischen Farbstoffes nach der sauren Seite. 5. Die von reinem Wasser abweichende Dielektrizitätskonstante des Plasmas. Für biologische Messungen dürften nach Pfeiffer: 6. Der Temperatur- und 7. Der Alkoholfehler weniger bedeutsam sein. Hier sollen von den aufgeführten Punkten nur der Eiweiß- und der Salzfehler betrachtet werden. Ferner sind noch zu berücksichtigen: 8. Der Redox-Fehler, wenn es sich bei den pH-Indikatoren gleichzeitig um Redox-Indikatoren handelt. 9. Der Konzentrationsfehler und — entgegen der Meinung von Pfeiffer — auch der Alkoholfehler, wenn wir diesen Punkt erweitern und darunter allgemein die Lösung in mehr oder weniger hydrophoben Medien verstehen. Die meisten der aufgeführten Fehler sind, wie wir heute wissen, die Grundlage für den Hauptfehler, nämlich: 10. Die Metachromasie. Alle kationischen Indikatoren sind nach Lison (1935 d) ohne Ausnahme metachromatisch.

Salzfehler

Nach Ruhland (1923) schlägt in salzarmer Lösung (Leitungswasser) der amphotere Farbstoff Prune pure bei pH 8 (elektrometrisch gemessen) von Blau nach Violett um. In Phosphatpuffern ist der Farbtonwechsel dagegen schon zwischen pH 6,97 und 7,20 zu erhalten, und in Borat-Gemischen ist selbst bei pH 8,84 noch kein Umschlag zu beobachten. Das kationische Chrysoidin ändert nach demselben Autor bei pH 6,5 seinen Farbton von Orangegelb nach Gelb. In Phosphat- und Boratgemischen bleibt die Lösung immer gelb. Neutralrot soll nach PANTIN (1923) nur einen geringen Salzfehler aufweisen.

Der Salzfehler macht sich auch bei den anionischen Farbstoffen, z. B. bei denen der Tabelle 78 (S. 514), bemerkbar. Salzzusatz verschiebt nach VLÈS (1926) den Umschlagspunkt von Bromthymolblau um ~ 0,3 pH-Einheiten nach der sauren Seite. In dieser Größenordnung bewegen sich auch Angaben von BROOKS (1932 a) über den Einfluß von Phosphaten und Boraten auf Bromthymolblau, Phenolrot und Cresolrot, nur daß die Verschiebung nach der alkalischen Seite erfolgen soll. Salze können auch bei Farbstoffen, die keine pH-Indikatoren sind, eine Farbtonänderung durch Niederschlagsbildung hervorrufen (VLÈS 1927), dabei spielt die Art des Salzes eine Rolle (VLÈS und GEX 1927). VLÈS, REISS und GEX (1927) untersuchen etwa 80 anionische und kationische Farbstoffe hinsichtlich des Salzfehlers. Angaben für Bromcresolgrün, Bromcresolpurpur und Phenolrot finden sich bei SENDROY und HASTINGS (1929). Nach YAMAHA (1938 a) ist der für das Plasma von Pollenmutterzellen mit Bromcresolgrün erhaltene pH-Wert bei Anwendung des Farbstoffes in Acetatpuffer immer niedriger als bei Lösung desselben in Phosphatgemischen.

Die Befunde von VLÈS (1927) deuten darauf hin, daß der Salzfehler wohl in erster Linie auf einer Dispersitätsänderung des Farbstoffes durch Aggregation zurückzuführen ist, wie es bereits an anderer Stelle besprochen wurde (s. S. 153).

Eiweißfehler

Beim Prune pure bedingt Eiweiß nach RUHLAND (1923) bei allen untersuchten pH-Werten rosa bis violette Farbtöne, und Chrysoidin deutet bei einer 0,2%igen Eiweißlösung auf pH 6,5 hin, elektrometrisch gemessen zeigt dieselbe Eiweißlösung aber pH 3,02. Nach SCHMIDTMANN (1924, 1925) soll dagegen der Eiweißfehler, besonders bei anionischen Indikatoren, so gering sein, daß er vernachlässigt werden kann. Nur das kationische Neutralrot reagiert mit Bestandteilen des Plasmas und verursacht so pH-unabhängige Farbreaktionen. GUTBIER und BRINTZINGER (1927) geben jedoch außer für kationische auch für anionische Indikatoren eine z. T. ganz beträchtliche Verschiebung des Umschlagspunktes durch hydrophile Kolloide an. Unempfindlich sollen die Indikatoren sein, deren Umschlagsbereich um den Neutralpunkt liegt, und am empfindlichsten sind jene, deren Umschlagsbereich sich im sauren Gebiet befindet. LEUTHARDT (1929) hält ganz allgemein den Eiweißfehler für so groß, daß Indikatoren für eine pH-Bestimmung im Plasma unbrauchbar sind. Ein Eiweißfehler kann nach GOLDACRE (1953) auch durch eine Auffaltung von Proteinmolekülen zustande kommen. Ein Serumalbumin, das mit einer Spur Indikator versetzt und auf pH 7 stark gepuffert wird, zeigt nach Erhitzen und Wiederabkühlen einen anderen Farbton als vorher, obwohl mit der Glaselektrode kein pH-Wechsel festgestellt werden kann. Die Faltung der Serumalbuminmoleküle genügt, um den Farbton von Phenolrot zu ändern. Rinderserumalbumin verschiebt nicht das Absorptionsmaximum von Orange I und II, verlagert aber das von Azosulfothiazol in den längerwelligen und das von Methylorange in den kürzerwelligen Bereich. Gelatine, γ-Globuline und

Carbowax sind ohne Einfluß. Die Maximumverschiebung soll durch Komplex-bildungen zwischen Protein und Farbstoff verursacht werden (Klotz 1946). Nach Danielli (1941) wird der Eiweißfehler dadurch hervorgerufen, daß an der Protein-oberfläche ein anderer pH-Wert herrscht als im Medium.

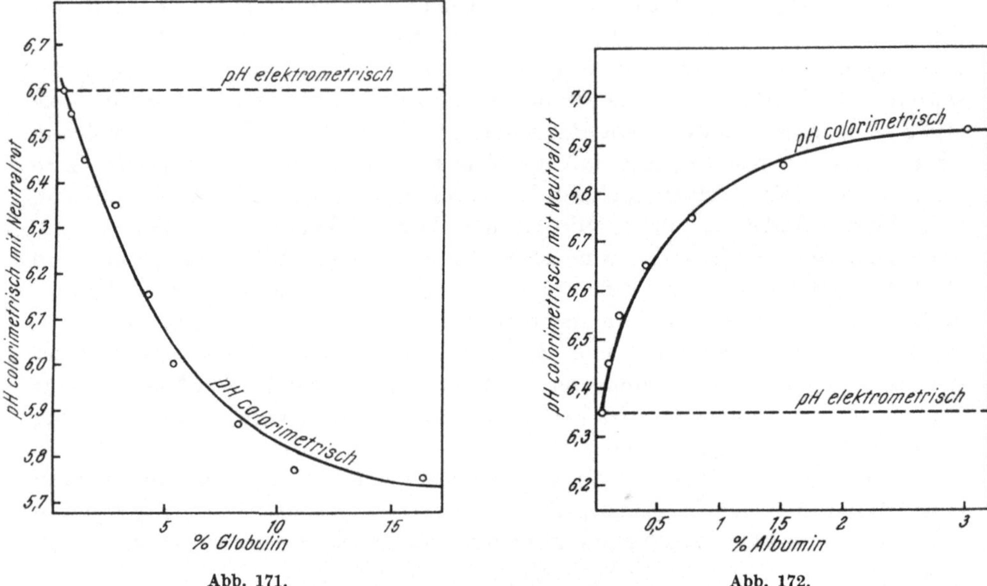

Abb. 171.   Abb. 172.

Abb. 171. Der durch Globulin verschiedener Konzentration verursachte Eiweißfehler bei einer pH-Bestimmung mit Neutralrot. (Nach Lepper und Martin 1927.)

Abb. 172. Der durch Albumin verschiedener Konzentration verursachte Eiweißfehler bei einer pH-Bestimmung mit Neutralrot. (Nach Lepper und Martin 1927.)

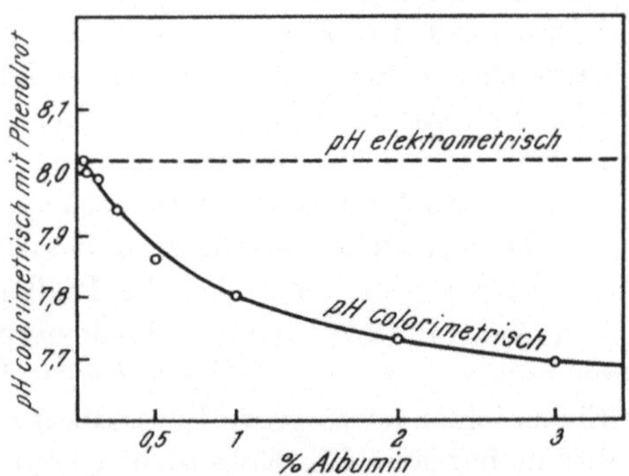

Abb. 173. Der durch Albumin verschiedener Konzentration verursachte Eiweißfehler bei einer pH-Bestimmung mit Phenolrot. (Nach Lepper und Martin 1927.)

Der Einfluß von Globulin und Albumin auf die pH-Wert-Bestimmung mit dem kationischen Neutralrot und dem anionischen Phenolrot ist aus Abb. 171—173 ersichtlich.

Sehr wahrscheinlich kann auch der Eiweißfehler auf eine durch die Adsorption bedingte Aggregation der Farbstoffionen zurückgeführt werden (s. S. 169 u. f.).

Konzentrationsfehler

Nach VLÈS (1926) hat die Konzentration von Bromthymolblau einen Einfluß auf die Lage des Umschlagspunktes, und GOLDACRE (1953) weist darauf hin, daß eine auf pH 8 gepufferte Neutralrotlösung bei hoher Konzentration rot und bei niedriger gelb erscheint. Aus der Besprechung der Metachromasie (S. 169 u. f.) wissen wir, daß mit der Farbstoffkonzentration auch die Aggregation zunimmt und damit eine Verschiebung des Absorptionsmaximums einhergeht, so daß sich hier ein weiteres Eingehen auf diesen Punkt erübrigt.

„Alkohol"-Fehler

Aus dem Abschnitt über die Metachromasie ist bekannt (s. S. 169 u. f.), daß eine Aggregation der Farbstoffionen nur in wässeriger Lösung auftritt. In hydrophoben Medien erfolgt, ebenso wie in Alkohol höherer Konzentration, eine molekulare Lösung der Farbstoffe, die sich in ihrem Farbton von der wässerigen Lösung unterscheidet. Da in hydrophoben Medien im allgemeinen nur die Moleküle der Farbbase bzw. der Farbsäure löslich sind, nehmen die Lösungen bei den kationischen Farbstoffen den „alkalischen" und bei den anionischen den „sauren" Farbton an. Diese Farbtöne sagen aber nichts über den pH-Wert aus. So warnt z. B. STRUGGER (1940 b) davor, aus der Fluorescenz des Plasmas nach einer Vitalfärbung mit Neutralrot auf eine alkalische Reaktion des Cytoplasmas zu schließen, weil eine wässerige basische Neutralrotlösung eine ähnliche Fluorescenz aufweist.

Redox-Fehler

Unter Umständen täuscht eine durch Reduktion oder Oxydation bedingte Farbtonänderung eine pH-Verschiebung vor. Dies kann nach REISS (1926 b) z. B. bei Brillantcresylblau und Nilblau durch Reduktion eintreten. Der Autor erhebt deshalb die Forderung, bei der Anwendung von pH-Indikatoren, die nicht reduktionsfest sind, vor einer pH-Bestimmung den rH-Wert der Zelle zu messen. Dagegen kann man einwenden, daß für die genaue rH-Bestimmung der pH-Wert bekannt sein muß.

Metachromasie-Fehler

Die Verfälschung der pH-Bestimmung mit Indikatoren durch metachromatische Effekte wird besonders in den Arbeiten von LISON betont. Chromotrope Substanzen können bereits in geringen Konzentrationen zu erheblichen Farbtonverschiebungen führen, die pH-Änderungen vortäuschen. Eine Spur Ca-Chondroitinsulfat bedingt in einer Brillantcresylblaulösung mit pH 4 einen Farbton, der auf pH 10,4 hinweist, obwohl sich die cH nicht im geringsten geändert hat, und bei Neutralrot würde man auf eine Verschiebung von pH 2,2 auf 7,2—7,4 schließen (LISON 1935 d). Bei dem anionischen Benzopurpurin bewirkt 0,01% Polyvinylpyrrolidon eine Verschiebung des Umschlagspunktes um 1 pH-Einheit zur sauren Seite hin (OSTER 1952). In einer alkalischen Seifenlösung zeigt Neutralrot einen roten Farbton, da der Farbstoff von Fettsäure gespeichert wird, die durch Hydrolyse frei wird (JARISCH 1923). CZAJA (1934) führt auch die besonders von SMALL und seiner Schule gemessenen pH-Werte inkrustierter Zellwände auf Metachromasieeffekte zurück, die nichts mit der cH zu tun haben. Nach FRANCINNI (1938) werden die bei Färbung mit Toluidinblau und Thionin an pflanzlichen Nucleolen zu beobachtenden Farbtonumschläge nicht durch pH-Unterschiede, sondern durch chromotrope Schleimsubstanzen verursacht. Die von Spek, vor allem aus Färbungen mit Brillantcresylblau, gezogenen Schlüsse auf die cH verschiedener Zellphasen werden von Ries (1939) auf Grund der ausgesprochenen Metachromasie des Farbstoffes abgelehnt. Spek (1939) weist diesen Einwand zurück.

δ) Allgemeine Schlußfolgerungen

Unsere heutigen Kenntnisse von der Metachromasie (vgl. S. 169 u. f.) unterstreichen in vollem Maße die Berechtigung des Einwandes gegen eine pH-Bestimmung mit Indikatoren in der lebenden Zelle. Dies trifft vor allem für den Zellsaft zu, besonders dann, wenn der Farbton auf eine relativ hohe cH hinweist. In den meisten Fällen werden diese Farbtöne durch den Gehalt des Zellsaftes an Stoffen mit phenolischen Gruppen bedingt, die in den sogenannten „vollen“ Zellsäften mit kationischen Farbstoffen eine negative Metachromasie hervorrufen. Auch bei „leeren“ Zellsäften verfälscht die hohe Farbstoffkonzentration in der Vakuole durch die Assoziation der Farbkationen und die dadurch verursachte positive Metachromasie die Rückschlüsse auf den pH-Wert. So müssen die sogenannten B-Vakuolen im Cambium, wie aus den Angaben von Bailey und Zirkle (1931) zu schließen ist, leeren Zellsaft enthalten, die verschiedenen Indikatoren werden aber mit so unterschiedlichen Farbtönen gespeichert, daß man je nach Indikator alle pH-Werte zwischen 7 und 13 herauslesen kann. Auffallend ist auch der hohe Prozentsatz von Angaben über „alkalische“ Zellsäfte bei Meeresalgen. Diese Pflanzengruppe zeichnet sich durch viele Arten mit leerem Zellsaft aus.

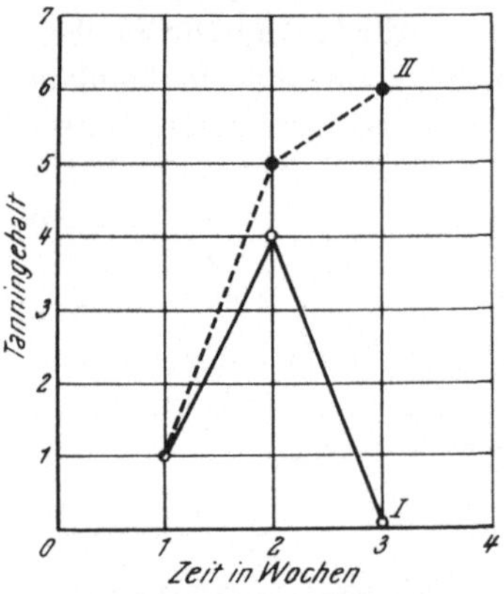

Abb. 174. I Die Abnahme des Tannin-Gehaltes in den Zellen des 7. Internodiums von *Xanthium pennsylvanicum* nach Induzierung der generativen Phase durch Kurztagbehandlung. II unbehandelte Kontrolle. (Nach Thein 1957.)

Die Erklärung der Farbtonänderung des von *Xanthium pennsylvanicum* gespeicherten Neutralrots beim Übergang von der vegetativen in die generative Phase mit einer Alkalinisierung des Zellsaftes durch Thein (1957) dürfte kaum zutreffen, da der Autor parallel dazu eine Abnahme des Tanningehaltes (Abb. 174) — also phenolische Substanzen — und ungesättigter Fette feststellt. Es liegt demnach ein Wechsel von „vollem“ zu „leerem“ Zellsaft vor, mit dem ein Wechsel des Neutralrots von negativer zu positiver Metachromasie verbunden ist. Auch der von Pekarek (1934) beobachtete Farbtonwechsel beim Öffnen und Schließen der Spaltöffnungen wird kaum eine pH-Änderung anzeigen, sondern auf einer Zu- und Abnahme chromotroper Substanzen im Zellsaft beruhen (vgl. S. 398).

Diese Hinweise sowie die Ausführungen über die Metachromasie (S. 169 u. f.) mögen genügen, um zu zeigen, daß tatsächlich alle in der Literatur vorhandenen pH-Angaben, die aus einer Vitalfärbung, besonders mit kationischen Indikatoren, gewonnen wurden, zum größten Teil nicht zuverlässig sind und einer Nachprüfung bedürfen.

Etwas günstiger liegen die Verhältnisse bei der Anwendung anionischer Indikatoren, da bei ihnen die Metachromasie im allgemeinen nicht so stark ausgebildet ist. Hier tritt aber als Hindernis die geringe Aufnehmbarkeit der Farbstoffe durch die lebende Zelle auf.

Viele der vorliegenden Werte sind mit der „range indicator"-Methode nach SMALL erhalten worden, ungeachtet der Einwände, die gegen diese Methode erhoben worden sind. Es sei nur an die Bedenken von ROSE und HURD-KARRER (1927), RIBBERT (1931), CHAMBERS und KERR (1932) und STANFIELD (1937) erinnert. DRAWERT (1956 b) weist darauf hin, daß den mit der „range indicator"-Methode arbeitenden Untersuchern entgangen ist, daß sie häufig mit bereits abgestorbenen Zellen gearbeitet haben. Diesen Verdacht kann PILZ (1959) in eingehenden Untersuchungen bestätigen. Die Autorin kommt zu dem Schluß, daß die mit der „range indicator"-Methode nach SMALL erhaltenen und in der Literatur aufgeführten Ergebnisse unhaltbar sind, da die beobachteten Färbungen ohne Rücksicht auf die Vitalität der Zellen und die Mechanismen der intrazellulären Farbstoffspeicherung interpretiert worden sind.

Es soll noch erwähnt werden, daß auch häufig aus dem Farbton der natürlichen Indikatoren mancher Pflanzenzellen, den Anthocyanen, auf den pH-Wert des Zellsaftes geschlossen worden ist (z. B. SMITH 1933, VON CHOLNOKY 1950 a, b, GURR 1965, S. 249). Aus Untersuchungen von ATKINS (1922 b), R. ROBINSON (1933), G. M. ROBINSON (1939), DRAWERT (1954 b) u. a. geht aber hervor, daß dies nicht möglich ist.

Aus den angeführten Gründen müssen wir eine kolorimetrische pH-Messung mit Indikatoren in der lebenden Zelle ablehnen. Theoretisch ergibt sich aber die Möglichkeit, durch Bestimmung der Speichermaxima einer Reihe von Farbstoffen mit unterschiedlichen Dissoziationskonstanten bei leeren Zellsäften Rückschlüsse auf deren pH-Wert zu ziehen (KINZEL 1955 a). Die Speicherung der kationischen Farbstoffe ist nach DRAWERT (1940, 1948 b) von dem cH-Gefälle Außenmedium/ Zellsaft abhängig. Sie reichern sich nach dem Ionenfallenprinzip an den Stellen höchster Acidität an. Von dieser Grundlage ausgehend, lassen sich, wenn nicht andere Faktoren stören, pH-Unterschiede im Zellsaft von Einzelzellen feststellen (REIMERS 1957). In Abhängigkeit von der Außen-cH wird eine Zellsaftfärbung um so weiter im sauren Bereich beginnen, je saurer der Zellsaft ist. An Zellen von *Bryophyllum*, die eine Tagesperiodizität im pH-Wert des Zellsaftes aufweisen, kann OVERBECK (1957) dieses Prinzip bestätigen. Wie aus Tabelle 75 (s. S. 412) hervorgeht, besteht eine gute Parallele zwischen dem pH-Wert des Preßsaftes und dem Beginn der Neutralrotspeicherung in den Vakuolen der Mesophyllzellen von *Bryophyllum*-Arten. Eine Voraussetzung dafür sind wirklich „leere" Zellsäfte, und der benutzte Farbstoff muß bei der „absoluten Färbeschwelle" nach KINZEL (1959 c) noch genügend permeierfähige Farbbasenmoleküle im Außenmedium enthalten. KINZEL und IMB (1961) bestimmen mit Hilfe der absoluten Färbeschwelle den pH-Wert des sehr sauren Zellsaftes in den Blättern von *Begonia hydrocotylifolia* und erhalten mit Chrysoidin pH ~ 1,45. Neutralrot ist hier nicht mehr anwendbar, da bei dieser hohen cH eine Neutralrotlösung kaum noch Farbbasenmoleküle enthält. Mit Neutralrot gelingt aber nach HÖFLER und KINZEL (1963) die Feststellung der absoluten Färbeschwelle und damit des pH-Wertes des Zellsaftes für die Hyphen einiger Basidiomyceten. Die Autoren erhalten Werte zwischen pH ~ 5,0 und 5,5. Sobald der Zellsaft Speicherstoffe führt, ist diese auf dem Ionenfallenprinzip beruhende Methode nicht mehr anwendbar.

c) Kolorimetrische rH-Bestimmung in der Zelle

Die Farbstoffe sind außer zur Bestimmung von pH-Werten auch zur Messung des Redoxpotentials in der lebenden Zelle herangezogen worden, da sich viele Farbstoffe als Redoxindikatoren eignen (s. Tab. 42, S. 158).

Eine Entfärbung von Farbstoffen durch tierische und pflanzliche Zellen ist schon den ersten Vitalfärbern wie Ehrlich und Pfeffer aufgefallen. Ehrlich (1885) führte Redox-Versuche mit Dimethylparaphenylendiamin an Tieren durch.

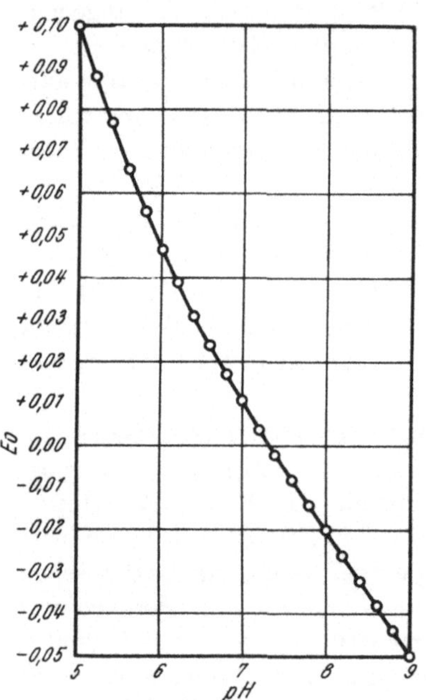

Abb. 175. Die Abhängigkeit des Redoxpotentiales Eo von Methylenblau bei 30° C vom pH-Wert. (Nach Zahlen von Clark aus Michaelis 1929.)

Pfeffer (1886) beobachtete die Entfärbung von Methylenblau durch gärende Hefe.

Es treten aber bereits bei den Klassikern der Vitalfärbung nicht nur hinsichtlich der Aufnahme oder Nichtaufnahme und der Lipoidlöslichkeit der Farbstoffe, sondern auch hinsichtlich der Entfärbung von Farbstoffen Unstimmigkeiten auf. So wird nach Höber (1909) Wollviolett S durch Leberzellen des Frosches entfärbt. Ruhland (1909) stellt in einer Erwiderung fest, daß *Spirogyra* dazu nicht befähigt ist. Andererseits ist nach Küster (1911/12) pflanzlicher Preßsaft in der Lage, mit einer Wollviolett-S-Lösung getränktes Filtrierpapier zu bleichen.

Zur Bestimmung des Redoxpotentials werden geringe Mengen Redoxindikator mit der Immersionsmethode oder durch Mikroinjektion in die lebende Zelle gebracht. Erfolgt dort eine vollständige Reduktion, dann ist sein Redoxpotential positiver als das der Zelle. Behält der Farbstoff seine Farbe, dann ist sein Redoxpotential negativer als das der Zelle, und geht er nur teilweise in die reduzierte Stufe über, dann stimmen die rH-Werte von Farbstoff und Zelle bzw. Zellbestandteil annähernd überein.

Für eine genaue Bestimmung des Redoxpotentials in der Zelle ist die Kenntnis der cH unbedingt erforderlich, da das Potential weitgehend von der cH abhängt (vgl. Abb. 175). Im Durchschnitt wird bei der Abnahme der cH um eine pH-Einheit das Redoxpotential um 0,06 Volt negativer (Needham und Needham 1926 d). Aus den im vorhergehenden Kapitel gezogenen Schlußfolgerungen ergibt sich aber ein noch unüberwindlich erscheinendes Hindernis für die intrazelluläre rH-Bestimmung, da diese schon an der Unmöglichkeit einer genauen intrazellulären pH-Bestimmung scheitern muß. Auf diese Schwierigkeit hat bereits Chambers (1933) hingewiesen. Alle hier aufgeführten rH-Werte für das Zellinnere sind also mit der dadurch gegebenen Einschränkung zu betrachten.

Bei Anwendung der Immersionsmethode zur Implizierung der Redoxindikatoren in die Zelle ist zu beachten, daß das Ausbleiben einer Färbung sowohl auf einer sehr raschen Reduktion als auch auf einer Impermeabilität der Zelle für den Indikator beruhen kann (Chambers, Cohen und Pollack 1931). Chambers (1933) empfiehlt deshalb, in solchen Fällen mit Oxydationsmitteln wie K-Ferricyanid nachzuprüfen, ob wirklich eine Permeation und eine anschließende Reduktion des Indikators stattgefunden haben.

Ferner muß zwischen einer intra- und einer extrazellulären Reduktion bzw. Oxydation unterschieden werden. Seesterneier sollen unter anaeroben Bedingungen nach CHAMBERS, BECK und GREEN (1933) nur Indikatoren reduzieren, die von der Zelle aufgenommen werden. Hefe reduziert nach GAUTHERET (1939 b) vorwiegend in der Zelle, gibt aber auch reduzierende Substanzen an das umgebende Medium ab, da Indigodisulfonat, das nicht permeiert, von Hefesuspensionen in die Leukoform übergeführt wird (GUILLIERMOND und GAUTHERET 1938 d). *Saprolegnia* soll dagegen hauptsächlich extrazellulär durch die Abgabe entsprechender Stoffwechselprodukte reduzieren (GAUTHERET 1939 b).

Durch die Stoffwechseltätigkeit können aus Stoffen des umgebenden Mediums reduzierende oder oxydierende Substanzen entstehen bzw. deren Redoxpotentiale geändert werden. Mit Leukoderivaten, z. B. von Cresylblau, durchsetzte Nährböden färben sich an der Oberfläche durch Oxydation der Indikatoren, jedoch nicht in ihrem Innern. Entwickeln sich aber im Innern Kolonien von *Escherichia coli*, so tritt in der Umgebung der Kolonien eine Färbung auf, und es kann an diesen Stellen Nitrit nachgewiesen werden. In Nitrat-freien Nährböden erfolgt keine Oxydation zur gefärbten Stufe, obwohl auch in diesem Fall die Bakterien gut wachsen (GRIBENSKI 1939).

Elektrometrisch wird man in einer Hefesuspension nur das extrazelluläre Redoxpotential messen, mit Indikatoren teils das äußere, teils das innere, je nachdem, ob der Farbstoff aufgenommen wird oder nicht. Nach AUBEL und GENEVOIS (1927) soll aber bei den von der Zelle gespeicherten Farbstoffen die Verfärbung in der Zelle und im umgebenden Milieu völlig parallel erfolgen.

FROMAGEOT und DESNUELLE (1935) erhalten hinsichtlich des Endpotentials bei obergäriger Hefe unter Luftabschluß mit kationischen Farbstoffen bei pH 4,5 (ungepufferte Lösung) und pH 6,5 (gepufferte Lösung) das gleiche Ergebnis, nur geht die Entfärbung im ersten Fall merklich langsamer vonstatten. Auch KOZLOWSKI (1930/31) hat eine Beschleunigung der Reduktion von Methylenblau durch frische Hefe bei einer Erhöhung des pH-Wertes von 5 auf 10 gefunden. Dieser Unterschied kann mit der besseren Aufnahme der Indikatoren bei höherem pH-Wert zusammenhängen, wodurch neben der extrazellulären Reduktion die intrazelluläre mehr in Erscheinung tritt. Hierfür sprechen die Befunde von KLUYVER und HOOGERHEIDE (1936), daß anionische Farbstoffe mit relativ hohem Normalpotential, die aber nicht permeieren, von gärender Hefe nicht entfärbt werden. Die Ergebnisse von LEMAN (1965 a, b) über den Verlauf der Drift des Redoxpotentials bei elektrometrischer und kolorimetrischer Messung weisen in dieselbe Richtung. Unter Potentialdrift wird der Abfall des Redoxpotentials zu negativeren Werten bis zur Potentialkonstanz verstanden, wenn die Hefe unter anaeroben Bedingungen von der Atmung zur Gärung übergeht. In dem untersuchten Bereich von pH 3,2—6,8 stimmen die elektrometrisch und die mit dem anionischen Indigocarmin, das nicht von der Zelle aufgenommen wird, kolorimetrisch erhaltenen Werte gut überein. In beiden Fällen wird nur das extrazelluläre Redoxpotential gemessen. Die bei pH 3,05—7,35 mit dem permeierenden kationischen Methylenblau erhaltenen Potentiale stimmen dagegen erst nach einer von der Acidität der Lösung abhängigen Zeit mit den elektrometrisch gefundenen Werten überein. Die anfängliche Potentialdifferenz wird in diesem Fall durch ein vorübergehendes Potentialungleichgewicht zwischen dem Zellinnern und der Außenlösung bedingt. Aus den Ergebnissen geht hervor, daß sich in gärenden Hefesuspensionen nur zu Beginn der Potentialdrift ein Ungleichgewicht zwischen extra- und intrazellulärem Redoxpotential einstellt, das sich während der Drift ausgleicht, so daß zu Beginn der Potentialkonstanz extra- und intrazelluläres Potential gleich sind. Zu entsprechenden Ergebnissen ist vorher schon Kakukawa (1938) gekommen (vgl. dazu aber Kluyver und Hoogerheide 1936).

Den Einfluß von Redoxindikatoren auf die mit der Platinelektrode an Kartoffelgewebesuspensionen verfolgte Einstellungsdrift des Redoxpotentiales untersucht Rummeni (1959).

α) Das Redox-Vermögen der Zelle

In den meisten Fällen werden keine genauen Potentialangaben gemacht, sondern nur festgestellt, ob z. B. ein von der Zelle gespeicherter Farbstoff reduziert wird oder nicht. Häufig sind die Untersuchungen mit Hefe und Bakterien angestellt worden, so von Barral (1927), Gutstein (1929), Gautheret (1939 a), Guilliermond (1940), Nilsson (1943), Currier und Day (1954), um nur einige zu nennen. Nagai (1955 b) hat mit TTC auch quantitative Messungen durchgeführt, indem er das gebildete Formazan mit Toluol aus den Zellen herauslöste und photometrisch bestimmte. Es ließen sich Unterschiede im Reduktionsvermögen verschiedener Hefestämme fassen.

Bakterien kann man auf Grund ihres Reduktionsvermögens mit verschiedenen Farbstoffen unterscheiden (Prévot und Reinert 1942). Dieckhues (1955) prüft 318 Farbstoffe auf ihre Entfärbung durch Bakteriensuspensionen. Die Farbstoffe der Nitro-, Stilben-, Acridin-, Thiazol- und Phthaleingruppen zeigen keine Veränderungen, während Vertreter der Triphenylmethan-, Chinolin-, Chinonimin-, Oxazin- und Thiazingruppen eine mehr oder weniger deutliche Entfärbung aufweisen. Azin-, Chinon-, Keton-, Azo- und Disazofarbstoffe verhalten sich nicht einheitlich.

Das Substrat kann auch auf den Reaktionsablauf wirken. Mit Janusgrün soll sich nach Guilliermond und Gautheret (1939 b) das Cytoplasma in Hefezellen zunächst intensiv färben, der Farbstoff wird dann schnell zur roten Stufe reduziert und in dieser Form bei Gegenwart von Substrat ausgeschieden. In substratfreiem Medium findet dagegen keine Abgabe der ersten Reduktionsstufe statt, sondern der Farbstoff wird bis zur Leukobase reduziert, die in der Zelle verbleibt. Die Reduktion von Methylenblau durch Bakterien wird von der Art der zugesetzten Kohlenhydrate beeinflußt (Loeffler und Rigler 1926). Auch deren Konzentration, z. B. von Glukose (Eadie 1928), übt eine Wirkung aus. Außer den selbst reduzierend oder oxydierend wirkenden Substanzen ist auch das Licht von Bedeutung, das z. B. bei der TTC-Reaktion eine große Rolle spielen kann (s. S. 166). Bei Gegenwart von Riboflavin setzt eine photochemische TTC-Reduktion bereits im Licht einer Mikroskopierlampe ein, wodurch cytochemische Untersuchungen mit TTC kompliziert werden (Nickerson und Merkel 1953).

Nach Bielig, Kausche und Haardick (1949) erlischt das Reduktionsvermögen von *Escherichia coli* und *Salmonella typhosa* für TTC erst bei 70° C, also

10° oberhalb der Tötungstemperatur. STILLE (1953) kann diesen Befund nicht bestätigen. Eine Erwärmung von *E. coli* und *Pseudomonas pyocyanea* für 5 Min. auf 60° C unterbindet eine TTC-Reduktion, und die Einwirkung von 52° C für 10 Min. auf Dunkelkeime der Kartoffel tötet diese und hebt damit auch deren Reduktionsvermögen für TTC auf.

Rhodospirillum rubrum reduziert Janusgrün B sowie Stilben-TTC und oxydiert das Nadi-Reagenz. Die Reaktionsprodukte werden in den Granula gespeichert (DREWS 1955 b). Mit blauem Tetrazolium kann bei *Chromatium* nur nach Belichtung eine intensive Reduktion an den Polen der Zellen nachgewiesen werden. Dunkel- oder Hungerzellen zeigen bei Abwesenheit von Thiosulfat im Außenmedium keine Reaktion (TAYLOR 1959).

Nächst Hefen und Bakterien sind auch Protozoen oft verwendete Objekte zum Studium der Redoxvorgänge mit Farbstoffen. Nach Übertragung vitalgefärbter *Opalina* und Paramaecien in eine Wasserstoffatmosphäre werden Brillantcresyl-, Nil-, Toluidin- und Methylenblau entfärbt, nicht dagegen Bismarckbraun, Methylgrün, Fuchsin, Rhodamin und Neutralrot (BECKER 1926). Paramaecien reduzieren Methylenblau sehr schnell bei Deckglasabschluß; die an den Deckglasrand kommenden Individuen werden aber durch Reoxydation wieder blau (CHILD 1934). Dementsprechend verzögert eine Durchlüftung des Mediums die Entfärbung (CHEJFEC 1937), und in einer CO-Atmosphäre ausgeblichene Nahrungsvakuolen, die Methylen- und Brillantcresylblau gespeichert haben, bläuen sich wieder an der Luft (MAKAROW 1935). Mit den Leukobasen von Methylen-, Toluidinblau und Thionin sollen sich Kern und Cytoplasma einiger Protozoen im Farbton der oxydierten Form färben (ROSKIN und SEMENOFF 1933, SEMENOFF 1933).

Bei den Cyanophyceen zeichnen sich die Heterocysten durch eine hohe Stoffwechselaktivität aus, wie mit Redox-Indikatoren nachgewiesen werden kann (DRAWERT und TISCHER 1956, TISCHER 1957, DREWS und NIKLOWITZ 1957). Das Reduktionsvermögen der Cyanophyceen kann durch die Anwesenheit von Salzen erhöht werden. Bei einer Lösung von Stilben-TTC in aqua dest. oder in verdünnten Pufferlösungen unterbleibt eine Reduktion. In einer salzhaltigen Nährlösung wird dagegen das Formazan in den Zellen gebildet (DREWS 1955 b). Diesen Befund darf man nicht für alle Blaualgen verallgemeinern (DRAWERT und TISCHER 1956). Sehr wahrscheinlich wird dabei der jeweilige physiologische Zustand der Blaualgen eine Rolle spielen. Welcher Art die Ionenwirkung ist, kann noch nicht gesagt werden.

Auch mit Pilzen sind Redoxversuche durchgeführt worden. LABROUSSE und PHILIPPON (1930) untersuchen an einer Reihe von Arten die Redoxverhältnisse unter anderem auch mit Methylen- und Cresylblau. Für phytopathogene Pilze kommen LABROUSSE und SAREJANNI (1929) zu folgenden Ergebnissen. Alle untersuchten 13 Arten, mit Ausnahme von *Thielavia basicola*, reduzieren dem Nährsubstrat zugesetzte Redoxindikatoren mehr oder weniger stark. Dabei unterscheiden sich die das Milieu acidifizierenden Arten von denen, die es alkalinisieren, in ihrer Reduktionskraft. Saprolegniaceen reduzieren Janusgrün (GUILLIERMOND und GAUTHERET 1939 a) sowie Cresyl-, Methylen- und Toluidinblau, aber nicht Neutralrot (BHARGAVA 1951 a). Dementsprechend wird eine Vitalfärbung mit Nil- und Cresylblau durch Bedingungen begünstigt, die das Reduktionsvermögen der Pilze herabsetzen (GUILLIERMOND und GAUTHERET 1938 b). Die Reduktion von

TTC durch *Penicillium chrysogenum* wird durch Na-Malonat, Na-Acid, 2,4-Dinitrophenol, Na-Fluorid und Jodessigsäure beträchtlich herabgesetzt. Aus diesem Mangel an Spezifität der Inhibitoren schließen FRED und KNIGHT (1949), daß eine ganze Anzahl von Enzymen in der Lage ist, TTC zu reduzieren.

Nach FAUST und PRAMER (1964) färben sich von *Anthrobotrys conoides*, *A. dactyloides* und *Dactylella* gefangene und getötete Nematoden mit Janusgrün leuchtend gelb, mit Hitze getötete dagegen dunkelgrün und lebende gar nicht. Die Autoren vermuten, daß dieser Farbtonunterschied auf einer teilweisen Reduktion des Farbstoffes in dem vom Pilz infizierten Nematodengewebe beruht. Der Pilz selber färbt sich dunkelgrün bis blau. Falls hier wirklich eine Reduktion stattfindet, müßte aber zunächst die rote erste Reduktionsstufe des Janusgrüns auftreten. Außerdem hätte eine fluorescenzmikroskopische Analyse darüber Auskunft geben können, ob die Vorstellung zutrifft, da die zweite Reduktionsstufe vom Janusgrün grünlich fluoresciert (DRAWERT 1953).

Von Algen erwähnt BANK (1935 a), daß *Chara-* und *Nitella*-Zellen Methylenblau in der Vakuole entfärben. *Polysiphonia* reduziert TTC im Plasma. In der Apikalzelle ist die Reduktion am schwächsten (NAKAZAWA 1959 a). Desmidiaceen entfärben nach einem Deckglasabschluß mit Vaseline, also unter anaeroben Verhältnissen, die in den Vakuolen gespeicherten Redoxindikatoren in folgender Reihe: Neutralrot < Methylenblau < Toluidinblau < Brillantcresylblau < Toluylenblau. Dabei bleichen metachromatisch getönte Zellsäfte bedeutend langsamer aus als orthochromatisch gefärbte (KIERMAYER 1955 a).

Von besonderem Interesse bei den Beobachtungen von KIERMAYER ist die Reduktion von Neutralrot, da die Pflanzenzelle im allgemeinen nicht in der Lage ist, diesen Farbstoff zu entfärben. Nach BECKER (1932 c) reduzieren z. B. die Staubfadenhaare von *Tradescantia virginiana* in Ruhe und in Teilung ohne weiteres Methylenblau, aber nicht Neutralrot. Auffallend lang ist auch bei den Desmidiaceen die Zeit, die nach KIERMAYER erforderlich ist, bis die gelbe Reduktionsstufe auftritt. Es ist dazu ein mindestens mehrere Tage dauernder Vaselineabschluß der Präparate notwendig, während Brillantcresylblau schon nach ~ 5—10 Min. und Methylenblau nach ~ 15—20 Min. entfärbt sind. Es erscheint demnach fraglich, ob beim Neutralrot wirklich eine Reduktion die Gelbfärbung bedingt. Zweifel müssen ferner auf Grund folgender Mitteilung des Autors kommen. Eine gelbe Färbung der Vakuolen ist auch mit *in vitro* reduziertem Neutralrot, dem sogenannten „Fluorescenz X", möglich. Bei normalem Lichtzutritt erfolgt aber in den mit Vaseline abgeschlossenen Präparaten nach etwa 2 Stdn. eine Reoxydation des Farbstoffes in den Vakuolen, während für die Zellen, die Neutralrot innerhalb der Vakuole selber reduziert haben sollen, angegeben wird: „Es ist auffällig, daß selbst der oft mächtig entwickelte und sicher stark assimilierende Chloroplast trotz seiner O_2-Abgabe nicht fähig ist, dem Reduktionsprozeß entgegenzuwirken." Auf diese Diskrepanz geht der Autor leider nicht ein. Nach CLARK und PERKINS (1932) entsteht bei bestimmten Reduktionsprozessen aus dem Neutralrot eine gelbe Substanz, die nicht mit Leukoneutralrot identisch sein kann. Es ist durchaus möglich, daß es sich hierbei um keine eigentliche Reduktion handelt und daß in der Desmidiaceen-Zelle ein ähnlicher Vorgang abläuft. In derselben Richtung liegen Angaben von KAUFMAN und WEAVER (1960), nach denen *Clostridium* Neutralrot in eine fluorescierende Form umwandeln kann. Dies soll aber nicht durch Reduktion geschehen, da die *Clostridium*-Fluorescenz von einer durch Reduktion mit Zinkpulver erzeugten Fluorescenz abweicht.

Equisetum-Sporen reduzieren Janusgrün in einer bestimmten inneren Plasmaschicht nur bis zur roten Stufe (BECKER und SIEMASZKO 1936). Die Staubfadenhaare von *Tradescantia virginiana* können Rongalitweiß im Cytoplasma zu Methylenblau oxydieren, aber nicht Methylenblau reduzieren (HATANO und RYO 1935). Die Leukoplasten in den Schuppenblattepidermen von *Allium cepa* scheinen nach GUILLIERMOND (1937 c) gegenüber Janusgrün ein stärkeres Reduktionsvermögen zu besitzen als die Chondriosomen. Bei *Helodea canadensis* findet die Reduktion von „blue tetrazolium" vor allem in den Chloroplasten statt, und die besonders bei Belichtung entstehenden blauen Diformazan-Granula haben eine ähnliche Verteilung wie die grünen Grana (DYAR 1953).

Schnell wachsende Wurzeln von *Zea mays* und *Allium cepa* sind in 1% TTC-Lösung bereits nach 20 Min. durch Formazan rot gefärbt (PARKER 1953), dabei speichert vor allem die meristematische Zone der Zwiebelwurzel das Formazan (ANTOPOL, GLAUBACH und GOLDMANN 1948). Auch nach BETZ (1953) hat das Meristem von Zwiebelwurzeln gegenüber Prune pure und TTC eine größere Reduktionskraft als das Dauergewebe. Diese Tatsache haben bereits LUND und KENYON (1927) mit Methylenblau an Zwiebelwurzeln festgestellt. In noch nicht ausgewachsenen Blättern von *Helodea densa* besitzen die jungen Zellen gegenüber Methylenblau und Thionin ein stärkeres Reduktionsvermögen als die älteren (LILIENSTERN 1935).

Die hohe Reduktionsintensität meristematischer Zellen macht sich auch bei den Embryonen der Samen bemerkbar. So hat bereits PALLADIN (1908) mit Methylenblau, Alizarinblau S, Indigocarmin u. a. reduzierende Substanzen in Weizenkeimen nachgewiesen, und nach ZALESKI (1910) entfärben Erbsensamen und Weizenembryonen Methylenblau bei Luftabschluß besonders schnell, *Lupinus*-Samen allerdings nur langsam. Solche Unterschiede sind kaum auf Artverschiedenheiten zurückzuführen, sondern beruhen sehr wahrscheinlich auf einer verschiedenen Keimfähigkeit der benutzten Samen. Die TTC-Reduktion wird ähnlich wie Indigocarmin (WACH 1942) seit LAKON (1942 a, b) zur Keimfähigkeitsprüfung von Samen benutzt (SCHUBERT 1957, JAHNEL 1961).

ASLAM, BROWN und KOHEL (1964) prüfen sieben Tetrazoliumsalze auf ihre Fähigkeit, Baumwollpollen vital zu färben.

Da das Redoxpotential vom pH-Wert abhängt, kann man mit Redoxindikatoren auch das Permeationsvermögen von Säuren und Basen prüfen. Das mit Indikatoren bestimmte Redoxpotential von Seesterneiern wird durch NH_3 und CO_2 stark verändert, während die nichtpermeierenden NaOH und HCl keinen Einfluß haben (BECK 1933). Eine zweistündige Vorbehandlung von *Allium cepa*-Wurzelspitzen mit verschiedenen Puffergemischen übt nach JEFFREY (1951) zwischen pH 4,0 und 9,6 keinen Einfluß auf die Methylenblaureduktion aus. Es ist demnach anzunehmen, daß die intrazelluläre cH durch diese Behandlung nicht verändert wird.

Wie bei Bakterien und Samen ist auch bei *Helodea canadensis* die Reduktion von TTC an die Vitalität der Zellen gebunden. Vitalitätsprüfungen mit der plasmolytischen Methode und mit TTC ergeben bei *Helodea*-Sprossen nach Behandlung mit sieben verschiedenen Herbiziden im allgemeinen eine gute Übereinstimmung (CURRIER und VAN DER ZWEEP 1955). Bei unplasmolysierten Zellen erscheint das

Formazan zuerst an der Zellwand, dann im Cytoplasma und an der Oberfläche der Chloroplasten. Bei einer Plasmolyse bleiben Formazangranula an der Zellwand haften. Werden die Zellen vor der TTC-Behandlung plasmolysiert, so unterbleibt die Bildung von Formazan an der Zellwand, es erscheint nur im Cytoplasma und später an den Plastiden. Dasselbe Bild zeigen auch vor der TTC-Behandlung wieder deplasmolysierte Zellen. Allem Anschein nach ist für die Bildung des Formazans an der Innenseite der Zellwand der normale Kontakt von Wand und Plasma Voraussetzung. Diese Befunde kann SCHAEFER (1958) an *Helodea densa* bestätigen. Bereits in knapp hypotonischen Lösungen, also schon vor der eigentlichen Plasmolyse, unterbleibt die Formazanbildung an der Zellwand, während sie im Innern des Plasmaschlauches normal abläuft und dabei durch die dem Außenmedium zugesetzten Zucker sogar beschleunigt wird. Saccharose fördert die Formazanbildung stärker als Glucose. Polyaethylenoxyd bedingt dagegen eine Hemmung.

Auf die Photoreduktion von Methylrot und Tetrazoliumblau durch Spinatchloroplasten und „Chromatophoren" von *Rhodospirillum rubrum* soll hier nur hingewiesen werden. Nach ASH, ZAUGG und VERNON (1961) werden beide Farbstoffe durch die Chloroplasten in einer HILL-Reaktion reduziert.

β) rH-Werte für Plasma und Zellsaft

Außer den geschilderten, mehr allgemein gehaltenen Auskünften finden sich in der Literatur auch genauere Angaben über die Redoxpotentiale in der Zelle, meist in Form des rH-Wertes. Wie bereits erwähnt worden ist, sind diese Werte aber durch die Schwierigkeit der intrazellulären pH-Bestimmung mit einem großen Unsicherheitsfaktor belastet. Sehr häufig ist — besonders bei tierischen Zellen — die Injektionsmethode zur kolorimetrischen rH-Bestimmung benutzt worden. Von großem Einfluß auf den erhaltenen Wert ist die Sauerstoffspannung des umgebenden Mediums. Wenn es nicht besonders vermerkt wird, beziehen sich die mitgeteilten rH-Werte auf pH $\sim$ 7.

Bei *Amoeba proteus* soll der Wert nach NEEDHAM und NEEDHAM (1925) zwischen rH 17 und 19 liegen und allem Anschein nach von der O_2-Spannung unabhängig sein (NEEDHAM und NEEDHAM 1926 c). CHAMBERS, COHEN und POLLACK (1932) finden aber mit derselben Methode bei *Amoeba proteus* einen Einfluß der O_2-Spannung. Nach ihren Messungen liegt der rH-Wert aerob bei > 12 und anaerob bei $< 9,2$. Für *Amoeba dubia* geben COHEN, CHAMBERS und REZNIKOFF (1928) aerob rH 18 und anaerob rH 9,9 an. Von ähnlicher Größenordnung sind die Werte von NEEDHAM und NEEDHAM (1926 c) für *Nyctotherus cordiformis*: aerob rH 19—20, anaerob rH 9,5—10,5. *Paracentrotus*-Eier haben konstant bis zur Cytolyse nach NEEDHAM und NEEDHAM (1926 b) einen intrazellulären rH-Wert zwischen 19 und 22. CHAMBERS, POLLACK und COHEN (1929) messen bei *Asterias*- und *Echinarachnius*-Eiern aerob rH 12 und anaerob rH $< 7,9$. CHAMBERS, BECK und GREEN (1933) finden bei *Asterias forbesii*-Eiern aerob $\sim$ — 0,06 Volt (rH $\sim$12) und anaerob $\sim$ — 0,167 Volt (rH $\sim$ 8,5), und im Cytoplasma verschiedener Echinodermen-Eier mißt COHEN (1933 b) kolorimetrisch aerob — 0,07 Volt (rH $\sim$ 11,5) und anaerob — 0,143 Volt (rH $\sim$ 9,3). Bei Paramaecien erreichen die Werte aerob rH 21 und anaerob rH $\sim$ 6 (GERSCH 1937 a) und bei *Gregarina polymorpha* aerob rH 21—22 und anaerob rH 3—6 (REY 1931 a).

Nach RAPKINE und WURMSER (1927) soll bei Pflanzenmaterial der rH-Wert ganz allgemein zwischen 19 und 20 liegen, und für *Spirogyra* finden RAPKINE und WURMSER (1926 a) bei pH 6 einen rH-Wert zwischen 14,4 und 17,6. Der Zellsaft von *Valonia* hat nach BROOKS (1925, 1926 b, c) ein Redoxpotential zwischen rH 16 und 18, später gibt die Autorin für den Zellsaft von *Valonia ventricosa* den rH-Wert mit 17,9—18,4 bei pH 6,02—6,07 an (BROOKS 1930 c, 1933). Das Plasma der Pollenmutterzellen von *Lilium speciosum* soll nach YAMAHA (1938 b) rH 15,8 besitzen. Den niedrigsten rH-Wert der Hefe vermuten GUILLIERMOND und GAUTHERET (1939 b) bei 5,2, da die Zellen in der Lage sind, Janusgrün bis zur Leukostufe zu reduzieren. HÄRTEL (1952 a) schließt bei den Drüsenhaaren von *Verbascum blattaria* auf rH ~ 14.

Bacillus fischeri hat bei pH 7,6 aerob rH 18—20 und anaerob rH 8—10 (HARVEY 1929). Das Bakterioidengewebe von *Vicia faba*-Knöllchen liegt in der Größenordnung von rH 9,2—9,9 (PIETZ 1938). Eine Meeresform von *Oscillatoria* reduziert Cresylblau im Chromatoplasma, und der „Zentralkörper" färbt sich mit Janusgrün rosa, so daß BECKER und BECKEROWA (1937) auf rH 15 bzw. 13 schließen.

Nach RUGE (1948) liegt das Redoxpotential gequollener Haferkörner mit voller Keimkraft bei rH ~ 17 und das älteren Saatgutes bei rH ~ 15.

γ) Reduktions- und Oxydationsorte

Die angeführten rH-Werte beziehen sich bei den tierischen Zellen auf das Protoplasma als Ganzes, und bei der Pflanzenzelle wird — wenn überhaupt — nur grob zwischen Protoplasma und Zellsaft unterschieden. Ohne Zweifel bestehen aber zwischen den einzelnen Bestandteilen des Protoplasmas Unterschiede im Redoxvermögen, so daß es in der Zelle Reduktions- und Oxydationsorte geben wird. Man hat sich bemüht, mit Redoxindikatoren solche Orte sichtbar zu machen.

Zum Nachweis von Sauerstofforten in tierischem Gewebe hat UNNA (1911, 1928) die Rongalitweißmethode eingeführt. Das mit Rongalit und HCl zur Leukoform reduzierte Methylenblau wird an den Sauerstofforten zur blauen Stufe reoxydiert. Diese Methode und die Schlußfolgerungen von UNNA sind aber nicht unwidersprochen geblieben (NEEDHAM und NEEDHAM 1926 d, HIRSCH und BUCHMANN 1930, GUTSTEIN 1934). An Pflanzenzellen hat sich nach SCHNEIDER (1914) die Schlußfolgerung von UNNA, daß das Plasma reduzierend wirkt und die Kerne oxydieren sollen, nicht bestätigen lassen, und für Hefen ist Rongalitweiß zum Nachweis von Sauerstofforten nicht geeignet (GUTSTEIN 1929). In Pflanzenzellen sollen sich Cytoplasma und Zellkern weder im pH- noch im rH-Wert unterscheiden (RAPKINE und WURMSER 1927). Nach ROSKIN und MASLOWA (1936) färbt aber mit Hyposulfit zur Leukoform reduziertes Thionin in den Epidermen von *Allium cepa* den Zellkern und besonders die Nucleoli schwach blau, und bei *Basidiobolus ranarum* färbt sich mit Leukomethylenblau außer den Chondriosomen der Nucleolus im Farbton der oxydierten Stufe (TARWIDOWA 1938). Wird Prune pure von der Zelle zur fluorescierenden Leukostufe reduziert, dann leuchtet nur das Plasma, der Zellkern jedoch auch dann nicht, wenn er vorher gefärbt war (FRITZ 1951). In den Zellkern injizierte Redoxindikatoren bleiben in der injizierten Form erhalten (CHAMBERS, POLLACK und COHEN 1929). Bei Spermatocyten von Wanzen, Heuschrecken und Grillen zeigen nach einer Färbung mit Janusgrün zuerst

Chromosomen und Spindelfasern eine durch Reduktion hervorgerufene Farbtonänderung (Kite und Chambers 1912).

In neuerer Zeit sind vor allem die TTC-Reaktion zum Nachweis von Reduktionsorten und die Nadi-Reaktion zur Identifizierung von Oxydationsorten herangezogen worden.

Folgende Autoren betrachten die Lokalisationsorte des durch TTC-Reduktion entstehenden Formazans als Reduktionsorte: Dufrénoy und Pratt (1948), Bielig, Kausche und Haardick (1949), Preuner, von Prittwitz und Gaffron (1952), Hahn (1952), Davis, Winterscheid, Hartman und Mudd (1953), Vanderwinkel und Murray (1962) bei Bakterien, Dyar (1953) bei Chloroplasten verschiedener Pflanzen sowie beim Chromatoplasma von Cyanophyceen, Bringmann (1952), Drews (1955 a) sowie Drews und Niklowitz (1957) bei Cyanophyceen, Bringmann (1953) bei *Penicillium*, Weixl-Hofmann (1963) bei *Candida albicans*, Krieg (1954 a) bei Hefe, Follmann (1959) bei Diatomeen, Nakazawa und Kimura (1964) bei Farnprothallien, Harnisch (1955—1959) bei *Chironomus*-Larven und anderen tierischen Organismen, um nur einige Beispiele zu nennen. Sedar und Burde (1965) sowie Leene und van Iterson (1965 a) untersuchen elektronenmikroskopisch die Lokalisation des aus Tetranitroblautetrazolium gebildeten Formazans bei *Bacillus subtilis*. Es findet sich vor allem im Zusammenhang mit plasmatischen Membranen. Dasselbe trifft für *Proteus vulgaris* (Leene und van Iterson 1965 b) und *Listeria monocytogenes* (Kawata und Inoue 1965) zu.

Auf Grund der hohen Lipophilie der meisten Formazane und des Auftretens von Formazan z. T. in Kristallform an verschiedenen Stellen in der Zelle werden aber von mehreren Autoren dagegen Bedenken erhoben, die Lokalisationsorte gleich den Reduktionsorten zu setzen, so von von Hayek (1950), Stafford (1951), H. Ziegler (1953 a, b), Brown (1954), Weibull (1953) u. a.

Ebenso ist Indophenolblau stark lipoidlöslich, so daß die Nadi-Reaktion ein gutes Fettreagenz darstellt (Zweibaum 1923 a, b, Brenner 1947). Eine Ausnahme davon macht das von Drews (1955 a), Drews und Niklowitz (1957) benutzte Stilben-TTC, dessen blaues Formazan in den üblichen Fettlösungsmitteln unlöslich sein soll.

Die Nadi-Reaktion geht auf Ehrlich (1885) zurück und ist bereits von Dietrich und Liebermeister (1902) zum Nachweis von „sauerstoffübertragenden Körnchen" in Milzbrandbazillen angewendet worden. Auch Schultze (1910) und Nishibe (1928) benutzen die Nadi-Reaktion bei Bakterien zur Prüfung auf oxydierende Fähigkeiten und beobachten die Lokalisation des Indophenolblaus in intrazellulären Granula.

Gegen die Gleichsetzung von Lokalisations- und Reaktionsort bei den Reduktions- und Oxydationsprozessen in der Zelle wendet sich vor allem Drawert. Wie aus Modellversuchen hervorgeht, ändert sich mit der Reduktion der Lipophiliegrad der Farbstoffe und damit auch die Farbstoffverteilung in der Zelle. Den Wechsel des Lokalisationsortes in der Zelle mit der Reduktion kann man mikroskopisch, besonders fluorescenzoptisch, verfolgen, und danach ist es nicht ohne weiteres möglich, aus dem Lokalisationsort auf den Reaktionsort zu schließen (Drawert 1953, 1954 a, 1956 c, Gutz 1956, Kuttig 1957, Tischer 1957, Kärber 1958, Mix 1959).

Anders liegen die Verhältnisse vielleicht bei Gewebekomplexen, wo man mit Redoxindikatoren Reduktions- oder Oxydationszonen unterscheiden kann. Auf das hohe Reduktionsvermögen der meristematischen Zone in schnell wachsenden Wurzeln wurde bereits hingewiesen (s. S. 531).

Ganz allgemein sind Meristeme, unabhängig von ihrer Lage in der Pflanze, Orte intensiver Formazanbildung (ROBERTS 1950, 1951). Das trifft auch für Cambien zu. Gegenüber anderen Arten zeichnet sich das Cambium von Weidenzweigen durch eine besonders rasche Formazanbildung aus (WAUGH 1948).

Nach BAUER (1953) schlägt sich bei einer Infiltrierung von Blättern mit TTC-Lösung das durch Reduktion entstehende Formazan in den Leitbündeln, vor

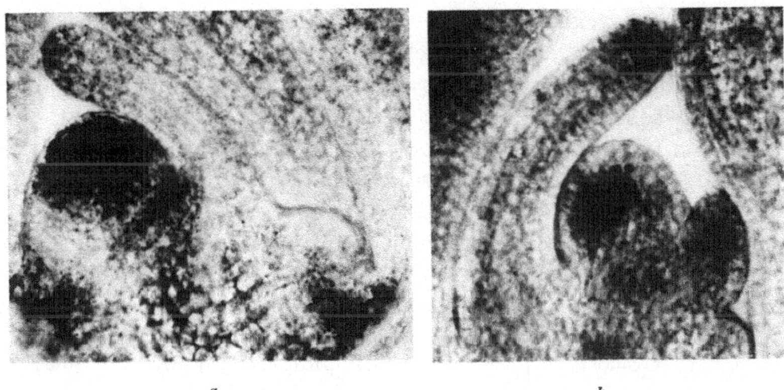

a   b

Abb. 176. *Saccharum sinense* „Agoule", Nadi-Reaktion. *a* Terminale Ablagerung von Indophenolblau im Scheite eines jungen Sprosses. *b* Subterminale Lokalisierung von Indophenolblau im Scheitel eines älteren Sprosses. (Nach THIELKE 1965.)

allem in den Übergangs- und Geleitzellen, nieder. Es ergibt sich eine gute Übereinstimmung mit den Orten positiver Reaktionen auf Phosphatase. Oxydasen lassen sich dagegen durch Aufnahme der Nadi-Reagenzien mit dem Transpirationsstrom in den Leitbündelsystemen von *Cucurbita*- und *Impatiens*-Sprossen nicht nachweisen (KÜSTER 1927 c). Doch bedarf dieser Versuch einer Wiederholung mit verbesserter Methode.

Nach STAHL (1957) sind die sezernierenden Zellen von Drüsenhaaren, z. B. bei der Schafgarbenblüte, Reduktionsorte für TTC.

Für den Sproßscheitel von *Saccharum*-Arten beobachtet THIELKE (1965) eine unterschiedliche Zonierung der Cytochromoxydaseaktivität, je nachdem, ob es sich um einen treibenden „nackten" oder um einen ruhenden, mit Tunica versehenen Vegetationskegel handelt. Im ersten Fall ist bei der Nadi-Reaktion das Indophenolblau terminal lokalisiert (Abb. 176 *a*), im zweiten Fall dagegen mehr im subterminalen Bereich abgelagert (Abb. 176 *b*). Auch in der Wurzelspitze von *Zea mays* und *Sinapis alba* tritt bei der Nadi-Reaktion in Abhängigkeit vom Entwicklungszustand eine differente Verteilung des Indophenolblaus auf. Ganz allgemein reagieren Zellen, die unmittelbar vor ihrer Differenzierung stehen und als Meristemoide plasmareich sind, besonders intensiv (THIELKE 1966). In der Sproßspitze von *Rauwolfia* speichern die Sclereidinitialen intensiv Indophenolblau (MIA und PATHAK 1965).

Eine Zunahme der Oxydaseaktivität sich differenzierender Zellen hat auch Baba (1955) *in vitro* an Homogenisaten aus dem sich bildenden Wundperiderm bei *Solanum tuberosum* und *Helianthus tuberosus* mit der Nadi-Reaktion festgestellt. Bei *Raphanus sativus* unterbleibt die Aktivitätssteigerung nach Verwundung entsprechend dem Ausbleiben einer Zellteilung.

Sorokin (1958) findet in jungen etiolierten Keimlingen von *Pisum sativum* in den sich noch streckenden Internodien eine Interzellularensubstanz, die Neo-TTC und Janusgrün B reduziert, das letzte nur bis zur roten Stufe.

δ) Unterschiede der Geschlechter im Redox-Vermögen

Nach Joyet-Lavergne sollen sich männliche und weibliche Gameten, Gametangien und teilweise auch ganze Organismen in ihrem Reduktionsvermögen unterscheiden. Das männliche Geschlecht soll immer eine schwächere Reduktionskraft besitzen als das weibliche. Darauf baut der Autor seine Hypothese der „sexualisation cytoplasmique" auf (Joyet-Lavergne 1931 b, 1933 b).

Mühl (1921) führt dagegen die verschiedene Färbbarkeit der ♂- und ♀-Tiere von *Gregarina polymorpha* mit Neutralrot auf Unterschiede in der cH zurück. Nach Joyet-Lavergne (1926 d) soll das aber nicht zutreffen.

An einer Reihe von Pflanzen versucht Joyet-Lavergne die Richtigkeit seiner Hypothese nachzuweisen, so an Pilzen (1934 b, 1936 a, b), z. B. sollen von *Pythium de Baryanum* die Antheridien eine höhere Oxydationskraft besitzen als die Oogonien (1932 c). Bei *Equisetum* kann man seiner Meinung nach ♂- und ♀-Sporen durch das unterschiedliche Redoxpotential erkennen (1926 c, 1927 b, 1928). Der rH-Wert von ruhenden und keimenden Pollen wird immer höher gefunden als der von Embryosack und Nucellus (1926 a, b, 1927 a). Innerhalb der Samenanlage sollen, z. B. bei *Viola tricolor*, die Integumente und der Funiculus einen höheren rH-Wert aufweisen als der Nucellus (1927 a). Die dabei ablaufenden Redox-Vorgänge finden an der Oberfläche der Chondriosomen statt (1932 a, b, 1933 a, 1934 a, 1935), so daß der Unterschied im Verhalten in den Chondriosomen zu suchen ist (1934 b, 1936 a). Männliche Sexualhormone sollen bereits in geringen Konzentrationen die intrazellulären Oxydationsprozesse in den Epidermiszellen von *Iris*-Blättern steigern (1940).

Von der Anschauung Joyet-Lavergnes ausgehend, differenziert Abe (1934) die Isogameten von Myxomyceten sowohl im lebenden als auch im fixierten Zustand nach ihrem Redoxpotential. Nach Stow (1934) besitzen embryosackähnliche Pollenkörner von *Hyacinthus orientalis* eine höhere Reduktionskraft als normale Pollenkörner, wodurch ihre ♀-Tendenz zum Ausdruck kommen soll.

Gegen die Versuchsergebnisse von Joyet-Lavergne und seine Schlußfolgerungen sind aber schwerwiegende Bedenken geltend gemacht worden. Nach Wurmser (1932) können z. B. die an den Leukoderivaten von Cresyl- und Nilblau erhaltenen Farbregenerationen durch Pilze unmöglich auf Redoxvorgängen beruhen; denn wenn Nilblau zur Hälfte regeneriert wird, müßte Cresylblau entsprechend den Redoxpotentialen beider Farbstoffe farblos bleiben. Joyet-Lavergne (1932 d) lehnt diesen Einwand mit der Bemerkung ab, daß in der lebenden Zelle Faktoren mitspielen, die bisher *in vitro* noch nicht gefaßt worden sind.

Rey (1931 a) kann die von Joyet-Lavergne (1926 d) erhaltenen rH-Unterschiede bei ♂- und ♀-Gregarineen nicht bestätigen. Beide Geschlechter zeigen nach

Injektion anionischer Redoxindikatoren rH 21—22 und nach Vitalfärbung mit kationischen Farbstoffen auf Grund der damit verbundenen Anaerobiose (Immersionsmethode) rH 3—6. Bei *Steinina ovalis* ergibt sich allerdings mit Cresyl- und Nilblau ein Färbungsunterschied, der aber nicht auf einer rH-Verschiedenheit zwischen ♂ und ♀ beruhen kann, da bei Aerobiose der rH-Wert > 21 ist und damit die Farbstoffe bei genügender O_2-Spannung immer in der oxydierten Form vorliegen müßten. Auf eine Entgegnung von JOYET-LAVERGNE (1931 a) hin begründet REY (1931 b) nochmals sehr überzeugend seinen Einwand.

BURGEFF und SEYBOLD (1927) finden im Gegensatz zu SATINA und BLAKESLEE (1926) an Extrakten diözischer Pflanzen, unter anderem mit Methylenblau, keinen einwandfreien Unterschied in der Reduktionskraft beider Geschlechter.

Nach BECKER (1936) können die von JOYET-LAVERGNE erhaltenen Färbungen nicht mehr als vital angesehen werden. Damit trifft BECKER wohl den entscheidenden Fehler. Nach unseren heutigen Kenntnissen über die Farbstoffspeicherung können tatsächlich in vielen Fällen JOYET-LAVERGNE keine lebenden Zellen mehr vorgelegen haben. Eine vitale Färbung der Chondriosomen, z. B. mit anionischem Methylblau, ist nach unseren Erfahrungen nicht möglich. Die Schlußfolgerungen von JOYET-LAVERGNE beruhen auf falsch gedeuteten Färbungsbildern und sind deshalb unhaltbar.

d) Kolorimetrische Bestimmung des IEP der lebenden Zelle und einzelner Zellbestandteile

Unter der Voraussetzung, daß es sich bei der Vitalfärbung entsprechend der Farbstoffadsorption der fixierten Zelle um einen elektrostatischen Vorgang handelt, hat man versucht, den isoelektrischen Punkt der lebenden Zelle kolorimetrisch zu bestimmen. Zunächst ergibt sich die Frage, was ist unter „IEP der Zelle" zu verstehen? Dieser Begriff ist nirgends einwandfrei definiert. Strenggenommen kann es sich nur um die Ladung der Zelloberfläche handeln, deren Richtung im Elektrophoreseversuch erkannt werden kann. Bei der Pflanzenzelle würde also die Ladung der Grenzfläche Zellwand/Medium den Ausschlag geben. Allgemein versteht man aber — vor allem in den älteren Arbeiten — unter IEP der Zelle den IEP des Plasmas, der seinerseits wieder aus den isoelektrischen Punkten der einzelnen Bestandteile des Plasmas resultiert. Darüber war sich bereits ENDLER (1912 b) im klaren. ENDLER beobachtet eine Umkehrung der den Farbstoffaustritt fördernden Kationen- und Anionenreihe bei höherer cH und führt diese Erscheinung auf eine völlige Umladung des Protoplasten zurück. Demnach müßte sich der IEP seiner Meinung nach auf diesem Wege bestimmen lassen. ENDLER findet ihn zwischen $1,56 \cdot 10^{-4}$ und $0,78 \cdot 10^{-4}$ cH. Dabei betont er, daß es nur ein Bruttowert sein könnte, da sich die verschiedenen Schichten des Protoplasmas und die Plastiden in ihrem IEP unterscheiden dürften. In neuerer Zeit spricht man deshalb auch von einem IEP_M (KÖLBEL 1947), um anzudeuten, daß es sich nur um einen Mittelwert handelt.

Im einzelnen sind folgende „Vitalfärbungs"-Versuche zur IEP-Bestimmung an der „lebenden" Zelle unternommen worden.

ROBBINS (1923, 1924, 1926) färbt Gewebe aus Kartoffelknollen, *Helodea*-Blätter sowie Mycelstückchen von *Rhizopus nigricans* und *Fusariumlycopersici* mit kationischen und anionischen Farbstoffen und wäscht dann die

Farbstoffe mit Pufferlösungen unterschiedlicher cH wieder aus. Die kationischen Farbstoffe werden unterhalb des IEP nach der sauren Seite zu wieder abgegeben und die anionischen Farbstoffe oberhalb des IEP nach der alkalischen Seite. Robbins kommt so zu folgenden IEP-Werten: pH 6,0—6,4 für Gewebe aus der Kartoffelknolle, pH ~ 6,0 für Zellen des *Helodea*-Blattes, pH ~ 5,0 für *Rhizopus* und pH ~ 5,5 für *Fusarium*. Ein Abtöten der Zellen mit 50% Alkohol soll keinen Einfluß auf die Lage des IEP haben.

Bei diesen Werten kann es sich nicht um einen IEP lebender Zellen handeln. Entweder lagen bereits tote Zellen vor, wie es für das Kartoffelknollengewebe anzunehmen ist (Schnittrandzellen), oder es hatten nur die Zellwände die kationischen Farbstoffe adsorbiert. Für diesen letzten Fall spricht unter anderem der Hinweis des Autors (Robbins 1926), daß bei einer Behandlung der mit Methylenblau gefärbten *Helodea*-Blätter mit hypertonischer NaCl-Lösung der Farbstoff sowohl von lebenden als auch von toten Zellen abgegeben wird, dagegen nicht bei einer Plasmolyse mit Glucose.

Strugger (1932) schließt aus der Färbung der Zellkerne in den Schuppenblättern von *Allium cepa* mit Erythrosin und der Entfärbung mit Essigsäure auf einen IEP der Caryolymphe bei pH ~ 3,9 in jungen und bei pH ~ 4,5 in alten Schuppen. Auch in diesem Fall müssen dem Autor bereits tote Kerne vorgelegen haben (s. S. 237).

Härtel (1940) bestimmt bei Hymenophyllaceenblättern den IEP des Cytoplasmas in den einzelnen Zonen durch Vitalfärbung mit Neutralrot, Bismarckbraun und Toluidinblau. Wenn sich das Plasma aber mit Neutralrot und erst recht mit Toluidinblau färbt, dann müssen die Zellen bereits abgestorben sein. Das gleiche trifft für die IEP-Bestimmung durch angeblich vitale Färbung der Zellen in Schnitten aus der Wurzelhaarzone verschiedener Leguminosen und Nicht-Leguminosen mit Eosin und Methylenblau zu (Potapov und Dévay 1954). Lebendes Plasma färbt sich normalerweise nicht mit Methylenblau. Um tote Zellen oder um eine reine Zellwandfärbung handelt es sich auch in den Versuchen von Nakazawa und Tsusaka (1959 a, b), die den IEP des Cytoplasmas junger Farnrhizoiden durch eine Vitalfärbung mit Eosin, Trypan-, Methylen- und Toluidinblau zu bestimmen versuchen. Für den ersten Einwand würde die Färbung des Plasmas mit den letzten drei Farbstoffen sprechen und für den zweiten die Angaben der Autoren, daß sich das Plasma mit Toluidinblau unter pH 3 blau und über pH 4 violett färbt. Dieser Farbtonwechsel zwischen pH 3 und 4 ist für die Färbung von Zellwänden charakteristisch, die phenolische Inkrusten besitzen (Drawert 1937 c). Sehr wahrscheinlich beziehen sich die Färbungsbilder auf tote Zellen, in denen sich das Plasma und die Zellwände gefärbt haben. Derselbe Einwand muß auch gegen die Versuche von Nakazawa und Ootaki (1962) an Farnprothallien mit Eosin, Trypanblau, Safranin und Janusgrün B erhoben werden.

Johannes (1939) benutzt zur Bestimmung des IEP von Kern (Caryotin) und Cytoplasma in Pilzhyphen das Fluorochrompaar Berberinsulfat und K-Fluorescein. Er untersucht die Abhängigkeit der Farbstoffspeicherung von der Außen-cH und kommt zu folgenden IEP-Werten: *Basidiobolus ranarum* Kern pH ~ 3,0, Cytoplasma pH ~ 4,2; *Saprolegnia spec.* Cytoplasma vegetativer Hyphen pH ~ 5,7, Cytoplasma im Oogon pH ~ 5,5 und im Antheridium pH ~ 6,5. Aus der Neutralrotspeicherung schließt der Autor ferner, daß bei *Phycomyces blakesleeanus* der

IEP des Gametangienplasmas vom $(+)$-Mycel bei pH $\sim$ 6,7 und vom $(-)$-Mycel bei pH $\sim$ 7,0 liegt. Im Gegensatz zu den bisher betrachteten Beispielen handelt es sich in diesem Fall um eine Vitalfärbung; trotzdem lassen sich die Schlußfolgerungen nicht aufrechterhalten. Die angegebenen Werte entsprechen nicht dem IEP, sondern geben nur Auskunft über die „Färbeschwelle", die aber vom IEP des Plasmas oder des Kernes unabhängig ist. Die cH des Außenmediums beeinflußt nicht direkt die elektrische Ladung des Cytoplasmas und erst recht nicht die des Zellkernes. Der gleiche Einwand muß auch gegen die Schlußfolgerung von Kölbel (1947), daß der pH-Bereich des Außenmediums, bei dem eine starke Speicherung von Acridinorange durch lebende Hefezellen einsetzt, dem IEP_M des Plasmas entspricht, erhoben werden. Der gefundene Wert von pH $\sim$ 6,2 hat nichts mit dem IEP zu tun. Anders liegen die Verhältnisse bei Hefezellen, die durch Hitze abgetötet worden sind; hier setzt die Acridinorangespeicherung bereits bei pH $\sim$ 4,8 ein, und dieser Wert dürfte etwas über dem IEP_M des toten Plasmas liegen.

UV-Bestrahlung soll nach Dubrov (1960) den IEP der Kern- und Plasmakolloide in den Epidermiszellen von *Allium cepa* zur sauren Seite verschieben (Acridinorange).

Freudenberger (1941) schließt aus einer Verlagerung des Beginns der Neutralrotaufnahme von Schließzellen nach der sauren Seite durch eine CO_2-Vorbehandlung bzw. durch den Aufenthalt der Zellen in einer N_2-Atmosphäre auf eine Veränderung des IEP des Plasmas. Auch dieser Schluß trifft nicht zu. Durch Erhöhung der cH des Zellsaftes wird die Färbeschwelle nach der sauren Seite verschoben.

Zusammenfassend können wir nur der Feststellung von Zeiger (1936 a) zustimmen: „Eine einwandfreie Bestimmung des IEP lebender Zell- und Gewebselemente mit Hilfe der Bestimmung der Adsorptionsminima entgegengesetzt geladener Farbstoffe gibt es nicht."

Kölbel (1947, vgl. auch Strugger 1947) versucht, den IEP_M des lebenden Plasmas mit Hilfe einer Kombination von Elektrophorese und Vitalfärbung zu bestimmen. Im Elektrophoreseversuch wandern ungefärbte lebende Hefezellen von pH 2,2—7,0 stets zur Anode, da die Zellwand negativ geladen ist. Wird aber die Ladung der Zellwand durch eine Färbung mit Acridinorangekationen neutralisiert, dann soll allein die elektrische Ladung der Eiweißkörper des Plasmas die Wanderungsrichtung im elektrischen Feld bedingen. Dementsprechend wandern mit Acridinorange vitalgefärbte Hefezellen unterhalb pH 6,3 zur Kathode, oberhalb pH 6,5 zur Anode, und bei pH 6,4 wandern sie nur wenig oder gar nicht. Folglich ist nach Kölbel und Strugger pH $\sim$ 6,4 der IEP_M des lebenden Cytoplasmas der Hefezelle. Bei einer Wiederholung der Versuche mit Neutralrot findet Kölbel (1948) den IEP_M bei pH 5,6. Den Unterschied zu dem mit Acridinorange bestimmten IEP erklärt der Autor mit einer Schädigung der Hefe, da eine Abtötung den IEP des Cytoplasmas beträchtlich nach der sauren Seite verschieben soll (Kölbel 1947, 1949).

Gegen die Schlußfolgerung von Kölbel erhebt Drawert (1951 b) den Einwand, daß mit der angewandten Methode nicht der IEP_M des lebenden Plasmas erfaßt werden kann. Der gefundene Wert erklärt sich vielmehr aus dem Dissoziationsgrad des benutzten Farbstoffes. Die negative Oberflächenladung der Hefe kann durch einen Farbstoff nur in dem pH-Bereich neutralisiert werden, in dem

Farbkationen vorliegen, also eine Zellwandfärbung stattfindet, außerhalb dieses Bereiches muß sich die negative Oberflächenladung im Elektrophoreseversuch bemerkbar machen. Außerdem hängt die Zellwandfärbung noch vom Speichervermögen der Vakuole ab (s. S. 419), so daß der physiologische Zustand der Zelle dabei eine Rolle spielt. Der von Kölbel als IEP_M aufgefaßte pH-Wert entspricht demnach der relativen, u. U. auch der absoluten Färbeschwelle. Träfe die Auffassung von Kölbel zu, müßten bei einheitlichem Zellmaterial alle kationischen Farbstoffe beim gleichen pH-Wert einen Umschlag der Wanderungsrichtung der Zellen im Elektrophoreseversuch bedingen. Nach der Auffassung von Drawert

Tab. 79. *Die Lage des Umkehrpunktes vitalgefärbter ruhender und sprossender Hefezellen im Elektrophoreseversuch bei der Benutzung kationischer Farbstoffe verschiedenen Dissoziationsgrades.* K = Wanderung zur Kathode, A = Wanderung zur Anode. (Nach Drawert 1951 b.)

	Farbstoff	pH des Dispersionsmittels									
		5,5	5,8	6,1	6,3	6,6	6,9	7,2	7,5	7,8	8,2
a) Frische Preßhefe	Acridinorange	K	K	K	K	K	K	K+A	A	A	A
	Neutralrot	K	K	K	K	K	K	A	A	A	A
	Nilblausulfat	K	K	K	K	A	A	A	A	A	A
	Neutralviolett	K	K	K	K	K	K	K	A	A	A
	Coriphosphin	K	K	K	K	K	K	K	K+A	A	A
	Toluidinblau	K	K	K	K	K	K	K	K	K	K
b) Sprossende Hefe	Acridinorange	K	K	K	K	A	A	A	A	A	A
	Neutralrot	K	K	K	K	A	A	A	A	A	A
	Nilblausulfat	K	K	K	A	A	A	A	A	A	A
	Neutralviolett	K	K	K	K	K	A	A	A	A	A
	Coriphosphin	K	K	K	K	K	K	A	A	A	A
	Toluidinblau	K	K	K	K	K	K	K	K	K	K+A

muß der Richtungswechsel für alle Farbstoffe mit unterschiedlicher Dissoziationskonstante bei verschiedenen pH-Werten stattfinden. Der Wechsel wird um so weiter im alkalischen Bereich erfolgen, je stärker dissoziiert der Farbstoff ist (Tab. 79). Bei Zellen mit stärker speichernden Vakuolen, z. B. bei wachsenden Hefezellen, verschiebt sich der Wechsel nach der sauren Seite (Tab. 79). Von dieser Vorstellung ausgehend, erklärt sich auch die verschiedene Lage des Umkehrpunktes für Acridinorange und Neutralrot in den Versuchen von Kölbel, ohne daß in dem einen Fall eine Zellschädigung angenommen werden muß.

In Entgegnungen präzisieren beide Autoren nochmals ihre Anschauungen und gegenseitigen Einwände (Kölbel 1952 b, Drawert 1952 a).

Aus der Darstellung geht hervor, daß es nicht möglich ist, den IEP_M des lebenden Plasmas mit irgendeiner Vitalfärbungsmethode zu bestimmen.

Über den Einfluß anionischer Farbstoffe und Salze auf die Oberflächenladung von Bakterien berichtet Harris (1951), und James und Barry (1954) untersuchen die Wirkung von Proflavin auf die Elektrokinese von *Aerobacter aerogenes*. Nach Wagner und Bredehorst (1952) besteht allem Anschein nach zwischen der Agglutination von Ruhrbakterien durch kationische Farbstoffe und dem elektrophoretischen Verhalten der Zellen eine direkte Beziehung.

e) Kolorimetrische Unterscheidung lebender und toter Zellen

Den vorhergehenden Abschnitten ist zu entnehmen, daß zahlreiche Irrtümer dadurch entstanden sind, daß vielen Autoren in ihren Färbungsversuchen bereits abgestorbene Zellen vorgelegen haben.

Wenn sich nach ECKERSON (1926) in flagellatenartigen Organismen, die die Autorin im übrigen für die Erreger der Mosaikkrankheit der Tomate hält, der Zellkern mit Methylen- oder Brillantcresylblau und das Plasma mit Säurefuchsin vital färben sollen, dann weiß jeder geschulte Vitalfärber ohne weiteres, daß die Zellen bereits tot gewesen sein müssen. Ein erfahrener Mikroskopiker wird aber andererseits bestätigen, daß es häufig Fälle gibt, bei denen es sehr schwer ist, einwandfrei zu entscheiden, ob die Zelle noch voll vital oder bereits abgestorben ist bzw. sich in einem Zwischenstadium befindet. Die relativ zuverlässigste Methode, die darüber Auskunft gibt, ist bei normalen Pflanzenzellen die Plasmolyse. Eine Plasmolyse ist aber nicht immer und bei der tierischen Zelle überhaupt nicht durchführbar, so daß noch nach anderen Methoden gesucht wurde. Nachdem man erkannte, daß sich Zellen mit bestimmten Farbstoffen nur im toten Zustand färben bzw. sich, je nachdem ob sie lebend oder tot sind, mit einem Farbstoff unterschiedlich färben, hat man versucht, auf diesem Wege lebende und tote Zellen zu unterscheiden.

DE VRIES (1885) und WENT (1888) benutzen Eosin, da sich damit nur totes Plasma intensiver rot färbt. Nach BRAND (1905) zeigen tote Zellen von Cyanophyceen außer mit Eosin auch mit Congorot, Methylenblau und Methylviolett eine intensive Färbung, und Schnitte durch tote Pilzsclerotien färben sich mit Eosin und Säurefuchsin (HEMMI und ENDO 1928).

Nach DÖRING (1935) sind Kern und Cytoplasma der Oberepidermiszellen von *Allium cepa*-Schuppen im toten Zustand mit Eosin im Hellfeld intensiver gefärbt. Dagegen fluorescieren abgestorbene Protoplasten bedeutend schwächer als lebende. Genauso verhält sich Erythrosin, und mit Fluorescein (Uranin) sind tote Protoplasten zum Unterschied von lebenden überhaupt fluorescenzfrei.

HERČÍK (1938) verwendet zunächst Erythrosin, um die ersten Schädigungen bei Oberepidermiszellen der Schuppenblätter von *Allium cepa* durch α-Strahlen zu fassen. Später benutzt der Autor (HERČÍK 1939) auch K-Fluorescein. Während mit Erythrosin nur eine Unterscheidung lebender und toter Zellen möglich ist, lassen sich mit Fluorescein auch Zwischenstadien fassen. Unbestrahlte, gesunde Zellen zeigen eine intensive Fluorescenz von Cytoplasma und Kern. Unter dem Einfluß der α-Strahlen treten folgende Änderungen auf: 1. Der Farbstoff wandert unter Entfärbung von Kern und Plasma in die Vakuole. 2. Es entsteht eine Vakuolenkontraktion, und das Plasma leuchtet stark gelbgrün. 3. Die Zellen werden fluorescenzfrei. Beim Absterben entfärbt sich der Kern früher als das Cytoplasma.

Nach GLUBRECHT (1953) sind außer Erythrosin auch Pyronin und Acridinorange zum Nachweis von Strahlenschäden brauchbar. KEREIAKES, HODGSON und KREBS (1956) benutzen dazu Eosin. LUZZIO und KEREIAKES (1957) stellen dann fest, daß zwar im Färbungstest bei der Prüfung auf lebende, geschädigte und tote Hefezellen nach Röntgenbestrahlung zwischen Eosin B, Congorot, Evans-, Methylen-, Viktoriablau, Janusgrün B, Azur A, Trypanrot und Bismarckbraun eine gute Übereinstimmung besteht, dagegen zwischen Färbungs- und Plattentest keine befriedigende Parallelität gefunden werden kann.

Eosin eignet sich ebenfalls zur Unterscheidung lebender und toter tierischer Spermatozoiden, allerdings färben sich auch lebende, aber noch unreife Spermatozoiden (Brochart und Debatène 1953). Erythrosin ist im Gegensatz zu Eosin und Phloxin für den Vitalitätstest bei Spermatozoiden zu giftig (Burgos und Di Paola 1952).

Bei den Zellen des Fruchtfleisches von *Sorbus* soll die Fluorochromierung mit Uranin eine empfindlichere Vitalitätsreaktion sein als die Plasmolyse (Enöckl 1959).

Zu einer Vitalitätsprüfung wird häufig auch Methylenblau herangezogen. Während sich nach Proca (1909) nur lebende Bakterien mit Methylenblau färben, sollen sich die Sporen von *Bacillus subtilis* gerade umgekehrt verhalten (Proca und Danila 1909). Prát (1925 b) erhält bei Algen wie *Stypocaulon* und *Cladophora*, je nach dem Lebenszustand, mit Methylenblau rote und grünlichblaue Farbtöne, und nach Brambring (1930) speichern die Zellen lebender Wasserpflanzen den Farbstoff in der Vakuole und die toter in Plasma und Kern. Andererseits sollen sich nur tote Hefezellen mit Methylenblau und Congorot färben, lebende dagegen farblos bleiben (Rahn und Barnes 1933). Christophersen und Precht (1952) benutzen die Methylenblaufärbung durch Messung der Extinktion der Außenlösung als Maß der Hitzeresistenz von *Torulopsis kefyr*. Geissler (1955) hält die Vitalitätsprüfung von Hefen mit Methylenblau für unbrauchbar, während sie nach Kutscher (1956, dort auch weitere Literatur) von allen Färbemethoden bei Hefe noch die brauchbarste sein soll. Für wissenschaftliches Arbeiten kann aber nur die absolute Methode (Verdünnungsreihe auf Würzeagar) maßgebend sein. Fink (1931, Fink und Kühles 1933 a, b) weist darauf hin, daß Methylenblau nur unter Berücksichtigung des pH-Wertes bei Hefe annehmbare Ergebnisse liefert. Als günstig kann pH 4,6 angesehen werden.

Neben Methylenblau ist Neutralrot ein für die Vitalitätsprüfung beliebter Farbstoff, da nur lebende Zellen eine elektive Vakuolenfärbung zeigen; in toten Zellen färben sich dagegen Plasma, Kern und Zellwand (Richter 1909, Döring 1932, Scheibmair 1937, Woods und du Buy 1951, Biebl 1952, Siminovitch und Briggs 1953, Milovidov 1956, Holzer 1958, Oppenheimer und Leshem 1966). Auch bei Neutralrot ist der pH-Wert der Lösung zu beachten, wenn bei lebenden Zellen eine Vakuolen- und nicht eine Zellwandfärbung eintreten soll. Daher wird häufig die Anwendung alkalischer Lösungen empfohlen.

Luyet (1937) verwendet unter Ausnutzung der Impermeabilität des lebenden Protoplasten für KOH die Färbung mit Neutralrot als Vitalitätskriterium. Nach Übertragung der mit Neutralrot gefärbten Unterepidermen der *Allium cepa*-Schuppen in 0,4% KOH erfolgt in toten Zellen sofort ein Umschlag nach Orange, während lebende Zellen zunächst rot gefärbt bleiben.

Weiter Verbreitung erfreut sich die von Růžička (1905 a, b) eingeführte Mischlösung von Methylenblau und Neutralrot. Lebende Zellen färben sich damit rot und tote blau („Růžička-Phänomen", Tronchet 1935). Der Effekt soll darauf beruhen, daß totes Eiweiß nur mit Methylenblau, aber nicht mit Neutralrot eine Verbindung eingeht (von Möllendorff 1920). Diese Vorstellung ist jedoch unhaltbar, da Neutralrot allein benutzt in der toten Zelle ebenfalls Plasma und Kern färbt. Es wäre also bei dem Färbeeffekt der Mischlösung an toten Zellen eher an eine Adsorptionsverdrängung durch das stärker dissoziierte Methylenblau zu denken, während die lebenden Zellen das Neutralrot im Zellsaft speichern. Auch bei dieser Methode kommen dem pH-Wert und den Speicherverhältnissen im Zellinnern besondere Bedeutung zu. Nach BICKERT (1930) ergibt das Verfahren von RŮŽIČKA ebenso wie andere Färbungen bei Bakterien keine eindeutigen Ergebnisse, und bei Kahmhefen bleibt überhaupt die Mehrzahl der Zellen ungefärbt (WOLL 1956).

Aus zerschnittenen *Bryopsis plumosa*-Zellen treten Plasmaballen aus, in denen sich mit dem Methylenblau-Neutralrot-Gemisch zunächst einige Granula und die Chloroplasten vital rot färben sollen. Nach der Koagulation des Plasmas werden die Granula violett, und das Grundplasma nimmt einen bläulichen Farbton an. Mit fortschreitender Koagulation geht die violette Färbung immer mehr in blaue Töne über, und schließlich färbt sich alles blau (LEPESCHKIN 1926). LOEW (1917 a) geht sogar so weit, die sich mit Coffein in *Spirogyra*-Zellen bildenden Ausfällungen, die auf einer Reaktion der Farbstoffe mit Tanninen beruhen dürften, als „lebend" anzusehen, sobald sie sich im Neutralrot-Methylenblau-Gemisch rot färben.

BECQUEREL (1923) erweitert das Neutralrot-Methylenblau-Gemisch durch Zusatz von Bismarckbraun. Damit färben sich bei der lebenden Oberepidermiszelle der *Allium cepa*-Schuppe die Zellwand grün, das Cytoplasma und der Kern strohgelb, die Vakuole braunrot und die Sphärosomen grünlich durchscheinend. Mit dem Zellentod ändert sich das Färbungsbild in: Kern grün mit braunen Flecken, Nucleolen bläulich, Cytoplasma grünblau, Vakuole farblos.

In der Bakteriologie wird auch eine Mischung von Carbol-Fuchsin und Methylenblau benutzt, mit der sich nach PROCA (1909) die vor der Behandlung lebenden Bakterien blau und die toten rot färben. KAYSER (1912) empfiehlt, die Farbstoffe nacheinander anzuwenden, da die Ergebnisse bei Benützung des Gemisches zu unsicher wären. In dieser abgewandelten Form hat sich die Methode für Bakterien und Hefen bei MATTHEWMAN (1927), GAY und CLARK (1934) sowie EHRLICH (1949) bewährt.

BURKE (1923) prüft die Sporen von *Clostridium* mit Carbol-Fuchsin allein und erhält bei vorher lebenden Zellen nur eine rote Färbung der Peripherie, sogenannte „Ringformen", während sich die toten Zellen intensiv homogen durchfärben. KOSER und MILLS (1925) können die Ergebnisse für andere Bakteriensporen bestätigen, allerdings hängt der Erfolg von der Temperatur und der Einwirkungszeit des Farbstoffes ab.

Nach Mosso (1888) soll Methylgrün lebende Leucocyten und andere lebende Zellen violett, tote dagegen grün färben. Er vermutet, daß die Violettfärbung auf einer alkalischen Reaktion des lebenden und die Grünfärbung auf einer sauren Reaktion des toten Plasmas beruhen. HAUROWITZ (1922) kann aber nachweisen, daß die Violettfärbung auf Methylviolett zurückzuführen ist, das Methylgrünpräparate immer als Verunreinigung enthalten. Da Methylviolett lipophiler ist als Methylgrün, wird es von der lebenden Zelle gespeichert.

Ferner sollen sich mit Pyronin bei lebenden Zellen nur die Zellwände färben, bei toten aber Plasma, Kern und Plastiden (SCHMIDT 1951). Mit Berberinsulfat fluorescieren nur tote Hefezellen intensiv gelb, so daß es sich nach GEISSLER (1955) viel besser als Methylenblau oder Acridinorange zum Nachweis toter Zellen eignet. Eine Schädigung von Kartoffelgewebe durch Y-Virus läßt sich nach MÜLLER und MUNRO (1956) durch Rhodamin B, Neutralrot und Brillantcresylblau identifizieren, die prämortale Zellwandfärbungen verursachen. Bei Säugetier-Spermatozoiden sollen sich Primulin + Rhodamin 6G gut eignen (Bishop und Smiles 1957 b), da in dieser Mischung tote Spermatozoiden blau und lebende gelb fluorescieren. Wird Rhodamin 6G allein verwendet, fluorescieren alle Spermatozoiden unabhängig vom Lebenszustand, in reinem Primulin dagegen nur die toten. Beim Kaninchen- und Seeigel-Sperma versagt das Primulin.

Da der lebende Protoplast sulfosaure Farbstoffe im allgemeinen nicht aufnimmt, der tote sie aber adsorbiert, werden diese Farbstoffe häufig zur Vitalitätsprüfung herangezogen, so vor allem Congorot (Brand 1905, 1925, Seiffert 1922, Henrici 1923, Rahn und Barnes 1933, Kurusz 1951, Luzzio und Kereiakes 1957), ferner Trypanblau (Woods und du Buy 1951, Seeger und Schacht 1959), Nigrosin (Kaltenbach, Kaltenbach und Lyons 1958), Säurefuchsin (Hemmi und Endo 1928) und Orange G (Collander 1924).

Mit dem Zellentod erlischt die Redoxfähigkeit des Protoplasten, so daß auch mit Redoxindikatoren ein Vitalitätsnachweis geführt werden kann. Darauf beruht die Keimfähigkeitsprüfung von Samen mit TTC (vgl. S. 328). Tetrazoliumverbindungen sind außerdem zum Nachweis von Trockenschäden bei Kiefernnadeln, *Allium*-Gewebe (Parker 1952), Oleander-Blättern (Oppenheimer und Leshem 1966), von Frostschäden, besonders im Cambium von *Pyrus*-Arten (Larcher und Eggarter 1960) und *Citrus*-Gewebe (Purcell und Young 1963) sowie als Indiz für die Lebensfähigkeit von Pollen (Hauser und Morrison 1964, Sarvella 1964) benutzt worden. Nach Oppenheimer und Leshem (1966) ist die TTC-Methode aber weniger empfindlich als der Vitalitätsnachweis mit Neutralrot. Die TTC-Reaktion verläuft erst völlig negativ, wenn alle Zellen wirklich tot sind.

Nach Lepeschkin (1936) spricht die unterschiedliche Färbbarkeit lebenden und toten Plasmas mit kationischen und anionischen Farbstoffen dafür, daß nur im toten freie Proteine vorhanden sind, im lebenden werden sie dagegen durch Lipoide abgeschirmt (Drawert 1948 b). Auf diesem strukturellen Unterschied beruht wohl auch der in letzter Zeit am meisten benutzte Vitalitätsnachweis mit Acridinorange. Die von Strugger (1940 b) eingeführte Methode kann für sich den großen Vorteil eines sehr augenfälligen Farbkontrastes buchen. In der Oberepidermis der Schuppenblätter von *Allium cepa* fluorescieren Plasma und Kern der lebenden Zelle lebhaft grün und der toten kupferrot. Bei dem Farbunterschied handelt es sich um einen Konzentrationseffekt. Mit zunehmender Farbstoffkonzentration verändert sich der Farbton des Fluorescenzlichtes von Grün über Orange in Kupferrot. Nach Strugger bewährt sich diese Methode vor allem als Vitalitätsnachweis bei Bakterien (Strugger 1942 a, c, Rouschal und Strugger 1943), Hefe (Strugger 1942 a), *Spirochaeta pallida* (Mohrmann und Strugger 1942) und ganz allgemein bei Mikroben (Strugger 1941 c, 1949 a), so daß sie auch zur Prüfung der Wirksamkeit von Entkeimungsmitteln benutzt werden kann (Hilbrich 1942).

Über die Zuverlässigkeit dieser Methode ist in der Literatur ein heftiger Streit entbrannt. Sie wird von Gärtner (1944, Stickl und Gärtner 1944) für grampositive Bakterien abgelehnt, da häufig noch lebensfähige Zellen rot fluorochromiert werden. Bei gramnegativen Bakterien kann dagegen die Fluorochromierung mit Acridinorange in gewissen Grenzen zur Unterscheidung lebender und toter Zellen herangezogen werden, weil sich hier die erhaltenen Zahlenverhältnisse durch Kultur und Keimzählversuche bestätigen lassen. Bucherer (1943) kommt zu einer Ablehnung. Nach seinen Versuchen mit *Sarcina*-Arten ist nicht der Lebenszustand, sondern das Verhältnis von Bakterienmenge zum Volumen der Farbstofflösung für den Farbton ausschlaggebend. Dasselbe können BOGEN (1953), GEISSLER (1955) und WOLL (1956) für Hefe, STOCKINGER (1949) und BISHOP und SMILES (1957 a) für menschliches und tierisches Sperma bestätigen, während VAN DUIJN (1954) die Methode für menschliches Sperma brauchbar findet. Völlig negativ verlaufen die Untersuchungen von MAY (1947/48 b) bei Bakterien, von BORCHERT und HELMCKE (1950) bei Paramaecien und von BREIVIS und VASIL'EV (1959) beim Ascites-Carcinom, während Primulin hier wenigstens Schätzungen erlauben soll. VON BERTALANFFY und BICKIS (1956) halten die Methode ganz allgemein für tierische Zellen als unbrauchbar.

Nach SCHWARTZ (1959) führen rot fluorescierende Hefen noch Teilungen durch. Die Rotfluorescenz zeigt zwar bei menschlichen Sternalmarkzellen den Zellentod an, rotfluorochromierte Plasmazytomzellen sind dagegen noch zum Mitoseablauf befähigt (COUTIER 1957). Nach RANADE, TATAKE und KORGAONKAR (1961) gibt das Färbungsergebnis bei *Escherichia coli* nach Ultraschallbehandlung keine Übereinstimmung mit dem Plattentest (s. auch TATAKE und GOPAL-AYENGAR 1963, KORGAONKAR und RANADE 1966). Neben den völlig ablehnenden gibt es auch nur einschränkende Stimmen. Nach KREBS (1947) ist das Grundprinzip von STRUGGER richtig; es müssen aber bestimmte Voraussetzungen eingehalten werden, um brauchbare Ergebnisse zu bekommen. Von großer Bedeutung ist die Beobachtungszeit, die für jede Zellenart charakteristisch sein soll. Ist genügend Zeit zur Auswirkung von Quellungs- und Diffusionsvorgängen vorhanden, so können tote Zellen die z. B. beim Absterben unter einer Strahlenwirkung angenommene Rot-Fluorescenz wieder verlieren und wie lebende Zellen grün fluorescieren (,,Umkehreffekt"). Unter Beachtung dieser Kautelen kann die schädigende Wirkung von α-Strahlen bei Hefen und *Allium cepa*-Epidermen mit Acridinorange gut erfaßt werden (KREBS und GIERLACH 1951).

HÖFLER (1947 a, b, 1949 b) findet, daß die Reaktion vor allem beim Zellkern nicht eindeutig ist, tote Kerne können sowohl rot als auch grün fluorescieren. Für das Plasma trifft das Postulat von STRUGGER eher zu, man kann aber nicht von einer allgemeinen Gültigkeit sprechen (HÖFLER 1951). Nach FLEGEL (1953) sind die Ergebnisse auch bei Bakterien nicht eindeutig. Die Resultate einer Vitalfärbung sprechen für die Auffassung von STRUGGER. Nach Hitzefixierung treten aber neben roten auch grüne Zellen auf. Bei der Fluorochromierung von Hefe in einer vollständigen Nährlösung ist Rotfluorescenz nicht gleichbedeutend mit tot, dagegen aber bei Abwesenheit von Glucose (KRAEPELIN 1961). BARDTKE (1960) ist der Meinung, daß mit einem gewissen Vorbehalt tote Zellen das Acridinorange stärker speichern als lebende, aber nicht alle rot fluorescierenden Bakterien müssen zwangsläufig tot sein (BARDTKE 1965).

SCHEIBE und EDER (1956) führen an Froschherzgewebe, das sie mit Acridinorange gefärbt haben, lichtelektrische Emissionsmessungen durch und finden, daß Schnitte, die dem Auge noch rein grün erscheinen, bereits eine hohe Emissionsintensität im Rot besitzen. Einen roten Farbeindruck hat das Auge erst, wenn die Grünintensität auf 18,9% abgesunken ist. Die Verschiebung des Verhältnisses der Emissionsintensität von der grünen zur roten Emissionsbande tritt also bei der Entwicklung der Denaturierung früher ein, als das Auge sie am Konzentrationseffekt bemerkt. Außerdem ist für das Sichtbarwerden des Farbumschlages eine ausreichende Farbstoffkonzentration erforderlich, und der Farbton wird auch von der Schnittdicke des Präparates beeinflußt.

Strugger (1947) räumt ein, daß bestimmte Voraussetzungen für eine erfolgreiche Anwendung der Methode zu beachten sind. So muß immer mit einem Farbstoffüberschuß gearbeitet werden, es darf während der Untersuchung keine extreme Quellung des Plasmas auftreten, und als günstig hat sich der pH-Bereich von 5,0 bis 7,5 erwiesen. Die Zwischentöne von Gelb, Orangegelb und Orangerot kennzeichnen verschiedene Schädigungsstadien des Plasmas. Bereits eine mechanische Deformation des Eiweißmicellargerüstes im Plasma soll mit der Methode eindeutig erkennbar sein. Mit Wasserblau kann die Rotfluorescenz der Zellwände gelöscht und so die grüne Plasmafluorescenz lebender Kokken nachgewiesen werden; damit glaubt Strugger, den Einwand von Gärtner (1944) widerlegt zu haben.

Glubrecht (1953) hält die Acridinorange-Methode zum Nachweis von UV-Schäden für geeignet, desgleichen benutzen sie Raušer und Truka (1959) zum Erfassen von nekrotischen Veränderungen nach Ultraschalleinwirkung. Auch Lesser (1958) schreibt der Methode beim Einhalten bestimmter Voraussetzungen eine begrenzte Anwendungsmöglichkeit zu.

Für die Bestimmung des Bakterienbesatzes im Boden mit Hilfe von Acridinorange macht Haber (1958) die Einschränkung, daß diese Methode in den Händen eines geschulten Fachmannes brauchbar ist. Dasselbe trifft wohl auch für alle Färbungsmethoden zur Unterscheidung lebender und toter Zellen zu.

Über die Anwendung der Acridinorange-Methode zur Auszählung von Bakterien berichten folgende Autoren: Rouschal und Strugger (1943), Strugger (1949a), Burrichter (1953, 1954), Lehner und Nowak (1957a, b), Jagnow (1958), Kuron, Glathe und Homrighausen (1959), Kuron, Homrighausen und Rohmer (1959), Haber (1958, 1959) für Böden, Zoyagintsev (1962), Trolldenier (1965) speziell für die Rhizosphäre und Deufel (1959) für Membranfilter.

f) Protoplasmatische Anatomie der lebenden Pflanze

Die Vitalfärbung ist eine Methode der Protoplasmatischen Pflanzenanatomie im Sinne von Weber (1929 a), mit deren Hilfe man plasmatische Ungleichheit bei morphologischer Gleichheit (Weber 1932) aufdecken kann. Dabei braucht es sich nicht nur um Gewebe zu handeln, sondern plasmatische Verschiedenheiten können bereits innerhalb einer Zelle auftreten, so daß man mit Hilfe der Vitalfärbung eine Zellenanalyse durchführen kann.

Reuter (1955) berücksichtigt die Vitalfärbung bereits in ihrer zusammenfassenden Darstellung der Protoplasmatischen Pflanzenanatomie, so daß hier nur ein kurzer Überblick gegeben werden soll.

Plasmatische Verschiedenheiten sind vor allem von der tierischen Zelle bekannt. Besonders eindrucksvoll sind sie beim Entwicklungsgang der Eizelle durch Vitalfärbung sichtbar zu machen. In den Oocyten der Forelle trennen sich im Plasma Phasen, die zu einer bipolaren Differenzierung führen und sich mit einigen kationischen Farbstoffen unterschiedlich färben. Dasselbe ist bei befruchteten Eizellen von *Nereis limbata* und *Chaetopterus pergamentaceus* der Fall (Spek

1934 a). SPEK (1933) führt diese Unterschiede auf pH-Differenzen zurück. Die verschiedenen Plasmaphasen sollen sich zu einem regelrechten pH-Gradienten in der tierischen Eizelle ordnen (SPEK 1938). Es ist aber fraglich, ob solche Unterschiede auf Verschiedenheiten im pH-Wert zurückzuführen sind, sie können auch auf einem unterschiedlichen Gehalt an Lipoiden (MONNÉ 1938 c, MONNÉ und HÅRDE 1953) oder auf metachromatischen Erscheinungen (DALCQ 1952 a, b) beruhen. Differente Färbungen lassen sich ferner bei *Endamoeba histolytica* zwischen Endo- und Ectoplasma mit Neutralrot, Nilblau und Janusgrün beobachten (BROWNE 1930). Bei *Amoeba proteus* färbt sich mit Methylenblau nur das Ectoplasma (VON-WILLER 1918), und einige kationische Farbstoffe scheinen von der Plasmaoberfläche gerichtet adsorbiert zu werden, da sie die Doppelbrechung verstärken (BYRNE 1963). Wenn BROWNE (1930) die mit Janusgrün erhaltenen Unterschiede

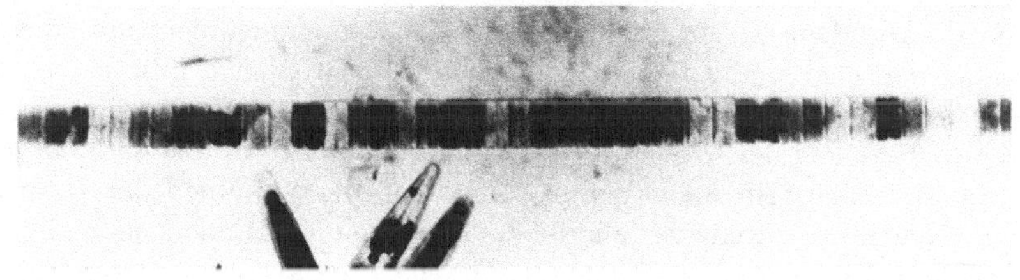

Abb. 177. *Oscillatoria borneti* mit Neutralrot vitalgefärbt. „Vakuolen"-Färbung mit sehr unterschiedlicher Intensität in den einzelnen Zellen. Häufig besitzen zwei benachbarte Zellen die gleiche Färbungsintensität. (Nach DRAWERT 1949 b.)

auf pH-Differenzen zurückführt, so dürfte das kaum zutreffen, eher sind Verschiedenheiten im Redoxpotential anzunehmen, wie sie GERSCH (1937 a) z. B. bei *Paramaecium caudatum* mit Redoxindikatoren festgestellt hat. Hier besitzt der vordere Pol oxydierende und der hintere Pol reduzierende Eigenschaften.

Bei den pflanzlichen Objekten handelt es sich weniger um Unterschiede innerhalb einer Zelle als vielmehr um Verschiedenheiten einzelner Zellen innerhalb eines Zellverbandes. So verhalten sich z. B. die Zellen eines Blaualgenfadens bei der Vitalfärbung hinsichtlich der Farbstoffspeicherung sehr verschieden (Abb. 177), wie es von allen Autoren beobachtet worden ist, die sich mit der Vitalfärbung von Cyanophyceen befaßt haben (BRAND 1901, 1905, BAUMGÄRTEL 1920, SCHMID 1923, BECKER und BECKEROWA 1937, VON CHOLNOKY 1937 b, SCHÖNLEBER 1937 a, DELAPORTE 1940, DRAWERT 1949 b, VON ZASTROW 1953, BAHR und SCHWARTZ 1957, HONSELL 1959 b, SPEARING 1961).

In den Fäden von *Spirogyra* machen sich beim Übergang von der vegetativen zur generativen Phase bei der Vitalfärbung Differenzen bemerkbar. Nach LLOYD (1928) bilden sich bei einer Behandlung mit Neutralrot oder Methylenblau in den Gameten viel langsamer gefärbte Granula als in den vegetativen Zellen. Der Autor macht dafür Permeabilitätsunterschiede verantwortlich. Die kopulierenden Zellen färben sich ferner im Gegensatz zu den vegetativen Zellen nicht mit dem amphoteren Methylrot, was ZÖTTL (1960) auf fehlende Gerbstoffe zurückführt. Mit Acridinorange zeigen die später kopulierenden Zellen schon frühzeitig eine grüne Zellsaftfluorescenz. Wenn REICHART (1962) in diesem Zusammenhang von einer „Geschlechtsbestimmung" spricht, so ist das als begriffsverwirrend abzulehnen.

35*

Endler (1912 a) hat bereits bei *Cladophora* mit Neutralrot eine polare Färbung beobachtet. Der apikale Pol der Zellen färbt sich intensiv rot, der basale dagegen kaum oder gar nicht. Auch Prát (1932) beschreibt sowohl bei *Cladophora* als auch bei *Codium* eine polare Zellsaftfärbung mit Neutralrot, Toluidin-, Brillantcresyl-, Methylenblau und Vesuvin. Der apikale Pol ist immer intensiver gefärbt. Nakazawa (1959 b) führt die polare Färbung mit Neutralrot bei *Cladophora utriculosa* und *C. refracta* auf Permeabilitätsunterschiede in der Zellwand zurück. Entsteht an einem Zellenregenerat von *Cladophora* die neue Zellwand, so ist mit Acridinorange mindestens 2 Tage vor der Ausbildung der Wand ein deutlich hellrot fluorescierender Ring zu erkennen (Schoser 1956). Bei *Cladophora pumila* speichern meist nur peripher gelegene Teilvakuolen Neutralrot, Brillantcresylblau, Rhodamin B und Acridinorange, die tiefer liegenden Vakuolen bleiben ungefärbt.

Steinecke (1925) erhält mit Neutralrot polare Färbungen bei *Caulerpa* und *Bryopsis*, die aber Dostál (1928) nicht bestätigen kann, auch nicht mit einer Reihe weiterer kationischer und anionischer Farbstoffe. Für *Nitella* gibt jedoch Irwin (1925/28) an, daß in der Aufnahmegeschwindigkeit von Brillantcresylblau ein Unterschied zwischen den Zellen der Basis und denen der Spitze besteht, und bei *Chara crinita* färben sich nach Honsell (1957 c) die Vakuolen der Internodialzellen mit Neutralrot intensiver als die der umgebenden Rindenzellen. Bei *Coleochaete* speichern die normalen, einen rotierenden Chromatophor besitzenden Haarzellen Neutralrot elektiv. Alte Haarzellen mit verkümmertem Haar und unbewegtem Plasma färben sich niemals (Geitler 1960 a). Ein besonderes Problem ergibt sich bei *Coleochaete soluta* daraus, daß sich nur die Vakuolen des basalen Abschnittes, aber nicht das — oft bis 1 cm lange — Haar, das hauptsächlich Zellsaft enthält, anfärbt (Geitler 1960 b).

Recht unterschiedlich verhalten sich in der Farbstoffaufnahme die Zellen der Rotalgen-Thalli, sei es hinsichtlich der Zellwandfärbung (Prát 1931 a) oder der Vakuolenfärbung (Biebl 1939, Burian 1963). Die von Nakazawa (1953 b) mit verschiedenen kationischen und anionischen Farbstoffen bei Rot-, Grün- und Braunalgen beobachteten differenten Cytoplasmafärbungen dürften, zum Unterschied des von Nakazawa (1959 a) beschriebenen abweichenden Verhaltens der apikalen Zelle von *Polysiphonia*-Arten gegenüber TTC und Neutralrot, kaum noch vitaler Natur gewesen sein.

An befruchteten Eiern von *Coccophora*-, *Sargassum*- und *Fucus*-Arten soll sich zunächst der Rhizoidpol elektiv färben (Nakazawa 1953 a, 1957 a, b). Aus Zentrifugierungsversuchen schließt Nakazawa (1957 a), daß dieses Verhalten auf einen Permeabilitätsgradienten zurückzuführen ist, der wiederum durch die Lipoidverteilung bedingt wird. Der Rhizoidpol soll reicher an Lezithinen und dadurch permeabler sein (Nakazawa 1957 c).

Schopfer (1934) berichtet von *Phycomyces blakesleeanus*, daß sich auf Neutralrot-haltigem Kulturmedium das (+)-Mycel orangegelb und das (—)-Mycel leicht rosa färben, und mit Methylenblau wird das (+)-Mycel gelbgrün und das (—)-Mycel grün. Was sich färbt, wird leider nicht angegeben. An demselben Pilz führt Johannes (1939) eine eingehende Analyse durch. Dieser Autor erhält nur an den Suspensoren und Gametangien des (—)-Mycels mit Neutralrot eine intensivere Zellwandfärbung als an den entsprechenden Organen des (+)-Mycels (Abb. 178).

Die vegetativ wachsenden Mycelien zeigen untereinander keine Differenzen in der Farbstoffspeicherung. Es treten nur innerhalb eines jeden Mycels Längsgradienten auf, da die wachsenden Teile der Hyphen intensiver im Zellinnern speichern als die ruhenden Zonen. Dieser Gradient ist auch bei den jungen Anlagen eines Sporangienträgers zu erkennen (Abb. 179), und bei den Gametangienanlagen hebt sich bereits vor einer morphologischen Differenzierung die Größe der zukünftigen Gametangien durch die stärkere Neutralrotspeicherung in der entsprechenden

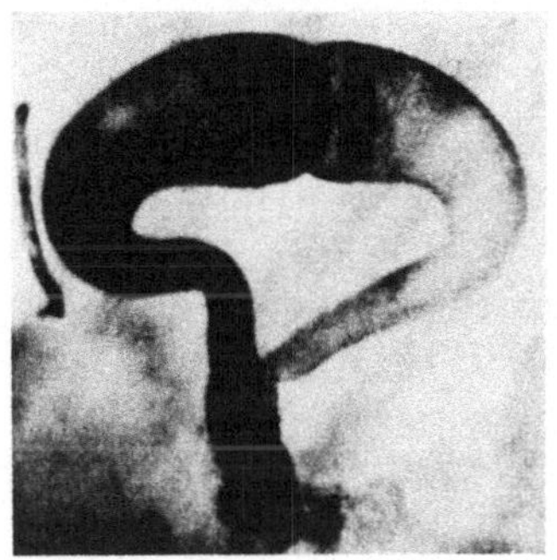

Abb. 178.

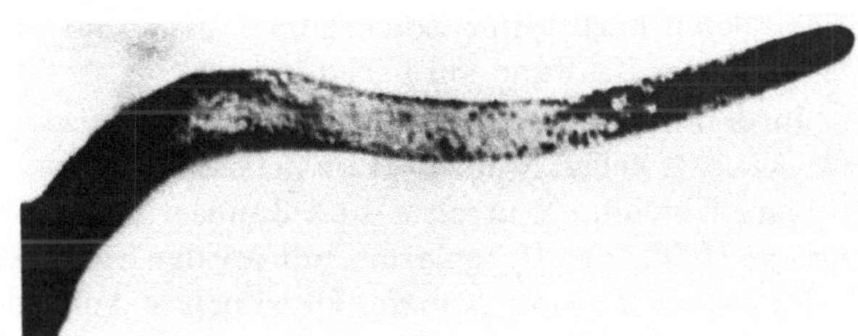

Abb. 179.

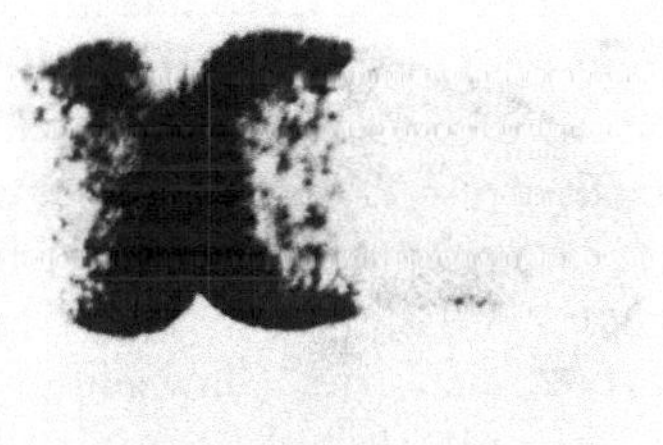

Abb. 180.

Abb. 178. *Phycomyces blakesleeanus.* Zellwandfärbung an den Gametangien und Suspensoren mit Neutralrot bei pH 6,9. Links (—)-Mycel, rechts (+)-Mycel. (Nach JOHANNES 1939.)

Abb. 179. *Phycomyces blakesleeanus.* Ein junger, noch nicht ausdifferenzierter Sporangienträger mit Neutralrot bei pH 6,98 gefärbt. Durch die intensivere Speicherung der wachsenden Spitze entsteht ein Längsgradient. (Nach JOHANNES 1939.)

Abb. 180. *Phycomyces blakesleeanus.* Gametangienanlagen mit Neutralrot gefärbt. Durch die stärkere Speicherung der zukünftigen Gametangien ist die Grenze zwischen Gametangium und Suspensor bereits vor der morphologischen Differenzierung zu erkennen. (Nach JOHANNES 1939.)

Zone ab (Abb. 180). Längsgradienten in der Färbung wachsender Hyphen findet JOHANNES ebenfalls bei *Basidiobolus* und *Saprolegnia,* und bei *Phycomyces* lassen sie sich mit Acridinorange bestätigen (JOHANNES 1950 a). Ferner weisen die Hyphen von *Polystictus versicolor* und von einigen anderen Basidiomyceten nach Vitalfärbung einen Längsgradienten auf, der vielleicht durch eine Herabsetzung der Zellwandpermeabilität für kationische Farbstoffe mit dem Altern bedingt ist (DRAWERT und SCHLAFKE 1959). Auch bei *Penicillium chrysogenum* fluorescieren die noch wachsenden Hyphenspitzen mit einem Stilben-Fluorochrom intensiver als die älteren Teile (DARKEN 1961 a).

An den Blättchen einiger Laub- und Lebermoose stellen KRESSIN (1935) und SCHEIBMAIR (1937) fest, daß die Färbbarkeit mit kationischen Farbstoffen mit dem Alter zunimmt. Diese Erscheinung wird auf Verschiedenheiten in der Zellwandpermeabilität zurückgeführt. Burian (1962 b) beobachtet bei *Calypogeia*-Arten außer Altersunterschieden auch jahreszeitliche Schwankungen in der Farbstoffaufnahme und macht für diese Erscheinungen Änderungen im Gehalt an Speicherstoffen verantwortlich. Bei verschiedenen Lebermoosen treten mit Methylrot in Abhängigkeit vom Alter der Zellen Gradienten in der Zellwand- und in der Ölkörperfärbung auf, die zueinander entgegengesetzt verlaufen. Die Zellwandfärbung nimmt mit dem Alter zu und die Ölkörperfärbung ab. Mit dem Alter soll sich die Permeabilität des Protoplasten für Methylrot ändern (Zöttl 1963).

Härtel (1940) erhält an den Blättern von Hymenophyllaceen mit Neutralrot und anderen Farbstoffen Zonierungen, die er auf Verschiedenheiten in der Durchlässigkeit der Zellwand zurückführt.

In den Prothallien von *Dryopteris parasitica* speichern nur die schon weiter entwickelten Zellen Neutralrot im Zellsaft (Reuter 1953). Mit Safranin, Methylen-, Nilblau, Thionin, Neutralrot und Janusgrün B färbt sich nach Nakazawa und Ootaki (1962) das Cytoplasma nur an der Spitze des jungen, noch fädigen Prothalliums von *Dryopteris varia*. Diese polare Anfärbung soll auf einer unterschiedlichen Permeabilität des Plasmas und nicht der Zellwand beruhen. Nach den benutzten Farbstoffen zu urteilen, kann aber keine Vitalfärbung mehr vorgelegen haben, wenn sich damit das Cytoplasma gefärbt hat. Igura (1954 b) erhält mit kationischen Farbstoffen sowohl eine Zellwand- als auch eine Zellsaftfärbung in den Rhizoiden von Farnprothallien. Nur gelegentlich färbt sich die Zellwand der Prothallienzellen mit Eosin, Tropaeolin 000, Thionin und Kristallviolett. Bei den Sporen von *Equisetum arvense* speichert nach Nakazawa (1952, 1958) die Rhizoidzone elektiv verschiedene Farbstoffe. In den Spermatozoiden einiger Polypodiaceen färben sich mit Chrysoidin, Methylenblau, Neutralrot, Pyronin, Methylviolett, Malachitgrün, Rhodamin B, Congorot, Säurefuchsin, Tropaeolin 000 weder die nucleare Zone noch die Zilien, sondern nur das zilientragende Band (Igura 1954 a). Aus den benutzten Farbstoffen muß man aber schließen, daß es sich zum Teil nicht mehr um eine Vitalfärbung handeln kann.

Häufig macht sich bei normalen und metamorphosierten Blättern bei der Vitalfärbung ein Unterschied zwischen Ober- und Unterepidermis bemerkbar. Das bekannteste Beispiel hierfür sind die beiden Epidermen der Schuppenblätter von *Allium cepa*. So brauchen die Unterepidermiszellen für die Plasmafärbung mit Eosin doppelt soviel Zeit wie die Zellen der Oberepidermis. Bei jungen Schuppen verwischt sich dieser Unterschied (Albach 1928). Prune pure (Drawert 1938 c) und Rhodamin B (Drawert 1955 a) werden von der Oberepidermis im Plasma sowie im Kern und von der Unterepidermis im Zellsaft gespeichert. Mit Neutralrot färben sich die Vakuolen der Unterepidermis meist rot bis violettrot ohne Kontraktion und die der Oberepidermis zinnoberrot mit Kontraktion. Mit Acridinorange zeigt die Unterepidermis eine grüne und die Oberepidermis eine kupferrote Zellsaftfluorescenz (Höfler 1947 a). Wir wissen heute, daß diese Unterschiede darauf beruhen, daß die Unterepidermiszellen „vollen" und die Oberepidermiszellen „leeren" Zellsaft besitzen. Innerhalb der Oberepidermis kann es bei der Färbung mit kationischen Farbstoffen zu einem Längsgradienten kommen (Borriss 1937 b), indem die zur Spitze der Zwiebel liegenden Zellen mehr das Verhalten der Unterepidermiszellen aufweisen. Bei treibenden Zwiebeln erfolgt, vor allem in den äußeren Schuppen, ganz allgemein ein Angleichen der Eigenschaften der Oberepidermiszellen an die der Unterepidermiszellen. Wir können diesen Vorgang mit der besseren O_2-Versorgung der Oberepidermen lockerer Zwiebeln erklären. Der Sauerstoff führt zu einem „Voll"-Werden der Oberepidermiszellen (s. S. 415).

Die protoplasmatisch am besten untersuchten Objekte sind die Blätter von *Helodea canadensis* und *H. densa*, die ebenfalls einen deutlichen Unterschied der Vitalfärbung zwischen Ober- und Unterseite zeigen und außerdem — besonders auf der Oberseite — eine Zonierung erkennen lassen. Nach Neutralrotfärbung sind die Vakuolen der Unterseite meist stärker kontrahiert als die der Oberseite, und in den äußersten 1—3 Zellreihen setzt die Kontraktion besonders früh ein (KÜSTER 1938 a). Mit Prune pure färben sich bei *H. canadensis* die Vakuolen der Blattunterseite, während die der Blattoberseite, von einigen Ausnahmen abgesehen, farblos bleiben (DRAWERT 1938 c). Neutralrot wird in den Zellen der Unterseite stärker und vorwiegend in Krümelform gespeichert, in der Oberseite herrscht eine diffuse Zellsaftfärbung mit nur wenigen Krümeln vor (DRAWERT 1948 a). Durch Rhodamin B hervorgerufene morphologische Veränderungen der Chloroplasten treten in der Oberseite schneller auf als in der Unterseite (ZURZYCKI und STARZECKI 1961). Besonders auffallend sind die sich mit kationischen Farbstoffen intensiv färbenden Zellwandkuppen auf der Blattoberseite (SCHÖNLEBER 1937 b, KÜSTER 1938 a,

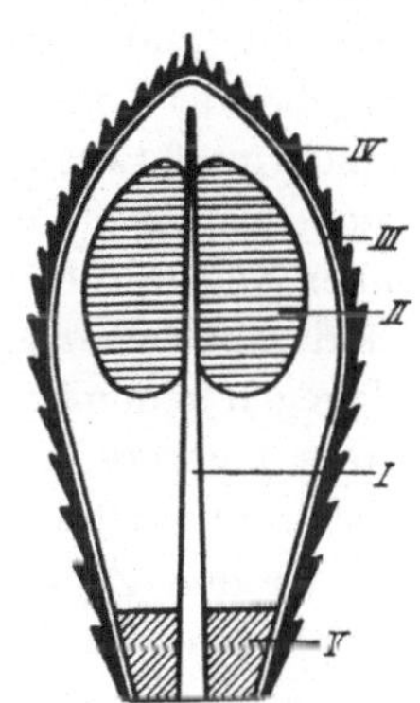

Abb. 181. *Helodea canadensis.* Verteilungskarte der von der protoplasmatischen Pflanzenanatomie im Blatt aufgedeckten Orte physiologischer Verschiedenheit bei morphologischer Gleichheit. I Mittelrippe, II Blattfeld, III Blattrand, IV Blattzähne, V Blattbasis. (Nach DRAWERT 1937 e.)

LEPKE 1951), eine Besonderheit, die auch am toten Blatt (S. 246, Abb. 80 und 81) erhalten bleibt (DRAWERT 1937 e, 1938 c). Die Zellwandkuppen färben sich ferner mit den anionischen Farbstoffen Indigo, Nachtblau und Alizarin in Form eines feinkörnigen Niederschlages (GICKLHORN 1927 a), wie man ihn auch nach Behandlung mit Prune pure beobachten kann (S. 246, Abb. 81). Eine Zonierung ist besonders klar an jüngeren Blättern nach einer Färbung mit Neutralrot zu erkennen (MODER 1932, MEINDL 1934, ESTÉRÁK 1935, DIEHL 1936, KÜSTER 1938 a). Sie tritt auch mit Methylenblau und Thionin (LILIENSTERN 1935) sowie mit Rhodamin B (STRUGGER 1937 a), Acridinorange und Brillantsulfoflavin FF (PERNER 1950 b), Toluidinblau (KINZEL und PISCHINGER 1962) und einer Reihe anderer Farbstoffe (RUGE 1940) in Erscheinung. Bei *H. canadensis* unterscheiden sich in ihrem Verhalten die Zellen des Blattfeldes, der Mittelrippe, der Blattbasis und des Blattrandes, ferner die Blattzähne und die amphinekrotischen Zellen (Abb. 181), bei *H. densa* kommen noch die „Schleim"-Idioblasten hinzu. Die Unterschiede werden auf folgende Ursachen zurückgeführt: Differenzen in der Plasmapermeabilität (STRUGGER 1937 a), im Reduktionsvermögen der Zellen (LILIENSTERN 1935), in der elektrischen Ladung (IEP) der Zellkolloide (DRAWERT 1937 e, PERNER 1950 b), im Diffusionswiderstand der Zellwand (DRAWERT 1937 e) oder der Cuticula (DIEHL 1936, RUGE 1940, PERNER 1950 b), im Gehalt an Speicherstoffen (KINZEL und PISCHINGER 1962). Aus dieser Aufzählung geht bereits hervor, daß die Unterschiede wahrscheinlich sehr komplexer Natur sind. Bei den Gradienten, die auch an toten Blättern auftreten, dürfte es sich in erster Linie um Verschiedenheiten in der Struktur der Zellwand einschließlich der Cuticula handeln, ebenso wie bei den amphinekrotischen Zellen, die sich sowohl beim lebenden (MODER 1932) als auch beim fixierten, also toten Blatt (DRAWERT 1937 d) abweichend verhalten (S. 248, Abb. 84). In diesem Zusammenhang sei darauf hingewiesen, daß bei *Allium cepa*-Schuppenblättern die an zerstörte Zellen angrenzenden lebenden Zellen in ihren Wänden eine intensive Kallosereaktion mit Anilinblau geben (CURRIER und STRUGGER 1956).

Ähnliche Zonierungen wie das *Helodea*-Blatt weist nach DIANNELIDIS (1951, 1963) das Blatt von *Halophila stipulacea* auf. MILIČIČ (1957) erhält mit Acridinorange und reduziertem Neutralrot (= Fluorescent X) bei Epidermen von zum Teil ein und derselben Pflanze recht verschiedene Farbtöne. Bei *Iris japonica* ergeben sich mit Neutralrot und Eosin Differenzen zwischen Ober- und Unterepidermis (JANTSCH 1959). Die Blattzellen der infektiösen Fleckenpanaschüre als auch die der albomarginaten Form von *Abutilon thompsonii* verhalten sich gegenüber Neutralrot übereinstimmend. Bei einer Farbstofflösung 1 : 5000 in aqua dest. sind alle Zellen gleichmäßig dunkelrot gefärbt; in Leitungswasser gelöst, treten dagegen in den chlorophyllfreien Zellen, bei leichter Weinrotfärbung der Vakuolen, stets mehrere dunkelrote, kleine Entmischungskugeln auf, die in den grünen Zellen nur selten zu finden sind (BIEBL 1950).

In den Zellen der Blumenblätter von Rosaceen, Primulaceen, Malvaceen, Oxalidaceen u. a. befinden sich neben der Hauptvakuole im Plasma gelegene kleine Vakuolen, die sich bei der Vitalfärbung anders verhalten als die Zentralvakuole; so haben sie ein besonderes Speichervermögen für sulfosaure Farbstoffe (RUHLAND 1912 b, DRAWERT 1941 a, 1950). Gegenüber verschiedenen sulfosauren Farbstoffen können auch Unterschiede im Verhalten auftreten (FABBRICOTTI-OBERRAUCH 1965 a, s. S. 492), und bei Chromoplasten-führenden Blumenblattzellen bleibt meist eine Färbung der Plasmavakuolen aus (DRAWERT 1941 a). Bei *Fagus sylvatica* lassen sich diese Plasmavakuolen auch in den Epidermiszellen des Laubblattes (DRAWERT und THIELKE 1951) und der Keimblätter (THALER 1963) vitalfärberisch nachweisen. Ähnliche Plasmavakuolen, die sich im Unterschied zu der Hauptvakuole nicht mit Neutralrot oder Methylenblau färben, sollen nach BANCHER (1938) in den Blumenblattzellen von *Gladiolus* × *gandavensis* nach dem Aufblühen entstehen. Auch in einigen Zellen des Kallusgewebes von *Salix* × *smithiana* befinden sich neben speicherstofffreien Hauptvakuolen speicherstoffführende Teilvakuolen, die aber nach KRINZINGER (1964) nicht mit den sogenannten Plasmavakuolen vergleichbar sind.

Die Angaben von SCHINDLER und TOTH (1950), daß sich im Blatt von *Coelogyne flaccida* eine Hypodermschicht von plasmalosen, toten, tracheidalen Wasserspeicherzellen befindet, deren Zellwände Rhodamin B zart violett und mit dunkelgelber Fluorescenz färbt, wird von RENNER und Mitarb. (1952) dahingehend korrigiert, daß lebende Zellen diese Schicht unterbrechen. Die lebenden Zellen heben sich besonders gut nach einer Fluorochromierung mit Berberinsulfat von den toten ab.

Es wurde bereits darauf hingewiesen, daß *Helodea densa* „Schleim"-Idioblasten besitzt, die sich vitalfärberisch von ihren Nachbarzellen unterscheiden. Sie färben sich z. B. mit Rhodamin S (DRAWERT 1940) und bleiben nach einer

Färbung der Blätter mit Neutralrot im Hellfeld farblos, zeigen aber im Blaulicht mit demselben Farbstoff eine intensive goldgelbe Fluorescenz (DRAWERT und METZNER 1956 a). TAKADA (1952) erhält dagegen auch im Hellfeld mit Neutralrot und mit Methylenblau eine Zellsaftfärbung. Nach CORDES (1959) speichern zahlreiche, aber nicht alle Idioblasten Neutralrot, und der Farbton variiert zwischen Orange und Rosa. Mit Acridinorange gefärbt, heben sich die Idioblasten durch ihre gelbgrüne oder orange Vakuolenfluorescenz von den Nachbarzellen, deren Zellsaft kupferrot leuchtet, eindeutig ab (PERNER 1950 b). Da die Idioblasten auch Sudanfarbstoffe und Nilblau speichern, bezeichnet sie CORDES (1959, 1960) als „Fettzellen". Eine Tanninreaktion des Neutralrots soll nicht vorliegen; denn von 12 Reaktionen auf Tannine würden nur 1% Coffein und eine gesättigte Ca(OH)$_2$-Lösung ein „scheinbar positives Ergebnis" liefern. PERNER (1950 b) und TAKADA (1952) führen dagegen das besondere Verhalten der Idioblasten auf ihren Gerbstoffgehalt zurück.

Gerbstoffidioblasten, die intensiv kationische Farbstoffe speichern, sind von zahlreichen anderen Pflanzen bekannt. Im Mesophyll älterer Blüten von *Gladiolus* lassen sie sich mit Methylenblau nachweisen, in jungen Blüten sind sie nicht zu beobachten (BANCHER 1938). In den Blättern von *Carex*-Arten färben sie sich mit Rhodamin B (WALDHEIM 1949) sowie mit Toluidinblau, Neutralrot und geben mit Acridinorange eine grüne Fluorescenz (THIELKE 1956). Auch in Epidermen von Orchideen-Blättern (BURIAN 1964 a) und im Rhizom von *Sparganium* (LUHAN 1957) können sie mit Rhodamin B nachgewiesen werden. Im Stengel von *Vicia faba* besteht zwischen grünen und etiolierten Pflanzen ein Unterschied in Zahl und Verteilung der Gerbstoffidioblasten (REIMERS 1957).

In der subepidermalen Zellage von *Ceratophyllum submersum* und *C. demersum* fallen regellos verteilte Zellen auf, die relativ rasch und intensiv kationische Farbstoffe speichern (GICKLHORN 1929 a). In den beiden Blattepidermen der Ulmacee *Chaetacme aristata* färben sich etwas tiefer eingesenkte Zellen mit Neutralrot. Sie sollen der Wasseraufnahme dienen, da die Färbung um so schneller erfolgt, je größer das Wasserdefizit ist (MEIDNER 1954). Die Raphidenzellen im Rindenparenchym der Wurzeln von *Dendrobium nobile* speichern bevorzugt Methylenblau (STRASBURGER 1891), die von *Haemaria discolor* unterscheiden sich dagegen durch eine schwächere Farbstoffaufnahme von den Nachbarzellen (DISKUS und KIERMAYER 1954), während die Raphidenzellen von *Impatiens noli-tangere* sich wiederum mit Rhodamin S elektiv färben lassen (DRAWERT 1940). Das Verhalten der Raphidenzellen in den Wurzeln von *Vanilla planifolia* und *Hyacinthus orientalis* in verschiedenen Altersstadien gegenüber Neutralrot beschreibt HUREL-PY (1942 a). Im Stengel von *Scrophularia*-Arten speichern Idioblasten intensiv Neutralrot, Nilblau, Bismarckbraun sowie elektiv Chrysoidin und Rhodamin B, sie fluorescieren mit Janusgrün B carminrot. Bei der Grundmasse dieser Idioblasten soll es sich um Stoffe lipoider Natur handeln (A. ZIEGLER 1955). Im Mesophyll der Kelchblätter von *Verbascum blattaria* färben sich Idioblasten elektiv mit Vitalneurot, Congorot, Trypanblau und Gentianaviolett (HÄRTEL 1952 a). Die Ölidioblasten im Stengel von *Houttuynia cordata* bleiben in Neutralrot-, Brillantcresylblau-, Nilblausulfat-, Rhodamin-B- und Uraninlösungen meist farblos (A. ZIEGLER 1960 a), während sich die Sekretidioblasten im Hypokotyl von *Helianthus annuus* mit Neutralrot und Brillantcresylblau negativ metachromatisch färben, so daß Kiermayer (1961) gewisse ätherische Öle als mögliche Ursache für volle Zellsäfte ansieht. In dem Blatt von *Agropyron repens* speichern die Epidermiszellen mit Ausnahme der Kieselzellen Neutralrot, Brillantcresylblau und Acridinorange mit negativ metachromatischem Farbton im Zellsaft (Luhan 1963).

Häufig verhalten sich Haare oder Teile von Haaren bei der Vitalfärbung von den übrigen Epidermiszellen abweichend. Besonders leicht nehmen die Köpfchenzellen der Drüsenhaare einiger Cucurbitaceen Methylenblau, Methylengrün, Fuchsin, Safranin und Eosin auf. Eine Weiterleitung in die Zellen des Stieles erfolgt nur sehr langsam oder bleibt ganz aus. Dabei erweist sich die „Mittelzelle"

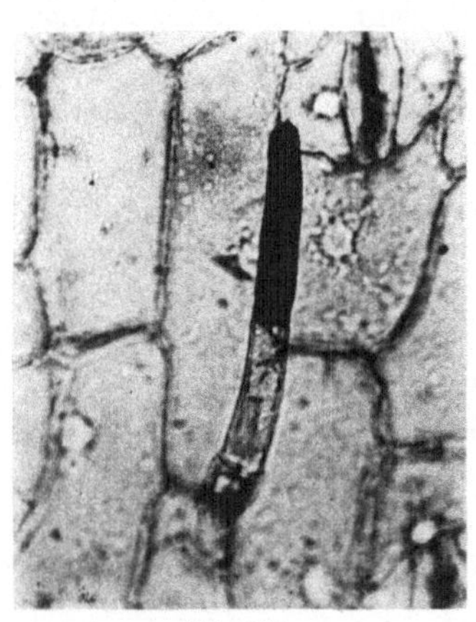
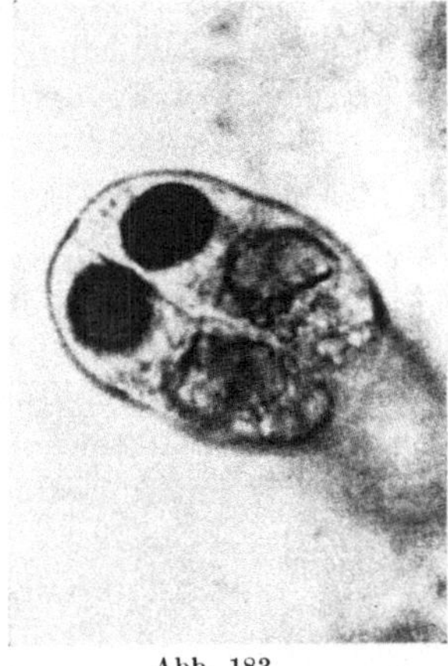
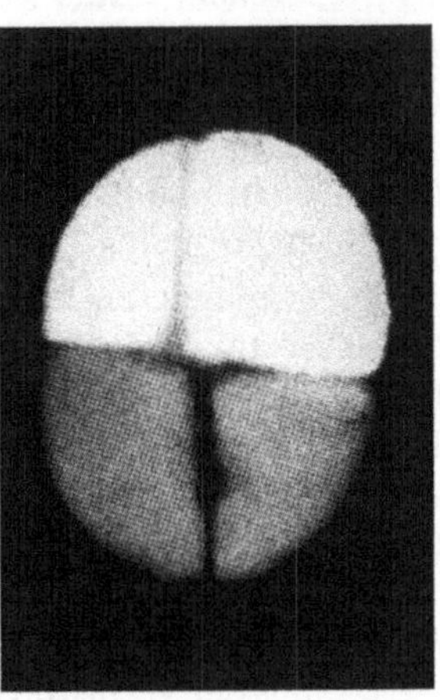

Abb. 182.   Abb. 183.   Abb. 184.

Abb. 182. *Tradescantia virginiana.* Elektive Zellwandfärbung der Spitzenzelle eines lebenden Schleimhaares mit Toluidinblau bei pH 3,2. (Nach Drawert 1941 b.)

Abb. 183. *Vicia faba.* Keulenhaar der Blattunterseite. Rhodamin B wird von den Gerbstoffvakuolen der distalen Köpfchenzellen intensiv gespeichert. Hellfeldaufnahme. (Nach Butterfass 1956 b.)

Abb. 184. Wie Abb. 183, aber Aufnahme im Fluorescenzmikroskop. Plasmafluorescenz in den distalen Köpfchenzellen mit Rhodamin B. (Nach Butterfass 1956 b.)

als Hemmzone (Schrödter 1926). Werden ganze Nebenblätter von *Vicia faba* mit Neutralrot oder Methylenblau infiltriert, dann speichern nur die Drüsenzellen der keulenförmigen Haare der extrafloralen Nektarien die Farbstoffe, alle anderen Zellen — auch die Stielzellen der Drüsenhaare — bleiben farblos (Pekarek 1929 b). Bei der Infiltration ganzer Blütenstände von *Euphorbia gerardiana* mit kationischen Farbstoffen färben sich nur ganz bestimmte Stellen an der Oberfläche der Nektarien. Pekarek (1929 a) vermutet, daß die gefärbten Zellen die Orte der Nektarsezernierung sind. Die Drüsenhaare auf der Blattoberseite von *Veronica beccabunga* besitzen zwei morphologisch völlig gleiche Köpfchenzellen. In verdünnter Neutralrotlösung färbt sich aber i. a. nur die eine Köpfchenzelle (Weber 1932). Durch eine rasche Farbstoffaufnahme zeichnen sich auch die Köpfchenzellen der Drüsenhaare von *Hyoscyamus*-Arten (Küster 1940 a) und von *Primula malacoides* (von Cholnoky 1949) aus. Die Drüsenhaare an den Kelchblättern von *Verbascum blattaria* sollen sich dagegen an Schnitten mit Acridinorange nur vom Mesophyll her färben (Härtel 1952 a). An den Schleimhaaren von *Tradescantia virginiana* färbt sich bei einer Behandlung lebender Blattstücke mit Toluidinblau bei pH 3,2 nach Drawert (1941 b) die Zellwand der Spitzenzelle elektiv (Abb. 182, vgl. dazu das Verhalten fixierter Haare auf S. 249, Abb. 86). Bei den

Keulenhaaren am *Vicia faba*-Blatt nehmen auch die Drüsenzellen elektiv Neutral-rot auf (PEKAREK 1929 b), und Rhodamin B wird nach BUTTERFASS (1956 b) von den Gerbstoffvakuolen der beiden distalen Köpfchenzellen viel stärker gespeichert als von denen der proximalen Zellen (Abb. 183). Derselbe Unterschied besteht in der Fluorescenz des Plasmas mit Rhodamin B (Abb. 184). Mit Oxypyrentrisulfonat

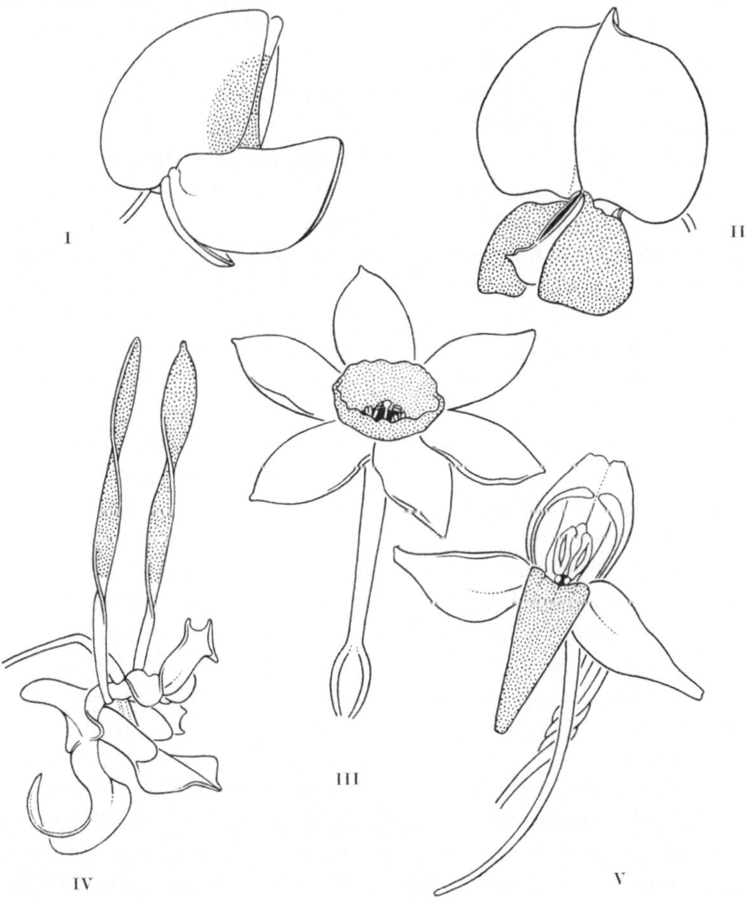

Abb. 185. Sichtbarmachung von Duftfeldern durch elektive Vitalfärbung mit Neutralrot in den Blüten von I *Lupinus cruckshanksii* (Vexillum, zugleich Saftmal), II *Spartium junceum* (Alae), III *Narcissus jonquilla* (Paraco-rolle), IV *Dendrobium minax* var. (seitl. Petalen), V *Platanthera bifolia* (Labellum und Vorderränder der seitl. Petalen). (Nach VOGEL 1962.)

leuchten die Zellwände der Keulenhaare. Besonders intensiv fluoresciert die Wand der Stielzelle im oberen Teil. Die Basiszelle und die sie umgebenden Epidermis-zellen sind in der Regel ohne Fluorescenz. Bei den Haaren von *Ballota nigra* färbt sich mit Cresylechtviolett gerade die Zellwand der Basalzelle am intensivsten (STIEGLER 1950). Auch bei den Deckhaaren von *Anthyllis vulneraria* werden mit Rhodamin B nur basale, ringförmige Teile der Zellwand gefärbt, während dis-soziierte kationische Farbstoffe das ganze Haar einheitlich tingieren (HÖFLER 1948). Beim Anstieg von Berberinsulfat in den Sprossen von *Helxine soleirolii* sammelt sich das fluorescierende Alkaloid in den basalen Wandteilen der Stern-haare der Blattunterseite an, die oberen $^2/_3$ eines Haares bleiben farblos; ebenso fluorescieren die basalen Wände der Stielzelle der Köpfchendrüsen elektiv, und in den Hakenhaaren leuchten außer den Zellwänden der Haarbasis auch die gebogenen Wandteile (Strugger 1939 b).

Im aktiven Osmophorengewebe der Duftdrüsen von *Ceropegia elegans* kann Vogel (1962) mit Neutralrot, Acridinorange, K-Fluorescein und Rhodamin Gradienten nachweisen und bei einer Reihe von Blüten Duftfelder durch Vitalfärbung mit Neutralrot sichtbar machen (Abb. 185). Es gelingt so der Nachweis, daß einige Blüten, bei denen man ihrer Struktur nach diffuse Dufterzeugung vermuten sollte, in Wirklichkeit nur mit bestimmten, umgrenzten, morphologischen Elementen Duft ausströmen.

Bei der Besprechung des Verhaltens des *Helodea*-Blattes wurde bereits auf die eigenartige Zellwandkuppenfärbung in der Oberseite hingewiesen. Es ist anzunehmen, daß es sich dabei um Hydropoten im Sinne von Mayr (1915) handelt, also um Orte der Aufnahme von Wasser und Nährsalzen. Mayr stellte an einigen Wasser- und Sumpfpflanzen fest, daß sich die Hydropoten durch eine veränderte Cuticula und abweichenden Zellwandbau auszeichnen. Sie speichern kationische Farbstoffe wie Fuchsin in großer Menge und färben sich in geringerem Maße auch mit dem anionischen Eosin. Aus den Zellwänden der Hydropoten wird der Farbstoff nach einiger Zeit in das Innere der Zellen „eingesogen". Czaja (1936) beobachtet denselben Effekt mit Toluidinblau. Gessner (1933) schließt aus der elektiven Färbung der Hydropoten mit kationischen Farbstoffen, daß es sich um „Säureorte" — nach der Nomenklatur von Unna oder mit Gicklhorn (1927 a) um „relative Anoden" im Sinne von Keller (s. S. 559) — handelt: „Wir sind also vollständig berechtigt, die Hydropoten als Organe besonders gesteigerter Anionenaufnahme anzusehen." Dieser Schluß ist nicht haltbar; denn von dem schwach dissoziierten, lipophilen Eosin abgesehen, nehmen die Hydropoten von *Salvinia*-Arten nur die kationischen Farbstoffe Fuchsin, Safranin, Methylen-, Nilblau und Methylviolett auf, aber nicht die stark dissoziierten und hoch diffusiblen anionischen Methylorange, Lichtgrün SF, Naphtholgelb S (Herzog 1934) und das amphotere, im physiologischen pH-Bereich aber als Anion vorliegende Methylrot (Zöttl 1960). Wenn Meyer (1936) mit dem anionischen Trypanblau Hydropoten bei *Potamogeton natans, Sagittaria subulata* und *Trapa natans* nachweisen kann, so handelt es sich mit großer Wahrscheinlichkeit nicht um eine Anionenabsorption, sondern um eine Abfilterung von größeren Farbstoffpartikelchen aus dem durch die Hydropoten einströmenden Wasser, wie es Gicklhorn (1927 a) auch mit anderen grobdispersen, anionischen Farbstoffen und Drawert (1938 c) mit alten Prune-pure-Lösungen (S. 246, Abb. 81) an den Zellwandkuppen bei *Helodea* beobachtet haben. Vardar (1950) färbt elektiv die „Hydropoten" von *Nymphaea alba* mit Methylenblau und Lyr und Streitberg (1955) prüfen eine große Anzahl von Wasserpflanzen mit Toluidinblau auf das Vorkommen von Hydropoten.

Bei den diffusiblen kationischen Farbstoffen liegt wohl in den meisten Fällen zunächst eine Adsorption der Farbkationen an der Zellwand und keine festere Bindung vor, da der Farbstoff weiter in das Zellinnere wandert und sich die Hydropotenzellwände dabei entfärben, wenn von außen kein Farbstoffnachschub erfolgt. Unter Umständen kann in besonders gelagerten Fällen eine chemische Bindung eintreten. So gibt Höfler (1948) an, daß die Toluidinblaufärbung der Hydropoten zum Unterschied von der der Haare bei *Salvinia* salzfest ist und daß sich die Hydropotenzellwände ebenfalls im Gegensatz zu den Haaren mit dem kaum dissoziierten, diffusiblen Rhodamin B färben.

GOEBEL (1930) schließt aus Versuchen mit Methylenblau, daß der Unterlappen der Blätter von *Azolla* der Wasseraufnahme dient, also Hydropotenfunktion haben soll. Dieser Auffassung wird von SCHAEDE (1948) widersprochen, der mit Farbstoffen nachweist, daß die Wasser- und Nährsalzaufnahme bei *Azolla* nur durch die Wurzel erfolgt.

Im tierischen Bereich könnte man die am Hinterende der Mückenlarven sitzenden Analpapillen den Hydropoten der Wasserpflanzen parallel setzen. Nach HARNISCH (1943) dienen die Analpapillen ebenfalls der Wasser- und Ionenaufnahme, wie aus Vitalfärbungsversuchen zu schließen ist.

Abb. 186. *Hydromystria bogotensis.* Intensive Färbung der Trichoblasten in der Wurzelspitze mit Prune pure. (Nach DRAWERT 1938 c.)

Die Funktion der pflanzlichen Hydropoten ist nicht an eine Lebenstätigkeit der Zelle gebunden; denn die Farbstoffaufnahme und Weiterleitung erfolgt nach MAYR (1915) und DRAWERT (1938 b, c) bei der toten Pflanze genauso wie bei der lebenden (s. S. 249).

An der Wurzel — als wasser- und stoffaufnehmendem Organ — färben sich mit kationischen Farbstoffen vor allem die Trichoblasten, wie es BECKEROWA (1934) an *Stratiotes aloides* und DRAWERT (1938 c) an *Hydromystria bogotensis* (Abb. 186) beobachtet haben. STRUGGER (1935 a) schließt aus Färbungsversuchen mit Neutralrot, daß die Stoffaufnahme beim Wurzelhaar von *Hydromystria* mit der Haarspitze erfolgt. DRAWERT (1938 c) sieht dagegen, auf Grund von Färbungen mit Prune pure, in der Haarmitte desselben Objektes den Hauptabsorptionsort.

Die einzelnen Zonen der Wurzeln von *Triticum* (STRUGGER 1937 b, LUNDEGÅRDH 1950) und *Zea mays* (SORAN und LAZĂR 1965) verhalten sich bei der Farbstoffaufnahme und -speicherung je nach Alter sehr verschieden. Für die Aufnahme von Neutralrot durch die Maiswurzel geben SORAN und LAZĂR (1965) folgende Schilderung: In der Längsrichtung hat die Streckungszone etwa 5 mm von der Spitze entfernt das höchste Speichervermögen, dann tritt ein zweites, nicht so hohes Maximum etwa 50 mm von der Spitze entfernt auf; es ist dies die Zone der Seitenwurzelprimordien. Eine Vermessung mit dem Cytophotometer ergibt das in Abb. 187 dargestellte Verteilungsdiagramm. In der Querrichtung besitzt die Rhizodermis in allen Zonen das höchste Speichervermögen. Dann folgen die inneren Rindenzellen, die allerdings in den unteren Zonen und besonders in der Anlagezone der Seitenwurzeln von den Zellen der äußeren Rinde übertroffen werden. Am schwächsten färben sich die Zellen der mittleren Rindenzone. Ein sehr hohes Speichervermögen hat ferner die Endodermis und etwas weniger der Perizykel. In beiden Geweben ist das Speichervermögen der vor dem Xylem liegenden Zellen größer als das der vor dem Phloem befindlichen Zellen.

Bei der Mycorrhiza von *Allium porrum* färben sich vor allem an den Eintrittsstellen einzelner Hyphen in die Epidermis sowohl die Hyphe selbst als auch die Wirtszelle mit kationischen und anionischen Farbstoffen (SIEVERS 1953).

Im Phloem von *Vitis vinifera* und anderen Arten nehmen die Siebelemente nach Currier, Esau und Cheadle (1955) kein Neutralrot auf und bilden mit TTC auch kein Formazan im Unterschied zu den Geleitzellen, die sich mit Neutralrot färben und Formazan anreichern. Das Phloem-Parenchym speichert Neutralrot sehr unterschiedlich, meist mit Vakuolenkontraktion, ein Teil bleibt auch ungefärbt. Ebenso variabel ist die Formazan-Bildung.

Mit Neutralrot färben sich in vielen Pollenkörnern generative und vegetative Zellen unterschiedlich bzw. kann ein Vakuom überhaupt erst durch eine Vital-

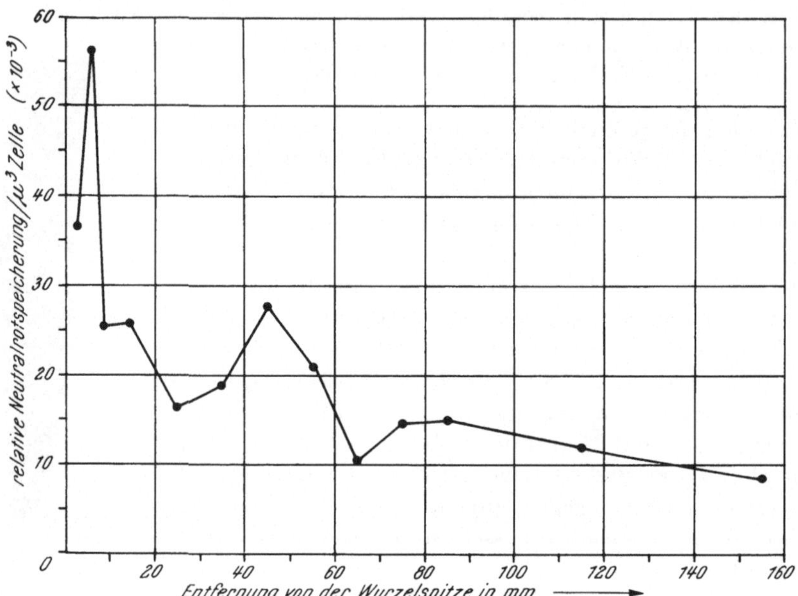

Abb. 187. Relative Neutralrotspeicherung in den einzelnen Zonen der Wurzel von *Zea mays*. (Nach Soran und Lazăr 1965.)

färbung nachgewiesen werden (P. Dangeard 1923 a, 1933, 1956 a, Hurel-Py 1933, 1942 b, Wulff 1934 a). Eine Analyse des Pollenschlauches von *Galanthus nivalis* führt Steffen (1953) mit Rhodamin B, Neutralrot, Chrysoidin und Sudan III durch.

Der Mikropylenbereich unbefruchteter Eier von *Clupea pallasii* färbt sich intensiv mit kationischen Farbstoffen, und der Mikropylenkanal besitzt eine spezifische Affinität zu Janusgrün B, Janusrot, Viktoriablau 4 R und Anilinblau (Yanagimachi 1958).

In Zellen aus Fruchtfleischkulturen oder aus dem Meristem von *Citrus*-Arten sind kleine Körper anzutreffen, die sich vergrößern, an den Kern legen, Nucleolarsubstanz übernehmen und diese nach Lösung vom Kern in das Cytoplasma entlassen sollen. Da sich bei *Citrus* nicht der Kern, aber diese blasigen Körper mit Rhodamin B färben, schließen Kordan und Morgenstern (1963), daß es sich dabei nicht um Ausstülpungen des Kernes handeln kann, sondern um cytoplasmatische Gebilde, deren Ursprung wahrscheinlich im Golgi-Apparat liegt. Dieser Schluß ist aber nicht stichhaltig, da sich bei anderen Objekten der Kern einwandfrei mit Rhodamin B färbt.

g) Elektrohistologie nach KELLER und KARCZAG

In enger Beziehung zu dem Programm der protoplasmatischen Pflanzen-anatomie steht auch die von KELLER (1918, 1925, 1929, 1932) begründete Elektro-histologie (PFEIFFER 1930 c). „Die Elektrohistologie der Pflanzen macht es sich zur Aufgabe, die topographische Verteilung der elektrostatischen Ladungen innerhalb der Zellen und der Gewebe zu erforschen" (STRUGGER 1935 b, S. 115). Zu den Methoden der Elektrohistologie gehört die Färbung lebender und über-

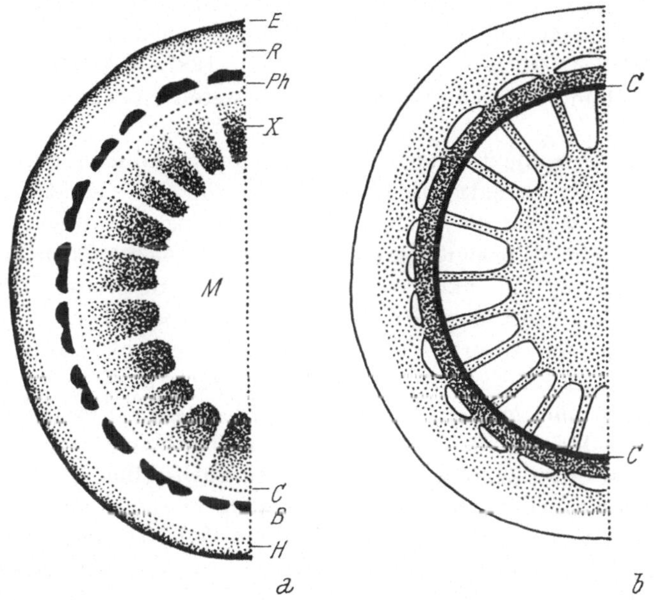

Abb. 188. Querschnitt durch eine einjährige Sproßachse von *Hedera helix* als Testobjekt für die elektrische Ladung eines Farbstoffes nach KELLER. *a* Die „Anoden" durch einen basischen Farbstoff, *b* die „Kathoden" durch einen sauren Farbstoff dargestellt, E Epidermis, H collenchymatisches Rindengewebe, R parenchymatisches Rindengewebe, B Sclerenchym, Ph Phloem, C Cambium, X Xylem, M Mark. (Aus KELLER und GICKLHORN 1928.)

lebender Präparate mit „anodischen" und „kathodischen" Farbstoffen, mit deren Hilfe im pflanzlichen und tierischen Gewebe „Anoden" und „Kathoden" nachgewiesen werden.

Leider beruhen die meisten Schlußfolgerungen von KELLER auf nicht zulässi-gen Verallgemeinerungen von Ausnahmefällen und dadurch bedingten falschen Interpretationen von Färbungsbildern.

KELLER (1919) geht von dem empirischen Befund aus, daß Methylenblau bei 70—80 Volt in alkalischer Lösung zur Anode und in saurer zur Kathode wandert und schließt daraus, daß die Lehrbuchmeinung von der kathodischen Wanderung basischer und der anodischen Wanderung saurer Farbstoffe in dieser allgemeinen Fassung falsch ist. Es wäre zwar selbstverständlich, daß in rein molekular disper-sen oder dissoziierten verdünnten Lösungen das Farbkation zur Kathode wandert, aber daneben liegt der Farbstoff in den Lösungen auch in kolloidaler Form vor und soll in diesem Zustand wie ein amphoteres Eiweiß reagieren (KELLER 1920, 1921 a), in der Zelle verhalten sich aber ganz allgemein alle Farbstoffe wie echte Kolloide (KELLER 1921 b). Elektrophoretisch kann dieses nachgewiesen werden, indem man die Wanderungsrichtung des Farbstoffes nicht in aqua dest., Leitungswasser oder Ringerlösung, sondern in Serum prüft. In letztem wandert Methylenblau einwandfrei zur Anode, da es von einem farblosen Kolloid mitgeschleppt wird (Keller 1926 b). Genauso sollen auch die „stets gegenwärtigen unsichtbaren" Kolloide in der Zelle einen in dissoziierter Form vorhandenen Farbstoff adsorbieren und damit dessen Wanderungsrichtung festlegen (Keller 1921 b).

Um den „biologischen Wanderungssinn" eines Farbstoffes zu bestimmen, empfiehlt Keller (1921 b) Querschnitte durch Wurzeln und Blätter, denn nur das lebende Objekt eignet sich für die Elektro-Mikroskopie (Keller 1921 a). Das beste Testobjekt soll ein Querschnitt durch den einjährigen klimmenden Stengel von *Hedera helix* sein, da an diesem (Abb. 188) die Anoden und Kathoden nach einer Färbung sehr kontrastreich hervortreten (Keller und Gicklhorn 1928).

In den als Testobjekten empfohlenen Schnitten dürfte aber kaum noch „lebendes Material" enthalten sein, das allein für die „Elektro-Mikroskopie" taugt, außerdem werden die Farbreaktionen in diesen Testobjekten sowieso in erster Linie von den Zellwänden gegeben. Es handelt sich bei den Färbungen um eine Unterscheidung von inkrustierten und nichtinkrustierten Zellwänden. Bei der Färbung der nichtinkrustierten Wände mit basischen (= kationischen) Farbstoffen liegt eine Adsorption auf Grund der negativen Ladung dieser Zellwände vor. Nur für diesen Fall hat die elektrische Ladung bei der Färbung lebender Gewebe eine größere Bedeutung, und entgegen der Anschauung von Keller werden dadurch nicht Anoden, sondern Kathoden dargestellt. Die Färbung der inkrustierten Zellwände mit basischen Farbstoffen beruht — vor allem wenn Lignine die Inkrusten bilden — auf einer chemischen Bindung. Eine Wandfärbung mit sauren (= anionischen) Farbstoffen läßt sich noch viel weniger auf eine elektrostatische Adsorption zurückführen, sondern hat andere Ursachen (s. S. 228 u. f.).

Aus dieser Erkenntnis heraus hat Strugger in die 2. Auflage (1949 b) seines „Praktikums der Zell- und Gewebephysiologie der Pflanze" die auf den Anschauungen von Keller beruhenden Abschnitte nicht mehr aufgenommen. In der 1. Auflage (1935 b) empfiehlt Strugger noch Querschnitte durch den Blattstiel von *Cucurbita*, Stengelquerschnitte von *Silphium* und von Umbelliferen als Testobjekte für den „biologischen Wanderungssinn" der Farbstoffe und weist darauf hin, daß die Milchröhren von *Chelidonium majus* durch „Anodenfarbstoffe" im Sinne von Keller an Querschnitten elektiv gefärbt werden können. Ferner interpretiert er, ebenso wie Gessner (1933), die Hydropoten der Wasserpflanzen als „Anoden". Aus der Aufnahme der Versuche von Keller und seinem Arbeitskreis und der Übernahme seiner Deutung der Ergebnisse in ein „Praktikum" ist zu ersehen, welche Anerkennung seine Anschauung gewonnen hatte. Trotz gegenteiliger Befunde und anderer Auslegung übereinstimmender Ergebnisse, etwa durch Beutner (1929, 1932a, b, Beutner und Lozner 1931a, b, c, Beutner, Mann und Blanton 1931), versucht Keller (1949, 1950, 1952, Keller und Chiego 1955) auch weiterhin, seinen Standpunkt zu unterbauen und zu verteidigen (Keller 1931).

Der Standpunkt von Keller findet auf botanischem Gebiet außer in den bereits in anderen Zusammenhängen zitierten Arbeiten noch in folgenden Veröffentlichungen einen Niederschlag: BECQUEREL (1923) schließt daraus, daß sich totes Cytoplasma im Gegensatz zu lebendem mit Methylenblau färbt, daß die Ladung beim Absterben von negativ nach positiv umschlägt, da Methylenblau negativ geladen sein soll. Aus dem färberischen Verhalten folgert KUWADA (1925), daß die Spermatozoiden von *Cycas revoluta* kathodisch und das Ei anodisch reagieren und daß sich nach der Befruchtung das Ei-Cytoplasma mehr der Reaktion der Spermatozoiden angleicht, also mehr kathodisch wird (KUWADA 1926). Ähnliche Schlüsse zieht IGURA (1956) aus Färbungsversuchen an Farnprothallien und Farnspermatozoiden. In den Pollenmutterzellen sollen das Chromatin und die Chromosomen, solange sie von der Kernhülle umschlossen sind, elektronegativ sein, und wenn sie frei im Plasma liegen, elektropositiv reagieren (KUWADA und SUGIMOTO 1928). Nach der Durchströmung einer *Allium*-Epidermis mit 0,1 MA Gleichstrom bei 60—80 Volt für 15—20 Sek. färbt sich in einer wässerigen Methylenblau-Eosin-Lösung das vorher am positiven Pol gelegene Cytoplasma in allen Zellen mit Methylenblau und das am negativen Pol gelegene mit Eosin, demnach soll das erste eine positive und das letzte eine negative Ladung tragen (VON LEHOTZKY 1935). WENT (1932) stellt etiolierte Hypokotylzylinder von *Impatiens balsamina* senkrecht in Farbstofflösungen, so daß beide Schnittflächen sofort mit Flüssigkeit bedeckt werden. Nach 20 Stdn. sind die basischen Farbstoffe basifugal und die sauren basipetal gewandert. Entsprechend der Auffassung von KELLER schließt WENT daraus, daß die Basis der Pflanze ein elektropositiver und die Spitze ein elektronegativer Pol sei.

An der Blasenwand von *Utricularia* kann NOLD (1934) zwischen Innen- und Außenseite mit unpolarisierbaren Elektroden eine Potentialdifferenz zwischen 40 und 50 MV messen, dabei ist die Außenseite negativ. Versuche mit der Färbungsmethode nach KELLER, etwas über die elektrischen Verhältnisse an der Blasenwand und ihren Haaren zu erfahren, schlugen fehl.

Aus Beobachtungen von BUNGENBERG DE JONG und KOK (1940) an vakuolisierten Koazervattropfen von Gummiarabicum und Toluidinblau geht hervor, daß das Toluidinblau ohne Zweifel unter bestimmten Voraussetzungen als basischer, also kationischer Farbstoff zur Anode wandern kann, wenn es, wie im angeführten Versuch z. B., von negativ geladenen Arabinatteilchen adsorbiert vorliegt, ähnlich den Versuchen von KELLER mit Methylenblau in einer Serumlösung. Dieses Ergebnis kann aber nicht für alle Färbungen im biologischen Milieu verallgemeinert werden, so daß sich die meisten Schlußfolgerungen aus Färbungsversuchen von KELLER und seinem Arbeitskreis nicht aufrechterhalten lassen. Dabei darf nicht übersehen werden, daß sich die Arbeiten von KELLER und seinem Kreis sehr anregend und fruchtbar auf die Forschung in dieser Richtung ausgewirkt haben.

Auch die Auffassungen von KARCZAG sind nicht zutreffend. Auf dessen „Elektropie" soll nur kurz eingegangen werden, da sie in der Botanik keine größere Bedeutung erlangt hat. KARCZAG (1927, 1928 a, b, KARCZAG und NÉMETH 1927) benutzt zum Nachweis elektrostatischer Ladungen „elektrosensible" Substanzen, die die Eigenschaft besitzen, in wässeriger Lösung auf elektrostatische Ladungen mit einer Konstitutionsänderung zu reagieren. Solche „elektroskopartig" gebauten und intramolekular leicht veränderlichen „elektropen Substanzen" sollen einige Triphenylmethanfarbstoffe darstellen, die wie Säurefuchsin, Wasserblau

und Lichtgrün reversibel aus dem farbigen Zustand in die farblose Karbinol-
form (s. S. 66) übergehen können. Da es sich gewissermaßen um chemische
Elektroskope handelt, werden die Farbstoffe auch „Chemoskope" genannt. „Es
sind insbesondere die Farbenänderungen und die Adsorptionsprozesse, welche uns
anzeigen, ob die elektrostatische Ladung des fraglichen Ladungskörpers eine
größere oder kleinere ist als die Eigenladung der Chemoskope" (Karczag 1927).
Im Gegensatz zu Keller, der in Zellen Anoden- und Kathodenorte unterscheidet,
haben die chemoskopischen Untersuchungen ergeben, daß im Tierkörper angeblich
ausschließlich negative elektrische Ladungen anzutreffen sind und daß nur die
Potentialdifferenzen der mit den verschiedenen Ladungsstärken behafteten
negativ geladenen Zellkolloide die maßgebende Rolle spielen. Es handelt sich
also nur darum, die Stärke der negativen Ladung zu bestimmen. Hat das suspen-
dierte Teilchen eine geringere elektrostatische Ladung als der benutzte Farbstoff, so wird dieser adsorbiert und bei Verwendung der farblosen Carbinolform
zum Farbstoff regeneriert. Hat das Teilchen eine stärkere elektrostatische Ladung, dann erfolgt eine Umwandlung des adsorbierten Farbstoffes zur Carbinolform, während bei Verwendung des Carbinols keine Veränderung auftritt.

Wankell (1925) weist darauf hin, daß für die Entfärbung der „elektropen"
Farbstoffe allem Anschein nach nur die cH verantwortlich ist.

h) Kolorimetrische Erforschung der Stoff- und Wasserwanderung in der Pflanze

Die Erforschung der Wanderung des Wassers und anderer Stoffe in der
Pflanze ist das älteste Anwendungsgebiet der Farbstoffe in der Botanik. Auf keinem
Gebiet gibt es aber bis heute so viele sich widersprechende Ergebnisse, Schlußfolgerungen und Ansichten wie gerade in diesem Bereich. Das mag zum Teil mit den
technischen Schwierigkeiten zusammenhängen, die eine Verfolgung des Farbstoffes im Pflanzenkörper mit sich bringt und die um so größer werden, je höher
organisiert derselbe ist. Am einfachsten scheint eine Beobachtung an Einzelzellen
oder einfachen Zellfäden zu sein. Osterhout (1949) untersucht z. B. die Wasserbewegung bei *Nitella* dadurch, daß er die Vakuolen mit Brillantcresylblau färbt
und eine *Nitella*-Zelle mit dem einen Ende in eine hypertonische und mit dem anderen Ende in eine hypotonische Lösung ragen läßt. Die dadurch entstehende
Wasserbewegung in der Zelle bedingt ein Abblassen des Zellsaftes am einströmenden und eine Vertiefung des Farbtones am ausströmenden Ende. Aus Versuchen
mit Methylenblau schließt Bierberg (1908), das bei *Chara* den Rhizoiden eine
besondere Bedeutung für die Stoffaufnahme und der Plasmaströmung für den
Stofftransport zukommen.

α) Pilze

Relativ einfache Systeme für die Stoffwanderung stellen die Pilze, auch
noch in ihrer höchsten Organisationsstufe, dar. Nach Dietrich (1929) soll
Chrysoidin in den Hyphen von Mucoraceen auf dem Wege der Diffusion wandern.
Dabei besteht kein Geschwindigkeitsunterschied zwischen akropetaler und basi-
petaler Richtung. In den Plasmodien von *Didymium difforme* verbreitet sich Chrysoidin zunächst im Ektoplasma und dringt dann in das strömende Plasma ein,
in dem die Verbreitung in der Strömungsrichtung wesentlich schneller erfolgt,

so daß der Farbstoff nach kurzer Zeit im Endoplasma bedeutend weiter vorgedrungen ist als im Ektoplasma. Die Geschwindigkeit ist dabei vom Querschnitt des Plasmaarmes abhängig. *Aspergillus niger* nimmt wohl Fluorescein auf, ist aber nicht in der Lage, es zu transportieren, im Gegensatz zu *Rhizopus oryzae*, wo ein Transport in den Hyphen stattfindet und das Fluorochrom in der wachsenden Spitze angereichert und sezerniert wird.

In 1% Fluorescein eingestellte Agaricaceen-Fruchtkörper lassen nach Schütte (1956) eine Zone erkennen, in der das Fluorochrom relativ rasch wandert (6 bis 15 cm/Std.). Anatomisch zeigt die Wanderzone gegenüber dem benachbarten Plectenchym keine Besonderheit. Junge, noch nicht voll entwickelte Agaricaceen-Fruchtkörper sowie solche anderer Basidiomyceten-Gruppen weisen keine Differenzierung in leitende und nichtleitende Hyphen auf. Wird in Feldversuchen mit Hexenringen von *Clitocybe*, *Tricholoma* oder *Marasmius* dem Boden innerhalb bzw. außerhalb des Ringes Fluorescein zugeführt, dann erfolgt im 1. Fall ein sehr schneller Transport durch die Hyphen, und der Farbstoff erscheint in wenigen Stunden in den Fruchtkörpern. Im 2. Fall läßt sich meist kein Farbstoff in den Fruchtkörpern nachweisen, so daß demnach kein Transport von der wachsenden in die ältere Zone stattfindet. Schütte schließt aus den Ergebnissen seiner Versuche, daß sowohl bei Schimmelpilzen als auch bei Agaricaceen nur Arten mit Plasmaströmung einen Fluorescein-Transport aufweisen. Andererseits scheint aber zwischen beiden Vorgängen keine direkte Beziehung zu bestehen; denn obwohl die Plasmaströmung bei manchen Schimmelpilzen in beiden Richtungen erfolgt, geht die Farbstoffwanderung meist nur in einer Richtung vor sich. Bei den Agaricaceen scheint der Farbstoff passiv mit dem Transpirationsstrom zu wandern.

Sprecher (1961) beobachtet nur in Mycelkulturen der Ascomyceten *Endoconidiophora virescens* und *E. coerulescens* einen Transport von Na-Fluorescein und Berberinsulfat sowie eine Ausscheidung der Fluorochrome in Guttationstropfen, während der Basidiomycet *Lentinus lepideus* keine befriedigenden Ergebnisse liefert. Hier treten erst bei abgestorbenem Mycel deutlich gefärbte und ungefärbte Tropfen am Mycel und den Stipuli auf. Wasser wandert im allgemeinen schneller als Fluorescein und dieses schneller als Berberinsulfat, das zum Unterschied vom Fluorescein die Hyphenwände färbt. Transpiration fördert die Translokation der Farbstoffe.

Nach Pieschel (1924) nehmen in Farbstofflösung gestellte Hutpilze leicht Eosin W gelbl. und Lichtgrün SF auf, Congorot und Neutralrot dagegen nicht. Einige Arten transportieren auch die beiden diffusiblen anionischen Farbstoffe nicht. Nach der Plectenchymfärbung lassen sich drei Gruppen unterscheiden: 1. Der ganze Stielquerschnitt ist annähernd gleichmäßig gefärbt. 2. Nur der äußere Haarfilz der Stiele hat Farbstoff aufgenommen. 3. Nur das Stielinnere ist gefärbt. Pieschel weist mit Recht darauf hin, daß die gefärbten Zonen nicht mit den Leitungsbahnen identisch zu sein brauchen. In Formoldampf abgetötete Pilzhüte leiten die Farbstoffe genauso wie lebende. Aus den Ergebnissen wird geschlossen, daß das Wasser in erster Linie kapillar zwischen den Hyphen bewegt wird.

Plunkett (1958) weist den Stofftransport durch Transpiration in den Fruchtkörpern von *Polyporus brumalis* mit Fluorescein und Trypanblau nach. Im Wachstum gehemmte oder abgetötete Fruchtkörper zeigen nur noch einen unbedeutenden Farbstofftransport.

β) Moose

Läßt man abgeschnittene Stämmchen von *Mnium undulatum* in eine wässerige
Eosinlösung tauchen, so steigt dieselbe nach Haberlandt (1883) nur im Zentralstrang auf, und alsbald färbt sich auch die Mittelrippe der Blättchen rot. In Querschnitten durch das Stämmchen sind alle Zell-Lumina des Zentralstranges mit
roter Flüssigkeit gefüllt und die Längswände rot gefärbt. Ein entsprechendes
Ergebnis beschreibt Mender (1938) für *Bryum capillare* mit Aesculin. In den
Blättchen beginnen außer der Mittelrippe auch die äußersten Randzellen zu
fluorescieren. Der Farbstoff wandert um so schneller, je größer die Transpiration
ist. Beläßt man den Stämmchen die Rhizoiden, dann unterbleibt jegliche Farbstoffaufnahme. Auch nach Zacherl (1956) färben Acridinorange, Berberinsulfat,
Fluoresceine und Brillantsulfoflavin zwar die Rhizoide der Laubmoose, aber es
findet keine Weiterleitung zum Zentralstrang statt. Eine Ausnahme macht Oxypyrentrisulfosaures Na, das auch als einziges der untersuchten Fluorochrome von
Moosblättchen direkt aufgenommen wird. In abgeschnittenen Stämmchen findet
dagegen eine Leitung der Fluorochrome statt, aber nur bei Arten, die einen Zentralstrang besitzen. Es kann nachgewiesen werden, daß die Farbstoffe zunächst im
Lumen der Hydroiden wandern. Bei Moosen mit sehr kleinem Zentralstrang
(*Neckera*-Typ) unterbleibt eine innere Leitung.

Bopp und Stehle (1957) beobachten mit Na-Fluorescein in den Rhizoiden
von *Funaria hygrometrica* einen Transport der Versuchslösung, doch erfolgt
dieser so langsam, daß er für die Wasserversorgung nicht in Frage kommt. Hierfür
scheint nur eine kapillare Wasserleitung zwischen den Rhizoiden von Bedeutung
zu sein. In der basalen Zone des Gametophyten wandert der Farbstoff durch
Diffusion von Zelle zu Zelle bis zum Zentralstrang. In den höheren Regionen des
Gametophyten beschränkt sich die Fluorescenz zunächst auf den Zentralstrang.
Allmählich tritt das Fluorochrom auch in die Rinde über. Im Haustorium des
Sporogons wird der Farbstoff wieder von Zelle zu Zelle geleitet, geht dann aber
nur im Zentralstrang der Seta weiter. Die Spaltöffnungen erweisen sich deutlich
als Orte erhöhter Transpiration, während die Calyptra einen Transpirations-
schutz darstellt.

γ) Gefäßpflanzen

Kny (1898) prüft mit Methylviolett, welche Zone der Wurzel der Nährstoff-
aufnahme dient. Bei Keimwurzeln von *Pisum, Zea* u. a. färben sich die jungen
Teile um so rascher, je näher sie zur Wurzelhaube liegen. Popesco (1926) führt
entsprechende Versuche mit Eosin und Neutralrot durch und erhält intensivere
Färbungen der Streckungszone. Aus der Färbung der Zellen zieht Popesco Rückschlüsse auf die Wasseraufnahme. Höhn (1934) kann die Befunde von Popesco
nicht bestätigen. In den Keimwurzeln von Mais, *Vicia faba* und den Adventivwurzeln von *Tradescantia* zeigen mit Eosin nur die Zellen der Wurzelhaube eine
etwas stärkere Färbung, die übrigen Teile sind meist gleichmäßig rosarot gefärbt.
Neutralrot wird bis ungefähr 1 cm hinter der Spitze, vor allem von Epi- und
Hypodermis, aufgenommen, und die Zellwände der Gefäße sind stark gefärbt.
Eine intensivere Färbung der Streckungszone ist nicht zu beobachten. Höhn
folgert, daß man aus einer Farbstoffabsorption nicht auf eine Wasserabsorption
schließen kann. Nach Lundegårdh (1950) nehmen dagegen Keimlingswurzeln

vom Weizen Neutralrot sehr schnell auf und speichern es besonders in den Vakuolen der Streckungszone. Die Zellen der Wurzelspitze bleiben farblos, während die Gefäße tief rot gefärbt erscheinen, außerdem sind die Endodermis- und die Perizykelzellen gefärbt (Wände?). Aus den Ergebnissen schließt LUNDEGÅRDH, daß der Farbstoff von den Epidermiszellen aufgenommen wird und dann durch die Rindenzellen in radialer Richtung in die Leitbündel wandert. Ein Transport in longitudinaler Richtung findet weder im Rindenparenchym noch in der Endodermis statt. Die charakteristische Vakuolenfärbung in der Streckungszone ist nur ein vorübergehendes Phänomen, das nach Erschöpfung der Farblösung verschwindet, da der Farbstoff aus den Vakuolen in die Zellwände der Gefäße wandert. LUNDEGÅRDH ist der Meinung, daß die Vitalfärbung den Wanderweg der Mineralsalze sichtbar macht. Auch SORAN und LAZĂR (1965) finden im Gegensatz zu HÖHN (1934) das höchste Speichervermögen für Neutralrot in der Streckungszone (s. S. 558, Abb. 187). Man muß aber der Ablehnung von HÖHN zustimmen, aus den Färbungsbildern Rückschlüsse auf die Wasseraufnahme und die Wasserwanderung zu ziehen. Genausowenig sagt die Färbung etwas über den Wanderweg der Mineralsalze aus.

KLING (1958) schließt aus Fluorochromierungsversuchen mit Wasserblau und Berberinsulfat/KCNS an Sekundärwurzeln von *Vicia faba* und *Erica carnea*, daß Kallose den Stofftransport durch die Wand reguliert und daß die Anionen durch bestimmte Stellen der Plasmagrenzschicht eintreten und durch das Cytoplasma von Tüpfel zu Tüpfel wandern. Die Vakuole scheidet als Wanderbahn aus. Vitalfärbungsversuche mit Janusgrün sollen, in Übereinstimmung mit den Berberinsulfat/KCNS-Färbungsbildern, ergeben, daß die Anionenwanderung im Plasma entlang stäbchenförmiger, zu Fäden aufgereihter Chondriosomen erfolgt.

HÜLSBRUCH (1945) verfolgt die Einwanderung von Berberinsulfat sowohl an ganzen Keimwurzeln von *Vicia faba* als auch an Schnitten durch die Wurzel, die einseitig mit berberinhaltiger Gelatine in Berührung gebracht werden und im übrigen Teil mit Paraffinöl abgedeckt sind. Die Farbstoffausbreitung geht in den ganzen Wurzeln wesentlich schneller vor sich als in den Schnitten. In lebenden Zellen färben sich immer nur die Zellwände. Wird der Farbstoff in hypertonischer Gelatine geboten, erfolgt die Farbstoffeinwanderung trotzdem mit gleicher Geschwindigkeit, also gegen den Wasserstrom. Auch aus Mikropotetometerversuchen geht hervor, daß Wasser- und Farbstoffaufnahme in die Wurzelrinde zwei heterogene Vorgänge sind. Ferner ist die Wanderungsgeschwindigkeit organ-spezifisch. Die Keimwurzel zeigt nach 10 Sek. Kontakt mit einer 1/1000-Berberinlösung ganz durchgefärbte Querschnitte, eine Adventivwurzel dagegen erst nach 10 Min. Bei zehnfach höherer Fluorochromkonzentration wird nur die halbe Färbezeit benötigt. BAUER (1953) kann die organ-spezifischen Geschwindigkeiten nicht bestätigen.

WALLACH (1939) untersucht mit verschiedenen kationischen und anionischen Farbstoffen an den Luftwurzeln einiger Orchideen die Wasseraufnahme aus dem Velamen in die Rinde. Am besten eignen sich dafür Methylenblau und Uranin. Die Streckungszone der Wurzel bleibt fast ungefärbt. Die Autorin bezeichnet das anionische Indigocarmin irrtümlich als „basischen" — wie auch KÜSTER (1921) — und das kationische Janusgrün als „sauren" Farbstoff. Nach CARTER (1939) sollen Getreidesämlinge Neoprontosil innerhalb von Sekunden mit ihren heilen und auch angeschnittenen Wurzeln aus der Lösung aufnehmen und in der Pflanze weiterleiten. Eine mikroskopische Untersuchung ist aber nicht durchgeführt worden.

Es ergibt sich ganz allgemein die Frage, ob man aus dem Färbungsbild einwandfreie Rückschlüsse auf die Wasser- und Stoffwanderung ziehen kann. Hülsbruch (1945) weist in ihren Versuchen mit Berberinsulfat nach, daß in der Wurzelrinde Farbstoff- und Wasserwanderung in entgegengesetzter Richtung verlaufen können. Bei Berberin muß ferner berücksichtigt werden, daß es nur im adsorbierten Zustand fluoresciert. Bleibt eine Adsorption aus, wird man es in der Pflanze nicht sehen, obwohl es anwesend sein kann. Auch andere Farbstoffe sind in der Pflanze meist erst zu erkennen, wenn sie gespeichert werden, es ist aber sehr fraglich, ob die Speicherungsorte etwas mit den Wanderwegen zu tun haben. Dies braucht durchaus nicht der Fall zu sein. Bereits Unger (1850) zog aus der Färbung des Leitbündelparenchyms mit dem *Phytolacca*-Farbstoff den Fehlschluß, daß der Farbstoff im Leitbündelparenchym von Zelle zu Zelle wandern würde. Als Indikatoren für die Stoff- und Wasserwanderung können demnach bestensfalls Farbstoffe dienen, die auch bei starker Verdünnung noch intensiv fluorescieren und die weder von der Zellwand adsorbiert noch im Zellinnern in irgendeiner Form gespeichert werden. Crafts (1931) weist besonders darauf hin, daß nur anionische Farbstoffe leicht durch das Gewebe wandern, während kationische von den Zellwänden adsorbiert werden und deshalb unbrauchbar sind. Dieser Punkt ist in vielen Fällen nicht berücksichtigt worden. Als recht brauchbar hat sich das von Strugger (1939 b, 1940 a) in die Färbungstechnik eingeführte Oxypyrentrisulfosaure Na erwiesen, das noch in der Verdünnung von 1 : 1 Milliarde fluorescenzoptisch nachweisbar und hochdiffusibel ist und außerdem nicht von den Zellwänden adsorbiert wird.

Im folgenden soll die Farbstoffwanderung im Xylem, im Parenchym und auch im Phloem näher betrachtet werden.

Xylem

Sachs (1882) betont, daß die Färbung des Xylems mit dem Transpirationsstrom nur beweist, daß die Zellwände des Holzteiles den Farbstoff stärker anziehen als sein Lösungsmittel. Die Nichtfärbung der übrigen Gewebeschichten besagt nur, daß sie den Farbstoff nicht festhalten. Ob die färbende Flüssigkeit oder nur das Lösungswasser in alle Gewebeschichten eindringt, kann man den Versuchsergebnissen nicht entnehmen. Die Bedeutung der Farbstoffadsorption durch die Zellwände für die Benutzung von Farbstoffen als Indikatoren des Wasserweges und der Wasserleitung geht eindeutig aus den Versuchsergebnissen von Frenzel (1929) hervor. Werden Zweige von *Ginkgo biloba* in Lösungen von anionischen Farbstoffen gestellt, so sind die Farbstoffe nach 3 Tagen etwa 10 cm hoch im Holz aufgestiegen, kationische Farbstoffe haben in derselben Zeit nur 1—3 mm erreicht. Dementsprechend passieren Lösungen anionischer Farbstoffe, durch ein 3 cm langes Zweigstück hindurchgesaugt, glatt den Holzkörper, während Lösungen kationischer Farbstoffe nach Passieren des Zweigstückes farblos sind, weil die Farbkationen vom Holz adsorbiert werden. Bereits Elfving (1882) hat beobachtet, daß eine Lösung des anionischen Eosins durch ein 2 cm langes *Taxus*-Zweigstück hindurchgeht und an der freien Schnittfläche heraustritt,

u. zw. nur im Splint. Der rot gefärbte Splint grenzt sich scharf gegen das ungefärbte Kernholz ab. Längsschnitte belegen, daß nur die Lumen der Tracheiden im Splint mit Eosinlösung gefüllt sind. Die Tracheidenwände bleiben farblos.

Das unterschiedliche Verhalten anionischer und kationischer Farbstoffe bei der Wanderung in den Gefäßen zeigt sich auch bei den bekannten Anstiegsversuchen mit weißen Blüten. Nach KOPACZEWSKI (1928, 1950) färben sich die Blüten von *Chrysanthemum maximum* mit 25 cm Stiellänge makroskopisch nach dem Einstellen in Lösungen von anionischen Farbstoffen, aber nicht beim Zuführen von Lösungen kationischer Farbstoffe. KOPACZEWSKI folgert daraus fälschlicherweise, daß kationische Farbstoffe nur tierisches Gewebe und anionische Farbstoffe nur pflanzliches Gewebe vital färben. MANCUSO (1938) gibt für den Anstieg des anionischen Eosins in Blütenstengeln bis zur Färbung der weißen Blüten 10—30 Minuten an. Das kationische Methylgrün benötigt für dieselbe Strecke 1 Woche. Abgeschnittene Sprosse von *Vicia faba* nehmen mit der Schnittfläche leicht die anionischen Farbstoffe Säurefuchsin, Orange und Eosin auf und leiten sie mit dem Transpirationsstrom weiter. Die kationischen Farbstoffe Methylenblau, Fuchsin und Chrysoidin werden kaum geleitet, färben aber intensiv das Xylem (PASQUINI 1937).

Nach ARWYN (1953) dringt das anionische Säurefuchsin durch den Blattstiel bis in die feinsten Leitbündelverzweigungen der Spreite abgeschnittener Blätter vor, während die kationischen Farbstoffe Methylenblau und Safranin bereits im unteren Teil des Blattstiels festgehalten werden und Gefäßverstopfungen bedingen, die zu einem Welken der Blätter führen. Diese Erscheinung belegt die negative Ladung der Xylemelemente. Bei manchen Pflanzen wird auch das Methylenblau in den Gefäßen bis in die äußersten Blattspitzen geleitet.

Die Zuführung der Farbstofflösung kann auf verschiedene Art erfolgen. Die einfachste und auch am meisten angewandte ist das Einstellen abgeschnittener Pflanzenteile mit der Schnittfläche in die Lösung. Der Farbstoff wird dann mit dem Transpirationsstrom in den Holzteil eingesogen. Diese Methode wird vor allem bei krautigen Pflanzen benutzt. BUCHHOLZ (1921) hat auf diesem Wege mit Trypanrot und Trypanblau bei *Cyperus*, *Tradescantia* und *Equisetum* beobachtet, daß die Farbstoffe schnell in die Höhe steigen, dabei auf die Leitungsbahnen beschränkt bleiben und die Knoten ohne Schwierigkeit passieren. An den Insertionsstellen der Blätter treten aber nach ROUSCHAL (1940 a) bei krautigen Pflanzen häufig große Verzögerungen beim Einströmen von Oxypyrentrisulfosaurem Na in die Blätter ein. Hier sind die einzelnen Leitbahnen sehr eng und wahrscheinlich mehrfach durch Querwände gegliedert. Im Grasblatt findet die Fernleitung desselben Fluorochroms und einiger anderer anionischer Farbstoffe nur in den stark entwickelten Längsnerven statt und nicht in den schwächeren. Dieser Unterschied soll auf dem stärker entwickelten Sekundärxylem mit ebenfalls funktionstüchtigem Interzellulargang beruhen (ROUSCHAL 1941).

Die Hemmung in der Insertionsstelle der Blätter könnte darauf zurückzuführen sein, daß es nach den Untersuchungen von MEYER (1928) mit Hilfe der Infiltration von Tusche + Eosin nur organeigene Tracheen geben soll. Nach REHM (1935) lassen sich im Sproß von *Impatiens* durch den Aufstieg von Trypanblau und Trypanrot mit dem Transpirationsstrom bei richtiger Beleuchtung einzelne Gefäße für das bloße Auge sichtbar machen. Im Gegensatz zu MEYER kommt REHM

(1936) mit Hilfe von Tusche + Trypanrot zu der Erkenntnis, daß nicht nur regelmäßig Gefäße von der Hauptachse in einen Seitensproß durchgehen, sondern daß sich auch zwischen Blatt und Sproßachse sowie Sproß und Wurzel gemeinsame Gefäße nachweisen lassen. Meyer (1936) hält dem entgegen, daß Trypanblau wohl als Indikator für den Saftstromweg in der Pflanze sehr gut geeignet ist, aber unbrauchbar zur Feststellung von Gefäßenden sei.

Die Bedeutung der Transpirationsfläche für die Farbstoffwanderung geht aus Versuchen von Feix (1939) mit Eosin und Lichtgrün an Buchenzweigen in verschiedenen Stadien der Blattentfaltung hervor. Orange G, Neutralrot und Methylenblau sind dafür ungeeignet. In 8—10 cm langen Zweigen erfolgt innerhalb von 2 bis 3 Stdn. bei noch fest geschlossenen Knospen kein Farbstoffanstieg. Kurz vor der Entfaltung werden bereits Mittelnerv und Seitennerven 1. Ordnung in den Blättern gefärbt. Bei voll entfalteten, aber erst zu halber Länge gestreckten Blättern erfolgt eine sehr schnelle Färbung aller Nerven, und der Farbstoff beginnt in die Inkrostalfelder überzutreten. Sind die Blätter völlig ausgewachsen, werden sie ganz durchgefärbt. Bereits 8 Tage später bleiben wieder ungefärbte Inseln ausgespart, die vielleicht durch einsetzende Thyllenbildung zustande kommen. Sobald Vergilbungserscheinungen auftreten, färbt sich nur noch der untere Teil des Blattes.

Mit der Transpirationsmethode läßt Simon (1918) 33 Farbstoffe in milchsafthaltigen Pflanzen, wie *Papaver* und *Euphorbia*, aufsteigen. Die Farbstoffe wandern in den Gefäßen hoch, gehen aber entweder nicht in die angrenzenden Gewebe über (Congorot) oder dringen in das benachbarte Gewebe ein, färben aber nicht die Milchröhren (Naphtholgelb S, Orangegelb, Fluorescein) bzw. werden vom Milchsaft gespeichert (Auramin, Eosin, Erythrosin, Phloxin BBN, Rose bengale, Methylenblau, Safranin). Den Milchröhren selbst kommt keine Bedeutung für die Farbstoffleitung zu. Nach Roeben (1928) speichert der Milchsaft der Milchröhren von *Euphorbia-*, *Sonchus-* und *Leontodon*-Arten Eosin und, im Unterschied zu den Angaben von Simon, auch Fluorescein, aber nicht Methylenblau und Safranin, wenn die Farbstoffe mit der Transpirationsmethode zugeführt werden. Der Farbstoff scheint auch in diesem Fall nur seitlich von den Gefäßen einzudringen und nicht in den Milchröhren transportiert zu werden. Auch nach Onken (1923) wird bei Anwendung der Transpirationsmethode Methylenblau nicht vom Milchsaft von *Euphorbia fournieri* gespeichert, und Rose bengale färbt meist nur die Wände der Gefäße und der Siebröhren und nur selten den Milchsaft. Onken spricht sich ebenfalls gegen eine Farbstoffleitung in den Milchröhren aus.

Stellt man abgeschnittene Sprosse von *Euphorbia pulcherrima* in Berberinsulfatlösung, so fluorescieren bereits nach ½ Std. die Blattnerven und in Querschnitten die Zellwände des Xylems. In das Phloem tritt der Farbstoff erst nach 24 Stdn. über, und das Sekretionsgewebe der Nektarien bleibt ungefärbt. Werden angewelkte Pflanzen benutzt, dann fluoresciert nach 24 Stdn. das Xylem bis in die äußersten Nektarlappen, und das ganze Nektargewebe ist von Farbstoff überschwemmt (Agthe 1951).

Zur Untersuchung der Wasser- und Mineralstoffversorgung der Rinde bei Pflanzen mit einem geschlossenen Sklerenchymring stellt Heinrich (1958) Sprosse von *Aristolochia clematitis* mit der basalen Schnittfläche in Lösungen von Oxypyren, Na-Fluorescein, Primulin O, Rhodamin B und Berberinsulfat und prüft nach einiger Zeit an Stengelquerschnitten die Farbstoffausbreitung. Die anionischen Farbstoffe wandern im Xylem rasch und breiten sich von dort radiär über den ganzen Querschnitt aus. Das kationische Berberinsulfat wandert auch im Xylem, doch läßt es eine diffuse Ausbreitung außerhalb der Leitbündel vermissen. Der Sklerenchymring fluoresciert zuerst an den Stellen, die den Gefäßen am nächsten liegen. Rhodamin B färbt nur Leitbündel und Sklerenchymring. Von dem polydispersen Primulin O breitet sich die ultramarin fluorescierende Komponente höheren Dispersitätsgrades über den ganzen Querschnitt aus, während die gelb fluorescierende Komponente geringerer Dispersität nur Leitbündel und Sklerenchym färbt. Es wird mit Recht betont, daß die Querschnittsbilder nur die statischen Verhältnisse der Speicherungsaffinitäten der benutzten Farbstoffe wiedergeben. Da aber nach Verstopfung der Gefäße mit Gelatine kein Farbstoff in der Pflanze nachweisbar ist, kann in Übereinstimmung mit Isotopenversuchen geschlossen werden, daß die Wasserversorgung der Rinde vom Xylem aus erfolgt und der Sklerenchymring kein Hindernis darstellt.

Nach THALER (1965) welken in Heparin-Lösung eingestellte Sprosse von *Impatiens holstii* rasch. Diese welken Sprosse nehmen noch Oxypyrentrisulfosaures Na durch die Schnittfläche in die Gefäße auf. Gegenüber der Kontrolle endet aber die fluorescierende Zone in den Blättern $\sim 2\frac{1}{2}$ cm von der Blattspitze und ~ 1 cm vom Blattrand entfernt.

Bei Holzpflanzen wird mit der Eintauchmethode vor allem die Wegsamkeit der Jahresringe untersucht. MACDOUGAL (1925) stellt *Pinus*-Sprosse in Säurefuchsinlösung oder infiltriert die Lösung ganzen Bäumen durch eine freigelegte und angeschnittene Wurzel unter 1 bis 2,5 Atm Druck. In einem neunjährigen Stamm steigt der Farbstoff zunächst in 7 Jahresringen auf. Der äußerste und der innerste Jahresring färben sich nicht. In 1 m Höhe führt auch der äußerste Jahresring Farbstoff, und in 2 m Höhe sind nur noch die drei äußersten Jahresringe gefärbt. Nach 120 Stdn. befindet sich die Farbstoffspitze in 2,6 m Höhe und nur im äußersten Jahresring (Versuche im Juli). D. MÜLLER (1949) stellt bis zu 30 Jahre alte Buchen in Lichtgrünlösung oder spritzt während des Fällens ständig Farbstofflösung auf die Schnittfläche. Der Farbstoff wird in den 13 bis 24 äußeren Jahresringen geleitet und am schnellsten in den beiden jüngsten. In abgeschnittenen Zweigen von Macchien-Gehölzen steigt Indigocarmin mit dem Transpirationsstrom bei jüngeren Zweigen nahezu über den ganzen Holzquerschnitt auf. Höchstgeschwindigkeiten werden aber nur im jüngsten Jahresring erreicht (ROUSCHAL 1938). Bereits WIELER (1888) hat mit Hilfe einer Quecksilbersäule Fuchsinlösung durch dekapitierte Sprosse verschiedener Pflanzenarten gepreßt und beobachtet, daß nur die jüngsten Jahresringe des Splintholzes an der Wasserleitung beteiligt sind. Nach Untersuchungen von HARRIS (1961) mit Safranin und von KOZLOWSKI, LEYTON und HUGHES (1965) mit reduziertem Fuchsin an jungen Coniferen soll vorwiegend im Frühholz der einzelnen Jahresringe ein Wassertransport stattfinden. Das Spätholz färbt sich erst nachträglich durch Zudiffusion aus dem Frühholz oder weil auf Grund des geringen Tracheidendurchmessers in ihm nur wenig Wasser strömt. Die Markstrahlen sollen für den radialen Wassertransport von Bedeutung sein, da sie bis in das Phloem intensiv gefärbt sind. Ein tangentialer Farbstofftransport aus den Markstrahlen in das Spätholz kann nicht beobachtet werden. Nach den wasserführenden Elementen innerhalb der Jahresringe kann man verschiedene Typen unterscheiden, die sich mit Berberinsulfat, das man unter Wasser abgeschnittenen Bäumen zuführt, im Fluorescenzbild sehr gut darstellen lassen. Näheres ist darüber mit instruktiven Bildern bei Braun (1963) nachzulesen.

In den bisher beschriebenen Versuchen wird die Farbstofflösung durch die Schnittfläche dem oberirdischen Sproß dargeboten. Bormann und Graham (1959, Graham 1960) führen in einem 54 Jahre alten Bestand von *Pinus strobus* umgekehrt durch die Schnittfläche der Stümpfe einzelner frisch gefällter Bäume dem unterirdischen System Säurefuchsinlösung zu und können so nachweisen, daß die Bäume eines Bestandes durch Wurzelverwachsungen miteinander in Verbindung stehen. Von 7 Stümpfen geht der Farbstoff durch 31 Hauptwurzeln in 13 intakte Bäume über. Eine Verstärkung der Transpiration der intakten Bäume bewirkt eine Erhöhung der Farbstoffaufnahme durch die Stümpfe um 70%.

Andere Methoden, wie einseitige Zuführung des Farbstoffes durch die Schnittfläche von Seitenwurzeln, Seitenzweigen, Blattstielstümpfen oder Bohrlöchern, ermöglichen ein Studium der Wasserversorgung der einzelnen Teile je nach ihrer Insertion zur Zuführungsstelle. Über die verschiedenen Injektionsmethoden, besonders bei krautigen Pflanzen, und über die Eignung verschiedener Farbstoffe berichtet Roach (1939).

Einem Eichenstamm durch eine Bohrung zugeführtes Säurefuchsin wandert sowohl auf- als auch abwärts, aufwärts jedoch schneller (MacDougal 1926, MacDougal, Overton und Smith 1929). Auch Baker und James (1933) finden bei einseitiger Zuführung von Säurefuchsin oder Methylenblau in Stämmchen von *Acer pseudoplatanus* eine Auf- und Abwärtsleitung in den Gefäßen; Mark und Rinde bleiben farblos. Die Aufwärtsgeschwindigkeit übertrifft die Geschwindigkeit des absteigenden Stromes in diesem Fall nur bei starker Transpiration, nicht bei gehemmter oder schwacher Transpiration. Meist erfolgt auch eine radiale und tangentiale Ausbreitung der Farbstoffe vom Frühholz ins Spätholz und von einem Jahresring in den benachbarten. Diese Übergänge werden nur durch die Gefäße, niemals durch Parenchymzellen vermittelt. Die absteigende Farbstoffbewegung wird durch anomale Druckverhältnisse erklärt, die in der Umgebung des Bohrloches in den Gefäßen herrschen. Im intakten Holzkörper sollen nur aufsteigende Ströme vorkommen. Die Farbstoffe wandern auch bei einem gleichzeitig vorhandenen Blutungsstrom von diesem unabhängig in den Gefäßen in beiden Richtungen (James und Baker 1933).

Ob der absteigende Strom tatsächlich nur durch die anomalen Druckverhältnisse bei der Bohrstelle hervorgerufen wird, muß nach den Befunden anderer Autoren fraglich erscheinen. Arndt (1929) erhält bei *Coffea arabica* im gleichen Xylemring nebeneinander auf- und absteigende Saftströme nicht nur bei Darreichung von Eosinlösung durch Stümpfe abgeschnittener Zweige, sondern auch durch Stümpfe abgeschnittener Wurzeln.

Die einseitige Farbstoffzufuhr durch einen Seitensproß oder eine Seitenwurzel führt ferner zu einer entsprechenden einseitigen Verfärbung der ganzen Pflanze. Die Seitenorgane stehen also mit ganz bestimmten Leitungsbahnen in Verbindung, so daß bestimmte Teile der Krone von bestimmten Teilen der Wurzel versorgt werden und umgekehrt. Eine tangentiale Verbindung besteht nur beim aufsteigenden Saftstrom in beschränktem Maße in den Knoten (Arndt 1929).

Die Möglichkeit der Farbstoffausbreitung in beiden Längsrichtungen sowie die kaum vorhandenen Querverbindungen gehen sehr klar aus den Versuchsergebnissen von CALDWELL (1925) mit Eosin und Methylenblau hervor, die er später mit Fluorescein bestätigen kann (CALDWELL 1953). Ein Blatt wird so abgeschnitten, daß noch ein Stumpf des Blattstieles stehenbleibt; dieser wird mit Farbstofflösung versorgt (Abb. 189). Es färben sich nur die Leitbündel, die Stamm und Blätter gemeinsam haben, die stammeigenen Bündel bleiben farblos. Der Farbstoff breitet sich nicht nur im Xylem der Blätter über der Zuführungsstelle aus, sondern auch im Holzteil der darunter befindlichen Blätter. Die einseitige Versorgung kann man bei Pflanzen mit dekussierter Blattstellung, wie bei *Hydrangea*, gut demonstrieren. Werden zwei gegenüberliegenden Blattstielen zwei verschiedene Farbstoffe zugeführt, dann ergibt sich die in Abb. 189 dargestellte Farbstoffverteilung. Dieselben Ergebnisse hat bereits KÜSTER (1921) mit ähnlicher Versuchsanordnung bei *Torenia* mit den Farbstoffen Lichtgrün und Fuchsin S erhalten. KÜSTER ist aber der Meinung, daß diese Trennung in der Färbung nicht darauf beruht, daß den Leitbahnsystemen der Anschluß zur anderen Hälfte fehlt, sondern daß der von der einen Seite kommende Lösungsstrom der von der anderen Seite her zufließenden Lösung die Grenzen ihres Versorgungsareals zuweist. Die Farbstoffe mischen sich nur an den Spitzen der Blattspreiten

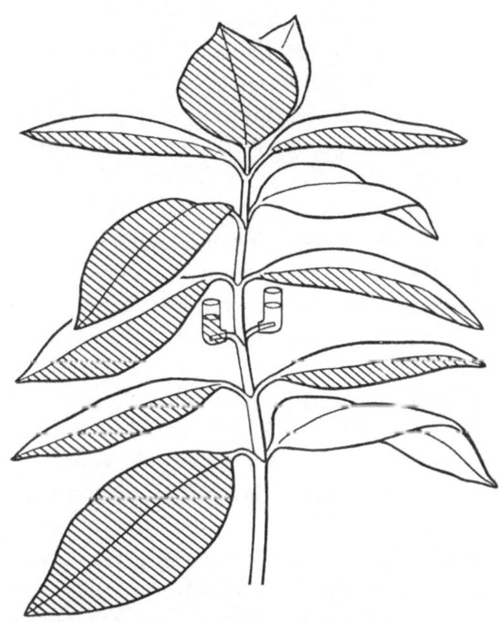

Abb. 189. Verteilung von Methylenblau und Eosin in einer Pflanze mit dekussierter Blattstellung bei getrennter Zuführung durch zwei gegenüberliegende Blattstielstümpfe in einem Knoten. (Nach CALDWELL 1925.)

mit verschieden gefärbten Hälften und fließen über die Mittelrippe hinweg zu violetten Tönen ineinander. Wird der Sproß nur von einer Seite z. B. mit Fuchsin S versorgt, dann färbt sich der ganze Sproß rot. Ersetzt man eine der beiden Farbstofflösungen durch Wasser, so wird nur die eine Hälfte gefärbt. BIRCH-HIRSCHFELD (1920) erhält in abgeschnittenen Sprossen, die durch einen Seitenzweig Eosinlösung und mit der basalen Schnittfläche reines Wasser aufnehmen, in der Hauptachse nur auf der Flanke des den Farbstoff aufnehmenden Seitenzweiges eine scharf abgegrenzte Färbung. Wird bei einem Pflaumenbaum eine Seitenwurzel freigelegt, dekapitiert und die Schnittfläche mit Lichtgrün SF versorgt, dann färben sich am stärksten die Äste der der behandelten Wurzel entgegengesetzten Seite der Krone. Die Ausbreitung des Farbstoffes in longitudinaler Richtung geht viel rascher vor sich als in tangentialer Richtung (HARVEY 1930 a). Auch bei *Kalanchoe blossfeldiana* beobachten HARDER und GÜMMER (1944) bei einseitiger Zuführung von Berberinsulfat durch einen Blattstielstumpf ein einseitiges Aufsteigen auf relativ enger Bahn mit zunächst nur geringer seitlicher

Ausdehnung. In jüngeren Teilen findet eine seitliche Ausbreitung rascher statt als bei älteren. Dies steht im Einklang mit Befunden von Linzon (1961) am Stamm von *Pinus strobus*. Malachitgrünoxalat und noch besser Säurefuchsin wandern von der Injektionsstelle im Splint sowohl auf- als auch abwärts. Ein Quertransport findet sehr langsam statt, und eine umfassende Durchfärbung des Splintholzes ist nur gelegentlich in den obersten Teilen des Stammes zu beobachten.

Bei 23 Coniferen-Arten stellen Vité (1959) und Vité und Rudinsky (1959) 5 verschiedene Möglichkeiten des Aufsteigens von Säurefuchsin hinsichtlich des Verlaufes der Wanderbahnen fest. Die Wanderung erfolgt 1. in Form einer Rechtsschraube (*Abies, Larix, Picea, Pinus*: Untergattung *Diploxylon*), 2. in Form einer Linksschraube (*Pinus monticola* und *P. lambertiana*), 3. an der injizierten Stammseite in Zickzacklinien (*Sequoia, Libocedrus, Juniperus*), schließlich in einem bestimmten Sektor, der sich 4. geradlinig von der Injektionsstelle nach oben zieht (*Thuja, Chamaecyparis*) oder 5. allmählich seitlich versetzt wird (*Tsuga, Pseudotsuga*).

Die Farbstoffe eignen sich auch zum Nachweis der Wanderbahnen zwischen Wirt und Parasit. Nach Harvey (1930 a) geht eine Lichtgrünlösung innerhalb des Buchweizens gewöhnlich nicht aus dem Xylem in andere Zellen des Sprosses über, wandert aber ungehindert in das Xylem von *Cuscuta* ein, die auf dem Buchweizen parasitiert. Eosin und Fluorescein treten aus den Gefäßen der Pappel in das Haustorium der Mistel über, so daß die „unvollkommenen Gefäße" im Haustorium mit Farbstofflösung gefüllt sind. Werden die Farbstoffe durch eine Schnittfläche der Mistel direkt geboten, dann wandern sie viel schneller in die Gefäße des Haustoriums ein als von der Wirtsseite her (Launay 1950).

Lichtgrün SF, das mit dem Transpirationsstrom Sellerie-Blättern zugeführt wird, reichert sich besonders an Infektionsstellen von *Septoria* an. Das gleiche ist bei Weizenblättern nach *Puccinia graminis*-Befall und nach anderen Infektionen zu beobachten. Die Infektionsstellen sollen eine erhöhte Transpiration aufweisen (Harvey 1930 b). Blätter von *Quercus robur* mit Primärinfektionen von *Microsphaera quercina* färben sich nach Zufuhr von Eosin mit dem Transpirationsstrom schneller und intensiver als gesunde Blätter. Bei Sekundärinfektion tritt nur an den Stellen eine stärkere Färbung auf, wo Mycelrasen auf der Blattunterseite sitzt, aber nicht dort, wo sich nur auf der Blattoberseite Mycel ausgebildet hat. Von *Peronospora parasitica* befallene *Capsella bursa-pastoris*-Sprosse zeigen im Gegensatz zu gesunden Pflanzen nie einen Eosinaufstieg bis zur Blüte (Feix 1939).

Nach Thielke (1948) besitzen die grünen Teile von panaschierten Blättern eine stärkere Transpiration als die farblosen. Bei *Acer negundo* wird Berberinsulfat, mit dem fasciculären Transpirationsstrom aufgesogen, in den farblosen Teilen erheblich später sichtbar als in den grünen. Der Farbstoff benötigt für die gleiche Wegstrecke in bunten Blättern ~ 21 Min., in rein weißen aber ~ 45 Min. Bei viruskrankem *Abutilon striatum* var. *thompsonii* färben sich nur die Leitbündel in grünen Blatteilen und nicht die in den chlorotischen mit Eosin. Die letzten besitzen ein verkümmertes Leitbündelnetz (Feix 1939). Heimerdinger (1951) schließt aus Färbungen von Kiefernadeln mit Berberinsulfat und K-Fluorescein mit Hilfe der Transpirationsmethode, daß der tracheidale Saum als der bevorzugte Ort des Wasseraustrittes vom Xylem zur Endodermis anzusehen ist.

Zellwand als Wanderweg

Nach den meisten der geschilderten Befunde wandern die Farbstoffe im Xylem mit dem Transpirationsstrom in longitudinaler Richtung, eine Ausbreitung in radialer und tangentialer Richtung von den Gefäßen aus ist in der Hauptachse mit Ausnahme der jüngeren Teile der Pflanze nur selten zu beobachten. Damit ist aber nicht gesagt, daß sich auch das Wasser nicht von den Gefäßen aus in radialer und tangentialer Richtung ausbreitet, wie vor allem aus den unterschiedlichen Ergebnissen von HEINRICH (1958) mit verschiedenen Farbstoffen hervorgeht (s. S. 568, 569). Das Wasser muß nicht nur die Zellen der Wurzelrinde bis zum Zentralzylinder passieren, sondern auch die Rindenzellen der Sproßachse, und das Parenchym der Blätter wird von den Gefäßen aus mit Wasser versorgt. Mit hochdiffusiblen und besonders anionischen Farbstoffen lassen sich unter Umständen auch diese Wasserwege nachweisen.

Zur Klärung, in welchem Bestandteil der Zellen Farbstoffe wandern, werden mit Vorliebe Haare benutzt. DIETRICH (1929) trennt vielzellige Haare verschiedener Pflanzenarten nahe der Epidermis ab und setzt sie mit der Wundstelle auf eine Chrysoidinlösung. Dieser nur schwach dissoziierte kationische Farbstoff wandert im Plasma. Die Geschwindigkeit ist um so größer, je geringer die Plasmaviskosität ist, und der Transport erfolgt basipetal schneller als akropetal. Die Querwände bilden für Chrysoidin kein wesentliches Hindernis. Das kolloidale, anionische Congorot wandert dagegen nur in die verletzte Basalzelle und stellt seine Diffusion in der ersten intakten Querwand ein, die sich noch bis zur Mittellamelle färbt. In den Zellwänden stark kutinisierter Epidermen vermögen sich Chrysoidin, Congorot, Neutralrot und Säurefuchsin nach lokaler Zerstörung der Cuticula nur in beschränktem Maße auszubreiten. Der Zellwand soll als Wanderweg für diffundierende Stoffe nur eine geringe Bedeutung zukommen. In diesen Versuchen kennzeichnen die Farbstoffe wohl kaum den Wanderweg des Wassers.

SCHUMACHER (1936) verschließt die Schnittfläche der Haare von *Cucurbita pepo*, die mit ihrem Sockel abgetrennt worden sind, mit Fluorescein-haltigem Wollfett und deckt das Haar mit Paraffinöl ab, um eine Transpiration zu unterbinden. Bei dem Einwandern des Farbstoffes soll es sich nicht um die Fortbewegung einer Lösung handeln, sondern die Farbstoffteilchen wandern selbst. Es fluoresciert nur das Cytoplasma. Vakuole und Zellwand bleiben farblos. Auch nach SCHUMACHER muß die Zellwand als Wanderbahn ausscheiden. Der Farbstoff wandert im Plasma unabhängig von der Plasmaströmung und nur polar von der Basis zur Spitze. Wird ein am Blattstiel belassenes Haar an der Spitze gekappt und die Wunde mit Fluorescein-haltigem Wollfett verschlossen, dann unterbleibt eine Abwärtsbewegung des Farbstoffes nach der Basis. Die Wanderungsgeschwindigkeit nimmt mit steigender Temperatur und steigender Farbstoffkonzentration zu, bleibt aber immer unter den Werten der freien Diffusion. Diese Befunde werden später von SCHUMACHER (1947) noch einmal unterstrichen. BAUER (1953) kann bestätigen, daß in den Haaren von *Cucurbita* mit Uranin nur das Plasma fluoresciert; er nimmt aber an, daß das Fluorescenzbild eine ausschließliche Wanderung im Plasma nur vortäuscht. Der Farbstoff soll auch bei einer reinen Diffusion primär in der Vakuole fortbewegt werden. Für Rhodamin B glaubt BAUER, das Wandern in der Vakuole des *Cucurbita*-Haares direkt nachgewiesen zu haben. BAUER stellt ferner in Übereinstimmung mit SCHUMACHER fest, daß die

Plasmaströmung am Farbstoff-Ferntransport im Kürbishaar nicht beteiligt ist. Bei den Internodialzellen von *Nitella* kann man aber bei einseitiger Uraninzuführung gelbleuchtende Plasmaballen an das andere Zellende eilen und dort wieder umkehren sehen.

Viele Autoren sind entgegen den skizzierten Auffassungen der Meinung, daß die Zellwände nicht nur einen Wanderweg für Wasser, sondern auch für Farbstoffe darstellen. Pfeffer (1886) zieht aus seinen Färbungsversuchen den Schluß, daß in den Binnenzellen der Wurzel voraussichtlich die Zellwandungen als wesentlicher Wanderweg anzusprechen sind. Nach Crafts (1931) soll der anionische Farbstoff Orange G selbst in den Siebröhren nur in den Wänden wandern.

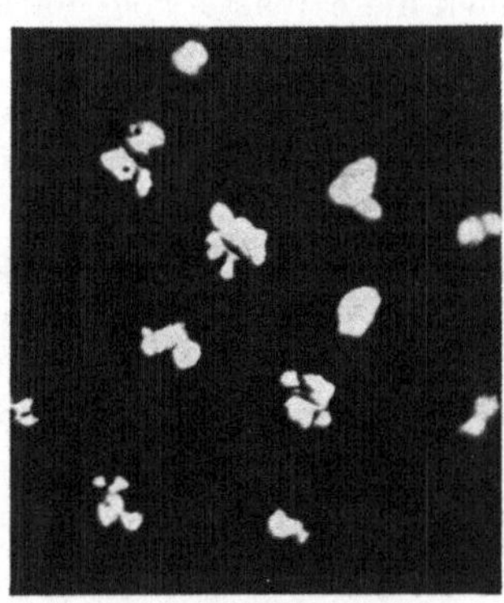

Abb. 190.   Abb. 191.

Abb. 190. *Helxine soleirolii.* Apikales Sproßende nach 3 Std. Zufuhr von Berberinsulfat durch die basale Schnittfläche. Intensive Fluorescenz der basalen Zellwandteile der Haare. (Nach Strugger 1938 c.)

Abb. 191. *Helxine soleirolii.* Blattunterseite eines Sprosses, der mit seiner Schnittfläche in Berberinsulfatlösung taucht, nach einem Überzug mit Gelatine, die 0,9 mol Glucose und 0,1 mol KCNS enthält. An den Cuticularleisten der Stomata blühen stark fluorescierende Kristalle von Berberinrhodanid aus. (Nach Strugger 1939 b.)

Die Rolle der Zellwand als Wanderweg ist vor allem durch die fluorescenzoptischen Untersuchungen von Strugger in den Mittelpunkt des Interesses gerückt worden. Werden Oberepidermisstückchen der Schuppenblätter von *Allium cepa* an einem Ende mit K-Fluorescein-haltiger Gelatine versehen und mit Paraffinöl abgedeckt, dann wandert der Farbstoff mit großer Geschwindigkeit in die Zellwände ein, danach entzieht der Protoplast den Zellwänden allmählich den Farbstoff vollständig. Der gleiche Effekt kann bei Blättern von *Helodea densa* beobachtet werden. Kurz nach dem Auflegen der Farbstoffgelatine beginnt hier der Farbstoff vor allem in der Mittelrippe sehr schnell zur Blattspitze vorzuschießen („Mittelrippenphänomen"). Aus der Mittelrippe tritt er dann langsam in die Zellwände der angrenzenden Parenchymzellen über und von dort in das Plasma der Zellen. In den jungen Zellen der Blattbasis noch nicht ausgewachsener *Helodea*-Blätter soll der Farbstoff dagegen unzweifelhaft im Plasma wandern. Dasselbe kann man in ausgewachsenen Blättern erzielen, wenn die Imbibitionsflüssigkeit der Zellwände durch Vorbehandlung der Blätter mit Puffergemischen auf pH 2,0—4,6 gebracht wird. Eine Äthernarkose hemmt die Farbstoffwanderung in den Zellwänden, und eine Plasmolyse mit 1 mol Glucose unterbindet sie vollkommen. Wie K-Fluorescein verhalten sich Sulforhodamin B und G, Rhodamin 6 G, Berberinsulfat, Trypaflavin, Auramin und die blau fluorescierende Komponente höherer Dispersität vom Primulin. Eosin und Erythrosin wandern dagegen nicht in den Zellwänden (STRUGGER 1938 b, d).

Werden Sprosse von *Helxine soleirolii* mit der Schnittfläche in eine Berberinsulfatlösung gebracht, dann schießt der Farbstoff zunächst in den Leitbündeln hoch und reichert sich allmählich in den oberflächlichen Zellwandteilen der Pflanzenorgane an, die besonders stark transpirieren, das sind die basalen Teile der Haare (Abb. 190), die Spaltwände der Stomata und die Antiklinen der Epidermis. Wird die ganze Pflanze unter Wasser gebracht, dann unterbleibt eine Farbstoffwanderung, da die Transpiration unterbunden wird. Auch bei *Parietaria judaica* erweisen sich mit dieser Methode die Haare als Orte starker Transpiration, und bei *Tradescantia albiflora* und *Ranunculus ficaria* sind es vor allem die Spaltwände der Stomata (STRUGGER 1938 c). Umgekehrt wird Berberinsulfatlösung durch die Zellwände der Stomata und die basalen Zellwandteile der Haare aufgenommen, wenn man die unversehrte Spitze eines *Helxine*-Sprosses in die Farbstofflösung taucht und die Sproß-basis transpirieren läßt. Es gelingt STRUGGER (1939 b), die Wegsamkeit der Cuticularleisten der Stomata mit KCNS nachzuweisen, das mit Berberin reagiert. Blätter von *Helxine*-Sprossen, die mit ihrer basalen Schnittfläche in Berberinsulfat tauchen, werden mit 5% Gelatine + 0,9 mol Glucose + 0,1 mol KCNS überzogen. Das an den Cuticularleisten austretende

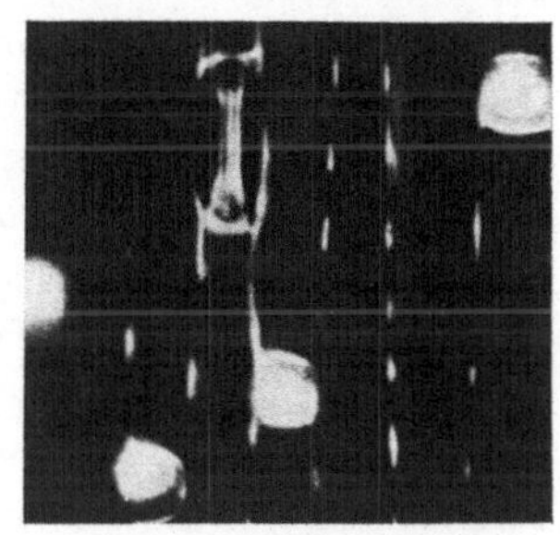

Abb. 192. *Secale cereale*. Blattoberseite 30 Min. nach Einstellen des Blattes in eine Berberinsulfatlösung. Lokale Anfärbung der Epidermisantiklinen an den Stellen, wo die Palisadenantiklinen von unten anstoßen. Homogene Durchfärbung der Spaltöffnungswände. Starke Farbstoffansammlung an den Haarbasen. (Nach STRUGGER 1940 a.)

Berberin reagiert sofort mit dem KCNS, und es entstehen um die Stomata intensiv fluorescierende Kristalle (Abb. 191).

Die einzelnen Befunde sind in einem Film festgehalten (STRUGGER 1953).

Für die starke Transpiration von Haaren sprechen auch die Angaben von HALBWACHS (1963), daß bei Versorgung der Zweige, z. B. von *Cotoneaster integerrimus*, von der Schnittfläche her mit Acridinorange, Auramin, Berberinsulfat, Fluorescein u. a., die Farbstoffe allmählich an den Haaren der Blattränder auskristallisieren.

Aber nicht alle Haare sind so leicht durchlässig. Die Haarzellen von *Primula sinensis* speichern Methylenblau sehr intensiv, doch wird die Aufnahme des Farbstoffes von außen durch die Cuticula stark gehemmt. Die Basalzelle eines abgetrennten Haares färbt sich in wenigen Minuten. Ein unverletztes Haar färbt sich dagegen erst nach 3 Wochen, und die Färbung beginnt in der Spitze (GOEBEL 1903).

Die intensive Fluorochromierung der Cuticularleisten der Schließzellen gelingt nach KALLMEYER (1947) nur bei geöffneten Stomata, wenn die Schließzellen turgeszent sind. Mit dem Schließen tritt eine Entspannung der Schließzellwände und damit eine Aufhebung ihrer Wegsamkeit ein. Wahrscheinlich spielen hier Quellungseffekte eine Rolle. BAUER (1953) kann die Befunde von KALLMEYER bestätigen.

Für eine Farbstoffwanderung in den Zellwänden spricht auch die lokale Anfärbung der Epidermisantiklinen an den Stellen, wo im Blatt von *Secale* oder *Triticum* die Palisadenantiklinen von unten anstoßen (Abb. 192). Nach Hülsbruch (1956) sollen allerdings die leuchtenden Punkte in den Epidermisantiklinen ihrer Lage nach den Tüpfeln entsprechen, die bei vielen Gramineen von den Epidermiszellen bis fast zur Mitte der Antiklinen vorstoßen. Rudolph (1925) schließt aus einer intensiven Antiklinenfärbung mit Methylenblau, die auftritt, wenn er Blätter von Land- und Wasserpflanzen nach Entfernen der Unterepidermis mit der Wundfläche auf einer Farbstofflösung schwimmen läßt, auf eine bevorzugte Antiklinentranspiration. Die Wegsamkeit der Antiklinen versucht er durch Bestäuben der Epidermis von *Tradescantia zebrina* mit fein pulverisiertem Nachtblau und durch Einpressen von Wasser in den Blattstiel unter einem Quecksilberdruck nachzuweisen. Nach ein bis mehreren Tagen ist dann deutlich nur über den Antiklinen eine Lösung des Farbstoffes zu beobachten. Am schnellsten tritt die Lösung an den Stellen auf, wo drei Epidermiszellen zusammenstoßen.

Die Fähigkeit der Blätter, Wasser und Farbstoffe aufzunehmen, geht aus Versuchen von Steubing (1949) hervor, die — analog entsprechender Versuche von Strugger mit *Helxine* — abgeschnittene Zweige und Blätter verschiedener Pflanzen mit nach oben gerichteter Schnittfläche in Berberinsulfatlösung taucht und anschließend die Ausbreitung des Farbstoffes fluorescenzmikroskopisch untersucht. Nach 12 Stunden ist selbst bei Xerophyten mit verstärkter Cuticula eine Durchfärbung bis zu den Gefäßen festzustellen. Eine Infiltration der Interzellularen hat nicht stattgefunden. Nach Steubing belegen die Versuche, daß die Pflanzen Tauwasser aufnehmen können.

Dybing und Currier (1957) beobachten eine starke Förderung der Aufnahme von Trinatrium-3-hydroxy-5,8,10-pyrentrisulfonat durch die Epidermis der Blätter von *Tradescantia zebrina* bei Zugabe des Netzmittels Vatsol OT (Nadioctylsulfosuccinat). Der Farbstoff befindet sich vor allem in der Atemhöhle und in den Antiklinen der Epidermis.

Strugger (1939 b, 1943 c) glaubt, mit seinen Versuchen die Imbibitionstheorie von Sachs für den extrafasciculären Transpirationsstrom bestätigt zu haben und spricht von einer erweiterten Kohäsionstheorie. Die Farbstoffteilchen sollen sich in einen vorhandenen Lösungsstrom einschalten und passiv mit der Wasserbewegung in den submikroskopischen Kapillaren der Zellwand mitgerissen werden. Wie die Farbstoffe sollen auch Salze auf demselben Wege in den Zellwänden transportiert werden. Soweit sie nicht von den Protoplasten aufgenommen werden, können sie durch die Cuticula austreten, wie Rouschal und Strugger (1940) für KCNS zeigen, das sie mit dem Transpirationsstrom abgeschnittenen Blättern verschiedener Pflanzenarten zuführen und mit Berberinsulfat an der Blattoberfläche nachweisen.

Für die Schlußfolgerungen von Strugger ist es wichtig, daß die Versuche nicht nur mit dem kationischen Berberinsulfat durchgeführt worden sind, sondern auch mit den anionischen Fluorochromen K-Fluorescein und Oxypyrentrisulfosaures Na.

Schumacher (1947) wendet sich entschieden gegen die Auffassung von Strugger, daß Fluorescein in der Zellwand wandern soll; als Wanderbahn kommt seiner

Meinung nach ausschließlich das Plasma in Frage. FRANKE (1960) stellt an *Helxine*-Blättern eine weitgehende Übereinstimmung zwischen Vorkommen und Verteilung der mit Sublimat nachweisbaren Ektodesmen und dem Auftreten von Berberinrhodanidkristallen nach den Angaben von STRUGGER (1939 b) fest und knüpft daran die Frage, ob der Berberin- und damit der Wasseraustritt wirklich durch die submikroskopischen Kapillaren der Zellwand erfolgt, da die Ektodesmen plasmatische Strukturen darstellen. Das hieße aber, die kohärenten Wasserfäden würden nicht durch die plasmafreien intermicellaren und interfibrillären Räume der Zellwände verlaufen, sondern durch die Ektodesmen, Protoplasten und Plasmodesmen, wären also an das Plasma gebunden. Nach HÜLSBRUCH (1945, 1956) wandert Berberinsulfat zwar in den Zellwänden, ist aber zur Markierung des Wasserweges ungeeignet, da es sich zumindest in der Wurzel unabhängig von der Strömungsrichtung des Wassers bewegen kann.

ZIEGENSPECK (1945) bestätigte die Befunde von STRUGGER mit Oxypyrentrisulfosaurem Na, und auch BAUER (1949, 1953) setzt sich für eine teilweise Wanderung von Fluoresceinen, Oxypyrentrisulfosaurem Na und Berberinsulfat in den Zellwänden ein. In weiteren Mitteilungen diskutieren BAUER (1954) und HÜLSBRUCH (1954 a, b) ihre gegensätzlichen Auffassungen über die Wanderung von Berberinsulfat in den Zellwänden der Wurzelrinde und deren Zusammenhang mit der Wasserbewegung. HEINRICH (1958) stellt für *Aristolochia clematitis* fest, daß Oxypyren zunächst vom Xylem aus in die Zellwände des Rindenparenchyms einwandert und erst sekundär in das Plasma übertritt. Mit Na-Fluorescein kann dagegen in keinem Stadium der Farbstoffausbreitung eine Zellwandfärbung beobachtet werden.

BRAUN (1962) schließt aus Versuchen mit Berberinsulfat und radioaktivem Phosphor, daß bei Pfropfungen innerhalb der Gattung *Populus* in den ersten parenchymatischen Verbindungen zwischen Unterlage und Pfropfreis die Wasserleitung in den Zellwänden und im Plasma vor sich gehen dürfte. Nach POHL (1954) erfolgt die Ausbreitung der mit dem Transpirationsstrom in die *Avena*-Koleoptile aufgenommenen Fluorochrome Berberinsulfat und Na-Fluorescein im Parenchym bei ausgewachsenen Zellen bevorzugt durch die Zellwand, in der Streckungszone dagegen von Protoplast zu Protoplast durch Diffusion. POHL schließt daraus, daß die erweiterte Kohäsionstheorie von STRUGGER nur für die ausgewachsenen Zellen der Koleoptile zutrifft, aber nicht für das Gewebe der Streckungszone. STRUGGER und BUTTERFASS (1955) prüfen die Befunde von POHL mit Berberinsulfat, Oxypyrentrisulfosaurem Na und Na-Fluorescein nach und können sie nicht bestätigen; alle drei Fluorochrome sollen auch in der Streckungszone der Koleoptile einwandfrei in der Zellwand transportiert werden. Bei Na-Fluorescein setzt allerdings die Speicherung durch das Plasma so rasch ein, daß die Zellwände dadurch innerhalb weniger Minuten sekundär entfärbt werden. Dazu sei vermerkt, daß STRUGGER (1938 b) für die Einwanderung von K-Fluorescein in die Blätter von *Helodea densa* selbst betont hat: „. . . die apikale Einwanderung des Farbstoffes in die Parenchymzellen der Dauerzone" ist „eine reine Membranwanderung . . . Basalwärts aber ist von einer Wanderung des Farbstoffes durch die Membranen nichts zu sehen. Das Fluoreszein erscheint sofort im Plasma der jungen Parenchymzellen und wandert von Zelle zu Zelle unzweifelhaft im Plasma weiter."

Gegen die Auffassung von Strugger, daß der Farbstoff in den Zellwänden von einem Lösungsstrom mitgerissen wird, spricht zunächst die Tatsache, daß die Farbstoffwanderung, z. B. im *Helodea*-Blatt, auch unter Paraffinölabschluß stattfindet. Diesen Einwand entkräftet Strugger (1938 b) von vornherein, indem er mit Yamaha (1937 a) annimmt, daß Paraffinöl dem Blatt Wasser entzieht. Diese Annahme wird von Bauer (1949) mit Recht abgelehnt. Bauer denkt mehr an eine physiologische Wasserabgabe, verursacht durch anaerobe Verhältnisse, die beim Abschluß mit Paraffinöl eintreten müssen. In der Tat soll eine Atmungs-

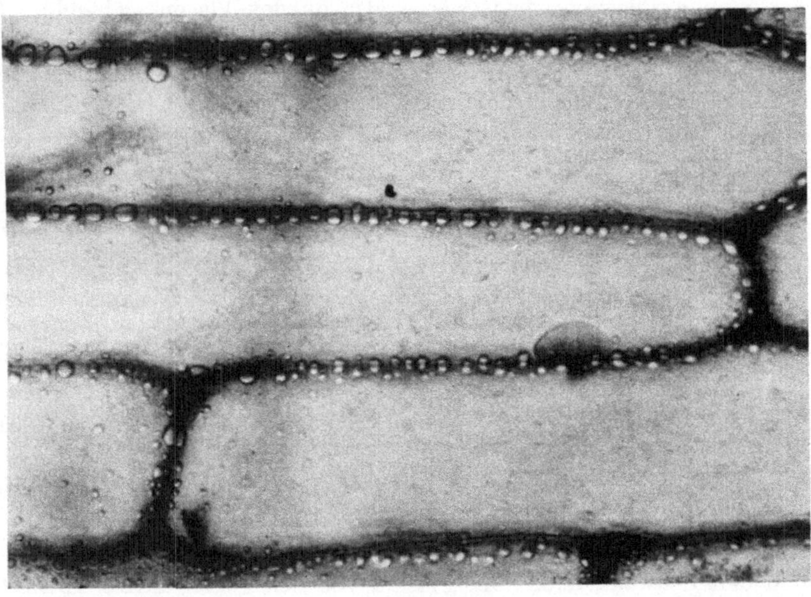

Abb. 193. Mit Neutralrot vital gefärbte Oberepidermiszellen eines Schuppenblattes von *Allium cepa* nach Einbettung in Paraffinöl. Über den gefärbten Antiklinen perlenschnurartig angeordnete Wassertröpfchen; auch über den Periklinen beginnende Tröpfchenbildung. (Nach Bancher, Hölzl und Klima 1960.)

hemmung mit 0,1% KCN oder Übertragung der Blätter in ausgekochtes Leitungswasser das Mittelrippenphänomen mit K-Fluorescein hervorrufen, das in reinem, frischem Leitungswasser unterbleibt. In diesem Zusammenhang ist es von Interesse, daß nach Bancher, Hölzl und Klima (1960) beim Einbetten von Oberepidermisstücken der Schuppenblätter von *Allium cepa*, die mit Neutralrot gefärbt sind, in Paraffinöl über den Antiklinen und später auch in geringerem Maße über den Periklinen Flüssigkeitströpfchen ausgeschieden werden (Abb. 193). Die Tröpfchenbildung ist nicht an die Neutralrotfärbung gebunden, sie entsteht auch an ungefärbten, mit Paraffinöl abgedeckten Epidermen. Den Antiklinaltröpfchen entsprechende Poren oder Dünnstellen in der Cuticula lassen sich elektronenmikroskopisch nicht nachweisen. Franke (1961 a, b) kann die Erscheinung bestätigen und beobachtet, daß manchmal auch Neutralrot mit ausgeschieden wird und daß die Tröpfchenverteilung weitgehend mit der Ektodesmenverteilung übereinstimmt. Es sei auch auf den von Rudolph (1925) erbrachten Nachweis einer gewissen Wegsamkeit der Antiklinen in Laubblättern verwiesen (s. S. 576).

FRITZ (1956) geht von der Überlegung aus, daß beim Wandern der Farbstoffe in der Zellwand von einer bestimmten Teilchengröße an die Intermicellarräume verstopft werden und damit der Gehalt an Sättigungswasser abnehmen müßte. Mit zunehmendem Teilchenradius werden immer mehr und immer größere Intermicellarräume für das Wasser unwegsam, und außerdem wird durch die

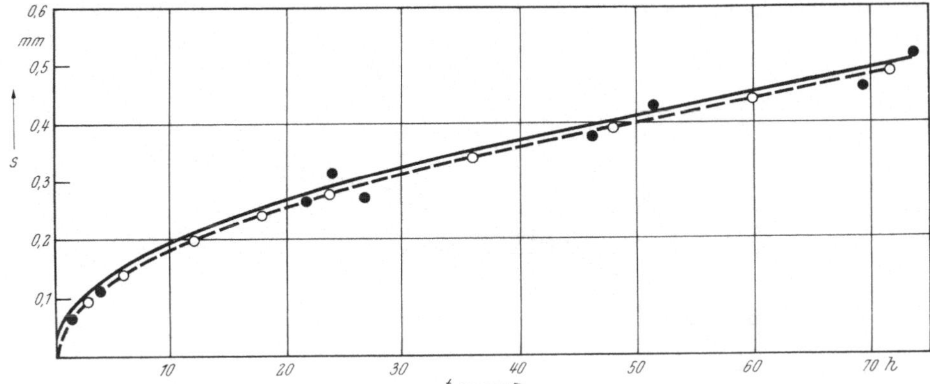

Abb. 194. Die Einwanderung von Brillantsulfoflavin FF in Blätter von *Helodea densa* nach Vorbehandlung mit Jodessigsäure 10⁻⁴ und 10⁻⁵ mol für 1 und 5 Min. ——— Mittelwerte aus 96 Versuchen, ------ theoretische Diffusionskurve. (Nach SCHLAFKE 1958.)

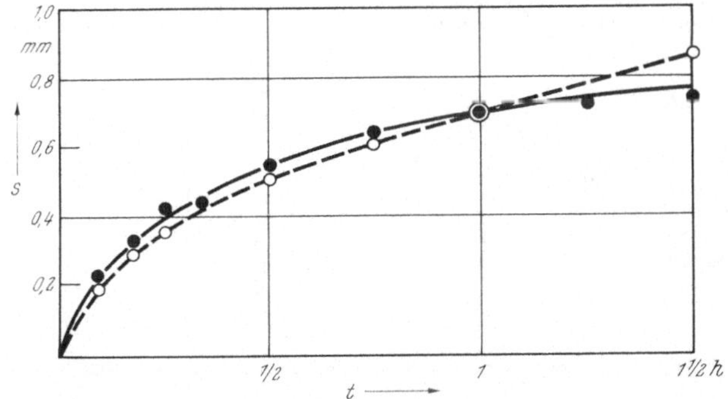

Abb. 195. Die Einwanderung von Aminopyrentrisulfosaurem Na von den Leitbündeln aus in die Zellwände der Epidermis und des Mesophylls der Blätter von *Stellaria media* bei 50—60% Luftfeuchtigkeit. —— Mittelwerte aus 10 Versuchen, ------ theoretische Diffusionskurve. (Nach SCHLAFKE 1958.)

Farbstoffeinlagerung auch die Menge des Imbibitionswassers herabgesetzt. In der Tat findet FRITZ eine entsprechende Beziehung an abgeschnittenen *Syringa*-Blättern. Bezogen auf das Trockengewicht, ergeben sich folgende Gehalte an Sättigungswasser bei Farbstoffzusatz: Wasser 258%, Wasserblau 208%, Nachtblau 190%, Alkaliblau 177%.

Die verschiedensten Versuchsergebnisse scheinen dafür zu sprechen, daß das lebende Plasma, d. h. Stoffwechselvorgänge, die im Plasma ablaufen, die Farbstoffwanderung im extrafasciculären Bereich beeinflussen. SCHLAFKE (1958) untersucht deshalb die Wanderung einer Reihe von Fluorochromen in den Blättern von *Helodea densa* und *Stellaria media* unter der Einwirkung von Narkotica, Stoffwechselgiften und Plasmolytica. Die Autorin kommt zu folgenden Ergebnissen. Die anionischen Fluorochrome, besonders der Pyrengruppe, wandern im extrafasciculären Bereich in den Zellwänden. Die Geschwindigkeit der fasciculären Leitung wird bei *Stellaria* vom Wasserdampfgehalt der Luft und dem Sättigungszustand des Gewebes stark beeinflußt. Die Wanderung in den Zellwänden im extrafasciculären Bereich entspricht bei beiden Pflanzen einem Diffusionsvorgang (Abb. 194, 195). Die Geschwindigkeit der Ausbreitung hängt von der Teilchengröße der Farbstoffe (Abb. 196) und vom Diffusionswiderstand

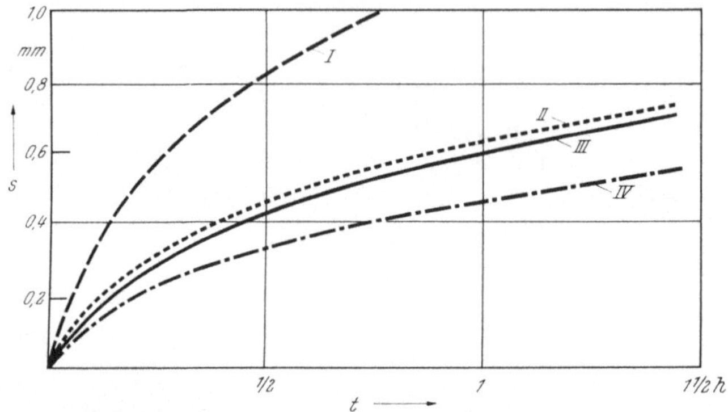

Abb. 196. Die Einwanderung einiger anionischer Fluorochrome in die Zellwände der Blätter von *Stellaria media* in Abhängigkeit von der Teilchengröße. I K-Fluorescein, s_{1h} = 1,1 mm; II Aminopyrentrisulfosaures Na, s_{1h} = 0,63 mm; III Brillantsulfoflavin FF, s_{1h} = 0,60 mm; IV Oxypyrentrisulfosaures Na, s_{1h} = 0,46 mm. Man vergleiche dazu die Reihenfolge derselben Farbstoffe hinsichtlich ihrer Diffusionsgeschwindigkeit in Gelatine (S. 32) und ihrem Aufstieg in Filtrierpapier (S. 32, Tabelle 5). (Nach Schlafke 1958.)

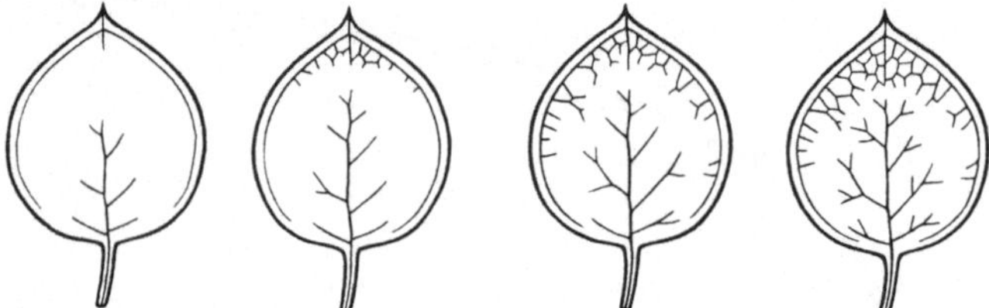

Abb. 197. Die Einwanderung von Aminopyrentrisulfosaurem Na durch die Hydathoden an der Blattspitze und von Aesculin durch den Blattstiel in das Leitbündelsystem des Blattes von *Stellaria media*. (Nach Schlafke 1958, etwas verändert.)

der submikroskopischen Kapillaren der Zellwände ab. Sie ist viel kleiner als bei einer Diffusion in Gelatine. Narkotica und Stoffwechselgifte bewirken keine Hemmung oder Förderung der Farbstoffbewegung. Nach einer Plasmolyse diffundieren die Farbstoffe in die extraplasmatischen Räume. Die Zellwände werden dabei in keiner Weise hervorgehoben. Eine Aufnahme der Farbstofflösung erfolgt bei den Blättern von *Stellaria* bei entsprechender Versuchsanordnung auch durch die Epithemhydathode in der Blattspitze. Es kann so in den Leitbündeln ein Wasserstrom entstehen, der dem Transpirationsstrom durch den Blattstiel entgegenfließt. Bei der Benutzung verschieden gefärbter Fluorochrome kann man beide Ströme sichtbar machen (Abb. 197). In den Leitbündeln erfolgen Farbstoff- und Wasserbewegung nicht unabhängig voneinander. Eine Farbstoffausbreitung entgegen einem Wasserstrom findet nicht statt. Auch bei Farbstoffzufuhr durch die Hydathode geht die Ausbreitung in den Zellwänden des extrafasciculären

Bereiches mit Diffusionsgeschwindigkeit vor sich. Die Autorin schließt aus ihren Ergebnissen, daß aus dem Verhalten der anionischen Fluorochrome ein Rückschluß auf das Verhalten des Wassers möglich ist. Wenn der Farbstoff in den Gefäßen von einem Lösungsstrom transportiert wird und dann in die Zellwände des Parenchyms eindiffundiert, so muß daraus geschlossen werden, daß in den Zellwänden keine Zugwirkung mehr auf ihn ausgeübt wird, sich auch die Wassermoleküle nur diffusionsartig fortbewegen. Natürlich sind dabei Geschwindigkeit der Farbstoffteilchen und der Wassermoleküle nicht identisch.

Wenn die Zellwände tatsächlich einen der Wanderwege für Farbstoffe darstellen, muß sich eine Endodermis je nach Teilchengröße der benutzten Farbstoffe als Hemmnis oder gar Sperre erweisen. So läßt die Casparyscheide unterhalb der Ligula bei *Selaginella*-Arten und in Sprossen von *Myriophyllum*- und *Equisetum*-Arten wohl das anionische Cyanol und das kationische Methylengrün hindurch, aber nicht die anionischen Farbstoffe Chicagoblau, Cyanosin, Echtrot, Erythrosin und Wasserblau (ZIEGENSPECK 1921). Cyanol zeichnet sich durch eine hohe Dispersität, aber ein schlechtes Permeationsvermögen aus und dürfte daher in der Zellwand den Casparyschen Streifen noch passieren können. Das lipophile Methylengrün nimmt dagegen ohne Zweifel bei der Endodermis seinen Weg durch das Plasma. Auch für Fluorochrome aus der Pyren-Gruppe erweisen sich Endodermen in oberirdischen Sproßteilen als undurchlässig (ZIEGENSPECK 1952b). In Wurzeln verschiedener Pflanzenarten bildet nach MAGER (1933) die Endodermis für den Durchtritt von Erythrosin und Elastin „H" (ein Farbstoffgemisch) wohl ein Hemmnis, so daß es zu vorübergehenden Stauungen kommt, sie ist aber keine unüberwindliche Sperre. Dabei ist noch die relative Lipophilie des Erythrosins zu berücksichtigen, die bei längerer Versuchsdauer einen Durchtritt durch das Plasma ermöglichen könnte. Die Eigenschaften des Elastins „H" sind mir unbekannt. Nach FRAZER (1942) werden sowohl in der Leguminosen-Wurzel als auch in den Wurzelknöllchen Methylenblau und Neutralrot an einem Weiterwandern durch die Endodermis gehindert. In diesem Fall vermag auch das lipophile Neutralrot nicht die Endodermis zu überwinden. WEICHSEL (1961) kann die Befunde an Wurzelknöllchen von *Pisum sativum* ssp. *arvense* mit Neutralrot bestätigen. In jungen Knöllchen mit noch nicht entwickelter Endodermis dringt der Farbstoff bis zum Meristem vor. Mit dem Schließen der Endodermisglocke wird allmählich auch die Farbstoffdiffusion unterbunden.

Die Wanderung kationischer Farbstoffe wird nicht nur durch ihre Adsorption an den Zellwänden stark gehemmt, wenn sie in dissoziierter Form vorliegen, sondern, sobald sie schwächer dissoziiert sind, auch durch ihre Speicherung im Zellinnern. In dieser Hinsicht machen sich vor allem gerbstoffhaltige Zellen bemerkbar. Nach BIRCH-HIRSCHFELD (1920) wird die Ausbreitung von Methylenblau im Rindenparenchym von *Cornus alba* durch Gerbstoffe unterbunden. Nur die Zellen, die unmittelbar mit der Farbstofflösung in Berührung kommen, zeigen eine außerordentlich intensive Farbstoffspeicherung. Dasselbe beobachtet RUDOLPH (1925) an einigen gerbstoffhaltigen Sukkulenten.

Die vorwiegend zum Nachweis der Wasserbewegung in der Pflanze benutzten Fluorescein- und Pyrenfarbstoffe besitzen eine grünliche bis gelbliche Fluorescenz. Bei der Anwendung alkalischer Lösungen ist zu beachten, daß die Zellwände bei alkalischer Reaktion selber grünlich fluorescieren bzw. eine vorher schon vorhandene grünliche Primärfluorescenz durch Alkalien verstärkt wird (Klein und Linser 1930). Dies trifft besonders für das Xylem vieler Pflanzen zu (Palmquist 1938b, 1939). Mit Hilfe der grünen Zellwandfluorescenz kann man die Diffusion einer Ammoniaklösung direkt verfolgen (Drawert 1952d). Dieser Effekt kann die Wanderung eines Fluorochromes vortäuschen.

Kolorimetrische Bestimmung der Transpirationsstromgeschwindigkeit

Es ist naheliegend, die Farbstoffe zur Bestimmung der Geschwindigkeit des Transpirationsstromes heranzuziehen. Aus der bisherigen Darstellung geht aber hervor, daß man damit bestenfalls Relativwerte beim Vergleich verschiedener Pflanzen mit demselben Farbstoff oder für den Einfluß verschiedener Außenfaktoren auf die Transpiration ein und derselben Pflanze erhalten kann. Mit verschiedenen Farbstoffen und selbst mit ein und demselben Farbstoff bei verschiedenen pH-Werten der Lösung erhaltene Ergebnisse sind nicht mehr vergleichbar. Der Farbstoff wird bei der Wanderung immer hinter dem Wasser zurückbleiben, und zwar um so stärker, je besser er von den Zellwänden adsorbiert oder vom Leitbündelparenchym gespeichert wird, je geringer seine Dispersität ist und je länger sich der Versuch ausdehnt. Nach Coster (1931) erfährt Methylenblau in den Tracheen von Lianen gegenüber einem Lithiumsalz in den ersten 30 Sek. eine Verzögerung um 14%, und in 150 Sek. ist die Verzögerung auf etwa das Dreifache angestiegen. Rehm (1935) gibt bei *Impatiens*-Arten für Methylenblau bereits auf kurzen Strecken eine Verzögerung bis zu 50% gegenüber Lithium an.

Innerhalb der Leitbündel können sich die einzelnen Gefäße sehr unterschiedlich verhalten. Manche eilen in der Färbung den anderen um ein beträchtliches voraus (Coster 1931, Baumgartner 1934, Rouschal 1938; s. S. 584, Tabelle 81).

Die folgenden Zahlenangaben sind also nur mit Vorbehalt zu betrachten und geben keine absoluten Werte für die Wanderung des Wassers an.

In den Fruchtkörpern von Agaricaceen erreicht Fluorescein je nach der relativen Luftfeuchtigkeit eine Geschwindigkeit von 6 bis 15 cm/Std. (Schütte 1956). Im Zentralstrang von *Mnium undulatum* wandert Oxypyrentrisulfosaures Na bis zu 1,2 m/Std. und bei *Polytrichum commune* bis zu 2,0 m/Std. (Zacherl 1956). Das sind Werte, die bei zerstreutporigen Hölzern gemessen worden sind.

Strasburger (1891) erhält bei *Acacia floribunda* bei 20—22° C und bedecktem Himmel für Eosin eine Steighöhe von 60 bis 80 cm/Std., bei *Bryonia dioica* aber ~ 6 m/Std. Für europäische und australische Gehölze bestimmen Ewart (1908) und Ewart und Rees (1910) die Geschwindigkeit für Eosin, z. B. erreicht der Farbstoff in einem Ahornzweig 3,4 m/Std. Die älteren Ergebnisse faßt Huber (1932) tabellarisch zusammen (Tab. 80).

In 4 Jahre alte Bäume von *Acer pseudoplatanus* injiziertes Säurefuchsin oder Methylenblau zeigen je nach Jahreszeit, Bewegungsrichtung und Injektionsmethode Geschwindigkeiten von wenigen Millimetern bis zu 600 cm/Std. (Baker und James 1933). Über die Geschwindigkeit von Indigocarmin in Macchien-Pflanzen gibt Tabelle 81 Auskunft.

Von Interesse ist noch, daß die in Tabelle 81 angeführten Werte für die Einzelströme weit über den Geschwindigkeiten liegen, die mit der thermoelektrischen Methode für den Transpirationsstrom gemessen worden sind. Die Geschwindigkeiten der Hauptströme stimmen zum Teil gut mit den thermoelektrischen Werten

Tab. 80. *Die Steiggeschwindigkeit einiger Farbstoffe in den Leitbündeln verschiedener Pflanzen.* (Aus HUBER 1932.)

Farbstoff	Autor	Verabreichung	Nachweis	Versuchspflanze	Steiggeschwindigkeit
Indigocarmin 0,4%	PFITZER	Schnittfläche	direkte Beobachtung der durchscheinenden Nerven	*Phaseolus* und *Vicia faba*	1,44 — 2,66 m/Std.
Eosin, wäss.	STRASBURGER	Schnittfläche	an Querschnitten (Färbung)	Laubhölzer u. Lianen	0,60 — 6,0 m/Std.
Eosin	EWART, 1905	Schnittfläche	an Querschnitten (Färbung)	europ. Laubhölzer europ. Nadelhölzer	0,92 — 2,05 m/Std. 0,16 — 0,23 m/Std.
Eosin	EWART und REES	Schnittfläche	an Querschnitten (Färbung)	austr. Gehölze	bis zu 12,3 m/Std. (Eucalyptus)
Eosin, 0,2%	ARNDT	Zufuhr zum Hauptstamm durch gekappt. Seitenzweig	an Querschnitten (Färbung)	*Coffea*	aufwärts einige dm/Std., abwärts etwas weniger
Säurefuchsin	MACDOUGAL	Schnittfläche o. Bohrlöcher	an Querschnitten (Färbung)	Nadelhölzer	0,02 — 0,15 m/Std.
Methylenblau 0,25%	COSTER	Schnittfläche $^1/_4$ — 1 Min.	an Querschnitten (Färbung)	32 trop. Lianen, Kräuter und Bäume	5,40 — 150 m/Std.

überein, zeigen aber auch teilweise beträchtliche Abweichungen. In einem trockenen Jahr ergibt die thermoelektrische Methode aber ganz andere Werte.

Oxypyrentrisulfosaures Na erzielt im Sproß krautiger Pflanzen eine durchschnittliche Geschwindigkeit von 10 bis 40 m/Std. Die Höchstgeschwindigkeit geht bei *Impatiens* über 50—60 m/Std. hinaus. In den Hauptnerven der Blätter werden 10—20 m/Std. gemessen, und in der oberen Hälfte der Blattspreite nimmt die Geschwindigkeit rasch ab (Rouschal 1940 a). In abgeschnittenen Blättern erreicht dasselbe Fluorochrom bei *Glyceria aquatica* 3—5 m/Std. und bei *Carex*

Tab. 81. *Der Aufstieg von Indigocarmin in den Gefäßen von fingerdicken Zweigen mit starker Belaubung. Als Maximum (Spalte I) werden die dem Hauptstrom (Spalte II) voraneilenden Einzelströme bezeichnet. Zum Vergleich sind die in einem feuchten Jahr thermoelektrisch gemessenen Werte für den Transpirationsstrom angeführt (Spalte III). (Nach Rouschal 1938.)*

Pflanze	I Maximum cm/Std.		II Hauptstrom cm/Std.		III Thermoelektrisch cm/Std.
Fraxinus ornus	1800;	1200	822;	600	700
Pistacia terebinthus	1320;	900	540;	420	450
Quercus ilex	1020;	960	540;	420	225
Rubus ulmifolius	840;	720	300;	300	—
Pistacia lentiscus	780;	720	276;	270	223
Viburnum tinus	780;	690	480;	400	220
Laurus nobilis	609;	—	540;	—	307
Nerium oleander	600;	540	270;	—	—
Spartium junceum	480;	330	150;	150	140
Cistus monspeliensis	432;	330	192;	138	185
Osyris alba	360		60		330
Arbutus unedo	180		90		150
Rhamnus alaternus	120		120		240
Myrtus italica	120		120		177

gracilis 10—13 m/Std. Halberwachsene Blätter zeigen im meristematischen Teil der Basis eine mittlere Geschwindigkeit von 0,572 m/Std., während der erwachsene apikale Teil nach Entfernung der meristematischen Basis bei *Glyceria* eine Geschwindigkeit von 27 bis 39 m/Std. und bei *Carex* von 30 bis 78 m/Std. aufweist (Rouschal 1941).

Phloem

Genauso wie die Wanderung des Wassers im Xylem und im parenchymatischen Gewebe hat man versucht, den Mechanismus der Assimilatwanderung in den Siebröhren mit Hilfe von Farbstoffen zu fassen.

Schumacher (1930) prüft als erster an *Pelargonium* und einer Reihe anderer Pflanzen die Aufnahme verschiedener Farbstoffe durch die mit kleinen Einschnitten versehene Spreite eines Blattes. Nur mit Eosin w. gelbl. werden Ergebnisse erzielt, die bestimmte Schlüsse zulassen. Unter dem Einfluß des Eosins sind schon nach wenigen Tagen die Siebröhren mit ihren Geleitzellen abgestorben, während die übrigen parenchymatischen Elemente des Siebteiles keinerlei Veränderungen erkennen lassen.

Ferner zeigen die Siebröhren einen Kallusverschluß. Obwohl sich die Anwesenheit von Eosin an den Orten der Reaktion nicht mit Sicherheit nachweisen läßt, kann klargelegt werden, daß das Eosin tatsächlich primär in den Siebröhren wandert und nicht sekundär vom Xylem aus übertritt. Der Nachweis der Wanderung gelingt später Eschrich (1953) fluorescenzoptisch. Die Kallusbildung durch Eosin in den Siebröhren kann von Crafts (1932), Both (1937), Eschrich (1953) u. a. bestätigt werden. Wie Eosin bedingen auch Erythrosin und Phloxin Kallusbildung bzw. Schädigung der Siebröhren, während der halogenfreie Grundkörper, das Fluorescein, scheinbar keinerlei Wirkung auf das Siebröhrensystem ausübt (Schumacher 1933). Seitdem sind vor allem das Kalium- und das Natriumsalz des Fluoresceins die beliebtesten Fluorochrome zur Siebröhrenuntersuchung geblieben.

Zur Applizierung des Fluorochroms schabt Schumacher (1933) die Unterseite der Blattnerven leicht an und verschließt die Wunde mit 5%iger Gelatine + 0,1% K-Fluorescein. Einige Stunden nach dem Auftragen der Farbstoffgelatine fluorescieren auf Längsschnitten durch den unteren Teil der Blattstiele die Siebröhren und Geleitzellen. Daraus wird geschlossen, daß der Farbstoff in den Siebröhren polar abwärts wandert. Selbst junge Blätter zeigen nur selten eine Umkehrung der Strömungsrichtung. Die Geschwindigkeit erreicht optimal 30 cm/Std. und ist stark temperaturabhängig, wird aber nicht durch Narkose beeinflußt.

Außer der Gelatinemethode nach Schumacher wird zur Applizierung des Fluoresceins auch häufig die Dochtmethode nach Rouschal (1940b) benutzt. Um die leicht angeschabte Epidermis des Stengels einer krautigen Pflanze wird ein Streifen Watte ringförmig herumgelegt und zur Fixierung mit den beiden Enden durch einen Glasring geschoben. Die freien Enden tauchen in ein Glasröhrchen, das mit der wäßrigen Fluoresceinlösung gefüllt ist. Zur Verhinderung einer oberflächlichen Ausbreitung des Farbstoffes wird ober- und unterhalb des Farbringes je ein Ring vaselinegetränkter Watte dicht um den Sproß gelegt. Um das Fluorochrom auch den Siebröhren von Bäumen zuführen zu können, schneidet Rouschal Borke und Rindenparenchym bis auf eine 2—4 mm starke Schicht über der Safthaut weg und klebt mit Hilfe vaselinegetränkter Watte zur Rinde hin offene Paraffintöpfchen an die Wundstelle. Die Töpfchen werden mit wässeriger Farbstofflösung gefüllt.

Die Befunde von Schumacher, daß sich das Fluorescein im Phloem befindet, können allgemein bestätigt werden. Auseinander gehen nur die Meinungen über die Fragen, ob der Farbstoff primär im Phloem transportiert wird, und wenn er dort wandert, ob dies im Plasma, in der Vakuole oder in der Wand geschieht und welcher Art die Wanderung ist.

Crafts (1931) schließt aus Versuchen mit Orange G, daß die Wanderung in den Zellwänden des Phloems, besonders in den Wänden der Siebröhren erfolgt, später nimmt er auch noch das Lumen der Siebröhren als Wanderbahn dazu (Crafts 1932). Rhodes (1937) ist der Meinung, daß im allgemeinen das Xylem die Transportbahn für das Fluorescein sein soll und dieses erst sekundär in das Phloem übertritt. In den Versuchen von Schumacher soll die geringe Acidität der Siebröhren eine Fluoresceinwanderung im Phloem vorgetäuscht haben. Da die Fluoresceinfluorescenz unter pH 5 erlöschen soll, kann nach Rhodes die Anwesenheit des Fluorochroms im Xylem häufig erst nach Behandlung mit Ammoniakdämpfen nachgewiesen werden. Schumacher (1937) weist darauf hin, daß Fluorescein auch bei pH < 5 noch fluoresciert, und Palmquist (1938 b) kann zeigen, daß das Xylem vieler Pflanzen bereits eine Primärfluorescenz aufweist, die in ihrem Farbton der Fluoresceinfluorescenz sehr ähnelt und durch Ammoniakdämpfe noch verstärkt bzw. erst ausgelöst wird. An *Phaseolus vulgaris*, dessen Xylem auch nach NH₃-Behandlung nicht fluoresciert, kann Palmquist (1938 a, 1939) nachweisen, daß sich der Farbstoff in Übereinstimmung mit Schumacher nur im Phloem befindet. Da Na-Fluorescein auch entgegen dem Kohlenhydratestrom im Phloem wandern kann, gibt die Auffassung von Münch (1930), der eine Massenströmung in den Siebröhren vermutet, nach Palmquist (1938 a) keine befriedigende Erklärung. Wahrscheinlich wird man seiner Meinung nach die Plasmaströmung für den Transport zu Hilfe nehmen müssen.

Auch Both (1937) und Agthe (1951) können die Lokalisation und die Wanderung des Fluoresceins in den Siebröhren bestätigen. In unbeblätterten Stengeln von *Impatiens marianae* wandert nach Both der Farbstoff mit derselben Geschwindigkeit sowohl auf- wie abwärts. Werden aber zwei etwas weiter voneinander entfernte Blätter an einer Achse belassen und das Fluorescein zwischen diesen beiden Blättern dem Stengel verabfolgt, so findet fast ausschließlich ein Transport in Richtung auf das obere Blatt zu statt. Eine Stoffwanderung von einem Blatt in das andere soll nur auftreten, wenn zwischen ableitendem und empfangendem Blatt ein Gefälle in der Luftfeuchtigkeit besteht.

Nach Schumacher (1937, 1947) handelt es sich bei der Bewegung des Fluoresceins auch in den Siebröhren um eine diffusionsähnliche Molekularbewegung, die unabhängig von einer gleichzeitigen Bewegung des Lösungsmittels sehr wahrscheinlich im Plasma erfolgt. Eine gegebene kleine Farbstoffmenge breitet sich in den Siebröhren stets nur ein bestimmtes Stück aus und kommt dann zum Stillstand. Zweimalige Einführung einer kleinen Farbstoffmenge ergibt eine Additionswirkung, d. h. eine bereits zum Stehen gekommene Farbstoffmenge wird durch eine aufstoßende zweite Gabe weitergeschoben. Dazu sind aber nur artgleiche Moleküle befähigt; artfremde Moleküle, wie Fluorescein und Aesculin, das nach Döring (1935) ebenfalls in den Siebröhren wandert, beeinflussen einander in den Leitbahnen in keiner Weise.

Rouschal (1940 b) beobachtet zunächst im Gegensatz zu Schumacher, daß K-Fluorescein nicht nur vom Plasma der Siebröhren, Geleitzellen und angrenzenden Parenchymzellen, sondern auch in den Vakuolen der Siebröhren gespeichert wird. In diesem Zusammenhang sei auf den Umlagerungseffekt des Fluoresceins vom Plasma in den Zellsaft hingewiesen, der durch alkalische Reaktion des Zellsaftes begünstigt wird (s. S. 491).

Im Winter wandert Fluorescein, Coniferen geboten, in beiden Richtungen, im Sommer dagegen nur polar basipetal. Bei *Cucurbita* wandert der Farbstoff in den fasciculären Siebteilen ebenfalls polar, u. zw. aufwärts in der Achse zur meristematischen Triebspitze und im Fruchtstengel, abwärts dagegen im Blattstiel. Die Polarität kann in jungen Kürbistrieben durch Injektion von conc. Glycerin in die Markhöhle unterhalb der Farbansatzstelle umgekehrt werden; jetzt wandert das Fluorescein in der Achse basipetal. Rouschal schließt aus seinen Versuchsergebnissen auf einen Massenstrom in den Siebröhren im Sinne von Münch (1930). Das Fluorescein wird in der Vakuole der Siebröhren geleitet und erst sekundär vom Plasma gespeichert.

In einer kritischen Übersicht nimmt SCHUMACHER (1947) zu allen bis dahin geäußerten Auffassungen über die Stoffbewegung in den Siebröhren Stellung. Die Umkehrung der Fluoresceinbewegung durch conc. Glycerin nach ROUSCHAL (1940 b) kann zwar bestätigt, aber mit hypertonischer Rohrzuckerlösung nicht realisiert werden, so daß es sich beim Glycerineffekt um eine spezifische Reizwirkung handeln soll (SCHUMACHER 1947, 1950).

A. SCHUMACHER (1947) beobachtet bei *Bryonia dioica*, daß die Transportgeschwindigkeit des in die Leitbahnen eingeführten Fluoresceins von den Blattnerven aus über die Blattstiele, Seitenachsen und durch die Hauptachse in basaler Richtung zunimmt. Dabei können Geschwindigkeitsunterschiede von 2 cm/Std. in den Blattnerven und bis zu 50 cm/Std. im basalen Sproßteil auftreten. Die Transportgeschwindigkeit ist nicht unbedingt von den absoluten Größenverhältnissen der Leitbahn abhängig. Auch aus Versuchen mit gekappten Sprossen geht

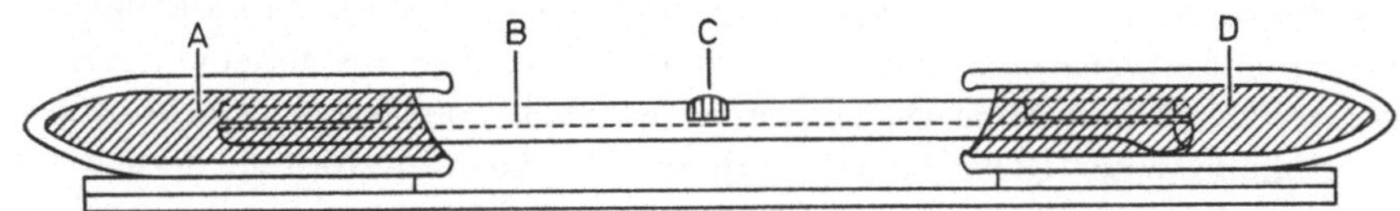

Abb. 198. Versuchsanordnung zur Beeinflussung der Wanderungsrichtung von Uranin im Blattstiel von *Pelargonium zonale*. *A* Glaskappe mit Wasser (bzw. Zuckerlösung), *B* zentrales Leitbündel, *C* Farbstoffgelatine, *D* Glaskappe mit Zuckerlösung (bzw. Wasser). (Nach BAUER 1952.)

hervor, daß die Transportgeschwindigkeit nicht von der relativen Weite der Leitbahnen abhängig ist, wie es bei dem Vorliegen einer Massenströmung zu erwarten wäre.

Die Wundsiebröhrenentwicklung bei künstlich unterbrochenen Leitbündeln untersucht ESCHRICH (1953) mit Hilfe von K-Eosin und K-Fluorescein.

Die Fortbewegung des Fluoresceins mit der hydraulischen Druckströmung im Sinne von MÜNCH findet einen weiteren Verteidiger in BAUER (1949, 1952, 1953). Mit ROUSCHAL nimmt BAUER an, daß der Farbstoff in der Vakuole wandert. Für die Massenströmung scheint folgender Versuch zu sprechen (Abb. 198). Die beiden Enden eines von der Spreite abgetrennten Blattstieles, der entsprechend Abb. 198 zugeschnitten wird, tauchen in die Glaskappen A und D, von denen die eine Leitungswasser und die andere 0,4 mol Rohrzucker enthält. Die eingeschnittene Vertiefung C in der Stielmitte, die so weit ausgespart wird, bis das zentrale Leitbündel B durchscheint, wird mit 8% Gelatine + 1:1000 Uranin verschlossen. Nach 3 Stdn. ist der Farbstoff 10—30 mm zur Zuckerseite und nur 2—2,5 mm zur Wasserseite gewandert. Folgende Modifikation erscheint BAUER für die Beweisführung besonders wichtig. Statt der Farbstoffgelatine kommt in die Vertiefung C ein Tropfen Wasser, und das Ganze bleibt in einer feuchten Kammer über Nacht stehen. Dann wird der Wassertropfen in C durch Farbstoffgelatine und die zuckerhaltige Glaskappe durch eine mit Wasser gefüllte ausgetauscht. Nach 3 Stdn. ist nunmehr der Farbstoff zur ursprünglichen Zuckerseite nur 1—3 mm, in der anderen Richtung aber 10—35 mm gewandert. BAUER ist der Meinung, daß der über Nacht aufgenommene Zucker bei der nachträglichen Wassersättigung des Gewebes ein Turgorgefälle in den Siebröhren erzeugt hat und dadurch eine hydraulische

Druckströmung im Sinne von Münch ausgelöst worden ist, die durch Richtung und Geschwindigkeit der Farbstoffausbreitung angezeigt wird. Mit Berberinsulfat können dieselben Ergebnisse erzielt werden. Atmungsvorgänge sollen für den Stofftransport ohne Bedeutung sein.

Die Vorstellungen von Bauer werden von Schumacher und Hülsbruch (1955) abgelehnt, zumal sich die experimentellen Ergebnisse nicht einwandfrei reproduzieren lassen.

Nach Parker und Bowmer (1956) wandern Na-Fluorescein und P^{32} in Baumwoll- und Bohnenpflanzen unabhängig voneinander mit unterschiedlicher Geschwindigkeit. Wird der Farbstoff ein Blatt tiefer injiziert als P^{32}, so überholt trotzdem P^{32} das Fluorescein. Von der Wurzel her soll P^{32} eine Stengelstrecke, bei der das Xylem entfernt worden ist, durch das Phloem überqueren, während Fluorescein in der normalen Geschwindigkeit eindeutig im Phloem abwärts wandert.

H. Ziegler (1958) findet keinen Einfluß von K-Fluorescein auf den relativ hohen Sauerstoffverbrauch isolierter Leitbündel aus dem Blattstiel von *Heracleum mantegazzianum*. Der hohe O_2-Verbrauch ist auch von Willenbrink (1957) für die Leitbündel einer Reihe anderer Pflanzen beobachtet worden. Ferner werden C^{14}-Saccharose und Fluorescein nach Ziegler gleich schnell geleitet, und in der Geschwindigkeit besteht kein Unterschied zwischen lebenden und toten isolierten Leitbündeln bzw. Phloemsträngen. Allerdings scheint die normale Stoffleitung durch die Präparation irreversibel gestört zu sein.

Willenbrink (1957) stellt an streckenweise freigelegten Leitbündeln aus dem Blattstiel von *Pelargonium zonale* eine völlige, aber reversible Hemmung des Transportes von K-Fluorescein durch KCN fest. Da die Wanderung des Fluoresceins und körpereigener N-Verbindungen cyanidempfindlicher als die körpereigener P-Verbindungen ist, wird auf eine voneinander unabhängige Bewegung der einzelnen Stoffe geschlossen. Dinitrophenol, Arsenit, Azid und Jodessigsäure hemmen irreversibel, u. zw. den Fluoresceintransport erst bei höherer Konzentration als den P- und N-Transport. Demnach ist im Gegensatz zu der Auffassung von Bauer (1953) der Ferntransport in den Siebröhren von Atmungsvorgängen abhängig. Andererseits hat aber O_2-Entzug keinen Einfluß auf die Fluoresceinwanderung. Auf Grund dieser Erscheinung und der Cyanidempfindlichkeit vermutet Ullrich (1961) das Vorliegen eines Peroxydasesystems, und eine Atmung wäre mit gebundenem O_2 möglich, das sich im Phloem befindet. Die Cyanidhemmung kann durch ATP nicht aufgehoben werden. Eine Beimengung von ATP zur Fluoresceinlösung soll den Farbstofftransport deutlich fördern. Eigenartigerweise hat aber ATP bei getrennter Zuführung von Fluorescein in denselben Blattnerv keine Wirkung. Es wird vermutet, daß ATP nur schwer in die Siebröhren eindringt und es wohl die Aufnahme des Farbstoffes in die Siebröhren stimuliert, aber keine direkte Förderung auf den Transportvorgang ausübt (Ullrich 1962).

Da die fördernde Wirkung des ATP bei gleichzeitiger Gabe mit dem Na-Fluorescein aus der Zunahme der Fluorescenzintensität abgeleitet wird, muß der Einwand erhoben werden, daß es sich hierbei um einen Effekt handeln kann, der gar nichts mit einer Verstärkung des Transportes oder der Aufnahme des Farbstoffes zu tun hat. Die Fluorescenzintensität ist besonders bei den Fluoresceinen in hohem Grade von dem physiologischen Zustand des Plasmas abhängig. Aus den Untersuchungen von Honsell (1959 a, b) geht hervor, daß die Fluorescenzintensität mit Fluoresceinen vitalgefärbter Zellen von der Stoffwechselaktivität beeinflußt wird. Dabei ist aber noch nicht geklärt, ob die Zunahme der Fluorescenzintensität mit der Steigerung der Zellaktivität auch auf eine erhöhte Farbstoffspeicherung zurückzuführen ist. Die Fluorescenz ist von so vielen Faktoren abhängig (s. S. 138 u. f.), daß hier bei Rückschlüssen äußerste Vorsicht geboten ist. Daß im vorliegenden Fall ATP den Stoffwechsel anregt und damit eine erhöhte Speicherung des Fluoresceins bedingt, könnte man mit allem Vorbehalt aus der Tatsache schließen, daß nach übereinstimmenden, allerdings wahrscheinlich nur aus der Fluorescenzintensität hergeleiteten Angaben fast aller Autoren, die Zellen des Leitbündelparenchyms Fluorescein stark speichern. Aus der hohen Atmung der Leitbündel können wir entnehmen, daß es sich um sehr stoffwechselaktive Zellen handelt. Ferner wissen wir, daß diese Zellen in der Lage sind, sulfosaure, also anionische Farbstoffe intensiv anzureichern, so daß man folgern könnte, daß auch das zwar amphotere, im physiologischen pH-Bereich aber anionische Fluorescein stark gespeichert wird. Ob diese Folgerung zulässig ist, muß bezweifelt werden, da die sulfosauren Farbstoffe im Zellsaft, das Fluorescein aber im Plasma sehr wahrscheinlich nach einem ganz anderen Mechanismus angereichert werden, wie aus den Versuchsergebnissen von Schwantes (1961, 1965) über den Einfluß von Stoffwechselgiften auf die Aufnahme und Speicherung der anionischen Farbstoffe (s. S. 417) zu schließen ist. Eine intensive Speicherung müßte jedoch zu einer Hemmung des Transportes führen.

Aus dem Dargelegten geht hervor, daß wir über die Fluoresceinwanderung in den Siebröhren, sowohl hinsichtlich der Wanderungsbahn innerhalb der Siebröhren als auch hinsichtlich der Mechanik, noch kein abschließendes Urteil fällen können und erst recht nicht in der Lage sind, daraus allgemeine Rückschlüsse auf die Stoffwanderung im Phloem zu ziehen.

Literatur

Abbé, L. B., and A. S. Crafts, 1939: Phloem of white pine and other coniferous species. Bot. Gaz. **100**, 695—722.

Abbot, M. T. J., and J. F. Grove, 1959: Uptake and translocation of organic compounds by fungi. I. Microspectrophotometry in the study of translocation. Exp. Cell Res. **17**, 95—104.

Abe, S., 1934: On the syngamy of some Myxomycetes. Sci. Rep. Tokyo Bunrika Daigaku, Sect. B, **1**, 193—202.

Abelmann, A., 1918: Über die Haltbarkeit der Trypaflavinlösungen. Pharm. Ztg. **63**, 270.

Accola, P., 1960: Isolierung von Zellkernen aus Zwiebelwurzeln. Ber. schweiz. bot. Ges. **70**, 352—394.

Achard, J., 1936: Physikochemische Untersuchungen am lamellären Knochen. Z. Zellforsch. u. mikr. Anat. **23**, 573—588.

Adams, E., and W. J. Robbins, 1934: Effect of dyes on yeast fermentation as influenced by hydrogen-ion concentration. J. Agric. Res. **49**, 1025—1031.

Äyräpää, T., 1950: On the base permeability of yeast. Physiol. Plant. **3**, 402—429.

Agthe, C., 1951: Über die physiologische Herkunft des Pflanzennektars. Ber. schweiz. bot. Ges. **61**, 240—273.

Ahrens, U., und H. Kuhn, 1963: Lichtabsorption und Assoziations- und Protonierungsgleichgewichte von Lösungen eines Cu-Phthalocyaninsulfonats. Z. physik. Chem. N. F. **37**, 1—32.

Albach, W., 1927: Über vitale Kern- und Protoplasmafärbung pflanzlicher Zellen. Z. wiss. Mikrosk. **44**, 333—334.

Albach, W., 1928: Zellenphysiologische Untersuchungen über vitale Protoplasmafärbung. Protoplasma 5, 412—442.
— 1929: Mikrorespirometrische Untersuchungen über den Einfluß der Vitalfärbung und der Plasmolyse auf die Atmung von Pflanzenzellen. Protoplasma 7, 395—422.
Alexandrov, W., 1932: Über die Bedeutung der oxydoreduktiven Bedingungen für die vitale Färbung, mit besonderer Berücksichtigung der Kernfärbung in lebendigen Zellen. Protoplasma 17, 161—217.
— and D. N. Nassonov, 1939: On the cause of colloidal changes in the protoplasm and the augmentation of its affinity to dye substances, as produced by injurious influences. Arch. Anat. 22, 11—43, 125—126.
Alfert, M., 1952: Studies on basophilia of nucleic acids: the methyl green stainability of nucleic acids. Biol. Bull. 103, 145—156.
Allen, R. D., 1950: The effect of janus green B on cleavage and protoplasmic viscosity. Biol. Bull. 99, 353.
Alsup, F., 1941: Photodynamic action in the eggs of Nereis limbata. J. cellul. comp. Physiol. 17, 117—130.
Alvim, P. de T., 1949: Studies on the mechanism of stomatal behavior. Amer. J. Bot. 36, 781—791.
D'Amato, F., 1950 a: Studio statistico dell'attività mutagena dell'acridina e derivati. Caryologia 2, 229—297.
— 1950 b: The quantitative study of mitotic poisons by the Allium cepa test: Data and problems. Protoplasma 39, 423—433.
— 1951 a: Nuovi dati sull'attività mutagena dei derivati dell'acridina. Caryologia 3, 311—326.
— 1951 b: Chromosome breakage by brilliant cresyl blue. Caryologia 3, 299—304.
Ambronn, H., 1888 a: Pleochroismus gefärbter Zellmembranen. Ber. dtsch. bot. Ges. 6, 85—94.
— 1888 b: Über das optische Verhalten der Cuticula und der verkorkten Membranen. Ber. dtsch. bot. Ges. 6, 226—230.
Anderson, E. S., 1957: Visual observation of deoxyribonucleic acid changes in bacteria during growth of bacteriophage. Nature 180, 1336—1338.
Andreesen, A., 1909: Beiträge zur Kenntnis der Physiologie der Desmidiaceen. Flora 99, 373—413.
Andrejewa, E. W., 1929: Physiologische Studien an Protozoen. I. Die Wirkung der Elektrolyte auf einige Exkretionserscheinungen bei den Infusorien. Arch. Protistenkd. 68, 587—608.
Andreoli, A. M. P., 1964: Azioni degi coloranti vitali su „Paramaecium caudatum". Riv. Biol. 57, 55—65, 67—75.
Anselmino, K. J., 1928: Versuche über Permeabilität und Narkose. Pflügers Arch. 220, 524—538.
Antopol, W., S. Glaubach, and L. Goldmann, 1948: Effects of a new tetrazolium derivative on tissue, bacteria and onion root tips. Public Health Rep. 63, 1231—1238.
Appel, W., und G. Scheibe, 1958: Über die Bildung reversibler Polymerisate des Pseudoisocyanins durch polare, kettenförmige Hochpolymere (Heparin) I. Z. Naturforsch. 13 b, 359—364.
— und V. Zanker, 1958: Über die Bildung reversibler Assoziate des Acridinorange — Metachromasie — durch Heparin. Z. Naturforsch. 13 b, 126—134.
Arciszewski, W., E. Czarnecki, W. Kopaczewski et W. Szukiewicz, 1928: Études sur les phénomènes électrocapillaires. IV. Role des facteurs physiques. Protoplasma 3, 345—356.
Arens, K., 1949: Prova de calose por meio da microscopia a luz fluorescente e aplicações do metodo. Lilloa (Tucuman) 18, 71—75.
Arisz, W. H., 1960: Symplasmatischer Salztransport in Vallisneria-Blättern. Protoplasma 52, 309—343.
Arkin, S., and C. R. Singleterry, 1948: Study of soap micelles in nonaqueous solvents using a fluorescent dye. J. Amer. Chem. Soc. 70, 3965.
Armstrong, J. A., 1956: Histochemical differentiation of nucleic acids by means of induced fluorescence. Exp. Cell Res. 11, 640—643.
— and J. S. F. Niven, 1957: Fluorescence microscopy in the study of nucleic acids. Histochemical Observations on cellular and virus nucleic acids. Nature 180, 1335 bis 1336.
Armstrong, W. McD., 1958: The effect of some synthetic dyestuffs on the metabolism of baker's yeast. Arch. Biochem. Biophys. 73, 153—160.

ARNDT, C. H., 1929: The movement of sap in *Coffea arabica* L. Amer. J. Bot. **16**, 179—190.

ARNOLD, A., 1956: Ein neues Reagenz auf Kallose. Naturwiss. **43**, 233—234.

ARNOLD, B. C., 1965: Brilliant cresyl blue as a stain for plant chromosomes. Nature **207**, 329.

ARNOLD, E., 1937: Vitalfärbungen am Säugetierei. Protoplasma **29**, 321—339.

ARNON, D. I., M. B. ALLEN, and F. R. WHATLEY, 1956: Photosynthesis by isolated chloroplasts. IV. General concept and comparison of three photochemical reactions. Biochim. Biophys. Acta **20**, 449—461.

ARWYN, CH., 1953: Uptake of dyes into cut leaves. Nature **171**, 435—436.

ASH, O. K., W. S. ZAUGG, and L. P. VERNON, 1961: Photoreduction of methyl red and tetrazolium blue by spinach chloroplasts and chromatophores of *Rhodospirillum rubrum*. Acta chem. Scand. **15**, 1629—1638.

ASLAM, M., M. S. BROWN, and R. J. KOHEL, 1964: Evaluation of seven tetrazolium salts as vital pollen stains in cotton, *Gossypium hirsutum* L. Crop. Sci. **4**, 508—510.

ATKINS, W. R. G., 1922 a: The hydrogen ion concentration of the cells of some marine algae. J. Mar. biol. Assoc. U. Kingd., N. s. **12**, 785—788.

— 1922 b: The hydrogen-ion concentration of plant cells. Not. Bot. School, Trinity College, Dublin **3**, 178—190.

ATKINSON, E., S. MELVIN, and S. W. FOX, 1950: Some properties of 2,3,5-triphenyltetrazoliumchloride and several iodo derivatives. Science **111**, 385—387.

ATZEV, Sv., 1958: Anwendung von Auramin O bei der zytochemischen Untersuchung der Desoxyribonukleinsäure. Dokl. bolgar. Akad. Nauk **11**, 323—326.

AUBEL, E., et L. GENEVOIS, 1927: Sur le potentiel d'oxydoréduction de la levure, du *Bacterium coli* et des milieux ou croissent ces microorganismes. C. R. Acad. Sci. **184**, 1676—1678.

— — et R. WURMSER, 1927: Sur le potentiel apparent des solutions de sucres réducteurs. C. R. Acad. Sci. **184**, 407—409.

AUERBACH, R., 1921: Über substantive Baumwollfärbung. Kolloid-Z. **29**, 190—193.

— 1923: Zur Kolloidchemie der Färbevorgänge. Kolloid-Z. **33**, 262—264.

— 1924: Beiträge zur Meßmethodik und zur Theorie der Diffusionsmessung gefärbter Stoffe. Kolloid-Z. **35**, 202—215.

AUSTIN, C. R., and M. W. H. BISHOP, 1959: Differential fluorescence in living rat eggs treated with acridine orange. Exp. Cell Res. **17**, 35—43.

AVERS, C. J., 1958: Histochemical localization of enzyme activity in the root epidermis of *Phleum pratense*. Amer. J. Bot. **45**, 609—613.

— 1961: Histochemical localization of enzyme activities in root meristem cells. Amer. J. Bot. **48**, 137—143.

— and C. D. DRYFUSS, 1965: Influence of added nucleosides on acriflavin induction of petite mutants in baker's yeast. Nature **206**, 850.

— and E. E. KING, 1960: Histochemical evidence of intracellular enzymatic heterogeneity of plant mitochondria. Amer. J. Bot. **47**, 220—225.

— F. H. LIN, and C. R. PFEFFER, 1965: Histochemical studies of mitochondrial variation during aerobic growth of respiration-normal baker's yeast. J. Histo-, Cytochem. **13**, 344—349.

— C. R. PFEFFER, and M. W. Rancourt, 1965: Acriflavine induction of different kinds of „petite" mitochondrial populations in *Saccharomyces cerevisiae*. J. Bact. **90**, 481—494.

— and M. M. TKAL, 1963: Intracellular mitochondrial variation in enzyme activity as shown by histochemical studies using light and electron microscopy. J. Histo-, Cytochem. **11**, 157—162.

AXMACHER, FR., 1933 a: Die Beeinflussung von Zell- bzw. Organfunktionen durch organische Farbstoffe. II. Arch. exper. Path. Pharmakol. **170**, 51—58.

— 1933 b: Die Beeinflussung von Zell- bzw. Organfunktionen durch organische Farbstoffe. III. Die Gärung von Hefezellen und Preßsäften in Gegenwart organischer Farbstoffe. Arch. exper. Path. Pharmakol. **170**, 476—491.

— 1933 c: Die Beeinflussung von Zell- bzw. Organfunktionen durch organische Farbstoffe. IV. Zur Frage der Farbstoffaufnahme durch die lebende Zelle (Hefe). Arch. exper. Path. Pharmakol. **171**, 289—310.

— und H. NARATH, 1934: Die Beeinflussung von Zell- bzw. Organfunktionen durch organische Farbstoffe. VI. Weitere Beiträge zum Mechanismus der Farbstoffaufnahme durch Hefezellen. Arch. exper. Path. Pharmakol. **175**, 293—306.

— und G. OPETZ, 1934: Die Beeinflussung von Zell- bzw. Organfunktionen durch organische Farbstoffe. V. Die Vergiftung der Zymase bzw. ihrer spezifischen Gruppen. Arch. exper. Path. Pharmakol. **174**, 427—439.

Baba, S., 1955: A histochemical study of wound periderm formation. II. Changes in activity of nadi-oxidase, dehydrogenase, peroxidase and catalase. Mem. Coll. Sci., Univ. Kyoto, Ser. B, **22**, 67—76.
— 1956: Histochemical studies of wound periderm formation. III. Changes in total acidity, hydrogen-ion concentration and oxidation-reduction potential. Mem. Coll. Sci., Univ. Kyoto, Ser. B, **23**, 79—85.
— N. Shinke, and H. Miki-Hirosige, 1961: Isoelectric zones of vegetative and generative nuclei in pollen grains of *Tradescantia*. Mem. Coll. Sci., Univ. Kyoto, Ser. B, **28**, 359—363.
Badenhuizen, N. P., 1953: Swollen starch grains and osmotic cells. Experientia **9**, 136—138.
Bär, F., 1947: Über die chemotherapeutische Beeinflußbarkeit des Lymphogranuloma inguinale und anderer Viruskrankheiten. Pharmazie **2**, 49—68.
Bahadur, K., 1954: A study of the effect of fuchsin red on the metabolism of yeasts. Bull. Chem. Soc. Japan **27**, 297—300.
Bahr, H., und W. Schwartz, 1957: Vergleichende cytologische Untersuchungen an farblosen fädigen Schwefelmikroben und an hormogonalen Cyanophyceen. Biol. Zbl. **76**, 185—203.
Bailey, J., 1930: The cambium and its derivative tissues. V. A reconnaissance of the vacuome in living cells. Z. Zellforsch. **10**, 651—682.
— and C. Zirkle, 1931: The cambium and its derivative tissues. VI. The effects of hydrogen ion concentration in vital staining. J. gen. Physiol. **14**, 363—383.
Baillon, H., 1875: Expérience sur l'absorption par les racines du suc du *Phytolacca decandra*. C. R. Acad. Sci. **80**, 426—429.
Bairati, A., and F. E. Lehmann, 1953: Structural and chemical properties of the plasmalemma of *Amoeba proteus*. Exp. Cell Res. **5**, 220—233.
Baker, H., and W. O. James, 1933: The behaviour of dyes in the transpiration stream of Sycamores (*Acer Pseudoplatanus* L.). New Phytologist **32**, 245—260.
Baker, J. R., and E. G. M. Williams, 1965: The use of methyl green as a histochemical reagent. Quart. J. micr. Sci. **106**, 3—13.
Baldwin, W. M., 1920: A study of the combined action of X-rays and of vital stains upon Paramaecia. Biol. Bull. **39**, 59—66.
Ball, G. H., 1927: Studies on *Paramecium*. III. The effects of vital dyes on *Paramecium caudatum*. Biol. Bull. **52**, 68—78.
Ball, J., and D. S. Jackson, 1953: Histological chromatographic and spectrophotometric studies of toluidine blue. Stain Technol. **28**, 33—40.
Balz, H. P., 1966: Intrazelluläre Lokalisation und Funktion von hydrolytischen Enzymen bei Tabak. Planta **70**, 207—236.
Bancher, E., 1938: Zellphysiologische Untersuchungen über den Abblühvorgang bei *Iris* und *Gladiolus*. Österr. bot. Z. **87**, 221—244.
— 1953: Studien an der Blüte von *Phlox panniculata hybr*. Österr. bot. Z. **100**, 308 bis 318.
— 1954: Sphäritbildungen im Safte der Früchte von *Sophora japonica* L. Mikroskopie **8**, 379—385.
— und K. Höfler, 1959: Protoplasma und Zelle. Urban u. Schwarzenberg, Wien-Innsbruck.
— und J. Hölzl, 1959: Beobachtungen zur Färbung und Fluorochromierung von Stärkekörnern der Kartoffel (*Solanum tuberosum*). Österr. bot. Z. **106**, 571—576.
— — 1960 a: Die vitale Neutralrotspeicherung der Innenepidermis von *Allium cepa* unter dem Einfluß von Atmungsgiften. Österr. bot. Z. **107**, 18—38.
— — 1960 b: Mikrophotometrische Untersuchungen zur Neutralrotspeicherung in den Vakuolen der Innenepidermis von *Allium cepa*. Protoplasma **52**, 31—52.
— — 1960 c: Fluorochromierung isolierter Eiweißkristalle der Kartoffelknolle. Photogr. u. Wissensch. **9**, 29—30.
— — 1960 d: Chlorogensäure im Zellsaft der Knolle von *Solanum tuberosum*. Mikroskopie **15**, 210—218.
— — 1960 e: Die Umwandlung leerer in volle Zellsäfte bei *Allium cepa* in Beziehung zur Flavonolbildung (Spektrophotometrische und mikrospektrographische Messungen). Flora **149**, 396—425.
— — 1963: Mikrospektrographische Untersuchungen zur vitalen Akridinorange-Fluorochromierung von *Allium cepa*-Epidermen. Protoplasma **57**, 33—50.
— — und J. Klima, 1960: Licht- und elektronenmikroskopische Beobachtungen an der Kutikula der Zwiebelschuppe von *Allium cepa*. Protoplasma **52**, 247—259.

Banerjee, G., and D. K. Roy, 1959: Effect of acid and basic dyes on bacteriophage. Sci. Culture **24**, 570—571.

Bang, I., 1911: Chemie und Biochemie der Lipoide. J. F. Bergmann, Wiesbaden.

Bank, O., 1933 a: Die Entmischung des vitalgefärbten Zellsaftes der Zwiebelepidermis. Protoplasma **18**, 620—627.

— 1933 b: Die umkehrbare Entmischung des Kernes bei *Allium cepa* und im *Arbacia*-Ei. Protoplasma **19**, 125—131.

— 1935 a: Zur Tonoplasten-Frage. Protoplasma **23**, 239—249.

— 1935 b: Über den Mechanismus der Vakuolenkontraktion. Protoplasma **23**, 447 bis 450.

— 1936: Kern und Protoplast nach vitaler Kernfärbung. Protoplasma **25**, 188—195.

— 1937 a: Entmischung der gefärbten Vakuolenkolloide durch Farbstoffe. Protoplasma **27**, 367—371.

— 1937 b: Umkehrbare Entmischung der Kernkolloide nach Vitalfärbung und Plasmolyse. Cytologia, Fujii-Festschr. 69—77.

— 1938 a: Dehydratation, ein die reversible Entmischung der Kernkolloide bedingender Faktor. Protoplasma **29**, 113—116.

— 1938 b: Die Vitalfärbung des Zellkernes mit basischen Farbstoffen. Protoplasma **29**, 587—594.

— 1939: Abhängigkeit der Kernstruktur von der Ionenkonzentration. Protoplasma **32**, 20—30.

— und H. G. Bungenberg de Jong, 1939: Untersuchungen über Metachromasie. Protoplasma **32**, 489—516.

— und K. Estĕrák, 1935: Granulabildende Zellsubstanzen treten durch das lebende Plasmalemma. Protoplasma **24**, 404—408.

— und Z. Sery, 1937: Granulation diffus vitalgefärbter Kernkolloide durch Farbstoffe. Protoplasma **28**, 594—596.

Banus, G., 1924: Über den Einfluß des elektrischen Stroms auf die Permeabilität von Pflanzenzellen. Pflügers Arch. **202**, 184—193.

Bardtke, D., 1960: Fluoreszenzmikroskopische Untersuchungen der Mikroflora des Müllkompostes und des Abwassers. Zeiss-Werkztschr. Nr. **36**, 28—30.

1065: Fluoreszenzmikroskopische Zählung von Wasserbakterien mit Hilfe von Alginatfiltern. Naturwiss. **52**, 401—402.

Barg, Tr., 1942: Beiträge zur Cytomorphologie der Desmidiaceen. Arch. Protistenkd. **95**, 391—432.

— 1943: Über den Fettgehalt der Diatomeen. Ber. dtsch. bot. Ges. **61**, 13—27.

Barral, E., 1927: Réduction de l'acide picrique par les végétaux. C. R. Soc. biol. **97**, 753—755.

Barron, E. S. G., 1929 a: Studies on blood cell metabolism. III. The effect of methylene blue on the oxygen consumption of the eggs of the sea urchin and starfish. The mechanism of the action of methylene blue on living cells. J. Biol. Chem. **81**, 445—457.

— 1929 b: Studies on blood cell metabolism. IV. The effect of methylene blue upon the oxygen consumption, glycolysis, and lactic acid formation in leucocystes. J. Biol. Chem. **84**, 83—87.

— and M. Jr. Hamburger, 1932: The effect of cyanide upon the catalytic action of dyes on cellular oxygen consumption. J. Biol. Chem. **96**, 299—305.

— and G. A. Jr. Harrop, 1928: Studies on blood cell metabolism. II. The effect of methylene blue and other dyes upon the glycolysis and lactic acid formation of mammalian and avian erythrocytes. J. Biol. Chem. **79**, 65—87.

— and L. A. Hoffmann, 1930: The catalytic effect of dyes on the oxygen consumption of living cells. J. gen. Physiol. **13**, 483—494.

Bartels, F., 1955: Cytologische Studien an Leukoplasten unterirdischer Pflanzenorgane. Planta **45**, 426—454.

Bartels, P., 1954: Quantitative mikrospektroskopische Untersuchung der Speicherungs- und Permeabilitätsverhältnisse akridinorangegefärbter Zellen. Planta **44**, 341—369.

— 1956 a: Spektralphotometrische Untersuchungen am Neutralrot. (I) Prototropiegleichgewichte und Normaltemperaturspektren im sichtbaren und ultravioletten Spektralbereich. Z. physik. Chem. N. F. **9**, 74—94.

— 1956 b: Spektralphotometrische Untersuchungen am Neutralrot. (II) Das Assoziationsverhalten in wässeriger Lösung. Z. physik. Chem. N. F. **9**, 95—105.

— und H.-O. Schwantes, 1955: Quantitative mikrospektrographische Messungen zur Aufnahme von Thionin durch lebende Zellen von *Allium cepa*. Z. Naturforsch. **10 b**, 712—720.

Bartels, P., und H.-O. Schwantes, 1957: Mikrospektrographische Messungen zur Aufnahme und Speicherung von Neutralrot durch lebende Zellen von *Allium cepa*. Planta **50**, 1—24.

Barthelmess, A., 1953: Mutationsauslösung mit Chemikalien. Naturwiss. **40**, 583 bis 584.

Bassarskaja, M., 1928: Einfluß der Zentrifugalkraft auf die Permeabilität des Plasmas von pflanzlichen Zellen. J. exper. Biol., Med. **9**, 438—447.

Battaglia, E., 1950: Osservazioni sull'azione citologica di alcune sostanze coloranti. Caryologia **2**, 223—228.

Bauch, R., 1947: Trypaflavin als Typus der Chromosomengifte. Naturwiss. **34**, 346 bis 347.

— 1948: Irreversible Chromosomenschädigungen durch Trypaflavin. Planta **35**, 536—554.

— 1949 a: Selektive Speicherung von Trypaflavin durch die Nukleoproteide der Chromosomen. Biol. Zbl. **68**, 113—118.

— 1949 b: Sulfonamide und Colchicin. Pharmazie **4**, 1—7.

Baudisch, O., und P. G. Unna, 1919: Thiazinrot. Dermatol. Wochschr. 68, 49—59, 68—76, 81—91, 97—102.

Bauer, E., 1924: Beiträge zum Studium der Protoplasmahysteresis und der hysteretischen Vorgänge. (Zur Kausalität des Alterns.) VIII. Versuch zur Theorie der vitalen-letalen Färbung und ihres Zusammenhanges mit den hysteretischen Vorgängen. Arch. mikrosk. Anat. u. Entwicklungsmech. **101**, 521—527.

Bauer, L., 1949: Über den Wanderungsweg fluoreszierender Farbstoffe in den Siebröhren. Planta **37**, 221—243.

— 1952: Zur Mechanik der Stoffwanderung in den Siebröhren. Naturwiss. **39**, 207.

— 1953: Zur Frage der Stoffbewegungen in der Pflanze mit besonderer Berücksichtigung der Wanderung von Fluorochromen. Planta **42**, 367—451.

— 1954: Erwiderung auf Hülsbruchs Mitteilung: Zum extrafaszikulären Wasserweg in der Wurzel. Planta **44**, 99—101.

Baugh, C. L., and J. B. Clark, 1959: Photodynamic response in bacteria. J. gen. Physiol. **42**, 917—933.

Baumberger, J. P., R. T. Bigotti, and K. Bardwell, 1929: The photodynamic action of methylene blue on the clotting process. Amer. J. Physiol. **90**, 277.

Baumgärtel, O., 1920: Das Problem der Cyanophyceenzelle. Arch. Protistenkd. **41**, 50—148.

Baumgartner, A., 1934: Thermoelektrische Untersuchungen über die Geschwindigkeit des Transpirationsstromes. Z. Bot. **28**, 81—136.

Bautz, E., 1954: Beeinflussung der Indophenolblaubildung (Nadi-Reaktion) in Hefezellen durch Röntgenstrahlen. Naturwiss. **41**, 375—376.

— 1955 a: Zytologische Untersuchungen an höheren Pilzen. Ber. dtsch. bot. Ges. **68**, 197—204.

— 1955 b: Die Verteilung von Plasmagranula bei der Sporenbildung von *Saccharomyces*-Bäckerhefen. Z. Naturforsch. **10 b**, 313—316.

— 1955 c: Mitochondrienfärbung mit Janusgrün bei Hefen. Naturwiss. **42**, 49—50.

— 1955 d: Über Mitochondrienfärbungen an höheren Pilzen. (Ein Beitrag zur Mitochondrienforschung bei Pflanzen-Zellen). Naturwiss. **42**, 619—622.

— 1956 a: Zytologische Untersuchungen an „Mitochondrienfraktionen" von Hefen. Z. Naturforsch. **11 b**, 26—31.

— 1956 b: Die Mitochondrien und Sphärosomen der Pflanzenzelle. Z. Bot. **44**, 109 bis 136.

— und U. Hagen, 1954: Spektroskopische Untersuchungen der Cytochrome bei Hefekulturen mit verschiedener Anzahl Nadi-positiver Zellen. Naturwiss. **41**, 458—459.

— und H. Marquardt, 1953 a: Die Grana mit Mitochondrienfunktion in Hefezellen. Naturwiss. **40**, 531.

— — , 1953 b: Das Verhalten oxydierender Fermente in den Grana mit Mitochondrienfunktion der Hefezellen. Naturwiss. **40**, 531—532.

Bayliss, W. M., 1909: The properties of colloidal systems. I. The osmotic pressure of congo-red and of some other dyes. Proc. roy. Soc. London, Ser. B **81**, 269—286.

— 1910: Die osmotischen Eigenschaften einiger kolloider Systeme. Kolloid-Z. **6**, 23—32.

Bazin, S., 1944 a: Action de différents sels de colorants basiques sur les cellules d'*Elodea canadensis*. C. R. Soc. biol. **138**, 79—80.

— 1944 b: Étude de la pénétration de sels de colorants basiques dans le suc vacuolaire de *Chara*. C. R. Soc. biol. **138**, 117—118.

BAZIN, S., 1945: Étude de la pénétration des colorants dérivés du triphenylméthane dans le suc vacuolaire de *Chara*. C. R. Soc. biol. **139**, 1007—1008.

— 1946: Influence de la constitution chimique des divers colorants sur leurs pénétration de la cellule vivante de *Chara*. C. R. Soc. biol. **140**, 210—211.

BEAUCHAMPS, P. DE, 1909: Les colorations vitales. L'Ann. biol. **11**, XVI—XLII.

BEAUQUESNE, L., 1945: La métachromasie. Rev. cytol. cytophysiol. vég. **8**, 141—157.

BECHHOLD, H., und J. ZIEGLER, 1906: Die Beeinflußbarkeit der Diffusion in Gallerten. Z. physik. Chem. **56**, 105—121.

BECK, L. V., 1933: Intracellular oxidation-reduction studies. VI. The effects of penetrating and non-penetrating acids and bases on the oxidation-reduction phenomena of starfish-eggs. J. cellul. comp. Physiol. **3**, 261—276.

— and A. C. NICHOLS, 1937: Action of fluorescent dyes on paramecia, as affected by pH. J. cellul. comp. Physiol. **10**, 123—132.

BECK, S., 1963: Licht- und elektronenmikroskopische Untersuchungen an einer sporenbildenden Cyanophycee aus dem Formenkreis von *Pleurocapsa fuliginosa* Hauck. Flora **153**, 194—216.

BECKER, E. R., 1926: Vital staining and reduction of vital stains by protozoa. Biol. Bull. **50**, 235—238.

BECKER, H., und G. QUADBECK, 1952: Tierexperimentelle Untersuchungen über die Funktionsweise der Blut-Hirnschranke. Z. Naturforsch. **7 b**, 493—497.

BECKER, W. A., 1929: Influence des colorants vitaux sur le caractère de la cinèse somatique. Acta Soc. Bot. Polon. **6**, 214—229.

— 1930: Influence des colorants vitaux sur le caractère de la cinèse somatique. II. Acta Soc. Bot. Polon. **7**, 275—294.

— 1932 a: Über die Vitalfärbung der Zellplatte. Protoplasma **15**, 478—481.

— 1932 b: Influence des colorants de la série des azines sur la marche de la cinèse somatique dans les racines chez l'*Allium cepa*. Rev. gen. bot. **44**, 24—30.

— 1932 c: Experimentelle Untersuchungen über die Vitalfärbung sich teilender Zellen. Acta Soc. Bot. Polon. **9**, 381—419.

— 1932 d: Recherches expérimentales sur la cytocinèse et la formation de la plaque cellulaire dans la cellule vivante. C. R. Acad. Sci. **194**, 1850—1852.

— 1933 a: Application de la coloration vitale à l'étude de la cytodiérèse. C. R. Acad. Sci. **196**, 2022—2023.

— 1933 b: Vitalbeobachtungen über den Einfluß von Methylenblau und Neutralrot auf den Verlauf von Karyo- und Zytokinese. Beitrag zur Pathologie der Mitose. Cytologia **4**, 135—157.

— 1934: Experimentelle Untersuchungen über die Vitalfärbung sich teilender Zellen. 3. Mitt.: Weitere Studien über die Zytokinese. Acta Soc. Bot. Polon. **11**, 139—203.

— 1935: Experimentelle Untersuchungen über die Vitalfärbung sich teilender Zellen. 2. Mitt.: Zytoplasmafärbung mit Azofarbstoffen, vitale Mehrfärbungen. Cytologia **6**, 337—353.

— 1936: Vitale Cytoplasma- und Kernfärbungen (Sammelreferat). Protoplasma **26**, 439—487.

— 1937: Über das sogenannte Schrittwachstum der Zelle. Cytologia, FUJII-Festschr. 1113—1124.

— und Z. BECKEROWA, 1934: Über einige Desintegrationserscheinungen des Protoplasten. Acta Soc. Bot. Polon. **11**, 367—392.

— — 1937: Zur Frage der Vitalfärbung der Meerescyanophyceen. Cellule **45**, 337—348.

— und J. H. SIEMASZKO, 1936: Über das Verhalten der Cytoplasmaeinschlüsse der *Equisetum*-Sporen während der Zellteilung. Cellule **45**, 27—42.

— et F. X. SKUPIENSKI, 1935: Observation protoplasmatique vitale sur *Basidiobolus ranarum*. C. R. Acad. Sci. **200**, 1620—1622.

BECKEROWA, Z., 1934: Zytologische Untersuchungen an den Trichocysten von *Stratiotes aloides* L. Acta Soc. Bot. Polon. **11**, 347—366.

— 1935: Über Zellsaft und Tonoplasten von *Bryopsis*. Protoplasma **23**, 384—392.

BECQUEREL, P., 1923: Observations sur la nécrobiose du protoplasme végétale avec l'aide d'un nouveau réactif vital. C. R. Acad. Sci. **176**, 601—603.

BEEKMANN, H., 1953: Über den Umsatz von Carotinoiden in höheren Pflanzen. Naturwiss. **40**, 486—487.

BEERS, R. F. jr., 1964: Acridine orange binding by *Micrococcus lysodeikticus*. J. Bact. **88**, 1249—1256.

— and G. ARMILEI, 1965: Heterogeneous binding of acridine orange by polyribonucleotides. Nature **208**, 466—468.

Beers, R. F. jr., D. D. Hendley, and R. F. Steiner, 1958: Inhibition and activation of polynucleotide phosphorylase through the formation of complexes between acridine orange and polynucleotides. Nature **182**, 242—244.

Beijerinck, M. W., 1890: Kulturversuche mit Zoochlorellen, Lichenen, Gonidien und anderen niederen Algen. Bot. Ztg. **48**, 741—754.

Beikirch, H., 1925: Die Abhängigkeit der Protoplasmaströmung von Licht und Temperatur und ihre Bedingtheit durch andere Faktoren. Bot. Arch. **12**, 389—445.

Bělař, K., 1921: Untersuchungen über Thecamöben der *Chlamydophrys*-Gruppe, mit Benutzung des Nachlasses von Hermann Schüssler. Arch. Protistenkd. **43**, 287—354.

— 1930 a: Beiträge zur Kausalanalyse der Mitose. III. Untersuchungen an den Staubfadenhaarzellen und Blattmeristemzellen von *Tradescantia virginica*. Z. Zellforsch., mikr. Anat. **10**, 73—134.

— 1930 b: Über die reversible Entmischung des lebenden Protoplasmas. I. Mitteilung. Protoplasma **9**, 209—244.

Bellin, J. S., and L. I. Grossman, 1965: Photodynamic degradation of nucleic acids. Photochem. Photobiol. **4**, 45—53.

— and G. Oster, 1960: Photodynamic inactivation of transforming principle. Biochim. Biophys. Acta **42**, 533—535.

Beneš, K., 1964: Detection of lipids in the plant meristematic cell with the aid of sudan black staining. Biol. Plant. (Prag) **6**, 142—151.

Bennhold, H., 1927: Über den Einfluß von Serum auf die Diffusion saurer Farbstoffe in Gelatine Gelen. Kolloid-Z. **43**, 328—335.

Benoist, H., V. Golblin et W. Kopaczewski, 1929: Études sur les phénomènes electrocapillaires. VIII. Coloration vitale. Protoplasma **5**, 481—510.

Berardino, M. di, 1954: Dissimilar staining properties of purified and certified toluidine blue. Stain Technol. **29**, 253—256.

Berg, N. O., 1951: A histological study of masked lipids. Stainability, distribution and functional variations. Acta path. scand. Suppl. **90**, 1—192.

Bergeron, J. A., and M. Singer, 1958: Metachromasy: An experimental and theoretical reevaluation. J. Biophys. Biochem. Cytol. **4**, 433—457.

Berl, E., und W. Pfannmüller, 1924: Über das Verhalten von organischen Farbstoffen zu Kieselsäure. Kolloid-Z. **35**, 166—169.

Bermes jr., E. W., and H. J. McDonald, 1957: Fractionation and characterization of the lipids stain, sudan black B. Arch. Biochem. **70**, 49—57.

Bernthsen, A., 1885: Studien in der Methylenblau-Gruppe. Liebigs Ann. Chem. **230**, 72—211.

Bersin, Th., 1946: Die Bedeutung der Austauschadsorption für das biochemische Geschehen. Naturwiss. **33**, 108—111.

Bertalanffy, L. v., and I. Bickis, 1956: Identification of cytoplasmic basophilia (Ribonucleic acid) by flourescence microscopy. J. Histo-, Cytochem. **4**, 481—493.

Bethe, A., 1905: Die Einwirkung von Säuren und Alkalien auf die Färbung und die Färbbarkeit tierischer Gewebe. Beitr. chem. Physiol., Pathol. **6**, 399—425.

— 1909: Angriffspunkt der Salze, Einfluß der Anionen und Wirkung der OH und H-Ionen. Pflügers Arch. **127**, 219—273.

— 1920: Ladung und Umladung organischer Farbstoffe. Kolloid-Z. **27**, 11—17.

— 1922: Der Einfluß der H-Ionenkonzentration auf die Permeabilität toter Membranen, auf die Adsorption an Eiweißsolen und auf den Stoffaustausch der Zellen und Gewebe. Biochem. Z. **127**, 18—33.

— 1950: Der Stoffaustausch zwischen Zelle und Umgebung vom Standpunkt der Ladungshypothese und der Austauschadsorption. Naturwiss. **37**, 177—182.

Betz, A., 1953: Untersuchungen über Verhalten und Wirkung der Vitalfarbstoffe Prune pure und Akridinorange sowie Beobachtungen über das Reduktions-Oxydationspotential in Zellen höherer Pflanzen. Planta **41**, 323—357.

Beutner, R., 1920: Die Entstehung elektrischer Ströme in lebenden Geweben und ihre künstliche Nachahmung durch synthetische organische Substanzen. F. Enke, Stuttgart.

— 1929: Source of bioelectricity, investigated by the relation between stainability and electric charges in tissues and artificial models. Proc. Soc. exper. Biol., Med. **27**, 44—46.

— 1932 a: Über Färbung und elektrische Potentiale in Geweben. Protoplasma **14**, 97—98.

— 1932 b: The relation of life to electricity. VII. Stainability and electromotive forces in tissues which do not depend on acid base combination. Protoplasma **15**, 1—14.

BEUTNER, R., and B. E. CAYWOOD, 1929: An in vitro test to indicate basophilic or acidophilic character of a dye. Proc. Soc. exper. Biol., Med. **27**, 226—227.
— — J. LOZNER, and H. M. DOUTHITT, 1930: The relation of life to electricity. I. Stainability and electromotive forces of artificial systems which reproduce conditions in living tissues in accordance with the experimental work of G. W. CRILE. Protoplasma **10**, 1—23.
— and J. LOZNER, 1929: Relation of stainability and electric potential differences to the pH value. Proc. Soc. exper. Biol., Med. **27**, 224—226.
— — 1931 a: The relation of life to electricity. II. The relation of stainability to electromotive force in tissues and in a variety of artificial substances, like esters, etc. Protoplasma **12**, 52—65.
— — 1931 b: The relation of life to electricity. III. Stainability and electromotive forces of protein; the influence of watersoluble acids. Protoplasma **12**, 145—160.
— — 1931 c: The relation of life to electricity. IV. The electromotive action of homologous fatty acids: Exhaustion as an electrochemical sequence of a chemical splitting of higher molecular compounds. Protoplasma **12**, 380—393.
— — and B. E. CAYWOOD, 1931: The relation of life to electricity. V. Stainability of oil mixtures and white blood cells by 40 different dyes. Protoplasma **12**, 481—497.
— S. H. Mann, and C. M. BLANTON, 1931: The relation of life to electricity. VI. The variation of the electrical resistance of dying tissue as a result of chemical decomposition. Protoplasma **12**, 498—509.
BEYER, A. F., 1929: Über Tropfenbildung in den Schließzellen der Spaltöffnungen von *Tradescantia zebrina*. Bot. Arch. **26**, 224—256.
BHARGAVA, K. S., 1951 a: Cytological studies of some members of the family Saprolegniaceae. I. The vacuome. Cytologia **16**, 72—83.
— 1951 b: Cytological studies of some members of the family Saprolegniaceae. II. The chondriome. Cytologia **16**, 84—94.
BICKERT, F. W., 1930: Zur Differentialfärbung toter und lebender Bakterien. Cbl. Bakt., Abt. I, **117**, 548—551.
BIEBL, R., 1939: Zellphysiologische Studien an *Antithamnium plumula* (Ell.) Thuret. Protoplasma **32**, 443—463.
— 1940: Weitere Untersuchungen über die Wirkung der α-Strahlen auf die Pflanzenzelle. Protoplasma **35**, 187—236.
— 1950: Zellphysiologische Beobachtungen an panaschierten *Abutilon*-Pflanzen. Österr. bot. Z. **97**, 168—179.
— 1952: Resistenz der Meeresalgen gegen sichtbares Licht und gegen kurzwellige UV-Strahlen. Protoplasma **41**, 353—377.
— 1956 a: Zellphysiologisch-ökologische Untersuchungen an *Enteromorpha clathrata* (Roth) Greville. Ber. dtsch. bot. Ges. **69**, 75—86.
— 1956 b: Morphologische, anatomische und zellphysiologische Untersuchungen an Pflanzen vom „Gamma-Feld" des Brookhaven National Laboratory (U. S. A.). Österr. bot. Z. **103**, 400—435.
BIEHRINGER, J., 1896: Über die Farbstoffe der Pyroningruppe. J. prakt. Chem. **54**, 217—258.
BIELIG, H.-J., G. A. KAUSCHE und H. HAARDICK, 1949: Über den Nachweis von Reduktionsorten in Bakterien. Z. Naturforsch. **4 b**, 80—91.
BIELKA, H., 1955: Über die Beeinflussung der Wirkung cancerogener Kohlenwasserstoffe durch Janusgrün. Naturwiss. **42**, 299—300.
BIERBERG, W., 1908: Die Bedeutung der Protoplasmarotation für den Stofftransport in den Pflanzen. Flora **99**, 52—80.
BILTZ, W., 1910: Über die Dialysierbarkeit der Farbstoffe. Gedenkbouk von Bemmelen, 108—120, Te Helder.
— und F. PFENNING, 1911: Weitere Beiträge zur Dialyse und Osmose von Farbstofflösungen. Z. physik. Chem. **77**, 91—116.
— und A. v. VEGESACK, 1909: Über die Rolle der Elektrolyte bei der Dialyse von Kolloiden. Z. physik. Chem. **68**, 357—382.
— — 1910: Über den osmotischen Druck der Kolloide. II. Der osmotische Druck einiger Farbstofflösungen. Z. physik. Chem. **73**, 481—512.
BIOT, 1837: Fleurs artificiellement injectées par l'absorption d'un suc végétal. C. R. Acad. Sci. **4**, 12—13.
BIRCH-HIRSCHFELD, L., 1920: Untersuchungen über die Ausbreitungsgeschwindigkeit gelöster Stoffe in der Pflanze. Jb. wiss. Bot. **59**, 171—262.
BIRUTOWITSCH, ST., 1928: Adsorption von Farbstoffen aus wässerigen Lösungen an Kohle, Silikatgelen und Erden. Kolloid-Z. **44**, 239—242.

Bishop, M. W. H., and J. Smiles, 1957 a: Induces fluorescence in mammalian gametes with acridine orange. Nature 179, 307—308.
— — 1957 b: Differentiation between living and dead spermatozoa by fluorescence microscopy. Nature 179, 308.
Black, S. H., and P. Gerhardt, 1962: Permeability of bacterial spores. III. Permeation relative to germination. J. Bact. 83, 301—308.
Blakely, L. M., and F. C. Steward, 1964: Growth and organized development of cultured cells. VII. Cellular variation. Amer. J. Bot. 51, 809—820.
Blum, H. F., 1932: Photodynamic action. Physiol. Rev. 12, 23—55.
— 1937: Photodynamic hemolysis. II. Modes of inhibition. J. cellul. comp. Physiol. 9, 229—239.
— 1941: Photodynamic action and diseases caused by light. Reinhold Publishing Corp., New York.
— and H. W. Gilbert, 1940: Quantum requirements for photodynamic hemolysis. J. cellul. comp. Physiol. 15, 85—93.
— and C. Hyman, 1939 a: Photodynamic hemolysis. IV. The effect of light intensity. J. cellul. comp. Physiol. 13, 281—285.
— — 1939 b: Photodynamic hemolysis. V. The effect of concentration of dye on hemolysis time. J. cellul. comp. Physiol. 13, 287—296.
— and E. F. Kauzmann, 1954: Photodynamic hemolysis at low temperatures. J. gen. Physiol. 37, 301—311.
— and J. L. Morgan, 1939: Photodynamic hemolysis. III. The percentage hemolysis curve. J. cellul. comp. Physiol. 13, 269—279.
— N. Pace, and R. L. Garrett, 1937: Photodynamic hemolysis. I. The effect of dye concentration and temperature. J. cellul. comp. Physiol. 9, 217—228.
— and K. G. Scott, 1933: Photodynamically induced tropisms in plant roots. Plant Physiol. 8, 525—536.
Boas, F., 1920: Beiträge zur Kenntnis der Wirkung des Saponins auf die pflanzliche Zelle. Ber. dtsch. bot. Ges. 38, 350—353.
— 1927: Zur Kenntnis der Eosinwirkung auf das Wachstum der Wurzel. Ber. dtsch. bot. Ges. 45, 61—64.
— 1933: Eine neue Eosinwirkung auf Pflanzen. Ber. dtsch. bot. Ges. 51, 274—275.
— 1949: Dynamische Botanik. 3. Aufl. Carl Hauser, München.
— und F. Merkenschlager, 1925: Reizverlust, hervorgerufen durch Eosin. Ber. dtsch. bot. Ges. 43, 381—390.
Bocchi, A., 1953: Azione dell'eosina e dell'acido β-indolacetico sulla forza germinativa e sull'allungamento delle radici primarie del semi di alcune leguminose. Nuov. G. Bot. Ital. 60, 336—341.
Bock, U., 1964: Untersuchungen zum Mechanismus der Vakuolenfärbung pflanzlicher Zellen mit basischen Farbstoffen. Flora 154, 99—135.
Bodine, J. H., and E. J. Boell, 1936: Effect of methylene blue on respiration of blocked and developing embryonic cells. Proc. Soc. exper. Biol., Med. 32, 629—630.
Böing, J., 1955: Vitaluntersuchungen über die Kontinuität der Granastruktur. Protoplasma 45, 55—72.
Boerner-Patzelt, D., 1932: Lage des isoelektrischen Punktes einiger Zellen unter verschiedenen Bedingungen. Z. Zellforsch., mikr. Anat. 16, 198—207.
— 1935: Über den Einfluß der Fixierung auf die Färbbarkeit der panethschen Körnerzellen bei der Maus. Z. Zellforsch., mikr. Anat. 22, 596—606.
— 1950: Über ursächliche Faktoren der polychromen Fluoreszenz von Geweben und Gewebestrukturen nach Fluorochromierung mit nur einem Fluorochrom. Protoplasma 39, 639—655.
Boerner, D., 1952: Fluoreszenzmikroskopische Untersuchungen an Lipoiden. Protoplasma 41, 168—177.
Bogen, H. J., 1951: Über Kappenplasmolyse und Vakuolenkontraktion. I. Mitt.: Die Wirkung von LiCl und Neutralrot und ihre Abhängigkeit von der Konzentration und dem osmotischen Wert in der Außenlösung. Planta 39, 1—35.
— 1953: Anfärbung, Schädigung und Abtötung von Hefezellen durch Acridinorange. Arch. Mikrobiol. 18, 170—197.
— und U. Elste, 1955: Zur Physiologie der Acridinorange-Wirkung. Untersuchungen an Hefezellen. Planta 45, 325—375.
— und M. Keser, 1954: Eiweiß-Abbau durch Acridinorange bei Hefezellen. Physiol. Plant. 7, 446—462.
— und G. Kraepelin, 1961: Auftreten und Charakterisierung „vegetativer Mutanten" von Saccharomyces cerevisiae bei Langfärbungen mit Acridinorange. Arch. Mikrobiol. 39, 257—277.

BOGEN, H. J., und G. KRAEPELIN, 1964: Induktion atmungsdefekter Mutanten bei *Saccharomyces cerevisiae* mit asynchroner und synchronisierter Sprossung. Arch. Mikrobiol. **48**, 291—298.

BOKORNY, TH., 1905: Nochmals über die Wirkung stark verdünnter Lösungen auf lebende Zellen. Pflügers Arch. **110**, 174—226.

— 1906: Über das Bindungsvermögen der Hefe für Farbstoffe und gewisse Metallsalze. Cbl. Bakt., Abt. II, **16**, 237—239.

— 1912: Einwirkung von Metallsalzen auf Hefe und andere Pilze. Cbl. Bakt., Abt. II, **35**, 118—197.

BOLAY, E., 1960: Die Vitalfärbung voller Zellsäfte und ihre cytochemische Interpretation. S. B. österr. Akad. Wiss., math.-nat. Kl., Abt. I, **169**, 269—317.

BOOIJ, H. L., 1958: Colloid chemical aspects of metachromasia. Acta histochem. Suppl. **1**, 37—54.

— F. A. DREIERKAUF, and M. HEGNAUER-VOGELENZANG, 1953: Colloid chemical aspects of metachromasia. II. Metachromatic staining of lipid fractions from beef brains. Acta Physiol. Pharmacol. Neerl. **3**, 113—125.

BOPP, M., und E. STEHLE, 1957: Zur Frage der Wasserleitung im Gametophyten und Sporophyten der Laubmoose. Z. Bot. **45**, 161—174.

BORCHERT, R., und J.-G. HELMCKE, 1950: Bemerkungen zur Fluorochromierung lebender und toter Zellen mit Acridinorange. Naturwiss. **37**, 565.

— — 1951: Beobachtung eines photosensibilisierenden Effekts von Akridinorange bei *Paramaecium caudatum*. Naturwiss. **38**, 48.

BORMANN, F. H., and B. F. GRAHAM jr., 1959: The occurrence of natural root grafting in eastern white pine, *Pinus strobus* L. and its ecological implications. Ecology **40**, 677—691.

BORNSTEIN, A., und E. RÜTER, 1925: Über den Einfluß von Alkaloiden und Salzen auf die Vitalfärbung. I. Versuche an lebendem Gewebe. Pflügers Arch. **207**, 596—613.

BORRISS, H., 1936: Über das Wesen der keimungsfördernden Wirkung der Erde. Ber. dtsch. bot. Ges. **54**, 472—486.

— 1937 a: Beiträge zur Kenntnis der Wirkung von Elektrolyten auf die Färbung pflanzlicher Zellmembranen mit Thioninfarbstoffen. Protoplasma **28**, 23—47.

— 1937 b: Die Abhängigkeit der Aufnahme und Speicherung basischer Farbstoffe durch Pflanzenzellen von inneren und äußeren Faktoren. (Vorl. Mitt.). Ber. dtsch. bot. Ges. **55**, 584—597.

BORZANI, W., and M. L. R. VAIRO, 1963: Quantitative determination of methylene blue sorption by dead *Penicillium chrysogenum*. Biotechnol. Bioengin. **5**, 17—20.

BOSE, S. K., 1956: Significance of multiple pathways in adaptation. Part I. Inhibition of sporulation of *Aspergillus niger* as induced by exposure to triphenylmethane dyes. J. Indian Chem. Soc. **33**, 679—682.

BOSE, S. R., 1927: The Golgi apparatus in higher fungi. Nature **120**, 805—806.

BOSSHARD, U., 1964: Fluoreszenzmikroskopische Messung des DNS-Gehaltes von Zellkernen. Z. wiss. Mikrosk. **65**, 391—408.

BOTH, P. M., 1937: Stoffwanderung in einfachen Systemen. Rec. trav. bot. néerl. **34**, 1—68.

BOUTARIC, A., et M. DOLADILHE, 1930: Sur les modifications produites dans la courbe spectrale d'absorption d'une solution de matière colorante par l'introduction d'un colloïde dans la solution. C. R. Acad. Sci. **191**, 1008—1011.

— — 1931: Sur quelques lois relatives à la fixation des matières colorantes par les racines et les feuilles des végétaux. C. R. Soc. biol. **107**, 1039—1040.

BOYER, M. G., 1963: The role of tannins in neutral red staining of pine leaf vacuoles. Stain Technol. **38**, 117—120.

BOYLE, R. E., S. S. NELSON, F. R. DOLLISH, and M. J. OLSEN, 1962: The interaction of deoxyribonucleic acid and acridine orange. Arch. Biochem. **96**, 47—50.

BOYSEN-JENSEN, P., 1934: Über Wuchsstoff in Wurzeln, die mit Erythrosin vergiftet sind. Planta **22**, 404—410.

BRACHET, J., 1940 a: La détection histochémique des acides pentosenucléiques. C. R. Soc. biol. **133**, 88—90.

— 1940 b: La localisation des acides pentosenucléiques pendant le développement des amphibies. C. R. Soc. biol. **133**, 90—91.

— 1953: The use of basic dyes and ribonuclease for the cytochemical detection of ribonucleic acid. (Report of the Cytochemistry commission of the society for cell biology, No. 1.) Quart. J. micr. Sci. **94**, 1—10.

— et R. JEENER, 1942: Une méthode histochimique de dosage de l'acide nucléique et des nucléotides de la cellule de levure. Acta Biol. Belg. **2**, 268—272.

Bradley, D. E., 1965: Staining of bacteriophage nucleic acids with acridine orange. Nature **205**, 1230.

Bradley, D. F., and G. Felsenfeld, 1959: Aggregation of an acridine dye on native and denatured deoxyribonucleates. Nature **184**, 1920—1922.

— and M. K. Wolf, 1959: Aggregation of dyes bound to polyanions. Proc. Nat. Acad. Sci., U. S. A., **45**, 944—952.

Brambring, F., 1930: Untersuchungen über die Wirkungen des Aluminiums auf Wasserpflanzen. Jb. wiss. Bot. **73**, 241—299.

Brand, F., 1901: Bemerkungen über Grenzzellen und über spontan rote Inhaltskörper der Cyanophyceen. Ber. dtsch. bot. Ges. **19**, 152—159.

— 1905: Über die sogenannten Gasvakuolen und die differenten Spitzenzellen der Cyanophyceen, sowie über Schnellfärbung. Hedwigia **45**, 1—15.

— 1925: Analyse der aerophilen Grünalgenanflüge, insbesondere der proto-pleurococcoiden Formen. Arch. Protistenkd. **52**, 265—355.

Brand, V. v., 1955: Chinon und cancerogene Wirkung. Naturwiss. **42**, 300.

Brandt, K., 1881: Färbung lebender einzelliger Organismen. Biol. Zbl. **1**, 202—205.

Brandt, K. M., 1942: Physiologische Chemie und Cytologie der Preßhefe. (Ein Sammelbericht und neue Untersuchungen im ultravioletten Licht und an gefärbtem Material.) Protoplasma **36**, 77—119.

Brass, K., und K. Eisner, 1933: Kolloidchemische Studie an einem technischen, hochmolekularen Azofarbstoff. Kolloidchem. Beih. **37**, 56—90.

Braun, H. J., 1962: Wasserhaushalt und Wasserversorgung der Pfropfreiser bei Baumpfropfungen. Z. Bot. **50**, 389—404.

— 1963: Die Organisation des Stammes von Bäumen und Sträuchern. Wissenschaftl. Verlagsges., Stuttgart.

Brauner, L., 1933: Zur Frage der postmortalen Farbstoffaufnahme von Pflanzenzellwänden. Flora **127**, 190—214.

— 1952: Über pH-Veränderungen bei der Photolyse des Heteroauxins. Naturwiss. **39**, 282.

— 1953: Untersuchungen über die Photolyse des Heteroauxins I. Z. Bot. **41**, 291—341.

Breivis, P. V., and Y. M. Vasil'ev, 1959: The detection of dead and living cells by the method of fluorescent microscopy. Biul. Eksperim. Biol. Med. **47**, 384—388.

Brendel, M., und U. Winkler, 1966: Photodynamische Inaktivierung des *E. coli*-Phagen T 4: Untersuchung der Kreuzungsaktivierung und des Schutzeffekts von Spermin. Z. Vererbungsl. **98**, 41—48.

Brenner, S., 1947: The non-specificity of the nadi reaction for the cytochrome oxidase-cytochrome c system. South Afric. J. Sci. **43**, 320—323.

— 1953: Supravital staining of mitochondria with phenosafranin dyes. Biochim. Biophys. Acta **11**, 480—486.

— L. Barnett, F. H. C. Crick, and A. Orgel, 1961: The theory of mutagenesis. J. molecul. Biol. **3**, 121—124.

— S. Benzer, and L. Barnett, 1958: Distribution of proflavine-induced mutations in the genetic fine structure. Nature **182**, 983—985.

Briggs, T. R., and A. W. Bull, 1922: The physical chemistry of dyeing. Acid and basic dyes. J. physic. chem. **26**, 845—875.

Brin, G. P., und A. A. Krasnovskij, 1951: Der Einfluß der Verbindungen mit verschieden großem Redoxpotential auf Photosynthese und Atmung bei *Elodea*. Biochimija **16**, 453—460. (Russisch).

Bringmann, G., 1950: Vergleichende licht- und elektronenmikroskopische Untersuchungen an Oscillatorien. Planta **38**, 541—563.

—, 1952: Über Beziehungen der Kernäquivalente von Schizophyten zu den Mitochondrien höher organisierter Zellen. Planta **40**, 398—406.

— 1953: Phasenkontrast- und elektronenmikroskopische Beobachtungen an *Penicillium chrysogenum*. Cbl. Bakt., Abt. II, **107**, 254—256.

Brinkman, R., und A. v. Szent-Györgyi, 1923 a: Studien über die physikalisch-chemischen Grundlagen der vitalen Permeabilität. I. Mitt. Die Wirkung kapillaraktiver Stoffe auf die Permeabilität von Kollodiummembranen. Bioch. Z. **139**, 261—269.

— — 1923 b: Studien über die physikalisch-chemischen Grundlagen der vitalen Permeabilität. II. Mitt. Die Wirkung von Alkaloiden und Purinbasen auf die Permeabilität von Kollodiummembranen. Bioch. Z. **139**, 270—273.

Brochart, M., et D. Debatène, 1953: Diminution de la perméabilité à l'éosine de la capsule lipoidique de la tête des spermatozoides de ruminants domestiques après l'éjaculation. C. R. Soc. biol. **147**, 20—23.

BROCK, T. D., 1958: Inhibition of growth of yeasts by 2,3,5-triphenyl tetrazolium chloride. Naturwiss. **45**, 216.

BROCKMAN, H. E., and W. GOBEN, 1965: Mutagenicity of a monofunctional alkylating agent derivative of acridine in *Neurospora*. Science **147**, 750—751.

BRODIE, A. F., and J. S. GOTS, 1951: Effects of an isolated dehydrogenase enzyme and flavoprotein on the reduction of triphenyltetrazolium chloride. Science **114**, 40—41.

BROMBERG, A. V., and O. S. MALZEVA, 1950: Diffusion von Farbstoffen in Gelatinegelen. II. Der Einfluß der Sorption auf die Diffusionsgeschwindigkeit in Gelen. Kolloidnyj Žurnal **12**, 9—16, russisch, zit. nach BUTTERFASS 1956 a.

BROOKS, M. M., 1925: Penetration into *Valonia* of oxidation-reduction indicators; estimation of the reduction potential of the sap. Proc. Soc. exper. Biol., Med. **23**, 265—266.

— 1926 a: Effect of light of different wave lengths on penetration of 2,-6,-dibromo phenol indophenol into *Valonia*. Proc. Soc. exper. Biol., Med. **23**, 576—577.

— 1926 b: Antagonistic action between NaCl and CaCl₂, as influencing the penetration of dye into *Nitella*. Proc. Soc. exper. Biol., Med. **24**, 370—371.

— 1926 c: The effects of pH, light and other factors on the penetration of 2,-6,-dibromophenol indophenol and other dyes into a living cell. Amer. J. Physiol. **76**, 190.

— 1926 d: The penetration of certain oxidation-reduction indicators as influenced by pH; estimation of the rH of *Valonia*. Amer. J. Physiol. **76**, 360—379.

— 1926 e: Studies on the permeability of living cells. VII. The effects of light of different wave-lengths on the penetration of 2,-6,-dibromo phenol indophenol into *Valonia*. Protoplasma **1**, 305—312.

— 1927 a: The penetration of methylene blue into living cells. Proc. Nat. Acad. Sci., U. S. A., **13**, 821—823.

— 1927 b: Does methylene blue itself penetrate? Univ. Calif. Publ. Zool. **31**, 79—92.

— 1927 c: Studies on the permeability of living cells. VIII. The effect of chlorides upon the penetration of dahlia into *Nitella*. Protoplasma **2**, 420—427.

— 1928: Further studies on penetration of methylene blue. Proc. Soc. exper. Biol., Med. **25**, 704—705.

— 1929 a: Factors affecting penetration of methylene blue and trimethyl thionine into living cells. Proc. Soc. exper. Biol., Med. **26**, 290—292.

— 1929 b: Studies on the permeability of living cells. X. The influence of experimental conditions upon the penetration of methylene blue and trimethyl thionine. Protoplasma **7**, 46—61.

— 1930 a: The penetration of thionine into *Valonia*. Univ. Calif. Publ. Zool. **33**, 287 bis 290.

— 1930 b: Further studies on the penetration of oxidation-reduction indicators. Proc. Soc. exper. Biol., Med. **27**, 508—509.

— 1930 c: The pH and the rH of the sap of *Valonia* and the rH of its protoplasm. Protoplasma **10**, 505—509.

— 1931: The penetration of 1-naphthol-2-sulphonate indophenol, o-chlorophenol indophenol and o-cresol indophenol in *Valonia*. Proc. Nat. Acad. Sci., U.S.A. **17**, 1—3.

— 1932 a: The penetration of 1-naphthol-2-sulphonate indophenol, o-chlorophenol indophenol and o-cresol indophenol into *Valonia ventricosa* J. Aghard. Protoplasma **16**, 345—356.

— 1932 b: Studies on the permeability of living cells. XIV. The penetration of certain oxidation-reduction indicators with different species of *Valonia*. Protoplasma **17**, 89—96.

— 1933: Studies on the permeability of living cells. XV. A review of the penetration into *Valonia ventricosa* of oxidation-reduction indicators including m-bromophenol indophenol and guaiacol indophenol. J. cellul. comp. Physiol. **3**, 61—73.

— 1934: Comments on Dr. KELLERS communication „Ionen im Protoplasma?“. Protoplasma **20**, 131—132.

— 1938: The effect of KCN upon the penetration of certain oxydation-reduction dyes into living cells. J. cellul. comp. Physiol. **11**, 253—258.

— and S. C. BROOKS, 1932: The „multiple partition coefficient“ hypothesis in relation to permeability. Proc. Soc. exper. Biol., Med. **29**, 720—721.

BROOKS, S. C., and M. M. BROOKS, 1932: The rate of penetration of dyes into *Valonia* with special reference to solubility theories of permeability. J. cellul. comp. Physiol. **2**, 53—73.

— — 1941: The permeability of living cells. Gebr. Borntraeger, Berlin.

Brown, J. H., 1920: The cultural differentiation of beta hemolytic streptococci of human and bovine origin. J. exper. Med. 31, 35—47.

Brown, W. V., 1954: A preliminary study of the staining of plant cells by tetrazolium chloride. Bull. Torrey Bot. Club 81, 127—136.

Browne, D. C., 1930: Effect of vital stains on cultures of *Endamoeba histolytica*. Proc. Soc. exper. Biol., Med. 28, 255—257.

Bruch, H., und H. Netter, 1930: Über die Gesetze der Farbstoffverteilung an einfachen biologischen Systemen. Pflügers Arch. 225, 403—415.

Bruns, G., und H. Beerhalter, 1955: Farbstoffanalysen. Das Fluorochromgemisch Thioflavin-S. Acta histochem. 1, 254—271.

Bruyn, P. P. H. de, R. S. Farr, H. Banks, and F. W. Morthland, 1953: In vivo and in vitro affinity of diaminoacridines for nucleoproteins. Exp. Cell Res. 4, 174 bis 180.

— and N. H. Smith, 1959: Comparison between the in vivo and in vitro interaction of aminoacridines with nucleic acids and other compounds. Exp. Cell. Res. 17, 482 bis 489.

Bubel, H. C., and D. A. Wolff, 1965: Proflavine inhibition of vaccinia virus synthesis. J. Bact. 89, 977—983.

Bucher, H., 1953: Die Tertiärlamelle von Holzfasern und ihre Erscheinungsformen bei Coniferen. Attisholz AG., Attisholz bei Solothurn.

— 1957 a: Die Tertiärwand von Holzfasern und ihre Erscheinungsformen bei Coniferen. Holzforsch. 11, 1—16.

— 1957 b: Die Struktur der Tertiärwand von Holzfasern. Holzforschg. 11, 97—102.

Bucherer, H., 1943: Experimentelle Untersuchungen über die Fluoreszenzfärbung toter und lebender Bakterien nach Strugger. Cbl. Bakt., Abt. II, 106, 81—88.

Buchholz, M., 1921: Über die Wasserleitungsbahnen in den interkalaren Wachstumszonen monokotyler Sprosse. Flora 114, 119—186.

Buchy, A., 1941: Recherches quantitatives sur la coloration vitale des cellules de levures. Rev. cytol. cytophysiol. vég. 5, 265—299.

Bünning, E., 1928/29: Untersuchungen über die Seismoreaktion von Staubgefäßen und Narben. Z. Bot. 21, 465—536.

— 1935: Zur Kenntnis der endonomen Tagesrhythmik bei Insekten und bei Pflanzen. Ber. dtsch. bot. Ges. 53, 594—623.

— 1936: Über die Farbstoff- und Nitrataufnahme bei *Aspergillus niger*. Flora 131, 86—112.

— 1937: Zur Frage der Aufnahme und Abgabe von Farbstoffen durch lebende Zellen. Ber. dtsch bot. Ges. 55, 377—379.

— 1956: Versuche zur Beeinflussung der endogenen Tagesrhythmik durch chemische Faktoren. Z. Bot. 44, 515—529.

— und F. Biegert, 1953: Die Bildung der Spaltöffnungsinitialen bei *Allium cepa*. Z. Bot. 41, 17—39.

Buer, F., 1964: Licht- und elektronenmikroskopische Untersuchungen an Zellwänden und Gallerten einiger Zygnemataceen. Flora 154, 349—375.

Bugyi, B., 1938 a: Reinheitsprüfung der histologischen Farbstoffe. Z. wiss. Mikrosk. 55, 198—210.

— 1938 b: Farbe u. Fluoreszenz der Farbstoffe im kapillaranalytischen Bilde. Kolloid-Z. 84, 74—84.

Bukatsch, F., 1941: Einige Anwendungsgebiete der Fluoreszenzmikroskopie. Z. ges. Naturwiss. 7, 288—296.

— 1958: Versuche zur Sichtbarmachung von Geißelaggregaten der Bakterien im Fluorescenzmikroskop. Arch. Mikrobiol. 31, 11—15.

— und M. Haitinger, 1940: Beiträge zur fluoreszenzmikroskopischen Darstellung des Zellinhaltes, insbesondere des Cytoplasmas und des Zellkerns. Protoplasma 34, 515—523.

Bulder, C. J. E. A., 1964 a: Induction of petite mutation and inhibition of synthesis of respiratory enzymes in various yeasts. Ant. v. Leeuwenhoek 30, 1—9.

— 1964 b: Lethality of the petite mutation in petite negative yeasts. Ant. v. Leeuwenhoek 30, 442—454.

Bungenberg de Jong, H. G., and R. C. Bakhuizen van den Brink, 1947: Tissues of prismatic celloidin cells containing biocolloids. VIII. Gelation of the parietal gelatine-gum arabic complex-coacervate and behaviour of the objects obtained with regard to neutral red at various pH's. Proc. koninkl. ned. Akad. Wetensch. Amsterdam 50, 436—441.

— und O. Bank, 1939 a: Zur Morphologie von Komplexgelkörpern. Protoplasma 33, 321—340.

BUNGENBERG DE JONG, H. G., und O. BANK, 1939 b: Mechanismen der Farbstoff-aufnahme. I. Farbstoffspeicherung, elektrische Bindung, Ausschüttelung. Protoplasma **33**, 512—530.

— — 1939 c: Behaviour of microscopic bodies consisting of biocolloid systems and suspended in an aqueous medium. III. Coacervation phenomena in droplets of biocolloid sols enclosed in a collodion film. Accumulation of basic dyes. Proc. koninkl. ned. Akad. Wetensch. Amsterdam **42**, 83—88.

— — 1940: Mechanismen der Farbstoffaufnahme. II. Farbstoffspeicherung, elektrische Bindung, Ausschüttelung. Protoplasma **34**, 1—21.

— and B. KOK, 1940: Tissues of prismatic celloidin cells containing biocolloids. 2. Coacervation of gum-arabic by toluidin-blue and the phenomena accompanying the dissolution of the coacervate. Proc. koninkl. ned. Akad. Wetensch. Amsterdam **43**, 728—731.

— and C. v. D. MEER, 1942: On flocculation and reversal of charge of negative biocolloids through alkaloid salts and basic stains. 3. Proc. koninkl. ned. Akad. Wetensch. Amsterdam **45**, 593—600.

BURGEFF, H., und A. SEYBOLD, 1927: Zur Frage der biochemischen Unterscheidung der Geschlechter. Z. Bot. **19**, 497—537.

BURGOS, M. H., et G. DI PAOLA, 1952: Test à l'éosine pour apprécier la vitalité des spermatozoïdes. C. R. Soc. biol. **146**, 598—599.

BURIAN, K., 1961: Über Chloroplastenkontraktion bei *Closterium lunula* und deren Reversibilität. Protoplasma **53**, 19—33.

— 1962 a: Vitalfärbungen an Epidermiszellen von *Platanthera bifolia* mit Toluidinblau und Pyronin. Zur Frage der Farbionenpermeabilität der Tonoplastenmembran. Protoplasma **55**, 156—176.

— 1962 b: Tonoplastenstudien an den Lebermoosen *Calypogeia fissa* und *trichomanis*. Protoplasma **55**, 607—631.

— 1963: Beobachtungen an Tonoplastenstadien der Rotalgen *Callithamnion granulatum* und *Griffithsia opuntioides*. Protoplasma **56**, 701—717.

— 1964 a: Rhodamin-B-Farbbarkeit und Eigenfluoreszenz der Zellen heimischer und tropischer Orchideen. I. Metachromatisches Verhalten bei Rhodamin-B-Färbung. Protoplasma **58**, 551—560.

— 1964 b: Rhodamin-B-Färbbarkeit und Eigenfluoreszenz in Zellen heimischer und tropischer Orchideen. II. Primäre und pathologisch veränderte Eigenfluoreszenz. Protoplasma **58**, 561—578.

— 1965 a: Nekrotische Veränderungen in Zellsäften. Ber. dtsch. bot. Ges. **78**, 19—22.

— 1965 b: Die Chondriosomen im Plasma von *Closterium lunula*. Protoplasma **59**, 594—596.

— und K. HÖFLER, 1966: Zur Kenntnis vital gequollenen Plasmas in *Drosera*-Tentakeln. Protoplasma **61**, 244—256.

BURKE, G. S., 1923: Studies on the thermal death time of spores of *Clostridium botulinum*. 2. The differential staining of living and dead spores. J. inf. Diseases **32**, 433—438.

BURKE, V., and CH. E. SKINNER, 1924: The reverse selective bacteriostatic action of acid Fuchsin. J. exper. Med. **39**, 613—624.

BURRICHTER, E., 1953: Beiträge zur Beurteilung von Böden auf Grund fluoreszenzmikroskopischer Untersuchung ihrer Mikroflora. Z. Pflanzenern. Düng. Bodenk. **63**, 154—171.

— 1954: Regeneration von Heide-Podsolböden und die Entwicklung des Bodenkeimgehaltes in Abhängigkeit von der Bewaldung. Z. Pflanzenern. Düng. Bodenk. **67**, 150—163.

BUSCK, G., 1906: Die photobiologischen Sensibilisatoren und ihre Eiweißverbindungen. Biochem. Z. **1**, 425—540.

BUTTERFASS, Th., 1956 a: Modellversuche zur Beeinflussung der Diffusion eines Fluorochroms als Anzeiger des Wasserwegs in pflanzlichen Kapillaren. Protoplasma **47**, 398—414.

— 1956 b: Fluoroskopische Untersuchungen an Keulenhaaren von *Vicia faba* L. und *Phaseolus coccineus* L. Protoplasma **47**, 415—428.

BUVAT, R., et A. MOUSSEAU, 1960: Origine et évolution du système vacuolaire dans la racine de *Triticum vulgare*; relation avec l'ergastoplasme. C. R. Acad. Sci. **251**, 3051—3053.

BYRNE, J. M., 1962: The uptake of dyes by extracted phospholipids and cerebrosides. Quart. J. micr. Sci. **103**, 47—56.

— 1963: The vital staining of *Amoeba proteus*. Quart. J. micr. Sci. **104**, 445—458.

Cain, A. J., 1947: The use of nile blue in the examination of lipoids. Quart. J. micr. Sci. 88, 383—392.
— 1948: A further note on nile blue. Quart. J. micr. Sci. 89, 429.
Calcutt, G., 1951: The role of radiation in photodynamic action. J. exper. Biol. 28, 537—540.
— and P. Newhouse, 1948: Inhibition of the photodynamic action of 3:4 benzpyrene. Nature 161, 53—54.
Caldwell, J., 1925: On a method of staining the vascular bundles in the living plant. Ann. bot. 39, 212—214.
— 1953: The distribution of fluorescein in transpiring plants. New Phytol. 52, 312.
— and J. Meiklejohn, 1937: Observations on the oxygen uptake of isolated plant tissue. II. The effect of inhibitors. Ann. Bot. N. S. 1, 487—498.
Callao, V., and E. Montoya, 1960: The use of dyes to distinguish between species of the genus Azotobacter. J. gen. Microbiol. 22, 657—661.
Campbell, D. H., 1887: Coloring the nuclei of living cells. Bot. Gaz. 12, 192—193.
— 1888: The staining of the living nuclei. Untersuch. bot. Inst. Tübingen 2, 561—581.
Carnoy, J. B., 1886: La cytodiérèse de l'oeuf: La vésicule germinative et les globules polaires de l'Ascaris megalocephala. Cellule 2, 1—76.
Carroll, B. H., 1926: The photochemical oxidation of leucobases. J. physic. chem. 30, 130—133.
Carter, W., 1939: The use of prontosil as a vital dye for insects and plants. Science 90, 394.
Casperson, G., und E. Hoyme, 1964: Über die Bildung von Zellwänden bei Laubhölzern. 3. Mitt.: Über die Lumenbegrenzung beim Reaktionsholz. Faserforsch. Textiltech. 15, 205—210.
Cassaigne, Y., 1931: Origine et évolution du vacuome chez quelques Champignons. Rev. gén. bot. 43, 140—167.
Casselman, W. G. B., 1954: Acetylated sudan black B as a more specific histochemical reagent for lipides. Quart. J. micr. Sci. 95, 321—322.
Castro, F. T. de, and A. Couceiro, 1955: Studies on vital staining of protozoa. Exp. Cell Res. 8, 245—247.
Cazalas, M., 1930: Sur l'évolution du vacuome des Chara dans ses relations avec les mouvements du cytoplasme. Botaniste 22, 75—79 und 295—322.
Cedrangolo, F., und E. Adler, 1939: Über die Einwirkung von Methylenblau und Porphyrexid auf Apodehydrasen. Enzymologia 7, 297—304.
Certes, M. A., 1881 a: Sur un procédé de coloration des Infusoires et des éléments anatomiques, pendant la vie. C. R. Acad. Sci. 92, 424—426.
— 1881 b: Sur un procédé de coloration des Infusoires et des éléments anatomiques pendant la vie. Zool. Anz. 4, 208—212.
— 1885: De l'emploi des matières colorantes dans l'étude physiologique et histologique des Infusoires vivants. C. R. Soc. biol. 37, 197—203.
Chadefaud, M., 1927: Contribution à l'étude de quelques éléments morphologiques des cellules chez les algues de mer. Botaniste 18, 155—168.
— 1931: L'instabilité cytoplasmique chez les algues. Trav. cryptogam. déd. à L. Mangin, 167—170.
— 1932: Sur les physodes des Phéophycées. C. R. Acad. Sci. 194, 1675—1677.
— 1933: Les colorations vitales chez les algues. C. R. Acad. Sci. 197, 90—92.
— 1936: Le cytoplasme des algues vertes et des algues brunes. Ses éléments et ses inclusions. Rev. Algol. 8, 1—286.
— 1937: Le mécanisme de la turgescence des cellules des algues bleues. C. R. Soc. biol. 124, 1171—1173.
Chambers, R., 1922: A micro injection study on the permeability of the starfish egg. J. gen. Physiol. 5, 189—193.
— 1925: The physical structure of protoplasm as determined by micro-dissection and injection. In Cowdry, E. V. General Cytology. University Chicago Press, Chicago, Ill., 237—309.
— 1928: Intracellular hydrion concentration studies. I. The relation of the environment to the pH of protoplasm and of its inclusion bodies. Biol. Bull. 55, 369—376.
— 1929: Vital staining with methyl red. Proc. Soc. exper. Biol., Med. 27, 809—811.
— 1933: An analysis of oxidation and reduction of indicators in living cells. Cold Spring Harbor Symp. Quant. Biol. 1, 205—213.
— 1938: The physical state of protoplasm with special reference to its surface. Amer. Naturalist 72, 141—159.

CHAMBERS, R., L. V. BECK, and D. E. GREEN, 1933: Intracellular oxidation-reduction studies. V. A comparison of intact and cytolysed starfish eggs by the immersion method. J. exper. Biol. **10**, 142—152.
— and G. CAMERON, 1932: Intracellular hydrion concentration studies. VII. The secreting cells of the mesonephros in the chick. J. cellul. comp. Physiol. **2**, 99—103.
— B. COHEN, and H. POLLACK, 1931: Intracellular oxidation-reduction studies. III. Permeability of echinoderm ova to indicators. Brit. J. exper. Biol. **8**, 1—8.
— — — 1932: Intracellular oxidation-reduction studies. IV. Reduction potentials of European marine ova and *Amoeba proteus* as shown by indicators. Protoplasma **17**, 376—387.
— and T. KERR, 1932: Intracellular hydrion concentration studies. VIII. Cytoplasm and vacuole of *Limnobium* root-hair cells. J. cellul. comp. Physiol. **2**, 105—119.
— and H. POLLACK, 1926: The hydrogen ion concentration of the nucleus and cytoplasm of the egg cell. Proc. Soc. exp. Biol., Med. **24**, 42—43.
— — 1927: Micrugical studies in cell physiology. IV. Colorimetric determination of the nuclear and cytoplasmic pH in the starfish egg. J. gen. Physiol. **10**, 739—755.
— — and B. COHEN, 1929: Intracellular oxidation-reduction studies. II. Reduction potentials of marine ova as shown by indicators. Brit. J. exper. Biol. **6**, 229—247.
— — and S. HILLER, 1927: The protoplasmic pH of living cells. Proc. Soc. exper. Biol., Med. **24**, 760—761.
CHANDRA, P., und A. WACKER, 1966: Photodynamic effects on the template activity of nucleic acids. Z. Naturforsch. **21 b**, 663—666.
CHANT, S. R., and K. C. TOVEY, 1965: The effect of proflavine on the infection of *Phaseolus vulgaris* L. by tobacco necrosis virus. Experientia **21**, 622—623.
CHAPMAN, L. M., D. M. GREENBERG, and C. L. A. SCHMIDT, 1927: The nature of the combination between certain acid dyes and proteins. J. Biol. Chem. **72**, 707—729.
CHAYEN, J., L. F. La COUR, and P. B. GAHAN, 1957: Uptake of benzpyrene by a chromosomal phospholipid. Nature **180**, 652—653.
CHAZE, J., 1927: Sur l'apparition et la localisation de la nicotine dans la plantule de tabac. C. R. Acad. Sci. **185**, 80—82.
CHEJFEC, M., 1937: Das Verhalten von *Paramecium caudatum* in Lösungen von sauren und basischen Vitalfarbstoffen. Acta Biol. exper. **11**, 128—149.
CHEL'TSOVA, L. P., 1962: The isoelectric point of the nucleolus and protoplasm, and the mitotic activity of cells of growing points and growing leaves. Dokl. Akad. Nauk SSSR **143**, 210—213 (Russisch).
— 1963: Die Beschreibung der isoelektrischen Punkte des Nucleolus, des Kerns und des Protoplasmas in den Zellen der Vegetationskegel des Weizens und die mitotische Aktivität der Zellen. Dokl. Akad. Nauk SSSR **152**, 198—201 (Russisch).
— 1964: Shift of the isoelectric points of the protoplasm, nucleus and nucleoli in the cells of the apical cone of timothy grass (*Phleum pratense*) during development of the plant. Fiziol. Rastenij **11**, 120—126 (Russisch, engl. Zusammenfass.).
CHIBA, Y., 1951: Cytochemical studies on chloroplasts. I. Cytologic demonstration of nucleic acids in chloroplasts. Cytologia **16**, 259—264.
CHILD, C. M., 1934: The differential reduction of methylene blue by *Paramaecium* and some other ciliates. Protoplasma **22**, 377—394.
— and L. H. HYMAN, 1919: The axial gradients in Hydrozoa. I. *Hydra*. Biol. Bull. **36**, 183—223.
CHIUINI, F., 1941: Ricerche sperimentali sull'azione della tionina nello sviluppo di animali ed vegetali. Boll. Soc. ital. Biol. sper. **16**, 529—530.
CHOLNOKY, B. v., 1934: Plasmolyse und Lebendfärbung bei *Melosira*. Protoplasma **22**, 161—172.
— 1935: Farbstoffaufnahme und Farbstoffspeicherung lebender Zellen pennater Diatomeen. Österr. bot. Z. **84**, 91—101.
— 1937 a: Protoplasmatische Untersuchungen durch Lebendfärbung und Plasmolyse. Mat. természett. Ertes. **56**, 944—981.
— 1937 b: Zur Kenntnis der Cyanophyceenzelle. Protoplasma **28**, 524—528.
— 1943: Protoplasmatische Untersuchungen an Fruchtfleischzellen von *Ligustrum vulgare*. Protoplasma **37**, 415—428.
— 1949: Zytomorphologische Untersuchungen durch Lebendfärbung an *Primula malacoides*-Zellen. Bot. Not., 163—172.
— 1950 a: Beobachtungen über die Farbstoffaufnahme anthozyanführender Zellen. Mikroskopie **5**, 117—124.
— 1950 b: Protoplasmatische Untersuchungen durch Lebendfärbung an den Epidermiszellen der *Senecio cruentus*-Blumenblätter. Österr. bot. Z. **97**, 380—390.

Cholnoky, B. v., 1952: Untersuchungen über die Protoplasmatik farbstofführender Zellen der Gärtnerspielarten der *Primula officinalis*. Mikroskopie 7, 223—231.
— und K. Höfler, 1950: Vergleichende Vitalfärbungsversuche an Hochmooralgen. S. B. Österr. Akad. Wiss. Wien, math.-nat. Kl., Abt. I, **159**, 143—182.
Christman, J. F., 1953 a: Chromatography and biological stains. IV. Preparation of a suitable fat stain from commercial sudan III. Stain Technol. **28**, 259—264.
— 1953 b: Chromatography and biological stains. V. Isolation and spectral analysis of the orange fat-staining component of sudan III. Stain Technol. **28**, 275—277.
— and R. H. Trubey, 1952: Chromatography and biological stains. I. Paper chromatography as a means of determining purity and dye content of sudans III and IV. Stain Technol. **27**, 53—60.
Christophersen, J., und H. Precht, 1952: Untersuchungen zum Problem der Hitzeresistenz. II. Untersuchungen an Hefezellen. Biol. Zbl. **71**, 585—601.
Churchman, J. W., 1923 a: The reverse selective bacteriostatic action of acid Fuchsin. J. exper. Med. **37**, 1—10.
— 1923 b: The mechanism of Bacteriostasis. J. exper. Med. **37**, 543—551.
— 1923 c: Bacteriostasis by mixture of dyes. J. exper. Med. **38**, 1—7.
— 1925 a: Inhibition of sporulation by acid fuchsin. Proc. Soc. exper. Biol., Med. **23**, 94—95.
— 1925 b: Purification of cultures of bacteria by means of reverse selective bacteriostatic properties of aniline dyes. Proc. Soc. exper. Biol., Med. **23**, 530—534.
— 1931 a: Non-toxicity of certain aniline dyes for bacteria. Proc. Soc. exper. Biol., Med. **28**, 646—647.
— 1931 b: Resistance of *B. prodigiosus* to aniline dyes. Proc. Soc. exper. Biol., Med. **28**, 647—648.
Clark, W. M., 1928: The determination of hydrogen ions. 3. Aufl. Baillière, Tindall and Cox, London.
— B. Cohen, and H. D. Gibbs, 1925: Studies on oxidation-reduction. VIII. Methylene blue. Public Health Rep. **40**, 1131—1201.
— and H. A. Lubs, 1915: The differentiation of bacteria of the colon-aerogenes family by the use of indicators. J. inf. Diseases **17**, 160.
— — 1917: The colorimetric determination of hydrogen ion concentration and its applications in bacteriology. J. Bact. **2**, 1—34, 109—136, 191—236.
— and M. E. Perkins, 1932: Studies on oxidation-reduction. XVII. Neutral red. J. Amer. Chem. Soc. **54**, 1228—1248.
— H. F. Zoller, and B. Cohen, 1921: Oxidation-reduction potentials of certain indophenols and thiazine dyes, of sulfonated indigos etc. Science **54**, 557.
Claus, G., 1929: Über die Dunkelwirkung fluoreszierender Farbstoffe auf Diastase. Bioch. Z. **204**, 456—466.
Clifton, C. E., 1931: Photodynamic action of certain dyes on the inactivation of *Staphylococcus* bacteriophage. Proc. Soc. exper. Biol., Med. **28**, 745—746.
Cohen, B., 1933 a: Reversible oxidation-reduction potentials in dye systems. Cold Spring Harbor Symp. Quant. Biol. **1**, 195—204.
— 1933 b: Reactions of oxidations-reduction indicators in biological material and their interpretation. Cold Spring Harbor Symp. Quant. Biol. **1**, 214—223.
— R. Chambers, and P. Reznikoff, 1928: Reduction potentials of *Amoeba dubia* by micro-injection of indicators. J. gen. Physiol. **11**, 585—612.
— and P. W. Preisler, 1930: On the instability of brilliant cresyl blue. Proc. Soc. exper. Biol., Med. **28**, 92.
— — 1931: Studies on oxidation-reduction. XVI. The oxazines: nile blue, brilliant cresyl blue, methyl capri blue and ethyl capri blue. Public Health Rep., Suppl. No. **92**, 1—67.
Cole, K., 1964: Induced fluorescence in gametophytes of some Laminariales. Canad. J. Bot. **42**, 1173—1181.
Colla, S., 1934: Ricerche sul movimento degli stami in alcune Berberidacee. VI. Le modificazioni cellulari durante la contrazione. Protoplasma **21**, 1—33.
— 1937: Die kontraktile Zelle der Pflanzen. Gebr. Borntraeger, Berlin.
Collander, R., 1921: Über die Permeabilität pflanzlicher Protoplasten für Sulfosäurefarbstoffe. Jb. wiss. Bot. **60**, 354—410.
— 1924: Beobachtungen über die quantitativen Beziehungen zwischen Tötungsgeschwindigkeiten und Temperatur beim Wärmetod pflanzlicher Zellen. Soc. sci. Fennicae, Comm. Biol. **1**, Nr. 7, 1—12.
— 1927: Die H-Ionenpermeabilität des Protoplasmas. Protoplasma **2**, 566—568.
— 1942: Diffusion und adenoide Tätigkeit bei der Ionenaufnahme pflanzlicher Zellen. Naturwiss. **30**, 484—489.

Collander, R., 1957: The permeability properties of *Torulopsis* cells. Soc. sci. Fennicae, Comm. Biol. XVI, 15.

— and T. Äyräpää, 1947: A simple permeability experiment for class work and demonstration purposes. Acta physiol. scand. **14**, 171—173.

— und A. Holmström, 1937: Die Aufnahme von Sulfosäurefarbstoffen seitens pflanzlicher Zellen — ein Beispiel der adenoiden Tätigkeit der Protoplasten. Acta Soc. Fauna Flora Fenn. **60**, 129—135.

— H. Lönegren und E. Arhimo, 1943: Das Permeationsvermögen eines basischen Farbstoffes mit demjenigen einiger Anelektrolyte verglichen. Protoplasma **37**, 527—537.

— und E. Virtanen, 1938: Die Undurchlässigkeit pflanzlicher Protoplasten für Sulfosäurefarbstoffe. Protoplasma **31**, 499—507.

Colour-Index, 2. Aufl. 4 Bde., 1956; herausgegeben von The society of dyers and colourists, Bradford Yorkshire England und The american association of textile chemists and colorists, Lowell Mass. USA.

Commoner, B., 1938: On the nature of the staining of unfertilized *Chaetopterus* eggs by neutral red. J. cellul. comp. Physiol. **12**, 171—182.

Conn, H. J., 1926: History of the Commission on Standardization of biological stains. Stain Technol. **1**, 1—10.

— 1961: Biological stains. 7. Aufl. Williams u. Wilkins Comp. Baltimore, Maryland.

— and R. S. Cunningham, 1932: History of staining. The use of dyes as vital stains. Stain Technol. **7**, 81—90.

Contelmo, P., et G. Cavallo, 1955: Filamentizzazione di *E. coli* da tripaflavina e sua inibizione a mezzo di glucosidi della digitale. Riv. Ist. Sieroterap. Ital. **30**, 32—38.

Conway, E. J., and R. P. Kernan, 1955: The effect of redox dyes on the active transport of hydrogen, potassium and sodium ions across the yeast cell membrane. Biochem. J. **61**, 32—36.

Cooke, E., und L. Loeb, 1909: Über die Giftigkeit einiger Farbstoffe für die Eier von *Asterias* und von *Fundulus*. Bioch. Z. **20**, 167—177.

Cooperstein, S. J., P. K. Dixit, A. Lazarow, and J. A. Jackson, 1960: Studies on the mechanism of janus green B staining of mitochondria. IV. Reduction of janus green B by isolated cell fractions. Anat. Rec. **138**, 49—66.

— and A. Lazarow, 1953: Studies on the mechanism of janus green B staining of mitochondria. III. Reduction of janus green B by isolated enzyme systems. Exper. Cell Res. **5**, 82—97.

— — and J. W. Patterson, 1953: Studies on the mechanism of janus green B staining of mitochondria. II. Reactions and properties of janus green B and its derivatives. Exp. Cell Res. **5**, 69—82.

Cordes, W. C., 1959: Description and physiological properties of lipid-containing, non-chlorophyllous cells in *Elodea*. Physiol. Plant. **12**, 62—69.

— 1960: The presence of lipids but absence of tannins in *Elodea* idioblasts. Stain Technol. **35**, 191—193.

Coronini, C., und A. Weiss, 1947: Über Neutralrot-Einschlußfärbung der Magenmukosa. Mikroskopie **2**, 284—295.

Cosmovici, N. L., 1939: Le rôle physiologique du vacuome chez les végétaux. C. R. Inst. Sci. Roum. **3**, 303—306.

Coster, Ch., 1931: Die Geschwindigkeit des Transpirationsstromes. Planta **15**, 540—566.

Cottet, P., 1947: Le benzopyrène, fluorochrome vital pour les cellules épidermiques d'*Allium cepa*. Experientia **3**, 199.

— et W. Minder, 1947: Effet de l'action combinée du benzopyrène et des irradiations lumineuses et roentgeniennes sur la croissance radiculaire de *Vicia faba vulgaris*. Schweiz. med. Wschr. **77**, 195—197.

Coutelle, R., S. Rapoport und R. Lindigkeit, 1955: Die Substantia reticulofilamentosa. Naturwiss. **42**, 127—128.

Coutier, L., 1957: Die Vitalfluorochromierung der Plasmozytomzellen mit Akridinorange. Blut **3**, 185—191.

Cowan, S. T., 1953: Micromethod for the Methyl red test. J. gen. Microbiol. **9**, 101—109.

Cowdry, E. V., 1914: The vital staining of mitochondria with Janus green and Diethylsafranin in human blood cells. Internat. Mschr. Anat. Physiol. **31**, 267—286.

— 1918: The mitochondrial constituents of protoplasm. Contrib. Embryol., Carnegie Inst., Wash. **8**, 39—160.

Cowdry, E. V., 1925: Cytological constituents-mitochondria, Golgi apparatus, and chromidial substance. In Cowdry, E. V. General Cytology. University Chicago Press, Chicago, Ill., 313—382.

Cowdry, N. H., 1917: A comparison of mitochondria in plant and animal cells. Biol. Bull. **33**, 196—228.

Crafts, A. S., 1931: Movement of organic materials in plants. Plant Physiol. **6**, 1—41.

— 1932: Phloem anatomy, exudation and transport of organic nutrients in cucurbits. Plant Physiol. **7**, 183—225.

— 1939: The relation between structure and function of the phloem. Amer. J. Bot. **26**, 172—177.

Cramer, F., 1954: Papierchromatographie. 3. Aufl. Verlag Chemie, Weinheim/Bergstr.

Csögör, S., und M. Kerekes, 1965: Die Bindung von Kongorot durch wärmedenaturierte Serumeiweißkörper. Naturwiss. **52**, 540.

Currier, H. B., 1957: Callose substance in plant cells. Amer. J. Bot. **44**, 478—488.

— and B. E. Day, 1954: The tetrazolium reaction in yeast. Science **119**, 817.

— K. Esau, and V. I. Cheadle, 1955: Plasmolytic studies of phloem. Amer. J. Bot. **42**, 68—81.

— and S. Strugger, 1956: Aniline blue and fluorescence microscopy of callose in bulb scales of *Allium cepa* L. Protoplasma **45**, 552—559.

— and D. H. Webster, 1964: Callose formation and subsequent disappearance: Studies in ultrasound stimulation. Plant Physiol. **39**, 843—847.

— and W. van der Zweep, 1955: Plasmolysis and the tetrazolium reaction in *Anacharis canadensis*. Protoplasma **45**, 125—132.

Czaja, A. Th., 1930 a: Über das Verhalten der Membranen von Pflanzenhaaren zu organischen Farbstoffen. Planta **10**, 424—455.

— 1930 b: Die Analyse der metachromatischen Färbungen von Pflanzengeweben mit organischen Farbstoffen. Ber. dtsch. bot. Ges. **48**, (100)—(104).

— 1930 c: Untersuchungen über metachromatische Färbungen von Pflanzengeweben. I. Substantive Farbstoffe. Planta **11**, 582—626.

— 1934: Untersuchungen über metachromatische Färbungen von Pflanzengeweben. II. Basische Farbstoffe. Planta **21**, 531—601.

— 1935 a: Der Membran- oder Poreneffekt des Absorptionsgewebes und seine physiologische Bedeutung. Planta **24**, 527—528.

— 1935 b: Wurzelwachstum, Wuchsstoff und die Theorie der Wuchsstoffwirkung. Ber. dtsch. bot. Ges. **53**, 221—245.

— 1936: Untersuchungen über den Membraneffekt des Absorptionsgewebes und über die Farbstoffaufnahme in die lebende Zelle. Planta **26**, 90—119.

— 1956: Fluoreszenzmikroskopische Untersuchungen über das Haftprotein bei Stärkekörnern. Protoplasma **46**, 143—151.

Czapek, F., 1919: Zum Nachweis von Lipoiden in Pflanzenzellen. Ber. dtsch. bot. Ges. **37**, 207—216.

Daddi, L., 1896: Nouvelle méthode pour colorer la graisse dans les tissus. Arch. ital. Biol. **26**, 143—146.

Dagys, J., und O. Kaikaryte, 1943: Einfluß der Azidität auf Wachstum und Giftempfindlichkeit des Pilzes *Absidia orchidis*. Protoplasma **38**, 125—154.

Dalcq, A., 1952 a: La coloration vitale au bleu de toluidine et sa manifestation métachromatique. C. R. Soc. biol. **146**, 1408—1411.

— 1952 b: La métachromasie in vivo au bleu de toluidine dans l'oeuf de rangeurs et dans certaines de leurs cellules tissulaires. Biol. Jaarboek Dodonea **15**, 52—59.

— et L. Massart, 1952: Aspects physico-chimiques de la métachromasie in vivo au bleu de toluidine. C. R. Soc. biol. **146**, 1436—1439.

Danckwortt, P. W., and J. Eisenbrand, 1964: Lumineszenz-Analyse im filtrierten ultravioletten Licht. 7. Aufl. Akad. Verlagsges. Geest u. Portig K.-G., Leipzig.

— und E. Pfau, 1927: Die Analysen-Quarzlampe im Dienste der Arzneimitteluntersuchung. Arch. Pharmazie **265**, 68—74.

Dangeard, P. A., 1916 a: La métachromatine chez les algues et les champignons. Bull. Soc. bot. France **16**, 95—100.

— 1916 b: Nouvelles observations sur la nature du chondriome chez les plantes et ses rapports avec le système vacuolaire. Bull. Soc. bot. France **16**, 179—187.

— 1916 c: Note sur la vitesse de pénétration des substances à l'intérieur des cellules végétales. Bull. Soc. bot. France **16**, 160—163.

— 1921: Observations sur une algue cultivée à l'obscurité depuis huit ans. C. R. Acad. Sci. **172**, 254—260.

— 1924: Le vacuome chez les Euglénies. Bull. Soc. bot. France **71**, 297—298.

Dangeard, P. A., 1928: L'appareil mucifère et le vacuome chez les Eugléniens. Ann. Protistol. **1**, 69—74.

— 1930: Mémoire sur la terminologie des élements cellulaires et son application à l'étude des Champignons. Botaniste **22**, 325—493.

— 1932: Note sur la formation de granules chromatiques dans le cytoplasme de quelques algues sons l'influence des colorants vitaux et en particulier du rouge neutre. Botaniste **24**, 157—172.

— 1933: Observations sur le vacuome des Cyanophycées. C. R. Acad. Sci. **197**, 1016—1019.

— 1935: Mémoire sur une Diatomée filamenteuse: *Himantidium pectinale*. Botaniste **27**, 333—386.

— et P. Dangeard, 1924: Recherches sur le vacuome des algues inférieures. C. R. Acad. Sci. **178**, 1038—1042.

Dangeard, P., 1920: Sur la métachromatine et les composés taniques des vacuoles. C. R. Acad. Sci. **171**, 1016—1019.

— 1923 a: Le vacuome dans les grains de pollen des Gymnospermes. C. R. Acad. Sci. **176**, 915—917.

— 1923 b: Coloration vitale de l'appareil vacuolaire chez les Péridiniens marins. C. R. Acad. Sci. **177**, 978—980.

— 1923 c: Evolution du système vacuolaire chez les végétaux. Botaniste **15**, 1—267.

— 1927: Sur l'origine des vacuoles. Botaniste **18**, 1—6.

— 1932: Le vacuome des algues et sa transmission par les zoospores. C. R. Acad. Sci. **194**, 2319—2322.

— 1933: Sur le vacuome des grains de pollen et des tubes polliniques. C. R. Acad. Sci. **197**, 858—860.

— 1934: Les caractères du vacuome dans les grains de pollen et dans les tubes polliniques. Botaniste **26**, 235—238.

— 1941: Sur le pouvoir d'accumulation des colorants vitaux par les cellules vivantes. C. R. Soc. biol. **135**, 575—577.

— 1947: Cytologie végétale et cytologie générale. Paul Lechevalier, Paris.

— 1951: Observations sur les chloroplastes des Algues et sur les constituants cytoplasmiques. Botaniste **35**, 109—122.

— 1956 a: Le vacuome des grains de pollen et sa coloration vitale. Protoplasma **46**, 152—159.

— 1956 b: Le vacuome de la cellule végétale. Morphologie. Protoplasmatologia III, D 1. Springer, Wien.

Dangl, F., 1950: Bemerkungen zur Vitalfluorochromierung mit Akridinorange. Mikroskopie **5**, 140—142.

— 1951: Über das Verhalten von Akridinfarbstoffen als Fluorochrome. Mikrochem. **36/37**, 1163—1168. (Inhalt identisch mit Dangl, 1950.)

Danielli, J. F., 1941: On the pH at the surface of ovalbumin molecules, and the protein error with indicators. Biochemic. J. **35**, 470—478.

Darken, M. A., 1961 a: Applications of fluorescent brighteners in biological techniques. Science **133**, 1704—1705.

— 1961 b: Natural and induced fluorescence in microscopic organisms. Appl. Microbiol. **9**, 354—360.

— 1962: Absorption and transport of fluorescent brighteners by microorganisms. Appl. Microbiol. **10**, 387—393.

— and M. E. Swift, 1963: Effects of ultraviolet-absorbing compounds on spore germination and cultural variation in microorganisms. Appl. Microbiol. **11**, 154 bis 156.

Darrow, M. A., F. Knapp, E. Stotz, and H. J. Conn, 1949: A comparison of american stains with recent german products. Stain Technol. **24**, 1—8.

Datta, M., 1957: Vacuoles and movement in the pulvinus of *Mimosa pudica*. Nature **179**, 253—254.

— 1959: A new interpretation of the structure of the contractile vacuole in the sensitive pulvini. Trans. Bose Res. Inst. **23**, 1—20.

Davis, J. C., and S. Mudd, 1957: Reducing sites in bacterial cells of the anaerobic genus *Clostridium* and their differentiation from other cell structures. J. Histo-, Cytochem. **5**, 254—263.

— L. C. Winterscheid, P. E. Hartman, and St. Mudd, 1953: A cytological investigation of the mitochondria of three strains of *Salmonella typhosa*. J. Histo-, Cytochem. **1**, 123—137.

Davson, H., and E. Ponder, 1940: Photodynamically induced cation permeability and its relation to hemolysis. J. cellul. comp. Physiol. **15**, 67—74.

Dax, R., 1906: Über den Ablauf der photodynamischen Erscheinung bei alkalischer, neutraler und saurer Reaktion. Arch. klin. Med. **87**, auch in: Tappeiner, H. v., und A. Jodlbauer, 1907: Ges. Unters., Leipzig, 187—194.

Deitch, A. D., 1964: A microspectrophotometric study of methylene blue binding. J. Histo-, Cytochem. **12**, 29—30.

De Deken, R. H., 1961: The dissociation of phenotypic and inheritable effects of euflavin in yeast. Exp. Cell Res. **24**, 145—148.

— 1966: The Crabtree effect and its relation to the petite mutation. J. gen. Microbiol. **44**, 157—165.

Delaporte, B., 1934: Sur la structure et le processus de sporulation de l'*Oscillospira Guilliermondi*. C. R. Acad. Sci. **198**, 1187—1189.

— 1940: Recherches cytologiques sur les Bactéries et les Cyanophycées. Rev. gén. bot. **51**, 615 u. f., **52**, 40 u. f.

Deley, J., G. Peeters, and L. Massart, 1947: The influence of acridine compounds on bakers' yeast. Biochim. Biophys. Acta **1**, 393—397.

Dellingshausen, M. v., 1944: Zellphysiologische Untersuchungen an Epilobien mit genetisch verschiedenen Plasmen. Planta **34**, 17—33.

Demars, R. I., 1953: Chemical mutagenesis in bacteriophage T 2. Nature **172**, 964.

— 1955: The production of phage-related materials when bacteriophage development is interrupted by proflavine. Virology **1**, 83—99.

— S. E. Luria, H. Fisher, and C. Levinthal, 1953: The production of incomplete bacteriophage particles by the action of proflavine and the properties of the incomplete particles. Ann. Inst. Pasteur **84**, 113—128.

Demeter, O., und O. Renner, 1960: Über Modifikationen bei Cyanophyceen. II. Über die Wirkung von Giften. Planta **54**, 195—209.

Dervichian, D., et C. Magnant, 1946: Coloration des figures de gonflement dans l'eau. C. R. Soc. biol. **140**, 95—97.

Désiré, Ch., 1946: Action du rouge neutre sur les glandes de *Pinguicula vulgaris* L. C. R. Soc. biol. **140**, 265—267.

Deufel, J., 1959: Zählung von Wasserbakterien auf Membranfiltern mittels Fluoreszenzmikroskopie. Naturwiss. **46**, 654.

Deutsch, D., 1928: Zur Bedeutung der Grenzflächen in der Zellbiologie. Arch. exper. Zellforsch. **6**, 440—443.

Devaux, H., 1930: Les affinités cellulaires. Bull. Soc. bot. France **77**, 144—159.

Deyssons, G., 1952: Recherches sur la perméabilité des cellules végétales. Rev. Cytol. Biol. vég. **13**, 153—315.

Diamond, L., 1963: Cellular uptake of chloramphenicol as revealed by fluorescence microscopy. Nature **199**, 90—91.

Diannelidis, Th., 1950: Zellphysiologische Beobachtungen an den Schließzellen von *Stratiotes aloides*. Protoplasma **39**, 441—449.

— 1951: Zur protoplasmatischen Anatomie des Blattes von *Halophila stipulacea*. Phyton **3**, 29—43.

— 1963: Das Verhalten der Blattzellen von *Halophila stipulacea* gegen basische Hellfeldfarbstoffe. Protoplasma **57**, 260—269.

— und K. Höfler, 1959: Über die Elaioplasten der Rotalge *Laurencia obtusa*. Protoplasma **50**, 590—606.

Dieckhues, B., 1955: Untersuchungen über die Reduktion von Farbstoffen durch *S. typhi*, *S. paratyphi* und *E. coli*. Cbl. Bakt., Abt. I, Orig. **163**, 1—6.

Diehl, J. M., 1936: Einige Beobachtungen über die Aufnahme von Farbstoffen durch die Blätter von *Helodea densa* und *Helodea canadensis*. Rec. trav. bot. néerl. **33**, 502—508.

Dietrich, A., und G. Liebermeister, 1902: Sauerstoffübertragende Körnchen in Milzbrandbacillen. Cbl. Bakt., Abt. I, Orig. **32**, 858—865.

Dietrich, F., 1929: Beobachtungen über Stoffwanderung in lebendigen Zellen. Protoplasma **8**, 161—198.

Diezel, P. B., und G. Neimanis, 1957: Über den Metachromasieeffekt von Sudanschwarz B. Naturwiss. **44**, 560.

Dimond, A. E., E. M. Stoddard, and S. Rich, 1951: The effekt of dyes in retarding the development of crown galls. Phytopath. **41**, 911—914.

Diskus, A., 1954: Vitalfärbestudien an Euglenaceen. Protoplasma **44**, 194—211.

— 1956: Färbestudien an den Schleimkörperchen und Schleimausscheidungen einiger Euglenen. Protoplasma **45**, 460—477.

— 1961: Über den Bau des Vakuolensystems einiger *Cladophora*-Arten. Protoplasma **54**, 217—222.

Diskus, A., und O. Kiermayer, 1954: Die Raphidenzellen von *Haemaria discolor* bei Vitalfärbung. Protoplasma **43**, 450—454.

Döring, H., 1932: Beiträge zur Frage der Hitzeresistenz pflanzlicher Zellen. Planta **18**, 405—434.

— 1935: Versuche über die Aufnahme fluoreszierender Stoffe in lebende Pflanzenzellen. Ber. dtsch. bot. Ges. **53**, 415—437.

— 1938: Photosensibilisierung der Gene? Naturwiss. **26**, 819—820.

Dörr, R., 1965: Die Aufnahme von Alkaloiden und Benzpyren durch intakte Pflanzenwurzeln. Naturwiss. **52**, 166.

Dognon, A., 1927: Étude sur la photo-sensibilisation biologique: La fluorescence et la pénétration des photo-sensibilisateurs. C. R. Soc. biol. **97**, 1590—1592.

— 1928 a: La photo-sensibilisation biologique. Influence de la concentration du sensibilisateur et de l'intensité lumineuse. C. R. Soc. biol. **98**, 283—285.

— 1928 b: Étude sur la photo-sensibilisation : La désensibilisation. C. R. Soc. biol. **98**, 374—376.

— 1928 c: Études sur la photo-sensibilisation biologique. Rev. Actinol. **4**, 5—23.

Doladilhe, M., 1932: Influence exercée par un électrolyte sur la fixation des matières colorants colloidales par les granules d'un hydrosol. C. R. Acad. Sci. **194**, 1934 bis 1936.

Donáth, T., and I. Lengyel, 1961: Analysis of the staining properties of acridine orange in epithelial cells. Acta morph. Acad. Sci. hung. **10**, 21—31.

Dorner, A., 1922 a: Über das Verhalten der Zellwand zu Kongorot, insbesondere bei Farnprothallien. Cbl. Bakt., Abt. II, **56**, 14—27.

— 1922 b: Über die Aufnahme von Anilinfarbstoffen in das Protoplasma und die Zellwand (Sammelreferat). Cbl. Bakt., Abt. II, **56**, 27—31.

Dostál, R., 1928: Zur Vitalfärbung und Morphogenese der Meeressiphoneen. Protoplasma **5**, 168—178.

Drake, J. W., 1964: Studies on the induction of mutations in bacteriophage T 4 by ultraviolet irradiation and by proflavin. J. cellul. comp. Physiol. **64** (Suppl.), 19—32.

Drawert, H., 1937 a: Untersuchungen uber den Erregungs- und den Erholungsvorgang in pflanzlichen Geweben nach elektrischer und mechanischer Reizung. Planta **26**, 391—419.

— 1937 b: Untersuchungen über die pH-Abhängigkeit der Plastidenfärbung mit Säurefuchsin und Toluidinblau in fixierten pflanzlichen Zellen. Flora **131**, 341—354.

— 1937 c: Das Verhalten der einzelnen Zellbestandteile fixierter pflanzlicher Gewebe gegen saure und basische Farbstoffe bei verschiedener Wasserstoffionenkonzentration. Flora **132**, 91—124.

— 1937 d: Der Einfluß anorganischer Salze auf die Aufnahme und Abgabe von Farbstoffen durch die pflanzliche Zelle. Ber. dtsch. bot. Ges. **55**, 380—390.

— 1937 e: Protoplasmatische Anatomie des fixierten *Helodea*-Blattes. Protoplasma **29**, 206—227.

— 1938 a: Beiträge zur Entstehung der Vakuolenkontraktion nach Vitalfärbung mit Neutralrot. Ber. dtsch. bot. Ges. **56**, 123—131.

— 1938 b: Elektive Färbung der Hydropoten an fixierten Wasserpflanzen. Ein Beitrag zur protoplasmatischen Anatomie fixierter Gewebe. Flora **132**, 234—252.

— 1938 c: Über die Aufnahme und Speicherung von Prune pure durch die pflanzliche Zelle. Planta **29**, 179—214.

— 1939 a: Zur Frage der Stoffaufnahme durch die lebende pflanzliche Zelle. I. Versuche mit Rhodaminen. Planta **29**, 376—391.

— 1939 b: Besprechung von Hofmeister, L. (1938) in Protoplasma **33**, 317—318.

— 1940: Zur Frage der Stoffaufnahme durch die lebende pflanzliche Zelle. II. Die Aufnahme basischer Farbstoffe und das Permeabilitätsproblem. Flora **134**, 159 bis 214.

— 1941 a: Zur Frage der Stoffaufnahme durch die lebende pflanzliche Zelle. III. Die Aufnahme saurer Farbstoffe und das Permeabilitätsproblem. Flora **135**, 21—64.

— 1941 b: Beobachtungen an den Spaltöffnungen und den Blatthaaren von *Tradescantia virginica* L. Flora **135**, 303—318.

— 1948 a: Zur Frage der Stoffaufnahme durch die lebende pflanzliche Zelle. IV. Der Einfluß der Wasserstoffionenkonzentration des Zellsaftes und des Außenmediums auf die Harnstoffaufnahme. Planta **35**, 579—600.

— 1948 b: Zur Frage der Stoffaufnahme durch die lebende pflanzliche Zelle. V. Zur Theorie der Aufnahme basischer Stoffe. Z. Naturforsch. **3 b**, 111—120.

— 1949 a: Zur Frage der Methylenblauspeicherung in Pflanzenzellen. II. Z. Naturforsch. **4 b**, 35—37.

Drawert, H., 1949 b: Zellmorphologische und zellphysiologische Studien an Cyanophyceen. I. Mitt.: Literaturübersicht und Versuche mit *Oscillatoria Borneti* Zukal. Planta **37**, 161—209.
— 1950: Das Sulfonamid Prontosil solubile als Vitalfarbstoff. Protoplasma **39**, 688—692.
— 1951 a: Beiträge zur Vitalfärbung pflanzlicher Zellen. Protoplasma **40**, 85—106.
— 1951 b: Zur Frage der Bestimmung des isoelektrischen Punktes von lebendem Plasma. Z. Naturforsch. **6 b**, 141—147.
— 1952 a: Die Bestimmung des isoelektrischen Punktes lebenden Plasmas. Z. Naturforsch. **7 b**, 119—121.
— 1952 b: Der fluoreszenzoptische Nachweis von Chloroplasten in den Schließzellen von *Allium cepa* L. Flora **139**, 329—332.
— 1952 c: Vitale Fluorochromierung der Mikrosomen mit Nilblausulfat. Ber. dtsch. bot. Ges. **65**, 263—271.
— 1952 d: Die Eigenfluoreszenz der Schuppenblattepidermen von *Allium cepa* L. und ihre Beeinflussung. Z. Bot. **40**, 407—427.
— 1953: Vitale Fluorochromierung der Mikrosomen mit Janusgrün, Nilblausulfat und Berberinsulfat. Ber. dtsch. bot. Ges. **66**, 134—150.
— 1954 a: Vitalfärbung der Plastiden von *Allium cepa* mit Coelestinblau. Ber. dtsch. bot. Ges. **67**, 33—42.
— 1954 b: Über die Eignung zelleigener Anthocyane zur pH-Wert-Bestimmung des Zellsaftes. Protoplasma **44**, 370—373.
— 1955 a: Vitalfluorochromierungen mit angeblichem „Magdalarot". Flora **142**, 479—488.
— 1955 b: Die vitale Fluorochromierung der Sphärosomen (Mikrosomen) mit einem aliphatisch im N substituierten Aminopyren. Naturwiss. **42**, 419.
— 1955 c: Der pH-Wert des Zellsaftes. In W. Ruhland, Handb. Pflanzenphysiol. **1**, 627—648.
— 1956 a: Über hundert Jahre Vitalfärbung pflanzlicher Zellen. Protoplasma **47**, 531—533.
— 1956 b: Besprechung von Small, J. The pH of Plant Cells. Protoplasmatologia II, B/2/c, Springer-Verlag Wien 1955. Z. Bot. **44**, 464—467.
— 1956 c: Die Aufnahme der Farbstoffe. Vitalfärbung. In W. Ruhland, Handb. Pflanzenphysiol. **2**, 252—289.
— 1956 d: Stoffaufnahme und innerer pH-Wert. In W. Ruhland, Handb. Pflanzenphysiol. **2**, 409—417.
— 1957: Zur Frage der Plasmolyse geöffneter Pflanzenzellen. Ber. dtsch. bot. Ges. **70**, 401—408.
— 1958: Über das unterschiedliche optische und vitalfärberische Verhalten frischer und älterer Rhodamin S-Lösungen. Ber. dtsch. bot. Ges. **71**, 123—132.
— 1960 a: Fluorochromierungsstudien an lebenden und toten Pflanzenzellen mit Fluorescein. Ber. dtsch. bot. Ges. **73**, 115—122.
— 1960 b: Besprechung von Haitinger, M. Fluoreszenzmikroskopie. 2. erweiterte Aufl. bearbeitet von J. Eisenbrand u. G. Werth, Leipzig 1959. Z. Bot. **48**, 444 bis 447.
— 1966: Zur Vitalfärbung der Chondriosomen mit Pinacyanol. Z. Pflanzenphysiol. **54**, 145—150.
— und U. Bock, 1961: Ein Modellversuch zum Ionenfallenprinzip der Farbstoffspeicherung in „leeren" Zellsäften. Ber. dtsch. bot. Ges. **74**, 321—323.
— und B. Endlich, 1956: Der Einfluß von Sauerstoff und Atmungsgiften auf die Aufnahme und Speicherung saurer und basischer Farbstoffe durch die lebende Pflanzenzelle. Protoplasma **46**, 170—183.
— und H. Gutz, 1953: Zur vitalen Fluorochromierung der Mikrosomen mit Nilblau. Naturwiss. **40**, 512.
— und M. Kärber, 1956: Zur Frage der Fluorochromierung von Granula in Hefezellen mit Berberinsulfat. Naturwiss. **43**, 161.
— und I. Metzner, 1955: Vitalfluorochromierungen mit Brillantkresylblaupräparaten verschiedener Herkunft. Ber. dtsch. bot. Ges. **68**, 385—394.
— — 1956 a: Untersuchungen zur vitalen Fluorochromierung pflanzlicher Zellen mit Neutralrot. Protoplasma **47**, 359—383.
— — 1956 b: Fluorescenz- und elektronenmikroskopische Beobachtungen an *Cylindrospermum* und einigen anderen Cyanophyceen. Ber. dtsch. bot. Ges. **69**, 291—300.
— — 1958 a: Fluorescenz- und elektronenmikroskopische Untersuchungen an *Oscillatoria Borneti* Zukal. Z. Bot. **46**, 16—25.

Drawert, H., und I. Metzner-Küster, 1958 b: Fluorescenz- und elektronenmikroskopische Untersuchungen an *Beggiatoa alba* und *Thiothrix nivea*. Arch. Mikrobiol. **31**, 422—434.

— — 1961: Licht- und elektronenmikroskopische Untersuchungen an Desmidiaceen. I. Mitt. Zellwand- und Gallertstrukturen bei einigen Arten. Planta **56**, 213—228.

— und M. Mix, 1961 a: Licht- und elektronenmikroskopische Untersuchungen an Desmidiaceen. II. Mitt. Hüllgallerte und Schleimbildung bei *Micrasterias, Pleurotaenium* und *Hyalotheca*. Planta **56**, 237—261.

— — 1961 b: Licht- und elektronenmikroskopische Untersuchungen an Desmidiaceen. VIII. Mitt. Die Chondriosomen von *Micrasterias rotata*. Flora **151**, 487—508.

— — 1962 a: Licht- und elektronenmikroskopische Untersuchungen an Desmidiaceen. IX. Mitt. Die Struktur der Pyrenoide von *Micrasterias rotata*. Planta **58**, 50—74.

— — 1962 b: Die Sphärosomen im elektronenmikroskopischen Bild. Ber. dtsch. bot. Ges. **75**, 128—134.

— — 1963: Elektronenmikroskopische Studien an den Oberepidermiszellen der Schuppenblätter von *Allium cepa* L. Protoplasma **57**, 270—289.

— und U. Rüffer-Bock, 1964: Fluorochromierung von Endoplasmatischem Reticulum, Dictyosomen und Chondriosomen mit Tetracyclin. Ber. dtsch. bot. Ges. **77**, 440—449.

— — 1965: Mikrospektralphotometrische Untersuchungen mit dem UMSP I (C. Zeiss) an Oberepidermen der Schuppenblätter von *Allium cepa* nach Neutralrotfärbung. Protoplasma **60**, 435—445.

— und E. Schlafke, 1959: Vitalfärbungs- und Plasmolysestudien an den Hyphen von *Polystictus versicolor* L. und einigen anderen Basidiomyceten. Ber. dtsch. bot. Ges. **72**, 429—439.

— und S. Strugger, 1938: Zur Frage der Methylenblauspeicherung in Pflanzenzellen. I. Ber. dtsch. bot. Ges. **56**, 43—54.

— und Ch. Thielke, 1951: Protoplasmatische Studien an *Erineum nervisequum* Kunze auf *Fagus silvatica* L. Protoplasma **40**, 200—204.

— und I. Tischer, 1956: Über Redox-Vorgänge bei Cyanophyceen unter besonderer Berücksichtigung der Heterocysten. Naturwiss. **43**, 132.

Drebinger, K. 1051: Korngifte und Lichtstrahlung. Roux'Arch. Entwickl. mech. **145**, 174—204.

— 1955: Die photodynamische Wirkungskomponente der Kerngifte. Roux' Arch. Entwickl. mech. **147**, 355—304.

Drews, G., 1955 a: Zur Frage der TTC-Reduktion durch Cyanophyceen. Naturwiss. **42**, 646.

— 1955 b: Zur Kenntnis der Cytologie von *Rhodospirillum rubrum*. Arch. Mikrobiol. **23**, 1—13.

— 1956: Über Ergebnisse mit dem Phosphatidnachweis nach Menschik. Acta histochem. **3**, 72—76.

— und W. Niklowitz, 1956: Beiträge zur Cytologie der Blaualgen. II. Mitt. Zentroplasma und granuläre Einschlüsse von *Phormidium uncinatum*. Arch Mikrobiol. **24**, 147—162.

— — 1957: Beiträge zur Cytologie der Blaualgen. III. Mitt. Untersuchungen über die granulären Einschlüsse der Hormogonales. Arch. Mikrobiol. **25**, 333—351.

Drummond, D. S., V. F. W. Simpson-Gildemeister, and A. R. Peacocke, 1965: Interaction of aminoacridines with deoxyribonucleic acid: effects of ionic strength, denaturation and structure. Biopolymers (N. Y.) **3**, 135—153.

Dubinin, N. P., B. N. Sidorov und N. N. Sokolov, 1959: Der genetische Effekt der Nachwirkung von sichtbarem Licht. Dokl. Acad. Nauk SSSR **126**, 179—182 (Russisch).

Dubitzky, J., 1934: Protoplasma- und Vakuolenkonfiguration bei *Saprolegnia*. Z. wiss. Mikrosk. **51**, 213—237.

Dubos, R., 1929: Relation of the bacteriostatic action of certain dyes to oxidation-reduction processes. J. exper. Med. **49**, 575—592.

Dubrov, A. P., 1959: Study of the effect of ultraviolett radiation of plant cells by fluorochromicization. Biofizika **4**, 345—349 (Russisch mit engl. Zsfassg.).

— 1960: On photoreactivation of plant cells. Biofizika **5**, 438—445 (Russisch mit engl. Zsfassg.).

Du Buy, H., C. L. Greenblatt, D. R. Lincicome, and J. Hayes, 1963: Tetracycline as a tool for the study of cell permeability of *Trypanosoma lewisi*. J. Cell Biol. **19**, 21 A—22 A.

— F. Riley, and J. L. Showacre, 1964: Tetracycline fluorescence in permeability studies of membranes around intracellular parasites. Science **145**, 163—165.

Du Buy, H., and J. L. Showacre, 1961: Selective localization of tetracycline in mitochondria of living cells. Science **133**, 196—197.

Düvel, D., 1954: Beiträge zur Kenntnis der Struktur und Entwicklung der Chloroplasten. Protoplasma **44**, 239—258.

Dufrénoy, J., 1928: Le vacuome des cellules de canne à sucre affectées de mosaiques. C. R. Soc. biol. **99**, 503—505.

— 1929: Les vacuoles des cellules glandulaires des poils de plantes carnivores. Rev. gén bot. **41**, 273—281.

— 1930: Le vacuome des cellules perivasculaires. Protoplasma **11**, 303—311.

— et F. Labrousse, 1930: Influence du pH du milieu de culture sur la pénétration du rouge neutre dans les cellules du tabac. Ann. Épiphyties **16**, 95—102.

— and R. Pratt, 1948: Histo-physiological localization of the site of reducing activity in stalks of sugar cane. Amer. J. Bot. **35**, 333—334.

— and A. Radoëff, 1932: Coloration vitale des vacuoles de plantules de Riz, en cours de croissance. C. R. Soc. biol. **111**, 188—190.

— — 1933: Coloration vitale des vacuoles des plantules de blé en cours de croissance. C. R. Soc. biol. **112**, 1394—1395.

Dughi, R., 1949: Metachromatine et pseudovacuoles des Cyanophycées. C. R. Acad. Sci. **228**, 1245—1247.

Duijn, C. van, 1954: Fluorochroming of human spermatozoa with acridine-orange. Mikroskopie **9**, 324—333.

— 1960: Effect of acridine orange on living bull spermatozoa. Nature **187**, 1006—1008.

— 1961 a: Effects of light and optical sensitization by acridine-orange on living bull spermatozoa. Nature **189**, 76—78.

— 1961 b: Photodynamic effects of vital staining with diazine green (janusgreen) on living bull spermatozoa. Exp. Cell Res. **25**, 120—130.

— 1962 a: Toxic and photodynamic effects of toluidine blue on living bull spermatozoa. Exp. Cell Res. **26**, 373—381.

— 1962 b: Differential staining of nucleic acids? Nature **193**, 999—1000.

— 1964: Effects of rhodamine B and primuline on bull spermatozoa and their use for fluorimetric determination of live/dead ratios. Mikroskopie **19**, 75—87.

Dundas, L. D., and H. Larsen, 1963: A study on the killing by light of photosensitized cells of *Halobacterium salinarium*. Arch. Mikrobiol. **46**, 19—28.

Duvick, D. N., 1955: Cytoplasmic inclusions of the developing and mature maize endosperm. Amer. J. Bot. **42**, 717—725.

Dyar, M. T., 1953: Studies on the reduction of a tetrazolium salt by green plant tissue. Amer. J. Bot. **40**, 20—25.

Dybing, C. G., and H. B. Currier, 1957: A fluorescent dye method for foliar penetration studies. Plant Physiol. **32** (Supplem.) XXXIX.

Eadie, G. S., 1928: The rate of reduction of methylene blue by *Bacillus coli*. J. gen. Physiol. **11**, 459—468.

Ebel, J. P., et S. Muller, 1958: Recherches cytochimiques sur les polyphosphates inorganiques contenus dans les organismes vivants. I. Étude de la réaction de métachromasie et des colorations au vert de méthyle et à la pyronine en fonction de la longueur de chaîne des polyphosphates. Exp. Cell. Res. **15**, 21—28.

Ecker, H., 1940: Das Absorptionsspektrum von reversiblen Polymerisaten aus Chinolinfarbstoffen. Kolloid-Z. **92**, 35—70.

Eckerson, S. H., 1926: An organism of tomato mosaic. Bot. Gaz. **81**, 204—209.

Eckstein, A., 1936: Untersuchungen über die Ursache der gerichteten (irreziproken) Farbstoffwanderung durch die Froschhaut. Pflügers Arch. **237**, 125—142.

Eder, H., 1960: Fluoreszenzmikroskopische Eosinophilen-Diagnostik. Leitz-Mitteilg. **1**, 113—117.

Efimoff, A., und W. W. Efimoff, 1925: Vitale Färbung und photodynamische Erscheinungen. Biochem. Z. **155**, 376—380.

Efimoff, W. W., 1923: Die photodynamische Sensibilisierung der Protozoen und der Satz von Talbot. Biochem. Z. **140**, 453—456.

— und P. Rehbinder, 1929: Grenzflächenenergie und Grenzflächenaktivität an einem Protoplasmamodell (an der Trennungsfläche mit wässerigen Farbstofflösungen). Biochem. Z. **211**, 154—162.

Ehrlich, F., 1932: Pektin. In Klein, G., Hdb. Pflanzenanal. **3/1**, 80—125, Springer, Wien.

Ehrlich, P., 1877: Beiträge zur Kenntnis der Anilinfärbungen und ihrer Verwendung in der mikroskopischen Technik. Arch. mikrosk. Anat. **13**, 263—277.

EHRLICH, P., 1879: Beiträge zur Kenntnis der granulirten Bindegewebszellen und der eosinophilen Leukocythen. Arch. Physiol. **3**, 166—169.
— 1880: Methodologische Beiträge zur Physiologie und Pathologie der verschiedenen Formen der Leukocyten. Z. klin. Med. **1**, 552—560.
— 1885: Das Sauerstoffbedürfnis des Organismus. Eine farbenanalytische Studie. August Hirschwald, Berlin.
EHRLICH, R., 1949: Untersuchung von toten und lebenden Bakterienzellen durch Färbeverfahren. Milchwiss. **4**, 241—244 und 327—332.
EICHHORN, A., 1930: Action des colorants vitaux sur la croissance des racines. C. R. Soc. biol. **103**, 374—376.
EICKE, R., und E. KÖHLER, 1943: Beobachtungen an den Eiweißkristallen der Kartoffelsorte „Juli". Protoplasma **38**, 64—70.
EISENBERG, P., 1910: Über Fettfärbung. Farbchemische und histologisch-technische Untersuchungen. Virchows Arch. path. Anat. Physiol. **199**, 502—542.
— 1913: Untersuchungen über halbspezifische Desinfektionsvorgänge. I. Über die Wirkung von Farbstoffen auf Bakterien. Vitalfärbung-Entwickelungshemmung. Cbl. Bakt., Abt. I, Orig. **71**, 420—503.
EISENBRAND, J., und H. O. LOHRSCHEID, 1959: Über die Beeinflussung der Milchsäuregärung durch Spaltprodukte des Azorubins und anderer roter Azofarbstoffe. Naturwiss. **46**, 355.
— und D. PFEIL, 1955: Über die Reduktion von Azofarbstoffen, insbesondere von Azorubin durch Milchsäurebakterien. Naturwiss. **42**, 97—98.
ELFVING, F., 1882: Über die Wasserleitung im Holz. Bot. Ztg. **40**, 707—723.
ELIN, W. L., 1946: Über Toluidinblau als Prophylaktikum bei der Wundheilung. Chirurgie **2**, 22—24 (Russisch).
ELÖD, E., 1933: On the theory of the dyeing process. The influence of acid-dyes on animal fibres. Transact. Faraday Soc. **29**, 327—347.
ELSNER, W., 1932: Wirkungen des Methylenblaues auf die lebende Pflanzenzelle. Z. wiss. Mikrosk. **49**, 28—59.
EMERY, A. J., F. KNAPP-HAZEN, and E. STOTZ, 1950: Spektrophotometric characteristics and assay of biological stains. Stain Technol. **25**, 201—208.
— and E. STOTZ, 1953: Spectrophotometric characteristics and assay of biological stains. IV. The phenyl methane dyes. Stain Technol. **28**, 235—244.
ENDLER, J., 1911: Beiträge zur Theorie der Vitalfärbung. Lotos, naturwiss. Z. **59**, 29—30.
— 1912 a: Über den Durchtritt von Salzen durch das Protoplasma. I. Über die Beeinflussung der Farbstoffaufnahme in die lebende Zelle durch Salze. Bioch. Z. **42**, 440—469.
— 1912 b: Über den Durchtritt von Salzen durch das Protoplasma. Über eine Methode zur Bestimmung des isoelektrischen Punktes des Protoplasmas auf Grund der Beeinflussung des Durchtrittes von Farbstoffen durch OH- und H-Ionen. Bioch. Z. **45**, 359—411.
ENGEL, CHR., and L. H. BRETSCHNEIDER, 1947: The distribution of the enzymes in resting cereals. IV. A comparative investigation of the distribution of enzymes and mitochondria in wheat grains. Biochim. Biophys. Acta **1**, 357—363.
ENGHUSEN, E., und K. ENGHUSEN, 1961: Einige Untersuchungen über Vitalfärbung und Vitalfarbstoffe. Acta Anat. **45**, 177—201.
ENGLEMAN, E. M., 1965: Sieve element of *Impatiens sultanii*. 1. Wound reaction. 2. Developmental aspects. Ann. Bot. N. S. **29**, 83—118.
ENÖCKL, F., 1959: Vitalitätsprüfung reifer und überreifer Zellen aus dem Fruchtfleisch von *Sorbus aria*. Protoplasma **51**, 320—324.
— 1960 a: Uranin-Fluorochromierung von *Allium*-Zellen nach Vorbehandlung mit Ammonkarbonat. Protoplasma **52**, 344—375.
— 1960 b: Über den Zustand des Plasmas in vakuolenkontrahierenden *Anchusa*-Zellen. Protoplasma **52**, 567—579.
EPHRUSSI, B., et S. GRANDCHAMP, 1965: Études sur la suppressivité des mutants à déficience respiratoire de la levure. I. Existence au niveau cellulaire de divers » degrés de suppressivité «. Heredity **20**, 1—7.
— H. HOTTINGUER et A.-M. CHIMENES, 1949 a: Action de l'acriflavine sur les levures. I. La mutation » petite colonie «. Ann. Inst. Pasteur **76**, 351—367.
— — — 1949 b: Action de l'acriflavine sur les levures. II. Étude génétique du mutant » petite colonie «. Ann. Inst. Pasteur **76**, 419—442.
— — 1950: Direct demonstration of the mutagenic action of euflavine on baker's yeast. Nature **166**, 956.

Ephrussi, B., Ph. L'Héritier et H. Hottinguer, 1949: Action de l'acriflavine sur les levures. VI. Analyse quantitative de la transformation des populations. Ann. Inst. Pasteur **77**, 64—83.
— H. Jakob, et S. Grandchamp, 1966: Études sur la suppressivité des mutants a déficience respiratoire de la levure. II. Étapes de la mutation grande en petite provoquée par le facteur suppressif. Genetics **54**, 1—29.
— and P. P. Slonimski, 1955: Subcellular units involved in the synthesis of respiratory enzymes in yeast. Nature **176**, 1207—1208.
— — Y. Yotsuyanagi et J. Tavlitzki, 1956: Variations physiologiques et cytologiques de la levure au cours du cycle de la croissance aerobie. C. R. Trav. Lab. Carlsberg, Sér. physiol. **26**, 87—102.
Epstein, L. F., F. Karush, and E. Rabinowitch, 1941: A spectrophotometric study of thionine. J. optic. Soc. Amer. **31**, 77—84.
Epstein, S. S., and M. Burroughs, 1962: Some factors influencing the photodynamic response of *Paramecium caudatum* to 3,4-Benzpyrene. Nature **193**, 337—338.
— I. B. Saporoschetz, M. Small, W. Park, and N. Mantel, 1965: A simple bioassay for antioxidants based on protection of *Tetrahymena pyriformis* from the photodynamic toxicity of benzo (α) pyrene. Nature **208**, 655—658.
Eschrich, W., 1953: Beiträge zur Kenntnis der Wundsiebröhrenentwicklung bei *Impatiens holsti*. Planta **43**, 37—74.
— 1956: Kallose. (Ein kritischer Sammelbericht). Protoplasma **47**, 487—530.
— 1963: Beziehungen zwischen dem Auftreten von Callose und der Feinstruktur des primären Phloems bei *Cucurbita ficifolia*. Planta **59**, 243—261.
— and H. B. Currier, 1964: Identification of callose by its diachrome and fluorochrome reactions. Stain Technol. **39**, 303—307.
Esser, K., 1963: Bildung und Abbau von Callose in den Samenanlagen der *Petunia hybrida*. Z. Bot. **51**, 32—51.
Esteřák, K. B., 1935: Resistenz-Gradienten in *Elodea*-Blättern. Protoplasma **23**, 367—383.
Etz, K. H., 1939: Über die Wirkung des Austrocknens auf den Inhalt lebender Pflanzenzellen. Protoplasma **33**, 481—511.
Euler, H. v., 1913: Über Katalysatoren der alkoholischen Gärung. II. Vorl. Mitt. Z. physiol. Chem. **87**, 142—144.
— und N. Florell, 1919: Über das Verhalten einiger Farbstoffe zu Hefezellen. Ark. Kemi, Min. Geol. **7**, no. 18, 1—27.
Evans, H. M., W. Schulemann und F. Wilborn, 1914: Die vitale Färbung mit sauren Farbstoffen in ihrer Bedeutung für pharmakologische Probleme. Dtsch. med. Wschr. **40**, 1508—1511.
Evert, R. F., and W. F. Derr, 1964: Callose substance in sieve elements. Amer. J. Bot. **51**, 552—559.
Ewart, A. J., 1908: The ascent of water in trees. Second paper. Philos. Transac. roy. Soc. London Ser. B **199**, 341—392.
— and B. Rees, 1910: Transpiration ascent of water under australian conditions. Ann. Bot. **24**, 85—105.

Fabbricotti-Oberrauch, J., 1965 a: Untersuchungen über aktive Aufnahme der sauren Farbstoffe Cyanol, Orange G und Ponceau in Pflanzengeweben. I. Protoplasma **59**, 201—230.
— 1965 b: Untersuchungen über aktive Aufnahme der sauren Farbstoffe Cyanol, Orange G und Ponceau in Pflanzengewebe. II. Protoplasma **59**, 531—568.
Falk, H., und P. Sitte, 1963: Zellfeinbau bei Plasmolyse. I. Der Feinbau der *Elodea* Blattzellen. Protoplasma **57**, 290—303.
Farkas, G. v., G. Györgyi und L. Németh, 1927: Studien über die Ausscheidung der Triphenylmethansulfosäurefarbstoffe und Carbinole mit Harn. Bioch. Z. **187**, 363—368.
Fauré-Fremiet, E., 1912: Sur la valeur des indications microchimiques fournies par quelques colorants vitaux. Anat. Anz. **40**, 378—380.
Faust, M. A., and D. Pramer, 1964: A staining technique for the examination of Nematode-trapping fungi. Nature **204**, 94—95.
Fautrez, J., 1939: Contribution à l'étude de l'athrocytose. La condensation figurée intracellulaire des colorants acides. Arch. Biol. **50**, 369—430.
— et L. Lison, 1937: Études sur la diffusibilité des colorants. Protoplasma **27**, 169 bis 189.

FEIX, Th., 1939: Über das Verhalten kranker Laubblätter bei der Aufnahme von Farblösungen durch das Leitbündelnetz. Ber. Oberhess. Ges. Naturwiss. u. Heilk. Gießen **19**, 1—30.

FERRI, M. G., 1951 a: Fluorescence and photoinactivation of indoleacetic acid. Arch. Biochem. Biophys. **31**, 127—131.

— 1951 b: Photo-inactivation of the plant hormone indoleacetic acid by fluorescent substances. Nature **168**, 334—335.

FETZMANN, E., 1961: Beobachtungen an Inhaltskörpern von *Callithamnion granulatum*. Protoplasma **53**, 11—18.

FEULGEN, R., 1913: Das Verhalten der echten Nucleinsäuren zu Farbstoffen. Z. physiol. Chem. **84**, 309—328.

FICHTE, E., 1929: Strukturveränderungen am toten Holze durch technische Einflüsse und ihre Sichtbarmachung durch Färbungen. Angew. Bot. **11**, 77—112.

FINK, H., 1931: Beiträge zur Methylenblaufärbung der Hefezellen und Studien über die Permeabilität der Hefezellmembran. Z. physiol. Chem. **195**, 215—240.

— und R. KÜHLES, 1933 a: Beiträge zur Methylenblaufärbung der Hefezellen und Studien über die Permeabilität der Hefezellmembran. II. Mittlg. Z. physiol. Chem. **218**, 65—66.

— — 1933 b: Beiträge zur Methylenblaufärbung der Hefezellen und Studien über die Permeabilität der Hefezellenmembran. IV. Eine verbesserte Färbeflüssigkeit zur Erkennung von toten Hefezellen. Wschr. Brau. **50**, 185.

— und F. WEINFURTNER, 1931: Die Methylenblaufärbung von Hefezellen und ihre Beziehung zur Wasserstoffzahl und zum Permeabilitätsproblem. Wschr. Brau. **48**, 159—162.

FINKELSTEIN, H., and J. W. BARTHOLOMEW, 1953: Quantitative determination of dye uptake by bacterial cells. Stain Technol. **28**, 177—186.

FISCHEL, A., 1926: Vitale Färbung. In KRAUSE, R. Enzyklop. mikrosk. Tech. 3. Aufl. Bd. **1**, 697—721, Urban & Schwarzenberg, Berlin-Wien.

FISCHER, A., 1899: Fixirung, Färbung und Bau des Protoplasmas. Gustav Fischer, Jena.

FISCHER, E. P., 1929: Über die Permeabilität der Hornhaut und uber Vitalfärbungen des vorderen Bulbusabschnittes mit Bemerkungen über die Vitalfärbung des Plexus choroideus. Arch. Augenheilk. **101**, 480—555.

FISCHER, H., 1905: Über die kolloidale Natur der Stärkekörner und ihr Verhalten gegen Farbstoffe. Ein Beitrag zur Theorie der Färbung. Beih. Bot. Cbl. **18**, Abt. 1, 409 bis 432.

FISCHER, I., 1939: Vitale Kernfärbungen bei *Stenobothrus*. Chromosoma **1**, 157—177.

FISCHER, M., 1931: Zur Verteilung des Gerbstoffes in der Epidermis. Biol. Zbl. **51**, 424—437.

FISCHER, R., and P. LAROSE, 1952 a: Contribution on the behavior and structure of the cytoplasmic membrane of bacteria. Canad. J. med. Sci. **30**, 86—105.

— — 1952 b: Mechanism of gram stain reversal. J. Bact. **64**, 435—441.

FISHER, E. R., 1953: The destruction of cytoplasmic basophilia with mineral acids. Stain Technol. **28**, 9—12.

FITZGERALD, R. J., and M. E. LEE, 1946: Bacterial viruses. II. Action of acridines in inhibiting lysis of virus infected bacteria. J. Immunol. **52**, 127—135.

FLASCH, A., 1955: Die Wirkung von Coffein auf vitalgefärbte Pflanzenzellen. Protoplasma **44**, 412—421.

— 1956: Die Festigkeit der Bindung einiger basischer Farbstoffe in vitalgefärbten Pflanzenzellen. Protoplasma **45**, 593—614.

— und H. KINZEL, 1954: Rasche Bildung von Entmischungskörpern in Zellsäften von *Buxus sempervirens*. Protoplasma **44**, 266—271.

FLEGEL, H., 1953: Untersuchungen an fluorochromierten Mikrobenkulturen. Cbl. Bakt., Abt. I Orig. **159**, 342—354.

FLEISCHMANN, F., und L. SCHWARZ, 1937: Die Beeinflussung der Fermentreaktionen in der Zelle und in Lösungen. I. Beeinflussung der Dehydrierungsvorgänge in der Hefezelle durch Alkaliionen. Protoplasma **27**, 552—555.

FLOETHMANN, E., 1954: Cytologische Untersuchungen an *Azotobacter chroococcum* Beij. Arch. Mikrobiol. **20**, 243—260.

FÖRSTER, K., 1933: Quellung und Permeabilität der Zellwand von *Rhizoclonium*. Planta **20**, 476—505.

FÖRSTER, T., 1951: Fluoreszenz organischer Verbindungen. Vandenhoeck u. Ruprecht, Göttingen.

— und E. KÖNIG, 1957: Absorptionsspektren und Fluoreszenzeigenschaften konzentrierter Lösungen organischer Farbstoffe. Z. Elektrochem. **61**, 344—348.

Follmann, G., 1957: Über Kappenplasmolyse und Vacuolenkontraktion. II. Die Reizplasmolyse mariner Planktondiatomeen. Planta **48**, 393—417.
— 1959: Die Plasmolyse-Formen von *Coscinodiscus granii* Gough. Z. Naturforsch. **14 b**, 139—140.
Formánek, J., und E. Grandmougin, 1908: Untersuchung und Nachweis organischer Farbstoffe auf spektroskopischem Wege. 2. Aufl. Julius Springer, Berlin.
Fortner, H., 1937: Die intravitale Färbung des Nephridialplasmas (*Paramecium caudatum*) und deren Konservierung. Z. wiss. Mikrosk. **54**, 57—81.
Foster, R. A. C., 1948: An analysis of the action of proflavine on bacteriophage growth. J. Bact. **56**, 795—809.
Francinni, E., 1938: A proposito del potere cromotropo del nucleolo. Nuov. G. Bot. Ital. N. S. **45**, 533—566.
Franglen, G. T., 1955: Chromatography and paper electrophoresis of sulphonphthalein Dyes. Nature **175**, 134.
Franke, W., 1960: Über die Beziehungen der Ektodesmen zur Stoffaufnahme durch Blätter. II. Mitt. Beobachtungen an *Helxine soleirolli* Req. Planta **55**, 533—541.
— 1961 a: Untersuchungen zur Frage nach der Funktion der Ektodesmen. Naturwiss. **48**, 227—228.
— 1961 b: Tröpfchenausscheidung und Ektodesmenverteilung in Zwiebelschuppenepidermen. Ein Beitrag zur Frage der Ektodesmenfunktion. Planta **57**, 266—283.
Franklin, R. M., 1958: The synthesis of fowl plague virus products in a proflavine-inhibited tissue culture system. Virology **6**, 525—539.
Franz, H., und G. Holle, 1965: Zum indirekten Nachweis nichtlipoider Substanzen durch Sudanschwarz B. Histochem. **5**, 163—169.
Franz, R., 1958: Lipidentmischung von Algenplastiden. Protoplasma **49**, 197—225.
Frazer, H. L., 1942: The occurence of endodermis in leguminous root nodules and its effect upon nodule function. Proc. roy. Soc. (Edinburgh) B **61**, 328—343.
Fred, R. B., and S. G. Knight, 1949: The reduction of 2,3,5-triphenyltetrazolium chloride by *Penicillium chrysogenum*. Science **109**, 169—170.
Fredricsson, B., T. C. Laurent, and B. Lüning, 1958: Decomposition of sudan black B causing an artefact in the staining of lipids. Stain Technol. **33**, 155—158.
Freeman, P. J., and A. C. Giese, 1952: Photodynamic effects on metabolism and reproduction in yeast. J. cellul. comp. Physiol. **39**, 301—322.
Freifelder, D., P. F. Davison, and E. P. Geiduschek, 1961: Damage by visible light to the acridine orange-DNA complex. Biophys. J. **1**, 389—400.
— and R. B. Uretz, 1960 a: Inactivation by visible light of yeast sensitized by a nucleic acid fluorochrome. Nature **186**, 731—732.
— — 1960 b: Dye-sensitized photo-reactivation of x-ray damage of diploid yeast. Nature **187**, 953—954.
French, R. W., 1926: Standardization of biological stains as a problem of the medical department of army. Stain Technol. **1**, 11—16.
Frenzel, P., 1929: Über die Porengrößen einiger pflanzlicher Zellmembranen. Planta **8**, 642—665.
Freudenberger, H., 1941: Die Reaktion der Schließzellen auf Kohlensäure und Sauerstoffentzug. Protoplasma **35**, 15—54.
Freundlich, H., 1930 und 1932: Kapillarchemie. 4. Aufl. Akademische Verlagsgesellschaft, Leipzig, Bd. I und II.
— und J. A. Gann, 1916: Über kolloide Lösungen in Chloroform. Internat. Z. phys. chem. Biol. **2**, 1—18.
— und G. Losev, 1907: Über die Adsorption der Farbstoffe durch Kohle und Fasern. Z. physik. Chem. **59**, 284—312.
— und W. Neumann, 1908: Zur Systematik der Farbstofflösungen. Kolloid-Z. **3**, 80—83.
— C. Schuster und H. Zocher, 1923: Über die Strömungsdoppelbrechung von Farbstofflösungen. Z. physik. Chem. **105**, 119—144.
Frey, A., 1928: Das Wesen der Chlorzinkjodreaktion und das Problem des Faserdichroismus. Ein Beitrag zur Theorie der Färbungen. Jb. wiss. Bot. **67**, 597—634.
Frey-Wyssling, A., 1942: Referat über Ziegenspeck, H. (1941 b). Ber. wiss. Biol. **59**, 545.
— 1947: Anisotropic diffusion of direct dyes in fibers. J. polymer Sci. **2**, 314—317.
— 1959: Die pflanzliche Zellwand. Springer-Verlag, Berlin-Göttingen-Heidelberg.
— und W. Michel, 1943: Über die „Metachromasie" der Benzidinfarbstoffe in der pflanzlichen Histologie. Vierteljahresschr. Naturforsch. Ges. Zürich **88**, 147—148.
— und E. Weber, 1942: Beobachtung von Koagulationserscheinungen in der Strömungsdoppelbrechungstrommel von Signer. Kolloid-Z. **101**, 199—203.

FRIEDHEIM, E. A. H., and L. MICHAELIS, 1931: Potentiometric-study of pyocyanine. J. biol. Chem. **91**, 355—368.

FRITSCH, F. E., and F. M. HAINES, 1923: The moisture-relations of terrestrial algae. II. The changes during exposure to drought and treatment with hypertonic solutions. Ann. Bot. **37**, 683—728.

FRITZ, A., 1951: Veränderungen von Plasmaeigenschaften durch Vitalfarbstoffe. Nach Beobachtungen im Hellfeld und im Fluoreszenzlicht. S. B. Österr. Akad. Wiss., math.-nat. Kl., Abt. I, **160**, 789—828.

FRITZ, D., und A. GRAFFI, 1958: Über die Wirkung des photodynamischen Effektes auf *Chromobacterium violaceum*. Naturwiss. **45**, 321—322.

FRITZ, M., 1956: Über die Aufsättigung abgeschnittener Blätter bei Einstellen in Lösungen von Elektrolyten und Anelektrolyten. Protoplasma **46**, 198—209.

FROMAGEOT, C., und P. DESNUELLE, 1935: Über das Oxydo-Reduktionspotential von Hefesuspensionen und einige damit im Zusammenhang stehende Fragen. Bioch. Z. **279**, 34—39.

FÜRTH, R., 1925: Zur physikalischen Chemie der Farbstoffe. I. Eine neue Methode zur Bestimmung der elektrischen Ladung der Farbstofflösungen. Kolloid-Z. **37**, 200—204.

— 1927 a: Zur physikalischen Chemie der Farbstoffe. III. Theoretische Bemerkungen zu meiner Methode der Ladungsbestimmung von Farbstofflösungen. Kolloid-Z. **41**, 297—299.

— 1927 b: Zur physikalischen Chemie der Farbstoffe. IV. Eine neue Methode zur exakten Bestimmung des Dispersitätsgrades der Farbstofflösungen. Kolloid-Z. **41**, 300—304.

— 1929: Die elektrische Charakteristik der Lösungen, Farbstoffe und Biokolloide. Kolloidchem. Beih. **28**, 285—292.

— und E. ULLMANN, 1927: Zur physikalischen Chemie der Farbstoffe. V. Untersuchungen über den Dispersitätsgrad von Farbstofflösungen. Kolloid-Z. **41**, 304—310.

FUHS, G. W., 1958 a: Bau, Verhalten und Bedeutung der kernäquivalenten Strukturen bei *Oscillatoria amoena* (Kutz.) Gomont. Arch. Mikrobiol. **28**, 270—302.

— 1958 b: Über die Natur der Granula im Cytoplasma von *Oscillatoria amoena* (Kütz.) Gom. Österr. bot. Z. **104**, 531—551.

FUJIMOTO, T., 1963: Supravital staining of mitochondria for cultured cells with pinacyanol. Acta anat. nippon **38**, 185—187 (Japanisch mit engl. Zsfssg.).

FURNESS, G., and G. W. CSONKA, 1963: A study by fluorescence microscopy of the replication of lymphogranuloma venereum virus in HeLa cell monolayers. J. gen. Microbiol. **31**, 161—165.

— W. G. HENDERSON, G. W. CSONKA, and E. F. FRASER, 1962: A study by fluorescence microscopy of the replication of inclusion Blennorrhoea virus in HeLa cell monolayers. J. gen. Microbiol. **28**, 571—578.

GABLER, W., 1965: Die Reinigung von Parafuchsin für die Herstellung des Schiffschen Reagenzes sowie Versuche zur papierchromatographischen Trennung seiner Reaktionsprodukte mit Aldehyden. Acta histochem. **21**, 387—392.

GÄRTNER, K., 1944: Ein Beitrag zur Färbbarkeit der lebenden und toten Bakterienzelle. Z. Hygiene **125**, 86—99.

GALSTON, A. W., 1949: Riboflavin-sensitized photooxidation of indoleacetic acid and related compounds. Proc. Nat. Acad. Sci., U.S.A. **35**, 10—17.

— and R. S. BAKER, 1949: Studies on the physiology of light action. II. The photodynamic action of riboflavin. Amer. J. Bot. **36**, 773—780.

GASSNER, G., 1918: Neuere Untersuchungen über Metachromgelbnährböden, gleichzeitig ein Beitrag zur Theorie der Gram-Färbung. Cbl. Bakt., Abt. I, Orig. **81**, 477—492.

GAUSE, G. F., 1958: The search for anticancer antibiotics. Science **127**, 506—508.

GAUTHERET, R., 1934: Sur la présence de lipides dans les vacuoles des plantules d'orge. C. R. Soc. biol. **116**, 809—810.

— 1939 a: Potentiel d'oxydo-réduction des milieux de culture additionnés de colorants vitaux en présence de levures. C. R. Acad. Sci. **208**, 1840—1842.

— 1939 b: Action du *Saprolegnia diclina* sur le potentiel d'oxydoréduction des milieux de culture additionnés de colorants. C. R. Soc. biol. **131**, 616—618.

GAVAUDAN, P., 1928: Sur les rapports du vacuome et du système oléifère des Jungermanniacées. C. R. Acad. Sci. **186**, 163—166.

— 1930 a: Recherches sur la cellule des hépatiques. Botaniste **22**, 105—294.

Gavaudan, P., 1930 b: Sur quelques observations vitales concernant l'évolution du vacuome pendant la spermatogénèse des Characées. Botaniste 22, 495—500.
— 1931: Quelques remarques sur *Chlorochromonas polymorpha* spec. nov. Botaniste 23, 277—300.
— 1932 a: Sur l'identité du vacuome métachromatique et de la leucosine des Monadinées et Chrysomonadinées. C. R. Acad. Sci. 194, 2075—2077.
— 1932 b: Sur quelques observations concernant la structure physique du cytoplasme d'un champignon hémiascomycète, l'*Ascoidea rubescens* Brefeld. C. R. Acad. Sci. 195, 1039—1041.
— 1934: Sur les colorations vitales diffuses de quelques flagellés et les affinités chimiques du cytoplasme et de ses divers constituants. C. R. Acad. Sci. 198, 848—850.
— et N. Gavaudan, 1933: Quelques remarques sur la cytologie des Oxillariées. Bull. Soc. bot. France 80, 706—712.
Gay, F. P., and A. R. Clark, 1934: The differentiation of living from dead bacteria by staining reactions. J. Bact. 27, 175—189.
Geiger-Huber, M., 1930: Über die Beeinflussung der Hefeatmung durch Neutralrot. Proc. koninkl. ned. Akad. Wetensch. Amsterdam 33, 1059—1068.
Geissler, E., 1955: Über die Unterscheidung lebender und toter Hefezellen durch Fluorochromierung mit Berberinsulfat. Naturwiss. 42, 372.
— 1959 a: Über eine Aufhebung des photodynamischen Effektes bei Bestrahlung auf Agar. Naturwiss. 46, 19.
— 1959 b: Versuche zur Analyse der Schutzwirkung von Agar-Agar beim photodynamischen Effekt. Naturwiss. 46, 376—377.
— 1960: Über den Einfluß von 3,4-Benzpyren auf den Sprossungsrhythmus von Hefezellen. Arch. Mikrobiol. 35, 147—151.
Geissler, U., 1958: Das Membranpotential einiger Diatomeen und seine Bedeutung für die lebende Kieselalgenzelle. Mikroskopie 13, 145—172.
Geitler, L., 1925: Synoptische Darstellung der Cyanophyceen in morphologischer und systematischer Hinsicht. Beih. Bot. Zbl. B 41, 163—294.
— 1960 a: Spontane Rotation des Chromatophors, lokalisierte Plasmaströmung und elektive Vitalfärbung in den Haarzellen von Coleochaeten. Österr. bot. Z. 107, 45—79.
— 1960 b: Spontane Rotation und Oscillation des Chromatophors in den Haarzellen und Zoosporangien von *Coleochaete soluta*. Planta 55, 115—142.
— und E. Tschermak-Woess, 1956: Neue Beobachtungen über *Torulopsidosira*. Österr. bot. Z. 103, 177—184.
Gellhorn, E., 1927 a: Studien zur vergleichenden Physiologie der Permeabilität. I. Über den Einfluß von Ionen und Nichtleitern auf die Permeabilität von Spermatozoon und Eiern. Pflügers Arch. 216, 220—233.
— 1927 b: Ionenwirkung und Zelldurchlässigkeit. Protoplasma 1, 589—609.
— 1927 c: Studien zur vergleichenden Physiologie der Permeabilität. II. Vitalfärbung und Permeabilität, nach Versuchen an den Eiern von Meerestieren. Pflügers Arch. 216, 234—248.
— 1927 d: Studien zur vergleichenden Physiologie der Permeabilität. III. Permeabilitätsstudien an Seeigeln, Holothurien und Salpen. Pflügers Arch. 216, 249—252.
— 1928: Über die Permeabilität tierischer Membranen für Farbstoffe. Pflügers Arch. 221, 230—246.
— 1929: Das Permeabilitätsproblem. J. Springer, Berlin.
— 1931 a: Vital staining and permeability. II. Communication. Protoplasma 12, 66—78.
— 1931 b: Vital staining and permeability. III. Protoplasma 14, 28—35.
— et J. Régnier, 1936: La perméabilité en physiologie et en pathologie générale. Masson et Cie., Paris.
Genevois, L., 1928: Coloration vitale et respiration. Protoplasma 4, 67—87.
— 1930: Les échanges d'ions dans les tissus végétaux (Sammelreferat). Protoplasma 10, 478—502.
Gerasimenko, L. M., 1965: Morphological and cytological changes in some algae produced by colchicine, chlortetracycline, and trypaflavine. Mikrobiologiya 34, 851—857.
Germ, H., 1947: Protoplasmakugeln im Fruchtfleische der Tomate. Mikroskopie 2, 357—363.
— und M. Kietreiber, 1956: Vitale Entmengung des Cytoplasmas von *Cyclamen*. Protoplasma 46, 223—269.

GERM, H., und E. KUBELKA, 1965: Plasmakonfiguration bei *Selaginella Martensii* nach Plasmolyse. Protoplasma **59**, 392—422.

GERSCH, M., 1937 a: Vitalfärbung als Mittel zur Analyse physiologischer Prozesse. (Untersuchungen an *Paramaecium caudatum*.) Protoplasma **27**, 412—441.

— 1937 b: Modellversuche mit dem Nirensteinschen „Lipoidmodell" zu Vitalfärbungen an *Paramaecium* mit pH- und rH-Indikatoren. Protoplasma **27**, 448—452.

GERSCH, N. F., and D. O. JORDAN, 1965: Interaction of DNA with Aminoacridines. J. molecul. Biol. **13**, 138—156.

GESSNER, F., 1933: Die Nährstoffaufnahme der Submersen. Ber. dtsch. bot. Ges. **51**, 216—228.

— 1941: Die Assimilation vitalgefärbter Chloroplasten. Planta **32**, 1—5.

— 1959: Hydrobotanik. Bd. II. Deutscher Verlag d. Wissenschaften, Berlin.

GHIARA, G., 1959: Ricerche biochimiche, biofisiche e istochimiche intorno al problema della metacromasia. Histochem. **1**, 274—310.

GHIRON, C. A., and J. D. SPIKES, 1965: The photoinactivation of Trypsin as sensitized by methylene blue and eosin Y. Photochem. Photobiol. **4**, 901—905.

GHOSH, A. K., 1955: Studies on the effect of basic dyes on wheat ß-amylase. Naturwiss. **42**, 181.

— 1957: Studies on ß-wheat amylase. I. Action of some dyestuffs. Enzymologia **18**, 76—80.

GICKLHORN, J., 1914: Über den Einfluß photodynamisch wirksamer Farbstofflösungen auf pflanzliche Zellen und Gewebe. S. B. Akad. Wiss. Wien, math.-nat. Kl., Abt. I, **123**, 1221—1276.

— 1927 a: Über die Entstehung und die Formen lokalisierter Manganspeicherung bei Wasserpflanzen. Protoplasma **1**, 372—426.

— 1927 b: Über vitale Kern- und Plasmafärbung an Pflanzenzellen. Protoplasma **2**, 1—10.

— 1927 c: Zur physikalischen Chemie der Farbstoffe. II. Die technische Ausgestaltung der Fürthschen Methode zur Bestimmung der elektrischen Ladung der Farbstofflösungen, samt einer Zusammenstellung von Demonstrationsversuchen. Kolloid-Z. **42**, 9—18.

— 1929 a: Kristalline Farbstoffspeicherung im Protoplasma und Zellsaft pflanzlicher Zellen nach vitaler Färbung. Protoplasma **7**, 341—352.

— 1929 b: Beobachtungen über die vitale Farbstoffspeicherung. Kolloidchem. Beih. **28**, 367—382.

— 1930 a: Zur Frage der Lebendbeobachtung und Vitalfärbung von Chromosomen pflanzlicher Zellen. Protoplasma **10**, 345—355.

— 1930 b: Notizen über Formenwechsel, Zustandsänderungen und vitale Farbstoffspeicherung von Amoeben. Protoplasma **10**, 415—426.

— 1931 a: Zur Diskussion einiger grundsätzlicher Fragen der Vitalfärbung. Biol. Zbl. **51**, 469—491.

— 1931 b: Elektive Vitalfärbungen, Probleme, Ziele, Ergebnisse, aktuelle Fragen und Bemerkungen zu den Methoden. Ergebn. Biol. **7**, 549—685.

— 1931 c: Entwicklung und gegenwärtiger Stand einiger Probleme und Ziele der Vitalfärbung. Ergebn. Physiol. **31**, 388—420.

— 1931 d: Zur Diskussion der Grundlagen und Beweise der Ultrafiltertheorie der Permeabilität. Protoplasma **13**, 567—591.

— 1932 a: Interzelluläre Myelinfiguren und ähnliche Bildungen bei der reversiblen Entmischung des Protoplasmas. Protoplasma **15**, 90—109.

— 1932 b: Beobachtungen zu Fragen über Form, Lage und Entstehung des Golgi-Binnenapparates. Protoplasma **15**, 365—395.

— 1933: Über den Einfluß lebender tierischer Häute auf Farbstofflösungen. Protoplasma **19**, 30—40.

— und E. DEJDAR, 1931: Beobachtungen an elektrisch gereizten Pflanzenzellen und die Frage des Nachweises reversibler Permeabilitätserhöhung. Protoplasma **13**, 592—616.

— und R. KELLER, 1924: Über elektive Vitalfärbungen. Biochem. Z. **153**, 2—13.

— — 1925: Elektive Vitalfärbungen als histo-physiologische Methode bei Wirbellosen. Arch. exper. Zellforsch. **1**, 501—546.

— und L. MÖSCHL, 1930: Vitalfärbung und Vakuolenkontraktion an Zellen mit stabilem Plasmaschaum. Protoplasma **9**, 521—535.

— und F. WEBER, 1926: Über Vakuolenkontraktion und Plasmolyseform. Protoplasma **1**, 427—432.

Gilbert, H., and H. F. Blum, 1942: The mechanism of uptake of the dye, rose bengal, by the red cell. J. cellul. comp. Physiol. **19**, 257—270.

Giles, C. H., and R. B. McKay, 1965: Adsorption of cationic (basic) dyes by fixed yeast cells. J. Bact. **89**, 390—397.

Gillissen, G., 1953: Die Fällungsmetachromasie (Sammelreferat). Protoplasma **42**, 448—457.

Girbardt, M., 1957: Der Spitzenkörper von *Polystictus versicolor* (L). Planta **50**, 47—59.

— 1958: Über die Substruktur von *Polystictus versicolor* L. Arch. Mikrobiol. **28**, 255—269.

— und U. Taubeneck, 1955: Zur Frage der Zellwandfärbung bei Bakterien. Cbl. Bakt., Abt. I, **162**, 310—313.

Giuntini, J., et L. Reinié, 1939: Ultravirus et fluorescence. Action des radiations ultraviolettes sur l'activité du virus vaccinal en présence de colorants fluorescents (Fluorochromes). C. R. Soc. biol. **131**, 633—635.

Glaessner, K., und H. Wittgenstein, 1925: Neue Funktionsprüfung des Magens. Arch. Verdauungskrankh. **34**, 303—324.

Glasunow, M., 1927: Zur Frage der Zelloidinfärbung mit basischen und sauren Farbstoffen. Z. wiss. Mikrosk. **44**, 9—15.

Glubrecht, H., 1953: Über die Wirkung von UV-Strahlen in somatischen Zellen. Z. Naturforsch. **8 b**, 17—27.

Goebel, J. K., 1903: Über die Durchlässigkeit der Cutikula. Diss. Leipzig.

Goebel, K., 1930: Organographie der Pflanzen. Teil II. 3. Aufl. Gustav Fischer, Jena.

Goeppert, H. R., und F. Cohn, 1849: Über die Rotation des Zellinhaltes in *Nitella flexilis*. Bot. Ztg. **7**, 665 u. f.

Goldacre, R. J., 1952: The folding and unfolding of protein molecules as a basis of osmotic work. Intern. Rev. cytol. **1**, 135—164.

— 1953: (Kommentar zu den Ausführungen von Prescott, D. M. in Nature 172, 593, 1953). Nature **172**, 593—594.

Goldstein, D. J., 1961: Mechanism of differential staining of nucleic acids. Nature **191**, 407—408.

— 1962: Differential staining of nucleic acids? Nature **193**, 1000—1001.

Gonçalves da Cunha, A., 1928: Coloration vitale du vacuome dans les cellules des graines germées. C. R. Soc. biol. **99**, 941—942.

— 1929: Recherches sur le vacuome du point végétatif d'*Elodea canadensis*. C. R. Soc. biol. **100**, 597—599.

— 1935: Sur la signification du corps central des cyanophycées. C. R. Soc. biol. **118**, 1122—1123.

Gonse, P. H., et Y. Yotsuyanagi, 1955: Note sur la réduction intracellulaire du triphényl-tétrazolium dans les oeufs d'oursin. Exp. Cell Res. **8**, 500—505.

Goor, A. C. J. v., 1919: Die Cytologie von *Noctiluca miliaris* im Lichte der neueren Theorien über den Kernbau der Protisten. Arch. Protistenkd. **39**, 147—208.

Goppelsroeder, F., 1861: Ueber ein Verfahren, die Farbstoffe in ihren Gemischen zu erkennen. Verh. Naturforsch. Ges. Basel **3**, 268—275.

— 1888 und 1889: Über Capillar-Analyse und ihre verschiedenen Anwendungen, sowie über das Emporsteigen der Farbstoffe in den Pflanzen. Mitt. k. k. Technol. Gewerbemuseums Wien, Sekt. chem. Gewerbe **2**, 86—114, sowie **3**, 14—49 und Beilage 1—78.

— 1901: Capillaranalyse, beruhend auf Capillaritäts- und Adsorptionserscheinungen. Mit dem Schlußkapitel: Emporsteigen der Farbstoffe in den Pflanzen. Verh. Naturforsch. Ges. Basel **14**, 1—545.

— 1906: Anregung zum Studium der auf Capillaritäts- und Adsorptionserscheinungen beruhenden Capillaranalyse. Helbing u. Lichtenhahn, Basel.

Gordon, H. K., and R. Chambers, 1941: The particle size of acid dyes and their diffusibility into living cells. J. cell. comp. Physiol. **17**, 97—108.

Gorkin, V. Z., N. V. Komisarova, M. I. Lerman, and I. V. Veryovkina, 1964: The inhibition of mitochondrial amine oxidases in vitro by proflavine. Biochem. Biophys. Res. Commun. **15**, 383—389.

Górska-Brylass, A., und M. Smoliński, 1966: Callose in the developing pericyclic and phloem fibres. Acta Soc. Bot. Polon. **35**, 301—305.

Gortner, R. A., 1927: The nature of combination between certain acid dyes and proteins. J. biol. Chem. **74**, 409—413.

Gothié, S., et R. Moricard, 1941: Passage des colorants à travers une interface. Action des variations de charge. C. R. Soc. biol. **135**, 1190—1193.

GOTTSCHEWSKI, G. H. M., 1954: Die Methoden der Fluoreszenz- und Ultraviolett-Mikroskopie und Spektroskopie in ihrer Bedeutung für die Zellforschung. Mikroskopie **9**, 147—167.

GRABNER, A. (Herausgeb.), 1951: Fluoreszenz-Mikroskopie mit Fluorochromen. C. Reichert, Wien.

GRAFFI, A., 1940 a: Zelluläre Speicherung cancerogener Kohlenwasserstoffe. Z. Krebsforsch. **49**, 477—495.

— 1940 b: Intracelluläre Benzpyrenspeicherung in lebenden Normal- und Tumorzellen. Z. Krebsforsch. **50**, 196—219.

— 1941: Benzpyrenspeicherungsversuche an Hefezellen. Z. Krebsforsch. **52**, 234—239.

— I. GRAFFI, H. KRIEGEL, F. WINDISCH und P. SCHWENSOW, 1954: Über die Abhängigkeit der photodynamischen Wirkung von der Intensität der UV-Bestrahlung. Experientia **10**, 68—69.

— H. KRIEGEL, E. J. SCHNEIDER und G. SYDOW, 1953 a: Über die photodynamische Wirkung des Benzpyrens auf einzelne Fermente der Lebermitochondrien der Ratte. Naturwiss. **40**, 414—415.

— — H. SCHREIBER und F. WINDISCH, 1953 c: Die photosensibilisierende Wirkung verschiedener cancerogener und nicht cancerogener Kohlenwasserstoffe auf Hefezellen. Z. Naturforsch. **8 b**, 142—145.

— und H. MAAS, 1940: Über die Eignung des Benzpyrens zur fluoreszenzmikroskopischen Untersuchung fett- und lipoidreicher Strukturen in lebenden Zellen und Mikroorganismen. Arb. Staatsinst. exper. Therapie **39**, 21—34.

— E. J. SCHNEIDER, H. KRIEGEL und G. SYDOW, 1953 b: Zur Abhängigkeit des photodynamischen Effektes vom molekularen Sauerstoff. Naturwiss. **40**, 415—416.

GRAHAM, B. F. jr., 1960: Transfer of dye through natural root grafts of *Pinus strobus*L. Ecology **41**, 56—64.

GRAHAM, D. M., and F. E. NELSON, 1953: Inhibition of lactic streptococcus bacteriophage by crystal violet and other agents. J. gen. Physiol. **37**, 121—138.

GRASSÉ, P. P., 1925: Vacuome et appareil de Golgi des Eugléniens. C. R. Acad. Sci. **181**, 182 184.

GRAUMANN, W., und H. MUSSO, 1959: Histologische Prüfung der metachromogenen Wirksamkeit verschiedener Toluidinblau- und Azur A-Präparate. Histochem. **1**, 196—205.

GRAY, P. H. H., 1941: A solution for staining differentially the spores and vegetative cells of micro-organisms. Canad. J. Res. **19**, Sect. C, 95—98.

— and R. A. LACHANCE, 1956: Assimilation of berberine by bacteria. Nature **177**, 1182—1183.

— — 1957: Assimilation of berberine and chelidoxanthine by bacteria. Plant a. Soil **8**, 354—366.

GREEN, F. J., 1966: A comparison of pre-world war II cresyl echt violett with various similarly named products. Stain Technol. **41**, 115—120.

GREVE, E., 1958: Untersuchungen über das Atmungsverhalten von Hefen. III. Atmungsverhalten und Nadi-Reaktion. Arch. Mikrobiol. **29**, 277—290.

GRIBENSKI, A., 1939: Recherches sur la recoloration par les cultures de *Bacillus coli*, en présence de nitrates, des leucodérivés de divers colorants. Bull. Soc. chim. biol. Paris **21**, 275—281.

GROHROCK, E., 1935: Über die Umhäutung isolierter Protoplasmastücke. Untersuchungen an *Saprolegnia*. Planta **23**, 313—339.

GROLLMAN, A., 1925: The combination of phenol red and proteins. J. biol. Chem. **64**, 141—160.

— 1926: The relation of the filterability of dyes to their excretion and behavior in the animal body. Amer. J. physiol. **75**, 287—293.

GROS, O., 1901: Über die Lichtempfindlichkeit des Fluoresceins und seiner substituierten Derivate sowie der Leukobasen derselben. Z. physik. Chem. **37 A**, 157—192.

GROSSFELD, J., 1937: Osmotischer Druck und Vitalfärbung. Protoplasma **29**, 261—271.

GSCHÖPF, O., 1952: Das Problem der Doppelplättchen und ihnen homologer Gebilde bei den Diatomeen. Österr. Bot. Z. **99**, 1—36.

GUILLIERMOND, A., 1902: Recherches cytologiques sur les levures et quelques moisissures à formes levures. Storck u. Co., Lyon.

— 1916: Nouvelles recherches sur les corpuscules métachromatiques. C. R. Soc. biol. **79**, 1090—1093.

— 1919: Observations vitales sur le chondriome des végétaux et recherches sur l'origine des chromoplastides et le mode de formation des pigments xanthophylliens et carotiniens. Rev. gén. bot. **31**, 372 u. f.

Guilliermond, A., 1921 a: Sur les microsomes et les formations lipoïdes de la cellule végétale. C. R. Acad. Sci. **172**, 1676—1678.
— 1921 b: Origine et évolution des vacuoles dans les cellules végétales et grains d'aleurone. C. R. Soc. biol. **85**, 1033—1036.
— 1923 a: Quelques remarques nouvelles sur la structure des levures. C. R. Soc. biol. **88**, 517—520.
— 1923 b: Sur la coloration vitale des chondriosomes. C. R. Soc. biol. **89**, 527—529.
— 1923 c: Nouvelles observations cytologiques sur les Saprolégniacées. Cellule **32**, 431—454.
— 1924 a: Nouvelles recherches sur les constituants morphologiques du cytoplasme de la cellule végétale. Arch. Anat. micr. **20**, 1—210.
— 1924 b: Observations sur l'origine des vacuoles. Cellule **36**, 217—229.
— 1925 a: A propos de la structure des Cyanophycées. C. R. Soc. biol. **93**, 1504—1506.
— 1925 b: Nouvelles observations sur la structure des Cyanophycées. C. R. Acad. Sci. **180**, 951—954.
— 1926 a: Sur la structure des *Beggiatoa* et leurs relations avec les Cyanophycées. C. R. Soc. biol. **94**, 579—581.
— 1926 b: Appareil de Golgi et canalicules de Holmgren dans la plantule de pois; leur assimilation aux grains d'aleurone et au vacuome. C. R. Soc. biol. **94**, 993—996.
— 1926 c: Sur les relations du systéme vacuolaire avec l'appareil réticulaire de Golgi dans les végétaux. C. R. Acad. Sci. **182**, 485—487.
— 1926 d: Sur l'action des méthodes à imprégnation argentique sur les cellules végétales et sur les relations du vacuome et de l'appareil de Golgi. C. R. Acad. Sci. **182**, 714—716.
— 1926 e: Nouvelles recherches sur la structure des cyanophycées. Rev. gén. bot. **38**, 129 u. f., 177—190.
— 1927 a: Recherches sur l'appareil de Golgi dans les cellules végétales et sur ses relations avec le vacuome. Arch. Anat. micr. **23**, 1—98.
— 1927 b: Sur l'action du rouge neutre sur les cellules végétales et sur la coloration vitale du vacuome. Bull. hist. appl. physiol. path. tech. microscop. **4**, 125—133.
— 1927 c: Observation vitales sur l'instabilité des formes des mitochondries et sur leur permanence. Bull. biol. France, Belg. **61**, 1—24.
— 1929 a: Nouvelles observations sur la coloration vitale par le rouge neutre dans les cellules végétales. C. R. Acad. Sci. **188**, 813—815.
— 1929 b: Nouvelles remarques sur l'appareil de Golgi: l'appareil de Golgi dans les levures. C. R. Acad. Sci. **188**, 1003—1006.
— 1929 c: Sur le développement d'un *Saprolegnia* dans des milieux additionnés de colorants vitaux et la coloration du vacuome pendant la croissance. C. R. Acad. Sci. **188**, 1621—1623.
— 1930 a: Le vacuome des cellules végétales. Protoplasma **9**, 133—174.
— 1930 b: Sur la toxicité des colorants vitaux. C. R. Soc. biol. **104**, 468—472.
— 1930 c: Sur la formation des zoosporanges et la germination des spores chez un *Saprolegnia*, en cultures sur milieux nutritifs additionnés de rouge neutre. C. R. Acad. Sci. **190**, 384—386.
— 1932: La structure de la cellule végétale: Les inclusions du cytoplasma et en particulier les chondriosomes et les plastes. Protoplasma **16**, 291—337.
— 1933 a: Nouvelles observations sur la structure des bactéries. C. R. Soc. biol. **113**, 1095—1100.
— 1933 b: La structures des Cyanophycées. C. R. Acad. Sci. **197**, 182—184.
— 1933 c: Recherches cytologiques sur les pigments anthocyaniques et les composés oxyflavoniques. Rev. gén. bot. **45**, 188 u. f.; **46**, 50 u. f.
— 1934 a: Sur certaines particularités cytologiques d'un *Saprolegnia*: Dégénérescence mucilagineuse et production de sphérocristaux dans le suc vacuolaire. C. R. Soc. biol. **116**, 805—808.
— 1934 b: Sur la nature du vacuome. Z. wiss. Mikrosk. **51**, 203—212.
— 1937 a: Sur le présence de lipides (phospholipides et stérides) dans les vacuoles de certaines cellules végétales. (Sammelreferat.) Protoplasma **27**, 290—307.
— 1937 b: Sur la coloration vitale des vacuoles par le rouge neutre dans les cellules du protonéma de „*Polytrichum commune*". Cytologia, Fujii-Festschr., 809—813.
— 1937 c: Remarques sur la coloration vitale des cellules épidermiques des écailles bulbaires d'*Allium cepa* par le vert janus et par les violets de dahlia et de methyle. Hommage Prof. Teodoresco Bucuresti.
— 1940: La coloration vitale des cellules de levures. Ann. Fermentat. **5**, 449—466, 513—526.
— 1941: The cytoplasma of the plant cell. Chronica Botanica Comp., Waltham, Mass.

GUILLIERMOND, A., 1949: La coloration vitale des chondriosomes. Bull. d'histol. **17**, 225—237.

— J. DUFRÉNOY et F. LABROUSSE, 1930: Germination des graines de tabac en milieux additionés de rouge neutre et coloration vitale de leur vacuome pendant la croissance. C. R. Acad. Sci. **190**, 1439—1441.

— et R. GAUTHERET, 1937 a: Sur les conditions dans les quelles se produit la coloration vitale des vacuoles par le rouge neutre. C. R. Acad. Sci. **204**, 1377—1381.

— — 1937 b: Sur la propriété des cellules végétales d'excréter le rouge neutre après l'avoir accumulé dans leurs vacuoles. C. R. Acad. Sci. **204**, 1520—1523.

— — 1938 a: Culture de végétaux en milieux additionés de colorants. Degré de toxicité des colorants. C. R. Acad. Sci. **206**, 1601—1604.

— — 1938 b: Culture de *Saprolegnia diclina* en milieux additionés de colorants. C. R. Soc. biol. **128**, 493—495.

— — 1938 c: Observations sur l'action de divers colorants sur les cellules végétales vivantes. C. R. Acad. Sci. **206**, 1517—1520.

— — 1938 d: Actions des bleus de nil et de crésyl sur les levures: Reduction et excrétion de ces colorants par les levures. C. R. Acad. Sci. **206**, 1848—1852.

— — 1938 e: Sur la fixation par les cellules végétales vivantes des leucobases de certains colorants vitaux. C. R. Acad. Sci. **207**, 417—420.

— — 1939 a: Action du pH sur la coloration vitale des Levures. C. R. Acad. Sci. **208**, 237—241.

— — 1939 b: Sur la détermination du rH des cellules de levures (*Saccharomyces cerevisiae*). C. R. Soc. biol. **130**, 1202—1204.

— — 1939 c: Sur le prétendu pouvoir réducteur propre des chondriosomes vis-à-vis du vert janus. C. R. Acad. Sci. **208**, 1061—1064.

— — 1940/1946: Recherches sur la coloration vitale des cellules végétales. Libr. gén. de l'Enseignement, Paris [außerdem in Rev. gén. bot. **52** (1940) und **53** (1946)].

— — et A. BUCHY, 1939: L'accumulation des colorants vitaux par les cellules de levures est-elle un phénomène d'adsorption. C. R. Soc. biol. **131**, 408—411.

— G. MANGENOT et L. PLANTEFOL, 1933: Traité de cytologie végétale. E. le François, Paris.

— ot F. ODATON, 1934: Sur l'action de pH du milieu dans la coloration vitale des cellules végétales. C. R. Soc. biol. **116**, 984—988.

GUNDEL, W., 1933: Chemische und physikalischchemische Vorgänge bei geïscher Induktion. Jb. wiss. Bot. **78**, 623—664.

GUNDERMANN, J., W. WERGIN und K. HESS, 1937: Über die Natur und das Vorkommen der Primärsubstanz in den Zellwänden der pflanzlichen Gewebe. Ber. dtsch. chem. Ges. **70**, 517—526.

GUNNER, J. T., and C. RAINBOW, 1953: Note on a method of vital staining for *Saccharomyces rouxii*. J. gen. Microbiol. **9**, 25.

GUREWITSCH, A., 1929: Untersuchungen über die Permeabilität der Hülle des Weizenkorns. Jb. wiss. Bot. **70**, 657—706.

GURNANI, S., and M. ARIFUDDIN, 1966: Effect of visible light on amino acids. II. Histidine. Photochem. Photobiol. **5**, 341—345.

GURR, E., 1960: Encyclopaedia of microscopic stains. Leonhard Hill, London.

— 1962 a: Staining animal tissues practical and theoretical. Leonhard Hill, London.

— 1962 b: Effect of heat on the pH of water and aqueous dye solutions. Nature **195**, 1199—1200.

— 1964: pH of ionic dye solutions. Nature **202**, 920.

— 1965: The rational use of dyes in biology and general staining methods. Leonhard Hill, London.

GUTBIER, A., und H. BRINTZINGER, 1927: Über den Einfluß hydrophiler Kolloide auf den Farbumschlag von Indikatoren. Kolloid-Z. **41**, 1—6.

GUTKINA, A. V., A. YU. BUDANTSEV, and A. M. AREFYEVA, 1964: Vital luminescent microscopic investigation of mitochondria. Biofizika **9**, 681—685. (Russisch.)

GUTSTEIN, M., 1929: Über die Reduktionsorte und Sauerstofforte der Zelle. Z. wiss. Mikr. **46**, 337—351.

— 1932 a: Zur Theorie der Vitalfärbung. Z. exp. Med. **82**, 479—524.

— 1932 b: Farbstoffspeicherung durch lebende Bakterien. Cbl. Bakt., Abt. I, Ref. **105**, 478—480.

— 1933 a: Bestimmung der H'-Konzentration in der lebenden Hefe- und Bakterienzelle. Protoplasma **17**, 454—470.

— 1933 b: Über die pH-Zahl der Bakterien. Arch. Mikrobiol. **4**, 241—247.

— 1933 c: Über die Gramspezifität der Desinfektionsvorgänge. Arch. Mikrobiol. **4**, 248—256.

Gutstein, M., 1934: Die Reduktionsorte und Sauerstofforte der Zelle. Zugleich Erwiderung an H. Mühlpfordt. Z. wiss. Mikr. **49**, 11—27.

Guttman, H. N., and R. N. Eisenman, 1965: Acriflavin-induced loss of kinetoplast deoxyribonucleic acid in *Crithidia fasciculata* (*Culex pipiens* strain). Nature **207**, 1280—1281.

Gutz, H., 1956: Zur Analyse der Granula-Fluorochromierung mit Nilblau in den Hyphen von *Mucor racemosus* Fres. Planta **46**, 481—511.

— 1958: Ergänzende Beobachtungen zur Granulafluorochromierung mit Nilblau ·in Pilzzellen. Naturwiss. **45**, 519—520.

Haber, W., 1958: Zur Ökologie des Bodenlebens in verschiedenen Pflanzengesellschaften. Ber. dtsch. bot. Ges. **71**, 399—410.

— 1959: Vergleichende Untersuchungen der Bodenbakterienzahlen und der Bodenatmung in verschiedenen Pflanzenbeständen. Flora **147**, 1—34.

Haberlandt, Fr., 1928: Über die Einwirkung des elektrischen Lichtes auf vital gefärbte Froschleukocyten. Strahlentherapie **29**, 161—171.

Haberlandt, G., 1883: Über die physiologische Funktion des Centralstranges im Laubmoosstämmchen. Ber. dtsch. bot. Ges. **1**, 263—268.

Hadjioloff, A., 1937: Hydrotropische Löslichkeit der Fettfarbstoffe und Lipide. Naturwiss. **25**, 762—763.

— 1938: Beiträge zur qualitativen und quantitativen Mikroanalyse der Lipide in den Zellen und Geweben. Z. Zellforsch., mikr. Anat. **27**, 528—533.

Härtel, O., 1940: Physiologische Studien an Hymenophyllaceen. I. Zellphysiologische Untersuchungen. Protoplasma **34**, 117—147.

— 1943: Quellungsstudien an Pflanzen verschiedener Höhenstufen. Protoplasma **37**, 350—366.

— 1951: Die Stachelkugeln von *Nitella*. Protoplasma **40**, 526—540.

— 1952 a: Vitalfärbungsstudien an *Verbascum Blattaria*. Z. wiss. Mikr. **61**, 9—19.

— 1952 b: Gerbstoffe als Ursache „voller" Zellsäfte. Protoplasma **40**, 338—346.

— 1952 c: Färbungsstudien an der pflanzlichen Kutikula. Protoplasma **41**, 1—14.

— 1953 a: Das Verhalten des „festen Zellsaftes" von *Cerinthe* bei Fluorochromierung mit Acridinorange. Protoplasma **42**, 83—89.

— 1953 b: Fluoreszenzmikroskopische und mikrochemische Beobachtungen an *Cirsium arvense*. Mikroskopie **8**, 41—46.

— und I. Thaler, 1953: Die Proteinoplasten von *Helleborus corsicus* Willd. Protoplasma **42**, 417—426.

— — 1956: Mikrochemische und fluoreszenzoptische Untersuchungen an Sklerenchymfasern von *Ricinus communis* L. Österr. Bot. Z. **103**, 44—52.

Hafiek, B., and J. Kovács, 1964: Histochemical investigation of the effect of basic vital dyes upon the cells of the liver. Ann. Univ. Sci. Budapest. Sect. Biol. **7**, 105—114.

Hagedorn, H., 1955 a: Beiträge zur Cytologie und Morphologie der Actinomyceten. Cbl. Bakt., Abt. II, **108**, 353—375.

— 1955 b: Untersuchungen über den isoelektrischen Punkt bei Actinomyceten. Protoplasma **45**, 115—124.

— 1959: Licht- und elektronenmikroskopische Untersuchungen an *Nocardia corallina* (Bergey et al. 1923). Cbl. Bakt., Abt. II, **112**, 214—225.

Hagemann, B. K. H., 1937: Fluoreszenzmikroskopische Untersuchungen über Virus und andere Mikroben. Cbl. Bakt., Abt. I. Orig. **140**, 184—187.

Hahn, F. E., 1952: Über Kernäquivalente und Reduktionsorte in Bakterien. Naturwiss. **39**, 527—528.

Hahn, F.-V. v., 1924: Beiträge zur Kolloidchemie des Nachtblaus. Kolloid-Z. **34**, 162—169.

Haitinger, M., 1935: Die Grundlagen der Fluoreszenzmikroskopie. II. Wirkung der Fluorochrome auf pflanzliche Zellen. Beih. bot. Cbl. A **53**, 378—386.

— 1938: Fluoreszenzmikroskopie, ihre Anwendung in der Histologie. Akademische Verlagsgesellschaft, Leipzig.

— und L. Linsbauer, 1933: Die Grundlagen der Fluoreszenzmikroskopie und ihre Anwendung in der Botanik. Beih. bot. Cbl. A **50**, 432—444.

— — 1935: Die Grundlagen der Fluoreszenzmikroskopie. III. Darstellung organisierter Zelleinschlüsse. Beih. bot. Cbl. A **53**, 387—397.

Halbwachs, G., 1963: Untersuchungen über gerichtete aktive Strömungen und Stofftransporte im Blatt. Flora **153**, 333—357.

Hale, A. J., 1957: The histochemistry of polysaccharides. Internat. Rev. Cytol. **6**, 193—263.

HALL, R., 1936: Cytoplasmic inclusions of *Phytomastigoda*. Bot. Rev. **2 b**, 85—94.
HALLER, R., 1919: Weitere Beiträge zur Kenntnis der Adsorptionsverbindungen. II. Kolloid-Z. **24**, 56—66.
— 1920: Das färberische Verhalten des Kongorubins. Kolloid-Z. **27**, 188—195.
— 1927: Beiträge zur Kenntnis der Färbung des Stärkekorns. Kolloid-Z. **41**, 81—87.
— und A. NOWAK, 1920: Kolloidchemische Untersuchungen als Grundlage für die Theorie der Baumwollfärbungen. Kolloidchem. Beih. **13**, 61—136.
HAMERMAN, D. J., and M. SCHUBERT, 1953: A quantitative study of metachromasy in synovial fluid and mucin. J. gen. Physiol. **37**, 291—300.
HAMORAK, N., 1915: Beiträge zur Mikrochemie des Spaltöffnungsapparates. S. B. kais. Akad. Wiss. Wien, math.-nat. Kl., Abt. I, **124**, 447—479.
HAMPERL, H., 1955: Fluoreszenzmikroskopie. Münch. Med. Wschr. **97**, 1121—1125.
HANNES, B., und A. JODLBAUER, 1909: Versuche über den Einfluß der Temperatur bei der photodynamischen Wirkung und der einfachen Lichtwirkung auf Invertase. Biochem. Z. **21**, 110—113.
HANSEN, F. C. C., 1908: Über die Ursachen der metachromatischen Färbung bei gewissen basischen Farbstoffen. Z. wiss. Mikrosk. **25**, 145—153.
HANSSEN, E., 1954: Die fluoreszenzmikroskopische Darstellung des Sameneiweisses der Gramineen. Naturwiss. **41**, 529—530.
HANUT, Ch., et J. FAUTREZ, 1935: Études sur les variations de dispersion des colorants. Protoplasma **23**, 93—108.
HANZLIK, P. J., 1931: Prevention of heat-coagulation, mercuric-precipitation of proteins, and of precipitation of alkaloids by colloidal dyes. Proc. Soc. exper. Biol., Med. **29**, 364—368.
HARDER, R., und G. GÜMMER, 1944: Weiteres über örtlich beschränkte Wirkung und Leitung des formbeeinflussenden Metaplasins. Jb. wiss. Bot. **91**, 359—380.
HARM, H., 1954: Der Einfluß von Trypanblau auf die Nachkommenschaft trächtiger Kaninchen. Z. Naturforsch. **9 b**, 536—540.
HARMS, H., 1957/1965: Handbuch der Farbstoffe für die Mikroskopie. Staufen-Verlag, Kamp-Lintfort.
HARNISCH, O., 1943: Ein Organ für Ionenaufnahme bei im Wasser lebenden Insektenlarven. Naturwiss. **31**, 394—396.
— 1955: Reduktionsorte im Körper der Larve von *Chironomus plumosus* in Anaerobiose. Naturwiss. **42**, 612.
— 1956 a: Die Toxizität des Reduktionsindikators Triphenyltetrazoliumchlorid (TTC) für Chironomidenlarven. Naturwiss. **43**, 184—185.
— 1956 b: Beobachtungen am Fettkörper der Larve von *Psectrotanypus varius* bei Anaerobiose. Biol. Zbl. **75**, 682—688.
— 1956 c: Prüfung der Reduktionsorte an Chironomidenlarven mittels 2,3,5-Triphenyltetrazolium-Chlorid. Naturwiss. **43**, 115—116.
— 1956 d: Reduktionsorte im Körper von *Tubifex tubifex* nach Färbungen mit Triphenyltetrazoliumchlorid. Naturwiss. **43**, 359.
— 1957: Färberische Prüfung der Reduktionsorte im Körper der Larve von *Chironomus plumosus*. Z. Naturforsch. **12 b**, 52—54.
— 1958: Anaerobe Färbung einiger planktonischer Organismen mit dem Reduktionsindikator Triphenyltetrazoliumchlorid (TTC). Z. Naturforsch. **13 b**, 109—110.
— 1959: Färbung mit TTC (Triphenyltetrazoliumchlorid) an der Larve von *Ephemera* unter aeroben Bedingungen bei 28° C. Z. Naturforsch. **14 b**, 136—137.
HARRIS, J. M., 1961: Water-conduction in the stems of certain conifers. Nature **189**, 678—679.
HARRIS, J. O., 1949: Combination of certain fluorane derivative dyes with bacterial cells at different hydrogen ion concentrations. Stain Technol. **24**, 217—221.
— 1951: A study of the relationship between the surface charge and the adsorption of acid dyes by bacterial cells. J. Bact. **61**, 649—652.
HARROP, G. A., and E. S. G. BARRON, 1928: Studies on blood cell metabolism. I. Effect of methylene blue and other dyes upon the oxygen consumption of mammalian and avian erythrocytes. J. exper. Med. **48**, 207—223.
HARTIG, TH., 1853: Ueber die endosmotischen Eigenschaften der Pflanzenhäute. Bot. Ztg. **11**, 309—317.
— 1858: Entwickelungsgeschichte des Pflanzenkeims. A. Förstnersche Buchhandlung, Leipzig.
HARTLEY, G. S., and C. ROBINSON, 1931: The diffusion of colloidal electrolytes and other charged colloids. Proc. roy. Soc. London, A **134**, 20—35.
HARTMAIR, V., 1937: Über Vakuolenkontraktion in Pflanzenzellen. Protoplasma **28**, 582—592.

Hartman, Ph., and Ch. Liu, 1954: Comparative cytology of wild-type *Saccharomyces* and a respirationally deficient mutant. J. Bact. **67**, 77—85.

Harvey, E. N., 1911: Studies on the permeability of cells. J. exper. Zool. **10**, 507—556.

— 1913: A criticism of the indicator method of determining cell permeability for alkalies. Amer. J. Physiol. **31**, 335—342.

— 1922: The permeability of cells for oxygen and its significance for the theory of stimulation. J. gen. Physiol. **5**, 215—222.

— 1927: Further studies on the inhibition of *Cypridina luminescence* by light, with some observations on methylene blue. J. gen. Physiol. **10**, 103—110.

— 1929: A preliminary study of the reducing intensity of luminous bacteria. J. gen. Physiol. **13**, 13—20.

Harvey, R. B., 1930 a: Tracing the transpiration stream with dyes. Amer. J. Bot. **17**, 657—661.

— 1930 b: The relative transpiration rate at infection spots on leaves. Phytopath. **20**, 359—362.

Hashimoto, H., K. Kono, and S. Mitsuhashi, 1964: Elimination of penicillin resistance of *Staphylococcus aureus* by treatment with acriflavine. J. Bact. **88**, 261—262.

Hashioka, Y., 1936: Die Entmischung des vitalgefärbten Zellsaftes bei *Sphaerotheca fuliginosa* (Schlecht.) Poll. J. jap. Bot. **12**, 683—686.

Hatano, S., and H. Ryo, 1935: Intracellular oxydation-reductions of plant-cells by vital staining with methyleneblue and rongalit-white. J. orient. Med. **23**, Nr. 1. (Japanisch mit engl. Zusammenfassung.)

Hauptfleisch, P., 1888: Zellmembran und Hüllgallerte der Desmidiaceen. Mitt. naturf. Ges. Neuvorpomm. u. Rügen **20**, 1—78.

— 1892: Untersuchungen über die Strömung des Protoplasmas in behäuteten Zellen. Jb. wiss. Bot. **24**, 173—234.

Haurowitz, F., 1922: Über die Differenzierung lebenden und toten Protoplasmas durch Methylgrün. Virchows Arch. path. Anat. **242**, 345—349.

— D. Di Moia, and S. Tekman, 1952: The reaction of native and denatured ovalbumin with congo red. J. Amer Chem. Soc. **74**, 2265—2271.

Hauser, E. J. P., and J. H. Morrison, 1964: The cytochemical reduction of nitro blue tetrazolium as an index of pollen viability. Amer. J. Bot. **51**, 748—752.

Hayashi, I, 1938: Über die Bedeutung der Farbstoffe, besonders der farbstoffspeichernden Granula, im Gewebsatmungssystem. Acta Scholae med. Univ. imp. Kyoto **22**, 163—319.

Hayek, H. v., 1950: Zur Darstellung von Reduktionsorten mittels Tetrazol beim Meerschweinchen. Naturwiss. **37**, 262—263.

Hecht, K., 1912: Studien über den Vorgang der Plasmolyse. Beitr. Biol. Pfl. **11**, 137—192.

Hegedus, A., 1936: Vitale Färbung von auf farbstoffhaltigen Nährböden gewachsenen Bakterien. Cbl. Bakt., Abt. I, Orig. **138**, 99—104.

Hegler, R., 1901: Untersuchungen über die Organisation der Phycochromaceenzelle. Jb. wiss. Bot. **36**, 229—354.

Heidenhain, M., 1902: Über chemische Umsetzungen zwischen Eiweißkörpern und Anilinfarben. Pflügers Arch. **90**, 115—230.

Heimerdinger, G., 1951: Zur Mikrotopographie der Saftströme im Transfusionsgewebe der Koniferennadel. II. Entwicklungsgeschichte und Physiologie. Planta **40**, 93—111.

Heinmets, F., R. Vinegar, and W. W. Taylor, 1952: Studies on the mechanism of the photosensitized inactivation of *E. coli* and reactivation phenomenon. J. gen. Physiol. **36**, 207—226.

Heinrich, A., 1958: Untersuchungen zur Wasser- und Mineralstoffversorgung der Rinde bei Pflanzen mit einem geschlossenen Sklerenchymring. Z. Bot. **46**, 417—441.

Helmke, R., 1955 a: Über die Einwirkung von Kristallviolett auf die Inaktivierung von *Bact. coli* B durch kurzwelliges Ultraviolett der Wellenlänge 2537 Å. Naturwiss. **42**, 99.

— 1955 b: Über die Sensibilisierung von *Bact. coli* B gegen die Bestrahlung mit kurzwelligem Ultraviolett der Wellenlänge 2537 Å durch Eosin. Naturwiss. **42**, 515.

— 1956: Über die Sensibilisierung von *Bact. coli* B gegen die Bestrahlung mit kurzwelligem Ultraviolett der Wellenlänge 2537 Å durch Methylenblau. Naturwiss. **43**, 111—112.

Helprin, J. J., and C. W. Hiatt, 1959: Photosensitization of T 2 coliphage with toluidine blue. J. Bact. **77**, 502—505.

Hemmi, T., and Sh. Endo, 1928: On a staining method for testing the viability of sclerotia of fungi. Mem. College Agric. Kyoto **7**, 39—49.

HENNEBERG, W., 1912: Morphologisch-physiologische Untersuchungen über das Innere der Hefezellen. Cbl. Bakt., Abt. II, **35**, 289—298.
— 1916: Über das Volutin (= metachromatische Körperchen) in der Hefezelle. Cbl. Bakt., Abt. II, **45**, 50—62.
HENNEGUY, L., 1881: Coloration du protoplasma vivant par le brun Bismarck. Bull. Soc. Philomathique, sér. VII, **50**, 52—54.
HENRICI, A. T., 1923: Differential counting of living and dead cells of bacteria. Proc. Soc. exper. Biol. Med. **20**, 293—295.
HERBST, F., 1953: Zytologische Untersuchungen an Cyanophyceen. Ber. dtsch. bot. Ges. **66**, 283—288.
— 1954: Über die Kernäquivalente von *Aphanothece caldariorum* P. Richt. und *Pseudanabaena catenata* Lauterb. Ber. dtsch. bot. Ges. **67**, 183—187.
HERČÍK, F., 1934: Oberflächenspannung in der Biologie und Medizin. Th. Steinkopff, Dresden u. Leipzig.
— 1938: Über morphologische Veränderungen in *Allium*-Zellen nach α-Bestrahlung. Protoplasma **31**, 228—233.
— 1939: Die fluorescenzmikroskopische Analyse der α-Strahlenwirkung. Protoplasma **32**, 527—535.
HERFORTH, L., und H. KRIEGEL, 1956 in: Probleme und Ergebnisse aus Biophysik und Strahlenbiologie. Georg Thieme, Leipzig, 297—308.
HERTZ, W., 1922: Die Vitalfärbung von *Opalina ranarum* mit Säurefarbstoffen und ihre Beeinflussung durch Narkotikum. Pflügers Arch. **196**, 444—457.
HERZBERG, K., 1964: Hemmwirkung von Farbstoff-Metallsalz-Verbindungen auf Vaccinevirus *in vitro* und *in vivo*. Naturwiss. **51**, 22—23.
— K. REUSS und R. DAHN, 1963: Photodynamische Wirkung und Virusinaktivierung durch Methylenblau und Thiopyronin. Naturwiss. **50**, 376—377.
HERZFELD, E., 1917: Über die Natur der am lebenden Tier erhaltenen granulären Färbungen bei Verwendung basischer und saurer Farbstoffe. Anat. Hefte, I. Abt., **54**, 450—523.
HERZOG, R., 1934: Anatomische und experimentell morphologische Untersuchungen über die Gattung *Salvinia*. Planta **22**, 490—514.
HERZOG, R. O., und A. POLOTZKY, 1914: Die Diffusion einiger Farbstoffe. Z. physik. Chem. **87**, 449—489.
HESS, K., und W. GRAMBERG, 1941: Farbstoffadsorption bei Zellulose und ihren Mahlprodukten. Kolloid-Z. **97**, 87—96.
HESSE, G., und O. SAUTER, 1947 a: Über die Unabhängigkeit der Austauschadsorption und der van der Waalsschen Adsorption an Aluminiumoxyd. Naturwiss. **34**, 250.
— — 1947 b: Die pH-Abhängigkeit der Adsorption von Säuren und Basen. Naturwiss. **34**, 251.
— — 1947 c: Die pH-Abhängigkeit der Adsorption amphoterer Stoffe. Naturwiss. **34**, 277—278.
HESSLER, A. Y., 1963: Acridine-resistant mutants of T 2 H bacteriophage. Genetics **48**, 1107—1119.
— 1964: Photoinactivation studies of proflavine-treated T 2 H bacteriophage. (Abstr.). Genetics **50**, 254—255.
— 1965: Acridine resistance in bacteriophage T 2 H as a function of dye penetration measured by mutagenesis and photoinactivation. Genetics **52**, 711—722.
HETHERINGTON, D. C., 1936: Pinacyanol as a supra-vital mitochondrial stain for blood. Stain Technol. **11**, 153—154.
HEUMANN, W., 1952: Die asymbiontische Stickstoffbindung durch *Rhizobium leguminosarum* (*Pisum*) auf Blutnährböden. Naturwiss. **39**, 239.
HEWITT, L. F., 1927: Combination of proteins with phthalein dyes. Biochemic. J. **21**, 1305—1313.
HIATT, C. W., 1960: Phytodynamic inactivation of viruses. Trans. N. Y. Acad. Sci., Ser. 2, **23**, 66—78.
HIERONYMUS, G., 1893: Über die Organisation der Hefezellen. Ber. dtsch. bot. Ges. **11**, 176—186.
HILBRICH, P., 1942: Fluorescenzmikroskopische Unterscheidung lebender und toter Sporen von *Nosema bombycis* Naegeli und *Nosema apis* Zander mit Hilfe der Acridinorangefärbung. Seidenbauforsch. **3**, 54—77.
HILKENBÄUMER, F., 1958: Elektronenmikroskopische Untersuchungen über den Aufbau kräftig entwickelter Cuticulae von Äpfelfrüchten. Z. Naturforsch. **13 b**, 666—668.
HILL, R. B. jr., K. G. BENSCH, and D. W. KING, 1959: Unimpaired mitosis in cells with modified deoxyribonucleic acid. Nature **184**, 1429—1430.

Hill, R. B. jr., K. G. Bensch, and D. W. King, 1960: Photosensitization of nucleic acids and proteins. The photodynamic action of acridine orange on living cells in culture. Exp. Cell Res. **21**, 106—117.

Hill, R. F., and R. R. Feiner, 1964: Further studies of ultraviolet-sensitive mutants of *Escherichia coli* strain B. J. gen. Microbiol. **35**, 105—114.

Hilwig, I., und H. Schmitz, 1951: Über Beziehungen zwischen Verfettung und Stoffwechselhemmung an Gewebekulturen durch Zusatz von Berberin. Naturwiss. **38**, 336.

Hiraoka, J., 1957 a: Interaction between the methylene blue uptake and the ion transport in the yeast cells adapted to sodium chloride. I. Effect of some organic acids on the methylene blue uptake. J. Inst. Polytech., Osaka City Univ. Ser. D., **8**, 61—69.

— 1957 b: Interaction between the methylene blue uptake and the ion transport in the yeast cells adapted to sodium chloride. II. Effect of some organic salts on the exchangeability of methylene blue for cellular sodium ions. J. Inst. Polytech., Osaka City Univ. Ser. D, **8**, 71—78.

— 1959: Studies on the methylene blue absorption and the ion exchangeability in yeast cells. Physiol. and Ecol. (Japan) **8**, 88—94.

— and H. Takada, 1957: Effect of ribonuclease on the methylene blue uptake and the sodium efflux by the yeast cell adapted to sodium chloride. J. Inst. Polytech., Osaka City Univ. Ser. D, **8**, 79—87.

Hiraoka, T., 1957: Feulgen nucleal reaction. I. Quantitative extraction of fuchsin from Feulgenstained nucleoprotein. J. Biophys. Biochem. Cytol. **3**, 525—544.

Hirn, I., 1953 a: Vitalfärbungsstudien an Desmidiaceen. Flora **140**, 453—473.

— 1953 b: Vitalfärbung von Diatomeen mit basischen Farbstoffen. S. B. Österr. Akad. Wiss., math.-nat. Kl., Abt. I, **162**, 571—595.

Hirota, Y., 1960: The effect of acridine dyes on mating type factors in *Escherichia coli*. Proc. nat. Acad. Sci. (Wash.) **46**, 57—64.

Hirsch, G. C., und W. Buchmann, 1930: Beiträge zur Analyse der Rongalitweißreaktion. Nachweis einer intrazellulären Oxydo-Reduktase LM. Z. Zellforsch., mikr. Anat. **11**, 255—315.

Hirt, R., und R. Bechtold, 1958: Biophysikalische Studien mit synthetischem Lezithin. Experientia **14**, 436—437.

Hiruma, K., 1923: Weitere Beobachtungen über Permeabilitätsänderungen in Lösungen von Nichtleitern. Pflügers Arch. **200**, 497—510.

Höber, R., 1909: Die Durchlässigkeit der Zellen für Farbstoffe. Biochem. Z. **20**, 56—99.

— 1914: Beitrag zur physikalischen Chemie der Vitalfärbung. Biochem. Z. **67**, 420—430.

— 1933: Über den Einfluß des elektrischen Stroms auf die Permeabilität von Pflanzenzellen. Protoplasma **19**, 26—29.

— 1941: The interfacial behavior of organophilic-hydrophilic substances and its bearing upon cell activity. Schweiz. med. Wschr. I, 241—242.

— 1926/1947: Physikalische Chemie der Zelle und der Gewebe. 6. Aufl. Wilhelm Engelmann, Leipzig. Letzte Aufl., Stämpfli u. Cie., Bern.

— und M. G. Banus, 1923: Zur Theorie der sog. physiologischen Permeabilität der Zellen. Pflügers Arch. **201**, 14—15.

— und S. Chassin, 1908: Die Farbstoffe als Kolloide und ihr Verhalten in der Niere vom Frosch. Kolloid-Z. **3**, 76—80.

— und F. Hoffmann, 1928: Über das elektromotorische Verhalten von künstlichen Membranen mit gleichzeitig selektiv kationen- und selektiv anionendurchlässigen Flächenstücken. Pflügers Arch. **220**, 558—564.

— und F. Kempner, 1908: Beobachtungen über Farbstoffausscheidungen durch die Nieren. Biochem. Z. **11**, 105—120.

— und A. Memmesheimer, 1923: Einige Beobachtungen über Permeabilitätsänderungen bei roten Blutkörperchen in Lösungen von Nichtleitern. Pflügers Arch. **198**, 564—570.

— und O. Nast, 1913: Weitere Beiträge zur Theorie der Vitalfärbung. Biochem. Z. **50**, 418—436.

— und G. Pupilli, 1931: Neue Versuche über die Aufnahme von Farbstoffen durch die roten Blutkörperchen. Pflügers Arch. **226**, 585—599.

Höfer, G., und A. Schmillen, 1959: Der Einfluß von O_2 auf die Fluoreszenz organischer Lösungen. Angew. Chem. **71**, 431—432.

Höfler, K., 1944: Rotalgen und Blaualgen. Zur Frage ihrer natürlichen Verwandtschaft. Biol. Zbl. **64**, 282—293.

HÖFLER, K., 1946 a: Über den isoelektrischen Punkt natürlicher Zellulosemembranen und deren Färbbarkeit mit Fluorochromen. Anz. Akad. Wiss. Wien, math.-nat. Kl., Nr. 7, 41—48.

— 1946 b: Sur la coloration vitale des vacuoles par l'orange d'acridine et le rouge neutre. C. R. Acad. Sci. **223**, 335—337.

— 1947 a: Was lehrt die Fluoreszenzmikroskopie von der Plasmapermeabilität und Stoffspeicherung? Mikroskopie **2**, 13—29.

— 1947 b: Einige Nekrosen bei Färbung mit Akridinorange. S. B. Österr. Akad. Wiss., math.-nat. Kl., Abt. I, **156**, 585—644.

— 1948: Neue Ergebnisse der Vital- und Fluoreszenzfärbung. Wiss. Mitt. Pharmaz. Forsch.-Inst. österr. Apothekerver. **1**, 23—27.

— 1949 a: Fluoreszenzmikroskopie und Zellphysiologie. Biol. gen. **19**, 90—113.

— 1949 b: Fluorochromierungsstudien an Pflanzenzellen. Mikroskopie, 1. Sonderbd. „Beiträge zur Fluoreszenzmikroskopie" 46—70.

— 1950: Einige Beobachtungen an *Ancylistes Closterii*. Sydowia **4**, 381—388.

— 1951: Fluorochromfärbung am lebenden Protoplasten. Mikrochemie **36/37**, 1146—1157.

— 1952: Über die Farbionenpermeabilität der Tonoplastenmembran. Ber. dtsch. bot. Ges. **65**, 183—187.

— 1953: Zur Vital- und Fluoreszenzfärbung. Ber. dtsch. bot. Ges. **66**, 454—468.

— 1956 a: Zellphysiologische Studien an Meeresalgen. Ber. dtsch. bot. Ges. **69**, 301—308.

— 1956 b: Über Plastiden und Blasenzellen der Rotalgen. Pubbl. Staz. zool. Napoli **28**, 255—265.

— 1957: Thioninfärbbarkeit der Zellmembranen von Süßwasseralgen. Protoplasma **48**, 522—534.

— 1959: Permeabilität und Plasmabau. Ber. dtsch. bot. Ges. **72**, 236—245.

— 1960: Permeability of protoplasm. Protoplasma **52**, 145—156.

— 1961: Vitalfärbestudien an Florideen. Pubbl. Staz. zool. Napoli **32**, 109—129.

— 1963 a: Zellstudien an *Biddulphia titiana* Grunow. Protoplasma **56**, 1—53.

— 1963 b: Zur Vitalfärbbarkeit von *Bryopsis*. Protoplasma **56**, 376—380.

— 1965: Physiologische Eigenart mariner Planktondiatomeen. Ber. dtsch. bot. Ges. **78**, 13—18.

— 1966: On the physiology ot *Biddulphia titiana* and other marine diatoms. Bot. Marina **9**, 27—32.

— und A. DISKUS, 1957: Vitalfärbungen mit Nilblau und Brillantcresylblau. Protoplasma **48**, 429—451.

— und L. HÖFLER, 1965: Zur Vitalfärbbarkeit zentrischer Plankton-Diatomeen. Protoplasma **59**, 522—530.

— und H. KINZEL, 1960: Über den Speicherstoff in den „vollen" Zellsäften der Rotalge *Dasya squarrosa*. Anz. Österr. Akad. Wiss., math.-nat. Kl., Nr. 10, 237—241.

— — 1963: Vital- und Fluoreszenzfärbestudien an Zellen höherer Pilze. Rev. Biol. **4**, 27—50.

— und TH. MÜLLNER-HAITINGER, 1949: Zur Wirkung des Coriphosphins auf die Pflanzenzelle. Mikroskopie, 1. Sonderbd. „Beiträge zur Fluoreszenzmikroskopie" 119—126.

— und E. PECKSIEDER, 1947: Fluoreszenzmikroskopische Beobachtungen an höheren Pilzen. Österr. bot. Z. **94**, 99—127.

— und H. SCHINDLER, 1951: Vitalfärbung von Algenzellen mit Toluidinblaulösungen gestufter Wasserstoffionenkonzentration. Protoplasma **40**, 137—151.

— — 1952: Algengallerten im Vitalfärbeversuch. Österr. bot. Z. **99**, 529—555.

— — 1953: Vitalfärbbarkeit verschiedener Closterien. Protoplasma **42**, 296—311.

— — 1955: Volle und leere Zellsäfte bei Algen. Protoplasma **45**, 173—193.

— und A. STIEGLER, 1947: Cresylechtviolett als Vitalfarbstoff. Mikroskopie **2**, 250—258.

— A. TOTH und M. LUHAN, 1949: Beruht die Fluorochromfärbung von Zellkernen auf Elektroadsorption an der Eiweißphase? Protoplasma **39**, 62—78.

— W. URL und A. DISKUS, 1956 a: Zellphysiologische Versuche und Beobachtungen an Algen der Lagune von Venedig. Boll. Mus. Civ. Venezia **9**, 63—94.

— — — 1956 b: Speicherkonkurrenz im Protoplasten einiger Meeresalgen bei Rhodamin-B-Färbung. Protoplasma **45**, 630—632.

— A. ZIEGLER und M. LUHAN, 1956: Fluorochromierungsstudien mit Uranin. Protoplasma **46**, 322—366.

Höfler, K., A. Ziegler und M. Luhan, 1962 a: cH-Schwellen der Uraninfärbbarkeit des Plasmas einiger Florideen. Protoplasma 55, 357—371.
— — — 1962 b: Uraninschwellen des Protoplasmas der Braunalge *Stypocaulon scoparium*. Protoplasma 55, 410—413.
Höhn, K., 1934: Die Bedeutung der Wurzelhaare für die Wasseraufnahme der Pflanzen. Z. Bot. 27, 529—564.
— 1954: Die Bedeutung der Nucleinsäuren für embryonale und postembryonale Wachstumsvorgänge der Pflanze. Naturwiss. 41, 536.
— 1955: Zur Frage der Bedeutung der Nucleinsäuren für die Wachstumsvorgänge der Pflanze. Beitr. Biol. Pflz. 31, 261—292.
Hölzl, J., und E. Bancher, 1959 a: Fluoreszenz und Färbung von Eiweißkristallen in der Knolle von *Solanum tuberosum*. Mikroskopie 13, 381—386.
— — 1959 b: Fluoreszenzmikroskopische Studien an der Kartoffelknolle. II. Färbungen und Fluorochromierungen der Eiweißkristalle. Protoplasma 50, 303—315.
Hof, A. C., 1900: Untersuchungen über die Topik der Alkaliverteilung in pflanzlichen Geweben. Bot. Cbl. 83, 273—280.
Hoffmann, C. E., and O. Rahn, 1944: The bactericidal and bacteriostatic action of crystall violet. J. Bact. 47, 177—186.
Hoffmeister, F., 1891: Zur Lehre von der Wirkung der Salze. VI. Mitteilung. Die Beteiligung gelöster Stoffe an Quellungsvorgängen. Arch. exper. Path. Pharmakol. 28, 210—238.
Hofmeister, L., 1938: Permeabilität vital gefärbter Pflanzenzellen. I. Versuche mit Neutralrot und Methylenblau. Z. wiss. Mikroskop. 55, 393—414.
— 1940 a: Mikrurgische Studien an Borraginoiden-Zellen. I. Mikrodissektion. Protoplasma 35, 65—94.
— 1940 b: Mikrurgische Studien an Borraginoiden-Zellen. II. Mikroinjektion und Mikrochemische Untersuchungen. Protoplasma 35, 161—186.
— 1940 c: Studien über Mikroinjektion in Pflanzenzellen. Z. wiss. Mikroskop. 57, 274—290.
— 1948: Vitalfärbungsstudien mit Chrysoidin. S. B. Österr. Akad. Wiss., math.-nat. Kl., Abt. I, 157, 55—82.
Hofstee, J., 1959: Die Absorption von Methylenblau an Stärken von verschiedenem Phosphatgehalt. Stärke 11, 200—203.
Hogue, M. J., 1926: Staining Protozoa with janus green B. Stain Technol. 1, 35—36.
Hohl, K., 1949: Experimentelle Untersuchungen über Röntgeneffekte und chemische Effekte auf die pflanzliche Mitose. Stuttgart.
Holcomb, G. E., A. C. Hildebrandt, and R. F. Evert, 1965: Staining sphereosomes in tissue culture cells of crown gall origin. Amer. J. Bot. 52, 630.
Holczinger, L., and S. Bábint, 1962: Experimental data to the theory of fat staining. Histochemie 2, 389—392.
Hollande, A. Ch., 1933: Remarques au sujet de la structure cytologique de quelques Cyanophycées. Arch. Zool. exper. gén. 75, II, 145—184.
Hollborn, K., 1931: Eine einfache Methode zur Prüfung der Teerfarbstoffe auf ihre Reinheit. Z. wiss. Mikroskop. 48, 83—84.
— 1937: Welche Vitalfärbemittel lösen sich in Meerwasser? Z. wiss. Mikroskop. 54, 98.
Holló, J., und D. Deutsch, 1926: Biologische Modellversuche in heterogenen Systemen. I. Die Verteilung salzartiger Verbindungen zwischen nicht mischbaren Lösungsmitteln. Bioch. Z. 173, 298—309.
Holmes, W. C., 1924: The influence of variation in concentration on the absorption spectra of dye solutions. Ind. Eng. Chem. 16, 35—40.
— 1927: Subsidiary dyes in methylene blue. Stain Technol. 2, 71—73.
— 1928: The spectrophotometric evaluation of mixtures of methylene blue and trimethyl thionin. Stain Technol. 3, 45—48.
— and R. W. French, 1926: The oxidation products of methylene blue. Stain Technol. 1, 17—26.
— and A. R. Peterson, 1930: The analysis of neutral red and of the pyronins. Stain Technol. 5, 91—96.
— and E. F. Snyder, 1929: The atmospheric oxidation or dealkalytion of aqueous solutions of methylene blue. Stain Technol. 4, 7—10.
Holst, G., 1938: Zur Photochemie der reversiblen Redoxprozesse. II. Z. physik. Chem. A, 182, 321—340.
Holt, A. S., R. F. Smith, and C. S. French, 1951: Dye reduction by illuminated chloroplast fragments. Plant Physiol. 26, 164—173.

HOLZER, K., 1958: Die winterlichen Veränderungen der Assimilationszellen von Zirbe (*Pinus cembra* L.) und Fichte (*Picea excelsa* Link) an der alpinen Waldgrenze. Österr. Bot. Z. **105**, 323—346.

HOMÈS, M., 1930: La pénetration du bleu de méthylène dans les cellules d'*Elodea canadensis*, Rich. C. R. Congrès Nat. Sci. Bruxelles, 690—693.

— 1933: Recherches sur la perméabilité cellulaire des algues marines. Arch. Zool. exper. gén. **75**, II, 75—101.

HONSELL, E., 1951: Sulle variazioni del sistema vacuolare, durante la digestione, nei peli ghiandolari degli ascidi di „*Utricularia vulgaris*" L. Annali Bot. **23**, 513—522.

— 1955/56: Aggregazione protoplasmatica, fenomeni osmotici e colorazione vitale nelle cellule ghiandolari degli ascidi di *Utricularia vulgaris* L. Annali Bot. **25**, 1—32.

— 1957 a: Colorazione vitale con coloranti basici diacromi e fenomeni di accumulo nel citoplasma di *Bryopsis plumosa* (Huds.) C. Ag. Annali Fac. Agrar. Univers. Studi Napoli Ser. III, **23**, 3—13.

— 1957 b: Un semplice metodo per l'analisi quantitativa della fluorescenza secondaria di cellule vegetali in vivo. Annali Bot. **25**, 1—16.

— 1957 c: Sulla presenza di succhi cellulari „vuoti" in *Nitella mucronata* e *Chara crinita*. Protoplasma **48**, 325—341.

— 1959 a: Ricerche sui rapporti fra attività fotosintetica e colorazione vitale con l'uranina nelle cellule di *Spirogyra*. Annali Bot. **26**, 304—308.

— 1959 b: Sull'esistenza di un gradiente citofisiologico nelle colonie di *Oscillatoria irrigua* Kütz., messo in evidenza dall'accumulo protoplasmatico „*in vivo*", del fluorocromo uranina. Rendic. Accad. Naz. Lincei. Ser. VIII, **26**, 74—78.

— 1961 a: Osservazioni sul rapporto fra accumulo protoplasmatico del fluorocromo uranina e intensità respiratoria in *Oscillatoria irrigua* Kütz. Nuov. G. Bot. Ital. **68**, 89—97.

— 1961 b: Modificazioni indotte dalla caffeina nello stato colloidale del plasma di *Bryopsis* e *Derbesia* a sua azione sui fenomeni di accumulo di alcuni coloranti basici e neutri. Delpinoa, N. S. **3**, 13—28.

— 1961 c: Contributo all'interpretazione dei fenomeni di accumulo delle fluoresceine nei protoplasti viventi di cellule vegetali, in base ad alcune ricerche di citospettrofluorometria. Delpinoa, N. S. **3**, 317—335.

— 1962: Sulla natura dell'accumulo plasmatico in vivo di alcuni diacromi e fluorocromi basici e neutri in *Bryopsis* e *Derbesia*. Protoplasma **55**, 632—655.

— 1965: I coloranti vitali e i problemi della loro permeazione ed accumulo nella cellula vegetale. G. Bot. Ital. **72**, 287—302.

HOŘAVKA, B., 1959: Observation of IEP_M values of growing points of flower buds of the apple during the period before their morphological differentiation. Biol. plantar. **1**, 16—21.

HORN, P., and D. WILKIE, 1966: Use of magdala red for the detection of auxotrophic mutants of *Saccharomyces cerevisiae*. J. Bact. **91**, 1388.

HORWITZ, L., 1955: The properties of Janus green B as a Hill oxidant. Plant Physiol. **30**, 10—15.

HOVASSE, R., 1956: Le vacuome animal. Protoplasmatologia III, D, 2. Springer, Wien.

HOWLAND, R. B., 1928: The pH of gastric vacuoles. Protoplasma **5**, 127—134.

HUBER, B., 1932: Beobachtung und Messung pflanzlicher Saftströme. Ber. dtsch. bot. Ges. **50**, 89—109.

— und E. ROUSCHAL, 1938: Anatomische und zellphysiologische Beobachtungen am Siebröhrensystem der Bäume. Ber. dtsch. bot. Ges. **56**, 380—391.

HUBER, E., 1955: Vitalfärbungsversuche an Hochmooralgen mit leeren und vollen Zellsäften. S. B. Österr. Akad. Wiss. Wien, math.-nat. Kl., Abt. I, **164**, 909—943.

— 1956: Über den schädigenden Einfluß von Neutralrot auf *Spirogyra*-Zellen. Protoplasma **45**, 491—506.

HÜLSBRUCH, M., 1945: Fluoreszenzoptische Untersuchungen über den Wasserweg in der Wurzel. Planta **34**, 221—248.

— 1954 a: Zum extrafaszikulären Wasserweg in der Wurzel. Planta **43**, 566—570.

— 1954 b: Zum extrafaszikulären Wasserweg in der Wurzel. Planta **44**, 102.

— 1956: Die Wasserleitung in Parenchymen. In W. RUHLAND: Handb. Pflanzenphysiol. **3**, 522—540.

HUMMEL, H., und J. PÜSCHEL, 1927: Über die Zuckerwirkung bei der Guanidinvergiftung und ihre Bedeutung für die Permeabilitätslehre des Muskels. Pflügers Arch. **217**, 441—455.

HUREL-PY, G., 1933: Sur la possibilité de déshydrater les vacuoles du pollen de *Nicotiana alata*. C. R. Acad. Sci. **197**, 1690—1692.

Hurel-Py, G., 1934: Recherches sur les conditions du pH nécessaires pour obtenir la germination des grains de pollen et la coloration vitale de leurs vacuoles. C. R. Acad. Sci. **198**, 195—197.
— 1942 a: Sur les vacuoles des cellules à raphides. C. R. Acad. Sci. **215**, 31—33.
— 1942 b: Etude de la germination des grains de pollen de Narcissus Tazetta. C. R. Soc. biol. **136**, 199—202.
Hyman, C., and R. B. Howland, 1940: Intracellular photodynamic action. J. cell. comp. Physiol. **16**, 207—220.

Igura, I., 1954 a: Cytological and morphological studies on the gametophytes of ferns. VI. The vital staining of spermatozoids in ferns. Bot. Mag. **67**, 63—68.
— 1954 b: Cytological and morphological studies on the gametophytes of ferns. VIII. The vital staining of fernprothallium and the influence of hydrogen ion concentration on it. Bot. Mag. **67**, 256—264.
— 1956: Determination of electric charge and rH by means of the staining methods in prothallia, especially in spermatozoids of ferns. Bot. Mag. **69**, 494—500.
Iijima, M., 1953: Changes of the intracellular reducing intensity in the pollen mother cells during meiosis of the young *Lilium* anthers. Cytologia **18**, 113—121.
Imamura, M., and M. Koizumi, 1955: Irreversible photobleaching of the solution of fluorescent dyes. I. Kinetic studies on the primary process. Bull. chem. Soc. Japan **28**, 117—124.
Imamura, S., 1943: Untersuchungen über den Mechanismus der Turgorschwankung der Spaltöffnungsschließzellen. Jap. J. Bot. **12**, 251—346.
Ingraham, M. A., 1933: The bacteriostatic action of gentian violet and its dependence on the oxidation-reduction potential. J. Bact. **26**, 573—598.
— and E. B. Fred, 1933: The relation between bacteriostatic action of gentian violet and the oxidation-reduction potential of the medium. J. Bact. **25**, 23—24.
Ingraham, R. C., and M. B. Visscher, 1935: Studies on the elimination of dyes in the gastric and pancreatic secretions and inferences therefore concerning the mechanisms of secretion of acid and base. J. gen. Physiol. **18**, 695—716.
Irvin, J. L., and E. M. Irvin, 1954: The interaction of a 9-amino-acridine derivative with nucleic acids and nucleoproteins. J. biol. Chem. **206**, 39—49.
Irwin, M., 1922/23: The permeability of living cells to dyes as affected by hydrogen ion concentration. J. gen. Physiol. **5**, 223—224.
— 1923: The penetration of dyes as influenced by hydrogen ion concentration. J. gen. Physiol. **5**, 727—740.
— 1925/28: On the accumulation of dye in *Nitella*. J. gen. Physiol. **8**, 147—182.
— 1925/26: Accumulation of brilliant cresyl blue in the sap of living cells of *Nitella* in the presence of NH_3. J. gen. Physiol. **9**, 235—253.
— 1926 a: Influence of salts and acids on penetration of brilliant cresyl blue into the vacuole. Proc. Soc. exper. Biol., Med. **24**, 54—58.
— 1926 b: Removal of inhibiting effects on *Nitella* of certain buffer mixtures and acids. Proc. Soc. exper. Biol., Med. **24**, 245—247.
— 1926 c: Exit of dye from *Nitella* with different initial concentrations of dye in the vacuole. Proc. Soc. exper. Biol., Med. **24**, 247.
— 1926 d: Mechanism of the accumulation of dye in *Nitella* on the basis of the entrance of the dye as undissociated molecules. J. gen. Physiol. **9**, 561—573.
— 1926 e: Exit of dye from living cells of *Nitella* at different pH values. J. gen. Physiol. **10**, 75—102.
— 1926 f: The penetration of basic dye into *Nitella* and *Valonia* in the presence of certain acids, buffer mixtures and salts. J. gen. Physiol. **10**, 271—287.
— 1926 g: Certain effects of salts on the penetration of brilliant cresyl blue into *Nitella*. J. gen Physiol. **10**, 425—436.
— 1926 h: Accumulation of dye in *Nitella* as related to dissociation. Proc. Soc. exper. Biol., Med. **23**, 251—253.
— 1926/27: Does methylene blue penetrate into living cells? Proc. Soc. exper. Biol., Med. **24**, 425—427.
— 1927 a: On the nature of the dye penetrating the vacuole of *Valonia* from solutions of methylene blue. J. gen. Physiol. **10**, 927—947.
— 1927 b: On inhibiting effect of acetates and acetic acid on living cells of *Nitella*. Proc. Soc. exper. Biol., Med. **24**, 935—936.
— 1927 c: Salts affecting penetration of brilliant cresyl blue into *Nitella* at different pH values. Proc. Soc. exper. Biol., Med. **24**, 382—384.
— 1927 d: Multiple partition coefficients of penetration. Proc. Soc. exper. Biol., Med. **25**, 127—129.

IRWIN, M., 1927 e: Spectrophotometric analysis of dye penetrating *Nitella* from methylene blue. Proc. Soc. exper. Biol., Med. **25**, 563—564.
— 1927/28: The effect of acetate buffer mixtures, acetic acid and sodium acetate on the protoplasm, as influencing the rate of penetration of cresyl blue into the vacuole of *Nitella*. J. gen. Physiol. **11**, 111—121.
— 1928 a: Spectrophotometric studies of penetration. IV. Penetration of trimethylthionin into *Nitella* and *Valonia* from methylene blue. J. gen. Physiol. **12**, 147—165.
— 1928 b: Predicting penetration of dyes into living cells by means of an artificial system. Proc. Soc. exper. Biol., Med. **26**, 125—127.
— 1928 c: Penetration of alkaloids into vacuoles of living cells. Proc. Soc. exper. Biol., Med. **26**, 135—136.
— 1928 d: Spectrophotometric studies of penetration. V. Resemblances between the living cells and an artificial system in absorbing methylene blue and trimethylthionine. J. gen. Physiol. **12**, 407—418.
— 1928 e: Counteraction of the inhibiting effects of various substances on *Nitella*. J. gen. Physiol. **11**, 123—139.
— 1929 a: The form of dye penetrating the cell as determined by the glass electrode. Proc. Soc. exper. Biol., Med. **27**, 132—133.
— 1929 b: Studies on the penetration of dyes with the glass electrode. II. Penetration into *Nitella* from solutions of cresyl blue, azure B and methylene blue solution. Proc. Soc. exper. Biol., Med. **27**, 991—992.
— — 1929 c: Studies on the penetration of dyes with the glass electrode. III. Penetration into *Valonia* of cresyl blue and azure B. Proc. Soc. exper. Biol., Med. **27**, 992—993.
— 1930 a: On the nature of the dye penetrating *Nitella* from cresyl blue. Proc. Soc. exper. Biol., Med. **28**, 329—331.
— 1930 b: Studies on penetration of dyes with glass electrode. IV. Penetration of brilliant cresyl blue into *Nitella flexilis*. J. gen. Physiol **14**, 1—17.
— 1930 c: Studies on penetration of dyes with glass electrode. V. Why does azure B penetrate more readily than methylene blue or crystal violet? J. gen. Physiol. **14**, 19—29.
— 1931 a: Can protein act as a carrier in penetration? Proc. Soc. exper. Biol., Med. **29**, 342.
— 1931 b: Relation of absorption coefficients to rate of penetration of dye into the cell. Proc. Soc. exper. Biol., Med. **29**, 993—995.
— 1931 c: Cell models representing various types of living cells. Proc. Soc. exper. Biol., Med. **29**, 995—996.
— 1931 d: Effect of potassium chloride on rate of penetration of dyes. Proc. Soc. exper., Biol. Med. **29**, 1234.
— 1931 e: Importance of internal phase boundary in penetration of dye into the vacuole. Proc. Soc. exper. Biol., Med. **29**, 1234—1235.
— 1932: Can a dye base penetrate into living cells from a relatively strongly basic dye solution? Proc. Soc. exper. Biol., Med. **30**, 1317—1318.
ISABOLINSKY, M., und L. SMOLJAN, 1914: Über die Wirkung einiger Anilinfarbstoffe auf Bakterien. Nebst einem Beitrag über die Farbstoffestigkeit der Bakterien. Cbl. Bakt., Abt. I, Orig. **73**, 413—427.
ISAKA, S., and T. AIKAWA, 1962: Activation by redox-dyes of *Urechis* eggs. Nature **193**, 1096—1097.
ISENBERG, I., R. B. LESLIE, S. L. BAIRD jr., R. ROSENBLUTH, and R. BERSOHN, 1964: Delayed fluorescence in DNA-acridine dye complexes. Proc. Nat. Acad. Sci., U.S.A. **52**, 379—387.
ISHIZUKA, Y., 1955: The action of neutral salts on the metachromasy of toluidin blue. J. Kyoto Prefect. Med. Univ. **57** (Japanisch mit engl. Zusammenfassung: XX bis XXI).
IWANOV, L. A., 1933: Wie sich die Struktur des Holzes bei mechanischer Einwirkung ändert. J. Bot. URSS **18**, 38—51.
IZAGUIRRE, R. DE, 1922: Über die Oberflächenspannung von Nachtblaulösungen. Kolloid-Z. **30**, 81—88.
IZAWA, S., 1962: Methylene blue inhibition of photosynthesis in *Rhodopseudomonas palustris*. Plant Cell Physiol. **3**, 43—51.

JABLOKOVA, V. A., 1954: Physiologische Untersuchung des intracellulären pH und rH_2 etiolierter und grüner Weizenkeimlinge. Dokl. Akad. Nauk SSSR, N. S. **98**, 293—295.
JACOBS, M. H., 1922: The influence of ammonium salts on cell reaction. J. gen. Physiol. **5**, 181—188.

Järvenkylä, Y. T., 1937: Über den Einfluß des Lichtes auf die Permeabilität pflanzlicher Protoplasten. Ann. Bot. Soc. Zool.-Bot. Fenn. Vanamo **9**, Nr. 3.

Jagnow, G., 1958: Untersuchungen über Keimzahl und biologische Aktivität von Wiesenböden. Z. Pflanzenernährg. Düng. u. Bodenk. **82**, 50—67.

Jahn, T. L., 1934: Studies on the oxidation-reduction potential of Protozoan cultures. I. The effect of SH on *Chilomonas paramecium*. Protoplasma **20**, 90—104.

Jahnel, H., 1961: Zur Frage der Bestimmung der Keimfähigkeit in der Saatgutprüfung überliegenden Forstsaatgutes (Schnittprobe, Keimprüfung, Tetrazolium). Angew. Bot. **35**, 107—116.

Jamada, K., und A. Jodlbauer, 1908: Die Wirkung des Lichtes auf Peroxydase und ihre Sensibilisierung durch fluorescierende Stoffe. Bioch. Z. **8**, 61—83.

Jámbor, B., 1954: Reduction of tetrazolium salt. Nature **173**, 774—775.

— 1955: Mechanism of the reduction of tetrazolium salts. Nature **176**, 603.

— 1958 a: Die Lichtreaktion von Tetrazoliumverbindungen. 1. Mitt.: Die Disproportionierungsreaktion. und 2. Mitt.: Photooxydation der Formazane. Pharmazie **13**, 277—289.

— 1958 b: Die Lichtreaktion der Tetrazoliumverbindungen. III. Mitt.: Die Einwirkung des Lichtes auf die chemische und enzymatische Reduktion des Triphenyltetrazoliumchlorids (TTC). Pharmazie **13**, 411—413.

— 1958 c: Die Lichtreaktion der Tetrazoliumverbindungen. IV. Mitt.: Weitere Betrachtungen auf Grund der neueren Literatur. Pharmazie **13**, 414—415.

— 1960: Tetrazoliumsalze in der Biologie. Gustav Fischer, Jena.

— M. Dévay, and L. W. Roberts, 1957: A quantitative comparison of sulphydryl content and formazan in the tissues of the pea radicle. Nature **180**, 997—998.

— L. W. Roberts, and M. Dévay, 1958: Experiments on the penetration and reduction of 2,3,5-triphenyltetrazolium chloride in plant tissues. Phyton (Buenos Aires) **10**, 89—98.

James, A. M., and P. J. Barry, 1954: The effect of bacteriostatic agents on the electrokinetic properties of *Aerobacter aerogenes*. Biochim. Biophys. Acta **15**, 186—193.

James, W. O., and H. Baker, 1933: Sap pressure and the movements of sap. New Phytologist **32**, 317—343.

Janson, E., 1918: Über die Inhaltskörper der *Myriophyllum*-Trichome. Flora **110**, 265—269.

Jantsch, B., 1959: Entwicklungsphysiologische Untersuchungen am Blatt von *Iris japonica* Thunb. Z. Bot. **47**, 336—372.

Jarisch, A., 1923: Über das Verhalten von Neutralrot in Seifenlösungen. Biochem. Z. **134**, 177—179.

Jayme, G., und G. Bauer, 1957: Die Unterscheidung von Früh- und Spätholzfasern durch sekundäre Fluoreszenz. Holzforschg. **11**, 16—18.

Jeffrey, L. M., 1951: The effect of pH of external solution on oxygen consumption of onion root tissue. J. cell. comp. Physiol. **38**, 207—216.

Jensen, C. O., W. Sacks, and F. A. Baldauski, 1951: The reduction of triphenyltetrazolium chloride by dehydrogenase of corn embryos. Science **113**, 65—66.

Jensen, R. A., and F. L. Haas, 1963: Electrokinetics and cell physiology. I. Experimental basis for electrokinetic cell studies. J. Bact. **86**, 73—78.

Jerchel, D., und W. Möhle, 1944: Die Bestimmung des Reduktionspotentials von Tetrazoliumverbindungen. Ber. dtsch. chem. Ges. **77**, 591—601.

Jermolenko, N., und A. Mirontschik, 1936: Über die Abhängigkeit zwischen der Dispersion von Farbstoffen und deren Adsorption durch brikettierte Kohlen. Kolloid-Z. **77**, 366—369.

Jírovec, O., 1943: Über einige interessante physikalisch-chemische und biologische Eigenschaften von Germanin (Bayer 205). I. Biochem. Z. **314**, 265—276.

— und K. Vácha, 1934: Photodynamische Erscheinungen an grünen und farblosen Stämmen von *Euglena gracilis*. Protoplasma **22**, 203—208.

Jodlbauer, A., 1904 und 1907 a: Über die Wirkung photodynamischer (fluorescierender) Substanzen auf Paramäcien und Enzyme bei Röntgen- und Radiumbestrahlung. Arch. klin. Med. **80**, und Ges. Unters., Leipzig, 62—65.

— 1905 und 1907 a: Weitere Untersuchungen, ob eine „Dunkelwirkung" der fluorescierenden Stoffe statthat? Arch. klin. Med. **85**, 395—398 und Ges. Unters., Leipzig, 125—128.

— 1907 b: Über die Lichtwirkung auf Invertin bei Anwesenheit und Abwesenheit von Rohrzucker und anderen Stoffen. Bioch. Z. **3**, 488—502.

— und F. Haffner, 1921 a: Über den Zusammenhang von Dunkelwirkung fluorescierender Stoffe und Photodynamie auf Zellen. Biochem. Z. **118**, 150—157.

JODLBAUER, A., und H. V. TAPPEINER, 1905 a und 1907 a: Beteiligung des Sauerstoffes bei der Wirkung fluorescierender Stoffe. Arch. klin. Med. **82**, 520—546 und Ges. Unters., Leipzig, 77—103.

— — 1905 b und 1907 a: Die Wirkung der fluorescierenden Stoffe auf Spalt- und Fadenpilze. Arch. klin. Med. **84** und Ges. Unters., Leipzig, 104—115.

— — 1905 c und 1907 a: Über die Wirkung des Lichtes auf Enzyme in Sauerstoff- und Wasserstoffatmosphäre, verglichen mit der Wirkung der photodynamischen Stoffe. Arch. klin. Med. **85** und Ges. Unters., Leipzig, 116—124.

— — 1905 d und 1907 a: Über die Wirkung fluorescierender Stoffe auf Toxine. Arch. klin. Med. **85**, 399—415 und Ges. Unters., Leipzig, 129—145.

— — 1906 a und 1907 a: Über die Abhängigkeit der Wirkung der fluorescierenden Stoffe von ihrer Konzentration. Arch. klin. Med. **86** und Ges. Unters., Leipzig, 146—156.

— — 1906 b und 1907 a: Über die Wirkungen des ultravioletten Lichtes auf Enzyme. Arch. klin. Med. **87**, 373—388, und Ges. Unters., Leipzig, 195—210.

JOHANNES, H., 1939: Beiträge zur Vitalfärbung von Pilzmyzelien. I. Flora **134**, 58—104.

— 1941: Beiträge zur Vitalfärbung von Pilzmyzelien. II. Die Inturbanz der Färbungen mit Rhodaminen. Protoplasma **36**, 181—194.

— 1950 a: Beiträge zur Vitalfärbung von Pilzmycelien. III. Die Vitalfärbung von *Phycomyces Blakesleeanus* mit Acridinorange. Arch. Mikrobiol. **15**, 13—41.

— 1950 b: Ein sekundäres Geschlechtsmerkmal des isogamen *Phycomyces Blakesleeanus* Burgeff. Biol. Zbl. **69**, 463—468.

— 1954: Beiträge zur Vitalfärbung von Pilzmycelien. IV. Die Vitalfärbung der *Achlya racemosa* (Hildebrand) Pringsheim mit den basischen Farbstoffen Neutralrot und Akridinorange. Protoplasma **44**, 165—191.

JÓNSSON, S., 1960: Nouveau type de cytodiérèse de la cellule cénocytique observé chez une algue verte filamenteuse. C. R. Acad. Sci. **251**, 2390—2392.

JOSHI, U. N., and K. S. KORGAONKAR, 1959: Fluorescence of tissue culture cells stained with acridine orange. Nature **183**, 400—401.

JOYET-LAVERGNE, PH., 1926 a: Sur une comparaison entre les valeurs relatives des potentiels d'oxydation réduction (rH) du pollen et de l'ovule chez quelques phanérogames. C. R. Soc. biol. **94**, 1113—1115.

— 1926 b: Sur la signification de la valeur relative du rH dans la germination du pollen. C. R. Soc. biol. **94**, 1184—1185.

— 1926 c: Sur les différence des potentiels d'oxydation-réduction dans les spores d'une prêle: *Equisetum arvense.* C. R. Acad. Sci. **182**, 980—982.

— 1926 d: Les colorations vitales des Grégarines et les caractères de sexualisation du cytoplasme. C. R. Acad. Sci. **182**, 1295—1297.

— 1927 a: Sur les rapports entre le glutathion et le potentiel d'oxydo-réduction intracellulaire. C. R. Soc. biol. **97**, 140—142.

— 1927 b: Sur les caractères physico-chimiques de la sexualité dans les spores d'*Equisetum maximum.* C. R. Soc. biol. **96**, 1217—1218.

— 1928: La sexualisation cytoplasmique et les caractères physico-chimiques de la sexualité. (Sammelreferat). Protoplasma **3**, 357—390.

— 1931 a: Le potentiel d'oxydo-réduction et la sexualisation cytoplasmique des Grégarines. C. R. Soc. biol. **107**, 951—952.

— 1931 b: La physicochimie de la sexualité. Gebr. Borntraeger, Berlin.

— 1932 a: Sur le pouvoir oxydant du chondriome dans la cellule vivante. C. R. Soc. biol. **110**, 552—553.

— 1932 b: La recherche des zones d'oxydation dans la cellule végétale. C. R. Soc. biol. **110**, 918—920.

— 1932 c: Sur les caractères de sexualisation cytoplasmique d'un champignon: *Pythium de Baryanum.* C. R. Soc. biol. **111**, 588—590.

— 1932 d: A propos du pouvoir d'oxydation du cytoplasme. C. R. Soc. biol. **111**, 895—897.

— 1933 a: Contribution à l'étude du pouvoir oxydant du chondriome. C. R. Acad. Sci. **197**, 184—185.

— 1933 b: Une étude complémentaire sur la physico-chimie de la sexualité. Protoplasma **18**, 390—410.

— 1934 a: Nouvelles méthodes générales pour la recherche du chondriome des cellules animales et végétales. Leur application à l'étude des champignons. Cellule **43**, 43—66.

— 1934 b: Sur la sexualisation cytoplasmique chez les levures à conjugaison hétérogamique. C. R. Acad. Sci. **198**, 1071—1073.

Joyet-Lavergne, Ph., 1935: Recherches sur la catalyse des oxydo-réductions dans la cellule vivante. Protoplasma **23**, 50—69.
— 1936 a: Recherches sur les caractères physico-chimiques de la sexualité chez les champignons. Protoplasma **26**, 1—19.
— 1936 b: Sur le rôle du cytoplasma du gamète mâle dans le phénomène de la fécondation. C. R. Acad. Sci. **202**, 1707—1709.
— 1940: L'action de l'hormone mâle sur la cellule végétale et la notion de la sensibilité cellulaire à l'action des hormones sexuelles. C. R. Acad. Sci. **210**, 259—261.
Jung, M., und H. Rochelmeyer, 1960: Zur Morphologie und Cytologie von *Claviceps purpurea* (Tulasne) in saprophytischer Kultur. Beitr. Biol. Pflz. **35**, 343—378.
Jurišic, P. J., 1927: Beobachtungen über die Aufnahme von Farbstoffen durch die roten Blutkörperchen. Biochem. Z. **181**, 17—29.

Kadish, L. J., and A. B. Pardee, 1963: On the internal pH value of bacteria. Biochim. Biophys. Acta **78**, 764—766.
Kärber, M., 1958: Untersuchungen über die granulären Einschlüsse der Hefezelle. Arch. Mikrobiol. **29**, 65—89.
Kaindl, K., 1951: Zur Wirkungsweise von Wuchs- und Hemmstoffen. II. Versuch einer trefferstatistischen Deutung der Wirkung von Wuchs- und Hemmstoffen. Biochim. Biophys. Acta. **6**, 395—405.
Kakhidze, N. T., and I. P. Yermakov, 1964: Response of *Elodea densa* cells to the action of gibberellic acid. Fiziol. Rastenij. **11**, 914—916. (Russisch.)
Kakukawa, T., 1938: Über das Redoxpotential der Suspension lebender Hefezellen. Sci. Rep. Tohoku Imp. Univ. **12**, 551—570.
Kallmeyer, M., 1947: Lumineszenzmikroskopische Untersuchungen an Haaren und Spaltöffnungen. Diss., Jena.
Kaltenbach, J. P., M. H. Kaltenbach, and W. B. Lyons, 1958: Nigrosin as a dye for differentiating live and dead ascites cells. Exp. Cell. Res. **15**, 112—117.
Kamnev, I. E., und M. Ch. Zakijan, 1955: Der Einfluß des Lichtes auf die Farbstoffspeicherung durch Zellen und Gewebe der Wurzeln und ihre Ablagerungen in Granulen. Dokl. Akad. Nauk SSSR **104**, 932—934. (Russisch.)
Kaplan, R. W., 1948: Auslösung von Mutationen durch sichtbares Licht im vitalgefärbten *Bacterium prodigiosum*. Naturwiss. **35**, 127.
— 1950 a: Auslösung von Phagenresistenzmutationen bei *Bacterium coli* durch Erythrosin mit und ohne Belichtung. Naturwiss. **37**, 308.
— 1950 b: Photodynamische Auslösung von Mutationen in den Sporen von *Penicillium notatum*. Planta **38**, 1—11.
— 1950 c: Mutationsauslösung bei *Bacterium prodigiosum* durch sichtbares Licht nach Vitalfärbung mit Erythrosin. Arch. Mikrobiol. **15**, 152—175.
Karamitsas, J., 1907: Über die Wirkung des Lichtes auf das Ferment Peroxydase. Diss., München.
Karczag, L., 1927: Die Elektropie als Arbeitshypothese. Kolloid-Z. **41**, 310—315.
— 1928 a: Elektropie und Vitalfärbung. Arch. exper. Zellforsch. **6**, 332—333.
— 1928 b: Methoden der Elektropie. Abderhalden, Hdb. Biol. Arbeitsmeth. Abt. V, Tl. 2, 831—974.
— und R. Bodó, 1923: Carbinole als Indikatoren. Biochem. Z. **139**, 342—344.
— und L. Németh, 1927: Die Methoden der Elektropie und die Probleme der künstlichen Gewebszüchtung. Arch. exper. Zellforsch. **3**, 428—445.
Kasten, F. H., 1961: Auramine O—SO₂, a highly fluorescent Schiff-type reagent for DNA in the Feulgen reaction. J. Histo-, Cytochem. **9**, 599.
— 1962: Comparisons of pyronin dyes obtained from various commercial sources. I. History. Stain Technol. **37**, 265—275.
— und V. Burton, 1960: Further studies of dye impurities in pyronin B and pyronin Y. J. Histo-, Cytochem. **8**, 351.
— — and S. Lofland, 1962: Schiff-type reagents in cytochemistry. 2. Detection of primary amine dye impurities in pyronin B and pyronin Y (G). Stain Technol. **37**, 277—291.
— and W. Sandritter, 1962: Crystal violet contamination of methyl green and purification of methyl green. — A historical note. Stain Technol. **37**, 253—255.
Katheder, F., 1940 a: Fluoreszenzuntersuchungen an Monomethin-zyanin-Farbstoffen, insbesondere an reversibel polymeren Monomethin-zyaninen. I. Kolloid-Z. **92**, 299—324.
— 1940 b: Fluoreszenzuntersuchungen an Monomethin-zyanin-Farbstoffen, insbesondere an reversibel polymeren Monomethin-zyaninen. II. Kolloid-Z. **93**, 28—50.

KAUFFMANN, H., und A. BEISSWENGER, 1905: Lösungsmittel und Fluoreszenz. Z. physikal. Chem. A **50**, 350—354.

KAUFMAN, L., and R. H. WEAVER, 1960: Use of neutral red fluorescence for the identification of colonies of clostridia. J. Bact. **79**, 292—294.

KAWATA, T., and T. INOUE, 1965: Reduction sites of tellurite and tetrazolium salts in *Listeria monocytogenes*. J. gen. appl. Microbiol. **11**, 115—128.

KAY, E. R. M., 1953: A mixture of methyl green and pyronin for cell fractionation studies. Stain Technol. **28**, 41—44.

KAYSER, H., 1912: Die Unterscheidung von lebenden und toten Bakterien durch die Färbung. Cbl. Bakt., Abt. I, **62**, 174—176.

KECK, K., and H. STICH, 1957: The widespread occurrence of polyphosphate in lower plants. Ann. Bot. N. S. **21**, 611—619.

KEDROWSKY, B., 1931 a: Vitalfärbungen. Protoplasma **13**, 389—396.

— 1931 b: Stoffaufnahme von *Opalina ranarum*. III. Aufnahme und Speicherung von Farbstoffen. Z. Zellforsch. **12**, 600—665.

— 1934: Untersuchungen über die Kondensatoren für basische Farbstoffe. Mitt. II. Protoplasma **22**, 607—615.

— 1935: Untersuchungen über die Kondensatoren für basische Farbstoffe. III. Die Rolle der Eiweißabbauprodukte bei der Bildung der Kondensatoren (Farbstoffgranula) und bei der Farbspeicherung. Z. Zellforsch. **22**, 399—410.

— 1941: Über die Eigentümlichkeiten im kolloiden Bau der Embryonalzellen. (Die basophile Zelle bei Tieren und Pflanzen.) Z. Zellforsch. **31**, 435—460.

KEEBLE, S. A., and R. F. JAY, 1962: Fluorescent staining for the differentiation of intracellular ribonucleic acid and deoxyribonucleic acid. Nature **193**, 695—696.

KEHRMANN, F., 1906: Über Methylen-Azur. Ber. dtsch. chem. Ges. **39**, 1403—1408.

KEIL, R., 1930: Über systolische und diastolische Veränderungen der Vakuole in den Zellen höherer Pflanzen. Protoplasma **10**, 568—597.

KELLE, A., 1934: Zur Physiologie der Nebenzellen des Spaltöffnungsapparates. Diss., Münster.

KELLENBERGER, E., and L. HUBER, 1953: Contribution à l'étude des équivalents des mitochondries dans les bactéries. Experientia **9**, 289—291.

KELLER, R., 1918/1925: Die Elektrizität in der Zelle. Julius Kittls Nachfolger Keller u. Co., Mährisch-Ostrau. 1. und 2. Aufl.

— 1919: Die elektrische Charakteristik der Farbstoffkolloide. Kolloid-Z. **25**, 60—62.

— 1920: Die Bestimmung der Kolloidladung. Kolloid-Z. **27**, 255—257.

— 1921 a: Die Elektropolarität histologischer Farbstoffe. Arch. mikrosk. Anat. **95**, I, 61—64.

— 1921 b: Elektroanalytische Untersuchungen. Arch. mikrosk. Anat. I, **95**, 117—133. 1925: s. 1918.

— 1926 a: Neues von der Protoplasma-Elektrizität. Protoplasma **1**, 313—323.

— 1926 b: Kataphorese von Stoffen unter physiologischen Bedingungen. Bioch. Z. **168**, 94—97.

— 1929: Elektrostatik als eigenes Arbeitsgebiet in der Biochemie. Kolloidchem. Beih. **28**, 219—234.

— 1931: Lebende Zellen als Säure-Basenkette? Protoplasma **13**, 402—404.

— 1932: Die Elektrizität in der Zelle. Julius Kittls Nachfolger Keller u. Co., Mährisch-Ostrau. 3. Aufl.

— 1933: Ionen im Protoplasma? Protoplasma **19**, 52—62.

— 1937: Elektrische Ladungen des gesunden und kranken Cytoplasmas. Cytologia, FUJII-Festschr., 35—42.

— 1949: A study of electric phenomena in living tissues by means of luminescent and non-luminescent dyes. Anat. Rec. **103**, 133—138.

— 1950: Elektrische Felder in Pflanzenzellen. Österr. bot. Z. **97**, 105—113.

— 1952: Salt uptake in frog skin. Pflügers Arch. **256**, 66—67.

— and B. CHIEGO, 1955: The vital staining of injuries in living matter. Cytologia **20**, 62—68.

— und J. GICKLHORN, 1928: Methoden der Bioelektrostatik. ABDERHALDEN, Hdb. biol. Arbeitsmeth. Abt. V, Tl. 2, 1189—1280.

KELLER, S., 1960: Über die Wirkung chemischer Faktoren auf die tagesperiodischen Blattbewegungen von *Phaseolus multiflorus*. Z. Bot. **48**, 32—57.

KELLEY, E. G., 1939: Reactions of dyes with cell substances. IV. Quantitative comparison of tissue nuclei and extracted nucleoproteins. J. biol. Chem. **127**, 55—71.

— and E. G. MILLER, 1935 a: Reactions of dyes with cell substances. I. Staining of isolated nuclear substances. J. biol. Chem. **110**, 113—118.

Kelley, E. G., and E. G. Miller, 1935 b: Reactions of dyes with cell substances. II. The differential staining of nucleoprotein and mucin by thionine and similar dyes. J. biol. Chem. 110, 119—140.

Kelly, J. W., 1956 a: The metachromatic reaction. Protoplasmatologia II, D 2, Springer, Wien.

— 1956 b: An evaluation of the metachromasy of anionic dyes. II. Visual and spectral observations on solutions. Stain Technol. 31, 283—294.

— 1958 a: Paper chromatography of anionic disazo dyes, especially trypan blue and its red impurity. Stain Technol. 33, 79—88.

— 1958 b: Staining reactions of some anionic disazo dyes and histochemical properties of the red impurity in trypan blue. Stain Technol. 33, 89—94.

— 1958 c: The use of metachromasy in histology, cytology and histochemistry. Acta histochem. Suppl. 1, 85—102.

Kereiakes, J. G., R. H. Hodgson, and A. T. Krebs, 1956: Ultrafractionated ultraviolet irradiation of yeast cells. Science 124, 222—223.

Kerr, T., 1933: The injection of certain salts into the protoplasm and vacuoles of the root-hairs of Limnobium spongia. Protoplasma 18, 420—440.

Kersting, F., 1937: Über Adsorption von Farbstoffen an Zellwänden und ihre Verdrängung durch anorganische Salze. (Vorläufige Mitteilung). Ber. dtsch. bot. Ges. 55, 329—337.

Kesztyüs, L., und A. Surányi, 1952: Der Einfluß verschiedener Farbstoffe auf die Ausflockung des Caseins. Arch. exper. Path. Pharmakol. 215, 590—599.

Keyl, H.-G., und G. Werth, 1959: Strukturveränderungen an Chromosomen durch Malachitgrün. Naturwiss. 46, 453—454.

Kiermayer, O., 1954: Die Vakuolen der Desmidiaceen, ihr Verhalten bei Vitalfärbe- und Zentrifugierungsversuchen. S. B. Österr. Akad. Wiss., math.-nat. Kl., Abt. I, 163, 175—222.

— 1955 a: Über die Reduktion basischer Vitalfarbstoffe in pflanzlichen Vakuolen. S. B. Österr. Akad. Wiss., math.-nat. Kl., Abt. I, 164, 275—302.

— 1955 b: Ringförmige Zellinhaltskörper bei Spirogyra maxima. Protoplasma 45, 150—154.

— 1956: Fluorochromierung pflanzlicher Zellen mit Fluoreszent X (reduziertem Neutralrot). Protoplasma 46, 437—444.

— 1961: Elektive Vitalfärbung der Sekretidioblasten von Helianthus annuus. Protoplasma 53, 113—117.

— und R. Jarosch, 1962: Die Formbildung von Micrasterias rotata Ralfs und ihre experimentelle Beeinflussung. Protoplasma 54, 382—420.   .

Kiese, M., 1947: Die Reduktion des Hämiglobins. IV. Mitt.: Die katalytische Wirkung einiger Farbstoffe auf die Reduktion des Hämiglobins in roten Zellen. Arch. exper. Path. Pharmakol. 204, 288—312.

Kiesel, A., 1930: Chemie des Protoplasmas. Gebr. Borntraeger, Berlin.

Kihlman, B. A., 1959: Induction of structural chromosome changes by visible light. Nature 183, 976—978.

Kinzel, H., 1953 a: Die Bedeutung der Pektin- und Zellulosekomponente für die Lage des Entladungspunktes pflanzlicher Zellwände. Protoplasma 42, 208—226.

— 1953 b: Untersuchungen über die Chemie und Physikochemie der Gallertbildungen von Süßwasseralgen. Österr. bot. Z. 100, 25—79.

— 1954: pH-Werte alkalischer Phosphatpufferlösungen. Protoplasma 43, 441—449.

— 1955 a: Theoretische Betrachtungen zur Ionenspeicherung basischer Vitalfarbstoffe in leeren Zellsäften. Protoplasma 44, 52—72.

— 1955 b: Zur Kausalfrage der Zellwand-Fluorochromierung mit Akridinorange. Protoplasma 45, 73—96.

— 1955 c: Ein einfaches Mikrokolorimeter. Protoplasma 45, 280—283.

— 1956: Untersuchungen über Bau und Chemismus der Zellwände von Antithamnion cruciatum (Ag.) Näg. Protoplasma 46, 445—474.

— 1958: Beobachtungen zum Problem der Metachromasie von Nucleinsäure. Z. Naturforsch. 13 b, 271—274.

— 1959 a: Metachromatische Eigenschaften basischer Vitalfarbstoffe. Protoplasma 50, 1—50.

— 1959 b: Über Plasmaeinschlüsse bei den Zygnemataceen. Protoplasma 50, 498—500.

— 1959 c: Über Gesetzmäßigkeiten und Anwendungsmöglichkeiten der Zellsaft-Vitalfärbung mit basischen Farbstoffen. Ber. dtsch. bot. Ges. 72, 253—261.

— 1962: Über den topochemischen Nachweis von Pflanzen-Inhaltsstoffen im lebenden Gewebe. Österr. Apoth. Ztg. 16, 573—578.

KINZEL, H.. 1965: Mikroskopische Beobachtung aktiver Ionenaufnahme in Pflanzengewebe am Modellfall der sauren Farbstoffe. Ber. dtsch. bot. Ges. **78**, 23—27.

— und E. BOLAY, 1961: Über die diagnostische Bedeutung der Entmischungs- und Fällungsformen bei Vitalfärbung von Pflanzenzellen. Protoplasma **54**, 179—201.

— und R. IMB, 1961: Über Vitalfärbung stark saurer Zellsäfte und eine Methode zur pH-Bestimmung *in vivo*. Protoplasma **53**, 422—437.

— und I. PISCHINGER, 1962: Vitalfärbeversuche zur Lokalisation sekundärer Inhaltsstoffe bei *Helodea canadensis*. Protoplasma **55**, 555—571.

KISSELEW, N., 1925: Veränderung der Durchlässigkeit des Protoplasmas der Schließzellen im Zusammenhange mit stomatären Bewegungen. Beih. bot. Cbl. Abt. I, **41**, 287—308.

KISZELEY, G., 1935: Improved method for vital staining by use of serum albumen. Magyar Orvosi Arch. **36**, 347—361. (Zit. nach BROOKS, S. C., und M. M. BROOKS, 1941.)

— und B. BUGYI, 1938: Experimentelle Beiträge zur Deutung der histologischen Diffusionsfärbung. Z. wiss. Mikrosk. **55**, 123—142.

KITE, G. L., 1913: The relative permeability of the surface and inferior portion of the cytoplasm of animal and plant cells. Biol. Bull. **25**, 1—7.

— 1915: Studies on the permeability of the internal cytoplasm of animal and plant cells. Amer. J. Physiol. **37**, 282—299.

— and R. CHAMBERS, 1912: Vital staining of chromosomes and the function and structure of nucleus. Science **36**, 639—641.

KIYONO, K., S. SUGIYAMA und S. AMANO, 1938: Die Lehre von der Vitalfärbung. Kyoto.

KLEBAHN, H., 1895: Gasvakuolen, ein Bestandteil der Zellen der Wasserblüte bildenden Phykochromaceen. Flora **80**, 241—282.

KLEBS, G., 1886 a: Über die Organisation der Gallerte bei einigen Algen und Flagellaten. Unters. Bot. Inst. Tübingen **2**, 333—419.

— 1886 b: Beiträge zur Physiologie der Pflanzenzelle. Unters. Bot. Inst. Tübingen **2**, 489—568.

— 1919: Über das Verhalten der Farnprothallien gegenüber Anilinfarben. S. B. Heidelb. Akad. Wiss., math.-nat. Kl., Abt. B, Abhandl. 18.

KLEIN, F., and J. A. SZIRMAI, 1963: Quantitative studies on the interaction of azure a with deoxyribonucleic acid and deoxyribonucleoprotein. Biochim. Biophys. Acta **72**, 48—61.

KLEIN, G., und H. LINSER, 1930: Fluoreszenzanalytische Untersuchungen an Pflanzen. Österr. bot. Z. **79**, 125—163.

KLEINKAUF, H., 1960: Nukleinsäure- und Nukleotidpeptid-Stoffwechsel in Bäckerhefe und seine Beeinflussung durch Acridinorange. Z. Bot. **48**, 258—291.

KLEMM, P., 1892: Beitrag zur Erforschung der Aggregationsvorgänge in lebenden Pflanzenzellen. Flora **75**, 395—420.

KLIGLER, I. J., 1918: A study of the antiseptic properties of certain organic compounds. J. exper. Med. **27**, 463—478.

KLÍMEK, M., und V. DRÁŠIL, 1953: Zur Frage der Bindung des Berberins an Kernstrukturen. Českoslov. Biol. **2**, 97—101. (Russisch.)

KLING, H., 1958: Versuche zur cytologischen Darstellung der Stoffeintrittsstellen und Stofftransportbahnen in Wurzelrindenzellen. Protoplasma **49**, 364—398.

KLINKOWSKI, M., 1930: Die Wirkung des Eosins auf das Wurzelwachstum der Pflanze. (Sammelreferat.) Angew. Bot. **12**, 224—225.

KLOTZ, I. M., 1946: Spectrophotometric investigations of the interactions of proteins with organic anions. J. Amer. Chem. Soc. **68**, 2299—2304.

— F. M. WALKER, and R. B. PIVAN, 1946: The binding of organic ions by proteins. J. Amer. Chem. Soc. **68**, 1486—1490.

KLUYVER, A. J., und J. C. HOOGERHEIDE, 1936: Beziehungen zwischen den Stoffwechselvorgängen von Hefen und Milchsäurebakterien und dem Redoxpotential im Medium. III. Neue Versuche mit Hefearten. Enzymologia **1**, 1—14.

KNY, L., 1897: Die Abhängigkeit der Chlorophyllfunktion von den Chromatophoren und vom Cytoplasma. Ber. dtsch. bot. Ges. **15**, 388—403.

— 1898: Über den Ort der Nährstoff-Aufnahme durch die Wurzel. Ber. dtsch. bot. Ges. **16**, 216—236.

KOBAYASHI, K., 1926 und 1934: Die physikochemischen Eigenschaften der Farbstoffe. Kyoto Igaku-Zassi **23**, auch in MATSUO, I., Biologische Untersuchungen über Farbstoffe. Bd. I, 81—112, Kyoto.

KOBS, E., and W. J. ROBBINS, 1936: Hydrogen-ion concentration and the toxicity of basic and acid dyes to fungi. Amer. J. Bot. **23**, 133—139.

Koch, D. A., 1926: An experimental study of the effects of dyes, of dye mixtures, and of disinfectants upon *Endamoeba gingivalis* (Gros) in vitro. Univ. California publ. Zool. **29**, 241—266.

Kölbel, H., 1947: Quantitative Untersuchungen über die Farbstoffspeicherung von Acridinorange in lebenden und toten Hefezellen und ihre Beziehung zu den elektrischen Verhältnissen der Zelle. Z. Naturforsch. **2 b**, 382—392.

— 1948: Quantitative Untersuchungen über den Speicherungsmechanismus von Rhodamin B, Eosin und Neutralrot in Hefezellen. Z. Naturforsch. **3 b**, 442—453.

— 1949: Zur Kenntnis und kataphoretischen Bestimmung des isoelektrischen Punktes einiger Bakterien. Z. Naturforsch. **4 b**, 145—150.

— 1952 a: Die Lichtfilter im Fluoreszenzmikroskop zur Darstellung des *Mycobacterium tuberculosis*. Naturwiss. **39**, 528.

— 1952 b: Zur Frage der Bestimmung des isoelektrischen Punktes von lebendem Plasma. Z. Naturforsch. **7 b**, 117—119.

— 1953: Die Lichtfilter im Fluoreszenzmikroskop zur Darstellung des *Mycobacterium tuberculosis*. Naturwiss. **40**, 457.

Koffler, H., und I. L. Markert, 1951: Effect of photodynamic action on the viscosity of deoxyribonucleic acid. Proc. Soc. exper. Biol., Med. **76**, 90—92.

Kohl, F. G., 1903: Über die Organisation und Physiologie der Cyanophyceenzelle und die mitotische Teilung ihres Kernes. Gustav Fischer, Jena.

Koizumi, M., and N. Mataga, 1953: Metachromasy of Rhodamine 6 G produced by polyvinyl sulfate. J. Amer. Chem. Soc. **75**, 483—484.

Kolthoff, I. M., 1926: Der Gebrauch von Farbindicatoren. 3. Aufl. Julius Springer, Berlin.

Konarev, V. G., 1948 a: Changes in plant cells during aging and the isoelectric point of protoplasm. Dokl. Akad. Nauk SSSR **59**, 773—776. (Russisch.)

— 1948 b: The age of plant cells and the relation of cell walls to acidic and basic stains. Dokl. Akad. Nauk SSSR **59**, 983—986. (Russisch.)

— and R. R. Akhmetov, 1963: The binding between RNA and protoplasmic lipoids. Dokl. Akad. Nauk SSSR **150**, 1375—1377. (Russisch.)

Končalová, M. N., 1962: The effect of carbon dioxide on the cellular structures of wheat, barley and onion. Biol. Plant. **4**, 170—175.

— 1965 a: Der Mechanismus der Vitalfärbung des Zellsaftes von *Nitella sp.* mittels Neutralrot. Biol. Plant. **7**, 116—128.

— 1965 b: Vitalfärbung der Meristemzellenvakuolen bei Weizenpflanzen mit Neutralrot. Licht- und elektronenmikroskopische Untersuchungen. Protoplasma **60**, 195—210.

Končalová-Magerová, M. N., 1964: Der Einfluß der Vitalfärbung mit Neutralrot auf die Ultrastruktur der Pflanzenzellen. 3. Europ. Reg. Conf. Electr. Microsc. Prag, S. 157.

Kôno, T., 1930: Untersuchungen zur Frage der Vitalfärbung und deren Beeinflussung durch Gifte. Protoplasma **11**, 118—156.

Kopaczewski, W., 1928: Pénétration électrocapillaire des matières colorantes dans la cellule. C. R. Acad. Sci. **186**, 1758—1761.

— 1950: Conditions physiques de la pénétration des matières colorantes dans les tissus végétaux. Ann. Inst. nat. Rech. Agronom. Sér. A **1**, 26—40.

— et M. Rosnowski, 1928: Étude sur les phénomènes électrocapillaires. V. Rôle des ions. Protoplasma **5**, 14—34.

— et W. Szukiewicz, 1927: Le rôle de quelques facteurs physiques dans la pénétration électrocapillaire des colloides colorés. C. R.Acad. Sci. **184**, 1443—1445.

Korb, G., und A. Hecht, 1962: Fluoreszenzmikroskopische Untersuchungen am normalen Herzmuskel. Z. mikrosk. anat. Forsch. **68**, 221—228.

— und H. David, 1963: Zur fluoreszenzmikroskopischen Darstellung der Mitochondrien im Herzmuskel. Z. mikrosk. anat. Forsch. **69**, 121—126.

Kordan, H. A., and L. Morgenstern, 1963: Transfer of nucleolar material to the cytoplasm of citrus cells. Exp. Cell Res. **30**, 98—105.

Korgaonkar, K. S., and S. S. Ranade, 1966: Evaluation of acridine orange fluorescence test in viability studies on *Escherichia coli*. Canad. J. Microbiol. **12**, 185—190.

Korson, R., 1951: A differential stain for nucleic acids. Stain Technol. **26**, 265—270.

Kortüm, G., 1936: Das optische Verhalten gelöster Ionen und seine Bedeutung für die Struktur elektrolytischer Lösungen. III. Die Lichtabsorption des Eosin-Natriums. Z. physik. Chem. B, **33**, 1—22.

— 1938: Das optische Verhalten gelöster Ionen und seine Bedeutung für die Struktur elektrolytischer Lösungen. VII. Fluoreszenzlöschung und Solvatation. Z. physik. Chem. B, **40**, 431—438.

KOSER, S. A., and J. H. MILLS, 1925: Differential staining of living and dead bacterial spores. J. Bact. **10**, 25—36.

KOSMAN, A. J., and R. S. LILLIE, 1935: Photodynamically induced oxygen consumption in muscle and nerve. J. cellul. comp. Physiol. **6**, 505—515.

KOWALLIK, K., 1965: Vergleichende cytomorphologische und cytochemische Vitalfärbeversuche an Hochmooralgen. Protoplasma **60**, 243—301.

KOZLOWSKI, A., 1930/31: On the reduction of methylene blue by yeast. I. The influence of hydrogen ion concentration and of temperature. Acta Soc. Bot. Polon. **7**, 157—163. (Polnisch mit engl. Zusammenfassung.)

KOZLOWSKI, T. T., L. LEYTON, and J. F. HUGHES, 1965: Pathways of water movement in young conifers. Nature **205**, 830.

KRAEPELIN, G., 1961: Über eine Beziehung zwischen Latenzzeit und Mutation („petite colonie") bei *Saccharomyces cerevisiae*. Versuche mit Acridinorange. Arch. Mikrobiol. **39**, 278—291.

— 1962: Gaswechselmessungen und cytologische Veränderungen während der Induktion atmungsdefekter Hefemutanten durch Acridinorange. Arch. Mikrobiol. **43**, 172—182.

— 1965 a: Zur Wirkung von 2,4-dinitrophenol und Acridinorange auf *Saccharomyces cerevisiae* und dessen atmungsdefekte Mutante M_k. Arch. Mikrobiol. **50**, 52—58.

— 1965 b: Der Einfluß der Vorkultur auf die Induktion atmungsdefekter Hefemutanten durch Acridinorange. Arch. Mikrobiol. **50**, 59—62.

— 1965 c: Synchrone Vorgänge in asynchron sprossenden *Saccharomyces*-Kulturen: Mutationsauslösung und Abtötung durch Acridine. Arch. Mikrobiol. **50**, 63—67.

KRAFFT, F., 1899: Über colloidale Salze als Membranbildner beim Färbeproceß. Ber. dtsch. chem. Ges. **32**, 1608—1622.

KRAKOW, J. S., 1965: *Azotobacter vinelandii* ribonucleic acid polymerase. I. Inhibition by congo red. Biochim. Biophys. Acta **95**, 532—537.

KRAMER, G., 1960: Plasmaeinschlüsse bei einigen Desmidiaceen-Gattungen. Protoplasma **52**, 184—211.

KRAMER, H., and G. M. WINDRUM, 1955: The metachromatic staining reaction. J. Histo-, Cytochem. **3**, 227—237.

KRAUSS, R., 1935: Niederschlagserscheinungen nach Neutralrotfärbung. Z. wiss. Mikrosk. **52**, 189—197.

KREBS, A., 1947: Fluorochrome in der Strahlenbiologie. Naturwiss. **34**, 59.

— and Z. S. GIERLACH, 1951: Vital staining with the fluorochrome acridin orange and its application to radiobiology. I. Alpha-ray effects. Amer. J. Roentgenol., Radium Therapy, Nucl. Med. **65**, 93—98.

KREBS, H. A., und D. NACHMANSOHN, 1927: Vitalfärbung und Adsorption. Biochem. Z. **186**, 478—484.

— und A. WITTGENSTEIN, 1926: Die Abwanderung intravenös eingeführter Substanzen aus dem Blutplasma. (Ein Beitrag zum Permeabilitätsproblem und zur Theorie der Giftwirkung.) Pflügers Arch. **212**, 268—299.

KRENTEL, G., 1961: Strahlenbiologische Untersuchungen an *Prototheca zopfii* Krüger. Z. allg. Mikrobiol. **1**, 286—306.

KRESSIN, G., 1935: Beiträge zur vergleichenden Protoplasmatik der Mooszelle. Diss., Greifswald.

KRIEG, A., 1953 a: Lichtfilter im Fluoreszenzmikroskop zur Darstellung des *Mycobacterium tuberculosis*. Naturwiss. **40**, 320—321.

— 1953 b: Fluoreszenzmikroskopischer Nachweis von Kernäquivalenten in Bakterien. Naturwiss. **40**, 414.

— 1954 a: Fluoreszenzmikroskopischer Nachweis der Speicherung von Berberin in Chondriosomenäquivalenten von Bakterien *in vivo*. Naturwiss. **41**, 19—20.

— 1954 b: Zur Zytologie und Enzymatik der Bakterien. Z. Naturforsch. **9 b**, 342—348.

— 1954 c: Mikroskopische Studien *in vivo* zur Zytologie der Hefezelle. Experientia **10**, 172—173.

— 1954 d: Mikroskopische Untersuchungen *in vivo* an *Azotobacter*-Zellen. Naturwiss. **41**, 147.

— 1954 e: Nachweis von Kernäquivalenten in Zyanophyzeen. Experientia **10**, 204—205.

— 1955: 25 Jahre Lumineszenz-Intravitalmikroskopie. Zeiss-Werkzeitschr. **3**, 81—83.

KRIEGEL, H., und L. HERFORTH, 1957: Über die Einwirkung von langwelligem UV-Licht auf die Fluoreszenz cancerogener Kohlenwasserstoffe in verschiedenen Lösungsmitteln. II. Das Fluoreszenzverhalten der Lösungen bei verschiedenen Bestrahlungsintensitäten. Z. Naturforsch. **12 b**, 41—45.

Krinzinger, J., 1964: Zellphysiologische Untersuchungen am Kallusgewebe einiger Laubhölzer. S. B. Österr. Akad. Wiss., math.-nat. Kl., Abt. I, **173**, 101—154.

Krisai-Knyrim, D., 1959: Untersuchungen über Plasmakonfiguration und Vitalfärbbarkeit von Hyphen aus Basidiomyceten-Fruchtkörpern. Protoplasma **51**, 66—90.

Kriszat, G., 1952: Die Wirkung von Ca und ATP bei Vitalfärbungsversuchen mit Amoeben (*Chaos chaos*). Ark. Zool. **3**, 115—122.

Krogmann, D. W., and A. T. Jagendorf, 1959: Comparison of ferricyanide and 2,3',6-trichlorophenol indophenol as Hill reaction oxidants. Plant Physiol. **34**, 277—282.

Krüger, D., 1939: Die Aufnahme substantiver Farbstoffe durch Cellulose. Chemiker-Ztg. **63**, 293—295 und 316.

Krumwiede, C., and J. S. Pratt, 1914 a: Observations on the growth of bacteria on media containing various anilin dyes. J. exper. Med. **19**, 20—27.

— — 1914 b: Further observations on the growth of bacteria on media containing various anilin dyes, with special reference to an enrichment method for typhoid and paratyphoid bacilli. J. exper. Med. **19**, 501—512.

Kubitschek, H. E., 1964: Mutation without segregation. Proc. Nat. Acad. Sci. U. S. **52**, 1374—1381.

Kuchar, K. W., 1950: Plasmolyseverhalten von *Oospora lactis*. Sydowia **4**, 53—65.

Künemund, A., 1932: Die Entstehung verholzter Lamellen, untersucht besonders an *Salix alba*. Bot. Arch. **34**, 462—521.

Küster, E., 1898: Zur Kenntnis der Bierhefe. Biol. Zbl. **18**, 305—311.

— 1911/12: Über die Aufnahme von Anilinfarben in lebende Pflanzenzellen Jb. wiss. Bot. **50**, 261—288.

— 1918: Über Vitalfärbung der Pflanzenzellen. I. Z. wiss. Mikrosk. **35**, 95—100.

— 1921: Über Vitalfärbung von Pflanzenzellen. II, III, IV. Z. wiss. Mikrosk. **38**, 280—292.

— 1926: Über vitale Protoplasmafärbung. V. Über Vitalfärbung der Pflanzenzellen. Z. wiss. Mikrosk. **43**, 378—381.

— 1927 a: Über Vitalfärbung von Pflanzenzellen mit Phthalein. Ber. Oberhess. Ges. Nat. Heilk., Gießen, N. F. Natw. Abt. **11**, 8—16.

— 1927 b: Über Vitalfärbung von Pflanzenzellen mit Phthaleinen. 2. Mitt. Ber. Oberhess. Ges. Nat. Heilk., Gießen, **11**, 67—69.

— 1927 c: Über den Nachweis oxydierender Fermente. (Über Vitalfärbung der Pflanzenzellen. VI.) Z. wiss. Mikrosk. **44**, 31—36.

— 1927 d: Zur Kenntnis der Plasmolyse. Protoplasma **1**, 73—104.

— 1928: Vitalfärbungen. In T. Péterfi, Method. wiss. Biol. **1**, 827—847.

— 1929: Beobachtungen an verwundeten Zellen. Protoplasma **7**, 150—170.

— 1933: Über Färbung lebenden Protoplasmas von Pflanzenzellen mit Prune pure. Z. wiss. Mikrosk. **50**, 409—418.

— 1938 a: Über Vakuolenkontraktion und Membranfärbung bei *Helodea* nach Behandlung mit Vitalfärbemitteln. Z. wiss. Mikrosk. **54**, 433—444.

— 1938 b: Über Vakuolenkontraktion. Ber. Oberhess. Ges. Nat. Heilk., Gießen, **18**, 148—158.

— 1938 c: Über *Hyacinthus*, ein neues, zur Untersuchung der Vakuolenkontraktion geeignetes Objekt. Beiträge zur zellphysiologischen Methodik. VII. Z. wiss. Mikrosk. **55**, 26—40.

— 1939 a: Vital-staining of plant cells. Bot. Rev. **5**, 351—370.

— 1939 b: Über Plasmapfropfungen. Gustav Fischer, Jena.

— 1939 c: Beobachtungen an Plasmaexplantaten von *Bryopsis*. Beiträge zur Methodik der Protoplasma-Untersuchungen. Z. wiss. Mikrosk. **56**, 113—147.

— 1940 a: Neue Objekte für die Untersuchung der Vakuolenkontraktion. Ber. dtsch. bot. Ges. **58**, 413—416.

— 1940 b: Myelinfiguren in lebenden Pflanzenzellen. Z. wiss. Mikrosk. **57**, 309—312.

— 1940 c: Über vitale Aufnahme saurer Farbstoffe in Pflanzenzellen. Z. wiss. Mikrosk. **57**, 153—161.

— 1942 a: Vitalfärbung und Vakuolenkontraktion. Z. wiss. Mikrosk. **58**, 245—268.

— 1942 b: Über die Vitalfärbung der Pflanzenzellen. Forsch. Fortschr. **18**, 292—295.

— 1942 c: Besprechung von Mirimanoff, A., Aggrégation protoplasmique et contraction vacuolaire chez *Pinguicula vulgaris* L. Bull. Soc. bot. Genève **29**, 1—15 (1938) in Z. wiss. Mikrosk. **58**, 177.

— 1946: Über die Erzeugung von Niederschlägen in lebenden Pflanzenzellen durch basische Farbstoffe. Ber. dtsch. bot. Ges. **62**, (14).

— 1949: Über Vakuolenkontraktion in gegerbten Zellen. Protoplasma **39**, 14—22.

— 1950: Über die Staminalhaare der *Tinantia fujax*. Ber. dtsch. bot. Ges. **63**, 96—100.

Küster, E., 1951: Über einige an gefärbten Pflanzenzellen auftretende Entfärbungserscheinungen. Z. wiss. Mikrosk. **60**, 257—270.
— 1952 a: Über Vitalfärbung der Pflanzenzellen. VI. Vitalfärbungen mit Haematoxylin. Z. wiss. Mikrosk. **61**, 70—71.
— 1952 b: Über Vitalfärbungen der Pflanzenzellen. VII. Vitalfärbungen mit Prontosil. Z. wiss. Mikrosk. **61**, 71—73.
— 1953: Über die Zertrümmerung lebendigen Protoplasmas in Pflanzenzellen. Protoplasma **42**, 100—102.
— 1956: Die Pflanzenzelle. 3. Aufl. Gustav Fischer, Jena.
Kuhl, W., 1954: Zeitrafferfilm-Untersuchungen über die Wirkung von Zentrifugierung und Pressung auf die Cytoplasmastrukturen, den Plasmogamieablauf und die Zellrestitution bei *Actinosphaerium eichhorni* Ehrbg. Protoplasma **43**, 3—62.
Kuhn, R., 1932: Heteropolare Ringe im Gefüge organischer Farbstoffe. Naturwiss. **20**, 618—624.
— und D. Jerchel, 1941: Über Invertseifen. VIII. Mitt.: Reduktion von Tetrazoliumsalzen durch Bakterien, gärende Hefe und keimende Samen. Ber. dtsch. chem. Ges. **74 B**, 949—952.
— und F. Linke, 1952: Quantitativer Vergleich der enzymatischen Hydrierung von Methylenblau (MB) und von Triphenyltetrazoliumchlorid (TTC). Liebigs Ann. **578**, 155—159.
Kun, E., and L. G. Abood, 1949: Colorimetric estimation of succinic dehydrogenase by triphenyltetrazoliumchlorid. Science **109**, 144—146.
Kunze, R., 1931: Der Einfluß der Wasserstoffionen-Konzentration auf die Bildung der Vakuolenkontraktion vitalgefärbter *Elodea*-Zellen. Protoplasma **12**, 161—166.
Kurbatow, W. J., und Moissejew, 1940: Die Adsorption von Farbstoffen an Wolle und Baumwolle in Abhängigkeit vom pH. Arb. Leningrader chem.-tech. Inst. **9**, 88—112.
— and T. A. Rensina, 1940: Diffusion von Farbstoffen und die Größe ihrer Kristallpolyamphionen. Arb. Leningrader chem. tech. Inst. **9**, 15—87.
Kurnick, N. B., 1950 a: The quantitative estimation of desoxyribosenucleic acid based on methyl green staining. Exp. Cell Res. **1**, 151—158.
— 1950 b: Methyl green-pyronin. I. Basis of selective staining of nucleic acids. J. gen. Physiol. **33**, 243—264.
— 1952 a: The basis for the specificity of methyl green staining. Exp. Cell Res. **3**, 649—651.
— 1952 b: Histological staining with methyl-green-pyronin. Stain Technol. **27**, 233—242.
— 1955: Pyronin Y in the methyl-green-pyronin histological stain. Stain Technol. **30**, 213—230.
— and A. E. Mirsky, 1950: Methyl-green-pyronin. II. Stoichiometry of reaction with nucleic acids. J. gen. Physiol. **33**, 265—274.
Kuron, H., H. Glathe und E. Homrighausen, 1959: Bemerkungen zur Durchführung der fluoreszenzmikroskopischen Methode nach Strugger. (Untersuchungen über die Wirkung des synthetischen Bodenverbesserungsmittels Rohagit S 7366.) Cbl. Bakt., Abt. II, **112**, 204—213.
— E. Homrighausen und W. Rohmer, 1959: Fluoreszenzmikroskopische Untersuchungen über die Wirkung der Flächenerosion auf das Bakterienleben in Lößböden. Z. Pflanzenernährg., Düng. u. Bodenk. **85**, 44—50.
Kurusz, J. J., 1951: A differential staining method for live and dead yeast cells. Biodynamica **7**, 57—60.
Kutscher, U., 1956: Über die Methoden zur Unterscheidung lebender und toter Hefezellen. Wiss. Beil. Brauerei **9**, 27—30.
Kutt, H., D. Lockwood, and F. McDowell, 1959: The lipid and protein staining properties of sudan II, III and IV and their components. Stain Technol. **34**, 197—202.
Kuttelwascher, H., 1965: Entwicklungsanatomische Untersuchungen an Orchideen-Luftwurzeln. Ber. dtsch. bot. Ges. **78**, 307—313.
Kuttig, W., 1957: Weitere Beiträge zur Fluorochromierung der Sphärosomen pflanzlicher Zellen mit basischen Farbstoffen. Protoplasma **48**, 562—579.
Kuwada, Y., 1925: On the staining reaction of the spermatozoids and egg cytoplasm in *Cycas revoluta*. Bot. Mag. **39**, 128—132.
— 1926: Further studies on the staining reaction of the spermatozoids and egg cytoplasm in *Cycas revoluta*. Bot. Mag. **40**, 198—201.
— and T. Sugimoto, 1928: On the staining reactions of Chromosomes. Protoplasma **3**, 531—535.

Kuyper, Ch. M. A., 1957: Identification of mucopolysaccharides by means of fluorescent basic dyes. Exp. Cell Res. **13**, 198—200.
— 1962: The metachromasia of fluorescence of acridine dyes. Histochem. **3**, 46—53.
Kwack, B. H., and T. Macdonald, 1965: The role of calcium in pollen growth as expressed by various water-soluble substances. Bot. Mag. **78**, 164—170.
Kylin, H., 1930: Über die Blasenzellen bei *Bonnemaisonia, Trailliella* und *Antithamnion*. Z. Bot. **23**, 217—226.
— 1938: Über die Konzentration der Wasserstoffionen in den Zellen einiger Meeresalgen. Planta **27**, 645—649.
— 1939 a: Über die Konzentration der Wasserstoffionen in den Vakuolen einiger Meeresalgen. Fysiogr. Sällsk. Lund Förh. **8**, 194—204.
— 1939 b: Bemerkungen über die Fucosanblasen der Phaeophyceen. Fysiogr. Sällsk. Lund Förh. **8**, 205—214.

La Baïsse, 1733: Recueil des dissertations qui ent remporté le prix à l'Académie des belles-lettres, science et arts de Bordeaux **6**.
Labes, R., und F. Billmann, 1934: Kolloidchemische Eigenschaften chemotherapeutisch wirksamer Stoffe und ihre Beziehungen zur Konstitution. Biochem. Z. **274**, 75—86.
Labrousse, F., et S. Philippon, 1930: Phénomène d'oxydo-réduction observés au cours du développement de quelques champignons. C. R. Acad. Sci. **190**, 403—404.
— et J. Sarejanni, 1929: Changements de réaction et phénomènes d'oxydo-réduction observés au cours du développement de quelques champignons. C. R. Acad. Sci. **189**, 805—808.
La Cour, L. F., and J. Chayen, 1958: A cyclic staining behaviour of the chromosomes during mitosis and meiosis. Exp. Cell Res. **14**, 462—468.
— — and P. S. Gahan, 1958: Evidence for lipid material in chromosomes. Exp. Cell Res. **14**, 469—485.
Lärz, H., 1942: Beiträge zur Pathologie der Chloroplasten. Flora **135**, 319—355.
Lafontaine, J. G., and C. Allard, 1964: A light and electron microscope study of the morphological changes induced in rat liver cells by the azo dye 2-Me-DAB. J. Cell Biol. **22**, 143—172.
Lagrange, E., 1956: L'action de certains colorants organiques sur les antibiotiques. C. R. Soc. biol. **150**, 2026—2029.
Laguesse, E., 1912: Méthode de coloration vitale des chondriosomes par le vert Janus. C. R. Soc. biol. **73**, 150—153.
Lakon, G., 1942 a: Topographischer Nachweis der Keimfähigkeit der Getreidefrüchte durch Tetrazoliumsalze. Ber. dtsch. bot. Ges. **60**, 299—305.
— 1942 b: Topographischer Nachweis der Keimfähigkeit von Mais durch Tetrazoliumsalze. Ber. dtsch. bot. Ges. **60**, 434—444.
Lallier, R., 1954: Effets de certaines colorants sur le développement de l'œuf de l'oursin *Paracentrotus lividus*. C. R. Soc. biol. **148**, 1730—1731.
— 1955 a: Les colorants basiques et la détermination embryonnaire de l'œuf de l'oursin *Paracentrotus lividus* Lk. C. R. Soc. biol. **149**, 1198—1200.
— 1955 b: Animalisation de l'œuf d'oursin par les colorants azoïques et les bleus d'aniline sulfonés. Exp. Cell Res. **9**, 232—240.
— 1956: Analyse de l'animalisation de l'œuf de l'oursin *Paracentrotus lividus* par les colorants sulfoniques. C. R. Acad. Sci. **242**, 2772—2775.
— 1957: Colorants acides et détermination embryonnaire chez les Echinodermes. Experientia **13**, 362—363.
— 1958: Recherches sur les relations entre la structure et l'activité animalisante des dérivés organiques acides. Arch. Biol. **69**, 497—517.
Lan, T., Ch. Hsu, Ch. Hou, H. Mei, T. Liu, Sh. Lin, Sh. Tu, and Shu. Tu, 1957: The antibiotic inhibition and metabolic reversal studies of berberine. Acta physiol. sinica **21**, 213—224.
Lange, J., und E. Herre, 1938: Van der Waal'sche Kräfte in Elektrolyten. Z. physik. Chem. A **181**, 329—354.
Lange de Morretes, B., und M. G. Ferri, 1954: Beobachtungen über den Einfluß fluoreszierender Verbindungen auf das Einwurzeln von Stecklingen. I. Rev. brasil. Biol. **14**, 333—339.
Lansing, A. J., and T. B. Rosenthal, 1952: The relation between ribonucleic acid and ionic transport across the cell surface. J. cellul. comp. Physiol. **40**, 337—345.
Lanz, I., 1936: Über die Wirkung des Chrysoidins auf den Zellenkern. Z. wiss. Mikrosk. **53**, 387—395.

LANZ, I., 1942 a: Über Protoplasma und Vakuolen der *Cladophora*-Zelle. Ber. dtsch. bot. Ges. **60**, 37—54.

LARCHER, W., und H. EGGARTER, 1960: Anwendung des Triphenyltetrazoliumchlorids zur Beurteilung von Frostschäden in verschiedenen Achsengeweben bei *Pirus*-Arten, und Jahresgang der Resistenz. Protoplasma **51**, 595—619.

LASKOWSKI, W., 1954: Induction, par le chlorure de tétrazolium, de la mutation «petite colonie» chez la levure. Heredity **8**, 79—88.

LAUER, A., 1930: Über den Einfluß der Alkaloide auf die vitale Färbung mit basischen Farbstoffen. Pflügers Arch. **224**, 462—470.

LAUNAY, J., 1950: Le passage des colorants entre le Gui et son hôte. C. R. Acad. Sci. **230**, 767—769.

LAURENCE, D. J. R., 1952: A study of the adsorption of dyes on bovine serum albumin by the method of polarization of fluorescence. Biochemic. J. **51**, 168—180.

LAUTERBORN, R., 1896: Untersuchungen über Bau, Kernteilung und Bewegung der Diatomeen. Wilhelm Engelmann, Leipzig.

LAWTON, J. R. S., 1966: A note on callose distribution in the phloem of Dioscoreaceae. Z. Pflanzenphysiol. **55**, 287—291.

LAZAROW, A., and S. J. COOPERSTEIN, 1950 a: Reduction of janusgreen by isolated enzyme systems. Biol. Bull. **99**, 321—322.

— — 1950 b: The reduction of janusgreen by liver cell constituents and a proposed mechanism for the supravital staining of mitochondria. Biol. Bull. **99**, 322.

— — 1953 a: Studies on the mechanism of Janus Green B staining of mitochondria. I. Review of the literature. Exp. Cell Res. **5**, 56—69.

— — 1953 b: Studies on the enzymatic basis for the Janus Green B staining reaction. J. Histo-, Cytochem. **1**, 234—241.

— — and J. W. PATTERSON, 1949: The chemistry of Janus green staining of mitochondria. Anat. Rec. **103**, 482.

LEBER, W., 1931: Über Spezifität und Genese des basischen Vitalgranulums. Z. Zellforsch., mikr. Anat. **14**, 566—604.

LEDERBERG, J., 1948: Detection of fermentative variants with tetrazolium. J. Bact. **56**, 695.

LEDERER, B., 1934: Färbungs-, Fixierungs- und mikrochirurgische Studien an *Spirogyra*-Tonoplasten. Protoplasma **22**, 405—430.

— 1935: Farbung, Fixierung und Mikrodissektion von Tonoplasten. Biol. Gen. **11**, 211—242.

LEDINKO, N., 1958: Production of noninfections complement-fixing poliovirus particles in HeLa cells treated with proflavine. Virology **6**, 512—524.

LEDOUX-LEBARD, 1902: Action de la lumière sur la toxicité de l'eosine et de quelques autre substances pour les paramécies. Ann. Inst. Pasteur **16**, 587—594.

LEENE, W., and W. VAN ITERSON, 1965 a: Tetranitro-blue tetrazolium reduction in *Bacillus subtilis*. J. Cell Biol. **27**, 237—241.

— — 1965 b: Tetranitro-blue tetrazolium reduction in *Proteus vulgaris*. J. Cell Biol. **27**, 241—247.

LEHMAN, B., and F. M. ANDREWS, 1934: Nuclear division in *Tradescantia virginiana*. Plant Physiol. **9**, 845—849.

— — 1935: The staining of living plant nuclei by means of plant coloring substances. Beih. Bot. Cbl. A, **54**, 1—18.

LEHNER, A., und W. NOWAK, 1957 a: Fluoreszenzmikroskopie im Dienste der Bodenbakteriologie. Photogr. Forsch. **7**, 178—184.

— — 1957 b: Bakteriologische Bodenuntersuchungen mit Hilfe von Acridinorange nach STRUGGER. Cbl. Bakt., Abt. II, **110**, 349—360.

LEHNER, J., 1924: Das Mastzellen-Problem und die Metachromasie-Frage. Ergebn. Anat., Entwickl.gesch. **25**, 67—184.

LEHOTZKY, P. v., 1935: Die Wirkung des elektrischen Stromes auf lebende Zellen und Gewebe. Arch. exper. Zellforsch. **18**, 3—12.

LEITH, J. D. jr., 1963: Acridine orange and acriflavin inhibit deoxyribonuclease action. Biochim. Biophys. Acta **72**, 643—644.

LEMAN, A., 1964: Quantitative Untersuchungen über die Aufnahme von Nilblau durch gärende Hefe. Protoplasma **59**, 231—239.

— 1965 a: Untersuchungen über die intracellulären und extracellulären Redoxpotentiale gärender Hefesuspensionen. Arch. Mikrobiol. **50**, 194—210.

— 1965 b: Über elektrometrisch und colorimetrisch gemessene Redoxpotentiale gärender Hefesuspensionen während der Potentialdrift. Arch. Mikrobiol. **50**, 357—367.

Lennert, K., 1955: Die Histochemie der Fette und Lipoide. Z. wiss. Mikrosk. **62**, 368—393.
— und G. Weitzel, 1952: Zur Spezifität der histologischen Fettfärbungsmethoden. Z. wiss. Mikrosk. **61**, 20—29.
Lepeschkin, W. W., 1911 a: Zur Kenntnis der chemischen Zusammensetzung der Plasmamembran. Ber. dtsch. bot. Ges. **29**, 247—261.
— 1911 b: Über die Einwirkung anästhesierender Stoffe auf die osmotischen Eigenschaften der Plasmamembran. Ber. dtsch. bot. Ges. **29**, 349—355.
— 1913: Über die kolloidchemische Beschaffenheit der lebenden Substanz und über einige Kolloidzustände, die für dieselbe eigentümlich sind. Kolloid-Z. **13**, 181—192.
— 1926: Über das Protoplasma und die Chloroplasten von *Bryopsis plumosa*. Ber. dtsch. bot. Ges. **44**, 14—22.
— 1930: Light and the permeability of protoplasm. Amer. J. Bot. **17**, 953—970.
— 1932: The influence of narcotics, mechanical agents and light of the permeability of protoplasm. Amer. J. Bot. **19**, 568—580.
— 1935: Grundstoffe der lebenden Materie (Vitaide) und ihre Bedeutung in der Biologie. Anz. Akad. Wiss. Wien, math.-nat. Kl. **72**, 101—105.
— 1936: Fortschritte der Kolloidchemie des Protoplasmas in den letzten zehn Jahren. Protoplasma **25**, 124—149.
— 1941: Vitalfärbung der Echinodermen-Eier und selektive Permeabilität der Protoplasmaoberfläche. Protoplasma **35**, 588—594.
— 1950: Über die Struktur und den molekularen Bau der lebenden Materie. Protoplasma **39**, 222—243.
Lepke, E., 1951: Über Kuppenfärbung, Vererzungs- und Verseifungsbilder bei *Helodea*. Z. wiss. Mikrosk. **60**, 36—44.
Lepper, E. K., and Ch. J. Martin, 1927: The protein error in estimating pH with neutral red and phenol. Biochem. J. **21**, 356—361.
Lerch, G., 1960: Untersuchungen über Wurzelkallose. Botanische Studien, H. **11**, Gustav Fischer, Jena.
— 1964 a: Kallose in der Epidermis höherer Pflanzen. Flora **154**, 36—52.
— 1964 b: Über Struktur und Bildung der Zystolithen-Kallose. Biol. Plant. **6**, 48—56.
Lerma, B. de, 1942: Un nuovo metodo di indagine istochimica: la citofluorospettografia quantitativa. Boll. Soc. Nat. Napoli **53**, 9—16.
— 1958: Die Anwendung von Fluoreszenzlicht in der Histochemie. In Graumann, W., und K.-H. Neumann, Hdb. Histochemie, Bd. I, 78—159, G. Fischer, Stuttgart.
Lerman, L. S., 1961: Structural considerations in the interaction of DNA and acridines. J. molecul. Biol. **3**, 18—30.
— 1963: The structure of the DNA-acridine complex. Proc. Nat. Acad. Sci., U.S.A. **49**, 94—102.
— 1964: Acridine mutagens and DNA structure. J. cellul. comp. Physiol. **64**, Suppl. 1, 1—18.
Lesser, P., 1958: Elektrochemische Bestimmungen der Sauerstoffaufnahme pflanzlicher Zellen unter dem Einfluß einiger Anilinfarbstoffe. Protoplasma **49**, 41—72.
Letort, M., 1932: Sur cinq nouveaux indicateurs d'oxydo-réduction. C. R. Acad. Sci. **194**, 711—714.
Lettré, H., 1946: Ergebnisse und Probleme der Mitosegiftforschung. Naturwiss. **33**, 75—86.
— 1951: Zellstoffwechsel und Zellteilung. Naturwiss. **38**, 490—496.
— M. Albrecht und R. Lettré, 1951: Zur Auslösung von Plasmabewegungen in Ruhezellen. Naturwiss. **38**, 505.
— und R. Lettré, 1946: Aufhebung der Wirkung von Mitosegiften durch chemische Faktoren. Naturwiss. **33**, 283—284.
— und A. Schleich, 1955: Zur Bedeutung der Adenosintriphosphorsäure für Formkonstanz und Formänderungen von Zellen. Protoplasma **44**, 314—321.
Leuthardt, F., 1929: Grundlagen und Grenzen biologischer pH-Bestimmungen. Kolloidchem. Beih. **28**, 262—280.
— und B. Exner, 1953: Über den Einfluß des Methylenblaus auf die Atmung der Lebermitochondrien. Helv. Chim. Acta **36**, 519—526.
Levaditi, J. C., et J. Giuntini, 1941 a: Luminescence du *Bacterium coli* à la lumière ultraviolette en présence d'un fluorochrome. C. R. Soc. biol. **135**, 79—80.
— — 1941 b: Luminescence des formes senescentes de *Bacterium coli* soumises, en présence d'un fluorochrome, au rayonnement ultraviolet. C. R. Soc. biol. **135**, 80—84.
Levin, B. S., 1933 a: L'action de quelques alcaloides sur les tissus colorés in vivo. C. R. Soc. biol. **113**, 1042—1044.

LEVIN, B. S., 1933 b: L'action de la lécithine en solution colloidale sur la coloration vitale. C. R. Soc. biol. **113**, 1325—1327.
— 1933 c: Influence de quelques colorants vitaux sur l'asphyxie de divers animaux marins. C. R. Soc. biol. **114**, 689—691.
— 1933 d: L'influence de quelques colorants vitaux sur la résistance de divers animaux marins vis-à-vis de l'acide arsénieux. C. R. Soc. biol. **114**, 909—912.
LEVINE, A., and M. SCHUBERT, 1952: Metachromasy of thiazine dyes produced by chondroitin sulfate. J. Amer. Chem. Soc. **74**, 91—97.
LEVINE, N. D., 1940: The determination of apparent isoelectric points of cell structures by staining at controlled reactions. Stain Technol. **15**, 91—112.
LEWIS, G. N., O. GOLDSCHMID, T. T. MAGEL, and J. BIGELEISEN, 1943: Dimeric and other forms of methylene blue: Absorption and fluorescence of the pure monomer. J. Amer. Chem. Soc. **65**, 1150—1154.
LEWIS, M. L., 1935: The effect of the vital dye fluorescent X (reduced neutral red CLARK) on living chick embryo cells in tissue cultures. Arch. exper. Zellforsch. **17**, 96—105.
LEWIS, M. R., 1945: The injurious effect of light upon dividing cells in tissue cultures containing fluorescent substances. Anat. Rec. **91**, 199—206.
LEWIS, W. C. M., 1908: An experimental examination of GIBB's theory of surface-concentration, regarded as the basis of adsorption, with an application to the theory of dyeing. Phil. Mag. ser. VI, **15**, 499—526.
LEWSCHIN, W. L., 1927: Die Auslöschung der Fluoreszenz in festen und flüssigen Farbstofflösungen. Z. Physik **43**, 230—253.
— 1931: Der Einfluß der Temperatur auf die Fluoreszenz der Farbstofflösungen und einige Folgen des Gesetzes der Spiegelkorrespondenz. II. Z. Physik **72**, 382—391.
LIERSCH, M., und G. HARTMANN, 1964: Bindung von Farbstoffen an Desoxyribonucleinsäure. Angew. Chem. **76**, 584.
LIESEGANG, R. E., 1941 a: Adenoide Resorption. Z. wiss. Mikrosk. **58**, 14—30.
— 1941 b: Zur Polychromie des Methylenblaus. Z. wiss. Mikrosk. **58**, 43—44.
— 1943: Kreuz-Kapillaranalyse. Naturwiss. **31**, 348.
— 1944: Der Saftaufstieg in der Pflanze. Planta **34**, 94—97.
LILIENSTERN, M., 1934: Beitrag zur Physiologie der Epidermis. Protoplasma **22**, 367 bis 376.
— 1935: Altersunterschiede von Zellen einiger Wasserpflanzen in bezug auf ihr Reduktionsvermögen. Protoplasma **23**, 86—92.
LILLIE, R. D., 1943: Studies on polychrome methylene blue. III. Alkali methods of polychroming. Stain Technol. **18**, 1—11.
— 1956: The mechanism of nile blue staining of lipofuscins. J. Histo-, Cytochem. **4**, 377—381.
— 1959: Preferred common names, formulae, colour index references and synonymes of stable diazonium salts used in histochemistry. J. Histo-, Cytochem. **7**, 281—284.
— und H. J. BURTNER., 1953: Stable sudanophilia of human neutrophil leucocytes in relation to peroxidase and oxidase. J. Histo-, Cytochem. **1**, 8—26.
LILLIE, R. S., M. A. HINRICHS, and A. J. KOSMAN, 1935: The influence of neutral salts on the photodynamic stimulation of muscle. J. cellul. comp. Physiol. **6**, 487—503.
LINDEGREN, C. C., D. O. McCLARY, and M. A. WILLIAMS, 1955: The location of metaphosphate in the yeast cell. Cytologia **20**, 185—196.
LINDNER, H., 1959: Die lichtabhängige Vakuolisation der Chloroplasten in Nikotinlösungen. I. Lichtmikroskopische Untersuchungen zur Frage der Reversibilität. Protoplasma **51**, 91—111.
LINSBAUER, K., 1926: Beobachtungen an Spaltöffnungen. Planta **2**, 530—536.
— 1927: Weitere Beobachtungen an Spaltöffnungen. Planta **3**, 527—561.
LINSER, H., 1932: Fluorometrische Bestimmung der Wasserstoffionenkonzentration. Biochem. Z. **244**, 157—164.
— 1951: Zur Wirkungsweise von Wuchs- und Hemmstoffen. I. Wachstumswirkungen von Indol-3-Essigsäure und Eosin sowie pflanzlicher Wuchs- und Hemmstoffe im Gemisch an der *Avena*-Koleoptile. Biochim. Biophys. Acta **6**, 384—394.
— 1953: Zur Wirkungsweise von Wuchs- und Hemmstoffen. II. Die Wechselwirkung von Indol-3-Essigsäure und Eosin in Licht und Dunkelheit. Biochim. Biophys. Acta **10**, 189—190.
— 1955: Zellstreckungswuchsstoffe, ihre Testung und Bedeutung. Z. Pflanzenernährg., Düng. u. Bodenk. **69**, 215—223.
— and K. KAINDL, 1951: The mode of action of growth substances and growth inhibitors. Science **114**, 69—70.

Linser, H., und O. Kiermayer, 1957: Zellphysiologische Untersuchungen über die Wirkung von 3-Aminotriazol und 3-(α-Iminoäthyl)-5-Methyl-Tetronsäure als spezifische Chlorophyllbildungshemmstoffe bei *Elodea canadensis*. Planta **49**, 498—504.

Linskens, H. F., und K. Esser, 1957: Über eine spezifische Anfärbung der Pollenschläuche im Griffel und die Zahl der Kallosepfropfen nach Selbstung und Fremdung. Naturwiss. **44**, 16.

Linzon, S. N., 1961: The movement of injected dye solutions in healthy and needle-blighted white pine trees. Canad. J. Bot. **39**, 683—693.

Lison, L., 1933: Sur les phénomènes de métachromasie. Bull. Acad. roy. belg., Cl. Sci. V, **19**, 1332—1341.

— 1934 a: Sur les phénomènes de métachromasie. II. Études spectrophotométriques des colorants métachromatiques. Bull. Acad. roy. belg., Cl. Sci. V, **20**, 1160—1167.

— 1934 b: Sur de nouveaux colorants spécifiques des lipides. C. R. Soc. biol. **115**, 202—205.

— 1935 a: Sur la détermination du pH intracellulaire par les colorants vitaux indicateurs. L'«erreur métachromatique». Protoplasma **24**, 453—465.

— 1935 b: Sur le mécanisme et la signification de la coloration des lipides par le bleu de nil. Bull. Histol. appl. **12**, 279—289.

— 1935 c: La signification histochimique de la métachromasie. C. R. Soc. biol. **118**, 821—824.

— 1935 d: Sur la mesure du pH intracellulaire par la méthode des colorations vitales. C. R. Soc. biol. **120**, 102—104.

— 1935 e: Études sur la métachromasie. Colorants métachromatiques et substances chromotropes. Arch. Biol. **46**, 599—668.

— 1940: Contribution à l'étude des colorations vitales. L'athrocytose discriminante des colorants acides chez *Cyclops* et ses facteurs physicochimiques. Acta neerl. Morph. norm. et path. **3**, 390—405.

— 1960: Histochimie et cytochimie animales. 3. Aufl., Bd. I u. II. Gauthier-Villars, Paris.

— et J. Fautrez, 1939: L'étude physicochimique des colorants dans ses applications biologiques. — Étude critique. Protoplasma **33**, 116—151.

— and W. Mutsaars, 1950: Metachromasy of nucleic acids. Quart. J. microsc. Sci. **91**, 309—313.

Liu, S., and H. Wu, 1932: Effect of ultrasonic radiation on indicators. J. Amer. Chem. Soc. **54**, 791—793.

Lloyd, F. E., 1928: Further observations on the behavior of gametes during maturation and conjugation in *Spirogyra*. Protoplasma 4, 45—66.

Lloyd, J. B., and F. Beck, 1963: An evaluation of acid disazo dyes by chloride determination and paper chromatography. Stain Technol. 38, 165—171.

— — 1964: The identification of some acid disazo dyes by paper electrophoresis of their reduction products. Stain Technol. **39**, 7—12.

Lochmann, E.-R., und W. Stein, 1964: Zur Inaktivierung durch Thiopyronin mit und ohne Licht. Naturwiss. **51**, 59.

— — und K. Haefner, 1964: Die Wirkung von Thiopyronin auf *Saccharomyces*-Stämme verschiedenen Ploidiegrades, auf Nucleinsäuren und Nucleinsäure-Komponenten in Gegenwart und in Abwesenheit von sichtbarem Licht. Z. Naturforsch. **19 b**, 838—844.

— — und C. Umlauf, 1965: Über photodynamische Wirkung von Farbstoffen. III. Dunkelwirkung und photodynamischer Effekt von Farbstoffen auf *Saccharomyces*zellen verschiedenen Ploidiegrades und auf Nucleinsäuren. Z. Naturforsch. **20 b**, 778—785.

Loeb, J., 1924: Proteins and the theory of colloidal behavior. New York and London, 2. Aufl.

Loeb, L., 1907: Über den Einfluß des Lichtes auf die Färbung und die Entwicklung von Eiern von *Asterias* in Lösungen verschiedener Farbstoffe. Arch. Entwicklungsmech. **23**, 359—378.

— and K. C. Blanchard, 1924: Vital staining of amoebocyte tissue of *Limulus*. Biol. Bull. **47**, 284—297.

— and I. Pieper, 1925: Decolorization by acids and alkalis of amoebocytes and of filter paper stained by neutral red. Proc. Soc. exper. Biol., Med. **23**, 60—62.

Loeffler, E., und R. Rigler, 1926: Über die Atmung der Bakterien durch Methylenblaureduktionsversuche an der Typhus-coligruppe. Cbl. Bakt., Abt. I, Orig. **99**, 1—16.

LOESER, CH. N., S. S. WEST, and M. D. SCHOENBERG, 1960: Absorption and fluorescence studies on biological systems: Nucleic acid-dye complexes. Anat. Rec. **138**, 163—178.

LOEW, O., 1917 a: Zur Analogie zwischen lebender Materie und Proteosomen. Flora **109**, 61—66.

— 1917 b: Notiz über eine überraschende Kristallbildung in toten Zellen. Flora **109**, 67—68.

LOEWE, S., 1912 a: Zur physikalischen Chemie der Lipoide. I. Beziehungen der Lipoide zu den Farbstoffen. Biochem. Z. **42**, 150—189.

— 1912 b: Zur physikalischen Chemie der Lipoide. III. Diffusion in Lipoiden. Biochem. Z. **42**, 205—206.

— 1912 c: Zur physikalischen Chemie der Lipoide. IV. Die Eigenschaften von Lipoidlösungen in organischem Lösungsmittel. Biochem. Z. **42**, 207—218.

— 1922: Zur physikalischen Chemie der „Lipoide". Die Durchwanderung von Methylenblau durch organische Lösungen. Biochem. Z. **127**, 231—240.

LONA, F., e A. BOCCHI, 1952: L'azione ipoauxinizzante delle sostanza fotodinamiche sulla pianta e relative manifestazioni morfogenetiche, organogenetiche, die correlazione e di differenziazione. Nuov. G. Bot. Ital. NS. **59**, 511—514.

— — 1955: Riduzione delle esigenze fotoperiodiche in *Perilla ocymoides* Lour. var. *nankinensis* Voss. per ipoauxinizzazione da eosina. Beitr. Biol. Pflz. **31**, 333—347.

LOSADA, M., F. R. WHATLEY, and D. I. ARNON, 1961: Separation of two light reactions in noncyclic photo-phosphorylation of green plants. Nature **190**, 606—610.

LOTTERMOSER, A., und P. NEUBERT, 1936: Aufnahme und Abgabe von Farbstoffen durch Stroh. Kolloidchem. Beih. **45**, 149—209.

LOUB, W., 1951: Über die Resistenz verschiedener Algen gegen Vitalfarbstoffe. S. B. Österr. Akad. Wiss., math.-nat. Kl., Abt. I, **160**, 829—866.

LOVE, R., and R. J. WALSH, 1963: Studies of the cytochemistry of nucleoproteins. II. Improved staining methods with toluidine blue and ammonium molybdate. J. Histo-, Cytochem. **11**, 188—196.

LOWICK, J. H. B., and A. M. JAMES, 1955: The effect of bacteriostatic agents on the electrokinetic properties of *Aerobacter aerogenes*. II. Crystal violet. Biochim. Biophys. Acta **17**, 424—433.

LOWRY, R. J., and A. S. SUSSMAN, 1956: Physiology of the cell-surface of *Neurospora* ascospores. II. Arch. Biochem. Biophys. **62**, 113—124.

LUCK, W., 1960: Gekoppelte Vorgänge beim Färbeprozeß. Angew. Chem. **72**, 57—70.

LUCKÉ, B., 1925: Observations on intravital staining of centrifuged marine eggs. Proc. Soc. exper. Biol., Med. **22**, 305—306.

LÜCK, H., P. WALLNÖFER und H. BACH, 1963: Lebensmittelzusatzstoffe und mutagene Wirkung. VII. Prüfung einiger Xanthen-Farbstoffe auf mutagene Wirkung und *Escherichia coli*. Path. et Microbiol. (Basel) **26**, 206—224.

LÜERS, H., 1920: Der zeitliche Verlauf des Kongorubin-Farbenumschlags unter dem Einfluß von Elektrolyten und Schutzkolloiden. Kolloid-Z. **27**, 123—136.

LÜTKEMÜLLER, J., 1902: Die Zellmembran der Desmidiaceen. Beitr. Biol. Pflz. **8**, 347—414.

LUHAN, M., 1957: Das Verhalten der Rhizomgewebe einiger Wasser- und Sumpfpflanzen bei Vitalfärbung. Ber. dtsch. bot. Ges. **70**, 361—370.

— 1963: Die Epidermis von *Agropyron repens*. Beobachtungen über Bau, Entwicklung und Verhalten ihrer Zellen bei Vitalfärbung. Protoplasma **56**, 645—660.

— und A. TOTH, 1951: Einige Rezepte zur Fluorochromierung pflanzlicher Gewebe. Mikroskopie **6**, 299—301.

LUKAS, E., 1958: Das Verhältnis der osmotischen Werte zur Austrocknung einiger Pflanzen vom Keimen bis zum Abblühen. Ber. dtsch. bot. Ges. **71**, 157—166.

LUND, E. J., and W. A. KENYON, 1927: Relation between continuous bio-electric currents and cell respiration. I. Electric correlation potentials in growing root tips. J. exper. Zool. **48**, 333—357.

LUNDEGÅRDH, H., 1940: Investigations as to the absorption and accumulation of inorganic ions. Ann. agric. College Sweden **8**, 233—404.

— 1950: The translocation of salts and water through wheat roots. Physiol. Plant. **3**, 103—151.

LUYET, B. J., 1937: Differential staining for living and dead cells. Science **85**, 106.

— and P. M. GEHENIO, 1936: Ultra-violet absorption in living and dead cells. Biodynamica Nr. **11**, 1—8.

LUZZIO, A. J., and J. G. KEREIAKES, 1957: Dye uptake and survival studies in X-irradiated yeast cells. Exp. Cell Res. **13**, 615—617.

Lyr, H., und H. Streitberg, 1955: Die Verbreitung von Hydropoten in verschiedenen Verwandtschaftskreisen der Wasserpflanzen. Wiss. Z. M.-Luther-Univ. Halle, math.-nat. R. **4**, 471—484.

Maácz, G. J., and E. Vágás, 1961: A new method for staining of cellulose and lignified cell-walls. Mikroskopie **16**, 30—43.
— — 1964: Investigation of structure-density of the lignified plant cell wall with triple staining. Mikroskopie **19**, 102—106.
Mac Arthur, J. W., 1921: Gradients of vital staining and susceptibility in *Planaria* and other forms. Amer. J. Physiol. **57**, 350—386.
McBain, J. W., and T. H. Liu, 1931: Diffusion of electrolytes, non-electrolytes and colloidal electrolytes. J. Amer. Chem. Soc. **53**, 59—74.
— R. C. Merrill jr., and J. R. Vinograd, 1940: Solubilizing and detergent action in non-ionizing solvents. J. Amer. Chem. Soc. **62**, 2880—2881.
McCalla, T. M., and F. E. Clark, 1941: Dye adsorption by bacteria at varying H-ion concentrations. Stain Technol. **16**, 95—100.
McCutcheon, M., and B. Lucké, 1924: The mechanism of vital staining with basic dyes. J. gen. Physiol. **6**, 501—507.
Mac Dougal, D. T., 1925: Reversible variations in volume, pressure, and movements of sap in trees. Carnegie Inst. Washington, Publ. Nr. 365.
— 1926: The hydrostatic system of trees. Carnegie Inst. Washington, Publ. Nr. 373.
— J. B. Overton, and G. M. Smith, 1929: The hydrostatic-pneumatic system of certain trees; movements of liquids and gases. Carnegie Inst. Washington, Publ. Nr. 397.
Mac Dowall, F. D. H., 1949: The effects of some inhibitors of photosynthesis upon the photochemical reduction of a dye by isolated chloroplasts. Plant Physiol. **24**, 462—480.
— 1962: Potentiometrically measured reduction of low concentrations of dye by illuminated chloroplasts. Plant Physiol. **37**, 505—508.
McGivern, Sister Mary Jean, 1957: Mitochondria and plastids in sieve-tube cells. Amer. J. Bot. **44**, 37—48.
McIlwain, H., 1941: A nutritional investigation of the antibacterial action of acriflavin. Biochem. J. **35**, 1311—1319.
Mac Innes, D. A., and M. Dole, 1929: A glass electrode apparatus for measuring the pH values of very small volumes of solution. J. gen. Physiol. **12**, 805—811.
McLean, R. A., M. Stuart, and J. C. Davis, 1955: The differentiation of mitochondria in strains of cocci. J. Bact. **69**, 541—544.
McNairn, R. B., and H. B. Currier, 1965: The influence of boron on callose formation in primary leaves of *Phaseolus vulgaris* L. Phyton (Arg.) **22**, 153—158.
Mac Neal, J. Ward, and J. A. Killian, 1926: Methylene azure B (trimethylthionin). Proc. New York pathol. Soc. **26**, 20—23.
Machmer, P., 1966: Radikalkationenbildung einiger Acridinderivate. Z. Naturforsch. **21 b**, 806.
Macht, D. I., 1926: Photopharmacology. VI. Influence of sun's rays on growth of yeast in some fluorescent solutions. Proc. Soc. exper. Biol., Med. **23**, 639—641.
Maercker, U., 1965: Beiträge zur Histochemie der Schließzellen. Protoplasma **60**, 173—191.
Mager, H., 1933: Die Endodermis als Grenze für Stoffwanderungen. Planta **19**, 534 bis 546.
Majumder, S. K., and J. L. Brewbaker, 1964: Fluorescence microscopy with aniline dye in studies of fertilization and infection. Amer. J. Bot. **51**, 663.
Makarow, P., 1935: Experimentelle Untersuchungen an Protozoen mit Bezug auf das Narkose-Problem. Protoplasma **24**, 593—606.
Makino, S., and Y. H. Nakanishi, 1956: Behavior of the mitochondria in relation to cytoplasmic division in grasshopper spermatocytes. Chromosoma **8**, 212—220.
Malatyan, M. N., 1962: Demonstration in vivo of mitochondria in bacteria. Dokl. Akad. Nauk. SSSR **143**, 955—957. (Russisch.)
— 1963: Nuclear and mitochondrial changes during bacterial development (from fluorescent microscopy data). Mikrobiologiya **32**, 806—812. (Russisch.)
Malkov, A. M., and V. A. Leoninok, 1959: The influence of methylene blue and sodium azide on the fermentation process and pyrophosphorus compounds content in yeast. Mikrobiologiya **28**, 710—716. (Russisch mit engl. Zusammenfassung.)
Mallinckrodt-Haupt, A. v., 1926: Vitalfärbungen mit Indicatorfarben bei Hyphomyceten. I. Mitt. Dermatol. Z. **46**, 293—305.
Malvesin-Fabre, G., 1941: Modifications de structure observées dans le noyau vivant chez *Arum italicum*. C. R. Soc. biol. **135**, 590—591.

MANCUSO, B., 1935: Azione di alcuni colori di anilina sullo suiluppo del *Narcissus tazetta* e del *Phaseolus vulgaris*. Riv. Biol. **19**, 448—458.

— 1938: Esperienze sulla colorazione artificiale dei fiori. Riv. Biol. **25**, 189—196.

MANGENOT, G., 1927: Sur la présence de vacuoles spécialisées dans les cellules de certains végétaux. C. R. Soc. biol. **97**, 342—345.

— 1928 a: Sur la signification des cristaux rouges apparaissant, sous l'influence du bleu de crésyl, dans les cellules de certaines algues. C. R. Acad. Sci. **186**, 93—95.

— 1928 b: Sur la localisation des iodures dans les cellules des algues. Bull. Soc. bot. France **75**, 519—540.

— 1932: Action des colorants vitaux sur le plasmode de *Fuligo septica* Gmel. C. R. Soc. biol. **110**, 907—910.

— 1933 a: Le plasmode d'*Hemitrichia vesparium* Macbr. C. R. Soc. biol. **112**, 236—240.

— 1933 b: Nouvelles observations concernant l'action des colorants vitaux sur les plasmodes de *Fuligo sept.* C. R. Soc. biol. **113**, 1146—1148.

— 1934: Recherches cytologiques sur les plasmodes de quelques myxomycètes. Rev. cytol. cytophysiol. vég. **1**, 19—66.

— 1935: Recherches cytologiques sur quelques Vauchéries. Rev. cytol. cytophysiol. vég. **1**, 93—130.

MANGIN, L., 1890: Sur les réactifs colorants des substances fondamentales de la membrane. C. R. Acad. Sci. **111**, 120—123.

— 1894: Sur un essai de classification des mucilages. Bull. Soc. bot. France **41**, XL — XLIX.

MANN, C. E. T., 1924: The antagonism between dyes and inorganic salts in their absorption by storage tissue. Ann. Bot. **38**, 753—777.

MANSHEIM, M., 1932: Über die Bedeutung der Lipoide für die Permeabilität. Biochem. Z. **244**, 268—277.

MARČENKO, E., 1962: Licht- und elektronenmikroskopische Untersuchungen an der Thermalalge *Mastigocladus laminosus* Cohn. Acta Bot. Croatica **20/21**, 47—74.

MARENIN, 1913: J. Russ. Phys. chem. Soc. **45**, 28, zit. nach HERČIK (1934, S. 37).

MARQUARDT, H., und E. BAUTZ, 1954: Die Wirkung einiger Atmungsgifte auf das Verhalten von Hefe-Mitochondrien gegenüber der Nadi-Reaktion. Naturwiss. **41**, 361—362.

— — 1955: Das Verhalten verschiedener Hefearten gegenüber der in vivo durchgeführten Indophenolblau-(Nadi-)Reaktion. Arch. Mikrobiol. **23**, 251—264.

— und U. v. LAER, 1966: Nicht-Mutagenität von Thiopyronin in einem Vorwärts- und Rückwärtsmutationssystem der Hefe. Naturwiss. **53**, 185.

MARSTON, H. R., 1923: The azine and azonium compounds of the proteolytic enzymes. I. Biochem. J. **17**, 851—859.

MARTENS, P., 1928: Le cycle du chromosome somatique dans les phanérogames. III. Recherches expérimentales sur la cinèse dans la cellule vivante. Cellule **38**, 67—174.

— 1929: Nouvelles recherches experimentales sur la cinèse dans la cellule vivante. Cellule **39**, 167—216.

MARTIN, F. W., 1959: Staining and observing pollen tubes in the style by means of fluorescence. Stain Technol. **34**, 125—128.

MARTIN, S. H., 1927: The hydrion concentration of plant tissues. III. The tissues of *Helianthus annuus*. Protoplasma **1**, 497—536.

MARTOS, V., 1958: Die Wirkung der Hemmung des Wurzel-Nukleinstoffwechsels auf die oberirdischen Organe. Naturwiss. **45**, 396—397.

VAN MARUM, 1773: De motu fluidorum in plantis, experimentis et observationibus. zit. nach WIELER, A. (1888).

MASSART, J., 1901: Recherches sur les organismes inférieurs. V. Sur le protoplasme des Schizophytes. Mém. cour. Acad. Bel. **61**, (40 Seiten).

MASSART, L., 1953: Metachromasy of living bacterial suspensions. Naturwiss. **40**, 556—557.

— und R. P. DUFAIT, 1941: Hemmung der Acetylcholin-Esterase durch Farbstoffe und durch Eserin. Enzymologia **9**, 364—368.

— G. PEETERS, and A. VAN HOUCKE, 1947: Acridines and streptomycine. Experientia **3**, 289—290.

— — J. DE LEY, and R. VERCAUTEREN, 1947: The influence of dyes on the respiration of bakers yeast. Experientia **3**, 119.

— — — — and A. VAN HOUCKE, 1947: The mechanism of the biochemical activity of acridines. Experientia **3**, 288—289.

— — and R. VERCAUTEREN, 1947: The influence of salts on the inhibition of the respiration of baker's yeast by basic dyes. Experientia **3**, 154—155.

Masuda, Y., 1959: Rôle of cellular ribonucleic acid in the growth response of *Avena* coleoptile to auxin. Physiol. Plant. **12**, 324—335.

Mathews, A., 1898: A contribution to the chemistry of cytological staining. Amer. J. Physiol. **1**, 445—459.

Mathews, M. M., 1963: Comparative study of lethal photosensitization of *Sarcina lutea* by 8-Methoxypsoralen and by toluidine blue. J. Bact. **85**, 322—328.

— and W. R. Sistrom, 1959: Function of carotenoid pigments in non-photosynthetic bacteria. Nature **184**, 1892—1893.

— — 1960: The function of the carotenoid pigments of *Sarcina lutea*. Arch. Mikrobiol. **35**, 139—146.

Matruchot, L., 1898 a: Sur une méthode de coloration du protoplasma par les pigments bactériens. C. R. Acad. Sci. **127**, 830—834.

— 1898 b: Sur une méthode de coloration du protoplasma par les pigments des champignons. C. R. Acad. Sci. **127**, 881—883.

— 1900: Sur une structure particulière du protoplasma chez une Mucorinée et sur une propriété générale des pigments bactériens et fongiques. Rev. gén. bot. **12**, 33—60.

Matsubara, M., 1931: Die Verwendung der Beijerinckschen Indigoweißmethode zu quantitativen Assimilationsversuchen. Planta **12**, 670—685.

Matthewman, H. B., 1927: Differential staining as a criterion of the viability of bacterial spores. J. Bact. **14**, 425—433.

Mattson, A. M., C. O. Jensen, and R. A. Dutcher, 1947: Triphenyltetrazolium chloride as a dye for vital tissues. Science **106**, 294—295.

May, J., 1947/48 a: Einfache Sporenkontrastfärbung mit Oxypyrentrisulfosäure. Cbl. Bakt., Abt. I, Orig. **152**, 56—57.

— 1947/48 b: Zur fluoreszenzmikroskopischen Unterscheidung lebender und toter Bakterien mittels Akridinorangefärbung. Cbl. Bakt., Abt. I, Orig. **152**, 586—590.

Mayer, F., 1934/35: Chemie der organischen Farbstoffe. 3. Aufl. Bd. I. Künstliche organische Farbstoffe. Bd. II. Natürliche organische Farbstoffe. Julius Springer, Berlin.

Mayer, P., 1897: Über Schleimfärbung. Mitt. Zool. Stat. Neapel **12**, 303—330.

— 1918: Über die Reinheit unserer Farbstoffe. Z. wiss. Mikrosk. **34**, 305—328.

Mayersbach, H., 1956: Über die Spezifität der Färbung zum Nachweis der Ribonukleoproteide. Acta histochem. **3**, 128—137.

Mayor, H. D., and J. L. Melnick, 1962: Intracellular and extracellular reactions of viruses with vital dyes. Yale J. Biol. Med. **34**, 340—358.

Mayr, F., 1915: Hydropoten an Wasser- und Sumpfpflanzen. Beih. bot. Cbl. **32**, 278 bis 371.

Mayr, H. H., 1955: Zur Kenntnis des osmotischen Verhaltens von Getreidewurzeln. Protoplasma **44**, 389—411.

Meer Mohr, J. C. van der, 1926: Über die Wirkung von Eosin-, Erythrosin- und Methylenblaulösungen auf Keimung und Wachstum einiger Pflanzen. Rec. trav. bot. néerl. **23**, 245—262.

Meidner, H., 1954: Measurements of water intake from the atmosphere by leaves. New Phytol. **53**, 423—426.

Meier, H., 1963: Die Photochemie der organischen Farbstoffe. Springer-Verlag, Berlin-Göttingen-Heidelberg.

Meier, W., 1959: Untersuchungen zur Theorie der Fettfärbung. Z. wiss. Mikrosk. **64**, 193—208.

Meindl, T., 1934: Weitere Beiträge zur protoplasmatischen Anatomie des *Helodea*-Blattes. Protoplasma **21**, 362—393.

Meissel, M. N., 1938 a: The alterations of chondriosomes of yeast organisms in the course of respiration and fermentation. C. R. Acad. Sci. URSS. N. Sér. **20**, 479—482.

— 1938 b: The cytology of the yeast organisms in the progress of alcoholic fermentation. Bull. Biol. Méd. exp. URSS **6**, 294—296.

— 1938 c: Changes in the living cell induced by narcotics. Bull. Biol. Méd. exp. URSS **6**, 291—293.

— N. A. Pomotschnikova und J. u. M. Schawlowski, 1950: Unterdrückung der respiratorischen Aktivität der Zelle durch selektive Blockierung der Chondriosomen. Dokl. Akad. Nauk SSSR, N. S. **70**, 1065—1068. (Russisch.)

Meissner, R., 1937: Protoplasmatische Anatomie der Wasserspalten. Protoplasma **28**, 100—118.

Mender, G., 1938: Protoplasmatische Anatomie des Laubmooses *Bryum capillare*. L. Protoplasma **30**, 373—400.

Menke, J. F., 1935: The hemolytic action of photofluorescein. Biol. Bull. **68**, 360—362.

MENKE, W., 1938: Über den Feinbau der Chloroplasten. Kolloid-Z. **85**, 256—259.
— 1943: Dichroismus und Doppelbrechung der Plastiden. Biol. Zbl. **63**, 326—349.
MENSCHIK, Z., 1953: Nile blue histochemical method for phospholipids. Stain Technol. **28**, 13—18.
MENZIES, D. W., 1961: The photosensitivity of thiazine and magenta leucobases. Stain Technol. **36**, 345—347.
MERKEL, J. R., and W. J. NICKERSON, 1953: Release of mitochondria from yeast cells by the action of metal-chelating agents. Proc. Nat. Acad. Sci., U.S.A. **39**, 1008—1013.
MERWE, W. J. VAN DER, 1959: Die Ausdifferenzierung des Vakuolensystems in Blüten- und Laubblattepidermen von *Primula kewensis*. Protoplasma **50**, 370—409.
MESS, E., 1956: Kritische Untersuchungen zur kolorimetrischen Bestimmung der isoelektrischen Punkte einzelner Zellbestandteile fixierter pflanzlicher Gewebe. Protoplasma **47**, 189—216.
METZNER, H., 1952 a: Cytochemische Untersuchungen über das Vorkommen von Nukleinsäuren in Chloroplasten. Biol. Zbl. **71**, 257—272.
— 1952 b: Untersuchungen zur Silbernitratreduktion durch vitalgefärbte Chloroplasten. Nachr. Akad. Wiss. Göttingen, math.-physik. Kl. II b, Biol.-phys.-chem. Abt. Nr. 1, 1—5.
METZNER, P., 1920 a: Über die Wirkung photodynamischer Stoffe auf *Spirillum volutans* und die Beziehungen der photodynamischen Erscheinung zur Phototaxis. I. Biochem. Z. **101**, 33—53.
— 1920 b: Die Bewegung und Reizbeantwortung der bipolar begeißelten Spirillen. Jb. wiss. Bot. **59**, 325—412.
— 1921: Zur Kenntnis der photodynamischen Erscheinung: Die induzierte Phototaxis bei *Paramaecium caudatum*. Biochem. Z. **113**, 145—175.
— 1923: Über induzierten Phototropismus. Ber. dtsch. bot. Ges. **41**, 268—274.
— 1924: Zur Kenntnis der photodynamischen Erscheinung. III. Über die Bindung der wirksamen Farbstoffe in der Zelle. Biochem. Z. **148**, 498—523.
— 1930: Über das optische Verhalten der Pflanzengewebe im langwelligen ultravioletten Licht. Planta **10**, 281—313.
— 1958: Untersuchungen zur Kenntnis des Hypericins. Kulturpfl. **6**, 178—197.
MEYER, F. J., 1928: Die Begriffe „stammeigene Bündel" und „Blattspurbündel" im Lichte unserer heutigen Kenntnisse vom Aufbau und der physiologischen Wirkungsweise der Leitbündel. Jb. wiss. Bot. **69**, 237—263.
— 1936: Über die Verwendbarkeit von Trypanblau bei physiologisch-anatomischen Untersuchungen und die Frage der organ-eigenen Tracheen. Flora **130**, 291—304.
MEYER, K. H., 1927: Zur Physik und Chemie der Färbevorgänge. Naturwiss. **15**, 129—134.
— und H. MARK, 1950: Makromolekulare Chemie. 2. Aufl. Akad. Verlagsges. Geest u. Portig, Leipzig.
MEYER, R., und H. A. HACKENSELLNER, 1963: Eine einfache fluoreszenzmikroskopische Methode zur Darstellung der Mitochondrien im Endothel der großen Gefäße. Mikroskopie **18**, 349—351.
MEYERHOF, O., 1912: Über scheinbare Atmung abgetöteter Zellen durch Farbstoffreduktion. (Versuche an Acetonhefe.) I. Pflügers Arch. **149**, 250—274.
— 1917: Die Wirkung des Methylenblaus auf die Atmung lebender und getöteter Staphylococcen nebst Bemerkungen über den Einfluß des Milieus, der Blausäure und Narkotika. Pflügers Arch. **169**, 87—121.
— 1918 a: Untersuchungen zur Atmung getöteter Zellen. II. Der Oxydationsvorgang in abgetöteter Hefe und Hefeextrakt. Pflügers Arch. **170**, 367—427.
— 1918 b: Untersuchungen zur Atmung getöteter Zellen. III. Die Atmungserregung in gewaschener Acetonhefe und dem Ultrafiltrationsrückstand von Hefemazerationssaft. Pflügers Arch. **170**, 428—475.
MIA, A. J., and S. M. PATHAK, 1965: Histochemical studies of sclereid induction in the shoot of *Rauwolfia* species. I. Cytochrome oxidase. J. exper. Bot. **16**, 177—181.
MICHAELIS, A., und R. RIEGER, 1963: Über den Einfluß von Acridinfarbstoffen auf die Induktion von Chromatidenaberrationen durch Radiomimetica. Kulturpfl. **11**, 403—415.
MICHAELIS, L., 1900: Die vitale Färbung, eine Darstellungsmethode der Zellgranula. Arch. mikrosk. Anat. **55**, 558—575.
— 1901: Über Fettfarbstoffe. Virchows Arch. **164**, 263—270.
— 1905: Ultramikroskopische Untersuchungen. Virchows Arch. **179**, 195—208.
— 1906: Über einige Eigenschaften der freien Farbbasen und Farbsäuren. Beitr. chem. Physiol., Pathol. **8**, 38—50.

Michaelis, L., 1910 a/1926: „Metachromasie" in „Enzyklopädie der mikroskopischen Technik". 2. Aufl. Bd. II, 77—82 und 3. Aufl. Bd. II, 1376—1380. Urban & Schwarzenberg, Berlin-Wien.
— 1910 b: Theorie des Färbeprozesses. In C. Oppenheimer, Handb. d. Biochemie, d. Mensch. u. d. Tiere 2, 193—212. Gustav Fischer, Jena.
— 1920: Der heutige Stand der allgemeinen Theorie der histologischen Färbung. Arch. mikrosk. Anat. 94, 580—603.
— 1922: Praktikum der physikalischen Chemie. 2. Aufl. Julius Springer, Berlin.
— 1929: Oxydations-Reductions-Potentiale mit besonderer Berücksichtigung ihrer physiologischen Bedeutung. Julius Springer, Berlin.
— 1931: Rosinduline as oxidation-reduction indicator. J. biol. Chem. 91, 369—372.
— 1944: Theory of metachromatic staining. Biol. Bull. 87, 155—156.
— 1947: The nature of the interaction of nucleic acids and nuclei with basic dyestuffs. Cold Spring Harbor Symp. Quant. Biol. 12, 131—142.
— 1950: Reversible polymerisation and molecular aggregation. J. Phys. Colloid Chem. 54, 1—17.
— and H. Eagle, 1930: Some redox indicators. J. biol. Chem. 87, 713—727.
— and S. Granick, 1945: Metachromasy of basic dyestuffs. J. amer. chem. Soc. 67, 1212—1219.
— V. Moragues-Gonzales, and V. Smythe, 1937: Action of various dyestuffs on fermentation and phosphate synthesis in yeast extracts. Enzymologia 3, 242—251.
— und P. Rona, 1920: Die Adsorbierbarkeit der oberflächenaktiven Stoffe durch verschiedene Adsorbenzien sowie ein Versuch zur Systematik der Adsorptionserscheinungen. Biochem. Z. 102, 268—283.
— and K. Salomon, 1930: Respiration of mammalian erythrocytes. J. gen. Physiol. 13, 683—693.
— — 1931: Methämoglobin-Erzeugung und Atmungssteigerung durch organische Farbstoffe. Biochem. Z. 234, 107—115.
Michel, E., 1963 a: Zur Analyse der Vitalfärbung in Gegenwart von Huminsäure. I. Vitalfluorochromierung pflanzlicher Zellen. Protoplasma 56, 466—490.
— 1963 b: Zur Analyse der Vitalfärbung in Gegenwart von Huminsäure. II. Wechselwirkung zwischen Farbstoffen und Huminsäuren. Protoplasma 56, 583—604.
Michel, W., 1938: Membranstudien an Codium. Arch. Protistenkd. 91, 292—314.
— 1944: Über die Metachromasie der Benzidinfarbstoffe in der pflanzlichen Histologie. Ber. schweiz. bot. Ges. 54, 19—70.
Michels, H., 1940: Über die Hemmung der Photosynthese bei Grünalgen nach Sauerstoffentzug. Z. Bot. 35, 241—270.
Mildebrath, D., 1932: Untersuchungen über die Beeinflussung der geotropischen Reaktion der Wurzeln von Zea mays nach Vorbehandlung mit Fluoreszeinfarbstoffen und Salzen. Bot. Arch. 34, 161—215.
Miličić, D., 1952: Zur Kenntnis der Phlobaphenkörper in Früchten einiger Malus-Arten. Protoplasma 41, 327—335.
— 1957: Vitalfärbungsversuche mit reduziertem Neutralrot an „vollen" Zellsäften einiger höherer Pflanzen. Protoplasma 48, 170—171.
— und L. Brat, 1952: Notiz über Fluorochromierung gerbstoffhaltiger Vakuolen. Phyton 4, 221—223.
Millbank, J. W., 1962: The action of acriflavine on yeast protoplast. Ant. v. Leeuwenhoek 28, 215—220.
— and J. S. Hough, 1961: The action of acriflavine on brewers' yeast. J. gen. Microbiol. 25, 191—199.
Miller, V. R., and G. J. Banwart, 1965: Effect of various concentrations of brillant green and bile salts on salmonellae and other microorganisms. Appl. Microbiol. 13, 77—80.
Millerd, A., 1953: Respiratory oxidation of pyruvate by plant mitochondria. Arch. Biochem. Biophys. 42, 149—163.
— J. Bonner, B. Axelbrod, and R. S. Bandurski, 1951: Oxidative and phosphorylative activity of plant mitochondria. Proc. Nat. Acad. Sci., U.S.A. 37, 855—862.
Milovidov, P. F., 1930: Einfluß der Zentrifugierung auf das Vakuom. (Ein Beitrag zur Kenntnis der physikalischen Eigenschaften der Pflanzenvakuolen.) Protoplasma 10, 452—470.
— 1949 u. 1954: Physik und Chemie des Zellkernes. Teil I und II. Gebr. Borntraeger, Berlin.
— 1956: Die Feststellung der Lebensfähigkeit von Mutterkornpilzkonidien mittels Vitalfärbungsmethode. Fol. biol. 2, 375—379.

MIRIMANOFF, A., 1938: Aggrégation protoplasmique et contraction vacuolaire chez *Pinguicula vulgaris* L. Bull. Soc. bot. Genève **29**, 1—15.

MISSMAHL, H. P., 1964: Metachromasie durch gerichtete Zusammenlagerung von Farbstoffteilchen, erläutert am optischen Verhalten des Toluidinblau. Histochem. **3**, 396—412.

MIX, M., 1959: Zum Mechanismus der Sphärosomenfluoreszenz mit Oxazinen und anderen basischen Farbstoffen. Protoplasma **50**, 434—470.

MODER, A., 1932: Beiträge zur protoplasmatischen Anatomie des *Helodea*-Blattes. Protoplasma **16**, 1—55.

MÖLLENDORFF, W. v., 1915: Die Dispersität der Farbstoffe, ihre Beziehungen zu Ausscheidung und Speicherung in der Niere. Anat. Hefte **53**, 87—323.

— 1916: Die Speicherung saurer Farben im Tierkörper, ein physikalischer Vorgang. Kolloid-Z. **18**, 81—90.

— 1918 a: Die Bedeutung von sauren Kolloiden und Lipoiden für die vitale Farbstoffbindung in den Zellen. Arch. mikrosk. Anat. **90**, 503—542.

— 1918 b: Zur Morphologie der vitalen Granulafärbung. Arch. mikrosk. Anat. **90**, 463—502.

— 1920: Vitale Färbungen an tierischen Zellen. Ergebn. Physiol. **18**, 141—306.

— 1921: Methoden zu Studien über vitale Färbungen an Tierzellen. ABDERHALDEN, E., Hdb. biol. Arbeitsmeth. Abt. V, Teil 2, 97—152.

— 1926: Färbung, vitale. In R. KRAUSE: Enzyklopädie der mikroskopischen Technik. 3. Aufl., Bd. I, 697—721. Urban & Schwarzenberg, Berlin und Wien.

— 1936: Experimentelle Vakuolenbildung in Fibrozyten der Gewebekultur und deren Färbung durch Neutralrot. Z. Zellforsch., mikr. Anat. **23**, 746—760.

— und M. MÖLLENDORFF, 1924: Durchtränkungs- und Niederschlagsfärbung als Haupterscheinungen bei der histologischen Färbung. Ergebn. Anat. **25**, 1—66.

— und T. TOMITA, 1926: Durchtränkungs- und Niederschlagsfärbung bei der Wirkung der Beizenfarbstoffe. Zugleich: Untersuchungen zur Theorie der Färbung fixierter Präparate, vierter Beitrag. Z. Zellforsch., mikr. Anat. **3**, 1—37.

MOHRMANN, B., und S. STRUGGER, 1942: Die fluoreszenzmikroskopische Unterscheidung lebender und toter Spirochäten (*Spirochaeta pallida*) mittels der Acridinorangefärbung. Dermat. Wschr. II, 669—673.

MOKRUSCHIN, S. G., 1928: Über die Diffusion von Methylenblau in Gelatinegallerten. Kolloid-Z. **44**, 32—38.

— und O. ESSIN, 1927: Über die Adsorption der basischen Farbstoffe durch Filterpapiere. Kolloid-Z. **41**, 104—105.

MOMMSEN, H., 1926: Über den Einfluß der Wasserstoffionenkonzentration auf die Diffusion von Farbstoffen in eine Gelatinegallerte. Biochem. Z. **168**, 77—87.

— 1928: Über elektrische Ladung von Zellen des menschlichen Blutes. Fol. haemat. **34**, zit. nach BOERNER-PATZELT 1932.

MOND, R., und F. HOFFMANN, 1928: Untersuchungen an künstlichen Membranen, die elektiv anionenpermeabel sind. Pflügers Arch. **220**, 194—202.

MONNÉ, L., 1935: Permeability of the nuclear membrane to vital stains. Proc. Soc. exper. Biol., Med. **32**, 1197—1199.

— 1938 a: Über polychrome Vitalfärbungen verschiedener Gastropodenzellen mit Pyroninen. Bull. intern. Acad. Polon. Sci., Cl. Sci. math. et nat. Sér. IB, 109—114.

— 1938 b: Vital staining experiments on *Amoeba proteus* and *A. dubia*. Bull. intern. Acad. Polon. Sci., Cl. Sci. math. et nat. Sér. IB, 221—239.

— 1938 c: Über Vitalfärbung tierischer Zellen mit Rhodaminen. Z. wiss. Mikrosk. **55**, 143—149.

— 1939: Polarisationsoptische Untersuchungen über den Golgi-Apparat und die Mitochondrien männlicher Geschlechtszellen einiger Pulmonaten-Arten. Protoplasma **32**, 184—192.

— 1942 a: Polarisationsoptische Analyse des Zytoplasmas der Spermatozyten von *Lithobius forficatus* L. Ark. Zool. **34 B**, Nr. 1, 1—7.

— 1942 b: Lipoidverteilung, Phasentrennung und Polarität der Zelle. Ark. Zool. **34 B**, Nr. 4, 1—8.

— 1942 c: Über die elektive Vitalfärbung des Vakuoms und der Mitochondrien sowie über die diffuse Vitalfärbung des gesamten Cytoplasmas. Arch. exper. Zellforsch. **24**, 373—393.

— and S. HÅRDE, 1953: Changes in the protoplasmic properties occuring upon stimulation and inhibition of the cellular activities. Ark. Zool., Andra Ser., **3**, 289—318.

MONSCHAU, M., 1930: Untersuchungen über das Kernwachstum bei Pflanzen. Protoplasma **9**, 536—575.

Mookerjee, S., M. Choudhury, and B. Ganguly, 1965: Toxicating effect of janus green B. Naturwiss. **52**, 22—23.

Moore, A. R., 1928: Photodynamic effects of eosin on the eggs of the sea urchin, *Strongylocentrotus purpuratus*. Arch. Sci. biol. **12**, 231—234.

Moore, B. G., and A. P. Harrison jr., 1965: Benzo [α] pyrene uptake by bacteria and yeast. J. Bact. **90**, 989—1000.

Morand, P., et J.-L. Gay, 1953: Sur l'inhibition de la cholinestérase sérique humaine par le bleu de crésyl brillant. C. R. Soc. biol. **147**, 1090—1091.

Moreau, F., 1916: Sur les phénomènes de métachromasie. Bull. Soc. bot. France **16**, 75—79.

Morgan, R. S., and D. G. Rhoads, 1965: Binding of acridine orange to yeast ribosomes. Biochim. Biophys. Acta **102**, 311—313.

Moricard, R., and S. Gothié, 1941: Recherches sur des phénomènes d'oxydoréduction interfaciale avec passage de substances à travers des interfaces. Essai de transposition cytologique. C. R. Soc. biol. **135**, 1185—1190.

Morita, J., 1937: On the vital staining of the cytoplasmic granules. Cytologia, Fujii-Festschr., 323—328.

Morita, Y., and R. Chambers, 1929: Permeability differences between nuclear and cytoplasmic surfaces in *Amoeba dubia*. Biol. Bull. **56**, 64—67.

Morthland, F. W., P. P. H. de Bruyn, and N. H. Smith, 1954: Spectrophotometric studies on the interaction of nucleic acids with aminoacridines and other basic dyes. Exp. Cell Res. **7**, 201—214.

Morton, T. H., 1935: The dyeing of cellulose with direct dyestuffs; the importance of the colloidal constitution of the dye solution and of the fine structure of the fibre. Transact. Faraday Soc. **31**, 262—284.

Mosebach, G., 1941: Untersuchungen über die tagesperiodische Bewegung der Blattgelenke von *Phaseolus*. Jb. wiss. Bot. **89**, 20—88.

Moser, L., 1942: Zellphysiologische Untersuchungen an *Cladophora fracta*. Österr. bot. Z. **91**, 131—167.

Mosso, A., 1888: Über die Anwendung des Methylgrüns zur Erkennung der chemischen Reaction und des Todes der Zellen. Virchows Arch. **113**, 397—409.

Mouravief, I., 1958: Fluorescence des sphérosomes et du cytoplasme dans les cellules végétales vivantes traitées par le bleu de naphtylène. Ann. Univ. Lyon, Sect. C, **10**, 87—98.

Mudd, St., A. F. Brodie, L. C. Winterscheid, P. E. Hartman, E. H. Beutner, and R. A. McLean, 1951: Further evidence of the existence of mitochondria in bacteria. J. Bact. **62**, 729—739.

— K. Takeya, and H. J. Henderson, 1956: Electron-scattering granules and reducing sites in mycobacteria. J. Bact. **72**, 767—783.

— L. C. Winterscheid, E. D. de Lamater, and H. J. Henderson, 1951: Evidence suggesting that the granules of mycobacteria are Mitochondria. J. Bact. **62**, 459—475.

Mühl, D., 1921: Beitrag zur Kenntnis der Morphologie und Physiologie der Mehlwurmgregarinen. Arch. Protistenkd. **43**, 361—414.

Mühldorf, A., 1930: Über die Gestalt und den Bau der Spermien von *Sphagnum*. Beih. bot. Cbl., Abt. I, **47**, 169—191.

Müller, D., 1949: Arbeitsteilung im Buchenholz. Physiol. Plant. **2**, 297—299.

Müller, K. O., and J. Munro, 1956: The affinity of potato virus Y infected potato tissues for dilute vital stains. Phytopath. Z. **28**, 70—82.

Müller, R., 1957: Fädige Mitochondrien bei Hefen. Naturwiss. **44**, 622.

Müller, W., 1951: Das Verhalten einiger Varianten eines *Penicillium*-Stammes unter dem Einfluß von Giften. Diplom-Arb., Universität Jena.

Müller-Stoll, W. R., und G. Lerch, 1957: Über Nachweis, Entstehung und Eigenschaften der Kallosebildungen in Pollenschläuchen. Flora **144**, 297—334.

Münch, E., 1930: Die Stoffbewegungen in der Pflanze. Gustav Fischer, Jena.

Muschik, M., 1953: Untersuchungen zum Problem der Aleuronkornbildung. Protoplasma **42**, 43—57.

Mussack, Al., 1933: Untersuchungen über *Cystopteris fragilis*. Beih. bot. Cbl., Abt. I, **51**, 204—254.

Nadson, G., 1895: Über den Bau des Cyanophyceenprotoplasten. Scripta Bot. **4**, St. Petersburg. (76 Seiten russ. mit dtsch. Résumé.)

Nagai, S., 1955 a: Sur la réduction du chlorure de triphényltétrazolium par les levures. C. R. Soc. biol. **149**, 2047—2050.

NAGAI, S., 1955 b: Comparative cytochemistry of normal and variant yeast cells with reference to particulate structures. J. Inst. Polytech. Osaka City Univers. Ser. D, **6**, 1—27.

— 1959: Induction of the respiration-deficient mutation in yeast by various synthetic dyes. Science **130**, 1188—1189.

— 1962 a: Production of respiration-deficient mutants of yeast by some quinone-imine dyes. Exp. Cell Res. **27**, 14—18.

— 1962 b: Victoria blue and night blue affecting the production of respiration-deficient mutants in yeast. Exp. Cell Res. **26**, 37—42.

— 1962 c: Interferences between some inducers of the respiration-deficient mutation in yeast. Exp. Cell Res. **27**, 19—24.

— 1962 d: Dual effect of neutral red in inducing respiration-deficient mutants in yeast. Exp. Cell Res. **27**, 599—600.

— 1963 a: Methylene blue and toluidine blue interfering with the production of respiration-deficient mutants in yeast by acriflavine. Exp. Cell Res. **29**, 82—85.

— 1963 b: Diagnostic color differentiation plates for hereditary respiration deficiency in yeast. J. Bact. **86**, 299—302.

— 1963 c: Spectrophotometry of yeast cells colored alive with acriflavine and other basic dyes. Exp. Cell Res. **31**, 275—280.

— 1963 d: Aerobiosis requirement of diagnostic color differentiation for respiration deficiency in yeast. J. Bact. **86**, 1135—1136.

— 1965 a: Variety of diagnostic dye mixtures for respiration deficiency in yeast. J. Bact. **89**, 897—898.

— 1965 b: Brom cresol green and brom phenol blue as indicators of respiration deficiency in yeast. Stain Technol. **40**, 147—150.

— and H. NAGAI, 1958: A new evidence for induction of respiration deficiency in yeast by acriflavine. Experientia **14**, 321—323.

— N. YANAGISHIMA, and H. NAGAI, 1961: Advances in the study of respiration-deficient (RD) mutation in yeast and other microorganisms. Bact. Rev. **25**, 404—426.

NAGAO, M., and T. SUGIMURA, 1965: Selective inhibition by acriflavine of cytochrome a and b synthesis in yeast undergoing aerobic adaptation. Biochim. Biophys. Acta **103**, 353—355.

NAGEOTTE, J., 1924: Sur la solubilité des colorants lipo-solubles dans l'albumine et dans les constituants morphologiques de la cellule. C. R. Soc. biol. **91**, 639—642.

NAKAMURA, H., 1965: Gene-controlled resistance to acriflavine and other basic dyes in *Escherichia coli*. J. Bact. **90**, 8—14.

NAKANISHI, K., 1901: Über den Bau der Bakterien. Cbl. Bakt., Abt. I, **30**, 97—110.

NAKATANI, M., 1961: Studies on histidine residues in hemeproteins related to their activities V. Photooxidation of catalase in the presence of methylene blue. J. Biochem. **49**, 98—102.

NAKAZAWA, S., 1952: Studies on the polarity of *Equisetum arvense* L. Bull. Yamagata Univ. nat. Sci. **2**, 125—152.

— 1953 a: Differential vital staining of the plasm in the eggs of *Coccophora* and *Sargassum*. Sci. Rep. Tôhoku Univ. 4. ser. **20**, 89—92.

— 1953 b: Polarity in the vital staining of some marine algae. Bull. Yamagata Univ. nat. Sci. **2**, 305—311.

— 1957 a: Developmental mechanics of Fucaceous Algae. II. Vital staining of centrifuged *Coccophora* eggs. Bot. Mag. **70**, 1—3.

— 1957 b: Developmental mechanics of Fucaceous algae. III. Differential permeability in *Fucus* eggs. Bot. Mag. **70**, 58—61.

— 1957 c: Developmental mechanics of Fucaceous algae. V. Differential distribution of lecithine on the surface of the egg protoplasm in *Coccophora* and *Sargassum*. Sci. Rep. Tôhoku Univ. 4. ser. **23**, 21—25.

— 1957 d: Vital staining and mechanical inversion of *Volvox*. Protoplasma **48**, 425—428.

— 1958: The rhizoid point as the basophilic center of *Equisetum* spores. Phyton (Buenos Aires) **10**, 1—6.

— 1959 a: TTC Reduction and neutral red demixing in *Polysiphonia* cells. Protoplasma **50**, 211—216.

— 1959 b: Polar vital staining and differential plasmoptysis of *Cladophora* cells. Phyton (Graz) **8**, 35—37.

— and S. KIMURA, 1964: Reduction of TTC and Janus green B in fern gametophytes in relation to polarity. Bot. Mag. **77**, 222—227.

Nakazawa, S., and T. Ootaki, 1962: A prepattern to the papilla differentiation in *Dryopteris* gametophyte. Phyton (Buenos Aires) **18**, 113—120.

— and A. Tsusaka, 1959 a: Spezial cytoplasm detectable in fern rhizoids. Naturwiss. **46**, 609—610.

— — 1959 b: Appearance of "metallophilic cytoplasm" as a prepattern to the differentiation of rhizoid in fern protonema. Cytologia **24**, 378—388.

Nassonov, D., 1930: Über den Einfluß der Oxydationsprozesse auf die Verteilung von Vitalfarbstoffen in der Zelle. Z. Zellforsch., mikr. Anat. **11**, 179—217.

— 1932 a: Über die Ursachen der reversiblen Gelatinierung des Zellkerns. Protoplasma **15**, 239—267.

— 1932 b: Vitalfärbung des Makronukleus aerober und anaerober Infusorien. Protoplasma **17**, 218—238.

Naylor, E. E., 1926: The hydrogen-ion concentration and the staining of sections of plant tissue. Amer. J. Bot· **13**, 265—275.

Neale, S. M., and W. A. Stringfellow, 1933: The absorption of dyestuffs by cellulose. Part. I. The kinetics of the absorption of sky blue FF on viscose sheet, in the presence of various amounts of sodium chloride. Transact. Faraday Soc. **29**, 1167—1180.

— — 1940: J. Soc. Dyers Col. **56**, 17, zit. nach Meyer und Mark 1927,

Nečas, O., 1959: Vitalbeobachtungen an Mitochondrien von Schimmelpilzen (*Rhizopus nigricans*). Naturwiss. **46**, 385.

Needham, J., and D. Needham, 1925: The hydrogen-ion concentration and the oxidation-reduction potential of the cell-interior; a micro-injection study. Proc. roy. Soc. London B. **98**, 259—286.

— — 1926 a: Observations sur le pH intérieure de la cellule. C. R. Soc. biol. **94**, 833—835.

— — 1926 b: The hydrogen-ion concentration and oxidation-reduction potential of the cell-interior before and after fertilization and cleavage; a micro-injection study on marine eggs. Proc. roy. Soc. London B. **99**, 173—199.

— — 1926 c: Further micro-injection studies of the oxidation-reduction potential of the cell-interior. Proc. roy. Soc. London B. **99**, 383—397.

— — 1926 d: The oxidation-reduction potential of protoplasm. — A review. Protoplasma **1**, 255—294.

Németh, L., und P. Kallós, 1928: Über die Vitalfärbung der Erythrozyten. Protoplasma **3**, 11—16.

Nerenberg, C., and R. Fischer, 1963: Purification of thionin, azure A, azure B and methylene blue. Stain Technol. **38**, 75—84.

Nestler, A., 1899: Die Blasenzellen von *Antithamnium plumula* (Ellis) Thur. und *Antithamnium cruciatum* (Ag.) Näg. Wiss. Meeresunters. N. F. **3**, Abt. Helgoland 1—10.

Neubert, H., 1924: Über Doppelbrechung und Dichroismus gefärbter Gele. Kolloidchem. Beih. **20**, 244—272.

Neukirchen, J., 1930: Über die Beeinflussung des tropistischen Reizverhaltens von Gramineenkoleoptilen durch chemische Vorbehandlung des Saatgutes. Planta **12**, 505—531.

Neuschloss, S. M., 1920: Die Festigkeit der Protozoen gegen Farbstoffe. Pflügers Arch. **178**, 61—68.

Nickel, L. G., 1950/51: Effect of certain dyes on the growth in vitro of virus tumor tissue from *Rumex acetosa*. Bot. Gaz. **112**, 290—293.

Nickerson, W. J., and J. R. Merkel, 1953: A light activation phenomenon in the enzymatic and nonenzymatic reduction of tetrazolium salts. Proc. Nat. Acad. Sci., U.S.A. **39**, 901—905.

Niethammer, A., 1925: Über die Wirkung von Photokatalysatoren auf das Frühtreiben ruhender Knospen und auf die Samenkeimung. Biochem. Z. **158**, 278—305.

— 1927: Der Einfluß von Reizchemikalien auf die Samenkeimung. Jb. wiss. Bot. **66**, 285—300.

— 1939: Der Wert substantiver Farbstoffe bei der Charakteristik von Früchten und Samen, unter gleichzeitigem Hinweis auf deren natürliche Pilzflora. Biol. gen. **14**, 552—570.

Nilsson, R., 1943: Über die Organisierung der biochemischen Wirkstoffe in der Zelle. Naturwiss. **31**, 25—35.

Nirenstein, E., 1920: Über das Wesen der Vitalfärbung. Pflügers Arch. **179**, 233—337.

Nishibe, M., 1928: The oxidase reaction in bacteria. Sci. Rep. Govern. Inst. Inf. Diseases, Tokyo **5**, 185—208.

NISTLER, A., 1929: Dispersoidanalyse mittels eines neuen Diffusionsapparates. Kolloidchem. Beih. **28**, 296—313.
— 1930: Dispersitätsuntersuchungen an Farbstoffen. Kolloidchem. Beih. **31**, 1—58.
— 1931: Über die Bedeutung der Dispersoidanalyse und eine Neukonstruktion des Diffusions-Mikroskopes. Protoplasma **13**, 517—545.
NOACK, K., 1920: Untersuchungen über lichtkatalytische Vorgänge von physiologischer Bedeutung. Z. Bot. **12**, 273—347.
— 1925: Photochemische Wirkungen des Chlorophylls und ihre Bedeutung für die Kohlensäureassimilation. Z. Bot. **17**, 481—548.
NOLD, R. H., 1934: Die Funktion der Blase von *Utricularia vulgaris*. Beih. bot. Cbl. Abt. A, **52**, 415—448.
NOLTE, A., 1947: Untersuchungen über basophile Plasmastrukturen. Z. Naturforsch. **2 b**, 295—300.
NOMURA, S., 1934: Studies on the physiology of ciliary movement. II. Intracellular oxidation-reduction potential limiting the ciliary movement. Protoplasma **20**, 85—89.
NORD, F. F., und J. WEICHHERZ, 1930: Nachweis der durch Acetylen bewirkten Permeabilitätserhöhung bei der Gerste. 9. Mitteilung zum Mechanismus der Enzymwirkung. Protoplasma **11**, 440—446.
NORDMEYER, N., 1947/48: Eine neue Methode zur Bestimmung des isoelektrischen Punktes von Bakterien. Cbl. Bakt., Abt. I, Orig. **152**, 54—55.
NORRIS, D., 1953: Reconstitution of virus X-saturated potato varieties with malachite green. Nature **172**, 816.
NORTHROP, J. H., and M. L. ANSON, 1929: A method for the determination of diffusion constants and the calculation of the radius and weight of the hemoglobin molecule. J. gen Physiol. **12**, 543—554.
NUTI-RONCHI, V., 1961: Nuovi dati sull'attività mutagena dell'acrancio di acridina in *Allium cepa* L. Caryologia **14**, 193—203.
— and F. D'AMATO, 1961: New data on chromosome breakage by acridine orange in the *Allium* test. Caryologia **14**, 163—165.

O'BRIEN, T. P., N. FEDER, and M. E. McCULLY, 1964: Polychromatic staining of plant cell walls by toluidine blue O. Protoplasma **59**, 368—373.
OESTERLIN, E., 1925: Über den Einfluß verschiedener Farbstoffe auf das Bakterienwachstum. Cbl. Bakt., Abt. I, **94**, 313—320.
OGUR, M., R. ST. JOHN, and S. NAGAI, 1957: Tetrazolium overlay technique for population studies of respiration deficiency in yeast. Science **125**, 928—929.
OHTA, R., 1927: Das Verhalten der Farbstoffe gegen Blut und Organbrei. Gastroenterology **2** (Japanisch; deutsch in MATSUO, I., 1934, 113—122).
OKADA, Y. K., 1930: Transplantationsversuche an Protozoen. Arch. Protistenkd. **69**, 39—94.
OKUNEFF, N., 1927 a: Über die Oberflächenaktivität des Farbstoffs Trypanblau an verschiedenen Grenzflächen. Biochem. Z. **187**, 37—50.
— 1927 b: Zur Deutung einiger Erscheinungen der sogenannten physiologischen Permeabilität. Hefte Lab. exper. Zool. Morph. Akad. Wiss. U.S.S.R. **1**, 1—60.
— 1928 a: Spektrophotometrische Studien über die beiden Komponenten des Farbstoffs Trypanblau. Zugleich ein Beitrag zur Adsorptionstheorie der Vitalfärbung. Biochem. Z. **193**, 70—84.
— 1928 b: Zur Frage nach der Bedeutung der Lipoidstoffe in der Zellpermeabilität. Biochem. Z. **198**, 296—310.
OLSON, R. A., and H. G. DU BUY, 1940: Factors influencing the protoplasmic streaming in the oat coleoptile. Amer. J. Bot. **27**, 392—401.
OLSZEWSKA, M. J., et B. GABARA, 1964: Recherches cytochimiques sur la présence de certaines hydrolases au cours de la cytocinèse chez les plantes supérieures. Protoplasma **59**, 163—179.
ONKEN, A., 1923: Kritisches und Experimentelles zur Frage nach der ernährungsphysiologischen Leistung des Milchsaftes. Bot. Arch. **3**, 262—272.
ONO, H., and Y. KONAGAMITSU, 1956: The formation of starch in the isolated chloroplasts II. Bot. Mag. **69**, 202—206. (Japanisch mit engl. Zusammenfassung.)
OPFERKUCH, W., und D. RICKEN, 1959: Die Fluorochromierung von *Pneumocystis carinii*. Virchows Arch. **332**, 132—136.
OPPENHEIMER, H. R., und B. LESHEM, 1966: Critical thresholds of dehydration in leaves of *Nerium oleander* L. Protoplasma **61**, 302—321.
ORBAN, G., 1919: Untersuchungen über die Sexualität von *Phycomyces nitens*. Beih. bot. Cbl. **36**, 1—59.

Orgel, A., and S. Brenner, 1961: Mutagenesis of bacteriophage T 4 by acridines. J. molecul. Biol. **3**, 762—768.

Orgell, W. H., 1957: Sorptive properties of plant cuticle. Proc. Iowa Acad. Sci. **64**, 189—198.

Orzechowski, G., 1930: Über die Harnbildung in der Froschniere. XX. Über den Mechanismus der Ausscheidung von Säurefarbstoffen. Pflügers Arch. **225**, 104—117.

Osborne, S. G., 1857: Vegetable cell-structure and its formation as seen in the early stages of the growth of the wheat plant. Trans. Microsc. Soc. **5**, 104—122.

Oster, G., 1951 a: Fluorescence de l'auramine 0 en présence d'acide nucléique. C. R. Acad. Sci. **232**, 1708—1710.

— 1951 b: Fluorescence quenching by nucleic acids. Transact. Faraday Soc. **47**, 660—666.

— 1952: Spectral studies of polyvinylpyrrolidone (PVP). J. Polymer Sci. **9**, 553—556.

— 1955: Dye binding to high polymers. J. Polymer Sci. **16**, 235—244.

— and H. Grimsson, 1949: The interaction of tobacco mosaic virus and of its degradation products with dyes. Arch. Biochem. **24**, 119—128.

Osterhout, W. J. V., 1933: Permeability in large plant cells and in models. Ergebn. Physiol. **35**, 967—1021.

— 1949: Movements of water in cells of *Nitella*. J. gen. Physiol. **32**, 553—557.

Ostertag, W., and W. Kersten, 1965: The action of proflavin and actinomycin D in causing chromatid breakage in human cells. Exp. Cell Res. **39**, 296—301.

Ostwald, Wo., 1911: Über Farbe und Dispersitätsgrad kolloider Lösungen. Kolloidchem. Beih. **2**, 409—485.

— 1912: Kolloidchemie der Indikatoren. Kolloid-Z. **10**, 97—104 und 132—146.

— 1919: Kolloidchemische Studien am Kongorubin. Kolloidchem. Beih. **10**, 179—288.

— 1933: The raising of the solubility of dyestuffs by neutral salts. Transact. Faraday Soc. **29**, 347—355.

— und A. Quast, 1929 a und 1929 b: Über die Änderungen physikalisch-chemischer Eigenschaften im Übergangsgebiet zwischen kolloiden und molekulardispersen Systemen I. und II. Kolloid-Z. **48**, 83—95 und 156—164.

— — 1930: Über die Änderungen physikalisch-chemischer Eigenschaften im Übergangsgebiet zwischen kolloiden und molekulardispersen Systemen III. Kolloid-Z. **51**, 361—370.

— und H. Rudolph, 1930: Beiträge zur Kenntnis kolloidchemischer Farbänderungen bei organischen Farbstoffen. Kolloidchem. Beih. **30**, 416—473.

Overbeck, G., 1957: Zellphysiologische Studien an *Bryophyllum* im Zusammenhang mit dem täglichen Säurewechsel. Protoplasma **48**, 241—260.

Overbeck, H. J., 1952/53: Versuche zur Mutationsauslösung durch Trypaflavin an *Lepidium sativum* und *Arabidopsis thaliana* (1. Mitt.). Wiss. Z. Univ. Greifswald 2, math.-nat. R., 327—344.

Overton, E., 1890: Beiträge zur Histologie und Physiologie der Characeen. Bot. Cbl. **44**, 1—10, 33—38.

— 1895: Über die osmotischen Eigenschaften der lebenden Pflanzen- und Tierzelle. Vierteljahresschr. naturforsch. Ges. Zürich **40**, 159—201.

— 1899: Über die allgemeinen osmotischen Eigenschaften der Zelle, ihre vermutlichen Ursachen und ihre Bedeutung für die Physiologie. Vierteljahresschr. naturforsch. Ges. Zürich **44**, 88—135.

— 1900: Studien über die Aufnahme der Anilinfarben durch die lebende Zelle. Jb. wiss. Bot. **34**, 669—701.

Packard, Ch., 1925: The effect of light on the permeability of *Paramaecium*. J. gen. Physiol. **7**, 363—372.

Pal, M. K., 1965: Effects of differently hydrophobic solvents on the aggregation of cationic dyes as measured by quenching of fluorescence and/or metachromasia of the dyes. Histochem. **5**, 24—31.

Palczewska, I., 1965: Über die Lokalisierung der Thiaminpyrophosphatase in den Hyphen von *Achlya sp*. Acta Soc. Bot. Polon. **34**, 753—756.

Palla, E., 1893: Beiträge zur Kenntnis des Baues des Cyanophyceenprotoplastes. Jb. wiss. Bot. **25**, 511—562.

Palladin, W., 1908: Das Blut der Pflanzen. Ber. dtsch. bot. Ges. **26 a**, 125—132.

— 1911: Über die Wirkung von Methylenblau auf die Atmung und alkoholische Gärung lebender und abgetöteter Pflanzen. (Zur Kenntnis der intrazellularen Bewegung des Wasserstoffs.) Ber. dtsch. bot. Ges. **29**, 472—476.

PALLADIN, W., E. HÜBBENET und M. KORSAKOW, 1911: Über die Wirkung von Methylenblau auf die Atmung und die alkoholische Gärung lebender und abgetöteter Pflanzen. Biochem. Z. 35, 1—17.

PALMQUIST, E. M., 1938 a: The simultaneous movement of carbohydrates and fluorescein in opposite directions in the phloem. Amer. J. Bot. 25, 97—105.

— 1938 b: The path of fluorescein movement in the red kidney bean, *Phaseolus vulgaris* L. Amer. J. Bot. 25, (10) Suppl. 15 s—16 s.

— 1939: The path of fluorescein movement in the kidney bean, *Phaseolus vulgaris*. Amer. J. Bot. 26, 665—667.

PALTAUF, A., 1928: Die Lebendfärbung von Zellkernen. S. B. Akad. Wiss. Wien, math.-nat. Kl., Abt. I, 137, 691—716.

PANDIT, C. G., and R. CHAMBERS, 1932: Intracellular hydrion concentration studies. IX. The pH of the egg of the sea-urchin, *Arbacia punctulata*. J. cellul. comp. Physiol. 2, 243—249.

PANTIN, C. F. A., 1923: The determination of pH of microscopic bodies. Nature 111, 81.

PAOLILLO, D. J., jr., 1964 a: Acridine orange fluorescence in shoot tips of *Ephedra*. Acta histochem. 18, 276—282.

— 1964 b: On the selectivity of certain pyronins for ribonucleic acid in shoot tips of *Ephedra*. Acta histochem. 18, 283—294.

PAPPENHEIM, A., 1899: Vergleichende Untersuchungen über die elementare Zusammensetzung des rothen Knochenmarks einiger Säugethiere. Virchows Arch. 157, 19—76.

— 1906 und 1910: Allgemeine Leukocytologie der Entzündung. Theoretische Vorbemerkungen. Fol. haemat. 3, 564—569 und 9, 642—643.

PARAT, M., 1928: Contribution à l'étude morphologique et physiologique du cytoplasme ; chondriome, vacuome (appareil de Golgi), enclaves, etc. ; pH, oxydases, peroxydases, rH de la cellule animale. Arch. Anat. micr. 24, 73—357.

PARK, D., und P. M. ROBINSON, 1966: Internal pressure of hyphal tips of fungi, and its significance in morphogenesis. Ann. Bot. N. S. 30, 425—439.

PARKER, B. C., 1964: Chemical nature of sieve tube callus in *Macrocystis*. Phycologia 4, 27—42.

PARKER, J., 1952: Desiccation in conifer leaves: anatomical changes and determination of the lethal level. Bot. Gaz. 114, 189—198.

— 1953: Some applications and limitations of tetrazolium chloride. Science 118, 77—79.

— 1960: Seasonal changes in the physical nature of the bark phloem parenchyma cells of *Pinus strobus*. Protoplasma 52, 223—229.

— and R. G. BOWMER, 1956: Independent movement of fluorescein and P^{32} in the phloem of the cotton and bean plant. Plant Physiol. 31, Suppl. XVI.

PASQUINI, D., 1937: Aspetti della penetrazione di alcuni coloranti in *Vicia Faba*. Atti Soc. Nat. Mat., Modena 68, 65—70.

PATEL, G. M., 1951: Optical investigations on oxycelluloses. Makromol. Chem. 7, 12—45.

PATON, A. M., and J. C. AYRES, 1964: Use of a fluorescent brightener for tracing the passage of *Salmonella* in eggs. Nature 204, 803—804.

PATRICK, W. A., 1914: Die Beziehung zwischen Oberflächenspannung und Adsorption. Z. physik. Chem. 86, 545—563.

PATTERSON, E. K., 1941: The photodynamic action of neutral red on root tips of barley seedlings. Part I. The effect on frequency of cell division. Amer. J. Bot. 28, 628—638.

— 1942: The photodynamic action of neutral red on root tips of barley seedlings. II. Abnormalities of cells and tissue. Amer. J. Bot. 29, 109—121.

PAULI, Wo., und E. WEISS, 1928: Zur allgemeinen Chemie der Kolloid-Kolloidreaktionen. I. Versuche mit Farbstoffsolen und Eiweißkörpern. Biochem. Z. 203, 103—141.

PECKSIEDER, M. E., 1950: Zur Frage der Farbionenpermeabilität des Protoplasmas. Biol. gen. 19, 224—235.

PEKAREK, J., 1929 a: Die Vitalfärbung als allgemeine botanische Untersuchungsmethode. Kolloidchem. Beih. 28, 280—285.

— 1929 b: Vitalfärbung von Nektarien. Kolloidchem. Beih. 28, 353—366.

— 1930: Absolute Viskositätsmessung mit Hilfe der Brownschen Molekularbewegung. II. Viskositätsbestimmung des Zellsaftes der Epidermiszellen von *Allium cepa* und des Amoeben-Protoplasmas. Protoplasma 11, 19—48.

— 1934: Über die Aziditätsverhältnisse in den Epidermis- und Schließzellen bei *Rumex acetosa* im Licht und im Dunkeln. Planta 21, 419—446.

PEKAREK, J., 1936: Bemerkungen zur Schließzellen-Permeabilität offener und geschlossener Spaltöffnungen. Beih. bot. Cbl., Abt. I, **55**, 303—310.

— 1938: Über die Wirkung von Nitraten auf die Färbung pflanzlicher Zellmembranen und Zellsäfte mit Azur I. Protoplasma **30**, 161—185.

PELET, D., et V. GARUTI, 1907: Dosage volumétrique des matières colorantes. I. Dosage des matières colorantes basiques au moyen des matières colorantes acides. Bull. Soc. Vaud. sci. nat. **43**, 1—29.

PELET-JOLIVET, L., 1909: Über den kapillaren Aufstieg der Farbstoffe. Kolloid-Z. **5**, 238—243.

— 1910: Zur Theorie des Färbeprozesses. Th. Steinkopff, Dresden.

— und CH. JESS, 1908: Über den kapillaren Aufstieg von Farblösungen. Kolloid-Z. **3**, 275—280.

— und A. WILD, 1908: Untersuchungen über die Farbstoffe in Lösung. Kolloid-Z. **3**, 174—177.

PELLING, C., 1964: Ribonukleinsäure-Synthese der Riesenchromosomen. Autoradiographische Untersuchungen an *Chironomus tentans*. Chromosoma **15**, 71—122.

PERNER, E. S., 1950 a: Die intravitale Aufnahme und Speicherung sulfosaurer Fluorochrome durch die obere Zwiebelschuppenepidermis von *Allium cepa*. Protoplasma **39**, 180—205.

— 1950 b: Die intravitale Fluorochromierung junger Blätter von *Helodea densa*. Protoplasma **39**, 400—422.

— 1952 a: Die Vitalfärbung mit Berberinsulfat und ihre physiologische Wirkung auf Zellen höherer Pflanzen. Ber. dtsch. bot. Ges. **65**, 52—59.

— 1952 b: Über die Veränderungen der Struktur und des Chemismus der Zelleinschlüsse bei der Homogenisation lebender Gewebe. Ber. dtsch. bot. Ges. **65**, 235—238.

— 1952 c: Zellphysiologische und zytologische Untersuchungen über den Nachweis und die Lokalisation der Cytochrom-Oxydase in *Allium*-Epidermiszellen. Biol. Zbl. **71**, 43—69.

— 1953: Die Sphärosomen (Mikrosomen) pflanzlicher Zellen. (Sammelreferat.) Protoplasma **42**, 457—481.

— 1957: Die Methoden der Fluoreszenzmikroskopie. In H. FREUND, Hdb. Mikroskopie in der Technik **1**, T. 1, 357—431. Umschau-Verlag, Frankfurt a. M.

— 1958: Die Sphärosomen der Pflanzenzelle. Protoplasmatologia, Hdb. d. Protoplasmaforsch. III/A/2. Springer, Wien.

— und G. PFEFFERKORN, 1953: Pflanzliche Chondriosomen im Licht- und Elektronenmikroskop unter Berücksichtigung ihrer morphologischen Veränderungen bei der Isolierung. Flora **140**, 98—129.

PÉTERFI, T., 1928: Ein Beitrag zur Methode der pH-Bestimmung in Zellen und Geweben. Z. wiss. Mikrosk. **45**, 56—59.

PFEFFER, W., 1886: Über Aufnahme von Anilinfarben in lebende Zellen. Untersuch. Bot. Inst. Tübingen **2**, 179—329.

— 1897: Pflanzenphysiologie. 2. Aufl. Bd. 1. Wilhelm Engelmann, Leipzig.

PFEIFFER, H., 1925: Eine Methode zur kolorimetrischen Bestimmung der Wasserstoffionenkonzentration in pflanzlichen Gewebeschnitten ohne Anwendung von Moderatoren. Z. wiss. Mikrosk. **42**, 396—414.

— 1927 a: Der gegenwärtige Stand der kolorimetrischen Azidimetrie in der Gewebephysiologie. (Sammelreferat.) Protoplasma **1**, 434—465.

— 1927 b: Über die Mitwirkung elektrokapillarer Effekte bei der Vitalfärbung pflanzlicher und tierischer Protoplasten. Biol. Zbl. **46**, 201—210.

— 1927 c: Beiträge zur Physiko-chemischen Analyse des Turgormechanismus in pflanzlichen Trennungszellen. Protoplasma **2**, 206—238.

— 1928: Über Methoden zum Studium der Verkieselungsprozesse innerhalb lebender pflanzlicher Zellen. Arch. exper. Zellforsch. **6**, 418—433.

— 1929: Experimentelle und theoretische Untersuchungen über die Entdifferenzierung und Teilung pflanzlicher Dauerzellen. I. Der isoelektrische Punkt (IEP) und die aktuelle Azidität von meristematisierten Zellen. Protoplasma **6**, 377—428.

— 1930 a: Über den Mechanismus der Abscheidung von SiO_2-Gallerten in Pflanzenzellen. Protoplasma **9**, 120—127.

— 1930 b: Über einige Experimente mit Indicatoren und anderen Farbstoffen an Plasmatropfen und nackten Protoplasten aus reifen Beeren von *Solanum nigrum*. Cytologia **2**, 67—76.

— 1930 c: Über die Aufgaben und Grenzen elektroanalytischer Färbungsversuche intra vitam. (Sammelreferat.) Protoplasma **8**, 261—290.

PFEIFFER, H., 1930 d: Experimentelle und theoretische Untersuchungen über die Entdifferenzierung und Teilung pflanzlicher Dauerzellen. II. Verschieden gerichtete Permeabilitätsveränderungen während der Abgliederung kernloser Zellen aus Dauerelementen des Blattes von *Helodea densa* Casp. Protoplasma 10, 253—288.
— 1931: Über die Verschiebung des isoelektrischen Punktes mittels Formaldehyd. Z. wiss. Mikrosk. 48, 88—91.
— 1940: Experimentelle Cytologie. Chronica Botanica Comp., Leiden.
— 1963: Cytotopochemische Beiträge zum Lipidvorkommen in Vakuolen. Protoplasma 57, 636—642.
PFENNIGER, L., und A. FREY-WYSSLING, 1939: Über die Wegsamkeit des Intermicellarsystems sekundärer Zellwände. Protoplasma 33, 371—378.
PFOSER, K., 1959: Vergleichende Versuche über Verholzungsreaktionen und Fluoreszenz. S. B. Österr. Akad. Wiss., math.-nat. Kl., Abt. I, 168, 523—539.
PICK, J., 1935: Einige Vitalfärbungen am Frosch mit neuen fluoreszierenden Farbstoffen. Z. wiss. Mikrosk. 51, 338—351.
PIEPHO, H., 1938: Über Oxydation-Reduktionsvorgänge im Amphibienkeim. Biol. Zbl. 58, 90—117.
PIESCHEL, E., 1924: Transpiration und Wasserversorgung der Hymenomyceten. Bot. Arch. 8, 64—104.
PIETZ, J., 1938: Beitrag zur Physiologie des Wurzelknöllchenbakteriums. Cbl. Bakt., Abt. II, 99, 1—32.
PILZ, CH., 1959: Kritische Untersuchungen zur „Range-indicator"-Methode nach SMALL. Flora 147, 317—357.
PINCUSSEN, L., 1930: Photobiologie; Grundlagen, Ergebnisse, Ausblicke. Georg Thieme, Leipzig.
— und Y. KAMBAYASHI, 1928: Fermente und Licht. XIII. Die Wirkung des Lichtes auf Takadiastase bei Zusatz von Sensibilisatoren. Biochem. Z. 203, 334—342.
PIRSON, A., und F. ALBERTS, 1940: Über die Assimilation von *Helodea*blättchen nach Vitalfärbung mit Rhodamin B. Protoplasma 35, 131—136.
PISCHINGER, A., 1926: Die Lage des isoelektrischen Punktes histologischer Elemente als Ursache ihrer verschiedenen Färbbarkeit. Z. Zellforsch., mikr. Anat. 3, 169—197.
— 1927: Diffusibilität und Dispersität von Farbstoffen und ihre Beziehung zur Färbung bei verschiedenen H·-Ionen-Konzentrationen. Z. Zellforsch., mikr. Anat. 5, 347—385.
PISKERNIK, A., 1921: Über die Einwirkung fluorescierender Farbstoffe auf die Keimung der Samen. S. B. Akad. Wiss. Wien, math.-nat. Kl., Abt. I, 130, 189—214.
PLANTEFOL, L., 1932: Sur le pouvoir de concentration du cytoplasme: formation de cristaux par des grains de pollen, à partir du rouge neutre. C. R. Acad. Sci. 195, 264—266.
— 1933: Sur une activité physiologique de quelques pollens. Cristaux de rouge neutre et vacuome du grain de pollen. Ann. Sci. Nat. Bot. X, 15, 261—301.
PLATO, H., und H. GUTH, 1901: Über den Nachweis feinerer Wachstumsvorgänge in Trichophyten und anderen Fadenpilzen mittels Neutralrot. Z. Hyg. Infektkr. 38, 319—331.
PLOWE, J. A., 1931: Membranes in the plant cell. II. Localization of differential permeability in the plant protoplast. Protoplasma 12, 221—240.
PLUNKETT, B. E., 1958: Translocation and pileus formation in *Polyporus brumalis*. Ann. Bot. N. S. 22, 237—249.
POGLAZOVA, M. N., 1964: Luminescent microscopic study of the structure of Actinomycetes. Mikrobiologiya 33, 459—462.
POHL, R., 1954: Die fluoreszenz-mikroskopische Analyse des Wasserweges in der *Avena*-Koleoptile. Z. Bot. 42, 63—72.
POIJÄRVI, L. A. P., 1928: Über die Basenpermeabilität pflanzlicher Zellen. Acta Bot. Fennica 4, 1—102.
POISSON, R., et G. MANGENOT, 1933: Sur une Vampyrelle s'attaquant aux Clostéries. C. R. Soc. biol. 113, 1149—1153.
POLITIS, J., 1950: Origine des vacuoles spécialisées. Proc. 7. intern. Bot. Congr. Stockholm.
— 1954: Sur la presence et l'origine des vacuoles spécialisées dans les radicules de certaines plantes. 8. intern. Bot. Congress Paris.
— 1957: Über die Tanninoplasten oder Gerbstoffbildner der Rosaceen. Protoplasma 48, 261—268.
POLITZER, G., 1924 a: Über die Giftwirkung des Neutralrots. Biochem. Z. 151, 43—47.
— 1924 b: Versuche über den Einfluß des Neutralrots auf die Zellteilung. Z. Zellenlehre 1, 644—670.

Politzer, G., 1924/25: Histologische Untersuchungen über die Giftwirkung der sogenannten Vitalfarbstoffe. Verh. zool. bot. Ges. Wien, **74/75**, 288—291.

Poljakoff-Mayber, A., 1958: The effect of eosin on germination of lettuce seeds. Bull. Res. Counc. Israel, Sect. D, **6**, 82—85.

Pollack, H., 1928: Intracellular hydrion concentration studies. III. The buffer action of the cytoplasm of *Amoeba dubia* and its use in measuring the pH. Biol. Bull. **55**, 383—385.

Pollister, A. W., and C. Leuchtenberger, 1949: The nature of the specifity of methyl green for chromatin. Proc. Nat. Acad. Sci., U.S.A. **35**, 111—116.

Pontieri, G., e S. Schiano, 1957: Osservazioni sui granuli citoplasmatici delle forme normali e filamentose di *B. megatherium*. Atti Accad. naz. Lincei, Ser. 8, **23**, 143 bis 153.

Pop, E., 1959: Colorations vitales chez les Potamogétonacées. Acad. Rep. pop. Romîne, Omagiu lui Traian Savulescu cu prilejul impl. a **70** de ani 617—631. (Rumänisch mit franz. Zusammenfassung.)

— et V. Soran, 1960: Observations sur la coloration vital des cellules de l'épiderme supérieure des bulbes de *Galanthus nivalis*. Stud. Cercet. Biol., Ser Biol. veg. **12**, 373—401. (Rumänisch mit franz. Zusammenfassung.)

— — 1961: Über die Vitalfärbung der oberen Epidermiszellen von *Galanthus nivalis*-Zwiebeln. Rev. Biol. **6**, 5—31.

— — 1962: Untersuchungen über die in den Zellen nach einer Vitalfärbung zu beobachtenden Körperchen und über die Bedeutung von Vakuolensubstanzen für deren Entstehung. Flora **152**, 91—112.

— — 1963: Über die Wirkung von Plasmolyse und Deplasmolyse auf Entmischungskörperchen vitalgefärbter Pflanzenzellen. Protoplasma **56**, 420—432.

— — und D. Cosma, 1961: Quelques données relatives à l'évolution de la capacité d'absorption des cotylédons. Stud. Cercet. Biol. (Cluj) **12**, 61—72. (Rumänisch mit franz. Zusammenfassung.)

Popesco, St., 1926: Recherches sur la région absorbante de la racine. Bull. Agric. Bukarest **4**, Nr. 10—12.

Popoff, M., 1925: Zellstimulantien und ihre theoretische Begründung. Zellstim. Forsch. **1**, 27—28.

Popovici, H., 1926: Nouvelle méthode de coloration du noyau par le vert janus. C. R. Soc. biol. **94**, 991—992.

Porro, T. J., S. P. Dadik, M. Green, and H. T. Morse, 1963: Fluorescence and absorption spectra of biological dyes. Stain Technol. **38**, 37—48.

— and H. Morse, 1965: Fluorescence and absorption spectra of biological dyes (II). Stain, Technol. **40**, 173—176.

Porzer, W., 1952: Vitalfärbungsstudien an Lebermoosen. I. Phyton (Graz) **4**, 203—214.

— 1953: Vitalfärbungsstudien an Lebermoosen. II. Phyton (Graz) **4**, 263—274.

Potapov, N. G., und M. Dévay, 1954: IEP der Wurzelgewebe der Leguminosen und Nicht-Leguminosen. Ann. biol. Univ. Hungar. **2**, 47—50.

Prakash, Sa., and Sh. Prakash, 1961: Inhibition of ultrasonic decolorization of rhodamine B in presence of organic substances. Nature **191**, 1292.

Prát, S., 1922: Plasmolyse und Permeabilität. Biochem. Z. **128**, 557—567.

— 1925 a: Beitrag zur Kenntnis der Organisation der Cyanophyceenzelle. Arch. Protistenkd. **52**, 142—165.

— 1925 b: Weiteres über Plasmolyse und Permeabilität. Ve. Král. Čes. Spol. Nauk. Tr. 2, Roc. (Ref. in Z. wiss. Mikrosk. **44**, 94, 1927).

— 1927: Antagonistic salt action in relation to the swelling and dyeing of powdered agar. Amer. J. Bot. **14**, 167—186.

— 1931 a: The vital staining of cell walls. Protoplasma **12**, 394—396.

— 1931 b: Über Vitalfärbung der Meeres-Cyanophyceen. Protoplasma **12**, 397—398.

— 1931 c: Kristalline Farbstoffspeicherung bei Vitalfärbung. Protoplasma **12**, 399—401.

— 1931 d: Über Vitalfärbung der Meeresalgen. Protoplasma **13**, 397—404.

— 1932: The polarity of the vacuole. Protoplasma **15**, 612—615.

Prescher, W., 1932: Über die photodynamische Wirkung des Eosins auf die Wurzelspitzen von *Vicia Faba*. Planta **17**, 461—488.

Prescott, D. M., 1953: Relation between dye uptake and cytoplasmic streaming in *Amoeba proteus*. Nature **172**, 593.

Preuner, R., und J. v. Prittwitz u. Gaffron, 1952: Über den Nachweis von Reduktionsorten in Bazillen und Bakterien und ihren Zusammenhang mit den sogenannten Nukleoiden. Naturwiss. **39**, 128—131.

PRÉVOT, A. R., et C. REINERT, 1942: Emploi de la safranine, du rouge neutre et de la phénosafranine pour l'étude du pouvoir oxydo-réducteur propre des bactéries anaérobies. C. R. Soc. biol. **136**, 288—289.

PRINGSHEIM, P., 1949: Fluorescence and phosphorescence. Intersc. Publ. INC., New York-London.

— und M. VOGEL, 1951: Lumineszenz von Flüssigkeiten und festen Körpern. Verlag Chemie, Weinheim/Bergstr.

PRINZ, F., 1958 a: Über den Nachweis von Fettstoffen im Gewebe mit Nilblausulfat. Virchows Arch. **331**, 558—561.

— 1958 b: Über den gestaltlichen Abbau großer Fetttropfen in Leberzellen. Virchows Arch. **331**, 616—622.

PROCA, G., 1909: Sur une coloration différentielle des bactéries mortes. C. R. Soc. biol. **67**, 148—149.

— et P. DANILA, 1909: Sur une coloration différentielle des spores tuées. C. R. Soc. biol. **67**, 307—309.

PROCK, W., 1942: Untersuchung über die titrimetrische Bestimmung von Vitamin C mittels 2,6-Dichlorphenolindophenol. Vitam. Horm. **2**, 237—246.

PROTIVA, J., R. PRAUS, and J. DYR, 1959: The photodynamic effect in the yeast *Saccharomyces cerevisiae* sensitized with methylene blue in the presence of various substrates. Folia Microbiol. **4**, 190—195.

PROWAZEK, S. v., 1898: Vitalfärbungen mit Neutralrot an Protozoen. Z. wiss. Zool. **63**, 187—194.

— 1900: *Synedra hyalina*, eine apochlorotische Bacillarie. Österr. bot. Z. **50**, 69—73.

— 1907: Zur Regeneration der Algen. Biol. Cbl. **27**, 737—747.

— 1909: Studien zur Biologie der Zellen. 2. Zelltod und Strukturspannung. Biol. Cbl. **29**, 291—296.

— 1910 a: Giftwirkung und Protozoenplasma. Arch. Protistenkd. **18**, 221—244.

— 1910 b: Studien zur Biologie der Protozoen V. Arch. Protistenkd. **20**, 201—222.

PRUDHOMME, R. O., et P. GRABAR, 1949: De l'action chimique des ultrasons sur certaines solutions aqueuses. J. Chim. Phys. **46**, 323—331.

PRZESMYCKI, A. M., 1897: Über die intra-vitale Färbung des Kernes und des Protoplasmas. Biol. Cbl. **17**, 321—335 und 353—364.

— 1899: Über die intravitale Färbung des Zellkernes. S. B. Ges. Morph. Physiol. München **15**, 70—74.

— 1915 a: Sur la coloration vitale du noyau. C. R. Soc. biol. **78**, 83—86.

— 1915 b: Sur la coloration vitale du noyau. II. Coloration avec la base libre du rouge neutre. C. R. Soc. biol. **78**, 169—171.

PULCHER, C., 1927: Colorazioni istologiche e punto isoelettrico. Arch. Sci. med. **50**, 489—496.

PUNNETT, T., 1959: Stability of isolated chloroplast preparations and its effect on Hill reaction measurements. Plant Physiol. **34**, 283—289.

PURCELL, A. E., und R. H. YOUNG, 1963: The use of tetrazolium in assessing freeze damage in citrus trees. Proc. Amer. Soc. Hort. Sci., **83**, 352—358.

PUYTORAC, P. DE, J. BLANC et E. VIVIER, 1959: Réalisation expérimentale, par action de la trypaflavine sur *Paramecium caudatum* (Ehrb.), d'une anomale macronucléaire transmissible. C. R. Acad. Sci. **248**, 1235—1238.

PYRKOSCH, G., 1936: Licht und Transpirationswiderstand. II. Der Einfluß des Lichtes auf kolloidale Systeme. Protoplasma **26**, 520—537.

QUASTEL, J. H., 1931: The action of dyestuffs on enzymes. II. Fumarase. Biochem. J. **25**, 898—913.

— 1932: The action of dyestuffs on enzymes. III. Urease. Biochem. J. **26**, 1685—1696.

— and A. H. M. WHEATLEY, 1931: The action of dyestuffs on enzymes. I. Dyestuffs and oxidations. Biochem. J. **25**, 629—638.

QUERBET, M., 1911: Étude de la réaction du rouge neutre au point de vue chimique. C. R. Soc. biol. **70**, 514—516.

RAAB, O., 1900: Über die Wirkung fluorescirender Stoffe auf Infusorien. Z. Biol. **39**, 524—546.

RABIN, V. K., and I. V. ANDREEVA, 1964: Inactivation of phage lambda genome by acridine dyes after infection of *E. coli* K12S. Mikrobiologiya **33**, 819—823 (in Übersetz. S. 727—730).

RABINOWITCH, E., and L. F. EPSTEIN, 1941: Polymerization of dyestuffs in solution. Thionine and methylene blue. J. Amer. Chem. Soc. **63**, 69—78.

Raciborski, M., 1893: Über die Inhaltskörper der *Myriophyllum*trichome. Ber. dtsch. bot. Ges. **11**, 348—351.

Radoëff, A., 1932: Stimulation de la croissance par des sels minéraux, des colorants vitaux, et divers composés organiques, chez le Riz (*Oryza sativa*). C. R. Soc. biol. **110**, 955—958.

— 1933: Stimulation de la croissance par divers agents chimiques chez le blé et le Riz. C. R. Soc. biol. **112**, 580—582.

Raffelt, G., 1944: Untersuchungen über den Einfluß des Milieuwechsels auf die Bakterienzelle. Diss., Hannover. (Zit. nach Strugger 1949 a.)

Rahn, O., and M. N. Barnes, 1933: An experimental comparison of different criteria of death in yeast. J. gen. Physiol. **16**, 579—592.

Rajadhyaksha, A. B., and S. Rao, 1965: The role of phage in the transduction of the toxinogenic factor in *Corynebacterium diphtheriae*. J. gen. Microbiol. **40**, 421—429.

Rakusin, M. A., 1928: Über die Einwirkung von Anilinfarbstoffen auf Albumin, Casein und Gelatine. Biochem. Z. **192** 167—171.

Ranade, S. S., V. G. Tatake, and K. S. Korgaonkar, 1961: Effects of ultrasonic radiation in *Escherichia coli* B using fluorochrome acridine orange as a vital stain. Nature **189**, 931—932.

Ranadive, N. S., and K. S. Korgaonkar, 1960: Spectrophotometric studies on the binding of acridine orange to ribonucleic acid and deoxyribonucleic acid. Biochim. Biophys. Acta **39**, 547—550.

Randolph, L. F., 1922: Cytology of chlorophyll types of maize. Bot. Gaz. **73**, 337—375.

Rapkine, L., A. P. Struyk, and R. Wurmser, 1929: Potentiels d'oxydo-réduction de quelques colorants vitaux. C. R. Soc. biol. **100**, 1020—1022.

— et R. Wurmser, 1926 a: Le potentiel de reduction des cellules vertes. C. R. Soc. biol. **94**, 1347—1349.

— — 1926 b: Sur le potentiel de réduction des cellules. C. R. Soc. biol. **95**, 604—605.

— — 1927: On intracellular oxidation-reduction potential. Proc. roy. Soc. London **102**, 128—137.

Raušer, V., und A. Truka, 1959: Untersuchungen über die durch Ultraschall hervorgerufenen Sofortveränderungen in der Zelle. Biol. Plant. **1**, 63—70.

Raut, C., 1953: A cytochrome deficient mutant of *Saccharomyces cerevisiae*. Exp. Cell Res. **4**, 295—305.

Rawlins, L. M. C., and L. A. Schmidt, 1929: Studies on the combination between certain basic dyes and proteins. J. biol. Chem. **82**, 709—716.

— — 1930: The mode of combination between certain dyes and gelatin granules. J. biol. Chem. **88**, 271—284.

Ray, W. J., und D. E. Koshland jr., 1960: Comparative structural studies of phosphoglucomutase and chymotrypsin. Brookhaven Symp. Biol. **13**, 135—150.

Redfern, G. M., 1922: On the course of absorption and the position of equilibrium in the intake of dyes by discs of plant tissue. Ann. Bot. **36**, 511—522.

Redon, A., 1941: Recherches sur la coloration vitale et la formation des précipités vacuolaires. Morphologie du système vacuolaire des hyphes lichéniques. Rev. cytol. cytophysiol. vég. **4**, 239—260.

Reed, M. V., and E. F. Genung, 1934: The titration of dyes for their bacteriostatic action. Stain Technol. **9**, 117—128.

Regnard, P., 1885: De l'action de la chlorophylle sur l'acide carbonique, en dehors de la cellule végétale. C. R. Acad. Sci. **101**, 1293—1295.

Régnier, J., et S. Bazin, 1940: Phénomènes d'adaptation aux toxiques («actions potentielles») et perméabilité cellulaire. Étude de la plasmolyse des cellules des feuilles d'*Elodea canadensis* en présence de diverses substances toxiques. C. R. Soc. biol. **133**, 651—654.

Rehbinder, P., 1927: Über Grenzflächenaktivität bzw. -energie an verschiedenen Grenzflächen und deren spezifisches Adsorptionsvermögen. Biochem. Z. **187**, 19—31.

Rehm, S., 1935: Untersuchungen über den Wassertransport in *Impatiens balsamina* L. und *Impatiens Roylei* Walp. Planta **23**, 415—441.

— 1936: Zur Entwicklungsphysiologie der Gefäße und des trachealen Systems. Planta **26**, 255—274.

— 1938: Die Wirkung von Elektrolyten auf die Aufnahme saurer und basischer Farbstoffe durch die Pflanzenzelle. Planta **28**, 359—382.

Reichart, G., 1962: Entwicklungsphysiologische Untersuchungen an *Spirogyra* unter besonderer Berücksichtigung der Geschlechtsbestimmung. Protoplasma **55**, 129—155.

Reichert, Fr., 1922: Über den Ablauf vitaler Bakterienfärbung und die biologische Wirkung der Färbung auf die Keime. Cbl. Bakt., Abt. I, Orig. **87**, 118—160.

REILHES, R., 1933: Sur la nature chimique et la signification des stérinoplastes. C. R. Soc. biol. **113**, 267—270.

REIMERS, I., 1957: Vergleichende zellphysiologische Studien an einigen etiolierten und grünen mono- und dicotylen Pflanzen. Planta **49**, 455—488.

REINDERS, W., 1913: Zur Theorie der Färbung. Die Verteilung von Farbstoffen zwischen zwei Lösungsmitteln. Kolloid-Z. **13**, 96—105.

REISS, P., 1926 a: Le pH intérieur cellulaire. Les presses universitaires de France, Paris.

— 1926 b: La réduction des indicateur comme cause d'erreur des mesures colorimétriques du pH. C. R. Soc. biol. **94**, 289—290.

— 1928: Étude du vert de bromocrésol comme indicateur de pH intérieur cellulaire. Arch. phys. biol. **7**, 25—38.

— 1932: Sur l'intervention d'équilibres d'oxydation-réduction dans la perméabilité d'une membrane. C. R. Acad. Sci. **194**, 970—972.

REITER, L., 1957: Vitale Fluorochromierung pflanzlicher Viruseinschlußkörper. Protoplasma **48**, 279—286.

RELLA, M., 1940: Vitalfärbungsuntersuchungen an Süßwasserhydrozoen. Protoplasma **35**, 298—317.

RENNER, O., und Mitarb., 1952: Notizen aus dem Botanischen Garten München-Nymphenburg. Ber. dtsch. bot. Ges. **65**, 296—304.

RENTZ, ED., 1940: Methylenblau und Cholinesterase. Naunyn-Schmiedebergs Arch. **196**, 148—160.

RESKE, G., und J. STAUFF, 1963 a: Fluoreszenzspektren von 3,4-Benzpyren in wäßrigen Medien. Z. Naturforsch. **18 b**, 773—774.

— — 1963 b: Fluorimetrischer Nachweis einer Photoreaktion von 3,4-Benzpyren mit β-Lactoglobulin unter Beteiligung von molekularem Sauerstoff. Z. Naturforsch. **18 b**, 774—775.

— — 1964: Modellversuche zur chemischen Carcinogenese und zum photodynamischen Effekt von 3,4-Benzpyren und UV-Licht in wäßrigen Proteinlösungen mit verschiedener SH-Gruppenreaktivität. Z. Naturforsch. **19 b**, 716—726.

REUTER, L., 1938: Protoplasmatik der Stomata-Zellen der Gleitzone der *Nepenthes*-Kanne. Protoplasma **30**, 273—282.

— 1942: Beobachtungen an den Spaltöffnungen von *Polypodium vulgare* in verschiedenen Entwicklungsstadien. Protoplasma **36**, 321—344.

— 1953: A contribution to the cellphysiologic analysis of growth and morphogenesis in fern prothallia. Protoplasma **42**, 1—29.

— 1955: Protoplasmatische Pflanzenanatomie. Protoplasmatologia XI/2, Springer, Wien.

REY, P., 1931 a: Potentiel d'oxydo-réduction et sexualité chez les Gregarines. C. R. Soc. biol. **107**, 611—613.

— 1931 b: Coloration vitale et potentiel d'oxydo-réduction chez les Grégarines. C. R. Soc. biol. **107**, 1508—1510.

REZNIKOFF, P., and H. POLLACK, 1928: Intracellular hydrion concentration studies. II. The effect of injection of acids and salts on the cytoplasmic pH of *Amoeba dubia*. Biol. Bull. **55**, 377—382.

RHEINBOLDT, H., und E. WEDEKIND, 1923: Über die Bindung organischer Farbstoffe durch anorganische Substrate. Kolloidchem. Beih. **17**, 115—188.

RHODES, A., 1937: The movement of fluoreszein in the plant. Proc. Leeds Phil. Soc. **3**, 389—395.

RIBBERT, A., 1931: Beiträge zur Frage nach der Wirkung der Ammoniumsalze in Abhängigkeit von der Wasserstoffionenkonzentration. Planta **12**, 603—634.

RICHTER, H., und R. HERRMANN, 1963: Zur Anreicherung UV-absorbierender Substanzen in der pflanzlichen Zellwand. Protoplasma **56**, 336—345.

RICHTER, O., 1909: Zur Physiologie der Diatomeen. (II. Mitteilung). Die Biologie der *Nitzschia putrida* Benecke. Denkschr. kais. Akad. Wiss. Wien, math.-nat. Kl. **84**, 657—772.

RIED, W., 1952: Formazane und Tetrazoliumsalze, ihre Synthesen und ihre Bedeutung als Reduktionsindikatoren und Vitalfarbstoffe. Angew. Chem. **64**, 391—396.

RIES, E., 1939: Über die Differenzierung der Eizelle. (Eine Auseinandersetzung mit J. SPEK). Protoplasma **33**, 602—608.

— und M. GERSCH, 1936: Gibt das fixierte Präparat ein Äquivalentbild der lebenden Zelle? Z. Zellforsch., mikr. Anat. **25**, 14—33.

RIETH, A., und H. A. v. STOSCH, 1954: Der Kapillarheber, ein Bauelement zur Herstellung von Durchströmungspräparaten. Protoplasma **44**, 363—365.

Ris, H., and W. Plaut, 1962: Ultrastructure of DNA-containing areas in the chloroplast of *Chlamydomonas*. J. Cell Biol. **13**, 383—391.

Risse, O., 1926: Über die Durchlässigkeit von Collodium- und Eiweißmembranen für einige Ampholyte. I. Der Einfluß der H- und OH-Ionenkonzentration. Pflügers Arch. **212**, 375—402.

Ritchie, D., 1964: Mutagenesis with light and proflavine in phage T 4. Genet. Res. **5**, 168—169.

— und P. Hazeltine, 1953: Mitochondria in *Allomyces* under experimental conditions. Exp. Cell Res. **5**, 261—274.

Roach, W. A., 1939: Plant injection as a physiological method. Ann. Bot. N. S. **3**, 155—226.

Robbins, E., 1960: The rate of proflavine passage into single living cells with application to permeability studies. J. gen. Physiol. **43**, 853—866.

— and P. I. Marcus, 1963: Dynamics of acridine orange-cell interaction. I. Interrelationships of acridine orange particles and cytoplasmic reddening. J. Cell. Biol. **18**, 237—250.

— — and N. K. Gonatas, 1964: Dynamics of acridine orange-cell interaction. II. Dye-induced ultrastructural changes in multivesicular bodies (acridine orange particles). J. Cell Biol. **21**, 49—62.

Robbins, W. J., 1923: An isoelectric point for plant tissue and its significance. Amer. J. Bot. **10**, 412—439.

— 1924: Isoelectric points for the mycelium of fungi. J. gen. Physiol. **6**, 259—271.

— 1926: The isoelectric point for plant tissues and its importance in absorption and toxicity. Univ. Missouri Stud. **1**, 3—60.

Roberts, L. W., 1950: A survey of tissues that reduce 2,3,5-triphenyl-tetrazolium chloride in vascular plants. Bull. Torrey Bot. Club **77**, 372—381.

— 1951: Survey of factors responsible for reduction of 2,3,5-triphenyltetrazolium chloride in plant meristems. Science **113**, 692—693.

Roberts, R., 1929: Vitality stains. Science **70**, 556—557.

Robertson, T. B., 1906: Studies in the chemistry of the ion-proteid compounds. II. On the influence of electrolytes upon the staining of tissues by iodine-eosin and by methyl green. J. biol. Chem. **1**, 279—304.

— 1908: On the nature of the superficial layer in cells and its relation to their permeability and to the staining of tissues by dyes. J. biol. Chem. **4**, 1—34.

Robinow, C. F., and R. G. E. Murray, 1953: The differentiation of cell wall, cytoplasmic membrane and cytoplasm of Gram positive bacteria by selective staining. Exp. Cell Res. **4**, 390—407.

Robinson, C., 1935: The nature of the aqueous solutions of dyes. Transact. Faraday Soc. **31**, 245—253.

— and H. E. Garrett, 1939: The degree of aggregation of dyes in dilute solution. I. Conductivity measurements. Transact. Faraday Soc. **35**, 771—780.

— and J. W. Selby, 1939: The degree of aggregation of dyes in dilute solution. II. Osmotic pressure measurements. Transact. Faraday Soc. **35**, 780—784.

Robinson, G. M., 1939: Notes on variable colors of flower petals. J. Amer. Chem. Soc. **61**, 1606—1607.

Robinson, R., 1933: Natural colouring matters and their analogues. Nature **132**, 625—628.

Röbbelen, G., und W. Wehrmeyer, 1965: Gestörte Granabildung in Chloroplasten einer Chlorina-Mutante von *Arabidopsis thaliana* (L.) Heynh. Planta **65**, 105—128.

Roeben, M., 1928: Studien zur Physiologie des Milchsaftes. Jb. wiss. Bot. **69**, 587—635.

Rohde, K., 1917: Untersuchungen über den Einfluß der freien H-ionen im Innern lebender Zellen auf den Vorgang der vitalen Färbung. Pflügers Arch. **168**, 411—438.

Romhányi, G., 1963: Über die submikroskopische strukturelle Grundlage der metachromatischen Reaktion. Acta histochem. **15**, 201—233.

Rona, P., und E. Bloch, 1921: Beiträge zum Studium der Giftwirkung. Über die Wirkung des Chinins auf Invertase. Biochem. Z. **118**, 185—212.

Ronsdorf, L., 1934: Über Plasmolyse und Vitalfärbung bei Sporen und jungen Keimschläuchen von Getreiderostpilzen. Phytophat. Z. **7**, 31—42.

Roper, J. A., and E. Käfer, 1957: Acriflavine-resistant mutants of *Aspergillus nidulans*. J. gen. Microbiol. **16**, 660—667.

Roschlau, G., und B. Bausdorf, 1963: Über den Einfluß des Ionenmilieus auf die Akridinorange-Fluoreszenz verschiedener fixierter und unfixierter Gewebe. Z. med. Lab.-Techn. **4**, 91—98.

Rose, D. H., and A. M. Hurd-Karrer, 1927: Differential staining of specialized cells in *Begonia* with indicators. Plant Physiol. **2**, 441—453.

ROSENSTIEHL, A., 1902: De l'action des tannins et des matières colorantes sur l'activité des levures. C. R. Acad. Sci. **134**, 119—122.

ROSKIN, G., und A. MASLOWA, 1936: Vitalfärbung mit Hyposulfitweiß. Z. wiss. Mikrosk. **52**, 309—312.

— und W. SEMENOFF, 1933: Studium der Oxydo-Reduktionsprozesse der Zelle. Beobachtungen an Protozoen. Z. Zellforsch., mikr. Anat. **19**, 150—190.

ROSS, E., 1934: Action of respiratory catalysts and inhibitors on oxygen consumption by *Nitella*. Proc. Soc. exper. Biol., Med. **32**, 64—66.

— 1938: The effects of sodium cyanide and methylene blue on oxygen consumption by *Nitella clavata*. Amer. J. Bot. **25**, 458—463.

ROSS, H. C., 1909: On the determination of a coefficiant by which the rate of diffusion of stain and other substances into living cells can be measured, and by which Bacteria and other cells may be differentiated. Proc. roy. Soc. London, Ser. B **81**, 97—109.

ROSS, S., 1951: Solubilization of dyes in mineral oil and its application to a model biological cell membrane. J. colloid Sci. **6**, 497—507.

ROST, FR., 1911: Über Kernfärbung an unfixierten Zellen und innerhalb des lebenden Tieres. Pflügers Arch. **137**, 359—421.

ROTHBERGER, J., 1898: Differentialdiagnostische Untersuchungen mit gefärbten Nährböden. Cbl. Bakt., Abt. I, **24**, 513—518.

ROTTIER, P. B., 1953: Spectrophotometry of dyes: 1. Methyl green. 2. Pyronin. Stain Technol. **28**, 265—273.

ROUSCHAL, CH., und S. STRUGGER, 1943: Eine neue Methode zur Vitalbeobachtung der Mikroorganismen im Erdboden. Naturwiss. **31**, 300.

ROUSCHAL, E., 1938: Zur Ökologie der Macchien I. Der sommerliche Wasserhaushalt der Macchienpflanzen. Jb. wiss. Bot. **87**, 436—523.

— 1940 a: Fluoreszenzoptische Messungen der Geschwindigkeit des Transpirationsstromes an krautigen Pflanzen mit Berücksichtigung der Blattspurleitflächen. Flora **134**, 229—256.

— 1940 b: Untersuchungen über die Protoplasmatik und Funktion der Siebröhren. Flora **35**, 135—200.

— 1941: Beiträge zum Wasserhaushalt von Gramineen und Cyperaceen. I. Die faszikuläre Wasserleitung in den Blättern und ihre Beziehung zur Transpiration. Planta **32**, 66—87.

— und S. STRUGGER, 1940: Der fluoreszenzoptisch-histochemische Nachweis der kutikulären Rekretion und des Salzweges im Mesophyll. Ber. dtsch. bot. Ges. **58**, 50—69.

ROYAN, S., and M. K. SUBRAMANIAM, 1960: Differential fluorescence of the chromocenters and nucleolar equivalents of the yeast nucleus in acridine orange. Proc. Indian Acad. Sci. B, **51**, 205—210.

RUDOLPH, K., 1925: Epidermis und epidermale Transpiration. Bot. Arch. **9**, 49—94.

RÜTER, E., und A. BORNSTEIN, 1925: Über den Einfluß von Alkaloiden und Salzen auf die Vitalfärbung. 2. Mitt. Modellversuche. Pflügers Arch. **207**, 614—623.

RUGE, U., 1937 a: Untersuchungen über den Einfluß des Heteroauxins auf das Strekkungswachstum des Hypokotyls von *Helianthus annuus*. Z. Bot. **31**, 1—56.

— 1937 b: Zur Charakteristik einer für die Physiologie der Zellstreckung wichtigen Intermicellarsubstanz pflanzlicher Membranen. Biochem. Z. **295**, 29—43.

— 1940: Kritische zell- und entwicklungsphysiologische Untersuchungen an den Blattzähnen von *Helodea densa*. Flora **134**, 311—376.

— 1948: Untersuchungen über keimungsfördernde Wirkstoffe. Planta **35**, 297—318.

RUHLAND, G., 1953: Der Wirkungsmechanismus des radiomimetrischen Zellkerngiftes Trypaflavin. Wiss. Z. M.-Luther-Univ. Halle, math.-nat. R. **3**, 83—98.

— 1955 a: Die Abhängigkeit des photodynamischen Effektes verschiedener Farbstoffe von Wellenlänge und Absorption; studiert an Samenfäden von *Rana temporaria*. Roux' Arch. **147**, 61—78.

— 1955 b: Ergänzende Versuche zur photodynamischen Wirkung verschiedener fluoreszierender und nicht fluoreszierender basischer Farbstoffe. Roux' Arch. **147**, 365—372.

RUHLAND, W., 1908 a: Beiträge zur Kenntnis der Permeabilität der Plasmahaut. Jb. wiss. Bot. **46**, 1—54.

— 1908 b: Die Bedeutung der Kolloidnatur wässeriger Farbstofflösungen für ihr Eindringen in lebende Zellen. Ber. dtsch. bot. Ges. **26 a**, 772—782.

— 1909: Erwiderung. Biochem. Z. **22**, 409—410.

— 1912 a: Die Plasmahaut als Ultrafilter bei der Kolloidaufnahme. Ber. dtsch. bot. Ges. **30**, 139—141.

Ruhland, W., 1912 b: Studien über die Aufnahme von Kolloiden durch die pflanzliche Plasmahaut. Jb. wiss. Bot. **51**, 376—431.
— 1912 c: Untersuchungen über den Kohlenhydratstoffwechsel von *Beta vulgaris* (Zuckerrübe). Jb. wiss. Bot. **50**, 200—257.
— 1913 a: Zur Kritik der Lipoid- und der Ultrafiltertheorie der Plasmahaut nebst Beobachtungen über die Bedeutung der elektrischen Ladung der Kolloide für ihre Vitalaufnahme. Biochem. Z. **54**, 59—77.
— 1913 b: Zur Kenntnis der Rolle des elektrischen Ladungssinnes bei der Kolloidaufnahme durch die Plasmahaut. Ber. dtsch. bot. Ges. **31**, 304—310.
— 1923: Über die Verwendbarkeit vitaler Indikatoren zur Ermittlung der Plasmareaktion. Ber. dtsch. bot. Ges. **41**, 252—254.
— und C. Hoffmann, 1925: Die Permeabilität von *Beggiatoa mirabilis*. Planta **1**, 1—83.
Rumjantzew, A., und B. Kedrowsky, 1926: Untersuchungen über Vitalfärbung einiger Protisten. Protoplasma **1**, 189—203.
Rummeni, G., 1956: Untersuchungen über die Redoxpotentiale bei der lichtinduzierten oxydativen Inaktivierung der β-Indolylessigsäure. Ber. dtsch. bot. Ges. **69**, 325—336.
— 1959: Der katalytische Effekt von Redoxindikatoren bei der Messung physiologischer Redoxpotentiale in Gewebeaufschlämmungen der Kartoffelknollen. Ber. dtsch. bot. Ges. **72**, 268—276.
Runnström, J., 1928: Über die Veränderung der Plasmakolloide bei der Entwicklungserregung des Seeigeleies. II. Protoplasma **5**, 201—310.
— 1930: Atmungsmechanismus und Entwicklungserregung bei dem Seeigel. Protoplasma **10**, 106—173.
— and L. Michaelis, 1935: Correlation of oxidation and phosphorylation in hemolyzed blood in presence of methylene blue and pyocyanine. J. gen. Physiol. **18**, 717—727.
Russel, D. G., 1914: The effect of gentian violet on Protozoa and on tissues growing in vitro. J. exper. Med. **20**, 545—553.
Russow: Verhalten der Callusplatten gegen Anilinblau und die Vertheilung derselben bei den Gefäßpflanzen. Neue dörptsche Zgt. zit. nach Eschrich (1956).
Rustad, R. C., 1958: Identification of the nucleus of a fission yeast with fluorescent dyes. Exp. Cell Res. **15**, 444—446.
Růžička, V., 1905 a: Über tinktorielle Differenzen zwischen lebendem und abgestorbenem Protoplasma. Pflügers Arch. **107**, 497—534.
— 1905 b: Zur Theorie der vitalen Färbung. Z. wiss. Mikrosk. **22**, 91—98.

Sachs, J., 1882: Ein Beitrag zur Kenntnis des aufsteigenden Saftstroms in transpirierenden Pflanzen. Arb. Bot. Inst. Würzburg 2, 148—184.
Sagromsky, H., 1943: Die Bedeutung des Lichtfaktors für den Gaswechsel planktontischer Diatomeen und Chlorophyceen. Planta **33**, 299—339.
— 1956: Zur lichtinduzierten Ringbildung bei Pilzen. III. Biol. Zbl. **75**, 385—397.
Sahlbom, N., 1910: Kapillaranalyse kolloider Lösungen. Kolloidchem. Beih. **2**, 79—141.
Sakamura, T., 1933: Beiträge zur Protoplasmaforschung an *Spirogyra*-Zellen. J. Fac. Sci. Hokkaido Imp. Univ. V, **2**, 287—316.
Saksena, R. K., 1932: Observations sur le chondriome de *Pythium de Baryanum*. C. R. Soc. biol. **111**, 751—753.
— and A. K. Sarbhoy, 1963: A note on the vacuolar system of two species of *Cunninghamella*. Naturwiss. **50**, 721—722.
Sall, T., and S. Mudd, 1955: A cytological study of *Caryophanon latum*. J. gen. Microbiol. **12**, 47—53.
Salvendi, H., 1906/1907: Über die Wirkung der photodynamischen Substanzen auf weiße Blutkörperchen. Arch. klin. Med. **87**, und Tappeiner, H. v., und A. Jodlbauer, 1907 a: Ges. Unters. Leipzig, 178—186.
Sandritter, W., 1955: Die Nachweismethoden der Nucleinsäuren. Z. wiss. Mikrosk. **62**, 283—304.
Santamaria, L., 1960: Il fenomeno fotodinamico e suo meccanismo d'azione. Boll. Chim. Farm. **99**, 464—481.
— and A. Castellani, 1951: The photodynamic effect on the hyaluronidase and its mechanism. Enzymologia **14**, 289—295.
Sartorius, Fr., 1928 a: Über Farbstoffwirkung auf Bakterien. I. Cbl. Bakt., Abt. I, **107**, 134—156.
— 1928 b: Über Farbstoffwirkung auf Bakterien. II. Cbl. Bakt., Abt. I, **107**, 398—427.

SARTORIUS, FR., 1928 c: Über Farbstoffwirkung auf Bakterien. III. Cbl. Bakt., Abt. I, 108, 313—326.

SARVELLA, P., 1964: Vital-stain testing of pollen viability in cotton. J. Hered. 55, 154—158.

SATINA, S., and A. F. BLAKESLEE, 1926: Differences between sexes in green plants. Proc. Nat. Acad. Sci., U.S.A. 12, 197—202.

SATO, S., 1956 a: On the reduction of janus green B by plant embryo slices and the mechanism of the specific staining of mitochondria. Bot. Mag. 69, 87—90. (Japanisch mit engl. Zusammenfassung.)

— 1956 b: The distribution of succinic dehydrogenase and mitochondria in the embryos of *Phaseolus vulgaris*. Bot. Mag. 69, 137—141. (Japanisch mit engl. Zusammenfassung.)

— 1956 c: Studies on the participation of succinic dehydrogenase in the reduction of tetrazolium salt by plant embryo homogenates. Bot. Mag. 69, 273—280. (Japanisch mit engl. Zusammenfassung.)

— 1962 a: Studies on the reduction of tetrazolium salt by plant tissues. I. The reduction of TTC by plant tissue homogenate, with special reference to its relation to plant age and cyanide effect. Cytologia 27, 97—105.

— 1962 b: Studies on the reduction of tetrazolium salt by plant tissues. II. Effect of plasmolysis on the reduction of TTC in plant cell. Cytologia 27, 158—171.

SAUER, H., 1960: Über die Einwirkung von kurzwelligem Licht auf die basischen Vitalfarbstoffe Neutralrot, Pyronin und Janusgrün B. Protoplasma 52, 518—566.

SAUVAGEAU, C., 1925 a: Sur quelques algues floridées renferment de l'iode à l'état libre. Bull. Stat. biol. Arcachon. Bordeaux. 22, 1—43.

— 1925 b: Sur les bromuques des *Antithamnion* Naeg. C. R. Acad. Sci. 181, 1041—1043.

— 1926: Sur quelques algues floridées renferment du brome à l'état libre. Bull. Stat. Biol. Arcachon. Bordeaux. 23, 1—21.

SAYRE, J. D., 1923: Physiology of stomata of *Rumex patientia*. Science 57, 205—206.

SCARTH, G. W., 1924: Can the hydrogen ion concentration of living protoplasm be determind? Science 60, 431—432.

— 1926 a: The mechanism of accumulation of dyes by living cells. Plant Physiol. 1, 215—229.

— 1926 b: The influence of external osmotic pressure and of disturbance of the cell surface on the permeability of *Spirogyra* tor acid dyes. Protoplasma 1, 204—213.

— 1932: Mechanism of the action of light and other factors on stomatal movement. Plant Physiol. 7, 481—504.

SCHAEDE, R., 1923 a: Über das Verhalten von Pflanzenzellen gegenüber Anilinfarbstoffen. Jb. wiss. Bot. 62, 65—91.

— 1923 b: Über das Verhalten von Pflanzenzellen gegenüber Anilinfarbstoffen. II. Ber. dtsch. bot. Ges. 41, 345—351.

— 1924 a: Über die Reaktion des lebenden Plasmas. Ber. dtsch. bot. Ges. 42, 219—224.

— 1924 b: Untersuchungen über Zelle, Kern und ihre Teilung am lebenden Objekt. Beitr. Biol. Pfl. 14, 231—260.

— 1948: Untersuchungen über *Azolla* und ihre Symbiose mit Blaualgen. Planta 35, 319—330.

SCHAEFER, G., 1958: Über Veränderungen des mechanischen und biologischen Kontaktes von Plasma und Zellwand in subplasmolytischen Konzentrationen von Anelektrolyten. Planta 51, 414—439.

SCHAFFER, F. L., 1962: Binding of proflavine by and photoinactivation of poliovirus propagated in the presence of the dye. Virology 18, 412—425.

SCHANZ, F., 1923: Erscheinungen der optischen Sensibilisation bei den Pflanzen. Ber. dtsch. bot. Ges. 41, 165—170.

SCHARF, J.-H., 1955: Fluoreszenz und Fluoreszenzpolarisation myelotroper Nervenfasern nach Fluorochromierung in der Umgebung des IEP des Fluoresceins. Z. Naturforsch. 10 b, 355—356.

— 1956: Fluoreszenz und Fluoreszenzpolarisation der Nervenfaser nach Färbung mit Phenyloxyfluoronen. Versuch einer Interpretation. I. Teil. II. Teil. Mikroskopie 11, 261—319, 349—397.

— 1958: Bathochromie und Hypsochromie als Grundlagen fluoreszenzchromotroper Effekte. Acta histochem. Suppl. 1, 140—147.

— und K. OSTER, 1957: Zur fluoreszenzmikroskopischen Unterscheidbarkeit „heller" und „dunkler" pseudounipolarer Ganglienzellen im Ganglion semilunare des Rindes. Acta histochem. 4, 65—89.

Scharinger, W., 1936: Cytologische Beobachtungen an Ranunculaceen-Blüten. Protoplasma **25**, 404—426.

Schatz, A., V. Schatz, and G. S. Trelawny, 1956: Antifungal properties of tetrazolium compounds. Mycologia **48**, 473—483.

Scheffer, F., W. Rathje und H. Schafmayer, 1952: Zum Mechanismus der Stoffaufnahme pflanzlicher Zellen. Z. Pflanzenernährg. **56**, 139—151.

Scheibe, G., 1938: Reversible Polymerisation als Ursache neuartiger Absorptionsbanden von Farbstoffen. Kolloid-Z. **82**, 1—14.

— und V. Zanker, 1958: Physikochemische Grundlagen der Metachromasie. Acta histochem. Suppl. **1**, 6—35.

— — 1962: Über die Metachromasie der Absorption und Fluoreszenz von Acridinfarbstoffen. Zugleich eine Erwiderung zur Arbeit von Ch. M. A. Kuyper: "The metachromasia of fluorescence of acridine dyes". Histochem. **3**, 122—126.

Scheibe, O., 1958: Emissionsspektrographische Darstellung des Metachromasieeffektes des Akridinorangekations. Acta histochem. Suppl. **1**, 151—152.

— und M. Eder, 1956: Lichtelektrische Emissionsmessung Akridinorange-fluorochromierter Gewebsschnitte. Acta histochem. **3**, 6—18.

Scheibmair, G., 1937: Hitzeresistenz-Studien an Moos-Zellen. Protoplasma **29**, 394—424.

Scheidl, W., 1954: Auslösung von Vakuolenkontraktion durch undissoziierte Basen. S. B. Österr. Akad. Wiss. Wien, math.-nat. Kl., Abt. I, **163**, 645—688.

— 1955: Vakuolenkontraktion bei vollen Zellsäften an Zwiebelzellen von *Tulipa silvestris* und *Colchicum speciosum*. Protoplasma **44**, 336—341.

Schenck, G. O., 1956: Cancerogene Kohlenwasserstoffe als Photosensibilisatoren. (Zum Problem phototoxischer Wirkungen.) Naturwiss. **43**, 71—72.

— und K. G. Kinkel, 1951: Zur Frage des Ausbleichens von fluoreszierenden Farbstoffen im Licht. Naturwiss. **38**, 503.

Schiebler, Th. H. (Herausg.), 1958: Metachromasie, Fixierung und Artefactbildung (Symposium). Acta histochem., Supplementbd. I.

Schildmacher, H., 1950: Über Photosensibilisierung von Stechmückenlarven durch fluoreszierende Farbstoffe. Biol. Zbl. **69**, 468—477.

Schindler, H., 1957: Plasmolyseverhalten und Protoplasmastruktur der Hochmooralge *Netrium oblongum*. Protoplasma **48**, 580—582.

— und A. Toth, 1950: Zur Anatomie des Blattes von *Coelogyne flaccida*. Phyton (Graz) **2**, 11—22.

Schirm, E., 1936: Über das Wesen der Substantivität. J. prakt. Chem., N. F. **144**, 69—92.

Schlafke, E., 1958: Kritische Untersuchungen zur Wanderung von Fluorochromen in Blättern. Planta **50**, 388—422.

Schlosshardt, H., und L. Heilmeyer, 1942: Blutzellen im Fluoreszenzlicht. Jenaische Z. Med. Naturwiss. **75**, 90—99.

Schmid, G., 1923: Das Reizverhalten künstlicher Teilstücke, die Kontraktilität und das osmotische Verhalten der *Oscillatoria Jenensis*. Jb. wiss. Bot. **62**, 328—419.

Schmid, W., 1962: Modellversuche an Hefe zur Permeation von Stoffen in die Zelle. S. B. Ges. Bef. ges. Naturwiss. Marburg **83/84**, 451—463.

Schmidt, H., 1964: Spektrophotometrische Untersuchungen mit dem metachromatischen Farbstoff Kresylechtviolett. Acta histochem. **17**, 138—158.

Schmidt, H. H., 1951: Studien zur experimentellen Pathologie der Chloroplasten. II. Untersuchungen über die Streifen- und Näpfchenbildung der Chloroplasten. Protoplasma **40**, 506—525.

Schmidt, T., 1961: Die Fluorochromierung von Geweben des Medizinischen Blutegels (*Hirudo medicinalis* L.) mit Pyronin G. Acta histochem. **12**, 193—228.

Schmidt, W., 1960: Elektronenmikroskopische Untersuchungen zur Frage der vacuolären Speicherung und Stoffablagerung bei Vitalfärbung mit Acridinorange und Neutralrot. Z. Anat. Entwickl.gesch. **121**, 516—524.

— 1962: Licht- und elektronenmikroskopische Untersuchungen über die intrazelluläre Verarbeitung von Vitalfarbstoffen. Z. Zellforsch. **58**, 573—637.

Schmidt, W. J., 1932: Dichroitische Färbung tierischer und pflanzlicher Gewebe. In E. Abderhalden, Handb. biol. Arbeitsmeth. Abt. V, Teil 2, 1835—1924.

Schmidtmann, M., 1924: Über eine Methode zur Bestimmung der Wasserstoffzahl im Gewebe und in einzelnen Zellen. Biochem. Z. **150**, 253—255.

— 1925: Über die intracelluläre Wasserstoffionenkonzentration unter physiologischen und einigen pathologischen Bedingungen. Z. ges. exper. Med. **45**, 714—742.

Schmitt, F. O., C. H. Johnson, and A. R. Olson, 1929: Oxidations promoted by ultrasonic radiation. J. Amer. Chem. Soc. **51**, 370—375.

Schmitz, H., 1951: Über die Speicherung des Berberins in den Granula von Tumorzellen. Naturwiss. **38**, 405.

Schnabel, E., H. Nöther, and H. Kuhn, 1962: Monomers, dimers and tetramers in solutions of phthalocyaninesulphonates. Venkataraman Commemoration Vol. S. 561—572, Academic Press, London.

Schnarf, K., 1936: Ein Beitrag zur Kenntnis des anatomischen Baues der harten Schale des Samens der Cycadaceen. Österr. bot. Z. **85**, 279—288.

Schneider, Hans, 1914: Über die Unnaschen Methoden zur Feststellung von Sauerstoff- und Reduktions-Orten und ihre Anwendung auf pflanzliche Objekte. — Benzidin als Reagens auf Verholzung. Z. wiss. Mikrosk. **31**, 51—69.

Schneider, Hansjörg, 1965: Kritische Versuche zum Problem des Phototropismus bei Wurzeln. Z. Bot. **52**, 451—499.

Schoch, T. J., and E. C. Maywald, 1956: Microscopic examination of modified starches. Anal. Chem. **28**, 382—387.

Schönbein, Ch. F., 1861: Ueber einige durch die Haarröhrchenanziehung des Papiers hervorgebrachte Trennungswirkungen. Poggendorf's Annalen Phys. u. Chem. **114**, 275—280.

Schoenberg, M. D., and R. D. Moore, 1964: The conformation of hyaluronic acid and chondroitin sulfate C: The metachromatic reaction. Biochim. Biophys. Acta **83**, 42—51.

Schönleber, K., 1936: Über Prune pure und seine Verwendung als Protoplasma-Vitalfärbemittel. Z. wiss. Mikrosk. **53**, 303—321.

— 1937 a: Über die Vitalfärbung der Zyanophyceen. Zytomorphologische Beobachtungen an einer epiphyllen Form. Z. wiss. Mikrosk. **54**, 204—217.

— 1937 b: Beiträge zur Kenntnis der Manganvererzung der Pflanzenzellmembran. Protoplasma **27**, 599—618.

Scholtissek, C., and R. Rott, 1964: Binding of proflavine to deoxyribonucleic acid and ribonucleic acid and its biological significance. Nature **204**, 39—43.

Schopfer, W. H., 1934: Recherches sur les caractères physiologiques d'une Mucorinée. Les caractères sexuels secondaires d'ordre physiologique. Bull. Soc. bot. Suisse **43**, 157—172.

— 1940: Recherches sur la perméabilité des tissus de diverses plantes pour le thiochrome, colorant vital fluorescent. C. R. Soc. phys. hist. nat. Genève **57**, 100—105.

— 1941: Recherches cytophysiologiques sur la vitamine de croissance B_2, lactoflavine, et ses dérivés, lumiflavine et lumichrome. C. R. Soc. phys. hist. nat. Genève **58**, 130—134.

— 1942: Le Thiochrome colorant vital fluorescent. Son rôle comme indicateur cytologique de la perméation de l'acide ascorbique. Protoplasma **36**, 546—557.

Schorr, L., 1938: Erzeugung und Nachweis von Myelinfiguren in lebenden Pflanzenzellen. Z. wiss. Mikrosk. **55**, 281—288.

Schoser, G., 1956: Über die Regeneration bei den Cladophoraceen. Protoplasma **47**, 103—134.

Schott, H. J., 1962: Besitzt das Sudanschwarz B die Eigenschaft der Metachromasie? Naturwiss. **49**, 449—450.

— 1964: Zur Frage der histochemischen Fettspezifität des Sudanschwarz B und zur Methodik der Auftrennung seiner Fraktionen. Histochem. **3**, 467—476.

— und W. Schoner, 1965: Beitrag zur Fettspezifität des Sudanschwarz B und anderer roter Sudanfarbstoffe bei Reinsubstanzen. Histochem. **5**, 154—162.

Schramek, W., und E. Götte, 1932: Über die Substantivität einiger Benzidinfarbstoffe. Ein Beitrag zur Theorie der substantiven Baumwollfärbung. Kolloidchem. Beih. **34**, 218—269.

Schröder, B., 1902: Untersuchungen über die Gallertbildungen der Algen. Verh. Naturforsch.-Med. Ver. Heidelberg **7**, 139—196.

Schrödter, K., 1926: Zur physiologischen Anatomie der Mittelzelle drüsiger Gebilde. Flora **120**, 19—86.

Schubert. J., 1957: Das Reduktionsvermögen von Samen, besonders bei *Robinia pseudoacacia* L., gegenüber Triphenyltetrazoliumchlorid. — Ein Beitrag zur forstlichen Saatgutprüfung. Diss., Tharandt.

Schubert, M., and D. Hamerman, 1956: Metachromasia; chemical theory and histochemical use. J. Histo-, Cytochem. **4**, 159—189.

Schümmelfeder, N., 1950: Untersuchungen zur histochemischen Indophenolblau-Synthese der Herzmuskelzellen und Leukocyten. Virchows Arch. **317**, 707—769.

— 1956: Einfluß der Pufferlösung auf die färberische Bestimmung des Umladebereiches von Gewebselementen. Z. Zellforsch., mikr. Anat. **44**, 488—494.

Schümmelfeder, N., 1958: Zur histochemischen Bedeutung der Fluoreszenz-Meta-chromasie des Acridinorange. Acta Histochem., Suppl. 1, 148—151.
— K. J. Ebschner und E. Krogh, 1957: Die Grundlage der differenten Fluoro-chromierung von Ribo- und Desoxyribonucleinsäure mit Acridinorange. Natur-wiss. 44, 467—468.
— und K.-F. Stock, 1955: Zur Bestimmung des Umladebereiches von Gewebs-elementen mit dem Fluorochrom Acridinorange. Naturwiss. 42, 442—443.
— — 1956: Die Bestimmung des Umladebereiches (Isoelektrischer Punkt) von Gewebselementen mit dem Fluorochrom Acridinorange. Z. Zellforsch., mikr. Anat. 44, 327—338.
Schütte, K. H., 1956: Translocation in the fungi. New Phytologist 55, 164—182.
Schulemann, W., 1912 a: Vitalfärbung und Chemotherapie. I. Chemische Konstitu-tion und Vitalfärbungsvermögen. Arch. Pharm. 250, 252—279.
— 1912 b: Vitalfärbung und Chemotherapie. II. Versuchsfehler bei Vitalfärbungs-Arbeiten. Arch. Pharm. 250, 389—395.
— 1917: Die vitale Färbung mit sauren Farbstoffen in ihrer Bedeutung für Anatomie, Physiologie und Pharmakologie. Biochem. Z. 80, 1—142.
— 1927: Vital-Färbung. Tab. Biol. 4, 511—518.
Schuler, R., 1952: Die vitale Darstellung der Chromatinstrukturen von *Bacterium coli* mit Hilfe des Fluoreszenzmikroskopes. Naturwiss. 39, 90—91.
— 1954: Die vitale Darstellung der Chromatinstrukturen von *Bacterium coli* mit Hilfe des Fluoreszenzmikroskopes. Arch. Protistenkd. 99, 227—251.
Schulte, H., 1964: Beiträge zur Cytologie von *Vaucheria* D. C. Protoplasma 58, 227—249.
Schultz, E. W., and A. P. Krueger, 1928: Inactivation of *Staphylococcus* bacterio-phage by methylene blue. Proc. Soc. exper. Biol., Med. 26, 100—101.
Schultz, G., 1931: Farbstofftabellen. 7. Aufl. bearb. v. L. Lehmann, Bd. I. Aka-demische Verlagsgesellschaft, Leipzig.
Schultz, O. E., und E. Barthold, 1949: Der Einfluß des Saponins auf die Verteilung von Farbstoffen zwischen zwei Lösungsmitteln und seine Verwertung zur Saponin-bestimmung. Pharmazie 4, 521—524.
Schultze, W. H., 1910: Über eine neue Methode zum Nachweis von Reduktions- und Oxydationswirkungen der Bakterien. Cbl. Bakt., Abt. I, Orig. 56, 544—551.
Schulze, B., und E. Göthel, 1934: Fluoreszenzmikroskopische Untersuchungen an Papierfaserstoffen. Zellstoff, Papier 14, 93—97.
Schulze, E., 1959: Morphologische, cytologische und ökologisch-physiologische Untersuchungen an Faulschlammciliaten (*Metopus sigmoides* Clap. et Lachm. und *Metopus contortus* Lev.). Arch. Protistenkd. 103, 371—426.
Schumacher, A., 1947: Beiträge zur Kenntnis des Stofftransportes in dem Siebröhren-system höherer Pflanzen. Planta 35, 642—700.
Schumacher, W., 1930: Untersuchungen über die Lokalisation der Stoffwanderung in den Leitbündeln höherer Pflanzen. Jb. wiss. Bot. 73, 770—823.
— 1933: Untersuchungen über die Wanderung des Fluoreszeins in den Siebröhren. Jb. wiss. Bot. 77, 685—732.
— 1936: Untersuchungen über die Wanderung des Fluoresceins in den Haaren von *Cucurbita Pepo*. Jb. wiss. Bot. 82, 507—533.
— 1937: Weitere Untersuchungen über die Wanderung von Farbstoffen in den Sieb-röhren. Jb. wiss. Bot. 85, 422—449.
— 1947: Zur Frage nach den Stoffbewegungen im Pflanzenkörper. Naturwiss. 34, 176—179.
— 1950: Zur Bewegung des Fluoreszeins in den Siebröhren. Planta 37, 626—634.
— und M. Hülsbruch, 1955: Zur Frage der Bewegung fluorescierender Farbstoffe im Pflanzenkörper. Planta 45, 118—124.
Schuster, G., 1960: Auslösung von Kallosebildung in den Siebröhren der Kartoffel-knolle durch Applikation von Gerbsäure und Berberinsulfat. Naturwiss. 47, 427.
Schwantes, H. O., 1952: Färbungsanalytische Untersuchungen zur Lage des iso-elektrischen Punktes der Zellbestandteile in wachsenden Zellen und Geweben. I. Untersuchungen an Pilzmyzelien. Protoplasma 41, 382—414.
— 1961: Mikrospektroskopische Untersuchungen über die Aufnahme von Farb-stoffen in die pflanzliche Zelle. Ber. dtsch. bot. Ges. 74, 418—423.
— 1965: Mikrospektralphotometrische Untersuchungen zur Farbstoffaufnahme in die lebende pflanzliche Zelle. Mikroskopie 20, 291—327.
Schwartz, G., 1959: Der Einfluß von Langfärbungen mit Acridinorange auf die Ent-wicklung von *Saccharomyces cerevisiae* (Hansen). Diss., Braunschweig.

SCHWARZ, F., 1924: Metachromatische Färbungen pflanzlicher Zellwände durch substantive Farbstoffe I und II. Ber. dtsch. bot. Ges. **42**, (21)—(38).

SCHWARZ, R., und E. HERRMANN, 1922: Über die Metachromasie des Toluidinblaus. Kolloid-Z. **31**, 91—94.

SCHWEIGHART, O., 1935: Eosin und Keimpflanzen. Beih. bot. Cbl., Abt. A, **53**, 217—292.

SCHWEISFURTH, Ch., 1960: Untersuchungen über die Anfärbbarkeit von Inhaltskörpern der Hefe mit Acridinorange. Diss., Braunschweig.

SCHWIND, J. L., 1950: The supravital method in the study of the cytology of blood and marrow cells. Blood **5**, 597—622.

SCOTT, F. M., 1955: The distribution and physical appearance of fats in living cells — Introductory survey. Amer. J. Bot. **42**, 475—480.

SEDAR, A. W., and R. M. BURDE, 1965: The demonstration of the succinic dehydrogenase system in *Bacillus subtilis* using tetranitro-blue tetrazolium combined with techniques of electron microscopy. J. Cell Biol. **27**, 53—66.

SEEGER, P. G., und W. SCHACHT, 1959: Untersuchungen am Ehrlichschen Ascitescarcinom der Maus. III. Die Trypanblaufärbung von Tumorzellen als Kriterium der Mortalität. Protoplasma **51**, 1—13.

SEIFFERT, W., 1922: Vergleichende Färbeversuche an lebenden und toten Bakterien. Cbl. Bakt., Abt. I, Orig. **88**, 151—158.

SEITZ, W., 1947: Über die Fällung von Serumeiweiß durch Trypanblau und ihre diagnostische Bedeutung. Z. ges. Inn. Med. **2**, 234—238.

SEKI, M., 1932 a: Zur physikalischen Chemie der histologischen Färbung. I. Vorl. Mitt. Elektrische Ladung von Farbstoffen und ihre wichtige Rolle bei der Färbung des Siliciumdioxyds (SiO_2). Fol. anat. jap. **10**, 621—634.

— 1932 b: Zur physikalischen Chemie der histologischen Färbung. II. Substantive (direkte) Färbung der histologischen fixierten Präparate. Fol. anat. jap. **10**, 635 — 654.

— 1933 a: Zur physikalischen Chemie der histologischen Färbung. III. Über die Karminfärbung. Fol. anat. jap. **11**, 1—13.

— 1933 b: Zur physikalischen Chemie der histologischen Färbung. IV. Über die Hämateinfärbung. Fol. anat. jap. **11**, 15—36.

1933 c: Zur physikalischen Chemie der histologischen Färbung. VIII. Über die Umladung und Flockung von Farben durch Wasserstoffionen, und eine Bemerkung über die vital färbenden Farbstoffe. Z. Zellforsch., mikr. Anat. **18**, 1—20.

— 1933 d: Zur physikalischen Chemie der histologischen Färbung. IX. Über den Einfluß der Fixierung auf die Färbbarkeit der histologischen Elemente. Z. Zellforsch., mikr. Anat. **18**, 21—55.

— 1933 e: Zur Kenntnis der intra- und supravitalen Färbung. III. Über die leichte Flockbarkeit der sauren (lipoidunlöslichen) Vitalfarbstoffe. Z. Zellforsch., mikr. Anat. **19**, 274—288.

— 1933 f: Zur Kenntnis der intra- und supravitalen Färbung. IV. Umladbarkeit der basischen Vitalfarbstoffe als eine wesentliche Vorbedingung für das Eindringen derselben in die Zellen; Bedeutung der Flockbarkeit der Farbstoffe. Z. Zellforsch., mikr. Anat. **19**, 289—308.

SELLEI, J., 1934: Wirkung von Farbstoffen und Hormonen auf die Pflanzenproduktion. Arch. Pharm. **272**, 737—743.

— 1935: Die wachstumfördernde und -hemmende Wirkung der Farbstoffe auf Pflanzen. Arch. Pharm. **273**, 285—288.

— 1936: Über die wachstumsfördernde und -hemmende Wirkung der Fluoreszine auf die Pflanzenentwicklung mit besonderer Beziehung auf das Fotosensin. Z. Pflanzenernährg., Düng., Bodenk. **43**, 321—340.

SEMENOFF, W., 1933: Nouvelle méthode de coloration vitale. Bull. histol. appl. **10**, 129—130.

— und A. S. MASZLOVA, 1935: Vitale Infusorienfärbung durch Phagocytose von *B. prodigiosus*. Arch. Protistenkd. **85**, 224—233.

SEMMEL, M., et J. HUPPERT, 1963: Le rôle des liaisons H dans l'interaction du RNA et des colorants basique in vitro. C. R. Acad. Sci. **256**, 5649—5652.

SENDROY, J. jr., and A. B. HASTINGS, 1929: The activity coefficients of certain acid-base indicators. J. biol. Chem. **82**, 197—246.

SENSER, F., und F. SCHÖTZ, 1964: Untersuchungen über die Chloroplastenentwicklung bei *Oenothera*. II. Der Albivelutina-Typ. Planta **62**, 171—190.

SEO, T., 1923: Neue Versuche zur Theorie der Vitalfärbung. Pflügers Arch. **201**, 603 bis 610.

SESSOUS, G., 1925: Ausbleiben der geotropischen Krümmung von Keimwurzeln mit Eosin vorbehandelter Weizenkörner. Pflanzenbau **2**, 385—386.

Seyfarth, W., 1952: Über das Studium der Chondriosomen der Soorhefe (*Monilia albicans*) und ihr Nachweis mit Triphenyltetrazolium Chlorid. Naturwiss. **39**, 91.

Sheppard, S. E., 1909: On the influence of their state in solution on the absorption spectra of dissolved dyes. Proc. roy. Soc. London., Ser. A, **82**, 256—270.

— and A. L. Geddes, 1944 a: Effect of solvents upon the absorption spectra of dyes. IV. Water as solvent: a common pattern. J. Amer. Chem. Soc. **66**, 1995—2002.

— — 1944 b: Effect of solvents upon the absorption spectra of dyes. V. Water as solvent: Quantitative examination of the dimerization hypothesis. J. Amer. Chem. Soc. **66**, 2003—2009.

— and P. T. Newsome, 1942: The effect of solvents on the absorption spectra of dyes. II. Some dyes other than cyanines. J. Amer. Chem. Soc. **64**, 2937—2946.

— — and H. R. Brigham, 1942: Some effects of solvents upon the absorption spectra of dyes. I. Chiefly polymethine dyes. J. Amer. Chem. Soc. **64**, 2923—2937.

Sherman, F., and P. P. Slonimski, 1964: Respiration-deficient mutants of yeast. II. Biochemistry. Biochim. Biophys. Acta **90**, 1—15.

Shimidzu, Y., 1922: On the permeability to dyestuffs of the placenta of the albino rat and the white mouse. Amer. J. Physiol. **62**, 202—224.

Showacre, J. L., 1953: A critical study of Janus green B coloration as a tool for characterizing mitochondria. J. nat. Cancer Inst. **13**, 829—845.

— and H. G. Du Buy, 1955: On the enzymic nature of mitochondrial characterization by Janus green B and the detection of Krebs-cycle dehydrogenase with Janus green B. J. nat. Cancer Inst. **16**, 173—194.

Sibatani, A., 1952 a: Differential staining of nucleic acids. I. Methyl green-Pyronin. Cytologia **16**, 315—324.

— 1952 b: Differential staining of nucleic acids. II. Thionin and other metachromatic stains. Cytologia **16**, 325—334.

— 1952 c: Differential staining of nucleic acids. III. Additional remarks. Cytologia **17**, 317—321.

Siebers, A. M., 1960: The detection of tension wood with fluorescent dyes. Stain Technol. **35**, 247—251.

Siegel, G., H. Mönig und G. Pfennigsdorf, 1958: Der Einfluß von Cystein auf beschallte Methylenblaulösungen. Z. Naturforsch. **13 b**, 628—629.

Siegel, S. M., and R. Gerschman, 1959: A study of the toxic effects of elevated oxygen tension on plants. Physiol. Plant. **12**, 314—323.

Sievers, E., 1953: Untersuchungen über die Mycorrhizen von *Allium*- und *Solanum*-Arten. Arch. Mikrobiol. **18**, 289—321.

Silver, S., 1965: Acriflavine resistance: A bacteriophage mutation affecting the uptake of dye by the infected bacterial cells. Proc. Nat. Acad. Sci., U.S.A. **53**, 24—30.

Silvester, W. A., 1927: Synthetic dyestuffs as microscopical stains. New phytologist **26**, 324—327.

Siminovitch, D., and D. R. Briggs, 1953: Studies on the chemistry of the living bark of the black locust in relation to its frost hardiness. III. The validity of plasmolysis and desiccation tests for determining the frost hardiness of bark tissue. Plant Physiol. **28**, 15—34.

Simon, C., 1918: Sind die Milchröhren Leitungsorgane. Beih. bot. Cbl., Abt. A, **35**, 183 bis 218.

Simon, M. I., and H. van Vunakis, 1962: The photodynamic reaction of methylene blue with deoxyribonucleic acid. J. molecul. Biol. **4**, 488—499.

Sinapius, D., und O. W. Thiele, 1965: Über die Methylenblaubindung von Lipiden. Untersuchungen an Modellsubstanzen. Histochem. **4**, 553—562.

Singer, M., 1952: Factors which control the staining of tissue sections with acid and basic dyes. Intern. rev. Cytol. **1**, 211—255.

— and P. R. Morrison, 1948: The influence of pH, dye, and salt concentration on the binding of modified and unmodified fibrin. J. biol. Chem. **175**, 133—145.

— and G. B. Wislocki, 1948: The affinity of syncytium, fibrin and fibrinoid of the human placenta for acid and basic dyes under controlled conditions of staining. Anat. Rec. **102**, 175—193.

Singh, C., 1963: Heterogenity and metachromasy of some commercial anionic dyes. Stain Technol. **38**, 103—110.

Singh, R. S., and Y. L. Nene, 1965: Malachite green in synthetic medium for the isolation of *Fusarium* spp. from plant tissues. Naturwiss. **52**, 94.

Sinke, N., M. Sigenaga, and T. Hiraoka, 1954: Nadi-reaction and cytochromes in the pollen grains of some higher plants. Mem. Coll. Sci. Univ. Kyoto, Ser. B, **21**, 63—68.

Siwicka-Tarwidowa, H., 1934: Sur l'évolution du chondriome pendant le développement du sac embryonnaire de l'*Orchis latifolius*. Acta Soc. Bot. Polon. **11**, 511—539.

Škerlak, T., 1941: Adsorption des Pseudoisozyanin-N-N'-diäthylchlorids am Glimmer. Kolloid-Z. **95**, 266—286.

Skoog, F., 1935: The effect of x-irradiation on auxin and plant growth. J. cellul. comp. Physiol. **7**, 227—270.

Skupienski, F. X., 1929: Sur la coloration vitale de *Didymium nigripes*. Acta Soc. Bot. Polon. **6**, 203—213.

— 1931: Influence du rouge neutre sur le developpement de certains myxomycètes. Acta Soc. Bot. Polon. **8**, 133—140.

Slonimski, P., 1949: Action de l'acriflavine sur les levures. IV. Mode d'utilisation du glucose par les mutants «petite colonie». Ann. Inst. Pasteur **76**, 510—530.

— et B. Ephrussi, 1949: Action de l'acriflavine sur les levures. V. Le système des cytochromes des mutants «petite colonie». Ann. Inst. Pasteur **77**, 47—63.

— et J. Zweibaum, 1922: Sur quelques conditions de la coloration vitale des Infusoires. C. R. Soc. biol. **86**, 71—73.

Small, J., 1926: The hydrion concentration of plant tissues. I. The method. Protoplasma **1**, 324—333.

— 1929: Hydrogen-ion concentration in plant cells and tissues. Gebr. Borntraeger, Berlin.

— 1955: The pH of plant cells. Protoplasmatologia Bd. II B/2/c. Springer, Wien.

— 1956: Estimation of pH values. (Living tissues and saps.) In Peach, K. und M. V. Tracey: Moderne Methoden der Pflanzenanalyse. Bd. 1, 375—392. Springer, Berlin-Göttingen-Heidelberg.

— and K. M. Maxwell, 1939: pH-Phenomena in relation to stomatal opening. I. *Coffea arabica* and some other species. Protoplasma **32**, 272—288.

Smith, E. P., 1933: The calibration of flower colour indicators. Protoplasma **18**, 112 bis 125.

Smith, F. E., 1951: Tetrazolium salt. Science **113**, 751—754.

Smith, F. R., and C. S. Mudge, 1934: Action of stains on living bacteria. Proc. Soc. exper. Biol., Med. **32**, 287—289.

Smith, J. L., 1907: On the simultaneous staining of neutral fat and fatty acid by oxazine dyes. J. Pathol. Bact. **12**, 1—4.

— 1911: The staining of fat by nile-blue sulphate. J. Pathol. Bact. **15**, 53—55.

Smith, K. C., 1962: Dose dependent decrease in extractability of DNA from bacteria irradiation with ultraviolet light or with visible light plus dye. Biochem. Biophys. Res. Commun. **8**, 157—163.

Somogyi, R., 1916: Über den Einfluß von Katalysatoren (Alkaloiden und Farbstoffen usw.) auf die Hefegärung. Intern. Z. phys. chem. Biol. **2**, 416—429.

Sonea, S., et J. de Repentigny, 1961: Étude microfluorométrique des microorganismes. II. La fluorescence secondaire ajoutée par les fluorochromes. Ann. Inst. Pasteur **101**, 545—558.

— — and A. Frappier, 1962: Changes in immuno-diffusion patterns and in nucleic acid content of *Staphylococcus aureus* grown in the presence of nucleic acid fluorochrome. J. Bact. **84**, 1056—1060.

Soran, V., and G. Lazăr, 1965: Some data concerning the accumulation of neutral red in various tissues and regiones of the maize root. Physiol. Plant. **18**, 329—336.

Sorokin, H. P., 1938: Mitochondria and plastids in living cells of *Allium cepa*. Amer. J. Bot. **25**, 28—33.

— 1941: The distinction between mitochondria and plastids in living epidermal cells. Amer. J. Bot. **28**, 476—485.

— 1955 a: Mitochondria and spherosomes in the living epidermal cell. Amer. J. Bot. **42**, 225—231.

— 1955 b: Experimental production of filaments and networks in cytoplasm of Cichorieae. Exp. Cell Res. **9**, 510—522.

— 1955 c: Mitochondria and precipitates of A-type vacuoles in plant cells. J. Arnold Arbor. **36**, 293—304.

— 1956: Studies on living cells of pea seedlings. I. Survey of vacuolar precipitates, mitochondria, plastids, and spherosomes. Amer. J. Bot. **43**, 787—794.

— 1958: Studies on living cells of pea seedlings. II. Intercellular tubular matter. Amer. J. Bot. **45**, 504—513.

— and S. Sorokin, 1956: Staining of mitochondria with neotetrazolium chloride. Amer. J. Bot. **45**, 183—190.

— and K. V. Thimann, 1960: Plastids of the *Avena* Coleoptile. Nature **187**, 1038 bis 1039.

Sorouri, P., and St. Mudd, 1953: Evidence of the existence of mitochondria in *Proteus*. Indian J. Med. Res. **41**, 333—337.

Sovová, M., und V. Sova, 1958: Über die Bestimmung von Farbstoffverunreinigungen in den synthetischen Nahrungsmittelfarbstoffen. Pharmazie **13**, 93—95.

Speakman, J. B., and E. Stott, 1934: The titration curve of wool keratin. Transact. Faraday Soc. **30**, 539—548.

Spealman, C. R., and H. F. Blum, 1933: Studies of photodynamic action. IV. Photostimulation of skeletal muscle. J. cellul. comp. Physiol. **3**, 397—404.

Spearing, J. K., 1961: Studies on the Cyanophycean cell. I. Vital staining. — A study in the production of artifacts. Cellule **61**, 241—291.

Speas, W. E., 1928: A quantitative study of the changes produced in the absorption bands of certain organic fluorescent dye solutions by alterations of concentration and temperature. Phys. Rev. **31**, 569—578.

Specht, W., 1961: Zur Spezifität der Methylgrün-Pyronin-Färbung. Acta histochem. Suppl. **2**, 200—206.

Spek, J., 1933: Die bipolare Differenzierung des Teleosteer-Eies und ihre Entstehung. (Weitere experimentelle Beiträge zum Studium der kataphoreseartigen Erscheinungen in lebenden Zellen und der Bestimmung des pH der lebenden Zelle.) Protoplasma **18**, 497—545.

— 1934 a: Über die bipolare Differenzierung der Eizellen von *Nereis limbata* und *Chaetopterus pergamentaceus*. Protoplasma **21**, 394—405.

— 1934 b: Die Reaktion der Protoplasmakomponenten der *Asterias*-Eier. Protoplasma **21**, 561—576.

— 1938: Das pH in der lebenden Zelle. Kolloid-Z. **85**, 162—170.

— 1939: Ein Schlußwort zu dem vorstehenden Artikel von E. Ries über die Differenzierung der Eizelle. (Mit besonderer Berücksichtigung des Metachromasie-Problems.) Protoplasma **33**, 608—621.

— 1940: Metachromasie und Vitalfärbung mit pH-Indikatoren. Protoplasma **34**, 533—584.

— 1943: Eine optische Methode zum Nachweis von Lipoiden in der lebenden Zelle. Protoplasma **37**, 49—85.

— 1944: Optische Analysen von Vitalfärbungen. Jenaische Z. Med. Naturwiss. **77**, 48—67.

— 1951: Über das optische Verhalten von Safraninen und Aposafraninen in den verschiedenen Komponenten des Protoplasmas. Protoplasma **40**, 239—255.

— und R. Chambers, 1934: Das Problem der Reaktion des Protoplasmas. Protoplasma **20**, 376—406.

— und G. Gillissen, 1943: Die Zellmembran der Amöben — eine chromotrope Substanz. Protoplasma **37**, 258—272.

Spikes, J. D., and C. A. Ghiron, 1964: Photodynamic effects in biological systems. In L. Augenstein, R. Mason and B. Rosenberg: Physical Processes in Radiation Biology. p. 309—336. Academic Press, New York and London.

— and B. W. Glad, 1964: Photodynamic action. Photochem. Photobiol. **3**, 471—487.

Spode, E., und E. Weber, 1953: Neue Untersuchungen über die reduktionsbeschleunigende Wirkung optischer Strahlung. Naturwiss. **40**, 481—482.

Sprau, F., 1958: Ein neues Färbeverfahren für Kallose und die Überprüfung seiner Anwendung zur Diagnose blattrollkranker Kartoffeln. Nachrbl. dtsch. Pflanzenschutzdienst **10**, 3—6.

Sprecher, E., 1961: Über die Stoffausscheidung bei Pilzen. I. Arch. Mikrobiol. **35**, 114—155.

Stafford, H. A., 1951: Intracellular localization of enzymes in pea seedlings. Physiol. Plant. **4**, 696—741.

Stahl, E., 1957: Über Vorgänge in den Drüsenhaaren der Schafgarbe. Z. Bot. **45**, 297 bis 315.

Stahlberg, G., 1940: Über den Einfluß von Erythrosin und Eosin auf das Reaktionsvermögen von *Avena*- und *Cucumis*-Keimlingen gegenüber Wuchsstoff. Diss., Frankfurt a. M.

Stamm, J., 1952: Über eosinophile Korkzellschichten der Ipecacuanhawurzeln. Apotheker Ztg. 149—152.

— 1958: Über das Vorkommen eosinophiler Zellschichten bei der Wurzel-Suberogenese einiger Pflanzen. Photographie u. Wissensch. **7**, 25—26.

— 1961: Über das Vorkommen eosinophiler Zellschichten bei der Wurzel-Suberogenese der Angiospermen. Beitr. Biol. Pflz. **36**, 391—417.

Stanfield, J. F., 1937: Hydrogen ion concentration and sexual expression in *Lychnis dioica* L. Plant Physiol. **12**, 151—162.

STARY, Z., 1927: Verhalten von Lösungen im elektrischen Hochspannungsfeld. Z. physik. Chem. **126**, 173—195.

STATKEWITSCH, P., 1906: Galvanotropismus und Galvanotaxis bei den Ciliaten. V. Mitt. Z. allg. Physiol. **6**, 24—43.

STAUDERMANN, W., 1924: Die Haare der Monokotylen. Bot. Arch. **8**, 105—184.

STEARN, A. E., 1931: Stoichiometrical relations in the reactions between dye, nucleic acid, and gelatin. J. biol. Chem. **91**, 325—331.

— 1933: Rationalization, from the view-point of physical chemistry, of the behavior of bacteria toward dyes, with special reference to staining. J. Bact. **25**, 21—23.

— and E. W. STEARN, 1924: The chemical mechanism of bacterial behavior. III. The problem of bacteriostasis. J. Bact. **9**, 491—510.

— — 1930: Chemotherapeutic equilibria. J. exper. Med. **51**, 341—356.

— — 1931: Metathetic staining reactions with special reference to bacterial systems. (Sammelreferat.) Protoplasma **12**, 435—464.

STEARN, E. W., and A. E. STEARN, 1923: The mechanical behavior of dyes, especially gentian violet, in bacteriological media. J. Bact. **8**, 567—572.

— — 1924 a: The chemical mechanism of bacterial behavior. I. Behavior toward dyes. Factors controlling the gram reaction. J. Bact. **9**, 463—477.

— — 1924 b: The chemical mechanism of bacterial behavior. II. A new theory of the gram reaction. J. Bact. **9**, 479—489.

— — 1926: Conditions and reactions defining dye bacteriostasis. J. Bact. **11**, 345—357.

STEFFEN, K., 1953: Zytologische Untersuchungen an Pollenkorn und -schlauch. I. Phasenkontrast-optische Lebenduntersuchungen an Pollenschläuchen von *Galanthus nivalis*. Flora **140**, 140—174.

STEIN, W., 1953: Zur Inaktivierung von *Bacterium coli* durch Akridinorange. Naturwiss. **40**, 26—27.

STEINBERG, R. A., 1940: Action of some organic compounds on yield, sporulation and starch formation of *Aspergillus niger*. J. agric. Res. **60**, 765—773.

STEINECKE, F., 1925: Über Polarität von *Bryopsis*. Bot. Arch. **12**, 97—118.

STEINER, M., und H. HEINEMANN, 1954 a: Grana mit positiver Nadi-Reaktion als Ort der primären Fettbildung in Pilzzellen. Naturwiss. **41**, 40—41.

— 1954 b: Über die Beziehungen zwischen den fettbildenden Grana und typischen Mitochondrien in den Zellen von *Oospora lactis*. Naturwiss. **41**, 90.

STEINKE, L., 1940: Untersuchungen über den induzierten Phototropismus bei Keimwurzeln von *Helianthus annuus*. Planta **30**, 757—779.

STENGER, F., 1888: Ueber die Gesetzmäßigkeiten im Absorptionsspectrum eines Körpers. Ann. Phys. Chem. N. F. **33**, 577—586.

STENLID, G., 1950: Methylene Blue and α—α'-dipyridyl, two different types of inhibitors for aerobic metabolism in young wheat roots. Physiol. Plant. **3**, 197—203.

STENRAM, U., 1954: A specific staining for nucleic acids with toluidin blue? Acta anat. (Basel) **20**, 36—39.

STEPHAN, J., 1932: Die Beeinflussung von Wachstum und geotropischer Reaktion der Wurzeln durch Fluorescein-Farbstoffe. (Sammelreferat.) Angew. Bot. **14**, 561—564.

STERLING, C., 1964: Starch-primulin fluorescence. Protoplasma **59**, 180—192.

STEUBING, L., 1949: Beiträge zur Tauwasseraufnahme höherer Pflanzen. Biol. Zbl. **68**, 252—259.

STICH, H., 1951 a: Trypaflavin und Ribonucleinsäure. Untersucht an Mäusegeweben, *Condylostoma spec.* und *Acetabularia mediterranea*. Naturwiss. **38**, 435—436.

— 1951 b: Das Vorkommen von Ribonucleinsäure in Kernsaft und Spindel sich teilender Kerne von *Cyclops strenuus*. Z. Naturforsch. **6 b**, 259—261.

— 1953: Der Nachweis und das Verhalten von Metaphosphaten in normalen, verdunkelten und Trypaflavin-behandelten Acetabularien. Z. Naturforsch. **8 b**, 36—44.

STICKL, O., und K. GÄRTNER, 1944: Die Wirkungsweise der Sulfonamide und ihre chemotherapeutische Anwendung bei Ruhr. Z. Hyg. **125**, 226—264.

STIEGLER, A., 1950: Vitalfärbungen an Pflanzenzellen mit Cresylechtviolett. Protoplasma **39**, 493—506.

STIER, A., und W. SPECHT, 1963: Chromatographische Prüfung von Xanthenfarbstoffen für die histologische Färbung nach UNNA-PAPPENHEIM. Naturwiss. **50**, 549.

STILLE, B., 1953: Zur Frage des TTC-Reduktionsvermögens hitzegetöteter Colibakterien. Cbl. Bakt., Abt. II, **107**, 250—254.

STOCK, F., 1931: Untersuchungen über Keimung und Keimschlauchwachstum der Uredosporen einiger Getreideroste. Phytophat. Z. **3**, 231—276.

STOCKER, O., 1942: Pflanzenphysiologische Übungen. G. Fischer, Jena.

Stockinger, L., 1949: Über die Fluoreszenzmikroskopische Untersuchung menschlicher Spermien nach Fluorochromierung mit Akridinorange. Mikroskopie **4**, 53—55.
— 1953: Das Kernkörperchen. Protoplasma **42**, 365—413.
— 1958: Fluoreszenzmetachromasie. Acta histochem. Suppl. **1**, 103—120.
— 1964: Vitalfärbung und Vitalfluorochromierung tierischer Zellen. Protoplasmatologia II, D 1. Springer, Wien.
Stockmayer, S., 1894: Über Spaltalgen. Ber. dtsch. bot. Ges. **12**, (102)—(104).
Stokes, J. L., 1952: Inhibition of microbial oxidation, assimilation and adaptive enzyme formation by methylene blue. Ant. von Leeuwenhoek **18**, 63—81.
Stotz, E., H. J. Conn, F. Knapp, and J. Emery jr., 1950: Spectrophotometric characteristics and assay of biological stains. Stain Technol. **25**, 57—68.
Stow, I., 1934: On the female tendencies of embryosac — like giant pollen grain of *Hyacinthus orientalis*. Cytologia **5**, 88—108.
Strasburger, E., 1891: Über den Bau und die Verrichtungen der Leitungsbahnen in den Pflanzen. Gustav Fischer, Jena.
Streiblová, E., and K. Beran, 1963: Demonstration of yeast scars by fluorescence microscopy. Exp. Cell Res. **30**, 603—605.
Strelin, G. S., 1951: Über physiologische Gradienten. VI. Zum Problem des axialen Gradienten der vitalen Färbung bei *Paramaecium caudatum*. Zool. Ž. **30**, 352—357. (Russisch.)
Strelnikov, S. D., 1929: L'absorption des colorants basiques par *Paramaecium caudatum*. C. R. Soc. biol. **100**, 1004—1006.
Stroh, L., 1938: Über prämortale Mazeration bei Oscillatorien. Arch. Protistenkd. **91**, 187—201.
Strohmeyer, G., 1935: Beiträge zur experimentellen Zytologie. Planta **24**, 470—509.
Strugger, S., 1931: Zur Analyse der Vitalfärbung pflanzlicher Zellen mit Erythrosin. Ber. dtsch. bot. Ges. **49**, 453—476.
— 1932: Über das Verhalten des pflanzlichen Zellkernes gegenüber Anilinfarbstoffen. Planta **18**, 561—570.
— 1935a: Beiträge zur Gewebephysiologie der Wurzel. Zur Analyse und Methodik der Vitalfärbung pflanzlicher Zellen mit Neutralrot. Protoplasma **24**, 108—127.
— 1935b/1949b: Praktikum der Zell- und Gewebephysiologie der Pflanze. 1. Aufl., Gebr. Borntraeger, Berlin; 2. Aufl., Springer, Berlin-Göttingen-Heidelberg.
— 1936: Beiträge zur Analyse der Vitalfärbung pflanzlicher Zellen mit Neutralrot. Protoplasma **26**, 56—69.
— 1937a: Die Vitalfärbung der Chloroplasten von *Helodea* mit Rhodaminen. Flora **131**, 113—128.
— 1937b: Die Vitalfärbung als gewebsanalytische Untersuchungsmethode. Arch. exper. Zellforsch. **19**, 199—208.
— 1937c: Weitere Untersuchungen über die Vitalfärbung der Plastiden mit Rhodaminen. Flora **131**, 324—340.
— 1938a: Die Vitalfärbung des Protoplasmas mit Rhodamin B und 6 G. Protoplasma **30**, 85—100.
— 1938b: Fluoreszenzmikroskopische Untersuchungen über die Speicherung und Wanderung des Fluoreszein-Kaliums in pflanzlichen Geweben. Flora **132**, 253—304.
— 1938c: Die lumineszenzmikroskopische Analyse des Transpirationsstromes in Parenchymen. I. Mitteilung: Die Methode und die ersten Beobachtungen. Flora **133**, 56—68.
— 1938d: Die lumineszenzmikroskopische Analyse des Transpirationsstromes in Parenchymen. Ber. dtsch. bot. Ges. **56**, (14)—(15).
— 1939a: Die lumineszenzmikroskopische Analyse des Transpirationsstromes in Parenchymen. II. Die Eigenschaften des Berberinsulfats und seine Speicherung durch lebende Zellen. Biol. Zbl. **59**, 274—288.
— 1939b: Die lumineszenzmikroskopische Analyse des Transpirationsstromes in Parenchymen. III. Untersuchungen an *Helxine Soleirolii* Req. Biol. Zbl. **59**, 409—442.
— 1940a: Studien über den Transpirationsstrom im Blatt von *Secale cereale* und *Triticum vulgare*. Z. Bot. **35**, 97—113.
— 1940b: Neues über die Vitalfärbung pflanzlicher Zellen mit Neutralrot. Protoplasma **34**, 601—608.
— 1940c: Die Vitalfärbung der Chromosomen. Dtsch. tierärztl. Wschr. **48**, 645—646.
— 1940d: Fluorescenzmikroskopische Untersuchungen über die Aufnahme und Speicherung des Akridinorange durch lebende und tote Pflanzenzellen. Jenaische Z. Med. Naturwiss. **73**, 97—134.
— 1941a: Zellphysiologische Studien mit Fluoreszenzindikatoren. I. Basische, zweifarbige Indikatoren. Flora **135**, 101—134.

STRUGGER, S., 1941 b: Die Kultur von *Didymium nigripes* aus Myxamöben mit vitalgefärbtem Plasma und Zellkern. Z. wiss. Mikrosk. **57**, 415—419.

— 1941 c: Die fluorescenzmikroskopische Unterscheidung lebender und toter Zellen mit Hilfe der Akridinorangefärbung. Dtsch. tierärztl. Wschr. **49**, 525—527.

— 1942 a: Neues über die Fluoreszenzfärbung toter und lebender Bakterien. Dtsch. tierärztl. Wschr. **50**, 51—53.

— 1942 b: Fluoreszenzmikroskopische Beobachtungen über das Eindringen des Prontosil solubile in lebende Bakterien- und Hefezellen. Dtsch. tierärztl. Wschr. **50**, 321—322.

— 1942 c: Ein neues Verfahren zur Färbung von Bakterien. Berliner und Münchener tierärztl. Wschr., 253—255.

— 1943 a: Untersuchungen über die vitale Fluorochromierung der Hefezelle. Flora **137**, 73—94.

— 1943 b: Aufnahme und Speicherung des Auramins durch lebende Pflanzenzellen. Protoplasma **37**, 429—438.

— 1943 c: Der aufsteigende Saftstrom in der Pflanze. I. und II. Naturwiss. **31**, 181—194.

— 1947: Die Vitalfluorochromierung des Protoplasmas. Naturwiss. **34**, 267—273.

— 1949 a: Fluoreszenzmikroskopie und Mikrobiologie. M. u. H. Schaper, Hannover.

— 1949 b: s. unter 1935 b.

— 1950: Über den Bau der Proplastiden und Chloroplasten. Naturwiss. **37**, 166—167.

— 1953: Faszikuläre und extrafaszikuläre Wasserleitung. (Erläuterung zum gleichnamigen Film.) Inst. f. Film u. Bild in Wissensch. u. Unterr. Hochschulfilm C 601/1950. Göttingen.

— 1954: Die Proplastiden in den jungen Blättern von *Agapanthus umbellatus* L'Hérit. Protoplasma **43**, 120—173.

— und TH. BUTTERFASS, 1955: Zur fluoreszenzmikroskopischen Analyse des extrafasciculären Wasserweges in der *Avena*-Koleoptile. Planta **45**, 549—556.

— und P. HILBRICH, 1942: Die fluoreszenzmikroskopische Unterscheidung lebender und toter Bakterienzellen mit Hilfe der Akridinorangefärbung. Dtsch. tierärztl. Wschr. **50**, 121—130.

STURM, K., 1935: Die Lage des IEP bei den Osteoblasten und Osteocyten. Z. mikrosk. anat. Forsch. **37**, 595—600.

SÜLLMANN, H., 1931: Über Umladung und Umlagerung von Farbstoffen. Protoplasma **13**, 509—515.

SUIDA, W., 1906/07: Studien über die Ursachen der Färbung animalischer Fasern. Z. physiol. Chem. **50**, 174—203.

SUITA, N., 1938: Studies on the male gametophyte. IV. Behaviour of the "dropletssheath" in the pollentube. Cytologia **8**, 532—541.

SULKIN, M. M., 1951: Histochemical localization of ribonucleoproteins by alkaline hydrolysis. Proc. Soc. exper. Biol., Med. **78**, 32—34.

SUOLAHTI, O., 1937: Über den Einfluß des elektrischen Stromes auf die Plasmapermeabilität pflanzlicher Zellen. Protoplasma **27**, 496—501.

SUSSMAN, A. S., and R. J. LOWRY, 1955: Physiology of the cell surface of *Neurospora* ascospores. I. Cation binding properties of the cell surface. J. Bact. **70**, 675—685.

SWYNGEDAUW, J., 1938: Interprétation des singularités de migration des ions colorés dans les gels de gélatine soumis à l'électrolyse. C. R. Soc. biol. **127**, 1321—1324.

SYLVÉN, B., 1954: Metachromatic dye-substrate interactions. Quart. J. micr. Sci. **95**, 327—358.

— 1958: On the interaction between metachromatic dyes and various substrates of biological interest. Acta histochem. Suppl. **1**, 79—85.

SYRE, H., 1939: Untersuchungen über Statolithenstärke und Wuchsstoff an vorbehandelten Wurzeln. Z. Bot. **33**, 129—182.

SZIRMAI, J. A., and E. A. BALAZS, 1958: Metachromasia and the quantitative determination of dyebinding. Acta histochem. Suppl. **1**, 56—79.

— and F. KLEIN, 1960: Metachromasia and dyebinding of DNA and nucleoprotein. J. Histo-, Cytochem. **8**, 328—329.

SZÖRÉNYI, E., 1932: Über die Schutzwirkung optischer Desensibilisatoren gegenüber lichtbiologischen Vorgängen. Biochem. Z. **252**, 113—125.

SZÜCZ, J., 1910: Studien über Protoplasmapermeabilität. Über die Aufnahme der Anilinfarben durch die lebende Zelle und ihre Hemmung durch Elektrolyte. S. B. Akad. Wiss. Wien, math.-nat. Kl., Abt. I, **119**, 737—773.

— 1912: Experimentelle Beiträge zu einer Theorie der antagonistischen Ionenwirkungen. I. Mitt. Jb. wiss. Bot. **52**, 85—142.

Täumer, L., 1959: Morphologie, Cytologie und Fortpflanzung von *Rhopalocystis oleifera* Schussnig. Arch. Protistenkd. **104**, 265—291.

Taft, E. B., 1951: The specificity of the methyl green-pyronin stain for nucleic acids. Exp. Cell Res. **2**, 312—326.

Takada, H., 1952: Untersuchungen über die gerbstofführenden Idioblasten in Blattlamina von *Helodea densa*. J. Inst. Polytech. Osaka City Univers., Ser. D, **3**, 31—36.

— 1956: Effect of methylene blue on the sodium influx into the yeast cell adapted to sodium chloride. J. Inst. Polytech. Osaka City Univers., Ser. D, **7**, 115—130.

— and S. Tokuno, 1958: Effect of ions and ribonuclease on the pyronin uptake by the yeast cell adapted to sodium chloride. J. Inst. Polytech. Osaka City Univers., Ser. D, **9**, 27—39.

— and B. T. Yamamoto, 1963: Regeneration fragmentierter, nackter Protoplasten in Hefezellen. Protoplasma **57**, 730—741.

Takahashi, C., 1928/1934: Über die Bedeutung der Farbstoffe für die Behandlung von Infektionen des Gallenganges. 1. Mitt. Experimentelle Studien über die Behandlung von Typhusbacillenträgern. J. Gastroenterology **2**, 1295, auch in Matsuo, I., Biologische Untersuchungen über Farbstoffe. Bd. I, 456—487, Kyoto 1934.

Takahashi, W., 1948: The inhibition of virus increase by malachite green. Science **107**, 226.

Takami, T., 1955: Studies on the yolk cell in *Bombyx mori*. IV. Granular staining in the albuminous yolk globules. Exp. Cell Res. **9**, 568—571.

Takeda, H., 1929: Stimulating action of oxyphthalein colouring matters on the geotropism in riceseedling with special reference to its effect on the growth in length. Sci. Rep. Tohoku Imp. Univ. **4**, 557—576.

Tamiya, H., und N. Ishiuchi, 1926: Untersuchungen über die adsorptiven Eigenschaften von Zellulose. Acta Phytochim. **2**, 139—192.

Tanada, T., 1956: Effect of ribonuclease on salt absorption by excised mung bean roots. Plant Physiol. **31**, 251—253.

Tanaka, H., 1962: Electron microscopic studies on the mechanism of vital stain, as compared with that of phagocytosis. Tohoku J. exper. Med. **76**, 144—160.

Tanaka, K., 1924: Untersuchungen über die Aufnahme von Farbstoffen durch rote Blutkörperchen. Pflügers Arch. **203**, 447—458.

Tappeiner, H. v., 1905/1907: Über das photodynamische und optische Verhalten der Anthrachinone. Arch. klin. Med. **82** und Ges. Unters., Leipzig, 66—71 (1907).

— 1906/1907: Über die Beziehung der photodynamischen Wirkung der Stoffe der Fluoresceinreihe zu ihrer Fluorescenzhelligkeit und ihrer Lichtempfindlichkeit. Arch. klin. Med. **86** und Ges. Unters., Leipzig, 157—164 (1907).

— 1908 a: Über die sensibilisierende Wirkung fluorescierender Stoffe auf Hefe und Hefepreßsaft. (Nach Versuchen von M. Kurzmann und Fr. Locher.) Biochem. Z. **8**, 47—60.

— 1908 b: Untersuchungen über den Angriffsort der photodynamischen Stoffe bei Paramaecien. Biochem. Z. **12**, 290—305.

— und A. Jodlbauer, 1904/1907: Über die Wirkung der photodynamischen (fluorescierenden) Stoffe auf Protozoen und Enzyme. Arch. klin. Med. **80** und Ges. Unters., Leipzig, 1—61 (1907).

— — 1907: Die sensibilisierende Wirkung fluorescierender Substanzen. Ges. Unters. Vogel, Leipzig.

Tarao, S., 1964: The LBC reaction (leuco-brilliant cresyl blue reaction), a new method to demonstrate mitochondria in living cells. Cytologia **29**, 424—434.

Tarwidowa, H., 1938: Über die Entstehung der Lipoidtröpfchen bei *Basidiobulus ranarum*. Cellule **47**, 203—216.

Tatake, V. G., and A. R. Gopal-Ayengar, 1963: Effects of ultrasonic radiation on *Escherichia coli*: Spectrophotometric studies. Exp. Cell Res. **31**, 241—250.

Taylor, J. J., 1959: The demonstration of photochemical reducing sites in *Chromatium sp*. Exp. Cell Res. **17**, 533—535.

Taylor, K. B., 1960: Chromatographic separation and isolation of metachromatic thiazine dyes. J. Histo-, Cytochem. **8**, 248—257.

Teague, O., und B. H. Buxton, 1907 a: Die Agglutination in physikalischer Hinsicht. IV. Die Ausflockung von Anilinfarben. Z. physik. Chem. **60**, 469—488.

— — 1907 b: Die Agglutination in physikalischer Hinsicht. V. Das Vorzonenphänomen. Z. physik. Chem. **60**, 489—506.

Tennent, D. H., 1938: Some problems in the study of photosensitization. Amer. Natural. **72**, 97—109.

Teresa, G. W., N. L. Teresa, and P. Melius, 1965: Influence of light on the action of acridine orange and proflavine on respiration in *Escherichia coli*. Canad. J. Microbiol. **11**, 1028—1029.

Thaler, I., 1955: Die Leukoplasten von *Helleborus*. Protoplasma **44**, 437—443.

— 1956: Studien an „plastidenähnlichen Gebilden" (Elaioplasten und Sterinoplasten). Protoplasma **46**, 743—754.

— 1963: Vakuolendimorphismus in der Epidermis des *Fagus*-Keimblattes. Protoplasma **57**, 742—746.

— 1965: Wirkung des Heparins auf die Pflanze. Phyton (Horn) **11**, 108—120.

— 1966: Zellphysiologische Untersuchungen an der Zwiebelschuppe von *Hippeastrum*. Phyton (Horn) **11**, 245—255.

— und F. Weber, 1957: Kallosehülle um Kalziumoxalatkristalldrusen. Phyton (Horn) **7**, 8—10.

Thein, M. M., 1957: Survey of anatomical and microchemical changes in the shoot of *Xanthium pennsylvanicum* in relation to photoperiodism. Amer. J. Bot. **44**, 514—522.

Thiel, A., und A. Daszler, 1923: Über den Zustand von Methylorange und Methylrot im Umschlagsintervall. Ber. dtsch. chem. Ges. **56**, 1667—1671.

Thielke, Ch., 1948: Beiträge zur Entwicklungsgeschichte und Physiologie panaschierter Blätter. Planta **36**, 2—33.

— 1956: Gerbstoffidioblasten in der Scheide von *Carex*. Protoplasma **47**, 145—155.

— 1965: Strukturwechsel und Enzymmuster am Sproßscheitel einiger Gräser. Planta **66**, 310—319.

— 1966: Enzymmuster im Wurzelmeristem. Planta **68**, 371—374.

Thies, H., und E. Ermer, 1962: Die Beeinflussung der Verteilung organischer Basen zwischen Äther und Wasser durch Salzzusatz. Naturwiss. **49**, 85.

Thorpe, J. F., 1907: A reaction of certain coloring matters of the oxazine series. J. chem. Soc. London **91**, 324—336.

Throneberry, G. O., and F. G. Smith, 1953: The effect of triphenyltetrazoliumchloride on oat embryo respiration. Science **117**, 13—15.

Tischer, I., 1957: Untersuchungen über die granulären Einschlüsse und das Reduktions-Oxydations-Vermögen der Cyanophyceen. IV. Mitt. d. Reihe: Zellmorphologische und zellphysiologische Studien an Cyanophyceen. Arch. Mikrobiol. **27**, 400—428.

Tolba, M. K., and A. M. Saleh, 1964: Studies on the mechanism of fungicidal action of crystal violet on mycelial felts of *Fusarium culmorum*. Arch. Mikrobiol. **47**, 201—206.

Tolstoouhov, A. V., 1929: Detailed differentiation of bacteria by means of a mixture of acid and basic dyes at different pH-Values. Stain Technol. **4**, 81—89.

Tomita, Y., and A. M. Prince, 1963: Photodynamic inactivation of arber viruses by neutral red and visible light. Proc. Soc. exper. Biol. **112**, 887—890.

Toriyama, H., 1953: Observational and experimental studies of sensitive plants. I. The structure of parenchymatous cells of pulvinus. Cytologia **18**, 283—292.

— 1955: Observational and experimental studies of sensitive plants. IV. Some findings on the structure of the epidermal system and the cortex of the petiole. Cytologia **20**, 237—246.

— 1957: Observational and experimental studies of sensitive plants. VII. Vital staining of the threadlike apparatus. Cytologia **22**, 60—68.

— 1960: Observational and experimental studies of sensitive plants. XI. On the thread-like apparatus and the chloroplasts in the parenchymatous cells of the petiole of *Mimosa pudica*. Cytologia **25**, 267—279.

Toth, A., 1952: Neutralrotfärbung im Fluoreszenzlicht. Protoplasma **41**, 103—110.

Trager, W., and M. A. Rudzinska, 1964: The riboflavin requirement and the effects of acriflavin on the fine structure of the kinetoplast of *Leishmania tarentolae*. J. Protozool. **11**, 133—145.

Traube, J., 1912 a: Über Oberflächenspannung und Flockung kolloidaler Systeme. Beitrag zur Theorie der Gifte, Arzneimittel und Farbstoffe. Kolloidchem. Beih. **3**, 237—336.

— 1912 b: Über die Wirkung von Natriumcarbonat auf basische Farbstoffe und deren Giftigkeit. Biochem. Z. **42**, 496—499.

— 1924: Lipoidtheorie und Oberflächenaktivitätstheorie. Biochem. Z. **153**, 358—361.

— und J. Dannenberg, 1928: Über das Permeabilitätsproblem. Biochem. Z. **198**, 209—224.

— und F. Köhler, 1915: Über Farbstoffe. Intern. Z. phys. chem. Biol. **2**, 197—226.

Traube, J., und T. Marusawa, 1916: Über Quellung und Keimung von Pflanzensamen. Intern. Z. phys. chem. Biol. **2**, 370—393.
— M. Mengharini und A. Scala, 1909: Über die chemische Durchlässigkeit lebender Algen- und Protozoenzellen für anorganische Salze und die spezifische Wirkung letzterer. Biochem. Z. **17**, 443—490.
— und M. Shikata, 1923 a: Diffusion von Farbstoffen in Gele. Kolloid-Z. **32**, 313—316.
— — 1923 b: Beziehungen zwischen Adsorption und Dispersität von Farbstoffen. Kolloid-Z. **32**, 316—318.
— und S. Yumikura, 1925: Lipoidtheorie und Oberflächenaktivitätstheorie, II. Biochem Z. **157**, 383—387.
Tröger, R., 1956: Studien über die fungicide Kupferwirkung bei *Fusarium decemcellulare*. Arch. Mikrobiol. **25**, 166—192.
Trolldenier, G., 1965: Fluoreszenzmikroskopische Untersuchung von Mikroorganismenreinkulturen in der Rhizosphäre. Cbl. Bakt., Abt. II, **119**, 256—258.
Tronchet, A., 1935: Démonstration pratique sur l'application d'un réactif vital à l'étude de la cellule végétale et de sa nécrobiose. Bull. mens. Soc. Linn. Lyon, No. **3**, 4 pp.
Tronnier, E. A., 1952: Zur Existenz des sogenannten Karyoid-Systems bei *Corynebacterium diphtheriae*. Cbl. Bakt., Abt. I, Orig. **159**, 213—216.
Troschin, A. S., 1958: Das Problem der Zellpermeabilität. Gustav Fischer, Jena.
Trubey, R. H., and J. F. Christman, 1952: Chromatography and biological stains. II. Column chromatographic separation of the colored materials in commercial Sudan III. Stain Technol. **27**, 87—92.
Tschernorutzky, H., 1912: Über die Wirkung von Natriumcarbonat auf einige Alkaloidsalze und Farbstoffe. Biochem. Z. **46**, 112—120.
Tsekos, I., 1965: Das Verhalten einiger Rotalgen des Golfes von Thessaloniki gegen Vitalfluorochrome. Diss., Thessaloniki. (Griechisch.)
— 1968: Synärese des Zellsaftes bei *Polysiphonia secunda* (Ag.) Zanard. nach Einwirkung kationischer Vitalfarbstoffe und nach Behandlung mit HCl. Flora **159**, 26—34.
Tselniker, J. L., 1949: On the physiological differentiation of flower buds of apple. Dokl. Akad. Nauk SSSR **66**, 281—284. (Russisch.)
Tswett, M., 1906: Adsorptionsanalyse und chromatographische Methode. Anwendung auf die Chemie des Chlorophylls. Ber. dtsch. bot. Ges. **24**, 384—393.
— 1911: Sur un nouveau réactif colorant de la callose. C. R. Acad. Sci. **153**, 503—505.
Tubbs, R. K., W. E. Ditmars jr., and A. van Winkle, 1964: Heterogeneity of the interaction of DNA with acriflavine. J. molecul. Biol. **9**, 545—557.
Tumulka, A., und R. W. Kaplan, 1965: Elektive Auslösung von Mutationen verschiedenen Prototrophiegrades durch mutagene Stoffe bei *Serratia*. Naturwiss. **52**, 170—171.
T'ung, T., 1938: Photodynamic action of safranine on gram-negative bacilli. Proc. Soc. exper. Biol., Med. **39**, 415—417.
— 1940: Recent studies on the effect of photodynamic action on microorganisms. Chin. med. J. Suppl.-Bd. **3**, 304—320.
Turba, F., 1955: Chromatographische Methoden in der Protein-Chemie. Springer, Berlin-Göttingen-Heidelberg.
— und H. J. Enenkel, 1950: Elektrophorese von Proteinen in Filterpapier. Naturwiss. **37**, 93.
Turian, G., 1958: Recherches sur les bases cytochimiques et cytophysiologiques de la morphogenèse chez le champignon aquatique *Allomyces*. Rev. Cytol., Biol. vég. **19**, 241—272.
Tutschova, M., 1937: Die Fasziation bei *Phaseolus multiflorus* und Wuchsstoff. Planta **27**, 278—286.

Udupa, K. N., and J. E. Dunphy, 1956: The effect of ascorbic acid on metachromasia in solutions of protein and acid polysaccharide. J. Histo-, Cytochem. **4**, 448—452.
Ulbricht, H., 1936: Anatomie der Korbweide und ihre Beeinflussung durch verschiedene Ernährung. Faserforsch. **12**, 63—101.
Ullmann, E., 1927: Experimentelle Beiträge zur Kenntnis der Diffusion in Lösungen. Z. Phys. **41**, 301—317.
Ullrich, W., 1961: Zur Sauerstoffabhängigkeit des Transportes in den Siebröhren. Planta **57**, 402—429.
— 1962: Zur Wirkung von Adenosintriphosphat auf den Fluorescein-Transport in den Siebröhren. Planta **57**, 713—717.

ULLRICH, W., 1963 a: Beobachtungen über die Kalloseablagerungen in transportierenden und nichttransportierenden Siebröhren. Planta **59**, 239—242.

— 1963 b: Über die Bildung von Kallose bei einer Hemmung des Transportes in den Siebröhren durch Cyanid. Planta **59**, 387—390.

UMETSU, K., 1923: Untersuchungen über die Bindungsfähigkeit der Eiweißkörper für Farbstoffe. Biochem. Z. **137**, 258—272.

UMRATH, K., 1937: Über den Erregungsvorgang und sonstige reizbedingte Veränderungen in der Oberepidermis der Zwiebelschuppen von *Allium cepa*. Protoplasma **28**, 345—351.

UNGER, F., 1850: Über Aufnahme von Farbestoffen bei Pflanzen. Denkschr. Akad. Wiss. Wien, math.-nat. Cl. **1**, 75—82.

— 1853: Nachträgliches zu den Versuchen über Aufsaugung von Farbestoffen durch lebende Pflanzen. S. B. Akad. Wiss. Wien **10**, 117—120.

— 1868: Beiträge zur Anatomie und Physiologie der Pflanzen. XV. Weitere Untersuchungen über die Bewegung des Pflanzensaftes. S. B. Akad. Wiss. Wien **58**, I. Abt., 392—418.

UNNA, P. G., 1902: Eine Modifikation der Pappenheimschen Färbung auf Granoplasma. Monatsh. prakt. Dermat. **35**, 76—80.

— 1911: Die Reduktionsorte und Sauerstofforte des tierischen Gewebes. Arch. mikrosk. Anat. **78**, 1—73.

— 1928: Sauerstofforte und Reduktionsorte. ABDERHALDEN, Hdb. Biol. Arbeitsmeth. Abt. V, Teil 2, 63—86.

URL, W., und H. BOLHÀR-NORDENKAMPF, 1965: Beiträge zur Frage der lichtmikroskopischen Sichtbarkeit des endoplasmatischen Retikulums in Pflanzenzellen. Österr. bot. Z. **112**, 586—602.

VAKAET, L., 1952: La métachromasie «in vivo» au bleu de toluidine des oocytes de *Lebistes reticulatus*. Biol. Jaarb. Dodonea **19**, 192—198.

LA VALETTE, ST. GEORG V., 1886: Spermatologische Beiträge. Arch. mikrosk. Anat. **27**, 1—13.

VALKÓ, E., 1935: Measurements of the diffusion of dyestuffs. Transact. Faraday Soc. **31**, 230—245.

VANDERWINKEL, E., et R. G. E. MURRAY, 1962: Organelles intracytoplasmiques bactériens et site d'activité oxydo-réductrice. J. Ultrastruct. Res. **7**, 185—199.

VARDAR, Y., 1950: Untersuchungen über die Wasserbewegungen in untergetauchten Pflanzen. Rev. Fac. Sci. Univ. Istanbul, Sér. B, **15**, 1—59.

VEIL, S., 1931: Diffusion et cataphorése du bleu de méthylène au sein de la gélatine. C. R. Acad. Sci. **193**, 768—771.

VELLINGER, E., 1929: Notes sur le potentiel d'oxydation-réduction de matières colorantes usuelles et leur emploi comme tampons de rH. Arch. phys. biol. **7**, 113—118.

VENEZIAN, M. E. S., 1955: Acridine orange action on the biochemical metabolism of the leaf tissues of the Tobacco plant. Experientia **11**, 104—105.

VENKATARAMAN, K., 1952: The chemistry of synthetic dyes. Academic Press, New York.

VERCAUTEREN, R., 1950: The structure of desoxyribose nucleic acid in relation to the cytochemical significance of the methylgreen-pyronin staining. Enzymologia **14**, 134—140.

VICKERSTAFF, T., and D. R. LEMIN, 1946: Aggregation of dyes in aqueous solution. Nature **157**, 373.

VIENS, P., S. SONEA, and J. DE REPENTIGNY, 1965: Inhibition de l'action antibactérienne de la pénicilline chez des staphylocoques cultivés en présence d'orangé d'acridine. Canad. J. Microbiol. **11**, 393—394.

VIGNON, L., 1910: Pouvoir de diffusion de certaines matières colorantes artificielles. C. R. Acad. Sci. **150**, 619—622.

VINCENT, D., et G. SEGONZAC, 1956: Action du rouge Congo sur l'hyaluronidase. C. R. Soc. biol. **150**, 447—449.

VITÉ, J. P., 1959: Observation on the movement of injected dyes in *Pinus ponderosa* and *Abies concolor*. Contr. Boyce Thompson Inst. **20**, 7—26.

— and J. A. RUDINSKY, 1959: The water-conducting systems in conifers and their importance to the distribution of trunk injected chemicals. Contr. Boyce Thompson Inst. **20**, 27—38.

VIVIAN, D. L., and M. BELKIN, 1956: Unexpected anomalies in the behaviour of neutral red and related dyes. Nature **178**, 154.

Vlès, F., 1926: Remarques sur le pH intérieure de l'œuf d'oursin. C. R. Soc. biol. **94**, 469—471.
— 1927: Sur les propriétés optiques de certaines matières colorantes susceptibles de changer de couleur dans les solutions de sels neutres concentrés. C. R. Acad. Sci. **185**, 644—647.
— et M. Gex, 1927: Les propriétés optiques de la sulfonecyanine dans différentes solutions salines et leur application à la comparaison des sels. C. R. Acad. Sci. **185**, 946—948.
— P. Reiss et M. Gex, 1927: Sur les matières colorantes virant en présence de sels neutres, et la constitution d'une échelle d'indicateurs à indices de massivité variables permettant la comparaison des solutions salines. C. R. Acad. Sci. **185**, 1127—1130.
Vogel, St., 1962: Duftdrüsen im Dienste der Bestäubung. Über Bau und Funktion der Osmophoren. Abh. Akad. Wiss. Lit. Mainz, math.-nat. Kl., Nr. **10**.
Vonwiller, P., 1918: Über den Bau des Plasma der niedersten Tiere. Arch. Protistenkd. **38**, 279—323.
— 1921: Intravitale Färbung von Protozoen. Abderhalden, Hdb. biol. Arbeitsmeth., Abt. V, Teil 2, 87—96.
— 1928: Vitalfärbung. In Péterfi, T., Methodik d. wissensch. Biol. **1**, 475—487.
de Vries, H., 1885: Plasmolytische Studien über die Wand der Vakuolen. Jb. wiss. Bot. **16**, 465—598.

Wach, A., 1942: Vergleichende Untersuchungen mit verschiedenen Färbeverfahren als Ersatz oder Ergänzung der Keimprüfung bei forstlichen Sämereien. Tharandt. forstl. Jb. **93**, 143—193.
Wacker, A., G. Türck und A. Gerstenberger, 1963: Zum Wirkungsmechanismus photodynamischer Farbstoffe. Naturwiss. **50**, 377.
Wälchli, O., 1945: Die Einlagerung von Kongorot in Zellulose. Diss., E. T. H. Zürich, 33 S.
Waelsch, H. H., 1935: Methode zur mikroskopischen Beobachtung der Elektrophorese von Farbstoffen, Bakterien, Blutkörperchen u. a. mit Cellophan als Halbleiter. Kolloid-Z. **73**, 36—39.
Wagner, W. H., und H. Bredehorst, 1951: Das Wesen der Trypaflavin-Agglutination unter besonderer Berücksichtigung der Verhältnisse bei *Shigella dysenteriae*. Naturwiss. **38**, 529—530.
— — 1952: Untersuchungen über Farbstoffagglutination und elektrophoretisches Verhalten von Ruhrbakterien. I. Mitt.: *Sh. dysenteriae*. Cbl. Bakt., Abt. I, Orig. **159**, 323—330.
Wagner-Jauregg, Th., 1936: Die Acridinsalze der Adenosinpolyphosphorsäuren. Z. physiol. Chem. **239**, 188—194.
— 1943: Die neueren biochemischen Erkenntnisse und Probleme der Chemotherapie. Naturwiss. **31**, 335—344.
Waldheim, W., 1949: Differentialfärbung mit Rhodamin B. Darstellung der Gerbstoffzellen im *Carex*-Blatt. Mikroskopie **4**, 46—52.
Waldner, M., 1893: Färbung lebender Geschlechtszellen. Anat. Anz. **8**, 564—565.
Wałek-Czernecka, A., 1962: Mise en évidence de la phosphatase acide (monophosphoestérase II) dans les sphérosomes des cellules épidermiques des écailles bulbaires d'*Allium cepa*. Acta Soc. Bot. Polon. **31**, 539—543.
— 1963: Note sur la détection d'une estérase non spécifique dans les sphérosomes. Acta Soc. Bot. Polon. **32**, 405—408.
Wallach, A., 1939: Beiträge zur Kenntnis der Wasseraufnahme durch die Luftwurzeln tropischer Orchideen. Z. Bot. **33**, 433—468.
Wallhäuszer, K. H., 1954: Die Darstellung der Zellteilungsvorgänge und des Wirkungsmechanismus antibiotischer Stoffe an vital gefärbten Bakterien. Arzneimittel-Forsch. **4**, 118—124.
Wallis, C., and J. L. Melnick, 1965 a: Photodynamic inactivation of Enteroviruses. J. Bact. **89**, 41—46.
— — 1965 b: Photodynamic inactivation of animal viruses. A review. Photochem. Photobiol. **4**, 159—170.
Wallnöfer, P., und F. Bukatsch, 1960: Untersuchungen über den photodynamischen Effekt von Acridinfarbstoffen an *Escherichia coli* und *Bacillus subtilis*. Naturwiss. **47**, 282—283.
— — 1962: Zur Analyse der photodynamischen Wirkung von Acridinderivaten auf *Bacillus subtilis* und *Escherichia coli*. Cbl. Bakt., Abt. II, **115**, 238—265.
Walton, K. W., and C. R. Ricketts, 1954: Investigation of the histochemical basis of metachromasia. Brit. J. exper. Path. **35**, 227—240.

Wang, D. T., 1934: Contribution à l'étude des Ustilaginées. (Cytologie du parasite et pathologie de la cellul hôte). Botaniste **26**, 539—670.

Wankell, F., 1921: Über Reduktion basischer Farbstoffe im lebenden Protoplasma. Ber. naturforsch. Ges. Freiburg **24**, 1—27.

— 1925: Zur Analyse der Vitalfärbung, mit Beobachtungen über das Verhalten von Tumoren. Pflügers Arch. **207**, 104—109.

Warburg, O., 1910: Über die Oxydation in lebenden Zellen nach Versuchen am Seeigelei. Z. physiol. Chem. **66**, 305—340.

— 1948: Wasserstoffübertragende Fermente. Werner Saenger, Berlin.

— F. Kubowitz und W. Christian, 1930 a: Kohlenhydratverbrennung durch Methämoglobin. (Über den Mechanismus einer Methylenblaukatalyse.) Biochem. Z. **221**, 494—497.

— — — 1930 b: Über die katalytische Wirkung von Methylenblau in lebenden Zellen. Biochem. Z. **227**, 245—271.

Wartenberg, A., 1960: Untersuchungen über den Plasmolysevorraum. Ber. dtsch. bot. Ges. **73**, 58—65.

— 1961: Versuche zur reversiblen Umwandlung von leeren in volle Zellsäfte bei *Allium cepa*. Ber. dtsch. bot. Ges. **74**, 36—51.

Wassiljewa, N. E. 1938: Wirkung verschiedener Substanzen auf die Verteilung von Vitalfarbstoffen zwischen wäßriger und lipoider Phase. Zur Frage nach dem Mechanismus der Narkose. Biol. Ž. **7**, 131—142.

Watanabe, A., 1932: Über die Beeinflussung der Atmung von einigen grünen Algen durch Kaliumcyanid und Methylenblau. Acta Phytochim. **6**, 315—335.

— M. Kodati und S. Kinoshita, 1938: Über den Einfluß von verschiedenen Substanzen auf das bioelektrische Potential der Myxomyceten-Plasmodien. Bot. Mag. **52**, 598—607.

Watanabe, M. J., and C. M. Williams, 1951: Mitochondria in the flight muscles of insects. I. Chemical composition and enzymatic content. J. gen. Physiol. **34**, 675—689.

Waterkeyn, L., 1962: Les parois microsporocytaires de nature callosique chez *Helleborus* et *Tradescantia*. Cellule **62**, 223—255.

Waugh, T. D., 1948: Staining of the stem tissues of plants by triphenyltetrazolium chloride. Science **107**, 275.

Wawilow, S. J., und W. L. Lewschin, 1923: Beiträge zur Frage über polarisiertes Fluoreszenzlicht von Farbstofflösungen. II. Z. Phys. **16**, 135—154.

Weatherford, H. L., 1947: Anat. Rec. **97**, 408. (Zit. nach Lennert, 1955.)

Weaver, J. W., E. B. Jeroski, and I. S. Goldstein, 1959: Toxicity of dyes and related compounds to wood destroying fungi. Appl. Microbiol. **7**, 145—149.

Webb, R. B., and H. E. Kubitschek, 1963: Mutagenic and antimutagenic effects of acridine orange in *Escherichia coli*. Biochem. Biophys. Res. Commun. **13**, 90—94.

— und R. L. Petrusek, 1966: Oxygen effect in the protection of *E. coli* against U.V. inactivation and mutagenesis by acridine orange. Photochem. Photobiol. **5**, 645—654.

Weber, F., 1927: Vitale Blattinfiltration. Protoplasma **1**, 581—588.

— 1929 a: Protoplasmatische Pflanzenanatomie. Protoplasma **8**, 291—306.

— 1929 b: Bildung von Niederschlagsmembranen im *Musa*-Saft mit Neutralrot. Protoplasma **8**, 434—436.

— 1930 a: Vakuolen-Kontraktion vital gefärbter *Elodea*-Zellen. Protoplasma **9**, 106—119.

— 1930 b: Vakuolenkontraktion, Tropfenbildung und Aggregation in Stomata-Zellen. Protoplasma **9**, 128—132.

— 1930 c: Vakuolenkontraktion und Vitalfärbung in Blütenzellen. Protoplasma **11**, 312—316.

— 1932: Protoplasmatische Ungleichheit morphologisch gleicher Zellen. Protoplasma **15**, 291—293.

— 1933: Zur Permeabilität der Schließzellen. Protoplasma **19**, 452—454.

— 1934: Vakuolenkontraktion der Boraginaceen-Blütenzellen als Synaerese. Protoplasma **22**, 4—16.

— 1937 a: Assimilationsfähigkeit und Doppelbrechung der Chloroplasten. Protoplasma **27**, 460—461.

— 1937 b: Über die Anthocyanophoren von *Erythraea*. Cytologia, Fujii-Festschr., 442—446.

— und L. Reiter, 1958: Virus-Einschlußkörper in nicht-variegaten Zimmeräonien. Protoplasma **49**, 179—181.

Weber, W., 1958: Zur Polarität von *Vaucheria*. Z. Bot. **46**, 161—198.

Weibull, Cl., 1953: Observations on the staining of *Bacillus megaterium* with triphenyltetrazolium. J. Bact. **66**, 137—139.

Weichsel, G., 1961: Untersuchungen über die Ausscheidung von Stickstoffverbindungen aus den Wurzelknöllchen von Leguminosen. Flora **151**, 535—571.

Weier, T. E., 1933: Neutral red staining in the protonema of *Polytrichum commune*. Amer. J. Bot. **20**, 431—439.

Weil, L., 1965: On the mechanism of the photo-oxydation of amino acids sensitized by methylene blue. Arch. Biochem. **110**, 57—68.

— and A. R. Buchert, 1951: Photooxidation of crystalline β-lactoglobulin in the presence of methylene blue. Arch. Biochem. Biophys. **34**, 1—15.

— G. Gordon, and A. R. Buchert, 1951: Photooxidation of amino acids in the presence of methylene blue. Arch. Biochem. Biophys. **33**, 90—109.

— and T. S. Seibles, 1955: Photooxidation of crystalline ribonuclease in the presence of methylene blue. Arch. Biochem. Biophys. **54**, 368—377.

Weinberg, E. D., 1953: Selective inhibition of microbial growth by the incorporation of triphenyl tetrazolium chloride in culture media. J. Bact. **66**, 240—242.

— J. H. Billman, and D. Borders, 1958: Lysis of *Bacillus subtilis* by amines, acridines, and phenothiazines. Exp. Cell Res. **15**, 625—628.

Weise, R., 1937: Über die Brauchbarkeit von Trypanblau zur mikroskopischen Färbetechnik. Z. wiss. Mikrosk. **54**, 398—405.

Weiss, G., 1957: Über Schollen- und Kristallaggregatbildung im extraplasmatischen Raum vitalgefärbter Zellen. Protoplasma **48**, 72—93.

Weissenböck, K., 1939: Membranregeneration plasmolysierter *Vaucheria*-Protoplasten. Protoplasma **32**, 44—91.

— 1950: Studien an colchizinierten Pflanzen. II. Teil. Protoplasmatische Untersuchungen. Phyton (Horn) **2**, 134—152.

Weissmann, N., W. H. Carnes, P. S. Rubin, and J. Fisher, 1952: Metachromasy of toluidine blue induced by nucleic acids. J. Amer. Chem. Soc. **74**, 1423—1426.

Weixl-Hofmann, H., 1960: Über bemerkenswerte Entwicklungsformen bei *Candida albicans* und ihre Färbbarkeit mit Nilblau. Protoplasma **52**, 385—408.

— 1963: Über den Entwicklungsablauf von *Candida albicans* und die dabei auftretenden Formen. Mikroskopie **18**, 71—91.

Welsh, J. N., and M. H. Adams, 1954: Photodynamic inactivation of bacteriophage. J. Bact. **68**, 122—127.

Weltzien, W., und K. Schulze, 1933: Neue Untersuchungen über die substantive Färbung von Zellulosefasern. Kolloid-Z. **62**, 46—54.

Wendel, W. B., 1929: Induced oxidations in blood. Hemoglobin destruction by methylene blue in lactic acid peroxidation. Proc. Soc. exper. Biol., Med. **27**, 624—626.

Went, F. A. F. C., 1888: Die Vermehrung der normalen Vakuolen durch Teilung. Jb. wiss. Bot. **19**, 295—356.

Went, F. W., 1932: Eine botanische Polaritätstheorie. Jb. wiss. Bot. **76**, 528—557.

Werner, H. J., and J. F. Christman, 1952: Chromatography and biological stains. III. Comparison of the fat staining efficiency of fractions of commercial Sudan III separated by column chromatography. Stain Technol. **27**, 93—96.

Werth, G., 1958: Zur fluoreszenzmikroskopischen Darstellung der Desoxyribonukleinsäuren und der Kernnukleotide der Ascitestumorzellen der Maus. Versuche mit Malachitgrün und einer kombinierten Malachitgrün-, Auramin- und Acridinorange-Färbung. Acta histochem. **6**, 55—65.

Wertheimer, E., 1924: Über den Einfluß von Ionen auf Farbstoffe und die Anfärbbarkeit von Geweben. Pflügers Arch. **202**, 383—394.

Werz, G., 1957: Die Wirkung von Trypaflavin auf Kern und Cytoplasma von *Acetabularia mediterranea*. Z. Naturforsch. **12 b**, 559—563.

Wetlaufer, D. B., and M. A. Stahmann, 1953: The interaction of methyl orange anions with lysine polypeptides. J. biol. Chem. **203**, 117—126.

Whittingham, C. P., and P. M. Bishop, 1961: Thermal reaction between two light reactions in photosynthesis. Nature **192**, 426—427.

Wiame, J. M., 1946 a: Remarque sur la métachromasie des cellules de levure. C. R. Soc. biol. **140**, 897—899.

— 1946 b: Basophilie et metabolism du phosphore chez la levure. Bull. Soc. Chim. biol. **28**, 552—556.

— 1947 a: The metachromatic reaction of hexametaphosphate. J. Amer. Chem. Soc. **69**, 3146—3147.

— 1947 b: Étude d'une substance polyphosphorée, basophile et métachromatique chez les levures. Biochim. Biophys. Acta **1**, 234—255.

WIECHMANN, E., 1921: Über die Durchlässigkeit der menschlichen roten Blutkörperchen für Anionen. Pflügers Arch. **189**, 109—125.

WIEDE, M., und F. MEYER, 1955: Über die Toxizität einiger Fluorochrome. Protoplasma **44**, 342—349.

WIELAND, H., und A. BERTHO, 1928: Über den Mechanismus der Oxydationsvorgänge. XV. Das Wesen der Essigsäure-Gärung. Liebigs Ann. Chem. **467**, 95—157.

WIELAND, TH., 1948: Die Retentionsanalyse und ihre Brauchbarkeit zur quantitativen Auswertung von Papierchromatogrammen und Papierionopherogrammen künstlicher Aminosäuregemische. Angew. Chem. **60**, 313—316.

— und E. FISCHER, 1948: Über Elektrophorese auf Filtrierpapier. Naturwiss. **35**, 29—30.

WIELER, A., 1888: Über den Anteil des sekundären Holzes der dicotyledonen Gewächse an der Saftleitung und über die Bedeutung der Anastomosen für die Wasserversorgung der transpirierenden Flächen. Jb. wiss. Bot. **19**, 82—137.

WIERCINSKI, F. J., 1955: The pH of animal cells. Protoplasmatologia Bd. II, B, 2 c. Springer, Wien.

WIESNER, G., 1951: Untersuchungen über Vitalfärbung von *Allium*-Zellen mit basischen Hellfeldfarbstoffen. Protoplasma **40**, 405—425.

WILBRANDT, W., 1935: The significance of the structure of a membrane for its selective permeability. J. gen. Physiol. **18**, 933—965.

— 1938: Die Permeabilität der Zelle. Ergebn. Physiol. **40**, 204—291.

WILD, D. G., and SIR C. HINSHELWOOD, 1956 a: The response of yeast cells to the action of inhibitory substances. II. Crystal violet. Proc. roy. Soc. London, Ser. B, **145**, 24—31.

— — 1956 b: The response of yeast cells to the action of inhibitory substances. III. Janus black and some other agents. Proc. roy. Soc. London, Ser. B, **145**, 32—41.

WILLENBRINK, J., 1957: Über die Hemmung des Stofftransportes in den Siebröhren durch lokale Inaktivierung verschiedener Atmungsenzyme. Planta **48**, 269—342.

WILLIAMS, M. A., C. C. LINDEGREN, and A. YUASA, 1956: Cytoplasmic structures in yeasts. Nature **177**, 1041.

WILSON, C. N., 1927: A comparative study of several samples of neutral red and their effects on *Paramaecium caudatum*. Stain Technol. **2**, 115—123.

WINDISCH, F., W. HEUMANN, H. KRIEGEL und A. GRAFFI, 1953: Untersuchungen an Hefezellen über die Abhängigkeit des photodynamischen Effektes vom molekularen Sauerstoff. Z. Naturforsch. **8 b**, 673—675.

— D. STIERAND und H. HAEHN, 1953: Über den Nachweis der Zellphosphate und die Unspezifität der bisher gebräuchlichen Methoden zur histochemischen Lokalisierung der Ribonukleotide. Protoplasma **42**, 345—364.

WINKELMAN, J., and S. S. SPICER, 1963: The metachromatic interaction of biebrich scarlet with histone and other cationic polymers. J. Histo-, Cytochem. **11**, 489—494.

WIRTH, K., 1960: Experimentelle Beeinflussung der Organbildung an *in vitro* kultivierten Blattstücken von *Begonia Rex*. Planta **54**, 265—293.

WISSELINGH, C. VAN, 1914: On intravital precipitates. Rec. trav. bot. néerl. **11**, 14—36.

— 1915: Über den Nachweis des Gerbstoffes in der Pflanze und über seine physiologische Bedeutung. Beih. Bot. Cbl., Abt. I, **32**, 155—217.

— 1924: Die Zellmembran. Hdb. Pflanzenanat. **3**. Gebr. Borntraeger, Berlin.

WITTEKIND, D., 1959: Über die derzeitige Bedeutung der Vitalfärbung, speziell der Vitalfluorochromierung in der Cytologie und über Möglichkeiten ihrer weiteren Anwendung, insbesondere in Kombination mit anderen Methoden. Mikroskopie **14**, 9—25.

— und G. RENTSCH, 1967: Über biologische Wirkungen von Farbstoffen, speziell von Fluorochromen. Acta histochem. Suppl. **7**, 221—235.

WITZ, 1883: Bull. Soc. Ind. Rouen **11**, 169. (Zit. nach PATEL, 1951.)

WOENCKHAUS, J. W., CH. W. WOENCKHAUS und R. KOCH, 1962: Untersuchungen über den Einfluß von UV- und Röntgenstrahlen auf 3.4-Benzpyren. Z. Naturforsch. **17 b**, 295—299.

WOHLFARTH-BOTTERMANN, K. E., und H. O. SCHWANTES, 1952: Protistenstudien. II. Über den isoelektrischen Punkt von Trichocysten und Cilien. Z. Naturforsch. **7 b**, 489—490.

WOLKENHAUER, W., 1924: Über den Einfluß von Reizstoffen auf das Längenwachstum der Wurzeln. Bot. Arch. **6**, 233—274.

WOLL, E., 1956: Untersuchungen über die behauptete Transmutation von Chondriosomen der Hefe zu Bakterien. Cbl. Bakt., Abt. II, **109**, 388—398.

WOODHOUSE, D. L., and F. A. PICKWORTH, 1932: Permeability of vital membranes. The red blood corpuscle. Biochem. J. **26**, 309—316.

WOODS, M. W., and H. G. DU BUY, 1951: The action of mutant chondriogenes and viruses on plant cells with special reference to the plastids. Amer. J. Bot. **38**, 419—434.

WOOHSMANN, H., 1956 a: Der Stand des Metachromasieproblems. Protoplasma **45**, 618—629.

— 1956 b: Die Fällungsmetachromasie der chromotropen Substanzen der Ciliaten und Flagellaten. Protoplasma **47**, 37—66.

— 1958: Die metachromatische Reaktion, eine Einschlußverbindung? Acta histochem. Suppl. **1**, 124—126.

WULFF, H. D., 1934 a: Beiträge zur Kenntnis des männlichen Gametophyten der Angiospermen. Planta **21**, 12—50.

— 1934 b: Lebendfärbung mit Chrysoidin. Planta **22**, 70—79.

WUNDERLY, CH., 1942: Beiträge zur Charakterisierung der kolloidchemischen Eigenschaften des Serums. Z. exper. Med. **110**, 273—289.

WURMSER, R., 1932: Sur l'emploi de certains colorants pour l'evaluation des propriétés oxydantes du cytoplasme. C. R. Soc. biol. **111**, 690—692.

YAKAR-OLGUN, N., 1957: Methyl green and pyronin specificity for deoxyribonucleic acid after acid hydrolysis. Rev. Fac. Sci. Univ. Istanbul, Sér. B, **22**, 45—51.

YAMAGISHI, H., 1962 a: Morphological and cytochemical studies on the cytoplasmic granules of *Hydrodictyon reticulatum*. Bot. Mag. **75**, 344—348.

— 1962 b: Interaction between nucleic acids and berberine sulfate. J. Cell Biol. **15**, 589—592.

— 1963 a: Morphological and cytochemical changes of cytoplasmic granules during development of *Hydrodictyon reticulatum*. Stud. Microalgae, Photosynth. Bact. (TAMIYA-Festschr.) Tokyo, 35—40.

— 1963 b: A fluorescence microscopic study of the cytoplasmic granules of *Hydrodictyon reticulatum*. Cytologia **28**, 44—53.

YAMAHA, G., 1932: Über die Färbbarkeit der fixierten Zellstrukturen. Sci. Rep. Tokyo Bunrika Daigaku Sect. B. **1**, 1—21.

— 1935: Über die pH-Schwankung in der sich teilenden Pollenmutterzelle einiger Pflanzen. Cytologia **6**, 523—526.

— 1936: Weitere Beiträge zur Kenntnis über den isoelektrischen Punkt pflanzlicher Protoplasten. Sci. Rep. Tokyo Bunrika Daigaku Sect. B. **2**, 209—221.

— 1937 a: Zur Methodik und Theorie der Vitalfärbung pflanzlicher Protoplasten. Bot. Mag. **51**, 533—538.

— 1937 b: Kataphoretische Versuche an den Pollenmutterzellen einiger Pflanzen. Cytologia, FUJII-Festschr., 617—626.

— 1938 a: Weiteres über die pH-Schwankung in den sich teilenden Pollenmutterzellen. Sci. Rep. Tokyo Bunrika Daigaku Sect. B. **3**, 279—288.

— 1938 b: Vitalfärbung an den Pollenmutterzellen von *Lilium speciosum*. Cytologia **9**, 193—202.

— und Z. ARAKI, 1939: Über die Wirkung des Saponins auf die *Spirogyra*-Zellen. Sci. Rep. Tokyo Bunrika Daigaku Sect. B. **4**, 129—138.

— und T. ISHII, 1932: Über die Ionenwirkung auf die Chromosomen der Pollenmutterzellen von *Tradescantia reflexa*. Cytologia **3**, 333—336.

— — 1933: Über die Wasserstoffionenkonzentration und die isoelektrische Reaktion der pflanzlichen Protoplasten, insbesondere des Zellkerns und der Plastiden. Protoplasma **19**, 194—212.

— und K. NOMURA, 1939: Über den Einfluß der Wasserstoffionenkonzentration und der Neutralsalze auf die Vitalfärbung pflanzlicher Protoplasten mit sauren Farbstoffen. Sci. Rep. Tokyo Bunrika Daigaku Sect. B. **4**, 27—42.

YAMAMOTO, N., 1956: Photodynamic action on bacteriophage. I. The relation between chemical structure and the photodynamic activity of various dyes. Virus **6**, 510 bis 521.

— 1958: Photodynamic inactivation of bacteriophage and its inhibition. J. Bact. **75**, 443—448.

YAMASAKI, N., 1965: Differentielle Färbbarkeit der somatischen Metaphasechromosomen von *Cypripedium debile* durch die Methylgrün-Pyronin-Methode. Chromosoma **16**, 411—414.

YANAGIMACHI, R., 1958: Studies of fertilization in *Clupea pallasii*. VII. On the specific affinity of the micropyle area of the mature egg to some vital dyes. Zool. Mag. **67**, 310—314.

YANAGISHIMA, N., 1956: On the W variant of yeast, with special reference to its appearance and character. J. Inst. Polytech. Osaka City Univers., Ser. D, **7**, 131—145.

— 1959: Induction of a respiration-deficient variation in yeast by pyronin B. Naturwiss. **46**, 151—152.

YASUI, K., and K. FUJII, 1951: On the mechanism of nuclear division and chromosome arrangement. (A Symposium.) V. On the cell constituents and cell division with special reference to the staining reactions in buffer solution at pH 1,2 to 8,0. Cytologia **16**, 131—152.

YASUZUMI, G., 1933: Über die Verschiebung des IEP der fixierten Blutzellen. Folia anat. jap. **11**, 194. (Zit. nach SCHWANTES, 1952.)

— 1935: Über den IEP des tierischen Gewebes. Folia anat. jap. **13**, 55, 333, 465. (Zit. nach SCHWANTES, 1952.)

— 1937: Über den isoelektrischen Punkt der tierischen Gewebe. VII. Z. Zellforsch., mikr. Anat. **27**, 267—277.

— T. MORI, H. MATSUKURA, and R. MINAMINO, 1950: Histochemical studies on Chromosomes. Cytologia **15**, 173—182.

— and Y. YOSHIDA, 1950: The differential staining of heterochromatin and euchromatin of the Salivary gland chromosome with neutral violet. Cytologia **15**, 255—258.

YOTSUYANAGI, Y., 1955: Mitochondria and refractive granules in the yeast cell. Nature **176**, 1208—1209.

YOUNG, M. R., and A. U. SMITH, 1964: The use of euchrysine in staining cells and tissues for fluorescence microscopy. J. roy. micr. Soc., Ser. III, **82**, 233—244.

YUASA, A., 1955: Cytological studies on *Mycobacterium*. Cytologia **20**, 96—99.

YURI, E., 1928 a: The studies on the physical affinity of bacterial cells to the dyestuffs. I. The behaviors of bacterial cells toward dyes as influenced by hydrogen-ion concentrations. Acta Schol. med. Univ. Imp. Kioto **11**, 75—95.

— 1928 b: The studies on the physical affinity of bacterial cells to the dyestuffs. II. The mode of combination of bacterial cells with dyestuffs. Acta Schol. med. Univ. Imp. Kioto **11**, 97—115.

ZACHARIAS, E., 1889: Über Entstehung und Wachstum der Zellhaut. Jb. wiss. Bot. **20**, 107—132.

— 1890: Über die Zellen der Cyanophyceen. Bot. Ztg. **48**, 2 u. f.

— 1900: Über die Cyanophyceen. Abhdlg. Gebiet Naturw. **16**, I. H., 1—50.

ZACHERL, H., 1956: Physiologische und ökologische Untersuchungen über die innere Wasserleitung bei Laubmoosen. Z. Bot. **44**, 409—436.

ZACKS, S. I., and J. H. WELSH, 1951: Cholinesterases in rat liver mitochondria. Amer. J. Physiol. **165**, 620—623.

ZALESKI, W., 1910: Über die Rolle der Reduktionsprozesse bei der Atmung der Pflanzen. Ber. dtsch. bot. Ges. **28**, 319—329.

ZANKER, V., 1952 a: Über den Nachweis definierter reversibler Assoziate („reversible Polymerisate") des Acridinorange durch Absorptions- und Fluoreszenzmessungen in wäßriger Lösung. Z. physik. Chem. **199**, 225—258.

— 1952 b: Quantitative Absorptions- und Emissionsmessungen am Acridinorangekation bei Normal- und Tieftemperatur im organischen Lösungsmittel und ihr Beitrag zur Deutung des metachromatischen Fluoreszenzproblems. Z. physik. Chem. **200**, 250—292.

ZASTROW, E. M. v., 1953: Über die Organisation der Cyanophyceenzelle. Arch. Mikrobiol. **19**, 174—205.

ZEIGER, K., 1930 a: Zur Frage nach der Wirkungsweise des Formaldehyds bei der histologischen Fixation. Z. wiss. Mikrosk. **47**, 273—293.

— 1930 b: Der Einfluß von Fixationsmitteln auf die Färbbarkeit histologischer Elemente. Versuche mit hochdispersen Farbstoffen. Z. Zellforsch., mikr. Anat. **10**, 481—510.

— 1936 a: Über Äquivalentbilder und Äquivalentwerte in der Elektrohistologie des fixierten Präparates. Z. wiss. Mikrosk. **53**, 279—294.

— 1936 b: Das Ladungsmosaik der Epidermis. Z. Zellforsch., mikr. Anat. **23**, 431 bis 441.

— 1936 c: Kolloidhistologische Untersuchungen an Epithelzellen. Z. Zellforsch., mikr. Anat. **24**, 11—41.

— 1937: Zur Methodik der Bestimmung des Umladungsbereiches histologischer Elemente im fixierten Zustand. Z. wiss. Mikrosk. **54**, 82—87.

Zeiger, K., 1938: Physikochemische Grundlagen der histologischen Methodik. Theodor Steinkopff, Dresden u. Leipzig.
— 1942: Über die Elektrostatik des histologischen Präparates. Schr. Königsbg. gelehrte Ges., Naturw. Kl. **18**, 31—44.
— 1958: Reinheitsgrad und Toxizität von Acridinorange. Z. mikrosk.-anat. Forsch. **64**, 168—173.
— und H. Harders, 1951: Über vitale Fluorochromfärbung des Nervengewebes. Z. Zellforsch. **36**, 62—78.
— — und W. Müller, 1951: Der Strugger-Effekt an der Nervenzelle. Protoplasma **40**, 76—84.
Zelenin, A. V., and E. A. Liapunova, 1964: Inhibition of protein synthesis by acridine orange. Nature **204**, 45—46.
Zeller, M., und A. Jodlbauer, 1908: Die Sensibilisierung der Katalase. Biochem. Z. **8**, 84—97.
Ziegenspeck, H., 1921: Über die Rolle des Casparyschen Streifens der Endodermis und analoge Bildungen. Ber. dtsch. bot. Ges. **39**, 302—310.
— 1941 a: Dichroskopie und Metachroskopie. Der Dichroismus und Metachroismus besonders substantiv gefärbter natürlicher Pflanzenmembranen als ein Hilfsmittel zum Erforschen der physikalisch-chemischen Beschaffenheit derselben. Protoplasma **35**, 237—264.
— 1941 b: Metachroismus und Dichroismus der Faserfärbungen als eine Folge von Größe und Gestalt der Faser- und Farbstoffteilchen. Kolloid-Z. **97**, 201—216.
— 1944: Über die längspolarisierte Fluoreszenz von Faserfärbungen. Kolloid-Z. **106**, 62—64.
— 1945: Fluoroskopische Versuche an Blättern über Leitung, Transpiration und Abscheidung von Wasser. Biol. gen. **18**, 254—326.
— 1949: Die Emission polarisierten Fluoreszenzlichtes (Difluoreszenz) durch gefärbte Zellulose- und Kutinmembranen von Pflanzen. Mikroskopie Suppl. **1**, 71—85.
— 1952 a: Die Wegsamkeit der Pigmentschicht der Getreidekörner (Endodermin-schicht) für Fluorochrome. Protoplasma **41**, 425—431.
— 1952 b: Vorkommen und Bedeutung von Endodermen und Endodermoiden bei oberirdischen Organen der Phanerogamen im Lichte der Fluoroskopie. Mikroskopie **7**, 202—208.
— und H. Ziegenspeck, 1952: Über den Aufbau der Wandungen von *Cladophora glomerata* im Lichte der verfeinerten Methoden der Lichtmikroskopie. Protoplasma **41**, 15—20.
Ziegler, A., 1955: Die blau fluoreszierenden Idioblasten der Scrophulariaceen. Morphologie, Mikrochemie und Vitalfärbbarkeit. S. B. Österr. Akad. Wiss., math.-nat. Kl., Abt. I, **164**, 419—485.
— 1960 a: Zur Anatomie und Protoplasmatik der Ölidioblasten von *Houttuynia cordata*. Protoplasma **51**, 539—562.
— 1960 b: Plastiden- und Stärke-Fluorochromierung mit Uranin. Protoplasma **52**, 618—656.
— und M. Luhan, 1963: Über Uraninschwellen einiger Blütenpflanzen und Tonoplastenfluorochromierung mit Uranin. Protoplasma **57**, 762—785.
Ziegler, H., 1950 a: Inversion phototropischer Reaktionen. Planta **38**, 474—498.
— 1950 b: Die Beeinflussung der Atmungsintensität pflanzlicher Gewebe durch eine Belichtung in fluoreszierenden Farbstofflösungen. Z. Naturforsch. **5 b**, 345—350.
— 1953 a: Über die Reduktion des Tetrazoliumchlorids in der Pflanzenzelle und über den Einfluß des Salzes auf Stoffwechsel und Wachstum. Z. Naturforsch. **8 b**, 662—667.
— 1953 b: Über die Bildung und Lokalisierung des Formazans in der Pflanzenzelle. Naturwiss. **40**, 144.
— 1958: Über die Atmung und den Stofftransport in den isolierten Leitbündeln der Blattstiele von *Heracleum mantegazzianum* Somm. et Lev. Planta **51**, 186—200.
— 1963: Untersuchungen über die Feinstruktur des Phloems. II. Mitteilung: Die Siebplatten bei der Braunalge *Macrocystis pyrifera* (L.) AG. Protoplasma **57**, 786—799.
Zipf, K., 1927: Die Austauschbedingungen als Grundlage der Aufnahme basischer und saurer Fremdsubstanzen in die Zelle. I. u. II. Arch. exper. Path. Pharmakol. **124**, 259—325.
Zirkle, C., 1927: The growth and development of plastids in *Lunularia vulgaris, Elodea canadensis* and *Zea mays*. Amer. J. Bot. **14**, 429—445.
Zocher, H., 1921: Über Sole mit nichtkugeligen Teilchen. Z. physik. Chem. **98**, 293 bis 337.
Zöttl, P., 1960: Vitalfärbestudien mit Methylrot. Protoplasma **51**, 465—506.

Zöttl, P., 1963: Über die elektive Anfärbung der Ölkörper von Lebermoosen durch Methylrot. Protoplasma **57**, 800—816.

Zografi, G., and A. M. Mattocks, 1963: Adsorption of certified dyes by starch. J. Pharmaceut. Sci. **52**, 1103—1105.

Zoltán, St., 1925: Zur Anwendung des Methylenblaues in der bakteriologischen Diagnostik. Cbl. Bakt., Abt. I, **96**, 170—175.

Zoyagintsev, D. V., 1962: Rhizosphere microflora as studied by fluorescent microscopy in reflected light. Microbiologiya **31**, 111—115.

Zsigmondy, R., 1924: Über den Zerteilungszustand hochmolekularer Farbstoffe in wässeriger Lösung. Z. physik. Chem. **111**, 211—233.

Zsolt, J., 1960: Selektive Wirkung von Triphenyltetrazoliumchlorid gegen Hefen. Naturwiss. **47**, 255.

Zukal, H., 1894: Neue Beobachtungen über einige Cyanophyceen. Ber. dtsch. bot. Ges. **12**, 256—266.

Zurzycki, J., and W. Starzecki, 1961: Photosynthesis of *Helodea canadensis* after vital staining with rhodamine B. Protoplasma **53**, 57—75.

— and A. Zurzycka, 1955: Influence of some catalyst poisons on phototactic movements of chloroplasts. Acta Soc. Bot. Polon. **24**, 663—674.

Zweibaum, J., 1923 a: Sur la coloration des graisses dans la cellule vivante. C. R. Soc. biol. **89**, 254—255.

— 1923 b: Sur l'utilisation du mélange „Nadi" et du bleu d'indophénol, formé in vitro, en technique histologique. C. R. Soc. biol. **89**, 256—258.

— et G. Mangenot, 1923: Application à l'étude histochimique des végétaux d'une méthode permettant la coloration vitale et postvitale des graises de la cellule animale. C. R. Soc. biol. **89**, 540—542.

Zygmunt, W. A., 1962: Inhibition of antibiotic formation by bromthymol blue and other indicators in *Streptomyces rimosus*. Nature **195**, 1102.

Namenverzeichnis

Abbé, L. B., und A. S. Crafts 439
Abbot, M. T. J., und J. F. Grove 261, 364
Abe, S. 536
Abelmann, A. 163, 167
Abood, L. G., s. unter Kun, E. 162
Accola, P. 449, 451, 457, 458
Achard, J. 240, 242
Adams, E., und W. J. Robbins 278, 308, 362, 364
Adams, M. H., s. unter Welsh, J. N. 285, 288, 291
Adler, E., s. unter Cedrangolo, F. 298, 299
Äyräpää, T. 512
— s. auch unter Collander, R. 404, 405, 482, 488, 510
Agthe, C. 451, 471, 568, 586
Ahrens, U., und H. Kuhn 83, 86, 88, 94, 152
Aikawa, T., s. unter Isaka, S. 317
Akhmetov, R. R., s. unter Konarev, V. G. 208
Albach, W. 183, 272, 273, 301, 302, 303, 346, 347, 348, 364, 367, 369, 379, 387, 391, 404, 448, 451, 456, 494, 550
Alberts, F., s. unter Pirson, A. 265, 309
Albrecht, M., s. unter Lettré, H. 271
Alexandrov, W. 352
— und D. N. Nassonov 196
Alfert, M. 207
Allard, C., s. unter Lafontaine, J. G. 278
Allen, M. B., s. unter Arnon, D. I. 309
Allen, R. D. 317
Alsup, F. 289, 317
Alvim, P. de T. 395
Amano, S., s. unter Kiyono, K. 14, 24
D'Amato, F. 311, 312
— s. auch unter Nuti-Ronchi, V. 312
Ambronn, H. 233
Anderson, E. S. 208
Andreesen, A. 424, 426
Andreeva, I. V., s. unter Rabin, V. K. 314
Andrejewa, E. W. 368
Andreoli, A. M. P. 267
Andrews, F. M., s. unter Lehman, B. 310, 458, 459
Anselmino, K. J. 387
Anson, M. L., s. unter Northrop, J. H. 70
Antopol, W., S. Glaubach und L. Goldmann 531
Appel, W., und G. Scheibe 151, 171
— und V. Zanker 151, 170, 171, 172, 175
Araki, Z., s. unter Yamaha, G. 23, 388, 489

Arciszewski, W., E. Czarnecki, W. Kopaczewski und W. Szukiewicz 30, 31, 48
Arefyeva, A. M., s. unter Gutkina, A. V. 472
Arens, K. 205
Arhimo, E., s. unter Collander, R. 53, 66, 120, 261, 336, 340, 404, 490
Arifuddin, M., s. unter Gurnani, S. 286
Arisz, W. H. 492
Arkin, S., und C. R. Singleterry 151
Armilei, G., s. unter Beers jr., R. F. 178
Armstrong, J. A. 208, 241
— und J. S. F. Niven 208
Armstrong, W. McD. 302, 303
Arndt, C. H., 570
Arnold, A. 206, 222
Arnold, B. C. 457
Arnold, E. 24, 88, 89
Arnon, D. I., M. B. Allen und F. R. Whatley 309
— s. auch unter Losada, M. 310
Arwyn, Ch. 567
Ash, O. K., W. S. Zaugg und L. P. Vernon 532
Aslam, M., M. S. Brown und R. J. Kohel 531
Atkins, W. R. G. 518, 525
Atkinson, E., S. Melvin und S. W. Fox 166
Atzev, Sv. 206
Aubel, E., und L. Genevois 527
— — und R. Wurmser 159
Auerbach, R. 74, 75, 76, 79, 80, 82, 98
Austin, C. R., und M. W. H. Bishop 209
Avers, C. J. 474, 475
— und C. D. Dryfuss 320, 321
— und E. E. King 471, 474, 475
— F. H. Lin und C. R. Pfeffer 469, 475
— C. R. Pfeffer und M. W. Rancourt 320
— und M. M. Tkal 474, 475
Axelbrod, B., s. unter Millerd, A. 475
Axmacher, Fr. 81, 82, 100, 101, 102, 301, 307, 485
— und H. Narath 388, 489
— und G. Opetz 298
Ayres, J. C., s. unter Paton, A. M. 421

Baba, S. 517, 536
— N. Shinke und H. Miki-Hirosige 236, 238, 243
Bábint, S., s. unter Holczinger, L. 120
Bach, H., s. unter Lück, H. 322
Badenhuizen, N. P. 187
Bär, F. 285, 288

Verzeichnis der Pflanzen- und Tiernamen

Im Text werden vorwiegend die von den Autoren benutzten Pflanzennamen zitiert. Das folgende Verzeichnis enthält auch Synonyme. Die Seitenverweise befinden [sich im allgemeinen hinter dem augenblicklich gebräuchlichen Namen.

Sachverzeichnis